世纪数学教育信息化精品教材

大学数学立体化教材

线性代数

学习辅导与习题解答

（理工类·第五版）

⊙吴赣昌　主编

中国人民大学出版社
·北京·

前　言

人大版“21 世纪数学教育信息化精品教材”（吴赣昌主编）是融纸质教材、教学软件与网络服务于一体的创新型“立体化教材”。教材自出版以来，历经多次升级改版，已形成了独特的立体化与信息化的建设体系，更加适应我国大众化教育在新时代的教育改革要求，受到全国广大师生的好评，迄今已被全国 600 余所高等院校广泛采用。

作者本次启动的“大学数学立体化教材”（第五版）的改版工作，旨在充分利用移动互联网、移动终端设备与相关信息技术软件，为教材用户提供更优质的学习内容、实验案例与交互环境。

作者本次关于“大学数学立体化教材”（第五版）的改版具体包括：面向普通本科院校的“理工类・第五版”、“经管类・第五版”与“纯文科类・第四版”；面向普通本科少学时或三本院校的“理工类・简明版・第五版”与“经管类・简明版・第五版”；面向专升本或高职本科的“综合类・应用型本科版”；面向高职高专院校的“理工类・高职高专版・第四版”、“经管类・高职高专版・第四版”与“综合类・高职高专版・第三版”。

本次改版的指导思想：为帮助教材用户更好地理解教材中重要的概念、定理、方法及其应用，设计了大量相应的数学实验，包括数值计算实验、函数计算实验、符号计算实验、2D 函数图形实验、3D 函数图形实验、矩阵运算实验、随机数生成实验、统计分布实验、线性回归实验、数学建模实验等。与教材正文所举示例相比，这些实验设计的复杂程度更高、数据规模更大、实用意义也更大。本系列教材于 2017 年改版修订的各个版本均包含了针对相应课程内容的数学实验。其中，大部分实验都在教材内容页面上提供了对应的二维码，用户通过微信扫码功能扫描指定的二维码即可进行相应的数学实验，而完整的数学实验内容则呈现在教材配套的网络学习空间中。

为方便同学们使用最新版“大学数学立体化教材”，学好大学数学，作者团队建设了与该系列教材同步配套的“学习辅导与习题解答”。该系列教辅书均根据教材章节顺序建设了相应的学习辅导内容，其中每一节的设计中包括了该节的主要知识归纳、典型例题分析与习题解答等内容，而每一章的设计中包括了该章的教学基本要求、知识点网络图、题型分析与总习题解答。上述设计有助于学生在课后自主研读这些教辅书时，更好更快地掌握所学知识，从而在较短时间内取得好成绩。

在大学数学的学习过程中，要主动把握好从“学数学”到“做数学”的转变，不要以为你在课堂教学过程中听懂了就等于学到了。事实上，你需要在课后花更多时间主动去做相关训练，才能真正掌握所学知识。而在课后的自学与练习过程中，首先要认真、反复地阅读教材，真正掌握大学数学的基本概念；在做习题时，你应先尝试独立完成习题，尽量不看答案，做完习题后，再参考本书进行分析和比较，这样便于发现哪些知识自己还没有真正理解。

与传统的教材与教辅建设缺乏教学互动不同的是，我们有一支实力雄厚、专业专职的作者团队，通过数苑网（www. sciyard. com）为本系列教材的用户提供在线学习服务。另外，用户还可扫描下方二维码并关注“数苑”公众号，通过在线学习栏目获得相关在线服务。

吴赣昌

2018 年 2 月 26 日

目 录

第 1 章　行列式

行列式实质上是由一些数值排列成的数表按一定的法则计算得到的一个数. 历史上，行列式的概念是在研究线性方程组的解的过程中产生的. 如今，它在数学的许多分支中都有非常广泛的应用，是一种常用的计算工具. 特别是在本门课程中，它是研究后面线性方程组、矩阵及向量组的线性相关性的一种重要工具.

本章教学基本要求：

1. 会求 n 元排列的逆序数.

2. 深入领会 n 阶行列式的定义.

3. 熟练掌握行列式的性质，并且会正确使用行列式的有关性质化简行列式，利用“三角化”计算行列式.

4. 理解行列式元素的子式、余子式和代数余子式的概念，灵活掌握行列式按行（列）展开法则（降阶法）.

5. 理解克莱姆法则，并会用克莱姆法则判定线性方程组解的存在性、唯一性及求出方程组的解.

§1.1　二阶与三阶行列式

一、主要知识归纳

主要知识归纳见表 1-1-1 和表 1-1-2.

表 1-1-1　　二阶行列式

定义	$\begin{vmatrix} a_{11} & a_{12} \\ a_{21} & a_{22} \end{vmatrix} = a_{11}a_{22} - a_{12}a_{21}$
规律	对角线法则：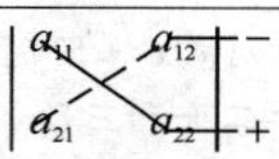
应用	二元线性方程组 $\begin{cases} a_{11}x_1 + a_{12}x_2 = b_1 \\ a_{21}x_1 + a_{22}x_2 = b_2 \end{cases}$ 记 $D = \begin{vmatrix} a_{11} & a_{12} \\ a_{21} & a_{22} \end{vmatrix}$，$D_1 = \begin{vmatrix} b_1 & a_{12} \\ b_2 & a_{22} \end{vmatrix}$，$D_2 = \begin{vmatrix} a_{11} & b_1 \\ a_{21} & b_2 \end{vmatrix}$，则 $x_1 = \frac{D_1}{D}$，$x_2 = \frac{D_2}{D}$.

表 1-1-2　　三阶行列式

定义	$\begin{vmatrix} a_{11} & a_{12} & a_{13} \\ a_{21} & a_{22} & a_{23} \\ a_{31} & a_{32} & a_{33} \end{vmatrix} = a_{11}a_{22}a_{33} + a_{12}a_{23}a_{31} + a_{13}a_{21}a_{32} - a_{11}a_{23}a_{32} - a_{12}a_{21}a_{33} - a_{13}a_{22}a_{31}.$
规律	1. 对角线法则 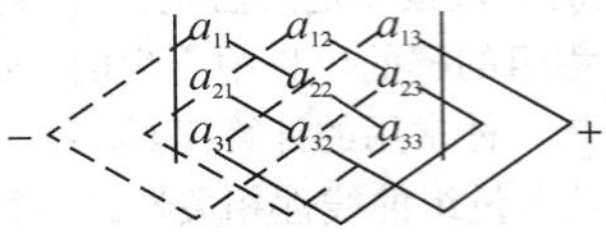 2. 沙路法则 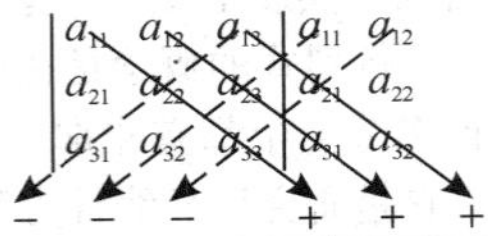
应用	三元线性方程组$\begin{cases} a_{11}x_1 + a_{12}x_2 + a_{13}x_3 = b_1 \\ a_{21}x_1 + a_{22}x_2 + a_{23}x_3 = b_2 \\ a_{31}x_1 + a_{32}x_2 + a_{33}x_3 = b_3 \end{cases}$ 记 $D = \begin{vmatrix} a_{11} & a_{12} & a_{13} \\ a_{21} & a_{22} & a_{23} \\ a_{31} & a_{32} & a_{33} \end{vmatrix}$, $D_1 = \begin{vmatrix} b_1 & a_{12} & a_{13} \\ b_2 & a_{22} & a_{23} \\ b_3 & a_{32} & a_{33} \end{vmatrix}$, $D_2 = \begin{vmatrix} a_{11} & b_1 & a_{13} \\ a_{21} & b_2 & a_{23} \\ a_{31} & b_3 & a_{33} \end{vmatrix}$, $D_3 = \begin{vmatrix} a_{11} & a_{12} & b_1 \\ a_{21} & a_{22} & b_2 \\ a_{31} & a_{32} & b_3 \end{vmatrix}$, 则 $x_1 = \dfrac{D_1}{D}$, $x_2 = \dfrac{D_2}{D}$, $x_3 = \dfrac{D_3}{D}$.

二、典型例题分析

例 1　设 $\begin{vmatrix} x & 1 & 1 \\ 1 & x & 1 \\ 1 & 1 & x \end{vmatrix} = 0$，求 x 的值.

解　由

$$\begin{vmatrix} x & 1 & 1 \\ 1 & x & 1 \\ 1 & 1 & x \end{vmatrix} = x^3 + 1 + 1 - x - x - x = x^3 - 3x + 2 = (x-1)^2(x+2) = 0.$$

解得 $x=1$ 或 $x=-2$.

小结：本题的关键是计算等式左边的三阶行列式，三阶行列式一般用对角线法则和沙路法则来计算，但对角线法则只适用于二阶和三阶行列式的计算.

例 2　解方程组

$$\begin{cases} bx + ay + 2ab = 0 \\ 2cy + 3bz - bc = 0 \\ cx + az = 0 \end{cases}.$$

解 因为

$$D=\begin{vmatrix} b & a & 0 \\ 0 & 2c & 3b \\ c & 0 & a \end{vmatrix}$$

$$=b\times 2c\times a+a\times 3b\times c+0-0-0-0=5abc,$$

$$D_1=\begin{vmatrix} -2ab & a & 0 \\ bc & 2c & 3b \\ 0 & 0 & a \end{vmatrix}$$

$$=-2ab\times 2c\times a+0+0-0-a\times bc\times a-0=-5a^2bc,$$

$$D_2=\begin{vmatrix} b & -2ab & 0 \\ 0 & bc & 3b \\ c & 0 & a \end{vmatrix}$$

$$=b\times bc\times a+(-2ab)\times 3b\times c+0-0-0-0=-5ab^2c,$$

$$D_3=\begin{vmatrix} b & a & -2ab \\ 0 & 2c & bc \\ c & 0 & 0 \end{vmatrix}$$

$$=0+a\times bc\times c+0-(-2ab)\times 2c\times c-0-0=5abc^2,$$

所以

$$x=\frac{D_1}{D}=\frac{-5a^2bc}{5abc}=-a,\ y=\frac{D_2}{D}=\frac{-5ab^2c}{5abc}=-b,\ z=\frac{D_3}{D}=\frac{5abc^2}{5abc}=c.$$

小结：本题求解三元线性方程组，但其关键在于计算相关的三阶行列式.

例 3 设 $f(x)=\begin{vmatrix} 1 & x+1 & 3x-2 \\ 1 & x+2 & 5x-4 \\ 1 & x+3 & 7x-6 \end{vmatrix}$，证明：存在 $\xi\in(0,1)$，使得 $f'(\xi)=0$.

证 由三阶行列式的定义知，$f(x)$ 是 x 的二次多项式，因而 $f(x)$ 在 $[0,1]$ 上连续，$(0,1)$ 内可导，又

$$f(0)=\begin{vmatrix} 1 & 1 & -2 \\ 1 & 2 & -4 \\ 1 & 3 & -6 \end{vmatrix}=0,\ f(1)=\begin{vmatrix} 1 & 2 & 1 \\ 1 & 3 & 1 \\ 1 & 4 & 1 \end{vmatrix}=0,$$

故由罗尔定理知，存在 $\xi\in(0,1)$，使 $f'(\xi)=0$.

小结：本题的证明利用了高等数学微分学中的罗尔中值定理，只不过这里的函数是用三阶行列式的形式来表示的一个多项式.

三、习题 1-1 解答

1. 计算下列二阶行列式:

(1) $\begin{vmatrix} 1 & 3 \\ 1 & 4 \end{vmatrix}$; (2) $\begin{vmatrix} 2 & 1 \\ -1 & 2 \end{vmatrix}$;

(3) $\begin{vmatrix} a & b \\ a^2 & b^2 \end{vmatrix}$; (4) $\begin{vmatrix} x-1 & 1 \\ x^2 & x^2+x+1 \end{vmatrix}$;

(5) $\begin{vmatrix} \dfrac{1-t^2}{1+t^2} & \dfrac{2t}{1+t^2} \\ \dfrac{-2t}{1+t^2} & \dfrac{1-t^2}{1+t^2} \end{vmatrix}$; (6) $\begin{vmatrix} 1 & \log_b a \\ \log_a b & 1 \end{vmatrix}$.

解 (1) 原式$=1\times4-3\times1=1$.

(2) 原式$=2\times2-1\times(-1)=5$.

(3) 原式$=a\cdot b^2-b\cdot a^2=ab(b-a)$.

(4) 原式$=(x-1)(x^2+x+1)-1\cdot x^2=x^3-x^2-1$.

(5) 原式$=\dfrac{1-t^2}{1+t^2}\cdot\dfrac{1-t^2}{1+t^2}-\dfrac{-2t}{1+t^2}\cdot\dfrac{2t}{1+t^2}=\dfrac{(1-t^2)^2+4t^2}{(1+t^2)^2}=\dfrac{1+2t^2+t^4}{(1+t^2)^2}=1$.

(6) 原式$=1\cdot1-\log_a b\cdot\log_b a=0$.

2. 计算下列三阶行列式:

(1) $\begin{vmatrix} 1 & 2 & 3 \\ 3 & 1 & 2 \\ 2 & 3 & 1 \end{vmatrix}$; (2) $\begin{vmatrix} 1 & 1 & 1 \\ 3 & 1 & 4 \\ 8 & 9 & 5 \end{vmatrix}$;

(3) $\begin{vmatrix} 1 & 0 & -1 \\ 3 & 5 & 0 \\ 0 & 4 & 1 \end{vmatrix}$; (4) $\begin{vmatrix} 2 & 0 & 1 \\ 1 & -4 & -1 \\ -1 & 8 & 3 \end{vmatrix}$;

(5) $\begin{vmatrix} 0 & a & 0 \\ b & 0 & c \\ 0 & d & 0 \end{vmatrix}$; (6) $\begin{vmatrix} a & b & c \\ b & c & a \\ c & a & b \end{vmatrix}$;

(7) $\begin{vmatrix} 1 & 1 & 1 \\ a & b & c \\ a^2 & b^2 & c^2 \end{vmatrix}$; (8) $\begin{vmatrix} x & y & x+y \\ y & x+y & x \\ x+y & x & y \end{vmatrix}$.

解 (1) 原式$=1\times1\times1+3\times3\times3+2\times2\times2-2\times1\times3-3\times2\times1-1\times3\times2$
$=18$.

(2) 原式$=1\times1\times5+3\times9\times1+1\times4\times8-1\times1\times8-3\times1\times5-1\times9\times4$
$=5$.

(3) 原式$=1\times5\times1+0\times0\times0+(-1)\times3\times4-(-1)\times5\times0-3\times0\times1$
$-1\times4\times0=-7$.

(4) 原式$=2\times(-4)\times3+0\times(-1)\times(-1)+1\times1\times8$
$-0\times1\times3-2\times(-1)\times8-1\times(-4)\times(-1)$
$=-24+8+16-4=-4$.

(5) 原式$=0\times0\times0+0\times b\times d+0\times a\times c-0\times0\times0-b\times a\times0-0\times d\times c=0$.

(6) 原式$=acb+bac+cba-bbb-aaa-ccc$
$=3abc-a^3-b^3-c^3$.

(7) 原式$=bc^2+ca^2+ab^2-ac^2-ba^2-cb^2$
$=(a-b)(b-c)(c-a)$.

(8) 原式$=x(x+y)y+yx(x+y)+(x+y)yx-y^3-(x+y)^3-x^3$
$=3xy(x+y)-y^3-3x^2y-3y^2x-x^3-y^3-x^3$
$=-2(x^3+y^3)$.

3. 证明下列等式：

$$\begin{vmatrix} a_1 & b_1 & c_1 \\ a_2 & b_2 & c_2 \\ a_3 & b_3 & c_3 \end{vmatrix}=a_1\begin{vmatrix} b_2 & c_2 \\ b_3 & c_3 \end{vmatrix}-b_1\begin{vmatrix} a_2 & c_2 \\ a_3 & c_3 \end{vmatrix}+c_1\begin{vmatrix} a_2 & b_2 \\ a_3 & b_3 \end{vmatrix}.$$

证
$$\begin{vmatrix} a_1 & b_1 & c_1 \\ a_2 & b_2 & c_2 \\ a_3 & b_3 & c_3 \end{vmatrix}=a_1b_2c_3+c_1a_2b_3+b_1c_2a_3-c_1b_2a_3-a_1c_2b_3-b_1a_2c_3$$
$$=a_1(b_2c_3-c_2b_3)-b_1(a_2c_3-c_2a_3)+c_1(a_2b_3-b_2a_3)$$
$$=a_1\begin{vmatrix} b_2 & c_2 \\ b_3 & c_3 \end{vmatrix}-b_1\begin{vmatrix} a_2 & c_2 \\ a_3 & c_3 \end{vmatrix}+c_1\begin{vmatrix} a_2 & b_2 \\ a_3 & b_3 \end{vmatrix}.$$

4. 当 x 取何值时，$\begin{vmatrix} 3 & 1 & x \\ 4 & x & 0 \\ 1 & 0 & x \end{vmatrix}\neq0$.

解
$$\begin{vmatrix} 3 & 1 & x \\ 4 & x & 0 \\ 1 & 0 & x \end{vmatrix}=3\times x\times x+4\times x\times0+1\times0\times1-x\times x\times1-3\times0\times0-1\times4\times x$$
$$=3x^2-x^2-4x=2x^2-4x$$
$$=2x(x-2),$$

所以当 $x\neq0$ 且 $x\neq2$ 时，$\begin{vmatrix} 3 & 1 & x \\ 4 & x & 0 \\ 1 & 0 & x \end{vmatrix}\neq0$.

§1.2　n阶行列式

一、主要知识归纳

主要知识归纳见表 1-2-1 和表 1-2-2.

表 1-2-1　　排列与逆序

定义	在一个 n 级排列 $(i_1 i_2 \cdots i_t \cdots i_s \cdots i_n)$ 中，若数 $i_t > i_s$，则称数 i_t 与 i_s 构成一个逆序. 一个 n 级排列中逆序数的总数称为该排列的逆序数，记为 $N(i_1 i_2 \cdots i_n)$. 逆序数为奇数的排列称为奇排列，逆序数为偶数的排列称为偶排列.
计算方法	先计算出排列中每个元素逆序的个数，即计算出排列中每个元素前面比它大的数的个数之和，该排列中所有元素的逆序数之总和即为所求排列的逆序数.

表 1-2-2　　n 阶行列式

n 阶行列式	$\begin{vmatrix} a_{11} & a_{12} & \cdots & a_{1n} \\ a_{21} & a_{22} & \cdots & a_{2n} \\ \vdots & \vdots & & \vdots \\ a_{n1} & a_{n2} & \cdots & a_{nn} \end{vmatrix} = \sum (-1)^N a_{1j_1} a_{2j_2} \cdots a_{nj_n}$, $= \sum (-1)^N a_{i_1 1} a_{i_2 2} \cdots a_{i_n n}$ $= \sum (-1)^N a_{i_1 j_1} a_{i_2 j_2} \cdots a_{i_n j_n}$ 它表示所有取自不同行不同列的 n 个元素乘积的代数和，其中 N 为行标组成的排列与列标组成的排列的逆序数之和.

二、典型例题分析

例 1　设排列 $x_1 x_2 \cdots x_{n-1} x_n$ 的逆序数是 k，则排列 $x_n x_{n-1} \cdots x_2 x_1$ 的逆序数是多少?

解　因为任取一对数在 $x_1 x_2 \cdots x_{n-1} x_n$ 和 $x_n x_{n-1} \cdots x_2 x_1$ 中必定会形成一个逆序和一个顺序，所以两个排列的逆序之和等于从 n 个数中取 2 个的排列数 C_n^2，即

$$N(x_1 x_2 \cdots x_{n-1} x_n) + N(x_n x_{n-1} \cdots x_2 x_1) = C_n^2 = \frac{n(n-1)}{2}.$$

则

$$N(x_n x_{n-1} \cdots x_2 x_1) = \frac{n(n-1)}{2} - N(x_1 x_2 \cdots x_{n-1} x_n) = \frac{n(n-1)}{2} - k.$$

小结：本题的关键是利用了 $x_1 x_2 \cdots x_{n-1} x_n$ 中的逆序和 $x_n x_{n-1} \cdots x_2 x_1$ 中的顺

序之间类似互补的性质，即任取一对数在 $x_1x_2\cdots x_{n-1}x_n$ 和 $x_nx_{n-1}\cdots x_2x_1$ 中必定会形成一个逆序和一个顺序.

例 2　设

$$D_1=\begin{vmatrix} a_{11} & a_{12} & \cdots & a_{1n} \\ a_{21} & a_{22} & \cdots & a_{2n} \\ \vdots & \vdots & & \vdots \\ a_{n1} & a_{n2} & \cdots & a_{nn} \end{vmatrix},\ D_2=\begin{vmatrix} a_{11} & a_{12}b^{-1} & \cdots & a_{1n}b^{1-n} \\ a_{21}b & a_{22} & \cdots & a_{2n}b^{2-n} \\ \vdots & \vdots & & \vdots \\ a_{n1}b^{n-1} & a_{n2}b^{n-2} & \cdots & a_{nn} \end{vmatrix},$$

证明：$D_1=D_2$.

证　由行列式的定义有

$$D_1=\sum(-1)^N a_{1j_1}a_{2j_2}\cdots a_{nj_n},$$

$$\begin{aligned} D_2&=\sum(-1)^N(a_{1j_1}b^{1-j_1})(a_{2j_2}b^{2-j_2})\cdots(a_{nj_n}b^{n-j_n}) \\ &=\sum(-1)^N a_{1j_1}a_{2j_2}\cdots a_{nj_n}b^{(1+2+\cdots+n)-(j_1+j_2+\cdots+j_n)} \end{aligned}$$

其中，$N=N(j_1j_2\cdots j_n)$，又 $j_1+j_2+\cdots+j_n=1+2+\cdots+n$，则

$$D_2=\sum(-1)^N a_{1j_1}a_{2j_2}\cdots a_{nj_n}.$$

故 $D_1=D_2$.

小结：本题证明的关键在于用定义计算出两个 n 阶行列式的值.

例 3　已知

$$f(x)=\begin{vmatrix} -x & 3 & 1 & 3 & 0 \\ x & 3 & 2x & 11 & 4 \\ -1 & x & 0 & 4 & 3x \\ 2 & 21 & 4 & x & 5 \\ 1 & -7x & 3 & -1 & 2 \end{vmatrix},$$

试求 $f(x)$ 中 x^4 的系数.

解　$f(x)$ 中含因子 x 的元素有

$$a_{11}=-x,\ a_{21}=x,\ a_{23}=2x,\ a_{32}=x,\ a_{35}=3x,\ a_{44}=x,\ a_{52}=-7x,$$

即含因子 x 的元素 a_{ij_i} 的列下标只能取

$$j_1=1;\ j_2=1,\ 3;\ j_3=2,\ 5;\ j_4=4;\ j_5=2,$$

则含 x^4 的项中元素 a_{ij_i} 的列下标只能取

$$j_1=1;\ j_2=3;\ j_3=2;\ j_4=4 \quad 和 \quad j_2=1;\ j_3=5;\ j_4=4;\ j_5=2,$$

对应的项为 $a_{11}a_{23}a_{32}a_{44}a_{55}$ 和 $a_{13}a_{21}a_{35}a_{44}a_{52}$，则含 x^4 的项为

$$(-1)^{N(13245)}a_{11}a_{23}a_{32}a_{44}a_{55}=4x^4,$$

和

$$(-1)^{N(31542)}a_{13}a_{21}a_{35}a_{44}a_{52}=21x^4,$$

即 $f(x)$ 中 x^4 的系数为 $21+4=25$.

小结：本题求一个用行列式形式表示的五次多项式中 x^4 的系数，本题的关键是利用行列式的定义根据列下标来讨论出现 x^4 的项.

对于此类求 x^n 的系数的题，只需考虑行列式按定义展开的不同行不同列乘积中出现 x^n 的项，然后将它们的系数相加即可.

三、习题 1－2 解答

1. 求下列排列的逆序数：

(1) 4132；　　(2) 2413；

(3) 36715284；　　(4) 3712456；

(5) $1\ 3\ \cdots(2n-1)\ 2\ 4\ \cdots\ (2n)$；　　(6) $1\ 3\ \cdots(2n-1)(2n)(2n-2)\cdots 2$.

解题思路　利用逆序数的定义，即

$$N(i_1i_2\cdots i_n)=t_1+t_2+\cdots+t_n=\sum_{k=1}^{n}t_k.$$

解　(1) 写出排列中各元素的逆序：

排列　4　1　3　2

　　　↓　↓　↓　↓

逆序　0　1　1　2

故题设排列的逆序数为

$$N=0+1+1+2=4.$$

(2) 写出排列中各元素的逆序：

排列　2　4　1　3

　　　↓　↓　↓　↓

逆序　0　0　2　1

故题设排列的逆序数为

$$N=0+0+2+1=3.$$

(3) 写出排列中各元素的逆序：

排列	3	6	7	1	5	2	8	4
	↓	↓	↓	↓	↓	↓	↓	↓
逆序	0	0	0	3	2	4	0	4

故题设排列的逆序数为

$$N=0+0+0+3+2+4+0+4=13.$$

(4) 写出排列中各元素的逆序：

排列	3	7	1	2	4	5	6
	↓	↓	↓	↓	↓	↓	↓
逆序	0	0	2	2	1	1	1

故题设排列的逆序数为

$$N=0+0+2+2+1+1+1=7.$$

(5) 写出排列中各元素的逆序：

排列	1	3	$\cdots$	$(2n-1)$	2	4	$\cdots$	$(2n-2)$	$(2n)$
	↓	↓	$\cdots$	↓	↓	↓	$\cdots$	↓	↓
逆序	0	0	$\cdots$	0	$n-1$	$n-2$	$\cdots$	1	0

故题设排列的逆序数为

$$N=(n-1)+(n-2)+(n-3)+\cdots+2+1+0=\frac{n(n-1)}{2}.$$

(6) 写出排列中各元素的逆序：

排列	1	3	$\cdots$	$(2n-1)$	$(2n)$	$(2n-2)$	$\cdots$	4	2
	↓	↓	$\cdots$	↓	↓	↓	$\cdots$	↓	↓
逆序	0	0	$\cdots$	0	0	2	$\cdots$	$2n-4$	$2n-2$

故题设排列的逆序数为

$$\begin{aligned}N&=2+4+\cdots+2n-4+2n-2\\&=2[1+2+\cdots+(n-2)+(n-1)]=n(n-1).\end{aligned}$$

2. 写出四阶行列式中含有因子 $a_{11}a_{23}$ 的项.

解题思路 利用 n 阶行列式的一般项的定义.

解 由定义知，四阶行列式的一般项为

$$(-1)^t a_{1p_1}a_{2p_2}a_{3p_3}a_{4p_4},$$

其中，t 为 $p_1p_2p_3p_4$ 的逆序数.

由于 $p_1=1$，$p_2=3$ 已固定，$p_1p_2p_3p_4$ 只能形如

13□□,

即 1324 或 1342，其对应的 t 分别为

$$0+0+1+0=1 \text{ 或 } 0+0+0+2=2,$$

所以 $-a_{11}a_{23}a_{32}a_{44}$ 和 $a_{11}a_{23}a_{34}a_{42}$ 为所求.

3. 在六阶行列式 $|a_{ij}|$ 中，下列各元素乘积应取什么符号？

(1) $a_{15}a_{23}a_{32}a_{44}a_{51}a_{66}$；　(2) $a_{11}a_{26}a_{32}a_{44}a_{53}a_{65}$；　(3) $a_{21}a_{53}a_{16}a_{42}a_{65}a_{34}$.

解　(1) 因为 $N(123456)+N(532416)=0+8=8$，所以 $a_{15}a_{23}a_{32}a_{44}a_{51}a_{66}$ 的符号为正.

(2) 因为 $N(123456)+N(162435)=0+5=5$，所以 $a_{11}a_{26}a_{32}a_{44}a_{53}a_{65}$ 的符号为负.

(3) 因为 $N(251463)+N(136254)=6+5=11$，所以 $a_{21}a_{53}a_{16}a_{42}a_{65}a_{34}$ 的符号为负.

4. 选择 k，l，使 $a_{13}a_{2k}a_{34}a_{42}a_{5l}$ 成为五阶行列式 $|a_{ij}|$ 中带有负号的项.

解　因为 $N(12345)+N(3k42l)=N(3k42l)$，根据行列式的定义，$k$，$l$ 只能取 1 或 5.

若 $k=5$，$l=1$，则 $N(35421)=8$；若 $k=1$，$l=5$，则 $N(31425)=3$. 所以，$k=1$，$l=5$.

5. 设 n 阶行列式中有 n^2-n 个以上的元素为零，证明该行列式为零.

证　如果 n 阶行列式中有 n^2-n 个以上的元素为零，则至多有 $n-1$ 个不为零的元素.

由于 n 阶行列式的每一项为 n 个不同的元素的乘积，从而每一项均为零，故该行列式为零.

6. 用行列式的定义计算下列行列式：

(1) $\begin{vmatrix} 0 & 0 & \cdots & 0 & 1 \\ 0 & 0 & \cdots & 2 & 0 \\ \vdots & \vdots & & \vdots & \vdots \\ 0 & n-1 & \cdots & 0 & 0 \\ n & 0 & \cdots & 0 & 0 \end{vmatrix}$；　(2) $\begin{vmatrix} 0 & 1 & 0 & \cdots & 0 \\ 0 & 0 & 2 & \cdots & 0 \\ \vdots & \vdots & \vdots & & \vdots \\ 0 & 0 & 0 & \cdots & n-1 \\ n & 0 & 0 & \cdots & 0 \end{vmatrix}$；

(3) $\begin{vmatrix} a_{11} & \cdots & a_{1\,n-1} & a_{1n} \\ a_{21} & \cdots & a_{2\,n-1} & 0 \\ \vdots & & \vdots & \vdots \\ a_{n1} & \cdots & 0 & 0 \end{vmatrix}$；　(4) $\begin{vmatrix} 0 & 0 & 1 & 0 \\ 0 & 1 & 0 & 0 \\ 0 & 0 & 0 & 1 \\ 1 & 0 & 0 & 0 \end{vmatrix}$；

(5) $\begin{vmatrix} 1 & 1 & 1 & 0 \\ 0 & 1 & 0 & 1 \\ 0 & 1 & 1 & 1 \\ 0 & 0 & 1 & 0 \end{vmatrix}$.

解　(1) 行列式的展开式中除了 $(-1)^{N(12\cdots n)+N(n(n-1)\cdots 21)}n!$ 外，其余各项都为零.

由于 $(-1)^{N(12\cdots n)+N(n(n-1)\cdots 21)}n!=(-1)^{\frac{1}{2}n(n-1)}n!$，故原行列式等于 $(-1)^{\frac{1}{2}n(n-1)}n!$

(2) 行列式的展开式中除了 $(-1)^{N(12\cdots n)+N(23\cdots n1)}n!$ 外，其余各项都为零.

由于 $(-1)^{N(12\cdots n)+N(23\cdots n1)}n!=(-1)^{(n-1)}n!$，故原行列式等于 $(-1)^{(n-1)}n!$.

(3) 根据行列式的定义，行列式中唯一可能不为零的项为

$$(-1)^{N(n(n-1)\cdots 2\cdot 1)}a_{1n}a_{2,n-1}\cdots a_{n1},$$

而逆系数 $N(n(n-1)\cdots 2\cdot 1)=\frac{n(n-1)}{2}$，故

$$原行列式=(-1)^{\frac{n(n-1)}{2}}a_{1n}a_{2,n-1}\cdots a_{n1}.$$

注：同理易知，$\begin{vmatrix} 0 & \cdots & a_{1n} \\ \vdots & & \vdots \\ a_{n1} & \cdots & a_{nn} \end{vmatrix}=(-1)^{\frac{n(n-1)}{2}}a_{1n}a_{2,n-1}\cdots a_{n1}$.

(4) $\begin{vmatrix} 0 & 0 & 1 & 0 \\ 0 & 1 & 0 & 0 \\ 0 & 0 & 0 & 1 \\ 1 & 0 & 0 & 0 \end{vmatrix}=(-1)^{N(1234)+N(3241)}\cdot 1=1.$

(5) $\begin{vmatrix} 1 & 1 & 1 & 0 \\ 0 & 1 & 0 & 1 \\ 0 & 1 & 1 & 1 \\ 0 & 0 & 1 & 0 \end{vmatrix}=(-1)^{N(1234)+N(1243)}+(-1)^{N(1234)+N(1423)}=1-1=0.$

§1.3　行列式的性质

一、主要知识归纳

主要知识归纳见表 1 - 3 - 1.

表 1 - 3 - 1

性质 1	行列式与它的转置行列式相等，即 $D=D^{\mathrm{T}}$.
性质 2	交换行列式的两行（列），行列式变号. 推论　若行列式中有两行（列）的对应元素相同，则此行列式为零.
性质 3	用数 k 乘行列式的某一行（列），等于用数 k 乘此行列式. 推论 1　行列式的某一行（列）中所有元素的公因子可以提到行列式符号的外面. 推论 2　行列式中若有两行（列）元素成比例，则此行列式为零.
性质 4	若行列式的某一行（列）的元素都是两数之和，则此行列式可写成两个行列式的和，这两个行列式分别以这两个数为所在行（列）位置对应的元素，其他位置元素不变.
性质 5	将行列式的某一行（列）的所有元素都乘以数 k 后加到另一行（列）对应位置的元素上，行列式不变.
三角化	反复利用行列式的性质，把给定的行列式化为三角形行列式，此时行列式的值即为该三角形行列式主对角线上元素的乘积.

二、典型例题分析

例 1　已知 2 128，2 394，4 997，8 588 都能被 19 整除，不计算行列式的值，试证

$$D=\begin{vmatrix} 2 & 1 & 2 & 8 \\ 2 & 3 & 9 & 4 \\ 4 & 9 & 9 & 7 \\ 8 & 5 & 8 & 8 \end{vmatrix}$$

能被 19 整除.

证　把 D 中每一行看成一个四位数，其千位、百位、十位、个位数字分别为 D 的各行上的第 1，2，3，4 列上的元素，则这 4 个四位数正好是 2 128，2 394，4 997，8 588. 根据这一特征，将 D 的第 1，2，3 列分别乘以 10^3，10^2，10 加到第 4 列，得

$$D=\begin{vmatrix}2&1&2&2128\\2&3&9&2394\\4&9&9&4997\\8&5&8&8588\end{vmatrix},$$

由 D 的第 4 列中每个元素都能被 19 整除可知，行列式 D 能被 19 整除.

小结：证明行列式能被某整数 k 整除，通常的方法是证明行列式的某行（列）的各元素都有公因子 k，本题的关键是利用行列式的性质把第 4 列“凑”成 19 的倍数.

例 2 设 $a_1a_2a_3a_4=1$，计算

$$D=\begin{vmatrix}a_1^2+\frac{1}{a_1^2}&a_1&\frac{1}{a_1}&1\\a_2^2+\frac{1}{a_2^2}&a_2&\frac{1}{a_2}&1\\a_3^2+\frac{1}{a_3^2}&a_3&\frac{1}{a_3}&1\\a_4^2+\frac{1}{a_4^2}&a_4&\frac{1}{a_4}&1\end{vmatrix}.$$

解 将 D 拆成两个行列式之和得

$$D=\begin{vmatrix}a_1^2&a_1&\frac{1}{a_1}&1\\a_2^2&a_2&\frac{1}{a_2}&1\\a_3^2&a_3&\frac{1}{a_3}&1\\a_4^2&a_4&\frac{1}{a_4}&1\end{vmatrix}+\begin{vmatrix}\frac{1}{a_1^2}&a_1&\frac{1}{a_1}&1\\\frac{1}{a_2^2}&a_2&\frac{1}{a_2}&1\\\frac{1}{a_3^2}&a_3&\frac{1}{a_3}&1\\\frac{1}{a_4^2}&a_4&\frac{1}{a_4}&1\end{vmatrix},$$

对等式右端的第一个行列式的第 $i(i=1,2,3,4)$ 行提出 a_i，得

$$D=a_1a_2a_3a_4\begin{vmatrix}a_1&1&\frac{1}{a_1^2}&\frac{1}{a_1}\\a_2&1&\frac{1}{a_2^2}&\frac{1}{a_2}\\a_3&1&\frac{1}{a_3^2}&\frac{1}{a_3}\\a_4&1&\frac{1}{a_4^2}&\frac{1}{a_4}\end{vmatrix}+\begin{vmatrix}\frac{1}{a_1^2}&a_1&\frac{1}{a_1}&1\\\frac{1}{a_2^2}&a_2&\frac{1}{a_2}&1\\\frac{1}{a_3^2}&a_3&\frac{1}{a_3}&1\\\frac{1}{a_4^2}&a_4&\frac{1}{a_4}&1\end{vmatrix},$$

根据此时第一个行列式的特点，对第二个行列式进行三次列互换，并由 $a_1a_2a_3a_4=1$ 有

$$D=a_1a_2a_3a_4\begin{vmatrix} a_1 & 1 & \frac{1}{a_1^2} & \frac{1}{a_1} \\ a_2 & 1 & \frac{1}{a_2^2} & \frac{1}{a_2} \\ a_3 & 1 & \frac{1}{a_3^2} & \frac{1}{a_3} \\ a_4 & 1 & \frac{1}{a_4^2} & \frac{1}{a_4} \end{vmatrix}+(-1)^3\begin{vmatrix} a_1 & 1 & \frac{1}{a_1^2} & \frac{1}{a_1} \\ a_2 & 1 & \frac{1}{a_2^2} & \frac{1}{a_2} \\ a_3 & 1 & \frac{1}{a_3^2} & \frac{1}{a_3} \\ a_4 & 1 & \frac{1}{a_4^2} & \frac{1}{a_4} \end{vmatrix}=0.$$

小结： 本题求行列式，首先利用行列式的性质 4 来进行拆项，然后根据此行列式的具体特点进一步简化计算.

例 3 计算四阶行列式 $D=\begin{vmatrix} a & b & c & d \\ -b & a & -d & c \\ -c & d & a & -b \\ -d & -c & b & a \end{vmatrix}$.

解 由行列式的性质可知，行列式与它的转置行列式相等，则 $D^2=DD^{\mathrm{T}}$，容易计算.

$$D^2=DD^{\mathrm{T}}=\begin{vmatrix} a & b & c & d \\ -b & a & -d & c \\ -c & d & a & -b \\ -d & -c & b & a \end{vmatrix}\begin{vmatrix} a & -b & -c & -d \\ b & a & d & -c \\ c & -d & a & b \\ d & c & -b & a \end{vmatrix}$$

$$=\begin{vmatrix} f & 0 & 0 & 0 \\ 0 & f & 0 & 0 \\ 0 & 0 & f & 0 \\ 0 & 0 & 0 & f \end{vmatrix},$$

其中

$$f=a^2+b^2+c^2+d^2,$$

从而

$$D^2=(a^2+b^2+c^2+d^2)^4,$$

所以

$$D=\pm\sqrt{D^2}=\pm(a^2+b^2+c^2+d^2)^2,$$

但由行列式的数字特征可知，D 中 a^4 的系数为 1，故

$$D=(a^2+b^2+c^2+d^2)^2.$$

小结：本题利用了行列式的性质 1，通过易于计算的 $D^2=DD^{\mathrm{T}}$ 来反求行列式 D.

例 4 计算 $D=\begin{vmatrix} 1 & 1 & 3 & 4 \\ 1 & 10-x^2 & 3 & 4 \\ 5 & 6 & 7 & 2 \\ 5 & 6 & 7 & 6-x^2 \end{vmatrix}$.

解 由行列式的性质 3 的推论 2 可知：

当 $10-x^2=1$（即 $x=\pm3$）时，D 中第 1、2 行对应元素相等，此时 $D=0$，即 D 有因子 $(x-3)(x+3)$.

当 $6-x^2=2$（即 $x=\pm2$）时，D 中第 3、4 行对应元素相等，因此 D 还有因子 $(x-2)(x+2)$.

由行列式的定义知，D 为 x 的 4 次多项式，故

$$D=a(x-2)(x+2)(x-3)(x+3). \qquad (*)$$

令 $x=0$，代入行列式可算出 $D=-288$，再将 $x=0$，$D=-288$ 代入式（*）可得 $a=-8$，故

$$D=-8(x-2)(x+2)(x-3)(x+3).$$

小结：本题中计算行列式的方法称为析因子法，即根据行列式中有两行（列）的对应元素相等时行列式为零这一性质找出行列式 D 的全部因子，列出表达式，再通过确定 D 的表达式中最高次项的系数即可求出行列式 D 的值.

例 5 求行列式 $D=\begin{vmatrix} a^2+x & ab & ac & ad \\ ab & b^2+x & bc & bd \\ ac & bc & c^2+x & cd \\ ad & bd & cd & d^2+x \end{vmatrix}$ 的值.

解 将 D 中的 1～4 行分别提出公因子 a，b，c，d 后再分别乘到 1 至 4 列，有

$$D=abcd\begin{vmatrix} a+\frac{x}{a} & b & c & d \\ a & b+\frac{x}{b} & c & d \\ a & b & c+\frac{x}{c} & d \\ a & b & c & d+\frac{x}{d} \end{vmatrix}$$

$$=\begin{vmatrix} a^2+x & b^2 & c^2 & d^2 \\ a^2 & b^2+x & c^2 & d^2 \\ a^2 & b^2 & c^2+x & d^2 \\ a^2 & b^2 & c^2 & d^2+x \end{vmatrix},$$

由于化简后的行列式行和相等，将 2～4 列都加到第 1 列，再提出公因式得

$$=\begin{vmatrix} a^2+b^2+c^2+d^2+x & b^2 & c^2 & d^2 \\ a^2+b^2+c^2+d^2+x & b^2+x & c^2 & d^2 \\ a^2+b^2+c^2+d^2+x & b^2 & c^2+x & d^2 \\ a^2+b^2+c^2+d^2+x & b^2 & c^2 & d^2+x \end{vmatrix}$$

$$=(a^2+b^2+c^2+d^2+x)\begin{vmatrix} 1 & b^2 & c^2 & d^2 \\ 1 & b^2+x & c^2 & d^2 \\ 1 & b^2 & c^2+x & d^2 \\ 1 & b^2 & c^2 & d^2+x \end{vmatrix},$$

再将行列式上三角化得

$$=(a^2+b^2+c^2+d^2+x)\cdot\begin{vmatrix} 1 & b^2 & c^2 & d^2 \\ 0 & x & 0 & 0 \\ 0 & 0 & x & 0 \\ 0 & 0 & 0 & x \end{vmatrix}$$

$$=x^3(a^2+b^2+c^2+d^2+x).$$

小结：本题求抽象的四阶行列式，首先根据行列式的特点进行简化，然后进行三角化. 一般在三角化过程中比较关键的一步就是把某一行（列）的元素化为 1.

三、习题 1－3 解答

1. 用行列式的性质计算下列行列式：

(1) $\begin{vmatrix} 34\,215 & 35\,215 \\ 28\,092 & 29\,092 \end{vmatrix}$；　　(2) $\begin{vmatrix} -ab & ac & ae \\ bd & -cd & de \\ bf & cf & -ef \end{vmatrix}$；

(3) $\begin{vmatrix} 1 & 1 & 1 & 1 \\ -1 & 1 & 1 & 1 \\ -1 & -1 & 1 & 1 \\ -1 & -1 & -1 & 1 \end{vmatrix}$.

解 (1) $\begin{vmatrix} 34\,215 & 35\,215 \\ 28\,092 & 29\,092 \end{vmatrix} = \begin{vmatrix} 34\,215 & 1\,000 \\ 28\,092 & 1\,000 \end{vmatrix} = 1\,000\begin{vmatrix} 34\,215 & 1 \\ 28\,092 & 1 \end{vmatrix}$

$= 1\,000(34\,215 - 28\,092) = 6\,123\,000.$

(2) $\begin{vmatrix} -ab & ac & ae \\ bd & -cd & de \\ bf & cf & -ef \end{vmatrix} = adf\begin{vmatrix} -b & c & e \\ b & -c & e \\ b & c & -e \end{vmatrix} = adfbce\begin{vmatrix} -1 & 1 & 1 \\ 1 & -1 & 1 \\ 1 & 1 & -1 \end{vmatrix}$

$= adfbce\begin{vmatrix} -1 & 0 & 0 \\ 1 & 0 & 2 \\ 1 & 2 & 0 \end{vmatrix}$

$= 4abcdef.$

(3) $\begin{vmatrix} 1 & 1 & 1 & 1 \\ -1 & 1 & 1 & 1 \\ -1 & -1 & 1 & 1 \\ -1 & -1 & -1 & 1 \end{vmatrix} = \begin{vmatrix} 1 & 1 & 1 & 1 \\ 0 & 2 & 2 & 2 \\ 0 & 0 & 2 & 2 \\ 0 & 0 & 0 & 2 \end{vmatrix} = 8.$

2. 把下列行列式化为上三角形行列式，并计算其值：

(1) $\begin{vmatrix} -2 & 2 & -4 & 0 \\ 4 & -1 & 3 & 5 \\ 3 & 1 & -2 & -3 \\ 2 & 0 & 5 & 1 \end{vmatrix}$；(2) $\begin{vmatrix} 1 & 2 & 3 & 4 \\ 2 & 3 & 4 & 1 \\ 3 & 4 & 1 & 2 \\ 4 & 1 & 2 & 3 \end{vmatrix}$；(3) $\begin{vmatrix} 3 & 1 & -1 & 2 \\ -5 & 1 & 3 & -4 \\ 2 & 0 & 1 & 1 \\ 1 & -5 & 3 & -3 \end{vmatrix}$.

解 (1) $\begin{vmatrix} -2 & 2 & -4 & 0 \\ 4 & -1 & 3 & 5 \\ 3 & 1 & -2 & -3 \\ 2 & 0 & 5 & 1 \end{vmatrix} = 2\begin{vmatrix} -1 & 1 & -2 & 0 \\ 4 & -1 & 3 & 5 \\ 3 & 1 & -2 & -3 \\ 2 & 0 & 5 & 1 \end{vmatrix}$

$= 2\begin{vmatrix} -1 & 1 & -2 & 0 \\ 0 & 3 & -5 & 5 \\ 0 & 4 & -8 & -3 \\ 0 & 2 & 1 & 1 \end{vmatrix} = -2\begin{vmatrix} 1 & -1 & 2 & 0 \\ 0 & 1 & -6 & 4 \\ 0 & 0 & -10 & -5 \\ 0 & 2 & 1 & 1 \end{vmatrix}$

$= -2\begin{vmatrix} 1 & -1 & 2 & 0 \\ 0 & 1 & -6 & 4 \\ 0 & 0 & -10 & -5 \\ 0 & 0 & 13 & -7 \end{vmatrix} = 10\begin{vmatrix} 1 & -1 & 2 & 0 \\ 0 & 1 & -6 & 4 \\ 0 & 0 & 2 & 1 \\ 0 & 0 & 13 & -7 \end{vmatrix}$

$= 10\begin{vmatrix} 1 & -1 & 2 & 0 \\ 0 & 1 & -6 & 4 \\ 0 & 0 & 2 & 1 \\ 0 & 0 & 1 & -13 \end{vmatrix} = -10\begin{vmatrix} 1 & -1 & 2 & 0 \\ 0 & 1 & -6 & 4 \\ 0 & 0 & 1 & -13 \\ 0 & 0 & 2 & 1 \end{vmatrix}$

$$=-10\begin{vmatrix}1 & -1 & 2 & 0\\0 & 1 & -6 & 4\\0 & 0 & 1 & -13\\0 & 0 & 0 & 27\end{vmatrix}=-270.$$

(2) $\begin{vmatrix}1 & 2 & 3 & 4\\2 & 3 & 4 & 1\\3 & 4 & 1 & 2\\4 & 1 & 2 & 3\end{vmatrix}=\begin{vmatrix}10 & 2 & 3 & 4\\10 & 3 & 4 & 1\\10 & 4 & 1 & 2\\10 & 1 & 2 & 3\end{vmatrix}=10\begin{vmatrix}1 & 2 & 3 & 4\\1 & 3 & 4 & 1\\1 & 4 & 1 & 2\\1 & 1 & 2 & 3\end{vmatrix}=10\begin{vmatrix}1 & 2 & 3 & 4\\0 & 1 & 1 & -3\\0 & 2 & -2 & -2\\0 & -1 & -1 & -1\end{vmatrix}$

$$=-20\begin{vmatrix}1 & 2 & 3 & 4\\0 & 1 & 1 & -3\\0 & 1 & -1 & -1\\0 & 1 & 1 & 1\end{vmatrix}=-20\begin{vmatrix}1 & 2 & 3 & 4\\0 & 1 & 1 & -3\\0 & 0 & -2 & 2\\0 & 0 & 0 & 4\end{vmatrix}=160$$

(3) $\begin{vmatrix}3 & 1 & -1 & 2\\-5 & 1 & 3 & -4\\2 & 0 & 1 & 1\\1 & -5 & 3 & -3\end{vmatrix}=-\begin{vmatrix}1 & 3 & -1 & 2\\0 & -8 & 4 & -6\\0 & 2 & 1 & 1\\0 & 16 & -2 & 7\end{vmatrix}=\begin{vmatrix}1 & 3 & -1 & 2\\0 & 2 & 1 & 1\\0 & 0 & 8 & -2\\0 & 0 & -10 & -1\end{vmatrix}$

$$=\begin{vmatrix}1 & 3 & -1 & 2\\0 & 2 & 1 & 1\\0 & 0 & 8 & -2\\0 & 0 & 0 & -3.5\end{vmatrix}=-56.$$

3. 设行列式$|a_{ij}|=m(i, j=1, 2, \cdots, 5)$，依下列次序对$|a_{ij}|$进行变换后，求其结果：

交换第 1 行与第 5 行，再转置，用 2 乘所有元素，再用 (−3) 乘以第 2 列加到第 4 列，最后用 4 除第 2 行各元素.

解　由$|a_{ij}|=m$，交换第 1 行与第 5 行后得$-m$，再转置得$-m$，用 2 乘所有元素得$-32m$，再用 (−3) 乘以第 2 列加到第 4 列得$-32m$，最后用 4 除第 2 行各元素得$-8m$.

4. 用行列式的性质证明下列等式：

(1) $\begin{vmatrix}a_1+kb_1 & b_1+c_1 & c_1\\a_2+kb_2 & b_2+c_2 & c_2\\a_3+kb_3 & b_3+c_3 & c_3\end{vmatrix}=\begin{vmatrix}a_1 & b_1 & c_1\\a_2 & b_2 & c_2\\a_3 & b_3 & c_3\end{vmatrix}$；

(2) $\begin{vmatrix}y+z & z+x & x+y\\x+y & y+z & z+x\\z+x & x+y & y+z\end{vmatrix}=2\begin{vmatrix}x & y & z\\z & x & y\\y & z & x\end{vmatrix}$.

证 (1) $\begin{vmatrix} a_1+kb_1 & b_1+c_1 & c_1 \\ a_2+kb_2 & b_2+c_2 & c_2 \\ a_3+kb_3 & b_3+c_3 & c_3 \end{vmatrix} = \begin{vmatrix} a_1+kb_1 & b_1 & c_1 \\ a_2+kb_2 & b_2 & c_2 \\ a_3+kb_3 & b_3 & c_3 \end{vmatrix} + \begin{vmatrix} a_1+kb_1 & c_1 & c_1 \\ a_2+kb_2 & c_2 & c_2 \\ a_3+kb_3 & c_3 & c_3 \end{vmatrix}$

$$= \begin{vmatrix} a_1+kb_1 & b_1 & c_1 \\ a_2+kb_2 & b_2 & c_2 \\ a_3+kb_3 & b_3 & c_3 \end{vmatrix} = \begin{vmatrix} a_1 & b_1 & c_1 \\ a_2 & b_2 & c_2 \\ a_3 & b_3 & c_3 \end{vmatrix} + k\begin{vmatrix} b_1 & b_1 & c_1 \\ b_2 & b_2 & c_2 \\ b_3 & b_3 & c_3 \end{vmatrix}$$

$$= \begin{vmatrix} a_1 & b_1 & c_1 \\ a_2 & b_2 & c_2 \\ a_3 & b_3 & c_3 \end{vmatrix},$$

证毕.

(2) 左边$= \begin{vmatrix} y & z+x & x+y \\ x & y+z & z+x \\ z & x+y & y+z \end{vmatrix} + \begin{vmatrix} z & z+x & x+y \\ y & y+z & z+x \\ x & x+y & y+z \end{vmatrix}$

$$= \begin{vmatrix} y & z+x & x \\ x & y+z & z \\ z & x+y & y \end{vmatrix} + \begin{vmatrix} z & x & x+y \\ y & z & z+x \\ x & y & y+z \end{vmatrix}$$

$$= \begin{vmatrix} y & z & x \\ x & y & z \\ z & x & y \end{vmatrix} + \begin{vmatrix} z & x & y \\ y & z & x \\ x & y & z \end{vmatrix}$$

$$= 2\begin{vmatrix} x & y & z \\ z & x & y \\ y & z & x \end{vmatrix} = \text{右边}.$$

5. 计算下列行列式:

(1) $\begin{vmatrix} x & a & \cdots & a \\ a & x & \cdots & a \\ \vdots & \vdots & & \vdots \\ a & a & \cdots & x \end{vmatrix}$;

(2) $\begin{vmatrix} 1 & 2 & 3 & \cdots & n-1 & n \\ -1 & 0 & 3 & \cdots & n-1 & n \\ -1 & -2 & 0 & \cdots & n-1 & n \\ \vdots & \vdots & \vdots & & \vdots & \vdots \\ -1 & -2 & -3 & \cdots & 0 & n \\ -1 & -2 & -3 & \cdots & -(n-1) & 0 \end{vmatrix}$;

(3) $\begin{vmatrix} 1 & a_1 & a_2 & \cdots & a_n \\ 1 & a_1+b_1 & a_2 & \cdots & a_n \\ 1 & a_1 & a_2+b_2 & \cdots & a_n \\ \vdots & \vdots & \vdots & & \vdots \\ 1 & a_1 & a_2 & \cdots & a_n+b_n \end{vmatrix}$；

(4) $\begin{vmatrix} a_0 & 1 & 1 & \cdots & 1 \\ 1 & a_1 & 0 & \cdots & 0 \\ 1 & 0 & a_2 & \cdots & 0 \\ \vdots & \vdots & \vdots & & \vdots \\ 1 & 0 & 0 & \cdots & a_n \end{vmatrix}$，其中 $a_i \neq 0$.

解 (1) 将原行列式的第 2 列至第 n 列加到第 1 列，并提出第 1 列公因子 $x+(n-1)a$，得

$$\text{原式}=[x+(n-1)a]\begin{vmatrix} 1 & a & a & \cdots & a \\ 1 & x & a & \cdots & a \\ 1 & a & x & \cdots & a \\ \vdots & \vdots & \vdots & & \vdots \\ 1 & a & a & \cdots & x \end{vmatrix}$$

$$\xlongequal[i=2,3,\cdots,n]{r_i+r_1\times(-1)}[x+(n-1)a]\begin{vmatrix} 1 & a & a & \cdots & a \\ 0 & x-a & 0 & \cdots & 0 \\ 0 & 0 & x-a & \cdots & 0 \\ \vdots & \vdots & \vdots & & \vdots \\ 0 & 0 & 0 & \cdots & x-a \end{vmatrix}$$

$$=[x+(n-1)a](x-a)^{n-1}.$$

(2) $\text{原式}=\begin{vmatrix} 1 & 2 & 3 & \cdots & n-1 & n \\ 0 & 2 & 6 & \cdots & 2(n-1) & 2n \\ 0 & 0 & 3 & \cdots & 2(n-1) & 2n \\ \vdots & \vdots & \vdots & & \vdots & \vdots \\ 0 & 0 & 0 & \cdots & n-1 & 2n \\ 0 & 0 & 0 & \cdots & 0 & n \end{vmatrix}=n!.$

(3) $\text{原式}=\begin{vmatrix} 1 & 0 & 0 & \cdots & 0 \\ 1 & b_1 & 0 & \cdots & 0 \\ 1 & 0 & b_2 & \cdots & 0 \\ \vdots & \vdots & \vdots & & \vdots \\ 1 & 0 & 0 & \cdots & b_n \end{vmatrix}=b_1b_2\cdots b_n.$

(4) 原式$=\begin{vmatrix} a_0-\sum\limits_{i=1}^{n}\frac{1}{a_i} & 1 & 1 & \cdots & 1 \\ 0 & a_1 & 0 & \cdots & 0 \\ 0 & 0 & a_2 & \cdots & 0 \\ \vdots & \vdots & \vdots & & \vdots \\ 0 & 0 & 0 & \cdots & a_n \end{vmatrix}$

$$=(a_1a_2\cdots a_n)\left(a_0-\sum_{i=1}^{n}\frac{1}{a_i}\right).$$

6. 解下列方程：

(1) $\begin{vmatrix} 1 & 1 & 2 & 3 \\ 1 & 2-x^2 & 2 & 3 \\ 2 & 3 & 1 & 5 \\ 2 & 3 & 1 & 9-x^2 \end{vmatrix}=0$；

(2) $\begin{vmatrix} 1 & 1 & 1 & \cdots & 1 & 1 \\ 1 & 1-x & 1 & \cdots & 1 & 1 \\ 1 & 1 & 2-x & \cdots & 1 & 1 \\ \vdots & \vdots & \vdots & & \vdots & \vdots \\ 1 & 1 & 1 & \cdots & (n-2)-x & 1 \\ 1 & 1 & 1 & \cdots & 1 & (n-1)-x \end{vmatrix}=0.$

解 (1) $\begin{vmatrix} 1 & 1 & 2 & 3 \\ 1 & 2-x^2 & 2 & 3 \\ 2 & 3 & 1 & 5 \\ 2 & 3 & 1 & 9-x^2 \end{vmatrix}=\begin{vmatrix} 1 & 1 & 2 & 3 \\ 0 & 1-x^2 & 0 & 0 \\ 2 & 3 & 1 & 5 \\ 0 & 0 & 0 & 4-x^2 \end{vmatrix}$

$$=\begin{vmatrix} -3 & -5 & 2 & 3 \\ 0 & 1-x^2 & 0 & 0 \\ 0 & 0 & 1 & 5 \\ 0 & 0 & 0 & 4-x^2 \end{vmatrix}$$

$$=-3(1-x^2)(4-x^2)=0$$

$$\Rightarrow x=\pm 1,\ x=\pm 2.$$

(2) 左边$=\begin{vmatrix} 1 & 1 & 1 & \cdots & 1 & 1 \\ 0 & -x & 0 & \cdots & 0 & 0 \\ 0 & 0 & 1-x & \cdots & 0 & 0 \\ \vdots & \vdots & \vdots & & \vdots & \vdots \\ 0 & 0 & 0 & \cdots & (n-3)-x & 0 \\ 0 & 0 & 0 & \cdots & 0 & (n-2)-x \end{vmatrix}$

$$=-x(1-x)\cdots[(n-3)-x][(n-2)-x]=0$$

$$\Rightarrow x_1=0,\ x_2=1,\ \cdots,\ x_{n-2}=n-3,\ x_{n-1}=n-2.$$

7. 设 n 阶行列式 $D=\det(a_{ij})$，把 D 上下翻转，或逆时针旋转 $90°$，或依副对角线翻转，依次得

$$D_1=\begin{vmatrix} a_{n1} & \cdots & a_{nn} \\ \vdots & & \vdots \\ a_{11} & \cdots & a_{1n} \end{vmatrix}, D_2=\begin{vmatrix} a_{1n} & \cdots & a_{nn} \\ \vdots & & \vdots \\ a_{11} & \cdots & a_{n1} \end{vmatrix}, D_3=\begin{vmatrix} a_{nn} & \cdots & a_{1n} \\ \vdots & & \vdots \\ a_{n1} & \cdots & a_{11} \end{vmatrix},$$

证明 $D_1=D_2=(-1)^{\frac{n(n-1)}{2}}D$，$D_3=D$.

证 因为 $D=\det(a_{ij})$，所以

$$D_1=\begin{vmatrix} a_{n1} & \cdots & a_{nn} \\ \vdots & & \vdots \\ a_{11} & \cdots & a_{1n} \end{vmatrix}=(-1)^{n-1}\begin{vmatrix} a_{11} & \cdots & a_{1n} \\ a_{n1} & \cdots & a_{nn} \\ \vdots & & \vdots \\ a_{21} & \cdots & a_{2n} \end{vmatrix}$$

$$=(-1)^{n-1+n-2}\begin{vmatrix} a_{11} & \cdots & a_{1n} \\ a_{21} & \cdots & a_{2n} \\ a_{n1} & \cdots & a_{nn} \\ \vdots & & \vdots \\ a_{31} & \cdots & a_{3n} \end{vmatrix}$$

$$=\cdots=(-1)^{1+2+\cdots+n-2+n-1}\begin{vmatrix} a_{11} & \cdots & a_{1n} \\ \vdots & & \vdots \\ a_{n1} & \cdots & a_{nn} \end{vmatrix}$$

$$=(-1)^{\frac{n(n-1)}{2}}D.$$

同理可证

$$D_2=(-1)^{\frac{n(n-1)}{2}}D,$$

$$D_3=(-1)^{\frac{n(n-1)}{2}}D_2=(-1)^{\frac{n(n-1)}{2}}(-1)^{\frac{n(n-1)}{2}}D=(-1)^{n(n-1)}D=D.$$

8. 已知 255，459，527 都能被 17 整除，不求行列式的值，证明行列式 $\begin{vmatrix} 2 & 4 & 5 \\ 5 & 5 & 2 \\ 5 & 9 & 7 \end{vmatrix}$ 能被 17 整除.

解 将行列式第 1 行的 100 倍、第 2 行的 10 倍加到第 3 行，得

$$\begin{vmatrix}2&4&5\\5&5&2\\5&9&7\end{vmatrix}=\begin{vmatrix}2&4&5\\5&5&2\\255&459&527\end{vmatrix}=17\begin{vmatrix}2&4&5\\5&5&2\\15&27&31\end{vmatrix}.$$

因为$\begin{vmatrix}2&4&5\\5&5&2\\15&27&31\end{vmatrix}$是整数，所以$\begin{vmatrix}2&4&5\\5&5&2\\5&9&7\end{vmatrix}$能被 17 整除.

§1.4　行列式按行（列）展开

一、主要知识归纳

主要知识归纳见表 1-4-1.

表 1-4-1

代数余子式	在 n 阶行列式 D 中，去掉元素 a_{ij} 所在的第 i 行和第 j 列后，余下的 $n-1$ 阶行列式，称为 D 中元素 a_{ij} 的余子式，记为 M_{ij}. $A_{ij}=(-1)^{i+j}M_{ij}$，称 A_{ij} 为元素 a_{ij} 的代数余子式.
按行（列）展开	$\sum\limits_{k=1}^{n}a_{ki}A_{kj}=\begin{cases}D, & i=j\\0, & i\neq j\end{cases}$，$\sum\limits_{k=1}^{n}a_{ik}A_{jk}=\begin{cases}D, & i=j\\0, & i\neq j\end{cases}$.
范德蒙行列式	$D_n=\begin{vmatrix}1&1&\cdots&1\\x_1&x_2&\cdots&x_n\\x_1^2&x_2^2&\cdots&x_n^2\\\vdots&\vdots&&\vdots\\x_1^{n-1}&x_2^{n-1}&\cdots&x_n^{n-1}\end{vmatrix}=\prod\limits_{n\geqslant i>j\geqslant 1}(x_i-x_j)$， $\prod$ 表示全体同类因子的乘积.
降阶法	用按行（列）展开法则与行列式的性质将高阶行列式化为低阶行列式的方法：先利用行列式的性质将行列式的某一行（列）化为仅含有一个非零元素，再按此行（列）展开，变为低一阶的行列式，如此继续下去直到化为三阶或二阶行列式.

二、典型例题分析

例 1　计算 n 阶行列式 $D_n=\begin{vmatrix}0&1&1&\cdots&1\\1&2&0&\cdots&0\\1&0&3&\cdots&0\\\vdots&\vdots&\vdots&&\vdots\\1&0&0&\cdots&n\end{vmatrix}$.

解　D_n 类似爪型行列式$\diagdown$，将第 $i(i=2,3,\cdots,n)$ 列乘上 $\left(-\frac{1}{i}\right)$ 后加

到第 1 列，得

$$D_n \xlongequal[i=2,3,\cdots,n]{r_1+r_i\times\left(-\frac{1}{i}\right)} \begin{vmatrix} -\frac{1}{2}-\frac{1}{3}-\cdots-\frac{1}{n} & 1 & 1 & \cdots & 1 \\ 0 & 2 & 0 & \cdots & 0 \\ 0 & 0 & 3 & \cdots & 0 \\ \vdots & \vdots & \vdots & & \vdots \\ 0 & 0 & 0 & \cdots & n \end{vmatrix},$$

再将 D_n 按第 1 列展开，有

$$\begin{aligned} D_n &= -\left(\frac{1}{2}+\frac{1}{3}+\cdots+\frac{1}{n}\right)\begin{vmatrix} 2 & 0 & \cdots & 0 \\ 0 & 3 & \cdots & 0 \\ \vdots & \vdots & & \vdots \\ 0 & 0 & \cdots & n \end{vmatrix}, \\ &= -\left(\frac{1}{2}+\frac{1}{3}+\cdots+\frac{1}{n}\right)n!. \end{aligned}$$

小结： 类似这种爪形行列式，一般的方法是先三角化，然后再用降阶法来计算.

例 2　计算 n 阶行列式 $D_n=\begin{vmatrix} 2 & -1 & & & & \\ -1 & 2 & -1 & & & \\ & -1 & 2 & -1 & & \\ & & \ddots & \ddots & \ddots & \\ & & & -1 & 2 & -1 \\ & & & & -1 & 2 \end{vmatrix}$（其他空白地方都是 0）.

解　将行列式按第 1 行展开得

$$\begin{aligned} D_n &= 2D_{n-1}+\begin{vmatrix} -1 & -1 & & & & \\ 0 & 2 & -1 & & & \\ & -1 & 2 & -1 & & \\ & & \ddots & \ddots & \ddots & \\ & & & -1 & 2 & -1 \\ & & & & -1 & 2 \end{vmatrix} \\ &= 2D_{n-1}-D_{n-2}=2(2D_{n-2}-D_{n-3})-D_{n-2} \\ &= 3D_{n-2}-2D_{n-3}=3(2D_{n-3}-D_{n-4})-2D_{n-3} \\ &= 4D_{n-3}-3D_{n-4} \\ &\cdots\cdots \end{aligned}$$

$$=(n-1)D_2-(n-2)D_1,$$

又因为 $D_2=\begin{vmatrix} 2 & -1 \\ -1 & 2 \end{vmatrix}=3$，$D_1=2$，则

$$D_n=3(n-1)-2(n-2)=n+1.$$

小结：本题采用递推公式法：按行（列）展开定理，把一个 n 阶行列式表示成具有相同结构的较低阶行列式的线性关系，进而递推求出所给行列式的值. 像本题中的形如$\left|\diagdown\!\diagdown\!\diagdown\right|$的三对角行列式常采用递推公式法计算.

例 3　计算 n 阶行列式 $D_n=\begin{vmatrix} a_1+b_1 & a_2 & \cdots & a_n \\ a_1 & a_2+b_2 & \cdots & a_n \\ \vdots & \vdots & & \vdots \\ a_1 & a_2 & \cdots & a_n+b_n \end{vmatrix}$.

解　对原行列式添加如下的一行一列，有

$$D_n=\overline{D}_{n+1}=\begin{vmatrix} 1 & a_1 & a_2 & \cdots & a_n \\ 0 & a_1+b_1 & a_2 & \cdots & a_n \\ 0 & a_1 & a_2+b_2 & \cdots & a_n \\ \vdots & \vdots & \vdots & & \vdots \\ 0 & a_1 & a_2 & \cdots & a_n+b_n \end{vmatrix}$$

$$\xlongequal[i=2,\ 3,\ \cdots,\ (n+1)]{r_i-r_1}\begin{vmatrix} 1 & a_1 & a_2 & \cdots & a_n \\ -1 & b_1 & 0 & \cdots & 0 \\ -1 & 0 & b_2 & \cdots & 0 \\ \vdots & \vdots & \vdots & & \vdots \\ -1 & 0 & 0 & \cdots & b_n \end{vmatrix}$$

$$\xlongequal[j=2,\ 3,\ \cdots,\ (n+1)]{c_1+\frac{1}{b_{j-1}}c_j}\begin{vmatrix} 1+\sum\limits_{j=1}^{n}\dfrac{a_j}{b_j} & a_1 & a_2 & \cdots & a_n \\ 0 & b_1 & 0 & \cdots & 0 \\ 0 & 0 & b_2 & \cdots & 0 \\ \vdots & \vdots & \vdots & & \vdots \\ 0 & 0 & 0 & \cdots & b_n \end{vmatrix}$$

$$=b_1b_2\cdots b_n\left(1+\sum_{j=1}^{n}\frac{a_j}{b_j}\right).$$

小结：本题计算 n 阶行列式采用的方法为加边法（升阶法）：是将原行列式中增添若干适当的行与列，构成一个新的行列式. 本题的关键在于通过加行把原

行列式化为爪形并进而三角化.

例 4　计算 n 阶行列式 $D_n=\begin{vmatrix} 1 & 1 & \cdots & 1 \\ x_1 & x_2 & \cdots & x_n \\ x_1^2 & x_2^2 & \cdots & x_n^2 \\ \vdots & \vdots & & \vdots \\ x_1^{n-2} & x_2^{n-2} & \cdots & x_n^{n-2} \\ x_1^n & x_2^n & \cdots & x_n^n \end{vmatrix}$.

解　行列式 D_n 与范德蒙行列式相似，但少了一行 x_i^{n-1}，采用加边法加上含 x_i^{n-1} 的一行，再加上相应的一列为 1，y，y^2，…，y^n，得

$$D_{n+1}=\begin{vmatrix} 1 & 1 & \cdots & 1 & 1 \\ x_1 & x_2 & \cdots & x_n & y \\ x_1^2 & x_2^2 & \cdots & x_n^2 & y^2 \\ \vdots & \vdots & & \vdots & \vdots \\ x_1^{n-2} & x_2^{n-2} & \cdots & x_n^{n-2} & y^{n-2} \\ x_1^{n-1} & x_2^{n-1} & \cdots & x_n^{n-1} & y^{n-1} \\ x_1^n & x_2^n & \cdots & x_n^{n-1} & y^n \end{vmatrix}$$

$$=(y-x_1)(y-x_2)\cdots(y-x_n)\prod_{n\geqslant i>j\geqslant 1}(x_i-x_j),$$

将行列式 D_{n+1} 按最后一列展开得

$$D_{n+1}=1\cdot A_{1,n+1}+y\cdot A_{2,n+1}+\cdots+y^{n-2}\cdot A_{n-1,n+1}+y^{n-1}A_{n,n+1}+y^nA_{n+1,n+1},$$

由于 D_n 的值为 D_{n+1} 中 y^{n-1} 的余子式 $M_{n,n+1}$，即 $D_n=M_{n,n+1}=-A_{n,n+1}$，又

$$D_{n+1}=(y-x_1)(y-x_2)\cdots(y-x_n)\prod_{n\geqslant i>j\geqslant 1}(x_i-x_j),$$

则 y^{n-1} 的系数 $A_{n,n+1}$ 为 $-(x_1+x_2+\cdots+x_n)\prod\limits_{n\geqslant i>j\geqslant 1}(x_i-x_j)$，即

$$D_n=(x_1+x_2+\cdots+x_n)\prod_{n\geqslant i>j\geqslant 1}(x_i-x_j).$$

小结：计算这种类似范德蒙行列式的一种常用方法是先用加边法将行列式变换为范德蒙行列式，再将行列式按新加的列展开，然后通过比较系数法得出行列式的值.

例 5　已知五阶行列式 $D_5=\begin{vmatrix} 1 & 2 & 3 & 4 & 5 \\ 2 & 2 & 2 & 1 & 1 \\ 3 & 1 & 2 & 4 & 6 \\ 1 & 1 & 1 & 2 & 2 \\ 4 & 3 & 1 & 5 & 0 \end{vmatrix}=27$，求：

(1) $A_{41}+A_{42}+A_{43}$ 和 $A_{44}+A_{45}$.

(2) $A_{11}+A_{12}+A_{13}+A_{14}+A_{15}$.

(3) $3A_{21}+A_{22}+2A_{23}+4A_{24}+6A_{25}$.

解 (1) 由行列式的展开定理可知：

$$\begin{cases}A_{41}+A_{42}+A_{43}+2(A_{44}+A_{45})=27\\2(A_{41}+A_{42}+A_{43})+A_{44}+A_{45}=0\end{cases},$$

解得 $A_{41}+A_{42}+A_{43}=-9$，$A_{44}+A_{45}=18$.

(2) $$A_{11}+A_{12}+A_{13}+A_{14}+A_{15}=\begin{vmatrix}1&1&1&1&1\\2&2&2&1&1\\3&1&2&4&6\\1&1&1&2&2\\4&3&1&5&0\end{vmatrix}$$

$$=\begin{vmatrix}1&1&1&1&1\\0&0&0&-1&-1\\3&1&2&4&6\\0&0&0&1&1\\4&3&1&5&0\end{vmatrix}=0.$$

(3) 由展开定理，行列式某一行的元素与另一行的对应元素的代数余子式的乘积之和为零，而 $3A_{21}+A_{22}+2A_{23}+4A_{24}+6A_{25}$ 是第 3 行元素与第 2 行元素的代数余子式之积，则

$$3A_{21}+A_{22}+2A_{23}+4A_{24}+6A_{25}=0.$$

小结：(1) 解决此类问题通常根据代数余子式前的系数选择合适的行（列）展开行列式，以便巧妙地构造方程组；(2)、(3) 根据代数余子式的性质直接用系数代替相应位置的元素.

三、习题 1-4 解答

1. 求行列式 $\begin{vmatrix}-3&0&4\\5&0&3\\2&-2&1\end{vmatrix}$ 中元素 2 和 -2 的代数余子式.

解 元素 2 的代数余子式为

$$(-1)^{3+1}\begin{vmatrix}0&4\\0&3\end{vmatrix}=0;$$

元素 -2 的代数余子式为

$$(-1)^{3+2}\begin{vmatrix}-3 & 4\\ 5 & 3\end{vmatrix}=29.$$

2. 已知四阶行列式 D 中第 3 列元素依次为 -1，2，0，1，它们的余子式依次为 5，3，-7，4，求 D.

解　利用行列式等于它的任一行（列）的各元素与其对应的代数余子式乘积之和的性质，得

$$D=a_{i1}A_{i1}+a_{i2}A_{i2}+\cdots+a_{in}A_{in}\quad (i=1,2,\cdots,n),$$

或

$$D=a_{1j}A_{1j}+a_{2j}A_{2j}+\cdots+a_{nj}A_{nj}\quad (j=1,2,\cdots,n).$$
$$D=(-1)\times 5-2\times 3+0\times(-7)-1\times 4=-15.$$

3. 按第 3 列展开下列行列式，并计算其值：

(1) $\begin{vmatrix}1 & 0 & a & 1\\ 0 & -1 & b & -1\\ -1 & -1 & c & -1\\ -1 & 1 & d & 0\end{vmatrix}$；　　(2) $\begin{vmatrix}a_{11} & a_{12} & a_{13} & a_{14} & a_{15}\\ a_{21} & a_{22} & a_{23} & a_{24} & a_{25}\\ a_{31} & a_{32} & 0 & 0 & 0\\ a_{41} & a_{42} & 0 & 0 & 0\\ a_{51} & a_{52} & 0 & 0 & 0\end{vmatrix}$.

解　(1) 原式$=a\begin{vmatrix}0 & -1 & -1\\ -1 & -1 & -1\\ -1 & 1 & 0\end{vmatrix}-b\begin{vmatrix}1 & 0 & 1\\ -1 & -1 & -1\\ -1 & 1 & 0\end{vmatrix}$

$$+c\begin{vmatrix}1 & 0 & 1\\ 0 & -1 & -1\\ -1 & 1 & 0\end{vmatrix}-d\begin{vmatrix}1 & 0 & 1\\ 0 & -1 & -1\\ -1 & -1 & -1\end{vmatrix}$$

$$=a\left(\begin{vmatrix}-1 & -1\\ 1 & 0\end{vmatrix}-\begin{vmatrix}-1 & -1\\ -1 & -1\end{vmatrix}\right)$$

$$-b\left(\begin{vmatrix}-1 & -1\\ 1 & 0\end{vmatrix}+\begin{vmatrix}-1 & -1\\ -1 & 1\end{vmatrix}\right)$$

$$+c\left(\begin{vmatrix}-1 & -1\\ 1 & 0\end{vmatrix}-\begin{vmatrix}0 & 1\\ -1 & -1\end{vmatrix}\right)$$

$$-d\left(\begin{vmatrix}-1 & -1\\ -1 & -1\end{vmatrix}-\begin{vmatrix}0 & 1\\ -1 & -1\end{vmatrix}\right)$$

$$=a+b+d.$$

(2) $\begin{vmatrix} a_{11} & a_{12} & a_{13} & a_{14} & a_{15} \\ a_{21} & a_{22} & a_{23} & a_{24} & a_{25} \\ a_{31} & a_{32} & 0 & 0 & 0 \\ a_{41} & a_{42} & 0 & 0 & 0 \\ a_{51} & a_{52} & 0 & 0 & 0 \end{vmatrix}$

$$=a_{13}\begin{vmatrix} a_{21} & a_{22} & a_{24} & a_{25} \\ a_{31} & a_{32} & 0 & 0 \\ a_{41} & a_{42} & 0 & 0 \\ a_{51} & a_{52} & 0 & 0 \end{vmatrix}-a_{23}\begin{vmatrix} a_{11} & a_{12} & a_{14} & a_{15} \\ a_{31} & a_{32} & 0 & 0 \\ a_{41} & a_{42} & 0 & 0 \\ a_{51} & a_{52} & 0 & 0 \end{vmatrix}=0.$$

4. 证明：$\begin{vmatrix} 1 & 1 & 1 & 1 \\ a & b & c & d \\ a^2 & b^2 & c^2 & d^2 \\ a^4 & b^4 & c^4 & d^4 \end{vmatrix}=(a-b)(a-c)(a-d)(b-c)(b-d)(c-d)(a+b+c+d)$.

证明思路 计算行列式时，一般可先用行列式的性质将行列式中某一行（列）化为仅含有一个非零元素，再按此行（列）展开，化为低一阶的行列式，如此继续下去直到化为三阶或二阶行列式.

证 左边$=\begin{vmatrix} 1 & 0 & 0 & 0 \\ a & b-a & c-a & d-a \\ a^2 & b^2-a^2 & c^2-a^2 & d^2-a^2 \\ a^4 & b^4-a^4 & c^4-a^4 & d^4-a^4 \end{vmatrix}$

$$=\begin{vmatrix} b-a & c-a & d-a \\ b^2-a^2 & c^2-a^2 & d^2-a^2 \\ b^2(b^2-a^2) & c^2(c^2-a^2) & d^2(d^2-a^2) \end{vmatrix}$$

$$=(b-a)(c-a)(d-a)\begin{vmatrix} 1 & 1 & 1 \\ b+a & c+a & d+a \\ b^2(b+a) & c^2(c+a) & d^2(d+a) \end{vmatrix}$$

$$=(b-a)(c-a)(d-a)$$

$$\times\begin{vmatrix} 1 & 0 & 0 \\ b+a & c-b & d-b \\ b^2(b+a) & c^2(c+a)-b^2(b+a) & d^2(d+a)-b^2(b+a) \end{vmatrix}$$

$$=(b-a)(c-a)(d-a)(c-b)(d-b)$$

$$\times\begin{vmatrix} 1 & 1 \\ (c^2+bc+b^2)+a(c+b) & (d^2+bd+b^2)+a(d+b) \end{vmatrix}$$

$$=(a-b)(a-c)(a-d)(b-c)(b-d)(c-d)(a+b+c+d).$$

5. 用降阶法计算下列行列式：

(1) $\begin{vmatrix} 1+x & 1 & 1 & 1 \\ 1 & 1-x & 1 & 1 \\ 1 & 1 & 1+y & 1 \\ 1 & 1 & 1 & 1-y \end{vmatrix}$；

(2) $\begin{vmatrix} 0 & a & b & a \\ a & 0 & a & b \\ b & a & 0 & a \\ a & b & a & 0 \end{vmatrix}$；

(3) $\begin{vmatrix} x & y & 0 & \cdots & 0 & 0 \\ 0 & x & y & \cdots & 0 & 0 \\ \vdots & \vdots & \vdots & & \vdots & \vdots \\ 0 & 0 & 0 & \cdots & x & y \\ y & 0 & 0 & \cdots & 0 & x \end{vmatrix}$；

(4) $\begin{vmatrix} -a_1 & a_1 & 0 & \cdots & 0 & 0 \\ 0 & -a_2 & a_2 & \cdots & 0 & 0 \\ \vdots & \vdots & \vdots & & \vdots & \vdots \\ 0 & 0 & 0 & \cdots & -a_n & a_n \\ 1 & 1 & 1 & \cdots & 1 & 1 \end{vmatrix}$.

解题思路 先利用行列式的性质及其相关推论把行列式按一行（列）展开，再把展开后的行列式化成三角或二阶行列式.

解 (1) 原式$=\begin{vmatrix} 1 & 0 & 0 & 0 \\ 1 & -x & 0 & 0 \\ 1 & 0 & y & 0 \\ 1 & 0 & 0 & -y \end{vmatrix}+\begin{vmatrix} x & 1 & 1 & 1 \\ 0 & 1-x & 1 & 1 \\ 0 & 1 & 1+y & 1 \\ 0 & 1 & 1 & 1-y \end{vmatrix}$

$$=xy^2+x\begin{vmatrix} 1 & 1 & 1 \\ 1 & 1+y & 1 \\ 1 & 1 & 1-y \end{vmatrix}+x\begin{vmatrix} -x & 1 & 1 \\ 0 & 1+y & 1 \\ 0 & 1 & 1-y \end{vmatrix}$$

$$=xy^2+x\begin{vmatrix} y & 0 \\ 0 & -y \end{vmatrix}-x^2\begin{vmatrix} 1+y & 1 \\ 1 & 1-y \end{vmatrix}$$

$$=xy^2-xy^2-x^2(1-y^2-1)=x^2y^2.$$

(2) 将 c_2，c_3，c_4 都加到 c_1，得

$$原式=\begin{vmatrix}2a+b & a & b & a\\ 2a+b & 0 & a & b\\ 2a+b & a & 0 & a\\ 2a+b & b & a & 0\end{vmatrix}=(2a+b)\begin{vmatrix}1 & a & b & a\\ 1 & 0 & a & b\\ 1 & a & 0 & a\\ 1 & b & a & 0\end{vmatrix}$$

$$=(2a+b)\begin{vmatrix}1 & a & b & a\\ 0 & -a & a-b & b-a\\ 0 & 0 & -b & 0\\ 0 & b-a & a-b & -a\end{vmatrix}=(2a+b)\begin{vmatrix}-a & a-b & b-a\\ 0 & -b & 0\\ b-a & a-b & -a\end{vmatrix}$$

$$=(2a+b)(-b)\begin{vmatrix}-a & b-a\\ b-a & -a\end{vmatrix}=b^2(b^2-4a^2).$$

$$(3)\ 原式=x\begin{vmatrix}x & y & \cdots & 0 & 0\\ \vdots & \vdots & & \vdots & \vdots\\ 0 & 0 & \cdots & x & y\\ 0 & 0 & \cdots & 0 & x\end{vmatrix}+(-1)^{n+1}y\begin{vmatrix}y & 0 & \cdots & 0 & 0\\ x & y & \cdots & 0 & 0\\ \vdots & \vdots & & \vdots & \vdots\\ 0 & 0 & \cdots & x & y\end{vmatrix}$$

$$=x^n+(-1)^{n+1}y^n.$$

(4) 将第 2 列至第 $n+1$ 列分别加到第 1 列，得

$$原式=\begin{vmatrix}0 & a_1 & 0 & \cdots & 0 & 0\\ 0 & -a_2 & a_2 & \cdots & 0 & 0\\ \vdots & \vdots & \vdots & & \vdots & \vdots\\ 0 & 0 & 0 & \cdots & -a_n & a_n\\ n+1 & 1 & 1 & \cdots & 1 & 1\end{vmatrix}$$

$$=(-1)^{n+1+1}(n+1)\begin{vmatrix}a_1 & 0 & \cdots & 0 & 0\\ -a_2 & a_2 & \cdots & 0 & 0\\ \vdots & \vdots & & \vdots & \vdots\\ 0 & 0 & \cdots & -a_n & a_n\end{vmatrix}$$

$$=(-1)^n(n+1)a_1a_2\cdots a_n.$$

6. 计算下列行列式（D_k 为 k 阶行列式）：

(1) $D_n=\det(a_{ij})$，其中 $a_{ij}=|i-j|$；

$$(2)\ D_{n+1}=\begin{vmatrix}a^n & (a-1)^n & \cdots & (a-n)^n\\ a^{n-1} & (a-1)^{n-1} & \cdots & (a-n)^{n-1}\\ \vdots & \vdots & & \vdots\\ a & a-1 & \cdots & a-n\\ 1 & 1 & \cdots & 1\end{vmatrix};$$

(3) $D_{2n}=\begin{vmatrix} a_n & & & & & b_n \\ & \ddots & & 0 & \iddots & \\ & & a_1 & b_1 & & \\ 0 & & c_1 & d_1 & & 0 \\ & \iddots & & 0 & \ddots & \\ c_n & & & & & d_n \end{vmatrix}$.

解题思路　(1) 利用行列式的性质和相关推论.

(2) 利用行列式的性质把已知行列式化成范德蒙行列式.

(3) 把行列式按一行（列）展开，再按递推公式进行运算.

解　(1) $D_n=\det(a_{ij})=\begin{vmatrix} 0 & 1 & 2 & 3 & \cdots & n-1 \\ 1 & 0 & 1 & 2 & \cdots & n-2 \\ 2 & 1 & 0 & 1 & \cdots & n-3 \\ 3 & 2 & 1 & 0 & \cdots & n-4 \\ \vdots & \vdots & \vdots & \vdots & & \vdots \\ n-1 & n-2 & n-3 & n-4 & \cdots & 0 \end{vmatrix}$

$$\xlongequal[\vdots]{\substack{r_1-r_2\\ r_2-r_3\\ r_3-r_4\\ r_4-r_5}}\begin{vmatrix} -1 & 1 & 1 & 1 & \cdots & 1 \\ -1 & -1 & 1 & 1 & \cdots & 1 \\ -1 & -1 & -1 & 1 & \cdots & 1 \\ -1 & -1 & -1 & -1 & \cdots & 1 \\ \vdots & \vdots & \vdots & \vdots & & \vdots \\ n-1 & n-2 & n-3 & n-4 & \cdots & 0 \end{vmatrix}$$

$$\xlongequal[\vdots]{\substack{c_2+c_1\\ c_3+c_1\\ c_4+c_1}}\begin{vmatrix} -1 & 0 & 0 & 0 & \cdots & 0 \\ -1 & -2 & 0 & 0 & \cdots & 0 \\ -1 & -2 & -2 & 0 & \cdots & 0 \\ -1 & -2 & -2 & -2 & \cdots & 0 \\ \vdots & \vdots & \vdots & \vdots & & \vdots \\ n-1 & 2n-3 & 2n-4 & 2n-5 & \cdots & n-1 \end{vmatrix}$$

$$=(-1)^{n-1}(n-1)2^{n-2}.$$

(2) 从第 n 行开始，第 n 行经过 n 次相邻对换，换到第 1 行，第 $n-1$ 行经 $(n-1)$ 次对换换到第 2 行……经 $n+n-1+\cdots+1=\dfrac{n(n+1)}{2}$ 次行交换，得

$$D_{n+1}=(-1)^{\frac{n(n+1)}{2}}\begin{vmatrix}1 & 1 & \cdots & 1\\ a & a-1 & \cdots & a-n\\ \vdots & \vdots & & \vdots\\ a^{n-1} & (a-1)^{n-1} & \cdots & (a-n)^{n-1}\\ a^n & (a-1)^n & \cdots & (a-n)^n\end{vmatrix}$$

$$=(-1)^{\frac{n(n+1)}{2}}\prod_{n+1\geqslant i>j\geqslant 1}[(a-i+1)-(a-j+1)]$$

$$=(-1)^{\frac{n(n+1)}{2}}\prod_{n+1\geqslant i>j\geqslant 1}[-(i-j)]$$

$$=(-1)^{\frac{n(n+1)}{2}}\cdot(-1)^{\frac{n(n-1)+\cdots+1}{2}}\cdot\prod_{n+1\geqslant i>j\geqslant 1}(i-j)$$

$$=\prod_{n+1\geqslant i>j\geqslant 1}(i-j).$$

(3) 按第 1 行展开

$$D_{2n}=a_n\begin{vmatrix}a_{n-1} & & & \cdots & & & b_{n-1} & 0\\ & & & 0 & & & & \\ & & \ddots & & \iddots & & & \\ & & a_1 & & b_1 & & & \\ \cdots & 0 & c_1 & & d_1 & & 0 & \cdots\\ & & \iddots & & \ddots & & & \\ c_{n-1} & & & 0 & & & d_{n-1} & 0\\ 0 & & & \cdots & & & 0 & d_n\end{vmatrix}$$

$$+(-1)^{2n+1}b_n\begin{vmatrix}0 & a_{n-1} & & & 0 & & b_{n-1}\\ & & \ddots & & & \iddots & \\ & & & a_1 & b_1 & & \\ & 0 & & c_1 & d_1 & & 0\\ & & \iddots & & & \ddots & \\ & c_{n-1} & & & 0 & & d_{n-1}\\ c_n & & & & & & 0\end{vmatrix}$$

$$\xlongequal{\text{都按最后一行展开}}a_nd_nD_{2n-2}-b_nc_nD_{2n-2}$$

$$\Rightarrow D_{2n}=(a_nd_n-b_nc_n)D_{2n-2},$$

即

$$D_{2n}=\prod_{i=2}^{n}(a_id_i-b_ic_i)D_2,$$

而

$$D_2=\begin{vmatrix} a_1 & b_1 \\ c_1 & d_1 \end{vmatrix}=a_1d_1-b_1c_1,$$

得

$$D_{2n}=\prod_{i=1}^{n}(a_id_i-b_ic_i).$$

7. 已知四阶行列式 D 中第 1 行元素分别为 1，2，0，-4，第 3 行元素的余子式依次为 6，x，19，2，试求 x 的值.

解　由题设知，a_{11}，a_{12}，a_{13}，a_{14} 分别为 1，2，0，-4，而 M_{31}，M_{32}，M_{33}，M_{34} 分别为 6，x，19，2，从而得 A_{31}，A_{32}，A_{33}，A_{34} 分别为 6，$-x$，19，-2.

由行列式按行（列）展开定理，得

$$a_{11}A_{31}+a_{12}A_{32}+a_{13}A_{33}+a_{14}A_{34}=0,$$

即

$$1\times6+2\times(-x)+0\times19+(-4)\times(-2)=0,$$

所以

$$x=7.$$

§1.5　克莱姆法则

一、主要知识归纳

主要知识归纳见表 1－5－1 和表 1－5－2.

表 1－5－1　　**克莱姆法则**

克莱姆法则	若非齐次线性方程组 $$\begin{cases} a_{11}x_1+a_{12}x_2+\cdots+a_{1n}x_n=b_1 \\ a_{21}x_1+a_{22}x_2+\cdots+a_{2n}x_n=b_2 \\ \cdots\cdots \\ a_{n1}x_1+a_{n2}x_2+\cdots+a_{nn}x_n=b_n \end{cases} \quad (1)$$ 的系数行列式 $D\neq0$，则线性方程组(1) 有唯一解，其解为 $$x_j=\frac{D_j}{D}(j=1,2,\cdots,n),$$ 其中，$D_j(j=1,2,\cdots,n)$ 是把 D 中第 j 列元素 a_{1j}，a_{2j}，…，a_{nj} 对应地换成常数项 b_1，b_2，…，b_n，而其余各列保持不变所得到的行列式.

条件	(a) 方程个数等于未知量的个数； (b) 系数行列式不等于零.

* 表格中的"条件"可由克莱姆法则的内容推出.

表 1-5-2　　线性方程组解的判定定理

定理	如果线性方程组(1) 的系数行列式 $D\neq 0$，则(1) 一定有解，且解是唯一的.
	如果线性方程组(1) 无解或解不唯一，则它的系数行列式必为零.
	如果线性方程组(1) 对应的齐次线性方程组的系数行列式 $D\neq 0$，则齐次线性方程组只有零解.
	如果线性方程组(1) 对应的齐次线性方程组有非零解，则它的系数行列式 $D=0$.

二、典型例题分析

例 1　解下列线性方程组

$$\begin{cases} x_1+a_1x_2+a_1^2x_3+\cdots+a_1^nx_n=1 \\ x_1+a_2x_2+a_2^2x_3+\cdots+a_2^nx_n=1 \\ \cdots\cdots \\ x_1+a_nx_2+a_n^2x_3+\cdots+a_n^nx_n=1 \end{cases},$$

其中，$a_i\neq a_j\,(i\neq j,\ i,\ j=1,\ 2,\ \cdots,\ n)$.

解　该方程组的系数行列式 D 为转置的范德蒙行列式，由于 $D=D^{\mathrm{T}}$，故

$$D=\begin{vmatrix} 1 & a_1 & a_1^2 & \cdots & a_1^{n-1} \\ 1 & a_2 & a_2^2 & \cdots & a_2^{n-1} \\ \vdots & \vdots & \vdots & & \vdots \\ 1 & a_n & a_n^2 & \cdots & a_n^{n-1} \end{vmatrix}=\begin{vmatrix} 1 & 1 & 1 & \cdots & 1 \\ a_1 & a_2 & a_3 & \cdots & a_n \\ \vdots & \vdots & \vdots & & \vdots \\ a_1^{n-1} & a_2^{n-1} & a_3^{n-1} & \cdots & a_n^{n-1} \end{vmatrix}$$

$$=\prod_{1\leqslant j\leqslant i\leqslant n}(a_i-a_j)\neq 0,$$

由克莱姆法则知，方程组有唯一解.

设 D_i 为用常用项 1，1，…，1 取代 D 的第 i 列后构成的行列式，由行列式性质 2 的推论 1 可知：

$$D_1=D,\ D_2=\cdots=D_n=0,$$

故

$$x_1=\frac{D_1}{D}=1,\ x_2=\frac{D_2}{D}=0,\ \cdots,\ x_n=\frac{D_n}{D}=0,$$

即原方程组的解为

$$\begin{cases} x_1=1 \\ x_2=0 \\ \cdots\cdots \\ x_n=0 \end{cases}.$$

小结：本题主要考查了用克莱姆法则求线性方程组的解，其关键在于相应行列式的计算.

例 2　求经过点 $A(1,1,2)$，$B(3,-2,0)$，$C(0,5,-5)$ 三点的平面方程.

解　从空间解析几何知，可设平面方程为

$$ax+by+cz+d=0.$$

由于点 A，B，C 在平面上，故点的坐标满足平面方程，即

$$\begin{cases} a+b+2c+d=0 \\ 3a-2b+d=0 \\ 5b-5c+d=0 \end{cases},$$

设 (x, y, z) 是平面上任一点，则有齐次方程组

$$\begin{cases} ax+by+cz+d=0 \\ a+b+2c+d=0 \\ 3a-2b+d=0 \\ 5b-5c+d=0 \end{cases},$$

因为 a，b，c，d 不全为零，所以方程组有非零解，则

$$D=\begin{vmatrix} x & y & z & 1 \\ 1 & 1 & 2 & 1 \\ 3 & -2 & 0 & 1 \\ 0 & 5 & -5 & 1 \end{vmatrix}=\begin{vmatrix} x & y+z & z+5 & 1 \\ 1 & 3 & 7 & 1 \\ 3 & -2 & 5 & 1 \\ 0 & 0 & 0 & 1 \end{vmatrix}$$

$$=\begin{vmatrix} x & y+z & z+5 \\ 1 & 3 & 7 \\ 3 & -2 & 5 \end{vmatrix}=\begin{vmatrix} x & -3x+y+z & -7x+z+5 \\ 1 & 0 & 0 \\ 3 & -11 & -16 \end{vmatrix}$$

$$=-\begin{vmatrix} -3x+y+z & -7x+z+5 \\ -11 & -16 \end{vmatrix}=0,$$

整理得：

$$29x+16y+5z-55=0.$$

因此，所求平面方程为

$$29x+16y+5z-55=0.$$

小结：本题利用空间解析几何知识构造了线性方程组，其关键在于根据线性方程组有非零解和克莱姆法则，将求解转化为行列式的计算.

三、习题1-5解答

1. 用克莱姆法则解下列线性方程组：

(1) $\begin{cases}2x+5y=1\\3x+7y=2\end{cases}$;　　(2) $\begin{cases}6x_1-4x_2=10\\5x_1+7x_2=29\end{cases}$.

解题思路　利用克莱姆法则，若线性方程组的系数行列式 $D\neq0$，则线性方程组有唯一解，其解为

$$x_j=\frac{D_j}{D}(j=1,2,\cdots,n),$$

其中，$D_j(j=1,2,\cdots,n)$ 是把 D 中第 j 列元素 $a_{1j},a_{2j},\cdots,a_{nj}$ 对应地换成常数项 $b_1,b_2,\cdots,b_n$，而其余各列保持不变所得到的行列式.

解　(1) $D=\begin{vmatrix}2&5\\3&7\end{vmatrix}=-1$，$D_1=\begin{vmatrix}1&5\\2&7\end{vmatrix}=-3$，$D_2=\begin{vmatrix}2&1\\3&2\end{vmatrix}=1$，

于是

$$x=\frac{D_1}{D}=\frac{-3}{-1}=3,\ y=\frac{D_2}{D}=\frac{1}{-1}=-1.$$

(2) $D=\begin{vmatrix}6&-4\\5&7\end{vmatrix}=62$，$D_1=\begin{vmatrix}10&-4\\29&7\end{vmatrix}=186$，$D_2=\begin{vmatrix}6&10\\5&29\end{vmatrix}=124$，

于是

$$x_1=\frac{D_1}{D}=\frac{186}{62}=3,\ x_2=\frac{D_2}{D}=\frac{124}{62}=2.$$

2. 用克莱姆法则解下列线性方程组：

(1) $\begin{cases}x+y-2z=-3\\5x-2y+7z=22\\2x-5y+4z=4\end{cases}$;　　(2) $\begin{cases}bx-ay+2ab=0\\-2cy+3bz-bc=0\\cx+az=0\end{cases}$，其中 $abc\neq0$.

解　(1) $D=\begin{vmatrix}1&1&-2\\5&-2&7\\2&-5&4\end{vmatrix}=63$，$D_1=\begin{vmatrix}-3&1&-2\\22&-2&7\\4&-5&4\end{vmatrix}=63$，

$$D_2=\begin{vmatrix}1&-3&-2\\5&22&7\\2&4&4\end{vmatrix}=126,\ D_3=\begin{vmatrix}1&1&-3\\5&-2&22\\2&-5&4\end{vmatrix}=189,$$

于是

$$x=\frac{D_1}{D}=\frac{63}{63}=1,\ y=\frac{D_2}{D}=\frac{126}{63}=2,\ z=\frac{D_3}{D}=\frac{189}{63}=3.$$

(2) $D=\begin{vmatrix}b&-a&0\\0&-2c&3b\\c&0&a\end{vmatrix}=-5abc$, $D_1=\begin{vmatrix}-2ab&-a&0\\bc&-2c&3b\\0&0&a\end{vmatrix}=5a^2bc$,

$$D_2=\begin{vmatrix}b&-2ab&0\\0&bc&3b\\c&0&a\end{vmatrix}=-5ab^2c,\ D_3=\begin{vmatrix}b&-a&-2ab\\0&-2c&bc\\c&0&0\end{vmatrix}=-5abc^2,$$

于是

$$x=\frac{D_1}{D}=\frac{5a^2bc}{-5abc}=-a,\ y=\frac{D_2}{D}=\frac{-5ab^2c}{-5abc}=b,\ z=\frac{D_3}{D}=\frac{-5abc^2}{-5abc}=c.$$

3. 用克莱姆法则解下列线性方程组：

(1) $\begin{cases}2x_1+x_2-5x_3+x_4=8\\x_1-3x_2-6x_4=9\\2x_2-x_3+2x_4=-5\\x_1+4x_2-7x_3+6x_4=0\end{cases}$；　(2) $\begin{cases}2x_1+3x_2+11x_3+5x_4=6\\x_1+x_2+5x_3+2x_4=2\\2x_1+x_2+3x_3+4x_4=2\\x_1+x_2+3x_3+4x_4=2\end{cases}$.

解　(1) 系数行列式 $D=\begin{vmatrix}2&1&-5&1\\1&-3&0&-6\\0&2&-1&2\\1&4&-7&6\end{vmatrix}=27\neq0$,

$$D_1=\begin{vmatrix}8&1&-5&1\\9&-3&0&-6\\-5&2&-1&2\\0&4&-7&6\end{vmatrix}=81,\ D_2=\begin{vmatrix}2&8&-5&1\\1&9&0&-6\\0&-5&-1&2\\1&0&-7&6\end{vmatrix}=-108,$$

$$D_3=\begin{vmatrix}2&1&8&1\\1&-3&9&-6\\0&2&-5&2\\1&4&0&6\end{vmatrix}=-27,\ D_4=\begin{vmatrix}2&1&-5&8\\1&-3&0&9\\0&2&-1&-5\\1&4&-7&0\end{vmatrix}=27,$$

于是

$$x_1=\frac{D_1}{D}=\frac{81}{27}=3,\ x_2=\frac{D_2}{D}=\frac{-108}{27}=-4,$$

$$x_3=\frac{D_3}{D}=\frac{-27}{27}=-1,\ x_4=\frac{D_4}{D}=\frac{27}{27}=1.$$

(2) 系数行列式 $D=\begin{vmatrix}2&3&11&5\\1&1&5&2\\2&1&3&4\\1&1&3&4\end{vmatrix}=10\neq0$，

$$D_1=\begin{vmatrix}6&3&11&5\\2&1&5&2\\2&1&3&4\\2&1&3&4\end{vmatrix}=0,\ D_2=\begin{vmatrix}2&6&11&5\\1&2&5&2\\2&2&3&4\\1&2&3&4\end{vmatrix}=20,$$

$$D_3=\begin{vmatrix}2&3&6&5\\1&1&2&2\\2&1&2&4\\1&1&2&4\end{vmatrix}=0,\ D_4=\begin{vmatrix}2&3&11&6\\1&1&5&2\\2&1&3&2\\1&1&3&2\end{vmatrix}=0,$$

于是

$$x_1=\frac{D_1}{D}=\frac{0}{10}=0,\ x_2=\frac{D_2}{D}=\frac{20}{10}=2,$$

$$x_3=\frac{D_3}{D}=\frac{0}{10}=0,\ x_4=\frac{D_4}{D}=\frac{0}{10}=0.$$

4. 变量 x_1，x_2，x_3，x_4 与变量 y_1，y_2，y_3，y_4 有下面的线性关系：

$$x_1=a_{11}y_1+a_{12}y_2+a_{13}y_3+a_{14}y_4,$$
$$x_2=a_{21}y_1+a_{22}y_2+a_{23}y_3+a_{24}y_4,$$
$$x_3=a_{31}y_1+a_{32}y_2+a_{33}y_3+a_{34}y_4,$$
$$x_4=a_{41}y_1+a_{42}y_2+a_{43}y_3+a_{44}y_4.$$

已知其系数行列式不等于 0，将 y_1，y_2，y_3，y_4 用 x_1，x_2，x_3，x_4 表示.

解 $D=\begin{vmatrix}a_{11}&a_{12}&a_{13}&a_{14}\\a_{21}&a_{22}&a_{23}&a_{24}\\a_{31}&a_{32}&a_{33}&a_{34}\\a_{41}&a_{42}&a_{43}&a_{44}\end{vmatrix}\neq0$，

$$D_1 = \begin{vmatrix} x_1 & a_{12} & a_{13} & a_{14} \\ x_2 & a_{22} & a_{23} & a_{24} \\ x_3 & a_{32} & a_{33} & a_{34} \\ x_4 & a_{42} & a_{43} & a_{44} \end{vmatrix} = \sum_{i=1}^{4} A_{i1} x_i \, ,$$

$$D_2 = \begin{vmatrix} a_{11} & x_1 & a_{13} & a_{14} \\ a_{21} & x_2 & a_{23} & a_{24} \\ a_{31} & x_3 & a_{33} & a_{34} \\ a_{41} & x_4 & a_{43} & a_{44} \end{vmatrix} = \sum_{i=1}^{4} A_{i2} x_i \, ,$$

$$D_3 = \begin{vmatrix} a_{11} & a_{12} & x_1 & a_{14} \\ a_{21} & a_{22} & x_2 & a_{24} \\ a_{31} & a_{32} & x_3 & a_{34} \\ a_{41} & a_{42} & x_1 & a_{44} \end{vmatrix} = \sum_{i=1}^{4} A_{i3} x_i \, ,$$

$$D_4 = \begin{vmatrix} a_{11} & a_{12} & a_{13} & x_1 \\ a_{21} & a_{22} & a_{23} & x_2 \\ a_{31} & a_{32} & a_{33} & x_3 \\ a_{41} & a_{42} & a_{43} & x_4 \end{vmatrix} = \sum_{i=1}^{4} A_{i4} x_i \, ,$$

所以

$$y_j = \sum_{i=1}^{4} A_{ij} x_i / D(j = 1,\ 2,\ 3,\ 4).$$

5. 判断齐次线性方程组$\begin{cases} 2x_1 + 2x_2 - x_3 = 0 \\ x_1 - 2x_2 + 4x_3 = 0 \\ 5x_1 + 8x_2 - 2x_3 = 0 \end{cases}$是否仅有零解.

解题思路 克莱姆法则在一定条件下给出了线性方程组解的存在性、唯一性，结合定理 2（定理 2′）和定理 3（定理 3′）即可解题.

解 $D = \begin{vmatrix} 2 & 2 & -1 \\ 1 & -2 & 4 \\ 5 & 8 & -2 \end{vmatrix} = \begin{vmatrix} 0 & 6 & -9 \\ 1 & -2 & 4 \\ 0 & 18 & -22 \end{vmatrix} = -30 \neq 0,$

但 $D_1 = D_2 = D_3 = 0$，所以方程组仅有零解.

6. λ，μ 取何值时，齐次线性方程组

$$\begin{cases} \lambda x_1 + x_2 + x_3 = 0 \\ x_1 + \mu x_2 + x_3 = 0 \\ x_1 + 2\mu x_2 + x_3 = 0 \end{cases}$$

有非零解?

解 $D=\begin{vmatrix}\lambda & 1 & 1\\ 1 & \mu & 1\\ 1 & 2\mu & 1\end{vmatrix}=\mu-\mu\lambda.$

齐次线性方程组有非零解，则 $D=0$，即 $\mu-\mu\lambda=0\Rightarrow\mu=0$ 或 $\lambda=1$.

不难验证，当 $\mu=0$ 或 $\lambda=1$ 时，该齐次线性方程组确有非零解.

本章小结

一、本章知识点网络图

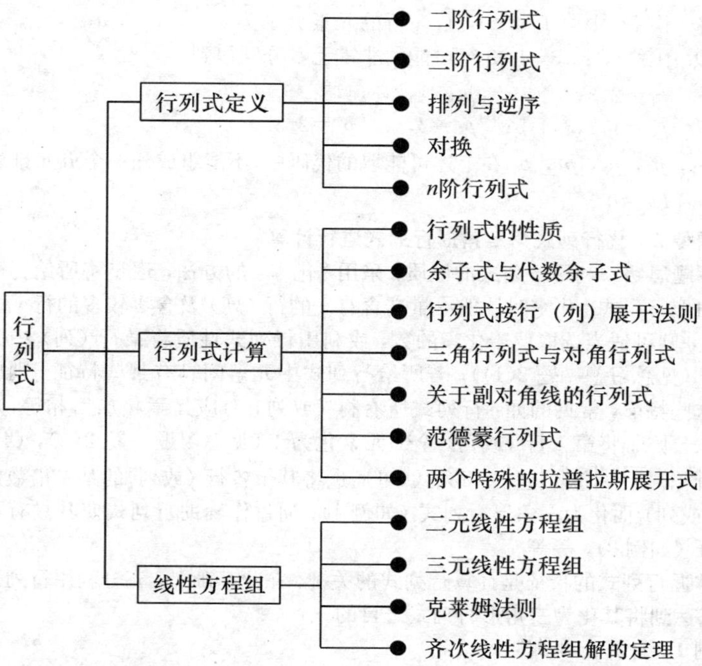

二、题型分析

题型 1　利用行列式的定义计算行列式

解题思路　对含零元素较多的行列式，可直接用定义计算. 因行列式中的项有一元素为零时，该项的值为零，故只需求出所有非零项即可. 为求出所有非零项，将行标按标准顺序排列，再讨论列标所有可能的取值. 具体的做法是：对一般项 $a_{1j_1}a_{2j_2}\cdots a_{nj_n}$，先由第 1 行的非零元素及其位置，写出 j_1 可能取的数，再由第 2，3，…，n 行的非零元素及其位置分别写出 j_2，j_3，…，j_n 可能取的数，进而求出 $j_1j_2\cdots j_n$ 的所有 n 级排列，该 n 级排列的个数即为所有非零项的项数（见总习题一题 1）. 如果这样的非零项一个也没有，则该行列式的值为零（如例 1）. 此外，若一个 n 阶行列式中零元素的个数大于 n^2-n，则此行列式等于零.

例 1　用行列式定义计算 $D_5=\begin{vmatrix} 0 & a_{12} & a_{13} & 0 & 0 \\ a_{21} & a_{22} & a_{23} & a_{24} & a_{25} \\ a_{31} & a_{32} & a_{33} & a_{34} & a_{35} \\ 0 & a_{42} & a_{43} & 0 & 0 \\ 0 & a_{52} & a_{53} & 0 & 0 \end{vmatrix}$.

解　设 D_5 中第 1，2，3，4，5 行的元素分别为 a_{1p_1}，a_{2p_2}，a_{3p_3}，a_{4p_4}，a_{5p_5}，则由 D_5 中第 1，2，3，4，5 行可能的非零元素分别得到

$$p_1=2,3;\qquad p_2=1,2,3,4,5;$$
$$p_3=1,2,3,4,5;\quad p_4=2,3;\quad p_5=2,3.$$

因为 p_1，p_2，p_3，p_4，p_5 在上述可能取的代码中，不能组成任一个五元排列，故

$$D_5=0.$$

题型 2　化行列式为三角形行列式进行计算

解题思路　利用行列式的性质，采用“化零”的方法，逐步将所给行列式化为三角形行列式. 化零时一般尽量选含有 1 的行（列）及含零较多的行（列）；若没有 1，则可适当选取便于化零的数，或利用行列式性质将某行（列）中的某数化为 1（见总习题一题 2(1)）；若所给行列式中元素间具有某些特征，则应充分利用这些特征，常见的如：行列式所有行（或列）对应元素相加后相等，则可通过提取公因子将第 1 行（或列）全部元素化为 1（见总习题一题 2(3)，(4)）；对爪形(|◸|，|◹|，|◿|，|◺|）行列式，可通过将其余各行（或列）的某一倍数加至第 1 行（或列）而化为三角形行列式（如例 1）；通过作辅助行列式使其具有可利用的特征（如例 2），等等.

掌握行列式的特征是计算行列式的关键，在此基础上，充分利用行列式的性质，以达到将其化为三角形行列式之目的.

例 1　计算行列式

$$D_{n+1}=\begin{vmatrix} a_0 & b_1 & b_2 & \cdots & b_{n-1} & b_n \\ c_1 & a_1 & 0 & \cdots & 0 & 0 \\ c_2 & 0 & a_2 & \cdots & 0 & 0 \\ \vdots & \vdots & \vdots & & \vdots & \vdots \\ c_n & 0 & 0 & \cdots & 0 & a_n \end{vmatrix},a_i\neq 0.$$

解 化为三角形行列式，把第 $i+1(i=1, 2, \cdots, n)$ 列的 $-\frac{c_i}{a_i}$ 倍加到第 1 列，得

$$D_{n+1}=\begin{vmatrix} a_0-\sum_{i=1}^{n}\frac{b_ic_i}{a_i} & b_1 & b_2 & \cdots & b_{n-1} & b_n \\ 0 & a_1 & 0 & \cdots & 0 & 0 \\ 0 & 0 & a_2 & \cdots & 0 & 0 \\ \vdots & \vdots & \vdots & & \vdots & \vdots \\ 0 & 0 & 0 & \cdots & 0 & a_n \end{vmatrix}$$

$$=a_1a_2\cdots a_n\left(a_0-\sum_{i=1}^{n}\frac{b_ic_i}{a_i}\right).$$

例 2 计算 $D_n=\begin{vmatrix} x_1+a_1^2 & a_1a_2 & \cdots & a_1a_n \\ a_2a_1 & x_2+a_2^2 & \cdots & a_2a_n \\ \vdots & \vdots & & \vdots \\ a_na_1 & a_na_2 & \cdots & x_n+a_n^2 \end{vmatrix}, x_1x_2\cdots x_n\neq 0.$

解 D_n 除主对角线上的元素外，其第 i 列的元素分别为 $n-1$ 个元素 a_1，a_2，…，a_{i-1}，a_{i+1}，…，a_n 的 a_i 倍，故作如下辅助行列式：

$$D_n=D_{n+1}=\begin{vmatrix} 1 & 0 & 0 & \cdots & 0 \\ a_1 & x_1+a_1^2 & a_1a_2 & \cdots & a_1a_n \\ a_2 & a_2a_1 & x_2+a_2^2 & \cdots & a_2a_n \\ \vdots & \vdots & \vdots & & \vdots \\ a_n & a_na_1 & a_na_2 & \cdots & x_n+a_n^2 \end{vmatrix}$$

$$=\begin{vmatrix} 1 & -a_1 & -a_2 & \cdots & -a_n \\ a_1 & x_1 & 0 & \cdots & 0 \\ a_2 & 0 & x_2 & \cdots & 0 \\ \vdots & \vdots & \vdots & & \vdots \\ a_n & 0 & 0 & \cdots & x_n \end{vmatrix}$$

$$\xlongequal{c_1-\frac{a_1}{x_1}c_2-\cdots-\frac{a_n}{x_n}c_{n+1}}\begin{vmatrix} 1+\sum_{i=1}^{n}(a_i^2/x_i) & -a_1 & -a_2 & \cdots & -a_n \\ 0 & x_1 & 0 & \cdots & 0 \\ 0 & 0 & x_2 & \cdots & 0 \\ \vdots & \vdots & \vdots & & \vdots \\ 0 & 0 & 0 & \cdots & x_n \end{vmatrix}$$

$$=\left[1+\sum_{i=1}^{n}(a_i^2/x_i)\right]\prod_{j=1}^{n}x_j.$$

题型3 利用行列式性质和展开定理计算行列式

解题思路 利用行列式的性质和按行（列）展开定理计算行列式，一般总是先利用行列式的性质，把行列式的某行（列）的元素化为尽可能多的零，然后再按此行（列）展开以达到降低行列式阶数，将行列式转化为较低阶行列式来计算的目的，此即所谓的降价法. 计算中，对具体的问题应具体分析，注意所给行列式的特征（见总习题一题5、6(1)、7(2)，例1).

通常情况下，如果所求行列式的某一行（或某一列）至多只有两个非零元素，一般可按此行（或此列）展开，以便降阶求解（见例2，总习题一题6(2)、6(3)).

例1 计算行列式 $D=\begin{vmatrix} a_1b_1 & a_1b_2 & a_1b_3 & a_1b_4 \\ a_1b_2 & a_2b_2 & a_2b_3 & a_2b_4 \\ a_1b_3 & a_2b_3 & a_3b_3 & a_3b_4 \\ a_1b_4 & a_2b_4 & a_3b_4 & a_4b_4 \end{vmatrix}$.

解 观察行列式中元素的规律，第4行提出公因子 b_4 后，再把第4行的 $-b_1$，$-b_2$，$-b_3$ 倍分别加到第1，2，3行，得

$$D=b_4\begin{vmatrix} a_1b_1 & a_1b_2 & a_1b_3 & a_1b_4 \\ a_1b_2 & a_2b_2 & a_2b_3 & a_2b_4 \\ a_1b_3 & a_2b_3 & a_3b_3 & a_3b_4 \\ a_1 & a_2 & a_3 & a_4 \end{vmatrix}$$

$$=b_4\begin{vmatrix} 0 & a_1b_2-a_2b_1 & a_1b_3-a_3b_1 & a_1b_4-a_4b_1 \\ 0 & 0 & a_2b_3-a_3b_2 & a_2b_4-a_4b_2 \\ 0 & 0 & 0 & a_3b_4-a_4b_3 \\ a_1 & a_2 & a_3 & a_4 \end{vmatrix}$$

$$=b_4(-1)^{4+1}a_1\begin{vmatrix} a_1b_2-a_2b_1 & a_1b_3-a_3b_1 & a_1b_4-a_4b_1 \\ 0 & a_2b_3-a_3b_2 & a_2b_4-a_4b_2 \\ 0 & 0 & a_3b_4-a_4b_3 \end{vmatrix}$$

$$=-a_1b_4\prod_{i=1}^{3}(a_ib_{i+1}-a_{i+1}b_i).$$

例2 计算行列式 $D=\begin{vmatrix} 0 & 3 & 0 & 1 \\ a & d & e & f \\ 0 & 1 & b & 2 \\ 0 & 0 & 0 & c \end{vmatrix}$.

解 按第 1 行展开，得

$$D=(-1)^{1+2}\cdot 3\cdot\begin{vmatrix}a & e & f\\0 & b & 2\\0 & 0 & c\end{vmatrix}+(-1)^{1+4}\cdot 1\cdot\begin{vmatrix}a & d & e\\0 & 1 & b\\0 & 0 & 0\end{vmatrix}$$

$$=-3abc.$$

题型 4 递推公式法与数学归纳法

解题思路 递推公式法：应用按行（列）展开定理，把一个 n 阶行列式表示为具有相同结构的较低阶行列式的线性关系，即

$$D_n=\boldsymbol{\alpha}D_{n-1}+\boldsymbol{\beta}D_{n-2}\text{ 或 }D_n=\boldsymbol{\alpha}D_{n-1}+\boldsymbol{\beta},$$

再根据此关系递推求得所给行列式的值，形如$\left|\ddots\ddots\ddots\right|$的三对角行列式常用递推公式法计算（见例 1，总习题一题 8(1)，例 2）.

数学归纳法：对于包含整数 n 的公式，当要证的结果已知时，可用数学归纳法来证明（见总习题一题 8(2)），其步骤如下：

(1) 验证 n 取第一个值（$n=0$，1 或 2 等）时公式成立；

(2) 假定 $n=k$ 时公式成立，验证当 $n=k+1$ 时公式也成立.

若要求的结果未知时，也可先猜想其结果，然后用数学归纳法证明该猜想结果成立（如例 3）.

例 1 计算 $\begin{vmatrix}2 & 1 & 0 & 0 & 0\\1 & 2 & 1 & 0 & 0\\0 & 1 & 2 & 1 & 0\\0 & 0 & 1 & 2 & 1\\0 & 0 & 0 & 1 & 2\end{vmatrix}$.

解 由于 a_{11} 的代数余子式是 D_4，因而也可直接按第 1 行展开，通过建立递推关系来求 D_5，即

$$D_5=2D_4-\begin{vmatrix}1 & 1 & 0 & 0\\0 & 2 & 1 & 0\\0 & 1 & 2 & 1\\0 & 0 & 1 & 2\end{vmatrix}=2D_4-D_3.$$

把上述关系整理成

$$D_5-D_4=D_4-D_3.$$

那么，递推地运用上述关系式就有

$$D_5-D_4=D_4-D_3=D_3-D_2=D_2-D_1=3-2=1$$

$$\Rightarrow \quad D_5=D_4+1,$$

再依此递推，得到

$$D_5=D_4+1=D_3+2=D_2+3=D_1+4=6.$$

注　本题也可通过化为三角形行列式的方法进行计算.

例 2　计算 n 阶行列式 $D_n=\begin{vmatrix} x & -1 & 0 & \cdots & 0 & 0 \\ 0 & x & -1 & \cdots & 0 & 0 \\ \vdots & \vdots & \vdots & & \vdots & \vdots \\ 0 & 0 & 0 & \cdots & x & -1 \\ a_n & a_{n-1} & a_{n-2} & \cdots & a_2 & a_1 \end{vmatrix}$.

解　按第 1 列展开得

$$D_n=xD_{n-1}+(-1)^{n+1}a_n\begin{vmatrix} -1 & 0 & \cdots & 0 & 0 \\ x & -1 & \cdots & 0 & 0 \\ \vdots & \vdots & & \vdots & \vdots \\ 0 & 0 & \cdots & x & -1 \end{vmatrix}=xD_{n-1}+a_n,$$

由此递推得

$$\begin{aligned} D_n &=a_n+xD_{n-1}=a_n+x(a_{n-1}+xD_{n-2})=a_n+xa_{n-1}+x^2D_{n-2} \\ &=\cdots=a_n+a_{n-1}x+a_{n-2}x^2+\cdots+x^{n-1}D_1 \\ &=a_n+a_{n-1}x+a_{n-2}x^2+\cdots+a_2x^{n-2}+a_1x^{n-1}. \end{aligned}$$

例 3　计算行列式 $D_n=\begin{vmatrix} x & -1 & 0 & \cdots & 0 & 0 \\ 0 & x & -1 & \cdots & 0 & 0 \\ \vdots & \vdots & \vdots & & \vdots & \vdots \\ 0 & 0 & 0 & \cdots & x & -1 \\ a_n & a_{n-1} & a_{n-2} & \cdots & a_2 & a_1+x \end{vmatrix}$.

解　用数学归纳法，当 $n=2$ 时，

$$D_2=\begin{vmatrix} x & -1 \\ a_2 & x+a_1 \end{vmatrix}=x^2+a_1x+a_2,$$

从规律上猜想并假设 $n=k$ 时，有

$$D_k=x^k+a_1x^{k-1}+a_2x^{k-2}+\cdots+a_{k-1}x+a_k,$$

则当 $n=k+1$ 时，把 D_{k+1} 按第 1 列展开，有

$$D_{k+1}=xD_k+a_{k+1}=x(x^k+a_1x^{k-1}+\cdots+a_{k-1}+a_k)+a_{k+1}$$
$$=x^{k+1}+a_1x^k+\cdots+a_kx+a_{k+1}.$$

题型 5　利用展开定理求代数余子式

解题思路　设 $D=\begin{vmatrix} a_{11} & a_{12} & \cdots & a_{1n} \\ a_{21} & a_{22} & \cdots & a_{2n} \\ \vdots & \vdots & & \vdots \\ a_{n1} & a_{n2} & \cdots & a_{nn} \end{vmatrix}$，则有

$$D=a_{i1}A_{i1}+a_{i2}A_{i2}+\cdots+a_{in}A_{in}\quad (i=1,\ 2,\ \cdots,\ n),$$

或

$$D=a_{1j}A_{1j}+a_{2j}A_{2j}+\cdots+a_{nj}A_{nj}\quad (j=1,\ 2,\ \cdots,\ n),$$

其中，A_{ij} 为 a_{ij} 的代数余子式. 反之，若要求某行（列）对应元素代数余子式的线性组合，可利用展开定理将其转化为一个 n 阶行列式来计算，即

$$k_1A_{i1}+k_2A_{i2}+\cdots+k_nA_{in}=\begin{vmatrix} a_{11} & a_{12} & \cdots & a_{1n} \\ \vdots & \vdots & & \vdots \\ a_{i-11} & a_{i-12} & \cdots & a_{i-1n} \\ k_1 & k_2 & \cdots & k_n \\ a_{i+11} & a_{i+12} & \cdots & a_{i+1n} \\ \vdots & \vdots & & \vdots \\ a_{n1} & a_{n2} & \cdots & a_{nn} \end{vmatrix}.$$

例 1　设四阶行列式 $D=\begin{vmatrix} a_1 & a_2 & a_3 & f \\ b_1 & b_2 & b_3 & f \\ c_1 & c_2 & c_3 & f \\ d_1 & d_2 & d_3 & f \end{vmatrix}$，求第 1 列各元素的代数余子式之和 $A_{11}+A_{21}+A_{31}+A_{41}$.

解　(1) 当 $f=0$ 时，根据代数余子式的定义，显然 $A_{i1}=0$ $(i=1,\ 2,\ 3,\ 4)$，所以

$$A_{11}+A_{21}+A_{31}+A_{41}=0.$$

(2) 当 $f\neq 0$ 时，由行列式的展开定理可得

$$fA_{11}+fA_{21}+fA_{31}+fA_{41}=0$$
$$\Rightarrow f(A_{11}+A_{21}+A_{31}+A_{41})=0$$
$$\Rightarrow A_{11}+A_{21}+A_{31}+A_{41}=0.$$

例 2 已知行列式 $D=\begin{vmatrix} 4 & 4 & 1 & 1 \\ 2 & 3 & 5 & 6 \\ 2 & 2 & 3 & 3 \\ 3 & 2 & 1 & 4 \end{vmatrix}=40$，试求 $A_{31}+A_{32}$ 与 $A_{33}+A_{34}$.

解 由行列式按行展开定理有

$$\begin{cases} 2(A_{31}+A_{32})+3(A_{33}+A_{34})=40 \\ 4(A_{31}+A_{32})+(A_{33}+A_{34})=0 \end{cases},$$

解方程组得

$$\begin{cases} A_{31}+A_{32}=-4 \\ A_{33}+A_{34}=16 \end{cases}.$$

例 3 设行列式 $D=\begin{vmatrix} 3 & 0 & 4 & 0 \\ 2 & 2 & 2 & 2 \\ 0 & -7 & 0 & 0 \\ 5 & 3 & -2 & 2 \end{vmatrix}$，求第 4 行的余子式之和 $M_{41}+M_{42}+M_{43}+M_{44}$.

解 直接求出每个余子式的值再求和的计算过程较复杂，将所求变为代数余子式的代数和，利用代数余子式的性质改变 a_{ij} 后 A_{ij} 的值不变，构造一个新的行列式 D'，使 D 与 D' 的 A_{4j}（$j=1$，2，3，4）一样，使所求为新行列式 D' 按第 4 行的展开式.

由于

$$M_{41}+M_{42}+M_{43}+M_{44}=-A_{41}+A_{42}-A_{43}+A_{44},$$

构造行列式

$$D'=\begin{vmatrix} 3 & 0 & 4 & 0 \\ 2 & 2 & 2 & 2 \\ 0 & -7 & 0 & 0 \\ -1 & 1 & -1 & 1 \end{vmatrix}=\begin{vmatrix} 0 & 3 & 1 & 3 \\ 0 & 4 & 0 & 4 \\ 0 & -7 & 0 & 0 \\ -1 & 1 & -1 & 1 \end{vmatrix}$$

$$=(-1)(-1)^{4+1}\begin{vmatrix} 3 & 1 & 3 \\ 4 & 0 & 4 \\ -7 & 0 & 0 \end{vmatrix}=-28,$$

将 D' 按第 4 行展开有

$$D'=-A_{41}+A_{42}-A_{43}+A_{44}=-28,$$

即 $M_{41}+M_{42}+M_{43}+M_{44}=-28$.

例 4 设行列式 $D=\begin{vmatrix} 2 & 1 & 4 & 1 \\ 3 & -4 & 2 & 1 \\ 1 & 2 & -3 & 2 \\ 5 & 0 & 6 & 2 \end{vmatrix}$，求 $4A_{12}+2A_{22}-3A_{32}+6A_{42}$.

解 方法一 因 4，2，-3，6 恰好为 D 中第 3 列元素，而 A_{12}，A_{22}，A_{32}，A_{42} 为 D 中第 2 列元素的代数余子式，故 $4A_{12}+2A_{22}-3A_{32}+6A_{42}$ 表示 D 中第 3 列元素与第 2 列对应元素的代数余子式乘积的和，由行列式按列展开定理有

$$4A_{12}+2A_{22}-3A_{32}+6A_{42}=0.$$

方法二 因 $A_{i2}(i=1,2,3,4)$ 为 D 中元素 $a_{i2}(i=1,2,3,4)$的代数余子式，故将 D 中第 2 列元素依次换为 4，2，-3，6，即得

$$4A_{12}+2A_{22}-3A_{32}+6A_{42}=\begin{vmatrix} 2 & 4 & 4 & 1 \\ 3 & 2 & 2 & 1 \\ 1 & -3 & -3 & 2 \\ 5 & 6 & 6 & 2 \end{vmatrix}=0.$$

题型 6 利用范德蒙行列式计算行列式

解题思路 若一行列式可转化为具有如下特征的行列式：其各行（列）都以第 1 行（列）的升幂从上到下（从左到右）由 0 到 $n-1$ 排列，则可利用范德蒙行列式的结论来计算所给行列式（如例 1).

利用范德蒙行列式的结论来计算或证明所给问题，其难点在于要根据所给行列式的特点，充分利用行列式的性质和按行（列）展开定理将其转化为范德蒙行列式的形式（如例 2)；有时候需要通过构造辅助行列式来达到这一目的（见总习题一题 9 (1)).

例 1 计算 $n+1$ 阶行列式 $\begin{vmatrix} a_1^n & a_1^{n-1}b_1 & \cdots & a_1b_1^{n-1} & b_1^n \\ a_2^n & a_2^{n-1}b_2 & \cdots & a_2b_2^{n-1} & b_2^n \\ \vdots & \vdots & & \vdots & \vdots \\ a_{n+1}^n & a_{n+1}^{n-1}b_{n+1} & \cdots & a_{n+1}b_{n+1}^{n-1} & b_{n+1}^n \end{vmatrix}$，其中 $a_i\neq 0(i=1,2,\cdots,n+1)$.

解 每行元素 a_i 的幂次由 n 次递减为 0 次，b_i 为升幂，由 0 次升至 n 次幂，引入新变量 b_i/a_i 化为范德蒙行列式.

每行提出 $a_i^n(i=1,2,\cdots,n+1)$ 有

$$D=a_1^n a_2^n\cdots a_{n+1}^n\begin{vmatrix}1 & b_1/a_1 & (b_1/a_1)^2 & \cdots & (b_1/a_1)^n\\1 & b_2/a_2 & (b_2/a_2)^2 & \cdots & (b_2/a_2)^n\\\vdots & \vdots & \vdots & & \vdots\\1 & b_{n+1}/a_{n+1} & (b_{n+1}/a_{n+1})^2 & \cdots & (b_{n+1}/a_{n+1})^n\end{vmatrix}$$

$$=a_1^n a_2^n\cdots a_{n+1}^n\prod_{1\leqslant j<i\leqslant n+1}\left(\frac{b_i}{a_i}-\frac{b_j}{a_j}\right)=\prod_{1\leqslant j<i\leqslant n+1}(a_jb_i-a_ib_j).$$

例 2　设 $a>b>c>0$，试用范德蒙行列式证明 $D=\begin{vmatrix}a & a^2 & bc\\b & b^2 & ac\\c & c^2 & ab\end{vmatrix}<0$.

证　先利用行列式性质将第 3 列进行变换，再用范德蒙行列式证明. 将 D 的第 1 列乘以 $a+b+c$ 加到第 3 列，得

$$D=\begin{vmatrix}a & a^2 & a^2+ab+bc+ca\\b & b^2 & b^2+ab+bc+ca\\c & c^2 & c^2+ab+bc+ca\end{vmatrix}\xlongequal{c_3-c_2}\begin{vmatrix}a & a^2 & ab+bc+ca\\b & b^2 & ab+bc+ca\\c & c^2 & ab+bc+ca\end{vmatrix}$$

$$=(ab+bc+ca)\begin{vmatrix}a & a^2 & 1\\b & b^2 & 1\\c & c^2 & 1\end{vmatrix}\xlongequal[c_2\leftrightarrow c_1]{c_3\leftrightarrow c_2}(ab+bc+ca)\begin{vmatrix}1 & a & a^2\\1 & b & b^2\\1 & c & c^2\end{vmatrix}$$

$$=(ab+bc+ca)(b-a)(c-a)(c-b)<0.$$

题型 7　利用多项式分解因式计算行列式

解题思路　对于由行列式表示的 m 次多项式

$$f(x)=|a_{ij}(x)|,$$

若已知其有 m 个根 x_1，x_2，…，x_m，则

$$f(x)=A(x-x_1)(x-x_2)\cdots(x-x_m),$$

令 $x=0$，求出 A 即可，或通过比较 x^m 的系数也可求出 A. 解题时应充分利用行列式的性质来判断该行列式的零点（见例 1，总习题一题 14）.

例 1　计算行列式 $D=\begin{vmatrix}1 & 1 & 2 & 3\\1 & 2-x^2 & 2 & 3\\2 & 3 & 1 & 5\\2 & 3 & 1 & 9-x^2\end{vmatrix}$.

解　当 $x=\pm1$ 时，第 1，2 行对应元素相同，所以 $D=0$，可见 D 中含有因子

$(x-1)(x+1)$.

当 $x=\pm 2$ 时，第 3，4 行对应元素相同，所以 $D=0$，可见 D 中含有因式 $(x-2)(x+2)$，由于 D 是 x 的 4 次多项式，所以

$$D=A(x-1)(x+1)(x-2)(x+2),$$

而 D 中含有 x^4 的项为

$$1\cdot(2-x^2)\cdot 1\cdot(9-x^2)-2\cdot(2-x^2)\cdot 2\cdot(9-x^2),$$

比较 x^4 的系数，得 $A=-3$，故

$$D=-3(x-1)(x+1)(x-2)(x+2).$$

题型 8　利用克莱姆法则求解线性方程组

解题思路　克莱姆法则只适用于方程的个数与未知量的个数相等的线性方程组

$$\begin{cases}a_{11}x_1+a_{12}x_2+\cdots+a_{1n}x_n=b_1\\ a_{21}x_1+a_{22}x_2+\cdots+a_{2n}x_n=b_2\\ \cdots\cdots\\ a_{n1}x_1+a_{n2}x_2+\cdots+a_{nn}x_n=b_n\end{cases},$$

当系数行列式 $D\neq 0$ 时，则方程组有唯一解.

注意，克莱姆法则对于齐次线性方程组的几个命题与结论在解题中的应用（见总习题一题 16，例 1).

例 1　设 a，b，c，d 是不全为零的实数，证明线性方程组

$$\begin{cases}ax_1+bx_2+cx_3+dx_4=0\\ bx_1-ax_2+dx_3-cx_4=0\\ cx_1-dx_2-ax_3+bx_4=0\\ dx_1+cx_2-bx_3-ax_4=0\end{cases}$$

仅有零解.

解　线性方程组的系数行列式为

$$D=\begin{vmatrix}a & b & c & d\\ b & -a & d & -c\\ c & -d & -a & b\\ d & c & -b & -a\end{vmatrix},$$

$$D^2=\begin{vmatrix} a^2+b^2+c^2+d^2 & 0 & 0 & 0 \\ 0 & a^2+b^2+c^2+d^2 & 0 & 0 \\ 0 & 0 & a^2+b^2+c^2+d^2 & 0 \\ 0 & 0 & 0 & a^2+b^2+c^2+d^2 \end{vmatrix}$$
$$=(a^2+b^2+c^2+d^2)^4.$$

因为 a，b，c，d 是不全为零的实数，所以 $D^2\neq 0$，故 $D\neq 0$. 由克莱姆法则可知，线性方程组只有唯一零解.

三、总习题一解答

1. 用行列式定义计算 $D=\begin{vmatrix} 0 & 0 & \cdots & 0 & 1 & 0 \\ 0 & 0 & \cdots & 2 & 0 & 0 \\ \vdots & \vdots & & \vdots & \vdots & \vdots \\ 2\,015 & 0 & \cdots & 0 & 0 & 0 \\ 0 & 0 & \cdots & 0 & 0 & 2\,016 \end{vmatrix}$.

解题思路　此行列式中含零元素较多，可直接用定义进行计算，只需找出行列式中的非零项便可.

解　D 中第 1 行的非零元素只有 $a_{1,2\,015}$，故 j_1 只能取 2 015. 同理，由第 2，3，…，2 015 行知

$$j_2=2\,014,\ j_3=2\,013,\ \cdots,\ j_{2\,015}=1,\ j_{2\,016}=2\,016.$$

于是，j_1，j_2，…，$j_{2\,016}$ 在可能取的数中只能组成一个 2 016 级排列，故 D 中非零项只有一项，即

$$D=(-1)^{N(2\,015\ 2\,014\ \cdots\ 2\ 1\ 2\,016)}a_{1,2\,015}a_{2,2\,014}\cdots a_{2\,015,1}\,a_{2\,016,2\,016}$$
$$=(-1)^{1+2+\cdots+2\,015}1\cdot 2\cdot 3\cdots 2\,015\cdot 2\,016=-2\,016!.$$

2. 计算下列行列式：

(1) $\begin{vmatrix} 2 & 1 & 0 & 0 & 0 \\ 1 & 2 & 1 & 0 & 0 \\ 0 & 1 & 2 & 1 & 0 \\ 0 & 0 & 1 & 2 & 1 \\ 0 & 0 & 0 & 1 & 2 \end{vmatrix}$；

(2) $\begin{vmatrix} 0 & 4 & 5 & -1 & 2 \\ -5 & 0 & 2 & 0 & 1 \\ 7 & 2 & 0 & 3 & -4 \\ -3 & 1 & -1 & -5 & 0 \\ 2 & -3 & 0 & 1 & 3 \end{vmatrix}$；

(3) $D_n=\begin{vmatrix} 2 & 1 & 1 & \cdots & 1 \\ 1 & 2 & 1 & \cdots & 1 \\ 1 & 1 & 2 & \cdots & 1 \\ \vdots & \vdots & \vdots & & \vdots \\ 1 & 1 & 1 & \cdots & 2 \end{vmatrix}$;

(4) $D_{n+1}=\begin{vmatrix} x & a_1 & a_2 & a_3 & \cdots & a_n \\ a_1 & x & a_2 & a_3 & \cdots & a_n \\ a_1 & a_2 & x & a_3 & \cdots & a_n \\ \vdots & \vdots & \vdots & \vdots & & \vdots \\ a_1 & a_2 & a_3 & a_4 & \cdots & x \end{vmatrix}$.

解 (1) 本题有多种解法，比如可利用递推公式法. 这里利用化为上三角形行列式的方法进行计算：

$$D=\begin{vmatrix} 2 & 1 & 0 & 0 & 0 \\ 0 & \frac{3}{2} & 1 & 0 & 0 \\ 0 & 1 & 2 & 1 & 0 \\ 0 & 0 & 1 & 2 & 1 \\ 0 & 0 & 0 & 1 & 2 \end{vmatrix}=\begin{vmatrix} 2 & 1 & 0 & 0 & 0 \\ 0 & \frac{3}{2} & 1 & 0 & 0 \\ 0 & 0 & \frac{4}{3} & 1 & 0 \\ 0 & 0 & 1 & 2 & 1 \\ 0 & 0 & 0 & 1 & 2 \end{vmatrix}$$

$$=\begin{vmatrix} 2 & 1 & 0 & 0 & 0 \\ 0 & \frac{3}{2} & 1 & 0 & 0 \\ 0 & 0 & \frac{4}{3} & 1 & 0 \\ 0 & 0 & 0 & \frac{5}{4} & 1 \\ 0 & 0 & 0 & 1 & 2 \end{vmatrix}=\begin{vmatrix} 2 & 1 & 0 & 0 & 0 \\ 0 & \frac{3}{2} & 1 & 0 & 0 \\ 0 & 0 & \frac{4}{3} & 1 & 0 \\ 0 & 0 & 0 & \frac{5}{4} & 1 \\ 0 & 0 & 0 & 0 & \frac{6}{5} \end{vmatrix}$$

$$=2\cdot\frac{3}{2}\cdot\frac{4}{3}\cdot\frac{5}{4}\cdot\frac{6}{5}=6.$$

(2) 原式 $\xlongequal[c_1\Leftrightarrow c_5]{r_1\Leftrightarrow r_2}\begin{vmatrix} 1 & 0 & 2 & 0 & -5 \\ 2 & 4 & 5 & -1 & 0 \\ -4 & 2 & 0 & 3 & 7 \\ 0 & 1 & -1 & -5 & -3 \\ 3 & -3 & 0 & 1 & 2 \end{vmatrix}=\begin{vmatrix} 1 & 0 & 2 & 0 & -5 \\ 0 & 4 & 1 & -1 & 10 \\ 0 & 10 & 10 & 1 & 7 \\ 0 & 1 & -1 & -5 & -3 \\ 0 & -3 & -6 & 1 & 17 \end{vmatrix}$

$$=-\begin{vmatrix}1&0&2&0&-5\\0&1&-1&-5&-3\\0&10&10&1&7\\0&4&1&-1&10\\0&-3&-6&1&17\end{vmatrix}=-\begin{vmatrix}1&0&2&0&-5\\0&1&-1&-5&-3\\0&0&20&51&37\\0&0&5&19&22\\0&0&-9&-14&8\end{vmatrix}$$

$$=-\begin{vmatrix}1&0&2&0&-5\\0&1&-1&-5&-3\\0&0&0&-25&-51\\0&0&5&19&22\\0&0&1&24&52\end{vmatrix}=\begin{vmatrix}1&0&2&0&-5\\0&1&-1&-5&-3\\0&0&1&24&52\\0&0&5&19&22\\0&0&0&-25&-51\end{vmatrix}$$

$$=\begin{vmatrix}1&0&2&0&-5\\0&1&-1&-5&-3\\0&0&1&24&52\\0&0&0&-101&-238\\0&0&0&-25&-51\end{vmatrix}=\begin{vmatrix}1&0&2&0&-5\\0&1&-1&-5&-3\\0&0&1&24&52\\0&0&0&1&34\\0&0&0&25&51\end{vmatrix}$$

$$=\begin{vmatrix}1&0&2&0&-5\\0&1&-1&-5&-3\\0&0&1&24&52\\0&0&0&1&34\\0&0&0&0&-799\end{vmatrix}=-799.$$

(3) 注意到该行列式中每一列中的 n 个元素之和都为 $n+1$，故将第 2，3，…，n 行元素都加到第 1 行上，得

$$D_n=\begin{vmatrix}n+1&n+1&n+1&\cdots&n+1\\1&2&1&\cdots&1\\1&1&2&\cdots&1\\\vdots&\vdots&\vdots&&\vdots\\1&1&1&\cdots&2\end{vmatrix}=(n+1)\begin{vmatrix}1&1&1&\cdots&1\\1&2&1&\cdots&1\\1&1&2&\cdots&1\\\vdots&\vdots&\vdots&&\vdots\\1&1&1&\cdots&2\end{vmatrix}$$

$$=(n+1)\begin{vmatrix}1&1&1&\cdots&1\\0&1&0&\cdots&0\\0&0&1&\cdots&0\\\vdots&\vdots&\vdots&&\vdots\\0&0&0&\cdots&1\end{vmatrix}=n+1.$$

(4) 将第 2，3，…，$n+1$ 列都加到第 1 列，得

$$D_{n+1}=\begin{vmatrix} x+\sum_{i=1}^{n}a_i & a_1 & a_2 & a_3 & \cdots & a_n \\ x+\sum_{i=1}^{n}a_i & x & a_2 & a_3 & \cdots & a_n \\ x+\sum_{i=1}^{n}a_i & a_2 & x & a_3 & \cdots & a_n \\ \vdots & \vdots & \vdots & \vdots & & \vdots \\ x+\sum_{i=1}^{n}a_i & a_2 & a_3 & a_4 & \cdots & x \end{vmatrix}$$

$$=\left(x+\sum_{i=1}^{n}a_i\right)\begin{vmatrix} 1 & a_1 & a_2 & \cdots & a_n \\ 1 & x & a_2 & \cdots & a_n \\ 1 & a_2 & x & \cdots & a_n \\ \vdots & \vdots & \vdots & & \vdots \\ 1 & a_2 & a_3 & \cdots & x \end{vmatrix}$$

$$=\left(x+\sum_{i=1}^{n}a_i\right)\begin{vmatrix} 1 & 0 & 0 & \cdots & 0 \\ 1 & x-a_1 & 0 & \cdots & 0 \\ 1 & a_2-a_1 & x-a_2 & \cdots & 0 \\ \vdots & \vdots & \vdots & & \vdots \\ 1 & a_2-a_1 & a_3-a_2 & \cdots & x-a_n \end{vmatrix}$$

$$=\left(x+\sum_{i=1}^{n}a_i\right)\prod_{i=1}^{n}(x-a_i).$$

3. 利用行列式性质证明：$\begin{vmatrix} a^2 & (a+1)^2 & (a+2)^2 & (a+3)^2 \\ b^2 & (b+1)^2 & (b+2)^2 & (b+3)^2 \\ c^2 & (c+1)^2 & (c+2)^2 & (c+3)^2 \\ d^2 & (d+1)^2 & (d+2)^2 & (d+3)^2 \end{vmatrix}=0.$

证 左边$=\begin{vmatrix} a^2 & 2a+1 & 4a+4 & 6a+9 \\ b^2 & 2b+1 & 4b+4 & 6b+9 \\ c^2 & 2c+1 & 4c+4 & 6c+9 \\ d^2 & 2d+1 & 4d+4 & 6d+9 \end{vmatrix}\begin{matrix} c_2-c_1 \\ c_3-c_1 \\ c_4-c_1 \end{matrix}$

$$=2\begin{vmatrix} a^2 & a & 4a+4 & 6a+9 \\ b^2 & b & 4b+4 & 6b+9 \\ c^2 & c & 4c+4 & 6c+9 \\ d^2 & d & 4d+4 & 6d+9 \end{vmatrix}+\begin{vmatrix} a^2 & 1 & 4a+4 & 6a+9 \\ b^2 & 1 & 4b+4 & 6b+9 \\ c^2 & 1 & 4c+4 & 6c+9 \\ d^2 & 1 & 4d+4 & 6d+9 \end{vmatrix}$$

$$\xlongequal[\text{第 2 项}\begin{subarray}{l}c_3-4c_2\\c_4-9c_2\end{subarray}]{\text{第 1 项}\begin{subarray}{l}c_3-4c_2\\c_4-6c_2\end{subarray}} 2\begin{vmatrix} a^2 & a & 4 & 9 \\ b^2 & b & 4 & 9 \\ c^2 & c & 4 & 9 \\ d^2 & d & 4 & 9 \end{vmatrix} + \begin{vmatrix} a^2 & 1 & 4a & 6a \\ b^2 & 1 & 4b & 6b \\ c^2 & 1 & 4c & 6c \\ d^2 & 1 & 4d & 6d \end{vmatrix} = 0.$$

4. 已知 $D=\begin{vmatrix} -1 & 0 & x & 1 \\ 1 & 1 & -1 & -1 \\ 1 & -1 & 1 & -1 \\ 1 & -1 & -1 & 1 \end{vmatrix}$，则 D 中 x 的系数是________.

解　应填-4.

含 x 的项是

$$\begin{aligned}&(-1)^{N(3,1,2,4)}(-1)x+(-1)^{N(3,1,4,2)}x+(-1)^{N(3,2,1,4)}x\\&+(-1)^{N(3,2,4,1)}(-1)x+(-1)^{N(3,4,1,2)}x+(-1)^{N(3,4,2,1)}x=-4x.\end{aligned}$$

5. $D=\begin{vmatrix} 103 & 100 & 204 \\ 199 & 200 & 395 \\ 301 & 300 & 600 \end{vmatrix}=$________.

解　应填 2 000.

行列式中第 1 列的三个数分别与 100，200，300 较接近，而第 3 列的数与 200，400，600 相近，故可把第 2 列的-1倍及-2倍分别加至第 1 列与第 3 列，第 2 列再提取公因数 100，便可化简计算，即

$$D=\begin{vmatrix} 3 & 100 & 4 \\ -1 & 200 & -5 \\ 1 & 300 & 0 \end{vmatrix}=100\begin{vmatrix} 3 & 1 & 4 \\ -1 & 2 & -5 \\ 1 & 3 & 0 \end{vmatrix}=100\begin{vmatrix} 3 & -8 & 4 \\ -1 & 5 & -5 \\ 1 & 0 & 0 \end{vmatrix}$$

$$=100\begin{vmatrix} -8 & 4 \\ 5 & -5 \end{vmatrix}=2\,000.$$

6. 计算下列行列式：

(1) $\begin{vmatrix} a & b & c & d \\ b & a & d & c \\ c & d & a & b \\ d & c & b & a \end{vmatrix}$；　　(2) $\begin{vmatrix} a_1 & 0 & 0 & b_1 \\ 0 & a_2 & b_2 & 0 \\ 0 & b_3 & a_3 & 0 \\ b_4 & 0 & 0 & a_4 \end{vmatrix}$；

(3) $\begin{vmatrix} 0 & 0 & \cdots & 0 & \alpha & \beta \\ 0 & 0 & \cdots & \alpha & \beta & 0 \\ \vdots & \vdots & & \vdots & \vdots & \vdots \\ \alpha & \beta & \cdots & 0 & 0 & 0 \\ \beta & 0 & \cdots & 0 & 0 & \alpha \end{vmatrix}$.

解题思路 (1) 行列式所有行（或列）对应元素相加后相等，则可通过提取公因子将第 1 行（或列）全部元素化为 1，然后采用"化零"的方法.

(2)、(3) 可利用行列式的性质和按行（列）展开定理计算行列式.

解 (1) 将 D 的第 2，3，4 行都加到第 1 行，并从第 1 行中提取公因子 $a+b+c+d$，得

$$D=(a+b+c+d)\begin{vmatrix} 1 & 1 & 1 & 1 \\ b & a & d & c \\ c & d & a & b \\ d & c & b & a \end{vmatrix},$$

再将第 2,3,4 列都减去第 1 列，得

$$\begin{aligned} D&=(a+b+c+d)\begin{vmatrix} 1 & 0 & 0 & 0 \\ b & a-b & d-b & c-b \\ c & d-c & a-c & b-c \\ d & c-d & b-d & a-d \end{vmatrix} \\ &=(a+b+c+d)\begin{vmatrix} a-b & d-b & c-b \\ d-c & a-c & b-c \\ c-d & b-d & a-d \end{vmatrix}, \end{aligned}$$

把上面右端行列式第 2 行加到第 1 行，再从第 1 行中提取公因子 $a-b-c+d$，得

$$\begin{aligned} D&=(a+b+c+d)(a-b-c+d)\begin{vmatrix} 1 & 1 & 0 \\ d-c & a-c & b-c \\ c-d & b-d & a-d \end{vmatrix} \\ &=(a+b+c+d)(a-b-c+d)\begin{vmatrix} a-d & b-c \\ b-c & a-d \end{vmatrix} \\ &=(a+b+c+d)(a-b-c+d)[(a-d)^2-(b-c)^2] \\ &=(a+b+c+d)(a-b-c+d)(a+b-c-d)(a-b+c-d). \end{aligned}$$

(2) 按第 1 行展开，得

$$\begin{aligned} D&=a_1\begin{vmatrix} a_2 & b_2 & 0 \\ b_3 & a_3 & 0 \\ 0 & 0 & a_4 \end{vmatrix}-b_1\begin{vmatrix} 0 & a_2 & b_2 \\ 0 & b_3 & a_3 \\ b_4 & 0 & 0 \end{vmatrix} \\ &=a_1a_4(a_2a_3-b_2b_3)-b_1b_4(a_2a_3-b_2b_3) \\ &=(a_2a_3-b_2b_3)(a_1a_4-b_1b_4). \end{aligned}$$

(3) 第 1 行第 1 列均只有两个非零元素，可按第 1 行展开，得

$$D_n = (-1)^n \alpha \begin{vmatrix} 0 & 0 & \cdots & 0 & \alpha & 0 \\ 0 & 0 & \cdots & \alpha & \beta & 0 \\ \vdots & \vdots & & \vdots & \vdots & \vdots \\ \alpha & \beta & \cdots & 0 & 0 & 0 \\ \beta & 0 & \cdots & 0 & 0 & \alpha \end{vmatrix}$$

$$+(-1)^{n+1}\beta \begin{vmatrix} 0 & 0 & \cdots & \alpha & \beta \\ 0 & 0 & \cdots & \beta & 0 \\ \vdots & \vdots & & \vdots & \vdots \\ \alpha & \beta & \cdots & 0 & 0 \\ \beta & 0 & \cdots & 0 & 0 \end{vmatrix}$$

$$= (-1)^n \alpha^2 \begin{vmatrix} 0 & 0 & \cdots & 0 & \alpha \\ 0 & 0 & \cdots & \alpha & \beta \\ \vdots & \vdots & & \vdots & \vdots \\ \alpha & \beta & \cdots & 0 & 0 \end{vmatrix}$$

$$+(-1)^{n+1}\beta \cdot (-1)^{\frac{(n-1)(n-2)}{2}} \cdot \beta^{n-1}$$

$$= (-1)^n \alpha^2 \cdot (-1)^{\frac{(n-2)(n-3)}{2}} \cdot \alpha^{n-2} + (-1)^{\frac{n(n-1)}{2}} \cdot \beta^n$$

$$= (-1)^{\frac{(n-1)(n-2)}{2}} \cdot \alpha^n + (-1)^{\frac{n(n-1)}{2}} \cdot \beta^n.$$

7. 计算下列行列式：

(1) $\begin{vmatrix} 1 & 2 & 3 & \cdots & n \\ 2 & 3 & 4 & \cdots & 1 \\ 3 & 4 & 5 & \cdots & 2 \\ \vdots & \vdots & \vdots & & \vdots \\ n & 1 & 2 & \cdots & n-1 \end{vmatrix}$;

(2) $\begin{vmatrix} x-2 & x-1 & x-2 & x-3 \\ 2x-2 & 2x-1 & 2x-2 & 2x-3 \\ 3x-3 & 3x-2 & 4x-5 & 3x-5 \\ 4x & 4x-3 & 5x-7 & 4x-3 \end{vmatrix}$.

解题思路　(1) 行列式所有行（或列）对应元素相加后相等，则可通过提取公因子将第 1 行（或列）全部元素化为 1，采用“化零”的方法.

(2) 利用行列式的性质和按行（列）展开定理计算行列式.

解　(1) 原式$=\dfrac{1}{2}n(n+1)\begin{vmatrix} 1 & 2 & 3 & \cdots & n \\ 1 & 3 & 4 & \cdots & 1 \\ 1 & 4 & 5 & \cdots & 2 \\ \vdots & \vdots & \vdots & & \vdots \\ 1 & 1 & 2 & \cdots & n-1 \end{vmatrix}$

$$\xlongequal[r_n - r_{n-1}]{\substack{r_2 - r_1 \\ r_3 - r_2 \\ \cdots}} \frac{1}{2}n(n+1)\begin{vmatrix} 1 & 2 & 3 & \cdots & n \\ 0 & 1 & 1 & \cdots & 1-n \\ 0 & 1 & 1 & \cdots & 1 \\ \vdots & \vdots & \vdots & & \vdots \\ 0 & 1-n & 1 & \cdots & 1 \end{vmatrix}$$

$$=\frac{1}{2}n(n+1)\begin{vmatrix} 1 & 1 & \cdots & 1 & 1-n \\ 1 & 1 & \cdots & 1-n & 1 \\ 1 & 1 & \cdots & 1 & 1 \\ \vdots & \vdots & & \vdots & \vdots \\ 1-n & 1 & \cdots & 1 & 1 \end{vmatrix} \text{将各行加至第 1 行}$$

$$=\frac{1}{2}n(n+1)\begin{vmatrix} -1 & -1 & \cdots & -1 & -1 \\ 0 & 0 & \cdots & -n & 0 \\ 0 & 0 & \cdots & 0 & 0 \\ \vdots & \vdots & & \vdots & \vdots \\ -n & 0 & \cdots & 0 & 0 \end{vmatrix}$$

$$=(-1)^{\frac{n(n-1)}{2}}\frac{n^n+n^{n-1}}{2}.$$

(2) 先把第 1 列的 (−1) 倍加到第 2，3，4 列，得

$$D=\begin{vmatrix} x-2 & 1 & 0 & -1 \\ 2x-2 & 1 & 0 & -1 \\ 3x-3 & 1 & x-2 & -2 \\ 4x & -3 & x-7 & -3 \end{vmatrix}=\begin{vmatrix} x-2 & 1 & 0 & -1 \\ \boxed{x} & 0 & 0 & 0 \\ 3x-3 & 1 & x-2 & -2 \\ 4x & -3 & x-7 & -3 \end{vmatrix}$$

$$=(-1)^{2+1}x\begin{vmatrix} 1 & 0 & -1 \\ 1 & x-2 & -2 \\ -3 & x-7 & -3 \end{vmatrix}=-x\begin{vmatrix} 1 & 0 & -1 \\ 0 & x-2 & -1 \\ 0 & x-7 & -6 \end{vmatrix}$$

$$=5x(x-1).$$

8. 计算下列行列式：

(1) $D_n=\begin{vmatrix} 5 & 3 & 0 & \cdots & 0 & 0 \\ 2 & 5 & 3 & \cdots & 0 & 0 \\ 0 & 2 & 5 & \cdots & 0 & 0 \\ \vdots & \vdots & \vdots & & \vdots & \vdots \\ 0 & 0 & 0 & \cdots & 5 & 3 \\ 0 & 0 & 0 & \cdots & 2 & 5 \end{vmatrix}$；

$$(2)\ D_n=\begin{vmatrix} \cos\alpha & 1 & 0 & \cdots & 0 & 0 \\ 1 & 2\cos\alpha & 1 & \cdots & 0 & 0 \\ 0 & 1 & 2\cos\alpha & \cdots & 0 & 0 \\ \vdots & \vdots & \vdots & & \vdots & \vdots \\ 0 & 0 & 0 & \cdots & 2\cos\alpha & 1 \\ 0 & 0 & 0 & \cdots & 1 & 2\cos\alpha \end{vmatrix}.$$

解题思路 (1) 递推公式法：应用按行（列）展开定理，把一个 n 阶行列式表示为具有相同结构的较低阶行列式的线性关系：

$$D_n=\alpha D_{n-1}+\beta D_{n-2} \text{ 或 } D_n=\alpha D_{n-1}+\beta,$$

再根据此关系递推求得所给行列式的值，形如 $\left|\ddots\ddots\ddots\right|$ 的三对角行列式常用递推公式法计算.

(2) 数学归纳法：对于包含整数 n 的公式，当要证的结果已知时，可用数学归纳法来证明，其步骤如下：

1) 验证 n 取第一个值（$n=0$，1 或 2 等）时公式成立；

2) 假定 $n=k$ 时公式成立，验证当 $n=k+1$ 时公式也成立.

当要求的结果未知时，也可先猜想其结果，然后用数学归纳法证明该猜想结果成立.

解 (1) 用递推法，先按 D_n 的第 1 行展开，得

$$D_n=5D_{n-1}-3\begin{vmatrix} 2 & 3 & 0 & \cdots & 0 & 0 \\ 0 & 5 & 3 & \cdots & 0 & 0 \\ 0 & 2 & 5 & \cdots & 0 & 0 \\ \vdots & \vdots & \vdots & & \vdots & \vdots \\ 0 & 0 & 0 & \cdots & 5 & 3 \\ 0 & 0 & 0 & \cdots & 2 & 5 \end{vmatrix}=5D_{n-1}-6D_{n-2},$$

于是得到递推公式

$$D_n=5D_{n-1}-6D_{n-2}$$

或

$$D_n-2D_{n-1}=3(D_{n-1}-2D_{n-2}),$$

递推下去得到

$$D_n-2D_{n-1}=3^{n-2}(D_2-2D_1).$$

同样可得公式

$$D_n-3D_{n-1}=2(D_{n-1}-3D_{n-2}),$$

递推下去得到

$$D_n-3D_{n-1}=2^{n-2}(D_2-3D_1).$$

因为

$$D_1=5, D_2=\begin{vmatrix}5 & 3\\ 2 & 5\end{vmatrix}=19,$$

所以

$$\begin{cases}D_n-2D_{n-1}=3^n\\ D_n-3D_{n-1}=2^n\end{cases},$$

解方程组得

$$D_n=3^{n+1}-2^{n+1}.$$

(2) 对阶数 n 用数学归纳法.

因为 $D_1=\cos\alpha$，$D_2=\begin{vmatrix}\cos\alpha & 1\\ 1 & 2\cos\alpha\end{vmatrix}=2\cos^2\alpha-1=\cos 2\alpha$，所以当 $n=1$，$n=2$ 时，结论成立.

假设对阶数小于 n 的行列式结论成立，下面证明对于阶数等于 n 的行列式也成立. 现将 D_n 按最后一行展开，得

$$D_n=2\cos\alpha D_{n-1}-D_{n-2}.$$

由归纳假设得到

$$\begin{aligned}&D_{n-1}=\cos(n-1)\alpha, D_{n-2}=\cos(n-2)\alpha,\\ &D_n=2\cos\alpha\cos(n-1)\alpha-\cos(n-2)\alpha\\ &\quad=[\cos n\alpha+\cos(n-2)\alpha]-\cos(n-2)\alpha=\cos n\alpha.\end{aligned}$$

9. 证明：

(1) $\begin{vmatrix}1 & 1 & 1\\ x_1^2 & x_2^2 & x_3^2\\ x_1^3 & x_2^3 & x_3^3\end{vmatrix}=(x_1x_2+x_2x_3+x_3x_1)\prod\limits_{3\geqslant i>j\geqslant 1}(x_i-x_j).$

(2) 设 $a_1a_2a_3\cdots a_n\neq 0$，则

$$\begin{vmatrix}1+a_1 & 1 & 1 & \cdots & 1 & 1\\ 1 & 1+a_2 & 1 & \cdots & 1 & 1\\ 1 & 1 & 1+a_3 & \cdots & 1 & 1\\ \vdots & \vdots & \vdots & & \vdots & \vdots\\ 1 & 1 & 1 & \cdots & 1 & 1+a_n\end{vmatrix}=a_1a_2\cdots a_n\left(1+\sum_{i=1}^{n}\frac{1}{a_i}\right).$$

证明思路　若一行列式可转化为具有如下特征的行列式：其各行（列）都以第 1 行（列）的升幂从上到下（从左到右）由 0 到 $n-1$ 排列，则可利用范德蒙行列式的结论来计算所给行列式.

利用范德蒙行列式的结论来计算或证明所给问题，其难点在于要根据所给行列式的特点，充分利用行列式的性质和按行（列）展开定理将其转化为范德蒙行列式的形式. 有时，需要通过构造辅助行列式来达到这一目的.

证　(1) 该行列式与范德蒙行列式很接近，仅缺少一次项，可通过构造辅助行列式来证明.

令 $D=\begin{vmatrix} 1 & 1 & 1 & 1 \\ x_1 & x_2 & x_3 & y \\ x_1^2 & x_2^2 & x_3^2 & y^2 \\ x_1^3 & x_2^3 & x_3^3 & y^3 \end{vmatrix}$，则

$$D=(y-x_1)(y-x_2)(y-x_3)\prod_{3\geqslant i>j\geqslant 1}(x_i-x_j). \tag{1}$$

另一方面，按第 4 列展开，得

$$D=1\cdot A_{14}+y\cdot A_{24}+y^2\cdot A_{34}+y^3\cdot A_{44}.$$

题设行列式正是 A_{24}，即 y 的系数，展开式(1)，易得到 y 的系数为

$$(x_1x_2+x_2x_3+x_3x_1)\prod_{3\geqslant i>j\geqslant 1}(x_i-x_j).$$

证毕.

(2) 原式$=\begin{vmatrix} 1+a_1 & 1 & 1 & \cdots & 1 \\ -a_1 & a_2 & 0 & \cdots & 0 \\ -a_1 & 0 & a_3 & \cdots & 0 \\ \vdots & \vdots & \vdots & & \vdots \\ -a_1 & 0 & 0 & \cdots & a_n \end{vmatrix}$

$\left(\text{第 } i \text{ 行}\times\dfrac{-1}{a_i}\text{加入第 1 行，} i=2,3,\cdots,n\right)$

$$=\begin{vmatrix} b & 0 & 0 & \cdots & 0 \\ -a_1 & a_2 & 0 & \cdots & 0 \\ -a_1 & 0 & a_3 & \cdots & 0 \\ \vdots & \vdots & \vdots & & \vdots \\ -a_1 & 0 & 0 & \cdots & a_n \end{vmatrix}=a_2a_3a_4\cdots a_nb.$$

式中，$b=1+a_1+a_1\left(\frac{1}{a_2}+\frac{1}{a_3}+\cdots+\frac{1}{a_n}\right)=a_1\left(1+\sum_{i=1}^{n}\frac{1}{a_i}\right)$.

原式 $=a_1a_2\cdots a_n\left(1+\sum_{i=1}^{n}\frac{1}{a_i}\right)$.

10. 设 $|a_{ij}|_{4\times 4}=\begin{vmatrix}3&6&9&12\\2&4&6&8\\1&2&0&3\\5&6&4&3\end{vmatrix}$，试求 $A_{41}+2A_{42}+3A_{44}$，其中 A_{4j} 为元素 a_{4j} ($j=1$, 2, 4) 的代数余子式.

解 $A_{41}+2A_{42}+3A_{44}=1\cdot A_{41}+2\cdot A_{42}+0\cdot A_{43}+3\cdot A_{44}$

$$=\begin{vmatrix}3&6&9&12\\2&4&6&8\\1&2&0&3\\1&2&0&3\end{vmatrix}=0.$$

11. 已知四阶行列式 $D_4=\begin{vmatrix}1&2&3&4\\3&3&4&4\\1&5&6&7\\1&1&2&2\end{vmatrix}=-6$，试求 $A_{41}+A_{42}$ 与 $A_{43}+A_{44}$，其中 A_{4j} ($j=1$, 2, 3, 4) 是 D_4 中第 4 行第 j 列元素的代数余子式.

解 由题设把此行列式按第 4 行展开，以及用第 2 行元素乘以第 4 行元素的代数余子式，得

$$\begin{cases}A_{41}+A_{42}+2(A_{43}+A_{44})=-6\\3(A_{41}+A_{42})+4(A_{43}+A_{44})=0\end{cases},$$

由此解得

$$A_{41}+A_{42}=12,\ A_{43}+A_{44}=-9.$$

12. 已知 n 阶行列式 $|A|=\begin{vmatrix}1&3&5&\cdots&2n-1\\1&2&0&\cdots&0\\1&0&3&\cdots&0\\\vdots&\vdots&\vdots&&\vdots\\1&0&0&\cdots&n\end{vmatrix}$，求代数余子式 $A_{11}+A_{12}+\cdots+A_{1n}$ 之和.

解 直接求出每个代数余子式的值再求和的计算过程较复杂，利用代数余子式的性质，即改变 a_{ij} 后 A_{ij} 的值不变，因而可构造行列式 $|B|$，使 $|A|$ 与 $|B|$

的A_{1j}($j=1, 2, \cdots, n$)一样，通过 $|B|$ 计算 $A_{11}+A_{12}+\cdots+A_{1n}$.

$$\text{构造行列式 } |B|=\begin{vmatrix} 1 & 1 & 1 & \cdots & 1 \\ 1 & 2 & 0 & \cdots & 0 \\ 1 & 0 & 3 & \cdots & 0 \\ \vdots & \vdots & \vdots & & \vdots \\ 1 & 0 & 0 & \cdots & n \end{vmatrix} = n!\begin{vmatrix} 1 & 1 & 1 & \cdots & 1 \\ 1/2 & 1 & 0 & \cdots & 0 \\ 1/3 & 0 & 1 & \cdots & 0 \\ \vdots & \vdots & \vdots & & \vdots \\ 1/n & 0 & 0 & \cdots & 1 \end{vmatrix}$$

$$= n!\begin{vmatrix} 1-\sum\limits_{i=2}^{n}(1/i) & 0 & \cdots & 0 \\ 1/2 & 1 & \cdots & 0 \\ \vdots & \vdots & & \vdots \\ 1/n & 0 & \cdots & 1 \end{vmatrix}$$

$$= n!\left(1-\sum_{i=2}^{n}\frac{1}{i}\right).$$

由于 $|A|$ 与 $|B|$ 的代数余子式 $A_{11}, A_{12}, \cdots, A_{1n}$ 是一样的，对 $|B|$ 按第1行展开，有

$$|B|=1\cdot A_{11}+1\cdot A_{12}+\cdots+1\cdot A_{1n},$$

所以

$$A_{11}+A_{12}+\cdots+A_{1n}=n!\left(1-\sum_{i=2}^{n}\frac{1}{i}\right).$$

13. 用克莱姆法则解下列线性方程组：

(1) $\begin{cases} x_1+x_2+x_3+x_4=0 \\ x_2+x_3+x_4+x_5=0 \\ x_1+2x_2+3x_3=2 \\ x_2+2x_3+3x_4=-2 \\ x_3+2x_4+3x_5=2 \end{cases}$；　　(2) $\begin{cases} 5x_1+6x_2=1 \\ x_1+5x_2+6x_3=0 \\ x_2+5x_3+6x_4=0 \\ x_3+5x_4+6x_5=0 \\ x_4+5x_5=1 \end{cases}$.

解题思路　克莱姆法则只适用于方程的个数与未知量的个数相等的线性方程组，即

$$\begin{cases} a_{11}x_1+a_{12}x_2+\cdots+a_{1n}x_n=b_1 \\ a_{21}x_1+a_{22}x_2+\cdots+a_{2n}x_n=b_2 \\ \cdots\cdots \\ a_{n1}x_1+a_{n2}x_2+\cdots+a_{nn}x_n=b_n \end{cases}.$$

当系数行列式 $D\neq 0$ 时，则方程组有唯一解.

解 (1) $D=\begin{vmatrix}1&1&1&1&0\\0&1&1&1&1\\1&2&3&0&0\\0&1&2&3&0\\0&0&1&2&3\end{vmatrix}=16\neq 0$，$D_1=\begin{vmatrix}0&1&1&1&0\\0&1&1&1&1\\2&2&3&0&0\\-2&1&2&3&0\\2&0&1&2&3\end{vmatrix}=16$，

$$D_2=\begin{vmatrix}1&0&1&1&0\\0&0&1&1&1\\1&2&3&0&0\\0&-2&2&3&0\\0&2&1&2&3\end{vmatrix}=-16，D_3=\begin{vmatrix}1&1&0&1&0\\0&1&0&1&1\\1&2&2&0&0\\0&1&-2&3&0\\0&0&2&2&3\end{vmatrix}=16，$$

$$D_4=\begin{vmatrix}1&1&1&0&0\\0&1&1&0&1\\1&2&3&2&0\\0&1&2&-2&0\\0&0&1&2&3\end{vmatrix}=-16，D_5=\begin{vmatrix}1&1&1&1&0\\0&1&1&1&0\\1&2&3&0&2\\0&1&2&3&-2\\0&0&1&2&2\end{vmatrix}=16，$$

所以

$$x_1=\frac{D_1}{D}=\frac{16}{16}=1，x_2=\frac{-16}{16}=-1，x_3=\frac{16}{16}=1，x_4=\frac{-16}{16}=-1，$$

$$x_5=\frac{16}{16}=1.$$

(2) $D^{(5)}=\begin{vmatrix}5&6&0&0&0\\1&5&6&0&0\\0&1&5&6&0\\0&0&1&5&6\\0&0&0&1&5\end{vmatrix}=5D^{(4)}-\begin{vmatrix}6&0&0&0\\1&5&6&0\\0&1&5&6\\0&0&1&5\end{vmatrix}$

$$=5D^{(4)}-6D^{(3)}=5(5D^{(3)}-6D^{(2)})-6D^{(3)}=19D^{(3)}-30D^{(2)}$$

$$=65D^{(2)}-114D^{(1)}=65\times 19-114\times 5=665，$$

$$D_1=\begin{vmatrix}1&6&0&0&0\\0&5&6&0&0\\0&1&5&6&0\\0&0&1&5&6\\1&0&0&1&5\end{vmatrix}=1\,507，D_2=\begin{vmatrix}5&1&0&0&0\\1&0&6&0&0\\0&0&5&6&0\\0&0&1&5&6\\0&1&0&1&5\end{vmatrix}=-1\,145，$$

同理可得

$$D_3=703，D_4=-395，D_5=212，$$

所以

$$x_1=\frac{1\,507}{665};\ x_2=-\frac{1\,145}{665};\ x_3=\frac{703}{665};\ x_4=-\frac{395}{665};\ x_5=\frac{212}{665}.$$

14. 设 $f(x)=\begin{vmatrix} 1 & 1 & 1 & \cdots & 1 & 1 \\ 1 & 2 & 3 & \cdots & n & x \\ 1 & 4 & 9 & \cdots & n^2 & n^2 \\ \vdots & \vdots & \vdots & & \vdots & \vdots \\ 1 & 2^n & 3^n & \cdots & n^n & x^n \end{vmatrix}$，求导函数 $f'(x)$ 的零点个数及其所在区间.

解题思路　对由行列式表示的 m 次多项式:

$$f(x)=|a_{ij}(x)|,$$

若已知其有 m 个根 x_1，x_2，…，x_m，则

$$f(x)=A(x-x_1)(x-x_2)\cdots(x-x_m),$$

令 $x=0$，求出 A 即可，或通过比较 x^m 的系数也可求出 A. 解题时应充分利用行列式的性质来判断该行列式的零点.

解　对行列式按第 $n+1$ 列展开，知 $f(x)$ 是 x 的 n 次多项式，则 $f'(x)$ 是 x 的$n-1$ 次多项式. 据罗尔定理，只要找到 $f(x)=0$ 的 n 个根，就知道 $f'(x)=0$ 根所在的区间了.

据范德蒙行列式知 $f(x)=l(x-1)(x-2)\cdots(x-n)$ 是 x 的 n 次多项式，且

$$f(1)=f(2)=\cdots=f(n),$$

其中

$$l=\prod_{1\leqslant j<i\leqslant n}(i-j)\neq 0.$$

由罗尔定理，在 $(1,2)$，$(2,3)$，…，$(n-1,n)$ 区间内至少各有 $f'(x)=0$ 的一个点，又因为 $f'(x)=0$ 是$n-1$ 次方程，它只有 $n-1$ 个根. 因此，上述各区间内有且仅有 $f'(x)$ 的一个零点.

15. 证明平面上三条不同的直线

$$ax+by+c=0,\ bx+cy+a=0,\ cx+ay+b=0$$

相交于一点的充分必要条件是 $a+b+c=0$.

证明思路　克莱姆法则和线性方程组解的关系在几何中的应用.

证　必要性　设所给三条直线交于一点 $M(x_0,y_0)$，则 $x=x_0$，$y=y_0$，$z=1$ 可视为齐次线性方程组

$$\begin{cases} ax+by+cz=0 \\ bx+cy+az=0 \\ cx+ay+bz=0 \end{cases}$$

的非零解，从而有系数行列式

$$\begin{vmatrix} a & b & c \\ b & c & a \\ c & a & b \end{vmatrix}=\left(-\frac{1}{2}\right)(a+b+c)\cdot[(a-b)^2+(b-c)^2+(c-a)^2]=0.$$

因为三条直线互不相同，所以 a, b, c 也不相同，故 $a+b+c=0$.

充分性　若 $a+b+c=0$，将方程组

$$\begin{cases} ax+by=-c \\ bx+cy=-a \\ cx+ay=-b \end{cases} \tag{1}$$

的第一个和第二个方程加到第三个方程，得

$$\begin{cases} ax+by=-c \\ bx+cy=-a. \\ 0=0 \end{cases} \tag{2}$$

下面证明方程组 (2) 有唯一解. 反证：若方程组的解不唯一，则

$$\begin{vmatrix} a & b \\ b & c \end{vmatrix}=ac-b^2=0\Rightarrow ac=b^2\geqslant 0.$$

由 $b=-(a+c)$ 得

$$ac=[-(a+c)]^2=a^2+2ac+c^2\Rightarrow ac=-(a^2+c^2)\leqslant 0\Rightarrow ac=0.$$

不妨设 $a=0$，由 $b^2=ac$ 得 $b=0$. 再由 $a+b+c=0$ 得 $c=0$，矛盾. 故 $\begin{vmatrix} a & b \\ b & c \end{vmatrix}\neq 0$.

由克莱姆法则知，方程组 (2) 有唯一解，从而知方程组 (1) 有唯一解，即三条不同直线交于一点.

16. 设 $f(x)=c_0+c_1x+c_2x^2+\cdots+c_nx^n$，用克莱姆法则证明：如果 $f(x)$ 有 $n+1$ 个互不相同的根，则 $f(x)$ 是零多项式.

证明思路　克莱姆法则与线性方程组解的关系在多项式中的应用.

证　设 a_1, a_2, $\cdots$, a_{n+1} 为 $f(x)$ 的 $n+1$ 个互不相同的根，其中

$$a_i\neq a_j\ (i\neq j \text{ 且 } i,\ j=1,\ 2,\ \cdots,\ n+1),$$

则由

$$f(a_i)=0(i=1, 2, \cdots, n+1)$$

可得线性方程组$\begin{cases} c_0+a_1c_1+a_1^2c_2+\cdots+a_1^nc_n=0 \\ c_0+a_2c_1+a_2^2c_2+\cdots+a_2^nc_n=0 \\ \cdots\cdots \\ c_0+a_{n+1}c_1+a_{n+1}^2c_2+\cdots+a_{n+1}^nc_n=0 \end{cases}$，它是关于 c_0，c_1，c_2，…，c_n 的齐次线性方程组，其系数行列式

$$D_{n+1}=\begin{vmatrix} 1 & a_1 & a_1^2 & \cdots & a_1^n \\ 1 & a_2 & a_2^2 & \cdots & a_2^n \\ \vdots & \vdots & \vdots & & \vdots \\ 1 & a_{n+1} & a_{n+1}^2 & \cdots & a_{n+1}^n \end{vmatrix}=\prod_{n+1\geqslant i>j\geqslant 1}(a_i-a_j)\neq 0,$$

故由克莱姆法则知，齐次线性方程组只有唯一的零解，即

$$c_0=c_1=c_2=\cdots=c_n=0,$$

故 $f(x)=0$，即 $f(x)$ 是零多项式.

第2章 矩 阵

矩阵是研究线性变换、向量的线性相关性及线性方程组的解法等的有力且不可替代的方法，在线性代数中具有重要地位. 本章首先引入矩阵的概念，然后深入讨论矩阵的运算、矩阵的变换以及矩阵的某些内在特征.

本章教学基本要求：

1. 深入理解矩阵的概念及应用.

2. 了解单位矩阵、对角矩阵、三角矩阵、共轭矩阵、对称矩阵和反对称矩阵以及它们的性质.

3. 掌握矩阵的线性运算、乘法运算、线性变换、转置运算以及它们的运算规律，了解方阵的幂、方阵的行列式.

4. 理解逆阵的概念，掌握逆阵的性质以及矩阵可逆的充要条件，会用伴随矩阵求逆阵.

5. 了解分块矩阵及其运算.

6. 了解共轭矩阵.

7. 掌握矩阵的初等变换，了解初等矩阵的性质和矩阵等价的概念.

8. 清楚矩阵秩的概念，重点掌握用矩阵的初等变换求矩阵的秩和逆矩阵.

§2.1 矩阵的概念

一、主要知识归纳

主要知识归纳见表2-1-1.

表2-1-1

定义	由 $m\times n$ 个数 $a_{ij}\,(i=1,2,\cdots,m;\ j=1,2,\cdots,n)$ 排成的行列的数表 $$\boldsymbol{A}=\begin{pmatrix} a_{11} & a_{12} & \cdots & a_{1n} \\ a_{21} & a_{22} & \cdots & a_{2n} \\ \vdots & \vdots & & \vdots \\ a_{m1} & a_{m2} & \cdots & a_{mn} \end{pmatrix}$$ 称为一个 $m\times n$ 矩阵，简记 $\boldsymbol{A}=\boldsymbol{A}_{m\times n}=(a_{ij})_{m\times n}=(a_{ij})$，其中 a_{ij} 称为矩阵 $\boldsymbol{A}$ 的第 i 行第 j 列元素.

<table>
<tr><td>矩阵相等</td><td>如果两个矩阵具有相同的行数与相同的列数，则称这两个矩阵为同型矩阵.
如果矩阵 $\boldsymbol{A}$，$\boldsymbol{B}$ 为同型矩阵，且对应元素相等，则称矩阵 $\boldsymbol{A}$ 与矩阵 $\boldsymbol{B}$ 相等，即 $\boldsymbol{A}=(a_{ij})$，$\boldsymbol{B}=(b_{ij})$，且 $a_{ij}=b_{ij}\,(i=1, 2, \cdots, m;\ j=1, 2, \cdots, n)$，则 $\boldsymbol{A}=\boldsymbol{B}$.</td></tr>
<tr><td>特殊矩阵</td><td>(1) 零矩阵：元素 a_{ij} 全为零的矩阵.
(2) 行矩阵：只有一行的矩阵，也称为行向量.
(3) 列矩阵：只有一列的矩阵，也称为列向量.
(4) 方阵：行数和列数相等的矩阵.
(5) 对角阵：除对角线元素外全为零的矩阵.
(6) 单位矩阵：主对角线元素都为 1 的对角阵，记为 $\boldsymbol{E}$.
(7) 数量矩阵：主对角线元素全为某一数的对角阵，记为 $a\boldsymbol{E}$.</td></tr>
</table>

二、典型例题分析

例 1　在时装表演中，编号为 1，2，3，4 的不同样式的时装由四个编号同样为 1，2，3，4 的不同体型的模特在四场表演中交换着表演，每个模特都只能穿衣服编号小于等于体型编号的衣服，且每场表演中只能展示编号与此表演的出场序号一样的衣服（即第一场表演中只能有编号为 1 的衣服展示），用矩阵表示四场表演中模特的出席情况（1 表示出席，0 表示没有出席）.

解　由题意可知，表演的出场序号与衣服的编号须一致，且模特只能穿衣服编号小于等于体型编号的衣服，可得如下矩阵：

$$
\begin{array}{cc}
 & \text{模特编号} \\
 & \begin{array}{cccc} 1 & 2 & 3 & 4 \end{array} \\
\begin{array}{cc} \text{出} & 1 \\ \text{场} & 2 \\ \text{序} & 3 \\ \text{号} & 4 \end{array} &
\begin{pmatrix} 1 & 1 & 1 & 1 \\ 0 & 1 & 1 & 1 \\ 0 & 0 & 1 & 1 \\ 0 & 0 & 0 & 1 \end{pmatrix}.
\end{array}
$$

此矩阵描述了四场表演中模特的出席情况：第一场全部模特出席；第二场 2、3、4 号模特出席；第三场 3、4 号模特出席；第四场 4 号模特出席.

小结：此题利用矩阵的数表特征来表示模特的出场顺序与所穿衣服编号的关系，从而将模特出席的情况清晰简明地展现出来.

例 2　A，B，C 三人进行某项比赛（不取并列名次）. 已知：

(1) A 是第二名或第三名.

(2) B 是第一名或第三名.

(3) C 的名次在 B 之前.

问 A，B，C 的名次到底如何？

解 设

$$\begin{array}{c} \quad\quad\quad\quad\quad 一 \quad\ 二 \quad\ 三 \\ \boldsymbol{M}=(a_{ij})_{3\times 3}=\begin{pmatrix} a_{11} & a_{12} & a_{13} \\ a_{21} & a_{22} & a_{23} \\ a_{31} & a_{32} & a_{33} \end{pmatrix}\begin{matrix} \text{A} \\ \text{B} \\ \text{C} \end{matrix},\ 其中\ a_{ij}=1\ 或\ 0. \end{array}$$

由条件 (1) 知，可令 $a_{12}=1$ 或 $a_{13}=1$，且 $a_{11}=0$.

由条件 (2) 知，可令 $a_{21}=1$ 或 $a_{23}=1$，且 $a_{22}=0$.

由条件 (3) 知，$a_{21}\neq 1$，即 $a_{21}=0$，$a_{31}=1$.

依此对矩阵添 1 补 0 得到最终矩阵的过程为

$$\boldsymbol{M}=\begin{pmatrix} 0 & & \\ 0 & 0 & \\ 1 & & \end{pmatrix}=\begin{pmatrix} 0 & 1 & \\ 0 & 0 & 1 \\ 1 & & \end{pmatrix}=\begin{pmatrix} 0 & 1 & 0 \\ 0 & 0 & 1 \\ 1 & 0 & 0 \end{pmatrix}.$$

故 A 是第二名，B 是第三名，C 是第一名.

小结：本题主要利用矩阵形式来表示比赛排名情况，在所表示的矩阵中，同一行（列）有且只有一个元素为 1，其余元素皆为 0.

例 3 某足球邀请赛有 A，B，C 共 3 个城市参加，每市派甲、乙两队. 根据比赛规则，每两个队之间至多比赛一场，并且同一城市的两个队之间不进行比赛. 比赛若干天后进行统计，发现除 A 市的甲队外，其他各队已比赛过的场次各不相同. 问 A 市乙队已赛过多少场?

解 三个城市 A，B，C 的 6 个队的比赛情形分析如下：

根据比赛规则，除 A 市的甲队外，其他队至多赛 4 场，且各队已赛过的场次分别为 0，1，2，3，4. 此时可构造 6 行 6 列的矩阵，矩阵中的元素 1 表示两队已比赛过，0 表示两队没比赛过或不能进行比赛，每行（列）至多 4 个 1，除 $A_{甲}$ 所在的行与列外，其他各行（列）应分别有 0，1，2，3，4 个 1.

由条件可知，4 个 1 所在的行（列）只可能在 $B_{甲}$，$B_{乙}$，$C_{甲}$，$C_{乙}$ 所在的行（列）之一（否则，若在 $A_{乙}$ 所在行（列)，则此时不会出现 0 个 1 的行或列，与题意矛盾). 不失一般性，设 4 个 1 在 $C_{乙}$ 所在的行（列），此时，3 个 1 所在的行（列）必不在 $C_{甲}$ 所在的行（列），否则与题设矛盾（与上述矛盾同理). 因此 3 个 1 所在的行（列）只可能在 $B_{甲}$ 或 $B_{乙}$ 所在的行（列），也不可能在 $A_{乙}$ 所在的行（列)（否则，若在 $A_{乙}$ 所在行（列），则此时不会出现 1 个 1 的行或列，与题意矛盾). 不妨设 3 个 1 在 $B_{乙}$ 所在的行（列），得矩阵如下：

$$\begin{array}{c} \\ A_{甲} \\ A_{乙} \\ B_{甲} \\ B_{乙} \\ C_{甲} \\ C_{乙} \end{array}\begin{array}{c} \begin{array}{cccccc} A_{甲} & A_{乙} & B_{甲} & B_{乙} & C_{甲} & C_{乙} \end{array} \\ \left(\begin{array}{cccccc} 0 & 0 & & 1 & & 1 \\ 0 & 0 & & 1 & & 1 \\ & & 0 & 0 & & 1 \\ 1 & 1 & 0 & 0 & & 1 \\ & & & & 0 & 0 \\ 1 & 1 & 1 & 1 & 0 & 0 \end{array}\right) \end{array}.$$

上述矩阵中的元素 1 满足条件的要求，因此，只需在上述矩阵中的空白处填 0 即可，此时可求得 A 市乙队已比赛过 2 场.

小结：本题的关键是通过分析矩阵的元素来讨论各种可能性与排除各种非可能性，从而将复杂的问题简单化.

三、习题 2-1 解答

1. 二人零和对策问题. 两儿童玩石头—剪子—布的游戏，每人的出法只能在{石头，剪子，布}中选择一种，当他们各选定一个出法（亦称策略）时，就确定了一个“局势”，也就决定了各自的输赢. 若规定胜者得 1 分，负者得 −1 分，平手各得零分，则对于各种可能的局势（每一局势得分之和为零即零和），试用矩阵表示他们的输赢状况.

解题思路　利用矩阵的概念表示实际问题.

解

$$\begin{array}{c} \\ A\ 策略\downarrow\ 石头 \\ 剪子 \\ 布 \end{array}\begin{array}{c} B\ 策略\rightarrow \\ \begin{array}{ccc} 石头 & 剪子 & 布 \end{array} \\ \left(\begin{array}{ccc} 0 & 1 & -1 \\ -1 & 0 & 1 \\ 1 & -1 & 0 \end{array}\right) \end{array}.$$

2. 有 6 名选手参加乒乓球比赛，成绩如下：选手 1 胜选手 2，4，5，6，负于 3；选手 2 胜 4，5，6，负于 1，3；选手 3 胜 1，2，4，负于 5，6；选手 4 胜 5，6，负于 1，2，3；选手 5 胜 3，6，负于 1，2，4；若胜一场得 1 分，负一场得零分，试用矩阵表示输赢状况，并排序.

解

$$\begin{array}{c} \\ 1 \\ 2 \\ 3 \\ 4 \\ 5 \\ 6 \end{array}\begin{array}{c} \begin{array}{cccccc} 1 & 2 & 3 & 4 & 5 & 6 \end{array} \\ \left(\begin{array}{cccccc} & 1 & 0 & 1 & 1 & 1 \\ 0 & & 0 & 1 & 1 & 1 \\ 1 & 1 & & 1 & 0 & 0 \\ 0 & 0 & 0 & & 1 & 1 \\ 0 & 0 & 1 & 0 & & 1 \\ 0 & 0 & 1 & 0 & 0 & \end{array}\right) \end{array},$$

选手按胜多负少排序为 1 2 3 4 5 6.

3. 能源利用系统表示为加权有向图(如题 3 图所示),试用矩阵表示之.

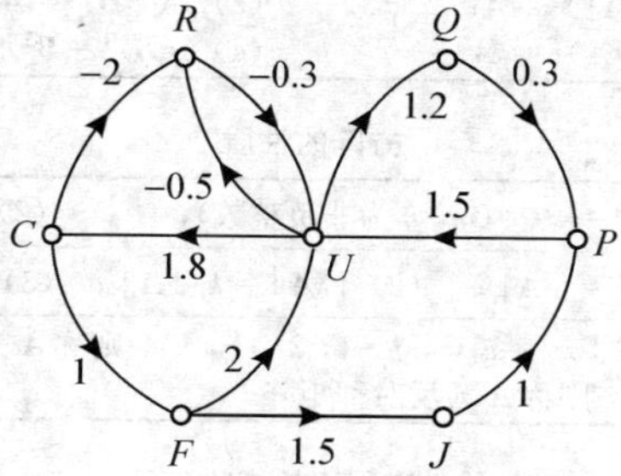

题 3 图

解

$$\begin{array}{c} \\ C \\ F \\ J \\ P \\ Q \\ R \\ U \end{array}\begin{array}{c} \begin{array}{ccccccc} C & F & J & P & Q & R & U \end{array} \\ \begin{pmatrix} 0 & 1 & 0 & 0 & 0 & -2 & 0 \\ 0 & 0 & 1.5 & 0 & 0 & 0 & 2 \\ 0 & 0 & 0 & 1 & 0 & 0 & 0 \\ 0 & 0 & 0 & 0 & 0 & 0 & 1.5 \\ 0 & 0 & 0 & 0.3 & 0 & 0 & 0 \\ 0 & 0 & 0 & 0 & 0 & 0 & -0.3 \\ 1.8 & 0 & 0 & 0 & 1.2 & -0.5 & 0 \end{pmatrix} \end{array}.$$

在上述矩阵中,行表示始,列表示终.

§ 2.2 矩阵的运算

一、主要知识归纳

主要知识归纳见表 2-2-1 至表 2-2-4.

表 2-2-1 矩阵的基本运算

加法	$\boldsymbol{A}+\boldsymbol{B}=(a_{ij}+b_{ij})$.
数乘	$k\boldsymbol{A}=\boldsymbol{A}k=(ka_{ij})$.
线性运算规律	(1) $\boldsymbol{A}+\boldsymbol{B}=\boldsymbol{B}+\boldsymbol{A}$; (2) $(\boldsymbol{A}+\boldsymbol{B})+\boldsymbol{C}=\boldsymbol{A}+(\boldsymbol{B}+\boldsymbol{C})$; (3) $\boldsymbol{A}+\boldsymbol{O}=\boldsymbol{A}$; (4) $\boldsymbol{A}+(-\boldsymbol{A})=\boldsymbol{O}$; (5) $1\boldsymbol{A}=\boldsymbol{A}$; (6) $k(l\boldsymbol{A})=(kl)\boldsymbol{A}$; (7) $(k+l)\boldsymbol{A}=k\boldsymbol{A}+l\boldsymbol{A}$; (8) $k(\boldsymbol{A}+\boldsymbol{B})=k\boldsymbol{A}+k\boldsymbol{B}$.
乘法	$\boldsymbol{AB}=(c_{ij})_{m\times n}$, 其中 $c_{ij}=\sum a_{ik}b_{kj}=a_{i1}b_{1j}+a_{i2}b_{2j}+\cdots+a_{is}b_{sj}$ $(i=i,\ 2,\ \cdots,\ m;\ j=1,\ 2,\ \cdots,\ n)$.

乘法运算规律	(1) $(AB)C=A(BC)$； (2) $(A+B)C=AC+BC$； (3) $C(A+B)=CA+CB$； (4) $k(AB)=(kA)B=A(kB)$.
转置	(1) $(A^T)^T=A$； (2) $(A+B)^T=A^T+B^T$； (3) $(kA)^T=kA^T$； (4) $(AB)^T=B^TA^T$.

表 2-2-2　　方阵的性质

方阵的幂	(1) $A^mA^n=A^{m+n}$(m, n 为非负整数)； (2) $(A^m)^n=A^{mn}$.
方阵行列式	(1) $\|A^T\|=\|A\|$； (2) $\|kA\|=k^n\|A\|$； (3) $\|AB\|=\|A\|\|B\|$.
对称矩阵	$A^T=A$，即 $a_{ij}=a_{ji}(i, j=1, 2, \cdots, n)$，则称 A 为对称矩阵. $A^T=-A$，则称 A 为反对称矩阵.

表 2-2-3　　线性方程组的矩阵表示

线性方程组的矩阵表示	线性方程组 $\begin{cases} a_{11}x_1+a_{12}x_2+\cdots+a_{1n}x_n=b_1 \\ a_{21}x_1+a_{22}x_2+\cdots+a_{2n}x_n=b_2 \\ \cdots\cdots \\ a_{m1}x_1+a_{m2}x_2+\cdots+a_{mn}x_n=b_m \end{cases}$， 若记 $A=\begin{pmatrix} a_{11} & a_{12} & \cdots & a_{1n} \\ a_{21} & a_{22} & \cdots & a_{2n} \\ \vdots & \vdots & & \vdots \\ a_{m1} & a_{m2} & \cdots & a_{mn} \end{pmatrix}$，$x=\begin{pmatrix} x_1 \\ x_2 \\ \vdots \\ x_n \end{pmatrix}$，$b=\begin{pmatrix} b_1 \\ b_2 \\ \vdots \\ b_m \end{pmatrix}$， 则线性方程组可表示为矩阵形式：$Ax=b$.

表 2-2-4　　线性变换

线性变换	变量 $x_1, x_2, \cdots, x_n$ 与变量 $y_1, y_2, \cdots, y_m$ 之间的关系式 $\begin{cases} y_1=a_{11}x_1+a_{12}x_2+\cdots+a_{1n}x_n \\ y_2=a_{21}x_1+a_{22}x_2+\cdots+a_{2n}x_n \\ \cdots\cdots \\ y_m=a_{m1}x_1+a_{m2}x_2+\cdots+a_{mn}x_n \end{cases}$， 称为从变量 $x_1, x_2, \cdots, x_n$ 到变量 $y_1, y_2, \cdots, y_m$ 的线性变换. 线性变换的系数 a_{ij} 构成的矩阵 $A=(a_{ij})_{m\times n}$ 称为线性变换的系数矩阵. 线性变换的矩阵表示为：$y=Ax$.

二、典型例题分析

例 1　设 $\boldsymbol{\alpha}$ 是三维列向量，满足 $\boldsymbol{\alpha}\boldsymbol{\alpha}^T=\begin{pmatrix} 1 & -1 & 1 \\ -1 & 1 & -1 \\ 1 & -1 & 1 \end{pmatrix}$，求 $\boldsymbol{\alpha}^T\boldsymbol{\alpha}$.

解　由 $\boldsymbol{\alpha}$ 是三维列向量可知，$\boldsymbol{\alpha}^T\boldsymbol{\alpha}$ 为一个常数，则

$$(\boldsymbol{\alpha}\boldsymbol{\alpha}^T)^2=\boldsymbol{\alpha}(\boldsymbol{\alpha}^T\boldsymbol{\alpha})\boldsymbol{\alpha}^T=\boldsymbol{\alpha}^T\boldsymbol{\alpha}(\boldsymbol{\alpha}\boldsymbol{\alpha}^T),$$

即

$$(\boldsymbol{\alpha\alpha}^{\mathrm{T}})^2=\begin{pmatrix}1&-1&1\\-1&1&-1\\1&-1&1\end{pmatrix}^2=\begin{pmatrix}3&-3&3\\-3&3&-3\\3&-3&3\end{pmatrix}=3\boldsymbol{\alpha\alpha}^{\mathrm{T}},$$

故 $\boldsymbol{\alpha}^{\mathrm{T}}\boldsymbol{\alpha}=3$.

小结：本题计算 $\boldsymbol{\alpha}^{\mathrm{T}}\boldsymbol{\alpha}$ 的值，关键是巧妙利用矩阵关于乘法具有结合律，通过 $(\boldsymbol{\alpha\alpha}^{\mathrm{T}})^2$ 来间接求常数 $\boldsymbol{\alpha}^{\mathrm{T}}\boldsymbol{\alpha}$.

例 2 设 $\boldsymbol{A}$, $\boldsymbol{B}$ 均为 n 阶方阵，且满足 $\boldsymbol{A}^2=\boldsymbol{A}$, $\boldsymbol{B}^2=\boldsymbol{B}$, $(\boldsymbol{A}+\boldsymbol{B})^2=\boldsymbol{A}+\boldsymbol{B}$. 证明 $\boldsymbol{AB}=\boldsymbol{O}$.

证 由 $(\boldsymbol{A}+\boldsymbol{B})^2=\boldsymbol{A}+\boldsymbol{B}$ 可得

$$\begin{aligned}(\boldsymbol{A}+\boldsymbol{B})^2&=(\boldsymbol{A}+\boldsymbol{B})(\boldsymbol{A}+\boldsymbol{B})\\&=\boldsymbol{A}^2+\boldsymbol{AB}+\boldsymbol{BA}+\boldsymbol{B}^2\\&=\boldsymbol{A}+\boldsymbol{AB}+\boldsymbol{BA}+\boldsymbol{B}.\end{aligned}$$

由条件可知 $(\boldsymbol{A}+\boldsymbol{B})^2=\boldsymbol{A}+\boldsymbol{B}$, 则

$$\boldsymbol{AB}+\boldsymbol{BA}=\boldsymbol{O}. \tag{1}$$

将等式依次左乘 $\boldsymbol{A}$ 与右乘 $\boldsymbol{A}$，分别得

$$\boldsymbol{A}^2\boldsymbol{B}+\boldsymbol{ABA}=\boldsymbol{O} \text{ 和 } \boldsymbol{ABA}+\boldsymbol{BA}^2=\boldsymbol{O},$$

两式相减得

$$\boldsymbol{A}^2\boldsymbol{B}-\boldsymbol{BA}^2=\boldsymbol{O}.$$

又因为 $\boldsymbol{A}^2=\boldsymbol{A}$, $\boldsymbol{B}^2=\boldsymbol{B}$, 则

$$\boldsymbol{AB}-\boldsymbol{BA}=\boldsymbol{O}. \tag{2}$$

结合 (1) 式和 (2) 式可知 $\boldsymbol{AB}=\boldsymbol{BA}=\boldsymbol{O}$.

小结：本题的重点是要理解：要证明 $\boldsymbol{AB}=\boldsymbol{O}$ 的关键是证明 $\boldsymbol{AB}=\boldsymbol{BA}$.

例 3 设 $\boldsymbol{\alpha}$, $\boldsymbol{\beta}$, $\boldsymbol{\gamma}_1$, $\boldsymbol{\gamma}_2$ 均为三维行向量，矩阵 $\boldsymbol{A}=\begin{pmatrix}\boldsymbol{\alpha}\\2\boldsymbol{\gamma}_1\\3\boldsymbol{\gamma}_2\end{pmatrix}$, $\boldsymbol{B}=\begin{pmatrix}\boldsymbol{\beta}\\\boldsymbol{\gamma}_1\\\boldsymbol{\gamma}_2\end{pmatrix}$, 已知 $|\boldsymbol{A}|=18$, $|\boldsymbol{B}|=2$. 求 $|\boldsymbol{A}-\boldsymbol{B}|$.

解 由

$$\boldsymbol{A}-\boldsymbol{B}=\begin{pmatrix}\boldsymbol{\alpha}-\boldsymbol{\beta}\\\boldsymbol{\gamma}_1\\2\boldsymbol{\gamma}_2\end{pmatrix}$$

有

$$|\boldsymbol{A}-\boldsymbol{B}|=\begin{vmatrix}\boldsymbol{\alpha}-\boldsymbol{\beta}\\\boldsymbol{\gamma}_1\\2\boldsymbol{\gamma}_2\end{vmatrix}=\begin{vmatrix}\boldsymbol{\alpha}\\\boldsymbol{\gamma}_1\\2\boldsymbol{\gamma}_2\end{vmatrix}-\begin{vmatrix}\boldsymbol{\beta}\\\boldsymbol{\gamma}_1\\2\boldsymbol{\gamma}_2\end{vmatrix}=\begin{vmatrix}\boldsymbol{\alpha}\\2\boldsymbol{\gamma}_1\\\boldsymbol{\gamma}_2\end{vmatrix}-2\begin{vmatrix}\boldsymbol{\beta}\\\boldsymbol{\gamma}_1\\\boldsymbol{\gamma}_2\end{vmatrix}$$

$$=\frac{1}{3}\begin{vmatrix}\boldsymbol{\alpha}\\2\boldsymbol{\gamma}_1\\3\boldsymbol{\gamma}_2\end{vmatrix}-2\begin{vmatrix}\boldsymbol{\beta}\\\boldsymbol{\gamma}_1\\\boldsymbol{\gamma}_2\end{vmatrix}=\frac{1}{3}|\boldsymbol{A}|-2|\boldsymbol{B}|=2.$$

小结：本题求行列式，关键是运用了矩阵的线性运算及行列式的性质，将目标行列式“凑”成已知行列式的线性组合，从而达到化简计算的目的.

例 4　已知下列矩阵 $\boldsymbol{A}$，求 $\boldsymbol{A}^n$（n 为整数）.

(1) $\boldsymbol{A}=\begin{pmatrix}1&a\\0&1\end{pmatrix}$；　(2) $\boldsymbol{A}=\begin{pmatrix}1&1&0\\0&1&1\\0&0&1\end{pmatrix}$；　(3) $\boldsymbol{A}=\begin{pmatrix}1&-3&2\\2&-6&4\\-1&3&-2\end{pmatrix}$.

解　(1) 根据矩阵加法可将 $\boldsymbol{A}$ 分解为

$$\boldsymbol{A}=\begin{pmatrix}1&a\\0&1\end{pmatrix}=\begin{pmatrix}1&0\\0&1\end{pmatrix}+\begin{pmatrix}0&a\\0&0\end{pmatrix},$$

又因为 $\begin{pmatrix}0&a\\0&0\end{pmatrix}^2=\begin{pmatrix}0&0\\0&0\end{pmatrix}$，故由二项式的展开定理可得

$$\boldsymbol{A}^n=\left(\boldsymbol{E}+\begin{pmatrix}0&a\\0&0\end{pmatrix}\right)^n=\boldsymbol{E}^n+\mathrm{C}_n^1\begin{pmatrix}0&a\\0&0\end{pmatrix}=\begin{pmatrix}1&na\\0&1\end{pmatrix}.$$

(2) $$\boldsymbol{A}=\begin{pmatrix}1&1&0\\0&1&1\\0&0&1\end{pmatrix}=\begin{pmatrix}1&0&0\\0&1&0\\0&0&1\end{pmatrix}+\begin{pmatrix}0&1&0\\0&0&1\\0&0&0\end{pmatrix}=\boldsymbol{E}+\boldsymbol{B},$$

又因为 $\boldsymbol{B}^3=\boldsymbol{0}$，故

$$\boldsymbol{A}^n=(\boldsymbol{E}+\boldsymbol{B})^n=\sum_{k=0}^{n}\mathrm{C}_n^k\boldsymbol{E}^{n-k}\boldsymbol{B}^k=\boldsymbol{E}^n+n\boldsymbol{E}^{n-1}\boldsymbol{B}+\frac{n(n-1)}{2}\boldsymbol{E}^{n-2}\boldsymbol{B}^2$$

$$=\begin{pmatrix}1&n&\frac{n(n-1)}{2}\\0&1&n\\0&0&1\end{pmatrix}.$$

(3) $$\boldsymbol{A}=\begin{pmatrix}1&-3&2\\2&-6&4\\-1&3&-2\end{pmatrix}=\begin{pmatrix}1\\2\\-1\end{pmatrix}(1,\ -3,\ 2),$$

$$A^2=\begin{pmatrix}1\\2\\-1\end{pmatrix}(1,\ -3,\ 2)\begin{pmatrix}1\\2\\-1\end{pmatrix}(1,\ -3,\ 2)$$

$$=\begin{pmatrix}1\\2\\-1\end{pmatrix}(-7)(1,\ -3,\ 2)=-7A,$$

$$A^3=A^2A=-7AA=-7A^2=(-7)^2A,$$

由数学归纳法可得

$$A^n=(-7)^{n-1}A.$$

小结：本题求方阵的幂，一般方阵的高次幂计算比较复杂，但对某些特殊的方阵常常能够找到巧妙的计算方法：(1)、(2) 先对矩阵进行分解，再利用二项式定理展开计算，采用这种方法的关键在于分解后的矩阵中有一个的幂零指数很小；(3) 对于秩为 1 的矩阵可以先将它分解为列矩阵和行矩阵的乘积，再利用矩阵乘法的结合律就可以巧妙地计算出矩阵的幂.

例 5 小赵、小张、小李、小王四位学生会演奏各种乐器——大提琴、钢琴、吉他和小提琴，但每人只会演奏一种乐器；他们又各懂得且只懂得一种外语——英语、法语、德语、俄语. 已知：

(1)会吉他的学生懂得俄语；

(2)小赵、小张不会小提琴也不会大提琴，且不懂英语；

(3)懂德语的学生不会大提琴；

(4)小李懂法语但不会小提琴.

问这几位学生各会演奏什么乐器？各懂什么外语？

解 用三个矩阵分别表示学生与乐器、学生与外语以及乐器与外语的关系，有

$$A=(a_{ij})_{4\times4}=\begin{pmatrix}a_{11}&a_{12}&a_{13}&a_{14}\\a_{21}&a_{22}&a_{23}&a_{24}\\a_{31}&a_{32}&a_{33}&a_{34}\\a_{41}&a_{42}&a_{43}&a_{44}\end{pmatrix}\begin{matrix}\text{小赵}\\\text{小张}\\\text{小李}\\\text{小王}\end{matrix},$$

$$\begin{matrix}\text{大提琴}&\text{钢琴}&\text{吉他}&\text{小提琴}\end{matrix}$$

$$B=(b_{ij})_{4\times4}=\begin{pmatrix}b_{11}&b_{12}&b_{13}&b_{14}\\b_{21}&b_{22}&b_{23}&b_{24}\\b_{31}&b_{32}&b_{33}&b_{34}\\b_{41}&b_{42}&b_{43}&b_{44}\end{pmatrix}\begin{matrix}\text{大提琴}\\\text{钢琴}\\\text{吉他}\\\text{小提琴}\end{matrix},$$

$$\begin{matrix}\text{英语}&\text{法语}&\text{德语}&\text{俄语}\end{matrix}$$

$$\boldsymbol{C}=(c_{ij})_{4\times 4}=\begin{pmatrix} c_{11} & c_{12} & c_{13} & c_{14} \\ c_{21} & c_{22} & c_{23} & c_{24} \\ c_{31} & c_{32} & c_{33} & c_{34} \\ c_{41} & c_{42} & c_{43} & c_{44} \end{pmatrix}\begin{matrix}\text{小赵}\\ \text{小张}\\ \text{小李}\\ \text{小王}\end{matrix}.$$

英语　法语　德语　俄语

上述矩阵中的元素，用“1”表示肯定关系，用“0”表示否定关系：

由条件（1）知，$b_{34}=1$；

由条件（2）知，$a_{11}=0$，$a_{21}=0$，$a_{14}=0$，$a_{24}=0$，$c_{11}=0$，$c_{21}=0$；

由条件（3）知，$b_{13}=0$；

由条件（4）知，$c_{32}=1$，$a_{34}=0$.

故

$$\boldsymbol{A}=\begin{pmatrix} 0 & & & 0 \\ 0 & & & 0 \\ 1 & 0 & 0 & 0 \\ 0 & 0 & 0 & 1 \end{pmatrix},\ \boldsymbol{B}=\begin{pmatrix} & & 0 & 0 \\ & & & 0 \\ 0 & 0 & 0 & 1 \\ & & & 0 \end{pmatrix},\ \boldsymbol{C}=\begin{pmatrix} 0 & 0 & & \\ 0 & 0 & & \\ 0 & 1 & 0 & 0 \\ 1 & 0 & 0 & 0 \end{pmatrix}.$$

由于 $\boldsymbol{A}\cdot\boldsymbol{B}=(a_{ij})_{n\times m}\cdot(b_{ij})_{m\times l}=(c_{ij})_{n\times l}$，其中 $c_{ij}=a_{i1}b_{1j}+a_{i2}b_{2j}+\cdots+a_{im}b_{mj}$，所以

$$1=c_{41}=a_{41}b_{11}+a_{42}b_{21}+a_{43}b_{31}+a_{44}b_{41}=0\cdot b_{11}+0\cdot b_{21}+0\cdot 0+1\cdot b_{41},$$

解得 $b_{41}=1$.

同理：由 $c_{42}=0$，$c_{43}=0$ 可知 $b_{42}=0$，$b_{43}=0$；

由 $c_{31}=0$ 可知 $b_{11}=0$；

由 $c_{32}=1$ 可知 $b_{12}=1$.

由于乐器和学生一一对应，学生和外语一一对应，故乐器和外语也是一一对应，则

$$\boldsymbol{B}=\begin{pmatrix} 0 & 1 & 0 & 0 \\ & & & 0 \\ 0 & 0 & 0 & 1 \\ 1 & 0 & 0 & 0 \end{pmatrix}=\begin{pmatrix} 0 & 1 & 0 & 0 \\ 0 & 0 & 1 & 0 \\ 0 & 0 & 0 & 1 \\ 1 & 0 & 0 & 0 \end{pmatrix}.$$

若令 $a_{12}=1$，有

$$\boldsymbol{A}=\begin{pmatrix} 0 & 1 & & 0 \\ 0 & & & 0 \\ 1 & 0 & 0 & 0 \\ 0 & 0 & 0 & 1 \end{pmatrix}=\begin{pmatrix} 0 & 1 & 0 & 0 \\ 0 & 0 & 1 & 0 \\ 1 & 0 & 0 & 0 \\ 0 & 0 & 0 & 1 \end{pmatrix};$$

若令 $a_{12}=0$，有

$$A=\begin{pmatrix}0 & 0 & & 0\\ 0 & & & 0\\ 1 & 0 & 0 & 0\\ 0 & 0 & 0 & 1\end{pmatrix}=\begin{pmatrix}0 & 0 & 1 & 0\\ 0 & 1 & 0 & 0\\ 1 & 0 & 0 & 0\\ 0 & 0 & 0 & 1\end{pmatrix}.$$

所以，最终结果有两种情形：①小赵会钢琴懂德语，小张会吉他懂俄语，小李会大提琴懂法语，小王会小提琴懂英语；②小赵会吉他懂俄语，小张会钢琴懂德语，小李会大提琴懂法语，小王会小提琴懂英语.

小结：此题是在矩阵概念应用的基础上综合了矩阵乘法运算，充分展现了矩阵在解决实际问题方面的用处.

三、习题 2-2 解答

1. 计算：

(1) $\begin{pmatrix}1 & 6 & 4\\ -4 & 2 & 8\end{pmatrix}+\begin{pmatrix}-2 & 0 & 1\\ 2 & -3 & 4\end{pmatrix}$；

(2) $\begin{pmatrix}1 & 2\\ 0 & 1\end{pmatrix}-\begin{pmatrix}2 & -2\\ 0 & 3\end{pmatrix}$.

解题思路 利用矩阵的线性运算.

解 (1) 原式 $=\begin{pmatrix}-1 & 6 & 5\\ -2 & -1 & 12\end{pmatrix}$；

(2) 原式 $=\begin{pmatrix}-1 & 4\\ 0 & -2\end{pmatrix}$.

2. 设 $A=\begin{pmatrix}1 & 2 & 1 & 2\\ 2 & 1 & 2 & 1\\ 1 & 2 & 3 & 4\end{pmatrix}$，$B=\begin{pmatrix}4 & 3 & 2 & 1\\ -2 & 1 & -2 & 1\\ 0 & -1 & 0 & -1\end{pmatrix}$，计算：

(1) $3A-B$；　　(2) $2A+3B$；　　(3) 若 X 满足 $A+X=B$，求 X.

解 (1)
$$\begin{aligned}3A-B&=3\begin{pmatrix}1 & 2 & 1 & 2\\ 2 & 1 & 2 & 1\\ 1 & 2 & 3 & 4\end{pmatrix}-\begin{pmatrix}4 & 3 & 2 & 1\\ -2 & 1 & -2 & 1\\ 0 & -1 & 0 & -1\end{pmatrix}\\ &=\begin{pmatrix}3 & 6 & 3 & 6\\ 6 & 3 & 6 & 3\\ 3 & 6 & 9 & 12\end{pmatrix}-\begin{pmatrix}4 & 3 & 2 & 1\\ -2 & 1 & -2 & 1\\ 0 & -1 & 0 & -1\end{pmatrix}\\ &=\begin{pmatrix}-1 & 3 & 1 & 5\\ 8 & 2 & 8 & 2\\ 3 & 7 & 9 & 13\end{pmatrix}.\end{aligned}$$

(2) $2\boldsymbol{A}+3\boldsymbol{B}=2\begin{pmatrix}1&2&1&2\\2&1&2&1\\1&2&3&4\end{pmatrix}+3\begin{pmatrix}4&3&2&1\\-2&1&-2&1\\0&-1&0&-1\end{pmatrix}$

$$=\begin{pmatrix}2&4&2&4\\4&2&4&2\\2&4&6&8\end{pmatrix}+\begin{pmatrix}12&9&6&3\\-6&3&-6&3\\0&-3&0&-3\end{pmatrix}$$

$$=\begin{pmatrix}14&13&8&7\\-2&5&-2&5\\2&1&6&5\end{pmatrix}.$$

(3) $\boldsymbol{X}=\boldsymbol{B}-\boldsymbol{A}$

$$=\begin{pmatrix}4&3&2&1\\-2&1&-2&1\\0&-1&0&-1\end{pmatrix}-\begin{pmatrix}1&2&1&2\\2&1&2&1\\1&2&3&4\end{pmatrix}$$

$$=\begin{pmatrix}3&1&1&-1\\-4&0&-4&0\\-1&-3&-3&-5\end{pmatrix}.$$

3. 设$\boldsymbol{A}=\begin{pmatrix}x&0\\7&y\end{pmatrix}$，$\boldsymbol{B}=\begin{pmatrix}u&v\\y&2\end{pmatrix}$，$\boldsymbol{C}=\begin{pmatrix}3&-4\\x&v\end{pmatrix}$，且$\boldsymbol{A}+2\boldsymbol{B}-\boldsymbol{C}=\boldsymbol{O}$，求$x$，$y$，$u$，$v$的值.

解　$\boldsymbol{A}+2\boldsymbol{B}-\boldsymbol{C}=\begin{pmatrix}x&0\\7&y\end{pmatrix}+2\begin{pmatrix}u&v\\y&2\end{pmatrix}-\begin{pmatrix}3&-4\\x&v\end{pmatrix}$

$$=\begin{pmatrix}x+2u-3&2v+4\\7+2y-x&y+4-v\end{pmatrix}=\begin{pmatrix}0&0\\0&0\end{pmatrix}$$

$$\Rightarrow\begin{cases}x+2u-3=0\\7+2y-x=0\\2v+4=0\\y+4-v=0\end{cases}\Rightarrow x=-5,\ y=-6,\ u=4,\ v=-2.$$

4. 计算：

(1) $\begin{pmatrix}4&3&1\\1&-2&3\\5&7&0\end{pmatrix}\begin{pmatrix}7\\2\\1\end{pmatrix}$；　　(2) $\begin{pmatrix}1&2&3\\2&4&6\\3&6&9\end{pmatrix}\begin{pmatrix}-1&-2&-4\\-1&-2&-4\\1&2&4\end{pmatrix}$；

(3) $(1,2,3)\begin{pmatrix}3\\2\\1\end{pmatrix}$； (4) $\begin{pmatrix}3\\2\\1\end{pmatrix}(1,2,3)$；

(5) $\begin{pmatrix}1&2&3\\-2&1&2\end{pmatrix}\begin{pmatrix}1&2&0\\0&1&1\\3&0&-1\end{pmatrix}$； (6) $(x_1,x_2,x_3)\begin{pmatrix}a_{11}&a_{12}&a_{13}\\a_{12}&a_{22}&a_{23}\\a_{13}&a_{23}&a_{33}\end{pmatrix}\begin{pmatrix}x_1\\x_2\\x_3\end{pmatrix}$.

解 (1) $\begin{pmatrix}4&3&1\\1&-2&3\\5&7&0\end{pmatrix}\begin{pmatrix}7\\2\\1\end{pmatrix}=\begin{pmatrix}4\times7+3\times2+1\times1\\1\times7+(-2)\times2+3\times1\\5\times7+7\times2+0\times1\end{pmatrix}=\begin{pmatrix}35\\6\\49\end{pmatrix}$.

(2) $\begin{pmatrix}1&2&3\\2&4&6\\3&6&9\end{pmatrix}\begin{pmatrix}-1&-2&-4\\-1&-2&-4\\1&2&4\end{pmatrix}=\begin{pmatrix}0&0&0\\0&0&0\\0&0&0\end{pmatrix}$.

(3) $(1,2,3)\begin{pmatrix}3\\2\\1\end{pmatrix}=1\times3+2\times2+3\times1=10$.

(4) $\begin{pmatrix}3\\2\\1\end{pmatrix}(1\quad2\quad3)=\begin{pmatrix}3&6&9\\2&4&6\\1&2&3\end{pmatrix}$.

(5) $\begin{pmatrix}1&2&3\\-2&1&2\end{pmatrix}\begin{pmatrix}1&2&0\\0&1&1\\3&0&-1\end{pmatrix}=\begin{pmatrix}10&4&-1\\4&-3&-1\end{pmatrix}$.

(6) $(x_1,x_2,x_3)\begin{pmatrix}a_{11}&a_{12}&a_{13}\\a_{12}&a_{22}&a_{23}\\a_{13}&a_{23}&a_{33}\end{pmatrix}\begin{pmatrix}x_1\\x_2\\x_3\end{pmatrix}$

$$=(a_{11}x_1+a_{12}x_2+a_{13}x_3,\ a_{12}x_1+a_{22}x_2+a_{23}x_3,\ a_{13}x_1+a_{23}x_2+a_{33}x_3)\begin{pmatrix}x_1\\x_2\\x_3\end{pmatrix}$$

$$=a_{11}x_1^2+a_{22}x_2^2+a_{33}x_3^2+2a_{12}x_1x_2+2a_{13}x_1x_3+2a_{23}x_2x_3.$$

5. 设 $\boldsymbol{A}=\begin{pmatrix}1&1&1\\1&1&-1\\1&-1&1\end{pmatrix}$，$\boldsymbol{B}=\begin{pmatrix}1&2&3\\-1&-2&4\\0&5&1\end{pmatrix}$，求 $3\boldsymbol{AB}-2\boldsymbol{A}$ 及 $\boldsymbol{A}^{\mathrm{T}}\boldsymbol{B}$.

解题思路 利用矩阵的乘法和矩阵的转置.

解 $3\boldsymbol{AB}-2\boldsymbol{A}=3\begin{pmatrix}1&1&1\\1&1&-1\\1&-1&1\end{pmatrix}\begin{pmatrix}1&2&3\\-1&-2&4\\0&5&1\end{pmatrix}-2\begin{pmatrix}1&1&1\\1&1&-1\\1&-1&1\end{pmatrix}$

$$=3\begin{pmatrix}0&5&8\\0&-5&6\\2&9&0\end{pmatrix}-2\begin{pmatrix}1&1&1\\1&1&-1\\1&-1&1\end{pmatrix}=\begin{pmatrix}-2&13&22\\-2&-17&20\\4&29&-2\end{pmatrix},$$

$$\boldsymbol{A}^{\mathrm{T}}\boldsymbol{B}=\begin{pmatrix}1&1&1\\1&1&-1\\1&-1&1\end{pmatrix}\begin{pmatrix}1&2&3\\-1&-2&4\\0&5&1\end{pmatrix}=\begin{pmatrix}0&5&8\\0&-5&6\\2&9&0\end{pmatrix}.$$

6. 设有线性变换 $\boldsymbol{y}=\boldsymbol{A}\boldsymbol{x}$，其中系数矩阵 $\boldsymbol{A}$ 分别取 $\begin{pmatrix}1&0\\0&0\end{pmatrix}$、$\begin{pmatrix}1&0\\0&-1\end{pmatrix}$时，试求出向量 $\boldsymbol{x}=\begin{pmatrix}1\\1\end{pmatrix}$在相应变换下对应的新变量 $\boldsymbol{y}$，并指出该变换的几何意义.

解　(1) $\boldsymbol{y}=\boldsymbol{A}\boldsymbol{x}=\begin{pmatrix}1&0\\0&0\end{pmatrix}\begin{pmatrix}1\\1\end{pmatrix}=\begin{pmatrix}1\\0\end{pmatrix}$，其几何意义是：在线性变换 $\boldsymbol{y}=\boldsymbol{A}\boldsymbol{x}$ 下，向量 $\boldsymbol{y}=\begin{pmatrix}1\\0\end{pmatrix}$是平面 x_1Ox_2 上的向量 $\boldsymbol{x}=\begin{pmatrix}1\\1\end{pmatrix}$在 x_1 轴的投影，见题 6 图(1).

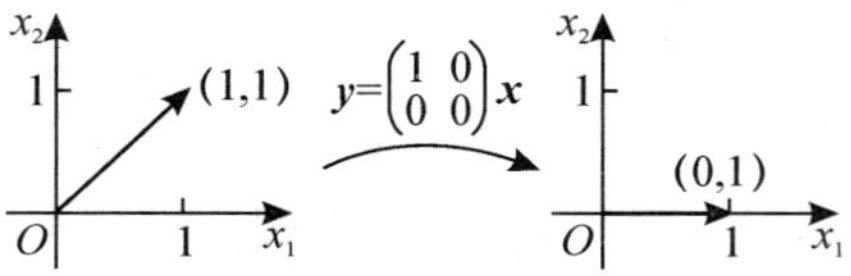

题 6 图(1)

(2) $\boldsymbol{y}=\boldsymbol{A}\boldsymbol{x}=\begin{pmatrix}1&0\\0&-1\end{pmatrix}\begin{pmatrix}1\\1\end{pmatrix}=\begin{pmatrix}1\\-1\end{pmatrix}$，其几何意义是：在线性变换 $\boldsymbol{y}=\boldsymbol{A}\boldsymbol{x}$ 下，向量 $\boldsymbol{y}=\begin{pmatrix}1\\-1\end{pmatrix}$是平面 x_1Ox_2 上的向量 $\boldsymbol{x}=\begin{pmatrix}1\\1\end{pmatrix}$在 x_1 轴上的投影，见题 6 图(2).

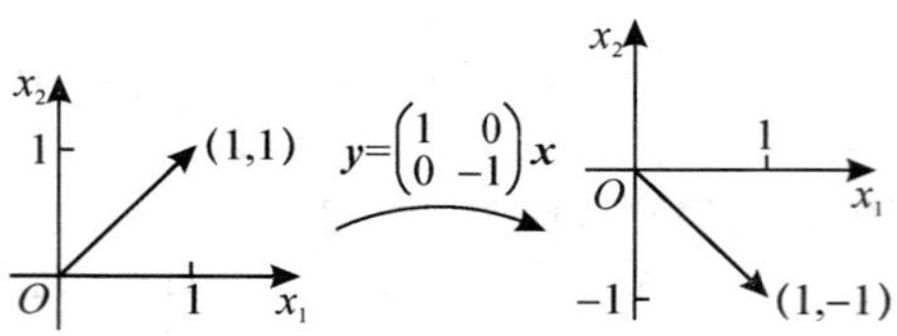

题 6 图(2)

7. 已知两个线性变换

$$\begin{cases}x_1=2y_1+y_3\\x_2=-2y_1+3y_2+2y_3\\x_3=4y_1+y_2+5y_3\end{cases},\quad\begin{cases}y_1=-3z_1+z_2\\y_2=2z_1+z_3\\y_3=-z_2+3z_3\end{cases},$$

求从 z_1，z_2，z_3 到 x_1，x_2，x_3 的线性变换.

解题思路 利用矩阵的乘法在线性变换中的应用.

解 $$\begin{pmatrix}x_1\\x_2\\x_3\end{pmatrix}=\begin{pmatrix}2&0&1\\-2&3&2\\4&1&5\end{pmatrix}\begin{pmatrix}y_1\\y_2\\y_3\end{pmatrix}=\begin{pmatrix}2&0&1\\-2&3&2\\4&1&5\end{pmatrix}\begin{pmatrix}-3&1&0\\2&0&1\\0&-1&3\end{pmatrix}\begin{pmatrix}z_1\\z_2\\z_3\end{pmatrix}$$

$$=\begin{pmatrix}-6&1&3\\12&-4&9\\-10&-1&16\end{pmatrix}\begin{pmatrix}z_1\\z_2\\z_3\end{pmatrix}$$

$$\Rightarrow\begin{cases}x_1=-6z_1+z_2+3z_3\\x_2=12z_1-4z_2+9z_3\\x_3=-10z_1-z_2+16z_3\end{cases}.$$

8. 设 $\boldsymbol{A}=\begin{pmatrix}\cos\varphi&-\sin\varphi\\\sin\varphi&\cos\varphi\end{pmatrix}$，$\boldsymbol{x}$ 为平面上一向量，试讨论线性变换 $\boldsymbol{y}=\boldsymbol{A}\boldsymbol{x}$ 的几何意义.

解 如题 8 图所示，设

$$\boldsymbol{x}=\overrightarrow{OP_1}=\begin{pmatrix}x_1\\x_2\end{pmatrix},\ \boldsymbol{y}=\overrightarrow{OP_2}=\begin{pmatrix}y_1\\y_2\end{pmatrix},$$

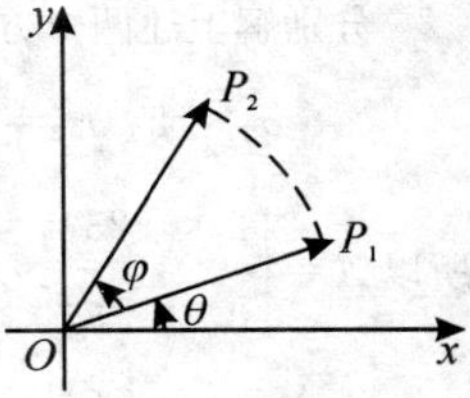

题 8 图

则

$$\begin{pmatrix}y_1\\y_2\end{pmatrix}=\begin{pmatrix}\cos\varphi&-\sin\varphi\\\sin\varphi&\cos\varphi\end{pmatrix}\begin{pmatrix}x_1\\x_2\end{pmatrix}=\begin{pmatrix}x_1\cos\varphi-x_2\sin\varphi\\x_1\sin\varphi+x_2\cos\varphi\end{pmatrix}.$$

为方便起见，利用极坐标表示，设 $x_1=r\cos\theta$，$x_2=r\sin\theta$，则有

$$\begin{pmatrix}y_1\\y_2\end{pmatrix}=\begin{pmatrix}r\cos\theta\cos\varphi-r\sin\theta\sin\varphi\\r\cos\theta\sin\varphi+r\sin\theta\cos\varphi\end{pmatrix}=\begin{pmatrix}r\cos(\theta+\varphi)\\r\sin(\theta+\varphi)\end{pmatrix}.$$

从几何上看，在线性变换 $\boldsymbol{y}=\boldsymbol{A}\boldsymbol{x}$ 下，向量 $\boldsymbol{y}=\overrightarrow{OP_2}$ 是向量 $\boldsymbol{x}=\overrightarrow{OP_1}$ 被依逆时针方向旋转了 φ 角（即将点 P_1 以原点为中心逆时针旋转 φ 角）的结果. 因此，本题所讨论的线性变换被称为旋转变换.

9. 解下列矩阵方程，求出未知矩阵 $\boldsymbol{X}$.

(1) $\begin{pmatrix} 2 & 5 \\ 1 & 3 \end{pmatrix}\boldsymbol{X}=\begin{pmatrix} 4 & -6 \\ 2 & 1 \end{pmatrix}$；　　(2) $\begin{pmatrix} 1 & 1 & -1 \\ -2 & 1 & 1 \\ 1 & 1 & 1 \end{pmatrix}\boldsymbol{X}=\begin{pmatrix} 2 \\ 3 \\ 6 \end{pmatrix}$.

解题思路　利用线性方程组解矩阵方程.

解　(1)设 $\boldsymbol{X}=\begin{pmatrix} x_{11} & x_{12} \\ x_{21} & x_{22} \end{pmatrix}$，由题设，有

$$\begin{pmatrix} 2 & 5 \\ 1 & 3 \end{pmatrix}\begin{pmatrix} x_{11} & x_{12} \\ x_{21} & x_{22} \end{pmatrix}=\begin{pmatrix} 4 & -6 \\ 2 & 1 \end{pmatrix},$$

$$\begin{pmatrix} 2x_{11}+5x_{21} & 2x_{12}+5x_{22} \\ x_{11}+3x_{21} & x_{12}+3x_{22} \end{pmatrix}=\begin{pmatrix} 4 & -6 \\ 2 & 1 \end{pmatrix},$$

即

$$\begin{cases} 2x_{11}+5x_{21}=4 \\ x_{11}+3x_{21}=2 \end{cases},\begin{cases} 2x_{12}+5x_{22}=-6 \\ x_{12}+3x_{22}=1 \end{cases}.$$

分别解上述两个方程组得

$$x_{11}=2,\ x_{12}=-23,\ x_{21}=0,\ x_{22}=8,$$

所以 $\boldsymbol{X}=\begin{pmatrix} 2 & -23 \\ 0 & 8 \end{pmatrix}$.

(2) 设 $\boldsymbol{X}=\begin{pmatrix} x_1 \\ x_2 \\ x_3 \end{pmatrix}$，由题设，有

$$\begin{pmatrix} 1 & 1 & -1 \\ -2 & 1 & 1 \\ 1 & 1 & 1 \end{pmatrix}\begin{pmatrix} x_1 \\ x_2 \\ x_3 \end{pmatrix}=\begin{pmatrix} 2 \\ 3 \\ 6 \end{pmatrix}.$$

解上述方程组得

$$x_1=1,\ x_2=3,\ x_3=2.$$

所以 $\boldsymbol{X}=\begin{pmatrix}1\\3\\2\end{pmatrix}$.

10. 设 $\boldsymbol{A}=\begin{pmatrix}1&1\\0&1\end{pmatrix}$，求所有与 $\boldsymbol{A}$ 可交换的矩阵.

解题思路 求与已知矩阵可交换的矩阵：定义法、方程法.

解 设与 $\boldsymbol{A}$ 可交换的矩阵为 $\boldsymbol{X}=\begin{pmatrix}x_{11}&x_{12}\\x_{21}&x_{22}\end{pmatrix}$,则

$$\begin{pmatrix}x_{11}&x_{12}\\x_{21}&x_{22}\end{pmatrix}\begin{pmatrix}1&1\\0&1\end{pmatrix}=\begin{pmatrix}1&1\\0&1\end{pmatrix}\begin{pmatrix}x_{11}&x_{12}\\x_{21}&x_{22}\end{pmatrix},$$

即

$$\begin{pmatrix}x_{11}&x_{11}+x_{12}\\x_{21}&x_{21}+x_{22}\end{pmatrix}=\begin{pmatrix}x_{11}+x_{21}&x_{12}+x_{22}\\x_{21}&x_{22}\end{pmatrix}$$

$\Rightarrow\ x_{11}=x_{22}=a,\ x_{12}=b,\ x_{21}=0.$

所以与 $\boldsymbol{A}$ 可交换的矩阵为 $\begin{pmatrix}a&b\\0&a\end{pmatrix}$，$a,b\in\mathbf{R}$.

11. 已知 $\boldsymbol{A}=(a_{ij})$ 为 n 阶矩阵，写出：

(1) $\boldsymbol{A}^2$ 的第 k 行第 l 列的元素； (2) $\boldsymbol{A}\boldsymbol{A}^{\mathrm{T}}$ 的第 k 行第 l 列的元素.

解题思路 利用矩阵的乘法和矩阵的转置.

解 (1) 由 $\boldsymbol{A}=\begin{pmatrix}a_{11}&a_{12}&\cdots&a_{1n}\\a_{21}&a_{22}&\cdots&a_{2n}\\\vdots&\vdots&&\vdots\\a_{n1}&a_{n2}&\cdots&a_{nn}\end{pmatrix}$,

$$\boldsymbol{A}^2=\begin{pmatrix}a_{11}&a_{12}&\cdots&a_{1n}\\\vdots&\vdots&&\vdots\\a_{k1}&a_{k2}&\cdots&a_{kn}\\\vdots&\vdots&&\vdots\\a_{n1}&a_{n2}&\cdots&a_{nn}\end{pmatrix}\begin{pmatrix}a_{11}&\cdots&a_{1l}&\cdots&a_{1n}\\a_{21}&\cdots&a_{2l}&\cdots&a_{2n}\\\vdots&&\vdots&&\vdots\\a_{n1}&\cdots&a_{nl}&\cdots&a_{nn}\end{pmatrix}.$$

易见 $\boldsymbol{A}^2$ 的第 k 行第 l 列的元素为

$$a_{k1}a_{1l}+a_{k2}a_{2l}+\cdots+a_{kn}a_{nl}=\sum_{j=1}^{n}a_{kj}a_{jl}.$$

(2) 由$\boldsymbol{A}=\begin{pmatrix} a_{11} & a_{12} & \cdots & a_{1n} \\ a_{21} & a_{22} & \cdots & a_{2n} \\ \vdots & \vdots & & \vdots \\ a_{n1} & a_{n2} & \cdots & a_{nn} \end{pmatrix}$,

$$\boldsymbol{A}\boldsymbol{A}^{\mathrm{T}}=\begin{pmatrix} a_{11} & a_{12} & \cdots & a_{1n} \\ \vdots & \vdots & & \vdots \\ a_{k1} & a_{k2} & \cdots & a_{kn} \\ \vdots & \vdots & & \vdots \\ a_{n1} & a_{n2} & \cdots & a_{nn} \end{pmatrix}\begin{pmatrix} a_{11} & \cdots & a_{l1} & \cdots & a_{n1} \\ a_{12} & \cdots & a_{l2} & \cdots & a_{n2} \\ \vdots & & \vdots & & \vdots \\ a_{1n} & \cdots & a_{ln} & \cdots & a_{nn} \end{pmatrix}.$$

易见 $\boldsymbol{A}\boldsymbol{A}^{\mathrm{T}}$ 的第 k 行第 l 列的元素为

$$a_{k1}a_{l1}+a_{k2}a_{l2}+\cdots+a_{kn}a_{ln}=\sum_{j=1}^{n}a_{kj}a_{lj}.$$

12. 计算下列矩阵(其中 n 为正整数):

(1) $\begin{pmatrix} 1 & 1 \\ 0 & 0 \end{pmatrix}^n$; (2) $\begin{pmatrix} 1 & 0 \\ \lambda & 1 \end{pmatrix}^n$; (3) $\begin{pmatrix} a & 0 & 0 \\ 0 & b & 0 \\ 0 & 0 & c \end{pmatrix}^n$; (4) $\begin{pmatrix} \lambda & 1 & 0 \\ 0 & \lambda & 1 \\ 0 & 0 & \lambda \end{pmatrix}^n$.

解题思路 用数学归纳法求矩阵的幂.

解 (1) $\begin{pmatrix} 1 & 1 \\ 0 & 0 \end{pmatrix}^2=\begin{pmatrix} 1 & 1 \\ 0 & 0 \end{pmatrix}\begin{pmatrix} 1 & 1 \\ 0 & 0 \end{pmatrix}=\begin{pmatrix} 1 & 1 \\ 0 & 0 \end{pmatrix}$,

$$\begin{pmatrix} 1 & 1 \\ 0 & 0 \end{pmatrix}^3=\begin{pmatrix} 1 & 1 \\ 0 & 0 \end{pmatrix}\begin{pmatrix} 1 & 1 \\ 0 & 0 \end{pmatrix}^2=\begin{pmatrix} 1 & 1 \\ 0 & 0 \end{pmatrix}\begin{pmatrix} 1 & 1 \\ 0 & 0 \end{pmatrix}=\begin{pmatrix} 1 & 1 \\ 0 & 0 \end{pmatrix},$$

……

由此推测$\begin{pmatrix} 1 & 1 \\ 0 & 0 \end{pmatrix}^n=\begin{pmatrix} 1 & 1 \\ 0 & 0 \end{pmatrix}$.

利用数学归纳法证明之.

当 $k=2$ 时显然成立,设当 $k=n-1$ 时成立,则当 $k=n$ 时有

$$\begin{pmatrix} 1 & 1 \\ 0 & 0 \end{pmatrix}^n=\begin{pmatrix} 1 & 1 \\ 0 & 0 \end{pmatrix}\begin{pmatrix} 1 & 1 \\ 0 & 0 \end{pmatrix}^{n-1}=\begin{pmatrix} 1 & 1 \\ 0 & 0 \end{pmatrix}\begin{pmatrix} 1 & 1 \\ 0 & 0 \end{pmatrix}=\begin{pmatrix} 1 & 1 \\ 0 & 0 \end{pmatrix},$$

故由数学归纳法知:

$$\begin{pmatrix} 1 & 1 \\ 0 & 0 \end{pmatrix}^n=\begin{pmatrix} 1 & 1 \\ 0 & 0 \end{pmatrix}.$$

(2) $\boldsymbol{A}^2=\begin{pmatrix}1&0\\\lambda&1\end{pmatrix}\begin{pmatrix}1&0\\\lambda&1\end{pmatrix}=\begin{pmatrix}1&0\\2\lambda&1\end{pmatrix}$,

$$\boldsymbol{A}^3=\boldsymbol{A}^2\boldsymbol{A}=\begin{pmatrix}1&0\\2\lambda&1\end{pmatrix}\begin{pmatrix}1&0\\\lambda&1\end{pmatrix}=\begin{pmatrix}1&0\\3\lambda&1\end{pmatrix},$$

利用数学归纳法证明 $\boldsymbol{A}^k=\begin{pmatrix}1&0\\k\lambda&1\end{pmatrix}$.

当 $k=1$ 时显然成立，假设 k 时成立，则 $k+1$ 时，有

$$\boldsymbol{A}^{k+1}=\boldsymbol{A}^k\boldsymbol{A}=\begin{pmatrix}1&0\\k\lambda&1\end{pmatrix}\begin{pmatrix}1&0\\\lambda&1\end{pmatrix}=\begin{pmatrix}1&0\\(k+1)\lambda&1\end{pmatrix}.$$

由数学归纳法原理知：

$$\boldsymbol{A}^n=\begin{pmatrix}1&0\\n\lambda&1\end{pmatrix}.$$

(3) $\begin{pmatrix}a&0&0\\0&b&0\\0&0&c\end{pmatrix}^2=\begin{pmatrix}a&0&0\\0&b&0\\0&0&c\end{pmatrix}\begin{pmatrix}a&0&0\\0&b&0\\0&0&c\end{pmatrix}=\begin{pmatrix}a^2&0&0\\0&b^2&0\\0&0&c^2\end{pmatrix}$, …,

由此易推测 $\begin{pmatrix}a&0&0\\0&b&0\\0&0&c\end{pmatrix}^n=\begin{pmatrix}a^n&0&0\\0&b^n&0\\0&0&c^n\end{pmatrix}$.

利用数学归纳法证明之.

当 $k=2$ 时显然成立，设当 $k=n-1$ 时成立，则当 $k=n$ 时，有

$$\begin{pmatrix}a&0&0\\0&b&0\\0&0&c\end{pmatrix}^n=\begin{pmatrix}a&0&0\\0&b&0\\0&0&c\end{pmatrix}\begin{pmatrix}a^{n-1}&0&0\\0&b^{n-1}&0\\0&0&c^{n-1}\end{pmatrix}=\begin{pmatrix}a^n&0&0\\0&b^n&0\\0&0&c^n\end{pmatrix}.$$

故由数学归纳法知：

$$\begin{pmatrix}a&0&0\\0&b&0\\0&0&c\end{pmatrix}^n=\begin{pmatrix}a^n&0&0\\0&b^n&0\\0&0&c^n\end{pmatrix}.$$

(4) 首先观察

$$\boldsymbol{A}^2=\begin{pmatrix}\lambda&1&0\\0&\lambda&1\\0&0&\lambda\end{pmatrix}\begin{pmatrix}\lambda&1&0\\0&\lambda&1\\0&0&\lambda\end{pmatrix}=\begin{pmatrix}\lambda^2&2\lambda&1\\0&\lambda^2&2\lambda\\0&0&\lambda^2\end{pmatrix},$$

$$\boldsymbol{A}^3=\boldsymbol{A}^2\cdot\boldsymbol{A}=\begin{pmatrix}\lambda^3 & 3\lambda^2 & 3\lambda\\ 0 & \lambda^3 & 3\lambda^2\\ 0 & 0 & \lambda^3\end{pmatrix},$$

由此推测 $\boldsymbol{A}^k=\begin{pmatrix}\lambda^k & k\lambda^{k-1} & \frac{k(k-1)}{2}\lambda^{k-2}\\ 0 & \lambda^k & k\lambda^{k-1}\\ 0 & 0 & \lambda^k\end{pmatrix}(k\geqslant 2)$.

用数学归纳法证明：

当 $k=2$ 时显然成立. 假设 k 时成立，则 $k+1$ 时，有

$$\begin{aligned}\boldsymbol{A}^{k+1}=\boldsymbol{A}^k\cdot\boldsymbol{A}&=\begin{pmatrix}\lambda^k & k\lambda^{k-1} & \frac{k(k-1)}{2}\lambda^{k-2}\\ 0 & \lambda^k & k\lambda^{k-1}\\ 0 & 0 & \lambda^k\end{pmatrix}\begin{pmatrix}\lambda & 1 & 0\\ 0 & \lambda & 1\\ 0 & 0 & \lambda\end{pmatrix}\\ &=\begin{pmatrix}\lambda^{k+1} & (k+1)\lambda^k & \frac{(k+1)k}{2}\lambda^{k-1}\\ 0 & \lambda^{k+1} & (k+1)\lambda^k\\ 0 & 0 & \lambda^{k+1}\end{pmatrix}.\end{aligned}$$

由数学归纳法原理知结论成立.

13. 已知 $\boldsymbol{\alpha}=(1, 2, 3)$，$\boldsymbol{\beta}=\left(1,\frac{1}{2},\frac{1}{3}\right)$. 设矩阵 $\boldsymbol{A}=\boldsymbol{\alpha}^{\mathrm{T}}\boldsymbol{\beta}$，其中 $\boldsymbol{\alpha}^{\mathrm{T}}$ 是 $\boldsymbol{\alpha}$ 的转置，求 $\boldsymbol{A}^n$（n 为正整数）.

解题思路　用递推法计算矩阵的幂.

解　$\boldsymbol{A}^2=(\boldsymbol{\alpha}^{\mathrm{T}}\boldsymbol{\beta})(\boldsymbol{\alpha}^{\mathrm{T}}\boldsymbol{\beta})=\boldsymbol{\alpha}^{\mathrm{T}}(\boldsymbol{\beta}\boldsymbol{\alpha}^{\mathrm{T}})\boldsymbol{\beta}=3\boldsymbol{\alpha}^{\mathrm{T}}\boldsymbol{\beta}=3\boldsymbol{A}$，

$\boldsymbol{A}^3=\boldsymbol{A}^2\cdot\boldsymbol{A}=3^2\boldsymbol{A},\cdots$.

依此类推，可得 $\boldsymbol{A}^n=3^{n-1}\boldsymbol{A}$，而

$$\boldsymbol{A}=\boldsymbol{\alpha}^{\mathrm{T}}\boldsymbol{\beta}=\begin{pmatrix}1\\2\\3\end{pmatrix}\left(1,\ \frac{1}{2},\ \frac{1}{3}\right)=\begin{pmatrix}1 & \frac{1}{2} & \frac{1}{3}\\ 2 & 1 & \frac{2}{3}\\ 3 & \frac{3}{2} & 1\end{pmatrix},$$

故

$$\boldsymbol{A}^n=3^{n-1}\begin{pmatrix}1 & \frac{1}{2} & \frac{1}{3}\\ 2 & 1 & \frac{2}{3}\\ 3 & \frac{3}{2} & 1\end{pmatrix}.$$

14. 设 $\boldsymbol{A}$，$\boldsymbol{B}$ 都是 n 阶对称矩阵，证明 $\boldsymbol{AB}$ 为对称矩阵的充分必要条件是 $\boldsymbol{AB}=\boldsymbol{BA}$.

证明思路 利用对称矩阵的定义与性质解题.

证 充分性

$$\begin{aligned}\boldsymbol{AB}=\boldsymbol{BA}&\Rightarrow \boldsymbol{AB}=\boldsymbol{B}^{\mathrm{T}}\boldsymbol{A}^{\mathrm{T}}\\&\Rightarrow \boldsymbol{AB}=(\boldsymbol{AB})^{\mathrm{T}},\end{aligned}$$

即 $\boldsymbol{AB}$ 是对称矩阵.

必要性

$$\begin{aligned}(\boldsymbol{AB})^{\mathrm{T}}=\boldsymbol{AB}&\Rightarrow \boldsymbol{B}^{\mathrm{T}}\boldsymbol{A}^{\mathrm{T}}=\boldsymbol{AB}\\&\Rightarrow \boldsymbol{BA}=\boldsymbol{AB}.\end{aligned}$$

证毕.

15. 证明：对任意 $m\times n$ 矩阵 $\mathbf{A}$，$\mathbf{A}^{\mathrm{T}}\mathbf{A}$ 及 $\mathbf{A}\mathbf{A}^{\mathrm{T}}$ 都是对称矩阵.

证 设 $\mathbf{A}=\begin{pmatrix}a_{11}&a_{12}&\cdots&a_{1n}\\a_{21}&a_{22}&\cdots&a_{2n}\\\vdots&\vdots&&\vdots\\a_{m1}&a_{m2}&\cdots&a_{mn}\end{pmatrix}$，

根据本节第 11 题，$\mathbf{A}^{\mathrm{T}}\mathbf{A}$ 的第 i 行第 j 列的元素为 $\sum\limits_{k=1}^{m}a_{ki}a_{kj}$，第 j 行第 i 列的元素为 $\sum\limits_{k=1}^{m}a_{kj}a_{ki}$，从而 $\mathbf{A}^{\mathrm{T}}\mathbf{A}$ 为对称矩阵；而 $\mathbf{A}\mathbf{A}^{\mathrm{T}}$ 的第 i 行第 j 列的元素为 $\sum\limits_{k=1}^{n}a_{ik}a_{jk}$，第 j 行第 i 列的元素为 $\sum\limits_{k=1}^{n}a_{jk}a_{ik}$，从而 $\mathbf{A}\mathbf{A}^{\mathrm{T}}$ 为对称矩阵.

16. 设矩阵 $\mathbf{A}$ 为三阶矩阵，且已知 $|\mathbf{A}|=m$，求 $|-m\mathbf{A}|$.

解题思路 利用矩阵与行列式的联系和区别解题.

证 设 $\mathbf{A}=\begin{pmatrix}a_{11}&a_{12}&a_{13}\\a_{21}&a_{22}&a_{23}\\a_{31}&a_{32}&a_{33}\end{pmatrix}$，则

$$-m\mathbf{A}=\begin{pmatrix}-ma_{11}&-ma_{12}&-ma_{13}\\-ma_{21}&-ma_{22}&-ma_{23}\\-ma_{31}&-ma_{32}&-ma_{33}\end{pmatrix},$$

从而

$$|-m\mathbf{A}|=\begin{vmatrix}-ma_{11}&-ma_{12}&-ma_{13}\\-ma_{21}&-ma_{22}&-ma_{23}\\-ma_{31}&-ma_{32}&-ma_{33}\end{vmatrix}=-m^3|\mathbf{A}|=-m^4.$$

§2.3 逆矩阵

一、主要知识归纳

主要知识归纳见表 2-3-1.

表 2-3-1

定义	对于 n 阶矩阵 $\boldsymbol{A}$，如果存在一个 n 阶矩阵 $\boldsymbol{B}$，使得 $$\boldsymbol{AB}=\boldsymbol{BA}=\boldsymbol{E},$$ 则称矩阵 $\boldsymbol{A}$ 为可逆矩阵，而矩阵 $\boldsymbol{B}$ 称为 $\boldsymbol{A}$ 的逆矩阵. 如果矩阵 $\boldsymbol{A}$ 可逆，则 $\boldsymbol{A}$ 的逆矩阵是唯一的. 行列式 $\lvert\boldsymbol{A}\rvert$ 的各个元素的代数余子式 A_{ij} 所构成的矩阵 $$\boldsymbol{A}^*=\begin{pmatrix}A_{11}&A_{21}&\cdots&A_{n1}\\A_{12}&A_{22}&\cdots&A_{n2}\\\vdots&\vdots&&\vdots\\A_{1n}&A_{2n}&\cdots&A_{nn}\end{pmatrix}$$ 称为矩阵 $\boldsymbol{A}$ 的伴随矩阵.
可逆条件	n 阶矩阵 $\boldsymbol{A}$ 可逆的充分必要条件是其行列式 $\lvert\boldsymbol{A}\rvert\neq0$.
求逆法则	(1) 定义法：若 $\boldsymbol{AB}=\boldsymbol{E}$（或 $\boldsymbol{BA}=\boldsymbol{E}$），则 $\boldsymbol{B}=\boldsymbol{A}^{-1}$； (2) 伴随矩阵法：若 $\lvert\boldsymbol{A}\rvert\neq0$，则 $\boldsymbol{A}^{-1}=\frac{1}{\lvert\boldsymbol{A}\rvert}\boldsymbol{A}^*$.
性质	(1) $(\boldsymbol{A}^{-1})^{-1}=\boldsymbol{A}$； (2) $(k\boldsymbol{A})^{-1}=\frac{1}{k}\boldsymbol{A}^{-1}$； (3) $(\boldsymbol{AB})^{-1}=\boldsymbol{B}^{-1}\boldsymbol{A}^{-1}$； (4) $(\boldsymbol{A}^{\mathrm{T}})^{-1}=(\boldsymbol{A}^{-1})^{\mathrm{T}}$； (5) $\lvert\boldsymbol{A}^{-1}\rvert=\lvert\boldsymbol{A}\rvert^{-1}$.
矩阵方程	(1) $\boldsymbol{AX}=\boldsymbol{B}\Rightarrow\boldsymbol{X}=\boldsymbol{A}^{-1}\boldsymbol{B}$； (2) $\boldsymbol{XA}=\boldsymbol{B}\Rightarrow\boldsymbol{X}=\boldsymbol{BA}^{-1}$； (3) $\boldsymbol{AXB}=\boldsymbol{C}\Rightarrow\boldsymbol{X}=\boldsymbol{A}^{-1}\boldsymbol{CB}^{-1}$.

二、典型例题分析

例 1 已知 n 阶矩阵 $\boldsymbol{A}$ 满足 $\boldsymbol{A}^2+3\boldsymbol{A}-5\boldsymbol{E}=\boldsymbol{O}$.

(1) 求 $\boldsymbol{A}^{-1}$；

(2) 求 $(\boldsymbol{A}-\boldsymbol{E})^{-1}$.

解 (1) 由 $\boldsymbol{A}^2+3\boldsymbol{A}-5\boldsymbol{E}=\boldsymbol{O}$ 可得

$$\boldsymbol{A}(\boldsymbol{A}+3\boldsymbol{E})=5\boldsymbol{E},$$

即

$$\boldsymbol{A}\frac{\boldsymbol{A}+3\boldsymbol{E}}{5}=\boldsymbol{E},$$

故

$$\boldsymbol{A}^{-1}=\frac{\boldsymbol{A}+3\boldsymbol{E}}{5}.$$

(2) $\boldsymbol{A}^2+3\boldsymbol{A}-5\boldsymbol{E}=(\boldsymbol{A}-\boldsymbol{E})(\boldsymbol{A}+4\boldsymbol{E})-\boldsymbol{E}=\boldsymbol{O}$,

即

$$(A-E)(A+4E)=E,$$

故

$$(A-E)^{-1}=A+4E.$$

小结：本题是根据表达式求逆矩阵，关键是利用逆矩阵的定义将表达式进行恒等变形.

例 2 设 $\boldsymbol{A}^2-\boldsymbol{A}-6\boldsymbol{E}=\boldsymbol{O}$，证明 $\boldsymbol{A}+3\boldsymbol{E}$，$\boldsymbol{A}-2\boldsymbol{E}$ 都是可逆矩阵，并求其逆矩阵.

解 由待定系数法可设

$$(\boldsymbol{A}+3\boldsymbol{E})(\boldsymbol{A}+a\boldsymbol{E})=b\boldsymbol{E},$$

即

$$\boldsymbol{A}^2+(3+a)\boldsymbol{A}+(3a-b)\boldsymbol{E}=\boldsymbol{O},$$

又因为 $\boldsymbol{A}^2-\boldsymbol{A}-6\boldsymbol{E}=\boldsymbol{O}$，比较系数得

$$\begin{cases}3+a=-1\\3a-b=-6\end{cases},$$

解得 $a=-4$，$b=-6$，则

$$(\boldsymbol{A}+3\boldsymbol{E})^{-1}=\frac{1}{b}(\boldsymbol{A}+a\boldsymbol{E})=-\frac{1}{6}(\boldsymbol{A}-4\boldsymbol{E}).$$

同理可设 $(\boldsymbol{A}-2\boldsymbol{E})(\boldsymbol{A}+m\boldsymbol{E})=n\boldsymbol{E}$，即

$$\boldsymbol{A}^2+(m-2)\boldsymbol{A}-(2m+n)\boldsymbol{E}=\boldsymbol{O},$$

故

$$\begin{cases}m-2=-1\\2m+n=6\end{cases},$$

解得 $m=1$，$n=4$，则

$$(\boldsymbol{A}-2\boldsymbol{E})^{-1}=\frac{1}{4}(\boldsymbol{A}+\boldsymbol{E}).$$

小结：本题主要是根据逆矩阵的定义，采用待定系数法求逆矩阵，关键是要理解逆矩阵为什么一定可以表示成已知矩阵的一次多项式.

例 3　设 $\boldsymbol{A}$, $\boldsymbol{B}$ 满足 $\boldsymbol{A}^{*}\boldsymbol{B}\boldsymbol{A}=2\boldsymbol{B}\boldsymbol{A}-4\boldsymbol{E}$, 其中 $\boldsymbol{A}=\begin{pmatrix}1&&\\&1&\\&&-2\end{pmatrix}$, 求矩阵 $\boldsymbol{B}$.

解　将等式 $\boldsymbol{A}^{*}\boldsymbol{B}\boldsymbol{A}=2\boldsymbol{B}\boldsymbol{A}-8\boldsymbol{E}$ 两边同时左乘 $\boldsymbol{A}$, 右乘 $\boldsymbol{A}^{-1}$, 得

$$\begin{aligned}&(\boldsymbol{A}\boldsymbol{A}^{*})\boldsymbol{B}(\boldsymbol{A}\boldsymbol{A}^{-1})=2\boldsymbol{A}\boldsymbol{B}(\boldsymbol{A}\boldsymbol{A}^{-1})-4\boldsymbol{E}\\&\Rightarrow|\boldsymbol{A}|\boldsymbol{E}\cdot\boldsymbol{B}\cdot\boldsymbol{E}=2\boldsymbol{A}\boldsymbol{B}-4\boldsymbol{E}\\&\Rightarrow-2\boldsymbol{B}=2\boldsymbol{A}\boldsymbol{B}-4\boldsymbol{E}\\&\Rightarrow(\boldsymbol{A}+\boldsymbol{E})\boldsymbol{B}=2\boldsymbol{E},\end{aligned}$$

故

$$\boldsymbol{B}=2(\boldsymbol{A}+\boldsymbol{E})^{-1}=2\begin{pmatrix}2&&\\&2&\\&&-1\end{pmatrix}^{-1}=2\begin{pmatrix}\frac{1}{2}&&\\&\frac{1}{2}&\\&&-1\end{pmatrix}=\begin{pmatrix}1&&\\&1&\\&&-2\end{pmatrix}.$$

小结: 本题是求解矩阵方程, 通常的方法是先用矩阵运算将矩阵方程化简, 得出所求的矩阵的表达式, 再进行计算.

例 4　设矩阵 $\boldsymbol{A}=\begin{pmatrix}1&1&-1\\-1&1&1\\1&-1&1\end{pmatrix}$, 且 $\boldsymbol{A}^{*}\boldsymbol{X}\left(\frac{1}{2}\boldsymbol{A}^{*}\right)^{*}=8\boldsymbol{A}^{-1}\boldsymbol{X}+\boldsymbol{E}$, 求矩阵 $\boldsymbol{X}$.

解　由条件可计算出 $|\boldsymbol{A}|=4$, 又 $\boldsymbol{A}^{*}=|\boldsymbol{A}|\boldsymbol{A}^{-1}$, 故

$$\frac{1}{2}\boldsymbol{A}^{*}=\frac{1}{2}\cdot4\cdot\boldsymbol{A}^{-1}=2\boldsymbol{A}^{-1},$$

$$\begin{aligned}\left(\frac{1}{2}\boldsymbol{A}^{*}\right)^{*}&=(2\boldsymbol{A}^{-1})^{*}=|2\boldsymbol{A}^{-1}|\cdot(2\boldsymbol{A}^{-1})^{-1}\\&=2^{3}|\boldsymbol{A}|^{-1}\cdot\frac{1}{2}\boldsymbol{A}=2^{2}\cdot\frac{1}{4}\cdot\boldsymbol{A}=\boldsymbol{A},\end{aligned}$$

则 $\boldsymbol{A}^{*}\boldsymbol{X}\left(\frac{1}{2}\boldsymbol{A}^{*}\right)^{*}=8\boldsymbol{A}^{-1}\boldsymbol{X}+\boldsymbol{E}$ 可化简为

$$4\boldsymbol{A}^{-1}\boldsymbol{X}\boldsymbol{A}=8\boldsymbol{A}^{-1}\boldsymbol{X}+\boldsymbol{E},$$

将等式两边同时左乘 $\boldsymbol{A}$, 得

$$4\boldsymbol{X}\boldsymbol{A}=8\boldsymbol{X}+\boldsymbol{A}\Rightarrow\boldsymbol{X}=\frac{1}{4}\boldsymbol{A}(\boldsymbol{A}-2\boldsymbol{E})^{-1},$$

又因为 $(\boldsymbol{A}-2\boldsymbol{E})^{-1}=-\frac{1}{2}\begin{pmatrix}1&1&0\\0&1&1\\1&0&1\end{pmatrix}$，故

$$\boldsymbol{X}=\frac{1}{4}\begin{pmatrix}1&1&-1\\-1&1&1\\1&-1&1\end{pmatrix}\cdot\left(-\frac{1}{2}\right)\cdot\begin{pmatrix}1&1&0\\0&1&1\\1&0&1\end{pmatrix}$$

$$=\begin{pmatrix}0&-\frac{1}{4}&0\\0&0&-\frac{1}{4}\\-\frac{1}{4}&0&0\end{pmatrix}.$$

小结：本题为矩阵多项式的变换与计算，主要利用了伴随矩阵的性质 $\boldsymbol{A}^*=|\boldsymbol{A}|\boldsymbol{A}^{-1}$ 及其推广：$(\boldsymbol{A}^*)^*=|\boldsymbol{A}^*|(\boldsymbol{A}^*)^{-1}$.

三、习题 2-3 解答

1. 求下列矩阵的逆矩阵：

(1) $\begin{pmatrix}1&2\\2&5\end{pmatrix}$；　(2) $\begin{pmatrix}1&2&-1\\3&4&-2\\5&-4&1\end{pmatrix}$；　(3) $\begin{pmatrix}1&2&3&4\\0&1&2&3\\0&0&1&2\\0&0&0&1\end{pmatrix}$.

解题思路　用伴随矩阵法求逆矩阵.

解　(1) $\boldsymbol{A}=\begin{pmatrix}1&2\\2&5\end{pmatrix}$，$|\boldsymbol{A}|=1$，

$$A_{11}=5, A_{21}=2\times(-1), A_{12}=2\times(-1), A_{22}=1,$$

$$\boldsymbol{A}^*=\begin{pmatrix}A_{11}&A_{21}\\A_{12}&A_{22}\end{pmatrix}=\begin{pmatrix}5&-2\\-2&1\end{pmatrix},$$

故

$$\boldsymbol{A}^{-1}=\frac{1}{|\boldsymbol{A}|}\boldsymbol{A}^*=\begin{pmatrix}5&-2\\-2&1\end{pmatrix}.$$

(2) $|\boldsymbol{A}|=2$，故 $\boldsymbol{A}^{-1}$ 存在，而

$$A_{11}=-4,\ A_{21}=2,\ A_{31}=0,$$

$A_{12}=-13$，$A_{22}=6$，$A_{32}=-1$，

$A_{13}=-32$，$A_{23}=14$，$A_{33}=-2$，

故

$$\boldsymbol{A}^{-1}=\frac{1}{|\boldsymbol{A}|}\boldsymbol{A}^{*}=\begin{pmatrix}-2 & 1 & 0\\ -\frac{13}{2} & 3 & -\frac{1}{2}\\ -16 & 7 & -1\end{pmatrix}.$$

(3) $A_{11}=1$，$A_{21}=-2$，$A_{31}=1$，$A_{41}=0$，

$A_{12}=0$，$A_{22}=1$，$A_{32}=-2$，$A_{42}=1$，

$A_{13}=0$，$A_{23}=0$，$A_{33}=1$，$A_{43}=-2$，

$A_{14}=0$，$A_{24}=0$，$A_{34}=0$，$A_{44}=1$，

故

$$\boldsymbol{A}^{-1}=\begin{pmatrix}1 & -2 & 1 & 0\\ 0 & 1 & -2 & 1\\ 0 & 0 & 1 & -2\\ 0 & 0 & 0 & 1\end{pmatrix}.$$

2. 用逆矩阵解下列矩阵方程：

(1) $\begin{pmatrix}2 & 5\\ 1 & 3\end{pmatrix}\boldsymbol{X}=\begin{pmatrix}4 & -6\\ 2 & 1\end{pmatrix}$；　　(2) $\begin{pmatrix}1 & 4\\ -1 & 2\end{pmatrix}\boldsymbol{X}\begin{pmatrix}2 & 0\\ -1 & 1\end{pmatrix}=\begin{pmatrix}3 & 1\\ 0 & -1\end{pmatrix}$；

(3) $\begin{pmatrix}0 & 1 & 0\\ 1 & 0 & 0\\ 0 & 0 & 1\end{pmatrix}\boldsymbol{X}\begin{pmatrix}1 & 0 & 0\\ 0 & 0 & 1\\ 0 & 1 & 0\end{pmatrix}=\begin{pmatrix}1 & -4 & 3\\ 2 & 0 & -1\\ 1 & -2 & 0\end{pmatrix}$.

解　(1) $\boldsymbol{X}=\begin{pmatrix}2 & 5\\ 1 & 3\end{pmatrix}^{-1}\begin{pmatrix}4 & -6\\ 2 & 1\end{pmatrix}=\begin{pmatrix}3 & -5\\ -1 & 2\end{pmatrix}\begin{pmatrix}4 & -6\\ 2 & 1\end{pmatrix}=\begin{pmatrix}2 & -23\\ 0 & 8\end{pmatrix}$.

(2) $\boldsymbol{X}=\begin{pmatrix}1 & 4\\ -1 & 2\end{pmatrix}^{-1}\begin{pmatrix}3 & 1\\ 0 & -1\end{pmatrix}\begin{pmatrix}2 & 0\\ -1 & 1\end{pmatrix}^{-1}=\frac{1}{12}\begin{pmatrix}2 & -4\\ 1 & 1\end{pmatrix}\begin{pmatrix}3 & 1\\ 0 & -1\end{pmatrix}\begin{pmatrix}1 & 0\\ 1 & 2\end{pmatrix}$

$=\frac{1}{12}\begin{pmatrix}6 & 6\\ 3 & 0\end{pmatrix}\begin{pmatrix}1 & 0\\ 1 & 2\end{pmatrix}=\begin{pmatrix}1 & 1\\ \frac{1}{4} & 0\end{pmatrix}$.

(3) $\boldsymbol{X}=\begin{pmatrix}0 & 1 & 0\\ 1 & 0 & 0\\ 0 & 0 & 1\end{pmatrix}^{-1}\begin{pmatrix}1 & -4 & 3\\ 2 & 0 & -1\\ 1 & -2 & 0\end{pmatrix}\begin{pmatrix}1 & 0 & 0\\ 0 & 0 & 1\\ 0 & 1 & 0\end{pmatrix}^{-1}$

$$=\begin{pmatrix}0&1&0\\1&0&0\\0&0&1\end{pmatrix}\begin{pmatrix}1&-4&3\\2&0&-1\\1&-2&0\end{pmatrix}\begin{pmatrix}1&0&0\\0&0&1\\0&1&0\end{pmatrix}$$

$$=\begin{pmatrix}2&-1&0\\1&3&-4\\1&0&-2\end{pmatrix}.$$

3. 已知线性变换

$$\begin{cases}x_1=2y_1+2y_2+y_3\\x_2=3y_1+y_2+5y_3\\x_3=3y_1+2y_2+3y_3\end{cases},$$

求从变量 x_1，x_2，x_3 到变量 y_1，y_2，y_3 的线性变换，

解 由题设 $\begin{pmatrix}x_1\\x_2\\x_3\end{pmatrix}=\begin{pmatrix}2&2&1\\3&1&5\\3&2&3\end{pmatrix}\begin{pmatrix}y_1\\y_2\\y_3\end{pmatrix}$，故

$$\begin{pmatrix}y_1\\y_2\\y_3\end{pmatrix}=\begin{pmatrix}2&2&1\\3&1&5\\3&2&3\end{pmatrix}^{-1}\begin{pmatrix}x_1\\x_2\\x_3\end{pmatrix}=\begin{pmatrix}-7&-4&9\\6&3&-7\\3&2&-4\end{pmatrix}\begin{pmatrix}x_1\\x_2\\x_3\end{pmatrix},$$

从而

$$\begin{cases}y_1=-7x_1-4x_2+9x_3\\y_2=6x_1+3x_2-7x_3\\y_3=3x_1+2x_2-4x_3\end{cases}.$$

4. 利用逆矩阵解下列线性方程组：

(1) $\begin{cases}x_1+2x_2+3x_3=1\\2x_1+2x_2+5x_3=2\\3x_1+5x_2+x_3=3\end{cases}$；　(2) $\begin{cases}x_1-x_2-x_3=2\\2x_1-x_2-3x_3=1\\3x_1+2x_2-5x_3=0\end{cases}$.

解 (1) 方程组可表示为

$$\begin{pmatrix}1&2&3\\2&2&5\\3&5&1\end{pmatrix}\begin{pmatrix}x_1\\x_2\\x_3\end{pmatrix}=\begin{pmatrix}1\\2\\3\end{pmatrix},$$

故

$$\begin{pmatrix}x_1\\x_2\\x_3\end{pmatrix}=\begin{pmatrix}1&2&3\\2&2&5\\3&5&1\end{pmatrix}^{-1}\begin{pmatrix}1\\2\\3\end{pmatrix}=\begin{pmatrix}1\\0\\0\end{pmatrix},$$

从而$\begin{cases} x_1=1 \\ x_2=0. \\ x_3=0 \end{cases}$

(2) 方程组可表示为$\begin{pmatrix} 1 & -1 & -1 \\ 2 & -1 & -3 \\ 3 & 2 & -5 \end{pmatrix}\begin{pmatrix} x_1 \\ x_2 \\ x_3 \end{pmatrix}=\begin{pmatrix} 2 \\ 1 \\ 0 \end{pmatrix}$，故

$$\begin{pmatrix} x_1 \\ x_2 \\ x_3 \end{pmatrix}=\begin{pmatrix} 1 & -1 & -1 \\ 2 & -1 & -3 \\ 3 & 2 & -5 \end{pmatrix}^{-1}\begin{pmatrix} 2 \\ 1 \\ 0 \end{pmatrix}=\begin{pmatrix} 5 \\ 0 \\ 3 \end{pmatrix},$$

从而$\begin{cases} x_1=5 \\ x_2=0. \\ x_3=3 \end{cases}$

5. 若 $\boldsymbol{A}^k=\boldsymbol{O}$($k$ 是正整数)，求证：

$$(\boldsymbol{E}-\boldsymbol{A})^{-1}=\boldsymbol{E}+\boldsymbol{A}+\boldsymbol{A}^2+\cdots+\boldsymbol{A}^{k-1}.$$

解题思路　利用逆矩阵的定义解题.

证　因为

$$(\boldsymbol{E}-\boldsymbol{A})(\boldsymbol{E}+\boldsymbol{A}+\boldsymbol{A}^2+\cdots+\boldsymbol{A}^{k-1})=\boldsymbol{E}-\boldsymbol{A}^k=\boldsymbol{E},$$

所以

$$(\boldsymbol{E}-\boldsymbol{A})^{-1}=\boldsymbol{E}+\boldsymbol{A}+\boldsymbol{A}^2+\cdots+\boldsymbol{A}^{k-1}.$$

6. 若 $\boldsymbol{A}$ 可逆，证明：$\boldsymbol{A}^k$ 也可逆（k 是自然数)，且

$$(\boldsymbol{A}^k)^{-1}=(\boldsymbol{A}^{-1})^k(\text{以后记}(\boldsymbol{A}^{-1})^k=\boldsymbol{A}^{-k}).$$

解题思路　利用逆矩阵的定义，可以证明矩阵的幂和逆是可交换的.

证　因为
$$\begin{aligned}\boldsymbol{A}^k(\boldsymbol{A}^{-1})^k &=\boldsymbol{A}^{k-1}(\boldsymbol{A}\boldsymbol{A}^{-1})(\boldsymbol{A}^{-1})^{k-1}\\ &=\boldsymbol{A}^{k-1}(\boldsymbol{A}^{-1})^{k-1}\\ &=\boldsymbol{A}^{k-2}(\boldsymbol{A}\boldsymbol{A}^{-1})(\boldsymbol{A}^{-1})^{k-2}\\ &=\boldsymbol{A}^{k-2}(\boldsymbol{A}^{-1})^{k-2}\\ &\cdots\cdots\\ &=\boldsymbol{A}\boldsymbol{A}^{-1}=\boldsymbol{E}.\end{aligned}$$

故 $\boldsymbol{A}^k$ 可逆，且 $(\boldsymbol{A}^k)^{-1}=(\boldsymbol{A}^{-1})^k$.

7. 设 $\boldsymbol{A}$ 是一个 n 阶上三角形矩阵，主对角线元素 $a_{ii}\neq0(i=1, 2, \cdots, n)$，证明 $\boldsymbol{A}$ 可逆，且 $\boldsymbol{A}^{-1}$ 也是上三角形矩阵.

解题思路 结合逆矩阵的定义，利用待定系数法求逆矩阵.

证 设$\boldsymbol{A}=\begin{pmatrix} a_{11} & a_{12} & \cdots & a_{1n} \\ 0 & a_{22} & \cdots & a_{2n} \\ \vdots & \vdots & & \vdots \\ 0 & 0 & \cdots & a_{nn} \end{pmatrix}$,

$a_{ii}\neq 0(i=1, 2, \cdots, n)\Rightarrow|\boldsymbol{A}|=a_{11}a_{22}\cdots a_{nn}\neq 0$，故$\boldsymbol{A}$可逆.

设$\boldsymbol{A}^{-1}=\begin{pmatrix} b_{11} & b_{12} & \cdots & b_{1n} \\ b_{21} & b_{22} & \cdots & b_{2n} \\ \vdots & \vdots & & \vdots \\ b_{n1} & b_{n2} & \cdots & b_{nn} \end{pmatrix}$，则$\boldsymbol{A}^{-1}\boldsymbol{A}=\boldsymbol{E}$.

$\boldsymbol{A}^{-1}\boldsymbol{A}$的第1列为$\begin{pmatrix} b_{11}a_{11} \\ b_{21}a_{11} \\ \vdots \\ b_{n1}a_{11} \end{pmatrix}=\begin{pmatrix} 1 \\ 0 \\ \vdots \\ 0 \end{pmatrix}\Rightarrow b_{11}=\frac{1}{a_{11}}$, $b_{21}=\cdots=b_{n1}=0$.

$\boldsymbol{A}^{-1}\boldsymbol{A}$的第2列主对角线以下的元素为

$$\begin{pmatrix} b_{22}a_{22} \\ b_{32}a_{22} \\ \vdots \\ b_{n2}a_{22} \end{pmatrix}=\begin{pmatrix} 1 \\ 0 \\ \vdots \\ 0 \end{pmatrix}\Rightarrow b_{22}=\frac{1}{a_{22}}, b_{32}=\cdots=b_{n2}=0.$$

……

$\boldsymbol{A}^{-1}\boldsymbol{A}$的第$n-1$列主对角线以下的元素为

$$\begin{pmatrix} b_{n-1,\, n-1}a_{n-1,\, n-1} \\ b_{n,\, n-1}a_{n,\, n-1} \end{pmatrix}=\begin{pmatrix} 1 \\ 0 \end{pmatrix}\Rightarrow b_{n-1,\, n-1}=\frac{1}{a_{n-1,\, n-1}},\ b_{n,\, n-1}=0.$$

故$\boldsymbol{A}^{-1}$是上三角形矩阵，且$b_{ii}=\frac{1}{a_{ii}}(i=1, 2, \cdots, n)$.

注： 对于下三角形矩阵有同样的结果.

8. 设矩阵$\boldsymbol{A}$可逆，证明其伴随矩阵$\boldsymbol{A}^*$也可逆，且

$$(\boldsymbol{A}^*)^{-1}=(\boldsymbol{A}^{-1})^*.$$

解题思路 利用伴随矩阵与逆矩阵的关系，可以证明矩阵的逆和伴随矩阵是可交换的.

证 因$\boldsymbol{A}^*=|\boldsymbol{A}|\boldsymbol{A}^{-1}$，由$\boldsymbol{A}^{-1}$的可逆性及$|\boldsymbol{A}|\neq 0$，知$\boldsymbol{A}^*$可逆，且

$$(\boldsymbol{A}^*)^{-1}=(|\boldsymbol{A}|\boldsymbol{A}^{-1})^{-1}=\frac{1}{|\boldsymbol{A}|}\boldsymbol{A},$$

另外，由伴随矩阵的性质 $\boldsymbol{AA}^*=|\boldsymbol{A}|\boldsymbol{E}$，有

$$\boldsymbol{A}^{-1}(\boldsymbol{A}^{-1})^*=|\boldsymbol{A}^{-1}|\boldsymbol{E}.$$

用 $\boldsymbol{A}$ 左乘此式两边得

$$(\boldsymbol{A}^{-1})^*=|\boldsymbol{A}^{-1}|\boldsymbol{A}=|\boldsymbol{A}|^{-1}\boldsymbol{A}=\frac{1}{|\boldsymbol{A}|}\boldsymbol{A},$$

比较以上两个式子，即知结论成立.

9. 设 $\boldsymbol{A}$ 为 3×3 矩阵，$\boldsymbol{A}^*$ 是 $\boldsymbol{A}$ 的伴随矩阵，若 $|\boldsymbol{A}|=2$，求 $|\boldsymbol{A}^*|$.

解　因为 $|\boldsymbol{A}|=2$，所以 $\boldsymbol{A}$ 可逆，由求逆公式得

$$|\boldsymbol{A}^*|=||\boldsymbol{A}|\boldsymbol{A}^{-1}|=|\boldsymbol{A}|^3|\boldsymbol{A}^{-1}|.$$

又由 $\boldsymbol{AA}^{-1}=\boldsymbol{E}$，得

$$|\boldsymbol{A}||\boldsymbol{A}^{-1}|=|\boldsymbol{E}|,$$

即

$$|\boldsymbol{A}^{-1}|=\frac{1}{|\boldsymbol{A}|},$$

代入 $|\boldsymbol{A}^*|$ 得

$$|\boldsymbol{A}^*|=|\boldsymbol{A}|^3\cdot\frac{1}{|\boldsymbol{A}|}=|\boldsymbol{A}|^2=4.$$

10. 设 $\boldsymbol{A}=\begin{pmatrix}1&0&0\\10&2&0\\20&30&5\end{pmatrix}$，$\boldsymbol{A}^*$ 是 $\boldsymbol{A}$ 的伴随矩阵，求 $(\boldsymbol{A}^*)^{-1}$.

解　因为 $|\boldsymbol{A}|=10$，所以 $\boldsymbol{A}$ 可逆. 由求逆公式得

$$\begin{aligned}(\boldsymbol{A}^*)^{-1}&=(|\boldsymbol{A}|\boldsymbol{A}^{-1})^{-1}=\frac{1}{|\boldsymbol{A}|}(\boldsymbol{A}^{-1})^{-1}\\&=\frac{1}{10}\boldsymbol{A}=\begin{pmatrix}\frac{1}{10}&0&0\\1&\frac{1}{5}&0\\2&3&\frac{1}{2}\end{pmatrix}.\end{aligned}$$

11. 设 $\boldsymbol{A}=\begin{pmatrix}1&0&0\\0&\frac{1}{2}&\frac{3}{2}\\0&1&\frac{5}{2}\end{pmatrix}$，$\boldsymbol{A}^*$ 是 $\boldsymbol{A}$ 的伴随矩阵，求 $[(\boldsymbol{A}^*)^{\mathrm{T}}]^{-1}$.

解题思路 利用矩阵的转置、伴随矩阵与逆矩阵的关系解题.

解 因$(\boldsymbol{A}^*)^{-1}=(|\boldsymbol{A}|\boldsymbol{A}^{-1})^{-1}=\dfrac{1}{|\boldsymbol{A}|}\boldsymbol{A}$，故

$$[(\boldsymbol{A}^*)^{\mathrm{T}}]^{-1}=[(\boldsymbol{A}^*)^{-1}]^{\mathrm{T}}=\left(\frac{1}{|\boldsymbol{A}|}\boldsymbol{A}\right)^{\mathrm{T}}$$

$$=\frac{1}{|\boldsymbol{A}|}\boldsymbol{A}^{\mathrm{T}}=\begin{pmatrix}-4&0&0\\0&-2&-4\\0&-6&-10\end{pmatrix}.$$

12. 设$\boldsymbol{A}=\begin{pmatrix}1&0&1\\0&2&0\\1&0&1\end{pmatrix}$，$\boldsymbol{AB}+\boldsymbol{E}=\boldsymbol{A}^2+\boldsymbol{B}$，求$\boldsymbol{B}$.

解题思路 利用矩阵乘法的运算规律和逆矩阵的运算性质，通过在方程两边左乘或右乘相应矩阵的逆矩阵，可求解矩阵方程.

解 由方程$\boldsymbol{AB}+\boldsymbol{E}=\boldsymbol{A}^2+\boldsymbol{B}$，合并含有未知矩阵$\boldsymbol{B}$的项得

$$(\boldsymbol{A}-\boldsymbol{E})\boldsymbol{B}=\boldsymbol{A}^2-\boldsymbol{E}=(\boldsymbol{A}-\boldsymbol{E})(\boldsymbol{A}+\boldsymbol{E}),$$

又因为

$$\boldsymbol{A}-\boldsymbol{E}=\begin{pmatrix}0&0&1\\0&1&0\\1&0&0\end{pmatrix},$$

其行列式$|\boldsymbol{A}-\boldsymbol{E}|=-1\neq0$，故$\boldsymbol{A}-\boldsymbol{E}$可逆，用$(\boldsymbol{A}-\boldsymbol{E})^{-1}$左乘上式两边，即得

$$\boldsymbol{B}=\boldsymbol{A}+\boldsymbol{E}=\begin{pmatrix}2&0&1\\0&3&0\\1&0&2\end{pmatrix}.$$

13. 设$\boldsymbol{A}$，$\boldsymbol{B}$，$\boldsymbol{C}$为同阶方阵，且$\boldsymbol{C}$非奇异，满足$\boldsymbol{C}^{-1}\boldsymbol{AC}=\boldsymbol{B}$，求证：

$$\boldsymbol{C}^{-1}\boldsymbol{A}^m\boldsymbol{C}=\boldsymbol{B}^m\ (m\text{ 是正整数}).$$

证 用数学归纳法证明之.

当$m=1$时显然成立，假设当$m=k$时等式成立，即

$$\boldsymbol{C}^{-1}\boldsymbol{A}^k\boldsymbol{C}=\boldsymbol{B}^k,$$

则当$m=k+1$时，有

$$\begin{aligned}\boldsymbol{C}^{-1}\boldsymbol{A}^{k+1}\boldsymbol{C}&=\boldsymbol{C}^{-1}\boldsymbol{A}^k\boldsymbol{AC}\\&=\boldsymbol{C}^{-1}\boldsymbol{A}^k\boldsymbol{CC}^{-1}\boldsymbol{AC}=\boldsymbol{B}^k\boldsymbol{B}=\boldsymbol{B}^{k+1},\end{aligned}$$

从而对于任意的正整数 m，有

$$C^{-1}A^mC=B^m.$$

14. 设 $AP=P\Lambda$，其中 $P=\begin{pmatrix}1&1&1\\1&0&-2\\1&-1&1\end{pmatrix}$，$\Lambda=\begin{pmatrix}-1&&\\&1&\\&&5\end{pmatrix}$，求

$$\varphi(A)=A^8(5E-6A+A^2).$$

解题思路 先利用矩阵方程求出矩阵 A 的表达式，然后根据矩阵多项式的运算求解.

解 因为 $|P|=-6\neq0$，所以 P 可逆，且 $P^{-1}=\frac{1}{6}\begin{pmatrix}2&2&2\\3&0&-3\\1&-2&1\end{pmatrix}\Rightarrow A=P\Lambda P^{-1}\Rightarrow A^k=P\Lambda^kP^{-1}$.

$$\begin{aligned}\varphi(A)&=5A^8-6A^9+A^{10}=P(5\Lambda^8-6\Lambda^9+\Lambda^{10})P^{-1}\\&=P\begin{pmatrix}12&&\\&0&\\&&0\end{pmatrix}P^{-1}=\begin{pmatrix}1&1&1\\1&0&-2\\1&-1&1\end{pmatrix}\begin{pmatrix}12&0&0\\0&0&0\\0&0&0\end{pmatrix}\left[\frac{1}{6}\begin{pmatrix}2&2&2\\3&0&-3\\1&-2&1\end{pmatrix}\right]\\&=\begin{pmatrix}4&4&4\\4&4&4\\4&4&4\end{pmatrix}=4\begin{pmatrix}1&1&1\\1&1&1\\1&1&1\end{pmatrix}.\end{aligned}$$

15. 设矩阵 A、B 及 $A+B$ 都可逆，证明 $A^{-1}+B^{-1}$ 也可逆，并求其逆阵.

解题思路 如果 n 阶矩阵 A 的行列式 $|A|\neq0$，则称 A 为非奇异的，利用逆矩阵的运算性质求其逆矩阵.

证 因 A、B 以及 $A+B$ 均可逆，

$$AA^{-1}=A^{-1}A=E,\ BB^{-1}=B^{-1}B=E,$$

于是

$$\begin{aligned}A^{-1}+B^{-1}&=A^{-1}E+EB^{-1}=A^{-1}BB^{-1}+A^{-1}AB^{-1}\\&=A^{-1}(B+A)B^{-1}=A^{-1}(A+B)B^{-1}.\end{aligned}$$

即 $A^{-1}+B^{-1}$ 可表示为三个可逆矩阵的乘积，故 $A^{-1}+B^{-1}$ 可逆，由可逆矩阵的性质，有

$$\begin{aligned}(A^{-1}+B^{-1})^{-1}&=[A^{-1}(A+B)B^{-1}]^{-1}\\&=(B^{-1})^{-1}(A+B)^{-1}(A^{-1})^{-1}=B(A+B)^{-1}A.\end{aligned}$$

16. 设 A 为 n 阶非零实矩阵，$A^*=A^{\mathrm{T}}$，其中 A^* 为 A 的伴随矩阵. 证明：A

可逆.

证　设 $\boldsymbol{A}=(a_{ij})_{n\times n}$，因 $\boldsymbol{A}^*=\boldsymbol{A}^{\mathrm{T}}$，故

$$a_{ij}=\boldsymbol{A}_{ij}\,(i,\ j=1,\ 2,\ \cdots,\ n).$$

因 $\boldsymbol{A}\neq 0$，不妨设 $a_{11}\neq 0$. 于是

$$\begin{aligned}|\boldsymbol{A}|&=a_{11}\boldsymbol{A}_{11}+a_{12}\boldsymbol{A}_{12}+\cdots+a_{1n}\boldsymbol{A}_{1n}\\&=a_{11}^2+a_{12}^2+\cdots+a_{1n}^2>0.\end{aligned}$$

故 $\boldsymbol{A}$ 可逆.

17. 设 $\boldsymbol{A}=\begin{pmatrix}a & b\\ c & d\end{pmatrix}$，试将 $f(\lambda)=|\lambda\boldsymbol{E}-\boldsymbol{A}|$ 写成 λ 的多项式，并验证 $f(\boldsymbol{A})=0$.

解题思路　关于矩阵多项式的求解.

解　$f(\lambda)=|\lambda\boldsymbol{E}-\boldsymbol{A}|=\begin{vmatrix}\lambda-a & -b\\ -c & \lambda-d\end{vmatrix}=\lambda^2-(a+d)\lambda+ad-bc$，

由此得

$$\begin{aligned}f(\boldsymbol{A})&=\boldsymbol{A}^2-(a+d)\boldsymbol{A}+(ad-bc)\boldsymbol{E}\\&=\begin{pmatrix}a^2+bc & ab+bd\\ ac+cd & bc+d^2\end{pmatrix}-(a+d)\begin{pmatrix}a & b\\ c & d\end{pmatrix}+(ad-bc)\begin{pmatrix}1 & 0\\ 0 & 1\end{pmatrix}\\&=\begin{pmatrix}0 & 0\\ 0 & 0\end{pmatrix},\end{aligned}$$

即 $f(\boldsymbol{A})=0$.

§ 2.4　分块矩阵

一、主要知识归纳

主要知识归纳见表 2-4-1 至表 2-4-3.

表 2-4-1　　**分块矩阵的概念**

定义	(1) 将矩阵 $\boldsymbol{A}$ 用若干条纵线和横线分成多个小矩阵. 每个小矩阵为 $\boldsymbol{A}$ 的子块，以子块为元素的形式上的矩阵为分块矩阵. (2) 若 $\boldsymbol{A}$ 的分块矩阵只在对角线上有非零子块，其余子块都为零矩阵，且在对角线上的子块都是方阵，则称 $\boldsymbol{A}$ 为分块对角矩阵，即 $\boldsymbol{A}=\begin{pmatrix}\boldsymbol{A}_1 & & & \boldsymbol{O}\\ & \boldsymbol{A}_2 & & \\ & & \ddots & \\ \boldsymbol{O} & & & \boldsymbol{A}_s\end{pmatrix}$,

	其中 $\boldsymbol{A}_i(i=1, 2, \cdots, s)$ 都是方阵. (3) 形如 $\begin{pmatrix}\boldsymbol{A}_{11} & \boldsymbol{A}_{12} & \cdots & \boldsymbol{A}_{1s}\\ 0 & \boldsymbol{A}_{22} & \cdots & \boldsymbol{A}_{2s}\\ \vdots & \vdots & & \vdots\\ 0 & 0 & \cdots & \boldsymbol{A}_{ss}\end{pmatrix}$ 或 $\begin{pmatrix}\boldsymbol{A}_{11} & 0 & \cdots & 0\\ \boldsymbol{A}_{21} & \boldsymbol{A}_{22} & \cdots & 0\\ \vdots & \vdots & & \vdots\\ \boldsymbol{A}_{s1} & \boldsymbol{A}_{s2} & \cdots & \boldsymbol{A}_{ss}\end{pmatrix}$ 的分块矩阵，分别称为分块上三角形矩阵或分块下三角形矩阵，其中 $\boldsymbol{A}_{pp}(p=1, 2, \cdots, s)$ 是方阵. 同结构的分块上（下）三角形矩阵的和、差、积、数乘及逆仍是分块上（下）三角形矩阵.

表 2－4－2　　分块矩阵的运算

加法	设矩阵 $\boldsymbol{A}$ 与 $\boldsymbol{B}$ 的行数相同，列数相同，并且采用相同的分块法，则 $\boldsymbol{A}+\boldsymbol{B}$ 的每个分块是 $\boldsymbol{A}$ 与 $\boldsymbol{B}$ 中对应分块之和.
数乘	设 $\boldsymbol{A}$ 是一个分块矩阵，k 为一实数，则 $k\boldsymbol{A}$ 的每个子块是 k 与 $\boldsymbol{A}$ 中相应子块的数乘.
乘法	将 $\boldsymbol{A}$ 与 $\boldsymbol{B}$ 中的子块当作数量来对待，依照普通矩阵的乘积进行运算，但 $\boldsymbol{A}$ 的列的划分必须与 $\boldsymbol{B}$ 的行的划分一致.
转置	设 $\boldsymbol{A}=\begin{pmatrix}\boldsymbol{A}_{11} & \cdots & \boldsymbol{A}_{1t}\\ \vdots & & \vdots\\ \boldsymbol{A}_{s1} & \cdots & \boldsymbol{A}_{st}\end{pmatrix}$，则 $\boldsymbol{A}^{\mathrm{T}}=\begin{pmatrix}\boldsymbol{A}_{11}^{\mathrm{T}} & \cdots & \boldsymbol{A}_{s1}^{\mathrm{T}}\\ \vdots & & \vdots\\ \boldsymbol{A}_{1t}^{\mathrm{T}} & \cdots & \boldsymbol{A}_{st}^{\mathrm{T}}\end{pmatrix}$.

表 2－4－3　　分块对角矩阵的运算

规律	(1) 若 $\lvert\boldsymbol{A}_i\rvert\neq0(i=1, 2, \cdots, s)$，则 $\lvert\boldsymbol{A}\rvert\neq0$，且 $\lvert\boldsymbol{A}\rvert=\lvert\boldsymbol{A}_1\rvert\lvert\boldsymbol{A}_2\rvert\cdots\lvert\boldsymbol{A}_s\rvert$； (2) $\boldsymbol{A}^{-1}=\begin{pmatrix}\boldsymbol{A}_1^{-1} & & & \\ & \boldsymbol{A}_2^{-1} & & \\ & & \ddots & \\ & & & \boldsymbol{A}_s^{-1}\end{pmatrix}$，$\boldsymbol{A}^n=\begin{pmatrix}\boldsymbol{A}_1^n & & & \\ & \boldsymbol{A}_2^n & & \\ & & \ddots & \\ & & & \boldsymbol{A}_s^n\end{pmatrix}$； (3) 同结构的分块对角矩阵的和、差、积、数乘及逆仍是分块对角矩阵，且运算表现为对应子块的运算.

* 此表中的“$\boldsymbol{A}$”可由计算推导出.

二、典型例题分析

例 1　设矩阵 $\boldsymbol{A}=\begin{pmatrix}1 & 2 & 0 & 0\\ 0 & 1 & 0 & 0\\ 0 & 0 & 3 & 4\\ 0 & 0 & 4 & -3\end{pmatrix}$，求：

(1) $\lvert\boldsymbol{A}\rvert^n$；(2) $\lvert\boldsymbol{A}\rvert^{2n}$.

解　(1) 根据 $\boldsymbol{A}$ 的特征可将 $\boldsymbol{A}$ 分块为

$$A=\begin{pmatrix}A_1 & O\\ O & A_2\end{pmatrix},$$

其中，$A_1=\begin{pmatrix}1 & 2\\ 0 & 1\end{pmatrix}$，$A_2=\begin{pmatrix}3 & 4\\ 4 & -3\end{pmatrix}$.

(1) 由分块对角矩阵的性质以及行列式的运算规律有

$$|A|^n=|A^n|=|A_1^nA_2^n|=|A_1^n|\cdot|A_2^n|=|A_1|^n|A_2|^n,$$

故

$$|A|^n=|A_1|^n|A_2|^n=(-25)^n.$$

(2) 方法一：与 (1) 同理，有

$$|A|^{2n}=|A^{2n}|=|A_1^{2n}A_2^{2n}|=|A_1^{2n}|\cdot|A_2^{2n}|=|A_1|^{2n}|A_2|^{2n},$$

即

$$|A|^{2n}=|A_1|^{2n}|A_2|^{2n}=(-25)^{2n}=5^{4n}.$$

方法二：容易计算出

$$A_1^n=\begin{pmatrix}1 & 2n\\ 0 & 1\end{pmatrix},\ A_2^2=5^2E,\ A_2^3=5^2A,\ A_2^4=5^4E,\ \cdots,\ A_2^{2n}=5^{2n}E,$$

则

$$A_1^{2n}=\begin{pmatrix}1 & 4n\\ 0 & 1\end{pmatrix},\ A_2^2=5^2E,\ A_2^3=5^2A,\ A_2^4=5^4E,\ \cdots,\ A_2^{2n}=5^{2n}E.$$

所以

$$A^{2n}=\begin{pmatrix}1 & 4n & 0 & 0\\ 0 & 1 & 0 & 0\\ 0 & 0 & 5^{2n} & 0\\ 0 & 0 & 0 & 5^{2n}\end{pmatrix},$$

则

$$|A|^{2n}=5^{4n}.$$

小结：本题为求方阵的幂的行列式，其关键在于对矩阵分块，并利用了分块对角矩阵的性质.

例 2 已知 A，B 为三阶矩阵，且满足 $2A^{-1}B=B-4E$.

(1) 证明 $A-2E$ 可逆；

(2) 若 $\boldsymbol{B}=\begin{pmatrix}1 & -2 & 0\\ 1 & 2 & 0\\ 0 & 0 & 2\end{pmatrix}$，求 $\boldsymbol{A}$.

解 (1) 将 $2\boldsymbol{A}^{-1}\boldsymbol{B}=\boldsymbol{B}-4\boldsymbol{E}$ 的两边同时乘以 $\boldsymbol{A}$，得

$$\boldsymbol{AB}-2\boldsymbol{B}-4\boldsymbol{A}=\boldsymbol{O},$$

$$(\boldsymbol{A}-2\boldsymbol{E})(\boldsymbol{B}-4\boldsymbol{E})=8\boldsymbol{E},$$

即

$$(\boldsymbol{A}-2\boldsymbol{E})\left[\frac{1}{8}(\boldsymbol{B}-4\boldsymbol{E})\right]=\boldsymbol{E},$$

因此 $\boldsymbol{A}-2\boldsymbol{E}$ 可逆，且 $(\boldsymbol{A}-2\boldsymbol{E})^{-1}=\frac{1}{8}(\boldsymbol{B}-4\boldsymbol{E})$.

(2) 由 (1) 中 $(\boldsymbol{A}-2\boldsymbol{E})(\boldsymbol{B}-4\boldsymbol{E})=8\boldsymbol{E}$ 可知

$$\boldsymbol{A}=2\boldsymbol{E}+8(\boldsymbol{B}-4\boldsymbol{E})^{-1},$$

又

$$(\boldsymbol{B}-4\boldsymbol{E})^{-1}=\begin{pmatrix}-3 & -2 & 0\\ 1 & -2 & 0\\ 0 & 0 & -2\end{pmatrix}^{-1}=\begin{pmatrix}\boldsymbol{C} & \boldsymbol{O}\\ \boldsymbol{O} & \boldsymbol{D}\end{pmatrix}^{-1}=\begin{pmatrix}\boldsymbol{C}^{-1} & \boldsymbol{O}\\ \boldsymbol{O} & \boldsymbol{D}^{-1}\end{pmatrix}$$

$$=\begin{pmatrix}-\frac{1}{4} & \frac{1}{4} & 0\\ -\frac{1}{8} & -\frac{3}{8} & 0\\ 0 & 0 & -\frac{1}{2}\end{pmatrix},$$

则

$$\boldsymbol{A}=2\boldsymbol{E}+8(\boldsymbol{B}-4\boldsymbol{E})^{-1}=\begin{pmatrix}0 & 2 & 0\\ -1 & -1 & 0\\ 0 & 0 & -2\end{pmatrix}.$$

小结：(1) 利用定义法求矩阵多项式的逆，关键是根据已知方程凑出以目标矩阵为因子的方程；(2) 计算矩阵多项式，重点考查了求分块对角矩阵的逆的性质.

例 3 设 $\boldsymbol{A}$ 是 $m\times n$ 矩阵，$\boldsymbol{B}$ 是 $n\times m$ 矩阵. 证明 $|\boldsymbol{E}_m-\boldsymbol{AB}|=|\boldsymbol{E}_n-\boldsymbol{BA}|$.

证 构造分块矩阵 $\boldsymbol{D}=\begin{pmatrix}\boldsymbol{E}_m & \boldsymbol{A}\\ \boldsymbol{B} & \boldsymbol{E}_n\end{pmatrix}$，

$$|\boldsymbol{D}|=\begin{vmatrix}\boldsymbol{E}_m & \boldsymbol{A}\\ \boldsymbol{B} & \boldsymbol{E}_n\end{vmatrix}\xlongequal{r_2+(-\boldsymbol{B})\times r_1}\begin{vmatrix}\boldsymbol{E}_m & \boldsymbol{A}\\ \boldsymbol{O} & \boldsymbol{E}_n-\boldsymbol{BA}\end{vmatrix}=|\boldsymbol{E}_n-\boldsymbol{BA}|,$$

又

$$|\boldsymbol{D}|=\begin{vmatrix}\boldsymbol{E}_m & \boldsymbol{A}\\ \boldsymbol{B} & \boldsymbol{E}_n\end{vmatrix}\xlongequal{r_1+(-\boldsymbol{A})\times r_2}\begin{vmatrix}\boldsymbol{E}_m-\boldsymbol{AB} & \boldsymbol{O}\\ \boldsymbol{B} & \boldsymbol{E}_n\end{vmatrix}=|\boldsymbol{E}_m-\boldsymbol{AB}|,$$

故

$$|\boldsymbol{E}_m-\boldsymbol{AB}|=|\boldsymbol{E}_n-\boldsymbol{BA}|.$$

小结：本题证明两个行列式相等，关键是分块矩阵 $\boldsymbol{D}=\begin{pmatrix}\boldsymbol{E}_m & \boldsymbol{A}\\ \boldsymbol{B} & \boldsymbol{E}_n\end{pmatrix}$ 的构造，然后对矩阵块分别采用行变换和列变换.

例 4 求矩阵

$$\boldsymbol{A}=\begin{pmatrix}0 & 1 & 0 & \cdots & 0 & 0 & 0\\ 0 & 0 & 2 & \cdots & 0 & 0 & 0\\ \vdots & \vdots & \vdots & & \vdots & \vdots & \vdots\\ 0 & 0 & 0 & \cdots & n-1 & 0 & 0\\ n & 0 & 0 & \cdots & 0 & 0 & 0\\ 0 & 0 & 0 & \cdots & 0 & 2 & 1\\ 0 & 0 & 0 & \cdots & 0 & 5 & 3\end{pmatrix}$$

的逆矩阵.

解 根据矩阵的特征可将矩阵 $\boldsymbol{A}$ 进行两次分块，得

$$\boldsymbol{A}=\begin{pmatrix}\boldsymbol{A}_1 & \boldsymbol{O}\\ \boldsymbol{O} & \boldsymbol{A}_2\end{pmatrix},$$

其中，$\boldsymbol{A}_1$ 可继续分块为 $\boldsymbol{A}_1=\begin{pmatrix}\boldsymbol{O} & \boldsymbol{B}_1\\ \boldsymbol{B}_2 & \boldsymbol{O}\end{pmatrix}$，$\boldsymbol{A}_2=\begin{pmatrix}2 & 1\\ 5 & 3\end{pmatrix}$，且

$$\boldsymbol{B}_1=\begin{pmatrix}1 & & & \\ & 2 & & \\ & & \ddots & \\ & & & n-1\end{pmatrix},\ \boldsymbol{B}_2=(n).$$

根据分块对角矩阵的性质有

$$=\begin{pmatrix}\begin{pmatrix}1&2\\0&1\end{pmatrix}\begin{pmatrix}1&0\\0&1\end{pmatrix}+\begin{pmatrix}1&0\\0&1\end{pmatrix}\begin{pmatrix}0&0\\0&0\end{pmatrix} & \begin{pmatrix}1&2\\0&1\end{pmatrix}\begin{pmatrix}3&0\\2&-1\end{pmatrix}+\begin{pmatrix}1&0\\0&1\end{pmatrix}\begin{pmatrix}-2&3\\0&-3\end{pmatrix}\\ \begin{pmatrix}0&0\\0&0\end{pmatrix}\begin{pmatrix}1&0\\0&1\end{pmatrix}+\begin{pmatrix}2&1\\0&3\end{pmatrix}\begin{pmatrix}0&0\\0&0\end{pmatrix} & \begin{pmatrix}0&0\\0&0\end{pmatrix}\begin{pmatrix}3&0\\2&-1\end{pmatrix}+\begin{pmatrix}2&1\\0&3\end{pmatrix}\begin{pmatrix}-2&3\\0&-3\end{pmatrix}\end{pmatrix}$$

$$=\begin{pmatrix}1&2&5&1\\0&1&2&-4\\0&0&-4&3\\0&0&0&-9\end{pmatrix}.$$

3. 设 n 阶矩阵 $\boldsymbol{A}$ 及 s 阶矩阵 $\boldsymbol{B}$ 都可逆，求 $\begin{pmatrix}\boldsymbol{O}&\boldsymbol{A}\\\boldsymbol{B}&\boldsymbol{O}\end{pmatrix}^{-1}$.

解题思路　类似于分块对角矩阵求逆，利用分块矩阵的运算求分块反对角矩阵的逆矩阵.

解　将 $\begin{pmatrix}\boldsymbol{O}&\boldsymbol{A}\\\boldsymbol{B}&\boldsymbol{O}\end{pmatrix}^{-1}$ 分块为 $\begin{pmatrix}\boldsymbol{C}_1&\boldsymbol{C}_2\\\boldsymbol{C}_3&\boldsymbol{C}_4\end{pmatrix}$，其中 $\boldsymbol{C}_1$ 为 $s\times n$ 矩阵，$\boldsymbol{C}_2$ 为 $s\times s$ 矩阵，$\boldsymbol{C}_3$ 为 $n\times n$ 矩阵，$\boldsymbol{C}_4$ 为 $n\times s$ 矩阵，则

$$\begin{pmatrix}\boldsymbol{O}&\boldsymbol{A}_{n\times n}\\\boldsymbol{B}_{s\times s}&\boldsymbol{O}\end{pmatrix}\begin{pmatrix}\boldsymbol{C}_1&\boldsymbol{C}_2\\\boldsymbol{C}_3&\boldsymbol{C}_4\end{pmatrix}=\boldsymbol{E}=\begin{pmatrix}\boldsymbol{E}_n&\boldsymbol{O}\\\boldsymbol{O}&\boldsymbol{E}_s\end{pmatrix}.$$

由此得

$$\boldsymbol{AC}_3=\boldsymbol{E}_n\Rightarrow\boldsymbol{C}_3=\boldsymbol{A}^{-1},$$
$$\boldsymbol{AC}_4=\boldsymbol{O}\Rightarrow\boldsymbol{C}_4=\boldsymbol{O}\quad(\boldsymbol{A}^{-1}\text{存在}),$$
$$\boldsymbol{BC}_1=\boldsymbol{O}\Rightarrow\boldsymbol{C}_1=\boldsymbol{O}\quad(\boldsymbol{B}^{-1}\text{存在}),$$
$$\boldsymbol{BC}_2=\boldsymbol{E}_s\Rightarrow\boldsymbol{C}_2=\boldsymbol{B}^{-1},$$

故

$$\begin{pmatrix}\boldsymbol{O}&\boldsymbol{A}\\\boldsymbol{B}&\boldsymbol{O}\end{pmatrix}^{-1}=\begin{pmatrix}\boldsymbol{O}&\boldsymbol{B}^{-1}\\\boldsymbol{A}^{-1}&\boldsymbol{O}\end{pmatrix}.$$

4. 用矩阵的分块求下列矩阵的逆矩阵：

(1) $\begin{pmatrix}0&0&2\\1&2&0\\3&4&0\end{pmatrix}$；　　(2) $\begin{pmatrix}5&2&0&0\\2&1&0&0\\0&0&8&3\\0&0&5&2\end{pmatrix}$；

(3) $\begin{pmatrix} 0 & a_1 & 0 & \cdots & 0 \\ 0 & 0 & a_2 & \cdots & 0 \\ \vdots & \vdots & \vdots & & \vdots \\ 0 & 0 & 0 & \cdots & a_{n-1} \\ a_n & 0 & 0 & \cdots & 0 \end{pmatrix}$ $(a_1a_2\cdots a_n\neq 0)$.

解 (1) 对原矩阵作分块 $\boldsymbol{A}=\begin{pmatrix} \boldsymbol{O} & \boldsymbol{A}_1 \\ \boldsymbol{A}_2 & \boldsymbol{O} \end{pmatrix}$，其中

$$\boldsymbol{A}_1=(2),\qquad \boldsymbol{A}_1^{-1}=\left(\frac{1}{2}\right);$$

$$\boldsymbol{A}_2=\begin{pmatrix} 1 & 2 \\ 3 & 4 \end{pmatrix},\quad \boldsymbol{A}_2^{-1}=\begin{pmatrix} -2 & 1 \\ \frac{3}{2} & -\frac{1}{2} \end{pmatrix}.$$

故

$$\boldsymbol{A}^{-1}=\begin{pmatrix} \boldsymbol{O} & \boldsymbol{A}_2^{-1} \\ \boldsymbol{A}_1^{-1} & \boldsymbol{O} \end{pmatrix}=\begin{pmatrix} 0 & -2 & 1 \\ 0 & \frac{3}{2} & -\frac{1}{2} \\ \frac{1}{2} & 0 & 0 \end{pmatrix}.$$

(2) $\boldsymbol{A}=\begin{pmatrix} \boldsymbol{A}_1 & \boldsymbol{O} \\ \boldsymbol{O} & \boldsymbol{A}_2 \end{pmatrix}$，其中 $\boldsymbol{A}_1=\begin{pmatrix} 5 & 2 \\ 2 & 1 \end{pmatrix}$，$\boldsymbol{A}_2=\begin{pmatrix} 8 & 3 \\ 5 & 2 \end{pmatrix}$，于是

$$\boldsymbol{A}_1^{-1}=\begin{pmatrix} 1 & -2 \\ -2 & 5 \end{pmatrix},\ \boldsymbol{A}_2^{-1}=\begin{pmatrix} 2 & -3 \\ -5 & 8 \end{pmatrix},$$

故

$$\boldsymbol{A}_1^{-1}=\begin{pmatrix} \boldsymbol{A}_1^{-1} & \boldsymbol{O} \\ \boldsymbol{O} & \boldsymbol{A}_2^{-1} \end{pmatrix}=\begin{pmatrix} 1 & -2 & 0 & 0 \\ -2 & 5 & 0 & 0 \\ 0 & 0 & 2 & -3 \\ 0 & 0 & -5 & 8 \end{pmatrix}.$$

(3) 对原矩阵作分块 $\boldsymbol{A}=\begin{pmatrix} \boldsymbol{O} & \boldsymbol{A}_1 \\ \boldsymbol{A}_2 & \boldsymbol{O} \end{pmatrix}$，

$$\boldsymbol{A}_1^{-1}=\begin{pmatrix} a_1^{-1} & & & \\ & a_2^{-1} & & \\ & & \ddots & \\ & & & a_{n-1}^{-1} \end{pmatrix},\ \boldsymbol{A}_2^{-1}=(a_n^{-1}),$$

故

$$A^{-1}=\begin{pmatrix} O & A_2^{-1} \\ A_1^{-1} & O \end{pmatrix}=\begin{pmatrix} 0 & 0 & \cdots & 0 & a_n^{-1} \\ a_1^{-1} & 0 & \cdots & 0 & 0 \\ 0 & a_2^{-1} & \cdots & 0 & 0 \\ \vdots & \vdots & & \vdots & \vdots \\ 0 & 0 & \cdots & a_{n-1}^{-1} & 0 \end{pmatrix}.$$

5. 设 $A=\begin{pmatrix} 3 & 4 & & \\ 4 & -3 & & O \\ & & 2 & 0 \\ O & & 2 & 2 \end{pmatrix}$，求 $|A^8|$ 及 A^4.

解题思路 利用分块对角矩阵的幂运算.

解 将原矩阵分块 $A=\begin{pmatrix} A_1 & O \\ O & A_2 \end{pmatrix}$，$A_1=\begin{pmatrix} 3 & 4 \\ 4 & -3 \end{pmatrix}$，$A_2=\begin{pmatrix} 2 & 0 \\ 2 & 2 \end{pmatrix}$，则

$$A^8=\begin{pmatrix} A_1 & O \\ O & A_2 \end{pmatrix}^8=\begin{pmatrix} A_1^8 & O \\ O & A_2^8 \end{pmatrix},$$

$$|A^8|=|A_1^8||A_2^8|=|A_1|^8|A_2|^8=10^{16},$$

而

$$A^4=\begin{pmatrix} A_1^4 & O \\ O & A_2^4 \end{pmatrix}=\begin{pmatrix} 5^4 & 0 & & \\ 0 & 5^4 & & O \\ & & 2^4 & 0 \\ O & & 2^6 & 2^4 \end{pmatrix}.$$

6. 设 A 为 3×3 矩阵，$|A|=-2$，把 A 按列分块为 $A=(A_1, A_2, A_3)$，其中 A_j $(j=1, 2, 3)$ 为 A 的第 j 列. 求：

(1) $|(A_1, 2A_2, A_3)|$；

(2) $|(A_3-2A_1, 3A_2, A_1)|$.

解题思路 利用行列式的性质及其推论计算分块矩阵的行列式.

解 (1) $|(A_1, 2A_2, A_3)|=2|(A_1, A_2, A_3)|=2\times(-2)=-4$；

(2) $|(A_3-2A_1, 3A_2, A_1)|=3|(A_3, A_2, A_1)|-6|(A_1, A_2, A_1)|$

$$=-3|(A_1, A_2, A_3)|-6\times 0=-3\times(-2)=6.$$

7. 设 A 为 n 阶矩阵，$\beta_1, \beta_2, \cdots, \beta_n$ 为 A 的列子块，试用 $\beta_1, \beta_2, \cdots, \beta_n$ 表示 $A^{T}A$.

解题思路 利用分块矩阵的转置和分块矩阵的乘积计算.

解 $\boldsymbol{A}^{\mathrm{T}}\boldsymbol{A}=(\boldsymbol{\beta}_1,\boldsymbol{\beta}_2,\cdots,\boldsymbol{\beta}_n)^{\mathrm{T}}(\boldsymbol{\beta}_1,\boldsymbol{\beta}_2,\cdots,\boldsymbol{\beta}_n)$

$$=\begin{pmatrix}\boldsymbol{\beta}_1^{\mathrm{T}}\\\boldsymbol{\beta}_2^{\mathrm{T}}\\\vdots\\\boldsymbol{\beta}_n^{\mathrm{T}}\end{pmatrix}(\boldsymbol{\beta}_1,\boldsymbol{\beta}_2,\cdots,\boldsymbol{\beta}_n)=\begin{pmatrix}\boldsymbol{\beta}_1^{\mathrm{T}}\boldsymbol{\beta}_1 & \boldsymbol{\beta}_1^{\mathrm{T}}\boldsymbol{\beta}_2 & \cdots & \boldsymbol{\beta}_1^{\mathrm{T}}\boldsymbol{\beta}_n\\\boldsymbol{\beta}_2^{\mathrm{T}}\boldsymbol{\beta}_1 & \boldsymbol{\beta}_2^{\mathrm{T}}\boldsymbol{\beta}_2 & \cdots & \boldsymbol{\beta}_2^{\mathrm{T}}\boldsymbol{\beta}_n\\\vdots & \vdots & \ddots & \vdots\\\boldsymbol{\beta}_n^{\mathrm{T}}\boldsymbol{\beta}_1 & \boldsymbol{\beta}_n^{\mathrm{T}}\boldsymbol{\beta}_2 & \cdots & \boldsymbol{\beta}_n^{\mathrm{T}}\boldsymbol{\beta}_n\end{pmatrix}.$$

§2.5 矩阵的初等变换

一、主要知识归纳

主要知识归纳见表 2-5-1 至表 2-5-4.

表 2-5-1 **初等变换**

定义	矩阵的下列三种变换称为矩阵的初等行变换： (1) 交换矩阵的两行（交换 i，j 两行，记为 $r_i\leftrightarrow r_j$）； (2) 以一个非零的数 k 乘矩阵的某一行（第 i 行乘数 k，记为 $r_i\times k$）； (3) 把矩阵的某一行的 k 倍加到另一行（第 j 行乘数 k 加到第 i 行，记为 r_i+kr_j）. 矩阵的初等行变换与初等列变换统称为初等变换.
性质	任意一个矩阵 $\boldsymbol{A}=(a_{ij})_{m\times n}$ 经过有限次初等变换可以化为下列标准形矩阵： $\boldsymbol{D}=\begin{pmatrix}1 & & & & & \\ & \ddots & & & & \\ & & 1 & & & \\ & & & 0 & & \\ & & & & \ddots & \\ & & & & & 0\end{pmatrix}$ r 行 $=\begin{pmatrix}\boldsymbol{E}_r & 0\\ 0 & \boldsymbol{O}_{(m-r)\times(n-r)}\end{pmatrix}$. r 列 如果 $\boldsymbol{A}$ 为 n 阶可逆矩阵，则 $\boldsymbol{D}=\boldsymbol{E}$.

表 2-5-2 **矩阵等价**

定义	若矩阵 $\boldsymbol{A}$ 经过有限次初等变换变成矩阵 $\boldsymbol{B}$，则称矩阵 $\boldsymbol{A}$ 与 $\boldsymbol{B}$ 等价，记为 $\boldsymbol{A}\sim\boldsymbol{B}$ 或 $\boldsymbol{A}\to\boldsymbol{B}$.
性质	(1) 自反性 $\boldsymbol{A}\sim\boldsymbol{A}$； (2) 对称性 若 $\boldsymbol{A}\sim\boldsymbol{B}$，则 $\boldsymbol{B}\sim\boldsymbol{A}$； (3) 传递性 若 $\boldsymbol{A}\sim\boldsymbol{B}$，$\boldsymbol{B}\sim\boldsymbol{C}$，则 $\boldsymbol{A}\sim\boldsymbol{C}$.

表 2-5-3 **初等矩阵**

定义	对单位矩阵 $\boldsymbol{E}$ 施以一次初等变换得到的矩阵称为初等矩阵，三种初等变换分别对应着三种初等矩阵： (1) $\boldsymbol{E}$ 的第 i，j 行（列）互换得到的矩阵，记为 $\boldsymbol{E}(i,j)$； (2) $\boldsymbol{E}$ 的第 i 行（列）乘以非零数 k 得到的矩阵，记为 $\boldsymbol{E}(i(k))$； (3) $\boldsymbol{E}$ 的第 j 行乘以数 k 加到第 i 行上，或 $\boldsymbol{E}$ 的第 i 列乘以数 k 加到第 j 列上得到的矩阵，记为 $\boldsymbol{E}(ij(k))$.

规律	(1)$\boldsymbol{E}(i,j)^{-1}=\boldsymbol{E}(i,j)$；$\boldsymbol{E}(i(k))^{-1}=\boldsymbol{E}(i(k^{-1}))$；$\boldsymbol{E}(ij(k))^{-1}=\boldsymbol{E}(ij(-k))$. (2)$\vert\boldsymbol{E}(i,j)\vert=-1$；$\vert\boldsymbol{E}(i(k))\vert=k$；$\vert\boldsymbol{E}(ij(k))\vert=1$.
性质	设 $\boldsymbol{A}=(a_{ij})_{m\times n}$，对 $\boldsymbol{A}$ 施以某种初等行（列）变换相当于用同种的 $m(n)$ 阶初等矩阵左（右）乘 $\boldsymbol{A}$.

表 2-5-4　　利用初等变换求矩阵的逆

性质	n 阶矩阵 $\boldsymbol{A}$ 可逆的充分必要条件是 $\boldsymbol{A}$ 可以表示为若干初等矩阵的乘积.
方法	$(\boldsymbol{A}\quad\boldsymbol{E})\xrightarrow{\text{初等行变换}}(\boldsymbol{E}\quad\boldsymbol{A}^{-1})$.
应用	(1) 求解矩阵方程 $\boldsymbol{AX}=\boldsymbol{B}$， $(\boldsymbol{A}\quad\boldsymbol{B})\xrightarrow{\text{初等行变换}}(\boldsymbol{E}\quad\boldsymbol{A}^{-1}\boldsymbol{B})$. (2) 求解矩阵方程 $\boldsymbol{XA}=\boldsymbol{B}$， $\begin{pmatrix}\boldsymbol{A}\\\boldsymbol{B}\end{pmatrix}\xrightarrow{\text{初等列变换}}\begin{pmatrix}\boldsymbol{E}\\\boldsymbol{BA}^{-1}\end{pmatrix}$.

二、典型例题分析

例 1　已知矩阵 $\boldsymbol{A}$，$\boldsymbol{B}$ 均为三阶方阵，将 $\boldsymbol{A}$ 的第 1 行与第 2 行交换得到 $\boldsymbol{A}_1$，将 $\boldsymbol{B}$ 的第 1 列加到第 2 列得到 $\boldsymbol{B}_1$，又知 $\boldsymbol{A}_1\boldsymbol{B}_1=\begin{pmatrix}1&2&3\\0&1&2\\0&0&1\end{pmatrix}$. 判断 $\boldsymbol{AB}$ 是否可逆？若可逆，求 $(\boldsymbol{AB})^{-1}$.

解　由于矩阵左（右）乘初等矩阵表示对矩阵进行初等行（列）变换，设

$$\boldsymbol{E}_1=\boldsymbol{E}(1,2)=\begin{pmatrix}0&1&0\\1&0&0\\0&0&1\end{pmatrix},\ \boldsymbol{E}_2=\boldsymbol{E}(12(1))=\begin{pmatrix}1&1&0\\0&1&0\\0&0&1\end{pmatrix},$$

根据条件可得

$$\boldsymbol{A}_1=\boldsymbol{E}_1\boldsymbol{A},\ \boldsymbol{B}_1=\boldsymbol{BE}_2,$$

故

$$\boldsymbol{A}_1\boldsymbol{B}_1=\boldsymbol{E}_1\boldsymbol{ABE}_2,$$

即

$$\boldsymbol{AB}=\boldsymbol{E}_1^{-1}(\boldsymbol{A}_1\boldsymbol{B}_1)\boldsymbol{E}_2^{-1}.$$

由于 $|\boldsymbol{AB}|=|\boldsymbol{E}_1^{-1}|\cdot|\boldsymbol{A}_1\boldsymbol{B}_1|\cdot|\boldsymbol{E}_2^{-1}|\neq0$，故 $\boldsymbol{AB}$ 可逆，且 $(\boldsymbol{AB})^{-1}=\boldsymbol{E}_2(\boldsymbol{A}_1\boldsymbol{B}_1)^{-1}\boldsymbol{E}_1$，又

$$(\boldsymbol{A}_1\boldsymbol{B}_1)^{-1}=\begin{pmatrix}1&2&3\\0&1&2\\0&0&1\end{pmatrix}^{-1}=\begin{pmatrix}1&-2&1\\0&1&-2\\0&0&1\end{pmatrix},$$

由初等矩阵的定义可知：$(\boldsymbol{AB})^{-1}$就是将矩阵$\begin{pmatrix}1&-2&1\\0&1&-2\\0&0&1\end{pmatrix}$的第 2 行加到第 1 行，再将第 1 列与第 2 列互换而得到的矩阵，即

$$(\boldsymbol{AB})^{-1}=\begin{pmatrix}-1&1&-1\\1&0&-2\\0&0&1\end{pmatrix}.$$

小结：本题为判断矩阵可逆与求逆，但关键在于初等矩阵性质的运用，即对矩阵进行初等变换等价于用相应的初等矩阵去乘矩阵.

例 2 设$\boldsymbol{A}=\begin{pmatrix}0&0&0&2&1\\0&0&0&5&3\\1&2&3&0&0\\4&5&8&0&0\\3&4&6&0&0\end{pmatrix}$，求$\boldsymbol{A}^{-1}$.

解 将矩阵 $\boldsymbol{A}$ 进行分块得

$$\boldsymbol{A}=\begin{pmatrix}\boldsymbol{O}&\boldsymbol{A}_1\\\boldsymbol{A}_2&\boldsymbol{O}\end{pmatrix},$$

其中$\boldsymbol{A}_1=\begin{pmatrix}2&1\\5&3\end{pmatrix}$，$\boldsymbol{A}_2=\begin{pmatrix}1&2&3\\4&5&8\\3&4&6\end{pmatrix}$，有

$$\boldsymbol{A}^{-1}=\begin{pmatrix}\boldsymbol{O}&\boldsymbol{A}_2^{-1}\\\boldsymbol{A}_1^{-1}&\boldsymbol{O}\end{pmatrix}.$$

对 $\boldsymbol{A}_1$ 用伴随矩阵法求逆阵，得

$$\boldsymbol{A}_1^{-1}=\frac{1}{|\boldsymbol{A}_1|}\boldsymbol{A}_1^*=\begin{pmatrix}3&-1\\-5&2\end{pmatrix},$$

对 $\boldsymbol{A}_2$ 用初等变换法求逆阵，得

$$(\boldsymbol{A}_2,\boldsymbol{E})=\begin{pmatrix}1&2&3&1&0&0\\4&5&8&0&1&0\\3&4&6&0&0&1\end{pmatrix}\xrightarrow[r_3-3r_1]{r_2-4r_1}\begin{pmatrix}1&2&3&1&0&0\\0&-3&-4&-4&1&0\\0&-2&-3&-3&0&1\end{pmatrix}$$

$$\xrightarrow[r_2-r_3]{r_1+r_3}\begin{pmatrix}1&0&0&-2&0&1\\0&-1&-1&-1&1&-1\\0&-2&-3&-3&0&1\end{pmatrix}$$

$$\xrightarrow[r_2\times(-1)]{r_3-2r_2}\begin{pmatrix}1&0&0&-2&0&1\\0&1&1&1&-1&1\\0&0&-1&-1&-2&3\end{pmatrix}$$

$$\xrightarrow[r_3\times(-1)]{r_2+r_3}\begin{pmatrix}1&0&0&-2&0&1\\0&1&0&0&-3&4\\0&0&1&1&2&-3\end{pmatrix},$$

即

$$\boldsymbol{A}_2^{-1}=\begin{pmatrix}-2&0&1\\0&-3&4\\1&2&-3\end{pmatrix},$$

故

$$\boldsymbol{A}^{-1}=\begin{pmatrix}\boldsymbol{O}&\boldsymbol{A}_2^{-1}\\\boldsymbol{A}_1^{-1}&\boldsymbol{O}\end{pmatrix}=\begin{pmatrix}0&0&-2&0&1\\0&0&0&-3&4\\0&0&1&2&-3\\3&-1&0&0&0\\-5&2&0&0&0\end{pmatrix}.$$

小结： 本题利用矩阵的分块来求逆阵，而在子块中则根据矩阵的特点采用初等行变换法求子块的逆.

例 3　设

$$\boldsymbol{A}=\begin{pmatrix}-1&-2&-1&-2\\-2&-3&-2&3\\-1&-2&1&2\\-2&-3&2&-3\end{pmatrix},$$

求 $\boldsymbol{A}^{-1}$.

解　根据矩阵 $\boldsymbol{A}$ 的特点，可将其适当分块为

$$\boldsymbol{A}=\begin{pmatrix}\boldsymbol{B}&\boldsymbol{C}\\\boldsymbol{B}&-\boldsymbol{C}\end{pmatrix},$$

其中

$$\boldsymbol{B}=\begin{pmatrix}-1 & -2\\ -2 & -3\end{pmatrix},\ \boldsymbol{C}=\begin{pmatrix}-1 & -2\\ -2 & 3\end{pmatrix}.$$

利用初等行变换对分块后的矩阵求 $\boldsymbol{A}^{-1}$，有

$$\begin{pmatrix}\boldsymbol{B} & \boldsymbol{C} & \boldsymbol{E} & \boldsymbol{O}\\ \boldsymbol{B} & -\boldsymbol{C} & \boldsymbol{O} & \boldsymbol{E}\end{pmatrix}\xrightarrow{r_2-r_1}\begin{pmatrix}\boldsymbol{B} & \boldsymbol{C} & \boldsymbol{E} & \boldsymbol{O}\\ 0 & -2\boldsymbol{C} & -\boldsymbol{E} & \boldsymbol{E}\end{pmatrix}$$

$$\xrightarrow[r_1-r_2]{-\frac{1}{2}\times r_2}\begin{pmatrix}\boldsymbol{B} & \boldsymbol{O} & \frac{1}{2}\boldsymbol{E} & \frac{1}{2}\boldsymbol{E}\\ \boldsymbol{O} & \boldsymbol{C} & \frac{1}{2}\boldsymbol{E} & -\frac{1}{2}\boldsymbol{E}\end{pmatrix}\xrightarrow[\boldsymbol{C}^{-1}\times r_2]{\boldsymbol{B}^{-1}\times r_1}\begin{pmatrix}\boldsymbol{E} & \boldsymbol{O} & \frac{1}{2}\boldsymbol{B}^{-1} & \frac{1}{2}\boldsymbol{B}^{-1}\\ \boldsymbol{O} & \boldsymbol{E} & \frac{1}{2}\boldsymbol{C}^{-1} & -\frac{1}{2}\boldsymbol{C}^{-1}\end{pmatrix},$$

又因为 $\boldsymbol{B}^{-1}=\begin{pmatrix}3 & -2\\ -2 & 1\end{pmatrix}$，$\boldsymbol{C}^{-1}=\frac{1}{7}\begin{pmatrix}-3 & -2\\ -2 & 1\end{pmatrix}$，则

$$\boldsymbol{A}^{-1}=\frac{1}{2}\begin{pmatrix}\boldsymbol{B}^{-1} & \boldsymbol{B}^{-1}\\ \boldsymbol{C}^{-1} & -\boldsymbol{C}^{-1}\end{pmatrix}=\begin{pmatrix}\frac{3}{2} & -1 & \frac{3}{2} & -1\\ -1 & \frac{1}{2} & -1 & \frac{1}{2}\\ -\frac{3}{14} & -\frac{1}{7} & \frac{3}{14} & \frac{1}{7}\\ -\frac{1}{7} & \frac{1}{14} & \frac{1}{7} & -\frac{1}{14}\end{pmatrix}.$$

小结：本题利用了初等行变换法求逆阵，但不同的是，本题初等行变换的对象是以矩阵分块后的子块作为元素构成的矩阵.

例 4 设矩阵 $\boldsymbol{A}$ 的伴随矩阵 $\boldsymbol{A}^*=\begin{pmatrix}1 & 0 & 0 & 0\\ 0 & 1 & 0 & 0\\ 1 & 0 & 1 & 0\\ 0 & -3 & 0 & 8\end{pmatrix}$，且 $\boldsymbol{AXA}^{-1}=\boldsymbol{XA}^{-1}+3\boldsymbol{E}$，其中 $\boldsymbol{E}$ 为四阶单位矩阵，求矩阵 $\boldsymbol{X}$.

解 由

$$\boldsymbol{AXA}^{-1}=\boldsymbol{XA}^{-1}+3\boldsymbol{E}\Rightarrow\boldsymbol{X}=3(\boldsymbol{A}-\boldsymbol{E})^{-1}\boldsymbol{A},$$

下面分别求出矩阵 $\boldsymbol{A}$ 和 $(\boldsymbol{A}-\boldsymbol{E})^{-1}$：

(1) 由伴随矩阵的基本性质 $\boldsymbol{AA}^*=|\boldsymbol{A}|\boldsymbol{E}$，有 $\boldsymbol{A}=|\boldsymbol{A}|(\boldsymbol{A}^*)^{-1}$，且

$$\begin{aligned}|\boldsymbol{A}||\boldsymbol{A}^*|=|\boldsymbol{A}|^4&\Rightarrow|\boldsymbol{A}|^3=|\boldsymbol{A}^*|=8\\&\Rightarrow|\boldsymbol{A}|=2,\end{aligned}$$

将 $\boldsymbol{A}^*$ 进行分块，得

$$\boldsymbol{A}^*=\begin{pmatrix}1&0&0&0\\0&1&0&0\\1&0&1&0\\0&-3&0&8\end{pmatrix}=\begin{pmatrix}\boldsymbol{A}&\boldsymbol{O}\\\boldsymbol{C}&\boldsymbol{B}\end{pmatrix},$$

其中 $\boldsymbol{A}=\begin{pmatrix}1&0\\0&1\end{pmatrix}$，$\boldsymbol{B}=\begin{pmatrix}1&0\\0&8\end{pmatrix}$，$\boldsymbol{C}=\begin{pmatrix}1&0\\0&-3\end{pmatrix}$. 又由逆阵的定义可计算得

$$\begin{pmatrix}\boldsymbol{A}&\boldsymbol{O}\\\boldsymbol{C}&\boldsymbol{B}\end{pmatrix}^{-1}=\begin{pmatrix}\boldsymbol{A}^{-1}&\boldsymbol{O}\\-\boldsymbol{C}\boldsymbol{A}^{-1}\boldsymbol{B}^{-1}&\boldsymbol{B}^{-1}\end{pmatrix},$$

故

$$\boldsymbol{A}=|\boldsymbol{A}|(\boldsymbol{A}^*)^{-1}=2(\boldsymbol{A}^*)^{-1}=\begin{pmatrix}2&0&0&0\\0&2&0&0\\-2&0&2&0\\0&\frac{3}{4}&0&\frac{1}{4}\end{pmatrix}.$$

(2) $(\boldsymbol{A}-\boldsymbol{E}\quad\boldsymbol{E})=\begin{pmatrix}1&0&0&0&1&0&0&0\\0&1&0&0&0&1&0&0\\-2&0&1&0&0&0&1&0\\0&\frac{3}{4}&0&-\frac{3}{4}&0&0&0&1\end{pmatrix}$

$$\xrightarrow[\substack{r_4-\frac{3}{4}r_2\\ r_4\times\left(-\frac{4}{3}\right)}]{r_3+2r_1}\begin{pmatrix}1&0&0&0&1&0&0&0\\0&1&0&0&0&1&0&0\\0&0&1&0&2&0&1&0\\0&0&0&1&0&1&0&-\frac{4}{3}\end{pmatrix}$$

$$=(\boldsymbol{E}\quad(\boldsymbol{A}-\boldsymbol{E})^{-1}),$$

则由 (1)(2) 可得

$$\boldsymbol{X}=3(\boldsymbol{A}-\boldsymbol{E})^{-1}\boldsymbol{A}=3\begin{pmatrix}1&0&0&0\\0&1&0&0\\2&0&1&0\\0&1&0&-\frac{4}{3}\end{pmatrix}\begin{pmatrix}2&0&0&0\\0&2&0&0\\-2&0&2&0\\0&\frac{3}{4}&0&\frac{1}{4}\end{pmatrix}$$

$$=\begin{bmatrix}6&0&0&0\\0&6&0&0\\6&0&6&0\\0&3&0&-1\end{bmatrix}.$$

小结：本题为求解矩阵多项式，利用了分块矩阵求逆和初等行变换法求逆.

三、习题 2-5 解答

1. 选择题：

(1) 设矩阵

$$\boldsymbol{A}=\begin{pmatrix}a_{11}&a_{12}&a_{13}&a_{14}\\a_{21}&a_{22}&a_{23}&a_{24}\\a_{31}&a_{32}&a_{33}&a_{34}\\a_{41}&a_{42}&a_{43}&a_{44}\end{pmatrix},\ \boldsymbol{B}=\begin{pmatrix}a_{14}&a_{13}&a_{12}&a_{11}\\a_{24}&a_{23}&a_{22}&a_{21}\\a_{34}&a_{33}&a_{32}&a_{31}\\a_{44}&a_{43}&a_{42}&a_{41}\end{pmatrix},$$

$$\boldsymbol{P}_1=\begin{pmatrix}0&0&0&1\\0&1&0&0\\0&0&1&0\\1&0&0&0\end{pmatrix},\ \boldsymbol{P}_2=\begin{pmatrix}1&0&0&0\\0&0&1&0\\0&1&0&0\\0&0&0&1\end{pmatrix},$$

其中 $\boldsymbol{A}$ 可逆，则 $\boldsymbol{B}^{-1}$ 等于（　　）.

(A) $\boldsymbol{A}^{-1}\boldsymbol{P}_1\boldsymbol{P}_2$;　　(B) $\boldsymbol{P}_1\boldsymbol{A}^{-1}\boldsymbol{P}_2$;

(C) $\boldsymbol{P}_1\boldsymbol{P}_2\boldsymbol{A}^{-1}$;　　(D) $\boldsymbol{P}_2\boldsymbol{A}^{-1}\boldsymbol{P}_1$.

(2) 设矩阵

$$\boldsymbol{A}=\begin{pmatrix}a_{11}&a_{12}&a_{13}\\a_{21}&a_{22}&a_{23}\\a_{31}&a_{32}&a_{33}\end{pmatrix},\ \boldsymbol{B}=\begin{pmatrix}a_{21}&a_{22}&a_{23}\\a_{11}&a_{12}&a_{13}\\a_{31}+a_{11}&a_{32}+a_{12}&a_{33}+a_{13}\end{pmatrix},$$

$$\boldsymbol{P}_1=\begin{pmatrix}0&1&0\\1&0&0\\0&0&1\end{pmatrix},\ \boldsymbol{P}_2=\begin{pmatrix}1&0&0\\0&1&0\\1&0&1\end{pmatrix},$$

则必有（　　）.

(A) $\boldsymbol{AP}_1\boldsymbol{P}_2=\boldsymbol{B}$;　　(B) $\boldsymbol{AP}_2\boldsymbol{P}_1=\boldsymbol{B}$;

(C) $\boldsymbol{P}_1\boldsymbol{P}_2\boldsymbol{A}=\boldsymbol{B}$;　　(D) $\boldsymbol{P}_2\boldsymbol{P}_1\boldsymbol{A}=\boldsymbol{B}$.

(3) 设矩阵

$$\boldsymbol{A}=\begin{pmatrix}a_{11}&a_{12}&a_{13}\\a_{21}&a_{22}&a_{23}\\a_{31}&a_{32}&a_{33}\end{pmatrix},\ \boldsymbol{B}=\begin{pmatrix}a_{21}&a_{22}+ka_{23}&a_{23}\\a_{31}&a_{32}+ka_{33}&a_{33}\\a_{11}&a_{12}+ka_{13}&a_{13}\end{pmatrix},$$

$$\boldsymbol{P}_1=\begin{pmatrix}0&1&0\\0&0&1\\1&0&0\end{pmatrix},\ \boldsymbol{P}_2=\begin{pmatrix}1&0&0\\0&1&0\\0&k&1\end{pmatrix},$$

则 $\boldsymbol{A}$ 等于（　　）.

(A) $\boldsymbol{P}_1^{-1}\boldsymbol{B}\boldsymbol{P}_2^{-1}$；　　(B) $\boldsymbol{P}_2^{-1}\boldsymbol{B}\boldsymbol{P}_1^{-1}$；

(C) $\boldsymbol{P}_1^{-1}\boldsymbol{P}_2^{-1}\boldsymbol{B}$；　　(D) $\boldsymbol{B}\boldsymbol{P}_1^{-1}\boldsymbol{P}_2^{-1}$.

解题思路　对矩阵 $\boldsymbol{A}$ 施以行（列）变换就相当于用相应的初等矩阵左（右）乘 $\boldsymbol{A}$.

解　(1) 应选 (C).

由于 $\boldsymbol{B}=\boldsymbol{A}\boldsymbol{P}_2\boldsymbol{P}_1$，故 $\boldsymbol{B}^{-1}=(\boldsymbol{A}\boldsymbol{P}_2\boldsymbol{P}_1)^{-1}=\boldsymbol{P}_1^{-1}\boldsymbol{P}_2^{-1}\boldsymbol{A}^{-1}$；而 $\boldsymbol{P}_1^{-1}=\boldsymbol{P}_1$，$\boldsymbol{P}_2^{-1}=\boldsymbol{P}_2$，所以 $\boldsymbol{B}^{-1}=\boldsymbol{P}_1\boldsymbol{P}_2\boldsymbol{A}^{-1}$.

(2) 应选 (C).

因为 $\boldsymbol{A}$ 的第 1 行加到第 3 行，再交换第 1 行和第 2 行，从而得到 $\boldsymbol{B}$，故 $\boldsymbol{A}$ 左乘 $\boldsymbol{P}_2$，再左乘 $\boldsymbol{P}_1$，即 $\boldsymbol{P}_1\boldsymbol{P}_2\boldsymbol{A}=\boldsymbol{B}$.

(3) 应选 (A).

由于 $\boldsymbol{P}_1^{-1}=\begin{pmatrix}0&0&1\\1&0&0\\0&1&0\end{pmatrix}$，$\boldsymbol{P}_2^{-1}=\begin{pmatrix}1&0&0\\0&1&0\\0&-k&1\end{pmatrix}$，故 $\boldsymbol{P}^{-1}\boldsymbol{B}\boldsymbol{P}_2^{-1}=\boldsymbol{A}$.

2. 设 $\begin{pmatrix}0&1&0\\1&0&0\\0&0&1\end{pmatrix}\boldsymbol{A}\begin{pmatrix}1&0&1\\0&1&0\\0&0&1\end{pmatrix}=\begin{pmatrix}1&2&3\\4&5&6\\7&8&9\end{pmatrix}$，求 $\boldsymbol{A}$.

解　注意到所给等式左端的两个矩阵是初等矩阵 $\boldsymbol{E}(1,2)$ 及 $\boldsymbol{E}(13(1))$，把等式右端记作 $\boldsymbol{B}$，等式即为

$$\boldsymbol{E}(1,2)\boldsymbol{A}\boldsymbol{E}(13(1))=\boldsymbol{B}\Rightarrow\boldsymbol{A}=\boldsymbol{E}(1,2)^{-1}\boldsymbol{B}\boldsymbol{E}(13(1))^{-1}.$$

由 $\boldsymbol{E}(1,2)^{-1}=\boldsymbol{E}(1,2)$，$\boldsymbol{E}(13(1))^{-1}=\boldsymbol{E}(13(-1))$，得

$$\boldsymbol{A}=\boldsymbol{E}(1,2)\boldsymbol{B}\boldsymbol{E}(13(-1)).$$

根据初等矩阵与初等变换的关系，得 $\boldsymbol{B}\underset{c_3-c_1}{\overset{r_1\leftrightarrow r_2}{\sim}}\boldsymbol{A}$，故

$$\boldsymbol{B}=\begin{pmatrix}1&2&3\\4&5&6\\7&8&9\end{pmatrix}\xrightarrow{r_1\leftrightarrow r_2}\begin{pmatrix}4&5&6\\1&2&3\\7&8&9\end{pmatrix}\xrightarrow{c_3-c_1}\begin{pmatrix}4&5&2\\1&2&2\\7&8&2\end{pmatrix}=\boldsymbol{A}.$$

3. 把下列矩阵化为标准形矩阵 $\boldsymbol{D}=\begin{pmatrix}\boldsymbol{E}_r&\boldsymbol{O}\\\boldsymbol{O}&\boldsymbol{O}\end{pmatrix}$.

(1) $\begin{pmatrix}1&-1&2\\3&2&1\\1&-2&0\end{pmatrix}$； (2) $\begin{pmatrix}1&-1&2\\3&-3&1\\-2&2&-4\end{pmatrix}$；

(3) $\begin{pmatrix}1&0&2&-1\\2&0&3&1\\3&0&4&-3\end{pmatrix}$； (4) $\begin{pmatrix}1&-1&3&-4&3\\3&-3&5&-4&1\\2&-2&3&-2&0\\3&-3&4&-2&-1\end{pmatrix}$；

(5) $\begin{pmatrix}2&3&1&-3&-7\\1&2&0&-2&-4\\3&-2&8&3&0\\2&-3&7&4&3\end{pmatrix}$.

解题思路 利用初等行变换把已知矩阵化成标准形.

解 (1) $$\begin{pmatrix}1&-1&2\\3&2&1\\1&-2&0\end{pmatrix}\xrightarrow[r_3-r_1]{r_2-3r_1}\begin{pmatrix}1&-1&2\\0&5&-5\\0&-1&-2\end{pmatrix}\xrightarrow[r_2+5r_3]{r_1-r_3}\begin{pmatrix}1&0&4\\0&0&-15\\0&-1&-2\end{pmatrix}$$

$$\xrightarrow[r_3\times(-1)]{r_2\times\left(-\frac{1}{15}\right)}\begin{pmatrix}1&0&4\\0&0&1\\0&1&2\end{pmatrix}\xrightarrow[r_3-2r_2]{r_1-4r_2}\begin{pmatrix}1&0&0\\0&0&1\\0&1&0\end{pmatrix}$$

$$\xrightarrow{c_3\leftrightarrow c_2}\begin{pmatrix}1&0&0\\0&1&0\\0&0&1\end{pmatrix}.$$

(2) $$\begin{pmatrix}1&-1&2\\3&-3&1\\-2&2&-4\end{pmatrix}\xrightarrow[r_3+2r_1]{r_2-3r_1}\begin{pmatrix}1&-1&2\\0&0&-5\\0&0&0\end{pmatrix}\xrightarrow{r_2\times\left(-\frac{1}{5}\right)}\begin{pmatrix}1&-1&2\\0&0&1\\0&0&0\end{pmatrix}$$

$$\xrightarrow{c_2+c_1}\begin{pmatrix}1&0&2\\0&0&1\\0&0&0\end{pmatrix}\xrightarrow{r_1-2r_2}\begin{pmatrix}1&0&0\\0&0&1\\0&0&0\end{pmatrix}$$

$$\xrightarrow{c_2\leftrightarrow c_3}\begin{pmatrix}1&0&0\\0&1&0\\0&0&0\end{pmatrix}.$$

(3) $$\begin{pmatrix}1&0&2&-1\\2&0&3&1\\3&0&4&-3\end{pmatrix}\xrightarrow[r_3+(-3)r_1]{r_2+(-2)r_1}\begin{pmatrix}1&0&2&-1\\0&0&-1&3\\0&0&-2&0\end{pmatrix}\xrightarrow[r_3\div(-2)]{r_2\div(-1)}\begin{pmatrix}1&0&2&-1\\0&0&1&-3\\0&0&1&0\end{pmatrix}$$

$$\xrightarrow{r_3-r_2}\begin{pmatrix}1&0&2&-1\\0&0&1&-3\\0&0&0&3\end{pmatrix}\xrightarrow{r_3\div 3}\begin{pmatrix}1&0&2&-1\\0&0&1&-3\\0&0&0&1\end{pmatrix}$$

$$\xrightarrow{r_2+3r_3}\begin{pmatrix}1&0&2&-1\\0&0&1&0\\0&0&0&1\end{pmatrix}\xrightarrow[r_1+r_3]{r_1+(-2)r_2}\begin{pmatrix}1&0&0&0\\0&0&1&0\\0&0&0&1\end{pmatrix}$$

$$\xrightarrow[c_3\leftrightarrow c_4]{c_2\leftrightarrow c_3}\begin{pmatrix}1&0&0&0\\0&1&0&0\\0&0&1&0\end{pmatrix}.$$

(4) $$\begin{pmatrix}1&-1&3&-4&3\\3&-3&5&-4&1\\2&-2&3&-2&0\\3&-3&4&-2&-1\end{pmatrix}\xrightarrow[\substack{r_3-2r_1\\r_4-3r_1}]{r_2-3r_1}\begin{pmatrix}1&-1&3&-4&3\\0&0&-4&8&-8\\0&0&-3&6&-6\\0&0&-5&10&-10\end{pmatrix}$$

$$\xrightarrow[\substack{r_3\div(-3)\\r_4\div(-5)}]{r_2\div(-4)}\begin{pmatrix}1&-1&3&-4&3\\0&0&1&-2&2\\0&0&1&-2&2\\0&0&1&-2&2\end{pmatrix}$$

$$\xrightarrow[\substack{r_3-r_2\\r_4-r_2}]{r_1-3r_2}\begin{pmatrix}1&-1&0&2&-3\\0&0&1&-2&2\\0&0&0&0&0\\0&0&0&0&0\end{pmatrix}$$

$$\longrightarrow\begin{pmatrix}1&0&0&0&0\\0&1&0&0&0\\0&0&0&0&0\\0&0&0&0&0\end{pmatrix}.$$

(5) $$\begin{pmatrix}2&3&1&-3&-7\\1&2&0&-2&-4\\3&-2&8&3&0\\2&-3&7&4&3\end{pmatrix}\xrightarrow[\substack{r_3-3r_2\\r_4-2r_2}]{r_1-2r_2}\begin{pmatrix}0&-1&1&1&1\\1&2&0&-2&-4\\0&-8&8&9&12\\0&-7&7&8&11\end{pmatrix}$$

$$\xrightarrow[\substack{r_3-8r_1\\r_4-7r_1}]{r_2+2r_1}\begin{pmatrix}0&-1&1&1&1\\1&0&2&0&-2\\0&0&0&1&4\\0&0&0&1&4\end{pmatrix}$$

$$\xrightarrow[r_4-r_3]{\substack{r_2\times(-1)\\ r_1\leftrightarrow r_2}}\begin{pmatrix}1&0&2&0&-2\\0&1&-1&-1&-1\\0&0&0&1&4\\0&0&0&0&0\end{pmatrix}$$

$$\xrightarrow{r_2+r_3}\begin{pmatrix}1&0&2&0&-2\\0&1&-1&0&3\\0&0&0&1&4\\0&0&0&0&0\end{pmatrix}$$

$$\rightarrow\begin{pmatrix}1&0&0&0&0\\0&1&0&0&0\\0&0&1&0&0\\0&0&0&0&0\end{pmatrix}.$$

4. 用初等变换法判定下列矩阵是否可逆，如可逆，求其逆矩阵.

(1) $\begin{pmatrix}1&0&0\\1&2&0\\1&2&3\end{pmatrix}$；　　(2) $\begin{pmatrix}2&2&-1\\1&-2&4\\5&8&2\end{pmatrix}$；

(3) $\begin{pmatrix}3&2&1\\3&1&5\\3&2&3\end{pmatrix}$；　　(4) $\begin{pmatrix}3&-2&0&-1\\0&2&2&1\\1&-2&-3&-2\\0&1&2&1\end{pmatrix}$.

解 (1) $\begin{pmatrix}1&0&0&1&0&0\\1&2&0&0&1&0\\1&2&3&0&0&1\end{pmatrix}\rightarrow\begin{pmatrix}1&0&0&1&0&0\\0&2&0&-1&1&0\\0&2&3&-1&0&1\end{pmatrix}$

$$\rightarrow\begin{pmatrix}1&0&0&1&0&0\\0&2&0&-1&1&0\\0&0&3&0&-1&1\end{pmatrix}\rightarrow\begin{pmatrix}1&0&0&1&0&0\\0&1&0&-\frac{1}{2}&\frac{1}{2}&0\\0&0&1&0&-\frac{1}{3}&\frac{1}{3}\end{pmatrix},$$

因此所求逆矩阵为 $\begin{pmatrix}1&0&0\\-\frac{1}{2}&\frac{1}{2}&0\\0&-\frac{1}{3}&\frac{1}{3}\end{pmatrix}$.

(2) $\begin{pmatrix}2&2&-1&1&0&0\\1&-2&4&0&1&0\\5&8&2&0&0&1\end{pmatrix}\rightarrow\begin{pmatrix}1&-2&4&0&1&0\\2&2&-1&1&0&0\\5&8&2&0&0&1\end{pmatrix}$

$$\rightarrow\begin{pmatrix}1&-2&4&0&1&0\\0&6&-9&1&-2&0\\0&18&-18&0&-5&1\end{pmatrix}\rightarrow\begin{pmatrix}1&-2&4&0&1&0\\0&6&-9&1&-2&0\\0&0&9&-3&1&1\end{pmatrix}$$

$$\rightarrow\begin{pmatrix}1&-2&4&0&1&0\\0&6&0&-2&-1&1\\0&0&9&-3&1&1\end{pmatrix}\rightarrow\begin{pmatrix}1&-2&4&0&1&0\\0&1&0&-\frac{1}{3}&-\frac{1}{6}&\frac{1}{6}\\0&0&1&-\frac{1}{3}&\frac{1}{9}&\frac{1}{9}\end{pmatrix}$$

$$\rightarrow\begin{pmatrix}1&0&0&\frac{2}{3}&\frac{2}{9}&-\frac{1}{9}\\0&1&0&-\frac{1}{3}&-\frac{1}{6}&\frac{1}{6}\\0&0&1&-\frac{1}{3}&\frac{1}{9}&\frac{1}{9}\end{pmatrix},$$

故所求逆矩阵为$\begin{pmatrix}\frac{2}{3}&\frac{2}{9}&-\frac{1}{9}\\-\frac{1}{3}&-\frac{1}{6}&\frac{1}{6}\\-\frac{1}{3}&\frac{1}{9}&\frac{1}{9}\end{pmatrix}$.

(3) $\begin{pmatrix}3&2&1&1&0&0\\3&1&5&0&1&0\\3&2&3&0&0&1\end{pmatrix}\rightarrow\begin{pmatrix}3&2&1&1&0&0\\0&-1&4&-1&1&0\\0&0&2&-1&0&1\end{pmatrix}$

$$\rightarrow\begin{pmatrix}3&2&0&\frac{3}{2}&0&-\frac{1}{2}\\0&-1&0&1&1&-2\\0&0&2&-1&0&1\end{pmatrix}\rightarrow\begin{pmatrix}3&0&0&\frac{7}{2}&2&-\frac{9}{2}\\0&-1&0&1&1&-2\\0&0&1&-\frac{1}{2}&0&\frac{1}{2}\end{pmatrix}$$

$$\rightarrow\begin{pmatrix}1&0&0&\frac{7}{6}&\frac{2}{3}&-\frac{3}{2}\\0&1&0&-1&-1&2\\0&0&1&-\frac{1}{2}&0&\frac{1}{2}\end{pmatrix},$$

故所求逆矩阵为$\begin{pmatrix}\frac{7}{6}&\frac{2}{3}&-\frac{3}{2}\\-1&-1&2\\-\frac{1}{2}&0&\frac{1}{2}\end{pmatrix}$.

(4) $\begin{pmatrix}3&-2&0&-1&1&0&0&0\\0&2&2&1&0&1&0&0\\1&-2&-3&-2&0&0&1&0\\0&1&2&1&0&0&0&1\end{pmatrix}\to\begin{pmatrix}1&-2&-3&-2&0&0&1&0\\0&1&2&1&0&0&0&1\\0&4&9&5&1&0&-3&0\\0&2&2&1&0&1&0&0\end{pmatrix}$

$$\to\begin{pmatrix}1&-2&-3&-2&0&0&1&0\\0&1&2&1&0&0&0&1\\0&0&1&1&1&0&-3&-4\\0&0&-2&-1&0&1&0&-2\end{pmatrix}$$

$$\to\begin{pmatrix}1&-2&-3&-2&0&0&1&0\\0&1&2&1&0&0&0&1\\0&0&1&1&1&0&-3&-4\\0&0&0&1&2&1&-6&-10\end{pmatrix}$$

$$\to\begin{pmatrix}1&-2&0&0&1&-1&-2&-2\\0&1&0&0&0&1&0&-1\\0&0&1&0&-1&-1&3&6\\0&0&0&1&2&1&-6&-10\end{pmatrix}$$

$$\to\begin{pmatrix}1&0&0&0&1&1&-2&-4\\0&1&0&0&0&1&0&-1\\0&0&1&0&-1&-1&3&6\\0&0&0&1&2&1&-6&-10\end{pmatrix},$$

故所求逆矩阵为 $\begin{pmatrix}1&1&-2&-4\\0&1&0&-1\\-1&-1&3&6\\2&1&-6&-10\end{pmatrix}$.

5. 解下列矩阵方程：

(1) 设 $\boldsymbol{A}=\begin{pmatrix}4&1&-2\\2&2&1\\3&1&-1\end{pmatrix}$，$\boldsymbol{B}=\begin{pmatrix}1&-3\\2&2\\3&-1\end{pmatrix}$，求 $\boldsymbol{X}$ 使 $\boldsymbol{AX}=\boldsymbol{B}$.

(2) 设 $\boldsymbol{A}=\begin{pmatrix}0&2&1\\2&-1&3\\-3&3&-4\end{pmatrix}$，$\boldsymbol{B}=\begin{pmatrix}1&2&3\\2&-3&1\end{pmatrix}$，求 $\boldsymbol{X}$ 使 $\boldsymbol{XA}=\boldsymbol{B}$.

(3) 设 $\boldsymbol{A}=\begin{pmatrix}1&-1&0\\0&1&-1\\-1&0&1\end{pmatrix}$，$\boldsymbol{AX}=2\boldsymbol{X}+\boldsymbol{A}$，求 $\boldsymbol{X}$.

(4) 设 $\begin{pmatrix}0&1&0\\1&0&0\\0&0&1\end{pmatrix}X\begin{pmatrix}1&0&0\\-2&1&0\\0&0&1\end{pmatrix}=\begin{pmatrix}1&-4&3\\2&0&-1\\0&-2&1\end{pmatrix}$，求 X.

解题思路 利用初等变换法求解矩阵方程.

解 (1) $(A|B)=\left(\begin{array}{ccc|cc}4&1&-2&1&-3\\2&2&1&2&2\\3&1&-1&3&-1\end{array}\right)\xrightarrow{\text{初等行变换}}\left(\begin{array}{ccc|cc}1&0&0&10&2\\0&1&0&-15&-3\\0&0&1&12&4\end{array}\right)$，

所以 $X=A^{-1}B=\begin{pmatrix}10&2\\-15&-3\\12&4\end{pmatrix}$.

(2) $\left(\dfrac{A}{B}\right)=\left(\begin{array}{ccc}0&2&1\\2&-1&3\\-3&3&-4\\\hline 1&2&3\\2&-3&1\end{array}\right)\xrightarrow{\text{初等列变换}}\left(\begin{array}{ccc}1&0&0\\0&1&0\\0&0&1\\\hline 2&-1&-1\\-4&7&4\end{array}\right)$，

所以 $X=BA^{-1}=\begin{pmatrix}2&-1&-1\\-4&7&4\end{pmatrix}$.

(3) $(A-2E)X=A$，即 $\begin{pmatrix}-1&-1&0\\0&-1&-1\\-1&0&-1\end{pmatrix}X=\begin{pmatrix}1&-1&0\\0&1&-1\\-1&0&1\end{pmatrix}$，

$$X=\begin{pmatrix}-1&-1&0\\0&-1&-1\\-1&0&-1\end{pmatrix}^{-1}\begin{pmatrix}1&-1&0\\0&1&-1\\-1&0&1\end{pmatrix}$$

$$=\begin{pmatrix}-\frac{1}{2}&\frac{1}{2}&-\frac{1}{2}\\-\frac{1}{2}&-\frac{1}{2}&\frac{1}{2}\\\frac{1}{2}&-\frac{1}{2}&-\frac{1}{2}\end{pmatrix}\begin{pmatrix}1&-1&0\\0&1&-1\\-1&0&1\end{pmatrix}=\begin{pmatrix}0&1&-1\\-1&0&1\\1&-1&0\end{pmatrix}.$$

(4) 令 $P=\begin{pmatrix}0&1&0\\1&0&0\\0&0&1\end{pmatrix}$，$Q=\begin{pmatrix}1&0&0\\-2&1&0\\0&0&1\end{pmatrix}$，则 P，Q 为初等矩阵，且

$$P^{-1}=P,\ Q^{-1}=\begin{pmatrix}1&0&0\\2&1&0\\0&0&1\end{pmatrix}.$$

由初等矩阵左乘一个矩阵是初等行变换，初等矩阵右乘一个矩阵是初等列变换，有

$$\boldsymbol{X}=\boldsymbol{P}^{-1}\begin{pmatrix}1&-4&3\\2&0&-1\\0&-2&1\end{pmatrix}\boldsymbol{Q}^{-1}=\begin{pmatrix}2&0&-1\\1&-4&3\\0&-2&1\end{pmatrix}\begin{pmatrix}1&0&0\\2&1&0\\0&0&1\end{pmatrix}$$

$$=\begin{pmatrix}2&0&-1\\-7&-4&3\\-4&-2&1\end{pmatrix}.$$

6. 设矩阵

$$\boldsymbol{A}=\begin{pmatrix}1&0&0\\1&1&0\\1&1&1\end{pmatrix},\ \boldsymbol{B}=\begin{pmatrix}0&1&1\\1&0&1\\1&1&0\end{pmatrix}.$$

矩阵 $\boldsymbol{X}$ 满足 $\boldsymbol{AXA}+\boldsymbol{BXB}=\boldsymbol{AXB}+\boldsymbol{BXA}+\boldsymbol{E}$，其中 $\boldsymbol{E}$ 是三阶单位矩阵. 试求矩阵 $\boldsymbol{X}$.

解　由于 $\boldsymbol{AXA}+\boldsymbol{BXB}-\boldsymbol{AXB}-\boldsymbol{BXA}=\boldsymbol{E}$，于是

$$\boldsymbol{AX}(\boldsymbol{A}-\boldsymbol{B})-\boldsymbol{BX}(\boldsymbol{A}-\boldsymbol{B})=\boldsymbol{E},$$

即

$$(\boldsymbol{A}-\boldsymbol{B})\boldsymbol{X}(\boldsymbol{A}-\boldsymbol{B})=\boldsymbol{E}.$$

因为 $|\boldsymbol{A}-\boldsymbol{B}|\neq 0$，故

$$\boldsymbol{X}=[(\boldsymbol{A}-\boldsymbol{B})^{-1}]^2=\begin{pmatrix}1&2&5\\0&1&2\\0&0&1\end{pmatrix}.$$

7. 设 $\boldsymbol{A}$，$\boldsymbol{B}$ 为 n 阶矩阵，且满足 $2\boldsymbol{B}^{-1}\boldsymbol{A}=\boldsymbol{A}-4\boldsymbol{E}$，其中 $\boldsymbol{E}$ 为 n 阶单位矩阵.

(1) 证明：$\boldsymbol{B}-2\boldsymbol{E}$ 为可逆矩阵，并求 $(\boldsymbol{B}-2\boldsymbol{E})^{-1}$；

(2) 已知 $\boldsymbol{A}=\begin{pmatrix}1&-2&0\\1&2&0\\0&0&2\end{pmatrix}$，求矩阵 $\boldsymbol{B}$.

解题思路　利用逆矩阵的定义和矩阵的运算即可证明，用初等变换求逆矩阵.

证　(1) 由于 $2\boldsymbol{B}^{-1}\boldsymbol{A}=\boldsymbol{A}-4\boldsymbol{E}$，方程两边同时左乘 $\boldsymbol{B}$，有

$$2\boldsymbol{A}=\boldsymbol{BA}-4\boldsymbol{B},$$
$$\boldsymbol{BA}-4\boldsymbol{B}-2\boldsymbol{A}+8\boldsymbol{E}=8\boldsymbol{E},$$
$$(\boldsymbol{B}-2\boldsymbol{E})(\boldsymbol{A}-4\boldsymbol{E})=8\boldsymbol{E},$$

故 $\boldsymbol{B}-2\boldsymbol{E}$ 可逆，

$$(\boldsymbol{B}-2\boldsymbol{E})^{-1}=\frac{1}{8}(\boldsymbol{A}-4\boldsymbol{E}).$$

解　(2) 由题 (1) 知

$$(\boldsymbol{B}-2\boldsymbol{E})(\boldsymbol{A}-4\boldsymbol{E})=8\boldsymbol{E},$$

因为$|\boldsymbol{A}-4\boldsymbol{E}|\neq 0$，所以

$$\boldsymbol{B}=8(\boldsymbol{A}-4\boldsymbol{E})^{-1}+2\boldsymbol{E}.$$

而

$$\boldsymbol{A}-4\boldsymbol{E}=\begin{pmatrix}-3&-2&0\\1&-2&0\\0&0&-2\end{pmatrix},$$

$$(\boldsymbol{A}-4\boldsymbol{E})^{-1}=\begin{pmatrix}-\frac{1}{4}&\frac{1}{4}&0\\-\frac{1}{8}&-\frac{3}{8}&0\\0&0&-\frac{1}{2}\end{pmatrix},$$

故

$$\boldsymbol{B}=8(\boldsymbol{A}-4\boldsymbol{E})^{-1}+2\boldsymbol{E}=\begin{pmatrix}0&2&0\\-1&-1&0\\0&0&-2\end{pmatrix}.$$

§2.6　矩阵的秩

一、主要知识归纳

主要知识归纳见表2-6-1.

表2-6-1

<table>
<tr><td rowspan="2">定义</td><td>在$m\times n$矩阵$\boldsymbol{A}$中，任取k行k列（$1\leqslant k\leqslant m$，$1\leqslant k\leqslant n$），对于位于这些行列交叉处的k^2个元素，不改变它们在$\boldsymbol{A}$中所处的位置次序而得到的k阶行列式，称为矩阵$\boldsymbol{A}$的k阶子式.</td></tr>
<tr><td>设$\boldsymbol{A}$为$m\times n$矩阵，如果存在$\boldsymbol{A}$的r阶子式不为零，而任何$r+1$阶子式皆为零，则称数r为矩阵$\boldsymbol{A}$的秩，记为$\mathrm{r}(\boldsymbol{A})$，并规定零矩阵的秩等于零.</td></tr>
<tr><td>性质</td><td>(1) 若矩阵$\boldsymbol{A}$中有某个s阶子式不为0，则$\mathrm{r}(\boldsymbol{A})\geqslant s$；
(2) 若$\boldsymbol{A}$中所有t阶子式全为0，则$\mathrm{r}(\boldsymbol{A})<t$；
(3) 若$\boldsymbol{A}$为$m\times n$矩阵，则$0\leqslant \mathrm{r}(\boldsymbol{A})\leqslant \min\{m, n\}$；
(4) $\mathrm{r}(\boldsymbol{A})=\mathrm{r}(\boldsymbol{A}^{\mathrm{T}})$；
(5) $\max\{\mathrm{r}(\boldsymbol{A}), \mathrm{r}(\boldsymbol{B})\}\leqslant \mathrm{r}(\boldsymbol{A}, \boldsymbol{B})\leqslant \mathrm{r}(\boldsymbol{A})+\mathrm{r}(\boldsymbol{B})$；
(6) $\mathrm{r}(\boldsymbol{A}+\boldsymbol{B})\leqslant \mathrm{r}(\boldsymbol{A})+\mathrm{r}(\boldsymbol{B})$；
(7) $\mathrm{r}(\boldsymbol{AB})\leqslant \min\{\mathrm{r}(\boldsymbol{A}), \mathrm{r}(\boldsymbol{B})\}$；
(8) 若$\boldsymbol{A}_{m\times n}\boldsymbol{B}_{n\times l}=0$，则$\mathrm{r}(\boldsymbol{A})+\mathrm{r}(\boldsymbol{B})\leqslant n$；
(9) 若$\boldsymbol{A}\to\boldsymbol{B}$，则$\mathrm{r}(\boldsymbol{A})=\mathrm{r}(\boldsymbol{B})$.</td></tr>
</table>

求秩方法	(1) 定义法 利用定义寻找矩阵中非零子式的最高阶数. (2) 初等行变换法 利用初等行变换将所给矩阵化为行阶梯形矩阵，行阶梯形矩阵中非零行的行数即为矩阵的秩.

二、典型例题分析

例 1 求矩阵 $\boldsymbol{A}=\begin{pmatrix}2&1&-6&4&-1\\1&1&-2&3&0\\3&2&a&7&-1\\1&-1&-6&-1&b\end{pmatrix}$ 的秩.

解 对矩阵 $\boldsymbol{A}$ 进行初等行变换有

$$\boldsymbol{A}=\begin{pmatrix}2&1&-6&4&-1\\1&1&-2&3&0\\3&2&a&7&-1\\1&-1&-6&-1&b\end{pmatrix}\rightarrow\begin{pmatrix}1&1&-2&3&0\\0&-1&-2&-2&-1\\0&-1&a+6&-2&-1\\0&-2&-4&-4&b\end{pmatrix}$$

$$\rightarrow\begin{pmatrix}1&1&-2&3&0\\0&-1&-2&-2&1\\0&0&a+8&0&0\\0&0&0&0&b+2\end{pmatrix},$$

则

(1) 当 $a=-8$, $b=-2$ 时，$r(\boldsymbol{A})=2$；

(2) 当 $a=-8$, $b\neq-2$ 时，$r(\boldsymbol{A})=3$；

(3) 当 $a\neq-8$, $b=-2$ 时，$r(\boldsymbol{A})=3$；

(4) 当 $a\neq-8$, $b\neq-2$ 时，$r(\boldsymbol{A})=4$.

小结：本题主要利用初等行变换法，根据阶梯形矩阵非零行的行数判断矩阵的秩，只不过要通过讨论字母的取值来确定非零行的行数.

例 2 设 $\boldsymbol{A}=\begin{pmatrix}1&2&-1&1\\2&0&t&0\\0&-4&5&-2\end{pmatrix}$，$\boldsymbol{B}_n=\begin{pmatrix}1&a&a&\cdots&a\\a&1&a&\cdots&a\\\vdots&\vdots&\vdots&&\vdots\\a&a&a&\cdots&1\end{pmatrix}$，且 $r(\boldsymbol{A})=2$，$r(\boldsymbol{B}_n)=n-1$，求 t 与 a 的值.

解 (1) 由矩阵 $\boldsymbol{A}$ 的秩为 2 可知，$\boldsymbol{A}$ 的一切三阶子式都为 0，故

$$\begin{vmatrix}1&2&-1\\2&0&t\\0&-4&5\end{vmatrix}=0\Rightarrow4t-12=0,$$

解得 $t=3$.

(2) 由 $\boldsymbol{B}_n$ 的秩为 $n-1$ 可知，$\boldsymbol{B}_n$ 的行列式为零，即

$$|\boldsymbol{B}_n|=\begin{vmatrix}1 & a & a & \cdots & a\\ a & 1 & a & \cdots & a\\ \vdots & \vdots & \vdots & & \vdots\\ a & a & a & \cdots & 1\end{vmatrix}=(1-a)^{n-1}[1+(n-1)a]=0,$$

解得 $a=1$ 或 $a=\dfrac{1}{1-n}$.

但当 $a=1$ 时，$\mathrm{r}(\boldsymbol{B}_n)=1\neq n-1$，故

$$a=\frac{1}{1-n}.$$

小结：本题主要利用了矩阵的秩的定义来求矩阵中未知元素的值.

例 3　求 $\boldsymbol{A}=\begin{pmatrix}14 & 12 & 6 & 8 & 2\\ 6 & 104 & 21 & 9 & 17\\ 7 & 6 & 3 & 4 & 1\\ 35 & 30 & 15 & 20 & 6\end{pmatrix}$矩阵的秩.

解　将矩阵 $\boldsymbol{A}$ 进行初等行变换，有

$$\boldsymbol{A}=\begin{pmatrix}14 & 12 & 6 & 8 & 2\\ 6 & 104 & 21 & 9 & 17\\ 7 & 6 & 3 & 4 & 1\\ 35 & 30 & 15 & 20 & 6\end{pmatrix}\xrightarrow[r_4-5r_3]{r_1-2r_3}\begin{pmatrix}0 & 0 & 0 & 0 & 0\\ 6 & 104 & 21 & 9 & 17\\ 7 & 6 & 3 & 4 & 1\\ 0 & 0 & 0 & 0 & 1\end{pmatrix}$$

$$\longrightarrow\begin{pmatrix}6 & 104 & 21 & 9 & 17\\ 7 & 6 & 3 & 4 & 1\\ 0 & 0 & 0 & 0 & 1\\ 0 & 0 & 0 & 0 & 0\end{pmatrix}=\boldsymbol{A}_1,$$

因初等行变换不改变矩阵的秩，所以 $\mathrm{r}(\boldsymbol{A})=\mathrm{r}(\boldsymbol{A}_1)$，而 $\boldsymbol{A}_1$ 中非零子式的最高阶数为 3，则

$$\mathrm{r}(\boldsymbol{A})=\mathrm{r}(\boldsymbol{A}_1)=3.$$

小结：求矩阵的秩的方法有定义法和初等行变换法，而本题将两种方法进行了综合使用.

例 4　设 $\boldsymbol{A}=\begin{pmatrix}1 & 2 & -2\\ 4 & t & 3\\ 3 & -1 & 1\end{pmatrix}$，$\boldsymbol{B}$ 为三阶非零矩阵，且 $\boldsymbol{AB}=\boldsymbol{O}$，则 t 为何值?

解 由矩阵的秩的性质可知：

$$\boldsymbol{AB}=\boldsymbol{O}\Rightarrow \mathrm{r}(\boldsymbol{A})+\mathrm{r}(\boldsymbol{B})\leqslant 3,$$

又因为 $\boldsymbol{B}$ 为非零矩阵，则

$$\mathrm{r}(\boldsymbol{B})\geqslant 1,$$

故 $\mathrm{r}(\boldsymbol{A})\leqslant 2$. 由条件可知 $\boldsymbol{A}$ 为三阶矩阵，$|\boldsymbol{A}|=0$，即

$$|\boldsymbol{A}|=\begin{vmatrix}1&2&-2\\4&t&3\\3&-1&1\end{vmatrix}=7(t+3)=0\Rightarrow t=-3.$$

小结：本题利用了矩阵的秩的性质：若 $\boldsymbol{AB}=\boldsymbol{O}$，则 $\mathrm{r}(\boldsymbol{A})+\mathrm{r}(\boldsymbol{B})\leqslant n$.

三、习题 2-6 解答

1. 设矩阵 $\boldsymbol{A}=\begin{pmatrix}1&-5&6&-2\\2&-1&3&-2\\-1&-4&3&0\end{pmatrix}$，试计算 $\boldsymbol{A}$ 的全部三阶子式，并求 $\mathrm{r}(\boldsymbol{A})$.

解题思路 利用 k 阶子式的定义和矩阵的秩的定义.

解
$$\begin{vmatrix}1&-5&6\\2&-1&3\\-1&-4&3\end{vmatrix}=\begin{vmatrix}1&-5&-2\\2&-1&-2\\-1&-4&0\end{vmatrix}=\begin{vmatrix}1&6&-2\\2&3&-2\\-1&3&0\end{vmatrix}$$
$$=\begin{vmatrix}-5&6&-2\\-1&3&-2\\-4&3&0\end{vmatrix}=0,$$

又 $\boldsymbol{A}$ 有一个不等于零的二阶子式 $\begin{vmatrix}1&-5\\2&-1\end{vmatrix}=9$，所以 $\mathrm{r}(\boldsymbol{A})=2$.

2. 设 $\boldsymbol{A}$ 为 $m\times n$ 矩阵，$\boldsymbol{b}$ 为 $m\times 1$ 矩阵，试说明 $\mathrm{r}(\boldsymbol{A})$ 与 $\mathrm{r}(\boldsymbol{A}\ \boldsymbol{b})$ 的大小关系.

解 由题设条件和矩阵的秩的概念，易见

$$\mathrm{r}(\boldsymbol{A})\leqslant \mathrm{r}(\boldsymbol{A}\ \boldsymbol{b})\leqslant \mathrm{r}(\boldsymbol{A})+1.$$

3. 在秩是 r 的矩阵中，有没有等于 0 的 $r-1$ 阶子式？有没有等于 0 的 r 阶子式？

解 在秩是 r 的矩阵中，可能存在等于 0 的 $r-1$ 阶子式，也可能存在等于 0 的 r 阶子式.

例如，$\boldsymbol{A}=\begin{pmatrix}1&0&0&0\\0&1&0&0\\0&0&1&0\\0&0&0&0\\0&0&0&0\end{pmatrix}$，$\mathrm{r}(\boldsymbol{A})=3$，同时存在等于 0 的三阶子式和二阶

子式.

4. 从矩阵 $\boldsymbol{A}$ 中划去一行得到矩阵 $\boldsymbol{B}$，问 $\boldsymbol{A}$，$\boldsymbol{B}$ 的秩的关系怎样？

解 此时有关系 $\mathrm{r}(\boldsymbol{A})\geqslant\mathrm{r}(\boldsymbol{B})$.

设 $\mathrm{r}(\boldsymbol{B})=r$，且 $\boldsymbol{B}$ 的某个 r 阶子式 $\boldsymbol{D}_r\neq0$. 矩阵 $\boldsymbol{B}$ 是由矩阵 $\boldsymbol{A}$ 划去一行得到的，所以在 $\boldsymbol{A}$ 中能找到与 $\boldsymbol{D}_r$ 相同的 r 阶子式 $\overline{\boldsymbol{D}}_r$，由于

$$\overline{\boldsymbol{D}}_r=\boldsymbol{D}_r\neq0,$$

故 $\mathrm{r}(\boldsymbol{A})\geqslant\mathrm{r}(\boldsymbol{B})$.

5. 设 $\boldsymbol{A}$ 为 n 阶矩阵，$\mathrm{r}(\boldsymbol{A})=1$，证明：

(1) $\boldsymbol{A}=\begin{pmatrix}a_1\\a_2\\\vdots\\a_n\end{pmatrix}(b_1, b_2, \cdots, b_n)$； (2) $\boldsymbol{A}^2=k\boldsymbol{A}$（$k$ 为一常数）.

证明思路 利用矩阵的运算和结合律，证明秩为 1 的矩阵的特性.

证 (1) 由 $\mathrm{r}(\boldsymbol{A})=1\Rightarrow\boldsymbol{A}\xrightarrow{\text{初等列变换}}\begin{pmatrix}a_1&0&\cdots&0\\a_2&0&\cdots&0\\\vdots&\vdots&&\vdots\\a_n&0&\cdots&0\end{pmatrix}$,

其中，a_1，a_2，…，a_n 不全为零，即矩阵 $\boldsymbol{A}$ 的任意两列元素成比例. 故

$$\boldsymbol{A}=\begin{pmatrix}a_1\\a_2\\\vdots\\a_n\end{pmatrix}(b_1, b_2, \cdots, b_n).$$

$$\text{(2) } \boldsymbol{A}^2=\begin{pmatrix}a_1\\a_2\\\vdots\\a_n\end{pmatrix}(b_1, b_2, \cdots, b_n)\begin{pmatrix}a_1\\a_2\\\vdots\\a_n\end{pmatrix}(b_1, b_2, \cdots, b_n)$$

$$=k\begin{pmatrix}a_1\\a_2\\\vdots\\a_n\end{pmatrix}(b_1, b_2, \cdots, b_n)=k\boldsymbol{A},$$

其中，$k=a_1b_1+a_2b_2+\cdots+a_nb_n$.

6. 求下列矩阵的秩，并求一个最高阶非零子式：

(1) $\begin{pmatrix}3&1&0&2\\1&-1&2&-1\\1&3&-4&4\end{pmatrix}$； (2) $\begin{pmatrix}3&2&-1&-3&-2\\2&-1&3&1&-3\\7&0&5&-1&-8\end{pmatrix}$；

(3) $\begin{pmatrix}1&-1&2&1&0\\2&-2&4&2&0\\3&0&6&-1&1\\0&3&0&0&1\end{pmatrix}$.

解题思路 用初等行变换把矩阵变成行阶梯形矩阵，行阶梯形矩阵中非零行的行数就是该矩阵的秩，而以非零行的行数为阶数的方阵所形成的非零行列式对应到原矩阵中的数表组成的行列式就是最高阶非零子式.

解 (1) $$\begin{pmatrix}3&1&0&2\\1&-1&2&-1\\1&3&-4&4\end{pmatrix}\xrightarrow{r_1\leftrightarrow r_2}\begin{pmatrix}1&-1&2&-1\\3&1&0&2\\1&3&-4&4\end{pmatrix}$$

$$\xrightarrow[r_3-r_1]{r_2-3r_1}\begin{pmatrix}1&-1&2&-1\\0&4&-6&5\\0&4&-6&5\end{pmatrix}$$

$$\xrightarrow{r_3-r_2}\begin{pmatrix}1&-1&2&-1\\0&4&-6&5\\0&0&0&0\end{pmatrix},$$

原矩阵的秩为 2，一个最高阶非零子式为二阶子式

$$\begin{vmatrix}3&1\\1&-1\end{vmatrix}=-4.$$

(2) $$\begin{pmatrix}3&2&-1&-3&-2\\2&-1&3&1&-3\\7&0&5&-1&-8\end{pmatrix}\xrightarrow[r_3-7r_1]{\substack{r_1-r_2\\ r_2-2r_1}}\begin{pmatrix}1&3&-4&-4&1\\0&-7&11&9&-5\\0&-21&33&27&-15\end{pmatrix}$$

$$\xrightarrow{r_3-3r_2}\begin{pmatrix}1&3&-4&-4&1\\0&-7&11&9&-5\\0&0&0&0&0\end{pmatrix},$$

原矩阵的秩为 2，一个最高阶非零子式为二阶子式

$$\begin{vmatrix}3&2\\2&-1\end{vmatrix}=-7.$$

(3) $\begin{pmatrix} 1 & -1 & 2 & 1 & 0 \\ 2 & -2 & 4 & 2 & 0 \\ 3 & 0 & 6 & -1 & 1 \\ 0 & 3 & 0 & 0 & 1 \end{pmatrix} \to \begin{pmatrix} 1 & -1 & 2 & 1 & 0 \\ 0 & 0 & 0 & 0 & 0 \\ 0 & 3 & 0 & -4 & 1 \\ 0 & 3 & 0 & 0 & 1 \end{pmatrix}$

$$\to \begin{pmatrix} 1 & -1 & 2 & 1 & 0 \\ 0 & 0 & 0 & 0 & 0 \\ 0 & 0 & 0 & -4 & 0 \\ 0 & 3 & 0 & 0 & 1 \end{pmatrix},$$

原矩阵的秩为3，一个最高阶非零子式为三阶子式

$$\begin{vmatrix} 1 & 1 & 0 \\ 3 & -1 & 1 \\ 0 & 0 & 1 \end{vmatrix} = -4.$$

7. 设矩阵$\boldsymbol{A}=\begin{pmatrix} 1 & \lambda & -1 & 2 \\ 2 & -1 & \lambda & 5 \\ 1 & 10 & -6 & 1 \end{pmatrix}$，其中$\lambda$为参数，求矩阵$\boldsymbol{A}$的秩.

解 对$\boldsymbol{A}$作初等行变换，得

$$\boldsymbol{A} \to \begin{pmatrix} 0 & \lambda-10 & 5 & 1 \\ 0 & -21 & \lambda+12 & 3 \\ 1 & 10 & -6 & 1 \end{pmatrix} \to \begin{pmatrix} 1 & 10 & -6 & 1 \\ 0 & 9-3\lambda & \lambda-3 & 0 \\ 0 & \lambda-10 & 5 & 1 \end{pmatrix}$$

$$\to \begin{pmatrix} 1 & 10 & -6 & 1 \\ 0 & \lambda-10 & 5 & 1 \\ 0 & 9-3\lambda & \lambda-3 & 0 \end{pmatrix},$$

因此，当$\lambda=3$时，$\mathrm{r}(\boldsymbol{A})=2$；当$\lambda\neq 3$时，$\mathrm{r}(\boldsymbol{A})=3$.

8. 设矩阵$\boldsymbol{A}=\begin{pmatrix} 3 & -2 & \lambda & -16 \\ 2 & -3 & 0 & 1 \\ 1 & -1 & 1 & -3 \\ 3 & \mu & 1 & -2 \end{pmatrix}$，其中$\lambda$，$\mu$为参数. 求矩阵$\boldsymbol{A}$的秩的最大值和最小值.

解 对$\boldsymbol{A}$作行、列的初等变换，得

$$\boldsymbol{A} \to \begin{pmatrix} 1 & 3 & 1 & -1 \\ 0 & 7 & 2 & 1 \\ 0 & 0 & \lambda-5 & 0 \\ 0 & 0 & 0 & \mu+4 \end{pmatrix}.$$

当 $\lambda=5$，$\mu=-4$ 时，$r(\mathbf{A})$ 的最小值是 2；当 $\lambda\neq5$，$\mu\neq-4$ 时，$r(\mathbf{A})$ 的最大值是 4.

本章小结

一、本章知识点网络图

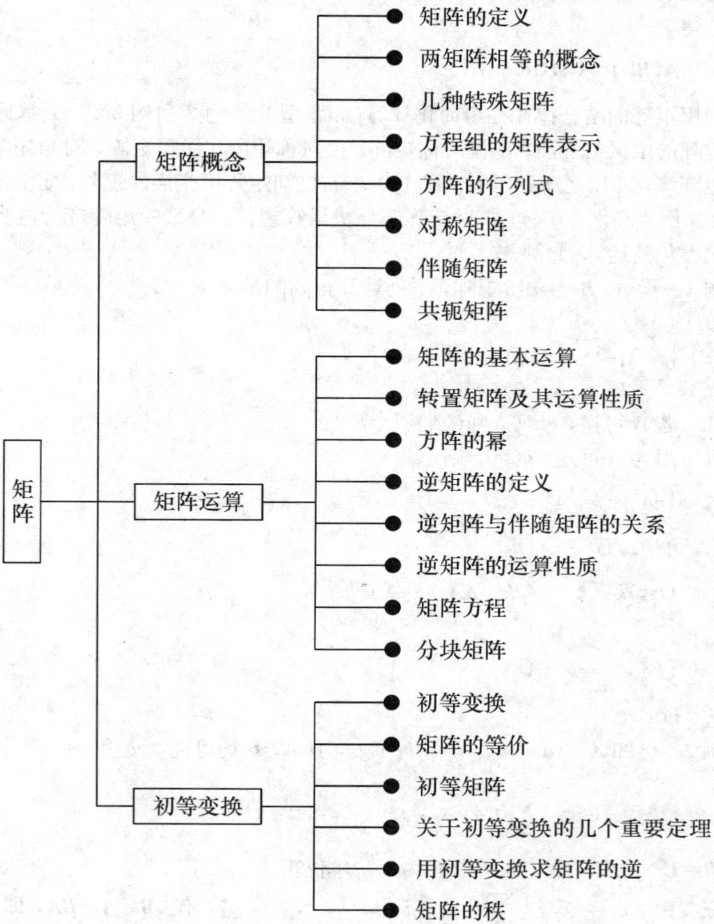

二、题型分析

题型1　矩阵的概念与运算

解题思路　(1) 深入理解矩阵的概念. 矩阵是由数构成的一种表格，掌握应用矩阵概念求解应用问题的基本方法（见总习题二题1）. (2) 矩阵运算实质上是表格的运算，故矩阵的运算规律与数的运算法则不尽相同，掌握矩阵的加法、数乘、乘法、转置、逆矩阵和伴随矩阵的运算规律；此外，要注意矩阵与行列式的联系与区别（如例1和例2）. (3) 矩阵的运算一般不满足交换律 $\boldsymbol{AB}\neq\boldsymbol{BA}$，但满足结合律

$$\boldsymbol{A}(\boldsymbol{BC})=(\boldsymbol{AB})\boldsymbol{C},$$

巧妙利用矩阵的结合律往往可简化计算(如题型2的例2和例3). (4) 掌握几类特殊方阵的定义与性质；掌握对称矩阵、反对称矩阵、伴随矩阵、对角矩阵、三角形矩阵等，并用之解题(如例3). (5) 求与已知矩阵可交换的矩阵：定义法、方程法（如例4和例5). (6) 掌握矩阵的分块运算规律，对某些矩阵进行适当的分块会大大化简运算(如例6).

例1　设 $\boldsymbol{A}$，$\boldsymbol{B}$ 为 n 阶矩阵，下列运算正确的是（　　）.

(A) $(\boldsymbol{AB})^k=\boldsymbol{A}^k\boldsymbol{B}^k$；

(B) $|-\boldsymbol{A}|=-|\boldsymbol{A}|$；

(C) $\boldsymbol{A}^2-\boldsymbol{B}^2=(\boldsymbol{A}-\boldsymbol{B})(\boldsymbol{A}+\boldsymbol{B})$；

(D) 若 $\boldsymbol{A}$ 可逆，$k\neq0$，则$(k\boldsymbol{A})^{-1}=k^{-1}\boldsymbol{A}^{-1}$.

解　因为 $\boldsymbol{A}$ 可逆，$k\neq0$，则

$$|k\boldsymbol{A}|=k^n|\boldsymbol{A}|\neq0,$$

所以 $k\boldsymbol{A}$ 可逆. 而

$$(k\boldsymbol{A})k^{-1}\boldsymbol{A}^{-1}=kk^{-1}\boldsymbol{A}\boldsymbol{A}^{-1}=\boldsymbol{A}\boldsymbol{A}^{-1}=\boldsymbol{E},$$

即

$$(k\boldsymbol{A})^{-1}=k^{-1}\boldsymbol{A}^{-1},$$

故应选 (D).

例2　已知 $\boldsymbol{A}=(a_{ij})_{n\times n}$，$\boldsymbol{B}=(b_{ij})_{n\times n}$，且 $\boldsymbol{A}$，$\boldsymbol{B}$ 均可逆，又

$$2b_{ij}=a_{ij}-\sum_{k=1}^{n}b_{ik}a_{kj}\ (i,\ j=1,\ 2,\ \cdots,\ n),$$

证明 $\boldsymbol{B}=\boldsymbol{E}-2(2\boldsymbol{E}+\boldsymbol{A})^{-1}$(其中 $\boldsymbol{E}$ 为 n 阶单位矩阵).

证　由 $2b_{ij}=a_{ij}-\sum\limits_{k=1}b_{ik}a_{kj}\ (i,\ j=1,\ 2,\ \cdots,\ n)$，有 $2\boldsymbol{B}=\boldsymbol{A}-\boldsymbol{BA}$，即

$$\boldsymbol{B}(2\boldsymbol{E}+\boldsymbol{A})-\boldsymbol{A}=\boldsymbol{O},$$

两端同加$-2\boldsymbol{E}$，有$\boldsymbol{B}(2\boldsymbol{E}+\boldsymbol{A})-2\boldsymbol{E}-\boldsymbol{A}=-2\boldsymbol{E}$，即

$$(\boldsymbol{B}-\boldsymbol{E})(2\boldsymbol{E}+\boldsymbol{A})=-2\boldsymbol{E},$$

故

$$\boldsymbol{B}-\boldsymbol{E}=-2(2\boldsymbol{E}+\boldsymbol{A})^{-1},\ \boldsymbol{B}=\boldsymbol{E}-2(2\boldsymbol{E}+\boldsymbol{A})^{-1}.$$

例 3 设$\boldsymbol{A}$，$\boldsymbol{B}$都是对称矩阵，$\boldsymbol{B}$和$\boldsymbol{E}+\boldsymbol{AB}$都可逆，求证$\boldsymbol{B}(\boldsymbol{E}+\boldsymbol{AB})^{-1}$是对称矩阵.

证 因为$\boldsymbol{B}$和$\boldsymbol{E}+\boldsymbol{AB}$都可逆，所以

$$\begin{aligned}\boldsymbol{B}(\boldsymbol{E}+\boldsymbol{AB})^{-1}&=\boldsymbol{B}(\boldsymbol{B}^{-1}\boldsymbol{B}+\boldsymbol{AB})^{-1}=\boldsymbol{B}[(\boldsymbol{B}^{-1}+\boldsymbol{A})\boldsymbol{B}]^{-1}\\&=\boldsymbol{BB}^{-1}(\boldsymbol{B}^{-1}+\boldsymbol{A})^{-1}=(\boldsymbol{B}^{-1}+\boldsymbol{A})^{-1},\end{aligned}$$

又因为$\boldsymbol{A}$，$\boldsymbol{B}$都是对称矩阵，即$\boldsymbol{A}^{\mathrm{T}}=\boldsymbol{A}$，$\boldsymbol{B}^{\mathrm{T}}=\boldsymbol{B}$，所以

$$\begin{aligned}[\boldsymbol{B}(\boldsymbol{E}+\boldsymbol{AB})^{-1}]^{\mathrm{T}}&=[(\boldsymbol{B}^{-1}+\boldsymbol{A})^{-1}]^{\mathrm{T}}=[(\boldsymbol{B}^{-1}+\boldsymbol{A})^{\mathrm{T}}]^{-1},\\&=[(\boldsymbol{B}^{\mathrm{T}})^{-1}+\boldsymbol{A}^{\mathrm{T}}]^{-1}=(\boldsymbol{B}^{-1}+\boldsymbol{A})^{-1}=\boldsymbol{B}(\boldsymbol{E}+\boldsymbol{AB})^{-1},\end{aligned}$$

于是$\boldsymbol{B}(\boldsymbol{E}+\boldsymbol{AB})^{-1}$是对称矩阵.

例 4 已知矩阵$\boldsymbol{A}=\begin{pmatrix}1&1&0\\0&1&0\\0&0&1\end{pmatrix}$，求与$\boldsymbol{A}$可交换的矩阵$\boldsymbol{B}$.

解 设$\boldsymbol{B}=\begin{pmatrix}a_1&a_2&a_3\\b_1&b_2&b_3\\c_1&c_2&c_3\end{pmatrix}$，则

$$\boldsymbol{AB}=\begin{pmatrix}a_1+b_1&a_2+b_2&a_3+b_3\\b_1&b_2&b_3\\c_1&c_2&c_3\end{pmatrix},\ \boldsymbol{BA}=\begin{pmatrix}a_1&a_1+a_2&a_3\\b_1&b_1+b_2&b_3\\c_1&c_1+c_2&c_3\end{pmatrix}.$$

由$\boldsymbol{AB}=\boldsymbol{BA}$得

$$\begin{cases}a_1+b_1=a_1,\ a_2+b_2=a_1+a_2,\ a_3+b_3=a_3\\b_1=b_1,\ b_2=b_1+b_2,\ b_3=b_3\\c_1=c_1,\ c_2=c_1+c_2,\ c_3=c_3\end{cases}$$

$$\Rightarrow b_1=b_3=c_1=0,\ b_2=a_1.$$

所以与$\boldsymbol{A}$可交换的矩阵为

$$\boldsymbol{B}=\begin{pmatrix}a_1&a_2&a_3\\0&a_1&0\\0&c_2&c_3\end{pmatrix},$$

其中 a_1, a_2, a_3, c_2, c_3 可取任意实数.

例 5　已知 $\boldsymbol{\Lambda}=\begin{pmatrix} a_1 & & & \\ & a_2 & & \\ & & \ddots & \\ & & & a_n \end{pmatrix}$，其中 $a_1, a_2, \cdots, a_n$ 两两不等. 证明与 $\boldsymbol{\Lambda}$ 可交换的矩阵只能是对角矩阵.

证　设 $\boldsymbol{A}$ 与 $\boldsymbol{\Lambda}$ 可交换，并对 $\boldsymbol{A}$ 按列（行）分块

$$\boldsymbol{A}=\begin{pmatrix} a_{11} & a_{12} & \cdots & a_{1n} \\ a_{21} & a_{22} & \cdots & a_{2n} \\ \vdots & \vdots & & \vdots \\ a_{n1} & a_{n2} & \cdots & a_{nn} \end{pmatrix}=(\boldsymbol{\alpha}_1, \boldsymbol{\alpha}_2, \cdots, \boldsymbol{\alpha}_n)=\begin{pmatrix} \boldsymbol{\beta}_1 \\ \boldsymbol{\beta}_2 \\ \vdots \\ \boldsymbol{\beta}_n \end{pmatrix},$$

则

$$\boldsymbol{A\Lambda}=(\boldsymbol{\alpha}_1, \boldsymbol{\alpha}_2, \cdots, \boldsymbol{\alpha}_n)\begin{pmatrix} a_1 & & & \\ & a_2 & & \\ & & \ddots & \\ & & & a_n \end{pmatrix}=(a_1\boldsymbol{\alpha}_1, a_2\boldsymbol{\alpha}_2, \cdots, a_n\boldsymbol{\alpha}_n),$$

$$\boldsymbol{\Lambda A}=\begin{pmatrix} a_1 & & & \\ & a_2 & & \\ & & \ddots & \\ & & & a_n \end{pmatrix}\begin{pmatrix} \boldsymbol{\beta}_1 \\ \boldsymbol{\beta}_2 \\ \vdots \\ \boldsymbol{\beta}_n \end{pmatrix}=\begin{pmatrix} a_1\boldsymbol{\beta}_1 \\ a_2\boldsymbol{\beta}_2 \\ \vdots \\ a_n\boldsymbol{\beta}_n \end{pmatrix}.$$

因为 $\boldsymbol{A\Lambda}=\boldsymbol{\Lambda A}$，即

$$\begin{pmatrix} a_1a_{11} & a_2a_{12} & \cdots & a_na_{1n} \\ a_1a_{21} & a_2a_{22} & \cdots & a_na_{2n} \\ \vdots & \vdots & & \vdots \\ a_1a_{n1} & a_2a_{n2} & \cdots & a_na_{nn} \end{pmatrix}=\begin{pmatrix} a_1a_{11} & a_1a_{12} & \cdots & a_1a_{1n} \\ a_2a_{21} & a_2a_{22} & \cdots & a_2a_{2n} \\ \vdots & \vdots & & \vdots \\ a_na_{n1} & a_na_{n2} & \cdots & a_na_{nn} \end{pmatrix}$$

$\Rightarrow a_ja_{ij}=a_ia_{ij}$，

又因为

$a_i\neq a_j$

$\Rightarrow a_{ij}\equiv 0(\forall i\neq j)$，

即 $\boldsymbol{A}$ 是对角矩阵.

例 6　设 $\boldsymbol{A}, \boldsymbol{B}, \boldsymbol{C}, \boldsymbol{D}$ 都是 n 阶方程，$\boldsymbol{A}$ 是非奇异的，$\boldsymbol{E}$ 是 n 阶单位矩阵，并且

$$\boldsymbol{X}=\begin{pmatrix} \boldsymbol{E} & \boldsymbol{O} \\ -\boldsymbol{CA}^{-1} & \boldsymbol{E} \end{pmatrix}, \boldsymbol{Y}=\begin{pmatrix} \boldsymbol{A} & \boldsymbol{B} \\ \boldsymbol{C} & \boldsymbol{D} \end{pmatrix}, \boldsymbol{Z}=\begin{pmatrix} \boldsymbol{E} & -\boldsymbol{A}^{-1}\boldsymbol{B} \\ \boldsymbol{O} & \boldsymbol{E} \end{pmatrix}.$$

(1) 求乘积 $\boldsymbol{XYZ}$； (2) 证明 $\begin{vmatrix}\boldsymbol{A} & \boldsymbol{B}\\ \boldsymbol{C} & \boldsymbol{D}\end{vmatrix}=|\boldsymbol{A}|\cdot|\boldsymbol{D}-\boldsymbol{C}\boldsymbol{A}^{-1}\boldsymbol{B}|$.

解 (1) 根据分块矩阵的乘法，得

$$\boldsymbol{XYZ}=\begin{pmatrix}\boldsymbol{E} & \boldsymbol{O}\\ -\boldsymbol{C}\boldsymbol{A}^{-1} & \boldsymbol{E}\end{pmatrix}\begin{pmatrix}\boldsymbol{A} & \boldsymbol{B}\\ \boldsymbol{C} & \boldsymbol{D}\end{pmatrix}\begin{pmatrix}\boldsymbol{E} & -\boldsymbol{A}^{-1}\boldsymbol{B}\\ \boldsymbol{O} & \boldsymbol{E}\end{pmatrix}$$

$$=\begin{pmatrix}\boldsymbol{A} & \boldsymbol{B}\\ \boldsymbol{O} & \boldsymbol{D}-\boldsymbol{C}\boldsymbol{A}^{-1}\boldsymbol{B}\end{pmatrix}\begin{pmatrix}\boldsymbol{E} & -\boldsymbol{A}^{-1}\boldsymbol{B}\\ \boldsymbol{O} & \boldsymbol{E}\end{pmatrix}=\begin{pmatrix}\boldsymbol{A} & \boldsymbol{O}\\ \boldsymbol{O} & \boldsymbol{D}-\boldsymbol{C}\boldsymbol{A}^{-1}\boldsymbol{B}\end{pmatrix}.$$

证 (2) 因为 $|\boldsymbol{XYZ}|=\begin{vmatrix}\boldsymbol{A} & \boldsymbol{O}\\ \boldsymbol{O} & \boldsymbol{D}-\boldsymbol{C}\boldsymbol{A}^{-1}\boldsymbol{B}\end{vmatrix}$，$|\boldsymbol{XYZ}|=|\boldsymbol{X}|\,|\boldsymbol{Y}|\,|\boldsymbol{Z}|$，而 $|\boldsymbol{X}|=|\boldsymbol{Z}|=1$，故

$$\begin{vmatrix}\boldsymbol{A} & \boldsymbol{B}\\ \boldsymbol{C} & \boldsymbol{D}\end{vmatrix}=|\boldsymbol{A}|\cdot|\boldsymbol{D}-\boldsymbol{C}\boldsymbol{A}^{-1}\boldsymbol{B}|.$$

题型 2　求方阵的幂

解题思路　一般方阵高次幂的计算是比较繁杂的，但对某些特殊的方阵，常常可以利用矩阵的运算规律、矩阵的分解以及递推规律等巧妙计算方阵的幂：(1) 利用矩阵的数乘与乘法运算法则计算方阵的幂（如例 1）；(2) 若 $\mathrm{r}(\boldsymbol{A})=1$，则矩阵 $\boldsymbol{A}$ 可分解为列矩阵与行矩阵的乘积，再利用矩阵乘法的结合律方便地计算出 $\boldsymbol{A}$ 的幂（如例 2 和例 3）；(3) 若矩阵 $\boldsymbol{A}$ 能分解成两个矩阵的和，即 $\boldsymbol{A}=\boldsymbol{B}+\boldsymbol{C}$，则 $\boldsymbol{A}^n=(\boldsymbol{B}+\boldsymbol{C})^n$，再利用二项式定理展开即可计算，采用这种方法关键在于分解后的矩阵 $\boldsymbol{B}$, $\boldsymbol{C}$ 中有一个矩阵的幂在计算中很快为 0（如例 4）；(4) 通过试算找出某种降幂的规律，并用此递推计算(见总习题二题 7)；(5) 根据所给矩阵的特征，利用矩阵分块法计算(见总习题二题 8)；(6) 若矩阵有 n 个线性无关的特征向量，可用相似对角化来求矩阵的幂（如例 5，此题可学习第 5 章后再看）.

例 1　计算 $\begin{pmatrix}\frac{n-1}{n} & -\frac{1}{n} & \cdots & -\frac{1}{n}\\ -\frac{1}{n} & \frac{n-1}{n} & \cdots & -\frac{1}{n}\\ \vdots & \vdots & & \vdots\\ -\frac{1}{n} & -\frac{1}{n} & \cdots & \frac{n-1}{n}\end{pmatrix}_{n\times n}^{2}$.

解　原矩阵 $=\left[\frac{1}{n}\begin{pmatrix}n-1 & -1 & \cdots & -1\\ -1 & n-1 & \cdots & -1\\ \vdots & \vdots & & \vdots\\ -1 & -1 & \cdots & n-1\end{pmatrix}\right]^2=\frac{1}{n^2}\begin{pmatrix}n-1 & -1 & \cdots & -1\\ -1 & n-1 & \cdots & -1\\ \vdots & \vdots & & \vdots\\ -1 & -1 & \cdots & n-1\end{pmatrix}^2$

$$=\frac{1}{n^2}\begin{pmatrix} n(n-1) & -n & \cdots & -n \\ -n & n(n-1) & \cdots & -n \\ \vdots & \vdots & & \vdots \\ -n & -n & \cdots & n(n-1) \end{pmatrix}$$

$$=\begin{pmatrix} \frac{n-1}{n} & -\frac{1}{n} & \cdots & -\frac{1}{n} \\ -\frac{1}{n} & \frac{n-1}{n} & \cdots & -\frac{1}{n} \\ \vdots & \vdots & & \vdots \\ -\frac{1}{n} & -\frac{1}{n} & \cdots & \frac{n-1}{n} \end{pmatrix}.$$

注：在此例中 $\boldsymbol{A}^2=\boldsymbol{A}$，所以 $\boldsymbol{A}$ 是幂等矩阵.

例 2　已知 $\boldsymbol{A}=\begin{pmatrix} a_1b_1 & a_1b_2 & a_1b_3 \\ a_2b_1 & a_2b_2 & a_2b_3 \\ a_3b_1 & a_3b_2 & a_3b_3 \end{pmatrix}$，证明 $\boldsymbol{A}^2=l\boldsymbol{A}$（$l$ 为一实数），并求 l.

证　因为 $\boldsymbol{A}$ 中任两行、任两列都成比例，故可把 $\boldsymbol{A}$ 分解成两个矩阵相乘，即

$$\boldsymbol{A}=\begin{pmatrix} a_1 \\ a_2 \\ a_3 \end{pmatrix}(b_1, b_2, b_3),$$

则由矩阵乘法的结合律，有

$$\boldsymbol{A}^2=\left(\begin{pmatrix} a_1 \\ a_2 \\ a_3 \end{pmatrix}(b_1, b_2, b_3)\right)\left(\begin{pmatrix} a_1 \\ a_2 \\ a_3 \end{pmatrix}(b_1, b_2, b_3)\right)$$

$$=\begin{pmatrix} a_1 \\ a_2 \\ a_3 \end{pmatrix}\left((b_1, b_2, b_3)\begin{pmatrix} a_1 \\ a_2 \\ a_3 \end{pmatrix}\right)(b_1, b_2, b_3).$$

注意到 $(b_1, b_2, b_3)\begin{pmatrix} a_1 \\ a_2 \\ a_3 \end{pmatrix}=a_1b_1+a_2b_2+a_3b_3$ 是一个数，记为 l，则有

$$\boldsymbol{A}^2=l\boldsymbol{A}.$$

例 3　已知 $\boldsymbol{A}=\begin{pmatrix} 1 & 1 & 1 \\ 2 & 2 & 2 \\ 3 & 3 & 3 \end{pmatrix}$，求 $\boldsymbol{A}^2$，$\boldsymbol{A}^4$，$\boldsymbol{A}^{100}$.

解　直接计算 $\boldsymbol{A}^2$，$\boldsymbol{A}^4$，$\boldsymbol{A}^{100}$ 是复杂的，这里将 $\boldsymbol{A}$ 转化为列向量乘行向量，则

可利用结合律简化计算.

因为$\boldsymbol{A}=\begin{pmatrix}1&1&1\\2&2&2\\3&3&3\end{pmatrix}=\begin{pmatrix}1\\2\\3\end{pmatrix}(1,1,1)$，令$\boldsymbol{P}=\begin{pmatrix}1\\2\\3\end{pmatrix}$，$\boldsymbol{Q}=(1,1,1)$，则

$$\boldsymbol{A}=\boldsymbol{PQ},$$

且$\boldsymbol{QP}=(1,1,1)\begin{pmatrix}1\\2\\3\end{pmatrix}=6$，于是

$$\boldsymbol{A}^2=\boldsymbol{PQ}\cdot\boldsymbol{PQ}=\boldsymbol{P}(\boldsymbol{QP})\boldsymbol{Q}=6\boldsymbol{PQ}=6\boldsymbol{A},$$
$$\boldsymbol{A}^4=\boldsymbol{A}^2\cdot\boldsymbol{A}^2=6\boldsymbol{A}\cdot6\boldsymbol{A}=6^2\boldsymbol{A}^2=6^3\boldsymbol{A},$$

由此可知

$$\begin{aligned}\boldsymbol{A}^{100}&=\boldsymbol{PQ}\cdot\boldsymbol{PQ}\cdots\boldsymbol{PQ}=\boldsymbol{P}(\boldsymbol{QP})(\boldsymbol{QP})\cdots(\boldsymbol{QP})\boldsymbol{Q}\\&=(\boldsymbol{QP})^{99}\cdot\boldsymbol{PQ}=6^{99}\boldsymbol{A}.\end{aligned}$$

例 4 已知$\boldsymbol{A}=\begin{pmatrix}\lambda&1&0\\0&\lambda&1\\0&0&\lambda\end{pmatrix}$，求$\boldsymbol{A}^n$.

解 方法一 由于$\boldsymbol{A}=\lambda\boldsymbol{E}+\boldsymbol{J}$，其中$\boldsymbol{J}=\begin{pmatrix}0&1&0\\0&0&1\\0&0&0\end{pmatrix}$，而

$$\boldsymbol{J}^2=\begin{pmatrix}0&0&1\\0&0&0\\0&0&0\end{pmatrix},\ \boldsymbol{J}^3=\boldsymbol{J}^4=\cdots=\boldsymbol{O},$$

因为$\lambda\boldsymbol{E}$与$\boldsymbol{A}$可交换，于是

$$\boldsymbol{A}^n=(\lambda\boldsymbol{E}+\boldsymbol{J})^n=\lambda^n\boldsymbol{E}+C_n^1\lambda^{n-1}\boldsymbol{J}+C_n^2\lambda^{n-2}\boldsymbol{J}^2=\begin{pmatrix}\lambda^n&C_n^1\lambda^{n-1}&C_n^2\lambda^{n-2}\\&\lambda^n&C_n^1\lambda^{n-1}\\&&\lambda^n\end{pmatrix}.$$

方法二 利用数学归纳法（见习题 2－2 的题 12（4））.

例 5 已知$\boldsymbol{A}=\begin{pmatrix}3&-1\\-9&3\end{pmatrix}$，求$\boldsymbol{A}^n$.

解 先求$\boldsymbol{A}$的特征值与特征向量

$$|\lambda\boldsymbol{E}-\boldsymbol{A}|=\begin{vmatrix}\lambda-3&1\\9&\lambda-3\end{vmatrix}=\lambda^2-6\lambda\overset{令}{=}0,$$

得到 $\boldsymbol{A}$ 的特征值为

$$\lambda=0,\ \lambda=6.$$

对 $\lambda=0$，由 $(0\boldsymbol{E}-\boldsymbol{A})\boldsymbol{X}=0$，解出 $\boldsymbol{X}_1=\begin{pmatrix}1\\3\end{pmatrix}$；对 $\lambda=6$，由 $(6\boldsymbol{E}-\boldsymbol{A})\boldsymbol{X}=0$，解出 $\boldsymbol{X}_2=\begin{pmatrix}-1\\3\end{pmatrix}$.

令 $\boldsymbol{P}=\begin{pmatrix}1&-1\\3&3\end{pmatrix}$，则 $\boldsymbol{P}^{-1}=\dfrac{1}{6}\begin{pmatrix}3&1\\-3&1\end{pmatrix}$.

$$\boldsymbol{A}=\boldsymbol{P}\boldsymbol{\Lambda}\boldsymbol{P}^{-1},\ \boldsymbol{\Lambda}=\begin{pmatrix}0&\\&6\end{pmatrix}，故$$

$$\begin{aligned}\boldsymbol{A}^n&=\boldsymbol{P}\boldsymbol{\Lambda}^n\boldsymbol{P}^{-1}=\frac{1}{6}\begin{pmatrix}1&-1\\3&3\end{pmatrix}\begin{pmatrix}0&\\&6^n\end{pmatrix}\begin{pmatrix}3&1\\-3&1\end{pmatrix}\\&=6^{n-1}\begin{pmatrix}1&-1\\3&3\end{pmatrix}\begin{pmatrix}0&\\&1\end{pmatrix}\begin{pmatrix}3&1\\-3&1\end{pmatrix}=6^{n-1}\begin{pmatrix}3&-1\\-9&3\end{pmatrix}.\end{aligned}$$

注：若矩阵相似于对角阵，则可用上述方法求矩阵的幂.

题型 3　矩阵可逆的计算与证明

解题思路　求指定矩阵的逆矩阵的常见方法有：

(1) 利用逆矩阵的定义，找出 $\boldsymbol{B}$，使 $\boldsymbol{AB}=\boldsymbol{E}$ 或 $\boldsymbol{BA}=\boldsymbol{E}\Rightarrow\boldsymbol{A}^{-1}=\boldsymbol{B}$（见总习题二题 10，例 1～例 3).

(2) 利用公式 $\boldsymbol{A}^{-1}=\dfrac{1}{|\boldsymbol{A}|}\boldsymbol{A}^*$ 计算逆矩阵（见总习题二题 13)，但当 $n\geqslant3$ 时，计算 $\boldsymbol{A}^*$ 十分复杂，此时可采用初等变换法.

(3) 初等变换法. 即 $(\boldsymbol{A}\ \vdots\ \boldsymbol{E})\xrightarrow{\text{初等行变换}}\cdots\rightarrow(\boldsymbol{E}\ \vdots\ \boldsymbol{A}^{-1})$（见总习题二题 14).

(4) 分块求逆法. 若矩阵 $\boldsymbol{A}$ 能分块为下列类型之一，

$$\begin{pmatrix}\boldsymbol{A}_{11}&\boldsymbol{O}\\\boldsymbol{O}&\boldsymbol{A}_{22}\end{pmatrix},\ \begin{pmatrix}\boldsymbol{A}_{11}&\boldsymbol{A}_{12}\\\boldsymbol{O}&\boldsymbol{A}_{22}\end{pmatrix},\ \begin{pmatrix}\boldsymbol{A}_{11}&\boldsymbol{O}\\\boldsymbol{A}_{21}&\boldsymbol{A}_{22}\end{pmatrix},\ \begin{pmatrix}\boldsymbol{O}&\boldsymbol{A}_{11}\\\boldsymbol{A}_{22}&\boldsymbol{O}\end{pmatrix},$$

其中 $\boldsymbol{A}_{11}$，$\boldsymbol{A}_{22}$ 为可逆矩阵，则可利用分块矩阵的运算性质，化为相应分块的求逆问题（如例 4 和例 5).

例 1　设 n 阶方阵 $\boldsymbol{A}$ 满足 $\boldsymbol{A}^2=3\boldsymbol{A}$.

(1) 证明 $(4\boldsymbol{E}-\boldsymbol{A})$ 可逆；

(2) 如果 $\boldsymbol{A}\neq\boldsymbol{O}$，证明 $3\boldsymbol{E}-\boldsymbol{A}$ 不可逆.

证 (1) 因为 $\boldsymbol{A}^2=3\boldsymbol{A}$，即 $\boldsymbol{A}^2-3\boldsymbol{A}=\boldsymbol{O}$，所以 $\boldsymbol{A}^2-3\boldsymbol{A}-4\boldsymbol{E}=-4\boldsymbol{E}$，即

$$(4\boldsymbol{E}-\boldsymbol{A})(\boldsymbol{E}+\boldsymbol{A})=4\boldsymbol{E}\text{ 或 }(4\boldsymbol{E}-\boldsymbol{A})\left[\frac{1}{4}(\boldsymbol{E}+\boldsymbol{A})\right]=\boldsymbol{E},$$

于是 $4\boldsymbol{E}-\boldsymbol{A}$ 可逆，且 $(4\boldsymbol{E}-\boldsymbol{A})^{-1}=\frac{1}{4}(\boldsymbol{E}+\boldsymbol{A})$.

(2) 用反证法，假设 $3\boldsymbol{E}-\boldsymbol{A}$ 可逆，由

$$\boldsymbol{A}^2=3\boldsymbol{A}\Rightarrow(3\boldsymbol{E}-\boldsymbol{A})\boldsymbol{A}=\boldsymbol{O}.$$

两端乘$(3\boldsymbol{E}-\boldsymbol{A})^{-1}$得 $\boldsymbol{A}=\boldsymbol{O}$，与已知条件 $\boldsymbol{A}\neq\boldsymbol{O}$ 矛盾，故 $3\boldsymbol{E}-\boldsymbol{A}$ 不可逆.

例 2 设 $\boldsymbol{A}$，$\boldsymbol{B}$，$\boldsymbol{A}+\boldsymbol{B}$ 都是可逆矩阵，试求 $(\boldsymbol{A}^{-1}+\boldsymbol{B}^{-1})^{-1}$.

解 设 $(\boldsymbol{A}^{-1}+\boldsymbol{B}^{-1})^{-1}=\boldsymbol{X}$，则

$$(\boldsymbol{A}^{-1}+\boldsymbol{B}^{-1})\boldsymbol{X}=\boldsymbol{E},$$

上式两边左乘 $\boldsymbol{A}$，得

$$\begin{aligned}\boldsymbol{A}(\boldsymbol{A}^{-1}+\boldsymbol{B}^{-1})\boldsymbol{X}&=(\boldsymbol{A}\boldsymbol{A}^{-1}+\boldsymbol{A}\boldsymbol{B}^{-1})\boldsymbol{X}=(\boldsymbol{E}+\boldsymbol{A}\boldsymbol{B}^{-1})\boldsymbol{X}\\&=(\boldsymbol{B}\boldsymbol{B}^{-1}+\boldsymbol{A}\boldsymbol{B}^{-1})\boldsymbol{X}=(\boldsymbol{A}+\boldsymbol{B})\boldsymbol{B}^{-1}\boldsymbol{X}=\boldsymbol{A}.\end{aligned}$$

由 $(\boldsymbol{A}+\boldsymbol{B})\boldsymbol{B}^{-1}\boldsymbol{X}=\boldsymbol{A}$ 两边左乘以$(\boldsymbol{A}+\boldsymbol{B})^{-1}$，再左乘以 $\boldsymbol{B}$ 得

$$\boldsymbol{X}=\boldsymbol{B}(\boldsymbol{A}+\boldsymbol{B})^{-1}\boldsymbol{A},$$

故

$$(\boldsymbol{A}^{-1}+\boldsymbol{B}^{-1})^{-1}=\boldsymbol{B}(\boldsymbol{A}+\boldsymbol{B})^{-1}\boldsymbol{A}.$$

注：本题的关键是把矩阵加减运算转化为乘积，以便求逆.

例 3 设 $\boldsymbol{A}$，$\boldsymbol{B}$ 为 n 阶矩阵，$\boldsymbol{B}$ 是可逆矩阵，且满足

$$\boldsymbol{A}^2+\boldsymbol{A}\boldsymbol{B}+\boldsymbol{B}^2=\boldsymbol{O}.$$

证明：$\boldsymbol{A}$ 与 $\boldsymbol{A}+\boldsymbol{B}$ 均可逆，并求 $\boldsymbol{A}^{-1}$和$(\boldsymbol{A}+\boldsymbol{B})^{-1}$.

证 由题设知，$|\boldsymbol{B}|\neq0$. 因为 $\boldsymbol{A}^2+\boldsymbol{A}\boldsymbol{B}+\boldsymbol{B}^2=\boldsymbol{O}$，即

$$\boldsymbol{A}(\boldsymbol{A}+\boldsymbol{B})=-\boldsymbol{B}^2, \tag{*}$$

故

$$|\boldsymbol{A}||\boldsymbol{A}+\boldsymbol{B}|=(-1)^n|\boldsymbol{B}|^2\neq0$$

$$\Rightarrow|\boldsymbol{A}|\neq0,\ |\boldsymbol{A}+\boldsymbol{B}|\neq0,$$

即 $\boldsymbol{A}$，$\boldsymbol{A}+\boldsymbol{B}$ 可逆.

式(*)两边同时右乘$-(\boldsymbol{B}^2)^{-1}$得

$$\boldsymbol{A}(\boldsymbol{A}+\boldsymbol{B})[-(\boldsymbol{B}^2)^{-1}]=\boldsymbol{E},$$

(2) 低阶矩阵的伴随矩阵可直接用定义计算(如例 2),当矩阵阶数较高时,可利用公式将伴随矩阵的计算转化为行列式与逆矩阵的计算,而矩阵的逆可用初等变换法求之(见总习题二题 20);

(3) 利用公式从伴随矩阵证明矩阵可逆(如例 3);

(4) 利用公式求解矩阵方程(见总习题二题 30);

(5) 求分块矩阵的伴随矩阵(如例 4).

例 1 设 $\boldsymbol{A}=(a_{ij})_{n\times n}$,试证下列等式成立:

(1) $(\boldsymbol{A}^{\mathrm{T}})^*=(\boldsymbol{A}^*)^{\mathrm{T}}$;

(2) 若 $|\boldsymbol{A}|\neq0$,则 $(\boldsymbol{A}^*)^{-1}=(\boldsymbol{A}^{-1})^*$;

(3) 若 $|\boldsymbol{A}|\neq0$,则 $[(\boldsymbol{A}^{-1})^{\mathrm{T}}]^*=[(\boldsymbol{A}^*)^{\mathrm{T}}]^{-1}$;

(4) 若 $|\boldsymbol{A}|\neq0$,则 $(k\boldsymbol{A})^*=k^{n-1}\boldsymbol{A}^*$,这里 $k\neq0$;

(5) 若 $|\boldsymbol{A}|\neq0$,则 $(\boldsymbol{A}^*)^*=|\boldsymbol{A}|^{n-2}\boldsymbol{A}$;

(6) 若 $\boldsymbol{A}, \boldsymbol{B}$ 是同阶可逆矩阵,则 $(\boldsymbol{AB})^*=\boldsymbol{B}^*\boldsymbol{A}^*$.

证 (1) 设 $\boldsymbol{A}=\begin{pmatrix} a_{11} & \cdots & a_{1n} \\ \vdots & & \vdots \\ a_{n1} & \cdots & a_{nn} \end{pmatrix}$,则 $\boldsymbol{A}^*=\begin{pmatrix} \boldsymbol{A}_{11} & \cdots & \boldsymbol{A}_{n1} \\ \vdots & & \vdots \\ \boldsymbol{A}_{1n} & \cdots & \boldsymbol{A}_{nn} \end{pmatrix}$,又

$$\boldsymbol{A}^{\mathrm{T}}=\begin{pmatrix} a_{11} & \cdots & a_{n1} \\ \vdots & & \vdots \\ a_{1n} & \cdots & a_{nn} \end{pmatrix},\ (\boldsymbol{A}^{\mathrm{T}})^*=\begin{pmatrix} \boldsymbol{A}_{11} & \cdots & \boldsymbol{A}_{1n} \\ \vdots & & \vdots \\ \boldsymbol{A}_{n1} & \cdots & \boldsymbol{A}_{nn} \end{pmatrix},$$

显然 $(\boldsymbol{A}^{\mathrm{T}})^*=(\boldsymbol{A}^*)^{\mathrm{T}}$.

(2) 因为 $|\boldsymbol{A}|\neq0$,故 $\boldsymbol{A}^{-1}$ 存在,由公式 $\boldsymbol{AA}^*=\boldsymbol{A}^*\boldsymbol{A}=|\boldsymbol{A}|\boldsymbol{E}$,得

$$\boldsymbol{A}^*=|\boldsymbol{A}|\boldsymbol{A}^{-1}.$$

因此,有

$$(\boldsymbol{A}^{-1})^*=|\boldsymbol{A}^{-1}|(\boldsymbol{A}^{-1})^{-1}=\frac{1}{|\boldsymbol{A}|}\boldsymbol{A},$$

而

$$(\boldsymbol{A}^*)^{-1}=(|\boldsymbol{A}|\boldsymbol{A}^{-1})^{-1}=\frac{1}{|\boldsymbol{A}|}\boldsymbol{A}=(\boldsymbol{A}^{-1})^*,$$

即有 $(\boldsymbol{A}^*)^{-1}=(\boldsymbol{A}^{-1})^*$.

(3) 由(1),(2) 及已知结论 $(\boldsymbol{A}^{-1})^{\mathrm{T}}=(\boldsymbol{A}^{\mathrm{T}})^{-1}$,即有

$$[(\boldsymbol{A}^{-1})^{\mathrm{T}}]^*=[(\boldsymbol{A}^{-1})^*]^{\mathrm{T}}=[(\boldsymbol{A}^*)^{-1}]^{\mathrm{T}}=[(\boldsymbol{A}^*)^{\mathrm{T}}]^{-1}.$$

(4) 利用公式 $\boldsymbol{AA}^*=\boldsymbol{A}^*\boldsymbol{A}=|\boldsymbol{A}|\boldsymbol{E}$ 知 $\boldsymbol{A}^*=|\boldsymbol{A}|\boldsymbol{A}^{-1}$,于是

$$(k\boldsymbol{A})^*=|k\boldsymbol{A}|(k\boldsymbol{A})^{-1}=k^n|\boldsymbol{A}|\cdot\frac{1}{k}\boldsymbol{A}^{-1}=k^{n-1}|\boldsymbol{A}|\boldsymbol{A}^{-1}=k^{n-1}\boldsymbol{A}^*,$$

即

$$(k\boldsymbol{A})^*=k^{n-1}\boldsymbol{A}^*.$$

(5) 因 $\boldsymbol{A}^*=|\boldsymbol{A}|\boldsymbol{A}^{-1}$，故

$$(\boldsymbol{A}^*)^*=|\boldsymbol{A}^*|(\boldsymbol{A}^*)^{-1}=|\boldsymbol{A}|^{n-1}(|\boldsymbol{A}|^{-1}\boldsymbol{A})=|\boldsymbol{A}|^{n-2}\boldsymbol{A}.$$

(6) 方法一　因为 $\boldsymbol{A}$，$\boldsymbol{B}$ 可逆，所以 $\boldsymbol{AB}$ 也可逆，由公式

$$(\boldsymbol{AB})^{-1}=|\boldsymbol{AB}|^{-1}(\boldsymbol{AB})^*,$$

故

$$\begin{aligned}(\boldsymbol{AB})^*=|\boldsymbol{AB}|(\boldsymbol{AB})^{-1}&=|\boldsymbol{A}||\boldsymbol{B}|\boldsymbol{B}^{-1}\boldsymbol{A}^{-1}\\&=|\boldsymbol{B}|\boldsymbol{B}^{-1}\cdot|\boldsymbol{A}|\boldsymbol{A}^{-1}=\boldsymbol{B}^*\boldsymbol{A}^*.\end{aligned}$$

方法二　对于 $\boldsymbol{AB}$，有 $(\boldsymbol{AB})^*(\boldsymbol{AB})=|\boldsymbol{AB}|\boldsymbol{E}$，又因为

$$(\boldsymbol{B}^*\boldsymbol{A}^*)(\boldsymbol{AB})=\boldsymbol{B}^*(\boldsymbol{A}^*\boldsymbol{A})\boldsymbol{B}=\boldsymbol{B}^*|\boldsymbol{A}|\boldsymbol{EB}=|\boldsymbol{A}||\boldsymbol{B}|\boldsymbol{E}=|\boldsymbol{AB}|\boldsymbol{E},$$

故

$$(\boldsymbol{AB})^*(\boldsymbol{AB})=\boldsymbol{B}^*\boldsymbol{A}^*(\boldsymbol{AB}).$$

因为 $\boldsymbol{A}$，$\boldsymbol{B}$ 可逆，所以 $\boldsymbol{AB}$ 可逆，上式两边同时右乘 $(\boldsymbol{AB})^{-1}$，得

$$(\boldsymbol{AB})^*=\boldsymbol{B}^*\boldsymbol{A}^*.$$

例 2　设 $\boldsymbol{A}=\begin{pmatrix}a&b\\c&d\end{pmatrix}$，求 $\boldsymbol{A}^*$.

解　由于行列式 $|\boldsymbol{A}|$ 的代数余子式分别为

$$A_{11}=d,\ A_{12}=-c,\ A_{21}=-b,\ A_{22}=a.$$

按伴随矩阵定义知

$$\boldsymbol{A}^*=\begin{pmatrix}d&-b\\-c&a\end{pmatrix}.$$

注：二阶矩阵的伴随矩阵的规律是“主对角线对换，副对角线变号”；三阶矩阵的伴随矩阵仍可用公式计算；四阶以上的一般矩阵计算伴随矩阵的工作量太大，可利用初等变换法通过求行列式和逆矩阵来计算.

例 3　设 $\boldsymbol{A}$ 为 n 阶非零矩阵，$\boldsymbol{A}^*$ 是 $\boldsymbol{A}$ 的伴随矩阵，$\boldsymbol{A}^{\mathrm{T}}$ 是 $\boldsymbol{A}$ 的转置矩阵，当 $\boldsymbol{A}^{\mathrm{T}}=\boldsymbol{A}^*$ 时，证明 $|\boldsymbol{A}|\neq0$.

证　方法一　由公式 $\boldsymbol{AA}^*=\boldsymbol{A}^*\boldsymbol{A}=|\boldsymbol{A}|\boldsymbol{E}$ 及已知 $\boldsymbol{A}^{\mathrm{T}}=\boldsymbol{A}^*$，有

$$AA^* = A^{\mathrm{T}}A = |A|E.$$

若$|A|=0$，则$AA^{\mathrm{T}}=O$，设A的行向量为$\alpha_i(i=1, 2, \cdots, n)$，则$\alpha_i\alpha_i^{\mathrm{T}}=0(i=1, 2, \cdots, n)$，

$$\Rightarrow \alpha_i = 0$$
$$\Rightarrow A = O\text{，矛盾.}$$

故$|A|\neq 0$.

方法二 由$A^{\mathrm{T}}=A^*$，即$A_{ij}=a_{ij}$，于是

$$|A| = \sum_{i=1}^{n} a_{ij}A_{ij} = \sum_{j=1}^{n} a_{ij}^2 (i=1, 2, \cdots, n).$$

因为$A\neq O$，故存在$a_{ij}\neq 0$，从而

$$|A| = \sum_{j=1}^{n} a_{ij}^2 \neq 0.$$

方法三 由A与A^*之间的秩的关系

$$\mathrm{r}(A^*) = \begin{cases} n, & \mathrm{r}(A)=n \\ 1, & \mathrm{r}(A)=n-1, \\ 0, & \mathrm{r}(A)<n-1 \end{cases}$$

若$|A|=0$，则$\mathrm{r}(A)\leqslant n-1$，由$A^{\mathrm{T}}=A^*$，又有

$$\mathrm{r}(A^*) = \mathrm{r}(A^{\mathrm{T}}) = \mathrm{r}(A) = 1,$$

从而$\mathrm{r}(A^*)=0$，即$A^*=O$，也即$A^{\mathrm{T}}=A^*=O$，矛盾. 于是$|A|\neq 0$.

例4 设A，B是n阶矩阵，则$C=\begin{pmatrix} A & O \\ O & B \end{pmatrix}$的伴随矩阵是（　　）.

(A) $\begin{pmatrix} |A|A^* & O \\ O & |B|B^* \end{pmatrix}$；　　(B) $\begin{pmatrix} |B|B^* & O \\ O & |A|A^* \end{pmatrix}$；

(C) $\begin{pmatrix} |A|B^* & O \\ O & |B|A^* \end{pmatrix}$；　　(D) $\begin{pmatrix} |B|A^* & O \\ O & A^*|B| \end{pmatrix}$.

解 由于$CC^*=|C|E=|A||B|E$，可见

$$\begin{pmatrix} A & O \\ O & B \end{pmatrix}\begin{pmatrix} |B|A^* & O \\ O & |A|B^* \end{pmatrix} = \begin{pmatrix} |B|AA^* & O \\ O & |A|BB^* \end{pmatrix} = |A||B|E.$$

故应选(D).

注: 作为选择题不妨附加条件 $\boldsymbol{A}, \boldsymbol{B}$ 可逆，则

$$\boldsymbol{C}^* = |\boldsymbol{C}|\boldsymbol{C}^{-1} = |\boldsymbol{A}|\,|\boldsymbol{B}|\begin{pmatrix}\boldsymbol{A}^{-1} & \boldsymbol{O}\\ \boldsymbol{O} & \boldsymbol{B}^{-1}\end{pmatrix} = \begin{pmatrix}|\boldsymbol{B}|\boldsymbol{A}^* & \boldsymbol{O}\\ \boldsymbol{O} & |\boldsymbol{A}|\boldsymbol{B}^*\end{pmatrix}.$$

题型 5　初等变换与矩阵求秩

解题思路

(1) 理解初等变换与初等矩阵的关系，对矩阵 $\boldsymbol{A}$ 施以行（列）变换就相当于用相应的初等矩阵左（右）乘 $\boldsymbol{A}$，熟练应用有关结论解题（见总习题二题 25、题 26 和题 28）.

(2) 矩阵求秩的主要方法有：

A. 定义法：通过计算矩阵的各阶子式求秩，还可利用矩阵秩的有关已知结论一起求所给矩阵的秩.

B. 初等变换法：对矩阵施行初等变换不改变矩阵的秩，故可用初等行变换把矩阵变成为行阶梯形矩阵，而行阶梯形矩阵中非零行的行数就是矩阵的秩（见例 1，总习题二题 32 和题 33）.

(3) 有关利用极大线性无关向量组和线性方程组的结论求矩阵的秩的方法请参见第 3 章.

例 1　设 $\boldsymbol{A}=\begin{pmatrix}a_1b_1 & a_1b_2 & \cdots & a_1b_n\\ a_2b_1 & a_2b_2 & \cdots & a_2b_n\\ \vdots & \vdots & & \vdots\\ a_nb_1 & a_nb_2 & \cdots & a_nb_n\end{pmatrix}$，其中 $a_i\neq0$，$b_i\neq0(i=1, 2, \cdots, n)$，求 $\mathrm{r}(\boldsymbol{A})$.

解　方法一　用子式计算 $\mathrm{r}(\boldsymbol{A})$.

因 $\boldsymbol{A}$ 的任一二阶子式 $\begin{vmatrix}a_ib_k & a_ib_l\\ a_jb_k & a_jb_l\end{vmatrix}=0$，于是

$$\mathrm{r}(\boldsymbol{A})\leqslant1,$$

又 $\boldsymbol{A}$ 为非零矩阵，故 $\mathrm{r}(\boldsymbol{A})\geqslant1$，从而

$$\mathrm{r}(\boldsymbol{A})=1.$$

方法二　记 $\boldsymbol{G}=\begin{pmatrix}a_1\\ a_2\\ \vdots\\ a_n\end{pmatrix}$，$\boldsymbol{H}=(b_1, b_2, \cdots, b_n)$，则 $\boldsymbol{A}=\boldsymbol{GH}$，因

$$\mathrm{r}(\boldsymbol{A})\leqslant\min\{\mathrm{r}(\boldsymbol{G}), \mathrm{r}(\boldsymbol{H})\}=1,$$

又 $\boldsymbol{A}$ 为非零矩阵，$\mathrm{r}(\boldsymbol{A})\geqslant 1$，从而

$$\mathrm{r}(\boldsymbol{A})=1.$$

题型 6　求解矩阵方程

解题思路　利用矩阵的三种典型运算 $\boldsymbol{A}^{\mathrm{T}}$，$\boldsymbol{A}^{-1}$，$\boldsymbol{A}^{*}$，可将已知条件化为下列形式的标准矩阵方程：

$$\boldsymbol{AX}=\boldsymbol{B}, \tag{1}$$

$$\boldsymbol{XA}=\boldsymbol{B}, \tag{2}$$

$$\boldsymbol{AXB}=\boldsymbol{C}. \tag{3}$$

利用矩阵乘法的运算规律和逆矩阵的运算性质，通过在方程两边左乘或右乘相应矩阵的逆矩阵，可分别求出其解：

$$\boldsymbol{X}=\boldsymbol{A}^{-1}\boldsymbol{B}, \tag{1$'$}$$

$$\boldsymbol{X}=\boldsymbol{BA}^{-1}, \tag{2$'$}$$

$$\boldsymbol{X}=\boldsymbol{A}^{-1}\boldsymbol{CB}^{-1}. \tag{3$'$}$$

对于其中涉及的逆矩阵的计算，则视具体情况可采用初等变换法或伴随矩阵法等（见例 1，总习题二题 29 和题 31，例 2 和例 3）.

例 1　设矩阵 $\boldsymbol{A}=\begin{pmatrix}1&0&1\\0&2&6\\1&6&1\end{pmatrix}$. 满足 $\boldsymbol{AX}+\boldsymbol{E}=\boldsymbol{A}^2+\boldsymbol{X}$，求矩阵 $\boldsymbol{X}$.

解　化简矩阵方程为

$$(\boldsymbol{A}-\boldsymbol{E})\boldsymbol{X}=\boldsymbol{A}^2-\boldsymbol{E}. \tag{1}$$

由于 $\boldsymbol{A}-\boldsymbol{E}=\begin{pmatrix}0&0&1\\0&1&6\\1&6&0\end{pmatrix}$，$|\boldsymbol{A}-\boldsymbol{E}|=-1\neq 0$，可知 $\boldsymbol{A}-\boldsymbol{E}$ 可逆，故可用 $(\boldsymbol{A}-\boldsymbol{E})^{-1}$ 左乘式(1)两端，得

$$\begin{aligned}\boldsymbol{X}&=(\boldsymbol{A}-\boldsymbol{E})^{-1}(\boldsymbol{A}^2-\boldsymbol{E})=(\boldsymbol{A}-\boldsymbol{E})^{-1}(\boldsymbol{A}-\boldsymbol{E})(\boldsymbol{A}+\boldsymbol{E})\\&=\boldsymbol{A}+\boldsymbol{E}=\begin{pmatrix}2&0&1\\0&3&6\\1&6&2\end{pmatrix}.\end{aligned}$$

注：计算中多应用恒等变形可大大减少工作量.

例 2　已知 $\begin{pmatrix}1&3&2\\2&5&5\\-1&3&-7\end{pmatrix}\boldsymbol{X}=\begin{pmatrix}3&4&-1\\8&8&3\\3&-4&16\end{pmatrix}$，求 $\boldsymbol{X}$.

解 利用初等行变换法. 记

$$\boldsymbol{A}=\begin{pmatrix}1&3&2\\2&5&5\\-1&3&-7\end{pmatrix},\ \boldsymbol{B}=\begin{pmatrix}3&4&-1\\8&8&3\\3&-4&16\end{pmatrix},$$

$$(\boldsymbol{A}\mid\boldsymbol{B})=\left(\begin{array}{ccc:ccc}1&3&2&3&4&-1\\2&5&5&8&8&3\\-1&3&-7&3&-4&16\end{array}\right)\to\left(\begin{array}{ccc:ccc}1&3&2&3&4&-1\\0&-1&1&2&0&5\\0&6&-5&6&0&15\end{array}\right)$$

$$\to\left(\begin{array}{ccc:ccc}1&3&2&3&4&-1\\0&-1&1&2&0&5\\0&0&1&18&0&45\end{array}\right)\to\left(\begin{array}{ccc:ccc}1&3&2&3&4&-1\\0&1&0&16&0&40\\0&0&1&18&0&45\end{array}\right)$$

$$\to\left(\begin{array}{ccc:ccc}1&0&0&-81&4&-211\\0&1&0&16&0&40\\0&0&1&8&0&45\end{array}\right),$$

故

$$\boldsymbol{X}=\begin{pmatrix}-81&4&-211\\16&0&40\\8&0&45\end{pmatrix}.$$

例 3 解下列矩阵方程组 $\begin{cases}\boldsymbol{AX}+\boldsymbol{BY}=\boldsymbol{M}\\\boldsymbol{CX}+\boldsymbol{DY}=\boldsymbol{N}\end{cases}$，其中

$$\boldsymbol{A}=\begin{pmatrix}2&1\\1&2\end{pmatrix},\ \boldsymbol{B}=\begin{pmatrix}3&2\\1&1\end{pmatrix},\ \boldsymbol{C}=\begin{pmatrix}0&-1\\2&-3\end{pmatrix},$$

$$\boldsymbol{D}=\begin{pmatrix}2&3\\-6&-13\end{pmatrix},\ \boldsymbol{M}=\begin{pmatrix}9&4\\4&3\end{pmatrix},\ \boldsymbol{N}=\begin{pmatrix}1&-2\\6&4\end{pmatrix}.$$

解 易知 $\boldsymbol{A}, \boldsymbol{C}$ 矩阵可逆，于是有

$$\boldsymbol{X}+\boldsymbol{A}^{-1}\boldsymbol{BY}=\boldsymbol{A}^{-1}\boldsymbol{M},\ \boldsymbol{X}+\boldsymbol{C}^{-1}\boldsymbol{DY}=\boldsymbol{C}^{-1}\boldsymbol{N},$$

两式相减得

$$(\boldsymbol{A}^{-1}\boldsymbol{B}-\boldsymbol{C}^{-1}\boldsymbol{D})\boldsymbol{Y}=\boldsymbol{A}^{-1}\boldsymbol{M}-\boldsymbol{C}^{-1}\boldsymbol{N},$$

故

$$\boldsymbol{Y}=(\boldsymbol{A}^{-1}\boldsymbol{B}-\boldsymbol{C}^{-1}\boldsymbol{D})^{-1}(\boldsymbol{A}^{-1}\boldsymbol{M}-\boldsymbol{C}^{-1}\boldsymbol{N}).$$

证　已知 $\boldsymbol{A}^{\mathrm{T}}=\boldsymbol{A}$，则

$$\begin{aligned}(\boldsymbol{B}^{\mathrm{T}}\boldsymbol{A}\boldsymbol{B})^{\mathrm{T}}&=\boldsymbol{B}^{\mathrm{T}}(\boldsymbol{B}^{\mathrm{T}}\boldsymbol{A})^{\mathrm{T}}\\&=\boldsymbol{B}^{\mathrm{T}}\boldsymbol{A}^{\mathrm{T}}\boldsymbol{B}\\&=\boldsymbol{B}^{\mathrm{T}}\boldsymbol{A}\boldsymbol{B},\end{aligned}$$

从而 $\boldsymbol{B}^{\mathrm{T}}\boldsymbol{A}\boldsymbol{B}$ 也是对称矩阵.

5. 设 $\boldsymbol{A}$ 为 n 阶矩阵，n 为奇数，且 $\boldsymbol{A}\boldsymbol{A}^{\mathrm{T}}=\boldsymbol{E}_n$，$|\boldsymbol{A}|=1$，求 $|\boldsymbol{A}-\boldsymbol{E}_n|$.

解题思路　掌握矩阵的转置，利用矩阵与行列式的区别和联系解题.

解　由 $\boldsymbol{A}\boldsymbol{A}^{\mathrm{T}}=\boldsymbol{E}_n$，$|\boldsymbol{A}|=1$ 得

$$\begin{aligned}|\boldsymbol{A}-\boldsymbol{E}_n|&=|\boldsymbol{A}-\boldsymbol{A}\boldsymbol{A}^{\mathrm{T}}|=|\boldsymbol{A}(\boldsymbol{E}_n-\boldsymbol{A}^{\mathrm{T}})|\\&=|\boldsymbol{A}||\boldsymbol{E}_n-\boldsymbol{A}^{\mathrm{T}}|=|\boldsymbol{E}_n-\boldsymbol{A}^{\mathrm{T}}|\\&=|\boldsymbol{E}_n-\boldsymbol{A}|=(-1)^n|\boldsymbol{A}-\boldsymbol{E}_n|.\end{aligned}$$

由 n 为奇数，知

$$|\boldsymbol{A}-\boldsymbol{E}_n|=-|\boldsymbol{A}-\boldsymbol{E}_n|\Rightarrow|\boldsymbol{A}-\boldsymbol{E}_n|=0.$$

6. 设 $\boldsymbol{A}$，$\boldsymbol{B}$ 均为 n 阶方阵，且 $\boldsymbol{A}=\frac{1}{2}(\boldsymbol{B}+\boldsymbol{E})$，证明：$\boldsymbol{A}^2=\boldsymbol{A}$，当且仅当 $\boldsymbol{B}^2=\boldsymbol{E}$.

证明思路　结合矩阵与单位矩阵的可交换性，利用矩阵的数乘和乘法运算解题.

证　若 $\boldsymbol{A}^2=\boldsymbol{A}$，则

$$\boldsymbol{A}^2=\frac{1}{4}(\boldsymbol{B}+\boldsymbol{E})(\boldsymbol{B}+\boldsymbol{E})=\frac{1}{4}(\boldsymbol{B}^2+2\boldsymbol{B}+\boldsymbol{E})=\frac{1}{2}(\boldsymbol{B}+\boldsymbol{E}),$$

$$\boldsymbol{B}^2+2\boldsymbol{B}+\boldsymbol{E}=2\boldsymbol{B}+2\boldsymbol{E}\Rightarrow\boldsymbol{B}^2=\boldsymbol{E};$$

若 $\boldsymbol{B}^2=\boldsymbol{E}$，则

$$\boldsymbol{A}^2=\frac{1}{4}(\boldsymbol{B}^2+2\boldsymbol{B}+\boldsymbol{E})=\frac{1}{4}(\boldsymbol{E}+2\boldsymbol{B}+\boldsymbol{E})=\frac{1}{2}(\boldsymbol{B}+\boldsymbol{E})=\boldsymbol{A}.$$

7. 已知 $\boldsymbol{A}=\begin{pmatrix}-1&1&1&-1\\1&-1&-1&1\\1&-1&-1&1\\-1&1&1&-1\end{pmatrix}$，求 $\boldsymbol{A}^6$.

解题思路　a. 若 $\mathrm{r}(\boldsymbol{A})=1$，则矩阵 $\boldsymbol{A}$ 可分解为列矩阵与行矩阵的乘积，再利用矩阵乘法的结合律方便地计算出 $\boldsymbol{A}$ 的幂；

b. 通过试算，找出某种降幂的规律，并用此递推计算之；

c. 根据所给矩阵的特征，利用矩阵分块法计算之.

方法一　递推法.

$$A^2=\begin{pmatrix}-1&1&1&-1\\1&-1&-1&1\\1&-1&-1&1\\-1&1&1&-1\end{pmatrix}\begin{pmatrix}-1&1&1&-1\\1&-1&-1&1\\1&-1&-1&1\\-1&1&1&-1\end{pmatrix}$$

$$=\begin{pmatrix}4&-4&-4&4\\-4&4&4&-4\\-4&4&4&-4\\4&-4&-4&4\end{pmatrix}=-4\begin{pmatrix}-1&1&1&-1\\1&-1&-1&1\\1&-1&-1&1\\-1&1&1&-1\end{pmatrix}=-4A,$$

$$A^3=A^2A=-4A^2=(-4)^2A,\ \cdots,\ A^6=(-4)^5A.$$

方法二　分块法. 令 $A=\begin{pmatrix}B&-B\\-B&B\end{pmatrix}$，其中 $B=\begin{pmatrix}-1&1\\1&-1\end{pmatrix}$.

由于 $B^2=\begin{pmatrix}-1&1\\1&-1\end{pmatrix}\begin{pmatrix}-1&1\\1&-1\end{pmatrix}=\begin{pmatrix}2&-2\\-2&2\end{pmatrix}$，那么

$$A^2=\begin{pmatrix}B&-B\\-B&B\end{pmatrix}\begin{pmatrix}B&-B\\-B&B\end{pmatrix}=\begin{pmatrix}2B^2&-2B^2\\-2B^2&2B^2\end{pmatrix}$$

$$=\begin{pmatrix}4&-4&-4&4\\-4&4&4&-4\\-4&4&4&-4\\4&-4&-4&4\end{pmatrix}=-4A,$$

以下同方法一.

方法三　分解法. 因为 $\mathrm{r}(A)=1$，故 A 可分解为

$$A=\begin{pmatrix}-1\\1\\1\\-1\end{pmatrix}(1,-1,-1,1),$$

与题型 2 的例 2 类似可得 $A^2=-4A$，以下同方法一.

8. 已知 $A=\begin{pmatrix}3&1&0&0&0\\0&3&1&0&0\\0&0&3&0&0\\0&0&0&3&-1\\0&0&0&-9&3\end{pmatrix}$，求 A^n.

解题思路 根据所给矩阵的特征，把 $\boldsymbol{A}$ 分块为分块对角矩阵，再计算之.

解 按如上方式将 $\boldsymbol{A}$ 分块为 $\begin{pmatrix}\boldsymbol{B} & \boldsymbol{O}\\ \boldsymbol{O} & \boldsymbol{C}\end{pmatrix}$，则 $\boldsymbol{A}^n=\begin{pmatrix}\boldsymbol{B}^n & \boldsymbol{O}\\ \boldsymbol{O} & \boldsymbol{C}^n\end{pmatrix}$.

由于 $\boldsymbol{B}=3\boldsymbol{E}+\boldsymbol{J}$，且 $\boldsymbol{J}^3=\boldsymbol{J}^4=\cdots=\boldsymbol{O}$（见题型 2 例 4），于是

$$\boldsymbol{B}^n=(3\boldsymbol{E}+\boldsymbol{J})^n=3^n\boldsymbol{E}+\mathrm{C}_n^1 3^{n-1}\boldsymbol{J}+\mathrm{C}_n^2 3^{n-2}\boldsymbol{J}^2.$$

而 $\boldsymbol{C}=\begin{pmatrix}1\\-3\end{pmatrix}(3,\ -1)$，$\boldsymbol{C}^2=6\boldsymbol{C}$，…，$\boldsymbol{C}^n=6^{n-1}\boldsymbol{C}$，故

$$\boldsymbol{A}^n=\begin{pmatrix}3^n & \mathrm{C}_n^1\cdot 3^{n-1} & \mathrm{C}_n^2\cdot 3^{n-2} & & \\ & 3^n & \mathrm{C}_n^1\cdot 3^{n-1} & & \\ & & 3^n & & \\ & & & 3\cdot 6^{n-1} & -6^{n-1}\\ & & & -9\cdot 6^{n-1} & 3\cdot 6^{n-1}\end{pmatrix}.$$

9. 设矩阵 $\boldsymbol{A}=\begin{pmatrix}1 & 0 & 1\\ 0 & 2 & 0\\ 1 & 0 & 1\end{pmatrix}$，正整数 $n\geqslant 2$，求 $\boldsymbol{A}^n-2\boldsymbol{A}^{n-1}$.

解题思路 通过试算，找出某种降幂的规律，并用递推公式计算之.

解 $\boldsymbol{A}^2=\begin{pmatrix}1 & 0 & 1\\ 0 & 2 & 0\\ 1 & 0 & 1\end{pmatrix}\begin{pmatrix}1 & 0 & 1\\ 0 & 2 & 0\\ 1 & 0 & 1\end{pmatrix}=\begin{pmatrix}2 & 0 & 2\\ 0 & 4 & 0\\ 2 & 0 & 2\end{pmatrix}=2\boldsymbol{A}$,

$$\boldsymbol{A}^3=\boldsymbol{A}^2\cdot\boldsymbol{A}=2\boldsymbol{A}^2,\ \cdots.$$

一般地，可得到如下递推公式：

$$\boldsymbol{A}^n=\boldsymbol{A}^2\boldsymbol{A}^{n-2}=2\boldsymbol{A}^{n-1},$$

故 $\boldsymbol{A}^n-2\boldsymbol{A}^{n-1}=\boldsymbol{O}$.

10. $\boldsymbol{A}$，$\boldsymbol{B}$，$\boldsymbol{C}$ 是 n 阶矩阵，且 $\boldsymbol{ABC}=\boldsymbol{E}$，则必有（　　）.

(A) $\boldsymbol{CBA}=\boldsymbol{E}$;　　(B) $\boldsymbol{BCA}=\boldsymbol{E}$;

(C) $\boldsymbol{BAC}=\boldsymbol{E}$;　　(D) $\boldsymbol{ACB}=\boldsymbol{E}$.

解题思路 结合矩阵与单位矩阵的可交换性，利用矩阵的左乘和右乘解题.

解 通过左乘 $\boldsymbol{A}$ 的逆或右乘 $\boldsymbol{C}$ 的逆，注意到 $\boldsymbol{E}$ 与 $\boldsymbol{A}$ 的可交换性，由 $\boldsymbol{ABC}=\boldsymbol{E}$ 知

$$\boldsymbol{A}(\boldsymbol{BC})=(\boldsymbol{BC})\boldsymbol{A}=\boldsymbol{E}\quad\text{或}\quad(\boldsymbol{AB})\boldsymbol{C}=\boldsymbol{C}(\boldsymbol{AB})=\boldsymbol{E},$$

可见(B) 正确. 因乘法不一定能交换，故其余不恒成立，所以应选 (B).

11. 设方阵 $\boldsymbol{A}$ 满足 $\boldsymbol{A}^2-\boldsymbol{A}-2\boldsymbol{E}=\boldsymbol{O}$，证明 $\boldsymbol{A}$ 及 $\boldsymbol{A}+2\boldsymbol{E}$ 都可逆.

证明思路 如果 n 阶矩阵 $\boldsymbol{A}$ 的行列式 $|\boldsymbol{A}|\neq 0$，则称 $\boldsymbol{A}$ 为非奇异的.

证 由$A^2-A-2E=O \Rightarrow A^2-A=2E$，
两端同时取行列式

$$|A^2-A|=2,$$

即$|A||A-E|=2$，故

$$|A|\neq 0,$$

所以A可逆.

由于$A+2E=A^2$，$|A+2E|=|A^2|=|A|^2\neq 0$，故$A+2E$也可逆.

12. 设$A=\frac{1}{2}\begin{pmatrix}0&0&2\\1&3&0\\2&5&0\end{pmatrix}$，则$A^{-1}=$________.

解题思路 分块求逆法. 若矩阵A能分块为下列类型之一，

$$\begin{pmatrix}A_{11}&O\\O&A_{22}\end{pmatrix},\ \begin{pmatrix}A_{11}&A_{12}\\O&A_{22}\end{pmatrix},\ \begin{pmatrix}A_{11}&O\\A_{21}&A_{22}\end{pmatrix},\ \begin{pmatrix}O&A_{11}\\A_{22}&O\end{pmatrix},$$

其中A_{11}，A_{22}为可逆矩阵，则可利用分块矩阵的运算性质，化为相应分块的求逆问题.

解 利用矩阵分块法，

$$\left(\begin{array}{cc:c}0&0&2\\\hdashline 1&3&0\\2&5&0\end{array}\right)=\begin{pmatrix}O&B\\C&O\end{pmatrix},$$

而当B，C均可逆时，有

$$\begin{pmatrix}O&B\\C&O\end{pmatrix}^{-1}=\begin{pmatrix}O&C^{-1}\\B^{-1}&O\end{pmatrix}.$$

又$B^{-1}=\left(\frac{1}{2}\right)$，$C^{-1}=\begin{pmatrix}-5&3\\2&-1\end{pmatrix}$，再利用公式$(kA)^{-1}=\frac{1}{k}A^{-1}$，易见空内应填

$$\begin{pmatrix}0&-10&6\\0&4&-2\\1&0&0\end{pmatrix}.$$

13. 设$A=\begin{pmatrix}1&1&-1\\2&1&0\\1&-1&0\end{pmatrix}$，试用伴随矩阵法求$A^{-1}$.

解题思路 利用公式 $\boldsymbol{A}^{-1}=\frac{1}{|\boldsymbol{A}|}\boldsymbol{A}^*$ 计算逆矩阵，但当 $n\geqslant 4$ 时，计算 $\boldsymbol{A}^*$ 十分复杂.

解 利用公式 $\boldsymbol{A}^{-1}=\frac{1}{|\boldsymbol{A}|}\boldsymbol{A}^*$ 计算.

因为 $|\boldsymbol{A}|=\begin{vmatrix}1&1&-1\\2&1&0\\1&-1&0\end{vmatrix}=3\neq 0$，所以 $\boldsymbol{A}^{-1}$ 存在，又因为

$$A_{11}=(-1)^2\begin{vmatrix}1&0\\-1&0\end{vmatrix}=0,\quad A_{21}=(-1)^3\begin{vmatrix}1&-1\\-1&0\end{vmatrix}=1,$$

$$A_{31}=(-1)^4\begin{vmatrix}1&-1\\1&0\end{vmatrix}=1,$$

$$A_{12}=(-1)^3\begin{vmatrix}2&0\\1&0\end{vmatrix}=0,\quad A_{22}=(-1)^4\begin{vmatrix}1&-1\\1&0\end{vmatrix}=1,$$

$$A_{32}=(-1)^5\begin{vmatrix}1&-1\\2&0\end{vmatrix}=-2,$$

$$A_{13}=(-1)^4\begin{vmatrix}2&1\\1&-1\end{vmatrix}=-3,\quad A_{23}=(-1)^5\begin{vmatrix}1&1\\1&-1\end{vmatrix}=2,$$

$$A_{33}=(-1)^6\begin{vmatrix}1&1\\2&1\end{vmatrix}=-1,$$

故

$$\boldsymbol{A}^{-1}=\frac{1}{|\boldsymbol{A}|}\begin{pmatrix}A_{11}&A_{21}&A_{31}\\A_{12}&A_{22}&A_{32}\\A_{13}&A_{23}&A_{33}\end{pmatrix}=\frac{1}{3}\begin{pmatrix}0&1&1\\0&1&-2\\-3&2&-1\end{pmatrix}.$$

14. 设 $\boldsymbol{A}=\begin{pmatrix}0&2&-1\\1&1&2\\-1&-1&-1\end{pmatrix}$，试用初等交换法求矩阵 $\boldsymbol{A}^{-1}$.

解题思路 初等变换法. 即 $(\boldsymbol{A}\mid\boldsymbol{E})\xrightarrow{\text{初等行变换}}\cdots\rightarrow(\boldsymbol{E}\mid\boldsymbol{A}^{-1})$.

解 作分块矩阵 $(\boldsymbol{A}\mid\boldsymbol{E})$，施行初等行变换.

$$\left(\begin{array}{ccc:ccc}0&2&-1&1&0&0\\1&1&2&0&1&0\\-1&-1&-1&0&0&1\end{array}\right)\rightarrow\left(\begin{array}{ccc:ccc}1&1&2&0&1&0\\0&2&-1&1&0&0\\-1&-1&-1&0&0&1\end{array}\right)$$

$$\rightarrow\left(\begin{array}{ccc:ccc}1&1&2&0&1&0\\0&2&-1&1&0&0\\0&0&1&0&1&1\end{array}\right)\rightarrow\left(\begin{array}{ccc:ccc}1&1&0&0&-1&-2\\0&2&0&1&1&1\\0&0&1&0&1&1\end{array}\right)$$

$$\rightarrow\left(\begin{array}{ccc:ccc}1&1&0&0&-1&-2\\0&1&0&\frac{1}{2}&\frac{1}{2}&\frac{1}{2}\\0&0&1&0&1&1\end{array}\right)\rightarrow\left(\begin{array}{ccc:ccc}1&0&0&-\frac{1}{2}&-\frac{3}{2}&-\frac{5}{2}\\0&1&0&\frac{1}{2}&\frac{1}{2}&\frac{1}{2}\\0&0&1&0&1&1\end{array}\right),$$

故

$$\boldsymbol{A}^{-1}=\begin{pmatrix}-\frac{1}{2}&-\frac{3}{2}&-\frac{5}{2}\\\frac{1}{2}&\frac{1}{2}&\frac{1}{2}\\0&1&1\end{pmatrix}.$$

15. 设 $\boldsymbol{P}^{-1}\boldsymbol{AP}=\boldsymbol{\Lambda}$，其中 $\boldsymbol{P}=\begin{pmatrix}-1&-4\\1&1\end{pmatrix}$，$\boldsymbol{\Lambda}=\begin{pmatrix}-1&0\\0&2\end{pmatrix}$，求 $\boldsymbol{A}^{11}$.

解题思路 利用伴随矩阵法求已知矩阵的逆矩阵，根据矩阵的结合律求矩阵的幂.

解 由 $\boldsymbol{P}^{-1}\boldsymbol{AP}=\boldsymbol{\Lambda}\Rightarrow\boldsymbol{A}=\boldsymbol{P\Lambda P}^{-1}\Rightarrow\boldsymbol{A}^{11}=\boldsymbol{P\Lambda}^{11}\boldsymbol{P}^{-1}$.

因为 $|\boldsymbol{P}|=3$，$\boldsymbol{P}^{*}=\begin{pmatrix}1&4\\-1&-1\end{pmatrix}$，$\boldsymbol{P}^{-1}=\frac{1}{3}\begin{pmatrix}1&4\\-1&-1\end{pmatrix}$，而

$$\boldsymbol{\Lambda}^{11}=\begin{pmatrix}-1&0\\0&2\end{pmatrix}^{11}=\begin{pmatrix}-1&0\\0&2^{11}\end{pmatrix},$$

故

$$\boldsymbol{A}^{11}=\begin{pmatrix}-1&-4\\1&1\end{pmatrix}\begin{pmatrix}-1&0\\0&2^{11}\end{pmatrix}\begin{pmatrix}\frac{1}{3}&\frac{4}{3}\\-\frac{1}{3}&-\frac{1}{3}\end{pmatrix}=\begin{pmatrix}2\,731&2\,732\\-683&-684\end{pmatrix}.$$

16. 设 $\boldsymbol{A}=\mathrm{diag}(1,-2,1)$，$\boldsymbol{A}^{*}\boldsymbol{BA}=2\boldsymbol{BA}-8\boldsymbol{E}$，求 $\boldsymbol{B}$.

解题思路 利用公式 $\boldsymbol{AA}^{*}=\boldsymbol{A}^{*}\boldsymbol{A}=|\boldsymbol{A}|\boldsymbol{E}$ 求解矩阵方程.

解 因所给矩阵方程中含有 $\boldsymbol{A}$ 及其伴随矩阵 $\boldsymbol{A}^{*}$，故可从公式 $\boldsymbol{AA}^{*}=|\boldsymbol{A}|\boldsymbol{E}$ 着手. 用 $\boldsymbol{A}$ 左乘所给方程两边，得

$$\boldsymbol{AA}^{*}\boldsymbol{BA}=2\boldsymbol{ABA}-8\boldsymbol{A},$$

又 $|\boldsymbol{A}|=-2\neq 0$，故 $\boldsymbol{A}$ 是可逆矩阵，用 $\boldsymbol{A}^{-1}$ 右乘上式两边得

$$|\boldsymbol{A}|\boldsymbol{B}=2\boldsymbol{A}\boldsymbol{B}-8\boldsymbol{E}\Rightarrow(2\boldsymbol{A}+2\boldsymbol{E})\boldsymbol{B}=8\boldsymbol{E}\Rightarrow(\boldsymbol{A}+\boldsymbol{E})\boldsymbol{B}=4\boldsymbol{E}.$$

注意到 $\boldsymbol{A}+\boldsymbol{E}=\mathrm{diag}(1,\ -2,\ 1)+\mathrm{diag}(1,\ 1,\ 1)=\mathrm{diag}(2,\ -1,\ 2)$ 是可逆矩阵，且

$$(\boldsymbol{A}+\boldsymbol{E})^{-1}=\mathrm{diag}\left(\frac{1}{2},\ -1,\ \frac{1}{2}\right),$$

于是

$$\boldsymbol{B}=4(\boldsymbol{A}+\boldsymbol{E})^{-1}=\mathrm{diag}(2,\ -4,\ 2).$$

17. 若三阶矩阵 $\boldsymbol{A}$ 的伴随矩阵为 $\boldsymbol{A}^*$，已知 $|\boldsymbol{A}|=\frac{1}{2}$，求 $|(3\boldsymbol{A})^{-1}-2\boldsymbol{A}^*|$.

解题思路　利用公式 $\boldsymbol{A}\boldsymbol{A}^*=\boldsymbol{A}^*\boldsymbol{A}=|\boldsymbol{A}|\boldsymbol{E}$ 及逆矩阵的性质计算矩阵的行列式.

解　因为 $\boldsymbol{A}^*=|\boldsymbol{A}|\boldsymbol{A}^{-1}=\frac{1}{2}\boldsymbol{A}^{-1}$，所以

$$\begin{aligned}|(3\boldsymbol{A})^{-1}-2\boldsymbol{A}^*|&=\left|\frac{1}{3}\boldsymbol{A}^{-1}-\boldsymbol{A}^{-1}\right|=\left|-\frac{2}{3}\boldsymbol{A}^{-1}\right|\\&=\left(-\frac{2}{3}\right)^3|\boldsymbol{A}^{-1}|=-\frac{16}{27}.\end{aligned}$$

18. 设 n 阶矩阵 $\boldsymbol{A}$ 的伴随矩阵为 $\boldsymbol{A}^*$，证明：

(1) 若 $|\boldsymbol{A}|=0$，则 $|\boldsymbol{A}^*|=0$；

(2) $|\boldsymbol{A}^*|=|\boldsymbol{A}|^{n-1}$.

证明思路　利用公式 $AA^*=A^*A=|A|E$ 证明伴随矩阵的行列式.

证　(1) 用反证法. 假设 $|\boldsymbol{A}^*|\neq 0$，则有

$$\boldsymbol{A}^*(\boldsymbol{A}^*)^{-1}=\boldsymbol{E},$$

由此得

$$\boldsymbol{A}=\boldsymbol{A}\boldsymbol{A}^*(\boldsymbol{A}^*)^{-1}=|\boldsymbol{A}|\boldsymbol{E}(\boldsymbol{A}^*)^{-1}=\boldsymbol{O}\Rightarrow\boldsymbol{A}^*=\boldsymbol{O},$$

这与 $|\boldsymbol{A}^*|\neq 0$ 矛盾，故当 $|\boldsymbol{A}|=0$ 时，有 $|\boldsymbol{A}^*|=0$.

(2) 由 $\boldsymbol{A}\boldsymbol{A}^*=|\boldsymbol{A}|\boldsymbol{E}$，两边取行列式得到：

$$|\boldsymbol{A}||\boldsymbol{A}^*|=|\boldsymbol{A}|^n.$$

若 $|\boldsymbol{A}|\neq 0$，则

$$|\boldsymbol{A}^*|=|\boldsymbol{A}|^{n-1}.$$

若 $|\boldsymbol{A}|=0$，由 (1) 知 $|\boldsymbol{A}^*|=0$，此时命题也成立. 故有 $|\boldsymbol{A}^*|=|\boldsymbol{A}|^{n-1}$.

19. 已知 $\boldsymbol{A}$, $\boldsymbol{B}$ 为 4 阶方阵，且 $|\boldsymbol{A}|=-2$，$|\boldsymbol{B}|=3$，求：

(1) $|5\boldsymbol{AB}|$；　(2) $|-\boldsymbol{AB}^{\mathrm{T}}|$；　(3) $|(\boldsymbol{AB})^{-1}|$；

(4) $|\boldsymbol{A}^{-1}\boldsymbol{B}^{-1}|$；　(5) $|((\boldsymbol{AB})^{\mathrm{T}})^{-1}|$.

解 (1) $|5\boldsymbol{AB}|=5^4|\boldsymbol{A}||\boldsymbol{B}|=-3\,750$.

(2) $|-\boldsymbol{AB}^{\mathrm{T}}|=(-1)^4|\boldsymbol{A}||\boldsymbol{B}^{\mathrm{T}}|=-2\times3=-6$.

(3) $|(\boldsymbol{AB})^{-1}|=|\boldsymbol{B}^{-1}\boldsymbol{A}^{-1}|=|\boldsymbol{B}|^{-1}|\boldsymbol{A}|^{-1}=\dfrac{1}{3}\times\left(-\dfrac{1}{2}\right)=-\dfrac{1}{6}$.

(4) $|\boldsymbol{A}^{-1}\boldsymbol{B}^{-1}|=|\boldsymbol{A}|^{-1}|\boldsymbol{B}|^{-1}=-\dfrac{1}{6}$.

(5) $|((\boldsymbol{AB}^{\mathrm{T}})^{-1})|=|((\boldsymbol{AB})^{-1})^{\mathrm{T}}|=|(\boldsymbol{AB})^{-1}|=-\dfrac{1}{6}$.

20. 已知 n 阶矩阵 $\boldsymbol{A}=\begin{pmatrix}1&0&0&\cdots&0\\1&1&0&\cdots&0\\1&1&1&\cdots&0\\\vdots&\vdots&\vdots&&\vdots\\1&1&1&\cdots&1\end{pmatrix}$，求 $|\boldsymbol{A}|$ 中所有元素的代数余子式的和.

解题思路 利用伴随矩阵的概念解题.

解 利用公式 $\boldsymbol{A}^*=|\boldsymbol{A}|\boldsymbol{A}^{-1}$，先求出 $|\boldsymbol{A}|$ 及 $\boldsymbol{A}^{-1}$，再计算所求和.

显然 $|\boldsymbol{A}|=1$，又

$$(\boldsymbol{A}|\boldsymbol{E})=\left(\begin{array}{ccccc:ccccc}1&0&0&\cdots&0&1&&&&\\1&1&0&\cdots&0&&1&&&\\1&1&1&\cdots&0&&&1&&\\\vdots&\vdots&\vdots&&\vdots&&&&\ddots&\\1&1&1&\cdots&1&&&&&1\end{array}\right)$$

$$\rightarrow\left(\begin{array}{cccc:ccccc}1&&&&1&&&&\\&1&&&-1&1&&&\\&&1&&&-1&1&&\\&&&\ddots&&&\ddots&\ddots&\\&&&1&&&&-1&1\end{array}\right)$$

可见

$$\boldsymbol{A}^*=|\boldsymbol{A}|\boldsymbol{A}^{-1}=\boldsymbol{A}^{-1}=\begin{pmatrix}1&&&&\\-1&1&&&\\&-1&1&&\\&&\ddots&\ddots&\\&&&-1&1\end{pmatrix}.$$

于是

$$\sum_{i,j=1}^{n} A_{ij} = n-(n-1)=1.$$

21. 设 n 阶矩阵 $\boldsymbol{A}$ 及 s 阶矩阵 $\boldsymbol{B}$ 都可逆，求：

(1) $\begin{pmatrix} \boldsymbol{A} & \boldsymbol{O} \\ \boldsymbol{C} & \boldsymbol{B} \end{pmatrix}^{-1}$； (2) $\begin{pmatrix} \boldsymbol{A} & \boldsymbol{C} \\ \boldsymbol{O} & \boldsymbol{B} \end{pmatrix}^{-1}$.

解题思路 分块求逆法. 若矩阵 $\boldsymbol{A}$ 能分块为下列类型之一，

$$\begin{pmatrix} \boldsymbol{A}_{11} & \boldsymbol{O} \\ \boldsymbol{O} & \boldsymbol{A}_{22} \end{pmatrix},\ \begin{pmatrix} \boldsymbol{A}_{11} & \boldsymbol{A}_{12} \\ \boldsymbol{O} & \boldsymbol{A}_{22} \end{pmatrix},\ \begin{pmatrix} \boldsymbol{A}_{11} & \boldsymbol{O} \\ \boldsymbol{A}_{21} & \boldsymbol{A}_{22} \end{pmatrix},\ \begin{pmatrix} \boldsymbol{O} & \boldsymbol{A}_{11} \\ \boldsymbol{A}_{22} & \boldsymbol{O} \end{pmatrix},$$

其中 $\boldsymbol{A}_{11}$，$\boldsymbol{A}_{22}$ 为可逆矩阵，则可用分块矩阵的运算性质，化为相应分块的求逆问题.

解 (1) 设 $\boldsymbol{X}=\begin{pmatrix} \boldsymbol{X}_{11} & \boldsymbol{X}_{12} \\ \boldsymbol{X}_{21} & \boldsymbol{X}_{22} \end{pmatrix}$，其中 $\boldsymbol{X}_{11}$、$\boldsymbol{X}_{12}$、$\boldsymbol{X}_{21}$、$\boldsymbol{X}_{22}$ 依次是 $n\times n$、$n\times s$、$s\times n$、$s\times s$ 待定矩阵. 于是

$$\boldsymbol{E}_{n+s}=\begin{pmatrix} \boldsymbol{E}_n & \boldsymbol{O} \\ \boldsymbol{O} & \boldsymbol{E}_s \end{pmatrix}=\begin{pmatrix} \boldsymbol{A} & \boldsymbol{O} \\ \boldsymbol{C} & \boldsymbol{B} \end{pmatrix}\begin{pmatrix} \boldsymbol{X}_{11} & \boldsymbol{X}_{12} \\ \boldsymbol{X}_{21} & \boldsymbol{X}_{22} \end{pmatrix}$$

$$=\begin{pmatrix} \boldsymbol{A}\boldsymbol{X}_{11} & \boldsymbol{A}\boldsymbol{X}_{12} \\ \boldsymbol{C}\boldsymbol{X}_{11}+\boldsymbol{B}\boldsymbol{X}_{21} & \boldsymbol{C}\boldsymbol{X}_{12}+\boldsymbol{B}\boldsymbol{X}_{22} \end{pmatrix}.$$

比较得

$$\boldsymbol{A}\boldsymbol{X}_{11}=\boldsymbol{E}_n\Rightarrow\boldsymbol{X}_{11}=\boldsymbol{A}^{-1};$$
$$\boldsymbol{A}\boldsymbol{X}_{12}=\boldsymbol{O}\Rightarrow\boldsymbol{X}_{12}=\boldsymbol{O};$$
$$\boldsymbol{C}\boldsymbol{X}_{12}+\boldsymbol{B}\boldsymbol{X}_{22}=\boldsymbol{E}_s\Rightarrow\boldsymbol{B}\boldsymbol{X}_{22}=\boldsymbol{E}_s\Rightarrow\boldsymbol{X}_{22}=\boldsymbol{B}^{-1};$$
$$\boldsymbol{C}\boldsymbol{X}_{11}+\boldsymbol{B}\boldsymbol{X}_{21}=\boldsymbol{O}\Rightarrow\boldsymbol{B}\boldsymbol{X}_{21}=-\boldsymbol{C}\boldsymbol{X}_{11}=-\boldsymbol{C}\boldsymbol{A}^{-1}\Rightarrow\boldsymbol{X}_{21}=-\boldsymbol{B}^{-1}\boldsymbol{C}\boldsymbol{A}^{-1}.$$

故

$$\begin{pmatrix} \boldsymbol{A} & \boldsymbol{O} \\ \boldsymbol{C} & \boldsymbol{B} \end{pmatrix}^{-1}=\boldsymbol{X}=\begin{pmatrix} \boldsymbol{A}^{-1} & \boldsymbol{O} \\ -\boldsymbol{B}^{-1}\boldsymbol{C}\boldsymbol{A}^{-1} & \boldsymbol{B}^{-1} \end{pmatrix}.$$

(2) 因为 $\boldsymbol{A}$，$\boldsymbol{B}$ 可逆，所以 $|\boldsymbol{A}|\neq0$，$|\boldsymbol{B}|\neq0$，故

$$\begin{vmatrix} \boldsymbol{A} & \boldsymbol{C} \\ \boldsymbol{O} & \boldsymbol{B} \end{vmatrix}=|\boldsymbol{A}|\,|\boldsymbol{B}|\neq0\Rightarrow\begin{pmatrix} \boldsymbol{A} & \boldsymbol{C} \\ \boldsymbol{O} & \boldsymbol{B} \end{pmatrix}\text{可逆.}$$

设 $\begin{pmatrix} \boldsymbol{A} & \boldsymbol{C} \\ \boldsymbol{O} & \boldsymbol{B} \end{pmatrix}^{-1}=\begin{pmatrix} \boldsymbol{X}_1 & \boldsymbol{X}_2 \\ \boldsymbol{X}_3 & \boldsymbol{X}_4 \end{pmatrix}$，其中 $\boldsymbol{X}_1$ 为 n 阶，$\boldsymbol{X}_4$ 为 s 阶，$\boldsymbol{X}_2$ 为 $n\times s$ 阶，$\boldsymbol{X}_3$

为 $s\times n$ 阶.

由

$$\begin{pmatrix} \boldsymbol{A} & \boldsymbol{C} \\ \boldsymbol{O} & \boldsymbol{B} \end{pmatrix}\begin{pmatrix} \boldsymbol{X}_1 & \boldsymbol{X}_2 \\ \boldsymbol{X}_3 & \boldsymbol{X}_4 \end{pmatrix}=\begin{pmatrix} \boldsymbol{E}_n & \boldsymbol{O} \\ \boldsymbol{O} & \boldsymbol{E}_s \end{pmatrix}\Rightarrow\begin{cases} \boldsymbol{AX}_1+\boldsymbol{CX}_3=\boldsymbol{E}_n \\ \boldsymbol{BX}_3=\boldsymbol{O} \\ \boldsymbol{AX}_2+\boldsymbol{CX}_4=\boldsymbol{O} \\ \boldsymbol{BX}_4=\boldsymbol{E}_s \end{cases}$$

$$\Rightarrow \boldsymbol{X}_1=\boldsymbol{A}^{-1},\ \boldsymbol{X}_3=\boldsymbol{O},\ \boldsymbol{X}_4=\boldsymbol{B}^{-1},\ \boldsymbol{X}_2=-\boldsymbol{A}^{-1}\boldsymbol{CB}^{-1},$$

故

$$\begin{pmatrix} \boldsymbol{A} & \boldsymbol{C} \\ \boldsymbol{O} & \boldsymbol{B} \end{pmatrix}^{-1}=\begin{pmatrix} \boldsymbol{A}^{-1} & -\boldsymbol{A}^{-1}\boldsymbol{CB}^{-1} \\ \boldsymbol{O} & \boldsymbol{B}^{-1} \end{pmatrix}.$$

22. 用矩阵的分块求下列矩阵的逆矩阵:

(1) $\begin{pmatrix} 1 & 0 & 0 & 0 \\ 1 & 2 & 0 & 0 \\ 2 & 1 & 3 & 0 \\ 1 & 2 & 1 & 4 \end{pmatrix}$; (2) $\begin{pmatrix} 1 & 1 & 0 & 0 & 0 \\ -1 & 3 & 0 & 0 & 0 \\ 0 & 0 & -2 & 0 & 0 \\ 0 & 0 & 0 & 1 & 2 \\ 0 & 0 & 0 & 0 & 1 \end{pmatrix}$.

解 (1) 将原矩阵分块 $\boldsymbol{A}=\begin{pmatrix} \boldsymbol{A}_1 & \boldsymbol{O} \\ \boldsymbol{A}_2 & \boldsymbol{A}_3 \end{pmatrix}$, $\boldsymbol{A}_1=\begin{pmatrix} 1 & 0 \\ 1 & 2 \end{pmatrix}$, $\boldsymbol{A}_2=\begin{pmatrix} 2 & 1 \\ 1 & 2 \end{pmatrix}$, $\boldsymbol{A}_3=\begin{pmatrix} 3 & 0 \\ 1 & 4 \end{pmatrix}$.

因 $\boldsymbol{A}_1^{-1}=\begin{pmatrix} 1 & 0 \\ -\frac{1}{2} & \frac{1}{2} \end{pmatrix}$, $\boldsymbol{A}_3^{-1}=\begin{pmatrix} \frac{1}{3} & 0 \\ -\frac{1}{12} & \frac{1}{4} \end{pmatrix}$,

$$-\boldsymbol{A}_3^{-1}\boldsymbol{A}_2\boldsymbol{A}_1^{-1}=\begin{pmatrix} -\frac{1}{2} & -\frac{1}{6} \\ \frac{1}{8} & -\frac{5}{24} \end{pmatrix},$$

由上题 (1) 知

$$\boldsymbol{A}^{-1}=\begin{pmatrix} 1 & 0 & 0 & 0 \\ -\frac{1}{2} & \frac{1}{2} & 0 & 0 \\ -\frac{1}{2} & -\frac{1}{6} & \frac{1}{3} & 0 \\ \frac{1}{8} & -\frac{5}{24} & -\frac{1}{12} & \frac{1}{4} \end{pmatrix}.$$

(2) $\boldsymbol{A}=\begin{pmatrix}\boldsymbol{A}_1 & \boldsymbol{O}\\ \boldsymbol{O} & \boldsymbol{A}_2\end{pmatrix}$，其中 $\boldsymbol{A}_1=\begin{pmatrix}1 & 1\\ -1 & 3\end{pmatrix}$，$\boldsymbol{A}_2=\begin{pmatrix}-2 & 0 & 0\\ 0 & 1 & 2\\ 0 & 0 & 1\end{pmatrix}$，则

$$\boldsymbol{A}_1^{-1}=\begin{pmatrix}\frac{3}{4} & -\frac{1}{4}\\ \frac{1}{4} & \frac{1}{4}\end{pmatrix},\ \boldsymbol{A}_2^{-1}=\begin{pmatrix}-\frac{1}{2} & 0 & 0\\ 0 & 1 & -2\\ 0 & 0 & 1\end{pmatrix},$$

故

$$\boldsymbol{A}^{-1}=\begin{pmatrix}\boldsymbol{A}_1^{-1} & \boldsymbol{O}\\ \boldsymbol{O} & \boldsymbol{A}_2^{-1}\end{pmatrix}=\begin{pmatrix}\frac{3}{4} & -\frac{1}{4} & 0 & 0 & 0\\ \frac{1}{4} & \frac{1}{4} & 0 & 0 & 0\\ 0 & 0 & -\frac{1}{2} & 0 & 0\\ 0 & 0 & 0 & 1 & -2\\ 0 & 0 & 0 & 0 & 1\end{pmatrix}.$$

23. 设 $\boldsymbol{A}$，$\boldsymbol{B}$ 为 n 阶方阵，证明：

(1) $\begin{vmatrix}\boldsymbol{A} & \boldsymbol{B}\\ \boldsymbol{B} & \boldsymbol{A}\end{vmatrix}=|\boldsymbol{A}+\boldsymbol{B}|\,|\boldsymbol{A}-\boldsymbol{B}|$；

(2) $\begin{pmatrix}\boldsymbol{A} & \boldsymbol{B}\\ \boldsymbol{B} & \boldsymbol{A}\end{pmatrix}$可逆的充要条件为 $\boldsymbol{A}+\boldsymbol{B}$，$\boldsymbol{A}-\boldsymbol{B}$ 均可逆.

证明思路　利用分块矩阵的初等变换和分块矩阵与其行列式的关系证明.

证　(1) 因 $\begin{pmatrix}\boldsymbol{E}_n & \boldsymbol{E}_n\\ \boldsymbol{O} & \boldsymbol{E}_n\end{pmatrix}\begin{pmatrix}\boldsymbol{A} & \boldsymbol{B}\\ \boldsymbol{B} & \boldsymbol{A}\end{pmatrix}\begin{pmatrix}\boldsymbol{E}_n & -\boldsymbol{E}_n\\ \boldsymbol{O} & \boldsymbol{E}_n\end{pmatrix}=\begin{pmatrix}\boldsymbol{A}+\boldsymbol{B} & \boldsymbol{O}\\ \boldsymbol{B} & \boldsymbol{A}-\boldsymbol{B}\end{pmatrix}$，两边同时取行列式，有

$$\begin{vmatrix}\boldsymbol{A} & \boldsymbol{B}\\ \boldsymbol{B} & \boldsymbol{A}\end{vmatrix}=\begin{vmatrix}\boldsymbol{A}+\boldsymbol{B} & \boldsymbol{O}\\ \boldsymbol{B} & \boldsymbol{A}-\boldsymbol{B}\end{vmatrix}=|\boldsymbol{A}+\boldsymbol{B}|\,|\boldsymbol{A}-\boldsymbol{B}|.$$

(2) 由 (1) 显然.

24. 设 $\boldsymbol{A}$ 为 n 阶矩阵，$\boldsymbol{\alpha}_1$，$\boldsymbol{\alpha}_2$，…，$\boldsymbol{\alpha}_n$ 为 $\boldsymbol{A}$ 的行子块，试用 $\boldsymbol{\alpha}_1$，$\boldsymbol{\alpha}_2$，…，$\boldsymbol{\alpha}_n$ 表示$\boldsymbol{A}\boldsymbol{A}^{\mathrm{T}}=\boldsymbol{E}$.

证明思路　利用分块矩阵的转置和乘法的运算规律.

解 $AA^{\mathrm{T}}=\begin{pmatrix}\boldsymbol{\alpha}_1\\ \boldsymbol{\alpha}_2\\ \vdots\\ \boldsymbol{\alpha}_n\end{pmatrix}=(\boldsymbol{\alpha}_1^{\mathrm{T}},\boldsymbol{\alpha}_2^{\mathrm{T}},\cdots,\boldsymbol{\alpha}_n^{\mathrm{T}})=\begin{pmatrix}\boldsymbol{\alpha}_1\boldsymbol{\alpha}_1^{\mathrm{T}} & \boldsymbol{\alpha}_1\boldsymbol{\alpha}_2^{\mathrm{T}} & \cdots & \boldsymbol{\alpha}_1\boldsymbol{\alpha}_n^{\mathrm{T}}\\ \boldsymbol{\alpha}_2\boldsymbol{\alpha}_1^{\mathrm{T}} & \boldsymbol{\alpha}_2\boldsymbol{\alpha}_2^{\mathrm{T}} & \cdots & \boldsymbol{\alpha}_2\boldsymbol{\alpha}_n^{\mathrm{T}}\\ \vdots & \vdots & & \vdots\\ \boldsymbol{\alpha}_n\boldsymbol{\alpha}_1^{\mathrm{T}} & \boldsymbol{\alpha}_n\boldsymbol{\alpha}_2^{\mathrm{T}} & \cdots & \boldsymbol{\alpha}_n\boldsymbol{\alpha}_n^{\mathrm{T}}\end{pmatrix}$.

若 $AA^{\mathrm{T}}=E$ 成立，则必须是 AA^{T} 的主对角线上的元素全为1，其他位置上的元素都为零，即

$$\boldsymbol{\alpha}_i\boldsymbol{\alpha}_j^{\mathrm{T}}=\begin{cases}0, & i\neq j\\ 1, & i=j\end{cases}，其中 i, j=1, 2, \cdots, n.$$

25. 填空 $\begin{pmatrix}0&0&1\\0&1&0\\1&0&0\end{pmatrix}^{2000}\begin{pmatrix}1&2&3\\4&5&6\\7&8&9\end{pmatrix}\begin{pmatrix}1&0&0\\0&0&1\\0&1&0\end{pmatrix}^{2001}=$________.

解题思路 对矩阵 A 施以行（列）变换就相当于用相应的初等矩阵左（右）乘 A.

解 注意到 $P=\begin{pmatrix}0&0&1\\0&1&0\\1&0&0\end{pmatrix}$ 与 $Q=\begin{pmatrix}1&0&0\\0&0&1\\0&1&0\end{pmatrix}$ 均为初等矩阵，PA 是 A 作一次行变换（第1、3行互换），$P^{2000}A$ 为 A 的第1、3行作了偶数次对换，故

$$P^{2000}A=A.$$

类似地，AQ^{2001} 相当于 A 的第2、3列作了一次对换，故应填 $\begin{pmatrix}1&3&2\\4&6&5\\7&9&8\end{pmatrix}$.

26. 设 A 是 n 阶可逆方阵，互换 A 中第 i 行和第 j 行得到矩阵 B，求 AB^{-1}.

解题思路 利用初等矩阵的性质.

解 由题意及初等矩阵性质，有

$$B=E(ij)A,$$

所以

$$AB^{-1}=A(E(ij)A)^{-1}=AA^{-1}E^{-1}(ij)=E^{-1}(ij)=E(ij).$$

27. 设 A，B 为 n 阶矩阵，$2A-B-AB=E$，$A^2=A$，其中 E 为 n 阶单位矩阵，

(1) 证明：$A-B$ 为可逆矩阵，并求 $(A-B)^{-1}$；

(2) 已知 $A=\begin{pmatrix}1&0&0\\0&3&-1\\0&6&-2\end{pmatrix}$，试求矩阵 B.

证明思路　利用逆矩阵的定义找出 $\boldsymbol{B}$，使 $\boldsymbol{AB}=\boldsymbol{E}$ 或 $\boldsymbol{BA}=\boldsymbol{E}\Rightarrow\boldsymbol{A}^{-1}=\boldsymbol{B}$.

证　(1) 由于 $\boldsymbol{A}^2=\boldsymbol{A}$，于是

$$\begin{aligned}2\boldsymbol{A}-\boldsymbol{B}-\boldsymbol{AB}&=\boldsymbol{A}-\boldsymbol{B}+\boldsymbol{A}-\boldsymbol{AB}=\boldsymbol{A}-\boldsymbol{B}+\boldsymbol{A}^2-\boldsymbol{AB}\\&=(\boldsymbol{A}-\boldsymbol{B})+\boldsymbol{A}(\boldsymbol{A}-\boldsymbol{B})=(\boldsymbol{E}+\boldsymbol{A})(\boldsymbol{A}-\boldsymbol{B})=\boldsymbol{E},\end{aligned}$$

故 $\boldsymbol{A}-\boldsymbol{B}$ 为可逆矩阵，且 $(\boldsymbol{A}-\boldsymbol{B})^{-1}=\boldsymbol{E}+\boldsymbol{A}$.

解　(2) 由 (1) 知，$(\boldsymbol{A}-\boldsymbol{B})^{-1}=\boldsymbol{E}+\boldsymbol{A}$，$\boldsymbol{A}-\boldsymbol{B}=(\boldsymbol{E}+\boldsymbol{A})^{-1}$，故

$$\boldsymbol{B}=\boldsymbol{A}-(\boldsymbol{E}+\boldsymbol{A})^{-1}.$$

而 $\boldsymbol{E}+\boldsymbol{A}=\begin{pmatrix}2&0&0\\0&4&-1\\0&6&-1\end{pmatrix}$，$(\boldsymbol{E}+\boldsymbol{A})^{-1}=\begin{pmatrix}\frac{1}{2}&0&0\\0&-\frac{1}{2}&\frac{1}{2}\\0&-3&2\end{pmatrix}$，所以

$$\boldsymbol{B}=\boldsymbol{A}-(\boldsymbol{E}+\boldsymbol{A})^{-1}=\begin{pmatrix}\frac{1}{2}&0&0\\0&\frac{7}{2}&-\frac{3}{2}\\0&9&-4\end{pmatrix}.$$

28. 已知 $\boldsymbol{A}$，$\boldsymbol{B}$ 均是三阶矩阵，将 $\boldsymbol{A}$ 中第 3 行的 -2 倍加至第 2 行得到矩阵 $\boldsymbol{A}_1$，将 $\boldsymbol{B}$ 中第 2 列加至第 1 列得到矩阵 $\boldsymbol{B}_1$，又知 $\boldsymbol{A}_1\boldsymbol{B}_1=\begin{pmatrix}1&1&1\\0&2&2\\0&0&3\end{pmatrix}$，求 $\boldsymbol{AB}$.

解题思路　理解初等变换与初等矩阵的关系，对矩阵 $\boldsymbol{A}$ 施以行（列）变换就相当于用相应的初等矩阵左（右）乘 $\boldsymbol{A}$，熟练应用有关结论解题.

解　由题设条件，令

$$\boldsymbol{P}=\begin{pmatrix}1&0&0\\0&1&-2\\0&0&1\end{pmatrix},\ \boldsymbol{Q}=\begin{pmatrix}1&0&0\\1&1&0\\0&0&1\end{pmatrix},$$

则

$$\boldsymbol{A}_1=\boldsymbol{PA},\ \boldsymbol{B}_1=\boldsymbol{BQ}\Rightarrow\boldsymbol{A}_1\boldsymbol{B}_1=\boldsymbol{PABQ},$$

$$\begin{aligned}\boldsymbol{AB}=\boldsymbol{P}^{-1}\boldsymbol{A}_1\boldsymbol{B}_1\boldsymbol{Q}^{-1}&=\begin{pmatrix}1&0&0\\0&1&2\\0&0&1\end{pmatrix}\begin{pmatrix}1&1&1\\0&2&2\\0&0&3\end{pmatrix}\begin{pmatrix}1&0&0\\-1&1&0\\0&0&1\end{pmatrix}\\&=\begin{pmatrix}0&1&1\\-2&2&8\\0&0&3\end{pmatrix}.\end{aligned}$$

29. 已知 $A=\begin{pmatrix}1 & 1 & -1\\ -1 & 1 & 1\\ 1 & -1 & 1\end{pmatrix}$，矩阵 X 满足 $A^*X=A^{-1}+2X$，其中 A^* 是 A 的伴随矩阵，求矩阵 X.

解题思路 利用矩阵的三种典型运算 A^{T}、A^{-1}、A^*，可将已知条件化为下列形式的标准矩阵方程

$$AX=B, \tag{1}$$

$$XA=B, \tag{2}$$

$$AXB=C. \tag{3}$$

利用矩阵乘法的运算规律和逆矩阵的运算性质，通过在方程两边左乘或右乘相应矩阵的逆矩阵，可分别求出其解：

$$X=A^{-1}B, \tag{1'}$$

$$X=BA^{-1}, \tag{2'}$$

$$X=A^{-1}CB^{-1}, \tag{3'}$$

对于其中涉及的逆矩阵的计算，则视具体情况可采用初等变换法或伴随矩阵法等.

解 由 $AA^*=|A|E$，用矩阵 A 左乘方程的两端，有

$$|A|X=E+2AX\Rightarrow(|A|E-2A)X=E\Rightarrow X=(|A|E-2A)^{-1}.$$

由于

$$|A|=\begin{vmatrix}1 & 1 & -1\\ -1 & 1 & 1\\ 1 & -1 & 1\end{vmatrix}=4,\ |A|E-2A=2\begin{pmatrix}1 & -1 & 1\\ 1 & 1 & -1\\ -1 & 1 & 1\end{pmatrix},$$

故

$$X=\frac{1}{2}\begin{pmatrix}1 & -1 & 1\\ 1 & 1 & -1\\ -1 & 1 & 1\end{pmatrix}^{-1}=\frac{1}{4}\begin{pmatrix}1 & 1 & 0\\ 0 & 1 & 1\\ 1 & 0 & 1\end{pmatrix}.$$

30. 设四阶矩阵 B 满足

$$\left[\left(\frac{1}{2}A\right)^*\right]^{-1}BA^{-1}=2AB+12E,$$

其中 E 是四阶单位矩阵，而 $A=\begin{pmatrix}1 & 2 & 0 & 0\\ 1 & 3 & 0 & 0\\ 0 & 0 & 0 & 2\\ 0 & 0 & -1 & 0\end{pmatrix}$，求矩阵 B.

解　由拉普拉斯展开定理，有$|\boldsymbol{A}|=\begin{vmatrix}1&2\\1&3\end{vmatrix}\begin{vmatrix}0&2\\-1&0\end{vmatrix}=2.$
又由于 $\boldsymbol{A}$ 是四阶可逆矩阵，故

$$\left(\frac{1}{2}\boldsymbol{A}\right)^*=\left(\frac{1}{2}\right)^3\cdot\boldsymbol{A}^*,$$

于是

$$\left[\left(\frac{1}{2}\boldsymbol{A}\right)^*\right]^{-1}=\left(\frac{1}{2^3}\boldsymbol{A}^*\right)^{-1}=8(\boldsymbol{A}^*)^{-1}=8\cdot\frac{\boldsymbol{A}}{|\boldsymbol{A}|}=4\boldsymbol{A},$$

原方程化简为

$$2\boldsymbol{ABA}^{-1}=\boldsymbol{AB}+6\boldsymbol{E},$$

左乘 $\boldsymbol{A}^{-1}$，得

$$\boldsymbol{B}(2\boldsymbol{A}^{-1}-\boldsymbol{E})=6\boldsymbol{A}^{-1},$$

故

$$\boldsymbol{B}=6\boldsymbol{A}^{-1}(2\boldsymbol{A}^{-1}-\boldsymbol{E})^{-1}=6[(2\boldsymbol{A}^{-1}-\boldsymbol{E})\boldsymbol{A}]^{-1}=6(2\boldsymbol{E}-\boldsymbol{A})^{-1}.$$

用分块矩阵求逆法，可求得

$$\boldsymbol{B}=6(2\boldsymbol{E}-\boldsymbol{A})^{-1}=6\begin{pmatrix}1&-2&0&0\\-1&-1&0&0\\0&0&2&-2\\0&0&1&2\end{pmatrix}^{-1}=\begin{pmatrix}2&-4&0&0\\-2&-2&0&0\\0&0&2&2\\0&0&-1&2\end{pmatrix}.$$

31. 设$(2\boldsymbol{E}-\boldsymbol{C}^{-1}\boldsymbol{B})\boldsymbol{A}^{\mathrm{T}}=\boldsymbol{C}^{-1}$，其中 $\boldsymbol{A}^{\mathrm{T}}$ 是四阶矩阵 $\boldsymbol{A}$ 的转置矩阵，

$$\boldsymbol{B}=\begin{pmatrix}1&2&-3&-2\\0&1&2&-3\\0&0&1&2\\0&0&0&1\end{pmatrix},\ \boldsymbol{C}=\begin{pmatrix}1&2&0&1\\0&1&2&0\\0&0&1&2\\0&0&0&1\end{pmatrix},$$

求矩阵 $\boldsymbol{A}$.

解　用矩阵 $\boldsymbol{C}$ 左乘方程的两端，得

$$(2\boldsymbol{C}-\boldsymbol{B})\boldsymbol{A}^{\mathrm{T}}=\boldsymbol{E},$$

对上式两端取转置，得

$$\boldsymbol{A}(2\boldsymbol{C}^{\mathrm{T}}-\boldsymbol{B}^{\mathrm{T}})=\boldsymbol{E}.$$

因为 $\boldsymbol{A}$ 是四阶方阵，故

$$A=(2C^{\mathrm T}-B^{\mathrm T})^{-1}=\begin{pmatrix}1&0&0&0\\2&1&0&0\\3&2&1&0\\4&3&2&1\end{pmatrix}^{-1}=\begin{pmatrix}1&0&0&0\\-2&1&0&0\\1&-2&1&0\\0&1&-2&1\end{pmatrix}.$$

32. 设三阶矩阵 $A=\begin{pmatrix}x&1&1\\1&x&1\\1&1&x\end{pmatrix}$，试求矩阵 A 的秩.

解题思路 矩阵求秩的主要方法有：

(1) 定义法. 通过计算矩阵的各阶子式求秩，还可利用矩阵秩的有关已知结论求所给矩阵的秩.

(2) 初等变换法. 对矩阵施行初等变换不改变矩阵的秩，故可用初等行变换把矩阵变为行阶梯形矩阵，而行阶梯形矩阵中非零行的行数就是矩阵的秩.

解 方法一 直接从矩阵秩的行列式定义出发讨论. 由于

$$\begin{vmatrix}x&1&1\\1&x&1\\1&1&x\end{vmatrix}=(x+2)(x-1)^2,$$

故

1°当 $x\neq1$ 且 $x\neq-2$ 时，$|A|\neq0$，$\mathrm r(A)=3$；

2°当 $x=1$ 时，$|A|=0$，且 $A=\begin{pmatrix}1&1&1\\1&1&1\\1&1&1\end{pmatrix}$，显然，$\mathrm r(A)=1$；

3°当 $x=-2$ 时，$|A|=0$，且 $A=\begin{pmatrix}-2&1&1\\1&-2&1\\1&1&-2\end{pmatrix}$，这时有二阶子式 $\begin{vmatrix}-2&1\\1&-2\end{vmatrix}\neq0$，显然，$\mathrm r(A)=2$.

方法二 利用初等变换求秩.

$$A=\begin{pmatrix}x&1&1\\1&x&1\\1&1&x\end{pmatrix}\to\begin{pmatrix}1&1&x\\1&x&1\\x&1&1\end{pmatrix}\to\begin{pmatrix}1&1&x\\0&x-1&-(x-1)\\0&-(x-1)&1-x^2\end{pmatrix}$$

$$\to\begin{pmatrix}1&1&x\\0&x-1&-(x-1)\\0&0&-(x+2)(x-1)\end{pmatrix},$$

于是由初等变换不改变矩阵的秩，易得到同方法一的结果.

33. 设 $\boldsymbol{A}$ 为 5×4 矩阵，$\boldsymbol{A}=\begin{pmatrix}1&2&3&1\\2&-1&k&2\\0&1&1&3\\1&-1&0&4\\2&0&2&5\end{pmatrix}$，且 $\boldsymbol{A}$ 的秩为 3，求 k.

解　方法一　用初等变换.

$$\boldsymbol{A}=\begin{pmatrix}1&2&3&1\\2&-1&k&2\\0&1&1&3\\1&-1&0&4\\2&0&2&5\end{pmatrix}\to\begin{pmatrix}1&2&3&1\\0&-5&k-6&0\\0&1&1&3\\0&-3&-3&3\\0&-4&-4&3\end{pmatrix}$$

$$\to\begin{pmatrix}1&2&3&1\\0&1&1&3\\0&0&k-1&15\\0&0&0&12\\0&0&0&15\end{pmatrix}\to\begin{pmatrix}1&2&3&1\\0&1&1&3\\0&0&k-1&15\\0&0&0&1\\0&0&0&0\end{pmatrix},$$

易见若 $\mathrm{r}(\boldsymbol{A})=3$，则必有 $k-1=0$，即 $k=1$.

方法二　定义法. 因为 $\boldsymbol{A}$ 的秩为 3，故其四阶子式

$$\begin{vmatrix}1&2&3&1\\2&-1&k&2\\0&1&1&3\\1&-1&0&4\end{vmatrix}=0,$$

解得 $k=1$.

34. 证明 $\mathrm{r}\begin{pmatrix}\boldsymbol{A}&\boldsymbol{O}\\\boldsymbol{O}&\boldsymbol{B}\end{pmatrix}=\mathrm{r}(\boldsymbol{A})+\mathrm{r}(\boldsymbol{B})$.

证明思路　利用初等变换保持矩阵的秩不变求分块矩阵的秩.

证　设 $\mathrm{r}(\boldsymbol{A})=r_1$，$\mathrm{r}(\boldsymbol{B})=r_2$，则

$$\boldsymbol{A}\to\begin{pmatrix}\boldsymbol{E}_{r1}&\boldsymbol{O}\\\boldsymbol{O}&\boldsymbol{O}\end{pmatrix},\ \boldsymbol{B}\to\begin{pmatrix}\boldsymbol{E}_{r2}&\boldsymbol{O}\\\boldsymbol{O}&\boldsymbol{O}\end{pmatrix},$$

故

$$\begin{pmatrix}\boldsymbol{A}&\boldsymbol{O}\\\boldsymbol{O}&\boldsymbol{B}\end{pmatrix}\to\begin{pmatrix}\begin{matrix}\boldsymbol{E}_{r1}&\boldsymbol{O}\\\boldsymbol{O}&\boldsymbol{O}\end{matrix}&\boldsymbol{O}\\\boldsymbol{O}&\begin{matrix}\boldsymbol{E}_{r2}&\boldsymbol{O}\\\boldsymbol{O}&\boldsymbol{O}\end{matrix}\end{pmatrix}\to\begin{pmatrix}\boldsymbol{E}_{r1}&&\\&\boldsymbol{E}_{r2}&\\&&\boldsymbol{O}\end{pmatrix},$$

所以

$$\mathrm{r}\begin{pmatrix}\boldsymbol{A} & \boldsymbol{O}\\ \boldsymbol{O} & \boldsymbol{B}\end{pmatrix}=r_1+r_2=\mathrm{r}(\boldsymbol{A})+\mathrm{r}(\boldsymbol{B}).$$

35. 设 n 阶矩阵 $\boldsymbol{A}$ 满足 $\boldsymbol{A}^2=\boldsymbol{A}$，$\boldsymbol{E}$ 为 n 阶单位矩阵，证明 $\mathrm{r}(\boldsymbol{A})+\mathrm{r}(\boldsymbol{A}-\boldsymbol{E})=n$.

证明思路 利用矩阵的秩的性质证明.

证 因为

$$\boldsymbol{A}(\boldsymbol{A}-\boldsymbol{E})=\boldsymbol{A}^2-\boldsymbol{A}=\boldsymbol{A}-\boldsymbol{A}=\boldsymbol{O},$$

所以

$$\mathrm{r}(\boldsymbol{A})+\mathrm{r}(\boldsymbol{A}-\boldsymbol{E})\leqslant n,$$

又因为

$$\mathrm{r}(\boldsymbol{A}-\boldsymbol{E})=\mathrm{r}(\boldsymbol{E}-\boldsymbol{A}),$$

所以

$$\mathrm{r}(\boldsymbol{A})+\mathrm{r}(\boldsymbol{A}-\boldsymbol{E})=\mathrm{r}(\boldsymbol{A})+\mathrm{r}(\boldsymbol{E}-\boldsymbol{A})\geqslant\mathrm{r}(\boldsymbol{A}+\boldsymbol{E}-\boldsymbol{A})=\mathrm{r}(\boldsymbol{E})=n,$$

从而

$$\mathrm{r}(\boldsymbol{A})+\mathrm{r}(\boldsymbol{A}-\boldsymbol{E})=n.$$

36. 设 $\boldsymbol{A}$ 为 n 阶($n\geqslant 2$)方阵，证明 $\mathrm{r}(\boldsymbol{A}^*)=\begin{cases}n, & \mathrm{r}(\boldsymbol{A})=n\\ 1, & \mathrm{r}(\boldsymbol{A})=n-1.\\ 0, & \mathrm{r}(\boldsymbol{A})<n-1\end{cases}$

证明思路 利用矩阵的秩的概念和性质求伴随矩阵的秩.

证 (1) 当 $\mathrm{r}(\boldsymbol{A})=n$ 时，$\mathrm{r}(\boldsymbol{A}^*)=n$.

事实上，由 $|\boldsymbol{A}^*|=|\boldsymbol{A}|^{n-1}$，于是 $\mathrm{r}(\boldsymbol{A})=n\Leftrightarrow|\boldsymbol{A}|\neq 0\Leftrightarrow|\boldsymbol{A}^*|\neq 0\Leftrightarrow\boldsymbol{A}^*$ 是 n 阶满秩矩阵，即 $\mathrm{r}(\boldsymbol{A}^*)=n$.

(2) 当 $\mathrm{r}(\boldsymbol{A})<n-1$ 时，$\mathrm{r}(\boldsymbol{A}^*)=0$.

事实上，由矩阵秩的定义知，此时，$\boldsymbol{A}$ 的所有 $n-1$ 阶子式（即 $\boldsymbol{A}^*$）的任一元素均为零，于是

$$\boldsymbol{A}^*=\boldsymbol{O}\Rightarrow\mathrm{r}(\boldsymbol{A}^*)=0.$$

(3) 当 $\mathrm{r}(\boldsymbol{A})=n-1$ 时，$\mathrm{r}(\boldsymbol{A}^*)=1$.

此时，由矩阵秩的定义，$\boldsymbol{A}$ 中至少有一个 $n-1$ 阶子式不为零，即 $\boldsymbol{A}^*$ 中至少有一元素不为零，故 $\mathrm{r}(\boldsymbol{A}^*)\geqslant 1$.

反之，因 $\mathrm{r}(\boldsymbol{A})=n-1$，$\boldsymbol{A}$ 不是满秩矩阵，于是 $|\boldsymbol{A}|=0$.

由 $\boldsymbol{A}\boldsymbol{A}^*=|\boldsymbol{A}|\boldsymbol{E}$ 知，$\boldsymbol{A}\boldsymbol{A}^*=\boldsymbol{O}$. $\mathrm{r}(\boldsymbol{A})+\mathrm{r}(\boldsymbol{A}^*)\leqslant n$，把 $\mathrm{r}(\boldsymbol{A})=n-1$ 代入，上式成为

$$\mathrm{r}(\boldsymbol{A}^*)\leqslant 1.$$

综合以上两个关于 $\mathrm{r}(\boldsymbol{A}^*)$ 的不等式，得 $\mathrm{r}(\boldsymbol{A}^*)=1$.

第 3 章 线性方程组

线性方程组是线性代数的核心，本章将借助线性方程组简单而具体地介绍线性代数的核心概念，深入理解它们将有助于我们感受线性代数的力与美.

本章教学基本要求：

1. 牢记线性方程组有解的判定定理；
2. 掌握用初等行变换求线性方程组通解的方法；
3. 深入理解向量组的线性相关与线性无关概念；
4. 掌握判断向量组线性相关性的常用法；
5. 正确理解向量组的秩及最大线性无关组；
6. 掌握用矩阵表示向量组和用矩阵运算表示向量运算的方法；
7. 理解矩阵的秩和向量组的秩之间的关系，会用矩阵的初等变换求向量组的秩和最大线性无关组；
8. 知道向量空间、向量空间的基和维数、向量空间的结构；
9. 理解齐次线性方程组解的性质、基础解系、通解、解的结构以及解空间的概念；
10. 理解非齐次线性方程组解的性质、通解的概念以及解的结构.
11. 会将线性代数方程组运用到数学模型中.

§3.1 消元法

一、主要知识归纳

主要知识归纳见表 3-1-1.

表 3-1-1

增广矩阵	线性方程组 $\boldsymbol{Ax}=\boldsymbol{b}$ 的增广矩阵为 $\widetilde{\boldsymbol{A}}=(\boldsymbol{A}, \boldsymbol{b})$.
判定定理	(1) $r(\boldsymbol{A})=r(\widetilde{\boldsymbol{A}})=n$ 当且仅当 $\boldsymbol{Ax}=\boldsymbol{b}$ 有唯一解； (2) $r(\boldsymbol{A})=r(\widetilde{\boldsymbol{A}})<n$ 当且仅当 $\boldsymbol{Ax}=\boldsymbol{b}$ 有无穷多解； (3) $r(\boldsymbol{A})\neq r(\widetilde{\boldsymbol{A}})$ 当且仅当 $\boldsymbol{Ax}=\boldsymbol{b}$ 无解； (4) $r(\boldsymbol{A})=n$ 当且仅当 $\boldsymbol{Ax}=\boldsymbol{0}$ 只有零解； (5) $r(\boldsymbol{A})<n$ 当且仅当 $\boldsymbol{Ax}=\boldsymbol{0}$ 有非零解.

消元法	(1) 写出方程组对应的增广矩阵； (2) 对增广矩阵进行初等行变换，化为阶梯形矩阵或行最简矩阵； (3) 分析方程组是否有解，在有解的情况下，判断解的个数（唯一或无穷）； (4) 写出阶梯形矩阵对应的方程组，它与原方程组同解； (5) 确定自由变量（自由变量的选取不唯一）； (6) 写出方程组的解的一般形式.

* 此表中的“消元法”思想是根据解题思路进行总结的.

二、典型例题分析

例 1　解线性方程组

$$\begin{cases} x_1+x_2+x_3+x_4+x_5=a \\ 3x_1+2x_2+x_3+x_4-3x_5=0 \\ x_2+2x_3+2x_4+6x_5=b \\ 5x_1+4x_2+3x_3+3x_4-x_5=2 \end{cases}.$$

解　对增广矩阵 $\widetilde{\boldsymbol{A}}$ 施行初等行变换.

$$\widetilde{\boldsymbol{A}}=\begin{pmatrix} 1 & 1 & 1 & 1 & 1 & a \\ 3 & 2 & 1 & 1 & -3 & 0 \\ 0 & 1 & 2 & 2 & 6 & b \\ 5 & 4 & 3 & 3 & -1 & 2 \end{pmatrix} \xrightarrow[r_4-5r_1]{r_2-3r_1} \begin{pmatrix} 1 & 1 & 1 & 1 & 1 & a \\ 0 & -1 & -2 & -2 & -6 & -3a \\ 0 & 1 & 2 & 2 & 6 & b \\ 0 & -1 & -2 & -2 & -6 & 2-5a \end{pmatrix}$$

$$\longrightarrow \begin{pmatrix} 1 & 0 & -1 & -1 & -5 & -2a \\ 0 & 1 & 2 & 2 & 6 & 3a \\ 0 & 0 & 0 & 0 & 0 & b-3a \\ 0 & 0 & 0 & 0 & 0 & 2-2a \end{pmatrix}.$$

(1) 当 $b-3a=0$ 且 $2-2a=0$，即 $a=1$ 且 $b=3$ 时，$\mathrm{r}(\boldsymbol{A})=\mathrm{r}(\widetilde{\boldsymbol{A}})=2<5$，方程组有无穷多解；

(2) 当 $a\neq 1$ 或 $b\neq 3$ 时，$\mathrm{r}(\boldsymbol{A})\neq \mathrm{r}(\widetilde{\boldsymbol{A}})$，方程组无解.

(3) 当 $a=1$ 且 $b=3$ 时，方程组有解，由初等行变换的结果可得与原方程组同解的方程组

$$\begin{cases} x_1=-2+x_3+x_4+5x_5 \\ x_2=3-2x_3-2x_4-6x_5 \end{cases},$$

故原方程组的全部解为

$$\begin{cases}x_1=-2+c_1+c_2+5c_3\\x_2=3-2c_1-2c_2-6c_3\\x_3=c_1\\x_4=c_2\\x_5=c_3\end{cases}\quad (c_1,c_2,c_3 \text{ 为任意常数}).$$

小结：本题求解线性方程组，主要考查了消元法的运用，只不过要通过讨论字母的取值来确定相应矩阵的秩.

例 2 λ 取何值时，方程组$\begin{cases}2x_1+\lambda x_2-x_3=1\\\lambda x_1-x_2+x_3=2\\4x_1+5x_2-5x_3=-1\end{cases}$无解，有唯一解或有无穷多解？并在有无穷多解时写出方程组的通解.

解 对增广矩阵施行初等行变换

$$(\boldsymbol{A},\boldsymbol{b})=\begin{pmatrix}2&\lambda&-1&1\\\lambda&-1&1&2\\4&5&-5&-1\end{pmatrix}\xrightarrow[r_3-r_1\times 5]{r_2+r_1}\begin{pmatrix}2&\lambda&-1&1\\\lambda+2&\lambda-1&0&3\\-6&-5\lambda+5&0&-6\end{pmatrix}$$

$$\xrightarrow{r_3+r_2\times 5}\begin{pmatrix}2&\lambda&-1&1\\\lambda+2&\lambda-1&0&3\\5\lambda+4&0&0&9\end{pmatrix},$$

则有

(1)当 $\lambda=-\frac{4}{5}$ 时，$r(\boldsymbol{A})=2<3=r(\boldsymbol{A},\boldsymbol{b})$，方程组无解.

(2)当 $\lambda\neq-\frac{4}{5}$ 且 $\lambda\neq1$ 时，$r(\boldsymbol{A})=r(\boldsymbol{A},\boldsymbol{b})=3$，方程组有唯一解.

(3)当 $\lambda=1$ 时，$r(\boldsymbol{A})=r(\boldsymbol{A},\boldsymbol{b})=2$，方程组有无穷多解，此时的同解方程组为

$$\begin{cases}2x_1+x_2-x_3=1\\x_1=1\end{cases},$$

其通解为 $\boldsymbol{x}=\begin{pmatrix}1\\-1\\0\end{pmatrix}+k\begin{pmatrix}0\\1\\1\end{pmatrix}$，$k$ 为任意常数.

小结：本题综合了线性方程组解的判定定理和用消元法解方程组，只不过要通过讨论 λ 的取值来确定相应矩阵的秩.

例 3　设

$$\begin{cases}x_1+x_2-2x_3+3x_4=0\\2x_1+x_2-6x_3+4x_4=-1\\3x_1+2x_2+px_3+7x_4=-1\\x_1-x_2-6x_3-x_4=t\end{cases},$$

讨论 p，t 取何值时，方程组有解或无解，并在有解时求其解.

解　对方程组的增广矩阵施行初等行变换

$$(\boldsymbol{A},\ \boldsymbol{b})=\begin{pmatrix}1&1&-2&3&0\\2&1&-6&4&-1\\3&2&p&7&-1\\1&-1&-6&-1&t\end{pmatrix}\longrightarrow\begin{pmatrix}1&1&-2&3&0\\0&-1&-2&-2&-1\\0&-1&p+6&-2&-1\\0&-2&-4&-4&t\end{pmatrix}$$

$$\longrightarrow\begin{pmatrix}1&0&-4&1&-1\\0&1&2&2&1\\0&0&p+8&0&0\\0&0&0&0&t+2\end{pmatrix},\tag{1}$$

(1) 当 $t+2\neq0$，即 $t\neq-2$ 时，原方程组无解.

(2) 当 $t=-2$ 时，原方程组有解.

①$p=-8$ 时，原方程组有无穷多解，此时与原方程组通解的方程组为

$$\begin{cases}x_1-4x_3+x_4=-1\\x_2+2x_3+2x_4=1\end{cases}.$$

令 $x_3=k_1$，$x_4=k_2$(其中 k_1，k_2 为任意常数)，则方程组的全部解为

$$\begin{cases}x_1=-1+4k_1-k_2\\x_2=1-2k_1-2k_2\\x_3=k_3\\x_4=k_4\end{cases}.$$

②当 $p\neq-8$ 时，原方程组也有无穷多解，此时与原方程组同解的方程组为

$$\begin{cases}x_1-4x_3+x_4=-1\\x_2+2x_3+2x_4=1\\(p+8)x_3=0\end{cases}.$$

令 $x_4=k$（其中 k 为任意常数），则方程组的全部解为

$$\begin{cases}x_1=-1-k\\x_2=1-2k\\x_3=0\\x_4=k\end{cases}.$$

小结：本题主要利用了线性方程组解的判定定理和消元法，只不过线性方程组在两种不同条件下都有无穷多解.

例 4 设矩阵 $\boldsymbol{A}$ 是 $m\times n$ 矩阵，证明：$\boldsymbol{Ax}=\boldsymbol{b}$ 有解的充要条件是若 $\boldsymbol{A}^{\mathrm{T}}\boldsymbol{z}=\boldsymbol{0}$，则 $\boldsymbol{b}^{\mathrm{T}}\boldsymbol{z}=\boldsymbol{0}$.

证 必要性 因 $\boldsymbol{Ax}=\boldsymbol{b}$ 有解，设 $\boldsymbol{x}_0$ 是它的一个解，则有

$$\boldsymbol{Ax}_0=\boldsymbol{b}\Rightarrow\boldsymbol{b}^{\mathrm{T}}=\boldsymbol{x}_0^{\mathrm{T}}\boldsymbol{A}^{\mathrm{T}},$$

等式两边同时右乘 $\boldsymbol{z}$，得

$$\boldsymbol{b}^{\mathrm{T}}\boldsymbol{z}=\boldsymbol{x}_0^{\mathrm{T}}\boldsymbol{A}^{\mathrm{T}}\boldsymbol{z}.$$

由条件 $\boldsymbol{A}^{\mathrm{T}}\boldsymbol{z}=\boldsymbol{0}$ 得 $\boldsymbol{b}^{\mathrm{T}}\boldsymbol{z}=\boldsymbol{0}$.

充分性 当 $\boldsymbol{A}^{\mathrm{T}}\boldsymbol{z}=\boldsymbol{0}$ 时，$\boldsymbol{b}^{\mathrm{T}}\boldsymbol{z}=\boldsymbol{0}$，故 $\begin{pmatrix}\boldsymbol{A}^{\mathrm{T}}\\\boldsymbol{b}^{\mathrm{T}}\end{pmatrix}\boldsymbol{z}=\boldsymbol{0}$ 与 $\boldsymbol{A}^{\mathrm{T}}\boldsymbol{z}=\boldsymbol{0}$ 同解，则

$$\mathrm{r}\begin{pmatrix}\boldsymbol{A}^{\mathrm{T}}\\\boldsymbol{b}^{\mathrm{T}}\end{pmatrix}=\mathrm{r}(\boldsymbol{A}^{\mathrm{T}}).$$

故

$$\mathrm{r}(\boldsymbol{A})=\mathrm{r}(\boldsymbol{A}^{\mathrm{T}})=\mathrm{r}\begin{pmatrix}\boldsymbol{A}^{\mathrm{T}}\\\boldsymbol{b}^{\mathrm{T}}\end{pmatrix}=\mathrm{r}[(\boldsymbol{A},\boldsymbol{b})^{\mathrm{T}}]=\mathrm{r}(\boldsymbol{A},\boldsymbol{b})=\mathrm{r}(\widetilde{\boldsymbol{A}}),$$

因此 $\boldsymbol{Ax}=\boldsymbol{b}$ 有解.

小结：本题的证明利用了线性方程组的有解判定定理，关键是运用同解的线性方程组的系数矩阵具有相同的秩的性质.

三、习题 3-1 解答

1. 选择题.

(1) 设 $\boldsymbol{A}$ 为 $m\times n$ 矩阵，齐次线性方程组 $\boldsymbol{Ax}=\boldsymbol{0}$ 仅有零解的充分必要条件是系数矩阵的秩 $\mathrm{r}(\boldsymbol{A})$（ ）.

(A) 小于 m； (B) 小于 n；

(C) 等于 m； (D) 等于 n.

(2) 设非齐次线性方程组 $\boldsymbol{Ax}=\boldsymbol{b}$ 的导出组为 $\boldsymbol{Ax}=\boldsymbol{0}$. 如果$\boldsymbol{Ax}=\boldsymbol{0}$ 仅有零解，则$\boldsymbol{Ax}=\boldsymbol{b}$（ ）.

(A) 必有无穷多解； (B) 必有唯一解；

(C) 必定无解； (D) 选项 (A)，(B)，(C) 均不对.

(3) 设 $\boldsymbol{A}$ 是 $m\times n$ 矩阵，非齐次线性方程组 $\boldsymbol{Ax}=\boldsymbol{b}$ 的导出组为 $\boldsymbol{Ax}=\boldsymbol{0}$. 如果 $m<n$，则（ ）.

(A) $\boldsymbol{Ax}=\boldsymbol{b}$ 必有无穷多解； (B) $\boldsymbol{Ax}=\boldsymbol{b}$ 必有唯一解；

(C) $\boldsymbol{Ax}=\boldsymbol{0}$ 必有非零解； (D) $\boldsymbol{Ax}=\boldsymbol{0}$ 必有唯一解.

解题思路 参照教材中本节定理 2 及其“注”.

解 (1) 由线性方程组解的判定定理知，应选 (D).

(2)由线性方程组解的判定定理知，应选 (D).

(3)由线性方程组解的判定定理知，应选 (C).

2. 用回代法解下列线性方程组，并写出每一步所对应的矩阵形式.

(1) $\begin{cases}3x_1+2x_2+x_3=-2\\ \qquad\quad x_2-x_3=2\\ \qquad\qquad\ 2x_3=4\end{cases}$；(2) $\begin{cases}x_1-x_2+3x_3-2x_4=1\\ \qquad x_2-2x_3+3x_4=2\\ \qquad\qquad 4x_3+3x_4=3\\ \qquad\qquad\qquad 4x_4=4\end{cases}$.

解：(1)

① $2x_3=4\Rightarrow x_3=2$，即

$$\begin{cases}3x_1+2x_2+x_3=-2\\ x_2-x_3=2\\ x_3=2\end{cases}\leftrightarrow\begin{pmatrix}3&2&1&-2\\0&1&-1&2\\0&0&1&2\end{pmatrix}.$$

② $x_2-2=2\Rightarrow x_2=4$，即

$$\begin{cases}3x_1+2x_2+x_3=-2\\ x_2=4\\ x_3=2\end{cases}\leftrightarrow\begin{pmatrix}3&2&1&-2\\0&1&0&4\\0&0&1&2\end{pmatrix}.$$

③ $3x_1+2\times4+2=-2\Rightarrow x_1=-4$，即

$$\begin{cases}x_1=-4\\ x_2=4\\ x_3=2\end{cases}\leftrightarrow\begin{pmatrix}1&0&0&-4\\0&1&0&4\\0&0&1&2\end{pmatrix}.$$

(2)

① $4x_4=4\Rightarrow x_4=1$，即

$$\begin{cases}x_1-x_2+3x_3-2x_4=1\\x_2-2x_3+3x_4=2\\4x_3+3x_4=3\\x_4=1\end{cases}\leftrightarrow\begin{pmatrix}1&-1&3&-2&1\\0&1&-2&3&2\\0&0&4&3&3\\0&0&0&1&1\end{pmatrix}.$$

② $4x_3+3=3\Rightarrow x_3=0$，即

$$\begin{cases}x_1-x_2+3x_3-2x_4=1\\x_2-2x_3+3x_4=2\\x_3=0\\x_4=1\end{cases}\leftrightarrow\begin{pmatrix}1&-1&3&-2&1\\0&1&-2&3&2\\0&0&1&0&0\\0&0&0&1&1\end{pmatrix}.$$

③ $x_2-0+3=2\Rightarrow x_2=-1$，即

$$\begin{cases}x_1-x_2+3x_3-2x_4=1\\x_2=-1\\x_3=0\\x_4=1\end{cases}\leftrightarrow\begin{pmatrix}1&-1&3&-2&1\\0&1&0&0&-1\\0&0&1&0&0\\0&0&0&1&1\end{pmatrix}.$$

④ $x_1+1+0-2=1\Rightarrow x_1=2$，即

$$\begin{cases}x_1=2\\x_2=-1\\x_3=0\\x_4=1\end{cases}\leftrightarrow\begin{pmatrix}1&0&0&0&2\\0&1&0&0&-1\\0&0&1&0&0\\0&0&0&1&1\end{pmatrix}.$$

3. 用消元法解下列齐次线性方程组：

(1) $\begin{cases}x_1+2x_2-x_3=0\\2x_1+4x_2+7x_3=0\end{cases}$；

(2) $\begin{cases}x_1+2x_2-3x_3=0\\2x_1+5x_2+2x_3=0\\3x_1-x_2-4x_3=0\end{cases}$；

(3) $\begin{cases}x_1+x_2+2x_3-x_4=0\\2x_1+x_2+x_3-x_4=0\\2x_1+2x_2+x_3+2x_4=0\end{cases}$；

(4) $\begin{cases}x_1+2x_2+x_3-x_4=0\\3x_1+6x_2-x_3-3x_4=0\\5x_1+10x_2+x_3-5x_4=0\end{cases}$.

解 (1) 对系数矩阵 $\boldsymbol{A}$ 施以初等行变换变为行最简形矩阵：

$$\boldsymbol{A}=\begin{pmatrix}1&2&-1\\2&4&7\end{pmatrix}\xrightarrow{r_2-2r_1}\begin{pmatrix}1&2&-1\\0&0&9\end{pmatrix}\xrightarrow{r_2\div 9}\begin{pmatrix}1&2&-1\\0&0&1\end{pmatrix}\xrightarrow{r_1+r_2}\begin{pmatrix}1&2&0\\0&0&1\end{pmatrix},$$

得原方程组的同解方程组$\begin{cases}x_1+2x_2=0\\x_3=0\end{cases}$，即

$$\begin{cases}x_1=-2x_2\\x_3=0\end{cases}\ (x_2\text{可任意取值}).$$

令 $x_2=c$，得所求方程组的解为

$$\begin{cases}x_1=-2c\\x_2=c\\x_3=0\end{cases}，\text{其中 } c \text{ 为任意实数}.$$

（2）对系数矩阵 $\boldsymbol{A}$ 施以初等行变换：

$$\boldsymbol{A}=\begin{pmatrix}1&2&-3\\2&5&2\\3&-1&-4\end{pmatrix}\xrightarrow[r_3-3r_1]{r_2-2r_1}\begin{pmatrix}1&2&-3\\0&1&8\\0&-7&5\end{pmatrix}\xrightarrow{r_3+7r_2}\begin{pmatrix}1&2&-3\\0&1&8\\0&0&61\end{pmatrix},$$

可知 $\mathrm{r}(\boldsymbol{A})=3$，所以此齐次线性方程组只有零解.

（3）对系数矩阵实施行变换：

$$\begin{pmatrix}1&1&2&-1\\2&1&1&-1\\2&2&1&2\end{pmatrix}\to\begin{pmatrix}1&0&0&-\frac{4}{3}\\0&1&0&3\\0&0&1&-\frac{4}{3}\end{pmatrix},$$

即得

$$\begin{cases}x_1=\frac{4}{3}x_4\\x_2=-3x_4\\x_3=\frac{4}{3}x_4\\x_4=x_4\end{cases}.$$

故方程组的解为 $\begin{pmatrix}x_1\\x_2\\x_3\\x_4\end{pmatrix}=k\begin{pmatrix}\frac{4}{3}\\-3\\\frac{4}{3}\\1\end{pmatrix}$，$k\in\mathbf{R}$.

（4）对系数矩阵实施行变换：

$$\begin{pmatrix}1&2&1&-1\\3&6&-1&-3\\5&10&1&-5\end{pmatrix}\to\begin{pmatrix}1&2&0&-1\\0&0&1&0\\0&0&0&0\end{pmatrix}，即得\begin{cases}x_1=-2x_2+x_4\\x_2=x_2\\x_3=0\\x_4=x_4\end{cases}，$$

故方程组的解为

$$\begin{pmatrix}x_1\\x_2\\x_3\\x_4\end{pmatrix}=k_1\begin{pmatrix}-2\\1\\0\\0\end{pmatrix}+k_2\begin{pmatrix}1\\0\\0\\1\end{pmatrix}，k_1，k_2\in\mathbf{R}.$$

4. 用消元法解下列非齐次线性方程组：

(1) $\begin{cases}4x_1+2x_2-x_3=2\\3x_1-x_2+2x_3=10\\11x_1+3x_2=8\end{cases}$；　　(2) $\begin{cases}2x+3y+z=4\\x-2y+4z=-5\\3x+8y-2z=13\\4x-y+9z=-6\end{cases}$；

(3) $\begin{cases}2x+y-z+w=1\\4x+2y-2z+w=2\\2x+y-z-w=1\end{cases}$；　　(4) $\begin{cases}2x+y-z+w=1\\3x-2y+z-3w=4\\x+4y-3z+5w=-2\end{cases}$.

解　(1) 对系数的增广矩阵施行行变换，有

$$\begin{pmatrix}4&2&-1&2\\3&-1&2&10\\11&3&0&8\end{pmatrix}\to\begin{pmatrix}1&3&-3&-8\\0&-10&11&34\\0&0&0&-6\end{pmatrix}，$$

因为系数矩阵的秩为 2，而增广矩阵的秩为 3，故方程组无解.

(2) 对系数的增广矩阵施行行变换：

$$\begin{pmatrix}2&3&1&4\\1&-2&4&-5\\3&8&-2&13\\4&-1&9&-6\end{pmatrix}\to\begin{pmatrix}1&0&2&-1\\0&1&-1&2\\0&0&0&0\\0&0&0&0\end{pmatrix}，$$

得$\begin{cases}x=-2z-1\\y=z+2\\z=z\end{cases}$，即$\begin{pmatrix}x\\y\\z\end{pmatrix}=k\begin{pmatrix}-2\\1\\1\end{pmatrix}+\begin{pmatrix}-1\\2\\0\end{pmatrix}$，$k\in\mathbf{R}$.

(3) 对系数的增广矩阵施行行变换：

$$\begin{pmatrix}2&1&-1&1&1\\4&2&-2&1&2\\2&1&-1&-1&1\end{pmatrix}\to\begin{pmatrix}2&1&-1&1&1\\0&0&0&1&0\\0&0&0&0&0\end{pmatrix},$$

得 $\begin{cases}x=-\dfrac{1}{2}y+\dfrac{1}{2}z+\dfrac{1}{2}\\y=y\\z=z\\w=0\end{cases}$，即 $\begin{pmatrix}x\\y\\z\\w\end{pmatrix}=k_1\begin{pmatrix}-\dfrac{1}{2}\\1\\0\\0\end{pmatrix}+k_2\begin{pmatrix}\dfrac{1}{2}\\0\\1\\0\end{pmatrix}+\begin{pmatrix}\dfrac{1}{2}\\0\\0\\0\end{pmatrix}$，$k_1$，$k_2\in\mathbf{R}$.

(4) 对系数的增广矩阵施行行变换：

$$\begin{pmatrix}2&1&-1&1&1\\3&-2&1&-3&4\\1&4&-3&5&-2\end{pmatrix}\to\begin{pmatrix}1&4&-3&5&-2\\0&1&-\dfrac{5}{7}&\dfrac{9}{7}&-\dfrac{5}{7}\\0&0&0&0&0\end{pmatrix}\to$$

$$\begin{pmatrix}1&0&-\dfrac{1}{7}&-\dfrac{1}{7}&\dfrac{6}{7}\\0&1&-\dfrac{5}{7}&\dfrac{9}{7}&-\dfrac{5}{7}\\0&0&0&0&0\end{pmatrix},$$

得 $\begin{cases}x=\dfrac{1}{7}z+\dfrac{1}{7}w+\dfrac{6}{7}\\y=\dfrac{5}{7}z-\dfrac{9}{7}w-\dfrac{5}{7}\\z=z\\w=w\end{cases}$，即 $\begin{pmatrix}x\\y\\z\\w\end{pmatrix}=k_1\begin{pmatrix}\dfrac{1}{7}\\\dfrac{5}{7}\\1\\0\end{pmatrix}+k_2\begin{pmatrix}\dfrac{1}{7}\\-\dfrac{9}{7}\\0\\1\end{pmatrix}+\begin{pmatrix}\dfrac{6}{7}\\-\dfrac{5}{7}\\0\\0\end{pmatrix}$，$k_1$，$k_2\in\mathbf{R}$.

5. 三个工厂分别有 3 吨、2 吨和 1 吨产品要送到两个仓库储藏，两个仓库各能储藏产品 4 吨和 2 吨，用 x_{ij} 表示从第 i 个工厂送到第 j 个仓库的产品数 ($i=1, 2, 3$; $j=1, 2$)，试列出 x_{ij} 所满足的关系式，并求由此得到的线性方程组的解.

解题思路　利用消元法解非齐次线性方程组.

解　$$\widetilde{\boldsymbol{A}}=\begin{pmatrix}1&1&0&0&0&0&3\\0&0&1&1&0&0&2\\0&0&0&0&1&1&1\\1&0&1&0&1&0&4\\0&1&0&1&0&1&2\\1&1&1&1&1&1&6\end{pmatrix}\to\begin{pmatrix}1&0&0&-1&0&-1&1\\0&1&0&1&0&1&2\\0&0&1&1&0&0&2\\0&0&0&0&1&1&1\\0&0&0&0&0&0&0\\0&0&0&0&0&0&0\end{pmatrix},$$

得 $\begin{cases}x_{11}=1+x_{22}+x_{32}\\x_{12}=2-x_{22}-x_{32}\\x_{21}=2-x_{22}\\x_{22}=x_{22}\\x_{31}=1-x_{32}\\x_{32}=x_{32}\end{cases}$ （x_{22}，x_{32}可任意取值）.

因此，所求方程组的解为 $\begin{pmatrix}x_{11}\\x_{12}\\x_{21}\\x_{22}\\x_{31}\\x_{32}\end{pmatrix}=\begin{pmatrix}1\\2\\2\\0\\1\\0\end{pmatrix}+c_1\begin{pmatrix}1\\-1\\-1\\1\\0\\0\end{pmatrix}+c_2\begin{pmatrix}1\\-1\\0\\0\\-1\\1\end{pmatrix}$，$c_1$，$c_2\in\mathbf{R}$.

6. 确定 a 的值使下列齐次线性方程组有非零解，并在有非零解时求其全部解.

(1) $\begin{cases}ax_1+x_2+x_3=0\\x_1+ax_2+x_3=0;\\x_1+x_2+ax_3=0\end{cases}$ (2) $\begin{cases}2x_1-x_2+3x_3=0\\3x_1-4x_2+7x_3=0.\\x_1-2x_2+ax_3=0\end{cases}$

解题思路 利用本节定理 1，并参照教材中例 4 的解法解答此题.

解 (1) $\mathbf{A}=\begin{pmatrix}a&1&1\\1&a&1\\1&1&a\end{pmatrix}\xrightarrow{r_1\leftrightarrow r_3}\begin{pmatrix}1&1&a\\1&a&1\\a&1&1\end{pmatrix}\xrightarrow[r_3-ar_1]{r_2-r_1}\begin{pmatrix}1&1&a\\0&a-1&1-a\\0&1-a&1-a^2\end{pmatrix}$

$\xrightarrow{r_3+r_2}\begin{pmatrix}1&1&a\\0&a-1&1-a\\0&0&(1-a)(2+a)\end{pmatrix}$.

当 $a=1$ 时，$\mathrm{r}(\mathbf{A})=1$，齐次线性方程组有非零解；当 $a=1$ 时，系数矩阵经初等行变换变为 $\begin{pmatrix}1&1&1\\0&0&0\\0&0&0\end{pmatrix}$，得

$\begin{cases}x_1=-x_2-x_3\\x_2=x_2\\x_3=x_3\end{cases}$ （x_2，x_3 可任意取值）.

所求方程组的解为 $\begin{pmatrix}x_1\\x_2\\x_3\end{pmatrix}=c_1\begin{pmatrix}-1\\1\\0\end{pmatrix}+c_2\begin{pmatrix}-1\\0\\1\end{pmatrix}$，$c_1$，$c_2\in\mathbf{R}$.

当 $a=-2$ 时，$\mathrm{r}(\boldsymbol{A})=2$，齐次线性方程组有非零解；当 $a=-2$ 时，系数矩阵经初等行变换

$$\begin{pmatrix}1&1&-2\\0&-3&3\\0&0&0\end{pmatrix}\xrightarrow{r_2\div(-3)}\begin{pmatrix}1&1&-2\\0&1&-1\\0&0&0\end{pmatrix}\xrightarrow{r_1-r_2}\begin{pmatrix}1&0&-1\\0&1&-1\\0&0&0\end{pmatrix},$$

得$\begin{cases}x_1=x_3\\x_2=x_3\\x_3=x_3\end{cases}$（$x_3$ 可任意取值）. 所求方程组的解为

$$\begin{pmatrix}x_1\\x_2\\x_3\end{pmatrix}=c\begin{pmatrix}1\\1\\1\end{pmatrix},\ c\in\mathbf{R}.$$

(2) $$\boldsymbol{A}=\begin{pmatrix}2&-1&3\\3&-4&7\\1&-2&a\end{pmatrix}\xrightarrow{r_1\leftrightarrow r_3}\begin{pmatrix}1&-2&a\\3&-4&7\\2&-1&3\end{pmatrix}\xrightarrow[r_3-2r_1]{r_2-3r_1}\begin{pmatrix}1&-2&a\\0&2&7-3a\\0&3&3-2a\end{pmatrix}$$

$$\xrightarrow{r_3-\frac{3}{2}r_2}\begin{pmatrix}1&-2&a\\0&2&7-3a\\0&0&\frac{5}{2}a-\frac{15}{2}\end{pmatrix}.$$

当 $a=3$ 时，$\mathrm{r}(\boldsymbol{A})=2$，齐次线性方程组有非零解；系数矩阵经初等行变换变为

$$\begin{pmatrix}1&-2&3\\0&2&-2\\0&0&0\end{pmatrix}\xrightarrow[r_2\div 2]{r_1+r_2}\begin{pmatrix}1&0&1\\0&1&-1\\0&0&0\end{pmatrix}.$$

得$\begin{cases}x_1=-x_3\\x_2=x_3\\x_3=x_3\end{cases}$（$x_3$ 可任意取值）. 方程组的解为

$$\begin{pmatrix}x_1\\x_2\\x_3\end{pmatrix}=c\begin{pmatrix}-1\\1\\1\end{pmatrix},\ c\in\mathbf{R}.$$

7. 确定 a，b 的值使下列非齐次线性方程组有解，并求其解.

(1) $\begin{cases}ax_1+bx_2+2x_3=1\\(b-1)x_2+x_3=0\\ax_1+bx_2+(1-b)x_3=3-2b\end{cases}$；　　(2) $\begin{cases}x_1+2x_2-2x_3+2x_4=2\\x_2-x_3-x_4=1\\x_1+x_2-x_3+3x_4=a\\x_1-x_2+x_3+5x_4=b\end{cases}$.

解题思路 利用本节定理 2 及其“注”，并参照教材中例 4 的解法即可.

解 (1) $\begin{pmatrix} a & b & 2 & 1 \\ 0 & b-1 & 1 & 0 \\ a & b & 1-b & 3-2b \end{pmatrix} \Rightarrow \begin{pmatrix} a & b & 2 & 1 \\ 0 & b-1 & 1 & 0 \\ 0 & 0 & -1-b & 2-2b \end{pmatrix}$

$$\Rightarrow \begin{pmatrix} a & 1 & 1 & 1 \\ 0 & b-1 & 1 & 0 \\ 0 & 0 & 1+b & 2(b-1) \end{pmatrix},$$

所以当 $a\neq 0$，$b\neq \pm 1$ 时，有唯一解：

$$x_1=\frac{5-b}{a(b+1)},\ x_2=-\frac{2}{b+1},\ x_3=\frac{2(b-1)}{b+1}.$$

当 $a\neq 0$，$b=1$ 时，有无穷多解：

$$x_1=\frac{1-c}{a},\ x_2=c,\ x_3=0;$$

当 $a=0$，$b=1$ 时，有无穷多解：

$$x_1=c,\ x_2=1,\ x_3=0;$$

当 $a=0$，$b=5$ 时，有无穷多解：

$$x_1=c,\ x_2=-\frac{1}{3},\ x_3=\frac{4}{3}.$$

(2) $\begin{pmatrix} 1 & 2 & -2 & 2 & 2 \\ 0 & 1 & -1 & -1 & 1 \\ 1 & 1 & -1 & 3 & a \\ 1 & -1 & 1 & 5 & b \end{pmatrix} \Rightarrow \begin{pmatrix} 1 & 0 & 0 & 4 & 0 \\ 0 & 1 & -1 & -1 & 1 \\ 1 & 0 & 0 & 4 & a-1 \\ 1 & 0 & 0 & 4 & b+1 \end{pmatrix}$

$$\Rightarrow \begin{pmatrix} 1 & 0 & 0 & 4 & 0 \\ 0 & 1 & -1 & -1 & 1 \\ 0 & 0 & 0 & 0 & a-1 \\ 0 & 0 & 0 & 0 & b+1 \end{pmatrix},$$

故当 $a=1$，$b=-1$ 时，有无穷多解：

$$\begin{cases} x_1=-4c_2 \\ x_2=1+c_1+c_2 \\ x_3=c_1 \\ x_4=c_2 \end{cases},$$

其中，c_1，$c_2\in \mathbf{R}$.

8. 设 $\boldsymbol{A}$ 为 $m\times n$ 矩阵，证明：

(1) 方阵 $\boldsymbol{AX}=\boldsymbol{E}_m$ 有解的充分必要条件为 $\mathrm{r}(\boldsymbol{A})=m$；

(2) 方程 $\boldsymbol{YA}=\boldsymbol{E}_n$ 有解的充分必要条件为 $\mathrm{r}(\boldsymbol{A})=n$.

证明思路　利用本节定理 2 及其“注”即可.

证　(1) 方程 $\boldsymbol{AX}=\boldsymbol{E}_m$ 有解$\Leftrightarrow\mathrm{r}(\boldsymbol{A})=\mathrm{r}(\boldsymbol{A},\boldsymbol{E}_m)\Leftrightarrow\mathrm{r}(\boldsymbol{A})=m$.

(必要性由不等式 $m\leqslant\mathrm{r}(\boldsymbol{A},\boldsymbol{E}_m)=\mathrm{r}(\boldsymbol{A})\leqslant m$ 得到；充分性由不等式 $m=\mathrm{r}(\boldsymbol{A})\leqslant\mathrm{r}(\boldsymbol{A},\boldsymbol{E}_m)\leqslant m$ 得到).

(2) 方程 $\boldsymbol{YA}=\boldsymbol{E}_n$ 有解$\Leftrightarrow$方程 $\boldsymbol{A}^{\mathrm{T}}\boldsymbol{Y}^{\mathrm{T}}=\boldsymbol{E}_n$ 有解

$\Leftrightarrow\mathrm{r}(\boldsymbol{A}^{\mathrm{T}})=n$(由 (1))

$\Leftrightarrow\mathrm{r}(\boldsymbol{A})=n$(矩阵秩的性质②).

注　当 $m=n$，即 $\boldsymbol{A}$ 为 n 阶方阵时，显然

$$\boldsymbol{AX}=\boldsymbol{E}\text{ 及 }\boldsymbol{YA}=\boldsymbol{E}\text{ 有解}\Leftrightarrow\mathrm{r}(\boldsymbol{A})=n,\text{ 并有 }\boldsymbol{X}=\boldsymbol{Y}=\boldsymbol{A}^{-1};$$

当 $m\neq n$ 时，按题设条件的解 $\boldsymbol{X}$ 和 $\boldsymbol{Y}$ 不是唯一的.

9. 设 $\boldsymbol{A}$ 为 $m\times n$ 矩阵，证明：若 $\boldsymbol{AX}=\boldsymbol{AY}$，且 $\mathrm{r}(\boldsymbol{A})=n$，则 $\boldsymbol{X}=\boldsymbol{Y}$.

证明思路　利用本节定理 2 及其“注”即可.

解　设 $\boldsymbol{X},\boldsymbol{Y}$ 为 $n\times s$ 矩阵，则

$$\boldsymbol{X}=(\boldsymbol{\alpha}_1,\boldsymbol{\alpha}_2,\cdots,\boldsymbol{\alpha}_s),\ \boldsymbol{Y}=(\boldsymbol{\beta}_1,\boldsymbol{\beta}_2,\cdots,\boldsymbol{\beta}_s),$$

由 $\boldsymbol{AX}=\boldsymbol{AY}\Rightarrow\boldsymbol{A}(\boldsymbol{X}-\boldsymbol{Y})=\boldsymbol{0}\Rightarrow\boldsymbol{A}(\boldsymbol{\alpha}_j-\boldsymbol{\beta}_j)=\boldsymbol{0}(j=1,2,\cdots,s)$.

因为 $\mathrm{r}(\boldsymbol{A})=n$，因此方程组 $\boldsymbol{A}(\boldsymbol{\alpha}_j-\boldsymbol{\beta}_j)=\boldsymbol{0}$ 只有零解$\Rightarrow\boldsymbol{\alpha}_j=\boldsymbol{\beta}_j(j=1,2,\cdots,s)$，所以 $\boldsymbol{X}=\boldsymbol{Y}$.

10. 研究金属薄板边界温度的变化如何影响薄板内部点的温度.

(1) 先估计图中所示的金属薄板上四点的温度 $T_1,T_2,\cdots,T_4$. 在每一种情况下，T_k 的值近似等于周围四个最近节点的平均温度.

(2) 不做任何计算，猜想当边界温度都乘以 3 时，图中内部点的温度. 验证你的猜想.

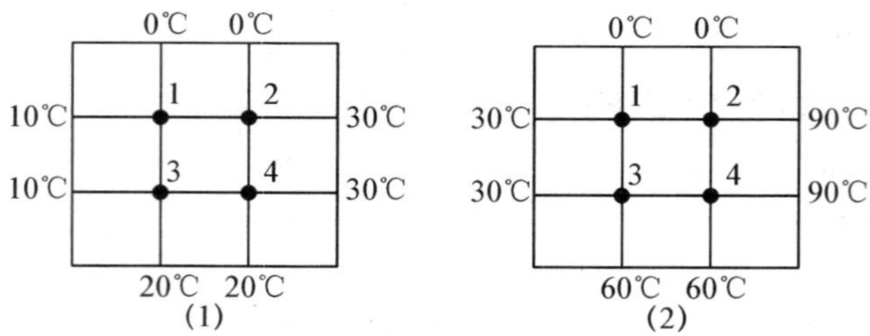

题 10 图

解　(1) 设 1、2、3、4 点处的温度分别为 x_1，x_2，x_3，x_4，则

$$\begin{cases}4x_1=0+10+x_2+x_3\\4x_2=0+30+x_1+x_4\\4x_3=10+20+x_1+x_4\\4x_4=20+30+x_2+x_3\end{cases}，即\begin{cases}4x_1-x_2-x_3=10\\-x_1+4x_2-x_4=30\\-x_1+4x_3-x_4=30\\-x_2-x_3+4x_4=50\end{cases},$$

对增广矩阵施行初等变换

$$\begin{pmatrix}4&-1&-1&0&10\\-1&4&0&-1&30\\-1&0&4&-1&30\\0&-1&-1&4&50\end{pmatrix}\longrightarrow\begin{pmatrix}1&0&0&0&10\\0&1&0&0&15\\0&0&1&0&15\\0&0&0&1&20\end{pmatrix},$$

所以金属薄板上 4 点的温度分别是

$$T_1=10，T_2=15，T_3=15，T_4=20.$$

(2) 当边界温度都乘以 3 时，图 (2) 中内部点的温度也乘以 3. 事实上，我们有

$$\begin{cases}4x_1-x_2-x_3=30\\-x_1+4x_2-x_4=90\\-x_1+4x_3-x_4=90\\-x_2-x_3+4x_4=150\end{cases}.$$

对增广矩阵施行初等行变换

$$\begin{pmatrix}4&-1&-1&0&30\\-1&4&0&-1&90\\-1&0&4&-1&90\\0&-1&-1&4&150\end{pmatrix}\longrightarrow\begin{pmatrix}1&0&0&0&30\\0&1&0&0&45\\0&0&1&0&45\\0&0&0&1&60\end{pmatrix}.$$

此时，金属薄板上 4 点的温度分别是

$$T_1=30，T_2=45，T_3=45，T_4=60.$$

§3.2　向量组的线性组合

一、主要知识归纳

主要知识归纳见表 3-2-1 和表 3-2-2.

表 3-2-1　　**n 维向量及其线性运算**

定义	n 个有次序的数 $a_1, a_2, \cdots, a_n$ 所组成的数组称为 n 维向量，这 n 个数称为该向量的 n 个分量，第 i 个数 a_i 称为第 i 个分量. n 维向量可写成一行或一列，分别称为行向量和列向量. 若干同维数的列向量（或行向量）所组成的集合称为向量组. 例如，矩阵 $\boldsymbol{A}=(\boldsymbol{\alpha}_1, \boldsymbol{\alpha}_2, \cdots, \boldsymbol{\alpha}_n)$ 或 $\boldsymbol{A}=(\boldsymbol{\beta}_1, \boldsymbol{\beta}_2, \cdots, \boldsymbol{\beta}_n)^{\mathrm{T}}$.
线性运算	$\boldsymbol{\alpha}=(a_1, a_2, \cdots, a_n)^{\mathrm{T}}, \boldsymbol{\beta}=(b_1, b_2, \cdots, b_n)^{\mathrm{T}}$, $\boldsymbol{\alpha}+\boldsymbol{\beta}=(a_1+b_1, a_2+b_2, \cdots, a_n+b_n)^{\mathrm{T}}$. $\boldsymbol{\alpha}-\boldsymbol{\beta}=(a_1-b_1, a_2-b_2, \cdots, a_n-b_n)^{\mathrm{T}}$. $k\boldsymbol{\alpha}=(ka_1, ka_2, \cdots, ka_n)^{\mathrm{T}}$.

表 3-2-2　　**向量组的线性组合与线性表示**

线性组合	给定向量 $\boldsymbol{A}$：$\boldsymbol{\alpha}_1, \boldsymbol{\alpha}_2, \cdots, \boldsymbol{\alpha}_s$，对于任何一组实数 $k_1, k_2, \cdots, k_s$，表达式 $k_1\boldsymbol{\alpha}_1+k_2\boldsymbol{\alpha}_2+\cdots+k_s\boldsymbol{\alpha}_s$ 称为向量组 $\boldsymbol{A}$ 的一个线性组合，$k_1, k_2, \cdots, k_s$ 称为这个线性组合的系数，也称为该线性组合的权重.
线性表示	给定向量组 $\boldsymbol{A}$：$\boldsymbol{\alpha}_1, \boldsymbol{\alpha}_2, \cdots, \boldsymbol{\alpha}_s$ 和向量 $\boldsymbol{\beta}$，若存在一组数 $k_1, k_2, \cdots, k_s$，使 $\boldsymbol{\beta}=k_1\boldsymbol{\alpha}_1+k_2\boldsymbol{\alpha}_2+\cdots+k_s\boldsymbol{\alpha}_s$, 则称向量 $\boldsymbol{\beta}$ 是向量组 $\boldsymbol{A}$ 的线性组合，又称向量 $\boldsymbol{\beta}$ 能由向量组 $\boldsymbol{A}$ 线性表示.
向量等价	设有两向量组 $\boldsymbol{A}$：$\boldsymbol{\alpha}_1, \boldsymbol{\alpha}_2, \cdots, \boldsymbol{\alpha}_s$；$\boldsymbol{B}$：$\boldsymbol{\beta}_1, \boldsymbol{\beta}_2, \cdots, \boldsymbol{\beta}_t$，若向量组 $\boldsymbol{B}$ 中的每一个向量都能由向量组 $\boldsymbol{A}$ 线性表示，则称向量组 $\boldsymbol{B}$ 能由向量组 $\boldsymbol{A}$ 线性表示. 若向量组 $\boldsymbol{A}$ 与向量组 $\boldsymbol{B}$ 能相互线性表示，这两个向量组等价.
性质	(1) 向量 $\boldsymbol{\beta}$ 能由向量组 $\boldsymbol{\alpha}_1, \boldsymbol{\alpha}_2, \cdots, \boldsymbol{\alpha}_s$ 线性表示的充要条件是矩阵的秩相等. $\boldsymbol{A}=(\boldsymbol{\alpha}_1, \boldsymbol{\alpha}_2, \cdots, \boldsymbol{\alpha}_s)$ 与 $\widetilde{\boldsymbol{A}}=(\boldsymbol{\alpha}_1, \boldsymbol{\alpha}_2, \cdots, \boldsymbol{\alpha}_s, \boldsymbol{\beta})$. (2) 向量组 $\boldsymbol{A}$：$\boldsymbol{\alpha}_1, \boldsymbol{\alpha}_2, \cdots, \boldsymbol{\alpha}_n$ 与向量组 $\boldsymbol{B}$：$\boldsymbol{\beta}_1, \boldsymbol{\beta}_2, \cdots, \boldsymbol{\beta}_n$ 等价的充要条件是 $\mathrm{r}(\boldsymbol{A})=\mathrm{r}(\boldsymbol{B})=\mathrm{r}(\boldsymbol{A}, \boldsymbol{B})$. (3) 若向量组 $\boldsymbol{A}$ 可由向量组 $\boldsymbol{B}$ 线性表示，向量组 $\boldsymbol{B}$ 可由向量组 $\boldsymbol{C}$ 线性表示，则向量组 $\boldsymbol{A}$ 可由向量组 $\boldsymbol{C}$ 线性表示.

* 此表中的（2）可根据向量组等价的定义推导出来.

二、典型例题分析

例 1　设向量 $\boldsymbol{\beta}$ 可由向量组 $\boldsymbol{\alpha}_1, \boldsymbol{\alpha}_2, \cdots, \boldsymbol{\alpha}_r$ 线性表示，但不能由 $\boldsymbol{\alpha}_1, \boldsymbol{\alpha}_2, \cdots, \boldsymbol{\alpha}_{r-1}$ 线性表示，证明：

（1）$\boldsymbol{\alpha}_r$ 不能由向量组 $\boldsymbol{\alpha}_1, \boldsymbol{\alpha}_2, \cdots, \boldsymbol{\alpha}_{r-1}$ 线性表示；

（2）$\boldsymbol{\alpha}_r$ 能由 $\boldsymbol{\alpha}_1, \boldsymbol{\alpha}_2, \cdots, \boldsymbol{\alpha}_{r-1}, \boldsymbol{\beta}$ 线性表示.

证　（1）反证法. 若 $\boldsymbol{\alpha}_r$ 可由 $\boldsymbol{\alpha}_1, \boldsymbol{\alpha}_2, \cdots, \boldsymbol{\alpha}_{r-1}$ 线性表示，可设

$$\boldsymbol{\alpha}_r=k_1\boldsymbol{\alpha}_1+k_2\boldsymbol{\alpha}_2+\cdots+k_{r-1}\boldsymbol{\alpha}_{r-1},$$

又 $\boldsymbol{\beta}$ 可由向量组 $\boldsymbol{\alpha}_1, \boldsymbol{\alpha}_2, \cdots, \boldsymbol{\alpha}_r$ 线性表示，可设

$$\boldsymbol{\beta}=l_1\boldsymbol{\alpha}_1+l_2\boldsymbol{\alpha}_2+\cdots+l_r\boldsymbol{\alpha}_r,$$

将 $\boldsymbol{\alpha}_r$ 的表达式代入 $\boldsymbol{\beta}$ 中可得

$$\boldsymbol{\beta}=(l_1+l_rk_1)\boldsymbol{\alpha}_1+(l_2+l_rk_2)\boldsymbol{\alpha}_2+\cdots+(l_{r-1}+l_rk_{r-1})\boldsymbol{\alpha}_{r-1}.$$

由条件可知，$\boldsymbol{\beta}$ 不能由 $\boldsymbol{\alpha}_1, \boldsymbol{\alpha}_2, \cdots, \boldsymbol{\alpha}_{r-1}$ 线性表示，故矛盾，因此 $\boldsymbol{\alpha}_r$ 不能由向量组 $\boldsymbol{\alpha}_1, \boldsymbol{\alpha}_2, \cdots, \boldsymbol{\alpha}_r$ 线性表示.

(2) 因 $\boldsymbol{\beta}$ 可由向量组 $\boldsymbol{\alpha}_1, \boldsymbol{\alpha}_2, \cdots, \boldsymbol{\alpha}_r$ 线性表示，可设

$$\boldsymbol{\beta}=l_1\boldsymbol{\alpha}_1+l_2\boldsymbol{\alpha}_2+\cdots+l_r\boldsymbol{\alpha}_r,$$

又因为 $\boldsymbol{\beta}$ 不能由 $\boldsymbol{\alpha}_1, \boldsymbol{\alpha}_2, \cdots, \boldsymbol{\alpha}_{r-1}$ 线性表示可知，$l_r\neq 0$，则

$$\boldsymbol{\alpha}_r=-\frac{l_1}{l_r}\boldsymbol{\alpha}_1-\frac{l_2}{l_r}\boldsymbol{\alpha}_2-\cdots-\frac{l_{r-1}}{l_r}\boldsymbol{\alpha}_{r-1}+\frac{1}{l_r}\boldsymbol{\beta}.$$

小结：本题按照线性表示的定义进行证明. 注意，对于一些无法或是很难直接证明的命题常常采用反证法.

例 2 已知 $\boldsymbol{\alpha}_1=(1, 0, 2, 3)^{\mathrm{T}}$，$\boldsymbol{\alpha}_2=(1, 1, 3, 5)^{\mathrm{T}}$，$\boldsymbol{\alpha}_3=(1, -1, a+2, 1)^{\mathrm{T}}$，$\boldsymbol{\alpha}_4=(1, 2, 4, a+8)^{\mathrm{T}}$ 及 $\boldsymbol{\beta}=(1, 1, b+3, 5)^{\mathrm{T}}$，问：

(1) a，b 为何值时，$\boldsymbol{\beta}$ 不能表示成 $\boldsymbol{\alpha}_1, \boldsymbol{\alpha}_2, \boldsymbol{\alpha}_3, \boldsymbol{\alpha}_4$ 的线性组合？

(2) a，b 为何值时，$\boldsymbol{\beta}$ 可由 $\boldsymbol{\alpha}_1, \boldsymbol{\alpha}_2, \boldsymbol{\alpha}_3, \boldsymbol{\alpha}_4$ 线性表示，但表达式不唯一？

(3) a，b 为何值时，$\boldsymbol{\beta}$ 可由 $\boldsymbol{\alpha}_1, \boldsymbol{\alpha}_2, \boldsymbol{\alpha}_3, \boldsymbol{\alpha}_4$ 唯一线性表示？并写出此表达式.

解 设 $x_1\boldsymbol{\alpha}_1+x_2\boldsymbol{\alpha}_2+x_3\boldsymbol{\alpha}_3+x_4\boldsymbol{\alpha}_4=\boldsymbol{\beta}$，即

$$\begin{cases}x_1+x_2+x_3+x_4=1\\ x_2-x_3+2x_4=1\\ 2x_1+3x_2+(a+2)x_3+4x_4=b+3\\ 3x_1+5x_2+x_3+(a+8)x_4=5\end{cases},$$

对增广矩阵施行初等行变换

$$\widetilde{\boldsymbol{A}}=\begin{pmatrix}1&1&1&1&1\\0&1&-1&2&1\\2&3&a+2&4&b+3\\3&5&1&a+8&5\end{pmatrix}\to\begin{pmatrix}1&1&1&1&1\\0&1&-1&2&1\\0&1&a&2&b+1\\0&2&-2&a+5&2\end{pmatrix}\to$$

$$\begin{pmatrix}1&1&1&1&1\\0&1&-1&2&1\\0&0&a+1&0&b\\0&0&0&a+1&0\end{pmatrix},$$

则有：

(1)当 $a=-1$ 且 $b\neq 0$ 时，$r(\boldsymbol{A})=2$，$r(\widetilde{\boldsymbol{A}})=3$，$r(\boldsymbol{A})\neq r(\widetilde{\boldsymbol{A}})$，所以方程组无解，即 $\boldsymbol{\beta}$ 不能由 $\boldsymbol{\alpha}_1$，$\boldsymbol{\alpha}_2$，$\boldsymbol{\alpha}_3$，$\boldsymbol{\alpha}_4$ 线性表示.

(2)当 $a=-1$ 且 $b=0$ 时，$r(\boldsymbol{A})=r(\widetilde{\boldsymbol{A}})=2<n$，方程组有无穷多解，则 $\boldsymbol{\beta}$ 可由 $\boldsymbol{\alpha}_1$，$\boldsymbol{\alpha}_2$，$\boldsymbol{\alpha}_3$，$\boldsymbol{\alpha}_4$ 线性表示，但表达式不唯一.

(3)当 $a\neq -1$ 时，$r(\boldsymbol{A})=r(\widetilde{\boldsymbol{A}})=4=n$，方程组有唯一解，则 $\boldsymbol{\beta}$ 可由 $\boldsymbol{\alpha}_1$，$\boldsymbol{\alpha}_2$，$\boldsymbol{\alpha}_3$，$\boldsymbol{\alpha}_4$ 唯一线性表示. 此时，有

$$\widetilde{\boldsymbol{A}}\to\begin{pmatrix}1&1&1&1&1\\0&1&-1&2&1\\0&0&a+1&0&b\\0&0&0&a+1&0\end{pmatrix}\to\begin{pmatrix}1&1&1&1&1\\0&1&-1&2&1\\0&0&1&0&\dfrac{b}{a+1}\\0&0&0&1&0\end{pmatrix}$$

$$\to\begin{pmatrix}1&0&0&0&-\dfrac{2b}{a+1}\\0&1&0&0&\dfrac{a+b+1}{a+1}\\0&0&1&0&\dfrac{b}{a+1}\\0&0&0&1&0\end{pmatrix},$$

故

$$\boldsymbol{\beta}=\frac{1}{a+1}[-2b\boldsymbol{\alpha}_1+(a+b+1)\boldsymbol{\alpha}_2+b\boldsymbol{\alpha}_3].$$

小结：本题利用线性表示的定义给出了相应的线性方程组，把讨论线性表示的问题转化为求线性方程组解的问题.

例 3　设有向量组 (***I***)：$\boldsymbol{\alpha}_1=(1,0,2)^{\mathrm{T}}$，$\boldsymbol{\alpha}_2=(1,1,3)^{\mathrm{T}}$，$\boldsymbol{\alpha}_3=(1,-1,a+2)^{\mathrm{T}}$ 和向量组 (***II***)：$\boldsymbol{\beta}_1=(1,2,a+3)^{\mathrm{T}}$，$\boldsymbol{\beta}_2=(2,1,a+6)^{\mathrm{T}}$，$\boldsymbol{\beta}_3=(2,1,a+4)^{\mathrm{T}}$.

试问：当 a 为何值时，向量组 (***I***) 与向量组 (***II***) 等价？当 a 为何值时，向量组 (***I***) 与向量组 (***II***) 不等价？

解　对由 $\boldsymbol{\alpha}_1$，$\boldsymbol{\alpha}_2$，$\boldsymbol{\alpha}_3$，$\boldsymbol{\beta}_1$，$\boldsymbol{\beta}_2$，$\boldsymbol{\beta}_3$ 构成的矩阵施行初等行变换，有

$$(\boldsymbol{\alpha}_1,\boldsymbol{\alpha}_2,\boldsymbol{\alpha}_3,\boldsymbol{\beta}_1,\boldsymbol{\beta}_2,\boldsymbol{\beta}_3)=\begin{pmatrix}1&1&1&1&2&2\\0&1&-1&2&1&1\\2&3&a+2&a+3&a+6&a+4\end{pmatrix}\to$$

$$\begin{pmatrix}1&1&1&1&2&2\\0&1&-1&2&1&1\\0&1&a&a+1&a+2&a\end{pmatrix}\rightarrow\begin{pmatrix}1&1&1&1&2&2\\0&1&-1&2&1&1\\0&0&a+1&a-1&a+1&a-1\end{pmatrix},$$

(1) 当 $a\neq-1$ 时，有

$$\mathrm{r}(\boldsymbol{\alpha}_1,\boldsymbol{\alpha}_2,\boldsymbol{\alpha}_3)=\mathrm{r}(\boldsymbol{\alpha}_1,\boldsymbol{\alpha}_2,\boldsymbol{\alpha}_3,\boldsymbol{\beta}_1,\boldsymbol{\beta}_2,\boldsymbol{\beta}_3)=3,$$

又因为

$$|\boldsymbol{\beta}_1,\boldsymbol{\beta}_2,\boldsymbol{\beta}_3|=\begin{vmatrix}1&2&2\\2&1&1\\a+3&a+6&a+4\end{vmatrix}=\begin{vmatrix}-3&0&0\\2&1&1\\a+3&a+6&a+4\end{vmatrix}$$
$$=\begin{vmatrix}-3&0&0\\2&1&0\\a+3&a+6&-2\end{vmatrix}=6\neq0,$$

可知 $\mathrm{r}(\boldsymbol{\beta}_1,\boldsymbol{\beta}_2,\boldsymbol{\beta}_3)=3$，所以

$$\mathrm{r}(\boldsymbol{\alpha}_1,\boldsymbol{\alpha}_2,\boldsymbol{\alpha}_3)=\mathrm{r}(\boldsymbol{\beta}_1,\boldsymbol{\beta}_2,\boldsymbol{\beta}_3)=r(\boldsymbol{\alpha}_1,\boldsymbol{\alpha}_2,\boldsymbol{\alpha}_3,\boldsymbol{\beta}_1,\boldsymbol{\beta}_2,\boldsymbol{\beta}_3)=3,$$

因此向量组（***I***）与向量组（***II***）等价.

(2) 当 $a=-1$ 时，有

$$(\boldsymbol{\alpha}_1,\boldsymbol{\alpha}_2,\boldsymbol{\alpha}_3,\boldsymbol{\beta}_1,\boldsymbol{\beta}_2,\boldsymbol{\beta}_3)=\begin{pmatrix}1&1&1&1&2&2\\0&1&-1&2&1&1\\0&0&0&-2&0&-2\end{pmatrix}.$$

由于 $\mathrm{r}(\boldsymbol{\alpha}_1,\boldsymbol{\alpha}_2,\boldsymbol{\alpha}_3)=2\neq\mathrm{r}(\boldsymbol{\alpha}_1,\boldsymbol{\alpha}_2,\boldsymbol{\alpha}_3,\boldsymbol{\beta}_1,\boldsymbol{\beta}_2,\boldsymbol{\beta}_3)=3$，所以向量组（***I***）与向量组（***II***）不等价.

小结：本题的证明主要采用了向量组等价的性质定理，即向量组（***I***）与向量组（***II***）等价的充要条件是

$$\mathrm{r}(\boldsymbol{\alpha}_1,\boldsymbol{\alpha}_2,\boldsymbol{\alpha}_3)=\mathrm{r}(\boldsymbol{\beta}_1,\boldsymbol{\beta}_2,\boldsymbol{\beta}_3)=\mathrm{r}(\boldsymbol{\alpha}_1,\boldsymbol{\alpha}_2,\boldsymbol{\alpha}_3,\boldsymbol{\beta}_1,\boldsymbol{\beta}_2,\boldsymbol{\beta}_3).$$

例 4 设 $\boldsymbol{A}$ 是 $m\times n$ 矩阵，证明存在 $n\times s$ 非零矩阵 $\boldsymbol{B}$，使得 $\boldsymbol{AB}=\boldsymbol{O}$ 的充分必要条件是 $\mathrm{r}(\boldsymbol{A})<n$.

证 必要性 由条件可设 $\boldsymbol{B}=(\boldsymbol{\beta}_1,\boldsymbol{\beta}_2,\cdots,\boldsymbol{\beta}_s)$，则

$$\boldsymbol{AB}=\boldsymbol{A}(\boldsymbol{\beta}_1,\boldsymbol{\beta}_2,\cdots,\boldsymbol{\beta}_s)=(\boldsymbol{A\beta}_1,\boldsymbol{A\beta}_2,\cdots,\boldsymbol{A\beta}_s),$$

由题意可知 $\boldsymbol{B}$ 非零，故 $\boldsymbol{\beta}_1,\boldsymbol{\beta}_2,\cdots,\boldsymbol{\beta}_s$ 中至少有一个非零向量. 若 $\boldsymbol{AB}=\boldsymbol{O}$，则

$$\boldsymbol{A\beta}_j=\boldsymbol{0}\ (j=1,2,\cdots,s),$$

因此 $\boldsymbol{Ax}=\boldsymbol{0}$ 有非零解，故 $\mathrm{r}(\boldsymbol{A})<n$.

充分性　若 $\mathrm{r}(\boldsymbol{A})<n$，则方程组 $\boldsymbol{Ax}=\boldsymbol{0}$ 有非零解，设非零解为 $\boldsymbol{\beta}_1, \boldsymbol{\beta}_2, \cdots, \boldsymbol{\beta}_s$，即

$$\boldsymbol{A\beta}_j=\boldsymbol{0}\ (j=1, 2, \cdots, s).$$

令 $\boldsymbol{B}=(\boldsymbol{\beta}_1, \boldsymbol{\beta}_2, \cdots, \boldsymbol{\beta}_s)$，则

$$\boldsymbol{AB}=\boldsymbol{O}\ (\boldsymbol{B}\neq\boldsymbol{O}).$$

小结：此题证明的关键是线性方程组解的判定定理：$\mathrm{r}(\boldsymbol{A})<n$ 当且仅当 $\boldsymbol{Ax}=\boldsymbol{0}$ 有非零解.

三、习题 3-2 解答

1. 设 $\boldsymbol{v}_1=(1, 1, 0)^{\mathrm{T}}$，$\boldsymbol{v}_2=(0, 1, 1)^{\mathrm{T}}$，$\boldsymbol{v}_3=(3, 4, 0)^{\mathrm{T}}$，求 $\boldsymbol{v}_1-\boldsymbol{v}_2$ 及 $3\boldsymbol{v}_1+2\boldsymbol{v}_2-\boldsymbol{v}_3$.

解题思路　利用向量的线性运算.

解　$\boldsymbol{v}_1-\boldsymbol{v}_2=(1, 1, 0)^{\mathrm{T}}-(0, 1, 1)^{\mathrm{T}}=(1-0, 1-1, 0-1)^{\mathrm{T}}=(1, 0, -1)^{\mathrm{T}}$，

$$\begin{aligned}3\boldsymbol{v}_1+2\boldsymbol{v}_2-\boldsymbol{v}_3&=3(1, 1, 0)^{\mathrm{T}}+2(0, 1, 1)^{\mathrm{T}}-(3, 4, 0)^{\mathrm{T}}\\&=(3\times1+2\times0-3, 3\times1+2\times1-4, 3\times0+2\times1-0)^{\mathrm{T}}\\&=(0, 1, 2)^{\mathrm{T}}.\end{aligned}$$

2. 将下列向量中的 $\boldsymbol{\beta}$ 表示为其余向量的线性组合：

$$\boldsymbol{\beta}=(3, 5, -6),\ \boldsymbol{\alpha}_1=(1, 0, 1),\ \boldsymbol{\alpha}_2=(1, 1, 1),\ \boldsymbol{\alpha}_3=(0, -1, -1).$$

解题思路　利用向量组线性表示已知向量，参照本节教材中的例 5，利用初等变换法；利用初等变换法；利用线性方程组解答.

解　方法一　对矩阵 $\boldsymbol{A}=(\boldsymbol{\alpha}_1^{\mathrm{T}}, \boldsymbol{\alpha}_2^{\mathrm{T}}, \boldsymbol{\alpha}_3^{\mathrm{T}}, \boldsymbol{\beta}^{\mathrm{T}})$ 施以初等行变换

$$\boldsymbol{A}=(\boldsymbol{\alpha}_1^{\mathrm{T}}, \boldsymbol{\alpha}_2^{\mathrm{T}}, \boldsymbol{\alpha}_3^{\mathrm{T}}, \boldsymbol{\beta}^{\mathrm{T}})=\begin{pmatrix}1&1&0&3\\0&1&-1&5\\1&1&-1&-6\end{pmatrix}\xrightarrow{r_3-r_1}\begin{pmatrix}1&1&0&3\\0&1&-1&5\\0&0&-1&-9\end{pmatrix}$$

$$\xrightarrow[(-1)r_3]{r_2-r_3}\begin{pmatrix}1&1&0&3\\0&1&0&14\\0&0&1&9\end{pmatrix}\xrightarrow{r_1-r_2}\begin{pmatrix}1&0&0&-11\\0&1&0&14\\0&0&1&9\end{pmatrix},$$

所以

$$\boldsymbol{\beta}=-11\boldsymbol{\alpha}_1+14\boldsymbol{\alpha}_2+9\boldsymbol{\alpha}_3.$$

方法二　设有一组数 x_1，x_2，x_3 使 $\boldsymbol{\beta}=x_1\boldsymbol{\alpha}_1+x_2\boldsymbol{\alpha}_2+x_3\boldsymbol{\alpha}_3$，则

$$\begin{cases}x_1+x_2=3\\x_2-x_3=5\\x_1+x_2-x_3=-6\end{cases}.$$

对方程组增广矩阵施以初等行变换

$$(\boldsymbol{A},\ \boldsymbol{b})=\left(\begin{array}{ccc:c}1&1&0&3\\0&1&-1&5\\1&1&-1&-6\end{array}\right)\xrightarrow{r_3-r_1}\left(\begin{array}{ccc:c}1&1&0&3\\0&1&-1&5\\0&0&-1&-9\end{array}\right)$$

$$\xrightarrow[r_3\times(-1)]{r_2-r_3}\left(\begin{array}{ccc:c}1&1&0&3\\0&1&0&14\\0&0&1&9\end{array}\right)\xrightarrow{r_1-r_2}\left(\begin{array}{ccc:c}1&0&0&-11\\0&1&0&14\\0&0&1&9\end{array}\right),$$

得 $x_1=-11$，$x_2=14$，$x_3=9$，所以 $\boldsymbol{\beta}=-11\boldsymbol{\alpha}_1+14\boldsymbol{\alpha}_2+9\boldsymbol{\alpha}_3$.

3. 已知 $\boldsymbol{\beta}_1=\boldsymbol{\alpha}_1+2\boldsymbol{\alpha}_2+3\boldsymbol{\alpha}_3$，$\boldsymbol{\beta}_2=\boldsymbol{\alpha}_1-\boldsymbol{\alpha}_2+2\boldsymbol{\alpha}_3$，$\boldsymbol{\beta}_3=2\boldsymbol{\alpha}_1+\boldsymbol{\alpha}_2-\boldsymbol{\alpha}_3$，求由 $\boldsymbol{\alpha}_1$，$\boldsymbol{\alpha}_2$，$\boldsymbol{\alpha}_3$ 表示 $\boldsymbol{\beta}_1$，$\boldsymbol{\beta}_2$，$\boldsymbol{\beta}_3$ 的系数矩阵.

解 由

$$\boldsymbol{\beta}_1=\boldsymbol{\alpha}_1+2\boldsymbol{\alpha}_2+3\boldsymbol{\alpha}_3=(\boldsymbol{\alpha}_1,\boldsymbol{\alpha}_2,\boldsymbol{\alpha}_3)\begin{pmatrix}1\\2\\3\end{pmatrix},$$

$$\boldsymbol{\beta}_2=\boldsymbol{\alpha}_1-\boldsymbol{\alpha}_2+2\boldsymbol{\alpha}_3=(\boldsymbol{\alpha}_1,\boldsymbol{\alpha}_2,\boldsymbol{\alpha}_3)\begin{pmatrix}1\\-1\\2\end{pmatrix},$$

$$\boldsymbol{\beta}_3=2\boldsymbol{\alpha}_1+\boldsymbol{\alpha}_2-\boldsymbol{\alpha}_3=(\boldsymbol{\alpha}_1,\boldsymbol{\alpha}_2,\boldsymbol{\alpha}_3)\begin{pmatrix}2\\1\\-1\end{pmatrix},$$

得

$$(\boldsymbol{\beta}_1,\boldsymbol{\beta}_2,\boldsymbol{\beta}_3)=(\boldsymbol{\alpha}_1,\boldsymbol{\alpha}_2,\boldsymbol{\alpha}_3)\begin{pmatrix}1&1&2\\2&-1&1\\3&2&-1\end{pmatrix},$$

即由 $\boldsymbol{\alpha}_1$，$\boldsymbol{\alpha}_2$，$\boldsymbol{\alpha}_3$ 表示 $\boldsymbol{\beta}_1$，$\boldsymbol{\beta}_2$，$\boldsymbol{\beta}_3$ 的系数矩阵为 $\begin{pmatrix}1&1&2\\2&-1&1\\3&2&-1\end{pmatrix}$.

4. 已知向量 $\boldsymbol{\gamma}_1$，$\boldsymbol{\gamma}_2$ 由向量 $\boldsymbol{\beta}_1$，$\boldsymbol{\beta}_2$，$\boldsymbol{\beta}_3$ 线性表示的表示式为

$$\boldsymbol{\gamma}_1=3\boldsymbol{\beta}_1-\boldsymbol{\beta}_2+\boldsymbol{\beta}_3,\ \boldsymbol{\gamma}_2=\boldsymbol{\beta}_1+2\boldsymbol{\beta}_2+4\boldsymbol{\beta}_3,$$

向量 $\boldsymbol{\beta}_1$，$\boldsymbol{\beta}_2$，$\boldsymbol{\beta}_3$ 由向量 $\boldsymbol{\alpha}_1$，$\boldsymbol{\alpha}_2$，$\boldsymbol{\alpha}_3$ 线性表示的表示式为

$$\boldsymbol{\beta}_1=2\boldsymbol{\alpha}_1+\boldsymbol{\alpha}_2-5\boldsymbol{\alpha}_3,\ \boldsymbol{\beta}_2=\boldsymbol{\alpha}_1+3\boldsymbol{\alpha}_2+\boldsymbol{\alpha}_3,\ \boldsymbol{\beta}_3=-\boldsymbol{\alpha}_1+4\boldsymbol{\alpha}_2-\boldsymbol{\alpha}_3,$$

求向量 $\boldsymbol{\gamma}_1$，$\boldsymbol{\gamma}_2$ 由向量 $\boldsymbol{\alpha}_1$，$\boldsymbol{\alpha}_2$，$\boldsymbol{\alpha}_3$ 线性表示的表示式.

解题思路　利用向量组的线性组合具有传递性.

解　方法一　将 $\boldsymbol{\beta}_1$，$\boldsymbol{\beta}_2$，$\boldsymbol{\beta}_3$ 的表达式分别代入 $\boldsymbol{\gamma}_1$，$\boldsymbol{\gamma}_2$ 的表达式中，有

$$\begin{aligned}\boldsymbol{\gamma}_1&=3(2\boldsymbol{\alpha}_1+\boldsymbol{\alpha}_2-5\boldsymbol{\alpha}_3)-(\boldsymbol{\alpha}_1+3\boldsymbol{\alpha}_2+\boldsymbol{\alpha}_3)+(-\boldsymbol{\alpha}_1+4\boldsymbol{\alpha}_2-\boldsymbol{\alpha}_3)\\&=6\boldsymbol{\alpha}_1+3\boldsymbol{\alpha}_2-15\boldsymbol{\alpha}_3-\boldsymbol{\alpha}_1-3\boldsymbol{\alpha}_2-\boldsymbol{\alpha}_3-\boldsymbol{\alpha}_1+4\boldsymbol{\alpha}_2-\boldsymbol{\alpha}_3\\&=4\boldsymbol{\alpha}_1+4\boldsymbol{\alpha}_2-17\boldsymbol{\alpha}_3,\\\boldsymbol{\gamma}_2&=(2\boldsymbol{\alpha}_1+\boldsymbol{\alpha}_2-5\boldsymbol{\alpha}_3)+2(\boldsymbol{\alpha}_1+3\boldsymbol{\alpha}_2+\boldsymbol{\alpha}_3)+4(-\boldsymbol{\alpha}_1+4\boldsymbol{\alpha}_2-\boldsymbol{\alpha}_3)\\&=2\boldsymbol{\alpha}_1+\boldsymbol{\alpha}_2-5\boldsymbol{\alpha}_3+2\boldsymbol{\alpha}_1+6\boldsymbol{\alpha}_2+2\boldsymbol{\alpha}_3-4\boldsymbol{\alpha}_1+16\boldsymbol{\alpha}_2-4\boldsymbol{\alpha}_3\\&=23\boldsymbol{\alpha}_2-7\boldsymbol{\alpha}_3.\end{aligned}$$

注：此方法适用于向量个数较少的情况，否则书写量较大. 而方法二则几乎不用写明向量，借助于分块矩阵的运算知识即可求解.

方法二　因为 $\begin{pmatrix}\boldsymbol{\gamma}_1\\\boldsymbol{\gamma}_2\end{pmatrix}=\begin{pmatrix}3&-1&1\\1&2&4\end{pmatrix}\begin{pmatrix}\boldsymbol{\beta}_1\\\boldsymbol{\beta}_2\\\boldsymbol{\beta}_3\end{pmatrix}$，$\begin{pmatrix}\boldsymbol{\beta}_1\\\boldsymbol{\beta}_2\\\boldsymbol{\beta}_3\end{pmatrix}=\begin{pmatrix}2&1&-5\\1&3&1\\-1&4&-1\end{pmatrix}\begin{pmatrix}\boldsymbol{\alpha}_1\\\boldsymbol{\alpha}_2\\\boldsymbol{\alpha}_3\end{pmatrix}$，

所以 $\begin{pmatrix}\boldsymbol{\gamma}_1\\\boldsymbol{\gamma}_2\end{pmatrix}=\begin{pmatrix}3&-1&1\\1&2&4\end{pmatrix}\begin{pmatrix}2&1&-5\\1&3&1\\-1&4&-1\end{pmatrix}\begin{pmatrix}\boldsymbol{\alpha}_1\\\boldsymbol{\alpha}_2\\\boldsymbol{\alpha}_3\end{pmatrix}=\begin{pmatrix}4&4&-17\\0&23&-7\end{pmatrix}\begin{pmatrix}\boldsymbol{\alpha}_1\\\boldsymbol{\alpha}_2\\\boldsymbol{\alpha}_3\end{pmatrix}$.

5. 已知向量组 $\boldsymbol{B}$：$\boldsymbol{\beta}_1$，$\boldsymbol{\beta}_2$，$\boldsymbol{\beta}_3$ 由向量组 $\boldsymbol{A}$：$\boldsymbol{\alpha}_1$，$\boldsymbol{\alpha}_2$，$\boldsymbol{\alpha}_3$ 线性表示的表示式为

$$\boldsymbol{\beta}_1=\boldsymbol{\alpha}_1-\boldsymbol{\alpha}_2+\boldsymbol{\alpha}_3,\ \boldsymbol{\beta}_2=\boldsymbol{\alpha}_1+\boldsymbol{\alpha}_2-\boldsymbol{\alpha}_3,\ \boldsymbol{\beta}_3=-\boldsymbol{\alpha}_1+\boldsymbol{\alpha}_2+\boldsymbol{\alpha}_3,$$

试将向量组 $\boldsymbol{A}$ 的向量用向量组 $\boldsymbol{B}$ 的向量线性表示.

解题思路　利用向量组之间的线性表示具有可逆性.

解　方法一　类似于解方程组，把 $\boldsymbol{\alpha}_1$，$\boldsymbol{\alpha}_2$，$\boldsymbol{\alpha}_3$ 看成未知量，利用消元法求解.

$$\boldsymbol{\beta}_1=\boldsymbol{\alpha}_1-\boldsymbol{\alpha}_2+\boldsymbol{\alpha}_3, \tag{①}$$

$$\boldsymbol{\beta}_2=\boldsymbol{\alpha}_1+\boldsymbol{\alpha}_2-\boldsymbol{\alpha}_3, \tag{②}$$

$$\boldsymbol{\beta}_3=-\boldsymbol{\alpha}_1+\boldsymbol{\alpha}_2+\boldsymbol{\alpha}_3. \tag{③}$$

式①+式②有 $2\boldsymbol{\alpha}_1=\boldsymbol{\beta}_1+\boldsymbol{\beta}_2$，式①+式③有 $2\boldsymbol{\alpha}_3=\boldsymbol{\beta}_1+\boldsymbol{\beta}_3$，式②+式③有 $2\boldsymbol{\alpha}_2=\boldsymbol{\beta}_2+\boldsymbol{\beta}_3$. 所以

$$\boldsymbol{\alpha}_1=\frac{1}{2}(\boldsymbol{\beta}_1+\boldsymbol{\beta}_2),\ \boldsymbol{\alpha}_2=\frac{1}{2}(\boldsymbol{\beta}_2+\boldsymbol{\beta}_3),\ \boldsymbol{\alpha}_3=\frac{1}{2}(\boldsymbol{\beta}_1+\boldsymbol{\beta}_3).$$

方法二　将已知式子用分块矩阵乘法表示

$$\begin{pmatrix}\boldsymbol{\beta}_1\\\boldsymbol{\beta}_2\\\boldsymbol{\beta}_3\end{pmatrix}=\begin{pmatrix}1&-1&1\\1&1&-1\\-1&1&1\end{pmatrix}\begin{pmatrix}\boldsymbol{\alpha}_1\\\boldsymbol{\alpha}_2\\\boldsymbol{\alpha}_3\end{pmatrix}.$$

因 $\begin{vmatrix}1&-1&1\\1&1&-1\\-1&1&1\end{vmatrix}\xrightarrow[r_3+r_1]{r_2-r_1}\begin{vmatrix}1&-1&1\\0&2&-2\\0&0&2\end{vmatrix}\neq 0$，故 $\begin{pmatrix}1&-1&1\\1&1&-1\\-1&1&1\end{pmatrix}$ 可逆. 所以

$$\begin{pmatrix}\boldsymbol{\alpha}_1\\\boldsymbol{\alpha}_2\\\boldsymbol{\alpha}_3\end{pmatrix}=\begin{pmatrix}1&-1&1\\1&1&-1\\-1&1&1\end{pmatrix}^{-1}\begin{pmatrix}\boldsymbol{\beta}_1\\\boldsymbol{\beta}_2\\\boldsymbol{\beta}_3\end{pmatrix}.$$

下面用初等变换法求逆矩阵：

$$\left(\begin{array}{ccc:ccc}1&-1&1&1&0&0\\1&1&-1&0&1&0\\-1&1&1&0&0&1\end{array}\right)\xrightarrow[r_3+r_1]{r_2-r_1}\left(\begin{array}{ccc:ccc}1&-1&1&1&0&0\\0&2&-2&-1&1&0\\0&0&2&1&0&1\end{array}\right)$$

$$\xrightarrow[\substack{r_2+r_3\\r_3\times\frac{1}{2}}]{r_1-\frac{1}{2}r_3}\left(\begin{array}{ccc|ccc}1&-1&0&\frac{1}{2}&0&-\frac{1}{2}\\0&2&0&0&1&1\\0&0&1&\frac{1}{2}&0&\frac{1}{2}\end{array}\right)$$

$$\xrightarrow[r_2\times\frac{1}{2}]{r_1+\frac{1}{2}r_2}\left(\begin{array}{ccc|ccc}1&0&0&\frac{1}{2}&\frac{1}{2}&0\\0&1&0&0&\frac{1}{2}&\frac{1}{2}\\0&0&1&\frac{1}{2}&0&\frac{1}{2}\end{array}\right),$$

即

$$\begin{pmatrix}1&-1&1\\1&1&-1\\-1&1&1\end{pmatrix}^{-1}=\begin{pmatrix}\frac{1}{2}&\frac{1}{2}&0\\0&\frac{1}{2}&\frac{1}{2}\\\frac{1}{2}&0&\frac{1}{2}\end{pmatrix},$$

$$\begin{pmatrix}\boldsymbol{\alpha}_1\\ \boldsymbol{\alpha}_2\\ \boldsymbol{\alpha}_3\end{pmatrix}=\begin{pmatrix}\frac{1}{2} & \frac{1}{2} & 0\\ 0 & \frac{1}{2} & \frac{1}{2}\\ \frac{1}{2} & 0 & \frac{1}{2}\end{pmatrix}\begin{pmatrix}\boldsymbol{\beta}_1\\ \boldsymbol{\beta}_2\\ \boldsymbol{\beta}_3\end{pmatrix},$$

故

$$\boldsymbol{\alpha}_1=\frac{1}{2}(\boldsymbol{\beta}_1+\boldsymbol{\beta}_2),\ \boldsymbol{\alpha}_2=\frac{1}{2}(\boldsymbol{\beta}_2+\boldsymbol{\beta}_3),\ \boldsymbol{\alpha}_3=\frac{1}{2}(\boldsymbol{\beta}_1+\boldsymbol{\beta}_3).$$

6. 求一个秩是 4 的方阵，它的两个行向量是 (1, 0, 1, 0, 0)，(1, −1, 0, 0, 0).

解题思路 结合行阶梯形矩阵中非零行的行数就是矩阵的秩，利用待定系数法解题.

解 设 $\boldsymbol{\alpha}_1, \boldsymbol{\alpha}_2, \boldsymbol{\alpha}_3, \boldsymbol{\alpha}_4, \boldsymbol{\alpha}_5$ 为五维向量，且

$$\boldsymbol{\alpha}_1=(1, 0, 1, 0, 0),\ \boldsymbol{\alpha}_2=(1, -1, 0, 0, 0),$$

则所求方阵可为 $\boldsymbol{A}=(\boldsymbol{\alpha}_1^{\mathrm{T}}, \boldsymbol{\alpha}_2^{\mathrm{T}}, \boldsymbol{\alpha}_3^{\mathrm{T}}, \boldsymbol{\alpha}_4^{\mathrm{T}}, \boldsymbol{\alpha}_5^{\mathrm{T}})^{\mathrm{T}}$，秩为 4，不妨设

$$\begin{cases}\boldsymbol{\alpha}_3=(0, 0, 0, x_4, 0)\\ \boldsymbol{\alpha}_4=(0, 0, 0, 0, x_5),\\ \boldsymbol{\alpha}_5=(0, 0, 0, 0, 0)\end{cases}$$

并取 $x_4=x_5=1$，故满足条件的一个方阵为

$$\begin{pmatrix}1 & 0 & 1 & 0 & 0\\ 1 & -1 & 0 & 0 & 0\\ 0 & 0 & 0 & 1 & 0\\ 0 & 0 & 0 & 0 & 1\\ 0 & 0 & 0 & 0 & 0\end{pmatrix}.$$

7. 设 $\begin{cases}\boldsymbol{\beta}_1=\boldsymbol{\alpha}_2+\boldsymbol{\alpha}_3+\cdots+\boldsymbol{\alpha}_n\\ \boldsymbol{\beta}_2=\boldsymbol{\alpha}_1+\boldsymbol{\alpha}_3+\cdots+\boldsymbol{\alpha}_n\\ \quad\cdots\cdots\\ \boldsymbol{\beta}_n=\boldsymbol{\alpha}_1+\boldsymbol{\alpha}_2+\cdots+\boldsymbol{\alpha}_{n-1}\end{cases}$，证明向量组 $\boldsymbol{A}$: $\boldsymbol{\alpha}_1, \boldsymbol{\alpha}_2, \cdots, \boldsymbol{\alpha}_n$ 与向量组 $\boldsymbol{B}$: $\boldsymbol{\beta}_1, \boldsymbol{\beta}_2, \cdots, \boldsymbol{\beta}_n$ 等价.

证明思路 只需要用向量 $\boldsymbol{B}$ 线性表示向量组 $\boldsymbol{A}$，相当于求系数矩阵的逆矩阵.

证 列向量组 $\boldsymbol{A}$ 和 $\boldsymbol{B}$ 依次构成矩阵 $\boldsymbol{A}$ 和 $\boldsymbol{B}$，于是有

$$\boldsymbol{B}=\boldsymbol{AK}, \tag{1}$$

其中，系数矩阵 $\boldsymbol{K}$ 为

$$\boldsymbol{K}=\begin{pmatrix}0 & 1 & \cdots & 1\\1 & 0 & \cdots & 1\\\vdots & & \ddots & \vdots\\1 & \cdots & 1 & 0\end{pmatrix},$$

其行列式 $|\boldsymbol{K}|=(n-1)(-1)^{n-1}\neq 0(n\geqslant 2)$，故 $\boldsymbol{K}$ 可逆.

由式(1)即得 $\boldsymbol{A}=\boldsymbol{B}\boldsymbol{K}^{-1}$，此表明 $\boldsymbol{A}$ 组能由 $\boldsymbol{B}$ 组线性表示，其表示的系数矩阵为 $\boldsymbol{K}^{-1}$，从而 $\boldsymbol{A}$ 组与 $\boldsymbol{B}$ 组等价.

8. 设有向量

$$\boldsymbol{\alpha}_1=\begin{pmatrix}1+\lambda\\1\\1\end{pmatrix},\boldsymbol{\alpha}_2=\begin{pmatrix}1\\1+\lambda\\1\end{pmatrix},\boldsymbol{\alpha}_3=\begin{pmatrix}1\\1\\1+\lambda\end{pmatrix},\boldsymbol{\beta}=\begin{pmatrix}0\\\lambda\\\lambda^2\end{pmatrix}.$$

试问当 λ 取何值时，

(1) $\boldsymbol{\beta}$ 可由 $\boldsymbol{\alpha}_1,\boldsymbol{\alpha}_2,\boldsymbol{\alpha}_3$ 线性表示，且表达式唯一?

(2) $\boldsymbol{\beta}$ 可由 $\boldsymbol{\alpha}_1,\boldsymbol{\alpha}_2,\boldsymbol{\alpha}_3$ 线性表示，但表达式不唯一?

(3) $\boldsymbol{\beta}$ 不能由 $\boldsymbol{\alpha}_1,\boldsymbol{\alpha}_2,\boldsymbol{\alpha}_3$ 线性表示?

解题思路　利用向量组表示已知向量与秩之间的关系.

解　$|\boldsymbol{\alpha}_1\ \boldsymbol{\alpha}_2\ \boldsymbol{\alpha}_3|=\lambda^2(\lambda+3)$.

(1) 当 $\lambda\neq 0$ 且 $\lambda\neq -3$ 时，$\boldsymbol{\beta}$ 可由 $\boldsymbol{\alpha}_1,\boldsymbol{\alpha}_2,\boldsymbol{\alpha}_3$ 唯一地线性表示.

(2)当 $\lambda=0$ 时，$\boldsymbol{\beta}$ 可由 $\boldsymbol{\alpha}_1,\boldsymbol{\alpha}_2,\boldsymbol{\alpha}_3$ 线性表示，但表达式不唯一.

(3)当 $\lambda=-3$ 时，$\boldsymbol{\beta}$ 不能由 $\boldsymbol{\alpha}_1,\boldsymbol{\alpha}_2,\boldsymbol{\alpha}_3$ 线性表示.

9. 设有向量

$$\boldsymbol{\alpha}_1=\begin{pmatrix}1\\1\\0\end{pmatrix},\boldsymbol{\alpha}_2=\begin{pmatrix}5\\3\\2\end{pmatrix},\boldsymbol{\alpha}_3=\begin{pmatrix}1\\3\\-1\end{pmatrix},\boldsymbol{\alpha}_4=\begin{pmatrix}-2\\2\\-3\end{pmatrix},$$

$\boldsymbol{A}$ 是三阶矩阵，且有 $\boldsymbol{A}\boldsymbol{\alpha}_1=\boldsymbol{\alpha}_2$，$\boldsymbol{A}\boldsymbol{\alpha}_2=\boldsymbol{\alpha}_3$，$\boldsymbol{A}\boldsymbol{\alpha}_3=\boldsymbol{\alpha}_4$，试求 $\boldsymbol{A}\boldsymbol{\alpha}_4$.

解题思路　利用向量组线性表示已知向量，再结合矩阵与列向量的运算即可.

解　由于 $(\boldsymbol{\alpha}_1,\boldsymbol{\alpha}_2,\boldsymbol{\alpha}_3,\boldsymbol{\alpha}_4)\Rightarrow\begin{pmatrix}1 & 0 & 0 & 2\\0 & 1 & 0 & -1\\0 & 0 & 1 & 1\end{pmatrix}$，则有

$$\boldsymbol{\alpha}_4=2\boldsymbol{\alpha}_1-\boldsymbol{\alpha}_2+\boldsymbol{\alpha}_3,$$

于是

$$\begin{aligned}A\boldsymbol{\alpha}_4 &= A(2\boldsymbol{\alpha}_1-\boldsymbol{\alpha}_2+\boldsymbol{\alpha}_3)\\ &=2A\boldsymbol{\alpha}_1-A\boldsymbol{\alpha}_2+A\boldsymbol{\alpha}_3\\ &=2\boldsymbol{\alpha}_2-\boldsymbol{\alpha}_3+\boldsymbol{\alpha}_4=\begin{pmatrix}7\\5\\2\end{pmatrix}.\end{aligned}$$

§3.3　向量组的线性相关性

一、主要知识归纳

主要知识归纳见表 3-3-1.

表 3-3-1

定义	给定向量组 $A:\boldsymbol{\alpha}_1, \boldsymbol{\alpha}_2, \cdots, \boldsymbol{\alpha}_s$，如果存在不全为零的数 $k_1, k_2, \cdots, k_s$，使 $$k_1\boldsymbol{\alpha}_1+k_2\boldsymbol{\alpha}_2+\cdots+k_s\boldsymbol{\alpha}_s=\boldsymbol{0},$$ 则称向量组 A 线性相关，否则称为线性无关.
判定定理	(1) 向量组 $\boldsymbol{\alpha}_1, \boldsymbol{\alpha}_2, \cdots, \boldsymbol{\alpha}_s (s\geqslant 2)$ 线性相关的充要条件是向量组中至少有一个向量可由其余 $s-1$ 个向量线性表示. (2) 设有列向量组 $\boldsymbol{\alpha}_j=\begin{pmatrix}a_{1j}\\a_{2j}\\\vdots\\a_{nj}\end{pmatrix}$ $(j=1, 2, \cdots, s)$，则向量组 $\boldsymbol{\alpha}_1, \boldsymbol{\alpha}_2, \cdots, \boldsymbol{\alpha}_s$ 线性相关的充要条件是：矩阵 $A=(\boldsymbol{\alpha}_1, \boldsymbol{\alpha}_2, \cdots, \boldsymbol{\alpha}_s)$ 的秩小于向量的个数 s. (3) 若向量组中有一部分向量（部分组）线性相关，则整个向量组线性相关. (4) 若向量组 $\boldsymbol{\alpha}_1, \boldsymbol{\alpha}_2, \cdots, \boldsymbol{\alpha}_s, \boldsymbol{\beta}$ 线性相关，而向量组 $\boldsymbol{\alpha}_1, \boldsymbol{\alpha}_2, \cdots, \boldsymbol{\alpha}_s$ 线性无关，则向量 $\boldsymbol{\beta}$ 可由 $\boldsymbol{\alpha}_1, \boldsymbol{\alpha}_2, \cdots, \boldsymbol{\alpha}_s$ 线性表示，且表示法唯一. (5) 设有两向量组 $A:\boldsymbol{\alpha}_1, \boldsymbol{\alpha}_2, \cdots, \boldsymbol{\alpha}_s$，$B:\boldsymbol{\beta}_1, \boldsymbol{\beta}_2, \cdots, \boldsymbol{\beta}_t$，向量组 B 能由向量组 A 线性表示，若 $s<t$，则向量组 B 线性相关.

二、典型例题分析

例 1　设 $\boldsymbol{\alpha}_1=(6, a+1, 3)^{\mathrm{T}}$，$\boldsymbol{\alpha}_2=(a, 2, -2)^{\mathrm{T}}$，$\boldsymbol{\alpha}_3=(a, 1, 0)^{\mathrm{T}}$，讨论向量组

(1) $\boldsymbol{\alpha}_1, \boldsymbol{\alpha}_2$ 的线性相关性；

(2) $\boldsymbol{\alpha}_1, \boldsymbol{\alpha}_2, \boldsymbol{\alpha}_3$ 的线性相关性.

解　(1) 设 $x_1\boldsymbol{\alpha}_1+x_2\boldsymbol{\alpha}_2=\boldsymbol{0}$，即

$$\begin{cases}6x_1+ax_2=0\\(a+1)x_1+2x_2=0,\\3x_1-2x_2=0\end{cases}$$

对此方程组的增广矩阵作初等行变换，有

$$\begin{pmatrix} 6 & a & 0 \\ a+1 & 2 & 0 \\ 3 & -2 & 0 \end{pmatrix} \to \begin{pmatrix} 3 & -2 & 0 \\ a+1 & 2 & 0 \\ 0 & a+4 & 0 \end{pmatrix} \to \begin{pmatrix} 3 & -2 & 0 \\ 0 & \frac{2}{3}(a+4) & 0 \\ 0 & a+4 & 0 \end{pmatrix}$$

$$\to \begin{pmatrix} 3 & -2 & 0 \\ a & a+4 & 0 \\ 0 & 0 & 0 \end{pmatrix},$$

令 $a+4=0$，则 $a=-4$.
当 $a=-4$ 时，方程组有非零解，此时 $\boldsymbol{\alpha}_1$，$\boldsymbol{\alpha}_2$ 线性相关；
当 $a\neq=-4$ 时，方程组只有零解，此时 $\boldsymbol{\alpha}_1$，$\boldsymbol{\alpha}_2$ 线性无关.

(2) 设 $x_1\boldsymbol{\alpha}_1+x_2\boldsymbol{\alpha}_2+x_3\boldsymbol{\alpha}_3=\mathbf{0}$，即

$$\begin{cases} 6x_1+ax_2+ax_3=0 \\ (a+1)x_1+2x_2+x_3=0, \\ 3x_1-2x_2=0 \end{cases}$$

此方程组的系数行列式为

$$D=\begin{vmatrix} 6 & a & a \\ a+1 & 2 & 1 \\ 3 & -2 & 0 \end{vmatrix}=-(a+4)(2a-3).$$

则当 $D=0$，即 $a=-4$ 或 $a=\frac{3}{2}$时，$|\boldsymbol{A}|=0$，$\boldsymbol{\alpha}_1$，$\boldsymbol{\alpha}_2$，$\boldsymbol{\alpha}_3$ 线性相关；

当 $D\neq0$，即 $a\neq-4$ 且 $a\neq\frac{3}{2}$时，$|\boldsymbol{A}|\neq0$，$\boldsymbol{\alpha}_1$，$\boldsymbol{\alpha}_2$，$\boldsymbol{\alpha}_3$ 线性无关.

小结：本题分别采用定义法和行列式判别法来判断向量组的线性相关性：(1) 使用定义法时将问题转化为方程组 $\boldsymbol{Ax}=\mathbf{0}$ 是否有非零解；(2) 在使用行列式判别法时向量组的个数与维数必须相等.

例 2 设 $\boldsymbol{\alpha}$ 是 n 维列向量，$\boldsymbol{A}$ 是 n 阶方阵，如果 $\boldsymbol{A}^{m-1}\boldsymbol{\alpha}\neq\mathbf{0}$，$\boldsymbol{A}^m\boldsymbol{\alpha}=\mathbf{0}$. 证明：$\boldsymbol{\alpha}$，$\boldsymbol{A\alpha}$，…，$\boldsymbol{A}^{m-1}\boldsymbol{\alpha}$ 线性无关.

证明 设 $k_1\boldsymbol{\alpha}+k_2\boldsymbol{A\alpha}+\cdots+k_m\boldsymbol{A}^{m-1}\boldsymbol{\alpha}=\mathbf{0}$，用 $\boldsymbol{A}^{m-1}$左乘此式的两边有

$$k_1\boldsymbol{A}^{m-1}\boldsymbol{\alpha}+k_2\boldsymbol{A}^m\boldsymbol{\alpha}+\cdots+k_m\boldsymbol{A}^{2m-2}\boldsymbol{\alpha}=\mathbf{0},$$

由已知条件 $\boldsymbol{A}^{m-1}\boldsymbol{\alpha}\neq\mathbf{0}$，$\boldsymbol{A}^m\boldsymbol{\alpha}=\mathbf{0}$，知 $k_1=0$，故

$$k_2\boldsymbol{A}^m\boldsymbol{\alpha}+\cdots+k_m\boldsymbol{A}^{2m-2}\boldsymbol{\alpha}=\mathbf{0},$$

即

$$k_2\boldsymbol{A}\boldsymbol{\alpha}+k_3\boldsymbol{A}^2\boldsymbol{\alpha}+\cdots+k_m\boldsymbol{A}^{m-1}\boldsymbol{\alpha}=\mathbf{0},$$

用 $\boldsymbol{A}^{m-2}$ 左乘此式的两边有

$$k_2\boldsymbol{A}^{m-1}\boldsymbol{\alpha}+k_3\boldsymbol{A}^m\boldsymbol{\alpha}+\cdots+k_m\boldsymbol{A}^{2m-3}\boldsymbol{\alpha}=\mathbf{0},$$

得 $k_2=0$，依此类推可知 $k_1=k_2=\cdots=k_m=0$，从而 $\boldsymbol{\alpha}$，$\boldsymbol{A}\boldsymbol{\alpha}$，…，$\boldsymbol{A}^{m-1}\boldsymbol{\alpha}$ 线性无关.

小结：本题利用了线性无关的定义来证明，关键在于理解：由条件 $\boldsymbol{A}^m\boldsymbol{\alpha}=\mathbf{0}$ 可得 $\boldsymbol{A}^{m+i}\boldsymbol{\alpha}=\boldsymbol{A}^i(\boldsymbol{A}^m\boldsymbol{\alpha})=\mathbf{0}$，$i\in\mathbf{N}$.

例 3　设 $\boldsymbol{\alpha}_i=(a_{i1},a_{i2},\cdots,a_{in})^{\mathrm{T}}$，$i=1,2,\cdots,r$，$r<n$ 是 n 维实向量，且 $\boldsymbol{\alpha}_1,\boldsymbol{\alpha}_2,\cdots,\boldsymbol{\alpha}_r$ 线性无关. 已知 $\boldsymbol{\beta}=(b_1,b_2,\cdots,b_n)^{\mathrm{T}}$ 是下面线性方程组的非零解向量，试判断向量组 $\boldsymbol{\alpha}_1,\boldsymbol{\alpha}_2,\cdots,\boldsymbol{\alpha}_r,\boldsymbol{\beta}$ 的线性相关性.

$$\begin{cases}a_{11}x_1+a_{12}x_2+\cdots+a_{1n}x_n=0\\a_{21}x_1+a_{22}x_2+\cdots+a_{2n}x_n=0\\\cdots\cdots\\a_{r1}x_1+a_{r2}x_2+\cdots+a_{rn}x_n=0\end{cases}.$$

解　设有关系式 $k_1\boldsymbol{\alpha}_1+k_2\boldsymbol{\alpha}_2+\cdots+k_r\boldsymbol{\alpha}_r+l\boldsymbol{\beta}=\mathbf{0}$，由于 $\boldsymbol{\beta}$ 为上述线性方程组的非零解，所以有

$$\begin{cases}a_{11}b_1+a_{12}b_2+\cdots+a_{1n}b_n=0\\a_{21}b_1+a_{22}b_2+\cdots+a_{2n}b_n=0\\\cdots\cdots\\a_{r1}b_1+a_{r2}b_2+\cdots+a_{rn}b_n=0\end{cases},$$

即 $\boldsymbol{\beta}^{\mathrm{T}}\boldsymbol{\alpha}_1=0$，$\boldsymbol{\beta}^{\mathrm{T}}\boldsymbol{\alpha}_2=0$，…，$\boldsymbol{\beta}^{\mathrm{T}}\boldsymbol{\alpha}_r=0$. 将 $k_1\boldsymbol{\alpha}_1+k_2\boldsymbol{\alpha}_2+\cdots+k_r\boldsymbol{\alpha}_r+l\boldsymbol{\beta}=\mathbf{0}$ 等式两边左乘 $\boldsymbol{\beta}^{\mathrm{T}}$ 可得：

$$k_1\boldsymbol{\beta}^{\mathrm{T}}\boldsymbol{\alpha}_1+k_2\boldsymbol{\beta}^{\mathrm{T}}\boldsymbol{\alpha}_2+\cdots+k_r\boldsymbol{\beta}^{\mathrm{T}}\boldsymbol{\alpha}_r+l\boldsymbol{\beta}^{\mathrm{T}}\boldsymbol{\beta}=\mathbf{0},$$

则 $l\boldsymbol{\beta}^{\mathrm{T}}\boldsymbol{\beta}=\mathbf{0}$，又因为 $\boldsymbol{\beta}\neq\mathbf{0}$，而 $\boldsymbol{\beta}^{\mathrm{T}}\boldsymbol{\beta}>0$，从而 $l=0$. 因此，有

$$k_1\boldsymbol{\alpha}_1+k_2\boldsymbol{\alpha}_2+\cdots+k_r\boldsymbol{\alpha}_r=\mathbf{0},$$

而 $\boldsymbol{\alpha}_1,\boldsymbol{\alpha}_2,\cdots,\boldsymbol{\alpha}_r$ 线性无关，从而有

$$k_1=k_2=\cdots=k_r=0,$$

故向量组 $\boldsymbol{\alpha}_1,\boldsymbol{\alpha}_2,\cdots,\boldsymbol{\alpha}_r,\boldsymbol{\beta}$ 线性无关.

小结：本题主要是根据线性相关性的定义来证明，并熟练运用了线性方程组与向量乘积之间的形式转换.

三、习题 3-3 解答

1. 判定下列向量组是线性相关还是线性无关：

(1) $\boldsymbol{\alpha}_1=(1,0,-1)^T$，$\boldsymbol{\alpha}_2=(-2,2,0)^T$，$\boldsymbol{\alpha}_3=(3,-5,2)^T$；

(2) $\boldsymbol{\alpha}_1=(1,1,3,1)^T$，$\boldsymbol{\alpha}_2=(3,-1,2,4)^T$，$\boldsymbol{\alpha}_3=(2,2,7,-1)^T$；

(3) $\boldsymbol{\alpha}_1=(1,0,0,2,5)^T$，$\boldsymbol{\alpha}_2=(0,1,0,3,4)^T$，$\boldsymbol{\alpha}_3=(0,0,1,4,7)^T$，
$\boldsymbol{\alpha}_4=(2,-3,4,11,12)^T$.

解题思路 对由已知向量为列（行）组成的矩阵进行初等行（列）变换，使其变换成行（列）阶梯形矩阵，然后判定已知向量组的线性相关性.

解 (1) $\begin{pmatrix}1&-2&3\\0&2&-5\\-1&0&2\end{pmatrix}\Rightarrow\begin{pmatrix}1&-2&3\\0&2&-5\\0&-2&5\end{pmatrix}\Rightarrow\begin{pmatrix}1&-2&3\\0&2&-5\\0&0&0\end{pmatrix}$，

所以 $\boldsymbol{\alpha}_1$，$\boldsymbol{\alpha}_2$，$\boldsymbol{\alpha}_3$ 线性相关.

(2) $\begin{pmatrix}1&1&3&1\\3&-1&2&4\\2&2&7&-1\end{pmatrix}\Rightarrow\begin{pmatrix}1&1&3&1\\0&-4&-7&1\\0&0&1&-3\end{pmatrix}$，

所以 $\boldsymbol{\alpha}_1$，$\boldsymbol{\alpha}_2$，$\boldsymbol{\alpha}_3$ 线性无关.

(3) $\begin{pmatrix}1&0&0&2&5\\0&1&0&3&4\\0&0&1&4&7\\2&-3&4&11&12\end{pmatrix}\Rightarrow\begin{pmatrix}1&0&0&2&5\\0&1&0&3&4\\0&0&1&4&7\\0&0&0&0&-14\end{pmatrix}$，

所以 $\boldsymbol{\alpha}_1$，$\boldsymbol{\alpha}_2$，$\boldsymbol{\alpha}_3$，$\boldsymbol{\alpha}_4$ 线性无关.

2. $\boldsymbol{\alpha}$ 取什么值时，下列向量组线性相关？

$$\boldsymbol{\alpha}_1=\begin{pmatrix}a\\1\\1\end{pmatrix},\ \boldsymbol{\alpha}_2=\begin{pmatrix}1\\a\\-1\end{pmatrix},\ \boldsymbol{\alpha}_3=\begin{pmatrix}1\\-1\\a\end{pmatrix}.$$

解题思路 利用教材中本节定理 2 的相关推论.

解 因为 $\boldsymbol{\alpha}_1$，$\boldsymbol{\alpha}_2$，$\boldsymbol{\alpha}_3$ 线性相关$\Leftrightarrow\begin{vmatrix}a&1&1\\1&a&-1\\1&-1&a\end{vmatrix}=0$,所以由 $\begin{vmatrix}a&1&1\\1&a&-1\\1&-1&a\end{vmatrix}=$
$(a+1)^2(a-2)=0\Rightarrow a=2$ 或 $a=-1$.

3. 设 $\boldsymbol{\alpha}_1$，$\boldsymbol{\alpha}_2$ 线性无关，$\boldsymbol{\alpha}_1+\boldsymbol{\beta}$，$\boldsymbol{\alpha}_2+\boldsymbol{\beta}$ 线性相关，求向量 $\boldsymbol{\beta}$ 由 $\boldsymbol{\alpha}_1$，$\boldsymbol{\alpha}_2$ 线性表示的表示式.

解题思路 直接利用线性表示的定义解答此题；利用间接法.

解 方法一 因 $\boldsymbol{\alpha}_1+\boldsymbol{\beta}$, $\boldsymbol{\alpha}_2+\boldsymbol{\beta}$ 线性相关，故存在不全为零的常数 k_1，k_2，使

$$k_1(\boldsymbol{\alpha}_1+\boldsymbol{\beta})+k_2(\boldsymbol{\alpha}_2+\boldsymbol{\beta})=\mathbf{0} \qquad (*)$$

$$\Rightarrow (k_1+k_2)\boldsymbol{\beta}=-k_1\boldsymbol{\alpha}_1-k_2\boldsymbol{\alpha}_2.$$

因 $\boldsymbol{\alpha}_1$，$\boldsymbol{\alpha}_2$ 线性无关，故 $k_1+k_2\neq 0$，不然，由式(*)得

$$k_1\boldsymbol{\alpha}_1+k_2\boldsymbol{\alpha}_2=\mathbf{0}\Rightarrow k_1=k_2=0,$$

这与 k_1、k_2 不全为零矛盾．于是由式(*)得

$$\boldsymbol{\beta}=-\frac{k_1}{k_1+k_2}\boldsymbol{\alpha}_1-\frac{k_2}{k_1+k_2}\boldsymbol{\alpha}_2,\ k_1,\ k_2\in\mathbf{R},\ k_1+k_2\neq 0.$$

方法二 $\boldsymbol{\alpha}_1+\boldsymbol{\beta}$, $\boldsymbol{\alpha}_2+\boldsymbol{\beta}$ 线性相关，故 $(\boldsymbol{\alpha}_1+\boldsymbol{\beta})-(\boldsymbol{\alpha}_2+\boldsymbol{\beta})$，$\boldsymbol{\alpha}_2+\boldsymbol{\beta}$ 线性相关，即 $\boldsymbol{\alpha}_1-\boldsymbol{\alpha}_2$，$\boldsymbol{\alpha}_2+\boldsymbol{\beta}$ 线性相关.

又因 $\boldsymbol{\alpha}_1$，$\boldsymbol{\alpha}_2$ 线性无关，故 $\boldsymbol{\alpha}_1-\boldsymbol{\alpha}_2\neq\mathbf{0}$，于是存在 λ，使

$$\boldsymbol{\alpha}_2+\boldsymbol{\beta}=\lambda(\boldsymbol{\alpha}_1-\boldsymbol{\alpha}_2)\Rightarrow\boldsymbol{\beta}=\lambda\boldsymbol{\alpha}_1-(\lambda+1)\boldsymbol{\alpha}_2,\ \lambda\in\mathbf{R}.$$

这与方法一的结果相同.

4. 设 $\boldsymbol{\alpha}_1$，$\boldsymbol{\alpha}_2$ 线性相关，$\boldsymbol{\beta}_1$，$\boldsymbol{\beta}_2$ 也线性相关，问 $\boldsymbol{\alpha}_1+\boldsymbol{\beta}_1$，$\boldsymbol{\alpha}_2+\boldsymbol{\beta}_2$ 是否一定线性相关？试举例说明.

解题思路 线性相关对加法不封闭.

答 否.

例如，$\boldsymbol{\alpha}_1=\begin{pmatrix}1\\0\end{pmatrix}$，$\boldsymbol{\alpha}_2=\begin{pmatrix}2\\0\end{pmatrix}$，$\boldsymbol{\beta}_1=\begin{pmatrix}0\\2\end{pmatrix}$，$\boldsymbol{\beta}_2=\begin{pmatrix}0\\3\end{pmatrix}$

$$\Rightarrow\boldsymbol{\alpha}_1+\boldsymbol{\beta}_1=\begin{pmatrix}1\\2\end{pmatrix},\ \boldsymbol{\alpha}_2+\boldsymbol{\beta}_2=\begin{pmatrix}2\\3\end{pmatrix}$$

$\Rightarrow\boldsymbol{\alpha}_1$，$\boldsymbol{\alpha}_2$ 线性相关，$\boldsymbol{\beta}_1$，$\boldsymbol{\beta}_2$ 也线性相关，但 $\boldsymbol{\alpha}_1+\boldsymbol{\beta}_1$，$\boldsymbol{\alpha}_2+\boldsymbol{\beta}_2$ 线性无关.

5. 设 $\boldsymbol{\beta}_1=\boldsymbol{\alpha}_1$，$\boldsymbol{\beta}_2=\boldsymbol{\alpha}_1+\boldsymbol{\alpha}_2$，…，$\boldsymbol{\beta}_r=\boldsymbol{\alpha}_1+\boldsymbol{\alpha}_2+\cdots+\boldsymbol{\alpha}_r$，且向量组 $\boldsymbol{\alpha}_1$，$\boldsymbol{\alpha}_2$，…，$\boldsymbol{\alpha}_r$ 线性无关，证明向量组 $\boldsymbol{\beta}_1$，$\boldsymbol{\beta}_2$，…，$\boldsymbol{\beta}_r$ 线性无关.

证明思路 利用线性无关的定义证明.

证 设 $k_1\boldsymbol{\beta}_1+k_2\boldsymbol{\beta}_2+\cdots+k_r\boldsymbol{\beta}_r=\mathbf{0}$，则

$$(k_1+k_2+\cdots+k_r)\boldsymbol{\alpha}_1+(k_2+k_3+\cdots+k_r)\boldsymbol{\alpha}_2+\cdots+(k_p+k_{p+1}+\cdots+k_r)\boldsymbol{\alpha}_p+\cdots+k_r\boldsymbol{\alpha}_r=\mathbf{0},$$

因向量组 $\boldsymbol{\alpha}_1$，$\boldsymbol{\alpha}_2$，…，$\boldsymbol{\alpha}_r$ 线性无关，故

$$\begin{cases}k_1+k_2+\cdots+k_r=0\\ k_2+k_3+\cdots+k_r=0\\ \cdots\cdots\\ k_r=0\end{cases}\Rightarrow\begin{pmatrix}1&1&\cdots&1&1\\0&1&\cdots&1&1\\0&0&\cdots&1&1\\0&0&\cdots&0&1\end{pmatrix}\begin{pmatrix}k_1\\k_2\\\vdots\\k_r\end{pmatrix}=\begin{pmatrix}0\\0\\\vdots\\0\end{pmatrix},$$

因为$\begin{vmatrix}1&1&\cdots&1\\0&1&\cdots&1\\\vdots&\vdots&\ddots&\vdots\\0&0&\cdots&1\end{vmatrix}=1\neq0$，故方程组只有零解，即 $k_1=k_2=\cdots=k_r=0$，所以 $\boldsymbol{\beta}_1,\boldsymbol{\beta}_2,\cdots,\boldsymbol{\beta}_r$ 线性无关.

6. 设向量组 $\boldsymbol{\alpha}_1,\boldsymbol{\alpha}_2,\cdots,\boldsymbol{\alpha}_s$ 线性相关，且其中任意 $s-1$ 个向量都线性无关，试证明：必存在一组全都不为零的数 $k_1,k_2,\cdots,k_s$，使 $k_1\boldsymbol{\alpha}_1+k_2\boldsymbol{\alpha}_2+\cdots+k_s\boldsymbol{\alpha}_s=\mathbf{0}$.

证明思路　用反证法证明.

证　由 $\boldsymbol{\alpha}_1,\boldsymbol{\alpha}_2,\cdots,\boldsymbol{\alpha}_s$ 线性相关，故存在不全为零的数 $k_1,k_2,\cdots,k_s$，使

$$k_1\boldsymbol{\alpha}_1+k_2\boldsymbol{\alpha}_2+\cdots+k_s\boldsymbol{\alpha}_s=\mathbf{0}.$$

若 $k_1,k_2,\cdots,k_s$ 全都不为零，即得证.

若 $k_1,k_2,\cdots,k_s$ 中至少有一个为零，不妨设 $k_1=0$，则有不全为零的 $k_2,k_3,\cdots,k_s$，使

$$k_2\boldsymbol{\alpha}_2+k_3\boldsymbol{\alpha}_3+\cdots+k_s\boldsymbol{\alpha}_s=\mathbf{0}$$

$\Rightarrow\boldsymbol{\alpha}_2,\boldsymbol{\alpha}_3,\cdots,\boldsymbol{\alpha}_s$ 线性相关. 这与题设矛盾.

7. 设三维列向量 $\boldsymbol{\alpha}_1,\boldsymbol{\alpha}_2,\boldsymbol{\alpha}_3$ 线性无关，$\boldsymbol{A}$ 是三阶矩阵，且有

$$\boldsymbol{A}\boldsymbol{\alpha}_1=\boldsymbol{\alpha}_1+2\boldsymbol{\alpha}_2+3\boldsymbol{\alpha}_3,\ \boldsymbol{A}\boldsymbol{\alpha}_2=2\boldsymbol{\alpha}_2+3\boldsymbol{\alpha}_3,\ \boldsymbol{A}\boldsymbol{\alpha}_3=3\boldsymbol{\alpha}_2-4\boldsymbol{\alpha}_3,$$

试求 $|\boldsymbol{A}|$.

解题思路　利用线性无关与可逆矩阵的关系.

解　由条件知

$$\begin{aligned}\boldsymbol{A}(\boldsymbol{\alpha}_1,\boldsymbol{\alpha}_2,\boldsymbol{\alpha}_3)&=(\boldsymbol{A}\boldsymbol{\alpha}_1,\boldsymbol{A}\boldsymbol{\alpha}_2,\boldsymbol{A}\boldsymbol{\alpha}_3)\\&=(\boldsymbol{\alpha}_1+2\boldsymbol{\alpha}_2+3\boldsymbol{\alpha}_3,2\boldsymbol{\alpha}_2+3\boldsymbol{\alpha}_3,3\boldsymbol{\alpha}_2-4\boldsymbol{\alpha}_3)\\&=(\boldsymbol{\alpha}_1,\boldsymbol{\alpha}_2,\boldsymbol{\alpha}_3)\begin{pmatrix}1&0&0\\2&2&3\\3&3&-4\end{pmatrix}.\end{aligned}$$

由于 $\boldsymbol{\alpha}_1,\boldsymbol{\alpha}_2,\boldsymbol{\alpha}_3$ 线性无关，则 $|\boldsymbol{\alpha}_1,\boldsymbol{\alpha}_2,\boldsymbol{\alpha}_3|\neq0$，故

$$|\boldsymbol{A}|=\begin{vmatrix}1 & 0 & 0\\ 2 & 2 & 3\\ 3 & 3 & -4\end{vmatrix}=-17.$$

8. 设向量组 $\boldsymbol{A}$: $\boldsymbol{\alpha}_1=(1, 2, 1, 3)^{\mathrm{T}}$, $\boldsymbol{\alpha}_2=(4, -1, -5, -6)^{\mathrm{T}}$，向量组 $\boldsymbol{B}$: $\boldsymbol{\beta}_1=(-1, 3, 4, 7)^{\mathrm{T}}$, $\boldsymbol{\beta}_2=(2, -1, -3, -4)^{\mathrm{T}}$，试证明：向量组 $\boldsymbol{A}$ 与向量组 $\boldsymbol{B}$ 等价.

证明思路　利用定理 5 及有关的推论.

证　$$(\boldsymbol{\alpha}_1, \boldsymbol{\alpha}_2, \boldsymbol{\beta}_1, \boldsymbol{\beta}_2)=\begin{pmatrix}1 & 4 & -1 & 2\\ 2 & -1 & 3 & -1\\ 1 & -5 & 4 & -3\\ 3 & -6 & 7 & -4\end{pmatrix}\xrightarrow[r_4-3r_1]{\substack{r_2-2r_1\\ r_3-r_1}}\begin{pmatrix}1 & 4 & -1 & 2\\ 0 & -9 & 5 & -5\\ 0 & -9 & 5 & -5\\ 0 & -18 & 10 & -10\end{pmatrix}$$

$$\xrightarrow[r_2\div(-9)]{\substack{r_3-r_2\\ r_4-2r_2}}\begin{pmatrix}1 & 4 & -1 & 2\\ 0 & 1 & -\frac{5}{9} & \frac{5}{9}\\ 0 & 0 & 0 & 0\\ 0 & 0 & 0 & 0\end{pmatrix}$$

$$\xrightarrow{r_1-4r_2}\begin{pmatrix}1 & 0 & \frac{11}{9} & -\frac{2}{9}\\ 0 & 1 & -\frac{5}{9} & \frac{5}{9}\\ 0 & 0 & 0 & 0\\ 0 & 0 & 0 & 0\end{pmatrix}.$$

易见向量组 $\boldsymbol{A}$ 与向量组 $\boldsymbol{B}$ 有相同的秩，故向量组 $\boldsymbol{A}$ 与向量组 $\boldsymbol{B}$ 等价.

证毕.

9. 设 $\boldsymbol{\alpha}_1, \boldsymbol{\alpha}_2, \cdots, \boldsymbol{\alpha}_n$ 是一组 n 维向量，已知 n 维单位坐标向量 $\boldsymbol{\varepsilon}_1, \boldsymbol{\varepsilon}_2, \cdots, \boldsymbol{\varepsilon}_n$ 能由它们线性表示，证明 $\boldsymbol{\alpha}_1, \boldsymbol{\alpha}_2, \cdots, \boldsymbol{\alpha}_n$ 线性无关.

证　n 维单位向量 $\boldsymbol{\varepsilon}_1, \boldsymbol{\varepsilon}_2, \cdots, \boldsymbol{\varepsilon}_n$ 线性无关，不妨设：

$$\boldsymbol{\varepsilon}_1=k_{11}\boldsymbol{\alpha}_1+k_{12}\boldsymbol{\alpha}_2+\cdots+k_{1n}\boldsymbol{\alpha}_n,$$
$$\boldsymbol{\varepsilon}_2=k_{21}\boldsymbol{\alpha}_1+k_{22}\boldsymbol{\alpha}_2+\cdots+k_{2n}\boldsymbol{\alpha}_n,$$
$$\cdots\cdots$$
$$\boldsymbol{\varepsilon}_n=k_{n1}\boldsymbol{\alpha}_1+k_{n2}\boldsymbol{\alpha}_2+\cdots+k_{nn}\boldsymbol{\alpha}_n,$$

所以 $\begin{pmatrix}\boldsymbol{\varepsilon}_1^{\mathrm{T}}\\ \boldsymbol{\varepsilon}_2^{\mathrm{T}}\\ \vdots\\ \boldsymbol{\varepsilon}_n^{\mathrm{T}}\end{pmatrix}=\begin{pmatrix}k_{11} & k_{12} & \cdots & k_{1n}\\ k_{21} & k_{22} & \cdots & k_{2n}\\ \vdots & \vdots & & \vdots\\ k_{n1} & k_{n2} & \cdots & k_{nn}\end{pmatrix}\begin{pmatrix}\boldsymbol{\alpha}_1^{\mathrm{T}}\\ \boldsymbol{\alpha}_2^{\mathrm{T}}\\ \vdots\\ \boldsymbol{\alpha}_n^{\mathrm{T}}\end{pmatrix}$，两边取行列式，得

$$\begin{vmatrix}\boldsymbol{\varepsilon}_1^{\mathrm{T}}\\\boldsymbol{\varepsilon}_2^{\mathrm{T}}\\\vdots\\\boldsymbol{\varepsilon}_n^{\mathrm{T}}\end{vmatrix}=\begin{vmatrix}k_{11}&k_{12}&\cdots&k_{1n}\\k_{21}&k_{22}&\cdots&k_{2n}\\\vdots&\vdots&&\vdots\\k_{n1}&k_{n2}&\cdots&k_{nn}\end{vmatrix}\begin{vmatrix}\boldsymbol{\alpha}_1^{\mathrm{T}}\\\boldsymbol{\alpha}_2^{\mathrm{T}}\\\vdots\\\boldsymbol{\alpha}_n^{\mathrm{T}}\end{vmatrix}\text{，由}\begin{vmatrix}\boldsymbol{\varepsilon}_1^{\mathrm{T}}\\\boldsymbol{\varepsilon}_2^{\mathrm{T}}\\\vdots\\\varepsilon_n^{\mathrm{T}}\end{vmatrix}\neq0\Rightarrow\begin{vmatrix}\boldsymbol{\alpha}_1^{\mathrm{T}}\\\boldsymbol{\alpha}_2^{\mathrm{T}}\\\vdots\\\boldsymbol{\alpha}_n^{\mathrm{T}}\end{vmatrix}\neq0,$$

即 n 维向量组 $\boldsymbol{\alpha}_1,\boldsymbol{\alpha}_2,\cdots,\boldsymbol{\alpha}_n$ 所构成矩阵的秩为 n，故 $\boldsymbol{\alpha}_1,\boldsymbol{\alpha}_2,\cdots,\boldsymbol{\alpha}_n$ 线性无关.

10. 设 $\boldsymbol{\alpha}_1,\boldsymbol{\alpha}_2,\cdots,\boldsymbol{\alpha}_n$ 是一组 n 维向量，证明它们线性无关的充分必要条件是:任一 n 维向量都可由它们线性表示.

证　设 $\boldsymbol{\varepsilon}_1,\boldsymbol{\varepsilon}_2,\cdots,\boldsymbol{\varepsilon}_n$ 为一组 n 维单位向量，对于任意 n 维向量 $\boldsymbol{\alpha}=(k_1,k_2,\cdots,k_n)^{\mathrm{T}}$，则有

$$\boldsymbol{\alpha}=\boldsymbol{\varepsilon}_1k_1+\boldsymbol{\varepsilon}_2k_2+\cdots+\boldsymbol{\varepsilon}_nk_n,$$

即任一 n 维向量都可由单位向量线性表示.

必要性　$\boldsymbol{\alpha}_1,\boldsymbol{\alpha}_2,\cdots,\boldsymbol{\alpha}_n$ 线性无关，且 $\boldsymbol{\alpha}_1,\boldsymbol{\alpha}_2,\cdots,\boldsymbol{\alpha}_n$ 能由单位向量线性表示，即

$$\begin{cases}\boldsymbol{\alpha}_1=k_{11}\boldsymbol{\varepsilon}_1+k_{12}\boldsymbol{\varepsilon}_2+\cdots+k_{1n}\boldsymbol{\varepsilon}_n\\\boldsymbol{\alpha}_2=k_{21}\boldsymbol{\varepsilon}_1+k_{22}\boldsymbol{\varepsilon}_2+\cdots+k_{2n}\boldsymbol{\varepsilon}_n\\\cdots\cdots\\\boldsymbol{\alpha}_n=k_{n1}\boldsymbol{\varepsilon}_1+k_{n2}\boldsymbol{\varepsilon}_2+\cdots+k_{nn}\boldsymbol{\varepsilon}_n\end{cases},$$

故

$$\begin{pmatrix}\boldsymbol{\alpha}_1^{\mathrm{T}}\\\boldsymbol{\alpha}_2^{\mathrm{T}}\\\vdots\\\boldsymbol{\alpha}_n^{\mathrm{T}}\end{pmatrix}=\begin{pmatrix}k_{11}&k_{12}&\cdots&k_{1n}\\k_{21}&k_{22}&\cdots&k_{2n}\\\vdots&\vdots&&\vdots\\k_{n1}&k_{n2}&\cdots&k_{nn}\end{pmatrix}\begin{pmatrix}\boldsymbol{\varepsilon}_1^{\mathrm{T}}\\\boldsymbol{\varepsilon}_2^{\mathrm{T}}\\\vdots\\\boldsymbol{\varepsilon}_n^{\mathrm{T}}\end{pmatrix}.$$

两边取行列式，得

$$\begin{vmatrix}\boldsymbol{\alpha}_1^{\mathrm{T}}\\\boldsymbol{\alpha}_2^{\mathrm{T}}\\\vdots\\\boldsymbol{\alpha}_n^{\mathrm{T}}\end{vmatrix}=\begin{vmatrix}k_{11}&k_{12}&\cdots&k_{1n}\\k_{21}&k_{22}&\cdots&k_{2n}\\\vdots&\vdots&&\vdots\\k_{n1}&k_{n2}&\cdots&k_{nn}\end{vmatrix}\begin{vmatrix}\boldsymbol{\varepsilon}_1^{\mathrm{T}}\\\boldsymbol{\varepsilon}_2^{\mathrm{T}}\\\vdots\\\boldsymbol{\varepsilon}_n^{\mathrm{T}}\end{vmatrix}.$$

$$\text{由}\begin{vmatrix}\boldsymbol{\alpha}_1^{\mathrm{T}}\\\boldsymbol{\alpha}_2^{\mathrm{T}}\\\vdots\\\boldsymbol{\alpha}_n^{\mathrm{T}}\end{vmatrix}\neq0\Rightarrow\begin{vmatrix}k_{11}&k_{12}&\cdots&k_{1n}\\k_{21}&k_{22}&\cdots&k_{2n}\\\vdots&\vdots&&\vdots\\k_{n1}&k_{n2}&\cdots&k_{nn}\end{vmatrix}\neq0.$$

令 $\boldsymbol{A}_{n\times n}=\begin{pmatrix} k_{11} & k_{12} & \cdots & k_{1n} \\ k_{21} & k_{22} & \cdots & k_{2n} \\ \vdots & \vdots & & \vdots \\ k_{n1} & k_{n2} & \cdots & k_{nn} \end{pmatrix}$，则有 $\begin{pmatrix} \boldsymbol{\varepsilon}_1^{\mathrm{T}} \\ \boldsymbol{\varepsilon}_2^{\mathrm{T}} \\ \vdots \\ \boldsymbol{\varepsilon}_n^{\mathrm{T}} \end{pmatrix}=\boldsymbol{A}^{-1}\begin{pmatrix} \boldsymbol{\alpha}_1^{\mathrm{T}} \\ \boldsymbol{\alpha}_2^{\mathrm{T}} \\ \vdots \\ \boldsymbol{\alpha}_n^{\mathrm{T}} \end{pmatrix}$.

即 $\boldsymbol{\varepsilon}_1,\boldsymbol{\varepsilon}_2,\cdots,\boldsymbol{\varepsilon}_n$ 都能由 $\boldsymbol{\alpha}_1,\boldsymbol{\alpha}_2,\cdots,\boldsymbol{\alpha}_n$ 线性表示，因为任一 n 维向量能由单位向量线性表示，故任一 n 维向量都可以由 $\boldsymbol{\alpha}_1,\boldsymbol{\alpha}_2,\cdots,\boldsymbol{\alpha}_n$ 线性表示.

充分性　已知任一 n 维向量都可由 $\boldsymbol{\alpha}_1,\boldsymbol{\alpha}_2,\cdots,\boldsymbol{\alpha}_n$ 线性表示，则单位向量组 $\boldsymbol{\varepsilon}_1,\boldsymbol{\varepsilon}_2,\cdots,\boldsymbol{\varepsilon}_n$ 可由 $\boldsymbol{\alpha}_1,\boldsymbol{\alpha}_2,\cdots,\boldsymbol{\alpha}_n$ 线性表示，故 $\boldsymbol{\alpha}_1,\boldsymbol{\alpha}_2,\cdots,\boldsymbol{\alpha}_n$ 线性无关.

11. 设向量组 $\boldsymbol{\alpha}_1,\boldsymbol{\alpha}_2,\cdots,\boldsymbol{\alpha}_m$ 线性相关，且 $\boldsymbol{\alpha}_1\neq\boldsymbol{0}$，证明存在某个向量 $\boldsymbol{\alpha}_k(2\leqslant k\leqslant m)$，使 $\boldsymbol{\alpha}_k$ 能由 $\boldsymbol{\alpha}_1,\boldsymbol{\alpha}_2,\cdots,\boldsymbol{\alpha}_{k-1}$ 线性表示.

证明思路　反证法；用数学归纳法的思想，逐个考察向量组中的向量；采用齐次方程组有非零解的技巧.

证　方法一　反证法：即证若不存在满足题中要求的向量，则向量组 $\boldsymbol{\alpha}_1,\boldsymbol{\alpha}_2,\cdots,\boldsymbol{\alpha}_m$ 必线性无关. 设有

$$k_1\boldsymbol{\alpha}_1+k_2\boldsymbol{\alpha}_2+\cdots+k_m\boldsymbol{\alpha}_m=\boldsymbol{0}. \tag{1}$$

由于向量 $\boldsymbol{\alpha}_m$ 不能由其前面的 $m-1$ 个向量线性表示，故 $k_m=0$；由于向量 a_{m-1} 不能由其前面的 $m-2$ 个向量线性表示，故 $k_{m-1}=0$；同理，$k_{m-2}=k_{m-3}=\cdots=k_2=0$，于是式(1)成为 $k_1\boldsymbol{\alpha}_1=\boldsymbol{0}$.

但由题设 $\boldsymbol{\alpha}_1\neq\boldsymbol{0}$，于是 $k_1=0$. 这样，若式(1)成立，必有所有系数 $k_1,k_2,\cdots,k_m$ 均为零，由定义知，向量组 $\boldsymbol{\alpha}_1,\boldsymbol{\alpha}_2,\cdots,\boldsymbol{\alpha}_m$ 线性无关，此与题设该向量组线性相关矛盾.

因此，命题成立.

方法二　因为向量组 $\boldsymbol{\alpha}_1,\boldsymbol{\alpha}_2,\cdots,\boldsymbol{\alpha}_m$ 线性相关，由定义知，存在不全为零的数 $\lambda_1,\lambda_2,\cdots,\lambda_m$，使

$$\lambda_1\boldsymbol{\alpha}_1+\lambda_2\boldsymbol{\alpha}_2+\cdots+\lambda_m\boldsymbol{\alpha}_m=\boldsymbol{0}. \tag{2}$$

在式(2)中，自右至左考察这些系数.

设其第一个不为零的数为 λ_i，即 $\lambda_i\neq0$，但 $\lambda_{i+1}=\lambda_{i+2}=\cdots=\lambda_m=0$，此时的 i 必大于等于 2，如若不然，式(2)成为 $\lambda_1\boldsymbol{\alpha}_1=\boldsymbol{0}$，由 $\boldsymbol{\alpha}_1\neq\boldsymbol{0}$，知 $\lambda_1=0$，与这些系数不全为零矛盾.

这时，式(2)式成为 $\lambda_1\boldsymbol{\alpha}_1+\lambda_2\boldsymbol{\alpha}_2+\cdots+\lambda_i\boldsymbol{\alpha}_i=\boldsymbol{0}$，且 $\lambda_i\neq0$，$i\geqslant2$

$$\Rightarrow\boldsymbol{\alpha}_i=\frac{\lambda_1}{\lambda_i}\boldsymbol{\alpha}_1-\cdots-\frac{\lambda_{i-1}}{\lambda_i}\boldsymbol{\alpha}_{i-1},$$

于是，上述向量 $\boldsymbol{\alpha}_i$ 即满足要求.

方法三　采用类似算法的思想来寻找满足要求的向量.

初始时，因 $\boldsymbol{\alpha}_1 \neq \mathbf{0}$，于是向量组 $\boldsymbol{\alpha}_1$ 线性无关.

第 1 步：考察 $\boldsymbol{\alpha}_1$，$\boldsymbol{\alpha}_2$. 若它线性相关，则 $\boldsymbol{\alpha}_2$ 就能由 $\boldsymbol{\alpha}_1$（唯一地）线性表示，$\boldsymbol{\alpha}_2$ 即为所求，寻找过程结束.

第 2 步：若 $\boldsymbol{\alpha}_1$，$\boldsymbol{\alpha}_2$ 线性无关，再考察 $\boldsymbol{\alpha}_1$，$\boldsymbol{\alpha}_2$，$\boldsymbol{\alpha}_3$. 若它线性相关，则 $\boldsymbol{\alpha}_3$ 就能由 $\boldsymbol{\alpha}_1$，$\boldsymbol{\alpha}_2$（唯一地）线性表示，$\boldsymbol{\alpha}_3$ 即为所求，寻找过程结束；否则转下一步.

但此过程必在第 $m-1$ 步之前结束，这是因为向量组 $\boldsymbol{\alpha}_1$，$\boldsymbol{\alpha}_2$，…，$\boldsymbol{\alpha}_m$ 是线性相关的.

假设它在第 $k-1$ 步结束（$2 \leqslant k \leqslant m$），则向量 $\boldsymbol{\alpha}_k$ 就满足题中要求.

方法四　考察齐次方程 $\boldsymbol{Ax}=\mathbf{0}$，其中矩阵 $\boldsymbol{A}$ 由列向量组 $\boldsymbol{\alpha}_1$，$\boldsymbol{\alpha}_2$，…，$\boldsymbol{\alpha}_m$ 构成；因它线性相关，故方程一定有非零解.

若设 $\widetilde{\boldsymbol{A}}$ 是 $\boldsymbol{A}$ 的一个行阶梯形矩阵，则 $\widetilde{\boldsymbol{A}}$ 中一定存在不含非零首元的列. 注意到 $\widetilde{\boldsymbol{A}}$ 的第 1 列一定含非零首元，故在 $\widetilde{\boldsymbol{A}}$ 的第 2 列至第 m 列中一定有不含非零首元的列，设为 $\tilde{\boldsymbol{\alpha}}_k$，因 $\tilde{\boldsymbol{\alpha}}_k$ 可由 $\tilde{\boldsymbol{\alpha}}_1$，…，$\tilde{\boldsymbol{\alpha}}_{k-1}$ 线性表示，故 $\boldsymbol{A}$ 中对应的 $\boldsymbol{\alpha}_k$ 也能由 $\boldsymbol{\alpha}_1$，…，$\boldsymbol{\alpha}_{k-1}$ 线性表示.

§3.4　向量组的秩

一、主要知识归纳

主要知识归纳见表 3-4-1.

表 3-4-1

定义	(1) 若在向量组 $\boldsymbol{A}$：$\boldsymbol{\alpha}_1$，$\boldsymbol{\alpha}_2$，…，$\boldsymbol{\alpha}_s$ 中能选出 r 个向量 $\boldsymbol{\alpha}_{j_1}$，$\boldsymbol{\alpha}_{j_2}$，…，$\boldsymbol{\alpha}_{j_r}$ 满足向量组 $\boldsymbol{A}_0$：$\boldsymbol{\alpha}_{j_1}$，$\boldsymbol{\alpha}_{j_2}$，…，$\boldsymbol{\alpha}_{j_r}$ 线性无关且向量组 $\boldsymbol{A}$ 中任意 $r+1$ 个向量都线性相关，则称向量组 $\boldsymbol{A}_0$ 是向量组 $\boldsymbol{A}$ 的一个极大无关组. 如果 $\boldsymbol{\alpha}_{j_1}$，$\boldsymbol{\alpha}_{j_2}$，…，$\boldsymbol{\alpha}_{j_r}$ 是 $\boldsymbol{\alpha}_1$，$\boldsymbol{\alpha}_2$，…，$\boldsymbol{\alpha}_s$ 的线性无关部分组，它是极大无关组的充要条件是 $\boldsymbol{\alpha}_1$，$\boldsymbol{\alpha}_2$，…，$\boldsymbol{\alpha}_s$ 中的每一个向量都可由 $\boldsymbol{\alpha}_{j_1}$，$\boldsymbol{\alpha}_{j_2}$，…，$\boldsymbol{\alpha}_{j_r}$ 线性表示. (2) 向量组 $\boldsymbol{\alpha}_1$，$\boldsymbol{\alpha}_2$，…，$\boldsymbol{\alpha}_s$ 的极大无关组所含向量的个数称为向量组的秩，记为 $\mathrm{r}(\boldsymbol{\alpha}_1, \boldsymbol{\alpha}_2, \cdots, \boldsymbol{\alpha}_s)$. 规定由零向量组成的向量组的秩为 0.
性质	(1) 设 $\boldsymbol{A}$ 为 $m \times n$ 矩阵，则 矩阵 $\boldsymbol{A}$ 的行向量组的秩＝矩阵 $\boldsymbol{A}$ 的列向量组的秩＝矩阵 $\boldsymbol{A}$ 的秩. (2) 若向量组 $\boldsymbol{B}$ 能由向量组 $\boldsymbol{A}$ 线性表示，则 $\mathrm{r}(\boldsymbol{B}) \leqslant \mathrm{r}(\boldsymbol{A})$. (3)等价的向量组的秩相等. (4)向量组 $\boldsymbol{B}$ 是向量组 $\boldsymbol{A}$ 的部分组，若向量组 $\boldsymbol{B}$ 线性无关，且向量组 $\boldsymbol{A}$ 能由向量组 $\boldsymbol{B}$ 线性表示，则向量组 $\boldsymbol{B}$ 是向量组 $\boldsymbol{A}$ 的一个极大无关组.
求极大无关组方法	求向量组的极大无关组的一般方法是以向量组中各向量为列向量组成矩阵后，作初等行变换将该矩阵化为阶梯形矩阵，便可直接写出所求向量组的极大无关组，从而可求出向量组的秩.

二、典型例题分析

例 1　设向量组

$\boldsymbol{\alpha}_1=(1,1,1,3)^{\mathrm{T}}$，$\boldsymbol{\alpha}_2=(-1,-3,5,1)^{\mathrm{T}}$，$\boldsymbol{\alpha}_3=(3,2,-1,p+2)^{\mathrm{T}}$，$\boldsymbol{\alpha}_4=(-2,-6,10,p)^{\mathrm{T}}$.

(1) p 为何值时，该向量组线性相关？并在此时求出它的秩和一个极大无关组.

(2) p 为何值时，该向量组线性相关？并将向量 $\boldsymbol{\alpha}=(4,1,6,10)^{\mathrm{T}}$ 用 $\boldsymbol{\alpha}_1$，$\boldsymbol{\alpha}_2$，$\boldsymbol{\alpha}_3$，$\boldsymbol{\alpha}_4$ 线性表出.

解　对矩阵 $(\boldsymbol{\alpha}_1,\boldsymbol{\alpha}_2,\boldsymbol{\alpha}_3,\boldsymbol{\alpha}_4,\boldsymbol{\alpha})$ 施行初等行变换

$$(\boldsymbol{A},\boldsymbol{\alpha})=\begin{pmatrix}1&-1&3&-2&4\\1&-3&2&-6&1\\1&5&-1&10&6\\3&1&p+2&p&10\end{pmatrix}\rightarrow\begin{pmatrix}1&-1&3&-2&4\\0&-2&-1&-4&-3\\0&6&-4&12&2\\0&4&p-7&p+6&-2\end{pmatrix}$$

$$\rightarrow\begin{pmatrix}1&-1&3&-2&4\\0&-2&-1&-4&-3\\0&0&-7&0&-7\\0&0&p-9&p-2&-8\end{pmatrix}\rightarrow\begin{pmatrix}1&-1&3&-2&4\\0&-2&-1&-4&-3\\0&0&1&0&1\\0&0&0&p-2&1-p\end{pmatrix},$$

则有：

(1) 当 $p=2$ 时，$\mathrm{r}(\boldsymbol{A})=\mathrm{r}(\boldsymbol{\alpha}_1,\boldsymbol{\alpha}_2,\boldsymbol{\alpha}_3,\boldsymbol{\alpha}_4)=3$，所以向量组 $\boldsymbol{\alpha}_1$，$\boldsymbol{\alpha}_2$，$\boldsymbol{\alpha}_3$，$\boldsymbol{\alpha}_4$ 线性相关，且 $\boldsymbol{\alpha}_1$，$\boldsymbol{\alpha}_2$，$\boldsymbol{\alpha}_3$ 为一个极大无关组.

(2) 当 $p\neq2$ 时，$\mathrm{r}(\boldsymbol{A})=4$，向量组 $\boldsymbol{\alpha}_1$，$\boldsymbol{\alpha}_2$，$\boldsymbol{\alpha}_3$，$\boldsymbol{\alpha}_4$ 线性无关.

将上面化简后的矩阵继续施以初等行变换化为最简形，得

$$\rightarrow\begin{pmatrix}1&-1&3&-2&4\\0&-2&0&-4&-2\\0&0&1&0&1\\0&0&0&1&\dfrac{1-p}{p-2}\end{pmatrix}\rightarrow\begin{pmatrix}1&-1&3&-2&4\\0&1&0&0&\dfrac{3p-4}{p-2}\\0&0&1&0&1\\0&0&0&1&\dfrac{1-p}{p-2}\end{pmatrix}$$

$$\rightarrow\begin{pmatrix}1&0&0&0&2\\0&1&0&0&\dfrac{3p-4}{p-2}\\0&0&1&0&1\\0&0&0&1&\dfrac{1-p}{p-2}\end{pmatrix}.$$

因此

$$\boldsymbol{\alpha}=2\boldsymbol{\alpha}_1+\frac{3p-4}{p-2}\boldsymbol{\alpha}_2+\boldsymbol{\alpha}_3+\frac{1-p}{p-2}\boldsymbol{\alpha}_4.$$

小结：本题主要利用了初等行变换求矩阵的极大无关组、秩及线性表达式.

例 2 设向量组 $\boldsymbol{A}$：$\boldsymbol{\alpha}_1, \boldsymbol{\alpha}_2, \cdots, \boldsymbol{\alpha}_m$；$\boldsymbol{B}$：$\boldsymbol{\beta}_1, \boldsymbol{\beta}_2, \cdots, \boldsymbol{\beta}_m$；$\boldsymbol{C}$：$\boldsymbol{\gamma}_1, \boldsymbol{\gamma}_2, \cdots, \boldsymbol{\gamma}_m$ 的秩分别为 r_1, r_2, r_3.

如果 $\boldsymbol{\gamma}_i=\boldsymbol{\alpha}_i-\boldsymbol{\beta}_i (i=1, \cdots, m)$，证明：$r_3\leqslant r_1+r_2$.

证 不妨设向量组 $\boldsymbol{A}, \boldsymbol{B}, \boldsymbol{C}$ 的极大无关组分别为

$$\boldsymbol{A}_0: \boldsymbol{\alpha}_1, \boldsymbol{\alpha}_2, \cdots, \boldsymbol{\alpha}_{r_1}; \boldsymbol{B}_0: \boldsymbol{\beta}_1, \boldsymbol{\beta}_2, \cdots, \boldsymbol{\beta}_{r_2}; \boldsymbol{C}_0: \boldsymbol{\gamma}_1, \boldsymbol{\gamma}_2, \cdots, \boldsymbol{\gamma}_{r_3}.$$

因 $\boldsymbol{C}_0$ 组可由 $\boldsymbol{C}$ 组线性表示，由条件 $\boldsymbol{\gamma}_i=\boldsymbol{\alpha}_i-\boldsymbol{\beta}_i (i=1, 2, \cdots, m)$ 可知，$\boldsymbol{C}$ 组可由 $\boldsymbol{A}$ 组和 $\boldsymbol{B}$ 组合并而成的向量组 $(\boldsymbol{A}, \boldsymbol{B})$ 线性表示，而 $(\boldsymbol{A}, \boldsymbol{B})$ 组可由 $(\boldsymbol{A}_0, \boldsymbol{B}_0)$ 组线性表示，因此 $\boldsymbol{C}_0$ 组可由 $(\boldsymbol{A}_0, \boldsymbol{B}_0)$ 线性表示，故

$$\mathrm{r}(\boldsymbol{C}_0)\leqslant \mathrm{r}(\boldsymbol{A}_0, \boldsymbol{B}_0)\leqslant \mathrm{r}(\boldsymbol{A}_0)+\mathrm{r}(\boldsymbol{B}_0),$$

即

$$r_3\leqslant r_1+r_2.$$

小结：本题证明的关键在于利用了向量组的极大无关组的定义和向量组秩的性质：若向量组 $\boldsymbol{B}$ 可由向量 $\boldsymbol{A}$ 线性表示，则 $\mathrm{r}(\boldsymbol{B})<\mathrm{r}(\boldsymbol{A})$.

例 3 已知向量组 $\boldsymbol{\beta}_1=\begin{pmatrix}0\\1\\-1\end{pmatrix}, \boldsymbol{\beta}_2=\begin{pmatrix}a\\2\\1\end{pmatrix}, \boldsymbol{\beta}_3=\begin{pmatrix}b\\1\\0\end{pmatrix}$ 与向量组 $\boldsymbol{\alpha}_1=\begin{pmatrix}1\\2\\-3\end{pmatrix}$，$\boldsymbol{\alpha}_2=\begin{pmatrix}3\\0\\1\end{pmatrix}, \boldsymbol{\alpha}_3=\begin{pmatrix}9\\6\\-7\end{pmatrix}$ 具有相同的秩，且 $\boldsymbol{\beta}_3$ 可由 $\boldsymbol{\alpha}_1, \boldsymbol{\alpha}_2, \boldsymbol{\alpha}_3$ 线性表示，求 a, b.

解 由条件可知，$\boldsymbol{\beta}_3$ 可由 $\boldsymbol{\alpha}_1, \boldsymbol{\alpha}_2, \boldsymbol{\alpha}_3$ 线性表示，则线性方程组

$$\begin{pmatrix}1&3&9\\2&0&6\\-3&1&-7\end{pmatrix}\begin{pmatrix}x_1\\x_2\\x_3\end{pmatrix}=\begin{pmatrix}b\\1\\0\end{pmatrix}$$

有解，对方程组的增广矩阵做初等行变换，有

$$\begin{pmatrix}1&3&9&b\\2&0&6&1\\-3&1&-7&0\end{pmatrix}\rightarrow\begin{pmatrix}1&3&9&b\\0&-6&-12&1-2b\\0&10&20&3b\end{pmatrix}$$

$$\to\begin{pmatrix}1 & 3 & 9 & b\\0 & -6 & -12 & 1-2b\\0 & 0 & 0 & 5-b\end{pmatrix},$$

则

$$b=5,\ r(\boldsymbol{\alpha}_1,\boldsymbol{\alpha}_2,\boldsymbol{\alpha}_3)=2.$$

由向量组 $\boldsymbol{\alpha}_1$，$\boldsymbol{\alpha}_2$，$\boldsymbol{\alpha}_3$ 与向量组 $\boldsymbol{\beta}_1$，$\boldsymbol{\beta}_2$，$\boldsymbol{\beta}_3$ 有相同的秩可得 $r(\boldsymbol{\beta}_1,\boldsymbol{\beta}_2,\boldsymbol{\beta}_3)=2$，则

$$|\boldsymbol{\beta}_1,\boldsymbol{\beta}_2,\boldsymbol{\beta}_3|=\begin{vmatrix}0 & a & 5\\1 & 2 & 1\\-1 & 1 & 0\end{vmatrix}=15-a=0\Rightarrow a=15,$$

因而

$$a=15,\ b=5.$$

小结：本题求 a，b 的值分别利用了方程组解的判定定理和行列式与相应矩阵秩的关系.

例 4　$\boldsymbol{P}$ 为初等矩阵，若 $\boldsymbol{PA}=\boldsymbol{B}$，证明：$\boldsymbol{B}$ 的第 j_1，j_2，…，j_r 列线性相关(或无关)$\Leftrightarrow\boldsymbol{A}$ 的第 j_1，j_2，…，j_r 列线性相关（或无关）. 特别地，$\boldsymbol{A}$ 与 $\boldsymbol{B}$ 的列向量组的极大线性无关组相互对应，$\boldsymbol{A}$ 与 $\boldsymbol{B}$ 的秩相同.

证　设 $\boldsymbol{P}_{m\times m}$，$\boldsymbol{A}_{m\times n}$，$\boldsymbol{B}_{m\times n}$，将 $\boldsymbol{A}$，$\boldsymbol{B}$ 按列分块为

$$\boldsymbol{A}=(\boldsymbol{\alpha}_1,\cdots,\boldsymbol{\alpha}_n),\ \boldsymbol{B}=(\boldsymbol{\beta}_1,\cdots,\boldsymbol{\beta}_n),$$

则有 $\boldsymbol{\beta}_j=\boldsymbol{P\alpha}_j$，$j=1,2,\cdots,n$.

因为 $\boldsymbol{P}$ 为可逆矩阵，则 $\boldsymbol{Px}=\boldsymbol{0}\Leftrightarrow\boldsymbol{x}=\boldsymbol{0}$，又因为

$$\lambda_1\boldsymbol{\beta}_{j1}+\cdots+\lambda_r\boldsymbol{\beta}_{jr}=\lambda_1\boldsymbol{P\alpha}_{j1}+\cdots+\lambda_r\boldsymbol{P\alpha}_{jr}=\boldsymbol{P}(\lambda_1\boldsymbol{\alpha}_{j1}+\cdots+\lambda_r\boldsymbol{\alpha}_{jr}),$$

所以

$$\lambda_1\boldsymbol{\beta}_{j1}+\cdots+\lambda_r\boldsymbol{\beta}_{jr}=\boldsymbol{0}\Leftrightarrow(\lambda_1\boldsymbol{\alpha}_{j1}+\cdots+\lambda_r\boldsymbol{\alpha}_{jr})=\boldsymbol{0},$$

即 $\boldsymbol{\beta}_{j1}$，…，$\boldsymbol{\beta}_{jr}$ 与 $\boldsymbol{\alpha}_{j1}$，…，$\boldsymbol{\alpha}_{jr}$ 同时线性相关（或无关），由此可得当 $\boldsymbol{\beta}_{j1}$，…，$\boldsymbol{\beta}_{jr}$ 为 $\boldsymbol{B}$ 的极大线性无关组时，$\boldsymbol{\alpha}_{j1}$，…，$\boldsymbol{\alpha}_{jr}$ 也为 $\boldsymbol{A}$ 的极大线性无关组，于是 $r(\boldsymbol{A})=r(\boldsymbol{B})$.

小结：本题中采用定义的方法证明向量组的线性无关.

三、习题 3－4 解答

1. 判断下列各命题是否正确. 如果正确，请简述理由；如果不正确，请举出反例：

(1) 设 $\boldsymbol{A}$ 为 n 阶矩阵，$r(\boldsymbol{A})=r<n$，则矩阵 $\boldsymbol{A}$ 的任意 r 个列向量线性无关；

(2) 设向量组 $\boldsymbol{\alpha}_1$，$\boldsymbol{\alpha}_2$，…，$\boldsymbol{\alpha}_s$ 线性无关，且可由向量组 $\boldsymbol{\beta}_1$，$\boldsymbol{\beta}_2$，…，$\boldsymbol{\beta}_t$ 线性表

示，则必有 $s<t$；

(3) 设 $\boldsymbol{A}$ 为 $m\times n$ 矩阵，如果矩阵 $\boldsymbol{A}$ 的 n 个列向量线性无关，那么 $r(\boldsymbol{A})=n$；

(4) 如果向量组 $\boldsymbol{\alpha}_1,\boldsymbol{\alpha}_2,\cdots,\boldsymbol{\alpha}_s$ 的秩为 s，则向量组 $\boldsymbol{\alpha}_1,\boldsymbol{\alpha}_2,\cdots,\boldsymbol{\alpha}_s$ 中任一部分组都线性无关.

解 (1) 不正确.

例如 $\boldsymbol{A}=\begin{pmatrix}1&0&\cdots&0\\0&0&\cdots&0\\\vdots&\vdots&&\vdots\\0&0&\cdots&0\end{pmatrix}$，$r(\boldsymbol{A})=1$，但 $\boldsymbol{A}$ 中后 $n-1$ 个向量中的每一个均线性相关，因此结论不成立.

(2) 不正确. 还可能为 $s=t$.

$$\boldsymbol{\alpha}_1=\begin{pmatrix}1\\1\end{pmatrix},\ \boldsymbol{\alpha}_2=\begin{pmatrix}0\\1\end{pmatrix},\ \boldsymbol{\beta}_1=\begin{pmatrix}1\\0\end{pmatrix},\ \boldsymbol{\beta}_2=\begin{pmatrix}0\\2\end{pmatrix}.$$

(3) 正确.

矩阵 $\boldsymbol{A}$ 的秩等于 $\boldsymbol{A}$ 的行向量组的秩，也等于 $\boldsymbol{A}$ 的列向量组的秩.

(4) 正确.

因为如果一个向量组有线性相关的部分组，则这个向量组线性相关.

2. 求下列向量组的秩，并求一个极大无关组.

(1) $\boldsymbol{\alpha}_1=\begin{pmatrix}1\\2\\-1\\4\end{pmatrix}$，$\boldsymbol{\alpha}_2=\begin{pmatrix}9\\100\\10\\4\end{pmatrix}$，$\boldsymbol{\alpha}_3=\begin{pmatrix}-2\\-4\\2\\-8\end{pmatrix}$；

(2) $\boldsymbol{\alpha}_1^{\mathrm{T}}=(1,2,1,3)$，$\boldsymbol{\alpha}_2^{\mathrm{T}}=(4,-1,-5,-6)$，$\boldsymbol{\alpha}_3^{\mathrm{T}}=(1,-3,-4,-7)$.

解 (1) $-2\boldsymbol{\alpha}_1=\boldsymbol{\alpha}_3\Rightarrow\boldsymbol{\alpha}_1,\boldsymbol{\alpha}_3$ 线性相关.

由 $\begin{pmatrix}\boldsymbol{\alpha}_1^{\mathrm{T}}\\\boldsymbol{\alpha}_2^{\mathrm{T}}\\\boldsymbol{\alpha}_3^{\mathrm{T}}\end{pmatrix}=\begin{pmatrix}1&2&-1&4\\9&100&10&4\\-2&-4&2&-8\end{pmatrix}\Rightarrow\begin{pmatrix}1&2&-1&4\\0&82&19&-32\\0&0&0&0\end{pmatrix}$ 可知，该向量组的秩为 2，极大线性无关组为 $\boldsymbol{\alpha}_1,\boldsymbol{\alpha}_2$.

(2) $\begin{pmatrix}\boldsymbol{\alpha}_1^{\mathrm{T}}\\\boldsymbol{\alpha}_2^{\mathrm{T}}\\\boldsymbol{\alpha}_3^{\mathrm{T}}\end{pmatrix}=\begin{pmatrix}1&2&1&3\\4&-1&-5&-6\\1&-3&-4&-7\end{pmatrix}\Rightarrow\begin{pmatrix}1&2&1&3\\0&-9&-9&-18\\0&-5&-5&-10\end{pmatrix}$

$$\Rightarrow\begin{pmatrix}1&2&1&3\\0&-9&-9&-18\\0&0&0&0\end{pmatrix},$$

该向量组的秩为 2，极大线性无关组为 $\boldsymbol{\alpha}_1^{\mathrm{T}}$，$\boldsymbol{\alpha}_2^{\mathrm{T}}$.

3. 求下列向量组的一个极大无关组，并将其余向量用此极大无关组线性表示.

(1) $\boldsymbol{\alpha}_1=(1,1,1)^{\mathrm{T}}$，$\boldsymbol{\alpha}_2=(1,1,0)^{\mathrm{T}}$，$\boldsymbol{\alpha}_3=(1,0,0)^{\mathrm{T}}$，$\boldsymbol{\alpha}_4=(1,2,-3)^{\mathrm{T}}$；

(2) $\boldsymbol{\alpha}_1=(2,1,1,1)^{\mathrm{T}}$，$\boldsymbol{\alpha}_2=(-1,1,7,10)^{\mathrm{T}}$，$\boldsymbol{\alpha}_3=(3,1,-1,-2)^{\mathrm{T}}$，$\boldsymbol{\alpha}_4=(8,5,9,11)^{\mathrm{T}}$；

(3) $\boldsymbol{\alpha}_1=(1,1,3,1)$，$\boldsymbol{\alpha}_2=(-1,1,-1,3)$，$\boldsymbol{\alpha}_3=(5,-2,8,-9)$，$\boldsymbol{\alpha}_4=(-1,3,1,7)$.

解　(1) $\boldsymbol{A}=(\boldsymbol{\alpha}_1,\boldsymbol{\alpha}_2,\boldsymbol{\alpha}_3,\boldsymbol{\alpha}_4)=\begin{pmatrix}1&1&1&1\\1&1&0&2\\1&0&0&-3\end{pmatrix}\xrightarrow[r_2-r_3]{r_1-r_2}\begin{pmatrix}0&0&1&-1\\0&1&0&5\\1&0&0&-3\end{pmatrix}$,

由于该向量组的秩为 3，因此 $\boldsymbol{\alpha}_1$，$\boldsymbol{\alpha}_2$，$\boldsymbol{\alpha}_3$ 是向量组的一个极大无关组，且 $\boldsymbol{\alpha}_4=-3\boldsymbol{\alpha}_1+5\boldsymbol{\alpha}_2-\boldsymbol{\alpha}_3$.

$$(2)\ \boldsymbol{A}=(\boldsymbol{\alpha}_1,\boldsymbol{\alpha}_2,\boldsymbol{\alpha}_3,\boldsymbol{\alpha}_4)=\begin{pmatrix}2&-1&3&8\\1&1&1&5\\1&7&-1&9\\1&10&-2&11\end{pmatrix}\xrightarrow[\substack{r_3-r_2\\r_4-r_2}]{r_1-2r_2}\begin{pmatrix}0&-3&1&-2\\1&1&1&5\\0&6&-2&4\\0&9&-3&6\end{pmatrix}$$

$$\xrightarrow[r_1\div(-3)]{\substack{r_3+2r_1\\r_4+3r_1}}\begin{pmatrix}0&1&-\frac{1}{3}&\frac{2}{3}\\1&1&1&5\\0&0&0&0\\0&0&0&0\end{pmatrix}$$

$$\xrightarrow{r_2-r_1}\begin{pmatrix}0&1&-\frac{1}{3}&\frac{2}{3}\\1&0&\frac{4}{3}&\frac{13}{3}\\0&0&0&0\\0&0&0&0\end{pmatrix}.$$

由于该向量组的秩为 2，因此 $\boldsymbol{\alpha}_1$，$\boldsymbol{\alpha}_2$ 是该向量组的一个最大无关组，且

$$\boldsymbol{\alpha}_3=\frac{4}{3}\boldsymbol{\alpha}_1-\frac{1}{3}\boldsymbol{\alpha}_2,\ \boldsymbol{\alpha}_4=\frac{13}{3}\boldsymbol{\alpha}_1+\frac{2}{3}\boldsymbol{\alpha}_2.$$

(3) 方法一　对矩阵 $\boldsymbol{A}=(\boldsymbol{\alpha}_1^{\mathrm{T}},\boldsymbol{\alpha}_2^{\mathrm{T}},\boldsymbol{\alpha}_3^{\mathrm{T}},\boldsymbol{\alpha}_4^{\mathrm{T}})$仅施以初等行变换，则

$$\boldsymbol{A}=\begin{pmatrix}1&-1&5&-1\\1&1&-2&3\\3&-1&8&1\\1&3&-9&7\end{pmatrix}\xrightarrow[r_4-r_1]{\substack{r_2-r_1\\r_2-3r_1}}\begin{pmatrix}1&-1&5&-1\\0&2&-7&4\\0&2&-7&4\\0&4&-14&8\end{pmatrix}$$

$$\xrightarrow[r_4-2r_2]{r_3-r_2}\begin{pmatrix}1&-1&5&-1\\0&2&-7&4\\0&0&0&0\\0&0&0&0\end{pmatrix}\xrightarrow{\frac{1}{2}r_2}\begin{pmatrix}1&-1&5&-1\\0&1&-\frac{7}{2}&2\\0&0&0&0\\0&0&0&0\end{pmatrix}$$

$$\xrightarrow{r_1+r_2}\begin{pmatrix}1&0&\frac{3}{2}&1\\0&1&-\frac{7}{2}&2\\0&0&0&0\\0&0&0&0\end{pmatrix}.$$

由最后一个矩阵知，$\boldsymbol{\alpha}_1$，$\boldsymbol{\alpha}_2$ 是一个极大无关组，且

$$\boldsymbol{\alpha}_3=\frac{3}{2}\boldsymbol{\alpha}_1-\frac{7}{2}\boldsymbol{\alpha}_2,\ \boldsymbol{\alpha}_4=\boldsymbol{\alpha}_1+2\boldsymbol{\alpha}_2.$$

方法二　对矩阵 $\boldsymbol{A}=(\boldsymbol{\alpha}_1^{\mathrm{T}},\boldsymbol{\alpha}_2^{\mathrm{T}},\boldsymbol{\alpha}_3^{\mathrm{T}},\boldsymbol{\alpha}_4^{\mathrm{T}})^{\mathrm{T}}$ 仅施以初等行变换

$$\boldsymbol{A}=\begin{pmatrix}1&1&3&1\\-1&1&-1&3\\5&-2&8&-9\\-1&3&1&7\end{pmatrix}\xrightarrow[\substack{r_3-5r_1\\r_4+r_1}]{r_2+r_1}\begin{pmatrix}1&1&3&1\\0&2&2&4\\0&-7&-7&-14\\0&4&4&8\end{pmatrix}$$

$$\xrightarrow[r_4-2r_2]{r_3+\frac{7}{2}r_2}\begin{pmatrix}1&1&3&1\\0&2&2&4\\0&0&0&0\\0&0&0&0\end{pmatrix}.$$

由于 $\begin{vmatrix}1&1\\0&2\end{vmatrix}\neq0$，所以 $\boldsymbol{\alpha}_1$，$\boldsymbol{\alpha}_2$ 线性无关，因此

$$\mathrm{r}(\boldsymbol{\alpha}_1^{\mathrm{T}},\boldsymbol{\alpha}_2^{\mathrm{T}},\boldsymbol{\alpha}_3^{\mathrm{T}},\boldsymbol{\alpha}_4^{\mathrm{T}})=2,$$

故 $\boldsymbol{\alpha}_1$，$\boldsymbol{\alpha}_2$ 是一个极大线性无关组. 由于

$$\mathbf{0}=\boldsymbol{\alpha}_3-5\boldsymbol{\alpha}_1+\frac{7}{2}(\boldsymbol{\alpha}_2+\boldsymbol{\alpha}_1)=\boldsymbol{\alpha}_3-\frac{3}{2}\boldsymbol{\alpha}_1+\frac{7}{2}\boldsymbol{\alpha}_2,$$

$$\mathbf{0}=\boldsymbol{\alpha}_4+\boldsymbol{\alpha}_1-2(\boldsymbol{\alpha}_2+\boldsymbol{\alpha}_1)=\boldsymbol{\alpha}_4-\boldsymbol{\alpha}_1-2\boldsymbol{\alpha}_2,$$

所以

$$\boldsymbol{\alpha}_3=\frac{3}{2}\boldsymbol{\alpha}_1-\frac{7}{2}\boldsymbol{\alpha}_2,\ \boldsymbol{\alpha}_4=\boldsymbol{\alpha}_1+2\boldsymbol{\alpha}_2.$$

4. 求下列矩阵的列向量组的一个极大无关组.

(1) $\begin{pmatrix} 1 & 1 & 0 \\ 2 & 0 & 4 \\ 2 & 3 & -2 \end{pmatrix}$；　　(2) $\begin{pmatrix} 25 & 31 & 17 & 43 \\ 75 & 94 & 53 & 132 \\ 75 & 94 & 54 & 134 \\ 25 & 32 & 20 & 48 \end{pmatrix}$；

(3) $\begin{pmatrix} 1 & 1 & 2 & 2 & 1 \\ 0 & 2 & 1 & 5 & -1 \\ 2 & 0 & 3 & -1 & 3 \\ 1 & 1 & 0 & 4 & -1 \end{pmatrix}$.

解 (1) $\begin{pmatrix} 1 & 1 & 0 \\ 2 & 0 & 4 \\ 2 & 3 & -2 \end{pmatrix} \xrightarrow[r_3-2r_1]{r_2-2r_1} \begin{pmatrix} 1 & 1 & 0 \\ 0 & -2 & 4 \\ 0 & 1 & -2 \end{pmatrix} \xrightarrow[r_3\div(-2)]{r_2+2r_3} \begin{pmatrix} 1 & 1 & 0 \\ 0 & 0 & 0 \\ 0 & -\frac{1}{2} & 1 \end{pmatrix}$,

所以第 1 列和第 3 列向量是该矩阵的列向量组的一个极大无关组.

(2) $\begin{pmatrix} 25 & 31 & 17 & 43 \\ 75 & 94 & 53 & 132 \\ 75 & 94 & 54 & 134 \\ 25 & 32 & 20 & 48 \end{pmatrix} \xrightarrow[\substack{r_3-3r_1 \\ r_4-r_1}]{r_2-3r_1} \begin{pmatrix} 25 & 31 & 17 & 43 \\ 0 & 1 & 2 & 3 \\ 0 & 1 & 3 & 5 \\ 0 & 1 & 3 & 5 \end{pmatrix} \xrightarrow[r_3-r_2]{r_4-r_3}$

$\begin{pmatrix} 25 & 31 & 17 & 43 \\ 0 & 1 & 2 & 3 \\ 0 & 0 & 1 & 2 \\ 0 & 0 & 0 & 0 \end{pmatrix}$,

所以第 1,2,3 列构成一个极大无关组.

(3) $\begin{pmatrix} 1 & 1 & 2 & 2 & 1 \\ 0 & 2 & 1 & 5 & -1 \\ 2 & 0 & 3 & -1 & 3 \\ 1 & 1 & 0 & 4 & -1 \end{pmatrix} \xrightarrow[r_4-r_1]{r_3-2r_1} \begin{pmatrix} 1 & 1 & 2 & 2 & 1 \\ 0 & 2 & 1 & 5 & -1 \\ 0 & -2 & -1 & -5 & 1 \\ 0 & 0 & -2 & 2 & -2 \end{pmatrix} \xrightarrow[r_3\leftrightarrow r_4]{r_3+r_2}$

$\begin{pmatrix} 1 & 1 & 2 & 2 & 1 \\ 0 & 2 & 1 & 5 & -1 \\ 0 & 0 & -2 & 2 & -2 \\ 0 & 0 & 0 & 0 & 0 \end{pmatrix}$,

所以第 1，2,3 列构成一个极大无关组.

5. 设向量组 $\boldsymbol{\alpha}_1 = \begin{pmatrix} a \\ 3 \\ 1 \end{pmatrix}$，$\boldsymbol{\alpha}_2 = \begin{pmatrix} 2 \\ b \\ 3 \end{pmatrix}$，$\boldsymbol{\alpha}_3 = \begin{pmatrix} 1 \\ 2 \\ 1 \end{pmatrix}$，$\boldsymbol{\alpha}_4 = \begin{pmatrix} 2 \\ 3 \\ 1 \end{pmatrix}$ 的秩为 2，求 a 和 b.

解 方法一 因 $\boldsymbol{\alpha}_3$ 与 $\boldsymbol{\alpha}_4$ 不成比例，故它们线性无关，从而其秩为 2. 于是，

$\boldsymbol{\alpha}_1, \boldsymbol{\alpha}_2, \boldsymbol{\alpha}_3, \boldsymbol{\alpha}_4$ 的秩为 2

$\Leftrightarrow \boldsymbol{\alpha}_1, \boldsymbol{\alpha}_2$ 均可由向量组 $\boldsymbol{\alpha}_3, \boldsymbol{\alpha}_4$ 线性表示

$\Leftrightarrow \det(\boldsymbol{\alpha}_1, \boldsymbol{\alpha}_3, \boldsymbol{\alpha}_4)=0$ 且 $\det(\boldsymbol{\alpha}_2, \boldsymbol{\alpha}_3, \boldsymbol{\alpha}_4)=0$.

又因为 $\det(\boldsymbol{\alpha}_1, \boldsymbol{\alpha}_3, \boldsymbol{\alpha}_4)=2-a$, $\det(\boldsymbol{\alpha}_2, \boldsymbol{\alpha}_3, \boldsymbol{\alpha}_4)=b-5$，所以 $\mathrm{r}(\boldsymbol{\alpha}_1, \boldsymbol{\alpha}_2, \boldsymbol{\alpha}_3, \boldsymbol{\alpha}_4)=2$ 的充要条件是 $a=2$ 且 $b=5$.

方法二 对含参数 a 和 b 的矩阵 $(\boldsymbol{\alpha}_3, \boldsymbol{\alpha}_4, \boldsymbol{\alpha}_1, \boldsymbol{\alpha}_2)$ 作初等行变换，以求其行阶梯形矩阵.

$$(\boldsymbol{\alpha}_3, \boldsymbol{\alpha}_4, \boldsymbol{\alpha}_1, \boldsymbol{\alpha}_2)=\begin{pmatrix}1 & 2 & a & 2\\ 2 & 3 & 3 & b\\ 1 & 1 & 1 & 3\end{pmatrix}\xrightarrow[r_3-r_1]{r_2-2r_1}\begin{pmatrix}1 & 2 & a & 2\\ 0 & -1 & 3-2a & b-4\\ 0 & -1 & 1-a & 1\end{pmatrix}$$

$$\xrightarrow{r_3-r_2}\begin{pmatrix}1 & 2 & a & 2\\ 0 & -1 & 3-2a & b-4\\ 0 & 0 & a-2 & 5-b\end{pmatrix},$$

于是

$$\begin{aligned}&\mathrm{r}(\boldsymbol{\alpha}_1, \boldsymbol{\alpha}_2, \boldsymbol{\alpha}_3, \boldsymbol{\alpha}_4)=2\\ \Leftrightarrow&\mathrm{r}(\boldsymbol{\alpha}_3, \boldsymbol{\alpha}_4, \boldsymbol{\alpha}_1, \boldsymbol{\alpha}_2)=2\\ \Leftrightarrow&a=2, b=5.\end{aligned}$$

6. 已知向量组

$$\boldsymbol{A}: \boldsymbol{\alpha}_1=\begin{pmatrix}0\\1\\1\end{pmatrix}, \boldsymbol{\alpha}_2=\begin{pmatrix}1\\1\\0\end{pmatrix}; \boldsymbol{B}: \boldsymbol{\beta}_1=\begin{pmatrix}-1\\0\\1\end{pmatrix}, \boldsymbol{\beta}_2=\begin{pmatrix}1\\2\\1\end{pmatrix}, \boldsymbol{\beta}_3=\begin{pmatrix}3\\2\\-1\end{pmatrix},$$

证明向量组 $\boldsymbol{A}$ 与向量组 $\boldsymbol{B}$ 组等价.

证明思路 利用向量组等价与秩之间的关系.

证 记矩阵 $\boldsymbol{A}=(\boldsymbol{\alpha}_1, \boldsymbol{\alpha}_2)$, $\boldsymbol{B}=(\boldsymbol{\beta}_1, \boldsymbol{\beta}_2, \boldsymbol{\beta}_3)$.

因 $\boldsymbol{A}$ 组与 $\boldsymbol{B}$ 组等价 $\Leftrightarrow \mathrm{r}(\boldsymbol{A})=\mathrm{r}(\boldsymbol{B})=\mathrm{r}(\boldsymbol{A}, \boldsymbol{B})$（或 $\mathrm{r}(\boldsymbol{B}, \boldsymbol{A})$），现求矩阵 $(\boldsymbol{B}, \boldsymbol{A})$ 的行阶梯形矩阵，以计算矩阵的秩.

$$(\boldsymbol{B}, \boldsymbol{A})=\begin{pmatrix}-1 & 1 & 3 & 0 & 1\\ 0 & 2 & 2 & 1 & 1\\ 1 & 1 & -1 & 1 & 0\end{pmatrix}\xrightarrow{r}\begin{pmatrix}1 & 1 & -1 & 1 & 0\\ 0 & 2 & 2 & 1 & 1\\ 0 & 0 & 0 & 0 & 0\end{pmatrix},$$

即知 $\mathrm{r}(\boldsymbol{B})=\mathrm{r}(\boldsymbol{B}, \boldsymbol{A})=2$，且 $\mathrm{r}(\boldsymbol{A})\leqslant 2$. 而 $\boldsymbol{\alpha}_1$ 与 $\boldsymbol{\alpha}_2$ 不成比例，故 $\mathrm{r}(\boldsymbol{A})=2$. 因此，向量组 $\boldsymbol{A}$ 与 $\boldsymbol{B}$ 等价.

7. 设有两个向量组

$$\boldsymbol{\alpha}_1=\begin{pmatrix}1\\2\\-1\\3\end{pmatrix},\ \boldsymbol{\alpha}_2=\begin{pmatrix}2\\5\\a\\8\end{pmatrix},\ \boldsymbol{\alpha}_3=\begin{pmatrix}-1\\0\\3\\1\end{pmatrix};$$

$$\boldsymbol{\beta}_1=\begin{pmatrix}1\\a\\a^2-5\\7\end{pmatrix},\ \boldsymbol{\beta}_2=\begin{pmatrix}3\\3+a\\3\\11\end{pmatrix},\ \boldsymbol{\beta}_3=\begin{pmatrix}0\\1\\6\\2\end{pmatrix}.$$

如果 $\boldsymbol{\beta}_1$ 可由 $\boldsymbol{\alpha}_1$，$\boldsymbol{\alpha}_2$，$\boldsymbol{\alpha}_3$ 线性表示，试判断这两个向量组是否等价，并说明理由.

解　由于 $\boldsymbol{\beta}_1$ 可由 $\boldsymbol{\alpha}_1$，$\boldsymbol{\alpha}_2$，$\boldsymbol{\alpha}_3$ 线性表示，从而

$$(\boldsymbol{\alpha}_1,\boldsymbol{\alpha}_2,\boldsymbol{\alpha}_3,\boldsymbol{\beta}_1)\Rightarrow\begin{pmatrix}1&2&-1&1\\0&1&2&a-2\\0&0&a+1&0\\0&0&0&4-a\end{pmatrix}.$$

因为 $\mathrm{r}(\boldsymbol{\alpha}_1,\boldsymbol{\alpha}_2,\boldsymbol{\alpha}_3)=\mathrm{r}(\boldsymbol{\alpha}_1,\boldsymbol{\alpha}_2,\boldsymbol{\alpha}_3,\boldsymbol{\beta}_1)$，故知 $a=4$，由此得

$$\boldsymbol{\beta}_1=-3\boldsymbol{\alpha}_1+2\boldsymbol{\alpha}_2.$$

类似地，将 $a=4$ 代入 $\boldsymbol{\alpha}_2$ 与 $\boldsymbol{\beta}_2$，同样解得

$$\boldsymbol{\beta}_2=\boldsymbol{\alpha}_1+\boldsymbol{\alpha}_2,\ \boldsymbol{\beta}_3=-2\boldsymbol{\alpha}_1+\boldsymbol{\alpha}_2.$$

所以向量组 $\boldsymbol{\beta}_1$，$\boldsymbol{\beta}_2$，$\boldsymbol{\beta}_3$ 可由 $\boldsymbol{\alpha}_1$，$\boldsymbol{\alpha}_2$，$\boldsymbol{\alpha}_3$ 线性表示，但是 $\boldsymbol{\beta}_1$，$\boldsymbol{\beta}_2$，$\boldsymbol{\beta}_3$ 仅由 $\boldsymbol{\alpha}_1$，$\boldsymbol{\alpha}_2$ 线性表示，且 $\boldsymbol{\alpha}_1$，$\boldsymbol{\alpha}_2$ 线性无关，故 $\mathrm{r}(\boldsymbol{\beta}_1,\boldsymbol{\beta}_2,\boldsymbol{\beta}_3)=2$，而 $\mathrm{r}(\boldsymbol{\alpha}_1,\boldsymbol{\alpha}_2,\boldsymbol{\alpha}_3)=3$，即 $\mathrm{r}(\boldsymbol{\alpha}_1,\boldsymbol{\alpha}_2,\boldsymbol{\alpha}_3)\neq\mathrm{r}(\boldsymbol{\beta}_1,\boldsymbol{\beta}_2,\boldsymbol{\beta}_3)$. 因此，这两个向量组不等价.

8. 已知三阶矩阵 $\boldsymbol{A}$ 与三维列向量 $\boldsymbol{x}$ 满足 $\boldsymbol{A}^3\boldsymbol{x}=3\boldsymbol{A}\boldsymbol{x}-2\boldsymbol{A}^2\boldsymbol{x}$，且向量组 $\boldsymbol{x}$，$\boldsymbol{A}\boldsymbol{x}$，$\boldsymbol{A}^2\boldsymbol{x}$ 线性无关，

(1) 记 $\boldsymbol{P}=(\boldsymbol{x},\boldsymbol{A}\boldsymbol{x},\boldsymbol{A}^2\boldsymbol{x})$，求三阶矩阵 $\boldsymbol{B}$，使 $\boldsymbol{A}\boldsymbol{P}=\boldsymbol{P}\boldsymbol{B}$；(2) 求 $|\boldsymbol{A}|$.

解题思路　结合方阵 $\boldsymbol{P}$ 的特征，$\boldsymbol{A}\boldsymbol{P}$ 可以表示成矩阵 $\boldsymbol{P}$ 左乘某个矩阵，此矩阵即是所求.

解　(1) 因方阵 $\boldsymbol{P}$ 的列向量组线性无关，故 $\boldsymbol{P}$ 可逆，从而 $\boldsymbol{B}=\boldsymbol{P}^{-1}\boldsymbol{A}\boldsymbol{P}$.

本题的困难在于没有具体给出 $\boldsymbol{A}$ 和 $\boldsymbol{P}$ 的元素，而只知它们之间的一些关系式. 下面就利用这些关系式计算 $\boldsymbol{B}$. 记向量 $\boldsymbol{y}=\boldsymbol{A}\boldsymbol{x}$，$\boldsymbol{z}=\boldsymbol{A}^2\boldsymbol{x}$，则所给矩阵 $\boldsymbol{P}$ 可写为

$$\boldsymbol{P}=(\boldsymbol{x},\boldsymbol{y},\boldsymbol{z}),$$

并且由分块矩阵乘法规则，有

$$\boldsymbol{AP}=\boldsymbol{A}(\boldsymbol{x},\ \boldsymbol{y},\ \boldsymbol{z})=(\boldsymbol{Ax},\ \boldsymbol{Ay},\ \boldsymbol{Az}).$$

因 $\boldsymbol{Ax}=\boldsymbol{y}$，$\boldsymbol{Ay}=\boldsymbol{z}$，$\boldsymbol{Az}=\boldsymbol{A}^3\boldsymbol{x}=3\boldsymbol{Ax}-2\boldsymbol{A}^2\boldsymbol{x}=3\boldsymbol{y}-2\boldsymbol{z}$，故

$$\boldsymbol{AP}=(\boldsymbol{y},\ \boldsymbol{z},\ 3\boldsymbol{y}-2\boldsymbol{z})=(\boldsymbol{x},\ \boldsymbol{y},\ \boldsymbol{z})\begin{pmatrix}0&0&0\\1&0&3\\0&1&-2\end{pmatrix}=\boldsymbol{P}\begin{pmatrix}0&0&0\\1&0&3\\0&1&-2\end{pmatrix},$$

于是

$$\boldsymbol{B}=\boldsymbol{P}^{-1}\boldsymbol{AP}=\begin{pmatrix}0&0&0\\1&0&3\\0&1&-2\end{pmatrix}.$$

实际上，矩阵 $\boldsymbol{B}$ 就是向量组 $\boldsymbol{Ax}$，$\boldsymbol{Ay}$，$\boldsymbol{Az}$ 由向量组 $\boldsymbol{x}$，$\boldsymbol{y}$，$\boldsymbol{z}$ 表示的系数矩阵.

(2) 由 $\boldsymbol{B}=\boldsymbol{P}^{-1}\boldsymbol{AP}$，两边取行列式，有

$$|\boldsymbol{A}|=|\boldsymbol{B}|=0.$$

§3.5　向量空间

一、主要知识归纳

主要知识归纳见表 3-5-1.

表 3-5-1

定义	设 $\boldsymbol{V}$ 为 n 维向量的集合，若集合 $\boldsymbol{V}$ 非空，且集合 $\boldsymbol{V}$ 对于 n 维向量的加法及数乘两种运算封闭，即 (1) 若 $\boldsymbol{\alpha}\in\boldsymbol{V}$，$\boldsymbol{\beta}\in\boldsymbol{V}$，则 $\boldsymbol{\alpha}+\boldsymbol{\beta}\in\boldsymbol{V}$， (2) 若 $\boldsymbol{\alpha}\in\boldsymbol{V}$，$\lambda\in\mathbf{R}$，则 $\lambda\boldsymbol{\alpha}\in\boldsymbol{V}$， 则称集合 $\boldsymbol{V}$ 为 $\mathbf{R}$ 上的向量空间. 全体 n 维向量构成的向量空间记为 $\boldsymbol{R}^n$.
基与维数	设 $\boldsymbol{V}$ 是向量空间，若有 r 个向量 $\boldsymbol{\alpha}_1$，$\boldsymbol{\alpha}_2$，…，$\boldsymbol{\alpha}_r\in\boldsymbol{V}$，满足： (1) $\boldsymbol{\alpha}_1$，$\boldsymbol{\alpha}_2$，…，$\boldsymbol{\alpha}_r$ 线性无关， (2) $\boldsymbol{V}$ 中任一向量都可由 $\boldsymbol{\alpha}_1$，$\boldsymbol{\alpha}_2$，…，$\boldsymbol{\alpha}_r$ 线性表示， 则称向量组 $\boldsymbol{\alpha}_1$，$\boldsymbol{\alpha}_2$，…，$\boldsymbol{\alpha}_r$ 为向量空间 $\boldsymbol{V}$ 的一个基，数 r 称为向量空间 $\boldsymbol{V}$ 的维数. 由基 $\boldsymbol{\alpha}_1$，$\boldsymbol{\alpha}_2$，…，$\boldsymbol{\alpha}_m$ 所生成的向量空间为 $\boldsymbol{V}=\{\boldsymbol{x}\mid\boldsymbol{x}=\lambda_1\boldsymbol{\alpha}_1+\lambda_2\boldsymbol{\alpha}_2+\cdots+\lambda_m\boldsymbol{\alpha}_m,\ \lambda_1,\ \lambda_2,\ \cdots,\ \lambda_r\in\mathbf{R}\}$.
坐标	如果在向量空间 $\boldsymbol{V}$ 中取定一个基 $\boldsymbol{\alpha}_1$，$\boldsymbol{\alpha}_2$，…，$\boldsymbol{\alpha}_r$，那么 $\boldsymbol{V}$ 中任一向量 $\boldsymbol{x}$ 可唯一地表示为 $\boldsymbol{x}=\lambda_1\boldsymbol{\alpha}_1+\lambda_2\boldsymbol{\alpha}_2+\cdots+\lambda_r\boldsymbol{\alpha}_r$， 有序数组 λ_1，λ_2，…，λ_r 称为向量 $\boldsymbol{x}$ 在基 $\boldsymbol{\alpha}_1$，$\boldsymbol{\alpha}_2$，…，$\boldsymbol{\alpha}_r$ 下的坐标.

二、典型例题分析

例 1　向量集合 $\boldsymbol{V}=\{\boldsymbol{x}=(x_1,2x_2,-3x_1)^{\mathrm{T}}\mid x_1,x_2\in\mathbf{R}\}$ 是否为向量空间？如果是向量空间，求出它的基及维数.

解　$\forall\boldsymbol{x}\in\boldsymbol{V}$，由条件可得

$$\begin{aligned}\boldsymbol{x}&=(x_1,2x_2,-3x_1)^{\mathrm{T}}=(x_1,0,-3x_1)^{\mathrm{T}}+(0,2x_2,0)^{\mathrm{T}}\\&=x_1(1,0,-3)^{\mathrm{T}}+x_2(0,2,0)^{\mathrm{T}},\ x_1,x_2\in\mathbf{R},\end{aligned}$$

故 $\boldsymbol{x}$ 可表示为 $\boldsymbol{R}^3$ 中两个固定向量 $\boldsymbol{\alpha}_1=(1,0,-3)^{\mathrm{T}}$，$\boldsymbol{\alpha}_2=(0,2,0)^{\mathrm{T}}$ 的线性组合，由 $\boldsymbol{x}$ 的任意性可知，$\boldsymbol{V}$ 是由 $\boldsymbol{\alpha}_1$，$\boldsymbol{\alpha}_2$ 生成的向量空间.

由于 $\boldsymbol{\alpha}_1$，$\boldsymbol{\alpha}_2$ 不成比例，故线性无关，又因为 $\boldsymbol{V}$ 中任一向量均可由 $\boldsymbol{\alpha}_1$，$\boldsymbol{\alpha}_2$ 线性表示，所以 $\boldsymbol{\alpha}_1$，$\boldsymbol{\alpha}_2$ 是 $\boldsymbol{V}$ 的一个基，且 $\boldsymbol{V}$ 的维数是 2.

小结：本题求向量空间的基与维数，关键在于 $\boldsymbol{x}$ 的分解：提出变化的量，从而得到常向量，进而确定向量空间的基.

例 2　设矩阵 $\boldsymbol{A}=\begin{pmatrix}1&3&2&1\\0&1&k&-k\\1&2&0&3\end{pmatrix}$ $(k\in\mathbf{R})$，求：

(1) $\boldsymbol{A}$ 的零空间 $\boldsymbol{N}(\boldsymbol{A})=\{\boldsymbol{x}\mid\boldsymbol{A}\boldsymbol{x}=\boldsymbol{0}\}$ 的基与维数；

(2) $\boldsymbol{A}$ 的列向量 $\boldsymbol{\alpha}_1$，$\boldsymbol{\alpha}_2$，$\boldsymbol{\alpha}_3$，$\boldsymbol{\alpha}_4$ 生成的向量空间 $\boldsymbol{L}(\boldsymbol{\alpha}_1,\boldsymbol{\alpha}_2,\boldsymbol{\alpha}_3,\boldsymbol{\alpha}_4)$ 的基与维数.

解　(1) 零空间 $\boldsymbol{N}(\boldsymbol{A})$ 为 $\boldsymbol{A}\boldsymbol{x}=\boldsymbol{0}$ 的全体解向量的集合，下面来求 $\boldsymbol{A}\boldsymbol{x}=\boldsymbol{0}$ 的解. 对矩阵 $\boldsymbol{A}$ 施行初等行变换

$$\begin{aligned}\boldsymbol{A}&\to\begin{pmatrix}1&3&2&1\\0&1&k&-k\\0&-1&-2&2\end{pmatrix}\to\begin{pmatrix}1&0&-4&7\\0&0&k-2&2-k\\0&-1&-2&2\end{pmatrix}\\&\to\begin{pmatrix}1&0&-4&7\\0&1&2&-2\\0&0&k-2&2-k\end{pmatrix}.\end{aligned}$$

(a) 当 $k=2$ 时，$\mathrm{r}(\boldsymbol{A})=2<n$，方程组 $\boldsymbol{A}\boldsymbol{x}=\boldsymbol{0}$ 有无穷多解.

与 $\boldsymbol{A}\boldsymbol{x}=\boldsymbol{0}$ 同解的线性方程组为

$$\begin{cases}x_1-4x_3+7x_4=0\\x_2+2x_3-2x_4=0\end{cases}.$$

令 $x_3=c_1$，$x_4=c_2$（c_1，c_2 为任意常数），则方程组 $\boldsymbol{A}\boldsymbol{x}=\boldsymbol{0}$ 的一般解为

$$\begin{pmatrix} x_1 \\ x_2 \\ x_3 \\ x_4 \end{pmatrix} = c_1 \begin{pmatrix} 4 \\ -2 \\ 1 \\ 0 \end{pmatrix} + c_2 \begin{pmatrix} -7 \\ 2 \\ 0 \\ 1 \end{pmatrix} \quad (c_1,\ c_2\ \text{为任意实数}).$$

故方程组的任一解都可由向量 $\boldsymbol{\xi}_1=(4, -2, 1, 0)^{\mathrm{T}}$，$\boldsymbol{\xi}_2=(-7, 2, 0, 1)^{\mathrm{T}}$ 线性表示，又因为 $\boldsymbol{\xi}_1$，$\boldsymbol{\xi}_2$ 线性无关，因此 $\boldsymbol{N}(\boldsymbol{A})$ 的基为 $\boldsymbol{\xi}_1=(4, -2, 1, 0)^{\mathrm{T}}$，$\boldsymbol{\xi}_2=(-7, 2, 0, 1)^{\mathrm{T}}$，维数为 2.

(b) 当 $k\neq 2$ 时，$\mathrm{r}(\boldsymbol{A})=3<n$，与 (a) 同理可得，$\boldsymbol{N}(\boldsymbol{A})$ 的基为 $\boldsymbol{\xi}=(-3, 0, 1, 1)^{\mathrm{T}}$，维数为 1.

(2) 向量空间 $\boldsymbol{L}(\boldsymbol{\alpha}_1, \boldsymbol{\alpha}_2, \boldsymbol{\alpha}_3, \boldsymbol{\alpha}_4)$ 的维数为向量组 $\boldsymbol{\alpha}_1$，$\boldsymbol{\alpha}_2$，$\boldsymbol{\alpha}_3$，$\boldsymbol{\alpha}_4$ 的秩，由 (1) 可得

$$\boldsymbol{A} \to \begin{pmatrix} 1 & 0 & -4 & 7 \\ 0 & 1 & 2 & -2 \\ 0 & 0 & k-2 & 2-k \end{pmatrix},$$

则有：

当 $k=2$ 时，$\mathrm{r}(\boldsymbol{A})=2$，且 $\boldsymbol{\alpha}_1$，$\boldsymbol{\alpha}_2$ 为向量组 $\boldsymbol{\alpha}_1$，$\boldsymbol{\alpha}_2$，$\boldsymbol{\alpha}_3$，$\boldsymbol{\alpha}_4$ 的一个极大无关组，故 $\boldsymbol{\alpha}_1$，$\boldsymbol{\alpha}_2$ 是 $\boldsymbol{L}(\boldsymbol{\alpha}_1, \boldsymbol{\alpha}_2, \boldsymbol{\alpha}_3, \boldsymbol{\alpha}_4)$ 的一组基，维数为 2.

当 $k\neq 2$ 时，$\mathrm{r}(\boldsymbol{A})=3$，且 $\boldsymbol{\alpha}_1$，$\boldsymbol{\alpha}_2$，$\boldsymbol{\alpha}_3$ 为向量组 $\boldsymbol{\alpha}_1$，$\boldsymbol{\alpha}_2$，$\boldsymbol{\alpha}_3$，$\boldsymbol{\alpha}_4$ 的一个极大无关组，故 $\boldsymbol{\alpha}_1$，$\boldsymbol{\alpha}_2$，$\boldsymbol{\alpha}_3$ 是 $\boldsymbol{L}(\boldsymbol{\alpha}_1, \boldsymbol{\alpha}_2, \boldsymbol{\alpha}_3, \boldsymbol{\alpha}_4)$ 的一组基，维数为 3.

小结：本题归结于利用初等行变换：(1) 求齐次线性方程组的解空间；(2) 找一组极大线性无关组. 只不过在求解的过程中要讨论 k 的取值情况.

例 3 设 $\boldsymbol{\alpha}_1$，$\boldsymbol{\alpha}_2$，$\boldsymbol{\alpha}_3$ 是 $\boldsymbol{R}^3$ 的一组基，已知

$$\boldsymbol{\beta}_1=\boldsymbol{\alpha}_1-\boldsymbol{\alpha}_2,\ \boldsymbol{\beta}_2=2\boldsymbol{\alpha}_1+3\boldsymbol{\alpha}_2+3\boldsymbol{\alpha}_3,\ \boldsymbol{\beta}_3=\boldsymbol{\alpha}_1+3\boldsymbol{\alpha}_2+2\boldsymbol{\alpha}_3,$$

(1) 证明 $\boldsymbol{\beta}_1$，$\boldsymbol{\beta}_2$，$\boldsymbol{\beta}_3$ 是 $\boldsymbol{R}^3$ 的一组基；

(2) 求向量 $\boldsymbol{\beta}=2\boldsymbol{\alpha}_1-\boldsymbol{\alpha}_2+3\boldsymbol{\alpha}_3$ 在基 $\boldsymbol{\beta}_1$，$\boldsymbol{\beta}_2$，$\boldsymbol{\beta}_3$ 下的坐标.

解 (1) $$(\boldsymbol{\beta}_1, \boldsymbol{\beta}_2, \boldsymbol{\beta}_3)=(\boldsymbol{\alpha}_1, \boldsymbol{\alpha}_2, \boldsymbol{\alpha}_3)\cdot \begin{pmatrix} 1 & 2 & 1 \\ -1 & 3 & 3 \\ 0 & 3 & 2 \end{pmatrix} = (\boldsymbol{\alpha}_1, \boldsymbol{\alpha}_2, \boldsymbol{\alpha}_3)\cdot \boldsymbol{C},$$

由于 $|\boldsymbol{C}|\neq 0$，故 $\boldsymbol{C}$ 为可逆矩阵，而 $\boldsymbol{\alpha}_1$，$\boldsymbol{\alpha}_2$，$\boldsymbol{\alpha}_3$ 为 $\boldsymbol{R}^3$ 的基，故 $\boldsymbol{\beta}_1$，$\boldsymbol{\beta}_2$，$\boldsymbol{\beta}_3$ 线性无关，所以 $\boldsymbol{\beta}_1$，$\boldsymbol{\beta}_2$，$\boldsymbol{\beta}_3$ 为 $\boldsymbol{R}^3$ 的一组基.

(2) 设向量 $\boldsymbol{\beta}$ 在基 $\boldsymbol{\beta}_1$，$\boldsymbol{\beta}_2$，$\boldsymbol{\beta}_3$ 下的坐标为 $(x_1, x_2, x_3)^{\mathrm{T}}$，则 $\boldsymbol{\beta}=x_1\boldsymbol{\beta}_1+x_2\boldsymbol{\beta}_2+x_3\boldsymbol{\beta}_3$，有

$$(\boldsymbol{\alpha}_1,\boldsymbol{\alpha}_2,\boldsymbol{\alpha}_3)\cdot\begin{pmatrix}2\\-1\\3\end{pmatrix}=(\boldsymbol{\beta}_1,\boldsymbol{\beta}_2,\boldsymbol{\beta}_3)\cdot\begin{pmatrix}x_1\\x_2\\x_3\end{pmatrix}=(\boldsymbol{\alpha}_1,\boldsymbol{\alpha}_2,\boldsymbol{\alpha}_3)\cdot\boldsymbol{C}\cdot\begin{pmatrix}x_1\\x_2\\x_3\end{pmatrix},$$

故

$$\begin{pmatrix}2\\-1\\3\end{pmatrix}=\boldsymbol{C}\begin{pmatrix}x_1\\x_2\\x_3\end{pmatrix},$$

则

$$\begin{pmatrix}x_1\\x_2\\x_3\end{pmatrix}=\boldsymbol{C}^{-1}\begin{pmatrix}2\\-1\\3\end{pmatrix}=\begin{pmatrix}1&2&1\\-1&3&3\\0&3&2\end{pmatrix}^{-1}\begin{pmatrix}2\\-1\\3\end{pmatrix}=\begin{pmatrix}-2\\5\\6\end{pmatrix}.$$

小结:(1) 主要利用了基的定义和基之间的关系来证明;

(2) 求坐标采用了 $\mathbf{R}^3$ 中的坐标变换公式.

三、习题 3－5 解答

1. 判断下列集合是否构成向量空间，并证明.

(1)$\boldsymbol{S}_1=\{(x_1,x_1,x_2)^{\mathrm{T}}\mid x_1,x_2\in\mathbf{R}\}$;(2) $\boldsymbol{S}_2=\{(x_1,x_2,x_1x_2)^{\mathrm{T}}\mid x_1,x_2\in\mathbf{R}\}$

(3)$\boldsymbol{S}_3=\left\{\begin{pmatrix}x_1&x_2\\-x_2&x_3\end{pmatrix}\middle| x_1,x_2,x_3\in\mathbf{R}\right\}$.

证明思路:依据向量空间的定义进行验证，否则举出反例.

解　(1)因为 $\boldsymbol{x}=(1,1,0)^{\mathrm{T}}\in\boldsymbol{S}_1$，因此 $\boldsymbol{S}_1$ 非空，再验证其对加法和数乘两种运算封闭:

(i)若 $\boldsymbol{x}=(a,a,b)^{\mathrm{T}}$ 为 $\boldsymbol{S}_1$ 中的任一向量，则对任意实数 λ，有

$$\lambda\boldsymbol{x}=(\lambda a,\lambda a,\lambda b)^{\mathrm{T}}\in\boldsymbol{S};$$

(ii)若$(a,a,b)^{\mathrm{T}}$ 和$(c,c,d)^{\mathrm{T}}$ 为 $\boldsymbol{S}_1$ 中的任意两个向量,则有

$$(a,a,b)^{\mathrm{T}}+(c,c,d)^{\mathrm{T}}=(a+c,a+c,b+d)^{\mathrm{T}}\in\boldsymbol{S}.$$

由于 $\boldsymbol{S}_1$ 非空，且对加法和数乘两种运算封闭，故 $\boldsymbol{S}_1$ 为 $\boldsymbol{R}^3$ 的向量空间.

(2)$\boldsymbol{S}_2$ 不是向量空间，因为若设

$$\boldsymbol{a}=(a_1,a_2,a_1a_2)^{\mathrm{T}}\in\boldsymbol{S}_2,\ \boldsymbol{b}=(b_1,b_2,b_1b_2)^{\mathrm{T}}\in\boldsymbol{S}_2,$$

则

$$\boldsymbol{a}+\boldsymbol{b}=(a_1,a_2,a_1a_2)^{\mathrm{T}}+(b_1,b_2,b_1b_2)^{\mathrm{T}}=(a_1+b_1,a_2+b_2,a_1a_2+b_1b_2)^{\mathrm{T}}\notin\boldsymbol{S}_2,$$

即 $\boldsymbol{S}_2$ 对加法运算不封闭，所以 $\boldsymbol{S}_2$ 不是向量空间.

(3) $\begin{pmatrix} 1 & 1 \\ -1 & 2 \end{pmatrix} \in \boldsymbol{S}_3$，因此集合 $\boldsymbol{S}$ 是非空的，再验证其对加法和数乘两种运算封闭.

(i)若 $\boldsymbol{A}=\begin{pmatrix} a & b \\ -b & c \end{pmatrix} \in \boldsymbol{S}_3$，则有

$$\lambda\boldsymbol{A}=\begin{pmatrix} \lambda a & \lambda b \\ -\lambda b & \lambda c \end{pmatrix} \in \boldsymbol{S}_3;$$

(ii)若 $\boldsymbol{A}=\begin{pmatrix} a & b \\ -b & c \end{pmatrix} \in \boldsymbol{S}_3$，$\boldsymbol{B}=\begin{pmatrix} d & e \\ -e & f \end{pmatrix} \in \boldsymbol{S}_3$，则有

$$\boldsymbol{A}+\boldsymbol{B}=\begin{pmatrix} a & b \\ -b & c \end{pmatrix}+\begin{pmatrix} d & e \\ -e & f \end{pmatrix}=\begin{pmatrix} a+d & b+e \\ -(b+e) & c+f \end{pmatrix} \in \boldsymbol{S}_3.$$

由于 $\boldsymbol{S}_3$ 非空，且对加法和数乘两种运算封闭，故 $\boldsymbol{S}_3$ 是向量空间.

2. 设 $\boldsymbol{V}_1=\{\boldsymbol{x}=(x_1, x_2, \cdots, x_n)^{\mathrm{T}} \mid x_1, x_2, \cdots, x_n \in \mathbf{R}$ 满足 $x_1+x_2+\cdots+x_n=0\}$，
$\boldsymbol{V}_2=\{\boldsymbol{x}=(x_1, x_2, \cdots, x_n)^{\mathrm{T}} \mid x_1, x_2, \cdots, x_n \in \mathbf{R}$ 满足 $x_1+x_2+\cdots+x_n=1\}$，
问 $\boldsymbol{V}_1$，$\boldsymbol{V}_2$ 是不是 $\boldsymbol{R}^n$ 的子空间？为什么？

解题思路 依据子空间的定义进行验证，否则举出反例.

解 $\boldsymbol{V}_1$ 是向量空间，因为若设

$$\boldsymbol{\alpha}=(a_1, a_2, \cdots, a_n)^{\mathrm{T}},\ a_1+a_2+\cdots+a_n=0,$$
$$\boldsymbol{\beta}=(b_1, b_2, \cdots, b_n)^{\mathrm{T}},\ b_1+b_2+\cdots+b_n=0,$$

则

$$\boldsymbol{\alpha}+\boldsymbol{\beta}=(a_1+b_1, a_2+b_2, \cdots, a_n+b_n)^{\mathrm{T}},$$

且

$$\begin{aligned}&(a_1+b_1)+(a_2+b_2)+\cdots+(a_n+b_n)\\=&(b_1+b_2+\cdots+b_n)+(a_1+a_2+\cdots+a_n)=0,\end{aligned}$$

故

$$\boldsymbol{\alpha}+\boldsymbol{\beta} \in \boldsymbol{V}_1,$$
$$\boldsymbol{\alpha}=(a_1, a_2, \cdots, a_n)^{\mathrm{T}},$$
$$\lambda\boldsymbol{\alpha}=(\lambda a_1, \lambda a_2, \cdots, \lambda a_n)^{\mathrm{T}},\ \lambda \in \mathbf{R},$$
$$\lambda a_1+\lambda a_2+\cdots+\lambda a_n=\lambda(a_1+a_2+\cdots+a_n)=\lambda \cdot 0=0,$$

所以 $\lambda\boldsymbol{\alpha}\in\boldsymbol{V}_1$.

$\boldsymbol{V}_2$ 不是向量空间，若设 $\boldsymbol{\alpha}$，$\boldsymbol{\beta}\in\boldsymbol{V}_2$，则

$$\begin{aligned}&(a_1+b_1)+(a_2+b_2)+\cdots+(a_n+b_n)\\&=(b_1+b_2+\cdots+b_n)+(a_1+a_2+\cdots+a_n)=1+1=2,\end{aligned}$$

故 $\boldsymbol{\alpha}+\boldsymbol{\beta}\notin\boldsymbol{V}_2$，即 $\boldsymbol{V}_2$ 关于加法不封闭，从而 $\boldsymbol{V}_2$ 不是子空间.

3. 试证：由 $\boldsymbol{\alpha}_1=(0,1,1)^{\mathrm{T}}$，$\boldsymbol{\alpha}_2=(1,0,1)^{\mathrm{T}}$，$\boldsymbol{\alpha}_3=(1,1,0)^{\mathrm{T}}$ 所生成的向量空间就是 $\boldsymbol{R}^3$.

证明思路　验证向量组 $\boldsymbol{\alpha}_1$，$\boldsymbol{\alpha}_2$，$\boldsymbol{\alpha}_3$ 是向量空间 $\boldsymbol{R}^3$ 的一个基；证明已知向量组与三维单位向量组等价.

证　设 $\mathbf{A}=(\boldsymbol{\alpha}_1,\boldsymbol{\alpha}_2,\boldsymbol{\alpha}_3)$，则

$$|\mathbf{A}|=|\boldsymbol{\alpha}_1,\boldsymbol{\alpha}_2,\boldsymbol{\alpha}_3|=\begin{vmatrix}0&1&1\\1&0&1\\1&1&0\end{vmatrix}=(-1)\cdot\begin{vmatrix}1&1&0\\1&0&1\\0&1&1\end{vmatrix}=2\neq0,$$

由此可知 $\mathrm{r}(\boldsymbol{A})=3$，故 $\boldsymbol{\alpha}_1$，$\boldsymbol{\alpha}_2$，$\boldsymbol{\alpha}_3$ 线性无关.

由于 $\boldsymbol{\alpha}_1$，$\boldsymbol{\alpha}_2$，$\boldsymbol{\alpha}_3$ 均为三维向量，且这个向量组秩为 3，所以 $\boldsymbol{\alpha}_1$，$\boldsymbol{\alpha}_2$，$\boldsymbol{\alpha}_3$ 为此三维空间的一组基，故由 $\boldsymbol{\alpha}_1$，$\boldsymbol{\alpha}_2$，$\boldsymbol{\alpha}_3$ 所生成的向量空间就是 $\boldsymbol{R}^3$.

4. 判断 $\boldsymbol{R}^3$ 中与向量 (0，0，1) 不平行的全体向量所组成的集合是否构成向量空间.

解题思路　已知集合对加法不封闭，举出反例说明之.

解　$\boldsymbol{R}^3$ 中与向量 (0，0，1) 不平行的全体向量所组成的集合不构成向量空间.

对向量 $\boldsymbol{\alpha}_1=(0,k,0)$，$\boldsymbol{\alpha}_2=(0,-k,1)(k\neq0)$，$\boldsymbol{\alpha}_1$，$\boldsymbol{\alpha}_2$ 均不平行于 (0，0，1)，但

$$\boldsymbol{\alpha}_1+\boldsymbol{\alpha}_2=(0,0,1),$$

因此 $\boldsymbol{R}^3$ 中与向量 (0，0，1) 不平行的全体向量所组成的集合对加法不封闭，故所给向量集合不构成向量空间.

5. 根据要求计算.

(1)令 $\boldsymbol{b}_1=(1,-1)^{\mathrm{T}}$ 及 $\boldsymbol{b}_2=(-2,3)^{\mathrm{T}}$. 求从$(\boldsymbol{e}_1,\boldsymbol{e}_2)$到$(\boldsymbol{b}_1,\boldsymbol{b}_2)$的过渡矩阵，并确定 $\boldsymbol{x}=(1,2)^{\mathrm{T}}$ 在新基 $\boldsymbol{b}_1,\boldsymbol{b}_2$ 下的坐标.

(2)求从$(\boldsymbol{v}_1,\boldsymbol{v}_2)$到$(\boldsymbol{u}_1,\boldsymbol{u}_2)$的过渡矩阵，其中 $\boldsymbol{v}_1=\begin{pmatrix}5\\2\end{pmatrix}$，$\boldsymbol{v}_2=\begin{pmatrix}7\\3\end{pmatrix}$ 及 $\boldsymbol{u}_1=\begin{pmatrix}3\\2\end{pmatrix}$，$\boldsymbol{u}_2=\begin{pmatrix}1\\1\end{pmatrix}$.

解　(1) 从 $\boldsymbol{b}_1,\boldsymbol{b}_2$ 到 $\boldsymbol{e}_1,\boldsymbol{e}_2$ 的过渡矩阵 $\boldsymbol{P}$ 满足$(\boldsymbol{b}_1,\boldsymbol{b}_2)=(\boldsymbol{e}_1,\boldsymbol{e}_2)\boldsymbol{P}$，即

$$P=\begin{pmatrix}1&0\\0&1\end{pmatrix}^{-1}\begin{pmatrix}1&-2\\-1&3\end{pmatrix}=\begin{pmatrix}1&-2\\-1&3\end{pmatrix}.$$

又 $x=(e_1,e_2)\begin{pmatrix}1\\2\end{pmatrix}=(b_1,b_2)\begin{pmatrix}x_1'\\x_2'\end{pmatrix}$，从而有

$$x'=\begin{pmatrix}x_1'\\x_2'\end{pmatrix}=\begin{pmatrix}1&-2\\-1&3\end{pmatrix}^{-1}\begin{pmatrix}1&0\\0&1\end{pmatrix}\begin{pmatrix}1\\2\end{pmatrix}=\begin{pmatrix}7\\3\end{pmatrix},$$

即 $x=7b_1+3b_2$，所以，向量 x 对应于 b_1，b_2 的坐标为(7，3).

(2)从 v_1，v_2 到 u_1，u_2 的过渡矩阵 P 满足$(u_1,u_2)=(v_1,v_2)P$，即

$$P=(v_1,v_2)^{-1}(u_1,u_2)=\begin{pmatrix}5&7\\2&3\end{pmatrix}^{-1}\begin{pmatrix}3&1\\2&1\end{pmatrix}=\begin{pmatrix}-5&-4\\4&3\end{pmatrix}.$$

6. 验证 $\alpha_1=(1,-1,0)^T$，$\alpha_2=(2,1,3)^T$，$\alpha_3=(3,1,2)^T$ 为 R^3 的一个基，并将 $v_1=(5,0,7)^T$，$v_2=(-9,-8,-13)^T$ 用这个基线性表示.

解题思路 已知向量 α_1，α_2，α_3 是三维向量空间 R^3 的元素，故只需验证 α_1，α_2，α_3 线性无关.

解 由于$|\alpha_1,\alpha_2,\alpha_3|=\begin{vmatrix}1&2&3\\-1&1&1\\0&3&2\end{vmatrix}=-6\neq0$，即矩阵$(\alpha_1,\alpha_2,\alpha_3)$的秩为3，故 α_1，α_2，α_3 线性无关，从而是 R^3 的一个基.

设 $v_1=k_1\alpha_1+k_2\alpha_2+k_3\alpha_3$，则

$$\begin{cases}k_1+2k_2+3k_3=5\\-k_1+k_2+k_3=0\\3k_2+2k_3=7\end{cases}\Rightarrow\begin{cases}k_1=2\\k_2=3\\k_3=-1\end{cases},$$

故

$$v_1=2\alpha_1+3\alpha_2-\alpha_3.$$

设 $v_2=\lambda_1\alpha_1+\lambda_2\alpha_2+\lambda_3\alpha_3$，则

$$\begin{cases}\lambda_1+2\lambda_2+3\lambda_3=-9\\-\lambda_1+\lambda_2+\lambda_3=-8\\3\lambda_2+2\lambda_3=-13\end{cases}\Rightarrow\begin{cases}\lambda_1=3\\\lambda_2=-3,\\\lambda_3=-2\end{cases}$$

故 $v_2=3\alpha_1-3\alpha_2-2\alpha_3$.

7. 设 ξ_1，ξ_2，ξ_3 是 R^3 的一组基，已知 $\alpha_1=\xi_1+\xi_2-2\xi_3$，$\alpha_2=\xi_1-\xi_2-\xi_3$，

$\boldsymbol{\alpha}_3=\xi_1+\xi_3$，

证明 $\boldsymbol{\alpha}_1$，$\boldsymbol{\alpha}_2$，$\boldsymbol{\alpha}_3$ 是 $\boldsymbol{R}^3$ 的一组基，并求出向量 $\boldsymbol{\beta}=6\xi_1-\xi_2-\xi_3$ 在基 $\boldsymbol{\alpha}_1$，$\boldsymbol{\alpha}_2$，$\boldsymbol{\alpha}_3$ 下的坐标.

证明思路　已知向量 $\boldsymbol{\alpha}_1$，$\boldsymbol{\alpha}_2$，$\boldsymbol{\alpha}_3$ 是三维向量空间 $\boldsymbol{R}^3$ 的元素，故只需验证 $\boldsymbol{\alpha}_1$，$\boldsymbol{\alpha}_2$，$\boldsymbol{\alpha}_3$ 线性无关；作变量替换，用 $\boldsymbol{\alpha}_1$，$\boldsymbol{\alpha}_2$，$\boldsymbol{\alpha}_3$ 线性表示 $\boldsymbol{\beta}$，即可求得所求的坐标.

证　由题设知

$$(\boldsymbol{\alpha}_1,\boldsymbol{\alpha}_2,\boldsymbol{\alpha}_3)=(\xi_1,\xi_2,\xi_3)\begin{pmatrix}1&1&1\\1&-1&0\\-2&-1&1\end{pmatrix}=(\xi_1,\xi_2,\xi_3)\boldsymbol{A}.$$

因为 ξ_1，ξ_2，ξ_3 线性无关，$|\boldsymbol{A}|=-5\neq0$，所以 $\boldsymbol{\alpha}_1$，$\boldsymbol{\alpha}_2$，$\boldsymbol{\alpha}_3$ 线性无关，故 $\boldsymbol{\alpha}_1$，$\boldsymbol{\alpha}_2$，$\boldsymbol{\alpha}_3$ 是 $\boldsymbol{R}^3$ 的一组基.

设 $k_1\boldsymbol{\alpha}_1+k_2\boldsymbol{\alpha}_2+k_3\boldsymbol{\alpha}_3=\boldsymbol{\beta}$，得到线性方程组

$$\begin{cases}k_1+k_2+k_3=6\\k_1-k_2=-1\\-2k_1-k_2+k_3=-1\end{cases},$$

解得 $k_1=1$，$k_2=2$，$k_3=3$. 因此，$\boldsymbol{\beta}$ 关于基 $\boldsymbol{\alpha}_1$，$\boldsymbol{\alpha}_2$，$\boldsymbol{\alpha}_3$ 的坐标是 (1，2，3).

8. 已知 $\boldsymbol{R}^3$ 的两个基为

$$\boldsymbol{\alpha}_1=\begin{pmatrix}1\\1\\1\end{pmatrix},\boldsymbol{\alpha}_2=\begin{pmatrix}1\\0\\-1\end{pmatrix},\boldsymbol{\alpha}_3=\begin{pmatrix}1\\0\\1\end{pmatrix}\text{及}\boldsymbol{\beta}_1=\begin{pmatrix}1\\2\\1\end{pmatrix},\boldsymbol{\beta}_2=\begin{pmatrix}2\\3\\4\end{pmatrix},\boldsymbol{\beta}_3=\begin{pmatrix}3\\4\\3\end{pmatrix},$$

求由基 $\boldsymbol{\alpha}_1$，$\boldsymbol{\alpha}_2$，$\boldsymbol{\alpha}_3$ 到基 $\boldsymbol{\beta}_1$，$\boldsymbol{\beta}_2$，$\boldsymbol{\beta}_3$ 的过渡矩阵 $\boldsymbol{P}$.

解　方法一　直接由过渡矩阵的定义来解. 记矩阵

$$\boldsymbol{A}=(\boldsymbol{\alpha}_1,\boldsymbol{\alpha}_2,\boldsymbol{\alpha}_3),\ \boldsymbol{B}=(\boldsymbol{\beta}_1,\boldsymbol{\beta}_2,\boldsymbol{\beta}_3).$$

因 $\boldsymbol{\alpha}_1$，$\boldsymbol{\alpha}_2$，$\boldsymbol{\alpha}_3$ 与 $\boldsymbol{\beta}_1$，$\boldsymbol{\beta}_2$，$\boldsymbol{\beta}_3$ 均为 $\boldsymbol{R}^3$ 中的基，故 $\boldsymbol{A}$ 和 $\boldsymbol{B}$ 均为三阶可逆矩阵. 由过渡矩阵定义，$(\boldsymbol{\beta}_1,\boldsymbol{\beta}_2,\boldsymbol{\beta}_3)=(\boldsymbol{\alpha}_1,\boldsymbol{\alpha}_2,\boldsymbol{\alpha}_3)\boldsymbol{P}$ 或 $\boldsymbol{B}=\boldsymbol{A}\boldsymbol{P}$，得

$$\boldsymbol{P}=\boldsymbol{A}^{-1}\boldsymbol{B}.$$

利用第 3 章介绍的方法，即可求得 $\boldsymbol{P}$ 如下：

$$(\boldsymbol{\alpha}_1,\boldsymbol{\alpha}_2,\boldsymbol{\alpha}_3,\boldsymbol{\beta}_1,\boldsymbol{\beta}_2,\boldsymbol{\beta}_3)=\begin{pmatrix}1&1&1&1&2&3\\1&0&0&2&3&4\\1&-1&1&1&4&3\end{pmatrix}$$

$$\xrightarrow{r}\begin{pmatrix}1&0&0&2&3&4\\0&1&0&0&-1&0\\0&0&1&-1&0&-1\end{pmatrix},$$

从而

$$\boldsymbol{P}=\boldsymbol{A}^{-1}\boldsymbol{B}=\begin{pmatrix}2&3&4\\0&-1&0\\-1&0&-1\end{pmatrix}.$$

方法二　利用自然基作过渡.

由$(\boldsymbol{\alpha}_1,\boldsymbol{\alpha}_2,\boldsymbol{\alpha}_3)=(\boldsymbol{e}_1,\boldsymbol{e}_2,\boldsymbol{e}_3)\begin{pmatrix}1&1&1\\1&0&0\\1&-1&1\end{pmatrix}$，则

$$(\boldsymbol{e}_1,\boldsymbol{e}_2,\boldsymbol{e}_3)=(\boldsymbol{\alpha}_1,\boldsymbol{\alpha}_2,\boldsymbol{\alpha}_3)\begin{pmatrix}1&1&1\\1&0&0\\1&-1&1\end{pmatrix}^{-1},$$

$$\begin{aligned}(\boldsymbol{\beta}_1,\boldsymbol{\beta}_2,\boldsymbol{\beta}_3)&=(\boldsymbol{e}_1,\boldsymbol{e}_2,\boldsymbol{e}_3)\begin{pmatrix}1&2&3\\2&3&4\\1&4&3\end{pmatrix}\\&=(\boldsymbol{\alpha}_1,\boldsymbol{\alpha}_2,\boldsymbol{\alpha}_3)\begin{pmatrix}1&1&1\\1&0&0\\1&-1&1\end{pmatrix}^{-1}\begin{pmatrix}1&2&3\\2&3&4\\1&4&3\end{pmatrix}\\&=(\boldsymbol{\alpha}_1,\boldsymbol{\alpha}_2,\boldsymbol{\alpha}_3)\begin{pmatrix}2&3&4\\0&-1&0\\-1&0&-1\end{pmatrix}.\end{aligned}$$

由定义，所求过渡矩阵$\boldsymbol{P}=\begin{pmatrix}2&3&4\\0&-1&0\\-1&0&-1\end{pmatrix}$.

9. 令$\boldsymbol{A}=(\boldsymbol{v}_1,\boldsymbol{v}_2,\boldsymbol{v}_3)=\begin{pmatrix}1&2&1\\1&3&5\\1&2&4\end{pmatrix}$，$\boldsymbol{B}=(\boldsymbol{u}_1,\boldsymbol{u}_2,\boldsymbol{u}_3)=\begin{pmatrix}1&1&1\\1&2&2\\0&0&1\end{pmatrix}$.

(1)求从$\boldsymbol{A}$到$\boldsymbol{B}$的过渡矩阵；

(2)若$\boldsymbol{x}=3\boldsymbol{v}_1+2\boldsymbol{v}_2-\boldsymbol{v}_3$，$\boldsymbol{y}=\boldsymbol{u}_1-3\boldsymbol{u}_2+2\boldsymbol{u}_3$，分别求$\boldsymbol{x}$在基$(\boldsymbol{u}_1,\boldsymbol{u}_2,\boldsymbol{u}_3)$下的坐标以及$\boldsymbol{y}$在基$(\boldsymbol{v}_1,\boldsymbol{v}_2,\boldsymbol{v}_3)$下的坐标.

解　(1)过渡矩阵满足$\boldsymbol{B}=\boldsymbol{AP}$，即

$$P=A^{-1}B=\begin{pmatrix}1&2&1\\1&3&5\\1&2&4\end{pmatrix}^{-1}\begin{pmatrix}1&1&1\\1&2&2\\0&0&1\end{pmatrix}=\frac{1}{3}\begin{pmatrix}-4&-10&-3\\4&7&3\\-1&-1&0\end{pmatrix}.$$

（2）由 $\boldsymbol{x}=3\boldsymbol{v}_1+2\boldsymbol{v}_2-\boldsymbol{v}_3=(\boldsymbol{v}_1,\boldsymbol{v}_2,\boldsymbol{v}_3)\begin{pmatrix}3\\2\\-1\end{pmatrix}=(\boldsymbol{u}_1,\boldsymbol{u}_2,\boldsymbol{u}_3)\begin{pmatrix}x_1'\\x_2'\\x_3'\end{pmatrix}$，得

$$\boldsymbol{x}'=\begin{pmatrix}x_1'\\x_2'\\x_3'\end{pmatrix}=\boldsymbol{B}^{-1}\boldsymbol{A}\boldsymbol{x}=\begin{pmatrix}1&1&1\\1&2&2\\0&0&1\end{pmatrix}^{-1}\begin{pmatrix}1&2&1\\1&3&5\\1&2&4\end{pmatrix}\begin{pmatrix}3\\2\\-1\end{pmatrix}=\begin{pmatrix}8\\-5\\3\end{pmatrix}.$$

由 $\boldsymbol{y}=\boldsymbol{u}_1-3\boldsymbol{u}_2+2\boldsymbol{u}_3=(\boldsymbol{u}_1,\boldsymbol{u}_2,\boldsymbol{u}_3)\begin{pmatrix}1\\-3\\2\end{pmatrix}=(\boldsymbol{v}_1,\boldsymbol{v}_2,\boldsymbol{v}_3)\begin{pmatrix}y_1'\\y_2'\\y_3'\end{pmatrix}$，得

$$\boldsymbol{y}'=\begin{pmatrix}y_1'\\y_2'\\y_3'\end{pmatrix}=\boldsymbol{A}^{-1}\boldsymbol{B}\boldsymbol{y}=\frac{1}{3}\begin{pmatrix}-4&-10&-3\\4&7&3\\-1&-1&0\end{pmatrix}\begin{pmatrix}1\\-3\\2\end{pmatrix}=\frac{1}{3}\begin{pmatrix}20\\-11\\2\end{pmatrix}$$
$$=\begin{pmatrix}20/3\\-11/3\\2/3\end{pmatrix}.$$

10. 设 $\boldsymbol{R}^3$ 中的一组基 $\boldsymbol{\xi}_1=(1,\ -2,\ 1)^{\mathrm{T}}$，$\boldsymbol{\xi}_2=(0,\ 1,\ 1)^{\mathrm{T}}$，$\boldsymbol{\xi}_3=(3,\ 2,\ 1)^{\mathrm{T}}$，向量 $\boldsymbol{\alpha}$ 在基 $\boldsymbol{\xi}_1$，$\boldsymbol{\xi}_2$，$\boldsymbol{\xi}_3$ 下的坐标为 x_1，x_2，x_3，在另一组基 $\boldsymbol{\eta}_1$，$\boldsymbol{\eta}_2$，$\boldsymbol{\eta}_3$ 下的坐标为 y_1，y_2，y_3，且有

$$y_1=x_1-x_2-x_3,\ y_2=-x_1+x_2,\ y_3=x_1+2x_3,$$

（1）求由基 $\boldsymbol{\eta}_1$，$\boldsymbol{\eta}_2$，$\boldsymbol{\eta}_3$ 到基 $\boldsymbol{\xi}_1$，$\boldsymbol{\xi}_2$，$\boldsymbol{\xi}_3$ 的过渡矩阵；

（2）求基 $\boldsymbol{\eta}_1$，$\boldsymbol{\eta}_2$，$\boldsymbol{\eta}_3$.

解题思路　根据过渡矩阵的定义，依据坐标 x_1，x_2，x_3 与坐标 y_1，y_2，y_3 的关系，通过变量替换可以求得基 $\boldsymbol{\eta}_1$，$\boldsymbol{\eta}_2$，$\boldsymbol{\eta}_3$ 到基 $\boldsymbol{\xi}_1$，$\boldsymbol{\xi}_2$，$\boldsymbol{\xi}_3$ 的过渡矩阵；结合过渡矩阵的逆矩阵可以求基 $\boldsymbol{\eta}_1$，$\boldsymbol{\eta}_2$，$\boldsymbol{\eta}_3$.

解　（1）由题设知 $\begin{pmatrix}y_1\\y_2\\y_3\end{pmatrix}=\begin{pmatrix}1&-1&-1\\-1&1&0\\1&0&2\end{pmatrix}\begin{pmatrix}x_1\\x_2\\x_3\end{pmatrix}=\boldsymbol{C}\begin{pmatrix}x_1\\x_2\\x_3\end{pmatrix}$. 因为

$$\boldsymbol{\alpha}=(\boldsymbol{\xi}_1,\ \boldsymbol{\xi}_2,\ \boldsymbol{\xi}_3)\begin{pmatrix}x_1\\x_2\\x_3\end{pmatrix}=(\boldsymbol{\eta}_1,\ \boldsymbol{\eta}_2,\ \boldsymbol{\eta}_3)\begin{pmatrix}y_1\\y_2\\y_3\end{pmatrix}=(\boldsymbol{\eta}_1,\ \boldsymbol{\eta}_2,\ \boldsymbol{\eta}_3)\boldsymbol{C}\begin{pmatrix}x_1\\x_2\\x_3\end{pmatrix},$$

所以 $(\boldsymbol{\xi}_1, \boldsymbol{\xi}_2, \boldsymbol{\xi}_3)=(\boldsymbol{\eta}_1, \boldsymbol{\eta}_2, \boldsymbol{\eta}_3)\boldsymbol{C}$，即由基 $\boldsymbol{\eta}_1, \boldsymbol{\eta}_2, \boldsymbol{\eta}_3$ 到基 $\boldsymbol{\xi}_1, \boldsymbol{\xi}_2, \boldsymbol{\xi}_3$ 的过渡矩阵为

$$\boldsymbol{C}=\begin{pmatrix} 1 & -1 & -1 \\ -1 & 1 & 0 \\ 1 & 0 & 2 \end{pmatrix}.$$

(2) 由于 $(\boldsymbol{\eta}_1, \boldsymbol{\eta}_2, \boldsymbol{\eta}_3)=(\boldsymbol{\xi}_1, \boldsymbol{\xi}_2, \boldsymbol{\xi}_3)\boldsymbol{C}^{-1}=(\boldsymbol{\xi}_1, \boldsymbol{\xi}_2, \boldsymbol{\xi}_3)\begin{pmatrix} 2 & 2 & 1 \\ 2 & 3 & 1 \\ -1 & -1 & 0 \end{pmatrix}$，

从而得到

$$\begin{aligned} \boldsymbol{\eta}_1 &= 2\boldsymbol{\xi}_1+2\boldsymbol{\xi}_2-\boldsymbol{\xi}_3=(-1, -4, 3)^{\mathrm{T}}, \\ \boldsymbol{\eta}_2 &= 2\boldsymbol{\xi}_1+3\boldsymbol{\xi}_2-\boldsymbol{\xi}_3=(-1, -3, 4)^{\mathrm{T}}, \\ \boldsymbol{\eta}_3 &= \boldsymbol{\xi}_1+\boldsymbol{\xi}_2=(1, -1, 2)^{\mathrm{T}}. \end{aligned}$$

11. 证明：$\boldsymbol{R}^2$ 中不过原点的直线不是 $\boldsymbol{R}^2$ 的子空间.

证 $\boldsymbol{R}^2$ 中不过原点的直线可以看作集合

$$\boldsymbol{V}=\{(a, b)\in\boldsymbol{R}^2 \mid ax+by=1\}.$$

取 $\boldsymbol{\alpha}_1=(a, b)\in\boldsymbol{V}$，$\boldsymbol{\alpha}_2=(-a, -b)\in\boldsymbol{V}$，即

$$ax+by=1,\ -(ax+by)=1.$$

由于上述两式相加的结果为 $0=2$，矛盾，故 $\boldsymbol{\alpha}_1+\boldsymbol{\alpha}_2\notin\boldsymbol{V}$.

所以，$\boldsymbol{R}^2$ 中不过原点的直线不是 $\boldsymbol{R}^2$ 的子空间.

§ 3.6 线性方程组解的结构

一、主要知识归纳

主要知识归纳见表 3-6-1 和表 3-6-2.

表 3-6-1　齐次线性方程组解的结构

解空间定义	n 元齐次线性方程组 $\boldsymbol{A}\boldsymbol{x}=\boldsymbol{0}$ 的解 $\boldsymbol{x}=(x_1, x_2, \cdots, x_n)^{\mathrm{T}}$ 称为该方程组的解向量. 全体解向量的集合构成的向量空间 $\boldsymbol{V}$ 称为该方程组的解空间.
解的性质	(1) 若 $\boldsymbol{\xi}_1, \boldsymbol{\xi}_2$ 为方程组 $\boldsymbol{A}\boldsymbol{x}=\boldsymbol{0}$ 的解，则 $\boldsymbol{\xi}_1+\boldsymbol{\xi}_2$ 也是该方程组的解； (2) 若 $\boldsymbol{\xi}$ 为方程组 $\boldsymbol{A}\boldsymbol{x}=\boldsymbol{0}$ 的解，k 为实数，则 $k\boldsymbol{\xi}$ 也是该方程组的解； (3) 若 $\boldsymbol{\xi}_1, \boldsymbol{\xi}_2, \cdots, \boldsymbol{\xi}_s$ 为方程组 $\boldsymbol{A}\boldsymbol{x}=\boldsymbol{0}$ 的解，$k_1, k_2, \cdots, k_s$ 为实数，则线性组合 $k_1\boldsymbol{\xi}_1+k_2\boldsymbol{\xi}_2+\cdots+k_s\boldsymbol{\xi}_s$ 也是方程组 $\boldsymbol{A}\boldsymbol{x}=\boldsymbol{0}$ 的解.

基础解系	若齐次线性方程组 $\boldsymbol{Ax}=\boldsymbol{0}$ 的有限个解 $\boldsymbol{\eta}_1$，$\boldsymbol{\eta}_2$，…，$\boldsymbol{\eta}_t$ 满足： (1) $\boldsymbol{\eta}_1$，$\boldsymbol{\eta}_2$，…，$\boldsymbol{\eta}_t$ 线性无关； (2) $\boldsymbol{Ax}=\boldsymbol{0}$ 的任意一个解均可由 $\boldsymbol{\eta}_1$，$\boldsymbol{\eta}_2$，…，$\boldsymbol{\eta}_t$ 线性表示，则称 $\boldsymbol{\eta}_1$，$\boldsymbol{\eta}_2$，…，$\boldsymbol{\eta}_t$ 是齐次线性方程组 $\boldsymbol{Ax}=\boldsymbol{0}$ 的一个基础解系.
解空间性质	若 $\mathrm{r}(\boldsymbol{A})=r<n$，则 $\boldsymbol{Ax}=\boldsymbol{0}$ 的基础解系一定存在，且每个基础解系中所含解向量的个数均等于 $n-r$，其中 n 是方程组所含未知量的个数. 设基础解系为 $\boldsymbol{\eta}_1$，$\boldsymbol{\eta}_2$，…，$\boldsymbol{\eta}_{n-r}$，则解空间 $\boldsymbol{V}=\{\boldsymbol{x}\mid\boldsymbol{x}=c_1\boldsymbol{\eta}_1+c_2\boldsymbol{\eta}_2+\cdots c_{n-r}\boldsymbol{\eta}_{n-r},\ c_1,\ c_2,\ \cdots,\ c_{n-r}\in\mathbf{R}\}$， 且 $\mathrm{r}(\boldsymbol{A})=r\Rightarrow\dim(\boldsymbol{V})=n-r$.

表 3-6-2　　非齐次线性方程组的解

解的性质	非齐次线性方程组 $\boldsymbol{Ax}=\boldsymbol{b}$ 对应的齐次线性方程组（或导出组）为 $\boldsymbol{Ax}=\boldsymbol{0}$. (1) 若 $\boldsymbol{\eta}_1$，$\boldsymbol{\eta}_2$ 是非齐次线性方程组 $\boldsymbol{Ax}=\boldsymbol{b}$ 的解，则 $\boldsymbol{\eta}_1-\boldsymbol{\eta}_2$ 是对应的齐次线性方程组 $\boldsymbol{Ax}=\boldsymbol{0}$ 的解. (2) 设 $\boldsymbol{\eta}$ 是非齐次线性方程组 $\boldsymbol{Ax}=\boldsymbol{b}$ 的解，$\boldsymbol{\xi}$ 为对应的齐次线性方程组 $\boldsymbol{Ax}=\boldsymbol{0}$ 的解，则 $\boldsymbol{\xi}+\boldsymbol{\eta}$ 为非齐次线性方程组 $\boldsymbol{Ax}=\boldsymbol{b}$ 的解. (3) 设 $\boldsymbol{\eta}^*$ 是非齐次线性方程组 $\boldsymbol{Ax}=\boldsymbol{b}$ 的一个解，$\boldsymbol{\xi}$ 是对应的齐次线性方程组 $\boldsymbol{Ax}=\boldsymbol{0}$ 的通解，则 $\boldsymbol{\xi}+\boldsymbol{\eta}^*$ 是非齐次线性方程组 $\boldsymbol{Ax}=\boldsymbol{b}$ 的通解.

二、典型例题分析

例 1　已知下列非齐次线性方程组 (I)、(II)：

$$(\mathrm{I})\begin{cases}x_1+x_2-2x_4=-6\\4x_1-x_2-x_3-x_4=1\\3x_1-x_2-x_3=3\end{cases},\qquad(\mathrm{II})\begin{cases}x_1+mx_2-x_3-x_4=-5\\nx_2-x_3-2x_4=-11\\x_3-2x_4=-t+1\end{cases}.$$

(1) 求方程组 (I) 的通解；

(2) 如果方程组 (I) 与 (II) 同解，求方程组 (II) 中的参数 m，n，t 的值.

解　(1) 对方程组 (I) 的增广矩阵 $\widetilde{\boldsymbol{A}}$ 施行初等行变换：

$$\widetilde{\boldsymbol{A}}=\begin{pmatrix}1&1&0&-2&-6\\4&-1&-1&-1&1\\3&-1&-1&0&3\end{pmatrix}\to\begin{pmatrix}1&1&0&-2&-6\\0&-5&-1&7&25\\0&-4&-1&6&21\end{pmatrix}$$

$$\to\begin{pmatrix}1&1&0&-2&-6\\0&-1&0&1&4\\0&-4&-1&6&21\end{pmatrix}\to\begin{pmatrix}1&1&0&-2&-6\\0&1&0&-1&-4\\0&0&-1&2&5\end{pmatrix}.$$

由 $\mathrm{r}(\boldsymbol{A})=\mathrm{r}(\widetilde{\boldsymbol{A}})=3<4$ 知，方程组 (I) 有无穷多解，且原方程组 (I) 等价于方程组

$$\begin{cases} x_1+x_2-2x_4=-6 \\ x_2-x_4=-4 \\ -x_3+2x_4=5 \end{cases}. \qquad (*)$$

令 $x_4=1$，代入方程组（*）对应的齐次方程组中求得基础解系为 $\boldsymbol{\xi}=(1,1,2,1)^T$.

求特解：令 $x_4=0$，得

$$x_1=-2,\ x_2=-4,\ x_3=-5,$$

故所求通解为

$$\boldsymbol{x}=k(1,1,2,1)^T+(-2,-4,-5,0)^T.$$

(2) 由 (1) 的结论可知，方程组 (I) 的通解为

$$x_1=-2+k,\ x_2=-4+k,\ x_3=-5+2k,\ x_4=k,$$

分别将上述解代入方程组 (II) 得

$$\begin{cases} (-2+k)+(-4+k)m-(-5+2k)-k=-5 \\ n(-4+k)-(-5+2k)-2k=-11 \\ (-5+2k)-2k=-t+1 \end{cases},$$

整理可得

$$\begin{cases} (m-2)(k-4)=0 \\ (n-4)(k-4)=0 \\ t=6 \end{cases}.$$

由于方程组 (I) 的通解中的 k 可取任意常数，故

$$m-2=0,\ n-4=0,\ t=6,$$

即

$$m=2,\ n=4,\ t=6.$$

小结：本题主要考查了非齐次线性方程组解的结构.

例 2 已知 $\boldsymbol{A}$ 是四阶矩阵，$r(\boldsymbol{A})=3$，$\boldsymbol{\alpha}_1$，$\boldsymbol{\alpha}_2$，$\boldsymbol{\alpha}_3$ 是线性方程组 $\boldsymbol{Ax}=\boldsymbol{b}$ 三个不同的解，且

$$\boldsymbol{\alpha}_1+2\boldsymbol{\alpha}_2+\boldsymbol{\alpha}_3=(2,4,6,8)^T,\ \boldsymbol{\alpha}_1+3\boldsymbol{\alpha}_3=(1,3,5,7)^T,$$

求方程组 $\boldsymbol{Ax}=\boldsymbol{b}$ 的通解.

解 由 $n-r(\boldsymbol{A})=4-3=1$ 可知，$\boldsymbol{Ax}=\boldsymbol{b}$ 的导出组 $\boldsymbol{Ax}=\boldsymbol{0}$ 的基础解系由 1 个

非零解向量构成，又

$$\boldsymbol{\alpha}_1+2\boldsymbol{\alpha}_2+\boldsymbol{\alpha}_3-(\boldsymbol{\alpha}_1+3\boldsymbol{\alpha}_3)=2(\boldsymbol{\alpha}_2-\boldsymbol{\alpha}_3),$$

由条件可知 $\boldsymbol{\alpha}_2-\boldsymbol{\alpha}_3\neq\mathbf{0}$，且

$$\boldsymbol{A}(\boldsymbol{\alpha}_1+2\boldsymbol{\alpha}_2+\boldsymbol{\alpha}_3-\boldsymbol{\alpha}_1-3\boldsymbol{\alpha}_3)=2\boldsymbol{A}(\boldsymbol{\alpha}_2-\boldsymbol{\alpha}_3)=\mathbf{0},$$

所以 $\boldsymbol{\xi}=2(\boldsymbol{\alpha}_2-\boldsymbol{\alpha}_3)=(1,1,1,1)^{\mathrm{T}}$ 构成 $\boldsymbol{A}\boldsymbol{x}=\mathbf{0}$ 的一个基础解系，又

$$\boldsymbol{A}(\boldsymbol{\alpha}_1+2\boldsymbol{\alpha}_2+\boldsymbol{\alpha}_3)=\boldsymbol{A}\boldsymbol{\alpha}_1+2\boldsymbol{A}\boldsymbol{\alpha}_2+\boldsymbol{A}\boldsymbol{\alpha}_3=4\boldsymbol{b},$$

即

$$\boldsymbol{A}\cdot\frac{\boldsymbol{\alpha}_1+2\boldsymbol{\alpha}_2+\boldsymbol{\alpha}_3}{4}=\boldsymbol{b},$$

故

$$\boldsymbol{\eta}=\frac{\boldsymbol{\alpha}_1+2\boldsymbol{\alpha}_2+\boldsymbol{\alpha}_3}{4}=\left(\frac{1}{2},1,\frac{3}{2},2\right)^{\mathrm{T}}\text{ 是 }\boldsymbol{A}\boldsymbol{x}=\boldsymbol{b}\text{ 的解.}$$

因此方程组的通解为

$$k(1,1,1,1)^{\mathrm{T}}+\left(\frac{1}{2},1,\frac{3}{2},2\right)^{\mathrm{T}},\ k\text{ 为任意常数.}$$

小结：本题为求线性方程组的通解，关键是根据已知两个等式的系数特点构造出导出组 $\boldsymbol{A}\boldsymbol{x}=\mathbf{0}$ 的解.

例 3　已知 $\boldsymbol{\alpha}_1=(0,1,0)^{\mathrm{T}}$，$\boldsymbol{\alpha}_2=(-3,2,2)^{\mathrm{T}}$ 是线性方程组

$$\begin{cases}x_1-x_2+2x_3=-1\\3x_1+x_2+4x_3=1\\ax_1+bx_2+cx_3=d\end{cases}\tag{$*$}$$

的两个解，求此方程组的通解.

解　方法一　由条件可知，方程组有两个解 $\boldsymbol{\alpha}_1$，$\boldsymbol{\alpha}_2$，又因为 $\boldsymbol{\alpha}_1\neq\boldsymbol{\alpha}_2$，故方程组有解且不唯一，由解的判定定理可得 $\mathrm{r}(\boldsymbol{A})<3$；又因为方程组的前两行不成比例，故 $\mathrm{r}(\boldsymbol{A})\geqslant2$，所以 $\mathrm{r}(\boldsymbol{A})=2$. 因此，方程组前两行构成的方程组

$$\begin{cases}x_1-x_2+2x_3=-1\\3x_1+x_2+4x_3=1\end{cases}\tag{1}$$

与原方程组（$*$）同解. 对其增广矩阵作初等行变换

$$\begin{pmatrix}1&-1&2&-1\\3&1&4&1\end{pmatrix}\to\begin{pmatrix}1&-1&2&-1\\0&4&-2&4\end{pmatrix}\to\begin{pmatrix}1&-1&2&-1\\0&1&-\frac{1}{2}&1\end{pmatrix},$$

可得与(1)等价的方程组

$$\begin{cases} x_1 - x_2 + 2x_3 = -1 \\ x_2 - \dfrac{1}{2}x_3 = 1 \end{cases} \tag{2}$$

令 $x_3=2$，代入方程组 (2) 对应的齐次线性方程组中求得基础解系为 $\boldsymbol{\xi}=(-3, 2, 2)^{\mathrm{T}}$.

特解：令 $x_3=0$，得 $x_1=0$，$x_2=1$. 故方程组 (2) 的通解为：

$$\boldsymbol{x}=c\cdot(-3, 2, 2)^{\mathrm{T}}+(0, 1, 0)^{\mathrm{T}}（其中 c 为任意常数）.$$

由于方程组(*)与方程组 (1) 同解，方程组 (1) 与方程组 (2) 同解，故方程组(*)与方程组 (2) 同解. 因此，原方程组(*)的解为：

$$\boldsymbol{x}=c\cdot(-3, 2, 2)^{\mathrm{T}}+(0, 1, 0)^{\mathrm{T}}（其中 c 为任意常数）.$$

方法二　由 $\mathrm{r}(\boldsymbol{A})=2$ 可知，原方程组的导出组 $\boldsymbol{Ax}=\boldsymbol{0}$ 的基础解系中只有一个非零解向量，由条件可取为 $\boldsymbol{\alpha}_1-\boldsymbol{\alpha}_2$，则原方程组的全部解为 $\boldsymbol{\alpha}_1+c_1(\boldsymbol{\alpha}_1-\boldsymbol{\alpha}_2)$ 或 $\boldsymbol{\alpha}_2+c_2(\boldsymbol{\alpha}_1-\boldsymbol{\alpha}_2)$，即

$$\boldsymbol{x}=c_1\begin{pmatrix}3\\-1\\-2\end{pmatrix}+\begin{pmatrix}0\\1\\0\end{pmatrix} 或 \boldsymbol{x}=c_2\begin{pmatrix}3\\-1\\-2\end{pmatrix}+\begin{pmatrix}-3\\2\\2\end{pmatrix}（c_1, c_2 为任意常数）.$$

小结：本题求非齐次线性方程组的通解，分别采用了直接求解法和利用基础解系与解的性质进行推导，关键在于确定系数矩阵的秩.

例 4　求一个以 $k(2, 1, -4, 3)^{\mathrm{T}}+(1, 2, -3, 4)^{\mathrm{T}}$ 为通解的线性方程组.

解　由通解的表达式可设所求的非齐次线性方程组为 $\boldsymbol{Ax}=\boldsymbol{b}$，矩阵 $\boldsymbol{A}$ 的行向量形如 $\boldsymbol{\alpha}^{\mathrm{T}}=(a_1, a_2, a_3, a_4)$，根据题意有 $\boldsymbol{\alpha}^{\mathrm{T}}(2, 1, -4, 3)^{\mathrm{T}}=\boldsymbol{0}$，即

$$2a_1+a_2-4a_3+3a_4=0,$$

则该方程的基础解系为

$$\begin{pmatrix}1\\-2\\0\\0\end{pmatrix}, \begin{pmatrix}0\\4\\1\\0\end{pmatrix}, \begin{pmatrix}0\\-3\\0\\1\end{pmatrix}.$$

因此，可取矩阵 $\boldsymbol{A}$ 的行向量分别为

$$\boldsymbol{\alpha}_1^{\mathrm{T}}=(1, -2, 0, 0),\ \boldsymbol{\alpha}_2^{\mathrm{T}}=(0, 4, 1, 0),\ \boldsymbol{\alpha}_3^{\mathrm{T}}=(0, -3, 0, 1),$$

则

$$A=\begin{pmatrix}1 & -2 & 0 & 0\\0 & 4 & 1 & 0\\0 & -3 & 0 & 1\end{pmatrix}.$$

设常向量 $\boldsymbol{b}=(b_1, b_2, b_3)^{\mathrm T}$，则方程组 $\boldsymbol{Ax}=\boldsymbol{b}$ 可表示为

$$\begin{cases}x_1-2x_2=b_1\\4x_2+x_3=b_2\\-3x_2+x_4=b_3\end{cases},$$

而 $(1, 2, -3, 4)^{\mathrm T}$ 是方程组 $\boldsymbol{Ax}=\boldsymbol{b}$ 的解，则有 $b_1=-3$，$b_2=5$，$b_3=-2$，因此所求齐次线性方程组为

$$\begin{cases}x_1-2x_2=-3\\4x_2+x_3=5\\-3x_2+x_4=-2\end{cases}.$$

小结： 本题根据通解的结构反求线性方程组，主要利用了解向量和基础解系的定义及矩阵与向量组之间的转换.

例 5　已知四阶方阵 $\boldsymbol{A}$，而 $\boldsymbol{\alpha}_1$，$\boldsymbol{\alpha}_2$，$\boldsymbol{\alpha}_3$，$\boldsymbol{\alpha}_4$ 是 $\boldsymbol{A}$ 的列向量，其中 $\boldsymbol{\alpha}_2$，$\boldsymbol{\alpha}_3$，$\boldsymbol{\alpha}_4$ 线性无关，$\boldsymbol{\alpha}_1=2\boldsymbol{\alpha}_2-\boldsymbol{\alpha}_3$，如果 $\boldsymbol{\beta}=\boldsymbol{\alpha}_1+\boldsymbol{\alpha}_2+\boldsymbol{\alpha}_3+\boldsymbol{\alpha}_4$，求线性方程组 $\boldsymbol{Ax}=\boldsymbol{\beta}$ 的通解.

解　方法一　令 $\boldsymbol{x}=(x_1, x_2, x_3, x_4)^{\mathrm T}$，由 $\boldsymbol{Ax}=\boldsymbol{\beta}$ 可得

$$x_1\boldsymbol{\alpha}_1+x_2\boldsymbol{\alpha}_2+x_3\boldsymbol{\alpha}_3+x_4\boldsymbol{\alpha}_4=\boldsymbol{\alpha}_1+\boldsymbol{\alpha}_2+\boldsymbol{\alpha}_3+\boldsymbol{\alpha}_4,$$

又因为 $\boldsymbol{\alpha}_1=2\boldsymbol{\alpha}_2-\boldsymbol{\alpha}_3$，故

$$(2x_1+x_2-3)\boldsymbol{\alpha}_2+(-x_1+x_3)\boldsymbol{\alpha}_3+(x_4-1)\boldsymbol{\alpha}_4=\boldsymbol{0}.$$

由 $\boldsymbol{\alpha}_2$，$\boldsymbol{\alpha}_3$，$\boldsymbol{\alpha}_4$ 线性无关可得

$$\begin{cases}2x_1+x_2-3=0\\-x_1+x_3=0\\x_4-1=0\end{cases}\Rightarrow\begin{cases}2x_1+x_2=3\\-x_1+x_3=0\\x_4=1\end{cases},$$

因此通解为

$$\boldsymbol{x}=\begin{pmatrix}x_1\\x_2\\x_3\\x_4\end{pmatrix}=\begin{pmatrix}0\\3\\0\\1\end{pmatrix}+k\begin{pmatrix}1\\-2\\1\\0\end{pmatrix}，(k\text{ 为任意常数}).$$

方法二 由条件 $\boldsymbol{\alpha}_2, \boldsymbol{\alpha}_3, \boldsymbol{\alpha}_4$ 线性无关和 $\boldsymbol{\alpha}_1=2\boldsymbol{\alpha}_2-\boldsymbol{\alpha}_3$ 可知，$\mathbf{A}$ 的秩为 3，故 $\boldsymbol{Ax}=\mathbf{0}$ 的基础解系中只含一个非零解向量，且

$$\boldsymbol{\alpha}_1-2\boldsymbol{\alpha}_2+\boldsymbol{\alpha}_3+0\boldsymbol{\alpha}_4=\mathbf{0},$$

则 $(1, -2, 1, 0)^{\mathrm{T}}$ 是 $\boldsymbol{Ax}=\mathbf{0}$ 的非零解，可作为 $\boldsymbol{Ax}=\mathbf{0}$ 的基础解系，又因为

$$\boldsymbol{\beta}=\boldsymbol{\alpha}_1+\boldsymbol{\alpha}_2+\boldsymbol{\alpha}_3+\boldsymbol{\alpha}_4=(\boldsymbol{\alpha}_1, \boldsymbol{\alpha}_2, \boldsymbol{\alpha}_3, \boldsymbol{\alpha}_4)\cdot\begin{pmatrix}1\\1\\1\\1\end{pmatrix}=\mathbf{A}\cdot\begin{pmatrix}1\\1\\1\\1\end{pmatrix},$$

所以 $(1, 1, 1, 1)^{\mathrm{T}}$ 是 $\boldsymbol{Ax}=\boldsymbol{\beta}$ 的一个特解，故 $\boldsymbol{Ax}=\boldsymbol{\beta}$ 的通解为

$$\boldsymbol{x}=k\cdot\begin{pmatrix}1\\-2\\1\\0\end{pmatrix}+\begin{pmatrix}1\\1\\1\\1\end{pmatrix}\ (k\text{ 为任意常数}).$$

小结：本题中的方法一是根据非齐次线性方程组解的结构来求解；方法二主要利用了解向量的定义和基础解系的性质. 两种方法比较起来，方法二的计算量更小.

三、习题 3-6 解答

1. 求下列齐次线性方程组的基础解系：

(1) $\begin{cases}x_1-8x_2+10x_3+2x_4=0\\2x_1+4x_2+5x_3-x_4=0\\3x_1+8x_2+6x_3-2x_4=0\end{cases}$； (2) $\begin{cases}2x_1-3x_2-2x_3+x_4=0\\3x_1+5x_2+4x_3-2x_4=0\\8x_1+7x_2+6x_3-3x_4=0\end{cases}$；

(3) $nx_1+(n-1)x_2+\cdots+2x_{n-1}+x_n=0$.

解 (1) $\mathbf{A}=\begin{pmatrix}1&-8&10&2\\2&4&5&-1\\3&8&6&-2\end{pmatrix}\xrightarrow{\text{初等行变换}}\begin{pmatrix}1&0&4&0\\0&1&-\frac{3}{4}&-\frac{1}{4}\\0&0&0&0\end{pmatrix}$，

所以原方程组等价于 $\begin{cases}x_1=-4x_3\\x_2=\frac{3}{4}x_3+\frac{1}{4}x_4\end{cases}$. 取 $x_3=1$，$x_4=-3$，得 $x_1=-4$，$x_2=0$；取 $x_3=0$，$x_4=4$，得 $x_1=0$，$x_2=1$.

因此，基础解系为

$$\boldsymbol{\xi}_1=\begin{pmatrix}-4\\0\\1\\-3\end{pmatrix},\ \boldsymbol{\xi}_2=\begin{pmatrix}0\\1\\0\\4\end{pmatrix}.$$

(2) $\boldsymbol{A}=\begin{pmatrix}2&-3&-2&1\\3&5&4&-2\\8&7&6&-3\end{pmatrix}\xrightarrow{\text{初等行变换}}\begin{pmatrix}1&0&\frac{2}{19}&-\frac{1}{19}\\0&1&\frac{14}{19}&-\frac{7}{19}\\0&0&0&0\end{pmatrix}.$

所以原方程组等价于$\begin{cases}x_1=-\dfrac{2}{19}x_3+\dfrac{1}{19}x_4\\x_2=-\dfrac{14}{19}x_3+\dfrac{7}{19}x_4\end{cases}$. 取 $x_3=1$，$x_4=2$，得 $x_1=0$，$x_2=0$；取 $x_3=0$，$x_4=19$ 得 $x_1=1$，$x_2=7$.

因此，基础解系为

$$\boldsymbol{\xi}_1=\begin{pmatrix}0\\0\\1\\2\end{pmatrix},\ \boldsymbol{\xi}_2=\begin{pmatrix}1\\7\\0\\19\end{pmatrix}.$$

(3) 原方程组即为 $x_n=-nx_1-(n-1)x_2-\cdots-2x_{n-1}$.

取 $x_1=1$，$x_2=x_3=\cdots=x_{n-1}=0$，得 $x_n=-n$；

取 $x_2=1$，$x_1=x_3=x_4=\cdots=x_{n-1}=0$，得 $x_n=-(n-1)=-n+1$；

……

取 $x_{n-1}=1$，$x_1=x_2=\cdots=x_{n-2}=0$，得 $x_n=-2$；

所以基础解系为$(\boldsymbol{\xi}_1,\boldsymbol{\xi}_2,\cdots,\boldsymbol{\xi}_{n-1})=\begin{pmatrix}1&0&\cdots&0\\0&1&\cdots&0\\\vdots&\vdots&&\vdots\\0&0&\cdots&1\\-n&-n+1&\cdots&-2\end{pmatrix}.$

2. 设 $\boldsymbol{\alpha}_1$，$\boldsymbol{\alpha}_2$ 是某个齐次线性方程组的基础解系，证明：$\boldsymbol{\alpha}_1+\boldsymbol{\alpha}_2$，$2\boldsymbol{\alpha}_1-\boldsymbol{\alpha}_2$ 是该线性方程组的基础解系.

解题思路　根据基础解系的定义，需要验证三条.

证　令 $\boldsymbol{\beta}_1=\boldsymbol{\alpha}_1+\boldsymbol{\alpha}_2$，$\boldsymbol{\beta}_2=2\boldsymbol{\alpha}_1-\boldsymbol{\alpha}_2$，设 $k_1\boldsymbol{\beta}_1+k_2\boldsymbol{\beta}_2=\boldsymbol{0}$,则

$$(k_1+2k_2)\boldsymbol{\alpha}_1+(k_1-k_2)\boldsymbol{\alpha}_2=\boldsymbol{0}.$$

因 $\boldsymbol{\alpha}_1$，$\boldsymbol{\alpha}_2$ 是方程组的基础解系，故

$$\boldsymbol{\alpha}_1,\boldsymbol{\alpha}_2 \text{ 线性无关} \Rightarrow \begin{cases} k_1+2k_2=0 \\ k_1-k_2=0 \end{cases} \Rightarrow k_1=k_2=0.$$

于是知 $\boldsymbol{\beta}_1$，$\boldsymbol{\beta}_2$ 线性无关，又因为 $\boldsymbol{\beta}_1$，$\boldsymbol{\beta}_2$ 是 $\boldsymbol{\alpha}_1$，$\boldsymbol{\alpha}_2$ 的线性组合，故 $\boldsymbol{\beta}_1$，$\boldsymbol{\beta}_2$ 是齐次线性方程组的解.

又因为向量组 $\boldsymbol{\beta}_1$，$\boldsymbol{\beta}_2$ 的个数等于基础解系所含向量的个数，所以 $\boldsymbol{\beta}_1$，$\boldsymbol{\beta}_2$ 构成齐次线性方程组的基础解系.

3. 设 $\boldsymbol{A}$ 是 n 阶方阵，$\boldsymbol{Ax}=\boldsymbol{0}$ 只有零解，求证：对任意的正整数 k，$\boldsymbol{A}^k\boldsymbol{x}=\boldsymbol{0}$ 也只有零解.

解　用反证法.

假定 $\boldsymbol{A}^k\boldsymbol{x}=\boldsymbol{0}$ 有非零解，即存在解向量 $\boldsymbol{\alpha}\neq\boldsymbol{0}$，使 $\boldsymbol{A}^k\boldsymbol{\alpha}=\boldsymbol{0}$，即 $\boldsymbol{A}(\boldsymbol{A}^{k-1}\boldsymbol{\alpha})=\boldsymbol{0}$.

由 $\boldsymbol{Ax}=\boldsymbol{0}$ 只有零解 $\Rightarrow \boldsymbol{A}^{k-1}\boldsymbol{\alpha}=\boldsymbol{0}$.

又因为 $\boldsymbol{A}^{k-1}\boldsymbol{\alpha}=\boldsymbol{A}(\boldsymbol{A}^{k-2}\boldsymbol{\alpha})=\boldsymbol{0}$，由 $\boldsymbol{Ax}=\boldsymbol{0}$ 只有零解 $\Rightarrow \boldsymbol{A}^{k-2}\boldsymbol{\alpha}=\boldsymbol{0}$，……

最后必有 $\boldsymbol{A\alpha}=\boldsymbol{0}$，而且 $\boldsymbol{\alpha}\neq\boldsymbol{0}$，这与 $\boldsymbol{Ax}=\boldsymbol{0}$ 只有零解矛盾. 因此，$\boldsymbol{A}^k\boldsymbol{x}=\boldsymbol{0}$ 不可能有非零解.

4. 设 $\boldsymbol{A}=\begin{pmatrix} 2 & -2 & 1 & 3 \\ 9 & -5 & 2 & 8 \end{pmatrix}$，求一个 4×2 矩阵 $\boldsymbol{B}$，使 $\boldsymbol{AB}=\boldsymbol{O}$，且 $\mathrm{r}(\boldsymbol{B})=2$.

解题思路　利用待定系数法求解.

解　由于 $\mathrm{r}(\boldsymbol{B})=2$，所以可设 $\boldsymbol{B}=\begin{pmatrix} 1 & 0 \\ 0 & 1 \\ x_1 & x_2 \\ x_3 & x_4 \end{pmatrix}$，则由

$$\boldsymbol{AB}=\begin{pmatrix} 2 & -2 & 1 & 3 \\ 9 & -5 & 2 & 8 \end{pmatrix}\begin{pmatrix} 1 & 0 \\ 0 & 1 \\ x_1 & x_2 \\ x_3 & x_4 \end{pmatrix}=\begin{pmatrix} 0 & 0 \\ 0 & 0 \end{pmatrix},$$

可得

$$\begin{pmatrix} 1 & 0 & 3 & 0 \\ 0 & 1 & 0 & 3 \\ 2 & 0 & 8 & 0 \\ 0 & 2 & 0 & 8 \end{pmatrix}\begin{pmatrix} x_1 \\ x_2 \\ x_3 \\ x_4 \end{pmatrix}=\begin{pmatrix} -2 \\ 2 \\ -9 \\ 5 \end{pmatrix} \Rightarrow \begin{pmatrix} x_1 \\ x_2 \\ x_3 \\ x_4 \end{pmatrix}=\begin{pmatrix} \frac{11}{2} \\ \frac{1}{2} \\ -\frac{5}{2} \\ \frac{1}{2} \end{pmatrix},$$

故所求矩阵 $\boldsymbol{B}=\begin{pmatrix} 1 & 0 \\ 0 & 1 \\ \frac{11}{2} & \frac{1}{2} \\ -\frac{5}{2} & \frac{1}{2} \end{pmatrix}$.

5. 求一个齐次线性方程组，使它的基础解系由下列向量组成.

(1) $\boldsymbol{\xi}_1=(0, 1, 2, 3)^{\mathrm{T}}$, $\boldsymbol{\xi}_2=(3, 2, 1, 0)^{\mathrm{T}}$；

(2) $\boldsymbol{\xi}_1=\begin{pmatrix} 1 \\ -2 \\ 0 \\ 3 \\ -1 \end{pmatrix}$, $\boldsymbol{\xi}_2=\begin{pmatrix} 2 \\ -3 \\ 2 \\ 5 \\ -3 \end{pmatrix}$, $\boldsymbol{\xi}_3=\begin{pmatrix} 1 \\ -2 \\ 1 \\ 2 \\ -2 \end{pmatrix}$.

解　(1) 显然，原方程组的通解为

$$\begin{pmatrix} x_1 \\ x_2 \\ x_3 \\ x_4 \end{pmatrix}=k_1\begin{pmatrix} 0 \\ 1 \\ 2 \\ 3 \end{pmatrix}+k_2\begin{pmatrix} 3 \\ 2 \\ 1 \\ 0 \end{pmatrix}(k_1, k_2\in\mathbf{R}),$$

即$\begin{cases} x_1=3k_2 \\ x_2=k_1+2k_2 \\ x_3=2k_1+k_2 \\ x_4=3k_1 \end{cases}$，消去 k_1，k_2 即得所求方程组：

$$\begin{cases} 2x_1-3x_2+x_4=0 \\ x_1-3x_3+2x_4=0 \end{cases}.$$

(2) 因为基础解系含有三个向量，每个向量有五个分量，所以方程组有 5 个未知数，有 5－3＝2 个方程，设所求方程组为

$$\begin{cases} a_{11}x_1+a_{12}x_2+a_{13}x_3+a_{14}x_4+a_{15}x_5=0 \\ a_{21}x_1+a_{22}x_2+a_{23}x_3+a_{24}x_4+a_{25}x_5=0 \end{cases},$$

将$\begin{pmatrix} x_1 \\ x_2 \\ x_3 \\ x_4 \\ x_5 \end{pmatrix}=\begin{pmatrix} 1 \\ -2 \\ 0 \\ 3 \\ -1 \end{pmatrix}, \begin{pmatrix} 2 \\ -3 \\ 2 \\ 5 \\ -3 \end{pmatrix}, \begin{pmatrix} 1 \\ -2 \\ 1 \\ 2 \\ -2 \end{pmatrix}$分别代入，易得所求方程组为

$$\begin{cases}5x_1+x_2-x_3-x_4=0\\x_1+x_2-x_3-x_5=0\end{cases}.$$

6. 求下列非齐次线性方程组的一个解及对应的齐次线性方程组的基础解系：

(1) $\begin{cases}x_1+x_2=5\\2x_1+x_2+x_3+2x_4=1\\5x_1+3x_2+2x_3+2x_4=3\end{cases}$；　(2) $\begin{cases}x_1-5x_2+2x_3-3x_4=11\\5x_1+3x_2+6x_3-x_4=-1\\2x_1+4x_2+2x_3+x_4=-6\end{cases}$.

解　(1) $\boldsymbol{B}=\begin{pmatrix}1&1&0&0&5\\2&1&1&2&1\\5&3&2&2&3\end{pmatrix}\xrightarrow{\text{初等行变换}}\begin{pmatrix}1&0&1&0&-8\\0&1&-1&0&13\\0&0&0&1&2\end{pmatrix}$，所以

$$\boldsymbol{\eta}=\begin{pmatrix}-8\\13\\0\\2\end{pmatrix},\ \boldsymbol{\xi}=\begin{pmatrix}-1\\1\\1\\0\end{pmatrix}.$$

(2) $\boldsymbol{B}=\begin{pmatrix}1&-5&2&-3&11\\5&3&6&-1&-1\\2&4&2&1&-6\end{pmatrix}\xrightarrow{\text{初等行变换}}\begin{pmatrix}1&0&\frac{9}{7}&-\frac{1}{2}&1\\0&1&-\frac{1}{7}&\frac{1}{2}&-2\\0&0&0&0&0\end{pmatrix}$，

所以

$$\boldsymbol{\eta}=\begin{pmatrix}1\\-2\\0\\0\end{pmatrix},\ \boldsymbol{\xi}_1=\begin{pmatrix}-9\\1\\7\\0\end{pmatrix},\ \boldsymbol{\xi}_2=\begin{pmatrix}1\\-1\\0\\2\end{pmatrix}.$$

7. 设四元非齐次线性方程组的系数矩阵的秩为3，已知 $\boldsymbol{\eta}_1$，$\boldsymbol{\eta}_2$，$\boldsymbol{\eta}_3$ 是它的3个解向量，且

$$\boldsymbol{\eta}_1=\begin{pmatrix}2\\3\\4\\5\end{pmatrix},\ \boldsymbol{\eta}_2+\boldsymbol{\eta}_3=\begin{pmatrix}1\\2\\3\\4\end{pmatrix},$$

求该方程组的通解.

解题思路　利用非齐次线性方程组解的性质，求出对应的齐次线性方程组的只含一个非零向量的基础解系即可.

解　由于矩阵的秩为 3，$n-r=4-3=1$，因而其对应的齐次线性方程组的基础解系含有一个向量，且由于 $\boldsymbol{\eta}_1$，$\boldsymbol{\eta}_2$，$\boldsymbol{\eta}_3$ 均为方程组的解. 由非齐次线性方程组解的结构性质可知

$$2\boldsymbol{\eta}_1-(\boldsymbol{\eta}_2+\boldsymbol{\eta}_3)=(\underbrace{\boldsymbol{\eta}_1-\boldsymbol{\eta}_2}_{\text{齐次解}})+(\underbrace{\boldsymbol{\eta}_1-\boldsymbol{\eta}_3}_{\text{齐次解}})=\begin{pmatrix}3\\4\\5\\6\end{pmatrix}$$

为其基础解系向量，故此方程组的通解为

$$\boldsymbol{x}=k\begin{pmatrix}3\\4\\5\\6\end{pmatrix}+\begin{pmatrix}2\\3\\4\\5\end{pmatrix}\ (k\in\mathbf{R}).$$

8. 设四元非齐次线性方程组 $\boldsymbol{Ax}=\boldsymbol{b}$ 的系数矩阵 $\boldsymbol{A}$ 的秩为 2，已知它的 3 个解向量为 $\boldsymbol{\eta}_1$，$\boldsymbol{\eta}_2$，$\boldsymbol{\eta}_3$，其中

$$\boldsymbol{\eta}_1=\begin{pmatrix}4\\3\\2\\1\end{pmatrix},\ \boldsymbol{\eta}_2=\begin{pmatrix}1\\3\\5\\1\end{pmatrix},\ \boldsymbol{\eta}_3=\begin{pmatrix}-2\\6\\3\\2\end{pmatrix},$$

求该方程的通解.

解题思路　利用非齐次线性方程组解的性质，求出对应的齐次线性方程组的只含两个线性无关向量的基础解系即可.

解　因为四元非齐次线性方程组 $\boldsymbol{Ax}=\boldsymbol{b}$ 的系数矩阵 $\boldsymbol{A}$ 的秩为 2，所以对应导出组（齐次线性方程组）的基础解系包含有两个线性无关的解向量，且由解的性质知，$\boldsymbol{\eta}_3-\boldsymbol{\eta}_1$ 和 $\boldsymbol{\eta}_2-\boldsymbol{\eta}_1$ 都是其导出组的非零解向量，所以可取其为基础解系，$\boldsymbol{\eta}_1$ 是非齐次线性方程组的特解，所以通解为

$$\boldsymbol{x}=\boldsymbol{\eta}_1+c_1(\boldsymbol{\eta}_3-\boldsymbol{\eta}_1)+c_2(\boldsymbol{\eta}_2-\boldsymbol{\eta}_1).$$

9. 设 $\boldsymbol{\alpha}=\begin{pmatrix}a_1\\a_2\\a_3\end{pmatrix}$，$\boldsymbol{\beta}=\begin{pmatrix}b_1\\b_2\\b_3\end{pmatrix}$，$\boldsymbol{\gamma}=\begin{pmatrix}c_1\\c_2\\c_3\end{pmatrix}$，$a_i^2+b_i^2\neq 0$，$i=1,2,3$，证明三直线

$$\begin{cases}l_1: a_1x+b_1y+c_1=0\\ l_2: a_2x+b_2y+c_2=0\\ l_3: a_3x+b_3y+c_3=0\end{cases}$$

相交于一点的充分必要条件为向量组$\boldsymbol{\alpha}$，$\boldsymbol{\beta}$，$\boldsymbol{\gamma}$线性相关而向量组$\boldsymbol{\alpha}$，$\boldsymbol{\beta}$线性无关.

证明思路 非齐次线性方程组有唯一解的充要条件是系数矩阵的秩和增广矩阵的秩相等，并且都是满秩的.

证 记 3×2 矩阵 $\boldsymbol{A}=(\boldsymbol{\alpha},\ \boldsymbol{\beta})$，则三直线 l_1，l_2，l_3 相交于一点

$\Leftrightarrow$非齐次方程 $\boldsymbol{A}\begin{pmatrix}x\\y\end{pmatrix}=-\boldsymbol{\gamma}$ 有唯一解

$\Leftrightarrow \mathrm{r}(\boldsymbol{A})=\mathrm{r}(\boldsymbol{A},\ -\boldsymbol{\gamma})=2$

$\Leftrightarrow \mathrm{r}(\boldsymbol{A})=\mathrm{r}(\boldsymbol{A},\ \boldsymbol{\gamma})=2$(因 $\mathrm{r}(\boldsymbol{A},\ -\boldsymbol{\gamma})=\mathrm{r}(\boldsymbol{A},\ \boldsymbol{\gamma})$).

因此，向量组$\boldsymbol{\alpha}$，$\boldsymbol{\beta}$，$\boldsymbol{\gamma}$线性相关而向量组$\boldsymbol{\alpha}$，$\boldsymbol{\beta}$线性无关.

10. 设矩阵 $\boldsymbol{A}=(\boldsymbol{\alpha}_1,\ \boldsymbol{\alpha}_2,\ \boldsymbol{\alpha}_3,\ \boldsymbol{\alpha}_4)$，其中 $\boldsymbol{\alpha}_2$，$\boldsymbol{\alpha}_3$，$\boldsymbol{\alpha}_4$ 线性无关，$\boldsymbol{\alpha}_1=2\boldsymbol{\alpha}_2-\boldsymbol{\alpha}_3$，向量 $\boldsymbol{\beta}=\boldsymbol{\alpha}_1+\boldsymbol{\alpha}_2+\boldsymbol{\alpha}_3+\boldsymbol{\alpha}_4$，求方程 $\boldsymbol{Ax}=\boldsymbol{\beta}$ 的通解.

解题思路 先确定基础解系的个数，然后根据 $\boldsymbol{\alpha}_1=2\boldsymbol{\alpha}_2-\boldsymbol{\alpha}_3$ 可以确定齐次线性方程组的基础解系，进而可以求已知方程的通解：先确定方程 $\boldsymbol{Ax}=\boldsymbol{\beta}$ 的表达式，然后求通解.

解 方法一 显然，这是一个四元方程. 先决定系数矩阵 $\boldsymbol{A}$ 的秩.

因 $\boldsymbol{\alpha}_2$，$\boldsymbol{\alpha}_3$，$\boldsymbol{\alpha}_4$ 线性无关，故 $\mathrm{r}(\boldsymbol{A})\geqslant 3$；

又因 $\boldsymbol{\alpha}_1$ 能由 $\boldsymbol{\alpha}_2$，$\boldsymbol{\alpha}_3$ 线性表示$\Rightarrow\boldsymbol{\alpha}_1$，$\boldsymbol{\alpha}_2$，$\boldsymbol{\alpha}_3$ 线性相关

$\Rightarrow\boldsymbol{\alpha}_1$，$\boldsymbol{\alpha}_2$，$\boldsymbol{\alpha}_3$，$\boldsymbol{\alpha}_4$ 线性相关（部分相关则整体相关）

$\Rightarrow\mathrm{r}(\boldsymbol{A})\leqslant 3$.

综合上面两个不等式，有 $\mathrm{r}(\boldsymbol{A})=3$，从而原方程的基础解系所含向量个数为 $4-3=1$.

进一步，有

$$\begin{aligned}\boldsymbol{\alpha}_1=2\boldsymbol{\alpha}_2-\boldsymbol{\alpha}_3 &\Leftrightarrow\boldsymbol{\alpha}_1-2\boldsymbol{\alpha}_2+\boldsymbol{\alpha}_3=\boldsymbol{0}\\ &\Leftrightarrow\boldsymbol{x}=(1,\ -2,\ 1,\ 0)^{\mathrm{T}}\text{ 是导出组 }\boldsymbol{Ax}=\boldsymbol{0}\text{ 的解}\\ &\Leftrightarrow\boldsymbol{x}=(1,\ -2,\ 1,\ 0)^{\mathrm{T}}\text{ 是导出组的基础解系,}\end{aligned}$$

又因为

$$\begin{aligned}&\boldsymbol{\beta}=\boldsymbol{\alpha}_1+\boldsymbol{\alpha}_2+\boldsymbol{\alpha}_3+\boldsymbol{\alpha}_4\\ &\Leftrightarrow\boldsymbol{x}=(1,\ 1,\ 1,\ 1)^{\mathrm{T}}\text{ 是方程 }\boldsymbol{Ax}=\boldsymbol{\beta}\text{ 的解,}\end{aligned}$$

于是由非齐次线性方程解的结构定理，原方程的通解为

$$\boldsymbol{x}=c\begin{pmatrix}1\\-2\\1\\0\end{pmatrix}+\begin{pmatrix}1\\1\\1\\1\end{pmatrix},\ c\in\mathbf{R}.$$

方法二　由题设条件，有等式

$$\boldsymbol{\alpha}_1+\boldsymbol{\alpha}_2+\boldsymbol{\alpha}_3+\boldsymbol{\alpha}_4=\boldsymbol{\beta}=\mathbf{A}\boldsymbol{x}=(\boldsymbol{\alpha}_1,\boldsymbol{\alpha}_2,\boldsymbol{\alpha}_3,\boldsymbol{\alpha}_4)\begin{pmatrix}x_1\\x_2\\x_3\\x_4\end{pmatrix}$$

$$=x_1\boldsymbol{\alpha}_1+x_2\boldsymbol{\alpha}_2+x_3\boldsymbol{\alpha}_3+x_4\boldsymbol{\alpha}_4.$$

将 $\boldsymbol{\alpha}_1=2\boldsymbol{\alpha}_2-\boldsymbol{\alpha}_3$ 代入上式左、右两端，整理后得到

$$(2x_1+x_2-3)\boldsymbol{\alpha}_2+(-x_1+x_3)\boldsymbol{\alpha}_3+(x_4-1)\boldsymbol{\alpha}_4=\mathbf{0}.$$

因向量组 $\boldsymbol{\alpha}_2$，$\boldsymbol{\alpha}_3$，$\boldsymbol{\alpha}_4$ 线性无关，所以 $\boldsymbol{x}$ 的分量应满足

$$\begin{cases}2x_1+x_2-3=0\\-x_1+x_3=0\\x_4-1=0\end{cases}.$$

上式是关于变元 $x_i(1\leqslant i\leqslant 4)$ 的非齐次线性方程组，对其增广矩阵进行初等行变换：

$$\begin{pmatrix}2&1&0&0&3\\-1&0&1&0&0\\0&0&0&1&1\end{pmatrix}\xrightarrow{r_2\Leftrightarrow r_1}\begin{pmatrix}1&0&-1&0&0\\2&1&0&0&3\\0&0&0&1&1\end{pmatrix}$$

$$\xrightarrow{r_2-2r_1}\begin{pmatrix}1&0&-1&0&0\\0&1&2&0&3\\0&0&0&1&1\end{pmatrix}.$$

选 x_3 为自由变量，得通解为

$$\boldsymbol{x}=\begin{pmatrix}x_1\\x_2\\x_3\\x_4\end{pmatrix}=k\begin{pmatrix}1\\-2\\1\\0\end{pmatrix}+\begin{pmatrix}0\\3\\0\\1\end{pmatrix},\ k\in\mathbf{R}.$$

11. 设矩阵 $\mathbf{A}=\begin{pmatrix}1&2&1&2\\0&1&t&t\\1&t&0&1\end{pmatrix}$，齐次线性方程组 $\mathbf{A}\boldsymbol{x}=\mathbf{0}$ 的基础解系含有 2 个线性无关的解向量，试求方程组 $\mathbf{A}\boldsymbol{x}=\mathbf{0}$ 的全部解.

解题思路　利用基础解系含有 2 个线性无关的解向量确定 t 的值，再按照常规的思路求解方程组 $\mathbf{A}\boldsymbol{x}=\mathbf{0}$.

解 作初等行变换，得 $\boldsymbol{A}\Rightarrow\begin{pmatrix}1&0&1-2t&2-2t\\0&1&t&t\\0&0&(t-1)^2&(t-1)^2\end{pmatrix}$.

由于齐次线性方程组 $\boldsymbol{Ax}=\boldsymbol{0}$ 的基础解系含有 2 个线性无关的解向量，即

$$n-\mathrm{r}(\boldsymbol{A})=4-\mathrm{r}(\boldsymbol{A})=2,$$

从而知道 $\mathrm{r}(\boldsymbol{A})=2$，因此 $t=1$. 方程组 $\boldsymbol{Ax}=\boldsymbol{0}$ 的全部解为

$$\begin{pmatrix}x_1\\x_2\\x_3\\x_4\end{pmatrix}=c_1\begin{pmatrix}1\\-1\\1\\0\end{pmatrix}+c_2\begin{pmatrix}0\\-1\\0\\1\end{pmatrix}\quad(c_1, c_2\in\mathbf{R}).$$

12. 设 $\boldsymbol{\eta}^*$ 是非齐次线性方程组 $\boldsymbol{Ax}=\boldsymbol{b}$ 的一个解，$\boldsymbol{\xi}_1, \cdots, \boldsymbol{\xi}_{n-r}$ 是对应的齐次线性方程组的一个基础解系，证明：

(1) $\boldsymbol{\eta}^*, \boldsymbol{\xi}_1, \cdots, \boldsymbol{\xi}_{n-r}$ 线性无关；

(2) $\boldsymbol{\eta}^*, \boldsymbol{\eta}^*+\boldsymbol{\xi}_1, \cdots, \boldsymbol{\eta}^*+\boldsymbol{\xi}_{n-r}$ 线性相关.

证 (1) 反证法　假设 $\boldsymbol{\eta}^*, \boldsymbol{\xi}_1, \cdots, \boldsymbol{\xi}_{n-r}$ 线性相关，则存在不全为 0 的数 C_0, $C_1, \cdots, C_{n-r}$ 使得下式成立：

$$C_0\boldsymbol{\eta}^*+C_1\boldsymbol{\xi}_1+\cdots+C_{n-r}\boldsymbol{\xi}_{n-r}=\boldsymbol{0},\tag{$*$}$$

其中 $C_0\neq0$，否则 $\boldsymbol{\xi}_1, \cdots, \boldsymbol{\xi}_{n-r}$ 线性相关，这与基础解系是线性无关的产生矛盾. 由于 $\boldsymbol{\eta}^*$ 为特解，$\boldsymbol{\xi}_1, \cdots, \boldsymbol{\xi}_{n-r}$ 为基础解系，故得

$$\boldsymbol{A}(C_0\boldsymbol{\eta}^*+C_1\boldsymbol{\xi}_1+\cdots+C_{n-r}\boldsymbol{\xi}_{n-r})=C_0\boldsymbol{A\eta}^*=C_0\boldsymbol{b},$$

而由式($*$)可得

$$\boldsymbol{A}(C_0\boldsymbol{\eta}^*+C_1\boldsymbol{\xi}_1+\cdots+C_{n-r}\boldsymbol{\xi}_{n-r})=\boldsymbol{0},$$

故 $\boldsymbol{b}=\boldsymbol{0}$，而题中，该方程组为非齐次线性方程组，得 $\boldsymbol{b}\neq\boldsymbol{0}$，两者矛盾，因此假设不成立，故 $\boldsymbol{\eta}^*, \boldsymbol{\xi}_1, \boldsymbol{\xi}_2, \cdots, \boldsymbol{\xi}_{n-r}$ 线性无关.

(2) 反证法　假设 $\boldsymbol{\eta}^*, \boldsymbol{\eta}^*+\boldsymbol{\xi}_1, \cdots, \boldsymbol{\eta}^*+\boldsymbol{\xi}_{n-r}$ 线性相关. 则存在不全为零的数 $C_0, C_1, \cdots, C_{n-r}$ 使得下式成立：

$$C_0\boldsymbol{\eta}^*+C_1(\boldsymbol{\eta}^*+\boldsymbol{\xi}_1)+\cdots+C_{n-r}(\boldsymbol{\eta}^*+\boldsymbol{\xi}_{n-r})=\boldsymbol{0},\tag{1}$$

即

$$(C_0+C_1+\cdots+C_{n-r})\boldsymbol{\eta}^*+C_1\boldsymbol{\xi}_1+\cdots+C_{n-r}\boldsymbol{\xi}_{n-r}=\boldsymbol{0}.$$

由式(1)知 $C_0+C_1+\cdots+C_{n-r}=0$，$C_1=C_2=\cdots=C_{n-r}=0$，从而 $C_0=0$，

这与 C_0，C_1，…，C_{n-r}不全为 0 矛盾，故 $\boldsymbol{\eta}^*$，$\boldsymbol{\eta}^*+\boldsymbol{\xi}_1$，…，$\boldsymbol{\eta}^*+\boldsymbol{\xi}_{n-r}$线性无关.

13. 设 $\boldsymbol{\eta}_1$，…，$\boldsymbol{\eta}_s$ 是非齐次线性方程组 $\boldsymbol{Ax}=\boldsymbol{b}$ 的 s 个解，k_1，…，k_s 为实数，满足

$$k_1+k_2+\cdots+k_s=1,$$

证明 $\boldsymbol{x}=k_1\boldsymbol{\eta}_1+k_2\boldsymbol{\eta}_2+\cdots+k_s\boldsymbol{\eta}_s$ 也是它的解.

证明思路　利用线性方程组解的性质.

证　由于 $\boldsymbol{\eta}_1$，…，$\boldsymbol{\eta}_s$ 是非齐次线性方程组 $\boldsymbol{Ax}=\boldsymbol{b}$ 的 s 个解，故有

$$\boldsymbol{A\eta}_i=\boldsymbol{b}\ (i=1,\ \cdots,\ s),$$

而

$$\begin{aligned}\boldsymbol{A}(k_1\boldsymbol{\eta}_1+k_2\boldsymbol{\eta}_2+\cdots+k_s\boldsymbol{\eta}_s)&=k_1\boldsymbol{A\eta}_1+k_2\boldsymbol{A\eta}_2+\cdots+k_s\boldsymbol{A\eta}_s\\&=\boldsymbol{b}(k_1+\cdots+k_s)=\boldsymbol{b},\end{aligned}$$

即

$$\boldsymbol{Ax}=\boldsymbol{b}(\boldsymbol{x}=k_1\boldsymbol{\eta}_1+k_2\boldsymbol{\eta}_2+\cdots+k_s\boldsymbol{\eta}_s),$$

因此 $\boldsymbol{x}$ 也是方程的解.

14. 设非齐次线性方程组 $\boldsymbol{Ax}=\boldsymbol{b}$ 的系数矩阵的秩为 r，$\boldsymbol{\eta}_1$，…，$\boldsymbol{\eta}_{n-r+1}$是它的 $n-r+1$ 个线性无关的解，试证它的任一解可表示为

$$\boldsymbol{x}=k_1\boldsymbol{\eta}_1+k_2\boldsymbol{\eta}_2+\cdots+k_{n-r+1}\boldsymbol{\eta}_{n-r+1},$$

其中 k_1，…，k_{n-r+1}为实数且 $k_1+\cdots+k_{n-r+1}=1$.

证明思路　利用线性方程组解的性质，通过 $\boldsymbol{\eta}_1$，…，$\boldsymbol{\eta}_{n-r+1}$之间的一个变换，确定已知非齐次线性方程组所对应的齐次线性方程组的基础解系，因而 $\boldsymbol{x}-\boldsymbol{\eta}_1$ 能由基础解系线性表示，进而 $\boldsymbol{x}$ 可表示为要证的结果.

证　设 $\boldsymbol{x}$ 为 $\boldsymbol{Ax}=\boldsymbol{b}$ 的任一解. 由题设知 $\boldsymbol{\eta}_1$，$\boldsymbol{\eta}_2$，…，$\boldsymbol{\eta}_{n-r+1}$线性无关，且均为 $\boldsymbol{Ax}=\boldsymbol{b}$ 的解. 取

$$\boldsymbol{\xi}_1=\boldsymbol{\eta}_2-\boldsymbol{\eta}_1,\ \boldsymbol{\xi}_2=\boldsymbol{\eta}_3-\boldsymbol{\eta}_1,\ \cdots,\ \boldsymbol{\xi}_{n-r}=\boldsymbol{\eta}_{n-r+1}-\boldsymbol{\eta}_1,$$

则它们均为 $\boldsymbol{Ax}=\boldsymbol{0}$ 的解.

用反证法证 $\boldsymbol{\xi}_1$，$\boldsymbol{\xi}_2$，…，$\boldsymbol{\xi}_{n-r}$线性无关.

设它们线性相关，则存在不全为零的数 l_1，l_2，…，l_{n-r}，使得

$$l_1\boldsymbol{\xi}_1+l_2\boldsymbol{\xi}_2+\cdots+l_{n-r}\boldsymbol{\xi}_{n-r}=\boldsymbol{0},$$

即

$$l_1(\boldsymbol{\eta}_2-\boldsymbol{\eta}_1)+l_2(\boldsymbol{\eta}_3-\boldsymbol{\eta}_1)+\cdots+l_{n-r}(\boldsymbol{\eta}_{n-r+1}-\boldsymbol{\eta}_1)=\boldsymbol{0},$$

亦即

$$-(l_1+l_2+\cdots+l_{n-r})\boldsymbol{\eta}_1+l_1\boldsymbol{\eta}_2+l_2\boldsymbol{\eta}_3+\cdots+l_{n-r}\boldsymbol{\eta}_{n-r+1}=\mathbf{0}.$$

由 $\boldsymbol{\eta}_1$，$\boldsymbol{\eta}_2$，…，$\boldsymbol{\eta}_{n-r+1}$线性无关知

$$-(l_1+l_2+\cdots+l_{n-r})=l_1=l_2=\cdots=l_{n-r}=0,$$

这与假设矛盾，故假设不对. 所以$\boldsymbol{\xi}_1$，$\boldsymbol{\xi}_2$，…，$\boldsymbol{\xi}_{n-r}$线性无关，且为$\boldsymbol{Ax}=\mathbf{0}$的一组基础解系.

由于 $\boldsymbol{x}$，$\boldsymbol{\eta}_1$ 均为 $\boldsymbol{Ax}=\boldsymbol{b}$ 的解，所以 $\boldsymbol{x}-\boldsymbol{\eta}_1$ 为 $\boldsymbol{Ax}=\mathbf{0}$ 解，因此 $\boldsymbol{x}-\boldsymbol{\eta}_1$ 可由 $\boldsymbol{\xi}_1$，$\boldsymbol{\xi}_2$，…，$\boldsymbol{\xi}_{n-r}$线性表示.

$$\begin{aligned}\boldsymbol{x}-\boldsymbol{\eta}_1&=k_2\boldsymbol{\xi}_1+k_3\boldsymbol{\xi}_2+\cdots+k_{n-r+1}\boldsymbol{\xi}_{n-r}\\&=k_2(\boldsymbol{\eta}_2-\boldsymbol{\eta}_1)+k_3(\boldsymbol{\eta}_3-\boldsymbol{\eta}_1)+\cdots+k_{n-r+1}(\boldsymbol{\eta}_{n-r+1}-\boldsymbol{\eta}_1),\end{aligned}$$

$$\begin{aligned}\boldsymbol{x}=\boldsymbol{\eta}_1&(1-k_2-k_3-\cdots-k_{n-r+1})\\&+k_2\boldsymbol{\eta}_2+k_3\boldsymbol{\eta}_3+\cdots+k_{n-r+1}\boldsymbol{\eta}_{n-r+1}=\mathbf{0}.\end{aligned}$$

令 $k_1=1-k_2-k_3-\cdots-k_{n-r+1}$，则

$$k_1+k_2+k_3+\cdots+k_{n-r+1}=1,$$

$$\boldsymbol{x}=k_1\boldsymbol{\eta}_1+k_2\boldsymbol{\eta}_2+\cdots+k_{n-r+1}\boldsymbol{\eta}_{n-r+1},$$

证毕.

§3.7　线性方程组的应用

一、主要知识归纳

主要知识归纳见表 3-7-1.

表 3-7-1

网络流模型	基本假设是网络中流入与流出的总量相等，并且每个联结点处的流入量和流出量也相等. 网络中流入与流出总量的相等关系形成一个线性方程，每个联结点流入和流出量的相等关系各形成一个线性方程，联立这些线性方程组就得到网络流模型的数学模型——线性方程组. 网络流模型广泛应用于交通、运输、通信、电力分配、城市规划、任务分派以及计算机辅助设计等众多领域.
人口迁移模型	若以差分方程 $\boldsymbol{x}_{n+1}=\boldsymbol{Ax}_n(n=0,1,2,\cdots)$ 为理论，以历史数据为基础而建立的人口迁移模型，经验证基本符合实际情况，我们就可以利用它来进一步预测未来一段时间内人口分布变化的情况，为下一步的决策提供科学依据. 此模型还可以广泛应用于生态学、经济学和工程学的许多领域.

电网模型	以基尔霍夫电压定律（沿某个方向环绕回路一周的所有电压降 IR 的代数和等于沿同一方向环绕该回路一周的电源电压的代数和）为基础建立的电网的数学模型——线性方程组，广泛用于确定电网中回路的电流.
配平化学方程式	基本依据是“化学反应中原有的原子不可能消失，也不可能产生新原子”. 配平化学方程式的一个系统方法，就是建立能描述反应过程中每种原子数目的数学模型——线性方程组. 并且在大多数场合下，化学家更倾向于使用尽可能小的整数（线性方程组的一组解）来配平方程式.

二、典型例题分析

例 1　给出如例 1 图所示的高速公路网络的流量模式，当流量为 x_4 的路面关闭（即 $x_4=0$）时，x_1 的最小值是多少？

解　根据网络流模型的基本假设，在节点 A、B、C、D 处，可分别得到如下方程

A：$x_1=40+x_3+x_4$

B：$200=x_1+x_2$

C：$x_2+x_3=100+x_5$

D：$x_4+x_5=60$

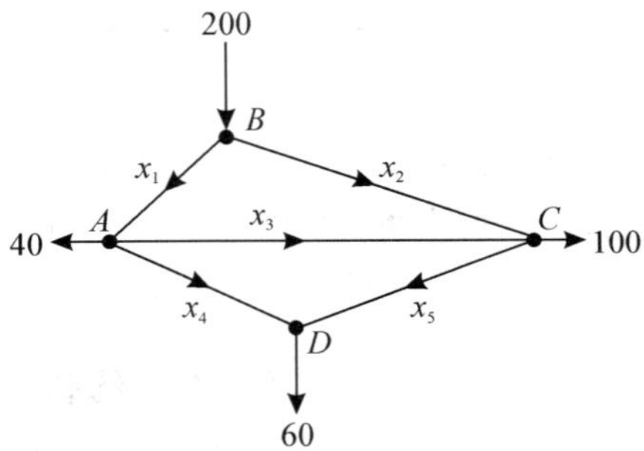

例 1 图

此外，该网络的总流入（200）等于网络的总流出（40＋100＋60），得到如下方程组：

$$\begin{cases} x_1-x_3-x_4=40 \\ x_1+x_2=200 \\ x_2+x_3-x_5=100 \\ x_4+x_5=60 \end{cases},$$

对增广矩阵施行初等行变换

$$\begin{pmatrix} 1 & 0 & -1 & -1 & 0 & 40 \\ 1 & 1 & 0 & 0 & 0 & 200 \\ 0 & 1 & 1 & 0 & -1 & 100 \\ 0 & 0 & 0 & 1 & 1 & 60 \end{pmatrix} \to \begin{pmatrix} 1 & 0 & -1 & -1 & 0 & 40 \\ 0 & 1 & 1 & 1 & 0 & 160 \\ 0 & 0 & 0 & -1 & -1 & -60 \\ 0 & 0 & 0 & 0 & 0 & 0 \end{pmatrix},$$

即得与原方程组同解的方程组

$$\begin{cases}x_1-x_3-x_4=40\\x_2+x_3+x_4=160\\x_4+x_5=60\end{cases},$$

又由条件可知 $x_4=0$，则 $\begin{cases}x_1-x_3=40\\x_2+x_3=160\\x_5=60\end{cases}$.

取 $x_3=c$（c 为任意非负常数），则网络流的流量模式可表示为

$$x_1=40+c,\ x_2=160-c,\ x_3=c,\ x_4=0,\ x_5=60.$$

由条件可知，显然所有流量都非负，则 $0\leqslant c\leqslant 160$，即 x_1 的最小值为 40.

小结：本题利用网络流的基本假设，主要考查线性方程组在网络模型中的应用.

例 2 给出如例 2 图所示的流量模式，假设流量模式必须沿着指定的方向，找出标记为 x_2，x_3，x_4，x_5 的分支中的最小流量.

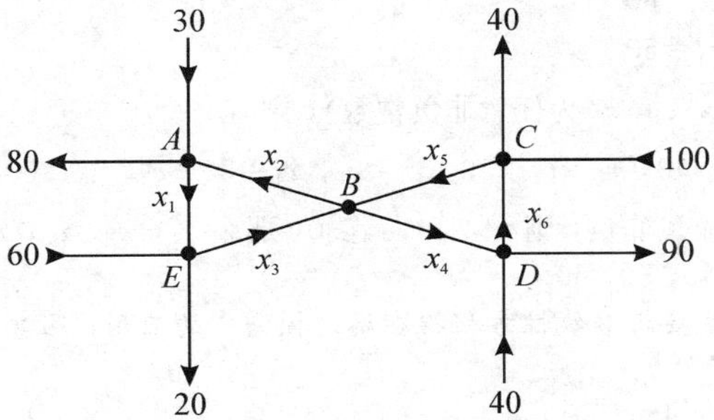

例 2 图

解 根据网络流模型的基本假设，在节点 A、B、C、D、E 处，可分别得到如下方程

A：$30+x_2=80+x_1$　　B：$x_3+x_5=x_2+x_4$　　C：$x_6+100=40+x_5$

D：$x_4+40=x_6+90$　　E：$x_1+60=20+x_3$

此外，该网络的总流入（$30+100+40+60=230$）等于网络的总流出（$80+40+90+20=230$），得到如下方程组：

$$\begin{cases}x_1-x_2=-50\\x_2-x_3+x_4-x_5=0\\x_5-x_6=60\\x_4-x_6=50\\x_1-x_3=-40\end{cases},$$

对增广矩阵施行初等行变换

$$\begin{pmatrix} 1 & -1 & 0 & 0 & 0 & 0 & -50 \\ 0 & 1 & -1 & 1 & -1 & 0 & 0 \\ 0 & 0 & 0 & 0 & 1 & -1 & 60 \\ 0 & 0 & 0 & 1 & 0 & -1 & 50 \\ 1 & 0 & -1 & 0 & 0 & 0 & -40 \end{pmatrix}$$

$$\to \begin{pmatrix} 1 & -1 & 0 & 0 & 0 & 0 & -50 \\ 0 & 1 & -1 & 1 & -1 & 0 & 0 \\ 0 & 0 & 0 & 0 & 1 & -1 & 60 \\ 0 & 0 & 0 & 1 & 0 & -1 & 50 \\ 0 & 0 & 0 & 0 & 0 & 0 & 0 \end{pmatrix},$$

即得与原方程组同解的方程组

$$\begin{cases} x_1 - x_2 = -50 \\ x_2 - x_3 + x_4 - x_5 = 0 \\ x_5 - x_6 = 60 \\ x_4 - x_6 = 50 \end{cases},$$

取 $x_3 = c_1$，$x_6 = c_2$（c_1，c_2 为任意非负常数），则有

$$x_1 = c_1 - 40,\ x_2 = c_1 + 10,\ x_3 = c_1,\ x_4 = 50 + c_2,\ x_5 = 60 + c_2,\ x_6 = c_2.$$

显然，所有流量非负，则 $c_1 \geqslant 40$，$c_2 \geqslant 0$，那么 x_2，x_3，x_4，x_5 的分支中最小流量分别为 50，40，50，60.

小结：本题主要考查线性方程组在网络模型中的应用，注意各个节点的流量为非负值.

例 3　在某一地区，每年大约有 3%的城市人口移居到周围的郊区，大约有 7%的郊区人口移居到城市中. 2000 年，城市中有500 000居民，郊区中有800 000居民. 试建立一个差分方程来描述这种情况，用 x_0 表示 2008 年的初始人口，然后估计三年之后（即 2011 年）城市和郊区的人口数量（忽略其他因素对人口规模的影响）.

解　由条件可知，迁移矩阵 $\boldsymbol{M}=\begin{pmatrix} 0.97 & 0.07 \\ 0.03 & 0.93 \end{pmatrix}$，初始变量 $\boldsymbol{x}_0=\begin{pmatrix} 500\ 000 \\ 800\ 000 \end{pmatrix}$，故

$$\boldsymbol{x}_{n+1} = \boldsymbol{M}\boldsymbol{x}_n\ (n=0,\ 1,\ 2,\ \cdots).$$

对 2009 年，有

$$\boldsymbol{x}_1 = \boldsymbol{M}\boldsymbol{x}_0 = \begin{pmatrix} 0.97 & 0.07 \\ 0.03 & 0.93 \end{pmatrix}\begin{pmatrix} 500\ 000 \\ 800\ 000 \end{pmatrix} = \begin{pmatrix} 541\ 000 \\ 759\ 000 \end{pmatrix}.$$

对 2010 年，有

$$x_2 = Mx_1 = \begin{pmatrix} 0.97 & 0.07 \\ 0.03 & 0.93 \end{pmatrix} \begin{pmatrix} 541\,000 \\ 759\,000 \end{pmatrix} = \begin{pmatrix} 577\,900 \\ 722\,100 \end{pmatrix}.$$

对 2011 年，有

$$x_3 = Mx_2 = \begin{pmatrix} 0.97 & 0.07 \\ 0.03 & 0.93 \end{pmatrix} \begin{pmatrix} 577\,900 \\ 722\,100 \end{pmatrix} = \begin{pmatrix} 611\,110 \\ 688\,890 \end{pmatrix},$$

即 2011 年人口分布情况是：城市人口为 611 110，郊区人口为 688 890.

小结：本题主要利用了人口迁移模型的原理.

例 4　写出例 4 图回路中的线性方程组.

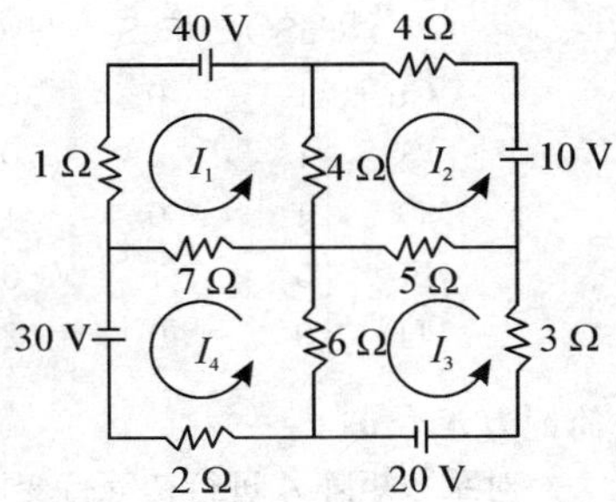

例 4 图

解　回路 1 中：电流经过三个电阻，电压降为

$$I_1 + 7I_1 + 4I_1 = 12I_1,$$

但回路 1 中电阻为 7Ω 和 4Ω 的两个分支也是回路 4 和回路 2 的一部分，且电流方向都与回路 1 中的相反，所以回路 1 中电压降的代数和为

$$12I_1 - 7I_2 - 4I_4,$$

当回路中所示电流方向为电池正极指向负极时电压为正，否则电压为负，所以回路 1 中的电压为正. 则回路 1 的方程为

$$12I_1 - 7I_2 - 4I_4 = 40.$$

同理可得回路 2，3，4 的方程分别为

$$15I_2 - 7I_1 - 6I_3 = 30,$$
$$14I_3 - 6I_2 - 5I_4 = 20,$$
$$13I_4 - 4I_1 - 5I_3 = -10.$$

电网中的回路电流满足下列线性方程组

$$\begin{cases} 12I_1 - 7I_2 - 4I_4 = 40 \\ -7I_1 + 15I_2 - 6I_3 = 30 \\ -6I_2 + 14I_3 - 5I_4 = 20 \\ -4I_1 - 5I_3 + 13I_4 = -10 \end{cases}.$$

小结：本题主要利用了电网模型的基本原理.

例 5　配平下列化学方程式

$$CuSO_4+FeS_2+H_2O \to Cu_2S+FeSO_4+H_2SO_4.$$

解　可令

$$x_1\cdot CuSO_4+x_2\cdot FeS_2+x_3\cdot H_2O+x_4\cdot Cu_2S+x_5\cdot FeSO_4+x_6\cdot H_2SO_4=0.$$

基于化学方程式等号两边每一元素的原子数目必须相等的原则，对应的矩阵形式的方程组为

$$\begin{array}{c} \\ Cu \\ S \\ O \\ Fe \\ H \end{array}
\begin{array}{c}
\begin{array}{cccccc} CuSO_4 & FeS_2 & H_2O & Cu_2S & FeSO_4 & H_2SO_4 \end{array} \\
\begin{pmatrix} 1 & 0 & 0 & 2 & 0 & 0 \\ 1 & 2 & 0 & 1 & 1 & 1 \\ 4 & 0 & 1 & 0 & 4 & 4 \\ 0 & 1 & 0 & 0 & 1 & 0 \\ 0 & 0 & 2 & 0 & 0 & 2 \end{pmatrix}
\end{array}
\begin{pmatrix} x_1 \\ x_2 \\ x_3 \\ x_4 \\ x_5 \\ x_6 \end{pmatrix}=\mathbf{0}.$$

简记为 $\boldsymbol{Ax}=\mathbf{0}$.

对系数矩阵 $\boldsymbol{A}$ 进行初等行变换得

$$\begin{pmatrix} 1 & 0 & 0 & 2 & 0 & 0 \\ 1 & 2 & 0 & 1 & 1 & 1 \\ 4 & 0 & 1 & 0 & 4 & 4 \\ 0 & 1 & 0 & 0 & 1 & 0 \\ 0 & 0 & 2 & 0 & 0 & 2 \end{pmatrix} \to \begin{pmatrix} 1 & 0 & 0 & 2 & 0 & 0 \\ 0 & 1 & 0 & 0 & 1 & 0 \\ 0 & 0 & 1 & 0 & 0 & 1 \\ 0 & 0 & 0 & 1 & 0 & -\frac{7}{12} \\ 0 & 0 & 0 & 0 & 1 & -\frac{5}{12} \end{pmatrix}.$$

$$\begin{pmatrix} 1 & 0 & 0 & 2 & 0 & 0 \\ 0 & 1 & 0 & 0 & 1 & 0 \\ 0 & 0 & 1 & 0 & 0 & 1 \\ 0 & 0 & 0 & 1 & 0 & -\frac{7}{12} \\ 0 & 0 & 0 & 0 & 1 & -\frac{5}{12} \end{pmatrix}\begin{pmatrix} x_1 \\ x_2 \\ x_3 \\ x_4 \\ x_5 \\ x_6 \end{pmatrix}=\mathbf{0},$$

即得与原方程组 $\boldsymbol{Ax}=\mathbf{0}$ 同解的方程组为

$$\begin{cases} x_1+2x_4=0 \\ x_2+x_5=0 \\ x_3+x_6=0 \\ x_4-\dfrac{7}{12}x_6=0 \\ x_5-\dfrac{5}{12}x_6=0 \end{cases}.$$

取 $x_6=-12$，得到如下通解

$$x_1=14,\ x_2=5,\ x_3=12,\ x_4=-7,\ x_5=-5,$$

则

$$(x_1,x_2,x_3,x_4,x_5,x_6)=k(14,5,12,-7,-5,-12).$$

小结： 本题主要利用了配平化学方程式的基本原理，注意化学方程式中的系数必须为整数.

三、习题 3-7 解答

1. 给出如题 1 图所示的流量模式. 假设所有的流量都非负，x_3 的最大可能值是多少?

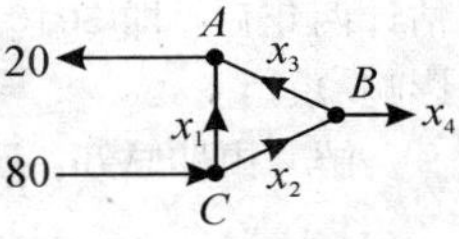

题 1 图

解 根据网络流模型的基本假设，在节点（交叉口）A，B，C 处，我们可以分别得到下列方程：

A：$x_1+x_3=20$

B：$x_3+x_4=x_2$

C：$x_1+x_2=80$

此外，该网络的总流入 80 等于网络的总流出$(20+x_4)$，化简得 $x_4=60$. 把这个方程与整理后的前三个方程联立，可得如下方程组：

$$\begin{cases} x_1+x_3=20 \\ -x_2+x_3+x_4=0 \\ x_1+x_2=80 \\ x_4=60 \end{cases}.$$

取 $x_3=c$（c 为任意常数），则网络的流量模式表示为

$$x_1=20-c,\ x_2=60+c,\ x_3=c,\ x_4=60.$$

由于所有流量都非负，故 $x_1\geqslant 0$，即 x_3 的最大可能值是 20.

2. 某地的道路交叉口处通常建成单行的小环岛，如题 2 图所示. 假设交通行进方向必须如图示那样，请求出该网络流的通解并找出 x_6 的最小可能值.

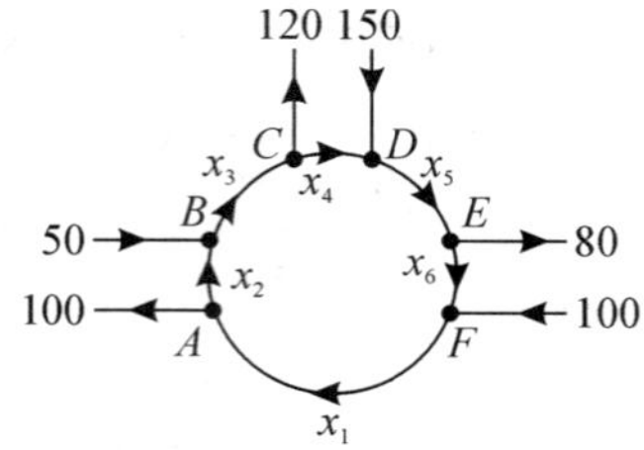

题 2 图

解　根据网络流模型的基本假设，在节点(交叉口)A，B，C，D，E，F 处，我们可以分别得到下列方程：

A：$x_1=x_2+100$　　B：$x_2+50=x_3$　　C：$x_3=120+x_4$

D：$x_4+150=x_5$　　E：$x_5=80+x_6$　　F：$x_6+100=x_1$

取 $x_6=c$(c 为任意常数)，则网络的通解为

$$x_1=100+c，x_2=c，x_3=50+c，x_4=c-70，x_5=80+c，x_6=c.$$

由于所有流量都非负，故 $x_4\geqslant 0$，即 x_6 的最小可能值是 70.

3. 在某个地区，每年约有 5%的城市人口移居到周围的农村，约有 4%的农村人口移居到城市. 在 2008 年，城市中有400 000名居民，农村有600 000名居民. 建立一个差分方程来描述这种情况，用 $\boldsymbol{x}_0$ 表示 2008 年的初始人口. 然后估计两年后，即 2010 年城市和农村的人口数量.(忽略其他因素对人口规模的影响.)

解　由题意知，迁移矩阵

$$\boldsymbol{M}=\begin{pmatrix}0.95 & 0.04\\ 0.05 & 0.96\end{pmatrix}.$$

因 2008 年的初始人口为 $\boldsymbol{x}_0=\begin{pmatrix}400\ 000\\ 600\ 000\end{pmatrix}$，故对 2009 年，有

$$\boldsymbol{x}_1=\begin{pmatrix}0.95 & 0.04\\ 0.05 & 0.96\end{pmatrix}\begin{pmatrix}400\ 000\\ 600\ 000\end{pmatrix}=\begin{pmatrix}404\ 000\\ 596\ 000\end{pmatrix},$$

2010 年，有

$$\boldsymbol{x}_2=\begin{pmatrix}0.95 & 0.04\\ 0.05 & 0.96\end{pmatrix}\begin{pmatrix}404\ 000\\ 596\ 000\end{pmatrix}=\begin{pmatrix}407\ 640\\ 592\ 360\end{pmatrix},$$

即 2010 年的城市人口为 407 640，农村人口为 592 360.

4. 某公司有一个车队，大约有 450 辆车，分布在三个地点. 一个地点租出去的车可以归还到三个地点中的任意一个，但租出的车必须当天归还. 下面的矩阵

给出了汽车归还到每个地点的不同比率. 假设星期一在机场有 304 辆车（或从机场租出），东部办公区有 48 辆车，西部办公区有 98 辆车. 那么在星期三时，车辆的大致分布是怎样的？

车辆出租地			
机场	东部	西部	归还到
0.97	0.05	0.1	机场
0	0.9	0.05	东部
0.03	0.05	0.85	西部

解　由题意知，迁移矩阵

$$\boldsymbol{M}=\begin{pmatrix}0.97 & 0.05 & 0.1\\ 0 & 0.9 & 0.05\\ 0.03 & 0.05 & 0.85\end{pmatrix}.$$

因星期一的初始车辆分布为

$$\boldsymbol{x}_0=\begin{pmatrix}304\\ 48\\ 98\end{pmatrix},$$

故星期二，有

$$\boldsymbol{x}_1=\boldsymbol{M}\boldsymbol{x}_0=\begin{pmatrix}0.97 & 0.05 & 0.1\\ 0 & 0.9 & 0.05\\ 0.03 & 0.05 & 0.85\end{pmatrix}\begin{pmatrix}304\\ 48\\ 98\end{pmatrix}\approx\begin{pmatrix}307\\ 48\\ 95\end{pmatrix},$$

星期三，有

$$\boldsymbol{x}_2=\boldsymbol{M}^2\boldsymbol{x}_0=\begin{pmatrix}0.97 & 0.05 & 0.1\\ 0 & 0.9 & 0.05\\ 0.03 & 0.05 & 0.85\end{pmatrix}^2\begin{pmatrix}304\\ 48\\ 98\end{pmatrix}\approx\begin{pmatrix}310\\ 48\\ 92\end{pmatrix},$$

即星期三的机场约为 310 辆车，东部办公区约有 48 辆车，西部办公区约有 92 辆车.

5. 写出下图的回路电流的线性方程组，并确定其回路电流.

解　(1) 回路 1 的方程为 $8I_1-4I_2=40$，回路 2 的方程为 $8I_2-4I_1=10$.

综合上述两个方程并整理得

$$\begin{cases}8I_1-4I_2=40\\ -4I_1+8I_2=10\end{cases},$$

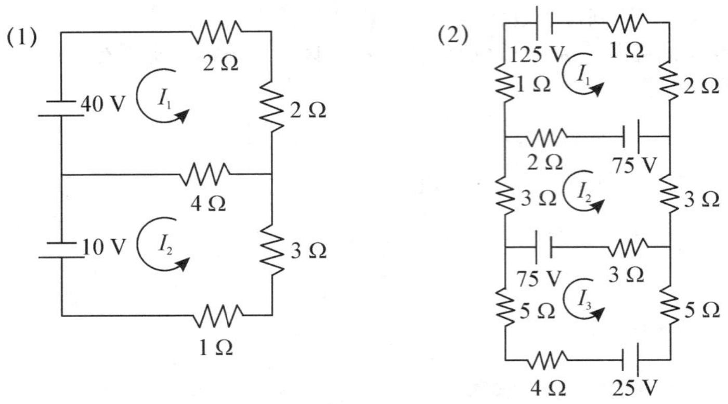

题 5 图

解得 $I_1=7.5$ 安培，$I_2=5$ 安培.

(2) 回路 1 的方程为 $6I_1-2I_2=200$，回路 2 的方程为 $11I_2-2I_1-3I_3=-150$，回路 3 的方程为 $17I_3-3I_2=100$.

综合上述三个方程并整理得

$$\begin{cases}6I_1-2I_2=200\\2I_1-11I_2+3I_3=150.\\-3I_2+17I_3=100\end{cases}$$

解得 $I_1=31.1$ 安培，$I_2=-6.7$ 安培，$I_3=4.7$ 安培. I_2 取负值说明回路 2 中的实际电流与图中显示的电流方向相反.

6. 苏打含有碳酸氢钠（$NaHCO_3$）和柠檬酸（$H_3C_6H_5O_7$）. 它在水中溶解时，按照如下反应生成柠檬酸钠、水和二氧化碳：

$$NaHCO_3+H_3C_6H_5O_7\rightarrow Na_3C_6H_5O_7+H_2O+CO_2.$$

试用向量方程的方法配平该化学方程式.

解　设系数 $x_1, x_2, \cdots, x_5$ 可使方程式两端的原子总数相等，即

$$(x_1)NaHCO_3+(x_2)H_3C_6H_5O_7\rightarrow(x_3)Na_3C_6H_5O_7+(x_4)H_2O+(x_5)CO_2,$$

列出每个分子所包含的不同原子的数目：

$$NaHCO_3:\begin{pmatrix}1\\1\\1\\3\end{pmatrix},\ H_3C_6H_5O_7:\begin{pmatrix}0\\8\\6\\7\end{pmatrix},\ Na_3C_6H_5O_7:\begin{pmatrix}3\\5\\6\\7\end{pmatrix},$$

$$H_2O:\begin{pmatrix}0\\2\\0\\1\end{pmatrix},\ CO_2:\begin{pmatrix}0\\0\\1\\2\end{pmatrix}\begin{matrix}\leftarrow Na\\\leftarrow H\\\leftarrow C\\\leftarrow O\end{matrix}$$

为了配平方程式，系数 $x_1, x_2, \cdots, x_5$ 必须满足

$$x_1\begin{pmatrix}1\\1\\1\\3\end{pmatrix}+x_2\begin{pmatrix}0\\8\\6\\7\end{pmatrix}=x_3\begin{pmatrix}3\\5\\6\\7\end{pmatrix}+x_4\begin{pmatrix}0\\2\\0\\1\end{pmatrix}+x_5\begin{pmatrix}0\\0\\1\\2\end{pmatrix},$$

经整理得到如下方程组

$$\begin{cases}x_1-3x_3=0\\x_1+8x_2-5x_3-2x_4=0\\x_1+6x_2-6x_3-x_5=0\\3x_1+7x_2-7x_3-x_4-2x_5=0\end{cases},$$

取 $x_3=c$（c 为任意常数），得到如下通解

$$x_1=3c,\ x_2=c,\ x_3=c,\ x_4=3c,\ x_5=3c.$$

由于化学方程式中的系数必须为整数，取 $x_3=1$，此时

$$x_1=3,\ x_2=1,\ x_3=1,\ x_4=3,\ x_5=3.$$

配平后的方程式为

$$3NaHCO_3+H_3C_6H_5O_7\rightarrow Na_3C_6H_5O_7+3H_2O+3CO_2.$$

7. 如下的化学反应式可以在工业中应用，如砷化三氢（AsH_3）的生产. 配平这一方程式，注意在计算过程中使用有理分式，不进行舍入.

$$MnS+As_2Cr_{10}O_{35}+H_2SO_4\rightarrow HMnO_4+AsH_3+CrS_3O_{12}+H_2O.$$

解　设系数 $x_1, x_2, \cdots, x_7$ 可使方程式两端的原子总数相等，即

$$(x_1)MnS+(x_2)As_2Cr_{10}O_{35}+(x_3)H_2SO_4\rightarrow(x_4)HMnO_4+(x_5)AsH_3+(x_6)CrS_3O_{12}+(x_7)H_2O.$$

列出每个分子所包含的不同原子的数目：

$$MnS:\begin{pmatrix}1\\1\\0\\0\\0\\0\end{pmatrix},\ As_2Cr_{10}O_{35}:\begin{pmatrix}0\\0\\2\\10\\35\\0\end{pmatrix},\ H_2SO_4:\begin{pmatrix}0\\1\\0\\0\\4\\2\end{pmatrix},\ HMnO_4:\begin{pmatrix}1\\0\\0\\0\\4\\1\end{pmatrix},$$

$$AsH_3:\begin{pmatrix}0\\0\\1\\0\\0\\3\end{pmatrix},\ CrS_3O_{12}:\begin{pmatrix}0\\3\\0\\1\\12\\0\end{pmatrix},\ H_2O:\begin{pmatrix}0\\0\\0\\0\\1\\2\end{pmatrix}\begin{matrix}\leftarrow Mn\\\leftarrow S\\\leftarrow AS\\\leftarrow Cr\\\leftarrow O\\\leftarrow H\end{matrix}.$$

为了配平方程式，系数 x_1，x_2，…，x_7 必须满足

$$x_1\begin{pmatrix}1\\1\\0\\0\\0\\0\end{pmatrix}+x_2\begin{pmatrix}0\\0\\2\\10\\35\\0\end{pmatrix}+x_3\begin{pmatrix}0\\1\\0\\0\\4\\2\end{pmatrix}=x_4\begin{pmatrix}1\\0\\0\\0\\4\\1\end{pmatrix}+x_5\begin{pmatrix}0\\0\\1\\0\\0\\3\end{pmatrix}+x_6\begin{pmatrix}0\\3\\0\\1\\12\\0\end{pmatrix}+x_7\begin{pmatrix}0\\0\\0\\0\\1\\2\end{pmatrix}.$$

经整理得到如下方程组

$$\begin{cases}x_1-x_4=0\\x_1+x_3-3x_6=0\\2x_2-x_5=0\\10x_2-x_6=0\\35x_2+4x_3-4x_4-12x_6-x_7=0\\2x_3-x_4-3x_5-2x_7=0\end{cases},$$

取 $x_7=c$（c 为任意常数），得到如下通解

$$x_1=\frac{16}{327}c,\ x_2=\frac{13}{327}c,\ x_3=\frac{374}{327}c,\ x_4=\frac{16}{327}c,$$
$$x_5=\frac{26}{327}c,\ x_6=\frac{130}{327}c,\ x_7=c.$$

由于化学方程式中的系数必须为整数，取 $x_7=327$，此时

$$x_1=16,\ x_2=13,\ x_3=374,\ x_4=16,\ x_5=26,\ x_6=130,\ x_7=327.$$

配平后的方程式为

$$16MnS+13As_2Cr_{10}O_{35}+374H_2SO_4\rightarrow 16HMnO_4+26AsH_3$$
$$+130CrS_3O_{12}+327H_2O.$$

本章小结

一、本章知识点网络图

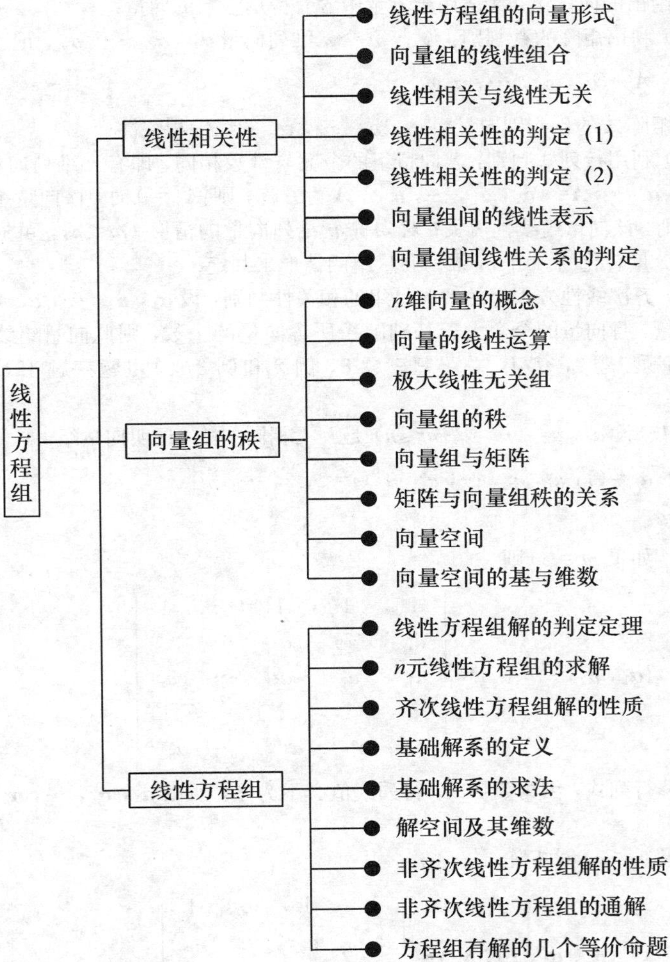

二、题型分析

题型1 向量组线性相关性的判定

解题思路

(1) 利用定义判别：这是判别向量组线性相关性的基本方法，既适用于分量已具体给出的向量组，又适用于分量中含有待定参数的向量组；

(2) 利用矩阵的秩判别：设有 m 个 n 维列向量 $\boldsymbol{\alpha}_1, \boldsymbol{\alpha}_2, \cdots, \boldsymbol{\alpha}_m$，记

$$\boldsymbol{A}=(\boldsymbol{\alpha}_1, \boldsymbol{\alpha}_2, \cdots, \boldsymbol{\alpha}_m),$$

则可用矩阵 $\boldsymbol{A}$ 的秩判别向量组 $\boldsymbol{\alpha}_1, \boldsymbol{\alpha}_2, \cdots, \boldsymbol{\alpha}_m$ 的线性相关性；

(3) 利用行列式判别：若向量组的个数与维数相同，即有 n 维列向量组 $\boldsymbol{\alpha}_1, \boldsymbol{\alpha}_2, \cdots, \boldsymbol{\alpha}_n$，令 $\boldsymbol{A}=(\boldsymbol{\alpha}_1, \boldsymbol{\alpha}_2, \cdots, \boldsymbol{\alpha}_n)$，$\boldsymbol{A}$ 为方阵，则 $|\boldsymbol{A}|=0$ 时，该向量组线性相关，否则，该向量组线性无关；对 m 个 n 维列向量的情形 $(m<n)$，可通过减少向量的分量转化为 m 个 m 维列向量组的情形来判定；

(4) 齐次线性方程组的解向量组的相关性判别：设 $\boldsymbol{\alpha}_1, \boldsymbol{\alpha}_2, \cdots, \boldsymbol{\alpha}_m$ 为 $\boldsymbol{Ax}=\boldsymbol{0}$ 的解向量，且向量的个数大于基础解系所含向量的个数，则此向量组线性相关（见总习题三题9，例1，总习题三题8，例2和例3，总习题三题12，例4和例5）.

例1 设 $a_1, a_2, \cdots, a_m(m\leqslant n)$ 是互不相同的数，证明向量组

$$\boldsymbol{\alpha}_i=(1, a_i, a_i^2, \cdots, a_i^{n-1})^{\mathrm{T}}(i=1, 2, \cdots, m)$$

线性无关.

证 如果 $m=n$，则

$$|\boldsymbol{\alpha}_1, \boldsymbol{\alpha}_2, \cdots, \boldsymbol{\alpha}_n|=\begin{vmatrix} 1 & 1 & 1 & \cdots & 1 \\ a_1 & a_2 & a_3 & \cdots & a_n \\ a_1^2 & a_2^2 & a_3^2 & \cdots & a_n^2 \\ \vdots & \vdots & \vdots & & \vdots \\ a_1^{n-1} & a_2^{n-1} & a_3^{n-1} & \cdots & a_n^{n-1} \end{vmatrix}$$

是范德蒙行列式，因为 $a_i\neq a_j$，行列式值必不为零，所以 $\boldsymbol{\alpha}_1, \boldsymbol{\alpha}_2, \cdots, \boldsymbol{\alpha}_n$ 线性无关.

如果 $m<n$，对矩阵

$$\boldsymbol{A}=(\boldsymbol{\alpha}_1, \boldsymbol{\alpha}_2, \cdots, \boldsymbol{\alpha}_m)=\begin{pmatrix} 1 & 1 & \cdots & 1 \\ a_1 & a_2 & \cdots & a_m \\ \vdots & \vdots & & \vdots \\ a_1^{n-1} & a_2^{n-1} & \cdots & a_m^{n-1} \end{pmatrix},$$

由于 $\boldsymbol{A}$ 中第 1 行至第 m 行构成的子式是范德蒙行列式，其值不为零，且 $\boldsymbol{A}$ 中没有 $m+1$ 阶子式，故 $\mathrm{r}(\boldsymbol{A})=m$，因此

$$\mathrm{r}(\boldsymbol{\alpha}_1, \boldsymbol{\alpha}_2, \cdots, \boldsymbol{\alpha}_m)=m.$$

亦有 $\boldsymbol{\alpha}_1, \boldsymbol{\alpha}_2, \cdots, \boldsymbol{\alpha}_m$ 线性无关.

例 2 判断

$$\boldsymbol{\alpha}_1=(1, 0, 2, 3)^{\mathrm{T}}, \quad \boldsymbol{\alpha}_2=(1, 1, 3, 5)^{\mathrm{T}},$$
$$\boldsymbol{\alpha}_3=(1, -1, a+2, 1)^{\mathrm{T}}, \quad \boldsymbol{\alpha}_4=(1, 2, 4, a+9)^{\mathrm{T}}$$

的线性相关性.

解 方法一 设 $x_1\boldsymbol{\alpha}_1+x_2\boldsymbol{\alpha}_2+x_3\boldsymbol{\alpha}_3+x_4\boldsymbol{\alpha}_4=\mathbf{0}$，按分量写出，有

$$\begin{cases} x_1+x_2+x_3+x_4=0 \\ x_2-x_3+2x_4=0 \\ 2x_1+3x_2+(a+2)x_3+4x_4=0 \\ 3x_1+5x_2+x_3+(a+9)x_4=0 \end{cases}.$$

对上述系数矩阵进行高斯消元，有

$$\begin{pmatrix} 1 & 1 & 1 & 1 \\ 0 & 1 & -1 & 2 \\ 2 & 3 & a+2 & 4 \\ 3 & 5 & 1 & a+9 \end{pmatrix} \Rightarrow \begin{pmatrix} 1 & 1 & 1 & 1 \\ 0 & 1 & -1 & 2 \\ 0 & 1 & a & 2 \\ 0 & 2 & -2 & a+6 \end{pmatrix} \Rightarrow \begin{pmatrix} 1 & 1 & 1 & 1 \\ 0 & 1 & -1 & 2 \\ 0 & 0 & a+1 & 0 \\ 0 & 0 & 0 & a+2 \end{pmatrix}.$$

当 $a=-1$ 或 $a=-2$ 时，$\mathrm{r}(\boldsymbol{A})=3<4$，齐次方程组有非零解，向量组线性相关；否则，向量组线性无关.

方法二 因为

$$\begin{vmatrix} 1 & 1 & 1 & 1 \\ 0 & 1 & -1 & 2 \\ 2 & 3 & a+2 & 4 \\ 3 & 5 & 1 & a+9 \end{vmatrix}=(a+1)(a+2),$$

所以 $a=-1$ 或 $a=-2$ 时，向量组线性相关；否则，向量组线性无关.

例 3 已知向量组

$$\boldsymbol{\alpha}_1=(1, 1, 2, 1)^{\mathrm{T}}, \boldsymbol{\alpha}_2=(1, 0, 0, 2)^{\mathrm{T}}, \boldsymbol{\alpha}_3=(-1, -4, -8, k)^{\mathrm{T}}$$

线性相关，求 k.

解 方法一 用矩阵的秩讨论.

$$A=\begin{pmatrix}1&1&-1\\1&0&-4\\2&0&-8\\1&2&k\end{pmatrix}\Rightarrow\begin{pmatrix}1&1&-1\\0&-1&-3\\0&-2&-6\\0&1&k+1\end{pmatrix}\Rightarrow\begin{pmatrix}1&1&-1\\0&-1&-3\\0&0&k-2\\0&0&0\end{pmatrix}.$$

可见，当 $k=2$ 时，秩$(\boldsymbol{A})=2<3$，这时向量组 $\boldsymbol{\alpha}_1$，$\boldsymbol{\alpha}_2$，$\boldsymbol{\alpha}_3$ 才是线性相关的.

方法二　用行列式讨论.

取 $\boldsymbol{\alpha}_1$，$\boldsymbol{\alpha}_2$，$\boldsymbol{\alpha}_3$ 的第 1，2，4 个分量构成向量组

$$\widetilde{\boldsymbol{\alpha}}_1=(1,\ 1,\ 1)^{\mathrm{T}},\ \widetilde{\boldsymbol{\alpha}}_2=(1,\ 0,\ 2)^{\mathrm{T}},\ \widetilde{\boldsymbol{\alpha}}_3=(-1,\ -4,\ k)^{\mathrm{T}},$$

则必有

$$|(\widetilde{\boldsymbol{\alpha}}_1,\ \widetilde{\boldsymbol{\alpha}}_2,\ \widetilde{\boldsymbol{\alpha}}_3)|=\begin{vmatrix}1&1&-1\\1&0&-4\\1&2&k\end{vmatrix}=-k+2=0,$$

（否则，添加分量后，$\boldsymbol{\alpha}_1$，$\boldsymbol{\alpha}_2$，$\boldsymbol{\alpha}_3$ 线性无关）所以 $k=2$.

例 4　设 $\boldsymbol{\alpha}_1$，$\boldsymbol{\alpha}_2$，$\boldsymbol{\alpha}_3$ 均为三维向量，证明 $\boldsymbol{\alpha}_1$，$\boldsymbol{\alpha}_2$，$\boldsymbol{\alpha}_3$ 线性无关的充分必要条件是任意一个三维向量都由它线性表示，并作出几何解释.

证　设 $\boldsymbol{\alpha}$ 为任意一个三维向量.

必要性　因为 $\boldsymbol{\alpha}_1$，$\boldsymbol{\alpha}_2$，$\boldsymbol{\alpha}_3$ 线性无关，$\boldsymbol{\alpha}_1$，$\boldsymbol{\alpha}_2$，$\boldsymbol{\alpha}_3$，$\boldsymbol{\alpha}_4$ 线性相关（$n+1$ 个 n 维向量必线性相关），所以 $\boldsymbol{\alpha}$ 能由 $\boldsymbol{\alpha}_1$，$\boldsymbol{\alpha}_2$，$\boldsymbol{\alpha}_3$ 线性表示，且表示法唯一.

几何解释：

$\boldsymbol{\alpha}_1$，$\boldsymbol{\alpha}_2$，$\boldsymbol{\alpha}_3$ 线性无关表示空间中的三个向量 $\boldsymbol{\alpha}_1$，$\boldsymbol{\alpha}_2$，$\boldsymbol{\alpha}_3$ 不共面，即其中任一向量都不能表示成其余两个向量的线性相关组合，而空间中任一向量总可以沿不共面的三个向量 $\boldsymbol{\alpha}_1$，$\boldsymbol{\alpha}_2$，$\boldsymbol{\alpha}_3$ 分解（如例 4 图所示）.

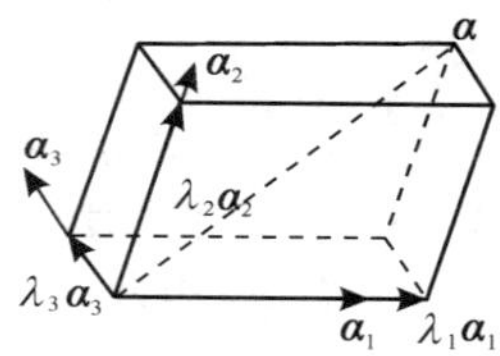

例 4 图

充分性　若任意一个三维向量都能由 $\boldsymbol{\alpha}_1$，$\boldsymbol{\alpha}_2$，$\boldsymbol{\alpha}_3$ 线性表示，则

$$\boldsymbol{e}_1=(1,\ 0,\ 0)^{\mathrm{T}},\ \boldsymbol{e}_2=(0,\ 1,\ 0)^{\mathrm{T}},\ \boldsymbol{e}_3=(0,\ 0,\ 1)^{\mathrm{T}}$$

也能由 $\boldsymbol{\alpha}_1$，$\boldsymbol{\alpha}_2$，$\boldsymbol{\alpha}_3$ 线性表示，又因为 $\boldsymbol{\alpha}_1$，$\boldsymbol{\alpha}_2$，$\boldsymbol{\alpha}_3$ 能由 $\boldsymbol{e}_1$，$\boldsymbol{e}_2$，$\boldsymbol{e}_3$ 线性表示，所以向量组 $\boldsymbol{\alpha}_1$，$\boldsymbol{\alpha}_2$，$\boldsymbol{\alpha}_3$ 与 $\boldsymbol{e}_1$，$\boldsymbol{e}_2$，$\boldsymbol{e}_3$ 等价，故

$$\mathrm{r}(\boldsymbol{\alpha}_1,\ \boldsymbol{\alpha}_2,\ \boldsymbol{\alpha}_3)=\mathrm{r}(\boldsymbol{e}_1,\ \boldsymbol{e}_2,\ \boldsymbol{e}_3)=3,$$

于是 $\boldsymbol{\alpha}_1$，$\boldsymbol{\alpha}_2$，$\boldsymbol{\alpha}_3$ 线性无关.

几何解释：

若 $\boldsymbol{\alpha}_1$，$\boldsymbol{\alpha}_2$，$\boldsymbol{\alpha}_3$ 线性相关，则 $\boldsymbol{\alpha}_1$，$\boldsymbol{\alpha}_2$，$\boldsymbol{\alpha}_3$ 共面，此时所有不在该平面内的向量

都不能沿 $\boldsymbol{\alpha}_1$，$\boldsymbol{\alpha}_2$，$\boldsymbol{\alpha}_3$ 分解，即其中任一向量不能表示成 $\boldsymbol{\alpha}_1$，$\boldsymbol{\alpha}_2$，$\boldsymbol{\alpha}_3$ 的线性组合，与题设矛盾，于是要求 $\boldsymbol{\alpha}_1$，$\boldsymbol{\alpha}_2$，$\boldsymbol{\alpha}_3$ 不共面，即 $\boldsymbol{\alpha}_1$，$\boldsymbol{\alpha}_2$，$\boldsymbol{\alpha}_3$ 线性无关.

例 5 设在向量组 $\boldsymbol{\alpha}_1$，$\boldsymbol{\alpha}_2$，…，$\boldsymbol{\alpha}_m$ 中，$\boldsymbol{\alpha}_1 \neq \mathbf{0}$ 且每个 $\boldsymbol{\alpha}_i$（$i=2, 3, \cdots, m$）都不能由 $\boldsymbol{\alpha}_1$，$\boldsymbol{\alpha}_2$，…，$\boldsymbol{\alpha}_{i-1}$线性表示，证明该向量组线性无关.

证 方法一 用定义判定.

设有 λ_1，λ_2，…，λ_m，使

$$\lambda_1\boldsymbol{\alpha}_1+\lambda_2\boldsymbol{\alpha}_2+\cdots+\lambda_m\boldsymbol{\alpha}_m=\mathbf{0}.$$

由于 $\boldsymbol{\alpha}_m$ 不能由 $\boldsymbol{\alpha}_1$，$\boldsymbol{\alpha}_2$，…，$\boldsymbol{\alpha}_{m-1}$ 线性表示，故 $\lambda_m=0$. 否则，$\boldsymbol{\alpha}_m$ 能由 $\boldsymbol{\alpha}_1$，$\boldsymbol{\alpha}_2$，…，$\boldsymbol{\alpha}_{m-1}$线性表示，与条件矛盾，于是有

$$\lambda_1\boldsymbol{\alpha}_1+\lambda_2\boldsymbol{\alpha}_2+\cdots+\lambda_{m-1}\boldsymbol{\alpha}_{m-1}=\mathbf{0}.$$

由于 $\boldsymbol{\alpha}_{m-1}$不能由 $\boldsymbol{\alpha}_1$，$\boldsymbol{\alpha}_2$，…，$\boldsymbol{\alpha}_{m-2}$线性表示，故 $\lambda_{m-1}=0$.

同理可得

$$\lambda_{m-2}=\lambda_{m-3}=\cdots=\lambda_2=0.$$

于是得到 $\lambda_1\boldsymbol{\alpha}_1=\mathbf{0}$，由于 $\boldsymbol{\alpha}_1\neq\mathbf{0}$，故 $\lambda_1=0$，从而

$$\lambda_1=\lambda_2=\cdots=\lambda_m=0.$$

所以 $\boldsymbol{\alpha}_1$，$\boldsymbol{\alpha}_2$，…，$\boldsymbol{\alpha}_m$ 线性无关.

方法二 反证法.

假设 $\boldsymbol{\alpha}_1$，$\boldsymbol{\alpha}_2$，…，$\boldsymbol{\alpha}_n$ 线性相关，则存在不全为零的数 λ_1，λ_2，…，λ_m，使

$$\lambda_1\boldsymbol{\alpha}_1+\lambda_2\boldsymbol{\alpha}_2+\cdots+\lambda_m\boldsymbol{\alpha}_m=\mathbf{0}. \tag{1}$$

设式 (1)中依从右到左的顺序第一个不为零的数为 λ_i，即

$$\lambda_m=\lambda_{m-1}=\cdots=\lambda_{i+1}=0,\ \lambda_i\neq 0,$$

于是 式(1) 成为

$$\lambda_1\boldsymbol{\alpha}_1+\lambda_2\boldsymbol{\alpha}_2+\cdots+\lambda_i\boldsymbol{\alpha}_i=\mathbf{0}.$$

若 $i=1$，则 $\lambda_1\boldsymbol{\alpha}_1=\mathbf{0}$，从而 $\boldsymbol{\alpha}_1=\mathbf{0}$，与题设矛盾，故 $i>1$，于是有

$$\boldsymbol{\alpha}_i=-\frac{\lambda_1}{\lambda_i}\boldsymbol{\alpha}_1-\frac{\lambda_2}{\lambda_i}\boldsymbol{\alpha}_2-\cdots-\frac{\lambda_{i-1}}{\lambda_i}\boldsymbol{\alpha}_{i-1},$$

即 $\boldsymbol{\alpha}_i$ 可由 $\boldsymbol{\alpha}_1$，$\boldsymbol{\alpha}_2$，…，$\boldsymbol{\alpha}_{i-1}$线性表示，这与题设矛盾，所以 $\boldsymbol{\alpha}_1$，$\boldsymbol{\alpha}_2$，…，$\boldsymbol{\alpha}_m$ 线性无关.

题型 2 有关向量组线性相关性的命题

解题思路

(1) 设向量组 $\boldsymbol{A}$：$\boldsymbol{\alpha}_1$，$\boldsymbol{\alpha}_2$，…，$\boldsymbol{\alpha}_s$；向量组 $\boldsymbol{B}$：$\boldsymbol{\beta}_1$，$\boldsymbol{\beta}_2$，…，$\boldsymbol{\beta}_t$ 是与 $\boldsymbol{A}$ 有关的另一

向量组，若向量组 $\boldsymbol{A}$ 线性无关，则讨论向量组 $\boldsymbol{B}$ 的线性相关性可采用如下方法.

a. 利用定义讨论：先设 $k_1b_1+k_2b_2+\cdots+k_tb_t=0$，再将其转化为向量组 $\boldsymbol{A}$ 的线性组合，最后利用向量组 $\boldsymbol{A}$ 的线性无关性，知其系数全为零，由此化为关于 k_1，k_2，…，k_t 的线性方程组进行讨论.

b. 利用矩阵的秩判别.

c. 利用向量组的等价性证明：若向量组 $\boldsymbol{A}$ 与向量组 $\boldsymbol{B}$ 等价（即能相互线性表示），则 $\mathrm{r}(\boldsymbol{A})=\mathrm{r}(\boldsymbol{B})$. 此时，若 $t=s$，则向量组 $\boldsymbol{B}$ 线性无关，若 $t>s$，则向量组 $\boldsymbol{B}$ 线性相关（见例 1 和例 2，总习题三题 11，例 3).

(2) 设给定向量 $\boldsymbol{\beta}$ 和向量组 $\boldsymbol{A}:\boldsymbol{\alpha}_1$，$\boldsymbol{\alpha}_2$，…，$\boldsymbol{\alpha}_s$，讨论 $\boldsymbol{\beta}$ 是否可用向量组 $\boldsymbol{A}$ 线性表示，可采用如下方法：① 令

$$\boldsymbol{\beta}=x_1\boldsymbol{\alpha}_1+x_2\boldsymbol{\alpha}_2+\cdots+x_s\boldsymbol{\alpha}_s,$$

则向量 $\boldsymbol{\beta}$ 是否可由向量组 $\boldsymbol{A}$ 线性表示的问题就转化为上述方程组（以 $\boldsymbol{\alpha}_1$，$\boldsymbol{\alpha}_2$，…，$\boldsymbol{\alpha}_s$ 和 $\boldsymbol{\beta}$ 的分量为系数矩阵和非齐次项）是否有解的问题，有解则线性表示成立，且当解唯一时表示法也唯一，无解则线性表示不成立；② 若 $\boldsymbol{\alpha}_1$，$\boldsymbol{\alpha}_2$，…，$\boldsymbol{\alpha}_s$ 线性无关，而 $\boldsymbol{\alpha}_1$，$\boldsymbol{\alpha}_2$，…，$\boldsymbol{\alpha}_s$，$\boldsymbol{\beta}$ 线性相关，则 $\boldsymbol{\beta}$ 可由向量组 $\boldsymbol{A}$ 线性表示；③ 利用矩阵 $\boldsymbol{A}$ 与矩阵 $(\boldsymbol{A},\boldsymbol{\beta})$ 的秩进行判定（见例 4～例 7）.

例 1　设向量组 $\boldsymbol{\alpha}_1$，$\boldsymbol{\alpha}_2$，$\boldsymbol{\alpha}_3$ 线性无关，则 $\boldsymbol{\alpha}_1+\boldsymbol{\alpha}_2$，$\boldsymbol{\alpha}_2+\boldsymbol{\alpha}_3$，$\boldsymbol{\alpha}_3+\boldsymbol{\alpha}_1$ 也线性无关.

证　方法一　定义法.

设 $k_1(\boldsymbol{\alpha}_1+\boldsymbol{\alpha}_2)+k_2(\boldsymbol{\alpha}_2+\boldsymbol{\alpha}_3)+k_3(\boldsymbol{\alpha}_3+\boldsymbol{\alpha}_1)=\boldsymbol{0}$，必有

$$(k_1+k_3)\boldsymbol{\alpha}_1+(k_1+k_2)\boldsymbol{\alpha}_2+(k_2+k_3)\boldsymbol{\alpha}_3=\boldsymbol{0}.$$

因为 $\boldsymbol{\alpha}_1$，$\boldsymbol{\alpha}_2$，$\boldsymbol{\alpha}_3$ 线性无关，所以其系数均为零，即

$$\begin{cases}k_1+k_3=0\\k_1+k_2=0,\\k_2+k_3=0\end{cases}$$

其系数行列式

$$\begin{vmatrix}1&0&1\\1&1&0\\0&1&1\end{vmatrix}=2\neq0.$$

所以上述方程组只有零解，因此向量组 $\boldsymbol{\alpha}_1+\boldsymbol{\alpha}_2$，$\boldsymbol{\alpha}_2+\boldsymbol{\alpha}_3$，$\boldsymbol{\alpha}_3+\boldsymbol{\alpha}_1$ 线性无关.

方法二　利用矩阵的秩证明.

令 $\boldsymbol{\beta}_1=\boldsymbol{\alpha}_1+\boldsymbol{\alpha}_2$，$\boldsymbol{\beta}_2=\boldsymbol{\alpha}_2+\boldsymbol{\alpha}_3$，$\boldsymbol{\beta}_3=\boldsymbol{\alpha}_3+\boldsymbol{\alpha}_1$，则

$$(\boldsymbol{\beta}_1,\boldsymbol{\beta}_2,\boldsymbol{\beta}_3)=(\boldsymbol{\alpha}_1,\boldsymbol{\alpha}_2,\boldsymbol{\alpha}_3)\begin{pmatrix}1&0&1\\1&1&0\\0&1&1\end{pmatrix}.$$

因矩阵$\begin{pmatrix}1&0&1\\1&1&0\\0&1&1\end{pmatrix}$可逆，故

$$\mathrm{r}(\boldsymbol{\beta}_1,\boldsymbol{\beta}_2,\boldsymbol{\beta}_3)=\mathrm{r}(\boldsymbol{\alpha}_1,\boldsymbol{\alpha}_2,\boldsymbol{\alpha}_3)=3,$$

所以$\boldsymbol{\beta}_1,\boldsymbol{\beta}_2,\boldsymbol{\beta}_3$，即$\boldsymbol{\alpha}_1+\boldsymbol{\alpha}_2,\boldsymbol{\alpha}_2+\boldsymbol{\alpha}_3,\boldsymbol{\alpha}_3+\boldsymbol{\alpha}_1$线性无关.

方法三　利用向量组的等价证明.

令

$$\boldsymbol{\beta}_1=\boldsymbol{\alpha}_1+\boldsymbol{\alpha}_2,\ \boldsymbol{\beta}_2=\boldsymbol{\alpha}_2+\boldsymbol{\alpha}_3,\ \boldsymbol{\beta}_3=\boldsymbol{\alpha}_3+\boldsymbol{\alpha}_1, \tag{$*$}$$

则$\boldsymbol{\beta}_1,\boldsymbol{\beta}_2,\boldsymbol{\beta}_3$显然可以由向量组$\boldsymbol{\alpha}_1,\boldsymbol{\alpha}_2,\boldsymbol{\alpha}_3$线性表示.

又由式($*$)得

$$\begin{cases}\boldsymbol{\alpha}_1=\dfrac{1}{2}(\boldsymbol{\beta}_1+\boldsymbol{\beta}_2+\boldsymbol{\beta}_3)-\boldsymbol{\beta}_2\\[2mm]\boldsymbol{\alpha}_2=\dfrac{1}{2}(\boldsymbol{\beta}_1+\boldsymbol{\beta}_2+\boldsymbol{\beta}_3)-\boldsymbol{\beta}_3,\\[2mm]\boldsymbol{\alpha}_3=\dfrac{1}{2}(\boldsymbol{\beta}_1+\boldsymbol{\beta}_2+\boldsymbol{\beta}_3)-\boldsymbol{\beta}_1\end{cases}$$

即向量组$\boldsymbol{\alpha}_1,\boldsymbol{\alpha}_2,\boldsymbol{\alpha}_3$可以由向量组$\boldsymbol{\beta}_1,\boldsymbol{\beta}_2,\boldsymbol{\beta}_3$线性表示，因此$\boldsymbol{\alpha}_1,\boldsymbol{\alpha}_2,\boldsymbol{\alpha}_3$与$\boldsymbol{\beta}_1,\boldsymbol{\beta}_2,\boldsymbol{\beta}_3$等价，从而

$$\mathrm{r}(\boldsymbol{\beta}_1,\boldsymbol{\beta}_2,\boldsymbol{\beta}_3)=\mathrm{r}(\boldsymbol{\alpha}_1,\boldsymbol{\alpha}_2,\boldsymbol{\alpha}_3)=3,$$

故$\boldsymbol{\beta}_1,\boldsymbol{\beta}_2,\boldsymbol{\beta}_3$，即$\boldsymbol{\alpha}_1+\boldsymbol{\alpha}_2,\boldsymbol{\alpha}_2+\boldsymbol{\alpha}_3,\boldsymbol{\alpha}_3+\boldsymbol{\alpha}_1$线性无关.

例 2　证明：若向量组$\boldsymbol{\alpha}_1,\boldsymbol{\alpha}_2,\cdots,\boldsymbol{\alpha}_n(n\geqslant 2)$线性无关，当且仅当$n$为奇数时，向量组

$$\boldsymbol{\alpha}_1+\boldsymbol{\alpha}_2,\boldsymbol{\alpha}_2+\boldsymbol{\alpha}_3,\cdots,\boldsymbol{\alpha}_{n-1}+\boldsymbol{\alpha}_n,\boldsymbol{\alpha}_n+\boldsymbol{\alpha}_1$$

线性无关.

证　方法一　设有$x_1,x_2,\cdots,x_n$，使

$$x_1(\boldsymbol{\alpha}_1+\boldsymbol{\alpha}_2)+x_2(\boldsymbol{\alpha}_2+\boldsymbol{\alpha}_3)+\cdots+x_{n-1}(\boldsymbol{\alpha}_{n-1}+\boldsymbol{\alpha}_n)+x_n(\boldsymbol{\alpha}_n+\boldsymbol{\alpha}_1)=\boldsymbol{0},$$

即

$$(x_1+x_n)\boldsymbol{\alpha}_1+(x_1+x_2)\boldsymbol{\alpha}_2+\cdots+(x_{n-1}+x_n)\boldsymbol{\alpha}_n=\mathbf{0}.$$

因 $\boldsymbol{\alpha}_1, \boldsymbol{\alpha}_2, \cdots, \boldsymbol{\alpha}_n$ 线性无关，故

$$\begin{cases} x_1+x_n=0 \\ x_1+x_2=0 \\ \cdots\cdots \\ x_{n-1}+x_n=0 \end{cases} \tag{$*$}$$

因此，该方程的系数行列式为

$$D_n=\begin{vmatrix} 1 & 0 & 0 & \cdots & 0 & 0 & 1 \\ 1 & 1 & 0 & \cdots & 0 & 0 & 0 \\ 0 & 1 & 1 & \cdots & 0 & 0 & 0 \\ \vdots & \vdots & \vdots & & \vdots & \vdots & \vdots \\ 0 & 0 & 0 & \cdots & 1 & 1 & 0 \\ 0 & 0 & 0 & \cdots & 0 & 1 & 1 \end{vmatrix}$$

$$=(-1)^{1+1}\begin{vmatrix} 1 & 0 & \cdots & 0 & 0 \\ 1 & 1 & \cdots & 0 & 0 \\ \vdots & \vdots & & \vdots & \vdots \\ 0 & 0 & \cdots & 1 & 0 \\ 0 & 0 & \cdots & 1 & 1 \end{vmatrix}$$

$$+(-1)^{1+n}\begin{vmatrix} 1 & 1 & \cdots & 0 & 0 \\ 0 & 1 & \cdots & 0 & 0 \\ \vdots & \vdots & & \vdots & \vdots \\ 0 & 0 & \cdots & 1 & 1 \\ 0 & 0 & \cdots & 0 & 1 \end{vmatrix}=1+(-1)^{1+n}.$$

当 n 为偶数时，$D_n=0$，方程组（$*$）有非零解，因此向量组 $\boldsymbol{\alpha}_1+\boldsymbol{\alpha}_2, \boldsymbol{\alpha}_2+\boldsymbol{\alpha}_3, \cdots, \boldsymbol{\alpha}_{n-1}+\boldsymbol{\alpha}_n, \boldsymbol{\alpha}_n+\boldsymbol{\alpha}_1$ 线性相关.

当 n 为奇数时，$D_n=2\neq 0$，方程组（$*$）只有零解，此时向量组 $\boldsymbol{\alpha}_1+\boldsymbol{\alpha}_2, \boldsymbol{\alpha}_2+\boldsymbol{\alpha}_3, \cdots, \boldsymbol{\alpha}_{n-1}+\boldsymbol{\alpha}_n, \boldsymbol{\alpha}_n+\boldsymbol{\alpha}_1$ 线性无关.

方法二　用矩阵的秩判断

令 $\boldsymbol{B}=\begin{pmatrix} \boldsymbol{\beta}_1 \\ \boldsymbol{\beta}_2 \\ \vdots \\ \boldsymbol{\beta}_{n-1} \\ \boldsymbol{\beta}_n \end{pmatrix}=\begin{pmatrix} \boldsymbol{\alpha}_1+\boldsymbol{\alpha}_2 \\ \boldsymbol{\alpha}_2+\boldsymbol{\alpha}_3 \\ \vdots \\ \boldsymbol{\alpha}_{n-1}+\boldsymbol{\alpha}_n \\ \boldsymbol{\alpha}_n+\boldsymbol{\alpha}_1 \end{pmatrix}=\begin{pmatrix} 1 & 1 & 0 & \cdots & 0 & 0 \\ 0 & 1 & 1 & \cdots & 0 & 0 \\ \vdots & \vdots & \vdots & & \vdots & \vdots \\ 0 & 0 & 0 & \cdots & 1 & 1 \\ 1 & 0 & 0 & \cdots & 0 & 1 \end{pmatrix}\begin{pmatrix} \boldsymbol{\alpha}_1 \\ \boldsymbol{\alpha}_2 \\ \vdots \\ \boldsymbol{\alpha}_{n-1} \\ \boldsymbol{\alpha}_n \end{pmatrix}=\boldsymbol{CA},$

由于 $\boldsymbol{\alpha}_1, \boldsymbol{\alpha}_2, \cdots, \boldsymbol{\alpha}_n$ 线性无关，故 $\mathrm{r}(\boldsymbol{A})=n$. 于是，$\mathrm{r}(\boldsymbol{B})=\mathrm{r}(\boldsymbol{CA})=\mathrm{r}(\boldsymbol{C})$，而

$$|\boldsymbol{C}|=\begin{vmatrix} 1 & 1 & 0 & \cdots & 0 & 0 \\ 0 & 1 & 1 & \cdots & 0 & 0 \\ \vdots & \vdots & \vdots & & \vdots & \vdots \\ 0 & 0 & 0 & \cdots & 1 & 1 \\ 1 & 0 & 0 & \cdots & 0 & 1 \end{vmatrix}=1+(-1)^{1+n}=\begin{cases} 0, & \text{当 } n \text{ 为偶数} \\ 2, & \text{当 } n \text{ 为奇数} \end{cases}.$$

由此可知，当 n 为偶数时，$\mathrm{r}(\boldsymbol{C})<n$，故 $\mathrm{r}(\boldsymbol{B})<n$，此时 $\boldsymbol{\alpha}_1+\boldsymbol{\alpha}_2, \boldsymbol{\alpha}_2+\boldsymbol{\alpha}_3, \cdots, \boldsymbol{\alpha}_{n-1}+\boldsymbol{\alpha}_n, \boldsymbol{\alpha}_n+\boldsymbol{\alpha}_1$ 线性相关；当 n 为奇数时，$\mathrm{r}(\boldsymbol{C})=n$，故 $\mathrm{r}(\boldsymbol{B})=n$，此时 $\boldsymbol{\alpha}_1+\boldsymbol{\alpha}_2, \boldsymbol{\alpha}_2+\boldsymbol{\alpha}_3, \cdots, \boldsymbol{\alpha}_{n-1}+\boldsymbol{\alpha}_n, \boldsymbol{\alpha}_n+\boldsymbol{\alpha}_1$ 线性无关.

例 3 在向量组 $\boldsymbol{\alpha}_1, \boldsymbol{\alpha}_2, \cdots, \boldsymbol{\alpha}_r$（$r\geqslant 2$）中，$\boldsymbol{\alpha}_r\neq\boldsymbol{0}$，试证：对任意的 $k_1, k_2, \cdots, k_{r-1}$，向量组

$$\boldsymbol{\beta}_1=\boldsymbol{\alpha}_1+k_1\boldsymbol{\alpha}_r, \boldsymbol{\beta}_2=\boldsymbol{\alpha}_2+k_2\boldsymbol{\alpha}_r, \cdots, \boldsymbol{\beta}_{r-1}=\boldsymbol{\alpha}_{r-1}+k_{r-1}\boldsymbol{\alpha}_r$$

线性无关的充要条件是 $\boldsymbol{\alpha}_1, \boldsymbol{\alpha}_2, \cdots, \boldsymbol{\alpha}_r$ 线性无关.

证 必要性 设对任意的数 $k_1, k_2, \cdots, k_{r-1}$，向量组 $\boldsymbol{\beta}_1, \boldsymbol{\beta}_2, \cdots, \boldsymbol{\beta}_{r-1}$ 线性无关，则当取 $k_1=k_2=\cdots=k_{r-1}=0$ 时，可知 $\boldsymbol{\alpha}_1, \boldsymbol{\alpha}_2, \cdots, \boldsymbol{\alpha}_{r-1}$ 线性无关.

若 $\boldsymbol{\alpha}_1, \boldsymbol{\alpha}_2, \cdots, \boldsymbol{\alpha}_{r-1}, \boldsymbol{\alpha}_r$ 线性相关，则 $\boldsymbol{\alpha}_r$ 可由 $\boldsymbol{\alpha}_1, \boldsymbol{\alpha}_2, \cdots, \boldsymbol{\alpha}_{r-1}$ 线性表示，即存在数 $\lambda_1, \lambda_2, \cdots, \lambda_{r-1}$，使

$$\boldsymbol{\alpha}_r=\lambda_1\boldsymbol{\alpha}_1+\lambda_2\boldsymbol{\alpha}_2+\cdots+\lambda_{r-1}\boldsymbol{\alpha}_{r-1}. \tag{1}$$

因为 $\boldsymbol{\alpha}_r\neq\boldsymbol{0}$，故 $\lambda_1, \lambda_2, \cdots, \lambda_{r-1}$ 不全为零，不妨设 $\lambda_1\neq 0$，由式(1)得

$$\boldsymbol{\alpha}_1-\frac{1}{\lambda_1}\boldsymbol{\alpha}_r=-\frac{1}{\lambda_1}(\lambda_2\boldsymbol{\alpha}_2+\cdots+\lambda_{r-1}\boldsymbol{\alpha}_{r-1}). \tag{2}$$

若取 $k_1=-\dfrac{1}{\lambda_1}, k_2=\cdots=k_{r-1}=0$，则有

$$\boldsymbol{\beta}_1=\boldsymbol{\alpha}_1-\frac{1}{\lambda_1}\boldsymbol{\alpha}_r, \boldsymbol{\beta}_2=\boldsymbol{\alpha}_2, \cdots, \boldsymbol{\beta}_{r-1}=\boldsymbol{\alpha}_{r-1}.$$

由式(2)知，$\boldsymbol{\beta}_1$ 可由 $\boldsymbol{\beta}_2, \cdots, \boldsymbol{\beta}_{r-1}$ 线性表示，即 $\boldsymbol{\beta}_1, \boldsymbol{\beta}_2, \cdots, \boldsymbol{\beta}_{r-1}$ 线性相关，与题设矛盾，所以 $\boldsymbol{\alpha}_1, \boldsymbol{\alpha}_2, \cdots, \boldsymbol{\alpha}_r$ 必线性无关.

充分性 因为

$$\boldsymbol{A}=\begin{pmatrix} \boldsymbol{\alpha}_1 \\ \vdots \\ \boldsymbol{\alpha}_{r-1} \\ \boldsymbol{\alpha}_r \end{pmatrix}\to\begin{pmatrix} \boldsymbol{\alpha}_1+k_1\boldsymbol{\alpha}_r \\ \vdots \\ \boldsymbol{\alpha}_{r-1}+k_{r-1}\boldsymbol{\alpha}_r \\ \boldsymbol{\alpha}_r \end{pmatrix}=\begin{pmatrix} \boldsymbol{\beta}_1 \\ \vdots \\ \boldsymbol{\beta}_{r-1} \\ \boldsymbol{\alpha}_r \end{pmatrix}=\boldsymbol{B},$$

故

$$r(\boldsymbol{B})=r(\boldsymbol{A}).$$

由于 $\boldsymbol{\alpha}_1$，$\boldsymbol{\alpha}_2$，…，$\boldsymbol{\alpha}_{r-1}$，$\boldsymbol{\alpha}_r$ 线性无关，故 $r(\boldsymbol{A})=r$，从而 $r(\boldsymbol{B})=r$，于是 $\boldsymbol{\beta}_1$，$\boldsymbol{\beta}_2$，…，$\boldsymbol{\beta}_{r-1}$，$\boldsymbol{\alpha}_r$ 线性无关，其部分组 $\boldsymbol{\beta}_1$，$\boldsymbol{\beta}_2$，…，$\boldsymbol{\beta}_{r-1}$ 也线性无关.

例 4　问 k 取何值时，$\boldsymbol{\beta}=(1, k, 5)$ 能由向量组 $\boldsymbol{\alpha}_1=(1, -3, 2)$，$\boldsymbol{\alpha}_2=(2, -1, 1)$ 线性表示？当 k 取何值时，$\boldsymbol{\beta}$ 不能由 $\boldsymbol{\alpha}_1$，$\boldsymbol{\alpha}_2$ 线性表示？

解　设有实数 x_1，x_2，使 $\boldsymbol{\beta}=x_1\boldsymbol{\alpha}_1+x_2\boldsymbol{\alpha}_2$，由此得线性方程组

$$\begin{cases}x_1+2x_2=1\\-3x_1-x_2=k.\\2x_1+x_2=5\end{cases}$$

由于 $\begin{pmatrix}1&2&1\\-3&-1&k\\2&1&5\end{pmatrix}\rightarrow\begin{pmatrix}1&2&1\\0&5&k+3\\0&-3&3\end{pmatrix}\rightarrow\begin{pmatrix}1&2&1\\0&1&-1\\0&5&k+3\end{pmatrix}\rightarrow\begin{pmatrix}1&2&1\\0&1&-1\\0&0&k+8\end{pmatrix}$，

因而当 $k=-8$ 时，系数矩阵的秩与增广矩阵的秩相等，所以方程组有解，故 $\boldsymbol{\beta}$ 能由 $\boldsymbol{\alpha}_1$，$\boldsymbol{\alpha}_2$ 线性表示；当 $k\neq-8$ 时，线性方程组无解，故 $\boldsymbol{\beta}$ 不能由 $\boldsymbol{\alpha}_1$，$\boldsymbol{\alpha}_2$ 线性表示.

例 5　设

$$\boldsymbol{\alpha}_1=(1, 0, 0, 3)^{\mathrm{T}}, \boldsymbol{\alpha}_2=(1, 1, -1, 2)^{\mathrm{T}}, \boldsymbol{\alpha}_3=(1, 2, a-3, 1)^{\mathrm{T}},$$
$$\boldsymbol{\alpha}_4=(1, 2, -2, a)^{\mathrm{T}}, \boldsymbol{\beta}=(0, 1, b, -1)^{\mathrm{T}},$$

问 a，b 取何值时，

(1) $\boldsymbol{\beta}$ 能由 $\boldsymbol{\alpha}_1$，$\boldsymbol{\alpha}_2$，$\boldsymbol{\alpha}_3$，$\boldsymbol{\alpha}_4$ 线性表示且表达式唯一；

(2) $\boldsymbol{\beta}$ 不能由 $\boldsymbol{\alpha}_1$，$\boldsymbol{\alpha}_2$，$\boldsymbol{\alpha}_3$，$\boldsymbol{\alpha}_4$ 线性表示；

(3) $\boldsymbol{\beta}$ 能由 $\boldsymbol{\alpha}_1$，$\boldsymbol{\alpha}_2$，$\boldsymbol{\alpha}_3$，$\boldsymbol{\alpha}_4$ 线性表示但表达式不唯一，并求出一般表达式.

解　设有 x_1，x_2，x_3，x_4，使

$$\boldsymbol{\beta}=x_1\boldsymbol{\alpha}_1+x_2\boldsymbol{\alpha}_2+x_3\boldsymbol{\alpha}_3+x_4\boldsymbol{\alpha}_4,$$

即

$$(\boldsymbol{\alpha}_1, \boldsymbol{\alpha}_2, \boldsymbol{\alpha}_3, \boldsymbol{\alpha}_4)\begin{pmatrix}x_1\\x_2\\x_3\\x_4\end{pmatrix}=\boldsymbol{\beta}.$$

对它的增广矩阵 $\widetilde{\boldsymbol{A}}=(\boldsymbol{A}, \boldsymbol{\beta})$ 施行初等行变换：

$$\widetilde{\boldsymbol{A}}=\begin{pmatrix}1&1&1&1&0\\0&1&2&2&1\\0&-1&a-3&-2&b\\3&2&1&a&-1\end{pmatrix}\Rightarrow\begin{pmatrix}1&0&-1&-1&-1\\0&1&2&2&1\\0&0&a-1&0&b+1\\0&0&0&a-1&0\end{pmatrix}=\boldsymbol{B},$$

1° 当 $a\neq1$，$b\in\mathbf{R}$ 时，$\mathrm{r}(\boldsymbol{A})=\mathrm{r}(\boldsymbol{B})=4$，方程组有唯一解，此时 $\boldsymbol{\beta}$ 可由 $\boldsymbol{\alpha}_1$，$\boldsymbol{\alpha}_2$，$\boldsymbol{\alpha}_3$，$\boldsymbol{\alpha}_4$ 线性表示且表达式唯一.

2° 当 $a=1$ 时，$\mathrm{r}(\boldsymbol{A})=2$. 此时

（Ⅰ）若 $b+1\neq0$，即 $b\neq-1$，则 $\mathrm{r}(\boldsymbol{B})=3\neq\mathrm{r}(\boldsymbol{A})$，因此方程组无解，故 $\boldsymbol{\beta}$ 不能由 $\boldsymbol{\alpha}_1$，$\boldsymbol{\alpha}_2$，$\boldsymbol{\alpha}_3$，$\boldsymbol{\alpha}_4$ 线性表示.

（Ⅱ）若 $b+1=0$，即 $b=-1$，则 $\mathrm{r}(\boldsymbol{A})=\mathrm{r}(\boldsymbol{B})=2$. 因此方程组有无穷多解，此时 $\boldsymbol{\beta}$ 能由 $\boldsymbol{\alpha}_1$，$\boldsymbol{\alpha}_2$，$\boldsymbol{\alpha}_3$，$\boldsymbol{\alpha}_4$ 线性表出，但表达式不唯一.

由 $\boldsymbol{B}$ 得原方程组的解为 $\begin{cases}x_1=-1+x_3+x_4\\x_2=1-2x_3-2x_4\end{cases}$.

若令 $x_3=c_1$，$x_4=c_2$，则 $\boldsymbol{\beta}$ 的一般表达式为

$$\boldsymbol{\beta}=(-1+c_1+c_2)\boldsymbol{\alpha}_1+(1-2c_1-2c_2)\boldsymbol{\alpha}_2+c_1\boldsymbol{\alpha}_3+c_2\boldsymbol{\alpha}_4,$$

其中 c_1，$c_2\in\mathbf{R}$.

例 6 已知 $\boldsymbol{\alpha}_1$，$\boldsymbol{\alpha}_2$，$\boldsymbol{\alpha}_3$，$\boldsymbol{\alpha}_4$ 均可由 $\boldsymbol{\beta}_1$，$\boldsymbol{\beta}_2$，$\boldsymbol{\beta}_3$ 线性表出，证明 $\boldsymbol{\alpha}_1$，$\boldsymbol{\alpha}_2$，$\boldsymbol{\alpha}_3$，$\boldsymbol{\alpha}_4$ 线性相关.

证 据已知条件，可设

$$\begin{cases}\boldsymbol{\alpha}_1=c_{11}\boldsymbol{\beta}_1+c_{21}\boldsymbol{\beta}_2+c_{31}\boldsymbol{\beta}_3\\\boldsymbol{\alpha}_2=c_{12}\boldsymbol{\beta}_1+c_{22}\boldsymbol{\beta}_2+c_{32}\boldsymbol{\beta}_3\\\boldsymbol{\alpha}_3=c_{13}\boldsymbol{\beta}_1+c_{23}\boldsymbol{\beta}_2+c_{33}\boldsymbol{\beta}_3\\\boldsymbol{\alpha}_4=c_{14}\boldsymbol{\beta}_1+c_{24}\boldsymbol{\beta}_2+c_{34}\boldsymbol{\beta}_3\end{cases},$$

用分块矩阵可写为

$$(\boldsymbol{\alpha}_1,\boldsymbol{\alpha}_2,\boldsymbol{\alpha}_3,\boldsymbol{\alpha}_4)=(\boldsymbol{\beta}_1,\boldsymbol{\beta}_2,\boldsymbol{\beta}_3)\begin{pmatrix}c_{11}&c_{12}&c_{13}&c_{14}\\c_{21}&c_{22}&c_{23}&c_{24}\\c_{31}&c_{32}&c_{33}&c_{34}\end{pmatrix}.$$

如果 $x_1\boldsymbol{\alpha}_1+x_2\boldsymbol{\alpha}_2+x_3\boldsymbol{\alpha}_3+x_4\boldsymbol{\alpha}_4=\mathbf{0}$，即

$$(\boldsymbol{\beta}_1,\boldsymbol{\beta}_2,\boldsymbol{\beta}_3)\begin{pmatrix}c_{11}&c_{12}&c_{13}&c_{14}\\c_{21}&c_{22}&c_{23}&c_{24}\\c_{31}&c_{32}&c_{33}&c_{34}\end{pmatrix}\begin{pmatrix}x_1\\x_2\\x_3\\x_4\end{pmatrix}=(\boldsymbol{\alpha}_1,\boldsymbol{\alpha}_2,\boldsymbol{\alpha}_3,\boldsymbol{\alpha}_4)\begin{pmatrix}x_1\\x_2\\x_3\\x_4\end{pmatrix}=\mathbf{0}.$$

对于齐次方程组

$$\begin{pmatrix} c_{11} & c_{12} & c_{13} & c_{14} \\ c_{21} & c_{22} & c_{23} & c_{24} \\ c_{31} & c_{32} & c_{33} & c_{34} \end{pmatrix} \begin{pmatrix} x_1 \\ x_2 \\ x_3 \\ x_4 \end{pmatrix} = \begin{pmatrix} 0 \\ 0 \\ 0 \end{pmatrix},$$

由于“方程个数<未知数个数”必有非零解，设其为

$$x_1=k_1, x_2=k_2, x_3=k_3, x_4=k_4,$$

即

$$k_1\boldsymbol{\alpha}_1+k_2\boldsymbol{\alpha}_2+k_3\boldsymbol{\alpha}_3+k_4\boldsymbol{\alpha}_4=\mathbf{0},$$

所以 $\boldsymbol{\alpha}_1, \boldsymbol{\alpha}_2, \boldsymbol{\alpha}_3, \boldsymbol{\alpha}_4$ 线性相关.

例 7　设向量组 $\boldsymbol{\alpha}_1, \boldsymbol{\alpha}_2, \cdots, \boldsymbol{\alpha}_s$ 线性无关，向量 $\boldsymbol{\beta}_1, \boldsymbol{\beta}_2, \cdots, \boldsymbol{\beta}_t$ 都是向量 $\boldsymbol{\alpha}_1, \boldsymbol{\alpha}_2, \cdots, \boldsymbol{\alpha}_s$ 的线性组合：

$$\boldsymbol{\beta}_i = \sum_{j=1}^{s} a_{ij}\boldsymbol{\alpha}_j \ (i=1, 2, \cdots, t).$$

证明：向量组 $\boldsymbol{\beta}_1, \boldsymbol{\beta}_2, \cdots, \boldsymbol{\beta}_t$ 线性相关的充要条件是矩阵 $\mathbf{A}=(a_{ij})$ 的秩 $\mathrm{r}(\mathbf{A})<t$.

证　必要性　设 $\boldsymbol{\beta}_1, \boldsymbol{\beta}_2, \cdots, \boldsymbol{\beta}_t$ 线性相关，于是存在不全为零的数 $\lambda_1, \lambda_2, \cdots, \lambda_t$，使

$$\lambda_1\boldsymbol{\beta}_1+\lambda_2\boldsymbol{\beta}_2+\cdots+\lambda_t\boldsymbol{\beta}_t=\mathbf{0},$$

即 $\sum_{i=1}^{t}\lambda_i\boldsymbol{\beta}_i=\mathbf{0}$.

将 $\boldsymbol{\beta}_i=\sum_{j=1}^{t} a_{ij}\boldsymbol{\alpha}_j \ (i=1, 2, \cdots, t)$ 代入上式，得

$$\sum_{i=1}^{t}\lambda_i\boldsymbol{\beta}_i = \sum_{i=1}^{t}\lambda_i\Big(\sum_{j=1}^{s}a_{ij}\boldsymbol{\alpha}_j\Big)=\sum_{j=1}^{s}\Big(\sum_{i=1}^{t}\lambda_i a_{ij}\Big)\boldsymbol{\alpha}_j=\mathbf{0}.$$

由于 $\boldsymbol{\alpha}_1, \boldsymbol{\alpha}_2, \cdots, \boldsymbol{\alpha}_s$ 线性无关，故

$$\sum_{i=1}^{t}\lambda_i a_{ij}=0 \ (j=1, 2, \cdots, s), \tag{1}$$

于是齐次线性方程组

$$\sum_{i=1}^{t}x_i a_{ij}=0 \ (j=1, 2, \cdots, s) \tag{2}$$

有非零解 $\lambda_1, \lambda_2, \cdots, \lambda_t$，故其系数矩阵 $\boldsymbol{A}$ 的秩小于未知量的个数，即 $r(\boldsymbol{A})<t$.

充分性　若 $r(\boldsymbol{A})<t$，则以 $\boldsymbol{A}$ 为系数矩阵的齐次线性方程组 (2) 有非零解，即存在不全为零的数 $\lambda_1, \lambda_2, \lambda_t$ 使式(1)成立. 此时，有

$$\sum_{i=1}^{t}\lambda_i\boldsymbol{\beta}_i=\sum_{i=1}^{t}\lambda_i\sum_{j=1}^{s}a_{ij}\boldsymbol{\alpha}_j=\sum_{j=1}^{s}\Big(\sum_{i=1}^{t}\lambda_i a_{ij}\Big)\boldsymbol{\alpha}_j=\boldsymbol{0},$$

从而 $\boldsymbol{\beta}_1, \boldsymbol{\beta}_2, \cdots, \boldsymbol{\beta}_t$ 线性相关.

题型 3　求向量组的秩与极大无关组

解题思路

(1) 求向量组的极大无关组. ① 初等行变换法：这是求向量组的极大无关组的基本方法. 其做法是将向量组中的各向量作为矩阵各列，对该矩阵作初等行变换后，将其化为阶梯形矩阵，在每一阶梯（阶梯处元素不为零）中取一列代表，则所得向量组就是原向量组的极大无关组. ② 定义法：根据要列举向量组中所有线性无关部分组的情形进行讨论，一般只对向量个数较少的向量组或某些证明题才使用. ③ 利用等价性：若某向量组的一个极大无关组由某 r 个向量组成，则此向量组中任意 r 个线性无关的部分组都是极大无关组（如例 1～例 4).

(2) 求向量组的秩. ① 把向量组求秩转化为矩阵求秩；② 利用定义：欲证 r 个向量组成的向量组的秩为 r，只需证明该向量组线性无关；③ 利用向量组的等价性求秩：通过求出与之等价的向量组的秩，从而得到原向量组的秩（如例 5 及总习题三题 10、题 14).

例 1　求向量组

$\boldsymbol{\alpha}_1=(1, 1, 4, 2)^{\mathrm{T}}, \boldsymbol{\alpha}_2=(1, -1, -2, 4)^{\mathrm{T}}, \boldsymbol{\alpha}_3=(-3, 2, 3, -11)^{\mathrm{T}}, \boldsymbol{\alpha}_4=(1, 3, 10, 0)^{\mathrm{T}}$ 的一个极大线性无关组.

解　方法一　把行向量组成矩阵，用初等行变换将其化成阶梯形矩阵，有

$$\begin{pmatrix}1&1&4&2\\1&-1&-2&4\\-3&2&3&-11\\1&3&10&0\end{pmatrix}\xrightarrow[r_4-r_1]{\substack{r_2-r_1\\ r_3+3r_1}}\begin{pmatrix}1&1&4&2\\0&-2&-6&2\\0&5&15&-5\\0&2&6&-2\end{pmatrix}\xrightarrow[\frac{1}{2}r_2,\ \frac{1}{5}r_3]{r_4+r_2}$$

$$\begin{pmatrix}1&1&4&2\\0&-1&-3&1\\0&1&3&-1\\0&0&0&0\end{pmatrix}\xrightarrow{r_3+r_2}\begin{pmatrix}1&1&4&2\\0&-1&-3&1\\0&0&0&0\\0&0&0&0\end{pmatrix},$$

所以 $\boldsymbol{\alpha}_1, \boldsymbol{\alpha}_2$ 是一个极大线性无关组.

方法二　把 $\boldsymbol{\alpha}_i$ 写成列向量，构成矩阵 $\boldsymbol{A}$，再作初等行变换，化 $\boldsymbol{A}$ 为阶梯形矩阵，即

$$\begin{pmatrix}1&1&-3&1\\1&-1&2&3\\4&-2&3&10\\2&4&-11&0\end{pmatrix}\longrightarrow\begin{pmatrix}1&1&-3&1\\0&-2&5&2\\0&-6&15&6\\0&2&-5&-2\end{pmatrix}\longrightarrow\begin{pmatrix}1&1&-3&1\\0&-2&5&2\\0&0&0&0\\0&0&0&0\end{pmatrix},$$

那么阶梯形矩阵中每一行第一个非零元素所在的列对应的列向量 $\boldsymbol{\alpha}_1$，$\boldsymbol{\alpha}_2$ 就是极大线性无关组.

方法三　由 $\boldsymbol{\alpha}_1\neq\boldsymbol{0}$，所以线性无关，考察 $\boldsymbol{\alpha}_1$，$\boldsymbol{\alpha}_2$，现 $\boldsymbol{\alpha}_2\neq k\boldsymbol{\alpha}_1$，可知 $\boldsymbol{\alpha}_1$，$\boldsymbol{\alpha}_2$ 线性无关.

再考察 $\boldsymbol{\alpha}_1$，$\boldsymbol{\alpha}_2$，$\boldsymbol{\alpha}_3$，对于方程 $x_1\boldsymbol{\alpha}_1+x_2\boldsymbol{\alpha}_2+x_3\boldsymbol{\alpha}_3=\boldsymbol{0}$，现有非零解，例如

$$\boldsymbol{\alpha}_1+5\boldsymbol{\alpha}_2+2\boldsymbol{\alpha}_3=\boldsymbol{0},$$

故 $\boldsymbol{\alpha}_1$，$\boldsymbol{\alpha}_2$，$\boldsymbol{\alpha}_3$ 线性相关，因而在极大线性无关组中应去掉 $\boldsymbol{\alpha}_3$.

最后看 $\boldsymbol{\alpha}_1$，$\boldsymbol{\alpha}_2$，$\boldsymbol{\alpha}_4$，因为 $2\boldsymbol{\alpha}_1-\boldsymbol{\alpha}_2-\boldsymbol{\alpha}_4=\boldsymbol{0}$，所以添加 $\boldsymbol{\alpha}_4$ 后仍线性相关，因此极大线性无关组是 $\boldsymbol{\alpha}_1$，$\boldsymbol{\alpha}_2$.

例 2　设向量组 $\boldsymbol{\alpha}_1=(1,1,1,3)^{\mathrm{T}}$，$\boldsymbol{\alpha}_2=(-1,-3,5,1)^{\mathrm{T}}$，$\boldsymbol{\alpha}_3=(3,2,-1,p+2)^{\mathrm{T}}$，$\boldsymbol{\alpha}_4=(-2,-6,10,p)^{\mathrm{T}}$，

(1) p 为何值时，该向量组线性无关？此时，将向量 $\boldsymbol{\alpha}=(4,1,6,10)^{\mathrm{T}}$ 用 $\boldsymbol{\alpha}_1$，$\boldsymbol{\alpha}_2$，$\boldsymbol{\alpha}_3$，$\boldsymbol{\alpha}_4$ 线性表示；

(2) p 为何值时，该向量组线性相关？并求出它的秩和一个极大线性无关组.

解　对矩阵 $(\boldsymbol{\alpha}_1,\boldsymbol{\alpha}_2,\boldsymbol{\alpha}_3,\boldsymbol{\alpha}_4,\boldsymbol{\alpha})$ 作初等行变换

$$\boldsymbol{A}=\begin{pmatrix}1&-1&3&-2&4\\1&-3&2&-6&1\\1&5&-1&10&6\\3&1&p+2&p&10\end{pmatrix}\Rightarrow\begin{pmatrix}1&-1&3&-2&4\\0&-2&-1&-4&-3\\0&6&-4&12&2\\0&4&p-7&p+6&-2\end{pmatrix}$$

$$\Rightarrow\begin{pmatrix}1&-1&3&-2&4\\0&-2&-1&-4&-3\\0&0&-7&0&-7\\0&0&p-9&p-2&-8\end{pmatrix}\Rightarrow\begin{pmatrix}1&-1&3&-2&4\\0&-2&-1&-4&-3\\0&0&1&0&1\\0&0&0&p-2&1-p\end{pmatrix}.$$

(1) 当 $p\neq2$ 时，向量组 $\boldsymbol{\alpha}_1$，$\boldsymbol{\alpha}_2$，$\boldsymbol{\alpha}_3$，$\boldsymbol{\alpha}_4$ 线性无关，此时可进一步把 $\boldsymbol{A}$ 化为如下形式，故有

$$\boldsymbol{A}\Rightarrow\begin{pmatrix}1&-1&3&-2&4\\0&-2&-1&-4&-3\\0&0&1&0&1\\0&0&0&p-2&1-p\end{pmatrix}\Rightarrow\begin{pmatrix}1&0&0&0&2\\0&1&0&0&\dfrac{3p-4}{p-2}\\0&0&1&0&1\\0&0&0&1&\dfrac{1-p}{p-2}\end{pmatrix},$$

$$\boldsymbol{\alpha}=2\boldsymbol{\alpha}_1+\frac{3p-4}{p-2}\boldsymbol{\alpha}_2+\boldsymbol{\alpha}_3+\frac{1-p}{p-2}\boldsymbol{\alpha}_4.$$

(2) 当 $p=2$ 时，向量组 $\boldsymbol{\alpha}_1$，$\boldsymbol{\alpha}_2$，$\boldsymbol{\alpha}_3$，$\boldsymbol{\alpha}_4$ 线性相关，此时，向量组的秩等于 3. 矩阵 $\boldsymbol{A}$ 可化为如下形式（最后一列不考虑），

$$\boldsymbol{A}\Rightarrow\begin{pmatrix}1&-1&3&-2&4\\0&-2&-1&-4&-3\\0&0&1&0&1\\0&0&0&p-2&1-p\end{pmatrix}\Rightarrow\begin{pmatrix}1&-1&3&-2\\0&-2&-1&-4\\0&0&1&0\\0&0&0&0\end{pmatrix},$$

可见，$\boldsymbol{\alpha}_1$，$\boldsymbol{\alpha}_2$，$\boldsymbol{\alpha}_3$（或 $\boldsymbol{\alpha}_1$，$\boldsymbol{\alpha}_3$，$\boldsymbol{\alpha}_4$）为其一个极大无关组.

例 3 设有向量组 $\boldsymbol{\alpha}_1=(1,2,-1)^{\mathrm{T}}$，$\boldsymbol{\alpha}_2=(-1,-2,1)^{\mathrm{T}}$，$\boldsymbol{\alpha}_3=(1,2,3)^{\mathrm{T}}$，试求该向量组的一个极大无关组，并用它表示其余向量.

解 方法一 用初等变换法.

$$\boldsymbol{A}=\begin{matrix}\boldsymbol{\alpha}_1&\boldsymbol{\alpha}_2&\boldsymbol{\alpha}_3\\ \end{matrix}\begin{pmatrix}1&-1&1\\2&-2&2\\-1&1&3\end{pmatrix}\Rightarrow\begin{pmatrix}1&-1&1\\0&0&0\\0&0&4\end{pmatrix}\Rightarrow\begin{pmatrix}1&-1&1\\0&0&4\\0&0&0\end{pmatrix},$$

所以 $\boldsymbol{\alpha}_1$，$\boldsymbol{\alpha}_3$；$\boldsymbol{\alpha}_2$，$\boldsymbol{\alpha}_3$ 均为极大无关组，又 $\boldsymbol{A}\Rightarrow\begin{pmatrix}1&-1&0\\0&0&1\\0&0&0\end{pmatrix}$，故 $\boldsymbol{\alpha}_2=-\boldsymbol{\alpha}_1+0\cdot\boldsymbol{\alpha}_3$.

方法二 考虑到向量组的元素不多，用定义法求解.

该向量组共有七个部分组.

(1) $\boldsymbol{\alpha}_1$；(2) $\boldsymbol{\alpha}_2$；(3) $\boldsymbol{\alpha}_3$；(4) $\boldsymbol{\alpha}_1$，$\boldsymbol{\alpha}_2$；(5) $\boldsymbol{\alpha}_1$，$\boldsymbol{\alpha}_3$；(6) $\boldsymbol{\alpha}_2$，$\boldsymbol{\alpha}_3$；(7) $\boldsymbol{\alpha}_1$，$\boldsymbol{\alpha}_2$，$\boldsymbol{\alpha}_3$.

因为 $\boldsymbol{\alpha}_1$，$\boldsymbol{\alpha}_2$，$\boldsymbol{\alpha}_3$ 均为非零向量，所以 (1)、(2)、(3) 的部分组一定线性无关，又因 $\boldsymbol{\alpha}_1$ 与 $\boldsymbol{\alpha}_2$ 对应元素成比例，而 $\boldsymbol{\alpha}_1$，$\boldsymbol{\alpha}_3$；$\boldsymbol{\alpha}_2$，$\boldsymbol{\alpha}_3$ 对应元素不成比例，所以 $\boldsymbol{\alpha}_1$，$\boldsymbol{\alpha}_3$；$\boldsymbol{\alpha}_2$，$\boldsymbol{\alpha}_3$ 也线性无关.

由于 $\boldsymbol{\alpha}_1$，$\boldsymbol{\alpha}_2$ 线性相关，所以部分组 (7) 也线性相关. 可见 (5)、(6) 是含有向量个数最多的线性无关部分组，由定义，它们都是该向量组的极大无关组.

方法三 先选取 $\boldsymbol{\alpha}_1\neq\mathbf{0}$，再考虑 $\boldsymbol{\alpha}_2$，由于 $\boldsymbol{\alpha}_1$，$\boldsymbol{\alpha}_2$ 的对应元素成比例，所以 $\boldsymbol{\alpha}_1$，$\boldsymbol{\alpha}_2$ 线性相关，$\boldsymbol{\alpha}_2$ 不应添加到 $\boldsymbol{\alpha}_1$ 组中.

接着考虑 $\boldsymbol{\alpha}_3$，因 $\boldsymbol{\alpha}_1$，$\boldsymbol{\alpha}_3$ 对应元素不成比例，所以 $\boldsymbol{\alpha}_1$，$\boldsymbol{\alpha}_3$ 线性无关，把 $\boldsymbol{\alpha}_3$ 添加到 $\boldsymbol{\alpha}_1$ 组中，得到向量组 $\boldsymbol{\alpha}_1$，$\boldsymbol{\alpha}_3$. 由于所有向量均已考虑过，因此 $\boldsymbol{\alpha}_1$，$\boldsymbol{\alpha}_3$ 即为极大线性无关组.

令 $\boldsymbol{\alpha}_2=x_1\boldsymbol{\alpha}_1+x_2\boldsymbol{\alpha}_3$，解得 $x_1=-1$，$x_2=0$，故 $\boldsymbol{\alpha}_2=-1\cdot\boldsymbol{\alpha}_1+0\cdot\boldsymbol{\alpha}_3$.

例 4　试证任意一个含有非零向量的 n 维向量组，必有一个极大无关组.

证　记给定的向量组为 $\boldsymbol{A}$，则 $\boldsymbol{A}$ 中任意一个线性无关的部分组至多含有 n 个向量（当向量个数大于维数 n 时，向量组一定线性相关）.

因为 $\boldsymbol{A}$ 中含有非零向量，任取 $\boldsymbol{A}$ 中的一个非零向量 $\boldsymbol{\alpha}_1$，则 $\boldsymbol{\alpha}_1$ 是线性无关的.

若 $\boldsymbol{A}$ 中每一向量都能被 $\boldsymbol{\alpha}_1$ 线性表出，则 $\boldsymbol{\alpha}_1$ 为 $\boldsymbol{A}$ 的一个极大无关组；若 $\boldsymbol{A}$ 中有向量 $\boldsymbol{\alpha}_2$ 不能由 $\boldsymbol{\alpha}_1$ 线性表出，则 $\boldsymbol{\alpha}_1$，$\boldsymbol{\alpha}_2$ 线性无关，若 $\boldsymbol{A}$ 中所有向量都能被 $\boldsymbol{\alpha}_1$，$\boldsymbol{\alpha}_2$ 线性表出，则 $\boldsymbol{\alpha}_1$，$\boldsymbol{\alpha}_2$ 就是 $\boldsymbol{A}$ 的一个极大无关组；否则，依此类推，必可找到 m 个线性无关的向量 $\boldsymbol{\alpha}_1$，$\boldsymbol{\alpha}_2$，…，$\boldsymbol{\alpha}_m(m\leqslant n)$，使 $\boldsymbol{A}$ 中每一个向量都可由这 m 个向量线性表出，这 m 个向量就组成了 $\boldsymbol{A}$ 的一个极大无关组.

例 5　已知向量组

（Ⅰ）$\boldsymbol{\alpha}_1$，$\boldsymbol{\alpha}_2$，$\boldsymbol{\alpha}_3$；（Ⅱ）$\boldsymbol{\alpha}_1$，$\boldsymbol{\alpha}_2$，$\boldsymbol{\alpha}_3$，$\boldsymbol{\alpha}_4$；（Ⅲ）$\boldsymbol{\alpha}_1$，$\boldsymbol{\alpha}_2$，$\boldsymbol{\alpha}_3$，$\boldsymbol{\alpha}_5$；

如果向量组的秩分别为 r(Ⅰ)=r(Ⅱ)=3，r(Ⅲ)=4，证明：向量组 $\boldsymbol{\alpha}_1$，$\boldsymbol{\alpha}_2$，$\boldsymbol{\alpha}_3$，$\boldsymbol{\alpha}_4-\boldsymbol{\alpha}_5$ 的秩为 4.

方法一　设有数 k_1，k_2，k_3，k_4，使得

$$k_1\boldsymbol{\alpha}_1+k_2\boldsymbol{\alpha}_2+k_3\boldsymbol{\alpha}_3+k_4(\boldsymbol{\alpha}_4-\boldsymbol{\alpha}_5)=\boldsymbol{0}, \tag{$*$}$$

因为 r(Ⅰ)=r(Ⅱ)=3，所以 $\boldsymbol{\alpha}_1$，$\boldsymbol{\alpha}_2$，$\boldsymbol{\alpha}_3$ 线性无关，而 $\boldsymbol{\alpha}_1$，$\boldsymbol{\alpha}_2$，$\boldsymbol{\alpha}_3$，$\boldsymbol{\alpha}_4$ 线性相关，故存在数 λ_1，λ_2，λ_3 使 $\boldsymbol{\alpha}_4=\lambda_1\boldsymbol{\alpha}_1+\lambda_2\boldsymbol{\alpha}_2+\lambda_3\boldsymbol{\alpha}_3$.

把上式代入式($*$)，并化简得

$$(k_1+\lambda_1k_4)\boldsymbol{\alpha}_1+(k_2+\lambda_2k_4)\boldsymbol{\alpha}_2+(k_3+\lambda_3k_4)\boldsymbol{\alpha}_3-k_4\boldsymbol{\alpha}_5=\boldsymbol{0},$$

由 r(Ⅲ)=4 知 $\boldsymbol{\alpha}_1$，$\boldsymbol{\alpha}_2$，$\boldsymbol{\alpha}_3$，$\boldsymbol{\alpha}_5$ 线性无关，所以$\begin{cases}k_1+\lambda_1k_4=0\\k_2+\lambda_2k_4=0\\k_3+\lambda_3k_4=0\\k_4=0\end{cases}$，得 $k_1=k_2=k_3=k_4=0$，故 $\boldsymbol{\alpha}_1$，$\boldsymbol{\alpha}_2$，$\boldsymbol{\alpha}_3$，$\boldsymbol{\alpha}_4-\boldsymbol{\alpha}_5$ 线性无关，即其秩为 4.

方法二　因 r(Ⅱ)=3，即 $\boldsymbol{\alpha}_1$，$\boldsymbol{\alpha}_2$，$\boldsymbol{\alpha}_3$ 线性无关，又因为 r(Ⅱ)=3，即 $\boldsymbol{\alpha}_1$，$\boldsymbol{\alpha}_2$，$\boldsymbol{\alpha}_3$，$\boldsymbol{\alpha}_4$ 线性相关，故存在 l_1，l_2，l_3，使

$$\boldsymbol{\alpha}_4=l_1\boldsymbol{\alpha}_1+l_2\boldsymbol{\alpha}_2+l_3\boldsymbol{\alpha}_3.$$

若 $\boldsymbol{\alpha}_1$，$\boldsymbol{\alpha}_2$，$\boldsymbol{\alpha}_3$，$\boldsymbol{\alpha}_4-\boldsymbol{\alpha}_5$ 线性相关，则有

$$\boldsymbol{\alpha}_5-\boldsymbol{\alpha}_4=k_1\boldsymbol{\alpha}_1+k_2\boldsymbol{\alpha}_2+k_3\boldsymbol{\alpha}_3,$$

即

$$\boldsymbol{\alpha}_5=(l_1+k_1)\boldsymbol{\alpha}_1+(l_2+k_2)\boldsymbol{\alpha}_2+(l_3+k_3)\boldsymbol{\alpha}_3.$$

这与 $\boldsymbol{R}(\mathrm{III})=4$ 矛盾，故 $\boldsymbol{\alpha}_1$，$\boldsymbol{\alpha}_2$，$\boldsymbol{\alpha}_3$，$\boldsymbol{\alpha}_4-\boldsymbol{\alpha}_5$ 线性无关，从而 $\boldsymbol{\alpha}_1$，$\boldsymbol{\alpha}_2$，$\boldsymbol{\alpha}_3$，$\boldsymbol{\alpha}_4-\boldsymbol{\alpha}_5$ 的秩为 4.

方法三　由于 $\boldsymbol{\alpha}_4=l_1\boldsymbol{\alpha}_1+l_2\boldsymbol{\alpha}_2+l_3\boldsymbol{\alpha}_3$，故

$$\boldsymbol{A}=(\boldsymbol{\alpha}_1, \boldsymbol{\alpha}_2, \boldsymbol{\alpha}_3, \boldsymbol{\alpha}_4-\boldsymbol{\alpha}_5)=(\boldsymbol{\alpha}_1, \boldsymbol{\alpha}_2, \boldsymbol{\alpha}_3, \boldsymbol{\alpha}_5-l_1\boldsymbol{\alpha}_1-l_2\boldsymbol{\alpha}_2-l_3\boldsymbol{\alpha}_3)$$
$$\xrightarrow{\text{初等变换}}(\boldsymbol{\alpha}_1, \boldsymbol{\alpha}_2, \boldsymbol{\alpha}_3, \boldsymbol{\alpha}_5).$$

因初等变换不改变矩阵的秩，故

$$\mathrm{r}(\boldsymbol{\alpha}_1, \boldsymbol{\alpha}_2, \boldsymbol{\alpha}_3, \boldsymbol{\alpha}_4-\boldsymbol{\alpha}_5)=\mathrm{r}(\boldsymbol{\alpha}_1, \boldsymbol{\alpha}_2, \boldsymbol{\alpha}_3, \boldsymbol{\alpha}_5)=4.$$

题型 4　线性方程组的求解

解题思路　1. 初等行变换法：对方程组的增广矩阵施行初等行变换，将其化为阶梯形矩阵，然后根据方程组系数矩阵与增广矩阵的秩的情况判断方程组是否有解，并在有解时求出方程的一般解（如例 1）；如果所求线性方程组含有待定参数，还要进一步讨论参数方程组解的情况（见总习题三题 1 和题 2，例 2）；初等行变换法是求解线性方程组的最一般的方法，而克莱姆法则只在特殊情况（如方程组有唯一解且系数行列式容易计算等）下才使用.

2. 求两个方程组的公共解：设有线性方程组

$$(\mathrm{I})\ \boldsymbol{Ax}=\boldsymbol{0};\quad (\mathrm{II})\ \boldsymbol{Bx}=\boldsymbol{0};$$

其公共解可通过求解这两个方程组的联立方程组得到，亦可由上述两个方程组的通解表达式相等求得，如例 3、例 4.

3. 线性方程组的应用题：线性方程组除在工程、经济领域有大量的实际应用外，在考试中常常用于判断几何中直线、平面的位置.

例 1　求下列线性方程组的基础解系及通解.

$$(1)\begin{cases}x_1+2x_2+5x_3=0\\x_1+3x_2-2x_3=0\\3x_1+7x_2+8x_3=0\\x_1+4x_2-9x_3=0\end{cases};\qquad(2)\begin{cases}x_1+2x_2+3x_3-x_4=1\\3x_1+2x_2+x_3-x_4=1\\2x_1+3x_2+x_3+x_4=1\\2x_1+2x_2+2x_3-x_4=1\\5x_1+5x_2+2x_3=2\end{cases}.$$

解　(1) 对系数矩阵作初等行变换，变为行最简形矩阵，得

$$\boldsymbol{A}=\begin{pmatrix}1&2&5\\1&3&-2\\3&7&8\\1&4&-9\end{pmatrix}\xrightarrow[r_4-r_1]{\substack{r_2-r_1\\r_3-3r_1}}\begin{pmatrix}1&2&5\\0&1&-7\\0&1&-7\\0&2&-14\end{pmatrix}\xrightarrow[r_4-2r_2]{\substack{r_1-2r_2\\r_3-r_2}}\begin{pmatrix}1&0&19\\0&1&-7\\0&0&0\\0&0&0\end{pmatrix},$$

于是 $\begin{cases}x_1=-19x_3\\x_2=7x_3\end{cases}$.

令 $x_3=1$，则对应有 $\begin{pmatrix}x_1\\x_2\end{pmatrix}=\begin{pmatrix}-19\\7\end{pmatrix}$.

由于 $\mathrm{r}(\mathbf{A})=2$，未知量个数 $n=3$，故基础系由一个解向量构成，即为 $\boldsymbol{\xi}=\begin{pmatrix}-19\\7\\1\end{pmatrix}$，于是方程组的通解为 $\begin{pmatrix}x_1\\x_2\\x_3\end{pmatrix}=c\begin{pmatrix}-19\\7\\1\end{pmatrix}(c\in\mathbf{R})$.

(2) 对增广矩阵 $\widetilde{\mathbf{A}}=(\mathbf{A},\boldsymbol{b})$ 作初等行变换化为行最简形.

$$\widetilde{\mathbf{A}}=\begin{pmatrix}1&2&3&-1&1\\3&2&1&-1&1\\2&3&1&1&1\\2&2&2&-1&1\\5&5&2&0&2\end{pmatrix}\xrightarrow[\substack{r_4+r_3\\r_5-r_2}]{\substack{r_1+r_3\\r_2+r_3}}\begin{pmatrix}3&5&4&0&2\\5&5&2&0&2\\2&3&1&1&1\\4&5&3&0&2\\0&0&0&0&0\end{pmatrix}\xrightarrow[r_4-r_2]{r_1-r_2}\begin{pmatrix}-2&0&2&0&0\\5&5&2&0&2\\2&3&1&1&1\\-1&0&1&0&0\\0&0&0&0&0\end{pmatrix}$$

$$\xrightarrow[r_4-r_1]{\substack{r_1\div 2\\r_2-2r_3}}\begin{pmatrix}-1&0&1&0&0\\1&-1&0&-2&0\\2&3&1&1&1\\0&0&0&0&0\\0&0&0&0&0\end{pmatrix}\xrightarrow[r_3+5r_1+3r_2]{r_2+r_1}\begin{pmatrix}-1&0&1&0&0\\0&-1&1&-2&0\\0&0&6&-5&1\\0&0&0&0&0\\0&0&0&0&0\end{pmatrix}$$

$$\xrightarrow[\substack{r_2\div(-1)+\frac{r_3}{6}\\r_3\div 6}]{r_1\div(-1)+\frac{r_3}{6}}\begin{pmatrix}1&0&0&-\frac{5}{6}&\frac{1}{6}\\0&1&0&\frac{7}{6}&\frac{1}{6}\\0&0&1&-\frac{5}{6}&\frac{1}{6}\\0&0&0&0&0\\0&0&0&0&0\end{pmatrix}.$$

由此可知 $\mathrm{r}(\mathbf{A})=\mathrm{r}(\widetilde{\mathbf{A}})=3$，而原方程组中未知量的个数是 $n=4$，故有一个自由未知数.

令自由未知量 $x_4=k$，可得原方程组的通解

$$\boldsymbol{x}=\begin{pmatrix}x_1\\x_2\\x_3\\x_4\end{pmatrix}=\begin{pmatrix}\frac{1}{6}\\\frac{1}{6}\\\frac{1}{6}\\0\end{pmatrix}+k\begin{pmatrix}\frac{5}{6}\\-\frac{7}{6}\\\frac{5}{6}\\1\end{pmatrix}，k\text{ 取任意常数}.$$

例 2 已知线性方程组$\begin{cases} ax_1+x_2+x_3=4 \\ x_1+bx_2+x_3=3 \\ x_1+3bx_2+x_3=9 \end{cases}$. 问方程组什么时候有解？什么时候无解？有解时，求出相应解.

解 方法一 方程组的系数行列式为

$$|\mathbf{A}|=\begin{vmatrix} a & 1 & 1 \\ 1 & b & 1 \\ 1 & 3b & 1 \end{vmatrix}=2b(1-a),$$

(1) 当 $a\neq 1$ 且 $b\neq 0$ 时，方程组有唯一解，其解为

$$x_1=\frac{3-4b}{b(1-a)},\ x_2=\frac{3}{b},\ x_3=\frac{4b-3}{b(1-a)}.$$

(2) 当 $b=0$ 时，原方程组的增广矩阵 $\widetilde{\mathbf{A}}$ 为

$$\widetilde{\mathbf{A}}=\begin{pmatrix} a & 1 & 1 & 4 \\ 1 & 0 & 1 & 3 \\ 1 & 0 & 1 & 9 \end{pmatrix}\Rightarrow\begin{pmatrix} a & 1 & 1 & 4 \\ 1 & 0 & 1 & 3 \\ 0 & 0 & 0 & 6 \end{pmatrix},$$

显然，该方程组无解.

(3) 当 $b\neq 0$，$a=1$ 时，

$$\widetilde{\mathbf{A}}=\begin{pmatrix} 1 & 1 & 1 & 4 \\ 1 & b & 1 & 3 \\ 1 & 3b & 1 & 9 \end{pmatrix}\Rightarrow\begin{pmatrix} 1 & 1 & 1 & 4 \\ 0 & b-1 & 0 & -1 \\ 0 & 3b-1 & 0 & 5 \end{pmatrix}\Rightarrow\begin{pmatrix} 1 & 1 & 1 & 4 \\ 0 & b-1 & 0 & -1 \\ 0 & 2 & 0 & 8 \end{pmatrix}$$

$$\Rightarrow\begin{pmatrix} 1 & 0 & 1 & 0 \\ 0 & 1 & 0 & 4 \\ 0 & 0 & 0 & -4b+3 \end{pmatrix},$$

可见当 $b\neq\frac{3}{4}$ 时，$\mathrm{r}(\mathbf{A})=2<\mathrm{r}(\widetilde{\mathbf{A}})=3$，方程组无解.

当 $b=\frac{3}{4}$ 时，原方程组的导出组等价于

$$\begin{cases} x_1+x_3=0 \\ x_2=0 \end{cases},$$

所求通解为 $\boldsymbol{x}=\begin{pmatrix} x_1 \\ x_2 \\ x_3 \end{pmatrix}=\begin{pmatrix} 0 \\ 4 \\ 0 \end{pmatrix}+k\begin{pmatrix} -1 \\ 0 \\ 1 \end{pmatrix}$，其中 k 为任意常数.

方法二　利用初等行变换化增广矩阵 **A** 为阶梯形矩阵.

(1) 若 $b\neq0$，则 $\widetilde{\mathbf{A}}\Rightarrow\cdots\Rightarrow\begin{pmatrix}1 & b & 1 & 3\\ 0 & 2b & 0 & 6\\ 0 & 0 & 1-a & \dfrac{4b-3}{b}\end{pmatrix}$,

因此当 $b\neq0$，$a\neq1$ 时，$\mathrm{r}(\mathbf{A})=\mathrm{r}(\widetilde{\mathbf{A}})=3$，方程组有唯一解

$$x_1=\frac{3-4b}{b(1-a)},\ x_2=\frac{3}{b},\ x_3=\frac{4b-3}{b(1-a)}.$$

当 $b=\dfrac{3}{4}$ 时，原方程组的导出组等价 $\begin{cases}x_1+x_3=0\\ x_2=0\end{cases}$，故所求通解为 $x=\begin{pmatrix}x_1\\ x_2\\ x_3\end{pmatrix}=\begin{pmatrix}0\\ 4\\ 0\end{pmatrix}+k\begin{pmatrix}-1\\ 0\\ 1\end{pmatrix}$，其中 k 为任意常数.

(2) 若 $b=0$，则 $\widetilde{\mathbf{A}}\Rightarrow\begin{pmatrix}a & 1 & 1 & 4\\ 1 & 0 & 1 & 3\\ 0 & 0 & 0 & 6\end{pmatrix}$，故 $\mathrm{r}(\mathbf{A})=2<\mathrm{r}(\widetilde{\mathbf{A}})=3$，方程无解.

例 3　设有两个 4 元齐次线性方程组

(Ⅰ) $\begin{cases}x_1+x_2=0\\ x_2-x_4=0\end{cases}$;　(Ⅱ) $\begin{cases}x_1-x_2+x_3=0\\ x_2-x_3+x_4=0\end{cases}$.

(1) 求线性方程组（Ⅰ）的基础解系；

(2) 试问方程组（Ⅰ）和（Ⅱ）是否有非零公共解？若有，则求出所有非零公共解；若没有，则说明理由.

解　因为方程组（Ⅰ）系数矩阵的秩 $\mathrm{r}(\mathbf{A})=2$，

$$n-\mathrm{r}(\mathbf{A})=4-2=2,$$

所以基础解系数由 2 个解向量构成，给自由变量 x_3，x_4 赋值得基础解系：$\boldsymbol{\xi}_1=(0,0,1,0)^{\mathrm{T}}$，$\boldsymbol{\xi}_2=(-1,1,0,1)^{\mathrm{T}}$.

关于公共解，可以有几种处理方法：

1°. 把（Ⅰ），（Ⅱ）联立起来直接求解，即

$$\mathbf{A}=\begin{pmatrix}1 & 1 & 0 & 0\\ 0 & 1 & 0 & -1\\ 1 & -1 & 1 & 0\\ 0 & 1 & -1 & 1\end{pmatrix}\rightarrow\begin{pmatrix}1 & 1 & 0 & 0\\ 0 & 1 & 0 & -1\\ 0 & -2 & 1 & 0\\ 0 & 1 & -1 & 1\end{pmatrix}\rightarrow\begin{pmatrix}1 & 1 & 0 & 1\\ 0 & 1 & 0 & -1\\ 0 & 0 & 1 & -2\\ 0 & 0 & 0 & 0\end{pmatrix}.$$

由于 $n-\mathrm{r}(\mathbf{A})=1$，基础解系是 $(-1,1,2,1)^{\mathrm{T}}$，从而（Ⅰ），（Ⅱ）有公共

解：$k(-1, 1, 2, 1)^T$，k 是任意实数.

2°. 通过（Ⅰ）与（Ⅱ）各自的通解，寻找公共解. 为此，先求（Ⅱ）的基础解系：$\boldsymbol{\eta}_1=(0, 1, 1, 0)^T$，$\boldsymbol{\eta}_2=(-1, -1, 0, 1)^T$，那么 $k_1\boldsymbol{\xi}_1+k_2\boldsymbol{\xi}_2$，$l_1\boldsymbol{\eta}_1+l_2\boldsymbol{\eta}_2$ 分别是（Ⅰ），（Ⅱ）的通解.

令其相等，即有

$$\begin{aligned}&k_1(0, 0, 1, 0)^T+k_2(-1, 1, 0, 1)^T\\=&l_1(0, 1, 1, 0)^T+l_2(-1, -1, 0, 1)^T.\end{aligned}$$

由此得 $(-k_2, k_2, k_1, k_2)^T=(-l_2, l_1-l_2, l_1, l_2)^T$. 故公共解是

$$2k_2(0, 0, 1, 0)^T+k_2(-1, 1, 0, 1)^T=k_2(-1, 1, 2, 1)^T.$$

3°. 把（Ⅰ）的通解代入（Ⅱ）中，若仍是解，则寻找 k_1，k_2 应满足的关系式而求出公共解. 若 $k_1\boldsymbol{\xi}_1+k_2\boldsymbol{\xi}_2=(-k_2, k_2, k_1, k_2)^T$ 是（Ⅱ）的解，则应满足（Ⅱ）的方程，故

$$\begin{cases}-k_2-k_2+k_1=0\\k_2-k_1+k_2=0\end{cases},$$

解出 $k_1=2k_2$，下略.

例 4 设方程组

$$\begin{cases}x_1+2x_2-x_3+x_4=r\\3x_1+px_2+3x_3+2x_4=-11\\2x_1+2x_2+qx_3+x_4=-4\end{cases}\tag{1}$$

与方程组

$$\begin{cases}x_1+3x_3=-2\\x_2-2x_3=5\\x_4=-10\end{cases}\tag{2}$$

是同解方程组，试确定方程组 (1) 中的 p，q，r 的值.

解 方程组(2) 的同解方程组为

$$\begin{cases}x_1=-2-3x_3\\x_2=5+2x_3\\x_4=-10\end{cases}.\tag{3}$$

令 $x_3=0$，得方程组(2)的解 $\boldsymbol{\eta}^*=(-2, 5, 0, -10)^T$.

与方程组(3)对应的齐次线性方程组为

$$\begin{cases}x_1=-3x_3\\x_2=2x_3\\x_4=0\end{cases}.\tag{4}$$

令 $x_3=1$，则方程组（4）的基础解系为 $\boldsymbol{\xi}=(-3,\ 2,\ 1,\ 0)^{\mathrm{T}}$，故方程组（2）的通解为

$$\begin{pmatrix}x_1\\x_2\\x_3\\x_4\end{pmatrix}=\lambda\begin{pmatrix}-3\\2\\1\\0\end{pmatrix}+\begin{pmatrix}-2\\5\\0\\-10\end{pmatrix}\ (\lambda\in\mathbf{R}).$$

将其代入方程组（1）中，得

$$\begin{cases}(-3\lambda-2)+2(2\lambda+5)-\lambda-10=r\\3(-3\lambda-2)+p(2\lambda+5)+3\lambda-20=-11,\\2(-3\lambda-2)+2(2\lambda+5)+q\lambda-10=-4\end{cases}$$

即

$$\begin{cases}-2=r\\(p-3)(2\lambda+5)=0\ (\lambda\in\mathbf{R}),\\(-2+q)\lambda=0\end{cases}$$

令 $\lambda=1$，得 $r=-2$，$p=3$，$q=2$.

题型 5　利用线性方程组解的性质解题

解题思路　1. 用线性方程组解的判定定理解题：设线性方程组

$\boldsymbol{Ax}=\boldsymbol{b}$，记增广矩阵 $\boldsymbol{B}=(\boldsymbol{A},\ \boldsymbol{b})$，

则有：

(1) $\mathrm{r}(\boldsymbol{A})=\mathrm{r}(\boldsymbol{B})=n \Longleftrightarrow \boldsymbol{Ax}=\boldsymbol{b}$ 有唯一解；

(2) $\mathrm{r}(\boldsymbol{A})=\mathrm{r}(\boldsymbol{B})<n \Longleftrightarrow \boldsymbol{Ax}=\boldsymbol{b}$ 有无穷多解；

(3) $\mathrm{r}(\boldsymbol{A})<n \Longleftrightarrow \boldsymbol{Ax}=\boldsymbol{0}$ 有非零解.

解题过程中还常涉及行列式、向量组等知识（见总习题三题 23，又如例 1 和例 2）.

2. 综合运用线性方程组解的判定、性质、结构定理解题：

设非齐次方程组为

$$\boldsymbol{Ax}=\boldsymbol{b}, \tag{1}$$

则对应的齐次方程组为

$$\boldsymbol{Ax}=\boldsymbol{0}. \tag{2}$$

A. 若 $\boldsymbol{\eta}_1$，$\boldsymbol{\eta}_2$ 是式（1）的解，则 $\boldsymbol{\eta}_1-\boldsymbol{\eta}_2$ 为式（2）的解；

B. 若 $\boldsymbol{\eta}$ 是式（1）的解，$\boldsymbol{\xi}$ 为式（2）的解，则 $\boldsymbol{\xi}+\boldsymbol{\eta}$ 是式（2）的解.

题型包括：利用基础解系定义和解的结构解题（如例 3，又见总习题三题 26 和题 28）；已知方程组的某些特定解，反过来求系数矩阵或系数矩阵中的参数等

(如例 4,又见总习题三题 27).

例 1 $\boldsymbol{A}$ 是 n 阶矩阵,对于齐次线性方程组 $\boldsymbol{Ax}=\boldsymbol{0}$.

(1)、(2) 见总习题三题 25.

(3) 如 $\mathrm{r}(\boldsymbol{A})=n-1$,且代数余子式 $A_{11}\neq 0$,则 $\boldsymbol{Ax}=\boldsymbol{0}$ 的通解是________,$\boldsymbol{A}^*\boldsymbol{x}=\boldsymbol{0}$ 的通解是________,$(\boldsymbol{A}^*)^*\boldsymbol{x}=\boldsymbol{0}$ 的通解是________.

解 对 $\boldsymbol{Ax}=\boldsymbol{0}$,从 $\mathrm{r}(\boldsymbol{A})=n-1$ 知解空间是一维的,且 $|\boldsymbol{A}|=0$,因为 $\boldsymbol{AA}^*=\boldsymbol{0}$,所以 $\boldsymbol{A}^*$ 的每一列都是 $\boldsymbol{Ax}=\boldsymbol{0}$ 的解.

现已知 $A_{11}\neq 0$,故 $(A_{11}, A_{12}, \cdots, A_{1n})^{\mathrm{T}}$ 是 $\boldsymbol{Ax}=\boldsymbol{0}$ 的非零解,即基础解系,所以通解是 $k(A_{11}, A_{12}, \cdots, A_{1n})^{\mathrm{T}}$.

对 $\boldsymbol{A}^*\boldsymbol{x}=\boldsymbol{0}$,从 $\mathrm{r}(\boldsymbol{A})=n-1$ 知 $\mathrm{r}(\boldsymbol{A}^*)=1$,那么 $\boldsymbol{A}^*\boldsymbol{x}=\boldsymbol{0}$ 的解空间是 $n-\mathrm{r}(\boldsymbol{A}^*)=n-1$ 维,从 $\boldsymbol{A}^*\boldsymbol{A}=\boldsymbol{0}$ 知 $\boldsymbol{A}$ 的每一列都是 $\boldsymbol{A}^*\boldsymbol{x}=\boldsymbol{0}$ 的解,由代数余子式 $A_{11}\neq 0$,知$n-1$维向量

$$(a_{22}, a_{32}, \cdots, a_{n2})^{\mathrm{T}}, (a_{23}, a_{33}, \cdots, a_{n3})^{\mathrm{T}}, \cdots, (a_{2n}, a_{3n}, \cdots, a_{nn})^{\mathrm{T}}$$

线性无关,那么延伸为 n 维向量

$$(a_{12}, a_{22}, \cdots, a_{n2})^{\mathrm{T}}, (a_{13}, a_{23}, \cdots, a_{n3})^{\mathrm{T}}, \cdots, (a_{1n}, a_{2n}, \cdots, a_{nn})^{\mathrm{T}}$$

仍线性无关,即是 $\boldsymbol{A}^*\boldsymbol{x}=\boldsymbol{0}$ 的基础解系,通解略.

对 $(\boldsymbol{A}^*)^*\boldsymbol{x}=\boldsymbol{0}$,同上知 $\mathrm{r}(\boldsymbol{A}^*)=1$,又当 $n\geqslant 3$ 时,$\mathrm{r}((\boldsymbol{A}^*)^*)=0$,那么任意 n 个线性无关的向量都可构成基础解系.

例如,取

$$\boldsymbol{e}_1=(1, 0, \cdots, 0)^{\mathrm{T}}, \boldsymbol{e}_2=(0, 1, \cdots, 0)^{\mathrm{T}}, \cdots, \boldsymbol{e}_n=(0, 0, \cdots, 1)^{\mathrm{T}},$$

得通解 $k_1\boldsymbol{e}_1+k_2\boldsymbol{e}_2+\cdots+k_n\boldsymbol{e}_n$.

比如 $n=2$,对于 $\boldsymbol{A}=\begin{pmatrix} a_{11} & a_{12} \\ a_{21} & a_{22} \end{pmatrix}$,有 $\boldsymbol{A}^*=\begin{pmatrix} a_{22} & -a_{12} \\ -a_{21} & a_{11} \end{pmatrix}$. 于是

$$(\boldsymbol{A}^*)^*=\begin{pmatrix} a_{11} & a_{12} \\ a_{21} & a_{22} \end{pmatrix}=\boldsymbol{A},$$

则 $(\boldsymbol{A}^*)^*\boldsymbol{x}=\boldsymbol{0}$ 的通解为 $k\begin{pmatrix} a_{22} \\ -a_{21} \end{pmatrix}$.

注:$\boldsymbol{AA}^*=\boldsymbol{0}$,$A_{11}=a_{22}\neq 0$,$\mathrm{r}(\boldsymbol{A})=1$.

例 2 要使 $\boldsymbol{\xi}_1=(1, 0, 2)^{\mathrm{T}}$,$\boldsymbol{\xi}_2=(0, 1, -1)^{\mathrm{T}}$ 都是线性方程组 $\boldsymbol{Ax}=\boldsymbol{0}$ 的解,只要系数矩阵 $\boldsymbol{A}$ 为(　　).

(A) $(-2, 1, 1)$;　　　　(B) $\begin{pmatrix} 2 & 0 & -1 \\ 0 & 1 & 1 \end{pmatrix}$;

(C) $\begin{pmatrix} -1 & 0 & 2 \\ 0 & 1 & -1 \end{pmatrix}$；　　(D) $\begin{pmatrix} 0 & 1 & -1 \\ 4 & -2 & -2 \\ 0 & 1 & 1 \end{pmatrix}$.

解　应选 (A).

直接把 (A), (B), (C), (D) 四个答案逐一代入 $\boldsymbol{Ax}=\boldsymbol{0}$ 验证，可知 (A) 项为正确答案.

或由 $\boldsymbol{Ax}=\boldsymbol{0}$ 至少有两个线性无关的解向量 $\boldsymbol{\xi}_1$，$\boldsymbol{\xi}_2$，即其基础解系所含的线性无关的解向量至少为 2，故 $r(\boldsymbol{A})\leqslant 3-2=1(3-r(\boldsymbol{A})\geqslant 2)$，只有 (A) 项中矩阵的秩不超过 1，也可得到正确答案为 (A) 项.

例 3　已知 $\boldsymbol{\beta}_1$，$\boldsymbol{\beta}_2$ 是 $\boldsymbol{Ax}=\boldsymbol{b}$ 的两个不同的解，$\boldsymbol{\alpha}_1$，$\boldsymbol{\alpha}_2$ 是相应齐次方程组 $\boldsymbol{Ax}=\boldsymbol{0}$ 的基础解系，k_1，k_2 是任意常数，则 $\boldsymbol{Ax}=\boldsymbol{b}$ 的通解是（　　）.

(A) $k_1\boldsymbol{\alpha}_1+k_2(\boldsymbol{\alpha}_1+\boldsymbol{\alpha}_2)+\dfrac{\boldsymbol{\beta}_1-\boldsymbol{\beta}_2}{2}$；　　(B) $k_1\boldsymbol{\alpha}_1+k_2(\boldsymbol{\alpha}_1-\boldsymbol{\alpha}_2)+\dfrac{\boldsymbol{\beta}_1+\boldsymbol{\beta}_2}{2}$；

(C) $k_1\boldsymbol{\alpha}_1+k_2(\boldsymbol{\beta}_1-\boldsymbol{\beta}_2)+\dfrac{\boldsymbol{\beta}_1-\boldsymbol{\beta}_2}{2}$；　　(D) $k_1\boldsymbol{\alpha}_1+k_2(\boldsymbol{\beta}_1-\boldsymbol{\beta}_2)+\dfrac{\boldsymbol{\beta}_1+\boldsymbol{\beta}_2}{2}$.

解　应选 (B).

在 (A), (C) 中，没有 $\boldsymbol{Ax}=\boldsymbol{b}$ 的特解，按解的结构知 (A), (C) 均错.

在 (D) 中，虽然 $\boldsymbol{\alpha}_1$，$\boldsymbol{\beta}_1-\boldsymbol{\beta}_2$ 都是导出组 $\boldsymbol{Ax}=\boldsymbol{0}$ 的解，但它们是否线性无关不能判定，故 (D) 也不正确.

因此，(B) 正确.

例 4　设 $\boldsymbol{A}=\begin{pmatrix} 1 & 2 & 1 & 2 \\ 0 & 1 & t & t \\ 1 & t & 0 & 1 \end{pmatrix}$，且方程组 $\boldsymbol{Ax}=\boldsymbol{0}$ 的基础解系含有两个线性无关的解向量，求 $\boldsymbol{Ax}=\boldsymbol{0}$ 的通解.

解　$\boldsymbol{A}\Rightarrow\begin{pmatrix} 1 & 2 & 1 & 2 \\ 0 & 1 & t & t \\ 0 & t-2 & -1 & -1 \end{pmatrix}\Rightarrow\begin{pmatrix} 1 & 0 & 1-2t & 2-2t \\ 0 & 1 & t & t \\ 0 & 0 & -(t-1)^2 & -(t-1)^2 \end{pmatrix}$，

要使 $r(\boldsymbol{A})=2$，必有 $(t-1)^2=0$，即 $t=1$.

此时，同解方程组为

$$\begin{cases} x_1-x_3=0 \\ x_2+x_3+x_4=0 \end{cases},$$

通解为 $\boldsymbol{x}=k_1(1,\ -1,\ 1,\ 0)^{\mathrm{T}}+k_2(0,\ -1,\ 0,\ 1)^{\mathrm{T}}$，其中 k_1，k_2 为任一常数.

题型 6　有关线性方程组的证明

解题思路　1. 有关线性方程组基础解系的证明：根据定义，欲证明某一向量组 $\boldsymbol{\alpha}_1$，$\boldsymbol{\alpha}_2$，…，$\boldsymbol{\alpha}_s$ 是 n 元线性方程组 $\boldsymbol{Ax}=\boldsymbol{0}$ 的基础解系，要证明以下三个结论：

(1) 该向量组的每个向量都是方程组 $\boldsymbol{Ax}=\boldsymbol{0}$ 的解；

(2) 该向量组线性无关；

(3) 方程组的任一解均可由该向量组线性表示或 $s=n-\mathrm{r}(\boldsymbol{A})$.

而(3)提供了证明基础解系的两种基本方法（如例 1，例 2，例 4，又见总习题三题 29，题 30）.

2. 有关线性方程组的其他证明题：熟悉线性方程组解的结构与性质，并注意下列结论：

(1) n 元齐次线性方程组 $\boldsymbol{Ax}=\boldsymbol{0}$ 若有非零解，则其解向量的最大线性无关组有 $n-\mathrm{r}(\boldsymbol{A})$个向量.

(2) 线性方程组 $\boldsymbol{Ax}=\boldsymbol{b}$ 若有无穷多解，则其解向量的最大线性无关组有 $n-\mathrm{r}(\boldsymbol{A})+1$ 个向量（如例 5，例 6，又见总习题三题 31）.

例 1　已知 $\boldsymbol{\alpha}_1$，$\boldsymbol{\alpha}_2$，$\boldsymbol{\alpha}_3$ 是齐次线性方程组 $\boldsymbol{Ax}=\boldsymbol{0}$ 的一个基础解系. 证明$\boldsymbol{\alpha}_1+\boldsymbol{\alpha}_2$，$\boldsymbol{\alpha}_2+\boldsymbol{\alpha}_3$，$\boldsymbol{\alpha}_3+\boldsymbol{\alpha}_1$ 也是该方程组的一个基础解系.

证　由 $\boldsymbol{A}(\boldsymbol{\alpha}_1+\boldsymbol{\alpha}_2)=\boldsymbol{A\alpha}_1+\boldsymbol{A\alpha}_2=\boldsymbol{0}+\boldsymbol{0}=\boldsymbol{0}$，知 $\boldsymbol{\alpha}_1+\boldsymbol{\alpha}_2$ 是齐次方程组 $\boldsymbol{Ax}=\boldsymbol{0}$ 的解，类似可知 $\boldsymbol{\alpha}_2+\boldsymbol{\alpha}_3$，$\boldsymbol{\alpha}_3+\boldsymbol{\alpha}_1$ 也是 $\boldsymbol{Ax}=\boldsymbol{0}$ 的解.

若 $k_1(\boldsymbol{\alpha}_1+\boldsymbol{\alpha}_2)+k_2(\boldsymbol{\alpha}_2+\boldsymbol{\alpha}_3)+k_3(\boldsymbol{\alpha}_3+\boldsymbol{\alpha}_1)=\boldsymbol{0}$，即

$$(k_1+k_3)\boldsymbol{\alpha}_1+(k_1+k_2)\boldsymbol{\alpha}_2+(k_2+k_3)\boldsymbol{\alpha}_3=\boldsymbol{0}.$$

因为 $\boldsymbol{\alpha}_1$，$\boldsymbol{\alpha}_2$，$\boldsymbol{\alpha}_3$ 是基础解系，它们是线性无关的，故

$$\begin{cases}k_1+k_3=0\\k_1+k_2=0.\\k_2+k_3=0\end{cases}$$

由于此方程组的系数行列式

$$D=\begin{vmatrix}1&0&1\\1&1&0\\0&1&1\end{vmatrix}=2\neq 0,$$

故必有 $k_1=k_2=k_3=0$，所以 $\boldsymbol{\alpha}_1+\boldsymbol{\alpha}_2$，$\boldsymbol{\alpha}_2+\boldsymbol{\alpha}_3$，$\boldsymbol{\alpha}_3+\boldsymbol{\alpha}_1$ 线性无关.

根据题设，$\boldsymbol{Ax}=\boldsymbol{0}$ 的基础解系含有三个线性无关的向量，所以 $\boldsymbol{\alpha}_1+\boldsymbol{\alpha}_2$，$\boldsymbol{\alpha}_2+\boldsymbol{\alpha}_3$，$\boldsymbol{\alpha}_3+\boldsymbol{\alpha}_1$ 是方程组 $\boldsymbol{Ax}=\boldsymbol{0}$ 的基础解系.

例 2　设方程组$\begin{cases}a_{11}x_1+a_{12}x_2+\cdots+a_{1n}x_n=0\\a_{21}x_1+a_{22}x_2+\cdots+a_{2n}x_n=0\\\cdots\cdots\\a_{n1}x_1+a_{n2}x_2+\cdots+a_{nn}x_n=0\end{cases}$，系数行列式$|\boldsymbol{A}|=0$，而 $\boldsymbol{A}$ 中某元素 a_{ij} 的代数余子式 $A_{ij}\neq 0$，试证 $(A_{i1}, A_{i2}, \cdots, A_{in})^{\mathrm{T}}$ 是该方程组的一个基

础解系.

证　因为$|\boldsymbol{A}|=0$，所以$\boldsymbol{A}\boldsymbol{A}^*=|\boldsymbol{A}|\boldsymbol{E}=\boldsymbol{0}$，将

$$\boldsymbol{A}^*=\begin{pmatrix}A_{11} & A_{21} & \cdots & A_{n1}\\ A_{12} & A_{22} & \cdots & A_{n2}\\ \vdots & \vdots & & \vdots\\ A_{1n} & A_{2n} & \cdots & A_{nn}\end{pmatrix}$$

按列分块，$\boldsymbol{A}^*=(\boldsymbol{\alpha}_1,\boldsymbol{\alpha}_2,\cdots,\boldsymbol{\alpha}_n)$，其中$\boldsymbol{\alpha}_i=(A_{i1},A_{i2},\cdots,A_{in})^{\mathrm{T}}$，则$\boldsymbol{A}\boldsymbol{A}^*=\boldsymbol{A}(\boldsymbol{\alpha}_1,\boldsymbol{\alpha}_2,\cdots,\boldsymbol{\alpha}_n)=(\boldsymbol{A}\boldsymbol{\alpha}_1,\boldsymbol{A}\boldsymbol{\alpha}_2,\cdots,\boldsymbol{A}\boldsymbol{\alpha}_n)=(\boldsymbol{0},\boldsymbol{0},\cdots,\boldsymbol{0})$，即

$$\boldsymbol{A}\boldsymbol{\alpha}_i=\boldsymbol{0}\quad(i=1,2,\cdots,n),$$

表明$\boldsymbol{\alpha}_i$是齐次方程组$\boldsymbol{A}\boldsymbol{x}=\boldsymbol{0}$的解.

又因为$|\boldsymbol{A}|=0$，$A_{ij}\neq 0$，即$\boldsymbol{A}$存在一个$n-1$阶的非零子式，所以$\mathrm{r}(\boldsymbol{A})=n-1$.

因此，方程组$\boldsymbol{A}\boldsymbol{x}=\boldsymbol{0}$的基础解系只包含有$n-\mathrm{r}(\boldsymbol{A})=1$个向量，任一个非零向量解都可作为$\boldsymbol{A}\boldsymbol{x}=\boldsymbol{0}$的基础解系. 由$A_{ij}\neq 0$知$\boldsymbol{\alpha}_i\neq\boldsymbol{0}$，因此$\boldsymbol{\alpha}_i=(A_{i1},A_{i2},\cdots,A_{in})^{\mathrm{T}}\neq\boldsymbol{0}$是$\boldsymbol{A}\boldsymbol{x}=\boldsymbol{0}$的一个基础解系.

例 3　若矩阵$\boldsymbol{A}$的秩为r，其r个列向量为某一齐次线性方程组的一个基础解系，$\boldsymbol{B}$为r阶可逆矩阵，证明：$\boldsymbol{AB}$的r个列向量也是该齐次线性方程组的一个基础解系.

证　令$\boldsymbol{A}$为$n\times r$矩阵，它的列向量记为$\boldsymbol{A}_1,\boldsymbol{A}_2,\cdots,\boldsymbol{A}_r$；$\boldsymbol{AB}$的列向量记为$\boldsymbol{\alpha}_1,\boldsymbol{\alpha}_2,\cdots,\boldsymbol{\alpha}_r$，则

$$(\boldsymbol{\alpha}_1,\boldsymbol{\alpha}_2,\cdots,\boldsymbol{\alpha}_r)=(\boldsymbol{A}_1,\boldsymbol{A}_2,\cdots,\boldsymbol{A}_r)\boldsymbol{B},\qquad ①$$

可见，$\boldsymbol{\alpha}_1,\boldsymbol{\alpha}_2,\cdots,\boldsymbol{\alpha}_r$能由$\boldsymbol{A}_1,\boldsymbol{A}_2,\cdots,\boldsymbol{A}_r$线性表出，若$\boldsymbol{A}_1,\boldsymbol{A}_2,\cdots,\boldsymbol{A}_r$为某一齐次线性方程组的解，则$\boldsymbol{\alpha}_1,\boldsymbol{\alpha}_2,\cdots,\boldsymbol{\alpha}_r$也是该齐次线性方程组的解.

又因$\boldsymbol{B}$可逆，故由式①可得

$$(\boldsymbol{A}_1,\boldsymbol{A}_2,\cdots,\boldsymbol{A}_r)=(\boldsymbol{\alpha}_1,\boldsymbol{\alpha}_2,\cdots,\boldsymbol{\alpha}_r)\boldsymbol{B}^{-1},$$

可见$\boldsymbol{A}_1,\boldsymbol{A}_2,\cdots,\boldsymbol{A}_r$能由$\boldsymbol{\alpha}_1,\boldsymbol{\alpha}_2,\cdots,\boldsymbol{\alpha}_r$线性表出，因此$\boldsymbol{\alpha}_1,\boldsymbol{\alpha}_2,\cdots,\boldsymbol{\alpha}_r$与$\boldsymbol{A}_1,\boldsymbol{A}_2,\cdots,\boldsymbol{A}_r$等价，而$\boldsymbol{A}_1,\boldsymbol{A}_2,\cdots,\boldsymbol{A}_r$为某一齐次线性方程组的基础解系，线性无关，故$\boldsymbol{\alpha}_1,\boldsymbol{\alpha}_2,\cdots,\boldsymbol{\alpha}_r$也线性无关，且每个解向量可由它线性表示，从而为该齐次线性方程组的一个基础解系.

例 4　已知$\boldsymbol{\beta}$是非齐次线性方程组$\boldsymbol{A}\boldsymbol{x}=\boldsymbol{b}$的解，$\boldsymbol{\alpha}_1,\boldsymbol{\alpha}_2,\cdots,\boldsymbol{\alpha}_s$是其导出组$\boldsymbol{A}\boldsymbol{x}=\boldsymbol{0}$的基础解系，证明$\boldsymbol{\beta},\boldsymbol{\beta}+\boldsymbol{\alpha}_1,\boldsymbol{\beta}+\boldsymbol{\alpha}_2,\cdots,\boldsymbol{\beta}+\boldsymbol{\alpha}_s$是$\boldsymbol{A}\boldsymbol{x}=\boldsymbol{b}$解向量的极大线性无关组.

证　如$c\boldsymbol{\beta}+c_1(\boldsymbol{\beta}+\boldsymbol{\alpha}_1)+\cdots+c_s(\boldsymbol{\beta}+\boldsymbol{\alpha}_s)=\boldsymbol{0}$，重新整理为

$$\left(c+\sum_{i=1}^{s}c_i\right)\boldsymbol{\beta}+\sum_{i=1}^{s}c_i\boldsymbol{\alpha}_i=\mathbf{0}, \tag{1}$$

两边左乘矩阵 $\boldsymbol{A}$，根据 $\boldsymbol{\alpha}_i(i=1, \cdots, s)$是解，得

$$\left(c+\sum_{i=1}^{s}c_i\right)\boldsymbol{A\beta}=\mathbf{0}.$$

因 $\boldsymbol{A\beta}=\boldsymbol{b}\neq\mathbf{0}$，故必有

$$c+\sum_{i=1}^{s}c_i=0. \tag{2}$$

把式 (2) 代入式 (1)，得

$$c_1\boldsymbol{\alpha}_1+c_2\boldsymbol{\alpha}_2+\cdots+c_s\boldsymbol{\alpha}_s=\mathbf{0}. \tag{3}$$

因为 $\boldsymbol{\alpha}_1, \boldsymbol{\alpha}_2, \cdots, \boldsymbol{\alpha}_s$ 是基础解系，它们是线性无关的，所以

$$c_1=c_2=\cdots=c_s=0.$$

代入式 (2) 得 $c=0$，从而

$$\boldsymbol{\beta}, \boldsymbol{\beta}+\boldsymbol{\alpha}_1, \boldsymbol{\beta}+\boldsymbol{\alpha}_2, \cdots, \boldsymbol{\beta}+\boldsymbol{\alpha}_s \tag{4}$$

线性无关，故式 (4) 中的每个向量都是方程组 $\boldsymbol{Ax}=\boldsymbol{b}$ 的解.

又因方程组的通解是 $\boldsymbol{\beta}+k_1\boldsymbol{\alpha}_1+k_2\boldsymbol{\alpha}_2+\cdots+k_s\boldsymbol{\alpha}_s$，它可用式 (4) 表示为

$$(1-k_1-k_2-\cdots-k_s)\boldsymbol{\beta}+k_1(\boldsymbol{\beta}+\boldsymbol{\alpha}_1)+k_2(\boldsymbol{\beta}+\boldsymbol{\alpha}_2)+\cdots+k_s(\boldsymbol{\beta}+\boldsymbol{\alpha}_s).$$

所以，式 (4) 就是方程组 $\boldsymbol{Ax}=\boldsymbol{b}$ 解向量的极大线性无关组.

例 5 已知 n 维向量 $\boldsymbol{\alpha}_1, \boldsymbol{\alpha}_2, \cdots, \boldsymbol{\alpha}_n$ 中前 $n-1$ 个向量线性相关，后 $n-1$ 个向量线性无关. $\boldsymbol{\beta}=\boldsymbol{\alpha}_1+\boldsymbol{\alpha}_2+\cdots+\boldsymbol{\alpha}_n$，矩阵 $\boldsymbol{A}=(\boldsymbol{\alpha}_1, \boldsymbol{\alpha}_2, \cdots, \boldsymbol{\alpha}_n)$ 是 n 阶矩阵. 证明方程组 $\boldsymbol{Ax}=\boldsymbol{\beta}$ 必有无穷多解，且其任一解 $(b_1, b_2, \cdots, b_n)^{\mathrm{T}}$ 中必有 $b_n=1$.

证 由于 $\boldsymbol{A}\begin{pmatrix}1\\1\\\vdots\\1\end{pmatrix}=(\boldsymbol{\alpha}_1, \boldsymbol{\alpha}_2, \cdots, \boldsymbol{\alpha}_n)\begin{pmatrix}1\\1\\\vdots\\1\end{pmatrix}=\boldsymbol{\beta}.$

所以方程组 $\boldsymbol{Ax}=\boldsymbol{\beta}$ 有解. $(1, 1, \cdots, 1)^{\mathrm{T}}$ 是其中一个解.

因为 $\boldsymbol{\alpha}_1, \boldsymbol{\alpha}_2, \cdots, \boldsymbol{\alpha}_{n-1}$ 线性无关，$\boldsymbol{\alpha}_2, \boldsymbol{\alpha}_3, \cdots, \boldsymbol{\alpha}_n$ 线性无关，故 $\boldsymbol{\alpha}_2, \boldsymbol{\alpha}_3, \cdots, \boldsymbol{\alpha}_{n-1}$ 线性无关且 $\boldsymbol{\alpha}_1$ 可由 $\boldsymbol{\alpha}_2, \boldsymbol{\alpha}_3, \cdots, \boldsymbol{\alpha}_{n-1}$ 线性表示，那么秩 $\mathrm{r}(\boldsymbol{A})=n-1$.

于是 $\boldsymbol{Ax}=\mathbf{0}$ 有无穷多解，且基础解系仅含一个非零向量.

由 $\boldsymbol{\alpha}_1, \boldsymbol{\alpha}_2, \cdots, \boldsymbol{\alpha}_{n-1}$ 线性相关，可知存在不全为零的数 $l_1, l_2, \cdots, l_{n-1}$ 使

$$l_1\boldsymbol{\alpha}_1+l_2\boldsymbol{\alpha}_2+\cdots+l_{n-1}\boldsymbol{\alpha}_{n-1}=\mathbf{0},$$

于是 $(l_1, l_2, \cdots, l_{n-1}, 0)^{\mathrm{T}}$ 是 $\boldsymbol{Ax}=\mathbf{0}$ 的基础解系.

那么 $\boldsymbol{Ax}=\boldsymbol{\beta}$ 的通解是

$$(1, 1, \cdots, 1)^{\mathrm{T}}+k(l_1, l_2, \cdots, l_{n-1}, 0)^{\mathrm{T}},$$

所以 $\boldsymbol{Ax}=\boldsymbol{\beta}$ 的任一解中必有 $b_n=1$.

例 6　设 $\boldsymbol{A}=(a_{ij})$ 是 $m\times n$ 矩阵，$\boldsymbol{\beta}=(b_1, b_2, \cdots, b_n)$ 是 n 维行向量，如果方程组（Ⅰ）$\boldsymbol{Ax}=\mathbf{0}$ 的解全是方程（Ⅱ）$b_1x_1+b_2x_2+\cdots+b_nx_n=0$ 的解，证明 $\boldsymbol{\beta}$ 可用 $\boldsymbol{A}$ 的行向量 $\boldsymbol{\alpha}_1, \boldsymbol{\alpha}_2, \cdots, \boldsymbol{\alpha}_m$ 线性表出.

证　构造一个联立方程组

$$(\text{Ⅲ})\begin{cases}a_{11}x_1+a_{12}x_2+\cdots+a_{1n}x_n=0\\ \cdots\cdots\\ a_{m1}x_1+a_{m2}x_2+\cdots+a_{mn}x_n=0,\\ b_1x_1+b_2x_2+\cdots+b_nx_n=0\end{cases}$$

简记为 $\boldsymbol{Cx}=\mathbf{0}$. 显然，（Ⅲ）的解必是（Ⅰ）的解，又因（Ⅰ）的解全是（Ⅱ）的解，于是（Ⅰ）的解也必全是（Ⅲ）的解，所以（Ⅰ），（Ⅲ）是通解方程组，它们有相同的解空间.

因此，$n-\mathrm{r}(\boldsymbol{A})=n-\mathrm{r}(\boldsymbol{C})$，得到 $\mathrm{r}(\boldsymbol{A})=\mathrm{r}(\boldsymbol{C})$，即

$$\mathrm{r}(\boldsymbol{\alpha}_1, \boldsymbol{\alpha}_2, \cdots, \boldsymbol{\alpha}_m)=\mathrm{r}(\boldsymbol{\alpha}_1, \boldsymbol{\alpha}_2, \cdots, \boldsymbol{\alpha}_m, \boldsymbol{\beta}).$$

故极大线性无关组所含向量个数相等. 这样，$\boldsymbol{\alpha}_1, \boldsymbol{\alpha}_2, \cdots, \boldsymbol{\alpha}_m$ 的极大线性无关组也必是 $\boldsymbol{\alpha}_1, \boldsymbol{\alpha}_2, \cdots, \boldsymbol{\alpha}_m, \boldsymbol{\beta}$ 的极大线性无关组，从而 $\boldsymbol{\beta}$ 可由 $\boldsymbol{\alpha}_1, \boldsymbol{\alpha}_2, \cdots, \boldsymbol{\alpha}_m$ 线性表出.

三、总习题三解答

1. 当 λ 取何值时，线性方程组

$$\begin{cases}(\lambda+3)x_1+x_2+2x_3=\lambda\\ \lambda x_1+(\lambda-1)x_2+x_3=\lambda\\ 3(\lambda+1)x_1+\lambda x_2+(\lambda+3)x_3=3\end{cases}$$

有唯一解、无解、无穷多解？当方程组有无穷多解时求出它的解.

解题思路　用线性方程组解的判定定理解题：

设线性方程组 $\boldsymbol{Ax}=\boldsymbol{b}$，记增广矩阵 $\widetilde{\boldsymbol{A}}=(\boldsymbol{A}, \boldsymbol{b})$，则有

$\mathrm{r}(\boldsymbol{A})=\mathrm{r}(\widetilde{\boldsymbol{A}})=n\Leftrightarrow\boldsymbol{Ax}=\boldsymbol{b}$ 有唯一解；

$\mathrm{r}(\boldsymbol{A})=\mathrm{r}(\widetilde{\boldsymbol{A}})<n\Leftrightarrow\boldsymbol{Ax}=\boldsymbol{b}$ 有无穷多解；

$$\mathrm{r}(\boldsymbol{A})\neq\mathrm{r}(\widetilde{\boldsymbol{A}})\Leftrightarrow\boldsymbol{A}\boldsymbol{x}=\boldsymbol{b}\text{ 无解}.$$

解题过程中还常涉及行列式、向量组等知识.

解 方程组的系数行列式为 $\begin{vmatrix}\lambda+3 & 1 & 2\\ \lambda & \lambda-1 & 1\\ 3(\lambda+1) & \lambda & \lambda+3\end{vmatrix}=\lambda^2(\lambda-1)$，则当 $\lambda\neq0$ 且 $\lambda\neq1$ 时，方程组有唯一解.

当 $\lambda=0$ 时，对方程组的增广矩阵作初等行变换：

$$\widetilde{\boldsymbol{A}}=\begin{pmatrix}3 & 1 & 2 & 0\\ 0 & -1 & 1 & 0\\ 3 & 0 & 3 & 3\end{pmatrix}\xrightarrow{r_3-r_1}\begin{pmatrix}3 & 1 & 2 & 0\\ 0 & -1 & 1 & 0\\ 0 & -1 & 1 & 3\end{pmatrix}\xrightarrow{r_3-r_2}\begin{pmatrix}3 & 1 & 2 & 0\\ 0 & -1 & 1 & 0\\ 0 & 0 & 0 & 3\end{pmatrix},$$

因 $\mathrm{r}(\boldsymbol{A})=2$，$\mathrm{r}(\widetilde{\boldsymbol{A}})=3$，所以方程组无解.

当 $\lambda=1$ 时，增广矩阵为

$$\widetilde{\boldsymbol{A}}=\begin{pmatrix}4 & 1 & 2 & 1\\ 1 & 0 & 1 & 1\\ 6 & 1 & 4 & 3\end{pmatrix}\xrightarrow[r_1\leftrightarrow r_2]{r_3-r_1}\begin{pmatrix}1 & 0 & 1 & 1\\ 4 & 1 & 2 & 1\\ 2 & 0 & 2 & 2\end{pmatrix}\xrightarrow[r_3-2r_1]{r_2-4r_1}\begin{pmatrix}1 & 0 & 1 & 1\\ 0 & 1 & -2 & -3\\ 0 & 0 & 0 & 0\end{pmatrix}.$$

因 $\mathrm{r}(\boldsymbol{A})=\mathrm{r}(\widetilde{\boldsymbol{A}})=2<3$，所以方程组有无穷多解，其通解为

$$\begin{cases}x_1=1-x_3\\ x_2=-3+2x_3\\ x_3=x_3\end{cases}\text{，即}\begin{pmatrix}x_1\\ x_2\\ x_3\end{pmatrix}=c\begin{pmatrix}-1\\ 2\\ 1\end{pmatrix}+\begin{pmatrix}1\\ -3\\ 0\end{pmatrix}\quad(c\in\mathbf{R}).$$

2. 如果矩阵 $\boldsymbol{A}=\begin{pmatrix}1 & 2 & 3\\ -1 & 3 & 2\\ 2 & 1 & t\\ -2 & 1 & -1\end{pmatrix}$，$\boldsymbol{B}$ 是三阶非零矩阵，且 $\boldsymbol{AB}=\boldsymbol{O}$，则 $t=$ ________.

解题思路 设线性方程组 $\boldsymbol{Ax}=\boldsymbol{0}$，则有

$$\mathrm{r}(\boldsymbol{A})<n\Leftrightarrow\boldsymbol{Ax}=\boldsymbol{0}$$

有非零解.

解 应填 3.

对 $\boldsymbol{AB}=\boldsymbol{O}$，把 $\boldsymbol{B}$ 按列分块后有

$$\boldsymbol{AB}=\boldsymbol{A}(\boldsymbol{\beta}_1,\boldsymbol{\beta}_2,\boldsymbol{\beta}_3)=(\boldsymbol{A\beta}_1,\boldsymbol{A\beta}_2,\boldsymbol{A\beta}_3)=(\boldsymbol{0},\boldsymbol{0},\boldsymbol{0}).$$

可见 $\boldsymbol{B}$ 的每一列都是齐次线性方程组 $\boldsymbol{Ax}=\boldsymbol{0}$ 的解，又因 $\boldsymbol{B}\neq\boldsymbol{0}$，从而 $\boldsymbol{Ax}=\boldsymbol{0}$ 有非

零解，因此 $r(\boldsymbol{A})\leqslant 2$.

对 $\boldsymbol{A}$ 作初等行变换

$$\boldsymbol{A}\longrightarrow\begin{pmatrix}1&2&3\\0&5&5\\0&-3&t-6\\0&5&5\end{pmatrix}\longrightarrow\begin{pmatrix}1&2&3\\0&1&1\\0&0&t-3\\0&0&0\end{pmatrix},$$

当且仅当 $t=3$ 时，$r(\boldsymbol{A})\leqslant 2$，所以应填 $t=3$.

3. 写出一个以

$$\boldsymbol{x}=c_1\begin{pmatrix}2\\-3\\1\\0\end{pmatrix}+c_2\begin{pmatrix}-2\\4\\0\\1\end{pmatrix}\ (c_1,\ c_2\in\mathbf{R})\qquad (*)$$

为全部解的齐次线性方程组.

解题思路　运用齐次线性方程组解的结构定理，消去已知表达式中的参数 c_1，c_2，即所求方程组.

解　把式（*）改写为

$$\begin{pmatrix}x_1\\x_2\\x_3\\x_4\end{pmatrix}=\begin{pmatrix}2c_1-2c_2\\-3c_1+4c_2\\c_1\\c_2\end{pmatrix}\xlongequal[c_2=x_4\text{ 代入}]{\text{以 }c_1=x_3\text{、}}\begin{pmatrix}2x_3-2x_4\\-3x_3+4x_4\\x_3\\x_4\end{pmatrix},$$

由此知所求方程组有 2 个自由未知数 x_3、x_4，且对应的方程组为

$$\begin{cases}x_1=2x_3-2x_4\\x_2=-3x_3+4x_4\end{cases},$$

即 $\begin{cases}x_1-2x_3+2x_4=0\\x_2+3x_3-4x_4=0\end{cases}$，它以式（*）为全部解.

注：有无限多个齐次方程组以式（*）为全部解表示式，这里给出最简单的一个，即系数矩阵为行最简形.

4. 设有向量 $\boldsymbol{\alpha}_1=\begin{pmatrix}1\\4\\0\\2\end{pmatrix}$，$\boldsymbol{\alpha}_2=\begin{pmatrix}2\\7\\1\\3\end{pmatrix}$，$\boldsymbol{\alpha}_3=\begin{pmatrix}0\\1\\-1\\a\end{pmatrix}$，$\boldsymbol{\beta}=\begin{pmatrix}3\\10\\b\\4\end{pmatrix}$. 试问当 a，b 为何值时，

(1) $\boldsymbol{\beta}$不能由$\boldsymbol{\alpha}_1$，$\boldsymbol{\alpha}_2$，$\boldsymbol{\alpha}_3$ 线性表示?

(2) $\boldsymbol{\beta}$可由$\boldsymbol{\alpha}_1$，$\boldsymbol{\alpha}_2$，$\boldsymbol{\alpha}_3$ 线性表示? 并写出该表达式.

解题思路 设给定向量$\boldsymbol{\beta}$和向量组$\boldsymbol{A}:\boldsymbol{\alpha}_1$，$\boldsymbol{\alpha}_2$，…，$\boldsymbol{\alpha}_m$，讨论$\boldsymbol{\beta}$是否可用向量组$\boldsymbol{A}$线性表示，可采用如下方法：

a. 令$\boldsymbol{\beta}=x_1\boldsymbol{\alpha}_1+x_2\boldsymbol{\alpha}_2+\cdots+x_s\boldsymbol{\alpha}_s$，则向量$\boldsymbol{\beta}$是否可由向量组$\boldsymbol{A}$线性表示的问题转化为分别以$\boldsymbol{\alpha}_1$，$\boldsymbol{\alpha}_2$，…，$\boldsymbol{\alpha}_m$ 和$\boldsymbol{\beta}$ 的分量为系数矩阵和非齐次项的方程组是否有解的问题，有解则线性表示成立，且当解唯一时表示法也唯一，无解则线性表示不成立.

b. 若$\boldsymbol{\alpha}_1$，$\boldsymbol{\alpha}_2$，…，$\boldsymbol{\alpha}_m$ 线性无关，而$\boldsymbol{\alpha}_1$，$\boldsymbol{\alpha}_2$，…，$\boldsymbol{\alpha}_m$，$\boldsymbol{\beta}$线性相关，则$\boldsymbol{\beta}$可由向量组$\boldsymbol{A}$线性表示.

c. 利用矩阵$\boldsymbol{A}$与矩阵$(\boldsymbol{A}, \boldsymbol{\beta})$的秩进行判定.

解 (1) 作初等行变换，得

$$(\boldsymbol{\alpha}_1, \boldsymbol{\alpha}_2, \boldsymbol{\alpha}_3, \boldsymbol{\beta})\longrightarrow\begin{pmatrix}1 & 2 & 0 & 3\\0 & -1 & 1 & -2\\0 & 0 & a-1 & 0\\0 & 0 & 0 & b-2\end{pmatrix},$$

当$b\neq 2$时，$\boldsymbol{\beta}$不能由$\boldsymbol{\alpha}_1$，$\boldsymbol{\alpha}_2$，$\boldsymbol{\alpha}_3$ 线性表示.

(2) 作初等行变换，得

$$(\boldsymbol{\alpha}_1, \boldsymbol{\alpha}_2, \boldsymbol{\alpha}_3, \boldsymbol{\beta})\longrightarrow\begin{pmatrix}1 & 2 & 0 & 3\\0 & -1 & 1 & -2\\0 & 0 & a-1 & 0\\0 & 0 & 0 & b-2\end{pmatrix},$$

当$b=2$，$a\neq 1$时，$\boldsymbol{\beta}$可由$\boldsymbol{\alpha}_1$，$\boldsymbol{\alpha}_2$，$\boldsymbol{\alpha}_3$ 唯一地线性表示，且

$$\boldsymbol{\beta}=-\boldsymbol{\alpha}_1+2\boldsymbol{\alpha}_2.$$

当$b=2$，$a=1$时，$\boldsymbol{\beta}$可由$\boldsymbol{\alpha}_1$，$\boldsymbol{\alpha}_2$，$\boldsymbol{\alpha}_3$ 线性表示，但表达式不唯一，其表达式为

$$\boldsymbol{\beta}=-(2k+1)\boldsymbol{\alpha}_1+(k+2)\boldsymbol{\alpha}_2+k\boldsymbol{\alpha}_3,$$

其中k为任意常数.

5. 已知向量组

$$\boldsymbol{\alpha}_1=(1, 1, 2, 1)^{\mathrm{T}}, \boldsymbol{\alpha}_2=(1, 0, 0, 2)^{\mathrm{T}}, \boldsymbol{\alpha}_3=(-1, -4, -8, k)^{\mathrm{T}}$$

线性相关，求k.

解题思路 利用矩阵的秩判别：设有m个n维列向量$\boldsymbol{\alpha}_1$，$\boldsymbol{\alpha}_2$，…，$\boldsymbol{\alpha}_m$，记

$$\boldsymbol{A}=(\boldsymbol{\alpha}_1,\boldsymbol{\alpha}_2,\cdots,\boldsymbol{\alpha}_m),$$

则可用矩阵 $\boldsymbol{A}$ 的秩判别向量组 a_1，a_2，…，a_m 的线性相关性.

利用行列式判别：若向量组的个数与维数相同，即有 n 维列向量组 $\boldsymbol{\alpha}_1$，$\boldsymbol{\alpha}_2$，…，$\boldsymbol{\alpha}_n$，令 $\boldsymbol{A}=(\boldsymbol{\alpha}_1,\boldsymbol{\alpha}_2,\cdots,\boldsymbol{\alpha}_n)$，可知 $\boldsymbol{A}$ 为方阵，则 $|\boldsymbol{A}|=0$ 时，该向量组线性相关；否则，该向量组线性无关. 对 m 个 n 维列向量的情形（$m<n$），可通过减少向量的分量转化为 m 个 m 维列向量的情形来判定.

解　方法一　用矩阵的秩讨论.

$$\boldsymbol{A}=\begin{pmatrix}1&1&-1\\1&0&-4\\2&0&-8\\1&2&k\end{pmatrix}\longrightarrow\begin{pmatrix}1&1&-1\\0&-1&-3\\0&-2&-6\\0&1&k+1\end{pmatrix}\longrightarrow\begin{pmatrix}1&1&-1\\0&-1&-3\\0&0&k-2\\0&0&0\end{pmatrix},$$

可见，当 $k=2$ 时，$\mathrm{r}(\boldsymbol{A})=2<3$，这时向量组 $\boldsymbol{\alpha}_1$，$\boldsymbol{\alpha}_2$，$\boldsymbol{\alpha}_3$ 才是线性相关的.

方法二　用行列式讨论.

取 $\boldsymbol{\alpha}_1$，$\boldsymbol{\alpha}_2$，$\boldsymbol{\alpha}_3$ 的第 1，2，4 个分量构成向量组

$$\widetilde{\boldsymbol{\alpha}}_1=(1,1,1)^{\mathrm{T}},\ \widetilde{\boldsymbol{\alpha}}_2=(1,0,2)^{\mathrm{T}},\ \widetilde{\boldsymbol{\alpha}}_3=(-1,-4,k)^{\mathrm{T}},$$

则必有 $|(\widetilde{\boldsymbol{\alpha}}_1,\widetilde{\boldsymbol{\alpha}}_2,\widetilde{\boldsymbol{\alpha}}_3)|=\begin{vmatrix}1&1&-1\\1&0&-4\\1&2&k\end{vmatrix}=-k+2=0$（否则，添加分量后，$\boldsymbol{\alpha}_1$，$\boldsymbol{\alpha}_2$，$\boldsymbol{\alpha}_3$ 线性无关），所以 $k=2$.

6. 设 $\boldsymbol{\beta}_1=\boldsymbol{\alpha}_1+\boldsymbol{\alpha}_2$，$\boldsymbol{\beta}_2=\boldsymbol{\alpha}_2+\boldsymbol{\alpha}_3$，$\boldsymbol{\beta}_3=\boldsymbol{\alpha}_3+\boldsymbol{\alpha}_4$，$\boldsymbol{\beta}_4=\boldsymbol{\alpha}_4+\boldsymbol{\alpha}_1$，证明向量组 $\boldsymbol{\beta}_1$，$\boldsymbol{\beta}_2$，$\boldsymbol{\beta}_3$，$\boldsymbol{\beta}_4$ 线性相关.

证明思路　利用定义判别：是判别向量组线性相关性的基本方法，既适用于分量已具体给出的向量组，又适用于分量中含有待定参数的向量组.

证　设有 x_1，x_2，x_3，x_4，使得

$$x_1\boldsymbol{\beta}_1+x_2\boldsymbol{\beta}_2+x_3\boldsymbol{\beta}_3+x_4\boldsymbol{\beta}_4=\boldsymbol{0},$$

则

$$x_1(\boldsymbol{\alpha}_1+\boldsymbol{\alpha}_2)+x_2(\boldsymbol{\alpha}_2+\boldsymbol{\alpha}_3)+x_3(\boldsymbol{\alpha}_3+\boldsymbol{\alpha}_4)+x_4(\boldsymbol{\alpha}_4+\boldsymbol{\alpha}_1)=\boldsymbol{0},$$

整理得

$$(x_1+x_4)\boldsymbol{\alpha}_1+(x_1+x_2)\boldsymbol{\alpha}_2+(x_2+x_3)\boldsymbol{\alpha}_3+(x_3+x_4)\boldsymbol{\alpha}_4=\boldsymbol{0}.$$

(1) 若 $\boldsymbol{\alpha}_1$，$\boldsymbol{\alpha}_2$，$\boldsymbol{\alpha}_3$，$\boldsymbol{\alpha}_4$ 线性相关，则存在不全为零的数 k_1，k_2，k_3，k_4，

$$k_1=x_1+x_4;\ k_2=x_1+x_2;\ k_3=x_2+x_3;\ k_4=x_3+x_4;$$

由 k_1，k_2，k_3，k_4 不全为零，知 x_1，x_2，x_3，x_4 不全为零，即 $\boldsymbol{\beta}_1$，$\boldsymbol{\beta}_2$，$\boldsymbol{\beta}_3$，$\boldsymbol{\beta}_4$ 线性相关.

(2) 若 $\boldsymbol{\alpha}_1$，$\boldsymbol{\alpha}_2$，$\boldsymbol{\alpha}_3$，$\boldsymbol{\alpha}_4$ 线性无关，则

$$\begin{cases} x_1+x_4=0 \\ x_1+x_2=0 \\ x_2+x_3=0 \\ x_3+x_4=0 \end{cases} \Rightarrow \begin{pmatrix} 1 & 0 & 0 & 1 \\ 1 & 1 & 0 & 0 \\ 0 & 1 & 1 & 0 \\ 0 & 0 & 1 & 1 \end{pmatrix} \begin{pmatrix} x_1 \\ x_2 \\ x_3 \\ x_4 \end{pmatrix} = \mathbf{0}.$$

由 $\begin{vmatrix} 1 & 0 & 0 & 1 \\ 1 & 1 & 0 & 0 \\ 0 & 1 & 1 & 0 \\ 0 & 0 & 1 & 1 \end{vmatrix}=0$ 知此齐次方程组存在非零解，则 $\boldsymbol{\beta}_1$，$\boldsymbol{\beta}_2$，$\boldsymbol{\beta}_3$，$\boldsymbol{\beta}_4$ 线性相关.

综合得证.

7. 设向量组 $\boldsymbol{\alpha}_1$，$\boldsymbol{\alpha}_2$，$\boldsymbol{\alpha}_3$ 线性无关，已知

$$\boldsymbol{\beta}_1=k_1\boldsymbol{\alpha}_1+\boldsymbol{\alpha}_2+k_1\boldsymbol{\alpha}_3,\ \boldsymbol{\beta}_2=\boldsymbol{\alpha}_1+k_2\boldsymbol{\alpha}_2+(k_2+1)\boldsymbol{\alpha}_3,\ \boldsymbol{\beta}_3=\boldsymbol{\alpha}_1+\boldsymbol{\alpha}_2+\boldsymbol{\alpha}_3,$$

试问当 k_1，k_2 为何值时，$\boldsymbol{\beta}_1$，$\boldsymbol{\beta}_2$，$\boldsymbol{\beta}_3$ 线性相关？线性无关？

解题思路 利用行列式判别线性相关性.

解 不妨设 $\boldsymbol{\alpha}_1$，$\boldsymbol{\alpha}_2$，$\boldsymbol{\alpha}_3$，$\boldsymbol{\beta}_1$，$\boldsymbol{\beta}_2$，$\boldsymbol{\beta}_3$ 均为列向量. 由条件知，

$$(\boldsymbol{\beta}_1,\boldsymbol{\beta}_2,\boldsymbol{\beta}_3)=(\boldsymbol{\alpha}_1,\boldsymbol{\alpha}_2,\boldsymbol{\alpha}_3)\begin{pmatrix} k_1 & 1 & 1 \\ 1 & k_2 & 1 \\ k_1 & k_2+1 & 1 \end{pmatrix}.$$

令矩阵 $\boldsymbol{A}=(\boldsymbol{\alpha}_1,\boldsymbol{\alpha}_2,\boldsymbol{\alpha}_3)$，$\boldsymbol{B}=(\boldsymbol{\beta}_1,\boldsymbol{\beta}_2,\boldsymbol{\beta}_3)$，$\boldsymbol{P}=\begin{pmatrix} k_1 & 1 & 1 \\ 1 & k_2 & 1 \\ k_1 & k_2+1 & 1 \end{pmatrix}$.

于是，有 $\boldsymbol{B}=\boldsymbol{AP}$. 由于 $\boldsymbol{\alpha}_1$，$\boldsymbol{\alpha}_2$，$\boldsymbol{\alpha}_3$ 线性无关，因此 $\mathrm{r}(\boldsymbol{A})=3$.

由于 $|\boldsymbol{P}|=(1-k_1)k_2$，故当 $k_1\neq1$ 且 $k_2\neq0$ 时，$\mathrm{r}(\boldsymbol{B})=3$，$\boldsymbol{\beta}_1$，$\boldsymbol{\beta}_2$，$\boldsymbol{\beta}_3$ 线性无关；当 $k_1=1$ 或 $k_2=0$ 时，$\mathrm{r}(\boldsymbol{B})<3$，$\boldsymbol{\beta}_1$，$\boldsymbol{\beta}_2$，$\boldsymbol{\beta}_3$ 线性相关.

8. 设 $\boldsymbol{A}$ 是 $n\times m$ 矩阵，$\boldsymbol{B}$ 是 $m\times n$ 矩阵，其中 $n<m$，$\boldsymbol{E}$ 是 n 阶单位矩阵，若 $\boldsymbol{AB}=\boldsymbol{E}$，证明：$\boldsymbol{B}$ 的列向量组线性无关.

解 方法一 用定义证明.

设 $\boldsymbol{B}=(\boldsymbol{b}_1,\boldsymbol{b}_2,\cdots,\boldsymbol{b}_n)$，其中 $\boldsymbol{b}_i(i=1,2,\cdots,n)$ 是 $\boldsymbol{B}$ 的第 i 个列向量，若

$$k_1\boldsymbol{b}_1+k_2\boldsymbol{b}_2+\cdots+k_n\boldsymbol{b}_n=\mathbf{0},$$

即

$$(\boldsymbol{b}_1, \boldsymbol{b}_2, \cdots, \boldsymbol{b}_n)\begin{pmatrix}k_1\\k_2\\\vdots\\k_n\end{pmatrix}=\boldsymbol{B}\begin{pmatrix}k_1\\k_2\\\vdots\\k_n\end{pmatrix}=\boldsymbol{0},$$

上式两边乘以 $\boldsymbol{A}$，得

$$\boldsymbol{AB}\begin{pmatrix}k_1\\k_2\\\vdots\\k_n\end{pmatrix}=\boldsymbol{E}\begin{pmatrix}k_1\\k_2\\\vdots\\k_n\end{pmatrix}=\begin{pmatrix}k_1\\k_2\\\vdots\\k_n\end{pmatrix}=\boldsymbol{0},$$

即 $k_1=k_2=\cdots=k_n=0$，所以 $\boldsymbol{b}_1, \boldsymbol{b}_2, \cdots, \boldsymbol{b}_n$ 线性无关，即 $\boldsymbol{B}$ 的列向量组线性无关.

方法二　利用矩阵的秩证明.

因为 $\mathrm{r}(\boldsymbol{B})\leqslant\min\{m, n\}\leqslant n$，又因为

$$\mathrm{r}(\boldsymbol{B})\geqslant\mathrm{r}(\boldsymbol{AB})=\mathrm{r}(\boldsymbol{E})=n.$$

故 $\mathrm{r}(\boldsymbol{B})=n$，所以 $\boldsymbol{B}$ 的列向量组线性无关.

方法三　转化齐次线性方程组进行判定.

设 $\boldsymbol{x}$ 为 $\boldsymbol{Bx}=\boldsymbol{0}$ 的任一解向量，则由

$$\boldsymbol{ABx}=\boldsymbol{A}\cdot\boldsymbol{0}=\boldsymbol{0},$$

知 $\boldsymbol{Ex}=\boldsymbol{x}=\boldsymbol{0}$，即必有 $\boldsymbol{x}=\boldsymbol{0}$，说明 $\boldsymbol{Bx}=\boldsymbol{0}$ 只有零解，所以 $\mathrm{r}(\boldsymbol{B})=n$，即 $\boldsymbol{B}$ 的列向量组线性无关.

9. 设 $\boldsymbol{\alpha}_1, \boldsymbol{\alpha}_2, \cdots, \boldsymbol{\alpha}_r$ 线性相关，证明：存在不全为零的数 $t_1, t_2, \cdots, t_r$，使对任何向量 $\boldsymbol{\beta}$ 都有 $\boldsymbol{\alpha}_1+t_1\boldsymbol{\beta}, \boldsymbol{\alpha}_2+t_2\boldsymbol{\beta}, \cdots, \boldsymbol{\alpha}_r+t_r\boldsymbol{\beta}$ $(r\geqslant2)$ 线性相关.

证　设 $\boldsymbol{\alpha}_1, \boldsymbol{\alpha}_2, \cdots, \boldsymbol{\alpha}_r$ 线性相关，所以存在不全为零的数 $k_1, k_2, \cdots, k_r$，使

$$k_1\boldsymbol{\alpha}_1+k_2\boldsymbol{\alpha}_2+\cdots+k_r\boldsymbol{\alpha}_r=\boldsymbol{0}.$$

考虑线性方程 $k_1x_1+k_2x_2+\cdots+k_rx_r=0$，因为 $r\geqslant2$，它必有非零解.

设 $(t_1, t_2, \cdots, t_r)$ 为任一非零解，则对任意向量 $\boldsymbol{\beta}$，都有

$$k_1\boldsymbol{\alpha}_1+k_2\boldsymbol{\alpha}_2+\cdots+k_r\boldsymbol{\alpha}_r+(k_1t_1+k_2t_2+\cdots+k_rt_r)\boldsymbol{\beta}=\boldsymbol{0},$$
$$k_1(\boldsymbol{\alpha}_1+t_1\boldsymbol{\beta})+k_2(\boldsymbol{\alpha}_2+t_2\boldsymbol{\beta})+\cdots+k_r(\boldsymbol{\alpha}_r+t_r\boldsymbol{\beta})=\boldsymbol{0},$$

由 $k_1, k_2, \cdots, k_r$ 不全为零得知 $\boldsymbol{\alpha}_1+t_1\boldsymbol{\beta}, \boldsymbol{\alpha}_2+t_2\boldsymbol{\beta}, \cdots, \boldsymbol{\alpha}_r+t_r\boldsymbol{\beta}$ 线性相关.

10. 已知 $\boldsymbol{\alpha}_1=(2,3,4,5)^{\mathrm{T}}$，$\boldsymbol{\alpha}_2=(3,4,5,6)^{\mathrm{T}}$，$\boldsymbol{\alpha}_3=(4,5,6,7)^{\mathrm{T}}$，$\boldsymbol{\alpha}_4=(5,6,7,8)^{\mathrm{T}}$，则 $\mathrm{r}(\boldsymbol{\alpha}_1,\boldsymbol{\alpha}_2,\boldsymbol{\alpha}_3,\boldsymbol{\alpha}_4)=$________.

解题思路 把向量组求秩转化为矩阵求秩.

解 应填 2.

$$\begin{pmatrix}2&3&4&5\\3&4&5&6\\4&5&6&7\\5&6&7&8\end{pmatrix}\longrightarrow\begin{pmatrix}-1&-1&-1&-1\\-1&-1&-1&-1\\-1&-1&-1&-1\\5&6&7&8\end{pmatrix}\longrightarrow\begin{pmatrix}-1&-1&-1&-1\\0&1&2&3\\0&0&0&0\\0&0&0&0\end{pmatrix},$$

可见 $\mathrm{r}(\boldsymbol{\alpha}_1,\boldsymbol{\alpha}_2,\boldsymbol{\alpha}_3,\boldsymbol{\alpha}_4)=2$.

11. 设向量组 $\boldsymbol{\alpha}_1,\boldsymbol{\alpha}_2,\cdots,\boldsymbol{\alpha}_t$ 是齐次方程组 $\boldsymbol{Ax}=\boldsymbol{0}$ 的一个基础解系，向量 $\boldsymbol{\beta}$ 不是方程 $\boldsymbol{Ax}=\boldsymbol{0}$ 的解，即 $\boldsymbol{A\beta}\neq\boldsymbol{0}$，试证明：向量 $\boldsymbol{\beta},\boldsymbol{\beta}+\boldsymbol{\alpha}_1,\boldsymbol{\beta}+\boldsymbol{\alpha}_2,\cdots,\boldsymbol{\beta}+\boldsymbol{\alpha}_t$ 线性无关.

证 用定义法证明. 设有一组数 $k,k_1,k_2,\cdots,k_t$，使得

$$k\boldsymbol{\beta}+k_1(\boldsymbol{\beta}+\boldsymbol{\alpha}_1)+\cdots+k_t(\boldsymbol{\beta}+\boldsymbol{\alpha}_t)=\boldsymbol{0},$$

即

$$(k+k_1+\cdots+k_t)\boldsymbol{\beta}+k_1\boldsymbol{\alpha}_1+\cdots+k_t\boldsymbol{\alpha}_t=\boldsymbol{0},$$

上式两边同时左乘矩阵 $\boldsymbol{A}$，有

$$(k+k_1+\cdots+k_t)\boldsymbol{A\beta}+k_1\boldsymbol{A\alpha}_1+\cdots+k_t\boldsymbol{A\alpha}_t=\boldsymbol{0}, \tag{$*$}$$

由于 $\boldsymbol{A\alpha}_j=\boldsymbol{0}(j=1,2,\cdots,t)$，于是 $(k+k_1+\cdots+k_t)\boldsymbol{A\beta}=\boldsymbol{0}$，因为 $\boldsymbol{A\beta}\neq\boldsymbol{0}$，故

$$k+k_1+\cdots+k_t=0, \tag{$**$}$$

从而由式（$*$）得 $k_1\boldsymbol{\alpha}_1+k_2\boldsymbol{\alpha}_2+\cdots+k_t\boldsymbol{\alpha}_t=\boldsymbol{0}$.

由于向量组 $\boldsymbol{\alpha}_1,\boldsymbol{\alpha}_2,\cdots,\boldsymbol{\alpha}_t$ 是基础解系，所以 $\boldsymbol{\alpha}_1,\boldsymbol{\alpha}_2,\cdots,\boldsymbol{\alpha}_t$ 线性无关，于是有

$$k_1=k_2=\cdots=k_t=0.$$

再由式（$**$）得 $k=0$.

因此，向量组 $\boldsymbol{\beta},\boldsymbol{\beta}+\boldsymbol{\alpha}_1,\cdots,\boldsymbol{\beta}+\boldsymbol{\alpha}_t$ 线性无关.

12. 设 $\boldsymbol{A}$ 为 4×3 矩阵，$\boldsymbol{B}$ 为 3×3 矩阵，且 $\boldsymbol{AB}=\boldsymbol{O}$，其中

$$\boldsymbol{A}=\begin{pmatrix}1&1&-1\\1&2&1\\2&3&0\\0&-1&-2\end{pmatrix},$$

证明 $\boldsymbol{B}$ 的列向量组线性相关.

证明思路　齐次线性方程组的解向量组的相关性判别：设 $\boldsymbol{\alpha}_1$，$\boldsymbol{\alpha}_2$，…，$\boldsymbol{\alpha}_m$ 为 $\boldsymbol{Ax}=\boldsymbol{0}$ 的解向量，且向量的个数大于基础解系所含向量的个数，则此向量组线性相关.

解　方法一

设 $\boldsymbol{B}=(\boldsymbol{b}_1, \boldsymbol{b}_2, \boldsymbol{b}_3)$，其中 $\boldsymbol{b}_1$，$\boldsymbol{b}_2$，$\boldsymbol{b}_3$ 为 $\boldsymbol{B}$ 的三个列向量，由 $\boldsymbol{AB}=\boldsymbol{A}(\boldsymbol{b}_1, \boldsymbol{b}_2, \boldsymbol{b}_3)$ 可知，$\boldsymbol{b}_j(j=1, 2, 3)$ 均为 $\boldsymbol{Ax}=\boldsymbol{0}$ 的解，而 $\boldsymbol{Ax}=\boldsymbol{0}$ 的基础解系所含解向量的个数为

$$3-\mathrm{r}(\boldsymbol{A})=1<3,$$

故 $\boldsymbol{b}_1$，$\boldsymbol{b}_2$，$\boldsymbol{b}_3$ 必线性相关，即 $\boldsymbol{B}$ 的列向量组线性相关.

方法二　利用矩阵的秩.

由 $\boldsymbol{AB}=\boldsymbol{0}$ 知 $\mathrm{r}(\boldsymbol{A})+\mathrm{r}(\boldsymbol{B})\leqslant 3$. 又因为 $\mathrm{r}(\boldsymbol{A})=2$，所以 $\mathrm{r}(\boldsymbol{B})\leqslant 3-2=1$，故 $\boldsymbol{B}$ 的三个列向量一定线性相关.

13. 求向量组

$$\boldsymbol{\alpha}_1=(1, 1, 4, 2)^{\mathrm{T}}, \quad \boldsymbol{\alpha}_2=(1, -1, -2, 4)^{\mathrm{T}},$$
$$\boldsymbol{\alpha}_3=(-3, 2, 3, -11)^{\mathrm{T}}, \quad \boldsymbol{\alpha}_4=(1, 3, 10, 0)^{\mathrm{T}}$$

的一个极大线性无关组.

解题思路　求向量组的极大无关组.

a. 初等行变换法：是求向量组的极大无关组的基本方法，其做法是将向量组中的各向量作为矩阵各列，对该矩阵作初等行变换，将其化为阶梯形矩阵，在每一阶梯（阶梯处元素不为零）中取一列代表，则所得向量组就是原向量组的极大无关组.

b. 定义法：因要列举向量组中所有线性无关部分组并进行讨论，一般只对向量个数较少的向量组或某些证明题才使用.

c. 利用等价性：若某向量组的一个极大无关组由某 r 个向量组成，则此向量组中任意 r 个线性无关的部分组都是极大无关组.

解　方法一　把行向量组成矩阵，用初等行变换化成阶梯形矩阵，有

$$\begin{pmatrix} 1 & 1 & 4 & 2 \\ 1 & -1 & -2 & 4 \\ -3 & 2 & 3 & -11 \\ 1 & 3 & 10 & 0 \end{pmatrix} \xrightarrow[r_4-r_1]{\substack{r_2-r_1 \\ r_3+3r_1}} \begin{pmatrix} 1 & 1 & 4 & 2 \\ 0 & -2 & -6 & 2 \\ 0 & 5 & 15 & -5 \\ 0 & 2 & 6 & -2 \end{pmatrix} \xrightarrow[\frac{1}{2}r_2,\ \frac{1}{5}r_3]{r_4+r_2}$$

$$\begin{pmatrix}1&1&4&2\\0&-1&-3&1\\0&1&3&-1\\0&0&0&0\end{pmatrix}\xrightarrow{r_3+r_2}\begin{pmatrix}1&1&4&2\\0&-1&-3&1\\0&0&0&0\\0&0&0&0\end{pmatrix},$$

所以 $\boldsymbol{\alpha}_1$，$\boldsymbol{\alpha}_2$ 是一个极大线性无关组.

方法二　把 $\boldsymbol{\alpha}_i$ 写成列向量，构成矩阵 $\boldsymbol{A}$，再作初等行变换化 $\boldsymbol{A}$ 为阶梯形矩阵，即

$$\begin{pmatrix}1&1&-3&1\\1&-1&2&3\\4&-2&3&10\\2&4&-11&0\end{pmatrix}\longrightarrow\begin{pmatrix}1&1&-3&1\\0&-2&5&2\\0&-6&15&6\\0&2&-5&-2\end{pmatrix}\longrightarrow\begin{pmatrix}1&1&-3&1\\0&-2&5&2\\0&0&0&0\\0&0&0&0\end{pmatrix},$$

那么阶梯形矩阵中每一行第一个非零元所在的列对应的列向量 $\boldsymbol{\alpha}_1$，$\boldsymbol{\alpha}_2$ 就是极大线性无关组.

方法三

由 $\boldsymbol{\alpha}_1\neq\boldsymbol{0}$，所以线性无关.

考察 $\boldsymbol{\alpha}_1$，$\boldsymbol{\alpha}_2$，由 $\boldsymbol{\alpha}_2\neq k\boldsymbol{\alpha}_1$，可知 $\boldsymbol{\alpha}_1$，$\boldsymbol{\alpha}_2$ 线性无关；再考察 $\boldsymbol{\alpha}_1$，$\boldsymbol{\alpha}_2$，$\boldsymbol{\alpha}_3$，对于方程

$$x_1\boldsymbol{\alpha}_1+x_2\boldsymbol{\alpha}_2+x_3\boldsymbol{\alpha}_3=\boldsymbol{0},$$

现有非零解，例如 $\boldsymbol{\alpha}_1+5\boldsymbol{\alpha}_2+2\boldsymbol{\alpha}_3=\boldsymbol{0}$，故 $\boldsymbol{\alpha}_1$，$\boldsymbol{\alpha}_2$，$\boldsymbol{\alpha}_3$ 线性相关，在极大线性无关组中应去掉 $\boldsymbol{\alpha}_3$.

最后看 $\boldsymbol{\alpha}_1$，$\boldsymbol{\alpha}_2$，$\boldsymbol{\alpha}_4$，因为 $2\boldsymbol{\alpha}_1-\boldsymbol{\alpha}_2-\boldsymbol{\alpha}_4=\boldsymbol{0}$，所以添加 $\boldsymbol{\alpha}_4$ 后仍线性相关，因此极大线性无关组是 $\boldsymbol{\alpha}_1$，$\boldsymbol{\alpha}_2$.

14. 设向量组 $\boldsymbol{\alpha}_1$，$\boldsymbol{\alpha}_2$，…，$\boldsymbol{\alpha}_s$ 的秩是 r，证明其中任意选取 m 个向量所构成向量组的秩 $\geqslant r+m-s$.

证明思路　利用向量组的等价性求秩：通过求出与之等价的向量组的秩，从而得到原向量组的秩.

证　在 $\boldsymbol{\alpha}_1$，$\boldsymbol{\alpha}_2$，…，$\boldsymbol{\alpha}_s$ 中任取 m 个向量，设其秩是 q，且 $\boldsymbol{\alpha}_{i_1}$，$\boldsymbol{\alpha}_{i_2}$，…，$\boldsymbol{\alpha}_{i_q}$ 是其极大线性无关组. 由于 $\mathrm{r}(\boldsymbol{\alpha}_1,\boldsymbol{\alpha}_2,\cdots,\boldsymbol{\alpha}_s)=r$，因此对 $\boldsymbol{\alpha}_{i_1}$，$\boldsymbol{\alpha}_{i_2}$，…，$\boldsymbol{\alpha}_{i_q}$ 可再扩充 $r-q$ 个向量，使之成为 $\boldsymbol{\alpha}_1$，$\boldsymbol{\alpha}_2$，…，$\boldsymbol{\alpha}_s$ 的极大线性无关组，而这 $r-q$ 个向量可取自这 m 个向量之外，故

$$r-q\leqslant s-m,$$

即

$$q\geqslant r+m-s.$$

15. 设向量组 $\boldsymbol{A}$: $\boldsymbol{\alpha}_1, \boldsymbol{\alpha}_2, \cdots, \boldsymbol{\alpha}_s$ 的秩为 r_1，向量组 $\boldsymbol{B}$: $\boldsymbol{\beta}_1, \boldsymbol{\beta}_2, \cdots, \boldsymbol{\beta}_t$ 的秩为 r_2，向量组 $\boldsymbol{C}$: $\boldsymbol{\alpha}_1, \boldsymbol{\alpha}_2, \cdots, \boldsymbol{\alpha}_s, \boldsymbol{\beta}_1, \boldsymbol{\beta}_2, \cdots, \boldsymbol{\beta}_r$ 的秩为 r_3，证明：

$$\max\{r_1, r_2\} \leqslant r_3 \leqslant r_1 + r_2.$$

证明思路　利用向量组的等价性求秩：通过求出与之等价的向量组的秩，从而得到原向量组的秩.

证　设 $\boldsymbol{A}$, $\boldsymbol{B}$, $\boldsymbol{C}$ 的极大线性无关组分别为 $\boldsymbol{A}'$, $\boldsymbol{B}'$, $\boldsymbol{C}'$，含有的向量个数（秩）分别为 r_1, r_2, r_3，则 $\boldsymbol{A}$, $\boldsymbol{B}$, $\boldsymbol{C}$ 分别与 $\boldsymbol{A}'$, $\boldsymbol{B}'$, $\boldsymbol{C}'$ 等价，易知 $\boldsymbol{A}$, $\boldsymbol{B}$ 均可由 $\boldsymbol{C}$ 线性表示，则

$$\mathrm{r}(\boldsymbol{C}) \geqslant \mathrm{r}(\boldsymbol{A}),\ \mathrm{r}(\boldsymbol{C}) \geqslant \mathrm{r}(\boldsymbol{B}),$$

即

$$\max\{r_1, r_2\} \leqslant r_3.$$

设 $\boldsymbol{A}'$ 与 $\boldsymbol{B}'$ 中的向量共同构成向量组 $\boldsymbol{D}$，则 $\boldsymbol{A}$, $\boldsymbol{B}$ 均可由 $\boldsymbol{D}$ 线性表示，即 $\boldsymbol{C}$ 可由 $\boldsymbol{D}$ 线性表示，从而 $\boldsymbol{C}'$ 可由 $\boldsymbol{D}$ 线性表示，所以 $\mathrm{r}(\boldsymbol{C}') \leqslant \mathrm{r}(\boldsymbol{D})$，$\boldsymbol{D}$ 为 $r_1 + r_2$ 阶矩阵，所以

$$\mathrm{r}(\boldsymbol{D}) \leqslant r_1 + r_2,$$

即

$$r_3 \leqslant r_1 + r_2.$$

16. 设向量组 $\boldsymbol{A}$: $\boldsymbol{\alpha}_1, \boldsymbol{\alpha}_2, \boldsymbol{\alpha}_3$；向量组 $\boldsymbol{B}$: $\boldsymbol{\alpha}_1, \boldsymbol{\alpha}_2, \boldsymbol{\alpha}_3, \boldsymbol{\alpha}_4$；向量组 $\boldsymbol{C}$: $\boldsymbol{\alpha}_1, \boldsymbol{\alpha}_2, \boldsymbol{\alpha}_3, \boldsymbol{\alpha}_5$，若

$$\mathrm{r}(\boldsymbol{\alpha}_1, \boldsymbol{\alpha}_2, \boldsymbol{\alpha}_3) = \mathrm{r}(\boldsymbol{\alpha}_1, \boldsymbol{\alpha}_2, \boldsymbol{\alpha}_3, \boldsymbol{\alpha}_4) = 3,\ \mathrm{r}(\boldsymbol{\alpha}_1, \boldsymbol{\alpha}_2, \boldsymbol{\alpha}_3, \boldsymbol{\alpha}_5) = 4,$$

试证明：向量组 $\boldsymbol{\alpha}_1, \boldsymbol{\alpha}_2, \boldsymbol{\alpha}_3, \boldsymbol{\alpha}_5 - \boldsymbol{\alpha}_4$ 的秩为 4.

证明思路　利用定义. 欲证 r 个向量组成的向量组的秩为 r，只需证明该向量组线性无关.

证　向量组 $\boldsymbol{A}$ 线性无关；向量组 $\boldsymbol{B}$ 线性相关，且 $\boldsymbol{\alpha}_1, \boldsymbol{\alpha}_2, \boldsymbol{\alpha}_3$ 是一个极大无关组，即 $\boldsymbol{\alpha}_4$ 可由 $\boldsymbol{\alpha}_1, \boldsymbol{\alpha}_2, \boldsymbol{\alpha}_3$ 线性表示；向量组 $\boldsymbol{C}$ 线性无关，且 $\boldsymbol{\alpha}_5$ 不能由 $\boldsymbol{\alpha}_1, \boldsymbol{\alpha}_2, \boldsymbol{\alpha}_3$ 线性表示，则 $\boldsymbol{\alpha}_1, \boldsymbol{\alpha}_2, \boldsymbol{\alpha}_3, \boldsymbol{\alpha}_5 - \boldsymbol{\alpha}_4$ 中任一向量不能由其余向量线性表示，即线性无关，所以秩为 4.

17. 设向量组 $\boldsymbol{B}$: $\boldsymbol{\beta}_1, \cdots, \boldsymbol{\beta}_r$ 能由向量组 $\boldsymbol{A}$: $\boldsymbol{\alpha}_1, \cdots, \boldsymbol{\alpha}_s$ 线性表示为

$$(\boldsymbol{\beta}_1, \cdots, \boldsymbol{\beta}_r) = (\boldsymbol{\alpha}_1, \cdots, \boldsymbol{\alpha}_s)\boldsymbol{K},$$

其中 $\boldsymbol{K}$ 为 $s \times r$ 矩阵，且向量组 A 线性无关. 证明向量组 B 线性无关的充分必要

条件是矩阵 K 的秩 $\mathrm{r}(\boldsymbol{K})=r$.

证明思路 必要性：利用矩阵与向量组秩的关系；充分性：利用线性无关的定义证明.

证 必要性

若向量组 $\boldsymbol{B}$ 线性无关. 令

$$\boldsymbol{B}=(\boldsymbol{\beta}_1, \cdots, \boldsymbol{\beta}_r), \boldsymbol{A}=(\boldsymbol{\alpha}_1, \cdots, \boldsymbol{\alpha}_s),$$

则有 $\boldsymbol{B}=\boldsymbol{AK}$，由定理知

$$\mathrm{r}(\boldsymbol{B})=\mathrm{r}(\boldsymbol{AK})\leqslant\min\{\mathrm{r}(\boldsymbol{A}), \mathrm{r}(\boldsymbol{K})\}\leqslant\mathrm{r}(\boldsymbol{K}).$$

由向量组 $\boldsymbol{B}$:$\boldsymbol{\beta}_1, \boldsymbol{\beta}_2, \cdots, \boldsymbol{\beta}_r$ 线性无关知 $\mathrm{r}(\boldsymbol{B})=r$，故 $\mathrm{r}(\boldsymbol{K})\geqslant r$.

又知 $\boldsymbol{K}$ 为 $s\times r$ 矩阵，则

$$\mathrm{r}(\boldsymbol{K})\leqslant\min\{r, s\}.$$

由于向量组 $\boldsymbol{B}$ 能由向量组 $\boldsymbol{A}$ 线性表示，则 $r\leqslant s$，所以 $\min\{r, s\}=r$.

综上所述知 $r\leqslant\mathrm{r}(\boldsymbol{K})\leqslant r$，即 $\mathrm{r}(\boldsymbol{K})=r$.

充分性

若 $\mathrm{r}(\boldsymbol{K})=r$，令

$$x_1\boldsymbol{\beta}_1+x_2\boldsymbol{\beta}_2+\cdots+x_r\boldsymbol{\beta}_r=\mathbf{0}, x_i \text{ 为实数}, i=1, 2, \cdots, r,$$

则有 $(\boldsymbol{\beta}_1, \boldsymbol{\beta}_2, \cdots, \boldsymbol{\beta}_r)\begin{pmatrix}x_1\\ \vdots\\ x_r\end{pmatrix}=\mathbf{0}$. 又因为 $(\boldsymbol{\beta}_1, \cdots, \boldsymbol{\beta}_r)=(\boldsymbol{\alpha}_1, \cdots, \boldsymbol{\alpha}_s)\boldsymbol{K}$，则

$$(\boldsymbol{\alpha}_1, \cdots, \boldsymbol{\alpha}_s)\boldsymbol{K}\begin{pmatrix}x_1\\ \vdots\\ x_r\end{pmatrix}=\mathbf{0}.$$

由于 $\boldsymbol{\alpha}_1, \boldsymbol{\alpha}_2, \cdots, \boldsymbol{\alpha}_s$ 线性无关，所以 $\boldsymbol{K}\cdot\begin{pmatrix}x_1\\ x_2\\ \vdots\\ x_r\end{pmatrix}=\mathbf{0}$，即

$$\begin{cases}k_{11}x_1+k_{12}x_2+\cdots+k_{1r}x_r=0\\ \cdots\cdots\\ k_{r1}x_1+k_{r2}x_2+\cdots+k_{rr}x_r=0.\\ \cdots\cdots\\ k_{s1}x_1+k_{s2}x_2+\cdots+k_{sr}x_r=0\end{cases} \tag{1}$$

因 $\mathrm{r}(\boldsymbol{K})=r$ 且式（1）中未知数个数为 r，所以方程组只有零解 $x_1=x_2=\cdots=x_r=0$.

因此，$\boldsymbol{\beta}_1$，$\boldsymbol{\beta}_2$，…，$\boldsymbol{\beta}_r$ 线性无关，证毕.

18. 由 $\boldsymbol{\alpha}_1=(1,1,0,0)^{\mathrm{T}}$，$\boldsymbol{\alpha}_2=(1,0,1,1)^{\mathrm{T}}$ 所生成的向量空间记作 $\boldsymbol{V}_1$，由 $\boldsymbol{\beta}_1=(2,-1,3,3)^{\mathrm{T}}$，$\boldsymbol{\beta}_2=(0,1,-1,-1)^{\mathrm{T}}$ 所生成的向量空间记作 $\boldsymbol{V}_2$，试证 $\boldsymbol{V}_1=\boldsymbol{V}_2$.

证明思路　判定向量空间 $\boldsymbol{V}_1$ 和向量空间 $\boldsymbol{V}_2$ 相等的方法：

a. $\boldsymbol{V}_1\subseteq\boldsymbol{V}_2$（对任意的 $\boldsymbol{x}\in\boldsymbol{V}_1$，均有 $\boldsymbol{x}\in\boldsymbol{V}_2$）和 $\boldsymbol{V}_2\subseteq\boldsymbol{V}_1$（对任意的 $\boldsymbol{x}\in\boldsymbol{V}_2$，均有 $\boldsymbol{x}\in\boldsymbol{V}_1$）同时成立.

b. 生成向量空间所对应的向量组等价.

证　设 $\boldsymbol{V}_1=\{\boldsymbol{x}=k_1\boldsymbol{\alpha}_1+k_2\boldsymbol{\alpha}_2\mid k_1,k_2\in\mathbf{R}\}$，

$\boldsymbol{V}_2=\{\boldsymbol{x}=\lambda_1\boldsymbol{\beta}_1+\lambda_2\boldsymbol{\beta}_2\mid\lambda_1,\lambda_2\in\mathbf{R}\}$.

任取 $\boldsymbol{V}_1$ 中一向量，可写成 $k_1\boldsymbol{\alpha}_1+k_2\boldsymbol{\alpha}_2$，现要证 $k_1\boldsymbol{\alpha}_1+k_2\boldsymbol{\alpha}_2\in\boldsymbol{V}_2$，从而得到 $\boldsymbol{V}_1\subseteq\boldsymbol{V}_2$.

由 $k_1\boldsymbol{\alpha}_1+k_2\boldsymbol{\alpha}_2=\lambda_1\boldsymbol{\beta}_1+\lambda_2\boldsymbol{\beta}_2$，得

$$\begin{cases}k_1+k_2=2\lambda_1\\k_1=\lambda_2-\lambda_1\\k_2=3\lambda_1-\lambda_2\\k_2=3\lambda_1-\lambda_2\end{cases}\Leftrightarrow\begin{cases}2\lambda_1=k_1+k_2\\-\lambda_1+\lambda_2=k_1\end{cases}.$$

上式中，把 k_1，k_2 看成已知数，把 λ_1，λ_2 看成未知数.

$$\boldsymbol{D}_1=\begin{vmatrix}2&0\\-1&1\end{vmatrix}=2\neq0\Rightarrow\lambda_1,\lambda_2\text{有唯一解}.$$

所以 $\boldsymbol{V}_1\subseteq\boldsymbol{V}_2$

同理可证：$\boldsymbol{V}_2\subseteq\boldsymbol{V}_1$，故 $\boldsymbol{V}_1=\boldsymbol{V}_2$.

19. 如果 $\boldsymbol{\alpha}_1=\begin{pmatrix}1\\-1\\-2\end{pmatrix}$，$\boldsymbol{\alpha}_2=\begin{pmatrix}5\\-4\\-7\end{pmatrix}$，$\boldsymbol{a}_3=\begin{pmatrix}-3\\1\\0\end{pmatrix}$ 和 $\boldsymbol{x}=\begin{pmatrix}-4\\3\\a\end{pmatrix}$，则 a 取何值时，$\boldsymbol{x}$ 属于由 $\boldsymbol{\alpha}_1$，$\boldsymbol{\alpha}_2$，$\boldsymbol{\alpha}_3$ 生成的 $\boldsymbol{R}^3$ 的子空间？

解　$\boldsymbol{x}$ 属于由 $\boldsymbol{\alpha}_1$，$\boldsymbol{\alpha}_2$，$\boldsymbol{\alpha}_3$ 生成的 $\boldsymbol{R}^3$ 的子空间，当且仅当存在 x_1，x_2，x_3，使得

$$x_1\begin{pmatrix}1\\-1\\-2\end{pmatrix}+x_2\begin{pmatrix}5\\-4\\-7\end{pmatrix}+x_3\begin{pmatrix}-3\\1\\0\end{pmatrix}=\begin{pmatrix}-4\\3\\a\end{pmatrix},$$

即

$$\begin{pmatrix} 1 & 5 & -3 \\ -1 & -4 & 1 \\ -2 & -7 & 0 \end{pmatrix}\begin{pmatrix} x_1 \\ x_2 \\ x_3 \end{pmatrix}=\begin{pmatrix} -4 \\ 3 \\ a \end{pmatrix}.$$

对其增广矩阵施行初等行变换

$$\begin{pmatrix} 1 & 5 & -3 & -4 \\ -1 & -4 & 1 & 3 \\ -2 & -7 & 0 & a \end{pmatrix} \longrightarrow \begin{pmatrix} 1 & 5 & -3 & -4 \\ 0 & 1 & -2 & -1 \\ 0 & 0 & 0 & a-5 \end{pmatrix},$$

故 $a-5=0$，因此 $\boldsymbol{x}$ 属于由 $\boldsymbol{\alpha}_1, \boldsymbol{\alpha}_2, \boldsymbol{\alpha}_3$ 生成的 $\boldsymbol{R}^3$ 的子空间当且仅当 $a=5$.

20. 已知 $\boldsymbol{R}^3$ 的两组基

$$\boldsymbol{\alpha}_1=(1, 0, -1)^{\mathrm{T}}, \boldsymbol{\alpha}_2=(2, 1, 1)^{\mathrm{T}}, \boldsymbol{\alpha}_3=(1, 1, 1)^{\mathrm{T}},$$
$$\boldsymbol{\beta}_1=(0, 1, 1)^{\mathrm{T}}, \boldsymbol{\beta}_2=(-1, 1, 0)^{\mathrm{T}}, \boldsymbol{\beta}_3=(1, 2, 1)^{\mathrm{T}}.$$

(1) 求由基 $\boldsymbol{\alpha}_1, \boldsymbol{\alpha}_2, \boldsymbol{\alpha}_3$ 到基 $\boldsymbol{\beta}_1, \boldsymbol{\beta}_2, \boldsymbol{\beta}_3$ 的过渡矩阵；

(2) 求 $\boldsymbol{\gamma}=(9, 6, 5)^{\mathrm{T}}$ 在这两组基下的坐标；

(3) 求向量 $\boldsymbol{\delta}$，使它在这两组基下有相同的坐标.

解题思路　利用解齐次方程组，求向量 $\boldsymbol{\delta}$.

解　(1) 设从基 $\boldsymbol{\alpha}_1, \boldsymbol{\alpha}_2, \boldsymbol{\alpha}_3$ 到基 $\boldsymbol{\beta}_1, \boldsymbol{\beta}_2, \boldsymbol{\beta}_3$ 的过渡矩阵是 $\boldsymbol{C}$，则

$$(\boldsymbol{\beta}_1, \boldsymbol{\beta}_2, \boldsymbol{\beta}_3)=(\boldsymbol{\alpha}_1, \boldsymbol{\alpha}_2, \boldsymbol{\alpha}_3)\boldsymbol{C}.$$

因此

$$\begin{aligned}\boldsymbol{C}&=(\boldsymbol{\alpha}_1, \boldsymbol{\alpha}_2, \boldsymbol{\alpha}_3)^{-1}(\boldsymbol{\beta}_1, \boldsymbol{\beta}_2, \boldsymbol{\beta}_3)\\ &=\begin{pmatrix} 1 & 2 & 1 \\ 0 & 1 & 1 \\ -1 & 1 & 1 \end{pmatrix}^{-1}\begin{pmatrix} 0 & -1 & 1 \\ 1 & 1 & 2 \\ 1 & 0 & 1 \end{pmatrix}=\begin{pmatrix} 0 & 1 & 1 \\ -1 & -3 & -2 \\ 2 & 4 & 4 \end{pmatrix}.\end{aligned}$$

(2) 设 $\boldsymbol{\gamma}$ 在基 $\boldsymbol{\beta}_1, \boldsymbol{\beta}_2, \boldsymbol{\beta}_3$ 下的坐标是 $(y_1, y_2, y_3)^{\mathrm{T}}$，则有

$$y_1\boldsymbol{\beta}_1+y_2\boldsymbol{\beta}_2+y_3\boldsymbol{\beta}_3=\boldsymbol{\gamma},$$

即

$$\begin{cases} -y_2+y_3=9 \\ y_1+y_2+2y_3=6 \\ y_1+y_3=5 \end{cases} \Rightarrow y_1=0, y_2=-4, y_3=5.$$

设 $\boldsymbol{\gamma}$ 在基 $\boldsymbol{\alpha}_1, \boldsymbol{\alpha}_2, \boldsymbol{\alpha}_3$ 下的坐标是 $(x_1, x_2, x_3)^{\mathrm{T}}$，按坐标变换公式 $\boldsymbol{X}=\boldsymbol{C}\boldsymbol{Y}$，

有

$$\begin{pmatrix}x_1\\x_2\\x_3\end{pmatrix}=\begin{pmatrix}0&1&1\\-1&-3&-2\\2&4&4\end{pmatrix}\begin{pmatrix}0\\-4\\5\end{pmatrix}=\begin{pmatrix}1\\2\\4\end{pmatrix},$$

可见，$\boldsymbol{\gamma}$ 在这两组基下的坐标分别是 $(1,2,4)^{\mathrm{T}}$ 和 $(0,-4,5)^{\mathrm{T}}$.

(3) 设 $\boldsymbol{\delta}=x_1\boldsymbol{\alpha}_1+x_2\boldsymbol{\alpha}_2+x_3\boldsymbol{\alpha}_3=x_1\boldsymbol{\beta}_1+x_2\boldsymbol{\beta}_2+x_3\boldsymbol{\beta}_3$，即

$$x_1(\boldsymbol{\alpha}_1-\boldsymbol{\beta}_1)+x_2(\boldsymbol{\alpha}_2-\boldsymbol{\beta}_2)+x_3(\boldsymbol{\alpha}_3-\boldsymbol{\beta}_3)=\mathbf{0},$$

即

$$\begin{cases}x_1+3x_2=0\\-x_1-x_3=0\\-2x_1+x_2=0\end{cases}\Rightarrow x_1=x_2=x_3=0,$$

所以，仅零向量在这两组基下有相同的坐标.

21. 齐次线性方程组 $\begin{cases}x_1+3x_3+4x_4-5x_5=0\\x_2-2x_3-3x_4+x_5=0\end{cases}$ 的解空间的维数是________.

解　原方程组可化为

$$\begin{cases}x_1=-3x_3-4x_4+5x_5\\x_2=2x_3+3x_4-5x_5\end{cases},$$

其中 x_3，x_4，x_5 是自由未知量，分别取

$$\begin{pmatrix}x_3\\x_4\\x_5\end{pmatrix}=\begin{pmatrix}1\\0\\0\end{pmatrix},\begin{pmatrix}0\\1\\0\end{pmatrix},\begin{pmatrix}0\\0\\1\end{pmatrix},$$

得到原方程组的基础解系

$$\boldsymbol{\eta}_1=\begin{pmatrix}-3\\2\\1\\0\\0\end{pmatrix},\boldsymbol{\eta}_2=\begin{pmatrix}-4\\3\\0\\1\\0\end{pmatrix},\boldsymbol{\eta}_3=\begin{pmatrix}5\\-5\\0\\0\\1\end{pmatrix},$$

所以原齐次线性方程组的维数是 3.

22. 求线性方程组 $\boldsymbol{Ax}=\mathbf{0}$，其解空间由向量组

$$\boldsymbol{\alpha}_1=(1,-1,1,0)^{\mathrm{T}},\boldsymbol{\alpha}_2=(1,1,0,1)^{\mathrm{T}},\boldsymbol{\alpha}_3=(2,0,1,1)^{\mathrm{T}}$$

生成.

解题思路　综合运用线性方程组解的判定、性质、结构定理解题：

设非齐次方程组为 $\boldsymbol{Ax}=\boldsymbol{b}$,对应的齐次方程组为 $\boldsymbol{Ax}=\boldsymbol{0}$.　　(1)(2)

A. 若 $\boldsymbol{\eta}_1$，$\boldsymbol{\eta}_2$ 是式 (1) 的解，则 $\boldsymbol{\eta}_1-\boldsymbol{\eta}_2$ 为式 (2) 的解；

B. 若 $\boldsymbol{\eta}$ 是式 (1) 的解，$\boldsymbol{\xi}$ 为式 (2) 的解，则 $\boldsymbol{\xi}+\boldsymbol{\eta}$ 是式 (1) 的解.

已知方程组的某些特定解，反过来求系数矩阵或原线性方程组.

解　$\dim\boldsymbol{V}(\boldsymbol{\alpha}_1,\boldsymbol{\alpha}_2,\boldsymbol{\alpha}_3)=2$，$\boldsymbol{\alpha}_1$，$\boldsymbol{\alpha}_2$ 是解空间 $\boldsymbol{V}(\boldsymbol{\alpha}_1,\boldsymbol{\alpha}_2,\boldsymbol{\alpha}_3)$ 的一组基. 于是，解空间

$$\boldsymbol{V}=\{\boldsymbol{\alpha}=c_1\boldsymbol{\alpha}_1+c_2\boldsymbol{\alpha}_2\,|\,c_i\in\mathbf{R},\ i=1,\ 2\}.$$

设所求齐次线性方程为 $a_1x_1+a_2x_2+a_3x_3+a_4x_4=0$，将基 $\boldsymbol{\alpha}_1$，$\boldsymbol{\alpha}_2$ 代入齐次线性方程组 $\begin{cases}a_1-a_2+a_3=0\\a_1+a_2+a_4=0\end{cases}$.

解得此方程组的基础解系为

$$\boldsymbol{\xi}_1=(1,\ 0,\ -1,\ -1)^{\mathrm{T}},\ \boldsymbol{\xi}_2=(0,\ 1,\ 1,\ -1)^{\mathrm{T}}.$$

因此所求齐次线性方程组为 $\begin{cases}x_1-x_3-x_4=0\\x_2+x_3-x_4=0\end{cases}$.

23. 设 $\boldsymbol{A}=\begin{pmatrix}1&2&1\\2&3&a+2\\1&a&-2\end{pmatrix}$，$\boldsymbol{b}=\begin{pmatrix}1\\3\\0\end{pmatrix}$，$\boldsymbol{x}=\begin{pmatrix}x_1\\x_2\\x_3\end{pmatrix}$.

(1) 齐次线性方程组 $\boldsymbol{Ax}=\boldsymbol{0}$ 只有零解，则 $a=$________.

(2) 线性方程组 $\boldsymbol{Ax}=\boldsymbol{b}$ 无解，则 $a=$________.

解题思路　设线性方程组 $\boldsymbol{Ax}=\boldsymbol{b}$，记增广矩阵 $\widetilde{\boldsymbol{A}}=(\boldsymbol{A},\ \boldsymbol{b})$，则有

$\mathrm{r}(\boldsymbol{A})=n\Leftrightarrow\boldsymbol{Ax}=\boldsymbol{0}$ 有唯一解；

$\mathrm{r}(\boldsymbol{A})\neq\mathrm{r}(\widetilde{\boldsymbol{A}})\Leftrightarrow\boldsymbol{Ax}=\boldsymbol{b}$ 无解.

解题过程中还常涉及行列式、初等变换等知识.

解　(1) 因 $|\boldsymbol{A}|=\begin{vmatrix}1&2&1\\2&3&a+2\\1&a&-2\end{vmatrix}=3+2a-a^2$，所以 $a\neq-1$ 或 3 时，行列式 $|\boldsymbol{A}|\neq0$，即 $\boldsymbol{Ax}=\boldsymbol{0}$ 只有零解. 故应填 $a\neq-1$ 或 3.

(2) 对增广矩阵作初等行变换，有

$$\begin{pmatrix}1&2&1&1\\2&3&a+2&3\\1&a&-2&0\end{pmatrix}\Rightarrow\begin{pmatrix}1&2&1&1\\0&-1&a&1\\0&0&a^2-2a-3&a-3\end{pmatrix},$$

此时方程组无解必然是 $\mathrm{r}(\boldsymbol{A})=2$，$\mathrm{r}(\widetilde{\boldsymbol{A}})=3$，即 $a^2-2a-3=0$，$a-3\neq 0$，故应填 $a=-1$.

24. 设方程组 $\begin{cases} x_1+2x_2-x_3+x_4=r \\ 3x_1+px_2+3x_3+2x_4=-11 \\ 2x_1+2x_2+qx_3+x_4=-4 \end{cases}$　　(1)

与方程组

$$\begin{cases} x_1+3x_3=-2 \\ x_2-2x_3=5 \\ x_4=-10 \end{cases} \tag{2}$$

是同解方程组，试确定方程组（1）中的 p，q，r 的值.

解题思路　综合运用线性方程组解的判定、性质、结构定理解题，利用基础解系定义和解的结构求方程组（2）的通解，反过来求方程组（1）的系数矩阵中的参数.

解　方程组(2) 的同解方程组为 $\begin{cases} x_1=-2-3x_3 \\ x_2=5+2x_3 \\ x_4=-10 \end{cases}$，　　(3)

令 $x_3=0$，得方程组(2)的解 $\boldsymbol{\eta}^*=(-2, 5, 0, -10)^{\mathrm{T}}$.

与方程组（3）对应的齐次线性方程组为 $\begin{cases} x_1=-3x_3 \\ x_2=2x_3 \\ x_4=0 \end{cases}$，　　(4)

令 $x_3=1$，则方程组（4）的基础解系为 $\boldsymbol{\xi}=(-3, 2, 1, 0)^{\mathrm{T}}$，故方程组（2）的通解为

$$\begin{pmatrix} x_1 \\ x_2 \\ x_3 \\ x_4 \end{pmatrix}=\lambda\begin{pmatrix} -3 \\ 2 \\ 1 \\ 0 \end{pmatrix}+\begin{pmatrix} -2 \\ 5 \\ 0 \\ -10 \end{pmatrix}\ (\lambda\in\mathbf{R}).$$

将其代入方程组（1）中，得

$$\begin{cases} (-3\lambda-2)+2(2\lambda+5)-\lambda-10=r \\ 3(-3\lambda-2)+p(2\lambda+5)+3\lambda-20=-11, \\ 2(-3\lambda-2)+2(2\lambda+5)+q\lambda-10=-4 \end{cases}$$

即

$$\begin{cases} -2=r \\ (2\lambda+5)(p-3)=0\quad(\lambda\in\mathbf{R}) \\ (-2+q)\lambda=0 \end{cases}$$

令 $\lambda=1$，得 $r=-2$，$p=3$，$q=2$.

25. $\boldsymbol{A}$ 是 n 阶矩阵，对于齐次线性方程组 $\boldsymbol{Ax}=\boldsymbol{0}$.

(1)若 $\boldsymbol{A}$ 中每行元素之和均为 0，且 $\mathrm{r}(\boldsymbol{A})=n-1$，则方程组的通解是______.

(2) 若每个 n 维向量都是方程组的解，则 $\mathrm{r}(\boldsymbol{A})=$________.

解题思路 综合运用线性方程组解的判定、性质、结构定理解题.

解 (1) 从 $\mathrm{r}(\boldsymbol{A})=n-1$ 知，$\boldsymbol{Ax}=\boldsymbol{0}$ 的基础解系由 1 个解向量组成，因此任一非零解都可成为基础解系.

因为每行元素之和都为 0，有

$$a_{i1}+a_{i2}+\cdots+a_{in}=1\cdot a_{i1}+1\cdot a_{i2}+\cdots+1\cdot a_{in}=0,$$

所以 $(1,1,\cdots,1)^{\mathrm{T}}$ 满足每一个方程，是 $\boldsymbol{Ax}=\boldsymbol{0}$ 的解，故应填 $k(1,1,\cdots,1)^{\mathrm{T}}$，$k$ 为任意实数.

(2) 每个 n 维向量都是解，因而有 n 个线性无关的解，那么解空间的维数是 n，又因解空间维数是 $n-\mathrm{r}(\boldsymbol{A})$，故

$$n=n-\mathrm{r}(\boldsymbol{A}),$$

即 $\mathrm{r}(\boldsymbol{A})=0$，故应填 0.

26. 设 $\boldsymbol{A}$ 是秩为 3 的 5×4 矩阵，$\boldsymbol{\alpha}_1$，$\boldsymbol{\alpha}_2$，$\boldsymbol{\alpha}_3$ 是非齐次线性方程组 $\boldsymbol{Ax}=\boldsymbol{b}$ 的三个不同的解，若

$$\boldsymbol{\alpha}_1+\boldsymbol{\alpha}_2+2\boldsymbol{\alpha}_3=(2,0,0,0)^{\mathrm{T}},\ 3\boldsymbol{\alpha}_1+\boldsymbol{\alpha}_2=(2,4,6,8)^{\mathrm{T}},$$

则方程组 $\boldsymbol{Ax}=\boldsymbol{b}$ 的通解是________.

解题思路 综合运用线性方程组解的判定、性质、结构定理，利用基础解系的定义和解的结构解题.

解 应填 $(\frac{1}{2},0,0,0)^{\mathrm{T}}+k(0,2,3,4)^{\mathrm{T}}$，$k$ 为任意常数.

由于秩 $\mathrm{r}(\boldsymbol{A})=3$，所以齐次方程组 $\boldsymbol{Ax}=\boldsymbol{0}$ 的解空间的维数是 $4-\mathrm{r}(\boldsymbol{A})=1$. 因为

$$\boldsymbol{\alpha}_1+\boldsymbol{\alpha}_2+2\boldsymbol{\alpha}_3-(3\boldsymbol{\alpha}_1+\boldsymbol{\alpha}_2)=2(\boldsymbol{\alpha}_3-\boldsymbol{\alpha}_1)=(0,-4,-6,-8)^{\mathrm{T}},$$

而 $\boldsymbol{\alpha}_3-\boldsymbol{\alpha}_1$ 是 $\boldsymbol{Ax}=\boldsymbol{0}$ 的解，即其基础解系. 由

$$\boldsymbol{A}(\boldsymbol{\alpha}_1+\boldsymbol{\alpha}_2+2\boldsymbol{\alpha}_3)=\boldsymbol{A\alpha}_1+\boldsymbol{A\alpha}_2+2\boldsymbol{A\alpha}_3=4\boldsymbol{b}$$

知，$\frac{1}{4}(\boldsymbol{\alpha}_1+\boldsymbol{\alpha}_2+2\boldsymbol{\alpha}_3)$是方程组 $\boldsymbol{Ax}=\boldsymbol{b}$ 的一个解，那么根据方程组的解的结构知其通解是：

$(\frac{1}{2}, 0, 0, 0)^{\mathrm{T}}+k(0, 2, 3, 4)^{\mathrm{T}}$.

27. 设 $\boldsymbol{A}=\begin{pmatrix}2&1&1&2\\0&1&3&1\\1&\lambda&\mu&1\end{pmatrix}$，$\boldsymbol{b}=\begin{pmatrix}0\\1\\0\end{pmatrix}$，$\boldsymbol{\eta}=\begin{pmatrix}1\\-1\\1\\-1\end{pmatrix}$，如果 $\boldsymbol{\eta}$ 是方程组 $\boldsymbol{Ax}=\boldsymbol{b}$ 的一个解，试求方程组 $\boldsymbol{Ax}=\boldsymbol{b}$ 的全部解.

解题思路　综合运用线性方程组的判定、性质、结构定理，已知方程组的某些特定解，反过来求系数矩阵中的参数和原方程组的通解.

解　因为 $\boldsymbol{\eta}$ 是方程组 $\boldsymbol{Ax}=\boldsymbol{b}$ 的一个解，于是由 $\boldsymbol{A\eta}=\boldsymbol{b}$，解得 $\lambda=\mu$. 作初等行变换，得

$$\widetilde{\boldsymbol{A}}\Rightarrow\left(\begin{array}{cccc|c}1&0&-2\lambda&1-\lambda&-\lambda\\0&1&3&1&1\\0&0&2(1-2\lambda)&1-2\lambda&1-2\lambda\end{array}\right).$$

(1) 当 $\lambda=\mu=\frac{1}{2}$ 时，方程组有无穷多解. 全部解为

$$\begin{pmatrix}x_1\\x_2\\x_3\\x_4\end{pmatrix}=\begin{pmatrix}-\frac{1}{2}\\1\\0\\0\end{pmatrix}+c_1\begin{pmatrix}1\\-3\\1\\0\end{pmatrix}+c_2\begin{pmatrix}-1\\-2\\0\\2\end{pmatrix}\quad(c_1, c_2\in\mathbf{R}).$$

(2) 当 $\lambda=\mu\neq\frac{1}{2}$ 时，方程组有无穷多组解. 全部解为

$$\begin{pmatrix}x_1\\x_2\\x_3\\x_4\end{pmatrix}=\begin{pmatrix}0\\-\frac{1}{2}\\\frac{1}{2}\\0\end{pmatrix}+c\begin{pmatrix}-2\\1\\-1\\2\end{pmatrix}\quad(c\in\mathbf{R}).$$

28. 求一个非齐次线性方程组，使它的全部解为

$$\begin{pmatrix}x_1\\x_2\\x_3\end{pmatrix}=\begin{pmatrix}1\\-1\\3\end{pmatrix}+c_1\begin{pmatrix}-1\\3\\2\end{pmatrix}+c_2\begin{pmatrix}2\\-3\\1\end{pmatrix}\quad(c_1, c_2\text{ 为任意常数}).$$

解题思路 运用齐次线性方程组解的结构定理，消去已知表达式中的参数 c_1，c_2，即是所求方程组.

解 设所求非齐次方程为 $a_1x_1+a_2x_2+a_3x_3=b$.

由条件知，导出组的基础解系分别是

$$\boldsymbol{\xi}_1=(-1,\ 3,\ 2)^{\mathrm{T}},\ \boldsymbol{\xi}_2=(2,\ -3,\ 1)^{\mathrm{T}}.$$

将 $\boldsymbol{\xi}_1$，$\boldsymbol{\xi}_2$ 代入，得方程组

$$\begin{cases}-a_1+3a_2+2a_3=0\\2a_1-3a_2+a_3=0\end{cases},$$

解得 $a_1=-9k$，$a_2=-5k$，$a_3=3k$ (k 为任意常数).

由于 $\boldsymbol{\xi}_0=(1,\ -1,\ 3)^{\mathrm{T}}$ 是非齐次方程组的特解，代入可得

$$b=5k.$$

故所求方程组为 $9x_1+5x_2-3x_3=-5$.

29. 设 $\boldsymbol{\alpha}_0$，$\boldsymbol{\alpha}_1$，…，$\boldsymbol{\alpha}_{n-r}$ 为 $\boldsymbol{Ax}=\boldsymbol{b}(\boldsymbol{b}\neq\boldsymbol{0})$ 的 $n-r+1$ 个线性无关的解向量，$\boldsymbol{A}$ 的秩为 r，证明：$\boldsymbol{\alpha}_1-\boldsymbol{\alpha}_0$，$\boldsymbol{\alpha}_2-\boldsymbol{\alpha}_0$，…，$\boldsymbol{\alpha}_{n-r}-\boldsymbol{\alpha}_0$ 是对应的齐次线性方程组 $\boldsymbol{Ax}=\boldsymbol{0}$ 的基础解系.

证明思路 有关线性方程组基础解系的证明：根据定义，欲证明某一向量组 $\boldsymbol{\alpha}_1$，$\boldsymbol{\alpha}_2$，…，$\boldsymbol{\alpha}_s$ 是 n 元线性方程组 $\boldsymbol{Ax}=\boldsymbol{0}$ 的基础解系，要证明以下三个结论：

a. 该向量组的每个向量都是方程组 $\boldsymbol{Ax}=\boldsymbol{0}$ 的解；

b. 该向量组线性无关；

c. $s=n-\mathrm{r}(\boldsymbol{A})$.

证 所给向量组为 $n-r$ 个向量，如果能证明它们均是 $\boldsymbol{Ax}=\boldsymbol{0}$ 的解向量，且线性无关，则它们为 $\boldsymbol{Ax}=\boldsymbol{0}$ 的基础解系.

因

$$\boldsymbol{A\alpha}_0=\boldsymbol{b},\ \boldsymbol{A\alpha}_1=\boldsymbol{b},\ \cdots,\ \boldsymbol{A\alpha}_{n-r}=\boldsymbol{b},$$

故

$$\boldsymbol{A}(\boldsymbol{\alpha}_i-\boldsymbol{\alpha}_0)=\boldsymbol{A\alpha}_i-\boldsymbol{A\alpha}_0=\boldsymbol{b}-\boldsymbol{b}=\boldsymbol{0}\ (i=1,\ 2,\ \cdots,\ n-r),$$

即 $\boldsymbol{\alpha}_i-\boldsymbol{\alpha}_0$ 为 $\boldsymbol{Ax}=\boldsymbol{0}$ 的解向量，下面证明它们线性无关.

设

$$k_1(\boldsymbol{\alpha}_1-\boldsymbol{\alpha}_0)+k_2(\boldsymbol{\alpha}_2-\boldsymbol{\alpha}_0)+\cdots+k_{n-r}(\boldsymbol{\alpha}_{n-r}-\boldsymbol{\alpha}_0)=\boldsymbol{0},$$

即

$$k_1\boldsymbol{\alpha}_1+\cdots+k_{n-r}\boldsymbol{\alpha}_{n-r}+(-k_1-k_2-\cdots-k_{n-r})\boldsymbol{\alpha}_0=\boldsymbol{0}.$$

因 $\boldsymbol{\alpha}_0,\boldsymbol{\alpha}_1,\cdots,\boldsymbol{\alpha}_{n-r}$线性无关，故 $k_1=k_2=\cdots=k_{n-r}=0$，即

$$\boldsymbol{\alpha}_1-\boldsymbol{\alpha}_0,\boldsymbol{\alpha}_2-\boldsymbol{\alpha}_0,\cdots,\boldsymbol{\alpha}_{n-r}-\boldsymbol{\alpha}_0$$

线性无关，从而为 $\boldsymbol{Ax}=\boldsymbol{0}$ 的一个基础解系.

30. 若矩阵 $\boldsymbol{A}$ 的秩为 r，其 r 个列向量为某一齐次线性方程组的一个基础解系，$\boldsymbol{B}$ 为 r 阶可逆矩阵，证明：$\boldsymbol{AB}$ 的 r 个列向量也是该齐次线性方程组的一个基础解系.

证明思路　有关线性方程组基础解系的证明：根据定义，欲证明某一向量组 $\boldsymbol{\alpha}_1,\boldsymbol{\alpha}_2,\cdots,\boldsymbol{\alpha}_s$ 是 n 元线性方程组 $\boldsymbol{Ax}=\boldsymbol{0}$ 的基础解系，要证明以下三个结论：

a. 该向量组的每个向量都是方程组 $\boldsymbol{Ax}=\boldsymbol{0}$ 的解；

b. 该向量组线性无关；

c. 方程组的任一解均可由该向量组线性表示.

证　令 $\boldsymbol{A}$ 为 $n\times r$ 矩阵，它的列向量记为 $\boldsymbol{A}_1,\boldsymbol{A}_2,\cdots,\boldsymbol{A}_r$；$\boldsymbol{AB}$ 的列向量记为 $\boldsymbol{\alpha}_1,\boldsymbol{\alpha}_2,\cdots,\boldsymbol{\alpha}_r$，则

$$(\boldsymbol{\alpha}_1,\boldsymbol{\alpha}_2,\cdots,\boldsymbol{\alpha}_r)=(\boldsymbol{A}_1,\boldsymbol{A}_2,\cdots,\boldsymbol{A}_r)\boldsymbol{B}.\tag{1}$$

可见，$\boldsymbol{\alpha}_1,\boldsymbol{\alpha}_2,\cdots,\boldsymbol{\alpha}_r$ 能由 $\boldsymbol{A}_1,\boldsymbol{A}_2,\cdots,\boldsymbol{A}_r$ 线性表示，若 $\boldsymbol{A}_1,\boldsymbol{A}_2,\cdots,\boldsymbol{A}_r$ 为某一齐次线性方程组的解，则 $\boldsymbol{\alpha}_1,\boldsymbol{\alpha}_2,\cdots,\boldsymbol{\alpha}_r$ 也是该齐次线性方程组的解. 又因 $\boldsymbol{B}$ 可逆，故由式 (1) 可得

$$(\boldsymbol{A}_1,\boldsymbol{A}_2,\cdots,\boldsymbol{A}_r)=(\boldsymbol{\alpha}_1,\boldsymbol{\alpha}_2,\cdots,\boldsymbol{\alpha}_r)\boldsymbol{B}^{-1},$$

可见 $\boldsymbol{A}_1,\boldsymbol{A}_2,\cdots,\boldsymbol{A}_r$ 能由 $\boldsymbol{\alpha}_1,\boldsymbol{\alpha}_2,\cdots,\boldsymbol{\alpha}_r$ 线性表示，因此 $\boldsymbol{\alpha}_1,\boldsymbol{\alpha}_2,\cdots,\boldsymbol{\alpha}_r$ 与 $\boldsymbol{A}_1,\boldsymbol{A}_2,\cdots,\boldsymbol{A}_r$ 等价，而 $\boldsymbol{A}_1,\boldsymbol{A}_2,\cdots,\boldsymbol{A}_r$ 为某一齐次线性方程组的基础解系，线性无关，故 $\boldsymbol{\alpha}_1,\boldsymbol{\alpha}_2,\cdots,\boldsymbol{\alpha}_r$ 也线性无关，且每个解向量可由它线性表示，从而为该齐次线性方程组的一个基础解系.

31. $\boldsymbol{A}$ 是 $m\times n$ 矩阵，$m<n$，且 $\boldsymbol{A}$ 的行向量线性无关，$\boldsymbol{B}$ 是 $n\times(n-m)$ 矩阵，$\boldsymbol{B}$ 的列向量线性无关，且 $\boldsymbol{AB}=\boldsymbol{O}$，证明：若 $\boldsymbol{\eta}$ 是齐次线性方程组 $\boldsymbol{Ax}=\boldsymbol{0}$ 的解，则 $\boldsymbol{Bx}=\boldsymbol{\eta}$ 有唯一解.

证明思路　有关线性方程组的证明题：熟悉线性方程组解的结构与性质，并注意下述结论：

a. n 元齐次线性方程组 $\boldsymbol{Ax}=\boldsymbol{0}$ 若有非零解，则其解向量的极大线性无关组有 $n-\mathrm{r}(\boldsymbol{A})$ 个向量；

b. 线性方程组 $\boldsymbol{Ax}=\boldsymbol{b}$ 若有无穷多解，则其解向量的极大线性无关组有 $n-\mathrm{r}(\boldsymbol{A})+1$ 个向量.

证 由于行秩、列秩都等于矩阵的秩，故

$$r(\boldsymbol{A})=m,\ r(\boldsymbol{B})=n-m.$$

因为 $\boldsymbol{AB}=\boldsymbol{O}$，所以 $\boldsymbol{B}=(\boldsymbol{\beta}_1, \boldsymbol{\beta}_2, \cdots, \boldsymbol{\beta}_{n-m})$ 的每一列都是齐次方程组 $\boldsymbol{Ax}=\boldsymbol{0}$ 的解，且是 $n-m$ 个线性无关的解.

又因 $\boldsymbol{Ax}=\boldsymbol{0}$ 解空间的维数是 $n-r(\boldsymbol{A})=n-m$，于是 $\boldsymbol{\beta}_1, \boldsymbol{\beta}_2, \cdots, \boldsymbol{\beta}_{n-m}$ 是解空间的一组基，那么 $\boldsymbol{\eta}$ 可由 $\boldsymbol{\beta}_1, \boldsymbol{\beta}_2, \cdots, \boldsymbol{\beta}_{n-m}$ 线性表示且表示法唯一.

设

$$\begin{aligned}\boldsymbol{\eta}&=c_1\boldsymbol{\beta}_1+c_2\boldsymbol{\beta}_2+\cdots+c_{n-m}\boldsymbol{\beta}_{n-m}\\&=(\boldsymbol{\beta}_1, \boldsymbol{\beta}_2, \cdots, \boldsymbol{\beta}_{n-m})\begin{pmatrix}c_1\\c_2\\\vdots\\c_{n-m}\end{pmatrix}=\boldsymbol{B}\begin{pmatrix}c_1\\c_2\\\vdots\\c_{n-m}\end{pmatrix},\end{aligned}$$

即 $\boldsymbol{Bx}=\boldsymbol{\eta}$ 有唯一解 $(c_1, c_2, \cdots, c_{n-m})^{\mathrm{T}}$.

第 4 章　矩阵的特征值

本章将要研究形如 $\boldsymbol{Ax}=\lambda\boldsymbol{x}$（$\lambda$ 为一数量）的方程，并且求那些被 $\boldsymbol{A}$ 作用相当于被数乘作用的向量，此即为方阵的特征值与特征向量的问题，它们不仅在纯数学和应用数学中有广泛的应用，而且在工程设计、生态系统分析等许多学科领域中具有广泛的应用背景.

本章教学基本要求：

1. 理解矩阵的特征值和特征向量的概念及性质，会求矩阵的特征值和特征向量.
2. 了解相似矩阵的概念、性质及矩阵相似、对角化的充分必要条件.
3. 掌握用相似变换化实对称矩阵为对角矩阵的方法.
4. 理解并预测由差分方程 $\boldsymbol{x}_{n+1}=\boldsymbol{Ax}_n$ 所描述的动态系统的长期行为或演化.

§4.1　向量的内积

一、主要知识归纳

主要知识归纳见表 4-1-1 至表 4-1-4.

表 4-1-1　　**内积的定义与性质**

定义	设 $\boldsymbol{x}=(x_1, x_2, \cdots, x_n)^{\mathrm{T}}$，$\boldsymbol{y}=(y_1, y_2, \cdots, y_n)^{\mathrm{T}}$，则 $[\boldsymbol{x}, \boldsymbol{y}]=x_1y_1+x_2y_2+\cdots+x_ny_n$ 称为向量 $\boldsymbol{x}$ 与 $\boldsymbol{y}$ 的内积.
运算性质	(1) $[\boldsymbol{x}, \boldsymbol{y}]=[\boldsymbol{y}, \boldsymbol{x}]$；　(2) $[\lambda\boldsymbol{x}, \boldsymbol{y}]=\lambda[\boldsymbol{x}, \boldsymbol{y}]$； (3) $[\boldsymbol{x}+\boldsymbol{y}, \boldsymbol{z}]=[\boldsymbol{x}, \boldsymbol{z}]+[\boldsymbol{y}, \boldsymbol{z}]$；　(4) $[\boldsymbol{x}, \boldsymbol{x}]\geqslant 0$ 当且仅当 $\boldsymbol{x}=\boldsymbol{0}$ 时，$[\boldsymbol{x}, \boldsymbol{x}]=0$.

表 4-1-2　　**向量的长度与性质**

定义	$\Vert\boldsymbol{x}\Vert=\sqrt{[\boldsymbol{x}, \boldsymbol{x}]}=\sqrt{x_1^2+x_2^2+\cdots+x_n^2}$ 称为 n 维向量 $\boldsymbol{x}$ 的长度. 当 $\Vert\boldsymbol{x}\Vert=1$ 时，称 $\boldsymbol{x}$ 为单位向量.
性质	(1) 非负性：$\Vert\boldsymbol{x}\Vert\geqslant 0$，当且仅当 $\boldsymbol{x}=\boldsymbol{0}$ 时，$\Vert\boldsymbol{x}\Vert=0$； (2) 齐次性：$\Vert\lambda\boldsymbol{x}\Vert=\lvert\lambda\rvert\Vert\boldsymbol{x}\Vert$； (3) 三角不等式：$\Vert\boldsymbol{x}+\boldsymbol{y}\Vert\leqslant\Vert\boldsymbol{x}\Vert+\Vert\boldsymbol{y}\Vert$； (4) 对任意 n 维向量 $\boldsymbol{x}$，$\boldsymbol{y}$，有 $\lvert[\boldsymbol{x}, \boldsymbol{y}]\rvert\leqslant\Vert\boldsymbol{x}\Vert\cdot\Vert\boldsymbol{y}\Vert$.

表 4-1-3 正交向量组与正交基

定义	(1) 若向量 $\boldsymbol{\alpha}$ 与 $\boldsymbol{\beta}$ 的内积等于零，即 $[\boldsymbol{\alpha}, \boldsymbol{\beta}]=0$，则称向量 $\boldsymbol{\alpha}$ 与 $\boldsymbol{\beta}$ 相互正交，记作 $\boldsymbol{\alpha}\perp\boldsymbol{\beta}$. (2)若一非零向量组中的向量两两正交，则称该向量组为正交向量组. 正交向量组线性无关. (3)若 $\boldsymbol{\alpha}_1, \boldsymbol{\alpha}_2, \cdots, \boldsymbol{\alpha}_r$ 是向量空间 $\boldsymbol{V}$ 的一个基，且 $\boldsymbol{\alpha}_1, \boldsymbol{\alpha}_2, \cdots, \boldsymbol{\alpha}_r$ 是两两正交的向量组，则称 $\boldsymbol{\alpha}_1, \boldsymbol{\alpha}_2, \cdots, \boldsymbol{\alpha}_r$ 是向量空间 $\boldsymbol{V}$ 的正交基，当 $\boldsymbol{\alpha}_1, \boldsymbol{\alpha}_2, \cdots, \boldsymbol{\alpha}_r$ 为单位向量时，称 $\boldsymbol{\alpha}_1, \boldsymbol{\alpha}_2, \cdots, \boldsymbol{\alpha}_r$ 是向量空间 $\boldsymbol{V}$ 的规范正交基（或标准正交基）.
规范正交基的求法	设 $\boldsymbol{\alpha}_1, \boldsymbol{\alpha}_2, \cdots, \boldsymbol{\alpha}_r$ 是向量空间 $\boldsymbol{V}$ 的一个基： (1) 正交化：令 $$\boldsymbol{\beta}_1=\boldsymbol{\alpha}_1,\ \boldsymbol{\beta}_2=\boldsymbol{\alpha}_2-\frac{[\boldsymbol{\beta}_1, \boldsymbol{\alpha}_2]}{[\boldsymbol{\beta}_1, \boldsymbol{\beta}_1]}\boldsymbol{\beta}_1,\ \cdots,$$ $$\boldsymbol{\beta}_r=\boldsymbol{\alpha}_r-\frac{[\boldsymbol{\beta}_1, \boldsymbol{\alpha}_r]}{[\boldsymbol{\beta}_1, \boldsymbol{\beta}_1]}\boldsymbol{\beta}_1-\frac{[\boldsymbol{\beta}_2, \boldsymbol{\alpha}_r]}{[\boldsymbol{\beta}_2, \boldsymbol{\beta}_2]}\boldsymbol{\beta}_2-\cdots-\frac{[\boldsymbol{\beta}_{r-1}, \boldsymbol{\alpha}_r]}{[\boldsymbol{\beta}_{r-1}, \boldsymbol{\beta}_{r-1}]}\boldsymbol{\beta}_{r-1},$$ (2) 单位化：令 $$\boldsymbol{e}_1=\frac{\boldsymbol{\beta}_1}{\Vert\boldsymbol{\beta}_1\Vert},\ \boldsymbol{e}_2=\frac{\boldsymbol{\beta}_2}{\Vert\boldsymbol{\beta}_2\Vert},\ \cdots,\ \boldsymbol{e}_r=\frac{\boldsymbol{\beta}_r}{\Vert\boldsymbol{\beta}_r\Vert},$$ 则 $\boldsymbol{e}_1, \boldsymbol{e}_2, \cdots, \boldsymbol{e}_r$ 为向量空间的一个规范正交基.

表 4-1-4 正交矩阵与正交变换

定义	(1) 若 n 阶方阵 $\boldsymbol{A}$ 满足 $\boldsymbol{A}^{\mathrm{T}}\boldsymbol{A}=\boldsymbol{E}$，则称 $\boldsymbol{A}$ 为正交矩阵，简称正交阵. (2) 若 $\boldsymbol{P}$ 为正交矩阵，则线性变换 $\boldsymbol{y}=\boldsymbol{P}\boldsymbol{x}$ 称为正交变换，正交变换保持向量的内积及长度不变.
性质	(1) 若 $\boldsymbol{A}$ 是正交矩阵，则 $\boldsymbol{A}^{\mathrm{T}}$（或 $\boldsymbol{A}^{-1}$）也是正交矩阵，且 $\boldsymbol{A}^{\mathrm{T}}=\boldsymbol{A}^{-1}$. (2) 正交矩阵的行列式等于 1 或 −1. (3) 两个正交矩阵之积仍是正交矩阵.

二、典型例题分析

例 1 证明：向量 $\boldsymbol{\alpha}, \boldsymbol{\beta}$ 的内积 $[\boldsymbol{\alpha}, \boldsymbol{\beta}]=0$ 的充要条件为对任意的 λ，都有 $\Vert\boldsymbol{\alpha}+\lambda\boldsymbol{\beta}\Vert\geqslant\Vert\boldsymbol{\alpha}\Vert$.

证 *必要性* 若 $[\boldsymbol{\alpha}, \boldsymbol{\beta}]=0$，则

$$\begin{aligned}\Vert\boldsymbol{\alpha}+\lambda\boldsymbol{\beta}\Vert^2&=[\boldsymbol{\alpha}+\lambda\boldsymbol{\beta}, \boldsymbol{\alpha}+\lambda\boldsymbol{\beta}]=[\boldsymbol{\alpha}, \boldsymbol{\alpha}]+2\lambda[\boldsymbol{\alpha}, \boldsymbol{\beta}]+\lambda^2[\boldsymbol{\beta}, \boldsymbol{\beta}],\\&=\Vert\boldsymbol{\alpha}\Vert^2+2\lambda[\boldsymbol{\alpha}, \boldsymbol{\beta}]+\lambda^2\Vert\boldsymbol{\beta}\Vert^2\\&=\Vert\boldsymbol{\alpha}\Vert^2+\lambda^2\Vert\boldsymbol{\beta}\Vert^2,\end{aligned}$$

即

$$\Vert\boldsymbol{\alpha}+\lambda\boldsymbol{\beta}\Vert^2-\Vert\boldsymbol{\alpha}\Vert^2=\lambda^2\Vert\boldsymbol{\beta}\Vert^2\geqslant0,$$

则

$$\|\boldsymbol{\alpha}+\lambda\boldsymbol{\beta}\| \geqslant \|\boldsymbol{\alpha}\|.$$

充分性　若 $\forall\lambda$，都有 $\|\boldsymbol{\alpha}+\lambda\boldsymbol{\beta}\| \geqslant \|\boldsymbol{\alpha}\|$，即 $\forall\lambda$，都有

$$[\boldsymbol{\alpha}+\lambda\boldsymbol{\beta},\ \boldsymbol{\alpha}+\lambda\boldsymbol{\beta}] \geqslant [\boldsymbol{\alpha},\ \boldsymbol{\alpha}],$$

即

$$2\lambda[\boldsymbol{\alpha},\ \boldsymbol{\beta}]+\lambda^2[\boldsymbol{\beta},\ \boldsymbol{\beta}] \geqslant 0.$$

(1) 若 $\boldsymbol{\beta}=\mathbf{0}$，则 $[\boldsymbol{\alpha},\ \boldsymbol{\beta}]=0$；

(2) 若 $\boldsymbol{\beta}\neq\mathbf{0}$，取 $\lambda=-\dfrac{[\boldsymbol{\alpha},\ \boldsymbol{\beta}]}{[\boldsymbol{\beta},\ \boldsymbol{\beta}]}$，则

$$2\lambda[\boldsymbol{\alpha},\ \boldsymbol{\beta}]+\lambda^2[\boldsymbol{\beta},\ \boldsymbol{\beta}]=-\frac{[\boldsymbol{\alpha},\ \boldsymbol{\beta}]^2}{[\boldsymbol{\beta},\ \boldsymbol{\beta}]} \geqslant 0,$$

又因为 $[\boldsymbol{\beta},\ \boldsymbol{\beta}]>0$，且 $[\boldsymbol{\alpha},\ \boldsymbol{\beta}]^2 \geqslant 0$，所以有

$$-\frac{[\boldsymbol{\alpha},\ \boldsymbol{\beta}]^2}{[\boldsymbol{\beta},\ \boldsymbol{\beta}]} \leqslant 0,$$

因此 $-\dfrac{[\boldsymbol{\alpha},\ \boldsymbol{\beta}]^2}{[\boldsymbol{\beta},\ \boldsymbol{\beta}]}=0$，即 $[\boldsymbol{\alpha},\ \boldsymbol{\beta}]=0$.

小结：本题主要利用了向量内积的运算性质和向量长度的计算，证明充分性的关键在于对 $\boldsymbol{\beta}$ 的讨论和确定 λ 的值.

例 2　求齐次线性方程组

$$\begin{cases} x_1+x_2-3x_4-x_5=0 \\ x_1-x_2+2x_3-x_4-x_5=0 \\ x_1+x_3-2x_4-x_5=0 \end{cases}$$

的解空间的一个规范正交基.

解　线性方程组 $\boldsymbol{Ax}=\mathbf{0}$ 的解空间的基为 $\boldsymbol{Ax}=\mathbf{0}$ 的基础解系.

(1) 求基础解系，即解空间的基.

对系数矩阵 $\boldsymbol{A}$ 作初等行变换

$$\boldsymbol{A}=\begin{pmatrix} 1 & 1 & 0 & -3 & -1 \\ 1 & -1 & 2 & -1 & -1 \\ 1 & 0 & 1 & -2 & -1 \end{pmatrix} \to \begin{pmatrix} 1 & 1 & 0 & -3 & -1 \\ 0 & -2 & 2 & 2 & 0 \\ 0 & -1 & 1 & 1 & 0 \end{pmatrix}$$

$$\to \begin{pmatrix} 1 & 1 & 0 & -3 & -1 \\ 0 & 1 & -1 & -1 & 0 \\ 0 & 0 & 0 & 0 & 0 \end{pmatrix}.$$

可得与原方程组同解的方程组

$$\begin{cases}x_1+x_2-3x_4-x_5=0\\x_2-x_3-x_4=0\end{cases}.$$

令 $\begin{pmatrix}x_3\\x_4\\x_5\end{pmatrix}=\begin{pmatrix}1\\0\\0\end{pmatrix},\begin{pmatrix}0\\1\\0\end{pmatrix},\begin{pmatrix}0\\0\\1\end{pmatrix}$，则对应的 $\begin{pmatrix}x_1\\x_2\end{pmatrix}=\begin{pmatrix}-1\\1\end{pmatrix},\begin{pmatrix}2\\1\end{pmatrix},\begin{pmatrix}1\\0\end{pmatrix}$. 故基础解系(即解空间的基)为

$$\boldsymbol{\alpha}_1=(-1,1,1,0,0)^{\mathrm{T}},\boldsymbol{\alpha}_2=(2,1,0,1,0)^{\mathrm{T}},$$
$$\boldsymbol{\alpha}_3=(1,0,0,0,1)^{\mathrm{T}}.$$

(2) 将解空间的基 $\boldsymbol{\alpha}_1$, $\boldsymbol{\alpha}_2$, $\boldsymbol{\alpha}_3$ 化为规范正交基.

正交化:

$$\boldsymbol{\beta}_1=\boldsymbol{\alpha}_1;$$
$$\boldsymbol{\beta}_2=\boldsymbol{\alpha}_2-\frac{[\boldsymbol{\beta}_1,\boldsymbol{\alpha}_2]}{[\boldsymbol{\beta}_1,\boldsymbol{\beta}_1]}\boldsymbol{\beta}_1=\boldsymbol{\alpha}_2+\frac{1}{3}\boldsymbol{\beta}_1=\frac{1}{3}(5,4,1,3,0)^{\mathrm{T}};$$
$$\boldsymbol{\beta}_3=\boldsymbol{\alpha}_3-\frac{[\boldsymbol{\beta}_1,\boldsymbol{\alpha}_3]}{[\boldsymbol{\beta}_1,\boldsymbol{\beta}_1]}\boldsymbol{\beta}_1-\frac{[\boldsymbol{\beta}_2,\boldsymbol{\alpha}_3]}{[\boldsymbol{\beta}_2,\boldsymbol{\beta}_2]}\boldsymbol{\beta}_2=\frac{1}{17}(3,-1,4,-5,17)^{\mathrm{T}}.$$

单位化:

$$\boldsymbol{e}_1=\frac{\boldsymbol{\beta}_1}{\|\boldsymbol{\beta}_1\|}=\frac{1}{\sqrt{3}}(-1,1,1,0,0)^{\mathrm{T}};$$
$$\boldsymbol{e}_2=\frac{\boldsymbol{\beta}_2}{\|\boldsymbol{\beta}_2\|}=\frac{1}{\sqrt{51}}(5,4,1,3,0)^{\mathrm{T}};$$
$$\boldsymbol{e}_3=\frac{\boldsymbol{\beta}_3}{\|\boldsymbol{\beta}_3\|}=\frac{1}{\sqrt{340}}(3,-1,4,-5,17)^{\mathrm{T}}.$$

则 $\boldsymbol{e}_1$, $\boldsymbol{e}_2$, $\boldsymbol{e}_3$ 就是解空间的一个规范正交基.

小结: 本题主要考查了规范正交基的求法.

例 3 证明下列命题成立:

(1) 若 $\boldsymbol{A}$ 是正交矩阵，则 $\boldsymbol{A}^{\mathrm{T}}$, $\boldsymbol{A}^{-1}$, $\boldsymbol{A}^*$ 均是正交矩阵.

(2) 矩阵 $\boldsymbol{A}$ 是正交矩阵的充要条件是 $|\boldsymbol{A}|=\pm 1$, 且 $|\boldsymbol{A}|=1$ 时, $a_{ij}=A_{ij}$; $|\boldsymbol{A}|=-1$ 时, $a_{ij}=-A_{ij}$.

证 (1) 由 $\boldsymbol{A}$ 正交可得

$$\boldsymbol{A}\boldsymbol{A}^{\mathrm{T}}=\boldsymbol{A}^{\mathrm{T}}\boldsymbol{A}=\boldsymbol{E},$$

所以 $\boldsymbol{A}^{\mathrm{T}}=\boldsymbol{A}^{-1}$, 且

$$A^{T}(A^{T})^{T}=A^{T}A=(A^{T}A)^{T}=(A^{-1}A)^{T}=E,$$

所以 A^{T}，A^{-1}都是正交矩阵.

由 A 是正交矩阵可知

$$|A|=\pm1\Rightarrow A^{*}=|A|A^{-1}=\pm A^{-1},$$

则 $(A^{*})^{T}=(A^{-1})^{T}$，且

$$A^{*}(A^{*})^{T}=A^{-1}(A^{-1})^{T}=A^{T}(A^{-1})^{T}=(A^{-1}A)^{T}=E.$$

(2) *必要性*　若 A 正交，则 $AA^{T}=A^{T}A=E$，有 $|A|^{2}=1$，即 $|A|=\pm1$.

当 $|A|=1$ 时，$AA^{*}=|A|E=E$，即 $A^{*}=A^{-1}=A^{T}$，所以有 $A_{ij}=a_{ij}$.

当 $|A|=-1$ 时，$AA^{*}=|A|E=-E$，即 $A^{*}=-A^{-1}=-A^{T}$，所以有 $A_{ij}=-a_{ij}$.

充分性　若 $|A|=\pm1$，

当 $|A|=1$ 且 $a_{ij}=A_{ij}$ 时，有 $A^{T}=A^{*}$，则 $A^{T}A=AA^{*}=|A|E=E$.

当 $|A|=-1$ 且 $a_{ij}=-A_{ij}$ 时，有 $A^{T}=-A^{*}$，$A^{T}A=-AA^{*}=-|A|E=-(-1)E=E$，故 $AA^{T}=E$.

因此 A 是正交矩阵.

小结： 本题的证明主要利用了正交矩阵的定义及伴随矩阵的性质.

例 4　设 A 是 n 阶反对称矩阵，且 $E-A$ 可逆，令 $f(A)=(E-A)^{-1}(E+A)$，证明 $f(A)$ 是正交矩阵.

证

$$\begin{aligned}f(A)f(A)^{T}&=(E-A)^{-1}(E+A)\left[(E-A)^{-1}(E+A)\right]^{T}\\&=(E-A)^{-1}(E+A)(E+A)^{T}\left[(E-A)^{-1}\right]^{T}\\&=(E-A)^{-1}(E+A)^{T}(E+A)\left[(E-A)^{T}\right]^{-1},\end{aligned}$$

又因为 A 是 n 阶反对称矩阵，所以 $A=-A^{T}$ 则

$$(E+A)=(E-A^{T})=(E-A)^{T},$$

则

$$\begin{aligned}f(A)f(A)^{T}&=(E-A)^{-1}(E+A)^{T}(E+A)\left[(E-A)^{T}\right]^{-1}\\&=(E-A)^{-1}(E-A)(E-A)^{T}(E+A)^{-1}\\&=(E-A)^{-1}(E-A)(E+A)(E+A)^{-1}\\&=E.\end{aligned}$$

因此我们得到 $f(A)=(E-A)^{-1}(E+A)$ 是正交矩阵.

小结： 本题主要利用了正交矩阵的定义，只不过所要证明的对象是矩阵多项式，证明的关键是利用乘积项 $(E+A)(E+A)^{T}$ 的因子可交换.

三、习题 4－1 解答

1. 在 $\boldsymbol{R}^3$ 中求与向量 $\boldsymbol{\alpha}=(1,1,1)^{\mathrm{T}}$ 正交的向量的全体，并说明其几何意义.

解题思路 利用向量组正交的概念解题：若两向量 $\boldsymbol{\alpha}$ 与 $\boldsymbol{\beta}$ 的内积 $[\boldsymbol{\alpha},\boldsymbol{\beta}]=0$，则称向量 $\boldsymbol{\alpha}$ 与 $\boldsymbol{\beta}$ 相互正交.

解 设 $\boldsymbol{\beta}=(b_1,b_2,b_3)^{\mathrm{T}}$ 与 $\boldsymbol{\alpha}$ 正交 $\Rightarrow[\boldsymbol{\alpha},\boldsymbol{\beta}]=b_1+b_2+b_3=0$.

令 $b_2=k_1$，$b_3=k_2\Rightarrow b_1=-k_1-k_2$，于是与 $\boldsymbol{\alpha}=(1,1,1)^{\mathrm{T}}$ 正交的全体向量为

$$\mathbf{V}=\{(-k_1-k_2,k_1,k_2)^{\mathrm{T}}\mid k_1,k_2\in\mathbf{R}|\},$$

它表示过原点与向量 $\boldsymbol{\alpha}$ 垂直的一个平面.

2. 设 $\boldsymbol{\alpha}_1,\boldsymbol{\alpha}_2,\boldsymbol{\alpha}_3$ 是一个规范正交组，求 $\|4\boldsymbol{\alpha}_1-7\boldsymbol{\alpha}_2+4\boldsymbol{\alpha}_3\|$.

解题思路 利用向量的长度的概念解题：$\|\boldsymbol{x}\|=\sqrt{[x,x]}$.

解 $\|4\boldsymbol{\alpha}_1-7\boldsymbol{\alpha}_2+4\boldsymbol{\alpha}_3\|^2$

$$\begin{aligned}&=[4\boldsymbol{\alpha}_1-7\boldsymbol{\alpha}_2+4\boldsymbol{\alpha}_3,4\boldsymbol{\alpha}_1-7\boldsymbol{\alpha}_2+4\boldsymbol{\alpha}_3]\\&=4^2+(-7)^2+4^2\\&=81,\end{aligned}$$

故

$$\|4\boldsymbol{\alpha}_1-7\boldsymbol{\alpha}_2+4\boldsymbol{\alpha}_3\|=\sqrt{81}=9.$$

3. 求与向量 $\boldsymbol{\alpha}_1=(1,1,-1,1)^{\mathrm{T}}$，$\boldsymbol{\alpha}_2=(1,-1,1,1)^{\mathrm{T}}$，$\boldsymbol{\alpha}_3=(1,1,1,1)^{\mathrm{T}}$ 都正交的单位向量.

解题思路 利用向量组正交的概念解题，涉及向量的单位化.

解 设向量 $\boldsymbol{\alpha}=(x_1,x_2,x_3,x_4)$ 与 $\boldsymbol{\alpha}_1,\boldsymbol{\alpha}_2,\boldsymbol{\alpha}_3$ 都正交，则 $\boldsymbol{\alpha}$ 应满足方程

$$\boldsymbol{\alpha}_i^{\mathrm{T}}\boldsymbol{\alpha}=\mathbf{0}\quad(i=1,2,3),$$

即满足方程组 $\begin{cases}x_1+x_2-x_3+x_4=0\\x_1-x_2+x_3+x_4=0\\x_1+x_2+x_3+x_4=0\end{cases}$，它的基础解系为 $\boldsymbol{\xi}=\pm1\cdot(1,0,0,-1)^{\mathrm{T}}$.

单位化，得向量 $\pm\dfrac{1}{\sqrt{2}}(1,0,0,-1)^{\mathrm{T}}$，即为所求.

4. 将下列各组向量规范正交化：

(1) $\boldsymbol{\alpha}_1=\begin{pmatrix}1\\1\\1\end{pmatrix}$，$\boldsymbol{\alpha}_2=\begin{pmatrix}0\\1\\1\end{pmatrix}$，$\boldsymbol{\alpha}_3=\begin{pmatrix}0\\0\\1\end{pmatrix}$；

(2) $\boldsymbol{\alpha}_1=\begin{pmatrix}1\\1\\0\\0\end{pmatrix}$, $\boldsymbol{\alpha}_2=\begin{pmatrix}0\\1\\1\\0\end{pmatrix}$, $\boldsymbol{\alpha}_3=\begin{pmatrix}1\\0\\1\\1\end{pmatrix}$.

解　(1) $\boldsymbol{\beta}_1=\boldsymbol{\alpha}_1=\begin{pmatrix}1\\1\\1\end{pmatrix}$,

$$\boldsymbol{\beta}_2=\boldsymbol{\alpha}_2-\frac{[\boldsymbol{\alpha}_2,\boldsymbol{\beta}_1]}{\|\boldsymbol{\beta}_1\|^2}\boldsymbol{\beta}_1=\begin{pmatrix}0\\1\\1\end{pmatrix}-\frac{2}{3}\begin{pmatrix}1\\1\\1\end{pmatrix}=\frac{1}{3}\begin{pmatrix}-2\\1\\1\end{pmatrix},$$

$$\begin{aligned}\boldsymbol{\beta}_3&=\boldsymbol{\alpha}_3-\frac{[\boldsymbol{\alpha}_3,\boldsymbol{\beta}_1]}{\|\boldsymbol{\beta}_1\|^2}\boldsymbol{\beta}_1-\frac{[\boldsymbol{\alpha}_3,\boldsymbol{\beta}_2]}{\|\boldsymbol{\beta}_2\|^2}\boldsymbol{\beta}_2\\&=\begin{pmatrix}0\\0\\1\end{pmatrix}-\frac{1}{3}\begin{pmatrix}1\\1\\1\end{pmatrix}-\frac{1}{6}\begin{pmatrix}-2\\1\\1\end{pmatrix}=\frac{1}{2}\begin{pmatrix}0\\-1\\1\end{pmatrix}.\end{aligned}$$

再将它们单位化，取

$$\boldsymbol{e}_i=\frac{\boldsymbol{\beta}_i}{\|\boldsymbol{\beta}_i\|}\quad(i=1,2,3),$$

得

$$\boldsymbol{e}_1=\frac{1}{\sqrt{3}}\begin{pmatrix}1\\1\\1\end{pmatrix},\ \boldsymbol{e}_2=\frac{1}{\sqrt{6}}\begin{pmatrix}-2\\1\\1\end{pmatrix},\ \boldsymbol{e}_3=\frac{1}{\sqrt{2}}\begin{pmatrix}0\\-1\\1\end{pmatrix}.$$

(2) 应用施密特正交化方法.

$$\boldsymbol{\beta}_1=\boldsymbol{\alpha}_1=\begin{pmatrix}1\\1\\0\\0\end{pmatrix},$$

$$\boldsymbol{\beta}_2=\boldsymbol{\alpha}_2-\frac{[\boldsymbol{\alpha}_2,\boldsymbol{\beta}_1]}{\|\boldsymbol{\beta}_1\|^2}\boldsymbol{\beta}_1=\frac{1}{2}\begin{pmatrix}-1\\1\\2\\0\end{pmatrix},$$

$$\boldsymbol{\beta}_3=\boldsymbol{\alpha}_3-\frac{[\boldsymbol{\alpha}_3,\boldsymbol{\beta}_1]}{\|\boldsymbol{\beta}_1\|^2}\boldsymbol{\beta}_1-\frac{[\boldsymbol{\alpha}_3,\boldsymbol{\beta}_2]}{\|\boldsymbol{\beta}_2\|^2}\boldsymbol{\beta}_2=\frac{1}{3}\begin{pmatrix}2\\-2\\2\\3\end{pmatrix},$$

单位化，得

$$e_1=\frac{1}{\sqrt{2}}\begin{pmatrix}1\\1\\0\\0\end{pmatrix},\ e_2=\frac{1}{\sqrt{6}}\begin{pmatrix}-1\\1\\2\\0\end{pmatrix},\ e_3=\frac{1}{\sqrt{21}}\begin{pmatrix}2\\-2\\2\\3\end{pmatrix}.$$

5. 设 $\boldsymbol{\alpha}_1, \boldsymbol{\alpha}_2, \cdots, \boldsymbol{\alpha}_n$ 为向量空间 $\boldsymbol{R}^n$ 的一个基，证明：

(1) 若 $\boldsymbol{\gamma}\in\boldsymbol{R}^n$，且 $[\boldsymbol{\gamma}, \boldsymbol{\alpha}_i]=0\ (i=1, 2, \cdots, n)$，那么 $\boldsymbol{\gamma}=\boldsymbol{0}$；

(2) 若 $\boldsymbol{\gamma}_1, \boldsymbol{\gamma}_2\in\boldsymbol{R}^n$，对任一 $\boldsymbol{\alpha}\in\boldsymbol{R}^n$ 有 $[\boldsymbol{\gamma}_1, \boldsymbol{\alpha}]=[\boldsymbol{\gamma}_2, \boldsymbol{\alpha}]$，那么 $\boldsymbol{\gamma}_1=\boldsymbol{\gamma}_2$.

解题思路　利用 $[\boldsymbol{\gamma}, \boldsymbol{\alpha}_i]=0\ (i=1, 2, \cdots, n)$ 来证明 $\boldsymbol{\gamma}=k_1\boldsymbol{\alpha}_1+\cdots+k_n\boldsymbol{\alpha}_n$ 中的系数 k_i 均为零.

证　(1) 因为 $\boldsymbol{\alpha}_1, \boldsymbol{\alpha}_2, \cdots, \boldsymbol{\alpha}_n$ 为向量空间 $\boldsymbol{R}^n$ 的一个基，所以 $\boldsymbol{\gamma}$ 可用 $\boldsymbol{\alpha}_1, \cdots, \boldsymbol{\alpha}_n$ 线性表示，即存在 $k_1, \cdots, k_n$，使

$$\boldsymbol{\gamma}=k_1\boldsymbol{\alpha}_1+\cdots+k_n\boldsymbol{\alpha}_n,$$

$$[\boldsymbol{\gamma}, \boldsymbol{\gamma}]=k_1[\boldsymbol{\gamma}, \boldsymbol{\alpha}_1]+k_2[\boldsymbol{\gamma}, \boldsymbol{\alpha}_2]+\cdots+k_n[\boldsymbol{\gamma}, \boldsymbol{\alpha}_n].$$

因为

$$[\boldsymbol{\gamma}, \boldsymbol{\alpha}_i]=0\quad(i=1, \cdots, n),$$

所以

$$[\boldsymbol{\gamma}, \boldsymbol{\gamma}]=0\Rightarrow\boldsymbol{\gamma}=\boldsymbol{0}.$$

(2) 因为对任意 $\boldsymbol{\alpha}\in\boldsymbol{R}^n$，有

$$[\boldsymbol{\gamma}_1, \boldsymbol{\alpha}]=[\boldsymbol{\gamma}_2, \boldsymbol{\alpha}],$$

对于基 $\boldsymbol{\alpha}_1, \cdots, \boldsymbol{\alpha}_n$，有

$$[\boldsymbol{\gamma}_1-\boldsymbol{\gamma}_2, \boldsymbol{\alpha}_i]=0\quad(i=1, \cdots, n).$$

由 (1) 得

$$\boldsymbol{\gamma}_1-\boldsymbol{\gamma}_2=\boldsymbol{0}\Rightarrow\boldsymbol{\gamma}_1=\boldsymbol{\gamma}_2.$$

6. 判断下列矩阵是否为正交矩阵：

(1) $\begin{pmatrix}3&-3&1\\-3&1&3\\1&3&-3\end{pmatrix}$；　(2) $\begin{pmatrix}\frac{2}{3}&\frac{2}{3}&\frac{1}{3}\\\frac{2}{3}&-\frac{1}{3}&-\frac{2}{3}\\\frac{1}{3}&-\frac{2}{3}&\frac{2}{3}\end{pmatrix}$；　(3) $\begin{pmatrix}\cos\theta&-\sin\theta\\\sin\theta&\cos\theta\end{pmatrix}$.

解　(1) 第一个行向量非单位向量，故不是正交矩阵；

(2) 该方阵每一个行向量均是单位向量，且两两正交，故为正交矩阵.

(3)根据正交矩阵的概念,有

$$\begin{pmatrix}\cos\theta & -\sin\theta\\ \sin\theta & \cos\theta\end{pmatrix}^{\mathrm{T}}\begin{pmatrix}\cos\theta & -\sin\theta\\ \sin\theta & \cos\theta\end{pmatrix}=\begin{pmatrix}\sin^2\theta+\sin^2\theta & 0\\ 0 & \sin^2\theta+\cos^2\theta\end{pmatrix}=\begin{pmatrix}1 & 0\\ 0 & 1\end{pmatrix},$$

故该矩阵为正交矩阵.

7. 设 $\boldsymbol{\alpha}_1$，$\boldsymbol{\alpha}_2$ 为 n 维列向量，$\boldsymbol{A}$ 为 n 阶正交矩阵，证明：

(1) $[\boldsymbol{A\alpha}_1, \boldsymbol{A\alpha}_2]=[\boldsymbol{\alpha}_1, \boldsymbol{\alpha}_2]$；

(2) $\|\boldsymbol{A\alpha}_1\|=\|\boldsymbol{\alpha}_1\|$.

证明思路　正交变换保持向量的内积及长度不变.

证　(1) $[\boldsymbol{A\alpha}_1, \boldsymbol{A\alpha}_2]$

$=(\boldsymbol{A\alpha}_1)^{\mathrm{T}}\boldsymbol{A\alpha}_2=\boldsymbol{\alpha}_1^{\mathrm{T}}(\boldsymbol{A}^{\mathrm{T}}\boldsymbol{A})\boldsymbol{\alpha}_2$

$=\boldsymbol{\alpha}_1^{\mathrm{T}}\boldsymbol{E}_n\boldsymbol{\alpha}_2=\boldsymbol{\alpha}_1^{\mathrm{T}}\boldsymbol{\alpha}_2=[\boldsymbol{\alpha}_1, \boldsymbol{\alpha}_2]$.

(2) 由 (1),得

$$\begin{aligned}\|\boldsymbol{A\alpha}_1\|^2 &=[\boldsymbol{A\alpha}_1, \boldsymbol{A\alpha}_1]\\ &=[\boldsymbol{\alpha}_1, \boldsymbol{\alpha}_1]=\|\boldsymbol{\alpha}_1\|^2\\ &\Rightarrow\|\boldsymbol{A\alpha}_1\|=\|\boldsymbol{\alpha}_1\|.\end{aligned}$$

8. 设 $\boldsymbol{A}$ 与 $\boldsymbol{B}$ 都是 n 阶正交矩阵，证明 $\boldsymbol{AB}$ 也是正交矩阵.

证明思路　利用正交矩阵的定义证明.

证　因为 $\boldsymbol{A}$，$\boldsymbol{B}$ 是 n 阶正交矩阵，因此

$$\boldsymbol{A}^{-1}=\boldsymbol{A}^{\mathrm{T}},\ \boldsymbol{B}^{-1}=\boldsymbol{B}^{\mathrm{T}},$$
$$(\boldsymbol{AB})^{\mathrm{T}}(\boldsymbol{AB})=\boldsymbol{B}^{\mathrm{T}}\boldsymbol{A}^{\mathrm{T}}\boldsymbol{AB}=\boldsymbol{B}^{-1}\boldsymbol{A}^{-1}\boldsymbol{AB}=\boldsymbol{E},$$

故 $\boldsymbol{AB}$ 也是正交矩阵.

§4.2　矩阵的特征值与特征向量

一、主要知识归纳

主要知识归纳见表 4－2－1.

表 4－2－1

定义	设 $\boldsymbol{A}$ 是 n 阶方阵，λ 是一个数，如果方程 $\boldsymbol{Ax}=\lambda\boldsymbol{x}$ 存在非零解向量，则称数 λ 为 $\boldsymbol{A}$ 的一个特征值，非零解向量 $\boldsymbol{x}$ 称为 $\boldsymbol{A}$ 的属于特征值 λ 的特征向量.

<table>
<tr><td>性质</td><td>(1) n 阶矩阵 $\boldsymbol{A}$ 与它的转置矩阵 $\boldsymbol{A}^{\mathrm{T}}$ 有相同的特征值.
(2) 设 $\boldsymbol{A}=(a_{ij})$ 是 n 阶矩阵，则
$$f(\lambda)=|\lambda\boldsymbol{E}-\boldsymbol{A}|=\begin{vmatrix}\lambda-a_{11} & -a_{12} & \cdots & -a_{1n}\\ -a_{21} & \lambda-a_{22} & \cdots & -a_{2n}\\ \vdots & \vdots & & \vdots\\ -a_{n1} & -a_{n2} & \cdots & \lambda-a_{nn}\end{vmatrix}$$
$$=\lambda^n-(\sum_{i=1}^{n}a_{ii})\lambda^{n-1}+\cdots+(-1)^kS_k\lambda^{n-k}+\cdots+(-1)^n|\boldsymbol{A}|,$$
其中 S_k 是 $\boldsymbol{A}$ 的全体 k 阶主子式的和. 设 $\lambda_1,\lambda_2,\cdots,\lambda_n$ 是 $\boldsymbol{A}$ 的 n 个特征值，则
$$\lambda_1+\lambda_2+\cdots+\lambda_n=a_{11}+a_{22}+\cdots+a_{nn};\ \lambda_1\lambda_2\cdots\lambda_n=|\boldsymbol{A}|.$$</td></tr>
<tr><td></td><td>(3) 设 $\boldsymbol{A}=(a_{ij})$ 是 n 阶矩阵，如果
$$\sum_{j=1}^{n}|a_{ij}|<1\quad(i=1,2,\cdots,n)\qquad 或\qquad \sum_{i=1}^{n}|a_{ij}|<1\quad(j=1,2,\cdots,n)$$
有一个成立，则矩阵 $\boldsymbol{A}$ 的所有特征值 λ_i 的模小于1，即 $|\lambda_i|<1$ $(i=1,2,\cdots,n)$.
(4) n 阶矩阵 $\boldsymbol{A}$ 的互不相等的特征值 $\lambda_1,\lambda_2,\cdots,\lambda_m$ 对应的特征向量 $\boldsymbol{p}_1,\boldsymbol{p}_2,\cdots,\boldsymbol{p}_m$ 线性无关.</td></tr>
<tr><td>计算步骤</td><td>(1) 计算矩阵 $\boldsymbol{A}$ 的特征多项式 $|\lambda\boldsymbol{E}-\boldsymbol{A}|$.
(2) 求特征方程 $|\lambda\boldsymbol{E}-\boldsymbol{A}|=0$ 的全部根，即 $\boldsymbol{A}$ 的全部特征值.
(3) 对于特征值 λ_i，求齐次方程组 $(\lambda_i\boldsymbol{E}-\boldsymbol{A})\boldsymbol{x}=\boldsymbol{0}$ 的非零解，即对应于 λ_i 的特征向量.</td></tr>
</table>

二、典型例题分析

例 1 设矩阵 $\boldsymbol{A}=\begin{pmatrix}a & -1 & c\\ 5 & b & 3\\ 1-c & 0 & -a\end{pmatrix}$，其行列式 $|\boldsymbol{A}|=-1$，而 $\boldsymbol{A}$ 的伴随矩阵 $\boldsymbol{A}^*$ 有一个特征值 λ_0，属于 λ_0 的一个特征向量为 $\boldsymbol{\alpha}=(-1,-1,1)^{\mathrm{T}}$，求 a，b，c 和 λ_0 的值.

解 由 $\boldsymbol{\alpha}$ 是 $\boldsymbol{A}^*$ 属于特征值 λ_0 的特征向量可知 $\boldsymbol{A}^*\boldsymbol{\alpha}=\lambda_0\boldsymbol{\alpha}$，故

$$\boldsymbol{A}\boldsymbol{A}^*\boldsymbol{\alpha}=\lambda_0\boldsymbol{A}\boldsymbol{\alpha},$$

又因为 $\boldsymbol{A}\boldsymbol{A}^*=|\boldsymbol{A}|\boldsymbol{E}=-\boldsymbol{E}$，故

$$-\boldsymbol{\alpha}=\lambda_0\boldsymbol{A}\boldsymbol{\alpha},$$

即

$$\lambda_0\begin{pmatrix}a & -1 & c\\ 5 & b & 3\\ 1-c & 0 & -a\end{pmatrix}\begin{pmatrix}-1\\ -1\\ 1\end{pmatrix}=-\begin{pmatrix}-1\\ -1\\ 1\end{pmatrix},$$

故

$$\begin{cases}\lambda_0(-a+1+c)=1\\ \lambda_0(-5-b+3)=1\\ \lambda_0(-1+c-a)=-1\end{cases},$$

解得 $\lambda_0=1$，$b=-3$，$a=c$，又因为 $|\boldsymbol{A}|=-1$，所以

$$\begin{vmatrix} a & -1 & a \\ 5 & -3 & 3 \\ 1-a & 0 & -a \end{vmatrix}=a-3=-1\Rightarrow a=2,$$

因此 $a=2$，$b=-3$，$c=2$，$\lambda_0=1$.

小结：本题主要利用了矩阵的特征值与特征向量的定义，只不过这里的矩阵为伴随矩阵.

例 2　设有四阶方阵 $\boldsymbol{A}$ 满足条件 $\boldsymbol{A}\boldsymbol{A}^{\mathrm{T}}=3\boldsymbol{E}$，$|\sqrt{3}\boldsymbol{E}+\boldsymbol{A}|=0$，$|\boldsymbol{A}|<0$，其中 $\boldsymbol{E}$ 是四阶单位方阵. 求方阵 $\boldsymbol{A}$ 的伴随矩阵 $\boldsymbol{A}^*$ 的一个特征值.

解　由于 $\boldsymbol{A}$ 为四阶方阵，且 $\boldsymbol{A}\boldsymbol{A}^{\mathrm{T}}=3\boldsymbol{E}$，则

$$|\boldsymbol{A}\boldsymbol{A}^{\mathrm{T}}|=|3\boldsymbol{E}|\Rightarrow|\boldsymbol{A}|^2=3^4,$$

又因为 $|\boldsymbol{A}|<0$，故 $|\boldsymbol{A}|=-9$.

由 $|\sqrt{3}\boldsymbol{E}+\boldsymbol{A}|=0$，可知 $|\boldsymbol{A}^*(\sqrt{3}\boldsymbol{E}+\boldsymbol{A})|=0$，即

$$|\sqrt{3}\boldsymbol{A}^*+|\boldsymbol{A}|\boldsymbol{E}|=0,$$
$$|\sqrt{3}\boldsymbol{A}^*-9\boldsymbol{E}|=0,$$
$$|3\sqrt{3}\boldsymbol{E}-\boldsymbol{A}^*|=0,$$

因此，$3\sqrt{3}$ 为 $\boldsymbol{A}^*$ 的一个特征值.

小结：本题计算特征值的关键在于将 $|\sqrt{3}\boldsymbol{E}+\boldsymbol{A}|=0$ 化为矩阵 $\boldsymbol{A}^*$ 的特征方程 $|\lambda\boldsymbol{E}-\boldsymbol{A}^*|=0$ 的形式.

例 3　设向量 $\boldsymbol{\alpha}=(a_1, a_2, \cdots, a_n)^{\mathrm{T}}$ 及 $\boldsymbol{\beta}=(b_1, b_2, \cdots, b_n)^{\mathrm{T}}$ 都是 n 维非零列向量，且满足 $\boldsymbol{\alpha}^{\mathrm{T}}\boldsymbol{\beta}=\boldsymbol{0}$，矩阵 $\boldsymbol{A}=\boldsymbol{\alpha}\boldsymbol{\beta}^{\mathrm{T}}$.

(1) 求 $\boldsymbol{A}^2$；

(2) 求矩阵 $\boldsymbol{A}$ 的特征值与特征向量.

解　(1) 由题意可知

$$\boldsymbol{\alpha}^{\mathrm{T}}\boldsymbol{\beta}=\sum_{k=1}^{n}a_kb_k=\sum_{k=1}^{n}b_ka_k=\boldsymbol{\beta}^{\mathrm{T}}\boldsymbol{\alpha},$$

故由 $\boldsymbol{\alpha}^{\mathrm{T}}\boldsymbol{\beta}=\mathbf{0}$，得 $\boldsymbol{\beta}^{\mathrm{T}}\boldsymbol{\alpha}=\mathbf{0}$，所以

$$\boldsymbol{A}^2=(\boldsymbol{\alpha}\boldsymbol{\beta}^{\mathrm{T}})(\boldsymbol{\alpha}\boldsymbol{\beta}^{\mathrm{T}})=\boldsymbol{\alpha}(\boldsymbol{\beta}^{\mathrm{T}}\boldsymbol{\alpha})\boldsymbol{\beta}^{\mathrm{T}}=\boldsymbol{\alpha}\mathbf{0}\boldsymbol{\beta}^{\mathrm{T}}=\mathbf{0},$$

即 $\boldsymbol{A}^2=\mathbf{0}$.

(2) 设 λ 为 $\boldsymbol{A}$ 的任一特征值，$\boldsymbol{x}$ 为对应的特征向量，则 $\boldsymbol{A}\boldsymbol{x}=\lambda\boldsymbol{x}$，两端左乘 $\boldsymbol{A}$ 得

$$\boldsymbol{A}^2\boldsymbol{x}=\lambda\boldsymbol{A}\boldsymbol{x},$$

又因为 $\boldsymbol{A}^2=\mathbf{0}$，则 $\lambda\boldsymbol{A}\boldsymbol{x}=\mathbf{0}$，即 $\lambda^2\boldsymbol{x}=\mathbf{0}$，因为 $\boldsymbol{x}\neq\mathbf{0}$，故 $\lambda=0$.

利用消元法求出方程组 $(0\boldsymbol{E}-\boldsymbol{A})\boldsymbol{x}=\mathbf{0}$ 的基础解系，由于向量 $\boldsymbol{\alpha}$，$\boldsymbol{\beta}$ 都是非零向量，故 $\boldsymbol{\alpha}$，$\boldsymbol{\beta}$ 的分量不全为零，不妨设 $a_1\neq 0$，$b_1\neq 0$，对方程组 $(0\boldsymbol{E}-\boldsymbol{A})\boldsymbol{x}=\mathbf{0}$ 的系数矩阵施行初等行变换：

$$\boldsymbol{A}=\begin{pmatrix} a_1b_1 & a_1b_2 & \cdots & a_1b_n \\ a_2b_1 & a_2b_2 & \cdots & a_2b_n \\ \vdots & \vdots & & \vdots \\ a_nb_1 & a_nb_2 & \cdots & a_nb_n \end{pmatrix}\rightarrow\begin{pmatrix} b_1 & b_2 & \cdots & b_n \\ 0 & 0 & \cdots & 0 \\ \vdots & \vdots & & \vdots \\ 0 & 0 & 0 & 0 \end{pmatrix},$$

由此可得同解方程组为：$b_1x_1+b_2x_2+\cdots+b_nx_n=0$.

令自由未知量 $\begin{pmatrix} x_2 \\ x_3 \\ \vdots \\ x_n \end{pmatrix}$ 取值 $\begin{pmatrix} 1 \\ 0 \\ \vdots \\ 0 \end{pmatrix}$，$\begin{pmatrix} 0 \\ 1 \\ \vdots \\ 0 \end{pmatrix}$，…，$\begin{pmatrix} 0 \\ 0 \\ \vdots \\ 1 \end{pmatrix}$，得方程组的基础解系为

$$\boldsymbol{\eta}_1=\left(-\frac{b_2}{b_1},1,0,\cdots,0\right)^{\mathrm{T}},\ \boldsymbol{\eta}_2=\left(-\frac{b_3}{b_1},1,0,\cdots,0\right)^{\mathrm{T}},\cdots,$$

$$\boldsymbol{\eta}_{n-1}=\left(-\frac{b_n}{b_1},1,0,\cdots,0\right)^{\mathrm{T}}.$$

因此，矩阵 $\boldsymbol{A}$ 的属于特征值 $\lambda=0$ 的全部特征向量为

$$\boldsymbol{x}=k_1\boldsymbol{\eta}_1+k_2\boldsymbol{\eta}_2+\cdots+k_{n-1}\boldsymbol{\eta}_{n-1},$$

其中，k_1，k_2，…，k_{n-1} 是不全为零的任意常数.

小结：(1) 利用了向量的乘法运算，关键是矩阵乘法结合律的巧妙运用；

(2) 利用了定义法计算特征值和特征向量，只不过计算特征值时对定义式 $\boldsymbol{A}\boldsymbol{x}=\lambda\boldsymbol{x}$ 进行了变形：$\boldsymbol{A}^2\boldsymbol{x}=\lambda\boldsymbol{A}\boldsymbol{x}=\lambda^2\boldsymbol{x}$.

例 4 设 λ 是 n 阶矩阵 $\boldsymbol{A}$ 的特征值，对应的特征向量为 $\boldsymbol{x}$：

(1) 求矩阵 $k\boldsymbol{A}$，$\boldsymbol{A}^k$，$\boldsymbol{A}^*$ 的特征值及对应的特征向量；

(2) 若 $\boldsymbol{A}$ 可逆，求 $\boldsymbol{A}^{-1}$ 的特征值及对应的特征向量；

(3) 若 $\boldsymbol{P}$ 为 n 阶可逆矩阵，求 $\boldsymbol{P}^{-1}\boldsymbol{A}\boldsymbol{P}$ 的特征值及对应的特征向量和 $\boldsymbol{A}^{\mathrm{T}}$ 的特征值；

(4) 设 $f(\boldsymbol{x})=a_0x^m+a_1x^{m-1}+\cdots+a_{m-1}x+a_m$，求 $f(\boldsymbol{A})$ 的特征值及对应的特征向量.

解　由题意可知 $\boldsymbol{A}\boldsymbol{x}=\lambda\boldsymbol{x}$，则

(1) $k\boldsymbol{A}\boldsymbol{x}=k\lambda\boldsymbol{x}$，$\boldsymbol{A}^k\boldsymbol{x}=\lambda\boldsymbol{A}^{k-1}\boldsymbol{x}=\cdots=\lambda^k\boldsymbol{x}$，故 $k\lambda$，λ^k 分别是 $k\boldsymbol{A}$，$\boldsymbol{A}^k$ 的特征值，$\boldsymbol{x}$ 是 $k\boldsymbol{A}$，$\boldsymbol{A}^k$ 的特征向量.

将等式 $\boldsymbol{A}\boldsymbol{x}=\lambda\boldsymbol{x}$ 的两边左乘 $\boldsymbol{A}^*$，有

$$\boldsymbol{A}^*\boldsymbol{A}\boldsymbol{x}=\lambda\boldsymbol{A}^*\boldsymbol{x}\Rightarrow|\boldsymbol{A}|\boldsymbol{x}=\lambda\boldsymbol{A}^*\boldsymbol{x},$$

$$\Rightarrow\boldsymbol{A}^*\boldsymbol{x}=\frac{|\boldsymbol{A}|}{\lambda}\boldsymbol{x},$$

因此 $\frac{|\boldsymbol{A}|}{\lambda}$ 是 $\boldsymbol{A}^*$ 的特征值，$\boldsymbol{x}$ 仍是对应于 $\frac{|\boldsymbol{A}|}{\lambda}$ 的特征向量.

(2) 将 $\boldsymbol{A}\boldsymbol{x}=\lambda\boldsymbol{x}$ 两边左乘 $\boldsymbol{A}^{-1}$，有

$$\boldsymbol{A}^{-1}\boldsymbol{A}\boldsymbol{x}=\lambda\boldsymbol{A}^{-1}\boldsymbol{x}\Rightarrow\boldsymbol{x}=\lambda\boldsymbol{A}^{-1}\boldsymbol{x},$$

$$\Rightarrow\boldsymbol{A}^{-1}\boldsymbol{x}=\frac{1}{\lambda}\boldsymbol{x},$$

因此 $\frac{1}{\lambda}$ 是 $\boldsymbol{A}^{-1}$ 的特征值，$\boldsymbol{x}$ 仍是对应于 $\frac{1}{\lambda}$ 的特征向量.

(3) $\boldsymbol{A}\boldsymbol{x}=\lambda\boldsymbol{x}\Rightarrow\boldsymbol{A}\boldsymbol{P}\boldsymbol{P}^{-1}\boldsymbol{x}=\lambda\boldsymbol{x}$，则

$$\boldsymbol{P}^{-1}\boldsymbol{A}\boldsymbol{P}\boldsymbol{P}^{-1}\boldsymbol{x}=\lambda\boldsymbol{P}^{-1}\boldsymbol{x},$$

$$(\boldsymbol{P}^{-1}\boldsymbol{A}\boldsymbol{P})(\boldsymbol{P}^{-1}\boldsymbol{x})=\lambda(\boldsymbol{P}^{-1}\boldsymbol{x}),$$

则 λ 是 $\boldsymbol{P}^{-1}\boldsymbol{A}\boldsymbol{P}$ 的特征值，且 $\boldsymbol{P}^{-1}\boldsymbol{x}$ 为对应于 λ 的特征向量.

又因为

$$|\lambda\boldsymbol{E}-\boldsymbol{A}|=|(\lambda\boldsymbol{E}-\boldsymbol{A})^{\mathrm{T}}|=|\lambda\boldsymbol{E}-\boldsymbol{A}^{\mathrm{T}}|,$$

所以 λ 是 $\boldsymbol{A}^{\mathrm{T}}$ 的特征值.

(4)
$$\begin{aligned}f(\boldsymbol{A})\boldsymbol{x}&=(a_0\boldsymbol{A}^m+a_1\boldsymbol{A}^{m-1}+\cdots+a_{m-1}\boldsymbol{A}+a_m\boldsymbol{E})\boldsymbol{x}\\&=a_0\boldsymbol{A}^m\boldsymbol{x}+a_1\boldsymbol{A}^{m-1}\boldsymbol{x}+\cdots+a_m\boldsymbol{x}\\&=(a_0\lambda^m+\cdots+a_m)\boldsymbol{x}=f(\lambda)\boldsymbol{x},\end{aligned}$$

则 $f(\lambda)$ 是 $f(\boldsymbol{A})$ 的特征值，$\boldsymbol{x}$ 仍是对应于 $f(\lambda)$ 的特征向量.

小结：本题用定义法归纳了与 $\boldsymbol{A}$ 相联系的矩阵的特征值与特征向量，本题的各结果可在以后计算时作为结论直接应用.

例 5　设三阶实可逆矩阵 $\boldsymbol{A}$ 的特征值为 $\lambda_1=1$，$\lambda_2=-4$，$\lambda_3=-1$，求：

(1) $2(\boldsymbol{A}^{-1})^2-6\boldsymbol{A}^*$ 的特征值；

(2) 行列式 $|2\boldsymbol{A}^*+3\boldsymbol{A}^2|$ 的值.

解　设 λ 是 $\boldsymbol{A}$ 的特征值，则由上题可知 $\frac{1}{\lambda}$，$\frac{|\boldsymbol{A}|}{\lambda}$，$f(\lambda)$ 分别是 $\boldsymbol{A}^{-1}$，$\boldsymbol{A}^*$，$f(\boldsymbol{A})$ 的特征值.

(1) 设 λ 是 $\boldsymbol{A}$ 的特征值，$\boldsymbol{x}$ 是对应于 λ 的特征向量，则 $\boldsymbol{A}\boldsymbol{x}=\lambda\boldsymbol{x}$，由此可得

$$2(\boldsymbol{A}^{-1})^2\boldsymbol{x}=\frac{2}{\lambda^2}\boldsymbol{x},\ 6\boldsymbol{A}^*\boldsymbol{x}=\frac{6|\boldsymbol{A}|}{\lambda}\boldsymbol{x},$$

则

$$(2(\boldsymbol{A}^{-1})^2-6\boldsymbol{A}^*)\boldsymbol{x}=\left(\frac{2}{\lambda^2}-\frac{6|\boldsymbol{A}|}{\lambda}\right)\boldsymbol{x}.$$

又因为 $|\boldsymbol{A}|=\lambda_1\lambda_2\lambda_3=4$，设 $g(\lambda)=\frac{2}{\lambda^2}-\frac{24}{\lambda}$，则 $2(\boldsymbol{A}^{-1})^2-6\boldsymbol{A}^*$ 的特征值为

$$g(\lambda_1)=-22,\ g(\lambda_2)=\frac{49}{8},\ g(\lambda_3)=26.$$

(2) 与 (1) 同理，可得 $2\boldsymbol{A}^*+3\boldsymbol{A}^2$ 的特征值为 11，46，-5，故

$$|2\boldsymbol{A}^*+3\boldsymbol{A}^2|=11\times46\times(-5)=-2\,530.$$

小结：本题主要是利用了上题的结论：若 λ 是 $\boldsymbol{A}$ 的特征值，则 $\frac{1}{\lambda}$，$\frac{|\boldsymbol{A}|}{\lambda}$，$f(\lambda)$ 分别是 $\boldsymbol{A}^{-1}$，$\boldsymbol{A}^*$，$f(\boldsymbol{A})$ 的特征值.

三、习题 4－2 解答

1. 设 $\boldsymbol{A}=\begin{pmatrix}3&2\\0&-1\end{pmatrix}$，$\boldsymbol{\alpha}=\begin{pmatrix}-1\\2\end{pmatrix}$，$\boldsymbol{\beta}=\begin{pmatrix}1\\1\end{pmatrix}$. 判断 $\boldsymbol{\alpha}$ 和 $\boldsymbol{\beta}$ 是否为 $\boldsymbol{A}$ 的特征向量.

解　$$\boldsymbol{A}\boldsymbol{\alpha}=\begin{pmatrix}3&2\\0&-1\end{pmatrix}\begin{pmatrix}-1\\2\end{pmatrix}=\begin{pmatrix}1\\-2\end{pmatrix}=-\begin{pmatrix}-1\\2\end{pmatrix}=-\boldsymbol{\alpha},$$

$$\boldsymbol{A}\boldsymbol{\beta}=\begin{pmatrix}3&2\\0&-1\end{pmatrix}\begin{pmatrix}1\\1\end{pmatrix}=\begin{pmatrix}5\\-1\end{pmatrix}\neq\lambda\begin{pmatrix}1\\1\end{pmatrix}.$$

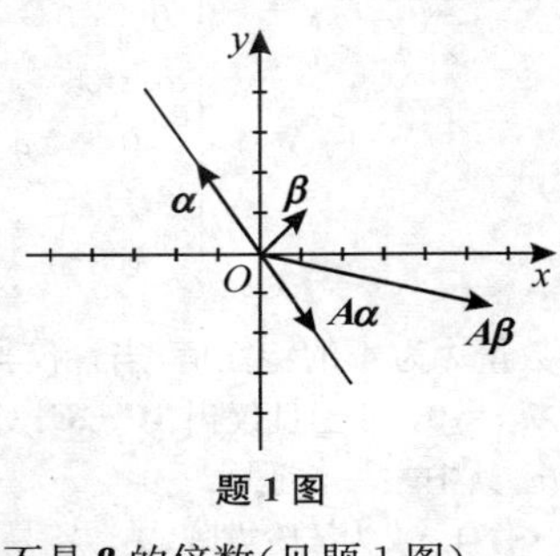

题 1 图

故 $\boldsymbol{\alpha}$ 是矩阵 $\boldsymbol{A}$ 对应于特征值 λ 的特征向量，但 $\boldsymbol{\beta}$ 不是矩阵 $\boldsymbol{A}$ 对应于特征值 λ 的特征向量，因为 $\boldsymbol{A}\boldsymbol{\beta}$ 不是 $\boldsymbol{\beta}$ 的倍数(见题 1 图).

2. 证明：5 不是 $\boldsymbol{A}=\begin{pmatrix}6&-3&1\\3&0&5\\2&2&6\end{pmatrix}$ 的特征值.

解　5 为 $\boldsymbol{A}$ 的特征值的充要条件是方程 $(\boldsymbol{A}-5\boldsymbol{E})\boldsymbol{x}=\boldsymbol{0}$ 有非零解.

$$\boldsymbol{A}-5\boldsymbol{E}=\begin{pmatrix}6&-3&1\\3&0&5\\2&2&6\end{pmatrix}-\begin{pmatrix}5&0&0\\0&5&0\\0&0&5\end{pmatrix}=\begin{pmatrix}1&-3&1\\3&-5&5\\2&2&1\end{pmatrix},$$

对其进行初等行变换

$$\begin{pmatrix}1&-3&1&0\\3&-5&5&0\\2&2&1&0\end{pmatrix}\to\begin{pmatrix}1&-3&1&0\\0&4&2&0\\0&8&-1&0\end{pmatrix}\to\begin{pmatrix}1&-3&1&0\\0&4&2&0\\0&0&-5&0\end{pmatrix},$$

易知齐次线性方程组只有零解，从而 $\boldsymbol{A}-5\boldsymbol{E}$ 为可逆矩阵，故 5 不是 $\boldsymbol{A}$ 的特征值.

说明：也可以通过计算行列式 $|\boldsymbol{A}-5\boldsymbol{E}|\neq 0$ 来证明 5 不是 $\boldsymbol{A}$ 的特征值.

3. 证明：三角形矩阵的特征值为其主对角线上的元素.

证　不妨设成上三角形矩阵 $\begin{pmatrix}a_{11}&a_{12}&\cdots&a_{1n}\\0&a_{22}&\cdots&a_{2n}\\\vdots&\vdots&&\vdots\\0&0&\cdots&a_{nn}\end{pmatrix}$（下三角形矩阵证明类似），

因

$$\begin{aligned}\boldsymbol{A}-\lambda\boldsymbol{E}&=\begin{pmatrix}a_{11}&a_{12}&\cdots&a_{1n}\\0&a_{22}&\cdots&a_{2n}\\\vdots&\vdots&&\vdots\\0&0&\cdots&a_{nn}\end{pmatrix}-\begin{pmatrix}\lambda&0&\cdots&0\\0&\lambda&\cdots&0\\\vdots&\vdots&&\vdots\\0&0&\cdots&\lambda\end{pmatrix}\\&=\begin{pmatrix}a_{11}-\lambda&a_{12}&\cdots&a_{1n}\\0&a_{22}-\lambda&\cdots&a_{2n}\\\vdots&\vdots&&\vdots\\0&0&\cdots&a_{nn}-\lambda\end{pmatrix},\end{aligned}$$

数量 λ 为 $\boldsymbol{A}$ 的特征值，当且仅当方程 $(\boldsymbol{A}-\lambda\boldsymbol{E})=\boldsymbol{0}$ 有非零解，进而当且仅当 $|\boldsymbol{A}-\lambda\boldsymbol{E}|=0$，即当且仅当 $|\boldsymbol{A}-\lambda\boldsymbol{E}|$ 对角线上至少有一元素为零，故 λ 等于 a_{11}，a_{22}，$\cdots$，a_{nn} 其中之一，证毕.

4. $\boldsymbol{A}$ 为 n 阶方阵，λ_1，λ_2 是 $\boldsymbol{A}$ 的两个不同特征值，$\boldsymbol{\alpha}_1$，$\boldsymbol{\alpha}_2$ 是分别属于 $\boldsymbol{A}$ 的两个不同特征值的特征向量，若 $k_1\boldsymbol{\alpha}_1+k_2\boldsymbol{\alpha}_2$ 仍为 $\boldsymbol{A}$ 的特征向量，则 k_1，k_2 的关系为______.

解 应填 $k_1 \cdot k_2=0$ 且 $k_1+k_2\neq0$.

因为 $k_1\boldsymbol{\alpha}_1+k_2\boldsymbol{\alpha}_2$ 是 $\boldsymbol{A}$ 的特征向量，设其对应的特征值为 λ，则

$$\boldsymbol{A}(k_1\boldsymbol{\alpha}_1+k_2\boldsymbol{\alpha}_2)=\lambda(k_1\boldsymbol{\alpha}_1+k_2\boldsymbol{\alpha}_2),$$
$$k_1\lambda_1\boldsymbol{\alpha}_1+k_2\lambda_2\boldsymbol{\alpha}_2=k_1\lambda\boldsymbol{\alpha}_1+k_2\lambda\boldsymbol{\alpha}_2,$$

即

$$k_1(\lambda_1-\lambda)\boldsymbol{\alpha}_1+k_2(\lambda_2-\lambda)\boldsymbol{\alpha}_2=\mathbf{0}.$$

因为 $\boldsymbol{\alpha}_1$，$\boldsymbol{\alpha}_2$ 线性无关，所以

$$k_1(\lambda_1-\lambda)=0,\ k_2(\lambda_2-\lambda)=0.$$

又因为 $\lambda_1\neq\lambda_2$，所以 $\lambda_1-\lambda\neq\lambda_2-\lambda$，故 $k_1 \cdot k_2=0$. 但由于特征向量不能为零向量，所以 $k_1 \cdot k_2=0$ 且 $k_1+k_2\neq0$.

5. 求下列矩阵的特征值及特征向量：

(1) $\begin{pmatrix}1&2&3\\2&1&3\\3&3&6\end{pmatrix}$； (2) $\begin{pmatrix}1&1&1&1\\1&1&-1&-1\\1&-1&1&-1\\1&-1&-1&1\end{pmatrix}$.

解 (1) $|\boldsymbol{A}-\lambda\boldsymbol{E}|=\begin{vmatrix}1-\lambda&2&3\\2&1-\lambda&3\\3&3&6-\lambda\end{vmatrix}=-\lambda(\lambda+1)(\lambda-9)$，故 $\boldsymbol{A}$ 的特征值为 $\lambda_1=0$，$\lambda_2=-1$，$\lambda_3=9$.

当 $\lambda_1=0$ 时，解方程 $\boldsymbol{Ax}=\mathbf{0}$，由

$$\boldsymbol{A}=\begin{pmatrix}1&2&3\\2&1&3\\3&3&6\end{pmatrix}\Rightarrow\begin{pmatrix}1&0&1\\0&1&1\\0&0&0\end{pmatrix},$$

得基础解系 $\boldsymbol{p}_1=\begin{pmatrix}-1\\-1\\1\end{pmatrix}$，故 $k_1\boldsymbol{p}_1(k_1\neq0)$ 是对应于 $\lambda_1=0$ 的全部特征向量.

当 $\lambda_2=-1$ 时，解方程 $(\boldsymbol{A}+\boldsymbol{E})\boldsymbol{x}=\mathbf{0}$，由

$$\boldsymbol{A}+\boldsymbol{E}=\begin{pmatrix}2&2&3\\2&2&3\\3&3&7\end{pmatrix}\Rightarrow\begin{pmatrix}2&2&3\\0&0&1\\0&0&0\end{pmatrix},$$

得基础解系 $\boldsymbol{p}_2=\begin{pmatrix}-1\\1\\0\end{pmatrix}$，故 $k_2\boldsymbol{p}_2(k_2\neq0)$ 是对应于 $\lambda_2=-1$ 的全部特征向量.

当 $\lambda_3=9$ 时，解方程 $(\boldsymbol{A}-9\boldsymbol{E})\boldsymbol{x}=\boldsymbol{0}$，由

$$\boldsymbol{A}-9\boldsymbol{E}=\begin{pmatrix}-8&2&3\\2&-8&3\\3&3&-3\end{pmatrix}\Rightarrow\begin{pmatrix}1&0&-\frac{1}{2}\\0&1&-\frac{1}{2}\\0&0&0\end{pmatrix},$$

得基础解系 $\boldsymbol{p}_3=\begin{pmatrix}\frac{1}{2}\\\frac{1}{2}\\1\end{pmatrix}$，故 $k_3\boldsymbol{p}_3(k_3\neq0)$ 是对应于 $\lambda_3=9$ 的全部特征向量.

(2) $$|\lambda\boldsymbol{E}-\boldsymbol{A}|=\begin{vmatrix}\lambda-1&-1&-1&-1\\-1&\lambda-1&1&1\\-1&1&\lambda-1&1\\-1&1&1&\lambda-1\end{vmatrix}\xlongequal[r_3+r_1\\r_4+r_1]{r_2+r_1}\begin{vmatrix}\lambda-1&-1&-1&-1\\\lambda-2&\lambda-2&0&0\\\lambda-2&0&\lambda-2&0\\\lambda-2&0&0&\lambda-2\end{vmatrix}$$

$$\xlongequal[\lambda-2]{r_2,r_3,r_4\text{ 各提出公因式}}(\lambda-2)^3\begin{vmatrix}\lambda-1&-1&-1&-1\\1&1&0&0\\1&0&1&0\\1&0&0&1\end{vmatrix}$$

$$\xlongequal[c_1-c_4]{}(\lambda-2)^3\begin{vmatrix}\lambda&-1&-1&-1\\1&1&0&0\\1&0&1&0\\0&0&0&1\end{vmatrix}=(\lambda-2)^3\begin{vmatrix}\lambda&-1&-1\\1&1&0\\1&0&1\end{vmatrix}$$

$$\xlongequal[c_1-c_3]{}(\lambda-2)^3\begin{vmatrix}\lambda+1&-1&-1\\1&1&0\\0&0&1\end{vmatrix}=(\lambda-2)^3\begin{vmatrix}\lambda+1&-1\\1&1\end{vmatrix}$$

$$=(\lambda+2)(\lambda-2)^3,$$

故特征值为 $\lambda_1=\lambda_2=\lambda_3=2$，$\lambda_4=-2$.

对 $\lambda_1=\lambda_2=\lambda_3=2$，有方程组

$$\begin{cases}x_1-x_2-x_3-x_4=0\\-x_1+x_2+x_3+x_4=0\end{cases},$$

即

$$x_1=x_2+x_3+x_4.$$

若取自由未知量 $\begin{pmatrix}x_2\\x_3\\x_4\end{pmatrix}$ 分别为 $\begin{pmatrix}1\\0\\0\end{pmatrix}$，$\begin{pmatrix}0\\1\\0\end{pmatrix}$，$\begin{pmatrix}0\\0\\1\end{pmatrix}$，则有特征向量

$$c_1\begin{pmatrix}1\\1\\0\\0\end{pmatrix}+c_2\begin{pmatrix}1\\0\\1\\0\end{pmatrix}+c_3\begin{pmatrix}1\\0\\0\\1\end{pmatrix}\quad(c_1,c_2,c_3\text{ 不全为零}).$$

对 $\lambda_4=-2$ 有方程组 $\begin{cases}-3x_1-x_2-x_3-x_4=0\\-x_1-3x_2+x_3+x_4=0\\-x_1+x_2-3x_3+x_4=0\\-x_1+x_2+x_3-3x_4=0\end{cases}$，对其系数矩阵实施初等行变换，则

$$\begin{pmatrix}-3&-1&-1&-1\\-1&-3&1&1\\-1&1&-3&1\\-1&1&1&-3\end{pmatrix}\xrightarrow{r_1\leftrightarrow r_2}\begin{pmatrix}-1&-3&1&1\\-3&-1&-1&-1\\-1&1&-3&1\\-1&1&1&-3\end{pmatrix}$$

$$\xrightarrow[\substack{r_3-r_1\\r_4-r_1}]{r_2-3r_1}\begin{pmatrix}-1&-3&1&1\\0&8&-4&-4\\0&4&-4&0\\0&4&0&-4\end{pmatrix}\xrightarrow{r_2\leftrightarrow r_3}\begin{pmatrix}-1&-3&1&1\\0&4&-4&0\\0&8&-4&-4\\0&4&0&-4\end{pmatrix}$$

$$\xrightarrow[r_4-r_2]{r_3-2r_2}\begin{pmatrix}-1&-3&1&1\\0&4&-4&0\\0&0&4&-4\\0&0&4&-4\end{pmatrix}\xrightarrow[r_3\times\frac{1}{4}]{r_4-r_3}\begin{pmatrix}-1&-3&1&1\\0&4&-4&0\\0&0&1&-1\\0&0&0&0\end{pmatrix}$$

$$\xrightarrow{r_1+r_3}\begin{pmatrix}-1&-3&2&0\\0&1&-1&0\\0&0&1&-1\\0&0&0&0\end{pmatrix}\xrightarrow{r_1+2r_2}\begin{pmatrix}-1&-1&0&0\\0&1&-1&0\\0&0&1&-1\\0&0&0&0\end{pmatrix},$$

得同解方程组 $\begin{cases}-x_1-x_2=0\\x_2-x_3=0\\x_3-x_4=0\end{cases}$，解得 $\begin{cases}x_1=-x_2\\x_2=x_3\\x_3=x_4\end{cases}$. 令 $x_4=1$，得特征向量

$$c\begin{pmatrix}-1\\1\\1\\1\end{pmatrix}(c\neq 0).$$

6. 已知三阶矩阵 $\boldsymbol{A}$ 的特征值为 1，-2，3，求：

(1) $2\boldsymbol{A}$ 的特征值；(2) $\boldsymbol{A}^{-1}$ 的特征值.

解题思路　利用特征值的性质解题.

解　(1) $\boldsymbol{A}$ 的特征值为 λ，则 $k\boldsymbol{A}$ 的特征值为 $k\lambda$，所以 $2\boldsymbol{A}$ 的特征值为 2，-4，6；

(2) $\boldsymbol{A}$ 的特征值为 λ，则 $\boldsymbol{A}^{-1}$ 的特征值为 $\dfrac{1}{\lambda}$，所以 $\boldsymbol{A}^{-1}$ 的特征值为 1，$-\dfrac{1}{2}$，$\dfrac{1}{3}$.

7. 设 n 阶矩阵 $\boldsymbol{A}$、$\boldsymbol{B}$ 满足 $\mathrm{r}(\boldsymbol{A})+\mathrm{r}(\boldsymbol{B})<n$，证明 $\boldsymbol{A}$ 与 $\boldsymbol{B}$ 有公共的特征值和特征向量.

证明思路　利用 $\lambda_1\lambda_2\cdots\lambda_n=|\boldsymbol{A}|$ 证明有公共的特征值，利用方程组与特征向量的关系证明有公共的特征向量.

证　显然，$\mathrm{r}(\boldsymbol{A})<n$.

$$\mathrm{r}(\boldsymbol{A})<n \Leftrightarrow \text{不可逆} \Leftrightarrow 0\ \text{是}\ \boldsymbol{A}\ \text{的特征值；}$$

同理，0 也是 $\boldsymbol{B}$ 的特征值，于是 $\boldsymbol{A}$ 与 $\boldsymbol{B}$ 有公共的特征值 0.

$\boldsymbol{A}$ 与 $\boldsymbol{B}$ 对应于 $\lambda=0$ 的特征向量依次是方程 $\boldsymbol{Ax}=\boldsymbol{0}$ 和 $\boldsymbol{Bx}=\boldsymbol{0}$ 的非零解，于是 $\boldsymbol{A}$ 与 $\boldsymbol{B}$ 有对应于 $\lambda=0$ 的公共特征向量

$$\Leftrightarrow \text{方程组}\begin{cases}\boldsymbol{Ax}=\boldsymbol{0}\\\boldsymbol{Bx}=\boldsymbol{0}\end{cases}\text{有非零解}$$

$$\Leftrightarrow \text{方程组}\ \begin{pmatrix}\boldsymbol{A}\\\boldsymbol{B}\end{pmatrix}\boldsymbol{x}=\boldsymbol{0}\ \text{有非零解} \Leftrightarrow \mathrm{r}\begin{pmatrix}\boldsymbol{A}\\\boldsymbol{B}\end{pmatrix}<n.$$

另一方面，由矩阵秩的性质

$$\mathrm{r}\begin{pmatrix}\boldsymbol{A}\\\boldsymbol{B}\end{pmatrix}=\mathrm{r}(\boldsymbol{A}^{\mathrm{T}},\boldsymbol{B}^{\mathrm{T}})\leqslant \mathrm{r}(\boldsymbol{A}^{\mathrm{T}})+\mathrm{r}(\boldsymbol{B}^{\mathrm{T}})=\mathrm{r}(\boldsymbol{A})+\mathrm{r}(\boldsymbol{B})<n.$$

综上，$\boldsymbol{A}$ 与 $\boldsymbol{B}$ 有公共的特征向量.

8. 设 $\boldsymbol{A}^2-3\boldsymbol{A}+2\boldsymbol{E}=\boldsymbol{0}$，证明 $\boldsymbol{A}$ 的特征值只能取 1 或 2.

证明思路　利用矩阵 $\boldsymbol{A}$ 的特征方程 $|\lambda\boldsymbol{E}-\boldsymbol{A}|=0$ 解题.

证　因为

$$\boldsymbol{A}^2-3\boldsymbol{A}+2\boldsymbol{E}=\boldsymbol{0},$$

所以

$$(\boldsymbol{A}-\boldsymbol{E})(\boldsymbol{A}-2\boldsymbol{E})=\boldsymbol{0}.$$

$$|\boldsymbol{A}-\boldsymbol{E}||\boldsymbol{A}-2\boldsymbol{E}|=0$$

$$\Rightarrow|\boldsymbol{A}-\boldsymbol{E}|=0 \quad 或 \quad |\boldsymbol{A}-2\boldsymbol{E}|=0,$$

即

$$|\boldsymbol{E}-\boldsymbol{A}|=0 \quad 或 \quad |2\boldsymbol{E}-\boldsymbol{A}|=0,$$

故 $\boldsymbol{A}$ 的特征值只能取 1 或 2.

9. 已知 0 是矩阵 $\boldsymbol{A}=\begin{pmatrix}1&0&1\\0&2&0\\1&0&a\end{pmatrix}$ 的特征值，求 $\boldsymbol{A}$ 的特征值和特征向量.

解题思路 利用 $\lambda_1\lambda_2\cdots\lambda_n=|\boldsymbol{A}|$，求参数 a，再按照定义求矩阵 $\boldsymbol{A}$ 的特征值和特征向量.

解 因为 0 是 $\boldsymbol{A}$ 的特征值，所以

$$|\boldsymbol{A}|=0\Rightarrow a=1.$$

由 $|\lambda\boldsymbol{E}-\boldsymbol{A}|=\lambda(\lambda-2)^2=0$，求出 $\boldsymbol{A}$ 的特征值

$$\lambda_1=\lambda_2=2,\ \lambda_3=0.$$

当 $\lambda=2$ 时，由 $(2\boldsymbol{E}-\boldsymbol{A})\boldsymbol{x}=\boldsymbol{0}$ 解出 $\boldsymbol{A}$ 的属于 $\lambda=2$ 的特征向量为

$$k_1\begin{pmatrix}0\\1\\0\end{pmatrix}+k_2\begin{pmatrix}1\\0\\1\end{pmatrix} \quad (k_1,\ k_2\ 不全为\ 0);$$

当 $\lambda=0$ 时，由 $\boldsymbol{A}\boldsymbol{x}=\boldsymbol{0}$ 解出 $\boldsymbol{A}$ 的属于 $\lambda=0$ 的特征向量为

$$k_3\begin{pmatrix}1\\0\\-1\end{pmatrix},\ k_3\in\mathbf{R},\ k_3\neq 0.$$

10. 设 $\boldsymbol{\alpha}$ 是 $\boldsymbol{A}$ 的对应于特征值 λ_0 的特征向量，证明：

(1) $\boldsymbol{\alpha}$ 是 $\boldsymbol{A}^m$ 的对应于特征值 λ_0^m 的特征向量；

(2) 对多项式 $f(x)$，$\boldsymbol{\alpha}$ 是 $f(\boldsymbol{A})$ 的对应于 $f(\lambda_0)$ 的特征向量.

证明思路 利用特征向量的性质解题.

证 (1) 因为 $\boldsymbol{\alpha}$ 是 $\boldsymbol{A}$ 的对应于特征值 λ_0 的特征向量，所以

$$\boldsymbol{A}\boldsymbol{\alpha}=\lambda_0\boldsymbol{\alpha},$$

因此

$$\boldsymbol{A}^2\boldsymbol{\alpha}=\boldsymbol{A}\boldsymbol{A}\boldsymbol{\alpha}=\boldsymbol{A}\lambda_0\boldsymbol{\alpha}=\lambda_0(\boldsymbol{A}\boldsymbol{\alpha})=\lambda_0^2\boldsymbol{\alpha},$$

得

$$A^m\boldsymbol{\alpha}=\lambda_0^m\boldsymbol{\alpha},$$

即 $\boldsymbol{\alpha}$ 是 A^m 的对应于特征值 λ_0^m 的特征向量.

(2) 利用 (1) 的结论推导出 (2) 显然成立.

11. 设 $\lambda\neq0$ 是 m 阶矩阵 $A_{m\times n}B_{n\times m}$ 的特征值，证明 λ 也是 n 阶矩阵 BA 的特征值.

证　根据特征值的定义证明.

设 λ 是矩阵 AB 的任一非零特征值，$\boldsymbol{\xi}$ 是对应于它的特征向量，即有

$$AB\boldsymbol{\xi}=\lambda\boldsymbol{\xi},\tag{$*$}$$

用矩阵 B 左乘上式两边，得

$$(BA)B\boldsymbol{\xi}=B(AB\boldsymbol{\xi})=B\lambda\boldsymbol{\xi}=\lambda(B\boldsymbol{\xi}).$$

若 $B\boldsymbol{\xi}\neq\mathbf{0}$，则由特征值定义知，$\lambda$ 为 BA 的特征值；若 $B\boldsymbol{\xi}=\mathbf{0}$，代入式（$*$），即得

$$\lambda\boldsymbol{\xi}=\mathbf{0}.$$

因 $\boldsymbol{\xi}$ 为特征向量，$\boldsymbol{\xi}\neq\mathbf{0}$，故 $\lambda=0$，这与 $\lambda\neq0$ 矛盾. 此矛盾说明必有 $B\boldsymbol{\xi}\neq\mathbf{0}$.

12. A 为 n 阶方阵，$Ax=\mathbf{0}$ 有非零解，则 A 必有一个特征值是________.

解　应填 0.

$Ax=\mathbf{0}$ 有非零解 $\Leftrightarrow|A|=0$.

因为 $|A|=\lambda_1\cdot\lambda_2\cdot\cdots\cdot\lambda_n=0$，所以 A 必有一个特征值等于 0.

13. A 为 n 阶可逆方阵，λ 是 A 的一个特征值，则 A^* 必有一个特征值是________.

解　应填 $|A|\lambda^{-1}$.

因为 A 可逆，故 $A^*=|A|A^{-1}$；又因 λ^{-1} 是 A^{-1} 的特征值，所以 A^* 的特征值是 $|A|\lambda^{-1}$.

14. 已知三阶矩阵 A 的特征值为 1，2，3，求 $|A^3-5A^2+7A|$.

解题思路　结合 $\lambda_1\lambda_2\cdots\lambda_n=|A|$，利用特征值的性质解题.

解　令 $\boldsymbol{\varphi}(A)=A^3-5A^2+7A$，则 $\boldsymbol{\varphi}(A)$ 的特征值为 $\boldsymbol{\varphi}(1)$，$\boldsymbol{\varphi}(2)$，$\boldsymbol{\varphi}(3)$，所以

$$\begin{aligned}|\boldsymbol{\varphi}(A)|&=|A^3-5A^2+7A|\\&=\boldsymbol{\varphi}(1)\boldsymbol{\varphi}(2)\boldsymbol{\varphi}(3)\\&=3\times2\times3=18.\end{aligned}$$

15. 已知三阶矩阵 A 的特征值为 1，2，-3，求 $|A^*-3A+2E|$.

解题思路　参照上述两题解本题.

解　首先由特征值性质，知 $|A|=-6$.

因$|\boldsymbol{A}|\neq 0$，知$\boldsymbol{A}$可逆，且

$$\boldsymbol{A}^*=|\boldsymbol{A}|\boldsymbol{A}^{-1}=-6\boldsymbol{A}^{-1},$$

记

$$\boldsymbol{\varphi}(\boldsymbol{A})=\boldsymbol{A}^*-3\boldsymbol{A}+2\boldsymbol{E}=-6\boldsymbol{A}^{-1}-3\boldsymbol{A}+2\boldsymbol{E},$$

则

$$\boldsymbol{\varphi}(\lambda)=-6\lambda^{-1}-3\lambda+2.$$

因此，三阶方阵$\boldsymbol{\varphi}(\boldsymbol{A})$有特征值

$$\boldsymbol{\varphi}(1)=-7,\ \boldsymbol{\varphi}(2)=-7,\ \boldsymbol{\varphi}(-3)=13,$$

进而所求行列式

$$|\boldsymbol{\varphi}(\boldsymbol{A})|=\boldsymbol{\varphi}(1)\boldsymbol{\varphi}(2)\boldsymbol{\varphi}(-3)=637.$$

§4.3　相似矩阵

一、主要知识归纳

主要知识归纳见表4-3-1和表4-3-2.

表4-3-1　相似矩阵

定义	设$\boldsymbol{A}$，$\boldsymbol{B}$都是n阶矩阵，若存在可逆矩阵$\boldsymbol{P}$，使得 $\boldsymbol{P}^{-1}\boldsymbol{A}\boldsymbol{P}=\boldsymbol{B}$, 则称$\boldsymbol{B}$是$\boldsymbol{A}$的相似矩阵，或称矩阵$\boldsymbol{A}$与$\boldsymbol{B}$相似. 对$\boldsymbol{A}$进行$\boldsymbol{P}^{-1}\boldsymbol{A}\boldsymbol{P}$运算称为对$\boldsymbol{A}$进行相似变换，可逆矩阵$\boldsymbol{P}$为相似变换矩阵. 矩阵的相似关系是一种等价关系，满足自反性、对称性、传递性.
性质	(1) 若n阶矩阵$\boldsymbol{A}$与$\boldsymbol{B}$相似，则$\boldsymbol{A}$与$\boldsymbol{B}$的特征多项式相同，从而$\boldsymbol{A}$与$\boldsymbol{B}$的特征值也相同； (2) 相似矩阵的秩与行列式相等且有相同的可逆性.

表4-3-2　矩阵对角化

与对角矩阵相似的条件	(1) n阶矩阵$\boldsymbol{A}$与对角矩阵$\boldsymbol{\Lambda}=\begin{pmatrix}\lambda_1 & & & \\ & \lambda_2 & & \\ & & \ddots & \\ & & & \lambda_n\end{pmatrix}$相似的充分必要条件为矩阵$\boldsymbol{A}$有$n$个线性无关的特征向量. (2) 若$n$阶矩阵$\boldsymbol{A}$有$n$个互异的特征值$\lambda_1$，$\lambda_2$，…，$\lambda_n$，则$\boldsymbol{A}$与对角矩阵$\boldsymbol{\Lambda}$相似.

可对角化的条件	(1)对于 n 阶矩阵 $\boldsymbol{A}$，若存在可逆矩阵 $\boldsymbol{P}$，使 $\boldsymbol{P}^{-1}\boldsymbol{AP}=\boldsymbol{\Lambda}$ 为对角矩阵，则称方阵 $\boldsymbol{A}$ 可对角化. (2)n 阶矩阵 $\boldsymbol{A}$ 可对角化的充要条件是对应于 $\boldsymbol{A}$ 的每个特征值的线性无关的特征向量的个数恰好等于该特征值的重数. 或设 λ_i 是矩阵 $\boldsymbol{A}$ 的 n_i 重特征值，则 $\boldsymbol{A}\sim\boldsymbol{\Lambda}\Leftrightarrow \mathrm{r}(\lambda_i\boldsymbol{E}-\boldsymbol{A})=n-n_i(i=1, 2, \cdots, n)$.
对角化步骤	(1) 求出 $\boldsymbol{A}$ 的全部特征值 $\lambda_1, \lambda_2, \cdots, \lambda_s$； (2)对每一个特征值 λ_i，设其重数为 n_i，则对应齐次方程组 $(\lambda_i\boldsymbol{E}-\boldsymbol{A})\boldsymbol{x}=\boldsymbol{0}$ 的基础解系由 n_i 个向量 $\boldsymbol{\xi}_{i1}, \boldsymbol{\xi}_{i2}, \cdots, \boldsymbol{\xi}_{in_i}$ 构成，即 $\boldsymbol{\xi}_{i1}, \boldsymbol{\xi}_{i2}, \cdots, \boldsymbol{\xi}_{in_i}$ 为对应于 λ_i 的线性无关的特征向量； (3) 上面求出的特征向量 $\boldsymbol{\xi}_{11}, \boldsymbol{\xi}_{12}, \cdots, \boldsymbol{\xi}_{1n_1}, \boldsymbol{\xi}_{21}, \boldsymbol{\xi}_{22}, \cdots, \boldsymbol{\xi}_{2n_2}, \cdots, \boldsymbol{\xi}_{s1}, \boldsymbol{\xi}_{s2}, \cdots, \boldsymbol{\xi}_{sn_s}$ 恰好为矩阵 $\boldsymbol{A}$ 的 n 个线性无关的特征向量； (4) 令 $\boldsymbol{P}=(\boldsymbol{\xi}_{11}, \boldsymbol{\xi}_{12}, \cdots, \boldsymbol{\xi}_{1n_1}, \boldsymbol{\xi}_{21}, \boldsymbol{\xi}_{22}, \cdots, \boldsymbol{\xi}_{2n_2}, \cdots, \boldsymbol{\xi}_{s1}, \boldsymbol{\xi}_{s2}, \cdots, \boldsymbol{\xi}_{sn_2})$，则 $\boldsymbol{P}^{-1}\boldsymbol{AP}=\boldsymbol{\Lambda}$.

二、典型例题分析

例 1　设矩阵 $\boldsymbol{A}=\begin{pmatrix}2&0&0\\0&0&1\\0&1&0\end{pmatrix}$，$\boldsymbol{B}=\begin{pmatrix}1&0&0\\0&-1&0\\0&-6&2\end{pmatrix}$. 试判断 $\boldsymbol{A}$、$\boldsymbol{B}$ 是否相似，若相似，求出矩阵 $\boldsymbol{X}$，使 $\boldsymbol{B}=\boldsymbol{X}^{-1}\boldsymbol{AX}$.

解　$|\lambda\boldsymbol{E}-\boldsymbol{A}|=\begin{vmatrix}\lambda-2&0&0\\0&\lambda&-1\\0&-1&\lambda\end{vmatrix}=(\lambda-2)(\lambda^2-1)=0$,

解得 $\boldsymbol{A}$ 的特征值为 $\lambda_1=2$，$\lambda_2=1$，$\lambda_3=-1$.

因为三阶矩阵 $\boldsymbol{A}$ 有 3 个不同的特征值，所以 $\boldsymbol{A}\sim\begin{pmatrix}2&&\\&1&\\&&-1\end{pmatrix}$.

当 $\lambda_1=2$ 时，$(2\boldsymbol{E}-\boldsymbol{A})\boldsymbol{x}=\boldsymbol{0}$，求得特征向量为 $\boldsymbol{\alpha}_1=(1, 0, 0)^{\mathrm{T}}$；同理：当 $\lambda_2=1$，$\lambda_3=-1$ 时，对应的特征向量分别为 $\boldsymbol{\alpha}_2=(0, 1, 1)^{\mathrm{T}}$，$\boldsymbol{\alpha}_3=(0, 1, -1)^{\mathrm{T}}$，

令 $\boldsymbol{P}=(\boldsymbol{\alpha}_1, \boldsymbol{\alpha}_2, \boldsymbol{\alpha}_3)=\begin{pmatrix}1&0&0\\0&1&1\\0&1&-1\end{pmatrix}$，则 $\boldsymbol{P}^{-1}\boldsymbol{AP}=\begin{pmatrix}2&&\\&1&\\&&-1\end{pmatrix}$.

$$|\lambda\boldsymbol{E}-\boldsymbol{B}|=\begin{vmatrix}\lambda-1 & 0 & 0\\ 0 & \lambda+1 & 0\\ 0 & 6 & \lambda-2\end{vmatrix}=(\lambda-2)(\lambda-1)(\lambda+1)=0,$$

因此 $\boldsymbol{B}$ 有三个不同的特征值为 $\lambda_1=2$, $\lambda_2=1$, $\lambda_3=-1$.

同理,可求得对应于 2, 1, −1 的特征向量分别为

$$\boldsymbol{\beta}_1=(0,\ 0,\ 1)^{\mathrm{T}},\ \boldsymbol{\beta}_1=(1,\ 0,\ 0)^{\mathrm{T}},\ \boldsymbol{\beta}_1=(0,\ 1,\ 2)^{\mathrm{T}}.$$

令 $\boldsymbol{Q}=(\boldsymbol{\beta}_1,\ \boldsymbol{\beta}_2,\ \boldsymbol{\beta}_3)=\begin{pmatrix}0 & 1 & 0\\ 0 & 0 & 1\\ 1 & 0 & 2\end{pmatrix}$,则 $\boldsymbol{Q}^{-1}\boldsymbol{B}\boldsymbol{Q}=\begin{pmatrix}2 & & \\ & 1 & \\ & & -1\end{pmatrix}$,故

$$\boldsymbol{P}^{-1}\boldsymbol{A}\boldsymbol{P}=\boldsymbol{Q}^{-1}\boldsymbol{B}\boldsymbol{Q}\Rightarrow\boldsymbol{B}=\boldsymbol{Q}\boldsymbol{P}^{-1}\boldsymbol{A}\boldsymbol{P}\boldsymbol{Q}^{-1}=(\boldsymbol{P}\boldsymbol{Q}^{-1})^{-1}\boldsymbol{A}(\boldsymbol{P}\boldsymbol{Q}^{-1}).$$

因此

$$\boldsymbol{X}=\boldsymbol{P}\boldsymbol{Q}^{-1}=\begin{pmatrix}1 & 0 & 0\\ 0 & 1 & 1\\ 0 & 1 & -1\end{pmatrix}\begin{pmatrix}0 & 1 & 0\\ 0 & 0 & 1\\ 1 & 0 & 2\end{pmatrix}^{-1}=\begin{pmatrix}0 & -2 & 1\\ 1 & 1 & 0\\ 1 & -1 & 0\end{pmatrix}.$$

小结:本题运用了相似矩阵的传递性:$\boldsymbol{A}\sim\boldsymbol{B}$, $\boldsymbol{B}\sim\boldsymbol{C}$, 则 $\boldsymbol{A}\sim\boldsymbol{C}$, 解题过程中的关键是相应矩阵特征向量的计算.

例 2 若方阵 $\boldsymbol{A}$ 与 $\boldsymbol{B}$ 相似,

(1) 设 $f(x)$ 是一个一元多项式,证明 $f(\boldsymbol{A})$ 与 $f(\boldsymbol{B})$ 相似.

(2) 若 $\boldsymbol{A}$ 可逆,证明 $\boldsymbol{B}$ 也可逆,且 $\boldsymbol{A}^{-1}$ 与 $\boldsymbol{B}^{-1}$ 相似.

证 (1) 由条件可设

$$f(\boldsymbol{A})=a_0\boldsymbol{A}^m+a_{m-1}\boldsymbol{A}^{m-1}+\cdots+a_1\boldsymbol{A}+a_0\boldsymbol{E},$$

首先证明 $\boldsymbol{A}^m$ 与 $\boldsymbol{B}^m$ 相似. 由 $\boldsymbol{A}$ 与 $\boldsymbol{B}$ 相似可知,存在可逆矩阵 $\boldsymbol{P}$, 使得 $\boldsymbol{A}=\boldsymbol{P}^{-1}\boldsymbol{B}\boldsymbol{P}$, 则

$$\boldsymbol{A}^m=(\boldsymbol{P}^{-1}\boldsymbol{B}\boldsymbol{P})^m=\boldsymbol{P}^{-1}\boldsymbol{B}^m\boldsymbol{P},$$

故 $\boldsymbol{A}^m$ 与 $\boldsymbol{B}^m$ 相似,因此

$$f(\boldsymbol{A})=a_0\boldsymbol{P}^{-1}\boldsymbol{B}^m\boldsymbol{P}+a_{m-1}\boldsymbol{P}^{-1}\boldsymbol{B}^{m-1}\boldsymbol{P}+\cdots+a_1\boldsymbol{P}^{-1}\boldsymbol{B}\boldsymbol{P}+a_0\boldsymbol{E}=\boldsymbol{P}^{-1}f(\boldsymbol{B})\boldsymbol{P},$$

故 $f(\boldsymbol{A})$ 与 $f(\boldsymbol{B})$ 相似.

(2) 由于 $\boldsymbol{A}$ 与 $\boldsymbol{B}$ 相似,则存在可逆矩阵 $\boldsymbol{P}$, 使得

$$\boldsymbol{B}=\boldsymbol{P}^{-1}\boldsymbol{A}\boldsymbol{P}.$$

若 $\boldsymbol{A}$ 可逆,由于可逆矩阵的乘积仍可逆,故 $\boldsymbol{B}$ 也可逆,且

$$\boldsymbol{B}^{-1}=\boldsymbol{P}\boldsymbol{A}^{-1}\boldsymbol{P}^{-1}=(\boldsymbol{P}^{-1})^{-1}\boldsymbol{A}^{-1}\boldsymbol{P}^{-1},$$

所以 $\boldsymbol{A}^{-1}$ 与 $\boldsymbol{B}^{-1}$ 相似.

小结：本题将相似矩阵的定义推广到了相似多项式和相似逆矩阵.

例 3　求矩阵 $\begin{pmatrix} 3 & -4 & -4 \\ 0 & 2 & 0 \\ 2 & -2 & -3 \end{pmatrix}^k$（$k$ 为正整数）.

解　令 $\boldsymbol{A}=\begin{pmatrix} 3 & -4 & -4 \\ 0 & 2 & 0 \\ 2 & -2 & -3 \end{pmatrix}$，则

$$|\lambda\boldsymbol{E}-\boldsymbol{A}|=\begin{vmatrix} \lambda-3 & 4 & 4 \\ 0 & \lambda-2 & 0 \\ -2 & 2 & \lambda+3 \end{vmatrix}=(\lambda-1)(\lambda-2)(\lambda+1),$$

解得 $\lambda_1=1$，$\lambda_2=2$，$\lambda_3=-1$，与其对应的特征向量分别是

$$\boldsymbol{\alpha}_1=(2,\ 0,\ 1)^{\mathrm{T}},\ \boldsymbol{\alpha}_2=(4,\ -1,\ 2)^{\mathrm{T}},\ \boldsymbol{\alpha}_3=(1,\ 0,\ 1)^{\mathrm{T}}.$$

由于三阶矩阵 $\boldsymbol{A}$ 有三个不同的特征值或三个线性无关的特征向量，因此矩阵 $\boldsymbol{A}$ 可对角化.

令 $\boldsymbol{P}=\begin{pmatrix} 2 & 4 & 1 \\ 0 & -1 & 0 \\ 1 & 2 & 1 \end{pmatrix}$，则 $\boldsymbol{P}^{-1}=\begin{pmatrix} 1 & 2 & -1 \\ 0 & -1 & 0 \\ -1 & 0 & 2 \end{pmatrix}$，有

$$\boldsymbol{P}^{-1}\boldsymbol{A}\boldsymbol{P}=\begin{pmatrix} 1 & & \\ & 2 & \\ & & -1 \end{pmatrix}\Rightarrow\boldsymbol{A}=\boldsymbol{P}\begin{pmatrix} 1 & & \\ & 2 & \\ & & -1 \end{pmatrix}\boldsymbol{P}^{-1}.$$

则

$$\boldsymbol{A}^k=\boldsymbol{P}\begin{pmatrix} 1 & & \\ & 2 & \\ & & -1 \end{pmatrix}^k\boldsymbol{P}^{-1}=\begin{pmatrix} 2+(-1)^{k+1} & 4(1-2^k) & 2[(-1)^k-1] \\ 0 & 2^k & 0 \\ 1+(-1)^{k+1} & 2(1-2^k) & (-1)^k2-1 \end{pmatrix}.$$

小结：本题利用了矩阵的对角化，一般求矩阵的高次幂，常常先把矩阵对角化再求.

例 4　在下述矩阵中，a，b，c 取何值时，$\boldsymbol{A}$ 可对角化？

$$\boldsymbol{A}=\begin{pmatrix} 1 & 0 & 0 & 0 \\ a & 1 & 0 & 0 \\ 2 & b & 2 & 0 \\ 2 & 3 & c & 2 \end{pmatrix}.$$

解　矩阵 $\boldsymbol{A}$ 的特征方程为

$$|\lambda\boldsymbol{E}-\boldsymbol{A}|=(\lambda-1)^2(\lambda-2)^2=0,$$

解得 $\boldsymbol{A}$ 的特征值分别为 $\lambda_1=\lambda_2=1$，$\lambda_3=\lambda_4=2$.

为使

$$\mathrm{r}(\lambda_1\boldsymbol{E}-\boldsymbol{A})=\mathrm{r}(\boldsymbol{E}-\boldsymbol{A})=\mathrm{r}\begin{pmatrix}0&0&0&0\\a&0&0&0\\-2&-b&-1&0\\-2&-3&-c&-1\end{pmatrix}=n-k_1=4-2=2,$$

必有 $a=0$，b，c 可任意.

同理，为使

$$\mathrm{r}(\lambda_3\boldsymbol{E}-\boldsymbol{A})=\mathrm{r}(2\boldsymbol{E}-\boldsymbol{A})=\mathrm{r}\begin{pmatrix}-1&0&0&0\\-a&-1&0&0\\-2&-b&0&0\\-2&-3&-c&0\end{pmatrix}=n-k_3=4-2=2,$$

必有 $c=0$，a，b 任意.

因此，当 $a=c=0$，b 为任意数时，$\boldsymbol{A}$ 可对角化.

小结： 判断矩阵 $\boldsymbol{A}$ 能否对角化，有时不一定要求出所有特征向量，可以通过判断 $\lambda\boldsymbol{E}-\boldsymbol{A}$ 的秩来确定.

例 5　设 n 阶方阵 $\boldsymbol{A}\neq\boldsymbol{0}$，满足 $\boldsymbol{A}^m=\boldsymbol{0}$（$m$ 为正整数）：

(1) 求 $\boldsymbol{A}$ 的特征值；

(2) 证明 $\boldsymbol{A}$ 不能相似于对角矩阵；

(3) 证明 $|\boldsymbol{E}+\boldsymbol{A}|=1$.

解　(1) 设 λ 为 $\boldsymbol{A}$ 的任一特征值，$\boldsymbol{x}$ 为对应的特征向量，则

$$\boldsymbol{A}\boldsymbol{x}=\lambda\boldsymbol{x},$$

将等式两端左乘 $\boldsymbol{A}$，得

$$\boldsymbol{A}^2\boldsymbol{x}=\lambda\boldsymbol{A}\boldsymbol{x}=\lambda^2\boldsymbol{x}\Rightarrow\boldsymbol{A}^m\boldsymbol{x}=\lambda^m\boldsymbol{x},$$

因为 $\boldsymbol{A}^m=\boldsymbol{0}$，且 $\boldsymbol{x}\neq\boldsymbol{0}$，则 $\lambda=0$，即幂零矩阵 $\boldsymbol{A}$ 的特征值全为零.

(2) $\boldsymbol{A}$ 的特征向量为方程组 $(0\boldsymbol{E}-\boldsymbol{A})\boldsymbol{x}=\boldsymbol{0}$ 的非零解，因为 $\boldsymbol{A}\neq\boldsymbol{0}$，有

$$\mathrm{r}(-\boldsymbol{A})\geqslant1,$$

故该方程组的基础解系中所含向量的个数（即 $\boldsymbol{A}$ 的线性无关的特征向量的个数）为

$$n-r(-\boldsymbol{A})\leqslant n-1<n,$$

所以 n 阶方阵 $\boldsymbol{A}$ 不能相似于对角矩阵.

(3) 设 λ 为方阵 $\boldsymbol{E}+\boldsymbol{A}$ 的任一特征值，$\boldsymbol{x}$ 为对应的特征向量，则有

$$(\boldsymbol{E}+\boldsymbol{A})\boldsymbol{x}=\lambda\boldsymbol{x}\Rightarrow\boldsymbol{A}\boldsymbol{x}=(\lambda-1)\boldsymbol{x},$$

故 $\lambda-1$ 为 $\boldsymbol{A}$ 的特征值，由 (1) 可知 $\boldsymbol{A}$ 的特征值全为零，则

$$\lambda-1=0\Rightarrow\lambda=1.$$

由 λ 的任意性知 $\boldsymbol{E}+\boldsymbol{A}$ 的特征值全为 1，再根据方阵的特征值等于全部特征值的乘积得

$$|\boldsymbol{E}+\boldsymbol{A}|=1.$$

小结：(1) 主要考查了矩阵的特征值与矩阵多项式的特征值之间的关系；

(2) 考查了矩阵 $\boldsymbol{A}$ 与对角阵相似的充分必要条件为矩阵 $\boldsymbol{A}$ 有 n 个线性无关的特征向量；矩阵的特征值与矩阵多项式的特征值之间的关系；

(3) 考查了特征值的性质 $|\boldsymbol{A}|=\lambda_1\lambda_2\cdots\lambda_n$，在求特征值时实质上还是利用了矩阵的特征值与矩阵多项式的特征值之间的关系.

三、习题 4-3 解答

1. 若 n 阶方阵 $\boldsymbol{A}$ 与 $\boldsymbol{B}$ 相似，证明：

(1) $\mathrm{r}(\boldsymbol{A})=\mathrm{r}(\boldsymbol{B})$；

(2) $|\boldsymbol{A}|=|\boldsymbol{B}|$；

(3) $(\lambda\boldsymbol{E}-\boldsymbol{A})^k$ 与 $(\lambda\boldsymbol{E}-\boldsymbol{B})^k$ 相似，其中 k 为任意正整数.

证明思路　利用相似矩阵的概念证明相似矩阵的性质.

证　(1) 若 n 阶方阵 $\boldsymbol{A}$ 与 $\boldsymbol{B}$ 相似，则有可逆方阵 $\boldsymbol{U}$，使得

$$\boldsymbol{U}^{-1}\boldsymbol{A}\boldsymbol{U}=\boldsymbol{B},$$

可逆方阵 $\boldsymbol{U}$ 和 $\boldsymbol{U}^{-1}$ 都可以表示为有限个初等矩阵的乘积，即 $\boldsymbol{A}$ 经过有限次初等变换成为 $\boldsymbol{B}$，所以

$$\mathrm{r}(\boldsymbol{A})=\mathrm{r}(\boldsymbol{B}).$$

(2) 因为 $\boldsymbol{U}^{-1}\boldsymbol{A}\boldsymbol{U}=\boldsymbol{B}$，所以

$$|\boldsymbol{U}^{-1}\boldsymbol{A}\boldsymbol{U}|=|\boldsymbol{B}|,$$

则有

$$|\boldsymbol{A}|=|\boldsymbol{B}|.$$

(3) 由 $\boldsymbol{U}^{-1}\boldsymbol{A}\boldsymbol{U}=\boldsymbol{B}$，得

$$\begin{aligned}(\lambda E-B)^k&=(\lambda E-U^{-1}AU)^k\\&=(U^{-1}\lambda EU-U^{-1}AU)^k=(U^{-1}(\lambda E-A)U)^k\\&=U^{-1}(\lambda E-A)UU^{-1}(\lambda E-A)U\cdots U^{-1}(\lambda E-A)U\\&=U^{-1}(\lambda E-A)^kU,\end{aligned}$$

即 $(\lambda E-A)^k$ 与 $(\lambda E-B)^k$ 相似.

2. 设 A, B 都是 n 阶方阵，且 $|A|\neq 0$，证明 AB 与 BA 相似.

证明思路 利用相似的概念，令 $P=A$ 即可证明.

证 $|A|\neq 0$，则 A 可逆，

$$A^{-1}(AB)A=(A^{-1}A)(BA)=BA,$$

因此 AB 与 BA 相似.

3. 设 A 与 B 相似，C 与 D 相似，证明 $\begin{pmatrix}A&O\\O&C\end{pmatrix}$ 与 $\begin{pmatrix}B&O\\O&D\end{pmatrix}$ 相似.

证明思路 利用相似的概念，令 $F=\begin{pmatrix}P&O\\O&G\end{pmatrix}$，其中 $P^{-1}AP=B$，$G^{-1}CG=D$.

证 因 A 与 B 相似，故存在可逆矩阵 P，使 $P^{-1}AP=B$，又因为 C 与 D 相似，故存在可逆矩阵 G，使 $G^{-1}CG=D$，因此

$$\begin{aligned}\begin{pmatrix}B&O\\O&D\end{pmatrix}&=\begin{pmatrix}P^{-1}AP&O\\O&G^{-1}CG\end{pmatrix}=\begin{pmatrix}P^{-1}A&O\\O&G^{-1}C\end{pmatrix}\begin{pmatrix}P&O\\O&G\end{pmatrix}\\&=\begin{pmatrix}P^{-1}&O\\O&G^{-1}\end{pmatrix}\begin{pmatrix}A&O\\O&C\end{pmatrix}\begin{pmatrix}P&O\\O&G\end{pmatrix}\\&=\begin{pmatrix}P&O\\O&G\end{pmatrix}^{-1}\begin{pmatrix}A&O\\O&C\end{pmatrix}\begin{pmatrix}P&O\\O&G\end{pmatrix},\end{aligned}$$

取 $F=\begin{pmatrix}P&O\\O&G\end{pmatrix}$，则 F 可逆且

$$F^{-1}\begin{pmatrix}A&O\\O&C\end{pmatrix}F=\begin{pmatrix}B&O\\O&D\end{pmatrix},$$

所以 $\begin{pmatrix}A&O\\O&C\end{pmatrix}$ 与 $\begin{pmatrix}B&O\\O&D\end{pmatrix}$ 相似.

4. 设方阵 $\boldsymbol{A}=\begin{pmatrix}1 & -2 & -4\\ -2 & x & -2\\ -4 & -2 & 1\end{pmatrix}$ 与 $\boldsymbol{\Lambda}=\begin{pmatrix}5 & 0 & 0\\ 0 & y & 0\\ 0 & 0 & -4\end{pmatrix}$ 相似，求 x，y.

解　方阵 $\boldsymbol{A}$ 与 $\boldsymbol{\Lambda}$ 相似，则 $\boldsymbol{A}$ 与 $\boldsymbol{\Lambda}$ 的特征多项式相同，即

$$|\boldsymbol{A}-\lambda\boldsymbol{E}|=|\boldsymbol{\Lambda}-\lambda\boldsymbol{E}|$$

$$\Rightarrow\begin{vmatrix}1-\lambda & -2 & -4\\ -2 & x-\lambda & -2\\ -4 & -2 & 1-\lambda\end{vmatrix}=\begin{vmatrix}5-\lambda & 0 & 0\\ 0 & y-\lambda & 0\\ 0 & 0 & -4-\lambda\end{vmatrix}$$

$$\Rightarrow\begin{cases}x=4\\ y=5\end{cases}.$$

5. 对下列矩阵，求可逆矩阵 $\boldsymbol{P}$，使 $\boldsymbol{P}^{-1}\boldsymbol{AP}$ 为对角矩阵.

(1)$\boldsymbol{A}=\begin{pmatrix}-1 & -2 & 2\\ 0 & 1 & 0\\ 0 & 0 & 1\end{pmatrix}$；　(2)$\boldsymbol{A}=\begin{pmatrix}4 & 6 & 0\\ -3 & -5 & 0\\ -3 & -6 & 1\end{pmatrix}$.

解　(1) $|\lambda\boldsymbol{E}-\boldsymbol{A}|=\begin{vmatrix}\lambda+1 & 2 & -2\\ 0 & \lambda-1 & 0\\ 0 & 0 & \lambda-1\end{vmatrix}=(\lambda-1)^2(\lambda+1)$，

所以 $\boldsymbol{A}$ 的三个特征值为 $\lambda_1=\lambda_2=1$，$\lambda_3=-1$.

对于 $\lambda_1=\lambda_2=1$，求得方程组 $(1\cdot\boldsymbol{E}-\boldsymbol{A})\boldsymbol{x}=\boldsymbol{0}$，即

$$2x_1+2x_2-2x_3=0$$

的基础解系为 $\boldsymbol{\alpha}_1=(-1,1,0)^{\mathrm{T}}$，$\boldsymbol{\alpha}_2=(1,0,1)^{\mathrm{T}}$.

对于 $\lambda_3=-1$，求得方程组 $(-\boldsymbol{E}-\boldsymbol{A})\boldsymbol{x}=\boldsymbol{0}$，即

$$\begin{cases}2x_2-2x_3=0\\ -2x_2=0\\ -2x_3=0\end{cases}$$

的基础解系为 $\boldsymbol{\alpha}_3=(1,0,0)^{\mathrm{T}}$.

由于 $\boldsymbol{\alpha}_1,\boldsymbol{\alpha}_2,\boldsymbol{\alpha}_3$ 线性无关，所以 $\boldsymbol{A}$ 可对角化.

令 $\boldsymbol{P}=(\boldsymbol{\alpha}_1,\boldsymbol{\alpha}_2,\boldsymbol{\alpha}_3)=\begin{pmatrix}-1 & 1 & 1\\ 1 & 0 & 0\\ 0 & 1 & 0\end{pmatrix}$，$\boldsymbol{\Lambda}=\begin{pmatrix}1 & 0 & 0\\ 0 & 1 & 0\\ 0 & 0 & -1\end{pmatrix}$，则 $\boldsymbol{P}^{-1}\boldsymbol{AP}=\boldsymbol{\Lambda}$.

(2) $|\lambda\boldsymbol{E}-\boldsymbol{A}|=\begin{vmatrix}\lambda-4 & -6 & 0\\ 3 & \lambda+5 & 0\\ 3 & 6 & \lambda-1\end{vmatrix}=(\lambda-1)^2(\lambda+2)$，

所以 $\boldsymbol{A}$ 的三个特征值为 $\lambda_1=\lambda_2=1$，$\lambda_3=-2$.

对于 $\lambda_1=\lambda_2=1$，求得方程组 $(\boldsymbol{E}-\boldsymbol{A})\boldsymbol{x}=\boldsymbol{0}$ 的基础解系为

$$\boldsymbol{\alpha}_1=(-2,1,0)^{\mathrm{T}},\ \boldsymbol{\alpha}_2=(0,0,1)^{\mathrm{T}}.$$

对于 $\lambda_3=-2$，求得方程组 $(-2\boldsymbol{E}-\boldsymbol{A})\boldsymbol{x}=\boldsymbol{0}$ 的基础解系为 $\boldsymbol{\alpha}_3=(-1,1,1)^{\mathrm{T}}$.

由于 $\boldsymbol{\alpha}_1$，$\boldsymbol{\alpha}_2$，$\boldsymbol{\alpha}_3$ 线性无关，所以 $\boldsymbol{A}$ 可对角化.

令 $\boldsymbol{P}=(\boldsymbol{\alpha}_2,\boldsymbol{\alpha}_3,\boldsymbol{\alpha}_1)=\begin{pmatrix}0&-1&-2\\0&1&1\\1&1&0\end{pmatrix}$，$\boldsymbol{\Lambda}=\begin{pmatrix}1&0&0\\0&-2&0\\0&0&1\end{pmatrix}$，则 $\boldsymbol{P}^{-1}\boldsymbol{AP}=\boldsymbol{\Lambda}$.

6. 设矩阵 $\boldsymbol{A}=\begin{pmatrix}2&0&1\\3&1&x\\4&0&5\end{pmatrix}$ 可相似对角化，求 x.

解题思路　n 阶矩阵与对角矩阵相似的充要条件是它有 n 个线性无关的特征向量.

解　由 $|\lambda\boldsymbol{E}-\boldsymbol{A}|=(\lambda-1)^2(\lambda-6)\Rightarrow\boldsymbol{A}$ 的特征值为 $\lambda_1=6$，$\lambda_2=\lambda_3=1$.

由于 $\boldsymbol{A}$ 可相似对角化，所以 $\lambda=1$ 有两个线性无关的特征向量，即 $(\boldsymbol{E}-\boldsymbol{A})$ 的秩为 $1\Rightarrow x=3$.

7. 已知向量 $\boldsymbol{p}=\begin{pmatrix}1\\1\\-1\end{pmatrix}$ 是矩阵 $\boldsymbol{A}=\begin{pmatrix}2&-1&2\\5&a&3\\-1&b&-2\end{pmatrix}$ 的一个特征向量，

(1) 确定参数 a，b 及 $\boldsymbol{p}$ 所对应的特征值；

(2) 判断 $\boldsymbol{A}$ 能否相似对角化，并说明理由.

解　(1) 利用特征值和特征向量的定义.

设 $\boldsymbol{p}$ 所对应的特征值是 λ，则由题设，$(\boldsymbol{A}-\lambda\boldsymbol{E})\boldsymbol{p}=\boldsymbol{0}$，即

$$\begin{pmatrix}2-\lambda&-1&2\\5&a-\lambda&3\\-1&b&-2-\lambda\end{pmatrix}\begin{pmatrix}1\\1\\-1\end{pmatrix}=\boldsymbol{0}.$$

于是，得到以 a，b，λ 为未知元的线性方程组：

$$\begin{cases}\lambda+1=0\\a-\lambda+2=0\\b+\lambda+1=0\end{cases}\Rightarrow\lambda=-1,\ a=-3,\ b=0.$$

(2) $\boldsymbol{A}$ 不能相似于对角阵. 理由是，当 $a=-3$，$b=0$ 时，容易求得矩阵 $\boldsymbol{A}$ 的

特征多项式

$$f(\lambda)=|\boldsymbol{A}-\lambda\boldsymbol{E}|=-(\lambda+1)^3,$$

故 $\lambda=-1$ 是 $\boldsymbol{A}$ 的三重特征值.

但 $\boldsymbol{A}+\boldsymbol{E}\neq\boldsymbol{O}$，故齐次线性方程组 $(\boldsymbol{A}+\boldsymbol{E})\boldsymbol{x}=\boldsymbol{0}$ 的解空间的维数小于 3，而 $\boldsymbol{A}$ 的所有特征向量应是上述方程组的非零解，于是，矩阵 $\boldsymbol{A}$ 对应于特征值 $\lambda=-1$ 没有三个线性无关的特征向量，故 $\boldsymbol{A}$ 不能相似于一个对角阵.

8. 设三阶矩阵 $\boldsymbol{A}$ 的特征值为 $\lambda_1=2$，$\lambda_2=-2$，$\lambda_3=1$，对应的特征向量依次为

$$\boldsymbol{p}_1=\begin{pmatrix}0\\1\\1\end{pmatrix},\ \boldsymbol{p}_2=\begin{pmatrix}1\\1\\1\end{pmatrix},\ \boldsymbol{p}_3=\begin{pmatrix}1\\1\\0\end{pmatrix},$$

求 $\boldsymbol{A}$.

解题思路　向量组 $\boldsymbol{p}_1$，$\boldsymbol{p}_2$，$\boldsymbol{p}_3$ 线性无关，由 $\boldsymbol{A}=\boldsymbol{P}\mathrm{diag}(2,\ -2,\ 1)\boldsymbol{P}^{-1}$ 即可求出 $\boldsymbol{A}$.

解　因 $\boldsymbol{A}$ 的特征值互异，故由定理 2 知向量组 $\boldsymbol{p}_1$，$\boldsymbol{p}_2$，$\boldsymbol{p}_3$ 线性无关，于是若记矩阵 $\boldsymbol{P}=(\boldsymbol{p}_1,\ \boldsymbol{p}_2,\ \boldsymbol{p}_3)$，则 $\boldsymbol{P}$ 为可逆阵，且有

$$\boldsymbol{P}^{-1}\boldsymbol{A}\boldsymbol{P}=\mathrm{diag}(2,\ -2,\ 1)\Rightarrow\boldsymbol{A}=\boldsymbol{P}\mathrm{diag}(2,\ -2,\ 1)\boldsymbol{P}^{-1},$$

用初等变换方法求得：

$$\boldsymbol{P}^{-1}=\begin{pmatrix}-1&1&0\\1&-1&1\\0&1&-1\end{pmatrix}.$$

于是

$$\boldsymbol{A}=\begin{pmatrix}0&1&1\\1&1&1\\1&1&0\end{pmatrix}\begin{pmatrix}2&0&0\\0&-2&0\\0&0&1\end{pmatrix}\begin{pmatrix}-1&1&0\\1&-1&1\\0&1&-1\end{pmatrix}=\begin{pmatrix}-2&3&-3\\-4&5&-3\\-4&4&-2\end{pmatrix}.$$

9. 设 $\boldsymbol{A}=\begin{pmatrix}-1&1&0\\-2&2&0\\4&-2&1\end{pmatrix}$，求 $\boldsymbol{A}^{100}$.

解题思路　利用矩阵 $\boldsymbol{A}$ 与对角矩阵相似求 $\boldsymbol{A}$ 的高次幂.

解　由 $|\lambda\boldsymbol{E}-\boldsymbol{A}|=\lambda(\lambda-1)^2$，知 $\boldsymbol{A}$ 的特征值为

$$\lambda_1=\lambda_2=1,\ \lambda_3=0.$$

对应于$\lambda_1=\lambda_2=1$的线性无关的特征向量为

$$\boldsymbol{\xi}_1=(1,2,0)^{\mathrm{T}},\ \boldsymbol{\xi}_2=(0,0,1)^{\mathrm{T}}.$$

对应于$\lambda_3=0$的特征向量为$\boldsymbol{\xi}_3=(1,1,-2)^{\mathrm{T}}$.

令$\boldsymbol{P}=(\boldsymbol{\xi}_1,\boldsymbol{\xi}_2,\boldsymbol{\xi}_3)=\begin{pmatrix}1&0&1\\2&0&1\\0&1&-2\end{pmatrix}$，则

$$\boldsymbol{P}^{-1}\boldsymbol{A}\boldsymbol{P}=\boldsymbol{\Lambda}=\begin{pmatrix}1&0&0\\0&1&0\\0&0&0\end{pmatrix}\Rightarrow\boldsymbol{A}=\boldsymbol{P}\boldsymbol{\Lambda}\boldsymbol{P}^{-1}\Rightarrow\boldsymbol{A}^{100}=(\boldsymbol{P}\boldsymbol{\Lambda}\boldsymbol{P}^{-1})^{100}=\boldsymbol{P}\boldsymbol{\Lambda}^{100}\boldsymbol{P}^{-1}.$$

因为$\boldsymbol{\Lambda}^{100}=\boldsymbol{\Lambda}$，所以

$$\boldsymbol{A}^{100}=\boldsymbol{P}\boldsymbol{\Lambda}\boldsymbol{P}^{-1}=\boldsymbol{A}=\begin{pmatrix}-1&1&0\\-2&2&0\\4&-2&1\end{pmatrix}.$$

10. 设$\boldsymbol{A}$是五阶方阵，$\boldsymbol{A}$有5个线性无关的特征向量，证明：$\boldsymbol{A}^T$也有5个线性无关的特征向量.

证明思路 n阶矩阵与对角矩阵相似的充要条件是它有n个线性无关的特征向量，对对角矩阵两边取转置即可证明.

证 因为五阶方阵$\boldsymbol{A}$有5个线性无关的特征向量，则$\boldsymbol{A}$相似于对角矩阵，即存在可逆矩阵$\boldsymbol{P}$，使

$$\boldsymbol{P}^{-1}\boldsymbol{A}\boldsymbol{P}=\begin{pmatrix}\lambda_1&&&&\\&\lambda_2&&&\\&&\lambda_3&&\\&&&\lambda_4&\\&&&&\lambda_5\end{pmatrix},$$

两边取转置：

$$\boldsymbol{P}^{\mathrm{T}}\boldsymbol{A}^{\mathrm{T}}(\boldsymbol{P}^{-1})^{\mathrm{T}}=\boldsymbol{P}^{\mathrm{T}}\boldsymbol{A}^{\mathrm{T}}(\boldsymbol{P}^{\mathrm{T}})^{-1}=\begin{pmatrix}\lambda_1&&&&\\&\lambda_2&&&\\&&\lambda_3&&\\&&&\lambda_4&\\&&&&\lambda_5\end{pmatrix}.$$

由此可知，$\boldsymbol{A}^{\mathrm{T}}$相似于对角矩阵，$\boldsymbol{A}^{\mathrm{T}}$有5个线性无关的特征向量.

11. 三阶方阵 $\boldsymbol{A}$ 有 3 个特征值 1，0，−1，对应的特征向量分别为 $\begin{pmatrix}1\\1\\0\end{pmatrix}$，$\begin{pmatrix}1\\0\\1\end{pmatrix}$，$\begin{pmatrix}0\\1\\1\end{pmatrix}$，又知三阶方阵 $\boldsymbol{B}$ 满足 $\boldsymbol{B}=\boldsymbol{PAP}^{-1}$，其中 $\boldsymbol{P}=\begin{pmatrix}3&0&1\\0&1&-2\\1&4&0\end{pmatrix}$，求 $\boldsymbol{B}$ 的特征值及对应的特征向量.

解题思路　相似矩阵有相同的特征值，并且 $\boldsymbol{P\alpha}$ 为 $\boldsymbol{B}$ 的对应于 λ 的特征向量.

解　依题意 $\boldsymbol{A}$ 与 $\boldsymbol{B}$ 相似，于是 $\boldsymbol{A}$ 与 $\boldsymbol{B}$ 有相同的特征值，即 $\boldsymbol{B}$ 的特征值为 1，0，−1. 由于

$$\boldsymbol{B}=\boldsymbol{PAP}^{-1}\Rightarrow \boldsymbol{BP}=\boldsymbol{PA},$$

若 $\boldsymbol{\alpha}$ 是 $\boldsymbol{A}$ 的对应于 λ 的特征向量，则有

$$\boldsymbol{B}(\boldsymbol{P\alpha})=\boldsymbol{BP\alpha}=\boldsymbol{P}(\boldsymbol{A\alpha})=\boldsymbol{P}(\lambda\boldsymbol{\alpha})=\lambda(\boldsymbol{P\alpha}),$$

即 $\boldsymbol{P\alpha}$ 为 $\boldsymbol{B}$ 的对应于 λ 的特征向量.

因此，$\boldsymbol{B}$ 的对应于 1，0，−1 的特征向量分别为

$$\boldsymbol{\beta}_1=\boldsymbol{P}\begin{pmatrix}1\\1\\0\end{pmatrix}=\begin{pmatrix}3\\1\\5\end{pmatrix},\ \boldsymbol{\beta}_2=\boldsymbol{P}\begin{pmatrix}1\\0\\1\end{pmatrix}=\begin{pmatrix}4\\-2\\1\end{pmatrix},\ \boldsymbol{\beta}_3=\boldsymbol{P}\begin{pmatrix}0\\1\\1\end{pmatrix}=\begin{pmatrix}1\\-1\\4\end{pmatrix}.$$

§4.4　实对称矩阵的对角化

一、主要知识归纳

主要知识归纳见表 4-4-1.

表 4-4-1

性质	(1) 特征值为实数； (2) 对应于不同特征值的特征向量正交； (3) 特征值的重数和与之对应的线性无关的特征向量的个数相等； (4) 必存在正交矩阵可将其化为对角矩阵，且对角矩阵的对角元素全为特征值.
步骤	利用正交矩阵将矩阵 $\boldsymbol{A}$ 对角化： (1) 求 $\boldsymbol{A}$ 的特征值 λ_i； (2) 由 $(\lambda_i\boldsymbol{E}-\boldsymbol{A})\boldsymbol{x}=\boldsymbol{0}$ 求出 $\boldsymbol{A}$ 的特征向量； (3) 将特征向量正交化，再单位化； (4) 以这些单位向量作为列向量构成一个正交矩阵 $\boldsymbol{P}$，使得 $\boldsymbol{P}^{-1}\boldsymbol{AP}=\boldsymbol{\Lambda}$.

二、典型例题分析

例 1 设三阶实对称矩阵 $\boldsymbol{A}$ 的秩为 2，$\lambda_1=\lambda_2=6$ 是 $\boldsymbol{A}$ 的二重特征值，若 $\boldsymbol{\alpha}_1=(1,1,0)^{\mathrm{T}}$，$\boldsymbol{\alpha}_2=(2,1,1)^{\mathrm{T}}$，$\boldsymbol{\alpha}_3=(-1,2,-3)^{\mathrm{T}}$ 都是 $\boldsymbol{A}$ 的属于特征值 6 的特征向量.

(1) 求 $\boldsymbol{A}$ 的另一特征值和对应的特征向量；

(2) 求矩阵 $\boldsymbol{A}$.

解 (1) 由条件可知三阶矩阵 $\boldsymbol{A}$ 的秩 $\mathrm{r}(\boldsymbol{A})=2$，则

$$|\boldsymbol{A}|=0\Rightarrow|\boldsymbol{A}-0\boldsymbol{E}|=0,$$

即 $\lambda_3=0$ 是 $\boldsymbol{A}$ 的一个特征值.

又因为

$$\boldsymbol{\alpha}_3=5\boldsymbol{\alpha}_1-3\boldsymbol{\alpha}_2,$$

则 $\boldsymbol{A}$ 的对应于特征值 6 的线性无关的特征向量为 $\boldsymbol{\alpha}_1,\boldsymbol{\alpha}_2$.

设 $\boldsymbol{\eta}=(x_1,x_2,x_3)$ 为 $\lambda_3=0$ 对应的特征向量，则 $\boldsymbol{\eta}$ 一定与 $\boldsymbol{\alpha}_1,\boldsymbol{\alpha}_2$ 正交，即

$$\boldsymbol{\alpha}_1^{\mathrm{T}}\boldsymbol{\eta}=\boldsymbol{0},\ \boldsymbol{\alpha}_2^{\mathrm{T}}\boldsymbol{\eta}=\boldsymbol{0}\Rightarrow\begin{cases}x_1+x_2=0\\2x_1+x_2+x_3=0\end{cases},$$

解得 $\boldsymbol{\eta}=(-1,1,1)^{\mathrm{T}}$，即 $\boldsymbol{A}$ 的对应于特征值 $\lambda_3=0$ 的特征向量为

$$k\boldsymbol{\eta}=k(-1,1,1)^{\mathrm{T}}.$$

(2) 令矩阵 $\boldsymbol{P}=(\boldsymbol{\alpha}_1,\boldsymbol{\alpha}_2,\boldsymbol{\eta})$，则 $\boldsymbol{P}$ 为正交矩阵，且有

$$\boldsymbol{P}^{-1}\boldsymbol{A}\boldsymbol{P}=\begin{pmatrix}6&&\\&6&\\&&0\end{pmatrix},$$

则

$$\boldsymbol{A}=\boldsymbol{P}\begin{pmatrix}6&&\\&6&\\&&0\end{pmatrix}\boldsymbol{P}^{-1}=\begin{pmatrix}1&2&-1\\1&1&1\\0&1&1\end{pmatrix}\begin{pmatrix}6&&\\&6&\\&&0\end{pmatrix}\begin{pmatrix}0&1&-1\\\frac{1}{3}&-\frac{1}{3}&\frac{2}{3}\\-\frac{1}{3}&\frac{1}{3}&\frac{1}{3}\end{pmatrix}$$

$$=\begin{pmatrix}4&2&2\\2&4&-2\\2&-2&4\end{pmatrix}.$$

小结：(1) 本题的迷惑之处在于给了 $\lambda_1=\lambda_2=6$ 的三个特征向量，因此必线性相关，且利用了实对称矩阵的性质：不同特征值对应的特征向量正交.

(2) 利用了实对称矩阵可由正交矩阵对角化，且对角线上的元素为其特征值这一性质.

例 2　设三阶实对称矩阵 $\boldsymbol{A}$ 的各行元素之和均为 3，向量 $\boldsymbol{\alpha}_1=(-1, 2, -1)^{\mathrm{T}}$，$\boldsymbol{\alpha}_2=(0, -1, 1)^{\mathrm{T}}$ 是线性方程组 $\boldsymbol{Ax}=\boldsymbol{0}$ 的两个解.

(1) 求 $\boldsymbol{A}$ 的特征值与特征向量；

(2) 求正交矩阵 $\boldsymbol{Q}$ 和对角矩阵 $\boldsymbol{\Lambda}$，使得 $\boldsymbol{Q}^{\mathrm{T}}\boldsymbol{AQ}=\boldsymbol{\Lambda}$.

解　(1) 因为向量 $\boldsymbol{\alpha}_1$，$\boldsymbol{\alpha}_2$ 是线性方程组 $\boldsymbol{Ax}=\boldsymbol{0}$ 的解，所以

$$\boldsymbol{A\alpha}_1=\boldsymbol{0},\ \boldsymbol{A\alpha}_2=\boldsymbol{0}\Rightarrow \boldsymbol{A\alpha}_1=0\boldsymbol{\alpha}_1,\ \boldsymbol{A\alpha}_2=0\boldsymbol{\alpha}_2,$$

则 $\lambda_1=\lambda_2=0$ 是 $\boldsymbol{A}$ 的二重特征值，$\boldsymbol{\alpha}_1$，$\boldsymbol{\alpha}_2$ 为 $\boldsymbol{A}$ 的对应于特征值 0 且线性无关的特征向量.

由于矩阵 $\boldsymbol{A}$ 的各行元素之和均为 3，有

$$\boldsymbol{A}\begin{pmatrix}1\\1\\1\end{pmatrix}=\begin{pmatrix}3\\3\\3\end{pmatrix}=3\begin{pmatrix}1\\1\\1\end{pmatrix},$$

即 $\lambda_3=3$ 是 $\boldsymbol{A}$ 的一个特征值，$\boldsymbol{\alpha}_3=(1, 1, 1)^{\mathrm{T}}$ 为 $\boldsymbol{A}$ 的对应于特征值 3 的特征向量.

综上所述，$\boldsymbol{A}$ 的特征值为 0，0，3，对应于特征值 0 的全体特征向量为 $k_1\boldsymbol{\alpha}_1+k_2\boldsymbol{\alpha}_2$（$k_1$，$k_2$ 不全为零），对应于特征值 3 的全体特征向量为 $k_3\boldsymbol{\alpha}_3$（$k_3\neq 0$）.

(2) 实对称矩阵的不同特征值对应的特征向量正交，则 $\boldsymbol{\alpha}_3$ 与 $\boldsymbol{\alpha}_1$，$\boldsymbol{\alpha}_2$ 正交，只需将 $\boldsymbol{\alpha}_1$，$\boldsymbol{\alpha}_2$ 正交化，有

$$\boldsymbol{\xi}_1=\boldsymbol{\alpha}_1=(-1, 2, -1)^{\mathrm{T}},\ \boldsymbol{\xi}_2=\boldsymbol{\alpha}_2-\frac{[\boldsymbol{\alpha}_2, \boldsymbol{\xi}_1]}{[\boldsymbol{\xi}_1, \boldsymbol{\xi}_1]}\boldsymbol{\xi}_1=\frac{1}{2}(-1, 0, 1)^{\mathrm{T}}.$$

再分别将 $\boldsymbol{\xi}_1$，$\boldsymbol{\xi}_2$，$\boldsymbol{\alpha}_3$ 单位化，得

$$\boldsymbol{\beta}_1=\frac{\boldsymbol{\xi}_1}{\|\boldsymbol{\xi}_1\|}=\frac{1}{\sqrt{6}}(-1, 2, -1)^{\mathrm{T}},\ \boldsymbol{\beta}_2=\frac{\boldsymbol{\xi}_2}{\|\boldsymbol{\xi}_2\|}=\frac{1}{\sqrt{2}}(-1, 0, 1)^{\mathrm{T}},$$

$$\boldsymbol{\beta}_3=\frac{\boldsymbol{\alpha}_3}{\|\boldsymbol{\alpha}_3\|}=\frac{1}{\sqrt{3}}(1, 1, 1)^{\mathrm{T}}.$$

令

$$Q=(\boldsymbol{\beta}_1,\boldsymbol{\beta}_2,\boldsymbol{\beta}_3)=\begin{pmatrix}-\frac{1}{\sqrt{6}} & -\frac{1}{\sqrt{2}} & \frac{1}{\sqrt{3}}\\ \frac{2}{\sqrt{6}} & 0 & \frac{1}{\sqrt{3}}\\ -\frac{1}{\sqrt{6}} & \frac{1}{\sqrt{2}} & \frac{1}{\sqrt{3}}\end{pmatrix},$$

则 $\boldsymbol{Q}$ 为正交矩阵，且 $\boldsymbol{Q}^{\mathrm{T}}\boldsymbol{A}\boldsymbol{Q}=\begin{pmatrix}0 & & \\ & 0 & \\ & & 3\end{pmatrix}=\boldsymbol{\Lambda}$.

小结：巧妙地找出隐含的特征值与特征向量，且注意对称矩阵对应于不同特征值的特征向量正交这一性质；同时，要熟练掌握对称矩阵的相似对角化的方法.

例3 $\boldsymbol{A}$ 是 n 阶实对称幂等矩阵（即 $\boldsymbol{A}^2=\boldsymbol{A}$），且 $\mathrm{r}(\boldsymbol{A})=r$，$0<r\leqslant n$.

(1) 证明：存在正交矩阵 $\boldsymbol{Q}$，使得 $\boldsymbol{Q}^{-1}\boldsymbol{A}\boldsymbol{Q}=\mathrm{diag}\,(1,1,\cdots,1,0,\cdots,0)$（其中含有 r 个 1）；

(2) 求 $|\boldsymbol{A}-2\boldsymbol{E}|$ 的值.

证 (1) 设 $\boldsymbol{A}\boldsymbol{x}=\lambda\boldsymbol{x}$，因为 $\boldsymbol{A}$ 是幂等矩阵，即 $\boldsymbol{A}^2=\boldsymbol{A}$，则

$$(\boldsymbol{A}^2-\boldsymbol{A})\boldsymbol{x}=\boldsymbol{A}^2\boldsymbol{x}-\boldsymbol{A}\boldsymbol{x}=\lambda^2\boldsymbol{x}-\lambda\boldsymbol{x}=(\lambda^2-\lambda)\boldsymbol{x}=\boldsymbol{0},$$

因为 $\boldsymbol{x}\neq\boldsymbol{0}$，所以 $\lambda^2-\lambda=\lambda(\lambda-1)=0$，故 $\boldsymbol{A}$ 的特征值是 0 或 1.

又因 $\boldsymbol{A}$ 是实对称矩阵，所以存在正交矩阵 $\boldsymbol{Q}$，使得

$$\boldsymbol{Q}^{-1}\boldsymbol{A}\boldsymbol{Q}=\boldsymbol{Q}^{\mathrm{T}}\boldsymbol{A}\boldsymbol{Q}=\boldsymbol{\Lambda}=\begin{pmatrix}\boldsymbol{E}_r & \boldsymbol{O}\\ \boldsymbol{O} & \boldsymbol{O}\end{pmatrix},$$

其中，r 是矩阵 $\boldsymbol{A}$ 的秩. 因此，结论成立.

(2) 方法一

$$\begin{aligned}|\boldsymbol{A}-2\boldsymbol{E}|&=|\boldsymbol{P}\boldsymbol{\Lambda}\boldsymbol{P}^{-1}-2\boldsymbol{E}|=|\boldsymbol{P}(\boldsymbol{\Lambda}-2\boldsymbol{E})\boldsymbol{P}^{-1}|\\&=|\boldsymbol{P}|\cdot|\boldsymbol{\Lambda}-2\boldsymbol{E}|\cdot|\boldsymbol{P}^{-1}|=|\boldsymbol{\Lambda}-2\boldsymbol{E}|\\&=\left|\begin{pmatrix}\boldsymbol{E}_r & \boldsymbol{O}\\ \boldsymbol{O} & \boldsymbol{O}\end{pmatrix}-\begin{pmatrix}2\boldsymbol{E}_r & \boldsymbol{O}\\ \boldsymbol{O} & 2\boldsymbol{E}_{n-r}\end{pmatrix}\right|=(-1)^n2^{n-r}.\end{aligned}$$

方法二 因为 $|\lambda\boldsymbol{E}-\boldsymbol{A}|=(\lambda-1)^r\lambda^{n-r}$，所以

$$\begin{aligned}|\boldsymbol{A}-2\boldsymbol{E}|&=|-(2\boldsymbol{E}-\boldsymbol{A})|=(-1)^n|2\boldsymbol{E}-\boldsymbol{A}|\\&=(-1)^n(2-1)^r\cdot2^{n-r}\\&=(-1)^n\cdot2^{n-r}.\end{aligned}$$

小结：(1) 关键是把矩阵方程式转化为特征值变量的方程式，从而解出特

征值.

(2) 方法一主要利用了矩阵对角化的性质，而方法二则是利用了矩阵的特征值与其多项式特征值之间的关系.

例 4　设 $\boldsymbol{A}$ 为实对称矩阵，试证：对任意正奇数 k，必有实对称矩阵 $\boldsymbol{B}$，使 $\boldsymbol{B}^k=\boldsymbol{A}$.

证　设实对称矩阵 $\boldsymbol{A}$ 的特征值为 $\lambda_1, \lambda_2, \cdots, \lambda_n$（$\lambda_i$ 为实数），则存在正交矩阵 $\boldsymbol{P}$，使

$$\boldsymbol{P}^{-1}\boldsymbol{A}\boldsymbol{P}=\begin{pmatrix}\lambda_1 & & & \\ & \lambda_2 & & \\ & & \ddots & \\ & & & \lambda_n\end{pmatrix}\Rightarrow \boldsymbol{P}\begin{pmatrix}\lambda_1 & & & \\ & \lambda_2 & & \\ & & \ddots & \\ & & & \lambda_n\end{pmatrix}\boldsymbol{P}^{-1}=\boldsymbol{A},$$

对正奇数 k，令

$$\boldsymbol{B}=\boldsymbol{P}\begin{pmatrix}\sqrt[k]{\lambda_1} & & & \\ & \sqrt[k]{\lambda_2} & & \\ & & \ddots & \\ & & & \sqrt[k]{\lambda_n}\end{pmatrix}\boldsymbol{P}^{-1},$$

则 $\boldsymbol{B}^k=\boldsymbol{A}$，又因为

$$\begin{aligned}\boldsymbol{B}^{\mathrm{T}}&=(\boldsymbol{P}^{-1})^{\mathrm{T}}\begin{pmatrix}\sqrt[k]{\lambda_1} & & & \\ & \sqrt[k]{\lambda_2} & & \\ & & \ddots & \\ & & & \sqrt[k]{\lambda_n}\end{pmatrix}\boldsymbol{P}^{\mathrm{T}}\\&=(\boldsymbol{P}^{\mathrm{T}})^{\mathrm{T}}\begin{pmatrix}\sqrt[k]{\lambda_1} & & & \\ & \sqrt[k]{\lambda_2} & & \\ & & \ddots & \\ & & & \sqrt[k]{\lambda_n}\end{pmatrix}\boldsymbol{P}^{-1}=\boldsymbol{B}.\end{aligned}$$

故 $\boldsymbol{B}$ 为对称矩阵，结论成立.

小结：本题利用了实对称矩阵都可由正交矩阵对角化的性质，关键在于将 $\boldsymbol{A}$ 写成 $\boldsymbol{P\Lambda P}^{-1}$ 的形式，且 λ_i 都为实数，可以开奇数次幂.

例 5　证明：实反对称矩阵的特征值只能是 0 或纯虚数.

证　设 λ 是 $\boldsymbol{A}$ 的特征值，$\boldsymbol{\alpha}$ 是对应于 λ 的特征向量，则

$$\boldsymbol{A\alpha}=\lambda\boldsymbol{\alpha},\boldsymbol{\alpha}\neq\boldsymbol{0},$$

于是

$$\boldsymbol{\alpha}^{\mathrm{T}}\boldsymbol{A}^{\mathrm{T}}=\lambda\boldsymbol{\alpha}^{\mathrm{T}},$$

再取共轭得

$$\bar{\boldsymbol{\alpha}}^{\mathrm{T}}\bar{\boldsymbol{A}}^{\mathrm{T}}=\bar{\lambda}\bar{\boldsymbol{\alpha}}^{\mathrm{T}},$$

又因为 $\boldsymbol{A}^{\mathrm{T}}=-\boldsymbol{A}$，$\bar{\boldsymbol{A}}=\boldsymbol{A}$，故 $-\bar{\boldsymbol{\alpha}}^{\mathrm{T}}\boldsymbol{A}=\bar{\lambda}\bar{\boldsymbol{\alpha}}^{\mathrm{T}}$，两边右乘 $\boldsymbol{\alpha}$，得 $-\bar{\boldsymbol{\alpha}}^{\mathrm{T}}\boldsymbol{A\alpha}=\bar{\lambda}\bar{\boldsymbol{\alpha}}^{\mathrm{T}}\boldsymbol{\alpha}$，即 $(\lambda+\bar{\lambda})\bar{\boldsymbol{\alpha}}^{\mathrm{T}}\boldsymbol{\alpha}=0$，因 $\bar{\boldsymbol{\alpha}}^{\mathrm{T}}\boldsymbol{\alpha}\neq0$，故 $\lambda+\bar{\lambda}=0$. 令 $\lambda=a+b\mathrm{i}$，则

$$a+b\mathrm{i}+a-b\mathrm{i}=2a=0,$$

从而 $a=0$，即 λ 的实部为零. 可见，当 λ 为实数时，只能为零；当 λ 为复数时，只能为纯虚数.

小结：本题主要考查了实反对称矩阵满足的条件是 $\boldsymbol{A}^{\mathrm{T}}=-\boldsymbol{A}$，以及共轭矩阵的性质：

$$\overline{\lambda A}=\bar{\lambda}\bar{\boldsymbol{A}};\ \overline{\boldsymbol{AB}}=\bar{\boldsymbol{A}}\bar{\boldsymbol{B}};\ \overline{(\boldsymbol{A}^{\mathrm{T}})}=(\bar{\boldsymbol{A}})^{\mathrm{T}}.$$

三、习题 4－4 解答

1. n 阶矩阵 $\boldsymbol{A}$ 的 n 个特征值互不相同是 $\boldsymbol{A}$ 可与对角矩阵相似的________条件.

解 应填：充分.

$\boldsymbol{A}$ 与对角矩阵相似和 $\boldsymbol{A}$ 有 n 个线性无关的特征向量等价. 因为 $\boldsymbol{A}$ 有 n 个不同的特征值，从而 $\boldsymbol{A}$ 有 n 个线性无关的特征向量，所以 $\boldsymbol{A}$ 与对角矩阵相似. 但反之不真，因为有 n 个线性无关的特征向量不能保证 $\boldsymbol{A}$ 有 n 个不同的特征值.

2. 将矩阵 $\boldsymbol{A}=\begin{pmatrix}-1&0&2\\0&1&2\\2&2&0\end{pmatrix}$ 用两种方法对角化：

(1) 求可逆阵 $\boldsymbol{P}$，使 $\boldsymbol{P}^{-1}\boldsymbol{AP}=\boldsymbol{\Lambda}$；

(2) 求正交阵 $\boldsymbol{Q}$，使 $\boldsymbol{Q}^{-1}\boldsymbol{AQ}=\boldsymbol{\Lambda}$.

解 (1) $\boldsymbol{A}$ 的全部特征值为 3，0，-3，所对应的特征向量分别为

$$\begin{pmatrix}1\\2\\2\end{pmatrix},\begin{pmatrix}2\\-2\\1\end{pmatrix},\begin{pmatrix}2\\1\\-2\end{pmatrix},$$

所以

$$P=\begin{pmatrix}1&2&2\\2&-2&1\\2&1&-2\end{pmatrix},\ \Lambda=\begin{pmatrix}3&&\\&0&\\&&-3\end{pmatrix}.$$

(2) 三个特征向量恰好正交，单位化即得所求正交矩阵

$$Q=\begin{pmatrix}\frac{1}{3}&\frac{2}{3}&\frac{2}{3}\\\frac{2}{3}&-\frac{2}{3}&\frac{1}{3}\\\frac{2}{3}&\frac{1}{3}&-\frac{2}{3}\end{pmatrix}.$$

3. 试求一个正交的相似变换矩阵，将下列对称矩阵化为对角矩阵：

(1) $\begin{pmatrix}2&-2&0\\-2&1&-2\\0&-2&0\end{pmatrix}$；　　(2) $\begin{pmatrix}2&2&-2\\2&5&-4\\-2&-4&5\end{pmatrix}$.

解　(1) $|A-\lambda E|=\begin{vmatrix}2-\lambda&-2&0\\-2&1-\lambda&-2\\0&-2&-\lambda\end{vmatrix}=(1-\lambda)(\lambda-4)(\lambda+2)$,

故得特征值为 $\lambda_1=-2$，$\lambda_2=1$，$\lambda_3=4$.

当 $\lambda_1=-2$ 时，由 $\begin{pmatrix}4&-2&0\\-2&3&-2\\0&-2&2\end{pmatrix}\begin{pmatrix}x_1\\x_2\\x_3\end{pmatrix}=\mathbf{0}$，解得 $\begin{pmatrix}x_1\\x_2\\x_3\end{pmatrix}=k_1\begin{pmatrix}1\\2\\2\end{pmatrix}$，单位特征向量可取：

$$p_1=\begin{pmatrix}\frac{1}{3}\\\frac{2}{3}\\\frac{2}{3}\end{pmatrix}.$$

当 $\lambda_2=1$ 时，由 $\begin{pmatrix}1&-2&0\\-2&0&-2\\0&-2&-1\end{pmatrix}\begin{pmatrix}x_1\\x_2\\x_3\end{pmatrix}=\mathbf{0}$，解得 $\begin{pmatrix}x_1\\x_2\\x_3\end{pmatrix}=k_2\begin{pmatrix}2\\1\\-2\end{pmatrix}$，单位特征向量可取：

$$\boldsymbol{p}_2=\begin{pmatrix}\frac{2}{3}\\ \frac{1}{3}\\ -\frac{2}{3}\end{pmatrix}.$$

当 $\lambda_3=4$ 时，由 $\begin{pmatrix}-2&-2&0\\-2&-3&-2\\0&-2&-4\end{pmatrix}\begin{pmatrix}x_1\\x_2\\x_3\end{pmatrix}=\mathbf{0}$，解得 $\begin{pmatrix}x_1\\x_2\\x_3\end{pmatrix}=k_3\begin{pmatrix}2\\-2\\1\end{pmatrix}$，单位特征向量可取：

$$\boldsymbol{p}_3=\begin{pmatrix}\frac{2}{3}\\ -\frac{2}{3}\\ \frac{1}{3}\end{pmatrix},$$

进而可得正交矩阵

$$(\boldsymbol{p}_1,\ \boldsymbol{p}_2,\ \boldsymbol{p}_3)=\boldsymbol{P}=\frac{1}{3}\begin{pmatrix}1&2&2\\2&1&-2\\2&-2&1\end{pmatrix},\ \boldsymbol{P}^{-1}\boldsymbol{A}\boldsymbol{P}=\begin{pmatrix}-2&0&0\\0&1&0\\0&0&4\end{pmatrix}.$$

(2) $|\boldsymbol{A}-\lambda\boldsymbol{E}|=\begin{vmatrix}2-\lambda&2&-2\\2&5-\lambda&-4\\-2&-4&5-\lambda\end{vmatrix}=-(\lambda-1)^2(\lambda-10)$，

故得特征值为 $\lambda_1=\lambda_2=1$，$\lambda_3=10$.

当 $\lambda_1=\lambda_2=1$ 时，由 $\begin{pmatrix}1&2&-2\\2&4&-4\\-2&-4&4\end{pmatrix}\begin{pmatrix}x_1\\x_2\\x_3\end{pmatrix}=\begin{pmatrix}0\\0\\0\end{pmatrix}$，解得基础解系 $\boldsymbol{\xi}_1=\begin{pmatrix}-2\\1\\0\end{pmatrix}$，$\boldsymbol{\xi}_2=\begin{pmatrix}2\\0\\1\end{pmatrix}$，将这两个向量正交化，得

$$p_1=\frac{1}{\sqrt{5}}\begin{pmatrix}-2\\1\\0\end{pmatrix},\ p_2^*=\begin{pmatrix}2\\0\\1\end{pmatrix}-\frac{-4}{5}\begin{pmatrix}-2\\1\\0\end{pmatrix}=\begin{pmatrix}\frac{2}{5}\\\frac{4}{5}\\1\end{pmatrix},$$

单位化得

$$p_2=\frac{\sqrt{5}}{3}\begin{pmatrix}\frac{2}{5}\\\frac{4}{5}\\1\end{pmatrix}.$$

当 $\lambda_3=10$ 时，由 $\begin{pmatrix}-8&2&-2\\2&-5&-4\\-2&-4&-5\end{pmatrix}\begin{pmatrix}x_1\\x_2\\x_3\end{pmatrix}=\begin{pmatrix}0\\0\\0\end{pmatrix}$，解得基础解系 $\xi_3=\begin{pmatrix}-1\\-2\\2\end{pmatrix}$，单位化 $p_3=\frac{1}{3}\begin{pmatrix}-1\\-2\\2\end{pmatrix}$，得正交矩阵

$$(p_1,\ p_2,\ p_3)=\begin{pmatrix}-\frac{2}{\sqrt{5}}&\frac{2\sqrt{5}}{15}&-\frac{1}{3}\\\frac{1}{\sqrt{5}}&\frac{4\sqrt{5}}{15}&-\frac{2}{3}\\0&\frac{\sqrt{5}}{3}&\frac{2}{3}\end{pmatrix},\ P^{-1}AP=\begin{pmatrix}1&0&0\\0&1&0\\0&0&10\end{pmatrix}.$$

4. 设矩阵 $A=\begin{pmatrix}1&1&a\\1&a&1\\a&1&1\end{pmatrix}$，$\beta=\begin{pmatrix}1\\1\\-2\end{pmatrix}$，已知线性方程组 $Ax=\beta$ 有解但不唯一，试求：

(1) a 的值；

(2) 正交矩阵 Q，使 Q^TAQ 为对角阵.

解　(1) 对增广矩阵施行初等行变换

$$\widetilde{A}=(A\beta)=\begin{pmatrix}1&1&a&1\\1&a&1&1\\a&1&1&-2\end{pmatrix}\xrightarrow[r_3-ar_1]{r_2-r_1}\begin{pmatrix}1&1&a&1\\0&a-1&1-a&0\\0&1-a&1-a^2&-2-a\end{pmatrix}$$

$$\xrightarrow{r_3+r_2}\begin{pmatrix}1 & 1 & a & 1\\ 0 & a-1 & 1-a & 0\\ 0 & 0 & 2-a-a^2 & -2-a\end{pmatrix}.$$

方程组有解但不唯一，则一定有 $\mathrm{r}(\boldsymbol{A})=\mathrm{r}(\widetilde{\boldsymbol{A}})<n=3$，因此

$$a=-2.$$

(2) $\boldsymbol{A}$ 的全部特征值为 3，-3，0，所对应的特征向量分别为

$$\begin{pmatrix}1\\0\\-1\end{pmatrix},\begin{pmatrix}1\\-2\\1\end{pmatrix},\begin{pmatrix}1\\1\\1\end{pmatrix},$$

特征向量两两正交，单位化得正交矩阵

$$\boldsymbol{Q}=\begin{pmatrix}\frac{1}{\sqrt{2}} & \frac{1}{\sqrt{6}} & \frac{1}{\sqrt{3}}\\ 0 & -\frac{2}{\sqrt{6}} & \frac{1}{\sqrt{3}}\\ -\frac{1}{\sqrt{2}} & \frac{1}{\sqrt{6}} & \frac{1}{\sqrt{3}}\end{pmatrix},$$

使 $\boldsymbol{Q}^{\mathrm{T}}\boldsymbol{A}\boldsymbol{Q}=\begin{pmatrix}3 & & \\ & -3 & \\ & & 0\end{pmatrix}$为对角阵.

5. 设 $\boldsymbol{A}$ 为三阶实对称矩阵，特征值是 1，-1，0. 而对应于 $\lambda_1=1$ 和 $\lambda_2=-1$ 的特征向量分别是 $\begin{pmatrix}a\\2a-1\\1\end{pmatrix}$，$\begin{pmatrix}a\\1\\1-3a\end{pmatrix}$，求矩阵 $\boldsymbol{A}$.

解　设两个特征向量分别为 $\boldsymbol{p}_1$ 和 $\boldsymbol{p}_2$，因为 $\lambda_1\neq\lambda_2$，所以 $[\boldsymbol{p}_1,\boldsymbol{p}_2]=\boldsymbol{p}_1^{\mathrm{T}}\boldsymbol{p}_2=0\Rightarrow a=0$ 或 $a=1$.

因所求矩阵 $\boldsymbol{A}$ 实对称，故必有正交阵 $\boldsymbol{Q}=(\boldsymbol{q}_1,\boldsymbol{q}_2,\boldsymbol{q}_3)$，使

$$\boldsymbol{Q}^{\mathrm{T}}\boldsymbol{A}\boldsymbol{Q}=\boldsymbol{Q}^{-1}\boldsymbol{A}\boldsymbol{Q}=\mathrm{diag}\,(1,-1,0).$$

显然，$\boldsymbol{q}_1$，$\boldsymbol{q}_2$ 可依次取为 $\boldsymbol{p}_1$，$\boldsymbol{p}_2$ 的单位化向量，于是

(1) 当 $a=0$ 时，可取

$$q_1=\frac{1}{\sqrt{2}}\begin{pmatrix}0\\-1\\1\end{pmatrix},\ q_2=\frac{1}{\sqrt{2}}\begin{pmatrix}0\\1\\1\end{pmatrix}.$$

由 $\boldsymbol{A}$ 的三个特征值互不相同，且对称矩阵对应于不同特征值的特征向量正交，故 $\boldsymbol{q}_3$ 与 $\boldsymbol{p}_1$，$\boldsymbol{p}_2$ 正交.

因此，$\boldsymbol{q}_1$ 可取为方程 $\begin{pmatrix}\boldsymbol{p}_1^{\mathrm{T}}\\ \boldsymbol{p}_2^{\mathrm{T}}\end{pmatrix}\boldsymbol{x}=\boldsymbol{0}$ 的单位解向量. 由

$$\begin{pmatrix}\boldsymbol{p}_1^{\mathrm{T}}\\ \boldsymbol{p}_2^{\mathrm{T}}\end{pmatrix}=\begin{pmatrix}0&-1&1\\0&1&1\end{pmatrix}\xrightarrow{r}\begin{pmatrix}0&0&2\\0&1&1\end{pmatrix},$$

可取

$$\boldsymbol{q}_3=\begin{pmatrix}1\\0\\0\end{pmatrix}.$$

从而求得 $\boldsymbol{Q}=\begin{pmatrix}0&0&1\\-\frac{1}{\sqrt{2}}&\frac{1}{\sqrt{2}}&0\\\frac{1}{\sqrt{2}}&\frac{1}{\sqrt{2}}&0\end{pmatrix}$.

$$\begin{aligned}\boldsymbol{A}&=\boldsymbol{Q}\mathrm{diag}(1,-1,0)\boldsymbol{Q}^{\mathrm{T}}\\&=\begin{pmatrix}0&0&1\\-\frac{1}{\sqrt{2}}&\frac{1}{\sqrt{2}}&0\\\frac{1}{\sqrt{2}}&\frac{1}{\sqrt{2}}&0\end{pmatrix}\begin{pmatrix}1&0&0\\0&-1&0\\0&0&0\end{pmatrix}\begin{pmatrix}0&-\frac{1}{\sqrt{2}}&\frac{1}{\sqrt{2}}\\0&\frac{1}{\sqrt{2}}&\frac{1}{\sqrt{2}}\\1&0&0\end{pmatrix}\\&=\begin{pmatrix}0&0&0\\0&0&-1\\0&-1&0\end{pmatrix}.\end{aligned}$$

(2) 当 $a=1$ 时，同理可求出 $\boldsymbol{A}=\frac{1}{6}\begin{pmatrix}1&1&4\\1&1&4\\4&4&-2\end{pmatrix}$.

6. 设三阶对称矩阵 $\boldsymbol{A}$ 的特征值为 6，3，3，特征值 6 对应的特征向量为 $\boldsymbol{p}_1=$

$(1, 1, 1)^T$，求 $\boldsymbol{A}$.

解题思路 利用待定系数法求 $\boldsymbol{A}$.

解 设 $\boldsymbol{A}=\begin{pmatrix} x_1 & x_2 & x_3 \\ x_2 & x_4 & x_5 \\ x_3 & x_5 & x_6 \end{pmatrix}$，由 $\boldsymbol{A}\begin{pmatrix}1\\1\\1\end{pmatrix}=6\begin{pmatrix}1\\1\\1\end{pmatrix}$，知

$$\begin{cases} x_1+x_2+x_3=6 \\ x_2+x_4+x_5=6. \\ x_3+x_5+x_6=6 \end{cases} \tag{1}$$

3 是 $\boldsymbol{A}$ 的二重特征值，根据实对称矩阵的性质知，$\boldsymbol{A}-3\boldsymbol{E}$ 的秩为 1，故利用式(1) 可推出

$$\begin{pmatrix} x_1-3 & x_2 & x_3 \\ x_2 & x_4-3 & x_5 \\ x_3 & x_5 & x_6-3 \end{pmatrix} \longrightarrow \begin{pmatrix} 1 & 1 & 1 \\ x_2 & x_4-3 & x_5 \\ x_3 & x_5 & x_6-3 \end{pmatrix}$$

秩为 1，则存在实的 a, b,使得

$$\begin{cases} (1, 1, 1)=a(x_2, x_4-3, x_5) \\ (1, 1, 1)=b(x_3, x_5, x_6-3) \end{cases} \tag{2}$$

成立. 由式 (1) 和式(2) 解得

$$x_2=x_3=1, x_1=x_4=x_6=4, x_5=1.$$

得

$$\boldsymbol{A}=\begin{pmatrix} 4 & 1 & 1 \\ 1 & 4 & 1 \\ 1 & 1 & 4 \end{pmatrix}.$$

7. 设 $\boldsymbol{\alpha}=(a_1, a_2, \cdots, a_n)^T$, $a_1\neq 0$, $\boldsymbol{A}=\boldsymbol{\alpha}\boldsymbol{\alpha}^T$,

(1) 证明 $\lambda=0$ 是 $\boldsymbol{A}$ 的 $n-1$ 重特征值;

(2) 求 $\boldsymbol{A}$ 的非零特征值及全部特征向量.

解 (1) 首先证明 $\lambda=0$ 是 $\boldsymbol{A}$ 的 $n-1$ 重特征值.

注意到 $\boldsymbol{A}$ 为对称阵，故 $\boldsymbol{A}$ 与对角阵

$$\boldsymbol{\Lambda}=\mathrm{diag}(\lambda_1, \lambda_2, \cdots, \lambda_n)$$

相似，其中 $\lambda_1, \lambda_2, \cdots, \lambda_n$ 就是 $\boldsymbol{A}$ 的全部特征值.

因 $\boldsymbol{A}=\boldsymbol{\alpha}\boldsymbol{\alpha}^T$，知 $\mathrm{r}(\boldsymbol{A})=1$，从而 $\mathrm{r}(\boldsymbol{\Lambda})=1$，于是 $\boldsymbol{\Lambda}$ 的对角线元素只有一个非

零，即 $\lambda=0$ 是 $\boldsymbol{A}$ 的 $n-1$ 重特征值.

(2) 因 $\boldsymbol{A}=\boldsymbol{\alpha}\boldsymbol{\alpha}^{\mathrm{T}}$ 的对角线元素之和为 $\sum a_i^2$，又由特征值性质：$\boldsymbol{A}$ 的 n 个特征值之和为 $\sum a_i^2$，从而由上所证知 $\sum a_i^2$ 为 $\boldsymbol{A}$ 的（唯一的）非零特征值，也可根据 $\boldsymbol{A}$ 的特征方程求 $\boldsymbol{A}$ 的全部特征值.

$$|\boldsymbol{A}-\lambda\boldsymbol{E}|=\begin{vmatrix} a_1^2-\lambda & a_1a_2 & \cdots & a_1a_n \\ a_2a_1 & a_2^2-\lambda & \cdots & a_2a_n \\ \vdots & \vdots & & \vdots \\ a_na_1 & a_na_2 & \cdots & a_n^2-\lambda \end{vmatrix} \xlongequal[\substack{\cdots \\ r_n-\frac{a_n}{a_1}r_1}]{r_2-\frac{a_2}{a_1}r_1} \begin{vmatrix} a_1^2-\lambda & a_1a_2 & \cdots & a_1a_n \\ \frac{a_2}{a_1}\lambda & -\lambda & \cdots & 0 \\ \vdots & \vdots & & \vdots \\ \frac{a_n}{a_1}\lambda & 0 & \cdots & -\lambda \end{vmatrix}$$

$$\xlongequal[\substack{\cdots \\ c_1+\frac{a_n}{a_1}c_n}]{c_1+\frac{a_2}{a_1}c_2} \begin{vmatrix} \sum a_i^2-\lambda & a_1a_2 & \cdots & a_1a_n \\ 0 & -\lambda & \cdots & 0 \\ \vdots & \vdots & & \vdots \\ 0 & 0 & \cdots & -\lambda \end{vmatrix} = (-\lambda)^{n-1}\left(\sum a_i^2-\lambda\right),$$

故 $\lambda_1=\sum a_i^2$，$\lambda_2=\lambda_3=\cdots=\lambda_n=0$.

再求 $\boldsymbol{A}$ 的特征向量.

(1) 当 $\lambda=0$ 时，对应的特征向量应是齐次方程 $\boldsymbol{Ax}=\boldsymbol{0}$ 的非零解，由

$$\boldsymbol{A}=\begin{pmatrix} a_1^2 & a_1a_2 & \cdots & a_1a_n \\ a_2a_1 & a_2^2 & \cdots & a_2a_n \\ \vdots & \vdots & & \vdots \\ a_na_1 & a_na_2 & \cdots & a_n^2 \end{pmatrix} \xrightarrow[\substack{r_2-a_2r_1 \\ r_n-a_nr_1}]{r_1\times\frac{1}{a_1}} \begin{pmatrix} a_1 & a_2 & \cdots & a_n \\ 0 & 0 & \cdots & 0 \\ \vdots & \vdots & & \vdots \\ 0 & 0 & \cdots & 0 \end{pmatrix}.$$

该阶梯形矩阵对应方程

$$a_1x_1+a_2x_2+\cdots+a_nx_n=0\ (\text{即 } \boldsymbol{\alpha}^{\mathrm{T}}\boldsymbol{x}=0).$$

于是，$\boldsymbol{A}$ 的对应于特征值 $\lambda=0$ 的全部特征向量为

$$\boldsymbol{x}=k_2\begin{pmatrix} -\frac{a_2}{a_1} \\ 1 \\ 0 \\ \vdots \\ 0 \end{pmatrix}+k_3\begin{pmatrix} -\frac{a_3}{a_1} \\ 0 \\ 1 \\ \vdots \\ 0 \end{pmatrix}+\cdots+k_n\begin{pmatrix} -\frac{a_n}{a_1} \\ 0 \\ 0 \\ \vdots \\ 1 \end{pmatrix},$$

其中 $k_2,\cdots,k_n$ 不同时为零.

(2) 当 $\lambda_1=\sum a_i^2$ 时，用两种方法计算对应的特征向量 ξ_1.

方法一 由 $\boldsymbol{A}$ 的行阶梯形，知

$$\boldsymbol{Ax}=\mathbf{0}\Leftrightarrow\boldsymbol{\alpha}^{\mathrm{T}}\boldsymbol{x}=0,$$

故对应于 $\lambda=0$ 的特征向量 $\boldsymbol{\xi}_2,\cdots,\boldsymbol{\xi}_n$ 是方程 $\boldsymbol{\alpha}^{\mathrm{T}}\boldsymbol{x}=\mathbf{0}$ 的基础解系.

因此，方程

$$\begin{pmatrix}\boldsymbol{\xi}_2^{\mathrm{T}}\\ \vdots\\ \boldsymbol{\xi}_n^{\mathrm{T}}\end{pmatrix}\boldsymbol{x}=\mathbf{0} \qquad (*)$$

的基础解系为 $\boldsymbol{\alpha}$.

另一方面，$\boldsymbol{\xi}_1$ 与 $\boldsymbol{\xi}_2,\cdots,\boldsymbol{\xi}_n$ 都正交，即 $\boldsymbol{\xi}_1$ 是方程 (*) 的非零解. 而方程 (*) 的基础解系只含 1 个向量，于是

$$\boldsymbol{\xi}_1=k\boldsymbol{\alpha}\,(k\neq0).$$

方法二 由 $\boldsymbol{A}=\boldsymbol{\alpha\alpha}^{\mathrm{T}}$，有

$$\boldsymbol{A\alpha}=(\boldsymbol{\alpha\alpha}^{\mathrm{T}})\boldsymbol{\alpha}=\boldsymbol{\alpha}(\boldsymbol{\alpha}^{\mathrm{T}}\boldsymbol{\alpha})=(\boldsymbol{\alpha}^{\mathrm{T}}\boldsymbol{\alpha})\boldsymbol{\alpha},$$

按定义，即知非零特征值 $\lambda_1=\boldsymbol{\alpha}^{\mathrm{T}}\boldsymbol{\alpha}$ 对应的特征向量为 $\boldsymbol{\alpha}$.

8. (1) 设 $\boldsymbol{A}=\begin{pmatrix}3&-2\\-2&3\end{pmatrix}$，求 $\varphi(\boldsymbol{A})=\boldsymbol{A}^{10}-5\boldsymbol{A}^9$.

(2) 设 $\boldsymbol{A}=\begin{pmatrix}2&1&2\\1&2&2\\2&2&1\end{pmatrix}$，求 $\varphi(\boldsymbol{A})=\boldsymbol{A}^{10}-6\boldsymbol{A}^9+5\boldsymbol{A}^8$.

解 (1) 因为 $\boldsymbol{A}\begin{pmatrix}3&-2\\-2&3\end{pmatrix}$ 是实对称矩阵，故可找到正交相似变换矩阵 $\boldsymbol{P}=\begin{pmatrix}\frac{1}{\sqrt2}&-\frac{1}{\sqrt2}\\\frac{1}{\sqrt2}&\frac{1}{\sqrt2}\end{pmatrix}$，使得

$$\boldsymbol{P}^{-1}\boldsymbol{AP}=\begin{pmatrix}1&0\\0&5\end{pmatrix}=\boldsymbol{\Lambda},$$

从而 $\boldsymbol{A}=\boldsymbol{P\Lambda P}^{-1}$，$\boldsymbol{A}^k=\boldsymbol{P\Lambda}^k\boldsymbol{P}^{-1}$，故

$$\boldsymbol{\varphi}(\boldsymbol{A})=\boldsymbol{A}^{10}-5\boldsymbol{A}^{9}=\boldsymbol{P\Lambda}^{10}\boldsymbol{P}^{-1}-5\boldsymbol{P\Lambda}^{9}\boldsymbol{P}^{-1}$$

$$=\boldsymbol{P}\begin{pmatrix}1 & 0\\ 0 & 5^{10}\end{pmatrix}\boldsymbol{P}^{-1}-\boldsymbol{P}\begin{pmatrix}5 & 0\\ 0 & 5^{10}\end{pmatrix}\boldsymbol{P}^{-1}=\boldsymbol{P}\begin{pmatrix}-4 & 0\\ 0 & 0\end{pmatrix}\boldsymbol{P}^{-1}$$

$$=\frac{1}{\sqrt{2}}\begin{pmatrix}1 & -1\\ 1 & 1\end{pmatrix}\begin{pmatrix}-4 & 0\\ 0 & 0\end{pmatrix}\frac{1}{\sqrt{2}}\begin{pmatrix}1 & 1\\ -1 & 1\end{pmatrix}$$

$$=\begin{pmatrix}-2 & -2\\ -2 & -2\end{pmatrix}=-2\begin{pmatrix}1 & 1\\ 1 & 1\end{pmatrix}.$$

(2) 同上,求得正交相似变换矩阵

$$\boldsymbol{P}=\begin{pmatrix}\frac{1}{3} & -\frac{1}{\sqrt{2}} & \frac{1}{\sqrt{3}}\\ \frac{2}{3} & \frac{1}{\sqrt{2}} & \frac{1}{\sqrt{3}}\\ -\frac{2}{3} & 0 & \frac{1}{\sqrt{3}}\end{pmatrix},$$

使得

$$\boldsymbol{P}^{-1}\boldsymbol{AP}=\begin{pmatrix}-1 & 0 & 0\\ 0 & 1 & 0\\ 0 & 0 & 5\end{pmatrix}=\boldsymbol{\Lambda},\ \boldsymbol{A}=\boldsymbol{P\Lambda P}^{-1},$$

$$\boldsymbol{\varphi}(\boldsymbol{A})=\boldsymbol{A}^{10}-6\boldsymbol{A}^{9}+5\boldsymbol{A}^{8}=\boldsymbol{A}^{8}(\boldsymbol{A}^{2}-6\boldsymbol{A}+5\boldsymbol{E})$$

$$=\boldsymbol{A}^{8}(\boldsymbol{A}-\boldsymbol{E})(\boldsymbol{A}-5\boldsymbol{E})$$

$$=\boldsymbol{P\Lambda}^{8}\boldsymbol{P}^{-1}\cdot\begin{pmatrix}1 & 1 & 2\\ 1 & 1 & 2\\ 2 & 2 & 0\end{pmatrix}\begin{pmatrix}-3 & 1 & 2\\ 1 & -3 & 2\\ 2 & 2 & -4\end{pmatrix}=2\begin{pmatrix}1 & 1 & -2\\ 1 & 1 & -2\\ -2 & -2 & 4\end{pmatrix}.$$

§4.5　离散动态系统模型

一、习题 4－5 解答

1. 在某国，每年有比例为 p 的农村居民移居城镇，有比例为 q 的城镇居民移居农村. 假设该国总人口数不变，且上述人口迁移的规律也不变. 把 n 年后农村人口和城镇人口占总人口的比例依次记为 x_n 和 y_n($x_n+y_n=1$).

(1) 求关系式 $\begin{pmatrix}x_{n+1}\\y_{n+1}\end{pmatrix}=\boldsymbol{A}\begin{pmatrix}x_n\\y_n\end{pmatrix}$ 中的矩阵 $\boldsymbol{A}$；

(2) 设目前农村人口与城镇人口相等，即 $\begin{pmatrix}x_0\\y_0\end{pmatrix}=\begin{pmatrix}0.5\\0.5\end{pmatrix}$，求 $\begin{pmatrix}x_n\\y_n\end{pmatrix}$.

解 (1) 这是一个应用问题.

如果关系式 $\begin{pmatrix}x_{n+1}\\y_{n+1}\end{pmatrix}=\boldsymbol{A}\begin{pmatrix}x_n\\y_n\end{pmatrix}$ 中矩阵 $\boldsymbol{A}$ 与 n 无关,则它可看作向量 $\begin{pmatrix}x_n\\y_n\end{pmatrix}$ 到 $\begin{pmatrix}x_{n+1}\\y_{n+1}\end{pmatrix}$ 的递推关系式,从而有 $\begin{pmatrix}x_n\\y_n\end{pmatrix}=\boldsymbol{A}\begin{pmatrix}x_{n-1}\\y_{n-1}\end{pmatrix}=\cdots=\boldsymbol{A}^n\begin{pmatrix}x_0\\y_0\end{pmatrix}=\frac{1}{2}\boldsymbol{A}^n\begin{pmatrix}1\\1\end{pmatrix}$，即把应用问题归结为求 $\boldsymbol{A}$ 的幂 $\boldsymbol{A}^n$. 遵循这一思路，现求 $\boldsymbol{A}$.

由题设，有

$$\begin{cases}x_{n+1}=(1-p)x_n+qy_n\\y_{n+1}=px_n+(1-q)y_n\end{cases}\Rightarrow\begin{pmatrix}x_{n+1}\\y_{n+1}\end{pmatrix}=\begin{pmatrix}1-p & q\\p & 1-q\end{pmatrix}\begin{pmatrix}x_n\\y_n\end{pmatrix},$$

故 $\boldsymbol{A}=\begin{pmatrix}1-p & q\\p & 1-q\end{pmatrix}$，它与 n 无关.

(2) 易求得 $\boldsymbol{A}$ 的特征值 $\lambda_1=1$，$\lambda_2=1-p-q$.

对应于 $\lambda_1=1$ 的特征向量为 $\boldsymbol{\xi}_1=\begin{pmatrix}q\\p\end{pmatrix}$；

对应于 $\lambda_2=1-p-q$ 的特征向量为 $\boldsymbol{\xi}_2=\begin{pmatrix}-1\\1\end{pmatrix}$.

令 $\boldsymbol{P}=(\boldsymbol{\xi}_1, \boldsymbol{\xi}_2)$，则 $\boldsymbol{P}$ 可逆，且 $\boldsymbol{P}^{-1}\boldsymbol{A}\boldsymbol{P}=\begin{pmatrix}1 & 0\\0 & \omega\end{pmatrix}$，其中 $\omega=1-p-q$. 因此

$$\begin{aligned}\boldsymbol{A}&=\boldsymbol{P}\begin{pmatrix}1 & 0\\0 & \omega\end{pmatrix}\boldsymbol{P}^{-1}\\&\Rightarrow\begin{pmatrix}x_n\\y_n\end{pmatrix}=\boldsymbol{A}^n\begin{pmatrix}x_0\\y_0\end{pmatrix}=\boldsymbol{P}\begin{pmatrix}1 & 0\\0 & \omega^n\end{pmatrix}\boldsymbol{P}^{-1}\begin{pmatrix}x_0\\y_0\end{pmatrix}\\&=\frac{1}{2(p+q)}\begin{pmatrix}2q-(q-p)\omega^n\\2p+(q-p)\omega^n\end{pmatrix}\quad(\omega=1-p-q).\end{aligned}$$

2. 某偏僻村庄可以接收到的无线电广播来自两个电台，一个新闻台和一个音乐台. 两个台的广播每隔半小时都会中断休息. 每当出现中断时，新闻台的听众有 70%会继续收听新闻台，30%会换到音乐台；音乐台的听众有 60%会换到新闻台，40%会继续收听音乐台. 假设上午 8:15 所有人都在收听音乐台.

(1) 给出描述无线电广播听众在中断时换台的矩阵；

(2) 给出初始的状态向量；

(3) 上午 9:25 时音乐台的听众所占百分比是多少(假设电台在上午 8:30 和 9:00中断休息)?

解　(1) $\begin{pmatrix} 0.7 & 0.6 \\ 0.3 & 0.4 \end{pmatrix}\begin{matrix}\text{新闻台}\\ \text{音乐台}\end{matrix}.$

(2) $\boldsymbol{x}_0=\begin{pmatrix} 0 \\ 1 \end{pmatrix}$.

(3) 上午 9:25，即电台在中间中断两次.

$$\boldsymbol{x}_1=\begin{pmatrix} 0.7 & 0.6 \\ 0.3 & 0.4 \end{pmatrix}\begin{pmatrix} 0 \\ 1 \end{pmatrix}=\begin{pmatrix} 0.6 \\ 0.4 \end{pmatrix},\ \boldsymbol{x}_2=\begin{pmatrix} 0.7 & 0.6 \\ 0.3 & 0.4 \end{pmatrix}\begin{pmatrix} 0.6 \\ 0.4 \end{pmatrix}=\begin{pmatrix} 0.66 \\ 0.34 \end{pmatrix}.$$

所以上午 9:25 音乐台的听众所占百分比是 34%.

3. 在任意给定的一天中，一个学生或是健康的,或是生病的. 在今天所有健康的学生中，95%在第二天仍是健康的;在今天所有生病的学生中，55%在第二天仍是生病的.

(1) 这种情况的矩阵是怎样的?

(2) 假设在星期一有 20%的学生生病，则星期二生病的学生的百分比是多少? 星期日呢?

解　(1)$\boldsymbol{M}=\begin{pmatrix} 0.95 & 0.45 \\ 0.05 & 0.55 \end{pmatrix}\begin{matrix}\text{健康的学生}\\ \text{生病的学生}\end{matrix}.$

(2)$\boldsymbol{x}_0=\begin{pmatrix} 0.8 \\ 0.2 \end{pmatrix}$，则 $\boldsymbol{x}_1=\boldsymbol{M}\boldsymbol{x}_0=\begin{pmatrix} 0.95 & 0.45 \\ 0.05 & 0.55 \end{pmatrix}\begin{pmatrix} 0.8 \\ 0.2 \end{pmatrix}=\begin{pmatrix} 0.85 \\ 0.15 \end{pmatrix}$.

即星期二生病的学生的百分比是 15%.

求得 $\boldsymbol{M}$ 的全体特征值 $\lambda_1=1$，$\lambda_2=0.5$，其对应的特征向量分别为

$$\boldsymbol{p}_1=\begin{pmatrix} 9 \\ 1 \end{pmatrix},\ \boldsymbol{p}_2=\begin{pmatrix} 1 \\ -1 \end{pmatrix}.$$

令 $\boldsymbol{P}=\begin{pmatrix}9 & 1\\ 1 & -1\end{pmatrix}$，则

$$\boldsymbol{x}_6=\boldsymbol{P}\begin{pmatrix}1 & 0\\ 0 & 0.5\end{pmatrix}^6\boldsymbol{P}^{-1}x_0=\begin{pmatrix}9 & 1\\ 1 & -1\end{pmatrix}\begin{pmatrix}1 & 0\\ 0 & 0.5^6\end{pmatrix}\begin{pmatrix}0.1 & 0.1\\ 0.1 & -0.9\end{pmatrix}\begin{pmatrix}0.8\\ 0.2\end{pmatrix}$$

$$=\begin{pmatrix}0.8984375\\ 0.1015625\end{pmatrix},$$

即星期日健康的学生的百分比约是 89.8%，生病的学生的百分比约是 10.2%.

4. 假设猫头鹰与鼠的捕食者与被捕食者矩阵为 $\boldsymbol{A}=\begin{pmatrix}0.5 & 0.4\\ -p & 1.1\end{pmatrix}$. 证明：如果捕食参数 $p=0.104$（事实上，平均每个月一只猫头鹰吃掉约$1\,000p$ 只鼠），则两个种群都会增长. 估计这个长期增长率及猫头鹰与鼠的最终比值.

解 易知，系数矩阵 $\boldsymbol{A}=\begin{pmatrix}0.5 & 0.4\\ -0.104 & 1.1\end{pmatrix}$，求得 $\boldsymbol{A}$ 的全部特征值

$$\lambda_1=1.02,\ \lambda_2=0.58,$$

其对应的特征向量分别是

$$\boldsymbol{p}_1=\begin{pmatrix}10\\ 13\end{pmatrix},\ \boldsymbol{p}_2=\begin{pmatrix}5\\ 1\end{pmatrix}.$$

初始向量 $\boldsymbol{x}_0=c_1\boldsymbol{p}_1+c_2\boldsymbol{p}_2$. 令 $\boldsymbol{P}=(\boldsymbol{p}_1,\boldsymbol{p}_2)=\begin{pmatrix}10 & 5\\ 13 & 1\end{pmatrix}$，当 $n\geqslant 0$ 时，则

$$\boldsymbol{x}_n=\boldsymbol{P}\boldsymbol{A}^n\boldsymbol{P}^{-1}\boldsymbol{x}_0=\begin{pmatrix}10 & 5\\ 13 & 1\end{pmatrix}\begin{pmatrix}1.02^n & 0\\ 0 & 0.58^n\end{pmatrix}\begin{pmatrix}10 & 5\\ 13 & 1\end{pmatrix}^{-1}\boldsymbol{x}_0$$

$$=\begin{pmatrix}c_1 1.02^n\times 10+c_2 0.58^n\times 5\\ c_1 1.02^n\times 13+c_2 0.58^n\end{pmatrix}=c_1 1.02^n\begin{pmatrix}10\\ 13\end{pmatrix}+c_2 0.58^n\begin{pmatrix}5\\ 1\end{pmatrix}.$$

假定 $c_1>0$，则对足够大的 n，0.58^n 趋于 0，进而

$$\boldsymbol{x}_n\approx c_1 1.02^n\boldsymbol{p}_1=c_1 1.02^n\begin{pmatrix}10\\ 13\end{pmatrix}. \tag{1}$$

n 越大，式 (1) 的近似程度超高，故对于充分大的 n，有

$$\boldsymbol{x}_{n+1} \approx c_1 1.02^{n+1} \begin{pmatrix} 10 \\ 13 \end{pmatrix} = 1.02 c_1 1.02^n \begin{pmatrix} 10 \\ 13 \end{pmatrix} = 1.02 \boldsymbol{x}_n. \tag{2}$$

式(2) 的近似表明，最后 $\boldsymbol{x}_n$ 的每个元素(猫头鹰和鼠的数量)几乎每个月都近似地增长了 0.02 倍，即有 2%的月增长率. 由式 (1) 知 $\boldsymbol{x}_n$ 约为 $(10, 13)^{\mathrm{T}}$ 的倍数，所以 $\boldsymbol{x}_n$ 中元素的比值约为 10∶13，即每 10 只猫头鹰对应着约 13 000 只鼠.

5. 当上题中的捕食参数 $p=0.125$ 时，试确定该系统的演化（给出 $\boldsymbol{x}_n$ 的计算公式). 猫头鹰和鼠的数量随着时间如何变化?

解　系数矩阵 $\boldsymbol{A}=\begin{pmatrix} 0.5 & 0.4 \\ -0.125 & 1.1 \end{pmatrix}$，求得 $\boldsymbol{A}$ 的全部特征值

$$\lambda_1=1, \lambda_2=0.6,$$

其对应的特征向量分别是

$$\boldsymbol{p}_1=\begin{pmatrix} 4 \\ 5 \end{pmatrix}, \boldsymbol{p}_2=\begin{pmatrix} 4 \\ 1 \end{pmatrix}.$$

初始向量 $\boldsymbol{x}_0=c_1\boldsymbol{p}_1+c_2\boldsymbol{p}_2$. 令 $\boldsymbol{P}=(\boldsymbol{p}_1, \boldsymbol{p}_2)=\begin{pmatrix} 4 & 4 \\ 5 & 1 \end{pmatrix}$，当 $n \geqslant 0$ 时，则

$$\boldsymbol{x}_n=\boldsymbol{P}\boldsymbol{A}^n\boldsymbol{P}^{-1}\boldsymbol{x}_0=\begin{pmatrix} 4 & 4 \\ 5 & 1 \end{pmatrix}\begin{pmatrix} 1 & 0 \\ 0 & 0.6^n \end{pmatrix}\begin{pmatrix} 4 & 4 \\ 5 & 1 \end{pmatrix}^{-1}\boldsymbol{x}_0=c_1\begin{pmatrix} 4 \\ 5 \end{pmatrix}+c_2 0.6^n\begin{pmatrix} 4 \\ 1 \end{pmatrix}.$$

假定 $c_1>0$，则对足够大的 n，0.6^n 趋于 0，进而

$$\boldsymbol{x}_n \approx c_1\boldsymbol{p}_1=c_1\begin{pmatrix} 4 \\ 5 \end{pmatrix}. \tag{1}$$

n 越大，式 (1) 的近似程度越高，故对于充分大的 n，有

$$\boldsymbol{x}_{n+1} \approx c_1\begin{pmatrix} 4 \\ 5 \end{pmatrix}=x_n. \tag{2}$$

式(2) 的近似表明，最后 $\boldsymbol{x}_n$ 的每个元素（猫头鹰和鼠的数量）每个月都近似不变. 由式(1)知 $\boldsymbol{x}_n$ 约为 $(4, 5)^{\mathrm{T}}$ 的倍数，所以 $\boldsymbol{x}_n$ 中元素的比值约为 4∶5，即每 4 只猫头鹰对应着约 5 000 只鼠.

本章小结

一、本章知识点网络图

- 矩阵的特征值
  - 正交矩阵
    - 内积的定义与性质
    - 向量的长度与性质
    - 单位向量及n维向量间的夹角
    - 正交向量组
    - 向量空间的正交基
    - 求规范正交基的方法
    - 正交矩阵与正交变换
  - 相似矩阵
    - 特征值与特征向量的概念
    - 特征值与特征向量的基本性质（1）
    - 特征值与特征向量的基本性质（2）
    - 特征向量组的线性无关性
    - 相似矩阵与相似变换的概念
    - 相似矩阵的性质
  - 矩阵对角化
    - 矩阵与对角矩阵相似的条件
    - 矩阵可化为对角矩阵的条件
    - 利用对角矩阵计算矩阵多项式
    - 约当形矩阵的概念
    - 实对称矩阵的性质
    - 对称矩阵对角化的方法

二、题型分析

题型 1　向量组与矩阵的正交性

解题思路　1. 利用向量组正交的概念解题：若两向量$\boldsymbol{\alpha}$与$\boldsymbol{\beta}$的内积$[\boldsymbol{\alpha},\boldsymbol{\beta}]=0$，则称向量$\boldsymbol{\alpha}$与$\boldsymbol{\beta}$相互正交. 若一非零向量组中的向量两两正交，则称该向量组为正交向量组. 题目类型包括：证明向量组正交、求等价正交向量组及利用正交性证明向量组线性无关等（见总习题四题 1、题 4）.

2. 利用矩阵正交的概念解题：若n阶方阵$\boldsymbol{A}$满足

$$\boldsymbol{A}^{\mathrm{T}}\boldsymbol{A}=\boldsymbol{E}(\text{或 }\boldsymbol{A}^{-1}=\boldsymbol{A}^{\mathrm{T}}),$$

则称 $\boldsymbol{A}$ 为正交矩阵. 矩阵正交的充分条件是该矩阵的列向量（行向量）都是单位正交向量组. 题目类型包括：证明矩阵正交（如例 1）；已知矩阵正交，反求矩阵中的待定参数（如例 2）；结合矩阵的对称性、反对称性概念，证明或判定矩阵的正交性、可逆性等（如例 3）.

例 1　设 $\boldsymbol{\alpha}$ 是 n 维列向量，$\boldsymbol{E}$ 为 n 阶单位矩阵，证明 $\boldsymbol{A}=\boldsymbol{E}-[2/(\boldsymbol{\alpha}^{\mathrm{T}}\boldsymbol{\alpha})]\boldsymbol{\alpha}\cdot\boldsymbol{\alpha}^{\mathrm{T}}$ 为正交矩阵.

证　先验证 $\boldsymbol{A}^{\mathrm{T}}=\boldsymbol{A}$，然后根据正交矩阵的定义验证 $\boldsymbol{A}\boldsymbol{A}^{\mathrm{T}}=\boldsymbol{E}$.

$$\begin{aligned}
\boldsymbol{A}^{\mathrm{T}}&=[\boldsymbol{E}-(2/\boldsymbol{\alpha}^{\mathrm{T}}\boldsymbol{\alpha})\cdot\boldsymbol{\alpha}\boldsymbol{\alpha}^{\mathrm{T}}]^{\mathrm{T}}=\boldsymbol{E}-(2/\boldsymbol{\alpha}^{\mathrm{T}}\boldsymbol{\alpha})\boldsymbol{\alpha}\boldsymbol{\alpha}^{\mathrm{T}}=\boldsymbol{A},\\
\boldsymbol{A}^{\mathrm{T}}\boldsymbol{A}&=\boldsymbol{A}\boldsymbol{A}=[\boldsymbol{E}-(2/\boldsymbol{\alpha}^{\mathrm{T}}\boldsymbol{\alpha})\cdot\boldsymbol{\alpha}\boldsymbol{\alpha}^{\mathrm{T}}][\boldsymbol{E}-(2/\boldsymbol{\alpha}^{\mathrm{T}}\boldsymbol{\alpha})\cdot\boldsymbol{\alpha}\boldsymbol{\alpha}^{\mathrm{T}}]\\
&=\boldsymbol{E}-[2/(\boldsymbol{\alpha}^{\mathrm{T}}\boldsymbol{\alpha})]\cdot\boldsymbol{\alpha}\boldsymbol{\alpha}^{\mathrm{T}}-[2/(\boldsymbol{\alpha}^{\mathrm{T}}\boldsymbol{\alpha})]\cdot\boldsymbol{\alpha}\boldsymbol{\alpha}^{\mathrm{T}}+[4/(\boldsymbol{\alpha}^{\mathrm{T}}\boldsymbol{\alpha})^2]\boldsymbol{\alpha}(\boldsymbol{\alpha}^{\mathrm{T}}\boldsymbol{\alpha})\boldsymbol{\alpha}^{\mathrm{T}},\ \boldsymbol{\alpha}\neq\boldsymbol{0},
\end{aligned}$$

所以 $\boldsymbol{\alpha}^{\mathrm{T}}\boldsymbol{\alpha}$ 为一非零数，故

$$\begin{aligned}
&\boldsymbol{\alpha}(\boldsymbol{\alpha}^{\mathrm{T}}\boldsymbol{\alpha})\boldsymbol{\alpha}^{\mathrm{T}}=(\boldsymbol{\alpha}^{\mathrm{T}}\boldsymbol{\alpha})(\boldsymbol{\alpha}\boldsymbol{\alpha}^{\mathrm{T}}),\\
&\boldsymbol{A}^{\mathrm{T}}\boldsymbol{A}=\boldsymbol{E}-[4/(\boldsymbol{\alpha}^{\mathrm{T}}\boldsymbol{\alpha})]\boldsymbol{\alpha}\boldsymbol{\alpha}^{\mathrm{T}}+[4/(\boldsymbol{\alpha}^{\mathrm{T}}\boldsymbol{\alpha})]\boldsymbol{\alpha}\boldsymbol{\alpha}^{\mathrm{T}}=\boldsymbol{E},
\end{aligned}$$

故 $\boldsymbol{A}$ 是正交矩阵.

特别地，当 $\boldsymbol{\alpha}^{\mathrm{T}}\boldsymbol{\alpha}=1$ 时，$\boldsymbol{A}=\boldsymbol{E}-2\boldsymbol{\alpha}\boldsymbol{\alpha}^{\mathrm{T}}$ 是正交矩阵.

例 2　已知 $\boldsymbol{A}=\begin{pmatrix}x&\frac{1}{2}\\\frac{1}{2}&y\end{pmatrix}$ 是正交矩阵，且 $x>0$，则 $\begin{pmatrix}x\\y\end{pmatrix}=$________.

解　应填 $\begin{pmatrix}\frac{\sqrt{3}}{2}\\-\frac{\sqrt{3}}{2}\end{pmatrix}$.

由于 $\boldsymbol{A}$ 是正交矩阵，$\boldsymbol{A}\boldsymbol{A}^{\mathrm{T}}=\boldsymbol{A}^{\mathrm{T}}\boldsymbol{A}=\boldsymbol{E}$，即

$$\begin{pmatrix}x&\frac{1}{2}\\\frac{1}{2}&y\end{pmatrix}\begin{pmatrix}x&\frac{1}{2}\\\frac{1}{2}&y\end{pmatrix}=\begin{pmatrix}1&0\\0&1\end{pmatrix},$$

得到

$$\begin{cases}x^2+\dfrac{1}{4}=1\\\dfrac{1}{2}x+\dfrac{1}{2}y=0,\\\dfrac{1}{4}+y^2=1\end{cases}$$

所以

$$\begin{cases}x=\dfrac{\sqrt{3}}{2}\\ y=-\dfrac{\sqrt{3}}{2}\end{cases};\begin{cases}x=-\dfrac{\sqrt{3}}{2}\\ y=\dfrac{\sqrt{3}}{2}\end{cases}\text{（舍去）}.$$

例 3 设 $\boldsymbol{A}$ 为实对称矩阵，$\boldsymbol{B}$ 为实反对称矩阵，且 $\boldsymbol{AB}=\boldsymbol{BA}$，$\boldsymbol{A}-\boldsymbol{B}$ 是非奇异的，求证 $(\boldsymbol{A}+\boldsymbol{B})(\boldsymbol{A}-\boldsymbol{B})^{-1}$ 是正交矩阵.

证 因为 $\boldsymbol{A}-\boldsymbol{B}$ 非奇异，所以 $(\boldsymbol{A}-\boldsymbol{B})^{\mathrm{T}}$ 非奇异$\Rightarrow \boldsymbol{A}+\boldsymbol{B}=(\boldsymbol{A}-\boldsymbol{B})^{\mathrm{T}}$ 非奇异.

因为 $\boldsymbol{AB}=\boldsymbol{BA}$，所以 $(\boldsymbol{A}+\boldsymbol{B})(\boldsymbol{A}-\boldsymbol{B})=(\boldsymbol{A}-\boldsymbol{B})(\boldsymbol{A}+\boldsymbol{B})$. 于是

$$\begin{aligned}&[(\boldsymbol{A}+\boldsymbol{B})(\boldsymbol{A}-\boldsymbol{B})^{-1}][(\boldsymbol{A}+\boldsymbol{B})(\boldsymbol{A}-\boldsymbol{B})^{-1}]^{\mathrm{T}}\\ =&(\boldsymbol{A}+\boldsymbol{B})(\boldsymbol{A}-\boldsymbol{B})^{-1}[(\boldsymbol{A}-\boldsymbol{B})^{-1}]^{\mathrm{T}}(\boldsymbol{A}+\boldsymbol{B})^{\mathrm{T}}\\ =&(\boldsymbol{A}+\boldsymbol{B})(\boldsymbol{A}-\boldsymbol{B})^{-1}[(\boldsymbol{A}-\boldsymbol{B})^{\mathrm{T}}]^{-1}(\boldsymbol{A}-\boldsymbol{B})\\ =&(\boldsymbol{A}+\boldsymbol{B})[(\boldsymbol{A}-\boldsymbol{B})^{\mathrm{T}}(\boldsymbol{A}-\boldsymbol{B})]^{-1}(\boldsymbol{A}-\boldsymbol{B})\\ =&(\boldsymbol{A}+\boldsymbol{B})[(\boldsymbol{A}+\boldsymbol{B})(\boldsymbol{A}-\boldsymbol{B})]^{-1}(\boldsymbol{A}-\boldsymbol{B})\\ =&(\boldsymbol{A}+\boldsymbol{B})[(\boldsymbol{A}-\boldsymbol{B})(\boldsymbol{A}+\boldsymbol{B})]^{-1}(\boldsymbol{A}-\boldsymbol{B})\\ =&(\boldsymbol{A}+\boldsymbol{B})(\boldsymbol{A}+\boldsymbol{B})^{-1}(\boldsymbol{A}-\boldsymbol{B})^{-1}(\boldsymbol{A}-\boldsymbol{B})=\boldsymbol{E}.\end{aligned}$$

故$(\boldsymbol{A}+\boldsymbol{B})(\boldsymbol{A}-\boldsymbol{B})^{-1}$是正交矩阵.

题型 2 矩阵的特征值与特征向量

解题思路 1. 数值型矩阵的特征值与特征向量：一般可由特征方程$|\boldsymbol{A}-\lambda\boldsymbol{E}|=0$ 直接解出特征值 $\lambda_i(i=1, 2, \cdots, n)$，再由线性方程组 $(\boldsymbol{A}-\lambda_i\boldsymbol{E})\boldsymbol{x}=\boldsymbol{0}$ 求出相应的特征向量. 若 $\boldsymbol{A}$ 为二阶矩阵，则特征方程是二次的. 若 $\boldsymbol{A}$ 为三阶矩阵，其特征方程求解时，一般先利用行列式的运算性质，通过提出公因式等方法化简特征方程的求解（如例 1）；对三阶以上矩阵的特征值，除部分较特殊的矩阵（如上（下）三角形矩阵、可分块为上（下）三角形矩阵的矩阵等）外，一般不做特别要求（见总习题四题 5，又如例 2）.

2. 含待定参数的矩阵的特征值与特征向量：首先要利用题目给定的条件，根据有关矩阵特征值、特征向量以及矩阵相似等结论确定矩阵中的待定参数，再按上述步骤求出特征值和特征向量（如例 3，又见总习题四题 7～题 9）.

例 1 求矩阵 $\boldsymbol{A}=\begin{pmatrix}-1&2&2\\3&-1&1\\2&2&-1\end{pmatrix}$ 的特征值与特征向量.

解 特征方程为

$$|\lambda\boldsymbol{E}-\boldsymbol{A}|=\begin{vmatrix}\lambda+1&-2&-2\\-3&\lambda+1&-1\\-2&-2&\lambda+1\end{vmatrix}=\begin{vmatrix}\lambda-3&-2&-2\\\lambda-3&\lambda+1&-2\\\lambda-3&-2&\lambda+1\end{vmatrix}$$

$$=(\lambda-3)\begin{vmatrix}1 & -2 & -2\\ 1 & \lambda+1 & -2\\ 1 & -2 & \lambda+1\end{vmatrix},$$

（注：在计算行列式时把各列加到第 1 列，然后提出公因子，同时在计算过程中就分解出因式.）所以得到特征值

$$\lambda_1=3,\ \lambda_2=\lambda_3=-3\ (\text{二重}).$$

对于 $\lambda_1=3$，解齐次方程组

$$(\lambda_1\boldsymbol{E}-\boldsymbol{A})\boldsymbol{x}=\begin{pmatrix}4 & -2 & -2\\ -3 & 4 & -1\\ -2 & -2 & 4\end{pmatrix}\begin{pmatrix}x_1\\ x_2\\ x_3\end{pmatrix}=\boldsymbol{0},$$

即

$$\begin{cases}4x_1-2x_2-2x_3=0\\ -3x_1-4x_2-x_3=0\\ -2x_1-2x_2+4x_3=0\end{cases},$$

得基础解系为 $(1,\ 1,\ 1)^{\mathrm{T}}$，$\boldsymbol{A}$ 的对应于 $\lambda_1=3$ 的特征向量为 $k_1(1,\ 1,\ 1)^{\mathrm{T}}$，其中 $k_1\neq0$为任意常数.

对于 $\lambda_1=\lambda_2=-3$，解齐次方程组

$$(\lambda_2\boldsymbol{E}-\boldsymbol{A})\boldsymbol{x}=\begin{pmatrix}-2 & -2 & -2\\ -3 & -2 & -1\\ -2 & -2 & -2\end{pmatrix}\begin{pmatrix}x_1\\ x_2\\ x_3\end{pmatrix}=\boldsymbol{0},$$

得到的基础解系为 $(1,\ -2,\ 1)^{\mathrm{T}}$，$\boldsymbol{A}$ 的对应于 $\lambda_1=\lambda_2=-3$ 的特征向量为 $k_2\begin{pmatrix}1\\ -2\\ 1\end{pmatrix}$，其中 k_2 为任意非零常数.

由此得到 $\boldsymbol{A}$ 的全部特征向量为 $k_1\begin{pmatrix}1\\ 1\\ 1\end{pmatrix}$，$k_2\begin{pmatrix}1\\ -2\\ 1\end{pmatrix}$，其中 k_1，k_2 为任意非零常数.

例 2 求矩阵 $\boldsymbol{A}=\begin{pmatrix}-1 & 2 & 2 & 1 & 2\\ 2 & -1 & -2 & 2 & 0\\ 2 & -2 & -1 & 1 & 4\\ 0 & 0 & 0 & 1 & 3\\ 0 & 0 & 0 & 2 & 2\end{pmatrix}$ 的特征值.

解 $\boldsymbol{A}$ 可分解为分块对角矩阵

$$\boldsymbol{A}=\left(\begin{array}{ccc:cc}-1 & 2 & 2 & 1 & 2\\ 2 & -1 & -2 & 2 & 0\\ 2 & -2 & -1 & 1 & 4\\ \hdashline 0 & 0 & 0 & 1 & 3\\ 0 & 0 & 0 & 2 & 2\end{array}\right)=\begin{pmatrix}\boldsymbol{A}_1 & \boldsymbol{C}_1\\ \boldsymbol{O} & \boldsymbol{B}_1\end{pmatrix},$$

则由

$$|\lambda\boldsymbol{E}_5-\boldsymbol{A}|=\begin{vmatrix}\lambda\boldsymbol{E}_3-\boldsymbol{A}_1 & -\boldsymbol{C}_1\\ \boldsymbol{O} & \lambda\boldsymbol{E}_2-\boldsymbol{B}_1\end{vmatrix}=|\lambda\boldsymbol{E}_3-\boldsymbol{A}_1||\lambda\boldsymbol{E}_2-\boldsymbol{B}_1|=0,$$

可将求 $\boldsymbol{A}$ 的特征值转化为求低阶矩阵 $\boldsymbol{A}_1$ 与 $\boldsymbol{B}_1$ 的特征值.

因为

$$|\lambda\boldsymbol{E}_3-\boldsymbol{A}_1|=\begin{vmatrix}\lambda+1 & -2 & -2\\ -2 & \lambda+1 & 2\\ -2 & 2 & \lambda+1\end{vmatrix}\xlongequal[\text{第 2 行}]{\text{第 1 行加到}}\begin{vmatrix}\lambda+1 & -2 & -2\\ \lambda-1 & \lambda-1 & 0\\ -2 & 2 & \lambda+1\end{vmatrix}$$

$$\xlongequal[\text{公因式}(\lambda-1)]{\text{第 2 行提}}(\lambda-1)\begin{vmatrix}\lambda+1 & -2 & -2\\ 1 & 1 & 0\\ -2 & 2 & \lambda+1\end{vmatrix}=(\lambda-1)^2(\lambda+5)$$

$$=0,$$

故 $\boldsymbol{A}_1$ 的特征值为 $\lambda_1=\lambda_2=1$，$\lambda_3=-5$.

又由

$$|\lambda\boldsymbol{E}_3-\boldsymbol{B}_1|=\begin{vmatrix}\lambda-1 & -3\\ -2 & \lambda-2\end{vmatrix}=(\lambda-1)(\lambda-2)-6=\lambda^2-3\lambda-4=0,$$

解得 $\boldsymbol{B}_1$ 的特征值为 $\lambda_4=4$，$\lambda_5=-1$. 故 $\boldsymbol{A}$ 的特征值为

$$\lambda_1=\lambda_2=1,\ \lambda_3=-5,\ \lambda_4=4,\ \lambda_5=-1.$$

例 3 已知矩阵 $\boldsymbol{A}=\begin{pmatrix}1 & 2 & 2\\ -1 & 4 & -2\\ 1 & -2 & a\end{pmatrix}$ 的特征值有重根，求 $\boldsymbol{A}$ 的特征值和特

征向量.

解　$\boldsymbol{A}$ 的特征多项式

$$|\lambda\boldsymbol{E}-\boldsymbol{A}|=\begin{vmatrix}\lambda-1 & -2 & -2\\ 1 & \lambda-4 & 2\\ -1 & 2 & \lambda-a\end{vmatrix}=\begin{vmatrix}\lambda-1 & 2\lambda-4 & -2\\ 1 & \lambda-2 & 2\\ -1 & 0 & \lambda-a\end{vmatrix}$$

$$=(\lambda-2)\begin{vmatrix}\lambda-1 & 2 & -2\\ 1 & 1 & 2\\ -1 & 0 & \lambda-a\end{vmatrix}=(\lambda-2)[\lambda^2-(a+3)\lambda+3a-6].$$

若 $\lambda=2$ 是重根，则由 $2^2-(a+3)2+3a-6=0$，得 $a=8$，于是 $\boldsymbol{A}$ 的特征值是 $\lambda_1=\lambda_2=2$，$\lambda_3=9$.

对 $\lambda=2$，从 $(2\boldsymbol{E}-\boldsymbol{A})\boldsymbol{x}=\boldsymbol{0}$，有

$$\begin{pmatrix}1 & -2 & -2\\ 1 & -2 & 2\\ -1 & 2 & -6\end{pmatrix}\Rightarrow\begin{pmatrix}1 & -2 & -2\\ 0 & 0 & 4\\ 0 & 0 & 0\end{pmatrix}.$$

得到特征向量 $\boldsymbol{x}_1=(2,1,0)^{\mathrm{T}}$.

对 $\lambda=9$，从 $(9\boldsymbol{E}-\boldsymbol{A})\boldsymbol{x}=\boldsymbol{0}$，有

$$\begin{pmatrix}8 & -2 & -2\\ 1 & 5 & 2\\ -1 & 2 & 1\end{pmatrix}\Rightarrow\begin{pmatrix}1 & 5 & 2\\ 0 & 7 & 3\\ 0 & 0 & 0\end{pmatrix}.$$

得到特征向量 $\boldsymbol{x}_2=(1,-3,7)^{\mathrm{T}}$.

若 $\lambda=2$ 不是重根，则 $\lambda^2-(a+3)\lambda+3a-6$ 应有相等的根，于是判别式

$$(a+3)^2-4(3a-6)=a^2-6a+33=0,$$

但此时 a 无实根.

说明　本题 $\lambda=2$ 是二重特征值，$\mathrm{r}(2\boldsymbol{E}-\boldsymbol{A})=2$，只有 1 个线性无关的特征向量，$\boldsymbol{A}$ 不能对角化.

题型 3　抽象矩阵的特征值与特征向量

解题思路　对没有给出具体元素的抽象矩阵，其特征值可按如下思路求解：

(1) 利用矩阵特征值的定义式

$$\boldsymbol{A}\boldsymbol{x}=\lambda\boldsymbol{x},\ \boldsymbol{x}\neq\boldsymbol{0},$$

满足该定义式的值 λ 即为矩阵 $\boldsymbol{A}$ 的特征值，满足该定义式的向量 $\boldsymbol{x}$ 即为属于特征值 λ 的特征向量，由此求解或证明有关抽象矩阵特征值和特征向量的命题（如例 1、例 2，又见总习题四题 10).

(2) 利用矩阵的特征方程

$$|\boldsymbol{A}-\lambda\boldsymbol{E}|=0,$$

满足该特征方程的值 λ 即为矩阵 $\boldsymbol{A}$ 的特征值，再进一步确定对应的特征向量（如例 3，例 4，又见总习题四题 12).

(3) 综合运用有关向量组的线性相关性及矩阵的特征值与特征向量的已知结论解题(见总习题四题 13，又如例 5，例 6).

例 1 假设 $\boldsymbol{A}$ 满足方程 $\boldsymbol{A}^2-5\boldsymbol{A}+6\boldsymbol{E}=\boldsymbol{0}$，其中 $\boldsymbol{E}$ 为单位矩阵，试求 $\boldsymbol{A}$ 的特征值.

解 用定义式求解.

设 λ 是 $\boldsymbol{A}$ 的特征值，对应的特征向量设为 $\boldsymbol{x}\neq\boldsymbol{0}$，则 $\boldsymbol{A}\boldsymbol{x}=\lambda\boldsymbol{x}$.

由已知 $\boldsymbol{A}^2-5\boldsymbol{A}+6\boldsymbol{E}=\boldsymbol{0}$，得

$$(\boldsymbol{A}^2-5\boldsymbol{A}+6\boldsymbol{E})\boldsymbol{x}=\boldsymbol{A}^2\boldsymbol{x}-5\boldsymbol{A}\boldsymbol{x}+6\boldsymbol{x}=\lambda^2\boldsymbol{x}-5\lambda\boldsymbol{x}+6\boldsymbol{x}=(\lambda^2-5\lambda+6)\boldsymbol{x}=\boldsymbol{0},$$

因为 $\boldsymbol{x}\neq\boldsymbol{0}$，故

$$\lambda^2-5\lambda+6=(\lambda-2)(\lambda-3)=0,$$

即有 $\lambda=2$ 或 $\lambda=3$.

例 2 $\boldsymbol{A}$ 是 n 阶正交矩阵，λ 是 $\boldsymbol{A}$ 的实特征值，$\boldsymbol{X}$ 是相应的特征向量. 证明 λ 只能是 ±1，并且 $\boldsymbol{X}$ 也是 $\boldsymbol{A}^{\mathrm{T}}$ 的特征向量.

证 按特征值定义，对于 $\boldsymbol{A}\boldsymbol{X}=\lambda\boldsymbol{X}$，经转置得

$$\boldsymbol{X}^{\mathrm{T}}\boldsymbol{A}^{\mathrm{T}}=(\boldsymbol{A}\boldsymbol{X})^{\mathrm{T}}=(\lambda\boldsymbol{X})^{\mathrm{T}}=\lambda\boldsymbol{X}^{\mathrm{T}},$$

因为 $\boldsymbol{A}\boldsymbol{A}^{\mathrm{T}}=\boldsymbol{E}$，从而

$$\boldsymbol{X}^{\mathrm{T}}\boldsymbol{X}=\boldsymbol{X}^{\mathrm{T}}\boldsymbol{A}^{\mathrm{T}}\boldsymbol{A}\boldsymbol{X}=(\lambda\boldsymbol{X}^{\mathrm{T}})(\lambda\boldsymbol{X})=\lambda^2\boldsymbol{X}^{\mathrm{T}}\boldsymbol{X},$$

可得

$$(1-\lambda^2)\boldsymbol{X}^{\mathrm{T}}\boldsymbol{X}=\boldsymbol{0}.$$

因为 $\boldsymbol{X}$ 是实特征向量，所以

$$\boldsymbol{X}^{\mathrm{T}}\boldsymbol{X}=x_1^2+x_2^2+\cdots+x_n^2>0,$$

可知 $\lambda^2=1$，由于 λ 是实数，故只能是 1 或 -1.

若 $\lambda=1$，从 $\boldsymbol{A}\boldsymbol{X}=\boldsymbol{X}$，两边左乘 $\boldsymbol{A}^{\mathrm{T}}$，得到

$$\boldsymbol{A}^{\mathrm{T}}\boldsymbol{X}=\boldsymbol{A}^{\mathrm{T}}\boldsymbol{A}\boldsymbol{X}=\boldsymbol{X},$$

即 $\boldsymbol{X}$ 是 $\boldsymbol{A}^{\mathrm{T}}$ 对应于 $\lambda=1$ 的特征向量（类似可有 $\lambda=-1$ 的论证，下略).

例 3　设 λ 是 n 阶可逆矩阵 $\boldsymbol{A}$ 的一个特征值，证明：$\frac{|\boldsymbol{A}|}{\lambda}$ 为 $\boldsymbol{A}$ 的伴随矩阵 $\boldsymbol{A}^*$ 的特征值.

证　方法一　$|\boldsymbol{A}|\neq 0$，故 $\boldsymbol{A}$ 的特征值 $\lambda\neq 0$，且 $|\lambda\boldsymbol{E}-\boldsymbol{A}|=0$，故

$$|\boldsymbol{A}^*||\lambda\boldsymbol{E}-\boldsymbol{A}|=|\lambda\boldsymbol{A}^*-\boldsymbol{A}^*\boldsymbol{A}|=\left|-\lambda\left(\frac{|\boldsymbol{A}|}{\lambda}\boldsymbol{E}-\boldsymbol{A}^*\right)\right|$$
$$=(-\lambda)^n\left|\frac{|\boldsymbol{A}|}{\lambda}\boldsymbol{E}-\boldsymbol{A}^*\right|=0.$$

由于 $(-\lambda)^n\neq 0$，故 $\left|\frac{|\boldsymbol{A}|}{\lambda}\boldsymbol{E}-\boldsymbol{A}^*\right|=0$，即 $\frac{|\boldsymbol{A}|}{\lambda}$ 是 $\boldsymbol{A}^*$ 的特征值.

方法二　已知 $|\boldsymbol{A}|\neq 0$，$\lambda\neq 0$，且 $\boldsymbol{Ax}=\lambda\boldsymbol{x}$（$\boldsymbol{x}\neq\boldsymbol{0}$）两边左乘 $\boldsymbol{A}^*$，得

$$\boldsymbol{A}^*\boldsymbol{Ax}=|\boldsymbol{A}|\boldsymbol{Ex}=|\boldsymbol{A}|\boldsymbol{x}=\lambda\boldsymbol{A}^*\boldsymbol{x},$$

故 $\boldsymbol{A}^*\boldsymbol{x}=\frac{|\boldsymbol{A}|}{\lambda}\boldsymbol{x}$，即 $\frac{|\boldsymbol{A}|}{\lambda}$ 是 $\boldsymbol{A}^*$ 的特征值.

例 4　设 $\boldsymbol{A}$ 为 n 阶实矩阵，满足 $\boldsymbol{AA}^{\mathrm{T}}=\boldsymbol{E}$，$|\boldsymbol{A}|<0$，试求 $\boldsymbol{A}$ 的伴随矩阵 $\boldsymbol{A}^*$ 的一个特征值.

解　由已知 $\boldsymbol{AA}^{\mathrm{T}}=\boldsymbol{E}$，有

$$\boldsymbol{E}+\boldsymbol{A}=\boldsymbol{AA}^{\mathrm{T}}+\boldsymbol{A}=\boldsymbol{A}(\boldsymbol{A}^{\mathrm{T}}+\boldsymbol{E})=\boldsymbol{A}(\boldsymbol{A}+\boldsymbol{E})^{\mathrm{T}},$$

于是

$$|\boldsymbol{E}+\boldsymbol{A}|=|\boldsymbol{A}(\boldsymbol{A}+\boldsymbol{E})^{\mathrm{T}}|=|\boldsymbol{A}||\boldsymbol{A}+\boldsymbol{E}|,$$

即

$$(1-|\boldsymbol{A}|)|\boldsymbol{E}+\boldsymbol{A}|=0.$$

因为 $|\boldsymbol{A}|<0$，所以 $|\boldsymbol{E}+\boldsymbol{A}|=0$，故有

$$|-\boldsymbol{E}-\boldsymbol{A}|=|-(\boldsymbol{E}+\boldsymbol{A})|=(-1)^n|\boldsymbol{E}+\boldsymbol{A}|=0,$$

即 $\lambda=-1$ 为 $\boldsymbol{A}$ 的一个特征值. 又由题设 $\boldsymbol{AA}^{\mathrm{T}}=\boldsymbol{E}$，有

$$|\boldsymbol{AA}^{\mathrm{T}}|=|\boldsymbol{A}||\boldsymbol{A}^T|=|\boldsymbol{A}|^2=1,$$

得 $|\boldsymbol{A}|=\pm 1$，但 $|\boldsymbol{A}|<0$，所以 $|\boldsymbol{A}|=-1$，从而知 $\boldsymbol{A}^*$ 有一特征值为 $\frac{|\boldsymbol{A}|}{\lambda}=\frac{-1}{-1}=1$.

例 5　$\boldsymbol{A}$，$\boldsymbol{B}$ 均是 n 阶矩阵，证明 $\boldsymbol{AB}$ 与 $\boldsymbol{BA}$ 有相同的特征值.

证　设 λ_0 是 $\boldsymbol{AB}$ 的非零特征值，$\boldsymbol{p}_0$ 是 $\boldsymbol{AB}$ 对应于 λ_0 的特征向量，即

$$(\boldsymbol{AB})\boldsymbol{p}_0=\lambda_0\boldsymbol{p}_0,\lambda_0\boldsymbol{p}_0\neq\boldsymbol{0}.$$

用 $\boldsymbol{B}$ 左乘上式，得 $\boldsymbol{BA}(\boldsymbol{Bp}_0)=\lambda_0\boldsymbol{Bp}_0$.

下面需证 $\boldsymbol{Bp}_0\neq\boldsymbol{0}$（这样，$\boldsymbol{Bp}_0$ 就是矩阵 $\boldsymbol{BA}$ 对应于 λ_0 的特征向量）.

（反证法）如果 $\boldsymbol{Bp}_0=\boldsymbol{0}$，那么 $(\boldsymbol{AB})\boldsymbol{p}_0=\boldsymbol{A}(\boldsymbol{Bp}_0)=\boldsymbol{0}$，这与 $(\boldsymbol{AB})\boldsymbol{p}_0=\lambda_0\boldsymbol{p}_0\neq\boldsymbol{0}$

相矛盾，所以 λ_0 是 $\boldsymbol{BA}$ 的特征值.

如果 $\lambda_0=0$ 是 $\boldsymbol{AB}$ 的特征值，则因

$$|0\boldsymbol{E}-\boldsymbol{BA}|=|-\boldsymbol{BA}|=(-1)^n|\boldsymbol{B}|\cdot|\boldsymbol{A}|=(-1)^n|\boldsymbol{A}|\cdot|\boldsymbol{B}|=|0\boldsymbol{E}-\boldsymbol{AB}|,$$

所以，$\lambda_0=0$ 也是 $\boldsymbol{BA}$ 的特征值.

同样可证，$\boldsymbol{BA}$ 的特征值必是 $\boldsymbol{AB}$ 的特征值，所以 $\boldsymbol{AB}$ 与 $\boldsymbol{BA}$ 的特征值相同.

例 6 已知 $\boldsymbol{A}$ 是 n 阶矩阵，且 $(\boldsymbol{A}+\boldsymbol{E})^3=\boldsymbol{0}$，证明 $\boldsymbol{A}$ 是可逆矩阵.

证 方法一 由 $(\boldsymbol{A}+\boldsymbol{E})^3=\boldsymbol{0}$，得

$$\boldsymbol{A}^3+3\boldsymbol{A}^2+3\boldsymbol{A}+\boldsymbol{E}=\boldsymbol{0}.$$

那么

$$\boldsymbol{A}(-\boldsymbol{A}^2-3\boldsymbol{A}-3\boldsymbol{E})=\boldsymbol{E}, \tag{$*$}$$

所以 $\boldsymbol{A}$ 可逆，且 $\boldsymbol{A}^{-1}=-\boldsymbol{A}^2-3\boldsymbol{A}-3\boldsymbol{E}$.

另外，也可对式（*）用行列式乘法公式，知 $|\boldsymbol{A}|\cdot|-\boldsymbol{A}^2-3\boldsymbol{A}-3\boldsymbol{E}|=1$，得 $|\boldsymbol{A}|\neq 0$，亦知 $\boldsymbol{A}$ 可逆.

方法二 （用特征值）设 λ 是 $\boldsymbol{A}$ 的任一特征值，$\boldsymbol{X}$ 是属于 λ 的特征向量，即

$$\boldsymbol{AX}=\lambda\boldsymbol{X},$$

那么

$$(\boldsymbol{A}+\boldsymbol{E})^3\boldsymbol{X}=(\lambda+1)^3\boldsymbol{X}.$$

因为 $(\boldsymbol{A}+\boldsymbol{E})^3=\boldsymbol{0}$，$\boldsymbol{X}\neq\boldsymbol{0}$，故 $(\lambda+1)^3=0$，因此 $\boldsymbol{A}$ 的任一特征值都是 -1，所以

$$|\boldsymbol{A}|=\prod_{i=1}^{n}\lambda_i=(-1)^n\neq 0,$$

即 $\boldsymbol{A}$ 是可逆矩阵.

题型 4 求解特征值与特征向量的逆问题

解题思路 1. 已知特征向量或特征值反求矩阵中的参数：若题设条件中给出了特征向量，可用定义 $\boldsymbol{Ax}=\lambda\boldsymbol{x}$，$\boldsymbol{x}\neq\boldsymbol{0}$ 得到关于待求参数的方程组，解出所求参数（如例 1）；若题设条件中仅给出矩阵的特征值，则可用特征方程 $|\boldsymbol{A}-\lambda\boldsymbol{E}|=0$ 求解（见总习题四题 6).

2. 已知矩阵的全部特征值、特征向量，反求矩阵本身，可通过特征值的定义表达式 $\boldsymbol{Ax}=\lambda\boldsymbol{x}$，利用向量组与矩阵的运算求出所求矩阵（如例 2).

3. 已知矩阵的部分特征值、特征向量，反求矩阵的另一部分特征值、特征向量以及矩阵本身，此类问题主要针对实对称矩阵来讨论，涉及的结论有：实对称矩阵对应于不同特征值的特征向量相互正交. 利用此结论可得到关于所求特

征向量满足的方程组，解得特征向量，进而确定所求矩阵（见总习题四题 15、题 16）.

例 1　已知三阶矩阵 $\boldsymbol{A}=\begin{pmatrix}3 & 2 & -1\\ x & -2 & 2\\ 3 & y & -1\end{pmatrix}$ 有一个特征向量 $\boldsymbol{p}_1=(1,-2,3)^{\mathrm{T}}$，则 $x=$____，$y=$____，$\boldsymbol{p}_1$ 所对应的特征值 $\lambda_1=$____.

解　应填 $x=-2$，$y=6$，$\lambda_1=-4$.

设矩阵 $\boldsymbol{A}$ 的特征向量 $\boldsymbol{p}_1$ 所对应的特征值为 λ_1，则有

$$(\boldsymbol{A}-\lambda_1\boldsymbol{E})\boldsymbol{p}_1=\boldsymbol{0},$$

即

$$\begin{pmatrix}3-\lambda_1 & 2 & -1\\ x & -2-\lambda_1 & 2\\ 3 & y & -1-\lambda_1\end{pmatrix}\begin{pmatrix}1\\-2\\3\end{pmatrix}=\begin{pmatrix}0\\0\\0\end{pmatrix},$$

或

$$\begin{cases}3-\lambda_1-4-3=0\\ x+2(2+\lambda_1)+6=0\\ 3-2y-3(1+\lambda_1)=0\end{cases}.$$

解得 $\lambda_1=-4$，$x=-2$，$y=6$.

例 2　设三阶矩阵 $\boldsymbol{A}$ 满足 $\boldsymbol{A}\boldsymbol{\alpha}_i=i\boldsymbol{\alpha}_i\,(i=1,2,3)$，其中列向量

$$\boldsymbol{\alpha}_1=(1,2,2)^{\mathrm{T}},\ \boldsymbol{\alpha}_2=(2,-2,1)^{\mathrm{T}},\ \boldsymbol{\alpha}_3=(-2,-1,2)^{\mathrm{T}},$$

试求矩阵 $\boldsymbol{A}$.

解　由 $\boldsymbol{A}\boldsymbol{\alpha}_i=i\boldsymbol{\alpha}_i\,(i=1,2,3)$ 可得

$$\boldsymbol{A}(\boldsymbol{\alpha}_1,\boldsymbol{\alpha}_2,\boldsymbol{\alpha}_3)=(\boldsymbol{A}\boldsymbol{\alpha}_1,\boldsymbol{A}\boldsymbol{\alpha}_2,\boldsymbol{A}\boldsymbol{\alpha}_3)=(\boldsymbol{\alpha}_1,2\boldsymbol{\alpha}_2,3\boldsymbol{\alpha}_3),$$

因为 $\boldsymbol{\alpha}_1,\boldsymbol{\alpha}_2,\boldsymbol{\alpha}_3$ 是三阶矩阵 $\boldsymbol{A}$ 的对应于三个不同特征值的特征向量，所以 $\boldsymbol{\alpha}_1,\boldsymbol{\alpha}_2,\boldsymbol{\alpha}_3$ 线性无关，从而矩阵 $(\boldsymbol{\alpha}_1,\boldsymbol{\alpha}_2,\boldsymbol{\alpha}_3)$ 可逆，于是

$$\begin{aligned}\boldsymbol{A}&=(\boldsymbol{\alpha}_1,2\boldsymbol{\alpha}_2,3\boldsymbol{\alpha}_3)(\boldsymbol{\alpha}_1,\boldsymbol{\alpha}_2,\boldsymbol{\alpha}_3)^{-1}\\ &=\begin{pmatrix}1 & 4 & -6\\ 2 & -4 & -3\\ 2 & 2 & 6\end{pmatrix}\begin{pmatrix}1 & 2 & -2\\ 2 & -2 & -1\\ 2 & 1 & 2\end{pmatrix}^{-1}=\begin{pmatrix}1 & 4 & -6\\ 2 & -4 & -3\\ 2 & 2 & 6\end{pmatrix}\cdot\frac{1}{9}\begin{pmatrix}1 & 2 & 2\\ 2 & -2 & 1\\ -2 & -1 & 2\end{pmatrix}\end{aligned}$$

$$=\begin{pmatrix}\frac{7}{3} & 0 & -\frac{2}{3}\\ 0 & \frac{5}{3} & -\frac{2}{3}\\ -\frac{2}{3} & -\frac{2}{3} & 2\end{pmatrix}.$$

题型 5　矩阵相似与对角化的讨论

解题思路　1. 判断矩阵 $\boldsymbol{A}$ 是否可对角化，在可对角化的情况下，求出相似变换矩阵. 基本步骤如下：

(1) 求出矩阵 $\boldsymbol{A}$ 的全部特征值.

(2) 求出对应于每一特征值的特征向量.

(3) 判断：若每个特征值的重数与对应于该特征值的线性无关的特征向量的个数相同，则该矩阵可对角化.

(4) 在矩阵可对角化的情况下，把它的 n 个线性无关的特征向量作为新矩阵 $\boldsymbol{P}$ 的列向量，则 $\boldsymbol{P}$ 就是所求相似变换矩阵，它使 $\boldsymbol{P}^{-1}\boldsymbol{AP}$ 为对角矩阵（见总习题四题 17，又如例 1、例 2).

2. 判断两个同阶方阵的相似性：若 $\boldsymbol{A}\sim\boldsymbol{B}$，则这两个矩阵的特征多项式、行列式、秩及迹等均相等，其逆命题常用来判断两矩阵不相似（见总习题四题 19，又如例 3).

3. 由已知矩阵 $\boldsymbol{A}$，$\boldsymbol{B}$ 相似，反求矩阵中的参数. 此类问题一般均从 $|\boldsymbol{A}-\lambda\boldsymbol{E}|=|\boldsymbol{B}-\lambda\boldsymbol{E}|$ 着手进行分析（见总习题四题 18、题 20，又如例 4).

例 1　判断下列矩阵 $\boldsymbol{A}$ 是否与对角矩阵相似. 如果相似，求出相似变换矩阵 $\boldsymbol{P}$，使 $\boldsymbol{P}^{-1}\boldsymbol{AP}$ 为对角矩阵，$\boldsymbol{A}=\begin{pmatrix}1 & -3 & 3\\ 3 & -5 & 3\\ 6 & -6 & 4\end{pmatrix}$.

解　由特征方程

$$|\lambda\boldsymbol{E}-\boldsymbol{A}|=\begin{vmatrix}\lambda-1 & 3 & -3\\ -3 & \lambda+5 & -3\\ -6 & 6 & \lambda-4\end{vmatrix}=\begin{vmatrix}\lambda-1 & 3 & -3\\ -\lambda-2 & \lambda+2 & 0\\ -6 & 6 & \lambda-4\end{vmatrix}$$

$$=(\lambda+2)\begin{vmatrix}\lambda-1 & 3 & -3\\ -1 & 1 & 0\\ -6 & 6 & \lambda-4\end{vmatrix}=(\lambda+2)^2(\lambda-4).$$

因此，$\boldsymbol{A}$ 的特征值为 $\lambda_1=\lambda_2=-2$(二重)，$\lambda_3=4$.

对于 $\lambda_1=\lambda_2=-2$，解方程

$$(\lambda_1 \boldsymbol{E}-\boldsymbol{A})\boldsymbol{x}=(-2\boldsymbol{E}-\boldsymbol{A})\boldsymbol{x}=\begin{pmatrix}-3 & 3 & -3\\ -3 & 3 & -3\\ -6 & 6 & -6\end{pmatrix}\begin{pmatrix}x_1\\ x_2\\ x_3\end{pmatrix}=\boldsymbol{0},$$

因为 $\mathrm{r}(-2\boldsymbol{E}-\boldsymbol{A})=1$，可得其基础解系为

$$\boldsymbol{\xi}_1=(1,1,0)^{\mathrm{T}},\ \boldsymbol{\xi}_2=(-1,0,1)^{\mathrm{T}}.$$

对于 $\lambda_3=4$，解方程

$$(\lambda_3 \boldsymbol{E}-\boldsymbol{A})=(4\boldsymbol{E}-\boldsymbol{A})\boldsymbol{x}=\begin{pmatrix}3 & 3 & -3\\ -3 & 9 & -3\\ -6 & 6 & 0\end{pmatrix}\begin{pmatrix}x_1\\ x_2\\ x_3\end{pmatrix}=\boldsymbol{0},$$

因 $\mathrm{r}(4\boldsymbol{E}-\boldsymbol{A})=2$，可得基础解系为 $\boldsymbol{\xi}_3=(1,1,2)^{\mathrm{T}}$，即三阶矩阵 $\boldsymbol{A}$ 有三个线性无关的特征向量 $\boldsymbol{\xi}_1$，$\boldsymbol{\xi}_2$，$\boldsymbol{\xi}_3$，故 $\boldsymbol{A}$ 可对角化.

令 $\boldsymbol{P}=(\boldsymbol{\xi}_1,\boldsymbol{\xi}_2,\boldsymbol{\xi}_3)=\begin{pmatrix}1 & -1 & 1\\ 1 & 0 & 1\\ 0 & 1 & 2\end{pmatrix}$，则 $\boldsymbol{P}^{-1}\boldsymbol{A}\boldsymbol{P}=\begin{pmatrix}-2 & 0 & 0\\ 0 & -2 & 0\\ 0 & 0 & 4\end{pmatrix}$.

例 2　设 $\boldsymbol{A}$ 是 n 阶下三角形矩阵.

(1) 在什么条件下 $\boldsymbol{A}$ 必可对角化?

(2) 如果 $a_{11}=a_{22}=\cdots=a_{nn}$，且至少有一个 $a_{i_0j_0}\neq 0$ $(i_0>j_0)$，证明 $\boldsymbol{A}$ 不可对角化.

证　(1) 先求出 $\boldsymbol{A}$ 的所有特征值.

$$\boldsymbol{A}=\begin{pmatrix}a_{11} & & & 0\\ & a_{22} & & \\ & & \ddots & \\ & & & a_{nn}\end{pmatrix},$$

$$f_A(\lambda)=|\lambda\boldsymbol{E}-\boldsymbol{A}|=(\lambda-a_{11})(\lambda-a_{22})\cdots(\lambda-a_{nn}).$$

令 $f_A(\lambda)=(\lambda-a_{11})(\lambda-a_{22})\cdots(\lambda-a_{nn})=0$，得 $\boldsymbol{A}$ 的所有特征值

$$\lambda_i=a_{ii}\ (1\leqslant i\leqslant n).$$

因 $\boldsymbol{A}$ 可对角化的充分条件是 $\boldsymbol{A}$ 有 n 个互异的特征值，故当 $\lambda_i\neq\lambda_j$ $(i\neq j,\ i,\ j=1,2,\cdots,n)$ 时，即当 $a_{ii}\neq a_{jj}$，$\boldsymbol{A}$ 可对角化.

(2) 用反证法.

若 $\boldsymbol{A}$ 可对角化，则存在可逆矩阵 $\boldsymbol{P}$，使

$$\boldsymbol{P}^{-1}\boldsymbol{A}\boldsymbol{P}=\mathrm{diag}(\lambda_1,\lambda_2,\cdots,\lambda_n),$$

其中 $\lambda_i(1\leqslant i\leqslant n)$ 是 $\boldsymbol{A}$ 的特征值.

由(1) 可知 $\lambda_i=a_{ii}$，而 $a_{11}=a_{22}=\cdots=a_{nn}$，所以

$$\boldsymbol{P}^{-1}\boldsymbol{AP}=\begin{pmatrix}a_{11}&&&\\&a_{11}&&\\&&\ddots&\\&&&a_{11}\end{pmatrix}=a_{11}\boldsymbol{E},$$

$$\boldsymbol{A}=\boldsymbol{P}a_{11}\boldsymbol{EP}^{-1}=a_{11}\boldsymbol{PP}^{-1}=a_{11}\boldsymbol{E},$$

这与至少有一个 $a_{i_0j_0}\neq0(i_0>j_0)$ 矛盾，故 $\boldsymbol{A}$ 不可对角化.

例 3 试判断下列矩阵 $\boldsymbol{A}$, $\boldsymbol{B}$ 是否相似. 若相似，求出可逆矩阵 $\boldsymbol{M}$, 使得$\boldsymbol{B}=\boldsymbol{M}^{-1}\boldsymbol{AM}$, 其中

$$\boldsymbol{A}=\begin{pmatrix}2&0&0\\0&0&1\\0&1&0\end{pmatrix},\ \boldsymbol{B}=\begin{pmatrix}1&0&0\\0&-1&0\\0&-6&2\end{pmatrix}.$$

解 由 $|\lambda\boldsymbol{E}-\boldsymbol{A}|=\begin{vmatrix}\lambda-2&0&0\\0&\lambda&-1\\0&-1&\lambda\end{vmatrix}=(\lambda-2)(\lambda-1)(\lambda+1)$, 得 $\boldsymbol{A}$ 的特征值为

$$\lambda_1=2,\ \lambda_2=1,\ \lambda_3=-1.$$

又由 $|\lambda\boldsymbol{E}-\boldsymbol{B}|=\begin{vmatrix}\lambda-1&0&0\\0&\lambda+1&0\\0&6&\lambda-2\end{vmatrix}=(\lambda-2)(\lambda-1)(\lambda+1)$, 得 $\boldsymbol{B}$ 的特征值为

$$\lambda_1=2,\ \lambda_2=1,\ \lambda_3=-1.$$

$\boldsymbol{A}$ 与 $\boldsymbol{B}$ 均有三个不相同的特征值，因此 $\boldsymbol{A}$ 与 $\boldsymbol{B}$ 同时与对角矩阵 $\begin{pmatrix}2&0&0\\0&1&0\\0&0&-1\end{pmatrix}$ 相似，由相似关系的对称性与传递性知，$\boldsymbol{A}$ 与 $\boldsymbol{B}$ 相似. 另外，对应于特征值 2, 1, -1, $\boldsymbol{A}$ 的特征向量分别为

$$\boldsymbol{\xi}_1=(1,\ 0,\ 0)^{\mathrm{T}},\ \boldsymbol{\xi}_2=(0,\ 1,\ 1)^{\mathrm{T}},\ \boldsymbol{\xi}_3=(0,\ 1,\ -1)^{\mathrm{T}}.$$

对应于特征值 2, 1, -1, $\boldsymbol{B}$ 的特征向量分别为

$$\boldsymbol{\eta}_1=(0,\ 0,\ 1)^{\mathrm{T}},\ \boldsymbol{\eta}_2=(1,\ 0,\ 0)^{\mathrm{T}},\ \boldsymbol{\eta}_3=(0,\ 1,\ 2)^{\mathrm{T}}.$$

故存在

$$\boldsymbol{P}=(\boldsymbol{\xi}_1,\boldsymbol{\xi}_2,\boldsymbol{\xi}_3)=\begin{pmatrix}1&0&0\\0&1&1\\0&1&-1\end{pmatrix},$$

使得

$$\boldsymbol{Q}=(\boldsymbol{\eta}_1,\boldsymbol{\eta}_2,\boldsymbol{\eta}_3)=\begin{pmatrix}0&1&0\\0&0&1\\1&0&2\end{pmatrix},$$

$$\boldsymbol{P}^{-1}\boldsymbol{AP}=\boldsymbol{Q}^{-1}\boldsymbol{BQ}=\begin{pmatrix}2&0&0\\0&1&0\\0&0&-1\end{pmatrix},$$

从而有

$$\boldsymbol{B}=\boldsymbol{QP}^{-1}\boldsymbol{APQ}^{-1}=(\boldsymbol{PQ}^{-1})^{-1}\boldsymbol{A}(\boldsymbol{PQ}^{-1}).$$

令 $\boldsymbol{M}=\boldsymbol{PQ}^{-1}$，则 $\boldsymbol{M}$ 可逆，且使得 $\boldsymbol{B}=\boldsymbol{M}^{-1}\boldsymbol{AM}$. 其中，

$$\boldsymbol{PQ}^{-1}=\begin{pmatrix}1&0&0\\0&1&1\\0&1&-1\end{pmatrix}\begin{pmatrix}0&1&0\\0&0&1\\1&0&2\end{pmatrix}^{-1}=\begin{pmatrix}0&-2&1\\1&1&0\\1&-1&0\end{pmatrix}.$$

例 4　设矩阵 $\boldsymbol{A}=\begin{pmatrix}3&2&-2\\-k&-1&k\\4&2&-3\end{pmatrix}$，问当 k 为何值时，存在可逆矩阵 $\boldsymbol{P}$，使得 $\boldsymbol{P}^{-1}\boldsymbol{AP}$ 为对角矩阵？并求出 $\boldsymbol{P}$ 和相应的对角矩阵.

解　由

$$|\lambda\boldsymbol{E}-\boldsymbol{A}|=\begin{vmatrix}\lambda-3&-2&2\\k&\lambda+1&-k\\-4&-2&\lambda+3\end{vmatrix}=\begin{vmatrix}\lambda-1&-2&2\\0&\lambda+1&-k\\0&0&\lambda+1\end{vmatrix}=(\lambda+1)^2(\lambda-1),$$

可得 $\boldsymbol{A}$ 的特征值为 $\lambda_1=\lambda_2=-1$，$\lambda_3=1$.

对于 $\lambda_1=-1$，有

$$-\boldsymbol{E}-\boldsymbol{A}=\begin{pmatrix}-4&-2&2\\k&0&-k\\-4&-2&2\end{pmatrix}\Rightarrow\begin{pmatrix}-4&-2&2\\k&0&-k\\0&0&0\end{pmatrix},$$

由题设，对应于 $\lambda_1=\lambda_2=-1$ 必有两个特征向量，故有 $\mathrm{r}(-\boldsymbol{E}-\boldsymbol{A})=1$，从而 $k=0$.

此时

$$-\boldsymbol{E}-\boldsymbol{A}\Rightarrow\begin{pmatrix}-4&-2&2\\0&0&0\\0&0&0\end{pmatrix}\Rightarrow\begin{pmatrix}1&\frac{1}{2}&-\frac{1}{2}\\0&0&0\\0&0&0\end{pmatrix},$$

对应的特征向量为

$$\boldsymbol{\alpha}_1=(-1,2,0)^{\mathrm{T}},\boldsymbol{\alpha}_2=(1,0,2)^{\mathrm{T}}.$$

对于 $\lambda_3=1$，有

$$\boldsymbol{E}-\boldsymbol{A}=\begin{pmatrix}-2&-2&2\\k&2&-k\\-4&-2&4\end{pmatrix}\Rightarrow\begin{pmatrix}1&0&-1\\0&1&0\\0&0&0\end{pmatrix},$$

对应的特征向量为 $\boldsymbol{\alpha}_3=(1,0,1)^{\mathrm{T}}$.

因此当 $k=0$ 时，令 $\boldsymbol{P}=\begin{pmatrix}-1&1&1\\2&0&0\\0&2&1\end{pmatrix}$，则

$$\boldsymbol{P}^{-1}\boldsymbol{AP}=\begin{pmatrix}-1&0&0\\0&-1&0\\0&0&1\end{pmatrix}.$$

题型 6　矩阵对角化的应用

解题思路　1. 求矩阵 $\boldsymbol{A}$ 的高次幂. 可按如下思路进行:

(1) 将矩阵 $\boldsymbol{A}$ 对角化，若存在可逆矩阵 $\boldsymbol{P}$，使

$$\boldsymbol{P}^{-1}\boldsymbol{AP}=\boldsymbol{\Lambda}\Rightarrow\boldsymbol{A}=\boldsymbol{P\Lambda P}^{-1}\Rightarrow\boldsymbol{A}^m=\boldsymbol{P\Lambda}^m\boldsymbol{P}^{-1},$$

其中，$\boldsymbol{\Lambda}$ 为对角矩阵，从而可方便地求出矩阵的幂 $\boldsymbol{A}^m$.

(2) 利用矩阵特征值的定义式 $\boldsymbol{Ax}=\lambda\boldsymbol{x}$，则

$$\boldsymbol{A}^m\boldsymbol{x}=\boldsymbol{A}^{m-1}(\boldsymbol{Ax})=\lambda\boldsymbol{A}^{m-1}\boldsymbol{x}=\cdots=\lambda^m\boldsymbol{x},$$

若 $\boldsymbol{x}$ 不是特征向量，可将其表示为特征向量的线性组合，从而方便地计算出 $\boldsymbol{A}^m\boldsymbol{x}$ (如例 1，又见总习题四题 21、题 22、题 24).

2. 求方阵的行列式.

(1) 利用特征多项式. 设 $\lambda_1,\lambda_2,\cdots,\lambda_n$ 是 $\boldsymbol{A}$ 的特征值，则 $|\lambda\boldsymbol{E}-\boldsymbol{A}|=(\lambda-\lambda_1)\cdots(\lambda-\lambda_n)$，$|\boldsymbol{A}|=\lambda_1\lambda_2\cdots\lambda_n$，而 $|a\boldsymbol{E}+b\boldsymbol{A}|=|(-b)[(-a/b)\boldsymbol{E}-\boldsymbol{A}]|=(-b)^n|[(-a/b)\boldsymbol{E}-\boldsymbol{A}]|$.

(2) 利用相似矩阵的性质计算行列式. 相似矩阵有相同的特征值和相同的特征多项式 (见总习题四题 23、题 25).

例 1　设 $\boldsymbol{A}=\begin{pmatrix}3&1&1\\1&2&0\\1&0&2\end{pmatrix}$，

(1) $\boldsymbol{A}$ 的所有特征值与特征向量.

(2) 判断 $\boldsymbol{A}$ 能否对角化. 若能对角化，则求出相似变换矩阵 $\boldsymbol{P}$，使 $\boldsymbol{A}$ 化为对角形矩阵.

(3) 计算 $\boldsymbol{A}^{100}\begin{pmatrix}1\\-1\\-1\end{pmatrix}$，$\boldsymbol{A}^{100}\begin{pmatrix}1\\2\\2\end{pmatrix}$，$\boldsymbol{A}^{m}$.

解　(1) 因为

$$|\lambda\boldsymbol{E}-\boldsymbol{A}|=\begin{vmatrix}\lambda-3&-1&-1\\-1&\lambda-2&0\\-1&0&\lambda-2\end{vmatrix}=\begin{vmatrix}\lambda-3&-1&-1\\-1&\lambda-2&0\\0&-(\lambda-2)&\lambda-2\end{vmatrix}$$

$$=(\lambda-2)\begin{vmatrix}\lambda-3&-1&-1\\-1&\lambda-2&0\\0&-1&1\end{vmatrix}=(\lambda-1)(\lambda-2)(\lambda-4)=0,$$

得 $\boldsymbol{A}$ 的特征值为 $\lambda_1=1$，$\lambda_2=2$，$\lambda_3=4$.

对应于 $\lambda_1=1$，解方程 $(\boldsymbol{E}-\boldsymbol{A})\boldsymbol{x}=\boldsymbol{0}$，得 $\boldsymbol{\xi}_1=(1,\ -1,\ -1)^{\mathrm{T}}$，

对应于 $\lambda_2=2$，解方程 $(2\boldsymbol{E}-\boldsymbol{A})\boldsymbol{x}=\boldsymbol{0}$，得 $\boldsymbol{\xi}_2=(0,\ 1,\ -1)^{\mathrm{T}}$，

对应于 $\lambda_3=4$，解方程 $(4\boldsymbol{E}-\boldsymbol{A})\boldsymbol{x}=\boldsymbol{0}$，得 $\boldsymbol{\xi}_3=(2,\ 1,\ 1)^{\mathrm{T}}$.

(2) $\boldsymbol{A}$ 有三个不同特征值，对应的特征向量 $\boldsymbol{\xi}_1$，$\boldsymbol{\xi}_2$，$\boldsymbol{\xi}_3$ 一定线性无关，因此 $\boldsymbol{A}$ 可以对角化. 令

$$\boldsymbol{P}=(\boldsymbol{\xi}_1,\ \boldsymbol{\xi}_2,\ \boldsymbol{\xi}_3)=\begin{pmatrix}1&0&2\\-1&1&1\\-1&-1&1\end{pmatrix}\Rightarrow\boldsymbol{P}^{-1}\boldsymbol{A}\boldsymbol{P}=\begin{pmatrix}1&0&0\\0&2&0\\0&0&4\end{pmatrix}.$$

(3) 方法一　因 $\boldsymbol{P}=\begin{pmatrix}1&0&2\\-1&1&1\\-1&-1&1\end{pmatrix}$，则 $\boldsymbol{P}^{-1}=\begin{pmatrix}\frac{1}{3}&-\frac{1}{3}&-\frac{1}{3}\\0&\frac{1}{2}&-\frac{1}{2}\\\frac{1}{3}&\frac{1}{6}&\frac{1}{6}\end{pmatrix}$.

由 $\boldsymbol{P}^{-1}\boldsymbol{A}\boldsymbol{P}=\begin{pmatrix}1&0&0\\0&2&0\\0&0&4\end{pmatrix}$，有 $\boldsymbol{A}=\boldsymbol{P}\begin{pmatrix}1&0&0\\0&2&0\\0&0&4\end{pmatrix}\boldsymbol{P}^{-1}$，

故

$$A^m=P\begin{pmatrix}1&0&0\\0&2&0\\0&0&4\end{pmatrix}^m P^{-1}=\begin{pmatrix}1&0&2\\-1&1&1\\-1&-1&1\end{pmatrix}\begin{pmatrix}1&0&0\\0&2^m&0\\0&0&4^m\end{pmatrix}\begin{pmatrix}\frac{1}{3}&-\frac{1}{3}&-\frac{1}{3}\\0&\frac{1}{2}&-\frac{1}{2}\\\frac{1}{3}&\frac{1}{6}&\frac{1}{6}\end{pmatrix}$$

$$=\frac{1}{6}\begin{pmatrix}2+2^{2m+2}&-2+2^{2m+1}&-2+2^{2m+1}\\-2+2^{2m+1}&2+3\cdot 2^m+2^{2m}&2-3\cdot 2^m+2^{2m}\\-2+2^{2m+1}&2-3\cdot 2^m+2^{2m}&2+3\cdot 2^m+2^{2m}\end{pmatrix}.$$

于是

$$A^{100}\begin{pmatrix}1\\-1\\-1\end{pmatrix}=\begin{pmatrix}1\\-1\\-1\end{pmatrix},\ A^{100}\begin{pmatrix}1\\2\\2\end{pmatrix}=\begin{pmatrix}-1+2^{201}\\1+2^{200}\\1+2^{200}\end{pmatrix}.$$

方法二　根据 $A\xi_i=\lambda_i\xi_i$，$i=1, 2, 3$，把

$$\varepsilon_1=\begin{pmatrix}1\\0\\0\end{pmatrix},\ \varepsilon_2=\begin{pmatrix}0\\1\\0\end{pmatrix},\ \varepsilon_3=\begin{pmatrix}0\\0\\1\end{pmatrix},\text{及 }\beta=\begin{pmatrix}1\\2\\2\end{pmatrix}.$$

分别用 ξ_1，ξ_2，ξ_3 表示，得

$$\varepsilon_1=\frac{1}{3}\xi_1+\frac{1}{3}\xi_3,\ \varepsilon_2=-\frac{1}{3}\xi_1+\frac{1}{2}\xi_2+\frac{1}{6}\xi_3,$$

$$\varepsilon_3=-\frac{1}{3}\xi_1-\frac{1}{2}\xi_2+\frac{1}{6}\xi_3,\ \beta=-\xi_1+0\cdot\xi_2+1\cdot\xi_3,$$

故

$$\begin{aligned}A^m&=A^m(\varepsilon_1,\varepsilon_2,\varepsilon_3)=(A^m\varepsilon_1,A^m\varepsilon_2,A^m\varepsilon_3)\\&=\Big(\frac{1}{3}\lambda_1^m\xi_1+\frac{1}{3}\lambda_3^m\xi_3,\ -\frac{1}{3}\lambda_1^m\xi_1+\frac{1}{2}\lambda_2^m\xi_2+\frac{1}{6}\lambda_3^m\xi_3,\\&\qquad -\frac{1}{3}\lambda_1^m\xi_1-\frac{1}{2}\lambda_2^m\xi_2+\frac{1}{6}\lambda_3^m\xi_3\Big)\\&=\frac{1}{6}\begin{pmatrix}2+2^{2m+2}&-2+2^{2m+1}&-2+2^{2m+1}\\-2+2^{2m+1}&2+3\cdot 2^m+2^{2m}&2-3\cdot 2^m+2^{2m}\\-2+2^{2m+1}&2-3\cdot 2^m+2^{2m}&2+3\cdot 2^m+2^{2m}\end{pmatrix}.\end{aligned}$$

因为 $\xi_1=\begin{pmatrix}1\\-1\\-1\end{pmatrix}$，所以

$$A^{100}\xi_1=\lambda_1^{100}\begin{pmatrix}1\\-1\\-1\end{pmatrix}=1^{100}\cdot\begin{pmatrix}1\\-1\\-1\end{pmatrix}=\begin{pmatrix}1\\-1\\-1\end{pmatrix}.$$

$$A^{100}\beta=A^{100}\begin{pmatrix}1\\2\\2\end{pmatrix}=-A^{100}\xi_1+A^{100}\xi_3=-\lambda_1^{100}\xi_1+\lambda_3^{100}\xi_3=\begin{pmatrix}-1+2^{201}\\1+2^{200}\\1+2^{200}\end{pmatrix}.$$

三、总习题四解答

1. 已知 $\boldsymbol{\alpha}_1=\begin{pmatrix}1\\1\\2\\3\end{pmatrix}$，$\boldsymbol{\alpha}_2=\begin{pmatrix}-1\\1\\4\\-1\end{pmatrix}$，求与 $\boldsymbol{\alpha}_1$，$\boldsymbol{\alpha}_2$ 都正交的向量.

解题思路　利用向量组正交的概念解题：若两向量 $\boldsymbol{\alpha}$ 与 $\boldsymbol{\beta}$ 的内积 $[\boldsymbol{\alpha},\boldsymbol{\beta}]=0$，则称向量 $\boldsymbol{\alpha}$ 与 $\boldsymbol{\beta}$ 相互正交.

解　设 $\boldsymbol{\beta}=(x_1,x_2,x_3,x_4)^T$ 与 $\boldsymbol{\alpha}_1$，$\boldsymbol{\alpha}_2$ 都正交，则内积

$$[\boldsymbol{\beta},\boldsymbol{\alpha}_1]=0,\ [\boldsymbol{\beta},\boldsymbol{\alpha}_2]=0,$$

即

$$\begin{cases}x_1+x_2+2x_3+3x_4=0\\-x_1+x_2+4x_3-x_4=0\end{cases},$$

求出其基础解系为

$$\boldsymbol{\eta}_1=(1,-3,1,0)^T,\ \boldsymbol{\eta}_2=(-2,-1,0,1)^T.$$

所以与 $\boldsymbol{\alpha}_1$，$\boldsymbol{\alpha}_2$ 都正交的向量是

$$k_1\boldsymbol{\eta}_1+k_2\boldsymbol{\eta}_2,k_1,k_2\text{ 是任意常数}.$$

2. 设 $\boldsymbol{x}$ 为 n 维列向量，$\boldsymbol{x}^T\boldsymbol{x}=1$，令 $\boldsymbol{H}=\boldsymbol{E}-2\boldsymbol{x}\boldsymbol{x}^T$，证明 $\boldsymbol{H}$ 是对称的正交矩阵.

证　对称性：

$$\boldsymbol{H}^T=(\boldsymbol{E}-2\boldsymbol{x}\boldsymbol{x}^T)^T=\boldsymbol{E}-2\boldsymbol{x}\boldsymbol{x}^T=\boldsymbol{H};$$

正交性：

$$\begin{aligned}\boldsymbol{H}^T\boldsymbol{H}&=\boldsymbol{H}^2\text{（由 }\boldsymbol{H}\text{ 的对称性）}\\&=(\boldsymbol{E}-2\boldsymbol{x}\boldsymbol{x}^T)(\boldsymbol{E}-2\boldsymbol{x}\boldsymbol{x}^T)\\&=\boldsymbol{E}-4\boldsymbol{x}\boldsymbol{x}^T+4(\boldsymbol{x}\boldsymbol{x}^T)(\boldsymbol{x}\boldsymbol{x}^T)\end{aligned}$$

$=\boldsymbol{E}-4\boldsymbol{x}\boldsymbol{x}^{\mathrm{T}}+4\boldsymbol{x}(\boldsymbol{x}^{\mathrm{T}}\boldsymbol{x})\boldsymbol{x}^{\mathrm{T}}$(矩阵乘法结合律)

$=\boldsymbol{E}(\boldsymbol{x}^{\mathrm{T}}\boldsymbol{x}=1)$.

3. 设 $\boldsymbol{\alpha}_1, \boldsymbol{\alpha}_2, \cdots, \boldsymbol{\alpha}_n$ 是 $\boldsymbol{R}^n$ 的一组标准正交基，$\boldsymbol{A}$ 是 n 阶正交矩阵，证明：$\boldsymbol{A\alpha}_1, \boldsymbol{A\alpha}_2, \cdots, \boldsymbol{A\alpha}_n$ 是 $\boldsymbol{R}^n$ 的一组标准正交基.

证明思路 结合正交矩阵的性质，利用标准正交基的概念证明.

证 因为

$$[\boldsymbol{A\alpha}_i, \boldsymbol{A\alpha}_j]=[\boldsymbol{\alpha}_i, \boldsymbol{\alpha}_j]=\begin{cases}1, & i=j\\ 0, & i\neq j\end{cases}$$

$\Rightarrow \boldsymbol{A\alpha}_1, \cdots, \boldsymbol{A\alpha}_n$ 标准正交且个数等于 $\boldsymbol{R}^n$ 的维数.

故 $\boldsymbol{A\alpha}_1, \cdots, \boldsymbol{A\alpha}_n$ 是 $\boldsymbol{R}^n$ 的一组标准正交基.

4. 设 $\boldsymbol{\alpha}_1, \boldsymbol{\alpha}_2, \boldsymbol{\alpha}_3$ 与 $\boldsymbol{\beta}_1, \boldsymbol{\beta}_2$ 是两个线性无关的向量组，且

$$[\boldsymbol{\alpha}_i, \boldsymbol{\beta}_j]=0 \quad (i=1, 2, 3; j=1, 2),$$

证明 $\boldsymbol{\alpha}_1, \boldsymbol{\alpha}_2, \boldsymbol{\alpha}_3$ 与 $\boldsymbol{\beta}_1, \boldsymbol{\beta}_2$ 线性无关.

证明思路 利用正交性证明向量组线性无关.

证 设有 $\lambda_1, \lambda_2, \lambda_3$ 与 k_1, k_2，使

$$\lambda_1\boldsymbol{\alpha}_1+\lambda_2\boldsymbol{\alpha}_2+\lambda_3\boldsymbol{\alpha}_3+k_1\boldsymbol{\beta}_1+k_2\boldsymbol{\beta}_2=\boldsymbol{0},$$

即

$$\lambda_1\boldsymbol{\alpha}_1+\lambda_2\boldsymbol{\alpha}_2+\lambda_3\boldsymbol{\alpha}_3=-k_1\boldsymbol{\beta}_1-k_2\boldsymbol{\beta}_2.$$

因为

$$[\boldsymbol{\alpha}_i, \boldsymbol{\beta}_j]=0, i=1, 2, 3, j=1, 2,$$

所以

$$\begin{aligned}&[\lambda_1\boldsymbol{\alpha}_1+\lambda_2\boldsymbol{\alpha}_2+\lambda_3\boldsymbol{\alpha}_3, \lambda_1\boldsymbol{\alpha}_1+\lambda_2\boldsymbol{\alpha}_2+\lambda_3\boldsymbol{\alpha}_3]\\ =&[\lambda_1\boldsymbol{\alpha}_1+\lambda_2\boldsymbol{\alpha}_2+\lambda_3\boldsymbol{\alpha}_3, -k_1\boldsymbol{\beta}_1-k_2\boldsymbol{\beta}_2]\\ =&-\lambda_1k_1[\boldsymbol{\alpha}_1, \boldsymbol{\beta}_1]-\lambda_2k_1[\boldsymbol{\alpha}_2, \boldsymbol{\beta}_1]-\lambda_3k_1[\boldsymbol{\alpha}_3, \boldsymbol{\beta}_1]\\ &-\lambda_1k_2[\boldsymbol{\alpha}_1, \boldsymbol{\beta}_2]-\lambda_2k_2[\boldsymbol{\alpha}_2, \boldsymbol{\beta}_2]-\lambda_3k_2[\boldsymbol{\alpha}_3, \boldsymbol{\beta}_2]\\ =&0,\end{aligned}$$

从而

$$\lambda_1\boldsymbol{\alpha}_1+\lambda_2\boldsymbol{\alpha}_2+\lambda_3\boldsymbol{\alpha}_3=\boldsymbol{0}.$$

又因 $\boldsymbol{\alpha}_1, \boldsymbol{\alpha}_2, \boldsymbol{\alpha}_3$ 线性无关，故有

$$\lambda_1=\lambda_2=\lambda_3=0.$$

代入前式，得

$$k_1\boldsymbol{\beta}_1+k_2\boldsymbol{\beta}_2=\mathbf{0}.$$

由于 $\boldsymbol{\beta}_1$，$\boldsymbol{\beta}_2$ 线性无关，故有

$$k_1=k_2=0,$$

于是有

$$\lambda_1=\lambda_2=\lambda_3=k_1=k_2=0,$$

因此 $\boldsymbol{\alpha}_1$，$\boldsymbol{\alpha}_2$，$\boldsymbol{\alpha}_3$，$\boldsymbol{\beta}_1$，$\boldsymbol{\beta}_2$ 线性无关.

5. 已知 $\boldsymbol{A}=\begin{pmatrix}1&1&1&1\\1&1&1&1\\1&1&1&1\\1&1&1&1\end{pmatrix}$，则 $\boldsymbol{A}$ 的非零特征值是________.

解题思路　一般可由特征方程 $|\lambda\boldsymbol{E}-\boldsymbol{A}|=0$ 直接解出特征值 $\lambda_i(i=1,2,\cdots,n)$，其特征方程求解时，一般先利用行列式的运算性质，通过提出公因式等方法化简特征方程来求解；对三阶以上矩阵的特征值，除对部分较特殊的矩阵（如上（下）三角形矩阵，可分块为上（下）三角形矩阵的矩阵等）外，一般不做特别要求.

解　应填 4.

可用特征多项式直接计算：

$$|\lambda\boldsymbol{E}-\boldsymbol{A}|=\begin{vmatrix}\lambda-1&-1&-1&-1\\-1&\lambda-1&-1&-1\\-1&-1&\lambda-1&-1\\-1&-1&-1&\lambda-1\end{vmatrix}=\begin{vmatrix}\lambda-4&\lambda-4&\lambda-4&\lambda-4\\-1&\lambda-1&-1&-1\\-1&-1&\lambda-1&-1\\-1&-1&-1&\lambda-1\end{vmatrix}$$

$$=(\lambda-4)\begin{vmatrix}1&1&1&1\\-1&\lambda-1&-1&-1\\-1&-1&\lambda-1&-1\\-1&-1&-1&\lambda-1\end{vmatrix}=(\lambda-4)\begin{vmatrix}1&1&1&1\\0&\lambda&0&0\\0&0&\lambda&0\\0&0&0&\lambda\end{vmatrix}$$

$$=(\lambda-4)\lambda^3.$$

也可如下推导：由于 $\boldsymbol{A}=\begin{pmatrix}1\\1\\1\\1\end{pmatrix}(1,1,1,1)$，知 $\boldsymbol{A}^2=4\boldsymbol{A}$，所以 $\boldsymbol{A}$ 的特征值只

能取值 0 与 4.

又因 $\sum_{i=1}^{4}\lambda_i = \sum_{i=1}^{4}a_{ii} = 4$，因此 $\lambda = 4$ 必是 $\boldsymbol{A}$ 的特征值.

6. 设矩阵 $\boldsymbol{A}=\begin{pmatrix}1 & -3 & 3\\ 3 & a & 3\\ 6 & -6 & b\end{pmatrix}$ 有特征值 $\lambda_1=-2$，$\lambda_2=4$，试求参数 a，b 的值.

解题思路 结合线性方程组解的结构，可用特征方程 $|\lambda\boldsymbol{E}-\boldsymbol{A}|=0$ 求参数的值.

解 题设中无已知特征向量，故由 $|\lambda\boldsymbol{E}-\boldsymbol{A}|=0$ 求参数 a，b 的值.

因为 $\lambda_1=-2$，$\lambda_2=4$ 均为 $\boldsymbol{A}$ 的特征值，所以 $|\lambda_1\boldsymbol{E}-\boldsymbol{A}|=0$，$|\lambda_2\boldsymbol{E}-\boldsymbol{A}|=0$，即

$$|\lambda_1\boldsymbol{E}-\boldsymbol{A}|=\begin{vmatrix}\lambda_1-1 & 3 & -3\\ -3 & \lambda_1-a & -3\\ -6 & 6 & \lambda_1-b\end{vmatrix}=\begin{vmatrix}-3 & 3 & -3\\ -3 & -2-a & -3\\ -6 & 6 & -2-b\end{vmatrix}$$
$$=3(5+a)(4-b)=0,$$

$$|\lambda_2\boldsymbol{E}-\boldsymbol{A}|=\begin{vmatrix}3 & 3 & -3\\ -3 & 4-a & -3\\ -6 & 6 & 4-b\end{vmatrix}=3[-(7-a)(2+b)+72]=0,$$

解得 $a=-5$，$b=4$.

7. 已知 $\boldsymbol{A}=\begin{pmatrix}0 & 0 & 1\\ x & 1 & 0\\ 1 & 0 & 0\end{pmatrix}$ 有三个线性无关的特征向量，求 x.

解题思路 结合线性方程组解的结构，利用特征方程 $|\lambda\boldsymbol{E}-\boldsymbol{A}|=0$ 反求矩阵中的参数.

解 由 $\boldsymbol{A}$ 的特征方程

$$|\lambda\boldsymbol{E}-\boldsymbol{A}|=\begin{vmatrix}\lambda & 0 & -1\\ -x & \lambda-1 & 0\\ -1 & 0 & \lambda\end{vmatrix}=(\lambda-1)(\lambda^2-1)=0,$$

得到特征值 $\lambda=1$(二重)，$\lambda=-1$.

因为 $\boldsymbol{A}$ 有 3 个线性无关的特征向量，故 $\lambda=1$ 必须有两个线性无关的特征向量，所以必有 $\mathrm{r}(\boldsymbol{E}-\boldsymbol{A})=3-2=1$，于是

$$\boldsymbol{E}-\boldsymbol{A}=\begin{pmatrix}1 & 0 & -1\\ -x & 0 & 0\\ -1 & 0 & 1\end{pmatrix}\Rightarrow\begin{pmatrix}1 & 0 & -1\\ -x & 0 & 0\\ 0 & 0 & 0\end{pmatrix},$$

可知 $x=0$.

8. 设矩阵 $\boldsymbol{A}$ 与 $\boldsymbol{B}$ 相似，且

$$\boldsymbol{A}=\begin{pmatrix}1 & -1 & 1\\ 2 & 4 & -2\\ -3 & -3 & a\end{pmatrix},\ \boldsymbol{B}=\begin{pmatrix}2 & 0 & 0\\ 0 & 2 & 0\\ 0 & 0 & b\end{pmatrix}.$$

(1) 求 a，b 的值；

(2) 求可逆矩阵 $\boldsymbol{P}$，使 $\boldsymbol{P}^{-1}\boldsymbol{AP}=\boldsymbol{B}$.

解题思路　根据有关矩阵特征值、特征向量以及矩阵相似等结论确定矩阵中的待定参数，由特征方程 $|\lambda\boldsymbol{E}-\boldsymbol{A}|=0$ 直接解出特征值 $\lambda_i(i=1, 2, \cdots, n)$，再由线性方程组 $(\lambda_i\boldsymbol{E}-\boldsymbol{A})\boldsymbol{x}=\boldsymbol{0}$ 求出相应的特征向量.

解　(1) $\boldsymbol{A}\sim\boldsymbol{B}$ 且 $\boldsymbol{B}$ 是对角矩阵，可见 $\boldsymbol{P}$ 由 $\boldsymbol{A}$ 的线性无关的特征向量构成，而确定 a，b 可利用相似的必要条件.

由 $\boldsymbol{A}\sim\boldsymbol{B}$ 可知，$\boldsymbol{A}$ 与 $\boldsymbol{B}$ 有相同的特征值，于是 $\lambda_1=\lambda_2=2$，$\lambda_3=b$ 是 $\boldsymbol{A}$ 的特征值.

因此，$\boldsymbol{A}$ 的特征多项式为

$$|\lambda\boldsymbol{E}-\boldsymbol{A}|=\begin{vmatrix}\lambda-1 & 1 & -1\\ -2 & \lambda-4 & 2\\ 3 & 3 & \lambda-a\end{vmatrix}=\begin{vmatrix}\lambda-2 & 1 & -1\\ 2-\lambda & \lambda-4 & 2\\ 0 & 3 & \lambda-a\end{vmatrix}$$
$$=(\lambda-2)[\lambda^2-(a+3)\lambda+3(a-1)].$$

由于 2 是 $\boldsymbol{A}$ 的二重特征值，因此，2 是方程 $\lambda^2-(a+3)\lambda+3(a-1)=0$ 的根，把 $\lambda_1=2$ 代入上式，得

$$a=5.$$

又因为相似矩阵有相似的迹，故

$$1+4+a=2+2+b,$$

于是 $b=\lambda_2=6$.

(2) 当 $\lambda=2$ 时，求解齐次线性方程组 $(2\boldsymbol{E}-\boldsymbol{A})\boldsymbol{x}=\boldsymbol{0}$，其基础解系为

$$\boldsymbol{\alpha}_1=(1, -1, 0)^{\mathrm{T}},\ \boldsymbol{\alpha}_2=(1, 0, 1)^{\mathrm{T}}.$$

当 $\lambda=6$ 时，求解齐次线性方程组 $(6\boldsymbol{E}-\boldsymbol{A})\boldsymbol{x}=\boldsymbol{0}$，其基础解系为

$$\boldsymbol{\alpha}_3=(1, -2, 3)^{\mathrm{T}}.$$

令 $\boldsymbol{P}=(\boldsymbol{\alpha}_1, \boldsymbol{\alpha}_2, \boldsymbol{\alpha}_3)=\begin{pmatrix}1 & 1 & 1\\ -1 & 0 & -2\\ 0 & 1 & 3\end{pmatrix}$，则有 $\boldsymbol{P}^{-1}\boldsymbol{AP}=\boldsymbol{B}$.

9. 已知$\boldsymbol{\xi}=\begin{pmatrix}1\\1\\-1\end{pmatrix}$是$\boldsymbol{A}=\begin{pmatrix}a&-1&2\\5&b&3\\-1&0&-2\end{pmatrix}$的特征向量，求$a$，$b$的值，并证明$\boldsymbol{A}$的任一特征向量均能由$\boldsymbol{\xi}$线性表出.

解题思路 利用$\boldsymbol{A\xi}=\lambda\boldsymbol{\xi}$确定矩阵中的待定参数，由特征方程$|\lambda\boldsymbol{E}-\boldsymbol{A}|=0$直接解出特征值$\lambda_i(i=1, 2, \cdots, n)$，再由线性方程组$(\lambda_i\boldsymbol{E}-\boldsymbol{A})\boldsymbol{x}=\boldsymbol{0}$解的结构证明.

解 设$\boldsymbol{\xi}$是λ所对应的特征向量，则$\boldsymbol{A\xi}=\lambda\boldsymbol{\xi}$，即

$$\begin{pmatrix}a&-1&2\\5&b&3\\-1&0&-2\end{pmatrix}\begin{pmatrix}1\\1\\-1\end{pmatrix}=\lambda\begin{pmatrix}1\\1\\-1\end{pmatrix},$$

即

$$\begin{cases}a-1-2=\lambda\\5+b-3=\lambda\\-1+2=-\lambda\end{cases}\Rightarrow\lambda=-1,\ a=2,\ b=-3.$$

故

$$\boldsymbol{A}=\begin{pmatrix}2&-1&2\\5&-3&3\\-1&0&-2\end{pmatrix}.$$

由$|\lambda\boldsymbol{E}-\boldsymbol{A}|=\lambda^3-(2+(-3)+(-2))\lambda^2+(-1+6-2)\lambda-(-1)=(\lambda+1)^3$，知$\lambda=-1$是$\boldsymbol{A}$的三重特征值.

又因$\mathrm{r}(-\boldsymbol{E}-\boldsymbol{A})=\mathrm{r}\begin{pmatrix}-3&1&-2\\-5&2&-3\\1&0&1\end{pmatrix}=2$，从而$\lambda=-1$对应的线性无关的特征向量只有一个，所以$\boldsymbol{A}$的特征向量均可由$\boldsymbol{\xi}$线性表示.

10. 已知三阶矩阵$\boldsymbol{A}$的特征值为1，-2，3，则$(2\boldsymbol{A})^{-1}$的特征值是______.

解题思路 利用特征值的性质解题.

解 应填$\frac{1}{2}$，$-\frac{1}{4}$，$\frac{1}{6}$.

设λ是$\boldsymbol{A}$的特征值，$\boldsymbol{X}$是对应于λ的特征向量，即

$$\boldsymbol{AX}=\lambda\boldsymbol{X}.$$

那么，用$\boldsymbol{A}^{-1}$左乘等式两端，有$\lambda\boldsymbol{A}^{-1}\boldsymbol{X}=\boldsymbol{X}$.

因为 $\boldsymbol{A}$ 可逆$\Leftrightarrow\boldsymbol{A}$ 的特征值全不为 0，故 $\boldsymbol{A}^{-1}\boldsymbol{X}=\frac{1}{\lambda}\boldsymbol{X}$.

可见，由 λ 是 $\boldsymbol{A}$ 的特征值$\Leftrightarrow\frac{1}{\lambda}$是 $\boldsymbol{A}^{-1}$的特征值.

类似地，由 $\boldsymbol{AX}=\lambda\boldsymbol{X}$ 知 $(k\boldsymbol{A})\boldsymbol{X}=k\lambda\boldsymbol{X}$，即 $k\boldsymbol{A}$ 的特征值是 $k\lambda$，那么从$(2\boldsymbol{A})^{-1}=\frac{1}{2}\boldsymbol{A}^{-1}$知其特征值为$\frac{1}{2}$，$-\frac{1}{4}$，$\frac{1}{6}$.

11. 已知可逆矩阵 $\boldsymbol{A}$ 的特征值为 1，2，-2，则 $\boldsymbol{A}^*$ 的三个特征值分别是________，$|\boldsymbol{A}|$ 的代数余子式之和 $A_{11}+A_{22}+A_{33}$ 为________.

解　应填-4，2，-2；-4.

因为$|\boldsymbol{A}|=\lambda_1\cdot\lambda_2\cdot\lambda_3=-4$，故 $\boldsymbol{A}^*=|\boldsymbol{A}|\boldsymbol{A}^{-1}$.

又因 1，$-\frac{1}{2}$，$\frac{1}{2}$是 $\boldsymbol{A}^{-1}$的特征值，所以 $\boldsymbol{A}^*$ 的特征值是

$$(-4)\cdot1=-4,\ (-4)\cdot\left(-\frac{1}{2}\right)=2,\ (-4)\cdot\frac{1}{2}=-2.$$

由于 $\lambda_1+\lambda_2+\lambda_3=a_{11}+a_{22}+a_{33}$，所以

$$A_{11}+A_{22}+A_{33}=-4+2-2=-4.$$

12. $\boldsymbol{A}$ 为 n 阶方阵，$|\boldsymbol{A}|=3$，$2\boldsymbol{A}+\boldsymbol{E}$ 不可逆，求伴随矩阵 $\boldsymbol{A}^*$ 的一个特征值.

解　因为 $\boldsymbol{A\alpha}=\lambda\boldsymbol{\alpha}$，所以 $\boldsymbol{A}^{-1}\boldsymbol{\alpha}=\frac{1}{\lambda}\boldsymbol{\alpha}$，即

$$\frac{1}{|\boldsymbol{A}|}\boldsymbol{A}^*\boldsymbol{\alpha}=\frac{1}{\lambda}\boldsymbol{\alpha}\Rightarrow\boldsymbol{A}^*\boldsymbol{\alpha}=\frac{|\boldsymbol{A}|}{\lambda}\boldsymbol{\alpha}.$$

由 $2\boldsymbol{A}+\boldsymbol{E}$ 不可逆$\Rightarrow|2\boldsymbol{A}+\boldsymbol{E}|=0$

$$\Rightarrow\left|\boldsymbol{A}-\left(-\frac{1}{2}\right)\boldsymbol{E}\right|=0\Rightarrow\lambda=-\frac{1}{2}.$$

又因为$|\boldsymbol{A}|=3$，所以 $\boldsymbol{A}^*$ 有一个特征值为$\frac{|\boldsymbol{A}|}{\lambda}=-6$.

13. 设 $\boldsymbol{A}$ 为三阶实对称矩阵，$\boldsymbol{A}$ 的特征值是 1，2，3. 若 $\boldsymbol{A}$ 属于 1，2 的特征向量分别为 $\boldsymbol{\alpha}_1=(-1,\ -1,\ 1)^{\mathrm{T}}$，$\boldsymbol{\alpha}_2=(1,\ -2,\ -1)^{\mathrm{T}}$，则 $\boldsymbol{A}$ 属于特征值 3 的特征向量为________.

解题思路　实对称矩阵的属于不同特征值的特征向量相互正交.

解　应填 $k(1,\ 0,\ 1)^{\mathrm{T}}$，$k\neq0$.

设 $\boldsymbol{A}$ 的属于$\lambda=3$ 的特征向量是 $\boldsymbol{\alpha}_3=(x_1,\ x_2,\ x_3)^{\mathrm{T}}$，于是 $\boldsymbol{\alpha}_1$，$\boldsymbol{\alpha}_2$ 都与 $\boldsymbol{\alpha}_3$ 正交，即

$$\boldsymbol{\alpha}_1^{\mathrm{T}}\boldsymbol{\alpha}_3=\mathbf{0},\ \boldsymbol{\alpha}_2^{\mathrm{T}}\boldsymbol{\alpha}_3=\mathbf{0},$$

那么

$$\begin{cases}-x_1-x_2+x_3=0\\ x_1-2x_2-x_3=0\end{cases}.$$

经高斯消元，有

$$\begin{pmatrix}-1 & -1 & 1\\ 1 & -2 & -1\end{pmatrix}\Rightarrow\begin{pmatrix}1 & 1 & -1\\ 0 & 3 & 0\end{pmatrix},$$

从而得到基础解系 $(1, 0, 1)^{\mathrm{T}}$，即属于 $\lambda=3$ 的特征向量全体为

$$k(1, 0, 1)^{\mathrm{T}},\ k\neq 0.$$

14. 假设 $\boldsymbol{A}$ 满足方程 $\boldsymbol{A}^2-5\boldsymbol{A}+6\boldsymbol{E}=\boldsymbol{O}$，其中 $\boldsymbol{E}$ 为单位矩阵，试求 $\boldsymbol{A}$ 的特征值.

解题思路 利用矩阵特征值的定义式 $\boldsymbol{A}\boldsymbol{x}=\lambda\boldsymbol{x}$，$\boldsymbol{x}\neq\mathbf{0}$，满足该定义式的值 λ 即为矩阵 $\boldsymbol{A}$ 的特征值，由此求解抽象矩阵特征值.

解 用定义式求解.

设 λ 是 $\boldsymbol{A}$ 的特征值，对应的特征向量设为 $\boldsymbol{x}\neq\mathbf{0}$，则

$$\boldsymbol{A}\boldsymbol{x}=\lambda\boldsymbol{x}.$$

由已知 $\boldsymbol{A}^2-5\boldsymbol{A}+6\boldsymbol{E}=\boldsymbol{O}$，得

$$(\boldsymbol{A}^2-5\boldsymbol{A}+6\boldsymbol{E})\boldsymbol{x}=\boldsymbol{A}^2\boldsymbol{x}-5\boldsymbol{A}\boldsymbol{x}+6\boldsymbol{x}=\lambda^2\boldsymbol{x}-5\lambda\boldsymbol{x}+6\boldsymbol{x}=(\lambda^2-5\lambda+6)\boldsymbol{x}=\boldsymbol{O},$$

因为 $\boldsymbol{x}\neq\mathbf{0}$，故 $\lambda^2-5\lambda+6=(\lambda-2)(\lambda-3)=0$，即有 $\lambda=2$ 或 $\lambda=3$.

15. $\boldsymbol{A}$ 是三阶实对称矩阵，$\boldsymbol{A}$ 的特征值是 1，-1，0，其中属于特征值 $\lambda=1$ 与 $\lambda=0$ 的特征向量分别是 $(1, a, 1)^{\mathrm{T}}$ 及 $(a, a+1, 1)^{\mathrm{T}}$，求矩阵 $\boldsymbol{A}$.

解题思路 任意实对称矩阵均与以特征值为对角元素的对角矩阵相似.

解 因为 $\boldsymbol{A}$ 是实对称矩阵，属于不同特征值的特征向量相互正交，所以

$$1\times a+a(a+1)+1\times 1=0.$$

解出 $a=-1$.

设属于 $\lambda=-1$ 的特征向量是 $(x_1, x_2, x_3)^{\mathrm{T}}$，它与 $\lambda=1$，$\lambda=0$ 的特征向量均正交，于是

$$\begin{cases}x_1-x_2+x_3=0\\ -x_1+x_3=0\end{cases},$$

解得 $(1, 2, 1)^{\mathrm{T}}$ 是 $\lambda=-1$ 的特征向量，则有

$$\boldsymbol{A}\sim\boldsymbol{\Lambda}=\begin{pmatrix}1 & & \\ & -1 & \\ & & 0\end{pmatrix}, \boldsymbol{P}=\begin{pmatrix}1 & 1 & -1\\ -1 & 2 & 0\\ 1 & 1 & 1\end{pmatrix}$$

$$\Rightarrow \boldsymbol{P}^{-1}\boldsymbol{A}\boldsymbol{P}=\boldsymbol{\Lambda},$$

故

$$\boldsymbol{A}=\boldsymbol{P}\boldsymbol{\Lambda}\boldsymbol{P}^{-1}=\frac{1}{6}\begin{pmatrix}1 & -4 & -1\\ -4 & -2 & -4\\ 1 & -4 & 1\end{pmatrix}.$$

16. 设三阶实对称矩阵 $\boldsymbol{A}$ 的特征值为 $\lambda_1=-1$，$\lambda_2=\lambda_3=1$，对应于 λ_1 的特征向量为 $\boldsymbol{\alpha}_1=(0,1,1)^{\mathrm{T}}$，求属于特征值 $\lambda_2=\lambda_3=1$ 的特征向量及矩阵 $\boldsymbol{A}$.

解题思路　利用实对称矩阵的性质反求矩阵 $\boldsymbol{A}$.

解　设属于特征值 $\lambda_2=\lambda_3=1$ 的特征向量为

$$\boldsymbol{\alpha}=(x_1, x_2, x_3)^{\mathrm{T}}.$$

因为 $\boldsymbol{A}$ 为实对称矩阵，所以不同特征值对应的特征向量相互正交，于是 $\boldsymbol{\alpha}^{\mathrm{T}}\boldsymbol{\alpha}_1=\boldsymbol{0}$，即 $x_2+x_3=0$，由此解得

$$\boldsymbol{\alpha}_2=\begin{pmatrix}1\\0\\0\end{pmatrix}, \boldsymbol{\alpha}_3=\begin{pmatrix}0\\-1\\1\end{pmatrix}.$$

又由 $\boldsymbol{A}(\boldsymbol{\alpha}_1, \boldsymbol{\alpha}_2, \boldsymbol{\alpha}_3)=(\boldsymbol{A}\boldsymbol{\alpha}_1, \boldsymbol{A}\boldsymbol{\alpha}_2, \boldsymbol{A}\boldsymbol{\alpha}_3)=(-\boldsymbol{\alpha}_1, \boldsymbol{\alpha}_2, \boldsymbol{\alpha}_3)$，知

$$\begin{aligned}\boldsymbol{A}&=(-\boldsymbol{\alpha}_1, \boldsymbol{\alpha}_2, \boldsymbol{\alpha}_3)(\boldsymbol{\alpha}_1, \boldsymbol{\alpha}_2, \boldsymbol{\alpha}_3)^{-1}\\ &=\begin{pmatrix}0 & 1 & 0\\ -1 & 0 & -1\\ -1 & 0 & 1\end{pmatrix}\begin{pmatrix}0 & 1 & 0\\ 1 & 0 & -1\\ 1 & 0 & 1\end{pmatrix}^{-1}=\begin{pmatrix}0 & 1 & 0\\ -1 & 0 & -1\\ -1 & 0 & 1\end{pmatrix}\begin{pmatrix}0 & \frac{1}{2} & \frac{1}{2}\\ 1 & 0 & 0\\ 0 & -\frac{1}{2} & \frac{1}{2}\end{pmatrix}\\ &=\begin{pmatrix}1 & 0 & 0\\ 0 & 0 & -1\\ 0 & -1 & 0\end{pmatrix}.\end{aligned}$$

17. 判断矩阵 $\boldsymbol{A}=\begin{pmatrix}2 & -1 & 2\\ 5 & -3 & 3\\ -1 & 0 & -2\end{pmatrix}$ 能否对角化？若能的话，求出对角形.

解题思路 判断矩阵 $\boldsymbol{A}$ 是否可对角化，在可对角化的情况下，求出相似变换矩阵. 基本步骤如下：

(1) 求出矩阵 $\boldsymbol{A}$ 的全部特征值；

(2) 求出对应于每一特征值的特征向量；

(3) 判断：若每个特征值的重数与属于该特征值的线性无关的特征向量的个数相同，则该矩阵可对角化；

(4) 在矩阵可对角化的情况下，把它的 n 个线性无关的特征向量作为新矩阵 $\boldsymbol{P}$ 的列向量，则 $\boldsymbol{P}$ 就是所求的相似变换矩阵，它使 $\boldsymbol{P}^{-1}\boldsymbol{AP}$ 为对角矩阵.

解 $\boldsymbol{A}$ 的特征多项式为

$$|\boldsymbol{A}-\lambda\boldsymbol{E}|=\begin{vmatrix}2-\lambda & -1 & 2\\ 5 & -3-\lambda & 3\\ -1 & 0 & -2-\lambda\end{vmatrix}=-(1+\lambda)^3,$$

故特征值 $\lambda_1=\lambda_2=\lambda_3=-1$.

解方程 $(\boldsymbol{A}+\boldsymbol{E})\boldsymbol{x}=\boldsymbol{0}$，由

$$\boldsymbol{A}+\boldsymbol{E}=\begin{pmatrix}3 & -1 & 2\\ 5 & -2 & 3\\ -1 & 0 & -1\end{pmatrix}\to\begin{pmatrix}1 & 0 & 1\\ 0 & 1 & 1\\ 0 & 0 & 0\end{pmatrix}$$

得到基础解系 $\boldsymbol{\xi}=(1,1,-1)^{\mathrm{T}}$，即矩阵 $\boldsymbol{A}$ 只有一个线性无关的特征向量，故 $\boldsymbol{A}$ 不能化为对角形.

18. 已知矩阵 $\boldsymbol{A}=\begin{pmatrix}2 & 0 & 0\\ 0 & 0 & 1\\ 0 & 1 & x\end{pmatrix}$，$\boldsymbol{B}=\begin{pmatrix}2 & 0 & 0\\ 0 & y & 0\\ 0 & 0 & -1\end{pmatrix}$ 相似，则 $y=$________.

解题思路 由已知矩阵 $\boldsymbol{A}$，$\boldsymbol{B}$ 相似，反求矩阵中的参数. 此类问题一般均从

$$|\lambda\boldsymbol{E}-\boldsymbol{A}|=|\lambda\boldsymbol{E}-\boldsymbol{B}|$$

着手进行分析.

解 应填 1.

因为 $\boldsymbol{A}$ 与 $\boldsymbol{B}$ 相似，所以 $|\lambda\boldsymbol{E}-\boldsymbol{A}|=|\lambda\boldsymbol{E}-\boldsymbol{B}|$，即

$$\begin{vmatrix}\lambda-2 & 0 & 0\\ 0 & \lambda & -1\\ 0 & -1 & \lambda-x\end{vmatrix}=\begin{vmatrix}\lambda-2 & 0 & 0\\ 0 & \lambda-y & 0\\ 0 & 0 & \lambda+1\end{vmatrix},$$

亦即

$$(\lambda-2)(\lambda^2-x\lambda-1)=(\lambda-2)(\lambda^2+(1-y)\lambda-y).$$

比较系数可知 $x=0$，$y=1$.

19. 试判断下列矩阵 $\boldsymbol{A}$，$\boldsymbol{B}$ 是否相似. 若相似，求出可逆矩阵 $\boldsymbol{M}$，使得 $\boldsymbol{B}=\boldsymbol{M}^{-1}\boldsymbol{A}\boldsymbol{M}$：

$$\boldsymbol{A}=\begin{pmatrix}2&0&0\\0&3&5\\0&1&2\end{pmatrix},\ \boldsymbol{B}=\begin{pmatrix}3&1&0\\7&3&0\\0&0&1\end{pmatrix}.$$

解题思路　判断两个同阶方阵的相似性：若 $\boldsymbol{A}\sim\boldsymbol{B}$，则这两个矩阵的特征多项式、行列式、秩及迹等均相等，其逆命题常用来判断两矩阵不相似.

解　显然有 $|\boldsymbol{A}|=|\boldsymbol{B}|$，$\mathrm{r}(\boldsymbol{A})=\mathrm{r}(\boldsymbol{B})$ 且 $\mathrm{tr}\boldsymbol{A}=\mathrm{tr}\boldsymbol{B}$.

因

$$\begin{aligned}|\lambda\boldsymbol{E}-\boldsymbol{A}|&=\begin{vmatrix}\lambda-2&0&0\\0&\lambda-3&-5\\0&-1&\lambda-2\end{vmatrix}\\&=(\lambda-2)(\lambda^2-5\lambda+1)=\lambda^3-7\lambda^2+11\lambda-2,\\|\lambda\boldsymbol{E}-\boldsymbol{B}|&=\begin{vmatrix}\lambda-3&-1&0\\-7&\lambda-3&0\\0&0&\lambda-1\end{vmatrix}=(\lambda-1)(\lambda^2-6\lambda+2)\\&=\lambda^3-7\lambda^2+8\lambda-2,\end{aligned}$$

可见 $|\lambda\boldsymbol{E}-\boldsymbol{A}|\neq|\lambda\boldsymbol{E}-\boldsymbol{B}|$，所以 $\boldsymbol{A}$ 与 $\boldsymbol{B}$ 不相似.

20. 设矩阵 $\boldsymbol{A}=\begin{pmatrix}1&-1&1\\x&4&y\\-3&-3&5\end{pmatrix}$，已知 $\boldsymbol{A}$ 有 3 个线性无关的特征向量，$\lambda=2$ 是 $\boldsymbol{A}$ 的二重特征值，试求可逆矩阵 $\boldsymbol{P}$，使得 $\boldsymbol{P}^{-1}\boldsymbol{A}\boldsymbol{P}$ 为对角矩阵.

解题思路　根据 $\lambda=2$ 是矩阵 $\boldsymbol{A}$ 的二重特征值，由线性方程组 $(\lambda\boldsymbol{E}-\boldsymbol{A})\boldsymbol{x}=\boldsymbol{0}$ 解的结构，求得矩阵 $\boldsymbol{A}$ 中的参数，进而求出相似变换矩阵.

解　因为 $\boldsymbol{A}$ 有三个线性无关的特征向量，$\lambda=2$ 是 $\boldsymbol{A}$ 的二重特征值，所以 $\boldsymbol{A}$ 的对应于 $\lambda=2$ 的线性无关的特征向量有两个，故 $\mathrm{r}(2\boldsymbol{E}-\boldsymbol{A})=1$，经过初等行变换，

$$2\boldsymbol{E}-\boldsymbol{A}=\begin{pmatrix}1&1&-1\\-x&-2&-y\\3&3&-3\end{pmatrix}\Rightarrow\begin{pmatrix}1&1&-1\\0&x-2&-x-y\\0&0&0\end{pmatrix}.$$

由此，解得 $x=2$，$y=-2$.

矩阵 $\boldsymbol{A}=\begin{pmatrix}1 & -1 & 1\\ 2 & 4 & -2\\ -3 & -3 & 5\end{pmatrix}$ 的特征多项式

$$|\lambda\boldsymbol{E}-\boldsymbol{A}|=\begin{vmatrix}\lambda-1 & 1 & -1\\ -2 & \lambda-4 & 2\\ 3 & 3 & \lambda-5\end{vmatrix}=(\lambda-2)^2(\lambda-6).$$

由此得特征值 $\lambda_1=\lambda_2=2$，$\lambda_3=6$.

对于特征值 $\lambda_1=\lambda_2=2$，解线性方程组 $(2\boldsymbol{E}-\boldsymbol{A})\boldsymbol{x}=\boldsymbol{0}$，有

$$2\boldsymbol{E}-\boldsymbol{A}=\begin{pmatrix}1 & 1 & -1\\ -2 & -2 & 2\\ 3 & 3 & -3\end{pmatrix}\Rightarrow\begin{pmatrix}1 & 1 & -1\\ 0 & 0 & 0\\ 0 & 0 & 0\end{pmatrix}.$$

故特征值 $\lambda_1=\lambda_2=2$ 对应的特征向量为 $\boldsymbol{\alpha}_1=(1,\ -1,\ 0)^{\mathrm{T}}$，$\boldsymbol{\alpha}_2=(1,\ 0,\ 1)^{\mathrm{T}}$.

对于特征值 $\lambda_3=6$，解线性方程组 $(6\boldsymbol{E}-\boldsymbol{A})\boldsymbol{x}=\boldsymbol{0}$，有

$$6\boldsymbol{E}-\boldsymbol{A}=\begin{pmatrix}5 & 1 & -1\\ -2 & 2 & 2\\ 3 & 3 & 1\end{pmatrix}\Rightarrow\begin{pmatrix}1 & 0 & -\frac{1}{3}\\ 0 & 1 & \frac{2}{3}\\ 0 & 0 & 0\end{pmatrix}.$$

对应的特征向量为 $\boldsymbol{\alpha}_3=(1,\ -2,\ 3)^{\mathrm{T}}$.

令 $\boldsymbol{P}=(\boldsymbol{\alpha}_1,\ \boldsymbol{\alpha}_2,\ \boldsymbol{\alpha}_3)=\begin{pmatrix}1 & 1 & 1\\ -1 & 0 & -2\\ 0 & 1 & 3\end{pmatrix}$，则有

$$\boldsymbol{P}^{-1}\boldsymbol{A}\boldsymbol{P}=\mathrm{diag}\{2,\ 2,\ 6\}.$$

注：本题的另一种叙述为：已知 $\lambda=2$ 是 $\boldsymbol{A}$ 的二重特征值，且 $\boldsymbol{A}$ 可以对角化，求 $\boldsymbol{P}$. 要注意，有 n 个线性无关的特征向量与可对角化及 $\mathrm{r}(\lambda\boldsymbol{E}-\boldsymbol{A})$之间的联系.

21. 某试验性生产线每年 1 月份进行熟练工与非熟练工的人数统计，然后将 1/6 熟练工派去支援其他生产部门，其缺额由新招收的非熟练工补齐. 新、老非熟练工经过培训及实践后，在年终考核时有 2/5 成为熟练工. 设第 n 年 1 月份统计的熟练工和非熟练工所占的百分比分别记为 x_n 和 y_n，记成向量 $\begin{pmatrix}x_n\\ y_n\end{pmatrix}$.

(1) 求 $\begin{pmatrix}x_{n+1}\\ y_{n+1}\end{pmatrix}$ 与 $\begin{pmatrix}x_n\\ y_n\end{pmatrix}$ 的关系式并写成矩阵形式：$\begin{pmatrix}x_{n+1}\\ y_{n+1}\end{pmatrix}=\boldsymbol{A}\begin{pmatrix}x_n\\ y_n\end{pmatrix}$；

(2) 验证 $\boldsymbol{\eta}_1=\begin{pmatrix}4\\1\end{pmatrix}$，$\boldsymbol{\eta}_2=\begin{pmatrix}-1\\1\end{pmatrix}$是 $\boldsymbol{A}$ 的两个线性无关的特征向量，并求出相应的特征值；

(3) 当$\begin{pmatrix}x_1\\y_1\end{pmatrix}=\begin{pmatrix}1/2\\1/2\end{pmatrix}$时，求$\begin{pmatrix}x_{n+1}\\y_{n+1}\end{pmatrix}$.

解题思路　利用矩阵特征值的定义式 $\boldsymbol{Ax}=\lambda\boldsymbol{x}$，可以得到 $\boldsymbol{\eta}_1$，$\boldsymbol{\eta}_2$. 求矩阵 $\boldsymbol{A}$ 的高次幂的方法为：将矩阵 $\boldsymbol{A}$ 对角化，存在可逆矩阵 $\boldsymbol{P}$，使

$$\boldsymbol{P}^{-1}\boldsymbol{AP}=\boldsymbol{\Lambda}\Rightarrow\boldsymbol{A}=\boldsymbol{P\Lambda P}^{-1}\Rightarrow\boldsymbol{A}^n=\boldsymbol{P\Lambda}^n\boldsymbol{P}^{-1},$$

其中，$\boldsymbol{\Lambda}$ 为对角矩阵，从而可方便地求出矩阵的幂 $\boldsymbol{A}^n$.

解　(1) 据题意，有 $\begin{cases}x_{n+1}=\dfrac{5}{6}x_n+\dfrac{2}{5}\left(\dfrac{1}{6}x_n+y_n\right)\\y_{n+1}=\dfrac{3}{5}\left(\dfrac{1}{6}x_n+y_n\right)\end{cases}$，

化简得

$$\begin{cases}x_{n+1}=\dfrac{9}{10}x_n+\dfrac{2}{5}y_n\\y_{n+1}=\dfrac{1}{10}x_n+\dfrac{3}{5}y_n\end{cases},$$

即

$$\begin{pmatrix}x_{n+1}\\y_{n+1}\end{pmatrix}=\begin{pmatrix}\dfrac{9}{10}&\dfrac{2}{5}\\\dfrac{1}{10}&\dfrac{3}{5}\end{pmatrix}\begin{pmatrix}x_n\\y_n\end{pmatrix},$$

于是

$$\boldsymbol{A}=\begin{pmatrix}\dfrac{9}{10}&\dfrac{2}{5}\\\dfrac{1}{10}&\dfrac{3}{5}\end{pmatrix}.$$

(2) 令

$$\boldsymbol{P}=(\boldsymbol{\eta}_1,\boldsymbol{\eta}_2)=\begin{pmatrix}4&-1\\1&1\end{pmatrix},$$

由于$|\boldsymbol{P}|=5\neq0$，可知 $\boldsymbol{\eta}_1$，$\boldsymbol{\eta}_2$ 线性无关. 又因

$$\boldsymbol{A\eta}_1=\begin{pmatrix}\frac{9}{10}&\frac{2}{5}\\ \frac{1}{10}&\frac{3}{5}\end{pmatrix}\begin{pmatrix}4\\1\end{pmatrix}=\begin{pmatrix}4\\1\end{pmatrix}=\boldsymbol{\eta}_1,$$

故 $\boldsymbol{\eta}_1$ 是 $\boldsymbol{A}$ 的特征向量，且属于特征值 $\lambda_1=1$.

$$\boldsymbol{A\eta}_2=\begin{pmatrix}\frac{9}{10}&\frac{2}{5}\\ \frac{1}{10}&\frac{3}{5}\end{pmatrix}\begin{pmatrix}-1\\1\end{pmatrix}=\begin{pmatrix}-\frac{1}{2}\\ \frac{1}{2}\end{pmatrix}=\frac{1}{2}\boldsymbol{\eta}_2,$$

故 $\boldsymbol{\eta}_2$ 是 $\boldsymbol{A}$ 的特征向量，且属于特征值 $\lambda_2=\frac{1}{2}$.

(3) 因为 $\begin{pmatrix}x_{n+1}\\y_{n+1}\end{pmatrix}=\boldsymbol{A}\begin{pmatrix}x_n\\y_n\end{pmatrix}=\boldsymbol{A}^2\begin{pmatrix}x_{n-1}\\y_{n-1}\end{pmatrix}=\cdots=\boldsymbol{A}^n\begin{pmatrix}x_1\\y_1\end{pmatrix}$，又据 (2) 知，矩阵 $\boldsymbol{A}$ 可对角化，由

$$\boldsymbol{P}^{-1}\boldsymbol{AP}=\begin{pmatrix}\lambda_1&\\&\lambda_2\end{pmatrix},$$

有

$$\boldsymbol{A}=\boldsymbol{P}\begin{pmatrix}\lambda_1&\\&\lambda_2\end{pmatrix}\boldsymbol{P}^{-1}.$$

从而

$$\begin{aligned}\boldsymbol{A}^n&=\boldsymbol{P}\begin{pmatrix}\lambda_1&\\&\lambda_2\end{pmatrix}^n\boldsymbol{P}^{-1}=\boldsymbol{P}\begin{pmatrix}\lambda_1^n&\\&\lambda_2^n\end{pmatrix}\boldsymbol{P}^{-1}\\&=\frac{1}{5}\begin{pmatrix}4&-1\\1&1\end{pmatrix}\begin{pmatrix}1&\\&\frac{1}{2^n}\end{pmatrix}\begin{pmatrix}1&1\\-1&4\end{pmatrix}\\&=\frac{1}{5}\begin{pmatrix}4+\frac{1}{2^n}&4-\frac{1}{2^{n-2}}\\1-\frac{1}{2^n}&1+\frac{1}{2^{n-2}}\end{pmatrix},\end{aligned}$$

因此

$$\begin{pmatrix} x_{n+1} \\ y_{n+1} \end{pmatrix}=\boldsymbol{A}^n\begin{pmatrix} \frac{1}{2} \\ \frac{1}{2} \end{pmatrix}=\frac{1}{10}\begin{pmatrix} 8-\frac{3}{2^n} \\ 2+\frac{3}{2^n} \end{pmatrix}.$$

22. 已知 $\boldsymbol{A}=\begin{pmatrix} -1 & 1 & 0 \\ -2 & 2 & 0 \\ 4 & x & 1 \end{pmatrix}$ 能对角化，求 $\boldsymbol{A}^n$.

解　因为 $\boldsymbol{A}$ 能对角化，所以 $\boldsymbol{A}$ 必有三个线性无关的特征向量.

由于

$$|\lambda\boldsymbol{E}-\boldsymbol{A}|=\begin{vmatrix} \lambda+1 & -1 & 0 \\ 2 & \lambda-2 & 0 \\ -4 & -x & \lambda-1 \end{vmatrix}=(\lambda-1)(\lambda^2-\lambda),$$

可知 $\lambda=1$ 是二重特征值，必有两个线性无关的特征向量，因此 $\mathrm{r}(\boldsymbol{E}-\boldsymbol{A})=1$，得 $x=-2$.

求出对应于 $\lambda=1$ 的特征向量 $\boldsymbol{X}_1=(1,\ 2,\ 0)^{\mathrm{T}}$，$\boldsymbol{X}_2=(0,\ 0,\ 1)^{\mathrm{T}}$ 及对应于 $\lambda=0$ 的特征向量 $\boldsymbol{X}_3=(1,\ 1,\ -2)^{\mathrm{T}}$.

令 $\boldsymbol{P}=(\boldsymbol{X}_1,\boldsymbol{X}_2,\boldsymbol{X}_3)=\begin{pmatrix} 1 & 0 & 1 \\ 2 & 0 & 1 \\ 0 & 1 & -2 \end{pmatrix}$，有 $\boldsymbol{P}^{-1}=\begin{pmatrix} -1 & 1 & 0 \\ 4 & -2 & 1 \\ 2 & -1 & 0 \end{pmatrix}$.

于是 $\boldsymbol{P}^{-1}\boldsymbol{A}\boldsymbol{P}=\boldsymbol{\Lambda}=\begin{pmatrix} 1 & & \\ & 1 & \\ & & 0 \end{pmatrix}$，得 $\boldsymbol{A}=\boldsymbol{P}\boldsymbol{\Lambda}\boldsymbol{P}^{-1}$，因此

$$\begin{aligned}\boldsymbol{A}^n=\boldsymbol{P}\boldsymbol{\Lambda}^n\boldsymbol{P}^{-1}&=\begin{pmatrix} 1 & 0 & 1 \\ 2 & 0 & 1 \\ 0 & 1 & -2 \end{pmatrix}\begin{pmatrix} 1 & & \\ & 1 & \\ & & 0 \end{pmatrix}\begin{pmatrix} -1 & 1 & 0 \\ 4 & -2 & 1 \\ 2 & -1 & 0 \end{pmatrix}\\ &=\begin{pmatrix} -1 & 1 & 0 \\ -2 & 2 & 0 \\ 4 & -2 & 1 \end{pmatrix}.\end{aligned}$$

23. 设 $\boldsymbol{\alpha}=(1,\ 0,\ -1)^{\mathrm{T}}$，矩阵 $\boldsymbol{A}=\boldsymbol{\alpha}\boldsymbol{\alpha}^{\mathrm{T}}$，$n$ 为正整数，则行列式

$|a\boldsymbol{E}-\boldsymbol{A}^n|=$________(其中 a 为常数).

解题思路　利用特征多项式求方阵的行列式. 设 $\lambda_1, \lambda_2, \cdots, \lambda_n$ 是 $\boldsymbol{A}$ 的特征值，则

$$|\lambda \boldsymbol{E}-\boldsymbol{A}|=(\lambda-\lambda_1)\cdots(\lambda-\lambda_n),\ |\boldsymbol{A}|=\lambda_1\lambda_2\cdots\lambda_n,$$

而

$$|a\boldsymbol{E}+b\boldsymbol{A}|=|(-b)[(-a/b)\boldsymbol{E}-\boldsymbol{A}]|=(-b)^n|[(-a/b)\boldsymbol{E}-\boldsymbol{A}]|.$$

解 应填 $a^2(a-2^n)$.

由于 $\boldsymbol{\alpha}^{\mathrm{T}}\boldsymbol{\alpha}=2$，有

$$\boldsymbol{A}^2=(\boldsymbol{\alpha}\boldsymbol{\alpha}^{\mathrm{T}})(\boldsymbol{\alpha}\boldsymbol{\alpha}^{\mathrm{T}})=\boldsymbol{\alpha}(\boldsymbol{\alpha}^{\mathrm{T}}\boldsymbol{\alpha})\boldsymbol{\alpha}^{\mathrm{T}}=2\boldsymbol{A}.$$

由此知 $\boldsymbol{A}$ 的特征值是 0 或 2. 由于 $\mathrm{r}(\boldsymbol{A})=1$，故 $\boldsymbol{A}$ 的特征值是 2，0，0，那么 $\boldsymbol{A}^n$ 的特征值是 2^n，0，0，从而 $a\boldsymbol{E}-\boldsymbol{A}^n$ 的特征值是 $a-2^n$，a，a.

因此，有

$$|a\boldsymbol{E}-\boldsymbol{A}^n|=a^2(a-2^n).$$

说明 公式 $|\boldsymbol{A}|=\prod_{i=1}^{n}\lambda_i$ 是计算行列式值的一个重要方法，应掌握好. 本题求矩阵 $\boldsymbol{A}$ 的特征值的方法有多种，例如可由 $\boldsymbol{A}=\boldsymbol{\alpha}\boldsymbol{\alpha}^{\mathrm{T}}=\begin{pmatrix}1&0&-1\\0&0&0\\-1&0&1\end{pmatrix}$ 直接计算.

24. 设三阶矩阵 $\boldsymbol{A}$ 的特征值分别为 $\lambda_1=-1$，$\lambda_2=1$，$\lambda_3=3$，对应的特征向量依次为

$$\boldsymbol{\xi}_1=(1,\ -1,\ 0)^{\mathrm{T}},\ \boldsymbol{\xi}_2=(1,\ -1,\ 1)^{\mathrm{T}},\ \boldsymbol{\xi}_3=(0,\ 1,\ -1)^{\mathrm{T}},$$

又向量 $\boldsymbol{\beta}=(3,\ -2,\ 0)^{\mathrm{T}}$.

(1) 将 $\boldsymbol{\beta}$ 用 $\boldsymbol{\xi}_1$，$\boldsymbol{\xi}_2$，$\boldsymbol{\xi}_3$ 线性表示；

(2) 求 $\boldsymbol{A}^n\boldsymbol{\beta}$（$n$ 为自然数）.

解题思路 求矩阵 $\boldsymbol{A}$ 的高次幂，可按如下思路进行：

a. 将矩阵 $\boldsymbol{A}$ 对角化，存在可逆矩阵 $\boldsymbol{P}$，使

$$\boldsymbol{P}^{-1}\boldsymbol{A}\boldsymbol{P}=\boldsymbol{\Lambda}\Rightarrow\boldsymbol{A}=\boldsymbol{P}\boldsymbol{\Lambda}\boldsymbol{P}^{-1}\Rightarrow\boldsymbol{A}^m=\boldsymbol{P}\boldsymbol{\Lambda}^m\boldsymbol{P}^{-1},$$

其中，$\boldsymbol{\Lambda}$ 为对角矩阵，从而可方便地求出矩阵的幂 $\boldsymbol{A}^m$.

b. 利用矩阵特征值的定义式 $\boldsymbol{A}\boldsymbol{x}=\lambda\boldsymbol{x}$，则

$$\boldsymbol{A}^m\boldsymbol{x}=\boldsymbol{A}^{m-1}(\boldsymbol{A}\boldsymbol{x})=\lambda\boldsymbol{A}^{m-1}\boldsymbol{x}=\cdots=\lambda^m\boldsymbol{x},$$

若 $\boldsymbol{x}$ 不是特征向量，可将其表示为特征向量的线性组合，从而方便地计算出 $\boldsymbol{A}^m\boldsymbol{x}$.

解 本题的关键在于求 $\boldsymbol{\beta}=x_1\boldsymbol{\xi}_1+x_2\boldsymbol{\xi}_2+x_3\boldsymbol{\xi}_3$，利用 $\boldsymbol{A}^n\boldsymbol{\xi}_i=\lambda_i^n\boldsymbol{\xi}_i$（$i=1$，2，

3)，有

$$A^n\beta=x_1\lambda_1^n\xi_1+x_2\lambda_2^n\xi_2+x_3\lambda_3^n\xi_3,$$

达到简化计算的目的.

当然，也可先计算 A^n，再求 $A^n\beta$.

(1) 设 $\beta=x_1\xi_1+x_2\xi_2+x_3\xi_3$，得方程

$$\begin{pmatrix}1&1&0\\-1&-1&1\\0&1&-1\end{pmatrix}\begin{pmatrix}x_1\\x_2\\x_3\end{pmatrix}=\begin{pmatrix}3\\-2\\0\end{pmatrix},$$

由于

$$\begin{pmatrix}1&1&0&3\\-1&-1&1&-2\\0&1&-1&0\end{pmatrix}\Rightarrow\begin{pmatrix}1&1&0&3\\0&0&1&1\\0&1&-1&0\end{pmatrix}\Rightarrow\begin{pmatrix}1&1&0&3\\0&1&-1&0\\0&0&1&1\end{pmatrix}\Rightarrow\begin{pmatrix}1&1&0&3\\0&1&0&1\\0&0&1&1\end{pmatrix}$$

的解为 $x_1=2$，$x_2=1$，$x_3=1$，故

$$\beta=2\xi_1+\xi_2+\xi_3.$$

(2) 方法一　利用 $A\xi_i=\lambda_i\xi_i$，$A^n\xi_i=\lambda_i^n\xi_i(i=1, 2, 3)$，有

$$\begin{aligned}A^n\beta&=A^n(2\xi_1+\xi_2+\xi_3)\\&=2A^n\xi_1+A^n\xi_2+A^n\xi_3=2\lambda_1^n\xi_1+\lambda_2^n\xi_2+\lambda_3^n\xi_3\\&=2(-1)^n\begin{pmatrix}1\\-1\\0\end{pmatrix}+1^n\begin{pmatrix}1\\-1\\1\end{pmatrix}+3^n\begin{pmatrix}0\\1\\-1\end{pmatrix}\\&=\begin{pmatrix}2(-1)^n+1\\2(-1)^{n+1}+3^n-1\\1-3^n\end{pmatrix}.\end{aligned}$$

方法二　令 $P=(\xi_1, \xi_2, \xi_3)=\begin{pmatrix}1&1&0\\-1&-1&1\\0&1&-1\end{pmatrix}$，则 $P^{-1}AP=\begin{pmatrix}-1&&\\&1&\\&&3\end{pmatrix}$，

于是

$$A=P\begin{pmatrix}-1&&\\&1&\\&&3\end{pmatrix}P^{-1},\ A^n=P\begin{pmatrix}-1&&\\&1&\\&&3\end{pmatrix}^nP^{-1},$$

从而

$$A^n\boldsymbol{\beta}=P\begin{pmatrix}-1&&\\&1&\\&&3\end{pmatrix}^nP^{-1}\boldsymbol{\beta}=\begin{pmatrix}1&1&0\\-1&-1&1\\0&1&-1\end{pmatrix}\begin{pmatrix}(-1)^n&&\\&1^n&\\&&3^n\end{pmatrix}\begin{pmatrix}2\\1\\1\end{pmatrix}$$

$$=\begin{pmatrix}2(-1)^n+1\\2(-1)^{n+1}+3^n-1\\1-3^n\end{pmatrix}.$$

这里利用了（1）的结果 $P^{-1}\boldsymbol{\beta}=\begin{pmatrix}x_1\\x_2\\x_3\end{pmatrix}=\begin{pmatrix}2\\1\\1\end{pmatrix}$.

25. 设 A 是三阶矩阵，它的 3 个特征值为 $\lambda_1=1$，$\lambda_2=-1$，$\lambda_3=2$，设 $B=A^3-5A^2$，求 $|B|$，$|A-5E|$.

解题思路 求方阵的行列式.

（1）利用特征多项式. 设 $\lambda_1,\lambda_2,\cdots,\lambda_n$ 是 A 的特征值，则

$$|\lambda E-A|=(\lambda-\lambda_1)\cdots(\lambda-\lambda_n),\ |A|=\lambda_1\lambda_2\cdots\lambda_n,$$

而

$$|aE+bA|=|(-b)[(-a/b)E-A]|=(-b)^n|[(-a/b)E-A]|.$$

（2）利用相似矩阵的性质计算行列式. 相似矩阵有相同的特征值和相同的特征多项式.

解 利用 A 的行列式与特征值的重要关系 $|A|=\lambda_1\lambda_2\cdots\lambda_n$ 来计算 $|A|$.

令 $f(x)=x^3-5x^2$，由于 $\lambda_1,\lambda_2,\lambda_3$ 是 A 的全部特征值，所以 $f(\lambda_i)(1\leqslant i\leqslant 3)$ 是

$$f(A)=A^3-5A^2=B$$

的全部特征值，故

$$\begin{aligned}|B|&=|f(A)|=f(\lambda_1)f(\lambda_2)f(\lambda_3)\\&=(-4)(-6)(-12)=-288.\end{aligned}$$

下面求 $|A-5E|$.

方法一 令 $g(A)=A-5E$，因 A 的所有特征值为

$$\lambda_1=1,\ \lambda_2=-1,\ \lambda_3=2,$$

所以 $g(A)$ 的所有特征值为 $g(\lambda_1)$，$g(\lambda_2)$，$g(\lambda_3)$，由此可得

$$|A-5E|=|g(A)|=g(1)g(-1)g(2)=-72.$$

方法二　因 $\boldsymbol{A}$ 的所有特征值为

$$\lambda_1=1,\ \lambda_2=-1,\ \lambda_3=2,$$

故

$$|\boldsymbol{A}|=1\times(-1)\times2=-2,$$

又因为

$$\boldsymbol{B}=\boldsymbol{A}^3-5\boldsymbol{A}^2=\boldsymbol{A}^2(\boldsymbol{A}-5\boldsymbol{E}),\ |\boldsymbol{B}|=|\boldsymbol{A}|^2\cdot|\boldsymbol{A}-5\boldsymbol{E}|,$$

由于 $|\boldsymbol{B}|=-288$，所以

$$|\boldsymbol{A}-5\boldsymbol{E}|=\frac{|\boldsymbol{B}|}{|\boldsymbol{A}|^2}=-\frac{288}{4}=-72.$$

方法三　因 $\boldsymbol{A}$ 的所有特征值为

$$\lambda_1=1,\ \lambda_2=-1,\ \lambda_3=2,$$

所以

$$f_A(\lambda)=|\lambda\boldsymbol{E}-\boldsymbol{A}|=(\lambda-1)(\lambda+1)(\lambda-2),$$
$$|5\boldsymbol{E}-\boldsymbol{A}|=f_A(5)=(5-1)(5+1)(5-2)=72,$$
$$|\boldsymbol{A}-5\boldsymbol{E}|=(-1)^3|5\boldsymbol{E}-\boldsymbol{A}|=-72.$$

第 5 章　二 次 型

在解析几何中，为了便于研究二次曲线

$$ax^2+bxy+cy^2=1$$

的几何性质，可以选择适当的坐标旋转变换

$$\begin{cases}x=x'\cos\theta-y'\sin\theta\\ y=x'\sin\theta+y'\cos\theta\end{cases},$$

把方程化为标准形式

$$mx'^2+cy'^2=1.$$

这类问题具有普遍性，在许多理论问题和实际问题中常会遇到，本章将把这类问题一般化，讨论 n 个变量的二次多项式的化简问题.

本章教学基本要求：

1. 掌握二次型及其矩阵表示，了解二次型秩的概念，了解惯性定理.
2. 掌握用正交变换化二次型为标准形的方法，了解用配方法化二次型为标准形的方法.
3. 了解二次型对应的矩阵的正定性及其判别法.

§5.1　二次型及其矩阵

一、主要知识归纳

主要知识归纳见表 5-1-1 和表 5-1-2.

表 5-1-1　　二次型

定义	含有 n 个变量 $x_1,x_2,\cdots,x_n$ 的二次齐次函数 $f(x_1,x_2,\cdots,x_n)=a_{11}x_1^2+a_{22}x_2^2+\cdots+a_{nn}x_n^2+2a_{12}x_1x_2+2a_{13}x_1x_3+\cdots+2a_{n-1,n}x_{n-1}x_n$, 称为二次型. 当 a_{ij} 为复数时，f 称为复二次型；当 a_{ij} 为实数时，f 称为实二次型.

<table>
<tr><td>矩阵形式</td><td>取 $a_{ij}=a_{ji}$，则 $2a_{ij}x_ix_j=a_{ij}x_ix_j+a_{ji}x_jx_i$，于是
$$f(x_1,x_2,\cdots,x_n)=\sum_{i,j=1}^{n}a_{ij}x_ix_j$$
$$=(x_1,x_2,\cdots,x_n)\begin{pmatrix}a_{11}&a_{12}&\cdots&a_{1n}\\a_{21}&a_{22}&\cdots&a_{2n}\\\vdots&\vdots&&\vdots\\a_{n1}&a_{n2}&\cdots&a_{nn}\end{pmatrix}\begin{pmatrix}x_1\\x_2\\\vdots\\x_n\end{pmatrix}=\boldsymbol{x}^{\mathrm{T}}\boldsymbol{A}\boldsymbol{x},$$
其中，实对称矩阵 $\boldsymbol{A}$ 称为该二次型的矩阵，f 称为实对称矩阵 $\boldsymbol{A}$ 的二次型，实对称矩阵 $\boldsymbol{A}$ 的秩称为二次型 f 的秩.</td></tr>
</table>

表 5-1-2　　　　矩阵的合同

<table>
<tr><td>线性变换</td><td>关系式 $\begin{cases}x_1=c_{11}y_1+c_{12}y_2+\cdots+c_{1n}y_n\\x_2=c_{21}y_1+c_{22}y_2+\cdots+c_{2n}y_n\\\cdots\cdots\\x_n=c_{n1}y_1+c_{n2}y_2+\cdots+c_{nn}y_n\end{cases}$
称为由变量 x_1，x_2，…，x_n 到 y_1，y_2，…，y_n 的线性变换.
矩阵 $\boldsymbol{C}=(c_{ij})$ 称为线性变换矩阵，当 $|\boldsymbol{C}|\neq0$ 时，称线性变换为可逆的.
线性变换按矩阵形式记为：$\boldsymbol{x}=\boldsymbol{C}\boldsymbol{y}$.</td></tr>
<tr><td>合同的定义</td><td>设 $\boldsymbol{A}$，$\boldsymbol{B}$ 为两个 n 阶方阵，如果存在 n 阶可逆矩阵 $\boldsymbol{C}$，使得 $\boldsymbol{C}^{\mathrm{T}}\boldsymbol{A}\boldsymbol{C}=\boldsymbol{B}$，则称矩阵 $\boldsymbol{A}$ 合同于矩阵 $\boldsymbol{B}$，或 $\boldsymbol{A}$ 与 $\boldsymbol{B}$ 合同.</td></tr>
<tr><td>合同的性质</td><td>二次型 $f(x_1,x_2,\cdots,x_n)=\boldsymbol{x}^{\mathrm{T}}\boldsymbol{A}\boldsymbol{x}$ 的矩阵 $\boldsymbol{A}$ 与经过可逆线性变换 $\boldsymbol{x}=\boldsymbol{C}\boldsymbol{y}$ 得到的二次型的矩阵 $\boldsymbol{B}=\boldsymbol{C}^{\mathrm{T}}\boldsymbol{A}\boldsymbol{C}$ 是合同的.
(1) 自反性. 对任意方阵 $\boldsymbol{A}$，$\boldsymbol{A}$ 合同于 $\boldsymbol{A}$(因为 $\boldsymbol{E}^{\mathrm{T}}\boldsymbol{A}\boldsymbol{E}=\boldsymbol{A}$).
(2) 对称性. 若 $\boldsymbol{A}$ 合同于 $\boldsymbol{B}$，则 $\boldsymbol{B}$ 合同于 $\boldsymbol{A}$.
(3) 传递性. 若 $\boldsymbol{A}$ 合同于 $\boldsymbol{B}$，$\boldsymbol{B}$ 合同于 $\boldsymbol{C}$，则 $\boldsymbol{A}$ 合同于 $\boldsymbol{C}$.</td></tr>
</table>

二、典型例题分析

例 1　写出下列二次型的矩阵，并求二次型的秩.

(1) $f(x_1, x_2, x_3, x_4)=x_1^2+3x_2^2-x_3^2+2x_1x_2+2x_1x_3-3x_2x_3$;

(2) $f(x_1, x_2, x_3)=\boldsymbol{x}^{\mathrm{T}}\begin{pmatrix}1&3&5\\2&4&6\\7&8&5\end{pmatrix}\boldsymbol{x}$;

(3) $f(x_1, x_2, \cdots, x_n)=\sum\limits_{i=1}^{s}(a_{i1}x_1+a_{i2}x_2+\cdots+a_{in}x_n)^2$(设矩阵 $\boldsymbol{A}=(a_{ij})_{s\times n}$ 的秩为 r)；

(4) $f(x_1, x_2, \cdots, x_n)=\sum\limits_{1\leqslant i<j\leqslant n}2x_ix_j$.

解 (1) f 是一个四元二次型，其矩阵为 $A=\begin{pmatrix}1&1&1&0\\1&3&-\frac{3}{2}&0\\1&-\frac{3}{2}&-1&0\\0&0&0&0\end{pmatrix}$，$A$ 经过初等行变换,可得

$$A=\begin{pmatrix}1&1&1&0\\1&3&-\frac{3}{2}&0\\1&-\frac{3}{2}&-1&0\\0&0&0&0\end{pmatrix}\to\begin{pmatrix}1&1&1&0\\0&2&-\frac{5}{2}&0\\0&-\frac{5}{2}&-2&0\\0&0&0&0\end{pmatrix}\to\begin{pmatrix}1&1&1&0\\0&2&-\frac{5}{2}&0\\0&0&-\frac{41}{8}&0\\0&0&0&0\end{pmatrix},$$

$r(A)=3$，所以二次型的秩为 3.

(2) 由于 $\begin{pmatrix}1&3&5\\2&4&6\\7&8&5\end{pmatrix}$ 不是对称矩阵，将二次型 f 展开并重新写出二次型的矩阵：

$$\begin{aligned}f(x_1,x_2,x_3)&=x^{T}\begin{pmatrix}1&3&5\\2&4&6\\7&8&5\end{pmatrix}x\\&=x_1^2+4x_2^2+5x_3^2+5x_1x_2+12x_1x_3+14x_2x_3,\end{aligned}$$

因此 $A=\begin{pmatrix}1&\frac{5}{2}&6\\\frac{5}{2}&4&7\\6&7&5\end{pmatrix}$. 与 (1) 同理，可得 $r(A)=3$，所以二次型的秩为 3.

(3) 将 f 展开后可知，f 的矩阵为 $B=A^{T}A$. $r(B)=r(A^{T}A)=r(A)=r$，故 f 的秩为 r.

(4) $f=x^{T}\begin{pmatrix}0&1&\cdots&1\\1&0&\cdots&1\\\vdots&\vdots&&\vdots\\1&1&\cdots&0\end{pmatrix}x$，故 $A=\begin{pmatrix}0&1&\cdots&1\\1&0&\cdots&1\\\vdots&\vdots&&\vdots\\1&1&\cdots&0\end{pmatrix}$ 为 f 的矩阵，秩为 n.

小结：n 元二次型的矩阵为 n 阶对称矩阵. 当 A 不是对称矩阵时，A 仍不是二次型的矩阵，此时应将 $x^{T}Ax$ 展开重新写为对称的二次型的矩阵，且注意在写出二次型矩阵时，要考虑二次型表达式中不出现的那些变元；知道二次型的秩即为其矩阵的秩.

例 2　已知二次型 $f(x_1, x_2, x_3, x_4)=5x_1^2+5x_2^2+cx_3^2-2x_1x_2+6x_1x_3-6x_2x_3$ 的秩为 2，求 c.

解　由条件可得出二次型 f 的矩阵为

$$\boldsymbol{A}=\begin{pmatrix} 5 & -1 & 3 \\ -1 & 5 & -3 \\ 3 & -3 & c \end{pmatrix},$$

由 $\mathrm{r}(\boldsymbol{A})=2$ 知，$|\boldsymbol{A}|=0$，即

$$|\boldsymbol{A}|=\begin{vmatrix} 5 & -1 & 3 \\ -1 & 5 & -3 \\ 3 & -3 & c \end{vmatrix}=24c-72=0 \Rightarrow c=3.$$

小结：本题利用了二次型的秩的性质，关键在于将问题转化为求矩阵的秩.

例 3　设 $\boldsymbol{A}$ 和 $\boldsymbol{B}$ 为实对称矩阵，证明：若 $\boldsymbol{A}$ 与 $\boldsymbol{B}$ 相似，则 $\boldsymbol{A}$ 与 $\boldsymbol{B}$ 合同；反之不成立.

证　若 $\boldsymbol{A}$ 与 $\boldsymbol{B}$ 都为实对称矩阵且相似，则存在正交矩阵 $\boldsymbol{Q}_1$，$\boldsymbol{Q}_2$，使得

$$\boldsymbol{Q}_1^{\mathrm{T}}\boldsymbol{A}\boldsymbol{Q}_1=\boldsymbol{\Lambda}_1,\ \boldsymbol{Q}_2^{\mathrm{T}}\boldsymbol{B}\boldsymbol{Q}_2=\boldsymbol{\Lambda}_2,$$

由于相似矩阵有相同的特征值，故

$$\boldsymbol{\Lambda}_1=\boldsymbol{\Lambda}_2=\begin{pmatrix} \lambda_1 & & \\ & \lambda_2 & \\ & & \lambda_3 \end{pmatrix},$$

又因为 $\lambda_i\ (i=1, 2, 3)$ 为 $\boldsymbol{A}$，$\boldsymbol{B}$ 的特征值，$\boldsymbol{Q}_i^{\mathrm{T}}=\boldsymbol{Q}_i^{-1}\ (i=1, 2)$，则

$$\boldsymbol{Q}_1^{\mathrm{T}}\boldsymbol{A}\boldsymbol{Q}_1=\boldsymbol{Q}_2^{\mathrm{T}}\boldsymbol{B}\boldsymbol{Q}_2,$$

即

$$\boldsymbol{A}=\boldsymbol{Q}_1\boldsymbol{Q}_2^{\mathrm{T}}\boldsymbol{B}\boldsymbol{Q}_2\boldsymbol{Q}_1^{\mathrm{T}}=(\boldsymbol{Q}_2\boldsymbol{Q}_1^{\mathrm{T}})^{\mathrm{T}}\boldsymbol{B}(\boldsymbol{Q}_2\boldsymbol{Q}_1^{\mathrm{T}}),$$

因此 $\boldsymbol{A}$ 与 $\boldsymbol{B}$ 合同，反之不成立.

例如 $\boldsymbol{A}=\begin{pmatrix} 1 & 0 \\ 0 & 1 \end{pmatrix}$，$\boldsymbol{B}=\begin{pmatrix} 1 & 0 \\ 0 & 2 \end{pmatrix}$，设 $\boldsymbol{C}=\begin{pmatrix} 1 & 0 \\ 1 & \frac{1}{\sqrt{2}} \end{pmatrix}$，有 $\boldsymbol{C}^{\mathrm{T}}\boldsymbol{B}\boldsymbol{C}=\boldsymbol{A}$，即 $\boldsymbol{A}$ 与 $\boldsymbol{B}$ 合同，但对任意可逆矩阵 $\boldsymbol{C}$，$\boldsymbol{C}^{-1}\boldsymbol{A}\boldsymbol{C}=\boldsymbol{E}\neq\boldsymbol{B}$，故 $\boldsymbol{A}$ 与 $\boldsymbol{B}$ 不相似.

小结：本题的证明是根据相似与合同的定义，其关键是正交矩阵性质的运用.

例 4　设二次型 $f(x_1, x_2, x_3)=2x_1x_2-4x_1x_3+10x_2x_3$，且

$$\begin{cases}x_1=y_1-y_2-5y_3\\x_2=y_1+y_2+2y_3\\x_3=y_3\end{cases},$$

求经过上述线性变换后新的二次型.

解 由条件可知，二次型 $f(x_1,x_2,x_3)$ 的矩阵为

$$\boldsymbol{A}=\begin{pmatrix}0&1&-2\\1&0&5\\-2&5&0\end{pmatrix},$$

又因为线性变换的矩阵为

$$\boldsymbol{C}=\begin{pmatrix}1&-1&-5\\1&1&2\\0&0&1\end{pmatrix},\text{ 且 }|\boldsymbol{C}|\neq 0,$$

故经可逆线性变换 $\boldsymbol{x}=\boldsymbol{C}\boldsymbol{y}$ 后的二次型的矩阵为

$$\boldsymbol{C}^{\mathrm{T}}\boldsymbol{A}\boldsymbol{C}=\begin{pmatrix}1&1&0\\-1&1&0\\-5&2&1\end{pmatrix}\begin{pmatrix}0&1&-2\\1&0&5\\-2&5&0\end{pmatrix}\begin{pmatrix}1&-1&-5\\1&1&2\\0&0&1\end{pmatrix}$$
$$=\begin{pmatrix}2&0&0\\0&-2&0\\0&0&20\end{pmatrix}.$$

因此，新的二次型为 $2y_1^2-2y_2^2+20y_3^2$.

小结：本题主要利用了二次型经可逆线性变换后的矩阵与原矩阵合同这一性质.

三、习题 5-1 解答

1. 若 n 阶矩阵 $\boldsymbol{A}$ 与 $\boldsymbol{B}$ 合同，则（　　）.

(A) $\boldsymbol{A}=\boldsymbol{B}$； (B) $\boldsymbol{A}\sim\boldsymbol{B}$； (C) $|\boldsymbol{A}|=|\boldsymbol{B}|$； (D) $\mathrm{r}(\boldsymbol{A})=\mathrm{r}(\boldsymbol{B})$.

解 应选 (D).

$\boldsymbol{A}$ 与 $\boldsymbol{B}$ 合同，即存在 n 阶可逆矩阵 $\boldsymbol{C}$，使得

$$\boldsymbol{C}^{\mathrm{T}}\boldsymbol{A}\boldsymbol{C}=\boldsymbol{B}.$$

$\boldsymbol{C}^{\mathrm{T}}\boldsymbol{A}\boldsymbol{C}$ 相当于对 $\boldsymbol{A}$ 做初等变换，

$$\mathrm{r}(\boldsymbol{A})=\mathrm{r}(\boldsymbol{B}).$$

2. 用矩阵记号表示下列二次型：

(1) $f=x^2+4xy+4y^2+2xz+z^2+4yz$；

(2) $f=x^2+y^2-7z^2-2xy-4xz-4yz$;

(3) $f=x_1^2+x_2^2+x_3^2+x_4^2-2x_1x_2+4x_1x_3-2x_1x_4+6x_2x_3-4x_2x_4$.

解　(1) $f=(x,y,z)\begin{pmatrix}1&2&1\\2&4&2\\1&2&1\end{pmatrix}\begin{pmatrix}x\\y\\z\end{pmatrix}$;

(2) $f=(x,y,z)\begin{pmatrix}1&-1&-2\\-1&1&-2\\-2&-2&-7\end{pmatrix}\begin{pmatrix}x\\y\\z\end{pmatrix}$;

(3) $f=(x_1,x_2,x_3,x_4)\begin{pmatrix}1&-1&2&-1\\-1&1&3&-2\\2&3&1&0\\-1&-2&0&1\end{pmatrix}\begin{pmatrix}x_1\\x_2\\x_3\\x_4\end{pmatrix}$.

3. 写出对称矩阵 $\boldsymbol{A}=\begin{pmatrix}1&-1&-3&1\\-1&0&-2&1/2\\-3&-2&1/3&-3/2\\1&1/2&-3/2&0\end{pmatrix}$所对应的二次型.

解　方法一　矩阵 $\boldsymbol{A}$ 的二次型为

$$x_1^2-2x_1x_2-6x_1x_3+2x_1x_4-4x_2x_3+x_2x_4+\frac{1}{3}x_3^2-3x_3x_4.$$

方法二　矩阵 $\boldsymbol{A}$ 的二次型为

$$(x_1,x_2,x_3,x_4)\begin{pmatrix}1&-1&-3&1\\-1&0&-2&\frac{1}{2}\\-3&-2&\frac{1}{3}&-\frac{3}{2}\\1&\frac{1}{2}&-\frac{3}{2}&0\end{pmatrix}\begin{pmatrix}x_1\\x_2\\x_3\\x_4\end{pmatrix}$$

$$=x_1^2-2x_1x_2-6x_1x_3+2x_1x_4-4x_2x_3+x_2x_4+\frac{1}{3}x_3^2-3x_3x_4.$$

4. 写出二次型 $f(\boldsymbol{x})=\boldsymbol{x}^{\mathrm{T}}\begin{pmatrix}1&2&3\\4&5&6\\7&8&9\end{pmatrix}\boldsymbol{x}$ 的对称矩阵.

解　$f(\boldsymbol{x})=(x_1,x_2,x_3)\begin{pmatrix}1&2&3\\4&5&6\\7&8&9\end{pmatrix}\begin{pmatrix}x_1\\x_2\\x_3\end{pmatrix}$

$$=x_1^2+5x_2^2+9x_3^2+6x_1x_2+10x_1x_3+14x_2x_3$$

$$=(x_1,x_2,x_3)\begin{pmatrix}1&3&5\\3&5&7\\5&7&9\end{pmatrix}\begin{pmatrix}x_1\\x_2\\x_3\end{pmatrix},$$

于是，f 的矩阵 $\boldsymbol{A}=\begin{pmatrix}1&3&5\\3&5&7\\5&7&9\end{pmatrix}$.

注　对任一 n 阶方阵 $\boldsymbol{A}$，$f(\boldsymbol{x})=\boldsymbol{x}^{\mathrm{T}}\boldsymbol{A}\boldsymbol{x}$ 均是（n 个变元的）二次型，这可从本题得到验证. 但此二次型 f 的矩阵不一定是 $\boldsymbol{A}$. 由于 f 为一个数（一阶矩阵），故 $f=f^{\mathrm{T}}$，于是

$$f=\boldsymbol{x}^{\mathrm{T}}\boldsymbol{A}\boldsymbol{x}$$
$$\Rightarrow f=f^{\mathrm{T}}=(\boldsymbol{x}^{\mathrm{T}}\boldsymbol{A}\boldsymbol{x})^{\mathrm{T}}=\boldsymbol{x}^{\mathrm{T}}\boldsymbol{A}^{\mathrm{T}}\boldsymbol{x}$$
$$\Rightarrow f=\boldsymbol{x}^{\mathrm{T}}\ \frac{\boldsymbol{A}+\boldsymbol{A}^{\mathrm{T}}}{2}\boldsymbol{x}.$$

因为$\frac{\boldsymbol{A}+\boldsymbol{A}^{\mathrm{T}}}{2}$是对称矩阵，故二次型 $f=\boldsymbol{x}^{\mathrm{T}}\boldsymbol{A}\boldsymbol{x}$ 的对称矩阵为$\frac{\boldsymbol{A}+\boldsymbol{A}^{\mathrm{T}}}{2}$.

5. 对于下列对称矩阵 $\boldsymbol{A}$ 与 $\boldsymbol{B}$，求出非奇异矩阵 $\boldsymbol{C}$，使 $\boldsymbol{C}^{\mathrm{T}}\boldsymbol{A}\boldsymbol{C}=\boldsymbol{B}$，

$$\boldsymbol{A}=\begin{pmatrix}0&1&1\\1&2&1\\1&1&0\end{pmatrix},\ \boldsymbol{B}=\begin{pmatrix}2&1&1\\1&0&1\\1&1&0\end{pmatrix}.$$

解题思路　根据可逆线性变换求解矩阵合同.

解　设$f=(x_1,x_2,x_3)\begin{pmatrix}0&1&1\\1&2&1\\1&1&0\end{pmatrix}\begin{pmatrix}x_1\\x_2\\x_3\end{pmatrix}=2x_2^2+2x_1x_2+2x_1x_3+2x_2x_3$，

$$g=(y_1,y_2,y_3)\begin{pmatrix}2&1&1\\1&0&1\\1&1&0\end{pmatrix}\begin{pmatrix}y_1\\y_2\\y_3\end{pmatrix}=2y_1^2+2y_1y_2+2y_1y_3+2y_2y_3,$$

令$\begin{cases}y_1=x_2\\y_2=x_1\\y_3=x_3\end{cases}$，则 $g=2x_2^2+2x_1x_2+2x_1x_3+2x_2x_3=f$，因此

$$\boldsymbol{A}=\begin{pmatrix}0&1&1\\1&2&1\\1&1&0\end{pmatrix} \text{和 } \boldsymbol{B}=\begin{pmatrix}2&1&1\\1&0&1\\1&1&0\end{pmatrix}$$

分别是二次型 f 在变元 x_1，x_2，x_3 下的二次型及变元 y_1，y_2，y_3 下的二次型.

由二次型的性质，令$\begin{cases}x_1=y_2\\x_2=y_1\\x_3=y_3\end{cases}$，即当 $\boldsymbol{C}=\begin{pmatrix}0&1&0\\1&0&0\\0&0&1\end{pmatrix}$ 时，$|\boldsymbol{C}|=-1\neq0$，非奇异，

$$\begin{pmatrix}x_1\\x_2\\x_3\end{pmatrix}=\begin{pmatrix}0&1&0\\1&0&0\\0&0&1\end{pmatrix}\begin{pmatrix}y_1\\y_2\\y_3\end{pmatrix},$$

$$f=(x_1, x_2, x_3)\boldsymbol{A}\begin{pmatrix}x_1\\x_2\\x_3\end{pmatrix}=\left[\boldsymbol{C}\begin{pmatrix}y_1\\y_2\\y_3\end{pmatrix}\right]^{\mathrm{T}}\boldsymbol{AC}\begin{pmatrix}y_1\\y_2\\y_3\end{pmatrix}$$

$$=(y_1, y_2, y_3)\boldsymbol{C}^{\mathrm{T}}\boldsymbol{AC}\begin{pmatrix}y_1\\y_2\\y_3\end{pmatrix}=(y_1, y_2, y_3)\boldsymbol{B}\begin{pmatrix}y_1\\y_2\\y_3\end{pmatrix},$$

$$\boldsymbol{B}=\boldsymbol{C}^{\mathrm{T}}\boldsymbol{AC},$$

即 $\boldsymbol{C}=\begin{pmatrix}0&1&0\\1&0&0\\0&0&1\end{pmatrix}$ 为所求.

6. 求二次型 $f(x_1, x_2, x_3)=\boldsymbol{x}^{\mathrm{T}}\begin{pmatrix}1&2&1\\0&1&0\\1&2&1\end{pmatrix}\boldsymbol{x}$ 的秩.

解题思路 本题先把二次型化为函数形式，再写出实对称矩阵. 即得二次型的矩阵.

解 根据二次型与二次型矩阵的定义，有

$$\begin{aligned}f(x_1,x_2,x_3)&=\boldsymbol{x}^{\mathrm{T}}\begin{pmatrix}1&2&1\\0&1&0\\1&2&1\end{pmatrix}\boldsymbol{x}\\&=x_1^2+x_2^2+x_3^2+2x_1x_2+2x_1x_3+2x_2x_3\\&=(x_1,x_2,x_3)\begin{pmatrix}1&1&1\\1&1&1\\1&1&1\end{pmatrix}\begin{pmatrix}x_1\\x_2\\x_3\end{pmatrix}.\end{aligned}$$

故二次型的矩阵为$\boldsymbol{A}=\begin{pmatrix}1&1&1\\1&1&1\\1&1&1\end{pmatrix}$.

易知矩阵$\boldsymbol{A}$的秩为1,所以二次型的秩为1.

7. 设二次型$f=2x_1^2+x_2^2-4x_1x_2-4x_2x_3$,分别作下列可逆矩阵变换,求出新的二次型:

(1) $\boldsymbol{x}=\begin{pmatrix}1&1&-2\\0&1&-2\\0&0&1\end{pmatrix}\boldsymbol{y}$;　　(2) $\boldsymbol{x}=\begin{pmatrix}1/\sqrt{2}&1&-1\\0&1&-1\\0&0&1/2\end{pmatrix}\boldsymbol{y}$.

解　(1) $f=\boldsymbol{x}^{\mathrm{T}}\begin{pmatrix}2&-2&0\\-2&1&-2\\0&-2&0\end{pmatrix}\boldsymbol{x}$

$$=\boldsymbol{y}^{\mathrm{T}}\begin{pmatrix}1&1&-2\\0&1&-2\\0&0&1\end{pmatrix}^{\mathrm{T}}\begin{pmatrix}2&-2&0\\-2&1&-2\\0&-2&0\end{pmatrix}\begin{pmatrix}1&1&-2\\0&1&-2\\0&0&1\end{pmatrix}\boldsymbol{y}$$

$$=\boldsymbol{y}^{\mathrm{T}}\begin{pmatrix}2&0&0\\0&-1&0\\0&0&4\end{pmatrix}\boldsymbol{y},$$

$f=2y_1^2-y_2^2+4y_3^2$.

(2) $f=\boldsymbol{x}^{\mathrm{T}}\begin{pmatrix}2&-2&0\\-2&1&-2\\0&-2&0\end{pmatrix}\boldsymbol{x}$

$$=\boldsymbol{y}^{\mathrm{T}}\begin{pmatrix}\frac{1}{\sqrt{2}}&1&-1\\0&1&-1\\0&0&\frac{1}{2}\end{pmatrix}^{\mathrm{T}}\begin{pmatrix}2&-2&0\\-2&1&-2\\0&-2&0\end{pmatrix}\begin{pmatrix}\frac{1}{\sqrt{2}}&1&-1\\0&1&-1\\0&0&\frac{1}{2}\end{pmatrix}\boldsymbol{y}$$

$$=\boldsymbol{y}^{\mathrm{T}}\begin{pmatrix}1&0&0\\0&-1&0\\0&0&1\end{pmatrix}\boldsymbol{y},$$

$f=y_1^2-y_2^2+y_3^2$.

§5.2　化二次型为标准形

一、主要知识归纳

主要知识归纳见表 5-2-1 和表 5-2-2.

表 5-2-1　　二次型的标准形

定义	若二次型 $f(x_1,x_2,\cdots,x_n)$ 经可逆线性变换 $\boldsymbol{x}=\boldsymbol{C}\boldsymbol{y}$ 可化为只含平方项的形式，即 $b_1y_1^2+b_2y_2^2+\cdots+b_ny_n^2$，称为二次型的标准形. 任意二次型都可以通过可逆线性变换化为标准形.
配方法	(1) 若二次型含有 x_i 的平方项，则先把所有含有 x_i 的项集中，按 x_i 配方，然后再对其余变量配方，直到都配成平方项为止. (2) 若二次型中不含有平方项，但是 $a_{ij}\neq 0(i\neq j)$，则先作可逆变换 $\begin{cases}x_i=y_i-y_j\\x_j=y_i+y_j,k=1,2,\cdots,n\text{ 且 }k\neq i,j\\x_k=y_k\end{cases}$ 化二次型为含有平方项的二次型，然后再按 (1) 中的方法配方.
初等变换法	对 $2n\times n$ 矩阵 $\begin{pmatrix}\boldsymbol{A}\\\boldsymbol{E}\end{pmatrix}$ 施以相应于右乘 $\boldsymbol{P}_1\boldsymbol{P}_2\cdots\boldsymbol{P}_s$ 的初等列变换，再对 $\boldsymbol{A}$ 施以相应于左乘 $\boldsymbol{P}_1^{\mathrm{T}}\boldsymbol{P}_2^{\mathrm{T}}\cdots\boldsymbol{P}_s^{\mathrm{T}}$ 的初等行变换，即做相同的行列变换，则矩阵 $\boldsymbol{A}$ 变为对角矩阵 $\boldsymbol{\Lambda}$，而单位矩阵 $\boldsymbol{E}$ 就变为所要求的可逆矩阵 $\boldsymbol{C}$.
正交变换法	(1) 将二次型表示成矩阵形式 $f=\boldsymbol{x}^{\mathrm{T}}\boldsymbol{A}\boldsymbol{x}$，求出 $\boldsymbol{A}$； (2) 求出 $\boldsymbol{A}$ 的所有特征值 $\lambda_1,\lambda_2,\cdots,\lambda_n$； (3) 求出对应于各特征值的线性无关的特征向量 $\boldsymbol{\xi}_1,\boldsymbol{\xi}_2,\cdots,\boldsymbol{\xi}_n$； (4) 将特征向量 $\boldsymbol{\xi}_1,\boldsymbol{\xi}_2,\cdots,\boldsymbol{\xi}_n$ 正交化、单位化，得 $\boldsymbol{\eta}_1,\boldsymbol{\eta}_2,\cdots,\boldsymbol{\eta}_n$，记 $\boldsymbol{C}=(\boldsymbol{\eta}_1,\boldsymbol{\eta}_2,\cdots,\boldsymbol{\eta}_n)$； (5) 作正交变换 $\boldsymbol{x}=\boldsymbol{C}\boldsymbol{y}$，则得 f 的标准形 $f=\lambda_1y_1^2+\lambda_2y_2^2+\cdots+\lambda_ny_n^2$.

表 5-2-2　　二次型的规范形

定义	若将二次型化为 $y_1^2+\cdots+y_p^2-y_{p+1}^2-\cdots-y_r^2$，这种形式的二次型叫作规范形. 规范形中的正项个数 p 称为二次型的正惯性指数，负项个数 $r-p$ 称为二次型的负惯性指数，r 是二次型的秩.
性质	任何二次型都可通过可逆线性变换化为规范形，且规范形是由二次型本身决定的唯一形式，与所作的可逆线性变换无关.

二、典型例题分析

例 1 将二次型 $f(x_1,x_2,x_3)=x_1^2+3x_3^2+2x_1x_2+4x_1x_3+2x_2x_3$ 化为标准形，并写出所用的线性变换.

解 方法一 配方法：先把所有含 x_i 的项集中起来，按 x_i 配成平方项，然后再对其余的变量配方，直到都配成平方项为止.

$$\begin{aligned}f(x_1,x_2,x_3)&=x_1^2+3x_3^2+2x_1x_2+4x_1x_3+2x_2x_3\\&=x_1^2+2x_1(x_2+2x_3)+(x_2+2x_3)^2-(x_2+2x_3)^2+2x_2x_3+3x_3^2\\&=(x_1+x_2+2x_3)^2-x_2^2-2x_2x_3-x_3^2\\&=(x_1+x_2+2x_3)^2-(x_2+x_3)^2.\end{aligned}$$

令

$$\begin{cases}y_1=x_1+x_2+2x_3\\y_2=x_2+x_3\\y_3=x_3\end{cases}\Rightarrow\begin{cases}x_1=y_1-y_2-y_3\\x_2=y_2-y_3\\x_3=y_3\end{cases},$$

则二次型化为标准形 $f(x_1,x_2,x_3)=y_1^2-y_2^2$.

方法二 初等变换法：对矩阵 $\begin{pmatrix}\boldsymbol{A}\\\boldsymbol{E}\end{pmatrix}$ 作初等列变换，再相应地对 $\boldsymbol{A}$ 作初等行变换，则矩阵 $\boldsymbol{A}$ 变为对角矩阵，但单位矩阵 $\boldsymbol{E}$ 就变为所要求的可逆矩阵，即线性变换的矩阵.

由条件可知，二次型矩阵为 $\boldsymbol{A}=\begin{pmatrix}1&1&2\\1&0&1\\2&1&3\end{pmatrix}$，则

$$\begin{pmatrix}\boldsymbol{A}\\\boldsymbol{E}\end{pmatrix}=\begin{pmatrix}1&1&2\\1&0&1\\2&1&3\\1&0&0\\0&1&0\\0&0&1\end{pmatrix}\xrightarrow[\substack{r_2-r_1\\r_3-2r_1}]{\substack{c_2-c_1\\c_3-2c_1}}\begin{pmatrix}1&0&0\\0&-1&-1\\0&-1&-1\\1&-1&-2\\0&1&0\\0&0&1\end{pmatrix}\xrightarrow[r_3-r_2]{c_3-c_2}\begin{pmatrix}1&0&0\\0&-1&0\\0&0&0\\1&-1&-1\\0&1&-1\\0&0&1\end{pmatrix}.$$

令 $\boldsymbol{C}=\begin{pmatrix}1&-1&-1\\0&1&-1\\0&0&1\end{pmatrix}$，则经可逆线性变换 $\boldsymbol{x}=\boldsymbol{C}\boldsymbol{y}$，二次型化为标准形

$$f=y_1^2-y_2^2.$$

小结：本题主要利用了配方法和初等变换法将二次型化为标准形.

例 2　已知二次型 $f(x_1, x_2, x_3)=2x_1^2+3x_2^2+3x_3^2+2ax_2x_3(a>0)$ 通过正交变换化成标准形 $f=y_1^2+2y_2^2+5y_3^2$，求参数 a 及所用的正交变换矩阵.

解　二次型矩阵为 $\boldsymbol{A}=\begin{pmatrix}2&0&0\\0&3&a\\0&a&3\end{pmatrix}$，求其特征值.

$$|\lambda\boldsymbol{E}-\boldsymbol{A}|=\begin{vmatrix}\lambda-2&0&0\\0&\lambda-3&-a\\0&-a&\lambda-3\end{vmatrix}=(\lambda-2)(\lambda^2-6\lambda-(a^2-9)).$$

由 f 可化为标准形 $f=y_1^2+2y_2^2+5y_3^2$ 可知，$\boldsymbol{A}$ 的特征值为：1，2，5. 因此，1，5 是 $\lambda^2-6\lambda-(a^2-9)=0$ 的根，解得 $a=\pm2$，又因为 $a>0$，故 $a=2$.

由此可知

$$\boldsymbol{A}=\begin{pmatrix}2&0&0\\0&3&2\\0&2&3\end{pmatrix}.$$

下面求矩阵 $\boldsymbol{A}$ 的特征向量：

当 $\lambda_1=1$ 时，$(\boldsymbol{E}-\boldsymbol{A})\boldsymbol{x}=\boldsymbol{0}$ 同解于 $\begin{cases}x_1=0\\x_2+x_3=0\end{cases}$，解得 $\boldsymbol{\alpha}_1=(0, 1, -1)^{\mathrm{T}}$.

同理可得，当 $\lambda_2=2$，$\lambda_3=5$ 时，对应的特征向量分别为 $\boldsymbol{\alpha}_2=(1, 0, 0)^{\mathrm{T}}$，$\boldsymbol{\alpha}_3=(0, 1, 1)^{\mathrm{T}}$.

根据实对称矩阵的不同特征值对应的特征向量正交可知，$\boldsymbol{\alpha}_1$，$\boldsymbol{\alpha}_2$，$\boldsymbol{\alpha}_3$ 是正交的，将它们单位化，得

$$\boldsymbol{\beta}_1=\begin{pmatrix}0\\\frac{1}{\sqrt{2}}\\-\frac{1}{\sqrt{2}}\end{pmatrix},\ \boldsymbol{\beta}_2=\begin{pmatrix}1\\0\\0\end{pmatrix},\ \boldsymbol{\beta}_3=\begin{pmatrix}0\\\frac{1}{\sqrt{2}}\\\frac{1}{\sqrt{2}}\end{pmatrix}.$$

因此，正交变换的矩阵为

$$\boldsymbol{A}=(\boldsymbol{\beta}_1, \boldsymbol{\beta}_2, \boldsymbol{\beta}_3)=\begin{pmatrix}0&1&0\\\frac{1}{\sqrt{2}}&0&\frac{1}{\sqrt{2}}\\-\frac{1}{\sqrt{2}}&0&\frac{1}{\sqrt{2}}\end{pmatrix}.$$

小结：本题的关键是求 a 的值，其中利用了正交变换化二次型为标准形后的

系数与变换前二次型矩阵的特征值一一对应这一性质.

例 3　设二次型

$$f(x_1, x_2, x_3)=\boldsymbol{x}^{\mathrm{T}}\boldsymbol{A}\boldsymbol{x}=ax_1^2+2x_2^2-2x_3^2+2bx_1x_3\ (b>0),$$

其中，$\boldsymbol{A}$ 的特征值之和为 1，特征值之积为 -12.

(1) 求 a，b；

(2) 用正交变换将 f 化为标准形，并写出所用正交变换和对应的正交矩阵.

解　(1) 方法一　二次型 f 的矩阵为

$$\boldsymbol{A}=\begin{pmatrix} a & 0 & b \\ 0 & 2 & 0 \\ b & 0 & -2 \end{pmatrix}.$$

设 $\boldsymbol{A}$ 的特征值为 $\lambda_i\ (i=1, 2, 3)$，根据条件可知

$$\lambda_1+\lambda_2+\lambda_3=a+2+(-2)=1\Rightarrow a=1.$$

$$\lambda_1\lambda_2\lambda_3=\begin{vmatrix} 1 & 0 & b \\ 0 & 2 & 0 \\ b & 0 & -2 \end{vmatrix}=2(-2-b^2)=-12\Rightarrow b=2.$$

方法二　二次型 f 的矩阵 $\boldsymbol{A}$ 的特征多项式为

$$|\lambda\boldsymbol{E}-\boldsymbol{A}|=\begin{vmatrix} \lambda-a & 0 & -b \\ 0 & \lambda-2 & 0 \\ -b & 0 & \lambda+2 \end{vmatrix}=(\lambda-2)[\lambda^2-(a-2)\lambda-(2a+b^2)].$$

设 $\boldsymbol{A}$ 的特征值为 λ_1，λ_2，λ_3，则

$$\lambda_1=2,\ \lambda_2+\lambda_3=a-2,\ \lambda_2\lambda_3=-(2a+b^2).$$

由条件可知

$$\lambda_1+\lambda_2+\lambda_3=2+a-2=1,\ \lambda_1\lambda_2\lambda_3=-2(2a+b^2)=-12,$$

解得 $a=1$，$b=2$.

(2) 由矩阵 $\boldsymbol{A}$ 的特征多项式

$$|\lambda\boldsymbol{E}-\boldsymbol{A}|=\begin{vmatrix} \lambda-1 & 0 & -2 \\ 0 & \lambda-2 & 0 \\ -2 & 0 & \lambda+2 \end{vmatrix}=(\lambda-2)^2(\lambda+3),$$

解得 $\boldsymbol{A}$ 的特征值 $\lambda_1=\lambda_2=2$，$\lambda_3=-3$.

对于 $\lambda_1=\lambda_2=2$，解齐次线性方程组 $(2\boldsymbol{E}-\boldsymbol{A})\boldsymbol{x}=\boldsymbol{0}$，可得其基础解系为

$$\boldsymbol{\xi}_1=(0,\ 1,\ 0)^{\mathrm{T}},\ \boldsymbol{\xi}_2=(2,\ 0,\ 1)^{\mathrm{T}}.$$

对于 $\lambda_3=-3$，解齐次线性方程组 $(-3\boldsymbol{E}-\boldsymbol{A})\boldsymbol{x}=\boldsymbol{0}$，可得其基础解系为

$$\boldsymbol{\xi}_3=(1,\ 0,\ -2)^{\mathrm{T}}.$$

由于 $\boldsymbol{\xi}_1$，$\boldsymbol{\xi}_2$，$\boldsymbol{\xi}_3$ 正交，将其单位化，可得：$\boldsymbol{\alpha}_1=\boldsymbol{\xi}_1$，$\boldsymbol{\alpha}_2=\left(\frac{2}{\sqrt{5}},\ 0,\ \frac{1}{\sqrt{5}}\right)$，$\boldsymbol{\alpha}_3=\left(\frac{1}{\sqrt{5}},\ 0,\ -\frac{2}{\sqrt{5}}\right)^{\mathrm{T}}$.

令矩阵 $\boldsymbol{Q}=\begin{pmatrix}0 & \frac{2}{\sqrt{5}} & \frac{1}{\sqrt{5}}\\ 1 & 0 & 0\\ 0 & \frac{1}{\sqrt{5}} & -\frac{2}{\sqrt{5}}\end{pmatrix}$，则 $\boldsymbol{Q}$ 为正交矩阵，且

$$\boldsymbol{Q}^{\mathrm{T}}\boldsymbol{A}\boldsymbol{Q}=\begin{pmatrix}2 & 0 & 0\\ 0 & 2 & 0\\ 0 & 0 & -3\end{pmatrix}.$$

作正交变换 $\boldsymbol{x}=\boldsymbol{Q}\boldsymbol{y}$，则 f 化为二次型 $f=2y_1^2+2y_2^2-3y_3^2$.

小结：(1) 分别利用特征值的性质和特征多项式求未知元素的值；

(2) 主要考查了正交变换法的运用.

例 4　已知二次型 $f(x_1,\ x_2,\ x_3)=5x_1^2+5x_2^2+cx_3^2-2x_1x_2+6x_1x_3-6x_2x_3$ 的秩为 2.

(1) 指出方程 $f(x_1,\ x_2,\ x_3)=1$ 表示何种二次曲面；

(2) 求方程 $f(x_1,\ x_2,\ x_3)=0$ 的解.

解　(1) 由条件可知，二次型 f 的矩阵为

$$\boldsymbol{A}=\begin{pmatrix}5 & -1 & 3\\ -1 & 5 & -3\\ 3 & -3 & c\end{pmatrix},$$

由 f 的秩为 2 可知，$\mathrm{r}(\boldsymbol{A})=2$，所以 $|\boldsymbol{A}|=0$，可解得 $c=3$.

由

$$|\boldsymbol{A}-\lambda\boldsymbol{E}|=\begin{vmatrix}5-\lambda & -1 & 3\\ -1 & 5-\lambda & -3\\ 3 & -3 & 3-\lambda\end{vmatrix}=-\lambda(\lambda-4)(\lambda-9)=0,$$

可得 $\boldsymbol{A}$ 的特征值为 $\lambda_1=4$，$\lambda_2=9$，$\lambda_3=0$.

由$(\lambda E-A)x=0$，可求得$\lambda_1=4$，$\lambda_2=9$，$\lambda_3=0$对应的特征向量分别为

$$p_1=\begin{pmatrix}1\\1\\0\end{pmatrix},\ p_2=\begin{pmatrix}1\\-1\\1\end{pmatrix},\ p_3=\begin{pmatrix}-1\\1\\2\end{pmatrix},$$

单位化后得

$$q_1=\begin{pmatrix}\frac{1}{\sqrt{2}}\\\frac{1}{\sqrt{2}}\\0\end{pmatrix},\ q_2=\begin{pmatrix}\frac{1}{\sqrt{3}}\\-\frac{1}{\sqrt{3}}\\\frac{1}{\sqrt{3}}\end{pmatrix},\ q_3=\begin{pmatrix}-\frac{1}{\sqrt{6}}\\\frac{1}{\sqrt{6}}\\\frac{2}{\sqrt{6}}\end{pmatrix},$$

故正交变换$\begin{pmatrix}x_1\\x_2\\x_3\end{pmatrix}=\begin{pmatrix}\frac{1}{\sqrt{2}}&\frac{1}{\sqrt{3}}&-\frac{1}{\sqrt{6}}\\\frac{1}{\sqrt{2}}&-\frac{1}{\sqrt{3}}&\frac{1}{\sqrt{6}}\\0&\frac{1}{\sqrt{3}}&\frac{2}{\sqrt{6}}\end{pmatrix}\begin{pmatrix}y_1\\y_2\\y_3\end{pmatrix}$，化$f$为标准二次型：$f=4y_1^2+9y_2^2$.

可见，$f=4y_1^2+9y_2^2=1$表示椭圆柱面.

(2) 由$f(x_1,x_2,x_3)=4y_1^2+9y_2^2=0$，得$y_1=0$，$y_2=0$，$y_3=k$（$k$为任意常数），从而所求解为

$$x=Py=(q_1,q_2,q_3)\begin{pmatrix}0\\0\\k\end{pmatrix}=kq_3=\begin{pmatrix}-c\\c\\2c\end{pmatrix},\ (c\text{ 为任意常数}).$$

小结：理解二次型的秩即为二次型矩阵的秩，熟练掌握用正交变换化二次型为标准形的方法，且注意正交变换将$f(x_1,x_2,x_3)=1$化为标准形后不改变空间曲面的几何特性. 正交变换相当于直角坐标系的旋转与反射.

三、习题 5-2 解答

1. 求一个正交变换将下列二次型化成标准形：

(1) $f=2x_1^2+3x_2^2+3x_3^2+4x_2x_3$；

(2) $f=x_1^2+x_2^2+x_3^2+x_4^2+2x_1x_2-2x_1x_4-2x_2x_3+2x_3x_4$.

解 (1) 二次型的矩阵为$A=\begin{pmatrix}2&0&0\\0&3&2\\0&2&3\end{pmatrix}$，

$$|\boldsymbol{A}-\lambda\boldsymbol{E}|=\begin{vmatrix}2-\lambda & 0 & 0\\ 0 & 3-\lambda & 2\\ 0 & 2 & 3-\lambda\end{vmatrix}=(2-\lambda)(5-\lambda)(1-\lambda),$$

故 $\boldsymbol{A}$ 的特征值为 $\lambda_1=2$，$\lambda_2=5$，$\lambda_3=1$.

当 $\lambda_1=2$ 时，解方程 $(\boldsymbol{A}-2\boldsymbol{E})\boldsymbol{x}=\boldsymbol{0}$，由

$$\boldsymbol{A}-2\boldsymbol{E}=\begin{pmatrix}0 & 0 & 0\\ 0 & 1 & 2\\ 0 & 2 & 1\end{pmatrix}\Rightarrow\begin{pmatrix}0 & 1 & 2\\ 0 & 0 & 1\\ 0 & 0 & 0\end{pmatrix},$$

得基础解系 $\boldsymbol{\xi}_1=\begin{pmatrix}1\\0\\0\end{pmatrix}$，取 $\boldsymbol{P}_1=\begin{pmatrix}1\\0\\0\end{pmatrix}$.

当 $\lambda_2=5$ 时，解方程 $(\boldsymbol{A}-5\boldsymbol{E})\boldsymbol{x}=\boldsymbol{0}$，由

$$\boldsymbol{A}-5\boldsymbol{E}=\begin{pmatrix}-3 & 0 & 0\\ 0 & -2 & 2\\ 0 & 2 & -2\end{pmatrix}\Rightarrow\begin{pmatrix}1 & 0 & 0\\ 0 & 1 & -1\\ 0 & 0 & 0\end{pmatrix},$$

得基础解系 $\boldsymbol{\xi}_2=\begin{pmatrix}0\\1\\1\end{pmatrix}$，取 $\boldsymbol{P}_2=\begin{pmatrix}0\\ \frac{1}{\sqrt{2}}\\ \frac{1}{\sqrt{2}}\end{pmatrix}$.

当 $\lambda_3=1$ 时，解方程 $(\boldsymbol{A}-\boldsymbol{E})\boldsymbol{x}=\boldsymbol{0}$，由

$$\boldsymbol{A}-\boldsymbol{E}=\begin{pmatrix}1 & 0 & 0\\ 0 & 2 & 2\\ 0 & 2 & 2\end{pmatrix}\Rightarrow\begin{pmatrix}1 & 0 & 0\\ 0 & 1 & 1\\ 0 & 0 & 0\end{pmatrix},$$

得基础解系 $\boldsymbol{\xi}_3=\begin{pmatrix}0\\-1\\1\end{pmatrix}$，取 $\boldsymbol{P}_3=\begin{pmatrix}0\\ -\frac{1}{\sqrt{2}}\\ \frac{1}{\sqrt{2}}\end{pmatrix}$.

于是正交变换为 $\begin{pmatrix}x_1\\x_2\\x_3\end{pmatrix}=\begin{pmatrix}1 & 0 & 0\\ 0 & \frac{1}{\sqrt{2}} & -\frac{1}{\sqrt{2}}\\ 0 & \frac{1}{\sqrt{2}} & \frac{1}{\sqrt{2}}\end{pmatrix}\begin{pmatrix}y_1\\y_2\\y_3\end{pmatrix}$，且有

$f=2y_1^2+5y_2^2+y_3^2$.

(2) 二次型矩阵为 $\boldsymbol{A}=\begin{pmatrix}1&1&0&-1\\1&1&-1&0\\0&-1&1&1\\-1&0&1&1\end{pmatrix}$，

$$|\boldsymbol{A}-\lambda\boldsymbol{E}|=\begin{vmatrix}1-\lambda&1&0&-1\\1&1-\lambda&-1&0\\0&-1&1-\lambda&1\\-1&0&1&1-\lambda\end{vmatrix}=(\lambda+1)(\lambda-3)(\lambda-1)^2,$$

故 $\boldsymbol{A}$ 的特征值为 $\lambda_1=-1$，$\lambda_2=3$，$\lambda_3=\lambda_4=1$.

当 $\lambda_1=-1$ 时，可得单位特征向量 $\boldsymbol{P}_1=\begin{pmatrix}\frac{1}{2}\\-\frac{1}{2}\\-\frac{1}{2}\\\frac{1}{2}\end{pmatrix}$；当 $\lambda_2=3$ 时，可得单位特征向量 $\boldsymbol{P}_2=\begin{pmatrix}\frac{1}{2}\\\frac{1}{2}\\-\frac{1}{2}\\-\frac{1}{2}\end{pmatrix}$；当 $\lambda_3=\lambda_4=1$ 时，可得单位特征向量 $\boldsymbol{P}_3=\begin{pmatrix}\frac{1}{\sqrt{2}}\\0\\\frac{1}{\sqrt{2}}\\0\end{pmatrix}$，$\boldsymbol{P}_4=\begin{pmatrix}0\\\frac{1}{\sqrt{2}}\\0\\\frac{1}{\sqrt{2}}\end{pmatrix}$.

于是正交变换为 $\begin{pmatrix}x_1\\x_2\\x_3\\x_4\end{pmatrix}=\begin{pmatrix}\frac{1}{2}&\frac{1}{2}&\frac{1}{\sqrt{2}}&0\\-\frac{1}{2}&\frac{1}{2}&0&\frac{1}{\sqrt{2}}\\-\frac{1}{2}&-\frac{1}{2}&\frac{1}{\sqrt{2}}&0\\\frac{1}{2}&-\frac{1}{2}&0&\frac{1}{\sqrt{2}}\end{pmatrix}\begin{pmatrix}y_1\\y_2\\y_3\\y_4\end{pmatrix}$，且有

$f=-y_1^2+3y_2^2+y_3^2+y_4^2$.

2. 求一个正交变换把二次曲面的方程 $x_1^2+2x_2^2+x_3^2-2x_1x_3=1$ 化成标准方程.

解　对应的矩阵 $\boldsymbol{A}=\begin{pmatrix}1&0&-1\\0&2&0\\-1&0&1\end{pmatrix}$，由 $|\lambda\boldsymbol{E}-\boldsymbol{A}|=0$，解出 $\boldsymbol{A}$ 的特征值为

$\lambda_1=0,\lambda_2=\lambda_3=2.$

当 $\lambda_1=0$ 时，由 $(\boldsymbol{E}-\boldsymbol{A})\boldsymbol{x}=\boldsymbol{0}$，解出特征向量 $\boldsymbol{\xi}_1=\begin{pmatrix}1\\0\\1\end{pmatrix}$，对其单位化可得：$\boldsymbol{\gamma}_1=\dfrac{1}{\sqrt{2}}\begin{pmatrix}1\\0\\1\end{pmatrix}$；

当 $\lambda_2=\lambda_3=2$ 时，由 $(2\boldsymbol{E}-\boldsymbol{A})\boldsymbol{x}=\boldsymbol{0}$，解出其基础解系 $\boldsymbol{\xi}_2=\begin{pmatrix}-1\\0\\1\end{pmatrix},\boldsymbol{\xi}_3=\begin{pmatrix}-1\\1\\1\end{pmatrix}$.

将 $\boldsymbol{\xi}_2$，$\boldsymbol{\xi}_3$ 正交化.

令 $\boldsymbol{\eta}_2=\boldsymbol{\xi}_2=\begin{pmatrix}-1\\0\\1\end{pmatrix}$，$\boldsymbol{\eta}_3=\boldsymbol{\xi}_3-\dfrac{[\boldsymbol{\xi}_3,\boldsymbol{\eta}_2]}{[\boldsymbol{\eta}_2,\boldsymbol{\eta}_2]}\boldsymbol{\eta}_2=\begin{pmatrix}0\\1\\0\end{pmatrix}$，单位化后得

$$\boldsymbol{\gamma}_2=\frac{\boldsymbol{\eta}_2}{\|\boldsymbol{\eta}_2\|}=\frac{1}{\sqrt{2}}\begin{pmatrix}-1\\0\\1\end{pmatrix},\ \boldsymbol{\gamma}_3=\boldsymbol{\eta}_3=\begin{pmatrix}0\\1\\0\end{pmatrix}.$$

令 $\boldsymbol{Q}=(\boldsymbol{\gamma}_1,\boldsymbol{\gamma}_2,\boldsymbol{\gamma}_3)$，则 $\boldsymbol{Q}^{\mathrm{T}}\boldsymbol{A}\boldsymbol{Q}=\begin{pmatrix}0&0&0\\0&2&0\\0&0&2\end{pmatrix}$，经过正交变换 $\boldsymbol{x}=\boldsymbol{Q}\boldsymbol{y}$，二次曲面方程化为 $2y_2^2+2y_3^2=1$(椭圆柱面).

3. 已知二次型 $5x_1^2+5x_2^2+cx_3^2-2x_1x_2+6x_1x_3-6x_2x_3$ 的秩为 2，求 c，并用正交变换化二次型为标准形.

解题思路　定义二次型矩阵的秩为二次型的秩. 根据二次型的秩为 2，求出参数 c.

解　二次型矩阵为 $\begin{pmatrix}5&-1&3\\-1&5&-3\\3&-3&c\end{pmatrix}$，秩为 2，解得 $c=3$，特征值为 4，9，0.

对应的特征向量分别为 $\boldsymbol{\eta}_1=\begin{pmatrix}1\\1\\0\end{pmatrix}$，$\boldsymbol{\eta}_2=\begin{pmatrix}1\\-1\\1\end{pmatrix}$，$\boldsymbol{\eta}_3=\begin{pmatrix}-1\\1\\2\end{pmatrix}$，$\boldsymbol{\eta}_1$，$\boldsymbol{\eta}_2$，$\boldsymbol{\eta}_3$ 两两正

交,经单位化得正交矩阵

$$Q=\begin{pmatrix}\frac{1}{\sqrt{2}} & \frac{1}{\sqrt{3}} & -\frac{1}{\sqrt{6}}\\ \frac{1}{\sqrt{2}} & -\frac{1}{\sqrt{3}} & \frac{1}{\sqrt{6}}\\ 0 & \frac{1}{\sqrt{3}} & \frac{2}{\sqrt{6}}\end{pmatrix}.$$

做 $\boldsymbol{x}=\boldsymbol{Q}\boldsymbol{y}$ 的正交变换，将二次型化为标准形 $f=4y_1^2+9y_2^2$.

4. 用配方法化下列二次型为标准形，并写出所用变换的矩阵.

(1) $f(x_1, x_2, x_3)=x_1^2+2x_3^2+2x_1x_3-2x_2x_3$;

(2) $f(x_1, x_2, x_3)=-4x_1x_2+2x_1x_3+2x_2x_3$.

解 (1)

$$\begin{aligned}f&=x_1^2+2x_3^2+2x_1x_3-2x_2x_3\\&=x_1^2+2x_1x_3+x_3^2-2x_2x_3+x_3^2\\&=(x_1+x_3)^2-2x_2x_3+x_3^2\\&=(x_1+x_3)^2+x_2^2-2x_2x_3+x_3^2-x_2^2\\&=(x_1+x_3)^2+(x_2-x_3)^2-x_2^2.\end{aligned}$$

令

$$\begin{cases}y_1=x_1+x_3\\ y_2=x_2-x_3\\ y_3=x_2\end{cases}\Rightarrow\begin{cases}x_1=y_1+y_2-y_3\\ x_2=y_3\\ x_3=-y_2+y_3\end{cases},$$

即

$$\begin{pmatrix}x_1\\x_2\\x_3\end{pmatrix}=\begin{pmatrix}1 & 1 & -1\\ 0 & 0 & 1\\ 0 & -1 & 1\end{pmatrix}\begin{pmatrix}y_1\\y_2\\y_3\end{pmatrix},$$

记为 $\boldsymbol{x}=\boldsymbol{C}\boldsymbol{y}$.

于是，在线性变换 $\boldsymbol{x}=\boldsymbol{C}\boldsymbol{y}$ 下，原二次型化为下列标准形

$$f=y_1^2+y_2^2-y_3^2.$$

(2)由于所给二次型中无平方项，所以

令$\begin{cases}x_1=y_1+y_2\\ x_2=y_1-y_2\\ x_3=y_3\end{cases}$，即

$$\begin{pmatrix} x_1 \\ x_2 \\ x_3 \end{pmatrix} = \begin{pmatrix} 1 & 1 & 0 \\ 1 & -1 & 0 \\ 0 & 0 & 1 \end{pmatrix} \begin{pmatrix} y_1 \\ y_2 \\ y_3 \end{pmatrix},$$

代入原二次型得

$$f = -4y_1^2 + 4y_2^2 + 4y_1y_3 = -4\left(y_1 - \frac{1}{2}y_3\right)^2 + 4y_2^2 + y_3^2. \qquad (*)$$

再令

$$\begin{cases} z_1 = y_1 - \dfrac{1}{2}y_3 \\ z_2 = y_2 \\ z_3 = y_3 \end{cases} \Rightarrow \begin{cases} y_1 = z_1 + \dfrac{1}{2}z_3 \\ y_2 = z_2 \\ y_3 = z_3 \end{cases},$$

即

$$\begin{pmatrix} y_1 \\ y_2 \\ y_3 \end{pmatrix} = \begin{pmatrix} 1 & 0 & \frac{1}{2} \\ 0 & 1 & 0 \\ 0 & 0 & 1 \end{pmatrix} \begin{pmatrix} z_1 \\ z_2 \\ z_3 \end{pmatrix},$$

则将原二次型化为标准形，代入式(∗)，有

$$f = -4z_1^2 + 4z_2^2 + z_3^2,$$

所用线性变换矩阵为

$$\boldsymbol{C} = \begin{pmatrix} 1 & 1 & 0 \\ 1 & -1 & 0 \\ 0 & 0 & 1 \end{pmatrix} \begin{pmatrix} 1 & 0 & \frac{1}{2} \\ 0 & 1 & 0 \\ 0 & 0 & 1 \end{pmatrix} = \begin{pmatrix} 1 & 1 & \frac{1}{2} \\ 1 & -1 & \frac{1}{2} \\ 0 & 0 & 1 \end{pmatrix}.$$

5. 用初等变换法将二次型 $f(x_1, x_2, x_3) = x_1^2 - x_3^2 + 2x_1x_2 + 2x_2x_3$ 化为标准形.

解　此二次型对应的矩阵为 $\boldsymbol{A} = \begin{pmatrix} 1 & 1 & 0 \\ 1 & 0 & 1 \\ 0 & 1 & -1 \end{pmatrix}$.

$$\begin{pmatrix} \boldsymbol{A} \\ \boldsymbol{E} \end{pmatrix} = \begin{pmatrix} 1 & 1 & 0 \\ 1 & 0 & 1 \\ 0 & 1 & -1 \\ 1 & 0 & 0 \\ 0 & 1 & 0 \\ 0 & 0 & 1 \end{pmatrix} \xrightarrow{c_2 - c_1} \begin{pmatrix} 1 & 0 & 0 \\ 1 & -1 & 1 \\ 0 & 1 & -1 \\ 1 & -1 & 0 \\ 0 & 1 & 0 \\ 0 & 0 & 1 \end{pmatrix} \xrightarrow{r_2 - r_1} \begin{pmatrix} 1 & 0 & 0 \\ 0 & -1 & 1 \\ 0 & 1 & -1 \\ 1 & -1 & 0 \\ 0 & 1 & 0 \\ 0 & 0 & 1 \end{pmatrix}$$

$$\xrightarrow{c_3+c_2}\begin{pmatrix}1&0&0\\0&-1&0\\0&1&0\\1&-1&-1\\0&1&1\\0&0&1\end{pmatrix}\xrightarrow{r_3+r_2}\begin{pmatrix}1&0&0\\0&-1&0\\0&0&0\\1&-1&-1\\0&1&1\\0&0&1\end{pmatrix}.$$

所以 $\boldsymbol{C}=\begin{pmatrix}1&-1&-1\\0&1&1\\0&0&1\end{pmatrix}$，$|\boldsymbol{C}|=1\neq0$，令

$$\begin{pmatrix}x_1\\x_2\\x_3\end{pmatrix}=\begin{pmatrix}1&-1&-1\\0&1&1\\0&0&1\end{pmatrix}\begin{pmatrix}y_1\\y_2\\y_3\end{pmatrix},$$

代入原二次型可得标准形

$$f=y_1^2-y_2^2.$$

6. 将下列二次型化为规范形，并指出其正惯性指数及秩.

(1) $x_1^2+2x_2^2+2x_1x_2-2x_1x_3$；

(2) $2x_1x_2+2x_2x_3+2x_3x_4+2x_1x_4$；

(3) $x_1^2+x_2^2-x_4^2-2x_1x_4$.

解 (1)
$$\begin{aligned}f&=(x_1+x_2-x_3)^2+x_2^2+2x_2x_3-x_3^2\\&=(x_1+x_2-x_3)^2+(x_2+x_3)^2-2x_3^2\\&=y_1^2+y_2^2-y_3^2,\end{aligned}$$

正惯性指数为 2，秩为 3.

(2)该二次型的矩阵为 $\boldsymbol{A}=\begin{pmatrix}0&1&0&1\\1&0&1&0\\0&1&0&1\\1&0&1&0\end{pmatrix}$，于是

$$|\lambda\boldsymbol{E}-\boldsymbol{A}|=\lambda^2(\lambda-2)(\lambda+2),$$

从而 $\boldsymbol{A}$ 的特征值为 $\lambda_1=\lambda_2=0$，$\lambda_3=2$，$\lambda_4=-2$.

因此，二次型的规范形为 $y_1^2-y_2^2$，于是正惯性指数为 1，秩为 2.

(3)该二次型的矩阵为 $\boldsymbol{A}=\begin{pmatrix}1&0&0&-1\\0&1&0&0\\0&0&0&0\\-1&0&0&-1\end{pmatrix}$，于是

$$|\lambda \boldsymbol{E}-\boldsymbol{A}|=\lambda(\lambda-1)(\lambda^2-2),$$

从而 $\boldsymbol{A}$ 的特征值为 $\lambda_1=0, \lambda_2=1$，$\lambda_3=\sqrt{2}$，$\lambda_4=-\sqrt{2}$.

因此，二次型的规范形为 $y_1^2+y_2^2-y_3^2$，于是正惯性指数为 2，秩为 3.

§5.3　正定二次型

一、主要知识归纳

主要知识归纳见表 5-3-1.

表 5-3-1

定义	具有对称矩阵 $\boldsymbol{A}$ 的二次型 $f=\boldsymbol{x}^{\mathrm{T}}\boldsymbol{A}\boldsymbol{x}$，如果对任何非零向量 $\boldsymbol{x}$，都有 $$\boldsymbol{x}^{\mathrm{T}}\boldsymbol{A}\boldsymbol{x}>0 \quad (\boldsymbol{x}^{\mathrm{T}}\boldsymbol{A}\boldsymbol{x}<0)$$ 成立，则称 $f=\boldsymbol{x}^{\mathrm{T}}\boldsymbol{A}\boldsymbol{x}$ 为正定（负定）二次型，矩阵 $\boldsymbol{A}$ 称为正定矩阵(负定矩阵)．
判别法	(1) 设 $\boldsymbol{A}$ 为正定矩阵，若 $\boldsymbol{A}$ 与 $\boldsymbol{B}$ 合同，则 $\boldsymbol{B}$ 也是正定矩阵． (2) 对角矩阵 $\boldsymbol{D}=\mathrm{diag}(d_1, d_2, \cdots, d_n)$正定的充分必要条件是 $$d_i>0, i=1, 2, \cdots, n.$$ (3) 对称矩阵 $\boldsymbol{A}$ 正定的充分必要条件是它的特征值全大于零. (4) 矩阵 $\boldsymbol{A}$ 为正定矩阵的充分必要条件是：存在可逆矩阵 $\boldsymbol{C}$，使$\boldsymbol{A}=\boldsymbol{C}^{\mathrm{T}}\boldsymbol{C}$，即 $\boldsymbol{A}$ 与单位矩阵合同． (5) n 阶矩阵$\boldsymbol{A}=(a_{ij})$ 为正定矩阵的充分必要条件是 $\boldsymbol{A}$ 的所有顺序主子式 $$\lvert \boldsymbol{A}_k \rvert>0, k=1, 2, \cdots, n.$$

二、典型例题分析

例 1　判断下列二次型的有定性.

(1) $f_1=2x_1^2+2x_2^2+x_3^2-2x_1x_2+2x_2x_3$；

(2) $f_2=\sum\limits_{i=1}^{n-1}(x_i+x_{i+1})^2$.

解　(1) f_1 对应的矩阵为 $\boldsymbol{A}=\begin{pmatrix} 2 & -1 & 0 \\ -1 & 2 & 1 \\ 0 & 1 & 1 \end{pmatrix}$，各阶顺序主子式为

$$\boldsymbol{A}_1=2>0, \ \boldsymbol{A}_2=\begin{vmatrix} 2 & -1 \\ -1 & 2 \end{vmatrix}=3>0, \ \boldsymbol{A}_3=|\boldsymbol{A}|=1>0.$$

故 f_1 正定.

(2) 令 $\begin{cases} y_1=x_1+x_2 \\ y_2=x_2+x_3 \\ \cdots\cdots \\ y_{n-1}=x_{n-1}+x_n \\ y_n=x_n \end{cases}$,

写成矩阵形式为 $\begin{pmatrix} y_1 \\ y_2 \\ \vdots \\ y_n \end{pmatrix}=\begin{pmatrix} 1 & 1 & 0 & \cdots & 0 \\ 0 & 1 & 1 & \cdots & 0 \\ \vdots & \vdots & \vdots & & \vdots \\ 0 & 0 & 0 & \cdots & 1 \\ 0 & 0 & 0 & \cdots & 1 \end{pmatrix}\begin{pmatrix} x_1 \\ x_2 \\ \vdots \\ x_n \end{pmatrix}=\boldsymbol{C}\begin{pmatrix} x_1 \\ x_2 \\ \vdots \\ x_n \end{pmatrix}$,

则 $|\boldsymbol{C}|\neq 0$，即 $\boldsymbol{C}$ 可逆，此时 f_2 可化为 $f_2=y_1^2+y_2^2+\cdots+y_{n-1}^2$，故 f_2 为半正定的.

小结：本题主要利用了顺序主子式和将二次型通过可逆线性变换化为规范形来判断其有定性.

例 2 设 $\boldsymbol{A}$, $\boldsymbol{B}$ 为 n 阶正定矩阵，证明：

(1) $k\boldsymbol{A}$ $(k>0)$, $\boldsymbol{A}^{\mathrm{T}}$, $\boldsymbol{A}^{-1}$, $\boldsymbol{A}^*$, $\boldsymbol{A}^m$(m 为正整数) 都是正定矩阵；

(2) 对任意的 $k>0$, $l>0$, $k\boldsymbol{A}+l\boldsymbol{B}$ 是正定矩阵；

(3) 若 $\boldsymbol{AB}=\boldsymbol{BA}$，则 $\boldsymbol{AB}$ 为正定矩阵；

(4) $\boldsymbol{C}=\begin{pmatrix} \boldsymbol{A} & \boldsymbol{O} \\ \boldsymbol{O} & \boldsymbol{B} \end{pmatrix}$ 是正定矩阵.

证 (1) 设 $\boldsymbol{A}$, $\boldsymbol{B}$ 的特征值分别为 $\lambda_1, \cdots, \lambda_n$; $u_1, \cdots, u_n$.

因为 $\boldsymbol{A}$, $\boldsymbol{B}$ 为 n 阶正定矩阵，则

$$\lambda_i, u_j>0 \ (i=1, 2, \cdots, n; j=1, 2, \cdots, n),$$

由特征值的性质可知：$k\boldsymbol{A}$ $(k>0)$, $\boldsymbol{A}^{\mathrm{T}}$, $\boldsymbol{A}^{-1}$, $\boldsymbol{A}^*$, $\boldsymbol{A}^m$ 对应的特征值分别为

$$k\lambda_i, \lambda_i, \frac{1}{\lambda_i}, \frac{|\boldsymbol{A}|}{\lambda_i}, \lambda_i^m (i=1, 2, \cdots, n),$$

特征值均大于 0，又因为它们都是对称矩阵，故均为正定矩阵.

(2) 因 $\boldsymbol{A}$, $\boldsymbol{B}$ 正定，故 $\forall \boldsymbol{x}\in\mathbf{R}^n$, $\boldsymbol{x}^{\mathrm{T}}\boldsymbol{A}\boldsymbol{x}>0$, $\boldsymbol{x}^{\mathrm{T}}\boldsymbol{B}\boldsymbol{x}>0$, 则

$$\forall \boldsymbol{x}\in\mathbf{R}^n, \boldsymbol{x}^{\mathrm{T}}(k\boldsymbol{A}+l\boldsymbol{B})\boldsymbol{x}=k\boldsymbol{x}^{\mathrm{T}}\boldsymbol{A}\boldsymbol{x}+l\boldsymbol{x}^{\mathrm{T}}\boldsymbol{B}\boldsymbol{x}>0,$$

又因为 $k\boldsymbol{A}+l\boldsymbol{B}$ 是对称矩阵，故 $k\boldsymbol{A}+l\boldsymbol{B}$ 为正定矩阵.

(3) 因 $\boldsymbol{A}$, $\boldsymbol{B}$ 正定，故有可逆矩阵 $\boldsymbol{P}$, $\boldsymbol{Q}$, 使 $\boldsymbol{A}=\boldsymbol{P}^{\mathrm{T}}\boldsymbol{P}$, $\boldsymbol{B}=\boldsymbol{Q}^{\mathrm{T}}\boldsymbol{Q}$, 则

$$\boldsymbol{Q}(\boldsymbol{AB})\boldsymbol{Q}^{-1}=\boldsymbol{Q}(\boldsymbol{P}^{\mathrm{T}}\boldsymbol{P})(\boldsymbol{Q}^{\mathrm{T}}\boldsymbol{Q})\boldsymbol{Q}^{-1}=\boldsymbol{Q}\boldsymbol{P}^{\mathrm{T}}\boldsymbol{P}\boldsymbol{Q}^{\mathrm{T}}=(\boldsymbol{P}\boldsymbol{Q}^{\mathrm{T}})^{\mathrm{T}}(\boldsymbol{P}\boldsymbol{Q}^{\mathrm{T}}),$$

又因为 $\boldsymbol{P}\boldsymbol{Q}^{\mathrm{T}}$ 是可逆矩阵，故 $(\boldsymbol{P}\boldsymbol{Q}^{\mathrm{T}})^{\mathrm{T}}(\boldsymbol{P}\boldsymbol{Q}^{\mathrm{T}})$ 是正定矩阵，它的特征值大于零，而 $\boldsymbol{AB}$ 与之相似，故 $\boldsymbol{AB}$ 的特征值全大于零，又因为

$$(\boldsymbol{AB})^{\mathrm{T}}=\boldsymbol{B}^{\mathrm{T}}\boldsymbol{A}^{\mathrm{T}}=\boldsymbol{BA}=\boldsymbol{AB},$$

故 $\boldsymbol{AB}$ 为对称阵，因此 $\boldsymbol{AB}$ 为正定矩阵.

(4) 因 $\boldsymbol{A}$，$\boldsymbol{B}$ 正定，故有可逆矩阵 $\boldsymbol{P}$，$\boldsymbol{Q}$，使 $\boldsymbol{A}=\boldsymbol{P}^{\mathrm{T}}\boldsymbol{P}$，$\boldsymbol{B}=\boldsymbol{Q}^{\mathrm{T}}\boldsymbol{Q}$，则

$$\begin{pmatrix}\boldsymbol{A} & \boldsymbol{O}\\ \boldsymbol{O} & \boldsymbol{B}\end{pmatrix}=\begin{pmatrix}\boldsymbol{P}^{\mathrm{T}}\boldsymbol{P} & \\ & \boldsymbol{Q}^{\mathrm{T}}\boldsymbol{Q}\end{pmatrix}=\begin{pmatrix}\boldsymbol{P}^{\mathrm{T}} & \\ & \boldsymbol{Q}^{\mathrm{T}}\end{pmatrix}\begin{pmatrix}\boldsymbol{P} & \\ & \boldsymbol{Q}\end{pmatrix}=\begin{pmatrix}\boldsymbol{P} & \\ & \boldsymbol{Q}\end{pmatrix}^{\mathrm{T}}\begin{pmatrix}\boldsymbol{P} & \\ & \boldsymbol{Q}\end{pmatrix}.$$

又因为 $\begin{pmatrix}\boldsymbol{A} & \boldsymbol{O}\\ \boldsymbol{O} & \boldsymbol{B}\end{pmatrix}$ 对称，则 $\begin{pmatrix}\boldsymbol{A} & \boldsymbol{O}\\ \boldsymbol{O} & \boldsymbol{B}\end{pmatrix}$ 正定.

小结： 本题根据矩阵的具体特点考查了几种不同判别法的运用：

(1) 利用了特征值的判别法；

(2) 利用了正定矩阵的定义法；

(3) 利用了特征值判别法，在判断特征值时又间接用到与单位矩阵合同的判别法；

(4) 利用了分块对角矩阵的性质及与单位矩阵合同的判别法进行了证明.

例 3　设 $\boldsymbol{A}$ 为三阶实对称矩阵，且满足 $\boldsymbol{A}^2+2\boldsymbol{A}=\boldsymbol{O}$，已知 $\mathrm{r}(\boldsymbol{A})=2$.

(1) 求 $\boldsymbol{A}$ 的全部特征值；

(2) 当 k 为何值时，矩阵 $\boldsymbol{A}+k\boldsymbol{E}$ 为正定矩阵.

解　(1) 设 λ 为 $\boldsymbol{A}$ 的特征值，$\boldsymbol{\alpha}$ 为对应的特征向量（$\boldsymbol{\alpha}\neq\boldsymbol{0}$），则 $\boldsymbol{A\alpha}=\lambda\boldsymbol{\alpha}$，$\boldsymbol{A}^2\boldsymbol{\alpha}=\lambda^2\boldsymbol{\alpha}$，且

$$(\boldsymbol{A}^2+2\boldsymbol{A})\boldsymbol{\alpha}=(\lambda^2+2\lambda)\boldsymbol{\alpha},$$

由条件 $\boldsymbol{A}^2+2\boldsymbol{A}=\boldsymbol{O}$ 得

$$(\lambda^2+2\lambda)\boldsymbol{\alpha}=\boldsymbol{0}.$$

又因为 $\boldsymbol{\alpha}\neq\boldsymbol{0}$，所以 $\lambda^2+2\lambda=0\Rightarrow\lambda_1=-2$，$\lambda_2=0$.

由于实对称矩阵 $\boldsymbol{A}$ 必可对角化，且 $\mathrm{r}(\boldsymbol{A})=2$，所以 $\boldsymbol{A}$ 相似于对角矩阵 $\boldsymbol{\Lambda}=\begin{pmatrix}-2 & & \\ & -2 & \\ & & 0\end{pmatrix}$，则 $\boldsymbol{A}$ 的全部特征值为 $\lambda_1=\lambda_2=-2$，$\lambda_3=0$.

(2) 显而易见，矩阵 $\boldsymbol{A}+k\boldsymbol{E}$ 仍为对称矩阵. 由 (1) 知，$\boldsymbol{A}+k\boldsymbol{E}$ 的全部特征值为

$$-2+k,\ -2+k,\ k.$$

因此，当 $k>2$ 时，矩阵 $\boldsymbol{A}+k\boldsymbol{E}$ 的全部特征值大于零，矩阵 $\boldsymbol{A}+k\boldsymbol{E}$ 为正定矩阵.

小结： (1) 求特征值的关键是把矩阵 $\boldsymbol{A}$ 的方程式转换为特征值 λ 的方程式；

(2) 综合利用矩阵多项式的特征值与矩阵特征值之间的关系及正定矩阵的特征值判别法.

例 4 设 $\boldsymbol{A}$ 是 n 阶实对称矩阵，且 $|\boldsymbol{A}|<0$. 证明存在实 n 维向量 $\boldsymbol{x}$，使得 $\boldsymbol{x}^{\mathrm{T}}\boldsymbol{A}\boldsymbol{x}<0$.

证 方法一 因 $\boldsymbol{A}$ 是 n 阶实对称矩阵，因而有正交矩阵 $\boldsymbol{Q}$，使

$$\boldsymbol{Q}^{\mathrm{T}}\boldsymbol{A}\boldsymbol{Q}=\mathrm{diag}(\lambda_1,\cdots,\lambda_n),$$

又因为 $|\boldsymbol{A}|=\lambda_1\cdots\lambda_n<0$，所以至少有一个 $\lambda_k<0$. 令 $\boldsymbol{x}=\boldsymbol{Q}\boldsymbol{e}_k$，这里的 $\boldsymbol{e}_k$ 是第 k 个分量为 1 而其余分量为 0 的 n 维向量，则

$$\boldsymbol{x}^{\mathrm{T}}\boldsymbol{A}\boldsymbol{x}=\boldsymbol{e}_k^{\mathrm{T}}\boldsymbol{Q}^{\mathrm{T}}\boldsymbol{A}\boldsymbol{Q}\boldsymbol{e}_k=\lambda_k<0.$$

方法二 因为 $|\boldsymbol{A}|\neq 0$，所以 $\mathrm{r}(\boldsymbol{A})=n$，由 $|\boldsymbol{A}|<0$ 知，$\boldsymbol{A}$ 的正惯性指数小于 n；否则，若 $\boldsymbol{A}$ 的正惯性指数等于 n，则 $\boldsymbol{A}$ 是正定矩阵，$|\boldsymbol{A}|>0$，与已知矛盾. 又因为 $\boldsymbol{A}$ 是 n 阶实对称矩阵，因此有可逆矩阵 $\boldsymbol{P}$，使得 $\boldsymbol{P}^{\mathrm{T}}\boldsymbol{A}\boldsymbol{P}=\mathrm{diag}(1,\cdots,1,-1,\cdots,-1)$，其中至少出现一个 -1. 取 $\boldsymbol{y}=\boldsymbol{\varepsilon}_n=(0,\cdots,0,1)^{\mathrm{T}}$，令 $\boldsymbol{x}=\boldsymbol{P}\boldsymbol{y}$，则

$$\boldsymbol{x}^{\mathrm{T}}\boldsymbol{A}\boldsymbol{x}=\boldsymbol{y}^{\mathrm{T}}\boldsymbol{P}^{\mathrm{T}}\boldsymbol{A}\boldsymbol{P}\boldsymbol{y}=-1<0.$$

小结：证明结论的关键是利用二次型的标准形或规范形来选取合适的向量 $\boldsymbol{x}$.

例 5 设 $\boldsymbol{A}$ 为 $m\times n$ 实矩阵，且 $\mathrm{r}(\boldsymbol{A})=n$，证明 $\boldsymbol{A}^{\mathrm{T}}\boldsymbol{A}$ 正定.

证 由 $(\boldsymbol{A}^{\mathrm{T}}\boldsymbol{A})^{\mathrm{T}}=\boldsymbol{A}^{\mathrm{T}}\boldsymbol{A}$ 可知，$\boldsymbol{A}^{\mathrm{T}}\boldsymbol{A}$ 为实对称矩阵. 下面用两种方法来证明对任意 $\boldsymbol{x}\neq\boldsymbol{0}$，恒有 $f=\boldsymbol{x}^{\mathrm{T}}\boldsymbol{A}\boldsymbol{x}>0$.

方法一 令 $\boldsymbol{A}=(\boldsymbol{\alpha}_1,\boldsymbol{\alpha}_2,\cdots,\boldsymbol{\alpha}_n)$，其中 $\boldsymbol{\alpha}_i$ 为 $\boldsymbol{A}$ 的列向量，则

$$\boldsymbol{A}\boldsymbol{x}=(\boldsymbol{\alpha}_1,\boldsymbol{\alpha}_2,\cdots,\boldsymbol{\alpha}_n)\begin{pmatrix}x_1\\x_2\\\vdots\\x_n\end{pmatrix}=x_1\boldsymbol{\alpha}_1+x_2\boldsymbol{\alpha}_2+\cdots+x_n\boldsymbol{\alpha}_n,$$

因 $\mathrm{r}(\boldsymbol{A})=n$，所以 $\boldsymbol{\alpha}_1,\boldsymbol{\alpha}_2,\cdots,\boldsymbol{\alpha}_n$ 线性无关. 根据线性无关的定义，存在任一组不全为 0 的数 $x_1,x_2,\cdots,x_n$，即对任一 $\boldsymbol{x}\neq\boldsymbol{0}$，有

$$\boldsymbol{A}\boldsymbol{x}=x_1\boldsymbol{\alpha}_1+x_2\boldsymbol{\alpha}_2+\cdots+x_n\boldsymbol{\alpha}_n\neq\boldsymbol{0},$$

则

$$f=\boldsymbol{x}^{\mathrm{T}}\boldsymbol{A}^{\mathrm{T}}\boldsymbol{A}\boldsymbol{x}=(\boldsymbol{A}\boldsymbol{x})^{\mathrm{T}}(\boldsymbol{A}\boldsymbol{x})>0,$$

即 $f=\boldsymbol{x}^{\mathrm{T}}\boldsymbol{A}^{\mathrm{T}}\boldsymbol{A}\boldsymbol{x}$ 为正定二次型，对应矩阵 $\boldsymbol{A}^{\mathrm{T}}\boldsymbol{A}$ 为正定矩阵.

方法二 因 $\boldsymbol{A}$ 为 $m\times n$ 实矩阵，且 $\mathrm{r}(\boldsymbol{A})=n$，所以 $\boldsymbol{A}\boldsymbol{x}=\boldsymbol{0}$ 只有零解，于是对任意的 $\boldsymbol{x}\neq\boldsymbol{0}$，$\boldsymbol{A}\boldsymbol{x}\neq\boldsymbol{0}$，有

$$\boldsymbol{x}^{\mathrm{T}}(\boldsymbol{A}^{\mathrm{T}}\boldsymbol{A}\boldsymbol{x})=(\boldsymbol{A}\boldsymbol{x})^{\mathrm{T}}(\boldsymbol{A}\boldsymbol{x})>0.$$

由定义知，$\boldsymbol{x}^{\mathrm{T}}(\boldsymbol{A}^{\mathrm{T}}\boldsymbol{A}\boldsymbol{x})$ 为正定二次型，$\boldsymbol{A}^{\mathrm{T}}\boldsymbol{A}$ 为正定矩阵.

小结：本题的证明主要利用了正定二次型的定义，其关键是此二次型可以化

为向量的内积.

三、习题 5-3 解答

1. 判别下列二次型的正定性：

(1) $f=-2x_1^2-6x_2^2-4x_3^2+2x_1x_2+2x_1x_3$；

(2) $f=x_1^2+3x_2^2+9x_3^2+19x_4^2-2x_1x_2+4x_1x_3+2x_1x_4-6x_2x_4-12x_3x_4$.

解题思路 n 阶矩阵 $\boldsymbol{A}=(a_{ij})$ 为正定矩阵的充分必要条件是 $\boldsymbol{A}$ 的所有顺序主子式

$$|\boldsymbol{A}_k|>0 \quad (k=1, 2, \cdots, n).$$

解 (1) $\boldsymbol{A}=\begin{pmatrix}-2 & 1 & 1\\ 1 & -6 & 0\\ 1 & 0 & -4\end{pmatrix}$,

$$a_{11}=-2<0,$$

$$\begin{vmatrix}-2 & 1\\ 1 & -6\end{vmatrix}=11>0, \begin{vmatrix}-2 & 1 & 1\\ 1 & -6 & 0\\ 1 & 0 & -4\end{vmatrix}=-38<0,$$

故 f 为负定.

(2) $\boldsymbol{A}=\begin{pmatrix}1 & -1 & 2 & 1\\ -1 & 3 & 0 & -3\\ 2 & 0 & 9 & -6\\ 1 & -3 & -6 & 19\end{pmatrix}$,

$$a_{11}=1>0,$$

$$\begin{vmatrix}1 & -1\\ -1 & 3\end{vmatrix}=2>0, \begin{vmatrix}1 & -1 & 2\\ -1 & 3 & 0\\ 2 & 0 & 9\end{vmatrix}=6>0,$$

$$|\boldsymbol{A}|=24>0.$$

故 f 为正定.

2. 求 a 的值，使二次型为正定的.

(1) $x_1^2+x_2^2+5x_3^2+2ax_1x_2-2x_1x_3+4x_2x_3$；

(2) $5x_1^2+x_2^2+ax_3^2+4x_1x_2-2x_1x_3-2x_2x_3$.

解 (1) $\boldsymbol{A}=\begin{pmatrix}1 & a & -1\\ a & 1 & 2\\ -1 & 2 & 5\end{pmatrix}$,

$$|\boldsymbol{A}_1|=1, |\boldsymbol{A}_2|=\begin{vmatrix}1 & a\\ a & 1\end{vmatrix}=1-a^2, |\boldsymbol{A}_3|=\begin{vmatrix}1 & a & -1\\ a & 1 & 2\\ -1 & 2 & 5\end{vmatrix}=-5a^2-4a,$$

要 $\boldsymbol{A}$ 正定，必须$\begin{cases}1-a^2>0\\-5a^2-4a>0\end{cases}$,解不等式组,得$-0.8<a<0$.

(2)$\boldsymbol{A}=\begin{pmatrix}5&2&-1\\2&1&-1\\-1&-1&a\end{pmatrix}$,

$$|\boldsymbol{A}_1|=5>0,\ |\boldsymbol{A}_2|=\begin{vmatrix}5&2\\2&1\end{vmatrix}=1>0,$$

$$|\boldsymbol{A}_3|=\begin{vmatrix}5&2&-1\\2&1&-1\\-1&-1&a\end{vmatrix}=a-2>0,$$

从而要 $\boldsymbol{A}$ 正定，必须 $a>2$.

3. n 元实二次型 $f(x_1, x_2, \cdots, x_n)=\boldsymbol{x}^{\mathrm{T}}\boldsymbol{A}\boldsymbol{x}$ 正定，它的正惯性指数 p，秩 r 与 n 之间的关系是______.

解 应填 $p=r=n$.

由正定矩阵的判别法即可得到.

4. 已知$\begin{pmatrix}2-a&1&0\\1&1&0\\0&0&a+3\end{pmatrix}$是正定矩阵，求 a 的值.

解 因为$|\boldsymbol{A}|>0$，所以

$$\begin{vmatrix}2-a&1&0\\1&1&0\\0&0&a+3\end{vmatrix}=(a+3)(1-a)>0,$$

得

$$-3<a<1.$$

5. 设对称矩阵 $\boldsymbol{A}$ 为正定矩阵，证明：存在可逆矩阵 $\boldsymbol{U}$，使 $\boldsymbol{A}=\boldsymbol{U}^{\mathrm{T}}\boldsymbol{U}$.

证明思路 令 $\boldsymbol{Q}=\begin{pmatrix}\sqrt{\lambda_1}&&&\\&\sqrt{\lambda_2}&&\\&&\ddots&\\&&&\sqrt{\lambda_n}\end{pmatrix}$, $\boldsymbol{U}=(\boldsymbol{P}\boldsymbol{Q})^{\mathrm{T}}$.

证 已知 $\boldsymbol{A}$ 正定，则矩阵 $\boldsymbol{A}$ 满秩，且其特征值全为正.

不妨设 $\lambda_1, \cdots, \lambda_n$ 为其特征值，$\lambda_1>0$，$i=1, \cdots, n$，故存在一正交矩阵 $\boldsymbol{P}$. 使

$$\boldsymbol{P}^{\mathrm{T}}\boldsymbol{A}\boldsymbol{P}=\boldsymbol{\Lambda}=\begin{pmatrix}\lambda_1 & & & \\ & \lambda_2 & & \\ & & \ddots & \\ & & & \lambda_n\end{pmatrix}$$

$$=\begin{pmatrix}\sqrt{\lambda_1} & & & \\ & \sqrt{\lambda_2} & & \\ & & \ddots & \\ & & & \sqrt{\lambda_n}\end{pmatrix}\begin{pmatrix}\sqrt{\lambda_1} & & & \\ & \sqrt{\lambda_2} & & \\ & & \ddots & \\ & & & \sqrt{\lambda_n}\end{pmatrix}.$$

记

$$\boldsymbol{Q}=\begin{pmatrix}\sqrt{\lambda_1} & & & \\ & \sqrt{\lambda_2} & & \\ & & \ddots & \\ & & & \sqrt{\lambda_n}\end{pmatrix},$$

又因 $\boldsymbol{P}$ 为正交矩阵，则 $\boldsymbol{P}$ 可逆，$\boldsymbol{P}^{-1}=\boldsymbol{P}^{\mathrm{T}}$，所以 $\boldsymbol{A}=\boldsymbol{P}\boldsymbol{Q}\boldsymbol{Q}^{\mathrm{T}}\boldsymbol{P}^{\mathrm{T}}=\boldsymbol{P}\boldsymbol{Q}\cdot(\boldsymbol{P}\boldsymbol{Q})^{\mathrm{T}}$.

令 $(\boldsymbol{P}\boldsymbol{Q})^{\mathrm{T}}=\boldsymbol{U}$，$\boldsymbol{U}$ 可逆，则 $\boldsymbol{A}=\boldsymbol{U}^{\mathrm{T}}\boldsymbol{U}$.

6. 已知 $\boldsymbol{A}$ 是 n 阶正定矩阵，证明：$\boldsymbol{A}$ 的伴随矩阵 $\boldsymbol{A}^*$ 也是正定矩阵.

证明思路　结合对称矩阵正定的充分必要条件是它的特征值全大于零，只需证明伴随矩阵的特征值全大于零.

证　$\boldsymbol{A}$ 正定

$\Rightarrow\boldsymbol{A}$ 的所有特征值 $\lambda_i>0$，且 $|\boldsymbol{A}|>0(i=1,2,\cdots,n)$

$\Rightarrow\boldsymbol{A}^{-1}$ 的所有特征值 $\dfrac{1}{\lambda_i}>0$

$\Rightarrow\boldsymbol{A}^{-1}$ 是正定矩阵

$\Rightarrow\boldsymbol{A}^*=|\boldsymbol{A}|\boldsymbol{A}^{-1}$，由 $\boldsymbol{A}^{-1}$ 正定，$|\boldsymbol{A}|>0$

$\Rightarrow\boldsymbol{A}^*$ 正定.

7. 设 $\boldsymbol{A}$, $\boldsymbol{B}$ 分别为 m, n 阶正定矩阵，则分块矩阵 $\boldsymbol{C}=\begin{pmatrix}\boldsymbol{A} & \boldsymbol{O}\\ \boldsymbol{O} & \boldsymbol{B}\end{pmatrix}$ 也是正定矩阵.

证明思路　利用定义证明分块矩阵的正定性.

证　对任意 $m+n$ 维向量 $\boldsymbol{z}$，均可表示为 $\boldsymbol{z}=\begin{pmatrix}\boldsymbol{x}\\ \boldsymbol{y}\end{pmatrix}$，则 $\boldsymbol{x}$，$\boldsymbol{y}$ 不同时为零向量.

因此

$$\boldsymbol{z}^{\mathrm{T}}\boldsymbol{C}\boldsymbol{z}=(\boldsymbol{x}^{\mathrm{T}}\ \boldsymbol{y}^{\mathrm{T}})\begin{pmatrix}\boldsymbol{A} & \boldsymbol{O}\\ \boldsymbol{O} & \boldsymbol{B}\end{pmatrix}\begin{pmatrix}\boldsymbol{x}\\ \boldsymbol{y}\end{pmatrix}=\boldsymbol{x}^{\mathrm{T}}\boldsymbol{A}\boldsymbol{x}+\boldsymbol{y}^{\mathrm{T}}\boldsymbol{B}\boldsymbol{y}.$$

因为 $\boldsymbol{A}$，$\boldsymbol{B}$ 正定，$\boldsymbol{x}$，$\boldsymbol{y}$ 不同时为 $\boldsymbol{0}$，从而有 $\boldsymbol{x}^{\mathrm{T}}\boldsymbol{A}\boldsymbol{x}\geqslant 0$，$\boldsymbol{y}^{\mathrm{T}}\boldsymbol{B}\boldsymbol{y}\geqslant 0$，且必有一个严格大于 0，即 $\boldsymbol{x}^{\mathrm{T}}\boldsymbol{A}\boldsymbol{x}+\boldsymbol{y}^{\mathrm{T}}\boldsymbol{B}\boldsymbol{y}>0$. 由正定定义知，$\boldsymbol{C}$ 是正定矩阵.

本章小结

一、本章知识点网络图

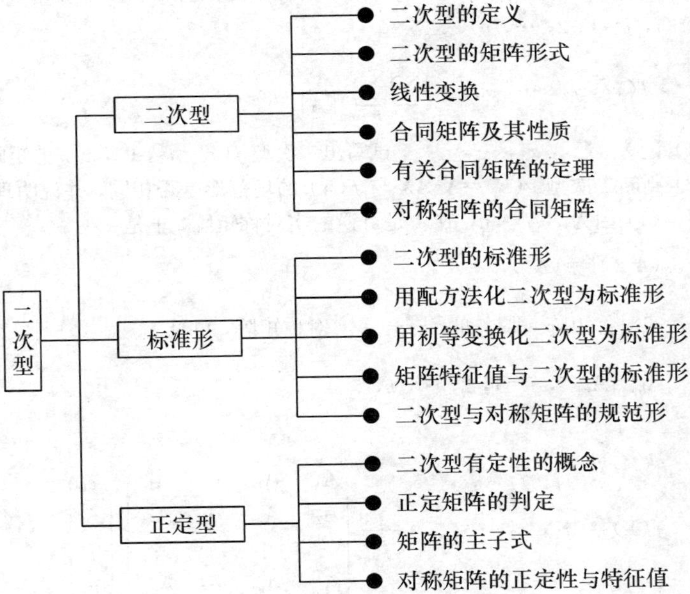

二、题型分析

题型 1　化二次型为标准形

解题思路　(1) 利用二次型的有关基本概念解题. 熟悉二次型的矩阵表示，二次型与其矩阵之间存在一一对应关系，定义二次型矩阵的秩为二次型的秩. 理解矩阵合同的概念，任一实对称矩阵必合同于一个对角矩阵，两矩阵合同的充要条件是这两个矩阵对应的二次型有相同的正、负惯性指数（见总习题五题 11、题 2，又如例 1).

(2) 化二次型为标准形的基本方法：

a. 配方法（见总习题五题 3)；

b. 初等变换法（参见本章第二节例题 4)；

c. 正交变换法（如例 2，又见总习题五题 4）.

（3）求解二次型标准形的逆问题.

a. 已知二次型通过正交变换化为标准形，反求二次型中的参数：若矩阵 $\boldsymbol{A}$ 经正交变换化为标准形 $\boldsymbol{B}$，则有 $\boldsymbol{A}\sim\boldsymbol{B}$，从而它们的特征多项式相等，由此可求出二次型中的待定参数（见总习题五题 5）；

b. 已知二次型的惯性指数或秩等反求其中参数（见总习题五题 6）.

例 1　设 $\boldsymbol{A}=(a_{ij})$ 是秩为 n 的 n 阶实对称矩阵，A_{ij} 是 $|\boldsymbol{A}|$ 中元素 a_{ij} 的代数余子式（i，$j=1$，2，…，n），二次型

$$f(x_1, x_2, \cdots, x_n)=\sum_{i=1}^{n}\sum_{j=1}^{n}\frac{A_{ij}}{|\boldsymbol{A}|}x_ix_j .$$

（1）记 $\boldsymbol{X}=(x_1, x_2, \cdots, x_n)^{\mathrm{T}}$，试写出二次型 $f(x_1, x_2, \cdots, x_n)$ 的矩阵形式；

（2）判断二次型 $g(\boldsymbol{X})=\boldsymbol{X}^{\mathrm{T}}\boldsymbol{A}\boldsymbol{X}$ 与 $f(\boldsymbol{X})$ 的规范形是否相同，并说明理由.

解　（1）因为 $\mathrm{r}(\boldsymbol{A})=n$，故 $\boldsymbol{A}$ 是可逆的实对称矩阵，于是

$$(\boldsymbol{A}^{-1})^{\mathrm{T}}=(\boldsymbol{A}^{\mathrm{T}})^{-1}=\boldsymbol{A}^{-1},$$

即 $\boldsymbol{A}^{-1}$ 是实对称矩阵，那么亦有 $\dfrac{\boldsymbol{A}^*}{|\boldsymbol{A}|}$ 是实对称矩阵，可见

$$A_{ij}=A_{ji}, i, j=1, 2, \cdots, n,$$

那么

$$f(\boldsymbol{X})=(x_1, x_2, \cdots, x_n)\frac{1}{|\boldsymbol{A}|}\begin{pmatrix}A_{11} & A_{12} & \cdots & A_{1n}\\ A_{21} & A_{22} & \cdots & A_{2n}\\ \vdots & \vdots & & \vdots\\ A_{n1} & A_{n2} & \cdots & A_{nn}\end{pmatrix}\begin{pmatrix}x_1\\ x_2\\ \vdots\\ x_n\end{pmatrix}$$

$$=(x_1, x_2, \cdots, x_n)\frac{1}{|\boldsymbol{A}|}\begin{pmatrix}A_{11} & A_{21} & \cdots & A_{n1}\\ A_{12} & A_{22} & \cdots & A_{n2}\\ \vdots & \vdots & & \vdots\\ A_{1n} & A_{2n} & \cdots & A_{nn}\end{pmatrix}\begin{pmatrix}x_1\\ x_2\\ \vdots\\ x_n\end{pmatrix}=\boldsymbol{X}^{\mathrm{T}}\boldsymbol{A}^{-1}\boldsymbol{X}.$$

因此，二次型的矩阵表示为 $\boldsymbol{X}^{\mathrm{T}}\boldsymbol{A}^{-1}\boldsymbol{X}$，其二次型矩阵为 $\boldsymbol{A}^{-1}$.

（2）因为 $\boldsymbol{A}$，$\boldsymbol{A}^{-1}$ 均是可逆的实对称矩阵，且

$$(\boldsymbol{A}^{-1})^{\mathrm{T}}\boldsymbol{A}\boldsymbol{A}^{-1}=(\boldsymbol{A}^{-1})^{\mathrm{T}}\boldsymbol{E}=(\boldsymbol{A}^{\mathrm{T}})^{-1}=\boldsymbol{A}^{-1}.$$

所以 $\boldsymbol{A}$ 与 $\boldsymbol{A}^{-1}$ 合同. 于是 $g(\boldsymbol{X})$ 与 $f(\boldsymbol{X})$ 有相同的规范形.

例 2　求正交变换化二次型 $2x_3^2-2x_1x_2+2x_1x_3-2x_2x_3$ 为标准形，并写出所用的正交变换.

解 二次型矩阵是 $A=\begin{pmatrix}0 & -1 & 1\\ -1 & 0 & -1\\ 1 & -1 & 2\end{pmatrix}$.

由于 $|\lambda E-A|=\begin{vmatrix}\lambda & 1 & -1\\ 1 & \lambda & 1\\ -1 & 1 & \lambda-2\end{vmatrix}=\begin{vmatrix}\lambda+1 & \lambda+1 & 0\\ 1 & \lambda & 1\\ -1 & 1 & \lambda-2\end{vmatrix}$

$=(\lambda+1)(\lambda^2-3\lambda)$,

得到 A 的特征值是 3，−1，0.

对 $\lambda=3$，由 $(3E-A)x=0$，即

$$\begin{pmatrix}3 & 1 & -1\\ 1 & 3 & 1\\ -1 & 1 & 1\end{pmatrix}\Rightarrow\begin{pmatrix}1 & 3 & 1\\ 0 & 2 & 1\\ 0 & 0 & 0\end{pmatrix}.$$

解得 $X_1=(1,-1,2)^T$.

类似地，对 $\lambda=-1$，$X_2=(1,1,0)^T$；对 $\lambda=0$，$X_3=(-1,1,1)^T$.

特征值无重根，仅需单位化：

$$\gamma_1=\frac{X_1}{\|X_1\|}=\frac{1}{\sqrt{6}}\begin{pmatrix}1\\ -1\\ 2\end{pmatrix},\ \gamma_2=\frac{X_2}{\|X_2\|}=\frac{1}{\sqrt{6}}\begin{pmatrix}1\\ 1\\ 0\end{pmatrix},\ \gamma_3=\frac{X_3}{\|X_3\|}=\frac{1}{\sqrt{3}}\begin{pmatrix}-1\\ 1\\ 1\end{pmatrix}.$$

构造正交矩阵

$$C=\begin{pmatrix}\frac{1}{\sqrt{6}} & \frac{1}{\sqrt{6}} & -\frac{1}{\sqrt{3}}\\ -\frac{1}{\sqrt{6}} & \frac{1}{\sqrt{6}} & \frac{1}{\sqrt{3}}\\ \frac{2}{\sqrt{6}} & 0 & \frac{1}{\sqrt{3}}\end{pmatrix}.$$

那么令 $x=Cy$，二次型 $x^TAx=3y_1^2-y_2^2$ 为所求标准形.

题型 2 正定性的判断

解题思路 判断二次型及其矩阵的正定性的主要方法：

(1) 定义法：若对 $\forall x\in R^n$，$x\neq 0$，恒有 $f=x^TAx>0$，则二次型 f 正定，矩阵 A 为正定矩阵；

(2) 规范形中正惯性指数与矩阵阶数相等；

(3) 二次型矩阵的顺序主子式大于 0；

(4) 二次型矩阵的特征值均大于 0.

题目主要类型：

(1) 判别二次型或矩阵正定（见总习题五题 9、题 10、题 14）；

(2) 已知二次型或其矩阵正定，反求参数（见总习题五题 13、题 12）；

(3) 证明抽象矩阵 $\boldsymbol{A}$ 正定（如例 1，又见总习题五题 15）；

(4) 已知二次型或矩阵正定，证明其他结论（见总习题五题 16）.

例 1　设 $\boldsymbol{A}$ 为 m 阶实对称矩阵且正定，$\boldsymbol{B}$ 为 $m\times n$ 实矩阵，$\boldsymbol{B}^{\mathrm{T}}$ 为 $\boldsymbol{B}$ 的转置矩阵，试证：$\boldsymbol{B}^{\mathrm{T}}\boldsymbol{A}\boldsymbol{B}$ 为正定矩阵的充分必要条件是 $\boldsymbol{B}$ 的秩 $\mathrm{r}(\boldsymbol{B})=n$.

证　充分性　用定义法证明.

因 $(\boldsymbol{B}^{\mathrm{T}}\boldsymbol{A}\boldsymbol{B})^{\mathrm{T}}=\boldsymbol{B}^{\mathrm{T}}\boldsymbol{A}^{\mathrm{T}}\boldsymbol{B}=\boldsymbol{B}^{\mathrm{T}}\boldsymbol{A}\boldsymbol{B}$，故 $\boldsymbol{B}^{\mathrm{T}}\boldsymbol{A}\boldsymbol{B}$ 为实对称矩阵.

若 $\mathrm{r}(\boldsymbol{B})=n$，则线性方程组 $\boldsymbol{B}\boldsymbol{x}=\boldsymbol{0}$ 只有零解，从而对任意实 n 维列向量 $\boldsymbol{x}\neq\boldsymbol{0}$，有 $\boldsymbol{B}\boldsymbol{x}\neq\boldsymbol{0}$.

又因为 $\boldsymbol{A}$ 为正定矩阵，所以对于 $\boldsymbol{B}\boldsymbol{x}\neq\boldsymbol{0}$，有 $(\boldsymbol{B}\boldsymbol{x})^{\mathrm{T}}\boldsymbol{A}(\boldsymbol{B}\boldsymbol{x})>0$. 因此，当 $\boldsymbol{x}\neq\boldsymbol{0}$ 时，$\boldsymbol{x}^{\mathrm{T}}(\boldsymbol{B}^{\mathrm{T}}\boldsymbol{A}\boldsymbol{B})\boldsymbol{x}>0$，故 $\boldsymbol{B}^{\mathrm{T}}\boldsymbol{A}\boldsymbol{B}$ 为正定矩阵.

必要性

方法一　设 $\boldsymbol{B}^{\mathrm{T}}\boldsymbol{A}\boldsymbol{B}$ 为正定矩阵，则对任意的实数 n 维列向量 $\boldsymbol{x}\neq\boldsymbol{0}$，有

$$\boldsymbol{x}^{\mathrm{T}}(\boldsymbol{B}^{\mathrm{T}}\boldsymbol{A}\boldsymbol{B})\boldsymbol{x}>0,$$

即

$$(\boldsymbol{B}\boldsymbol{x})^{\mathrm{T}}\boldsymbol{A}(\boldsymbol{B}\boldsymbol{x})>0,$$

于是 $\boldsymbol{B}\boldsymbol{x}\neq\boldsymbol{0}$，故 $\boldsymbol{B}\boldsymbol{x}=\boldsymbol{0}$ 只有零解，从而 $\mathrm{r}(\boldsymbol{B})=n$.

方法二　$\boldsymbol{B}^{\mathrm{T}}\boldsymbol{A}\boldsymbol{B}$ 为 $n\times n$ 正定矩阵，则 $\mathrm{r}(\boldsymbol{B}^{\mathrm{T}}\boldsymbol{A}\boldsymbol{B})=n$，从而

$$\mathrm{r}(\boldsymbol{B})\geqslant\mathrm{r}(\boldsymbol{B}^{\mathrm{T}}\boldsymbol{A}\boldsymbol{B})=n.$$

又因为 $\mathrm{r}(\boldsymbol{B})\leqslant n$，故 $\mathrm{r}(\boldsymbol{B})=n$.

三、总习题五解答

1. 二次型 $f(x_1, x_2, x_3)=x_1^2+x_2^2+ax_3^2+4x_1x_2+6x_2x_3$ 的秩为 2，求 a 的值.

解题思路　定义二次型矩阵的秩为二次型的秩，用初等变换求二次型矩阵的秩.

解　对二次型的矩阵作初等变换

$$\begin{pmatrix}1&2&0\\2&1&3\\0&3&a\end{pmatrix}\xrightarrow{r_2-2r_1}\begin{pmatrix}1&2&0\\0&-3&3\\0&3&a\end{pmatrix}\xrightarrow{r_3+r_2}\begin{pmatrix}1&2&0\\0&-3&3\\0&0&a+3\end{pmatrix},$$

由于秩为 2，所以 $a+3=0$，推出 $a=-3$.

2. 设 $\boldsymbol{A}$ 是 n 阶矩阵. 若对所有的 n 维向量 $\boldsymbol{X}$，恒有 $\boldsymbol{X}^{\mathrm{T}}\boldsymbol{A}\boldsymbol{X}=0$，证明 $\boldsymbol{A}$ 是反对称矩阵.

证明思路 选取特定的 n 维向量 $\boldsymbol{X}$，用待定系数法证明 $\boldsymbol{A}$ 是反对称矩阵.

证 设 $\boldsymbol{A}=(a_{ij})$，令 $\boldsymbol{e}_i=(0, 0, \cdots, 1, 0, \cdots, 0)^{\mathrm{T}}$，其第 i 个分量是 1，其余分量均为零，则 $\boldsymbol{e}_i^{\mathrm{T}}\boldsymbol{A}\boldsymbol{e}_i=0$，即

$$(0, \cdots, 1, \cdots, 0)\begin{pmatrix} a_{11} & a_{12} & \cdots & a_{1n} \\ a_{21} & a_{22} & \cdots & a_{2n} \\ \vdots & \vdots & & \vdots \\ a_{n1} & a_{n2} & \cdots & a_{nn} \end{pmatrix}(0, \cdots, 1, \cdots, 0)^{\mathrm{T}}=0.$$

由此得 $a_{ii}=0$，$i=1, 2, \cdots, n$.

再取 $\boldsymbol{X}=\boldsymbol{e}_i+\boldsymbol{e}_j\ (i\neq j)$，则

$$\begin{aligned}(\boldsymbol{e}_i+\boldsymbol{e}_j)^{\mathrm{T}}\boldsymbol{A}(\boldsymbol{e}_i+\boldsymbol{e}_j)&=\boldsymbol{e}_i^{\mathrm{T}}\boldsymbol{A}\boldsymbol{e}_i+\boldsymbol{e}_i^{\mathrm{T}}\boldsymbol{A}\boldsymbol{e}_j+\boldsymbol{e}_j^{\mathrm{T}}\boldsymbol{A}\boldsymbol{e}_i+\boldsymbol{e}_j^{\mathrm{T}}\boldsymbol{A}\boldsymbol{e}_j\\ &=a_{ii}+a_{ij}+a_{ji}+a_{jj}=0,\end{aligned}$$

可得 $a_{ij}=-a_{ji}$，$\forall\, i\neq j$.

所以，$\boldsymbol{A}$ 是反对称矩阵.

3. 设矩阵 $\boldsymbol{A}=\begin{pmatrix} 0 & 1 & 0 & 0 \\ 1 & 0 & 0 & 0 \\ 0 & 0 & y & 1 \\ 0 & 0 & 1 & 2 \end{pmatrix}$，

(1) 已知 $\boldsymbol{A}$ 的一个特征值为 3，试求 y；

(2) 求矩阵 $\boldsymbol{P}$，使 $(\boldsymbol{A}\boldsymbol{P})^{\mathrm{T}}(\boldsymbol{A}\boldsymbol{P})$ 为对角矩阵.

解 (1) 因为

$$|\lambda\boldsymbol{E}-\boldsymbol{A}|=\begin{vmatrix} \lambda & -1 & 0 & 0 \\ -1 & \lambda & 0 & 0 \\ 0 & 0 & \lambda-y & -1 \\ 0 & 0 & -1 & \lambda-2 \end{vmatrix}=(\lambda^2-1)[\lambda^2-(y+2)\lambda+2y-1]=0.$$

当 $\lambda=3$ 时，代入上式解得 $y=2$，于是

$$\boldsymbol{A}=\begin{pmatrix} 0 & 1 & 0 & 0 \\ 1 & 0 & 0 & 0 \\ 0 & 0 & 2 & 1 \\ 0 & 0 & 1 & 2 \end{pmatrix}.$$

（2）**解题思路**　用配方法化二次型为标准形.

$$(AP)^{T}AP=P^{T}(A^{T}A)P,$$

而 $A^{T}A=A^{2}=\begin{pmatrix}1&0&0&0\\0&1&0&0\\0&0&5&4\\0&0&4&5\end{pmatrix}$ 为对称矩阵，考虑二次型

$$\begin{aligned}f&=x^{T}A^{2}x=x_1^2+x_2^2+5x_3^2+5x_4^2+8x_3x_4\\&=x_1^2+x_2^2+5\left(x_3+\frac{4}{5}x_4\right)^2+\frac{9}{5}x_4^2.\end{aligned}$$

令 $y_1=x_1$，$y_2=x_2$，$y_3=x_3+\frac{4}{5}x_4$，$y_4=x_4$，得

$$\begin{pmatrix}x_1\\x_2\\x_3\\x_4\end{pmatrix}=\begin{pmatrix}1&0&0&0\\0&1&0&0\\0&0&1&-\frac{4}{5}\\0&0&0&1\end{pmatrix}\begin{pmatrix}y_1\\y_2\\y_3\\y_4\end{pmatrix},$$

取 $P=\begin{pmatrix}1&0&0&0\\0&1&0&0\\0&0&1&-\frac{4}{5}\\0&0&0&1\end{pmatrix}$，则有

$$(AP)^{T}=P^{T}A^{T},\ P^{T}(A^{T}A)P=\begin{pmatrix}1&0&0&0\\0&1&0&0\\0&0&5&0\\0&0&0&\frac{9}{5}\end{pmatrix}.$$

4. 已知 $(1,-1,0)^{T}$ 是二次型

$$x^{T}Ax=ax_1^2+x_3^2-2x_1x_2+2x_1x_3+2bx_2x_3$$

的矩阵 A 的特征向量，求正交变换化二次型为标准形，并求 $x^{T}x=2$ 时，$x^{T}Ax$ 的最大值.

解题思路　用正交变换化二次型为标准形.

解　由于 $A=\begin{pmatrix}a&-1&1\\-1&0&b\\1&b&1\end{pmatrix}$，设 $(1,-1,0)^{T}$ 是 λ 所对应的特征向量，那么

$$\begin{pmatrix} a & -1 & 1 \\ -1 & 0 & b \\ 1 & b & 1 \end{pmatrix}\begin{pmatrix} 1 \\ -1 \\ 0 \end{pmatrix}=\lambda\begin{pmatrix} 1 \\ -1 \\ 0 \end{pmatrix}.$$

于是 $a+1=\lambda$，$-1=-\lambda$，$1-b=0$，从而

$$\boldsymbol{A}=\begin{pmatrix} 0 & -1 & 1 \\ -1 & 0 & 1 \\ 1 & 1 & 1 \end{pmatrix}.$$

由于

$$\begin{aligned}|\lambda\boldsymbol{E}-\boldsymbol{A}|&=\begin{vmatrix} \lambda & 1 & -1 \\ 1 & \lambda & -1 \\ -1 & -1 & \lambda-1 \end{vmatrix}\\&=\begin{vmatrix} \lambda-1 & 1-\lambda & 0 \\ 1 & \lambda & -1 \\ -1 & -1 & \lambda-1 \end{vmatrix}\\&=(\lambda-1)(\lambda^2-3),\end{aligned}$$

得到 $\boldsymbol{A}$ 的特征值是 1，$\sqrt{3}$，$-\sqrt{3}$，对应的特征向量分别为

$$(1,\ -1,\ 0)^{\mathrm{T}},\ (1,\ 1,\ 1+\sqrt{3})^{\mathrm{T}},\ (1,\ 1,\ 1-\sqrt{3})^{\mathrm{T}}.$$

单位化后，构造正交矩阵

$$\boldsymbol{C}=\begin{pmatrix} \frac{1}{\sqrt{2}} & \frac{1}{\sqrt{6+2\sqrt{3}}} & \frac{1}{\sqrt{6-2\sqrt{3}}} \\ -\frac{1}{\sqrt{2}} & \frac{1}{\sqrt{6+2\sqrt{3}}} & \frac{1}{\sqrt{6-2\sqrt{3}}} \\ 0 & \frac{1+\sqrt{3}}{\sqrt{6+2\sqrt{3}}} & \frac{1-\sqrt{3}}{\sqrt{6-2\sqrt{3}}} \end{pmatrix}.$$

令 $\boldsymbol{x}=\boldsymbol{C}\boldsymbol{y}$，则 $\boldsymbol{x}^{\mathrm{T}}\boldsymbol{A}\boldsymbol{x}=y_1^2+\sqrt{3}y_2^2-\sqrt{3}y_3^2$.

因为 $\boldsymbol{x}^{\mathrm{T}}\boldsymbol{x}=(\boldsymbol{C}\boldsymbol{y})^{\mathrm{T}}(\boldsymbol{C}\boldsymbol{y})=\boldsymbol{y}^{\mathrm{T}}\boldsymbol{C}^{\mathrm{T}}\boldsymbol{C}\boldsymbol{y}=\boldsymbol{y}^{\mathrm{T}}\boldsymbol{y}$，求 $f(x_1,\ x_2,\ x_3)$ 在 $\boldsymbol{x}^{\mathrm{T}}\boldsymbol{x}=2$ 时的最大值，也就是求 $f(y_1,\ y_2,\ y_3)$ 在条件 $\boldsymbol{y}^{\mathrm{T}}\boldsymbol{y}=2$ 时的最大值.

由于

$$\boldsymbol{x}^{\mathrm{T}}\boldsymbol{A}\boldsymbol{x}=y_1^2+\sqrt{3}y_2^2-\sqrt{3}y_3^2\leqslant\sqrt{3}(y_1^2+y_2^2+y_3^2)=\sqrt{3}\boldsymbol{y}^{\mathrm{T}}\boldsymbol{y}.$$

所以 f 在条件 $\boldsymbol{x}^{\mathrm{T}}\boldsymbol{x}=2$ 时的最大值是 $2\sqrt{3}$.

5. 设二次型

$f=x_1^2+x_2^2+x_3^2+2ax_1x_2+2bx_2x_3+2x_1x_3$ 经正交变换 $\boldsymbol{x}=\boldsymbol{Q}\boldsymbol{y}$ 化为 $f=y_2^2+2y_3^2$，试求常数 a，b.

解题思路　已知二次型通过正交变换化为标准形，反求二次型中的参数：若矩阵 $\boldsymbol{A}$ 经正交变换化为标准形 $\boldsymbol{B}$，则有 $\boldsymbol{A}\sim\boldsymbol{B}$，从而它们的特征多项式相等，由此可求出二次型中的待定参数.

解　设变换前后二次型的矩阵分别为

$$\boldsymbol{A}=\begin{pmatrix}1&a&1\\a&1&b\\1&b&1\end{pmatrix},\ \boldsymbol{B}=\begin{pmatrix}0&0&0\\0&1&0\\0&0&2\end{pmatrix},$$

则 $\boldsymbol{A}$ 与 $\boldsymbol{B}$ 是相似矩阵，故 $|\lambda\boldsymbol{E}-\boldsymbol{A}|=|\lambda\boldsymbol{E}-\boldsymbol{B}|$，即

$$\begin{vmatrix}\lambda-1&-a&-1\\-a&\lambda-1&-b\\-1&-b&\lambda-1\end{vmatrix}=\begin{vmatrix}\lambda&0&0\\0&\lambda-1&0\\0&0&\lambda-2\end{vmatrix},$$

$$\lambda^3-3\lambda^2+(2-a^2-b^2)\lambda+(a-b)^2=\lambda^3-3\lambda^2+2\lambda,$$

令 $\lambda=0$，得 $a=b$；令 $\lambda=1$，得 $a^2+b^2=0$；因此，必有 $a=b=0$，即为所求的常数.

6. 二次型 $x^2+ay^2+z^2+2bxy+2xz+2yz$ 可经过正交变换

$$\begin{pmatrix}x\\y\\z\end{pmatrix}=\boldsymbol{P}\begin{pmatrix}\xi\\\eta\\\zeta\end{pmatrix}$$

化为标准形 $\eta^2+4\zeta^2$，求 a，b 的值和正交矩阵 $\boldsymbol{P}$.

解题思路　已知二次型的标准形，利用特征值的性质反求二次型中的参数，

解　由 $\boldsymbol{A}=\begin{pmatrix}1&b&1\\b&a&1\\1&1&1\end{pmatrix}$ 与 $\begin{pmatrix}0&&\\&1&\\&&4\end{pmatrix}$ 相似，可知 $\boldsymbol{A}$ 的特征值是 0，1，4. 那么

$$\begin{cases}1+a+1=0+1+4\\|\boldsymbol{A}|=\begin{vmatrix}1&b&1\\b&a&1\\1&1&1\end{vmatrix}=\begin{vmatrix}0&b&1\\b-1&a&1\\0&1&1\end{vmatrix}=-(b-1)^2=0\end{cases},$$

所以 $a=3$，$b=1$.

对 $\lambda_1=0$，解线性方程组 $(0\boldsymbol{E}-\boldsymbol{A})\boldsymbol{x}=\boldsymbol{0}$，有

$$(0\boldsymbol{E}-\boldsymbol{A})=\begin{pmatrix}-1&-1&-1\\-1&-3&-1\\-1&-1&-1\end{pmatrix}\longrightarrow\begin{pmatrix}1&1&1\\0&2&0\\0&0&0\end{pmatrix},$$

相应的特征向量为 $(1, 0, -1)^{\mathrm{T}}$，将其单位化为 $\boldsymbol{x}_1=\left(\frac{1}{\sqrt{2}}, 0, -\frac{1}{\sqrt{2}}\right)^{\mathrm{T}}$；类似地，对应于特征值 $\lambda_2=1$ 的单位特征向量为 $\boldsymbol{x}_2=\left(\frac{1}{\sqrt{3}}, -\frac{1}{\sqrt{3}}, \frac{1}{\sqrt{3}}\right)^{\mathrm{T}}$；对应于特征值 $\lambda_3=4$ 的单位特征向量为 $\boldsymbol{x}_3=\left(\frac{1}{\sqrt{6}}, \frac{2}{\sqrt{6}}, \frac{1}{\sqrt{6}}\right)^{\mathrm{T}}$. 因此，所用正交矩阵为

$$\boldsymbol{P}=\begin{pmatrix}\frac{1}{\sqrt{2}}&\frac{1}{\sqrt{3}}&\frac{1}{\sqrt{6}}\\0&-\frac{1}{\sqrt{3}}&\frac{2}{\sqrt{6}}\\-\frac{1}{\sqrt{2}}&\frac{1}{\sqrt{3}}&\frac{1}{\sqrt{6}}\end{pmatrix}.$$

7. $\boldsymbol{A}$ 为三阶实对称矩阵，且满足 $\boldsymbol{A}^3-\boldsymbol{A}^2-\boldsymbol{A}=2\boldsymbol{E}$，二次型 $\boldsymbol{x}^{\mathrm{T}}\boldsymbol{A}\boldsymbol{x}$ 经正交变换可化为标准形，求此标准形的表达式.

解题思路 任一实对称矩阵必合同于一个对角矩阵. 经正交变换 $\boldsymbol{x}=\boldsymbol{P}\boldsymbol{y}$，化二次型为标准形

$$\lambda_1 y_1^2+\lambda_2 y_2^2+\cdots+\lambda_n y_n^2,$$

其中，λ_1，λ_2，…，λ_n 是矩阵 $\boldsymbol{A}=(a_{ij})$ 的特征值.

解 由 $\boldsymbol{A}$ 为三阶实对称矩阵，设经正交变换 $\boldsymbol{x}=\boldsymbol{Q}\boldsymbol{y}$ 化为标准形

$$\boldsymbol{Q}^{\boldsymbol{T}}\boldsymbol{A}\boldsymbol{Q}=\boldsymbol{Q}\begin{pmatrix}\lambda_1&0&0\\0&\lambda_2&0\\0&0&\lambda_3\end{pmatrix},$$

其中，Q 为正交矩阵，所以

$$\boldsymbol{A}^K=\boldsymbol{Q}\begin{pmatrix}\lambda_1&0&0\\0&\lambda_2&0\\0&0&\lambda_3\end{pmatrix}^K\boldsymbol{Q}^{\mathrm{T}}=\boldsymbol{Q}\begin{pmatrix}\lambda_1^K&0&0\\0&\lambda_2^K&0\\0&0&\lambda_3^K\end{pmatrix}\boldsymbol{Q}^{\mathrm{T}}.$$

由 $\boldsymbol{A}^3-\boldsymbol{A}^2-\boldsymbol{A}=2\boldsymbol{E}$ 代入，得 $\lambda_i^3-\lambda_i^2-\lambda_i=2$，解得

$$\lambda_i=2, \ i=1, 2, 3,$$

故此标准形的表达式为 $2y_1^2+2y_2^2+2y_3^2$.

8. 证明：二次型 $f=\boldsymbol{x}^{\mathrm{T}}\boldsymbol{A}\boldsymbol{x}$ 在 $\|\boldsymbol{x}\|=1$ 时的最大值为矩阵 $\boldsymbol{A}$ 的最大特征值.

证明思路　经正交变换 $\boldsymbol{y}=\boldsymbol{T}\boldsymbol{x}$, $\boldsymbol{T}\boldsymbol{A}\boldsymbol{T}^{-1}=\begin{pmatrix}\lambda_1 & & & \\ & \lambda_2 & & \\ & & \ddots & \\ & & & \lambda_n\end{pmatrix}$. 由 $\|\boldsymbol{y}\|^2$ 求得二次型 $f_{\text{最大}}$.

证　$\boldsymbol{A}$ 为实对称矩阵，则有一正交矩阵 $\boldsymbol{T}$，使得

$$\boldsymbol{T}\boldsymbol{A}\boldsymbol{T}^{-1}=\begin{pmatrix}\lambda_1 & & & \\ & \lambda_2 & & \\ & & \ddots & \\ & & & \lambda_n\end{pmatrix}=\boldsymbol{B}$$

成立.

式中的 λ_1，λ_2，…，λ_n 为 $\boldsymbol{A}$ 的特征值，不妨设λ_1最大，$\boldsymbol{T}$ 为正交矩阵，则 $\boldsymbol{T}^{-1}=\boldsymbol{T}^{\mathrm{T}}$，故 $\boldsymbol{A}=\boldsymbol{T}^{-1}\boldsymbol{B}\boldsymbol{T}=\boldsymbol{T}^{\mathrm{T}}\boldsymbol{B}\boldsymbol{T}$，则

$$f=\boldsymbol{x}^{\mathrm{T}}\boldsymbol{A}\boldsymbol{x}=\boldsymbol{x}^{\mathrm{T}}\boldsymbol{T}^{\mathrm{T}}\boldsymbol{B}\boldsymbol{T}\boldsymbol{x}=\boldsymbol{y}^{\mathrm{T}}\boldsymbol{B}\boldsymbol{y}=\lambda_1y_1^2+\lambda_2y_2^2+\cdots+\lambda_ny_n^2,$$

其中，$\boldsymbol{y}=\boldsymbol{T}\boldsymbol{x}$.

由于 $\|\boldsymbol{y}\|^2=\|\boldsymbol{T}\boldsymbol{x}\|^2=(\boldsymbol{T}\boldsymbol{x})^{\mathrm{T}}(\boldsymbol{T}\boldsymbol{x})=\boldsymbol{x}^{\mathrm{T}}\boldsymbol{T}^{\mathrm{T}}\boldsymbol{T}\boldsymbol{x}=\boldsymbol{x}^{\mathrm{T}}\boldsymbol{x}=\|\boldsymbol{x}\|^2$，因而当 $\|\boldsymbol{x}\|=1$ 时，$\|\boldsymbol{y}\|=1$，即 $\sqrt{y_1^2+y_2^2+\cdots+y_n^2}=1$，也就是

$$y_1^2+y_2^2+\cdots+y_n^2=1,$$

取 $y_1=1$，$y_2=\cdots=y_n=0$，则

$$f_{\text{最大}}=(\lambda_1y_1^2+\cdots+\lambda_ny_n^2)_{\text{最大}}=\lambda_1.$$

证毕.

9. 判断三元二次型 $f=x_1^2+5x_2^2+x_3^2+4x_1x_2-4x_2x_3$ 的正定性.

解题思路　判断二次型及其矩阵的正定性的主要方法：

(1) 定义法：若对任意 $\boldsymbol{x}\in\boldsymbol{R}^n$，$\boldsymbol{x}\neq\boldsymbol{0}$，恒有 $f=\boldsymbol{x}^{\mathrm{T}}\boldsymbol{A}\boldsymbol{x}>0$，则二次型 f 正定，矩阵 $\boldsymbol{A}$ 为正定矩阵；

(2) 规范型中正惯性指数与矩阵阶数相等；

(3) 二次型矩阵的顺序主子式大于 0；

(4) 二次型矩阵的特征值均大于 0.

解　方法一　用配方法化为标准形

$$f=(x_1+2x_2)^2+(x_2-2x_3)^2-3x_3^2.$$

由于正惯性指数 $p=2<3$，所以 f 不是正定二次型.

方法二　由于二次型矩阵

$$A=\begin{pmatrix}1 & 2 & 0\\ 2 & 5 & -2\\ 0 & -2 & 1\end{pmatrix},$$

其顺序主子式 $\Delta_1=1$，$\Delta_2=\begin{vmatrix}1 & 2\\ 2 & 5\end{vmatrix}=1$，$\Delta_3=|A|=-3<0$，不是全大于 0，所以 f 不是正定二次型.

方法三　计算 A 的特征值，有

$$|\lambda E-A|=\begin{vmatrix}\lambda-1 & -2 & 0\\ -2 & \lambda-5 & 2\\ 0 & 2 & \lambda-1\end{vmatrix}=\begin{vmatrix}\lambda-1 & -2 & 0\\ 0 & \lambda-5 & 2\\ \lambda-1 & 2 & \lambda-1\end{vmatrix}$$
$$=(\lambda-1)(\lambda^2-6\lambda-3).$$

由于 A 的特征值中有 $\lambda=3-2\sqrt{3}<0$，所以 f 不是正定二次型.

10. 判断 n 元二次型 $\sum\limits_{i=1}^{n}x_i^2+\sum\limits_{1\leqslant i<j\leqslant n}x_ix_j$ 的正定性.

解　方法一　二次型矩阵 $A=\begin{pmatrix}1 & \frac{1}{2} & \frac{1}{2} & \cdots & \frac{1}{2}\\ \frac{1}{2} & 1 & \frac{1}{2} & \cdots & \frac{1}{2}\\ \frac{1}{2} & \frac{1}{2} & 1 & \cdots & \frac{1}{2}\\ \vdots & \vdots & \vdots & & \vdots\\ \frac{1}{2} & \frac{1}{2} & \frac{1}{2} & \cdots & 1\end{pmatrix}$，其顺序主子式

$$\Delta_k=\begin{vmatrix}1 & \frac{1}{2} & \frac{1}{2} & \cdots & \frac{1}{2}\\ \frac{1}{2} & 1 & \frac{1}{2} & \cdots & \frac{1}{2}\\ \frac{1}{2} & \frac{1}{2} & 1 & \cdots & \frac{1}{2}\\ \vdots & \vdots & \vdots & & \vdots\\ \frac{1}{2} & \frac{1}{2} & \frac{1}{2} & \cdots & 1\end{vmatrix}=\frac{1}{2^k}\begin{vmatrix}2 & 1 & 1 & \cdots & 1\\ 1 & 2 & 1 & \cdots & 1\\ 1 & 1 & 2 & \cdots & 1\\ \vdots & \vdots & \vdots & & \vdots\\ 1 & 1 & 1 & \cdots & 2\end{vmatrix}$$

$$=\frac{k+1}{2^k}\begin{vmatrix}1&1&1&\cdots&1\\1&2&1&\cdots&1\\1&1&2&\cdots&1\\\vdots&\vdots&\vdots&&\vdots\\1&1&1&\cdots&2\end{vmatrix}=\frac{k+1}{2^k}\begin{vmatrix}1&1&1&\cdots&1\\&1&&&\\&&1&&\\&&&\ddots&\\&&&&1\end{vmatrix}=\frac{k+1}{2^k}.$$

由于顺序主子式全大于 0，所以二次型正定.

方法二　由于

$$\boldsymbol{A}=\frac{1}{2}\begin{pmatrix}2&1&\cdots&1\\1&2&\cdots&1\\\vdots&\vdots&&\vdots\\1&1&\cdots&2\end{pmatrix}=\frac{1}{2}\left[\boldsymbol{E}+\begin{pmatrix}1\\1\\\vdots\\1\end{pmatrix}(1,1,\cdots,1)\right]$$

记 $\boldsymbol{B}=\begin{pmatrix}1\\1\\\vdots\\1\end{pmatrix}(1,1,\cdots,1)$，则 $\boldsymbol{B}^2=n\boldsymbol{B}$. 那么，$\boldsymbol{B}$ 的特征值是 n 与 0，于是 $\boldsymbol{A}$ 的特征值是

$$\frac{1}{2}(n+1),\ \frac{1}{2}.$$

由于 $\boldsymbol{A}$ 的特征值全大于 0，故 $\boldsymbol{A}$ 正定，即二次型是正定的.

11. 求二次型 $f(x_1, x_2, x_3)=(x_1+x_2)^2+(x_2-x_3)^2+(x_3+x_1)^2$ 的正、负惯性指数，指出方程 $f(x_1, x_2, x_3)=1$ 表示何种二次曲面.

解题思路　常把规范形中的正项个数 p 称为二次型的正惯性指数，负项个数 $r-p$ 称为二次型的负惯性指数，r 是二次型的秩.

解　$f=(2x_1^2+2x_1x_2+2x_1x_3)+2x_2^2-2x_2x_3+2x_3^2$

$$=2\left(x_1+\frac{1}{2}x_2+\frac{1}{2}x_3\right)^2+\frac{3}{2}(x_2-x_3)^2.$$

由于二次型的标准形是 $2y_1^2+\frac{3}{2}y_2^2$，所以，正、负惯性指数分别为 2，0. 故 $f=1$，即 $2y_1^2+\frac{3}{2}y_2^2=1$ 表示椭圆柱面.

12. 考虑二次型 $f(x_1, x_2, x_3)=x_1^2+2x_2^2+(1-k)x_3^2+2kx_1x_2+2x_1x_3$，问 k 为何值时，f 为正定二次型.

解题思路　已知二次型正定，利用配方法反求参数 k 的取值范围.

解　判定二次型是否为正定二次型，可以用配方法.

$$|\boldsymbol{A}_3|=\begin{vmatrix}1 & k & 1\\ k & 2 & 0\\ 1 & 0 & 1-k\end{vmatrix}=k(k^2-k-2)>0.$$

由$\begin{cases}2-k^2>0\\ k(k^2-k-2)>0\end{cases}$，可得$\begin{cases}-\sqrt{2}<k<\sqrt{2}\\ k<0,\ -1<k<0\end{cases}$,其公共部分为$-1<k<0$，故使 f 正定的 k 的取值范围是$-1<k<0$.

13. 设矩阵$\boldsymbol{A}=\begin{pmatrix}1 & 0 & 1\\ 0 & 2 & 0\\ 1 & 0 & 1\end{pmatrix}$，矩阵$\boldsymbol{B}=(k\boldsymbol{E}+\boldsymbol{A})^2$，其中 k 为实数，$\boldsymbol{E}$ 为单位矩阵. 求对角矩阵$\boldsymbol{\Lambda}$，使 $\boldsymbol{B}$ 与 $\boldsymbol{\Lambda}$ 相似，并求 k 为何值时，$\boldsymbol{B}$ 为正定矩阵.

解题思路 通过矩阵 $\boldsymbol{A}$ 的特征值确定矩阵 $\boldsymbol{B}$ 的特征值，反求待定参数 k 的值.

解 方法一 由 $\boldsymbol{A}$ 的特征多项式

$$|\lambda\boldsymbol{E}-\boldsymbol{A}|=\begin{vmatrix}\lambda-1 & 0 & -1\\ 0 & \lambda-2 & 0\\ -1 & 0 & \lambda-1\end{vmatrix}=\lambda(\lambda-2)^2,$$

可得 $\boldsymbol{A}$ 的特征值为$\lambda_1=\lambda_2=2$，$\lambda_3=0$,则 $k\boldsymbol{E}+\boldsymbol{A}$ 的特征值是 $k+2$，$k+2$，k；$\boldsymbol{B}=(k\boldsymbol{E}+\boldsymbol{A})^2$ 的特征值是$(k+2)^2$，$(k+2)^2$，k^2.

又因 $\boldsymbol{A}$ 是实对称矩阵，$\boldsymbol{A}^{\mathrm{T}}=\boldsymbol{A}$，故

$$\boldsymbol{B}^{\mathrm{T}}=[(k\boldsymbol{E}+\boldsymbol{A})^2]^{\mathrm{T}}=[(k\boldsymbol{E}+\boldsymbol{A})^{\mathrm{T}}]^2=(k\boldsymbol{E}+\boldsymbol{A})^2=\boldsymbol{B},$$

得到 $\boldsymbol{B}$ 是实对称矩阵. 所以 $\boldsymbol{B}$ 可对角化，且

$$\boldsymbol{B}\sim\boldsymbol{\Lambda}=\mathrm{diag}\{(k+2)^2,\ (k+2)^2,\ k^2\}.$$

由上面的结果立刻得到：当$k\neq-2$ 且 $k\neq0$ 时,$\boldsymbol{B}$ 的全部特征值均为正数，这时 $\boldsymbol{B}$ 为正定矩阵.

方法二 同前，求出 $\boldsymbol{A}$ 的特征值后记对角矩阵

$$\boldsymbol{D}=\mathrm{diag}\{2,\ 2,\ 0\}.$$

因为 $\boldsymbol{A}$ 是实对称矩阵，故存在正交矩阵 $\boldsymbol{P}$，使得

$$\boldsymbol{P}^{\mathrm{T}}\boldsymbol{A}\boldsymbol{P}=\boldsymbol{D}.$$

所以

$$\boldsymbol{A}=(\boldsymbol{P}^{\mathrm{T}})^{-1}\boldsymbol{D}\boldsymbol{P}^{-1}=\boldsymbol{P}\boldsymbol{D}\boldsymbol{P}^{\mathrm{T}}.$$

于是

$$\begin{aligned}\boldsymbol{B}&=(k\boldsymbol{E}+\boldsymbol{A})^2\\&=(k\boldsymbol{P}\boldsymbol{P}^{\mathrm{T}}+\boldsymbol{P}\boldsymbol{D}\boldsymbol{P}^{\mathrm{T}})^2=[\boldsymbol{P}(k\boldsymbol{E}+\boldsymbol{D})\boldsymbol{P}^{\mathrm{T}}][\boldsymbol{P}(k\boldsymbol{E}+\boldsymbol{D})\boldsymbol{P}^{\mathrm{T}}]\\&=\boldsymbol{P}\mathrm{diag}\{(k+2)^2,\ (k+2)^2,k^2\}\boldsymbol{P}^{\mathrm{T}}=\boldsymbol{P}(k\boldsymbol{E}+\boldsymbol{D})^2\boldsymbol{P}^{\mathrm{T}}.\end{aligned}$$

以下省略.

14. 对任意实数 $\lambda>0$，$\mu>0$，试证：

(1) 当 $\boldsymbol{A}$，$\boldsymbol{B}$ 均半正定时，$\lambda\boldsymbol{A}+\mu\boldsymbol{B}$ 也半正定；

(2) 当 $\boldsymbol{A}$，$\boldsymbol{B}$ 中有一个正定，另一个半正定时，$\lambda\boldsymbol{A}+\mu\boldsymbol{B}$ 正定.

证明思路 利用正定（半正定）的定义判别矩阵的线性组合的正定（半正定）性.

证 (1) 因 $\boldsymbol{A}$，$\boldsymbol{B}$ 均为半正定，故对任意 $\boldsymbol{x}\neq\boldsymbol{0}$，均有

$$\boldsymbol{x}^{\mathrm{T}}\boldsymbol{A}\boldsymbol{x}\geqslant 0,\boldsymbol{x}^{\mathrm{T}}\boldsymbol{B}\boldsymbol{x}\geqslant 0,$$

所以

$$\boldsymbol{x}^{\mathrm{T}}(\lambda\boldsymbol{A}+\mu\boldsymbol{B})\boldsymbol{x}=\lambda\boldsymbol{x}^{\mathrm{T}}\boldsymbol{A}\boldsymbol{x}+\mu\boldsymbol{x}^{\mathrm{T}}\boldsymbol{B}\boldsymbol{x}\geqslant 0,\text{即 }\lambda\boldsymbol{A}+\mu\boldsymbol{B}\text{ 为半正定矩阵.}$$

(**注** 若对任意非零的向量 $\boldsymbol{x}$ 都有 $\boldsymbol{x}^{\mathrm{T}}\boldsymbol{A}\boldsymbol{x}\geqslant 0$，则称 $\boldsymbol{A}$ 是半正定的.)

(2)不妨设 $\boldsymbol{A}$ 为正定矩阵，$\boldsymbol{B}$ 为半正定矩阵，则有

$$\boldsymbol{x}^{\mathrm{T}}\boldsymbol{A}\boldsymbol{x}>0,\boldsymbol{x}^{\mathrm{T}}\boldsymbol{B}\boldsymbol{x}\geqslant 0,$$

于是

$$\boldsymbol{x}^{\mathrm{T}}(\lambda\boldsymbol{A}+\mu\boldsymbol{B})\boldsymbol{x}=\lambda\boldsymbol{x}^{\mathrm{T}}\boldsymbol{A}\boldsymbol{x}+\mu\boldsymbol{x}^{\mathrm{T}}\boldsymbol{B}\boldsymbol{x}>0,$$

所以 $\lambda\boldsymbol{A}+\mu\boldsymbol{B}$ 为正定矩阵.

15. $\boldsymbol{A}$，$\boldsymbol{B}$ 均是 n 阶实对称矩阵，其中 $\boldsymbol{A}$ 正定，证明存在实数 t 使 $t\boldsymbol{A}+\boldsymbol{B}$ 是正定矩阵.

证明思路 利用二次型矩阵的特征值均大于 0，证明抽象矩阵的正定性.

证 显然，$t\boldsymbol{A}+\boldsymbol{B}$ 是对称矩阵，由于 $\boldsymbol{A}$ 是正定矩阵，$\boldsymbol{A}$ 与 $\boldsymbol{E}$ 合同，故存在可逆矩阵 $\boldsymbol{C}$，使

$$\boldsymbol{C}^{\mathrm{T}}\boldsymbol{A}\boldsymbol{C}=\boldsymbol{E}.$$

因为 $\boldsymbol{C}^{\mathrm{T}}\boldsymbol{B}\boldsymbol{C}$ 是实对称矩阵，经正交变换可化为对角形，设 $\boldsymbol{D}$ 是正交矩阵，使

$$\boldsymbol{D}^{\mathrm{T}}(\boldsymbol{C}^{\mathrm{T}}\boldsymbol{B}\boldsymbol{C})\boldsymbol{D}=\boldsymbol{D}^{-1}(\boldsymbol{C}^{\mathrm{T}}\boldsymbol{B}\boldsymbol{C})\boldsymbol{D}=\boldsymbol{\Lambda}.$$

令 $\boldsymbol{P}=\boldsymbol{C}\boldsymbol{D}$，则 $\boldsymbol{P}$ 可逆，且

$$\boldsymbol{P}^{\mathrm{T}}(t\boldsymbol{A}+\boldsymbol{B})\boldsymbol{P}=t\boldsymbol{D}^{\mathrm{T}}(\boldsymbol{C}^{\mathrm{T}}\boldsymbol{A}\boldsymbol{C})\boldsymbol{D}+\boldsymbol{\Lambda}=t\boldsymbol{D}^{\mathrm{T}}\boldsymbol{D}+\boldsymbol{\Lambda}=t\boldsymbol{E}+\boldsymbol{\Lambda}.$$

于是

$$tA+B\simeq\begin{pmatrix}t+\lambda_1&&&\\&t+\lambda_2&&\\&&\ddots&\\&&&t+\lambda_n\end{pmatrix}.$$

由于存在 t，使得 $t+\lambda_i>0(i=1, 2, \cdots, n)$，即 $tA+A$ 正定，从而 $tE+B$ 正定.

16. 设 A 是 n 阶正定矩阵，E 是 n 阶单位矩阵，证明 $A+E$ 的行列式大于 1.

证明思路 根据 A 是 n 阶正定矩阵，求出 $A+E$ 的 n 个特征值为

$$\lambda_1+1, \lambda_2+1, \cdots, \lambda_n+1 \quad (\lambda_i+1>1, i=1, 2, \cdots, n).$$

证 方法一 因为 A 是正定矩阵，故存在正交矩阵 Q，使

$$Q^{\mathrm{T}}AQ=Q^{-1}AQ=\begin{pmatrix}\lambda_1&&&\\&\lambda_2&&\\&&\ddots&\\&&&\lambda_n\end{pmatrix},$$

其中，$\lambda_i>0(i=1, 2, \cdots, n)$是 A 的特征值.

因此

$$A=Q\begin{pmatrix}\lambda_1&&&\\&\lambda_2&&\\&&\ddots&\\&&&\lambda_n\end{pmatrix}Q^{-1}.$$

于是

$$\begin{aligned}|A+E|&=\left|Q\begin{pmatrix}\lambda_1&&&\\&\lambda_2&&\\&&\ddots&\\&&&\lambda_n\end{pmatrix}Q^{-1}+QQ^{-1}\right|\\&=\left|Q\begin{pmatrix}\lambda_1+1&&&\\&\lambda_2+1&&\\&&\ddots&\\&&&\lambda_n+1\end{pmatrix}Q^{-1}\right|\\&=|Q|(\lambda_1+1)(\lambda_2+1)\cdots(\lambda_n+1)|Q^{-1}|\\&=(\lambda_1+1)(\lambda_2+1)\cdots(\lambda_n+1)>1.\end{aligned}$$

方法二 设 λ 是 A 的特征值，即存在 $x\neq 0$，使

$$\boldsymbol{A}\boldsymbol{x}=\lambda\boldsymbol{x},$$

由 $(\boldsymbol{A}+\boldsymbol{E})\boldsymbol{x}=(\lambda+1)\boldsymbol{x}$，知 $\boldsymbol{A}+\boldsymbol{E}$ 有特征值 $\lambda+1$.

设 $\boldsymbol{A}$ 的 n 个特征值为 λ_1，λ_2，…，$\lambda_n(\lambda_i>0$，$i=1$，…，$n)$，则 $\boldsymbol{A}+\boldsymbol{E}$ 的 n 个特征值为

$$\lambda_1+1,\ \lambda_2+1,\ \cdots,\ \lambda_n+1\quad(\lambda_i>0,\ i=1,\ 2,\ \cdots,\ n),$$

故

$$|\boldsymbol{A}+\boldsymbol{E}|=(\lambda_1+1)(\lambda_2+1)\cdots(\lambda_n+1)>1.$$

17. $\boldsymbol{A}$，$\boldsymbol{B}$ 均是 n 阶实对称矩阵，证明：$\boldsymbol{A}$ 与 $\boldsymbol{B}$ 合同的充要条件是二次型 $f=\boldsymbol{x}^{\mathrm{T}}\boldsymbol{A}\boldsymbol{x}$ 与二次型 $g=\boldsymbol{y}^{\mathrm{T}}\boldsymbol{B}\boldsymbol{y}$ 具有相同的秩与正惯性指数.

证　$\boldsymbol{A}$ 与 $\boldsymbol{B}$ 合同，即存在 n 阶可逆矩阵 $\boldsymbol{C}$，使得 $\boldsymbol{C}^{\mathrm{T}}\boldsymbol{A}\boldsymbol{C}=\boldsymbol{B}$. $\boldsymbol{C}^{\mathrm{T}}\boldsymbol{A}\boldsymbol{C}$ 相当于对 $\boldsymbol{A}$ 做初等变换，$\mathrm{r}(\boldsymbol{A})=\mathrm{r}(\boldsymbol{B})$.

由教材中§5.2 定理 6 知，$\boldsymbol{A}$ 与 $\boldsymbol{B}$ 有相同的正惯性指数.

因为 $\boldsymbol{A}$ 与 $\boldsymbol{B}$ 是实对称矩阵，所以设

$$\boldsymbol{A}=\boldsymbol{P}^{\mathrm{T}}\begin{pmatrix}\boldsymbol{E}_s & 0 & 0 & 0 & 0\\ 0 & \boldsymbol{E}_t & 0 & 0 & 0\\ 0 & 0 & 0 & 0 & 0\\ 0 & 0 & 0 & \ddots & 0\\ 0 & 0 & 0 & 0 & 0\end{pmatrix}\boldsymbol{P},\ \boldsymbol{B}=\boldsymbol{Q}^{\mathrm{T}}\begin{pmatrix}\boldsymbol{E}_s & 0 & 0 & 0 & 0\\ 0 & \boldsymbol{E}_t & 0 & 0 & 0\\ 0 & 0 & 0 & 0 & 0\\ 0 & 0 & 0 & \ddots & 0\\ 0 & 0 & 0 & 0 & 0\end{pmatrix}\boldsymbol{Q},$$

从而

$$\begin{pmatrix}\boldsymbol{E}_s & 0 & 0 & 0 & 0\\ 0 & \boldsymbol{E}_t & 0 & 0 & 0\\ 0 & 0 & 0 & 0 & 0\\ 0 & 0 & 0 & \ddots & 0\\ 0 & 0 & 0 & 0 & 0\end{pmatrix}=(\boldsymbol{P}^{\mathrm{T}})^{-1}\boldsymbol{A}\boldsymbol{P}^{-1}=(\boldsymbol{Q}^{\mathrm{T}})^{-1}\boldsymbol{B}\boldsymbol{Q}^{-1},$$

于是 $(\boldsymbol{P}^{-1}\boldsymbol{Q})^{\mathrm{T}}\boldsymbol{A}(\boldsymbol{P}^{-1}\boldsymbol{Q})=\boldsymbol{B}$，故 $\boldsymbol{A}$ 与 $\boldsymbol{B}$ 合同.

第 6 章　线性空间与线性变换

本章是线性代数几何理论的基础知识，在这一章中，先介绍线性运算、线性空间的概念，然后讨论线性空间中的向量组及其线性组合、线性相关与线性无关和秩等概念，并通过引入向量的坐标，使一般的 n 维线性空间 $\boldsymbol{V}_n$ 与 $\boldsymbol{R}^n$ 同构，从而在 $\boldsymbol{V}_n$ 中可以得到许多与 $\boldsymbol{R}^n$ 中的结论平行的结论.

本章教学基本要求：

1. 理解线性空间、子空间及线性空间的基与维数、坐标等概念；
2. 掌握线性空间中基变换和坐标变换公式；
3. 会求过渡矩阵；
4. 了解线性变换以及它的像集和核集的概念；
5. 掌握线性变换的矩阵表示.

§6.1　线性空间的定义与性质

一、主要知识归纳

主要知识归纳见表 6-1-1.

表 6-1-1

定义	设 $\mathbf{V}$ 是一个非空集合，$\mathbf{R}$ 为实数域. 如果对于任意两个元素 $\boldsymbol{\alpha}$，$\boldsymbol{\beta}\in\mathbf{V}$，总有唯一的元素 $\boldsymbol{\gamma}\in\mathbf{V}$ 与之对应，则称其为 $\boldsymbol{\alpha}$ 与 $\boldsymbol{\beta}$ 的和，记作 $\boldsymbol{\gamma}=\boldsymbol{\alpha}+\boldsymbol{\beta}$;若对于一数 $\lambda\in\mathbf{R}$ 与任一元素 $\boldsymbol{\alpha}\in\mathbf{V}$，总有唯一的元素 $\boldsymbol{\delta}\in\mathbf{V}$ 与之对应，则称其为 λ 与 $\boldsymbol{\alpha}$ 的积，记作 $\boldsymbol{\delta}=\lambda\boldsymbol{\alpha}$. 若上述两种运算满足以下八条运算规律，$\boldsymbol{V}$ 就称为数域 $\mathbf{R}$ 上的线性空间. 设 $\boldsymbol{\alpha}$，$\boldsymbol{\beta}$,$\boldsymbol{\gamma}\in\boldsymbol{V}$；$\lambda$，$\mu\in\mathbf{R}$， (1)$\boldsymbol{\alpha}+\boldsymbol{\beta}=\boldsymbol{\beta}+\boldsymbol{\alpha}$；　(2)$(\boldsymbol{\alpha}+\boldsymbol{\beta})+\boldsymbol{\gamma}=\boldsymbol{\alpha}+(\boldsymbol{\beta}+\boldsymbol{\nu})$； (3) $\exists\mathbf{0}\in\boldsymbol{V}$，$\forall\boldsymbol{\alpha}\in\boldsymbol{V}$，有 $\boldsymbol{\alpha}+\mathbf{0}=\boldsymbol{\alpha}$；　(4) $\forall\boldsymbol{\alpha}\in\boldsymbol{V}$，$\exists\boldsymbol{\beta}\in\boldsymbol{V}$，使 $\boldsymbol{\alpha}+\boldsymbol{\beta}=\mathbf{0}$； (5)$1\boldsymbol{\alpha}=\boldsymbol{\alpha}$；　(6)$\lambda(\mu\boldsymbol{\alpha})=(\lambda\mu)\boldsymbol{\alpha}$； (7)$(\lambda+\mu)\boldsymbol{\alpha}=\lambda\boldsymbol{\alpha}+\mu\boldsymbol{\alpha}$；　(8)$\lambda(\boldsymbol{\alpha}+\boldsymbol{\beta})=\lambda\boldsymbol{\alpha}+\lambda\boldsymbol{\beta}$.
性质	(1)零元素是唯一的； (2)任一元素的负元素是唯一的，任何向量 $\boldsymbol{\alpha}$ 的负元素记为 $-\boldsymbol{\alpha}$； (3)$0\boldsymbol{\alpha}=\mathbf{0}$；$(-1)\boldsymbol{\alpha}=-\boldsymbol{\alpha}$；$\lambda\mathbf{0}=\mathbf{0}$； (4)若 $\lambda\boldsymbol{\alpha}=\mathbf{0}$，则 $\lambda=0$ 或 $\boldsymbol{\alpha}=\mathbf{0}$.

判定方法	(1) 若一个集合对于定义的加法和数乘运算不封闭，或者运算不满足八条性质的任一条，则此集合就不能构成线性空间. (2)若一个集合定义的加法和数乘是通常的实数间的加乘运算，则只需检验对运算的封闭性. (3)若一个集合定义的加法和数乘运算不是通常的实数间的加乘运算，则必须检验是否满足八条线性运算规律.
子空间	设 $\boldsymbol{V}$ 是一个线性空间，$\boldsymbol{L}$ 是 $\boldsymbol{V}$ 的一个非空子集，如果 $\boldsymbol{L}$ 对于 $\boldsymbol{V}$ 中所定义的加法和数乘两种运算也构成一个线性空间，则称 $\boldsymbol{L}$ 为 $\boldsymbol{V}$ 的子空间. 线性空间 $\boldsymbol{V}$ 的非空子集 $\boldsymbol{L}$ 构成子空间的充分必要条件是：$\boldsymbol{L}$ 对于 $\boldsymbol{V}$ 中的线性运算封闭.

二、典型例题分析

例 1　判断正弦函数的集合 $s[x]=\{s=A\sin(x+B)\mid A, B\in\mathbf{R}\}$，对于通常的加法及数乘函数的乘法是否构成线性空间.

解　通常的函数加法和数乘运算显然满足线性运算，故只要验证 $s[x]$ 对运算封闭：

$$\begin{aligned} s_1+s_2 &=A_1\sin(x+B_1)+A_2\sin(x+B_2)\\ &=(a_1\cos x+b_1\sin x)+(a_2\cos x+b_2\sin x)\\ &=(a_1+a_2)\cos x+(b_1+b_2)\sin x\\ &=A\sin(x+B)\in s[x], \end{aligned}$$

$$\lambda s_1=\lambda A_1\sin(x+B_1)\in s[x],$$

所以 $s[x]$ 是一个线性空间.

小结：由于通常的函数加法和数乘满足八条运算规律，对于作为函数集合子集的正弦函数来说，其是否构成线性空间取决于它对线性运算是否具有封闭性.

例 2　设 $\boldsymbol{V}=\boldsymbol{M}_n(\mathbf{R})$ 为所有 n 阶实矩阵组成的线性空间，那么所有 n 阶实对称矩阵的集合 $\boldsymbol{W}$ 是否为其子空间？

解　显然，$\boldsymbol{W}$ 非空.

$\forall \boldsymbol{A}, \boldsymbol{B}\in\boldsymbol{W}$，$(\boldsymbol{A}+\boldsymbol{B})^{\mathrm{T}}=\boldsymbol{A}^{\mathrm{T}}+\boldsymbol{B}^{\mathrm{T}}=\boldsymbol{A}+\boldsymbol{B}$，则 $\boldsymbol{A}+\boldsymbol{B}\in\boldsymbol{W}$.

$\forall k\in\mathbf{R}$，$(k\boldsymbol{A})^{\mathrm{T}}=k\boldsymbol{A}^{\mathrm{T}}=k\boldsymbol{A}$，则 $k\boldsymbol{A}\in\boldsymbol{W}$.

所以 $\boldsymbol{W}$ 是 $\boldsymbol{V}$ 的子空间.

例 3　(1)判断集合 $\boldsymbol{W}_1$ 和 $\boldsymbol{W}_2$ 是否为 $\boldsymbol{K}^n$ 的子空间：

$\boldsymbol{W}_1=\{(x_1, x_2, \cdots, x_n)\mid x_1, x_2, \cdots, x_n\in\boldsymbol{K}, x_1-x_n=1\}$；

$\boldsymbol{W}_2=\{k_1\boldsymbol{\alpha}_1+k_2\boldsymbol{\alpha}_2+\cdots+k_m\boldsymbol{\alpha}_m\mid k_1, k_2, \cdots, k_m\in\boldsymbol{K}\}$，其中 $\boldsymbol{\alpha}_1, \boldsymbol{\alpha}_2, \cdots, \boldsymbol{\alpha}_m$ 为一组 n 维向量.

(2) 判断集合 $\boldsymbol{W}_3=\left\{\boldsymbol{A}=(a_{ij})_{2\times2}\,\middle|\,\sum_{i=1}^{2}\sum_{j=1}^{2}a_{ij}=0\right\}$ 是否为 $\boldsymbol{R}^{2\times2}$ 的子空间.

解 (1) $\boldsymbol{W}_1$ 不是 $\boldsymbol{K}^n$ 的子空间，取 $\boldsymbol{\alpha}=\boldsymbol{\beta}=(1, 0, \cdots, 0)$，$\boldsymbol{\alpha}+\boldsymbol{\beta}=(2, 0, \cdots, 0)\notin \boldsymbol{W}_1$，对加法不封闭，且 $\boldsymbol{W}_1$ 对数乘也不封闭，故不是 $\boldsymbol{K}^n$ 的子空间.

$\boldsymbol{W}_2$ 是 $\boldsymbol{K}^n$ 的子空间. 实际上，$\boldsymbol{W}_2$ 是由 $\boldsymbol{\alpha}_1, \boldsymbol{\alpha}_2, \cdots, \boldsymbol{\alpha}_m$ 生成的子空间，

$\forall\,\boldsymbol{\alpha}=k_1\boldsymbol{\alpha}_1+k_2\boldsymbol{\alpha}_2+\cdots+k_m\boldsymbol{\alpha}_m$，$\boldsymbol{\beta}=c_1\boldsymbol{\alpha}_1+c_2\boldsymbol{\alpha}_2+\cdots+c_m\boldsymbol{\alpha}_m$，$k_i, c_i\in\boldsymbol{K}$，$i=1, 2, \cdots, m$，则

$$\boldsymbol{\alpha}+\boldsymbol{\beta}=(k_1+c_1)\boldsymbol{\alpha}_1+(k_2+c_2)\boldsymbol{\alpha}_2+\cdots+(k_m+c_m)\boldsymbol{\alpha}_m\in\boldsymbol{W}_2,$$
$$k\,\boldsymbol{\alpha}=kk_1\boldsymbol{\alpha}_1+kk_2\boldsymbol{\alpha}_2+\cdots+kk_m\boldsymbol{\alpha}_m\in\boldsymbol{W}_2,$$

所以，$\boldsymbol{W}_2$ 是 $\boldsymbol{K}^n$ 的子空间.

(2) $\boldsymbol{W}_3$ 是 $\boldsymbol{R}^{2\times2}$ 的子空间，因为零矩阵在 $\boldsymbol{W}_3$ 中，所以 $\boldsymbol{W}_3$ 非空，设 $\boldsymbol{A}=(a_{ij})_{2\times2}$，$\boldsymbol{B}=(b_{ij})_{2\times2}$，且 $\boldsymbol{A}, \boldsymbol{B}\in\boldsymbol{W}_3$，即有

$$\sum_{i=1}^{2}\sum_{j=1}^{2}a_{ij}=0,\ \sum_{i=1}^{2}\sum_{j=1}^{2}b_{ij}=0,$$

则

$$\boldsymbol{A}+\boldsymbol{B}=(a_{ij}+b_{ij})_{2\times2},\ \sum_{i=1}^{2}\sum_{j=1}^{2}(a_{ij}+b_{ij})=\sum_{i=1}^{2}\sum_{j=1}^{2}a_{ij}+\sum_{i=1}^{2}\sum_{j=1}^{2}b_{ij}=0,$$
$$k\boldsymbol{A}=(ka_{ij})_{2\times2},\ \sum_{i=1}^{2}\sum_{j=1}^{2}(ka_{ij})=k\sum_{i=1}^{2}\sum_{j=1}^{2}a_{ij}=k\cdot0=0.$$

所以 $\boldsymbol{W}_3$ 对加法和数乘封闭，是 $\boldsymbol{R}^{2\times2}$ 的子空间.

小结：上述两题都考查了子空间的判定. 对线性空间的非空子集是否构成子空间的判定主要是看它关于线性运算是否具有封闭性.

三、习题 6-1 解答

1. 验证以下集合对于所指定的运算是否构成数域 $\mathbf{R}$ 上的线性空间.

(1) 所有 n 阶对称矩阵，对矩阵加法及矩阵的数量乘法.

(2) 所有 n 阶可逆矩阵，对矩阵加法及矩阵的数量乘法.

(3) 微分方程 $y''+3y'-3y=0$ 的全部解，对函数的加法及数与函数的乘积.

(4) 微分方程 $y''+3y'-3y=2$ 的全部解，对函数的加法及数与函数的乘积.

(5) $\mathbf{V}=\{f(x)\in \boldsymbol{C}[a, b]\mid f(a)=1\}$ 对函数的加法及数与函数的乘积.

解 (1) 是线性空间. 因为满足定义中八条运算规律，且具有封闭性.

(2) 不是线性空间. 因为关于矩阵加法不封闭.

(3) 由齐次线性微分方程解的线性组合仍为方程的解，于是解集关于运算具有封闭性，且满足定义中八条运算规律，故是线性空间.

(4) 因为解集关于函数的加法不具有封闭性，故不是线性空间.

(5) 因为 $\boldsymbol{V}$ 关于函数的加法不封闭，故不是线性空间.

2. 验证：与向量 (0, 0, 1) 不平行的全体三维数组向量，对于数组向量的加法和数乘运算不构成线性空间.

证　设 $\boldsymbol{V}=\{$与向量 (0, 0, 1) 不平行的全体三维向量$\}$，设 $r_1=(1, 1, 0)$，$r_2=(-1, -1, 1)$，则 $r_1, r_2\in\boldsymbol{V}$. 但 $r_1+r_2=(0,0,1)\notin\boldsymbol{V}$，即 $\boldsymbol{V}$ 不是线性空间.

3. 判断下列 $\boldsymbol{R}^3$ 的子集是否构成 $\boldsymbol{R}^3$ 的子空间.

(1) 形如 $(a, b, a+2)$ 的向量全体；

(2) 形如 $(a, b, 0)$ 的向量全体；

(3) 形如 (a, b, b^2) 的向量全体；

(4) 形如 (a, b, c) 的向量全体 $(c\geqslant 0)$.

解　(1) 令 $\boldsymbol{V}=\{(a, b, a+2)\,|\,a, b\in\mathbf{R}\}$. 由于 $\boldsymbol{V}$ 关于加法不封闭，故 $\boldsymbol{V}$ 不是 $\boldsymbol{R}^3$ 的子空间.

(2) 令 $\boldsymbol{V}=\{(a, b, 0)\,|\,a, b\in\mathbf{R}\}$. 因为 $\boldsymbol{V}$ 关于加法及数乘是封闭的，故 $\boldsymbol{V}$ 是 $\boldsymbol{R}^3$ 的子空间.

(3) 令 $\boldsymbol{V}=\{(a, b, b^2)\,|\,a, b\in\mathbf{R}\}$. 因为 $\boldsymbol{V}$ 关于数乘不封闭，故 $\boldsymbol{V}$ 不是 $\boldsymbol{R}^3$ 的子空间.

(4) 令 $\boldsymbol{V}=\{(a, b, c)\,|\,a, b, c\in\mathbf{R}, c\geqslant 0\}$. 因为取 $k<0$ 时，$k(a, b, c)\notin\boldsymbol{V}$，即 $\boldsymbol{V}$ 关于数乘不封闭，故 $\boldsymbol{V}$ 不是 $\boldsymbol{R}^3$ 的子空间.

4. 设 $\boldsymbol{H}$ 是所有形如$\begin{pmatrix}5\alpha+2\beta\\ \alpha\\ \beta\end{pmatrix}$的向量构成的集合，其中 α，β 是任意的数量. 求向量 $\boldsymbol{p}_1$，$\boldsymbol{p}_2$，使得 $\boldsymbol{H}$ 是由 $\boldsymbol{p}_1$，$\boldsymbol{p}_2$ 的线性组合的向量构成的集合，并证明 $\boldsymbol{H}$ 是 $\boldsymbol{R}^3$ 的子空间.

解　$\boldsymbol{H}$ 中的任意向量都具有如下形式

$$\begin{pmatrix}5\alpha+2\beta\\ \alpha\\ \beta\end{pmatrix}=\alpha\begin{pmatrix}5\\1\\0\end{pmatrix}+\beta\begin{pmatrix}2\\0\\1\end{pmatrix},$$

则 $\boldsymbol{p}_1=\begin{pmatrix}5\\1\\0\end{pmatrix}$，$\boldsymbol{p}_2=\begin{pmatrix}2\\0\\1\end{pmatrix}$. 故 $\boldsymbol{H}$ 是由 $\boldsymbol{p}_1$，$\boldsymbol{p}_2$ 的线性组合所构成的集合，即

$$\boldsymbol{H}=\{k_1\boldsymbol{p}_1+k_2\boldsymbol{p}_2\,|\,k_1, k_2\in\mathbf{R}\}.$$

在 $\boldsymbol{H}$ 中任取两向量

$$\boldsymbol{\gamma}_1=k_1\boldsymbol{p}_1+k_2\boldsymbol{p}_2 \text{ 和 } \boldsymbol{\gamma}_2=l_1\boldsymbol{p}_1+l_2\boldsymbol{p}_2,$$

有

$$\boldsymbol{\gamma}_1+\boldsymbol{\gamma}_2=(k_1\boldsymbol{p}_1+k_2\boldsymbol{p}_2)+(l_1\boldsymbol{p}_1+l_2\boldsymbol{p}_2)=(k_1+l_1)\boldsymbol{p}_1+(k_2+l_2)\boldsymbol{p}_2\in\boldsymbol{H}.$$

另外，对于 $c\in\mathbf{R}$，有

$$c\,\boldsymbol{\gamma}_1=c(k_1\boldsymbol{p}_1+k_2\boldsymbol{p}_2)=(ck_1)\boldsymbol{p}_1+(ck_2)\boldsymbol{p}_2\in\boldsymbol{H},$$

所以 $\boldsymbol{H}$ 是 $\boldsymbol{R}^3$ 的子空间.

§6.2 基、维数与坐标

一、主要知识归纳

主要知识归纳见表 6-2-1.

表 6-2-1

基与维数	在线性空间 $\mathbf{V}$ 中，若存在 n 个元素 $\boldsymbol{\alpha}_1, \boldsymbol{\alpha}_2, \cdots, \boldsymbol{\alpha}_n$ 满足： (1) $\boldsymbol{\alpha}_1, \boldsymbol{\alpha}_2, \cdots, \boldsymbol{\alpha}_n$ 线性无关； (2) $\mathbf{V}$ 中任一元素 $\boldsymbol{\alpha}$ 总可由 $\boldsymbol{\alpha}_1, \boldsymbol{\alpha}_2, \cdots, \boldsymbol{\alpha}_n$ 线性表示，则称 $\boldsymbol{\alpha}_1, \boldsymbol{\alpha}_2, \cdots, \boldsymbol{\alpha}_n$ 为线性空间 $\mathbf{V}$ 的一个基，n 称为线性空间 $\mathbf{V}$ 的维数，记为 $\dim\mathbf{V}=n$. 维数为 n 的线性空间称为 n 维线性空间，记为 $\mathbf{V}_n$.
坐标	设 $\boldsymbol{\alpha}_1, \boldsymbol{\alpha}_2, \cdots, \boldsymbol{\alpha}_n$ 是线性空间 $\mathbf{V}_n$ 的一个基，对于任一元素 $\boldsymbol{\alpha}\in\mathbf{V}_n$，有且仅有一组有序数 $x_1, x_2, \cdots, x_n$，使 $\boldsymbol{\alpha}=x_1\boldsymbol{\alpha}_1+x_2\boldsymbol{\alpha}_2+\cdots+x_n\boldsymbol{\alpha}_n$， 则称有序数组 $x_1, x_2, \cdots, x_n$ 为元素 $\boldsymbol{\alpha}$ 在基 $\boldsymbol{\alpha}_1, \boldsymbol{\alpha}_2, \cdots, \boldsymbol{\alpha}_n$ 下的坐标，并记作 $\boldsymbol{\alpha}=(x_1, x_2, \cdots, x_n)^{\mathrm{T}}$.
同构	设 $\boldsymbol{U}$、$\mathbf{V}$ 是 $\mathbf{R}$ 上的两个线性空间，如果它们的元素之间有一一对应关系，且这个对应关系保持线性组合的对应，则称线性空间 $\boldsymbol{U}$ 与 $\mathbf{V}$ 同构. (1) 同构的线性空间之间具有自反性、对称性与传递性； (2) 维数相同的线性空间必同构.

二、典型例题分析

例 1 求向量空间 $\mathbf{V}=\{(x_1, x_2, \cdots, x_n)\mid x_1+x_2+\cdots+x_n=0, x_i\in\mathbf{R}\}$ 的一组基及其维数.

解 由条件可知，向量空间 $\mathbf{V}$ 的基与维数为齐次线性方程组 $x_1+x_2+\cdots+x_n=0$ 的解空间的基与维数，即向量空间 $\mathbf{V}$ 是齐次线性方程组 $x_1+x_2+\cdots+x_n=0$ 的解的集合，解方程组可得基础解系为

$$\boldsymbol{\xi}_1=(-1,\ 1,\ 0,\ \cdots,\ 0),\ \boldsymbol{\xi}_2=(-1,\ 0,\ 1,\ \cdots,\ 0)^{\mathrm{T}},\ \cdots,$$
$$\boldsymbol{\xi}_{n-1}=(-1,\ 0,\ 0,\ \cdots,\ 1)^{\mathrm{T}}.$$

$\boldsymbol{V}$ 中任一元素均为方程组的解，从而可由 $\boldsymbol{\xi}_1$，$\boldsymbol{\xi}_2$，…，$\boldsymbol{\xi}_{n-1}$ 线性表示，又因为 $\boldsymbol{\xi}_1$，$\boldsymbol{\xi}_2$，…，$\boldsymbol{\xi}_{n-1}$ 线性无关，所以 $\boldsymbol{\xi}_1$，$\boldsymbol{\xi}_2$，…，$\boldsymbol{\xi}_{n-1}$ 是 $\boldsymbol{V}$ 的一组基，并且 $\boldsymbol{V}$ 的维数为 $n-1$.

例 2　求 $\boldsymbol{P}[t]_3$ 的子空间

$$\boldsymbol{W}=\{f(t)=a_0+a_1t+a_2t^2+a_3t^3 \mid a_0+a_1+a_2=0,\ a_1+a_2+a_3=0\}$$

的基与维数.

解　$\boldsymbol{W}$ 中任一多项式 $f(t)=a_0+a_1t+a_2t^2+a_3t^3$ 的系数 a_0，a_1，a_2，a_3 满足齐次线性方程组

$$\begin{cases} a_0+a_1+a_2=0 \\ a_1+a_2+a_3=0 \end{cases},$$

其通解为 $a_0=k_2$，$a_1=-k_1-k_2$，$a_2=k_1$，$a_3=k_2(k_1,\ k_2\in K)$，则

$$f(t)=k_2+(-k_1-k_2)t+k_1t^2+k_2t^3=k_1(-t+t^2)+k_2(1-t+t^3).$$

令

$$f_1(t)=-t+t^2,\ f_2(t)=1-t+t^2,$$

则 $f_1(t)$，$f(t)\in\boldsymbol{W}$，且 $f_1(t)$，$f_2(t)$ 线性无关，故 $f_1(t)$，$f_2(t)$ 是 $\boldsymbol{W}$ 的一组基，$\boldsymbol{W}$ 的维数为 2.

小结：上述两题都是将求向量空间的基转化为通过齐次线性方程组求基础解系.

例 3　设 $\boldsymbol{A}=\begin{pmatrix}1 & 3\\ 0 & 2\end{pmatrix}$.

(1) 证明：$\boldsymbol{K}^{2\times2}$ 中与 $\boldsymbol{A}$ 相乘可交换的矩阵集合 $\boldsymbol{W}$ 是 $\boldsymbol{K}^{2\times2}$ 的子空间；

(2) 求 $\boldsymbol{W}$ 的一般形式以及基与维数.

解　(1) 显然 $\boldsymbol{E}_2=\begin{pmatrix}1 & 0\\ 0 & 1\end{pmatrix}\in\boldsymbol{W}$，所以 $\boldsymbol{W}$ 非空，设 $\boldsymbol{B}_1$，$\boldsymbol{B}_2\in\boldsymbol{W}$，即 $\boldsymbol{AB}_1=\boldsymbol{B}_1\boldsymbol{A}$，$\boldsymbol{AB}_2=\boldsymbol{B}_2\boldsymbol{A}$，则

$$\boldsymbol{A}(\boldsymbol{B}_1+\boldsymbol{B}_2)=\boldsymbol{AB}_1+\boldsymbol{AB}_2=\boldsymbol{B}_1\boldsymbol{A}+\boldsymbol{B}_2\boldsymbol{A}=(\boldsymbol{B}_1+\boldsymbol{B}_2)\boldsymbol{A}\Rightarrow\boldsymbol{B}_1+\boldsymbol{B}_2\in\boldsymbol{W}.$$

设 $k\in\boldsymbol{K}$，$\boldsymbol{B}\in\boldsymbol{W}$，则

$$\boldsymbol{A}(k\boldsymbol{B})=k(\boldsymbol{AB})=k(\boldsymbol{BA})=(k\boldsymbol{B})\boldsymbol{A}\Rightarrow k\boldsymbol{B}\in\boldsymbol{W},$$

故 $\boldsymbol{W}$ 是 $\boldsymbol{K}^{2\times 2}$ 的子空间.

(2) 设 $\boldsymbol{X}=\begin{pmatrix} x_1 & x_2 \\ x_3 & x_4 \end{pmatrix}\in\boldsymbol{W}$, 则有 $\boldsymbol{AX}=\boldsymbol{XA}$, 即

$$\begin{pmatrix} 1 & 3 \\ 0 & 2 \end{pmatrix}\begin{pmatrix} x_1 & x_2 \\ x_3 & x_4 \end{pmatrix}=\begin{pmatrix} x_1 & x_2 \\ x_3 & x_4 \end{pmatrix}\begin{pmatrix} 1 & 3 \\ 0 & 2 \end{pmatrix},$$

由此可得齐次线性方程组 $\begin{cases} 3x_3=0 \\ -3x_1-x_2+3x_4=0 \\ x_3=0 \\ -3x_3=0 \end{cases} \Rightarrow \begin{cases} x_1=-\dfrac{1}{3}x_2+x_4 \\ x_3=0 \end{cases}$,

其通解为

$$x_1=-k_1+k_2,\ x_2=3k_1,\ x_3=0,\ x_4=k_2\ (k_1,\ k_2\in\mathbf{R}),$$

则

$$\boldsymbol{X}=\begin{pmatrix} -k_1+k_2 & 3k_1 \\ 0 & k_2 \end{pmatrix}=k_1\begin{pmatrix} -1 & 3 \\ 0 & 0 \end{pmatrix}+k_2\begin{pmatrix} 1 & 0 \\ 0 & 1 \end{pmatrix}\ (k_1,\ k_2\in\boldsymbol{K}).$$

令 $\boldsymbol{A}_1=\begin{pmatrix} -1 & 3 \\ 0 & 0 \end{pmatrix}$, $\boldsymbol{A}_2=\begin{pmatrix} 1 & 0 \\ 0 & 1 \end{pmatrix}$, 则 $\boldsymbol{A}_1$, $\boldsymbol{A}_2\in\boldsymbol{W}$, 且 $\boldsymbol{A}_1$, $\boldsymbol{A}_2$ 线性无关, 则 $\boldsymbol{A}_1$, $\boldsymbol{A}_2$ 是 $\boldsymbol{W}$ 的一组基, 且 $\boldsymbol{W}$ 是二维的.

小结:

(1) 主要考查子空间的判定;

(2) 利用待定系数法求出 $\boldsymbol{W}$ 的一般形式, 再根据基的定义通过观察法得出基与维数.

例 4　在次数小于 3 的多项式所构成的线性空间 $\boldsymbol{P}_3[x]$ 中, $f_1=1$, $f_2=x-1$, $f_3=(x-2)(x-1)$.

(1) 证明 f_1, f_2, f_3 是 $\boldsymbol{P}_3[x]$ 的一组基;

(2) 求 $f=1+x+x^2$ 在此基下的坐标.

解　(1) 令 $l_1f_1+l_2f_2+l_3f_3=0$, 即 $l_1+l_2(x-1)+l_3(x-2)(x-1)=0$, 整理可得

$$l_3x^2+(l_2-3l_3)x+2l_3-l_2+l_1=0,$$

从而有齐次线性方程组

$$\begin{cases} l_3=0 \\ l_2-3l_3=0 \\ 2l_3-l_2+l_1=0 \end{cases},$$

解得 $l_1=l_2=l_3=0$，所以 f_1，f_2，f_3 线性无关.

设 $\boldsymbol{P}_3[x]$中任一元素为 ax^2+bx+c，则

$$\begin{aligned} ax^2+bx+c &= k_1f_1+k_2f_2+k_3f_3 \\ &= k_1+k_2(x-1)+k_3(x-2)(x-1) \\ &= k_3x^2+(k_2-3k_3)x+2k_3-k_2+k_1, \end{aligned}$$

从而有

$$\begin{cases} k_3=a \\ k_2-3k_3=b \\ 2k_3-k_2+k_1=c \end{cases},$$

解得 $k_1=a+b+c$，$k_2=b+3a$，$k_3=a$.

因此，$\boldsymbol{P}_3[x]$ 中任一元素 ax^2+bx+c 均可由 f_1，f_2，f_3 线性表出，所以 f_1，f_2，f_3 是 $\boldsymbol{P}_3[x]$ 的一组基.

(2) $f=1+x+x^2$，由 (1) 的结论可知 $a=1$，$b=1$，$c=1$，从而 $k_1=3$，$k_2=4$，$k_3=1$，即

$$f=1+x+x^2=3f_1+4f_2+f_3=3+4(x-1)+(x-2)(x-1).$$

从而 $f=1+x+x^2$ 在基 f_1，f_2，f_3 下的坐标为 $(3,4,1)^T$.

小结：本题利用基的定义证明 f_1，f_2，f_3 是一组基，然后利用证明过程中的结果计算出 f 在基 f_1，f_2，f_3 下的坐标.

三、习题 6-2 解答

1. 分别验证下列指定集合 $\boldsymbol{S}_i$ $(i=1, 2, 3)$ 对于矩阵的加法和数乘运算构成线性空间，并写出各个空间的一个基.

(1) 二阶矩阵的全体 $\boldsymbol{S}_1$；

(2) 主对角线上的元素之和等于 0 的二阶矩阵的全体 $\boldsymbol{S}_2$；

(3) 二阶对称矩阵的全体 $\boldsymbol{S}_3$.

解　(1) 设 $\boldsymbol{A}$，$\boldsymbol{B}$ 分别为二阶矩阵，则 $\boldsymbol{A}$，$\boldsymbol{B}\in\boldsymbol{S}_1$.

显然$(\boldsymbol{A}+\boldsymbol{B})\in\boldsymbol{S}_1$，$k\boldsymbol{A}\in\boldsymbol{S}_1$，且对于加法和数乘满足八条性质，故

$$\boldsymbol{\varepsilon}_1=\begin{pmatrix}1&0\\0&0\end{pmatrix},\ \boldsymbol{\varepsilon}_2=\begin{pmatrix}0&1\\0&0\end{pmatrix},\ \boldsymbol{\varepsilon}_3=\begin{pmatrix}0&0\\1&0\end{pmatrix},\ \boldsymbol{\varepsilon}_4=\begin{pmatrix}0&0\\0&1\end{pmatrix}$$

是 $\boldsymbol{S}_1$ 的一个基.

(2) 设 $\boldsymbol{A}=\begin{pmatrix}-a & b\\ c & a\end{pmatrix}$, $\boldsymbol{B}=\begin{pmatrix}-d & e\\ f & d\end{pmatrix}$, $\boldsymbol{A},\boldsymbol{B}\in\boldsymbol{S}_2$, 则

$$\boldsymbol{A}+\boldsymbol{B}=\begin{pmatrix}-(a+d) & e+b\\ c+f & a+d\end{pmatrix}\in\boldsymbol{S}_2,\ k\boldsymbol{A}=\begin{pmatrix}-ka & kb\\ kc & ka\end{pmatrix}\in\boldsymbol{S}_2.$$

故 $\boldsymbol{\varepsilon}_1=\begin{pmatrix}1 & 0\\ 0 & -1\end{pmatrix}$, $\boldsymbol{\varepsilon}_2=\begin{pmatrix}0 & 1\\ 0 & 0\end{pmatrix}$, $\boldsymbol{\varepsilon}_3=\begin{pmatrix}0 & 0\\ 1 & 0\end{pmatrix}$ 是 $\boldsymbol{S}_2$ 的一个基.

(3) 设 $\boldsymbol{A},\boldsymbol{B}\in\boldsymbol{S}_3$, 则 $\boldsymbol{A}^{\mathrm{T}}=\boldsymbol{A}$, $\boldsymbol{B}^{\mathrm{T}}=\boldsymbol{B}$.

$$(\boldsymbol{A}+\boldsymbol{B})^{\mathrm{T}}=\boldsymbol{A}^{\mathrm{T}}+\boldsymbol{B}^{\mathrm{T}}=\boldsymbol{A}+\boldsymbol{B},$$

从而

$$(\boldsymbol{A}+\boldsymbol{B})\in\boldsymbol{S}_3,$$
$$(k\boldsymbol{A})^{\mathrm{T}}=k\boldsymbol{A}^{\mathrm{T}}=k\boldsymbol{A},$$

故 $k\boldsymbol{A}\in\boldsymbol{S}_3$, 所以对于加法和数乘运算构成线性空间.

因此, $\boldsymbol{\varepsilon}_1=\begin{pmatrix}1 & 0\\ 0 & 0\end{pmatrix}$, $\boldsymbol{\varepsilon}_2=\begin{pmatrix}0 & 1\\ 1 & 0\end{pmatrix}$, $\boldsymbol{\varepsilon}_3=\begin{pmatrix}0 & 0\\ 0 & 1\end{pmatrix}$ 是 $\boldsymbol{S}_3$ 的一个基.

2. 设 $\boldsymbol{U}$ 是线性空间 $\boldsymbol{V}$ 的一个子空间, 试证: 若 $\boldsymbol{U}$ 与 $\boldsymbol{V}$ 的维数相等, 则 $\boldsymbol{U}=\boldsymbol{V}$.

证明思路　需要证明 $\boldsymbol{V}\subseteq\boldsymbol{U}$, $\boldsymbol{U}\subseteq\boldsymbol{V}$ 同时成立.

证　$\boldsymbol{\varepsilon}_1,\boldsymbol{\varepsilon}_2,\cdots,\boldsymbol{\varepsilon}_r$ 为 $\boldsymbol{U}$ 的一组基, 它可扩充为整个空间 $\boldsymbol{V}$ 的一个基, 由于

$$\dim(\boldsymbol{U})=\dim(\boldsymbol{V}),$$

从而 $\boldsymbol{\varepsilon}_1,\boldsymbol{\varepsilon}_2,\cdots,\boldsymbol{\varepsilon}_r$ 也是 $\boldsymbol{V}$ 的一个基. 另外, 对于 $\boldsymbol{x}\in\boldsymbol{V}$, 可以表示为

$$\boldsymbol{x}=k_1\boldsymbol{\varepsilon}_1+k_2\boldsymbol{\varepsilon}_2+\cdots+k_r\boldsymbol{\varepsilon}_r.$$

显然, $\boldsymbol{x}\in\boldsymbol{U}$, 故 $\boldsymbol{V}\subseteq\boldsymbol{U}$, 而由已知 $\boldsymbol{U}\subseteq\boldsymbol{V}$, 有 $\boldsymbol{U}=\boldsymbol{V}$.

3. 在 $\boldsymbol{R}^3$ 中求向量 $\boldsymbol{\alpha}=(3,7,1)^{\mathrm{T}}$ 在基 $\boldsymbol{\alpha}_1=(1,3,5)^{\mathrm{T}}$, $\boldsymbol{\alpha}_2=(6,3,2)^{\mathrm{T}}$, $\boldsymbol{\alpha}_3=(3,1,0)^{\mathrm{T}}$ 下的坐标.

解　$\boldsymbol{\varepsilon}_1=(1,0,0)$, $\boldsymbol{\varepsilon}_2=(0,1,0)$, $\boldsymbol{\varepsilon}_3=(0,0,1)$,

$$(\boldsymbol{\alpha}_1,\boldsymbol{\alpha}_2,\boldsymbol{\alpha}_3)=(\boldsymbol{\varepsilon}_1^{\mathrm{T}},\boldsymbol{\varepsilon}_2^{\mathrm{T}},\boldsymbol{\varepsilon}_3^{\mathrm{T}})\boldsymbol{A},\ \boldsymbol{A}=\begin{pmatrix}1 & 6 & 3\\ 3 & 3 & 1\\ 5 & 2 & 0\end{pmatrix},$$

坐标变换公式:

$$\begin{pmatrix}x_1'\\x_2'\\x_3'\end{pmatrix}=\mathbf{A}^{-1}\begin{pmatrix}x_1\\x_2\\x_3\end{pmatrix}=\begin{pmatrix}-2&6&-3\\5&-15&8\\-9&28&-15\end{pmatrix}\begin{pmatrix}x_1\\x_2\\x_3\end{pmatrix},$$

故 $\begin{pmatrix}x_1'\\x_2'\\x_3'\end{pmatrix}=\begin{pmatrix}-2&6&-3\\5&-15&8\\-9&28&-15\end{pmatrix}\begin{pmatrix}3\\7\\1\end{pmatrix}=\begin{pmatrix}33\\-82\\154\end{pmatrix}$，即所求坐标为 (33，−82，154).

4. 在 $\boldsymbol{R}^4$ 中求向量 $\boldsymbol{\alpha}$ 关于 $\boldsymbol{\xi}_1$，$\boldsymbol{\xi}_2$，$\boldsymbol{\xi}_3$，$\boldsymbol{\xi}_4$ 的坐标，其中

$$\boldsymbol{\xi}_1=\begin{pmatrix}1\\1\\1\\1\end{pmatrix},\ \boldsymbol{\xi}_2=\begin{pmatrix}1\\1\\-1\\-1\end{pmatrix},\ \boldsymbol{\xi}_3=\begin{pmatrix}1\\-1\\1\\-1\end{pmatrix},\ \boldsymbol{\xi}_4=\begin{pmatrix}1\\-1\\-1\\1\end{pmatrix},\ \boldsymbol{\alpha}=\begin{pmatrix}1\\2\\-2\\1\end{pmatrix}.$$

解　设 $\boldsymbol{\alpha}=x_1\boldsymbol{\xi}_1+x_2\boldsymbol{\xi}_2+x_3\boldsymbol{\xi}_3+x_4\boldsymbol{\xi}_4$，

$$\widetilde{\boldsymbol{A}}=\begin{pmatrix}1&1&1&1&1\\1&1&-1&-1&2\\1&-1&1&-1&-2\\1&-1&-1&1&1\end{pmatrix}\to\begin{pmatrix}1&1&1&1&1\\0&0&-2&-2&1\\0&-2&0&-2&-3\\0&-2&-2&0&0\end{pmatrix}$$

$$\to\begin{pmatrix}1&0&0&0&\frac{1}{2}\\0&1&0&0&1\\0&0&1&0&-1\\0&0&0&1&\frac{1}{2}\end{pmatrix}\Rightarrow\text{坐标为}\begin{pmatrix}x_1\\x_2\\x_3\\x_4\end{pmatrix}=\begin{pmatrix}\frac{1}{2}\\1\\-1\\\frac{1}{2}\end{pmatrix}.$$

5. 设 $\boldsymbol{\varepsilon}_1=\begin{pmatrix}1\\0\\0\end{pmatrix}$，$\boldsymbol{\varepsilon}_2=\begin{pmatrix}1\\1\\0\end{pmatrix}$，$\boldsymbol{\varepsilon}_3=\begin{pmatrix}1\\1\\1\end{pmatrix}$，

(1) 证明 $\boldsymbol{\varepsilon}_1$，$\boldsymbol{\varepsilon}_2$，$\boldsymbol{\varepsilon}_3$ 是 $\boldsymbol{R}^3$ 的一个基；

(2) $\forall\boldsymbol{\alpha}=\begin{pmatrix}a_1\\a_2\\a_3\end{pmatrix}\in\boldsymbol{R}^3$，求 $\boldsymbol{\alpha}$ 在 $\boldsymbol{\varepsilon}_1$，$\boldsymbol{\varepsilon}_2$，$\boldsymbol{\varepsilon}_3$ 下的坐标.

解　(1) 因为 $\dim\boldsymbol{R}^3=3$，又因为 $\begin{vmatrix}1&1&1\\0&1&1\\0&0&1\end{vmatrix}=1\neq0$，所以 $\boldsymbol{\varepsilon}_1$，$\boldsymbol{\varepsilon}_2$，$\boldsymbol{\varepsilon}_3$ 线性无关 $\Rightarrow\boldsymbol{\varepsilon}_1$，$\boldsymbol{\varepsilon}_2$，$\boldsymbol{\varepsilon}_3$ 是 $\boldsymbol{R}^3$ 的基.

(2) 设 $\boldsymbol{\alpha}=x_1\boldsymbol{\varepsilon}_1+x_2\boldsymbol{\varepsilon}_2+x_3\boldsymbol{\varepsilon}_3$，则 $\boldsymbol{\alpha}$ 在 $\boldsymbol{\varepsilon}_1$，$\boldsymbol{\varepsilon}_2$，$\boldsymbol{\varepsilon}_3$ 下的坐标为

$$\begin{pmatrix}x_1\\x_2\\x_3\end{pmatrix}=\begin{pmatrix}a_1-a_2\\a_2-a_3\\a_3\end{pmatrix}.$$

6. 求出齐次线性方程组

$$\begin{cases}x_1+3x_2+3x_3+2x_4-x_5=0\\2x_1+6x_2+9x_3+5x_4+4x_5=0\\-x_1-3x_2+3x_3+x_4+13x_5=0\\-3x_3+x_4-6x_5=0\end{cases}$$

解空间的维数和一组基.

解题思路 利用线性方程组解的结构解题.

解 对方程组的系数矩阵 $\boldsymbol{A}$ 作初等行变换，有

$$\boldsymbol{A}\to\begin{pmatrix}1&3&0&0&-7\\0&0&1&0&2\\0&0&0&1&0\\0&0&0&0&0\end{pmatrix}.$$

因为 $\mathrm{r}(\boldsymbol{A})=3$，故解空间的维数是 2，一组基是

$$\boldsymbol{\xi}_1=(-3,1,0,0,0)^{\mathrm{T}},\ \boldsymbol{\xi}_2=(7,0,-2,0,1)^{\mathrm{T}}.$$

7. 设 $\boldsymbol{\alpha}_1=(1,0,2,5,4)^{\mathrm{T}}$，$\boldsymbol{\alpha}_2=(3,1,-2,1,0)^{\mathrm{T}}$ 是 $\boldsymbol{R}^5$ 中两个线性无关的向量，试将它们扩充为 $\boldsymbol{R}^5$ 中的一组基.

解题思路 在五维的单位向量组 $\boldsymbol{e}_1$，$\boldsymbol{e}_2$，$\boldsymbol{e}_3$，$\boldsymbol{e}_4$，$\boldsymbol{e}_5$ 中，选出三个与 $\boldsymbol{\alpha}_1$，$\boldsymbol{\alpha}_2$ 线性无关的向量即可.

解 因为 $\begin{pmatrix}\boldsymbol{e}_1^{\mathrm{T}}\\\boldsymbol{\alpha}_1^{\mathrm{T}}\\\boldsymbol{\alpha}_2^{\mathrm{T}}\end{pmatrix}=\begin{pmatrix}1&0&0&0&0\\1&0&2&5&4\\3&1&-2&1&0\end{pmatrix}\to\begin{pmatrix}1&0&0&0&0\\0&1&-2&1&0\\0&0&2&5&4\end{pmatrix}$

$$\Rightarrow\mathrm{r}(\boldsymbol{e}_1,\boldsymbol{\alpha}_1,\boldsymbol{\alpha}_2)=3.$$

又因为 $\begin{pmatrix}\boldsymbol{e}_1^{\mathrm{T}}\\\boldsymbol{\alpha}_1^{\mathrm{T}}\\\boldsymbol{\alpha}_2^{\mathrm{T}}\\\boldsymbol{e}_4^{\mathrm{T}}\end{pmatrix}=\begin{pmatrix}1&0&0&0&0\\1&0&2&5&4\\3&1&-2&1&0\\0&0&0&1&0\end{pmatrix}\to\begin{pmatrix}1&0&0&0&0\\0&1&-2&1&0\\0&0&2&5&4\\0&0&0&1&0\end{pmatrix}$

$$\Rightarrow\mathrm{r}(\boldsymbol{\alpha}_1,\boldsymbol{\alpha}_2,\boldsymbol{e}_1,\boldsymbol{e}_4)=4.$$

最后将 $\boldsymbol{e}_5=(0,0,0,0,1)^{\mathrm{T}}$ 加入，有

$$r(\boldsymbol{\alpha}_1, \boldsymbol{\alpha}_2, \boldsymbol{e}_1, \boldsymbol{e}_4, \boldsymbol{e}_5)=5,$$

故 $\boldsymbol{\alpha}_1, \boldsymbol{\alpha}_2, \boldsymbol{e}_1, \boldsymbol{e}_4, \boldsymbol{e}_5$ 构成 $\boldsymbol{R}^5$ 的一组基.

8. 利用同构判断多项式 x^3+1，$-2x^2+x+3$，$-x^3+3x^2-x$ 在 $\boldsymbol{P}[x]_3$ 中的线性相关性.

证　由线性空间的同构知，上述多项式可以记作

$$\begin{pmatrix}1\\0\\0\\1\end{pmatrix}, \begin{pmatrix}0\\-2\\1\\3\end{pmatrix}, \begin{pmatrix}-1\\3\\-1\\0\end{pmatrix}.$$

对矩阵施行初等行变换

$$\begin{pmatrix}1&0&-1\\0&-2&3\\0&1&-1\\1&3&0\end{pmatrix}\to\begin{pmatrix}1&0&-1\\0&-2&3\\0&0&\frac{1}{2}\\1&3&0\end{pmatrix}\to\begin{pmatrix}1&0&-1\\0&1&-1\\0&0&1\\0&0&0\end{pmatrix},$$

所以向量组 $\begin{pmatrix}1\\0\\0\\1\end{pmatrix}, \begin{pmatrix}0\\-2\\1\\3\end{pmatrix}, \begin{pmatrix}-1\\3\\-1\\0\end{pmatrix}$ 线性无关，也就是多项式 x^3+1，$-2x^2+x+3$，$-x^3+3x^2-x$ 在 $\boldsymbol{P}[x]_3$ 中线性无关.

§6.3　基变换与坐标变换

一、主要知识归纳

主要知识归纳见表 6-3-1.

表 6-3-1　　基变换与坐标变换

基变换公式	设 $\boldsymbol{\alpha}_1, \boldsymbol{\alpha}_2, \cdots, \boldsymbol{\alpha}_n$ 及 $\boldsymbol{\beta}_1, \boldsymbol{\beta}_2, \cdots, \boldsymbol{\beta}_n$ 是线性空间 $\boldsymbol{V}_n$ 的两个基，$\boldsymbol{\beta}_1, \boldsymbol{\beta}_2, \cdots, \boldsymbol{\beta}_n$ 可由 $\boldsymbol{\alpha}_1, \boldsymbol{\alpha}_2, \cdots, \boldsymbol{\alpha}_n$ 表示为 $\begin{cases}\boldsymbol{\beta}_1=p_{11}\boldsymbol{\alpha}_1+p_{21}\boldsymbol{\alpha}_2+\cdots+p_{n1}\boldsymbol{\alpha}_n\\\boldsymbol{\beta}_2=p_{12}\boldsymbol{\alpha}_1+p_{22}\boldsymbol{\alpha}_2+\cdots+p_{n2}\boldsymbol{\alpha}_n\\\cdots\cdots\\\boldsymbol{\beta}_n=p_{1n}\boldsymbol{\alpha}_1+p_{2n}\boldsymbol{\alpha}_2+\cdots+p_{nn}\boldsymbol{\alpha}_n\end{cases},$ 或 $(\boldsymbol{\beta}_1, \boldsymbol{\beta}_2, \cdots, \boldsymbol{\beta}_n)=(\boldsymbol{\alpha}_1, \boldsymbol{\alpha}_2, \cdots, \boldsymbol{\alpha}_n)\boldsymbol{P},$ 其中，$\boldsymbol{P}=(p_{ij})$ 称为由基 $\boldsymbol{\alpha}_1, \boldsymbol{\alpha}_2, \cdots, \boldsymbol{\alpha}_n$ 到基 $\boldsymbol{\beta}_1, \boldsymbol{\beta}_2, \cdots, \boldsymbol{\beta}_n$ 的过渡矩阵（可逆）.

坐标变换公式	设 $\boldsymbol{V}_n$ 中的元素 $\boldsymbol{\alpha}$ 在基 $\boldsymbol{\alpha}_1, \boldsymbol{\alpha}_2, \cdots, \boldsymbol{\alpha}_n$ 下的坐标为 $\boldsymbol{x}=(x_1, x_2, \cdots, x_n)^{\mathrm{T}}$，在基 $\boldsymbol{\beta}_1, \boldsymbol{\beta}_2, \cdots, \boldsymbol{\beta}_n$ 下的坐标为 $\boldsymbol{x}'=(x_1', x_2', \cdots, x_n')^{\mathrm{T}}$，若两个基满足关系式 $(\boldsymbol{\beta}_1, \boldsymbol{\beta}_2, \cdots, \boldsymbol{\beta}_n)=(\boldsymbol{\alpha}_1, \boldsymbol{\alpha}_2, \cdots, \boldsymbol{\alpha}_n)\boldsymbol{P}$，则有坐标变换公式 $\boldsymbol{x}=\boldsymbol{P}\boldsymbol{x}'$ 或 $\boldsymbol{x}'=\boldsymbol{P}^{-1}\boldsymbol{x}$.

二、典型例题分析

例 1　在 $\boldsymbol{P}[x]_3$ 中，求由基

$$g_1(x)=1,\ g_2(x)=1+x,\ g_3(x)=1+x+x^2,$$
$$g_4(x)=1+x+x^2+x^3$$

到基 $f_1(x)=1$，$f_2(x)=x$，$f_3(x)=x^2$，$f_4(x)=x^3$ 的过渡矩阵.

解　设 $f_i(x)=P_{1i}g_1(x)+P_{2i}g_2(x)+P_{3i}g_3(x)+P_{4i}g_4(x)(i=1, 2, 3, 4)$，根据条件可知

$$\begin{cases} f_1=1\cdot g_1+0\cdot g_2+0\cdot g_3+0\cdot g_4 \\ f_2=-1\cdot g_1+1\cdot g_2+0\cdot g_3+0\cdot g_4 \\ f_3=0\cdot g_1-1\cdot g_2+1\cdot g_3+0\cdot g_4 \\ f_4=0\cdot g_1+0\cdot g_2-1\cdot g_3+1\cdot g_4 \end{cases},$$

则 $P_{11}=P_{22}=P_{33}=P_{44}=1$，$P_{12}=P_{23}=P_{34}=-1$，其余的 P_{ij} 为 0.

因此，由 $g_1(x)$，$g_2(x)$，$g_3(x)$，$g_4(x)$ 到基 $f_1(x)$，$f_2(x)$，$f_3(x)$，$f_4(x)$ 的过渡矩阵为

$$\boldsymbol{P}=\begin{pmatrix} 1 & -1 & 0 & 0 \\ 0 & 1 & -1 & 0 \\ 0 & 0 & 1 & -1 \\ 0 & 0 & 0 & 1 \end{pmatrix}.$$

小结：本题根据过渡矩阵的定义采用了待定系数法.

例 2　设三维向量空间有两组基分别为 $\boldsymbol{e}_1, \boldsymbol{e}_2, \boldsymbol{e}_3$ 和 $\boldsymbol{e}_1', \boldsymbol{e}_2', \boldsymbol{e}_3'$，且

$$\begin{cases} \boldsymbol{e}_1'=\boldsymbol{e}_1-\boldsymbol{e}_2 \\ \boldsymbol{e}_2'=2\boldsymbol{e}_1+3\boldsymbol{e}_2+2\boldsymbol{e}_3 \\ \boldsymbol{e}_3'=\boldsymbol{e}_1+3\boldsymbol{e}_2+2\boldsymbol{e}_3 \end{cases}.$$

(1) 若向量 $\boldsymbol{\alpha}=2\boldsymbol{e}_1'-\boldsymbol{e}_2'+3\boldsymbol{e}_3'$，求 $\boldsymbol{\alpha}$ 在基 $\boldsymbol{e}_1, \boldsymbol{e}_2, \boldsymbol{e}_3$ 下的坐标；

(2) 若向量 $\boldsymbol{\beta}=2\boldsymbol{e}_1-\boldsymbol{e}_2+3\boldsymbol{e}_3$，求 $\boldsymbol{\beta}$ 在基 $\boldsymbol{e}_1', \boldsymbol{e}_2', \boldsymbol{e}_3'$ 下的坐标.

解　(1) 由条件可知

$$(\boldsymbol{e}_1', \boldsymbol{e}_2', \boldsymbol{e}_3') = (\boldsymbol{e}_1, \boldsymbol{e}_2, \boldsymbol{e}_3)\begin{pmatrix} 1 & 2 & 1 \\ -1 & 3 & 3 \\ 0 & 2 & 2 \end{pmatrix},$$

则过渡矩阵为 $\boldsymbol{A}=\begin{pmatrix} 1 & 2 & 1 \\ -1 & 3 & 3 \\ 0 & 2 & 2 \end{pmatrix}$.

设 $\boldsymbol{\alpha}$ 在基 $\boldsymbol{e}_1, \boldsymbol{e}_2, \boldsymbol{e}_3$ 下的坐标为 $(x_1, x_2, x_3)^{\mathrm{T}}$，又因为 $\boldsymbol{\alpha}$ 在基 $\boldsymbol{e}_1', \boldsymbol{e}_2', \boldsymbol{e}_3'$ 下的坐标为 $(2, -1, 3)^{\mathrm{T}}$，则

$$\begin{aligned} \boldsymbol{\alpha} &= (\boldsymbol{e}_1', \boldsymbol{e}_2', \boldsymbol{e}_3')(2, -1, 3)^{\mathrm{T}} \\ &= (\boldsymbol{e}_1, \boldsymbol{e}_2, \boldsymbol{e}_3)\boldsymbol{A}(2, -1, 3)^{\mathrm{T}} \\ &= (\boldsymbol{e}_1, \boldsymbol{e}_2, \boldsymbol{e}_3)(x_1, x_2, x_3)^{\mathrm{T}}, \end{aligned}$$

从而有

$$\begin{pmatrix} x_1 \\ x_2 \\ x_3 \end{pmatrix} = \begin{pmatrix} 1 & 2 & 1 \\ -1 & 3 & 3 \\ 0 & 2 & 2 \end{pmatrix}\begin{pmatrix} 2 \\ -1 \\ 3 \end{pmatrix} = \begin{pmatrix} 3 \\ 4 \\ 4 \end{pmatrix},$$

即 $\boldsymbol{\alpha}$ 在基 $\boldsymbol{e}_1, \boldsymbol{e}_2, \boldsymbol{e}_3$ 下的坐标为 $(3, 4, 4)^{\mathrm{T}}$.

(2) 由题意可知 $\boldsymbol{\beta}=(\boldsymbol{e}_1, \boldsymbol{e}_2, \boldsymbol{e}_3)(2, -1, 3)^{\mathrm{T}}$，设 $\boldsymbol{\beta}$ 在基 $\boldsymbol{e}_1', \boldsymbol{e}_2', \boldsymbol{e}_3'$ 下的坐标为 $(y_1, y_2, y_3)^{\mathrm{T}}$，则

$$\begin{aligned} \boldsymbol{\beta} &= (\boldsymbol{e}_1, \boldsymbol{e}_2, \boldsymbol{e}_3)(2, -1, 3)^{\mathrm{T}} \\ &= (\boldsymbol{e}_1', \boldsymbol{e}_2', \boldsymbol{e}_3')\boldsymbol{A}^{-1}(2, -1, 3)^{\mathrm{T}} \\ &= (\boldsymbol{e}_1', \boldsymbol{e}_2', \boldsymbol{e}_3')(y_1, y_2, y_3)^{\mathrm{T}}, \end{aligned}$$

所以

$$\begin{pmatrix} y_1 \\ y_2 \\ y_3 \end{pmatrix} = \begin{pmatrix} 1 & 2 & 1 \\ -1 & 3 & 3 \\ 0 & 2 & 2 \end{pmatrix}^{-1}\begin{pmatrix} 2 \\ -1 \\ 3 \end{pmatrix} = \begin{pmatrix} \frac{11}{2} \\ -5 \\ \frac{13}{2} \end{pmatrix},$$

即 $\boldsymbol{\beta}$ 在基 $\boldsymbol{e}_1', \boldsymbol{e}_2', \boldsymbol{e}_3'$ 下的坐标为 $\left(\frac{11}{2}, -5, \frac{13}{2}\right)^{\mathrm{T}}$.

小结：本题主要以过渡矩阵为工具，求向量在不同基下的坐标，其求解过程相当于推导坐标变换公式.

例 3　设 $(x_1, x_2, x_3, x_4)^{\mathrm{T}}$ 是向量 $\boldsymbol{\alpha}$ 在 $\boldsymbol{R}^4$ 的基

$\boldsymbol{\alpha}_1=(1, 3, 4, 4)^{\mathrm{T}}$, $\boldsymbol{\alpha}_2=(2, 5, 7, 7)^{\mathrm{T}}$, $\boldsymbol{\alpha}_3=(-3, -3, -5, 2)^{\mathrm{T}}$,

$\boldsymbol{\alpha}_4=(5, 5, 8, -3)^{\mathrm{T}}$

下的坐标，$(y_1, y_2, y_3, y_4)^{\mathrm{T}}$ 是 $\boldsymbol{\alpha}$ 在基 $\boldsymbol{\beta}_1, \boldsymbol{\beta}_2, \boldsymbol{\beta}_3, \boldsymbol{\beta}_4$ 下的坐标，且

$$y_1=3x_1+5x_2,\ y_2=x_1+2x_2,\ y_3=2x_3-3x_4,\ y_4=-5x_3+8x_4.$$

(1) 求由基 $\boldsymbol{\beta}_1, \boldsymbol{\beta}_2, \boldsymbol{\beta}_3, \boldsymbol{\beta}_4$ 到基 $\boldsymbol{\alpha}_1, \boldsymbol{\alpha}_2, \boldsymbol{\alpha}_3, \boldsymbol{\alpha}_4$ 的过渡矩阵；

(2) 求基 $\boldsymbol{\beta}_1, \boldsymbol{\beta}_2, \boldsymbol{\beta}_3, \boldsymbol{\beta}_4$；

(3) 求向量 $\boldsymbol{\beta}=(1, -1, 1, -1)^{\mathrm{T}}$ 在基 $\boldsymbol{\beta}_1, \boldsymbol{\beta}_2, \boldsymbol{\beta}_3, \boldsymbol{\beta}_4$ 下的坐标.

解 (1) 设由基 $\boldsymbol{\beta}_1, \boldsymbol{\beta}_2, \boldsymbol{\beta}_3, \boldsymbol{\beta}_4$ 到基 $\boldsymbol{\alpha}_1, \boldsymbol{\alpha}_2, \boldsymbol{\alpha}_3, \boldsymbol{\alpha}_4$ 的过渡矩阵为 $\boldsymbol{P}$，则

$$(\boldsymbol{\alpha}_1, \boldsymbol{\alpha}_2, \boldsymbol{\alpha}_3, \boldsymbol{\alpha}_4)=(\boldsymbol{\beta}_1, \boldsymbol{\beta}_2, \boldsymbol{\beta}_3, \boldsymbol{\beta}_4)\boldsymbol{P},$$

且坐标变换公式为

$$\begin{pmatrix} y_1 \\ y_2 \\ y_3 \\ y_4 \end{pmatrix}=\boldsymbol{P}\begin{pmatrix} x_1 \\ x_2 \\ x_3 \\ x_4 \end{pmatrix}, \text{或} \begin{pmatrix} x_1 \\ x_2 \\ x_3 \\ x_4 \end{pmatrix}=\boldsymbol{P}^{-1}\begin{pmatrix} y_1 \\ y_2 \\ y_3 \\ y_4 \end{pmatrix},$$

由条件可知

$$\begin{pmatrix} y_1 \\ y_2 \\ y_3 \\ y_4 \end{pmatrix}=\begin{pmatrix} 3 & 5 & 0 & 0 \\ 1 & 2 & 0 & 0 \\ 0 & 0 & 2 & -3 \\ 0 & 0 & -5 & 8 \end{pmatrix}\begin{pmatrix} x_1 \\ x_2 \\ x_3 \\ x_4 \end{pmatrix},$$

所以 $\boldsymbol{P}=\begin{pmatrix} 3 & 5 & 0 & 0 \\ 1 & 2 & 0 & 0 \\ 0 & 0 & 2 & -3 \\ 0 & 0 & -5 & 8 \end{pmatrix}$ 为由基 $\boldsymbol{\beta}_1, \boldsymbol{\beta}_2, \boldsymbol{\beta}_3, \boldsymbol{\beta}_4$ 到基 $\boldsymbol{\alpha}_1, \boldsymbol{\alpha}_2, \boldsymbol{\alpha}_3, \boldsymbol{\alpha}_4$ 的过渡矩阵.

(2) 由 (1) 可知，$(\boldsymbol{\beta}_1, \boldsymbol{\beta}_2, \boldsymbol{\beta}_3, \boldsymbol{\beta}_4)=(\boldsymbol{\alpha}_1, \boldsymbol{\alpha}_2, \boldsymbol{\alpha}_3, \boldsymbol{\alpha}_4)\boldsymbol{P}^{-1}$

$$=\begin{pmatrix} 1 & 2 & -3 & 5 \\ 3 & 5 & -3 & 5 \\ 4 & 7 & -5 & 8 \\ 4 & 7 & 2 & -3 \end{pmatrix}\begin{pmatrix} 2 & -5 & 0 & 0 \\ -1 & 3 & 0 & 0 \\ 0 & 0 & 8 & 3 \\ 0 & 0 & 5 & 2 \end{pmatrix}$$

$$=\begin{pmatrix}0&1&1&1\\1&0&1&1\\1&1&0&1\\1&1&1&0\end{pmatrix}.$$

即

$$\boldsymbol{\beta}_1=(0,1,1,1)^{\mathrm{T}},\ \boldsymbol{\beta}_2=(1,0,1,1)^{\mathrm{T}},$$
$$\boldsymbol{\beta}_3=(1,1,0,1)^{\mathrm{T}},\ \boldsymbol{\beta}_4=(1,1,1,0)^{\mathrm{T}}.$$

(3) 设 $\boldsymbol{\beta}=x_1\boldsymbol{\beta}_1+x_2\boldsymbol{\beta}_2+x_3\boldsymbol{\beta}_3+x_4\boldsymbol{\beta}_4$，则

$$\boldsymbol{\beta}=(\boldsymbol{\beta}_1,\boldsymbol{\beta}_2,\boldsymbol{\beta}_3,\boldsymbol{\beta}_4)\begin{pmatrix}x_1\\x_2\\x_3\\x_4\end{pmatrix}\Rightarrow\begin{pmatrix}1\\-1\\1\\-1\end{pmatrix}=\begin{pmatrix}0&1&1&1\\1&0&1&1\\1&1&0&1\\1&1&1&0\end{pmatrix}\begin{pmatrix}x_1\\x_2\\x_3\\x_4\end{pmatrix},$$

即

$$\begin{cases}x_2+x_3+x_4=1\\x_1+x_3+x_4=-1\\x_1+x_2+x_4=1\\x_1+x_2+x_3=-1\end{cases},$$

解得

$$x_1=-1,\ x_2=1,\ x_3=-1,\ x_4=1.$$

则 $\boldsymbol{\beta}$ 在基 $\boldsymbol{\beta}_1,\boldsymbol{\beta}_2,\boldsymbol{\beta}_3,\boldsymbol{\beta}_4$ 下的坐标为 $(-1,1,-1,1)$.

小结：本题综合考查了坐标变换公式与基变换公式的应用，关键在于根据坐标之间的关系得出过渡矩阵.

三、习题 6－3 解答

1. 已知 $\boldsymbol{\alpha}_1=\begin{pmatrix}1\\1\\1\end{pmatrix},\ \boldsymbol{\alpha}_2=\begin{pmatrix}1\\0\\-1\end{pmatrix},\ \boldsymbol{\alpha}_3=\begin{pmatrix}1\\0\\1\end{pmatrix}$ 是 $\boldsymbol{R}^3$ 的一组基，证明

$$\boldsymbol{\beta}_1=\begin{pmatrix}1\\2\\1\end{pmatrix},\ \boldsymbol{\beta}_2=\begin{pmatrix}2\\3\\4\end{pmatrix},\ \boldsymbol{\beta}_3=\begin{pmatrix}3\\4\\3\end{pmatrix}$$

也是 $\boldsymbol{R}^3$ 的一组基，并求由基 $\boldsymbol{\alpha}_1,\boldsymbol{\alpha}_2,\boldsymbol{\alpha}_3$ 到基 $\boldsymbol{\beta}_1,\boldsymbol{\beta}_2,\boldsymbol{\beta}_3$ 的过渡矩阵.

证　由于 $|\boldsymbol{\beta}_1,\boldsymbol{\beta}_2,\boldsymbol{\beta}_3|=\begin{vmatrix}1&2&3\\2&3&4\\1&4&3\end{vmatrix}=4\neq0$，所以 $\boldsymbol{\beta}_1,\boldsymbol{\beta}_2,\boldsymbol{\beta}_3$ 线性无关，因此

它是三维空间 $\boldsymbol{R}^3$ 的一组基.

设由基 $\boldsymbol{\alpha}_1,\boldsymbol{\alpha}_2,\boldsymbol{\alpha}_3$ 到基 $\boldsymbol{\beta}_1,\boldsymbol{\beta}_2,\boldsymbol{\beta}_3$ 的过渡矩阵为 $\boldsymbol{C}$, 则

$$(\boldsymbol{\beta}_1,\boldsymbol{\beta}_2,\boldsymbol{\beta}_3)=(\boldsymbol{\alpha}_1,\boldsymbol{\alpha}_2,\boldsymbol{\alpha}_3)\boldsymbol{C},$$

故

$$\begin{aligned}\boldsymbol{C}&=(\boldsymbol{\alpha}_1,\boldsymbol{\alpha}_2,\boldsymbol{\alpha}_3)^{-1}(\boldsymbol{\beta}_1,\boldsymbol{\beta}_2,\boldsymbol{\beta}_3)\\&=\begin{pmatrix}1&1&1\\1&0&0\\1&-1&1\end{pmatrix}^{-1}\begin{pmatrix}1&2&3\\2&3&4\\1&4&3\end{pmatrix}=\begin{pmatrix}2&3&4\\0&-1&0\\-1&0&-1\end{pmatrix}.\end{aligned}$$

2. 在 $M_{2,2}(\mathbf{R})$ 中，给定

$$\boldsymbol{\varepsilon}_1=\begin{pmatrix}1&0\\0&0\end{pmatrix},\ \boldsymbol{\varepsilon}_2=\begin{pmatrix}0&1\\0&0\end{pmatrix},\ \boldsymbol{\varepsilon}_3=\begin{pmatrix}0&0\\1&0\end{pmatrix},\ \boldsymbol{\varepsilon}_4=\begin{pmatrix}0&0\\0&1\end{pmatrix},$$

(1) 证明 $\boldsymbol{\varepsilon}_1,\boldsymbol{\varepsilon}_2,\boldsymbol{\varepsilon}_3,\boldsymbol{\varepsilon}_4$ 是 $\boldsymbol{R}^{2\times2}$ 的一个基;

(2) 证明 $\boldsymbol{\eta}_1=\begin{pmatrix}0&1\\1&1\end{pmatrix},\boldsymbol{\eta}_2=\begin{pmatrix}1&0\\1&1\end{pmatrix},\boldsymbol{\eta}_3=\begin{pmatrix}1&1\\0&1\end{pmatrix},\boldsymbol{\eta}_4=\begin{pmatrix}1&1\\1&0\end{pmatrix}$ 也是 $\boldsymbol{R}^{2\times2}$ 的一个基;

(3) 求由 $\boldsymbol{\varepsilon}_1,\boldsymbol{\varepsilon}_2,\boldsymbol{\varepsilon}_3,\boldsymbol{\varepsilon}_4$ 到 $\boldsymbol{\eta}_1,\boldsymbol{\eta}_2,\boldsymbol{\eta}_3,\boldsymbol{\eta}_4$ 的过渡矩阵;

(4) 求 $\boldsymbol{\alpha}=\begin{pmatrix}0&1\\2&3\end{pmatrix}$ 在两个基下的坐标.

解　(1) 因为 $\boldsymbol{\varepsilon}_1,\boldsymbol{\varepsilon}_2,\boldsymbol{\varepsilon}_3,\boldsymbol{\varepsilon}_4$ 线性无关，且任一个 $\boldsymbol{A}\in\boldsymbol{R}^{2\times2}$ 都可被 $\boldsymbol{\varepsilon}_1,\boldsymbol{\varepsilon}_2,\boldsymbol{\varepsilon}_3,\boldsymbol{\varepsilon}_4$ 线性表示，故 $\boldsymbol{\varepsilon}_1,\boldsymbol{\varepsilon}_2,\boldsymbol{\varepsilon}_3,\boldsymbol{\varepsilon}_4$ 是 $\boldsymbol{R}^{2\times2}$ 的基，且

$$\dim\boldsymbol{R}^{2\times2}=4.$$

(2) 设 $k_1\boldsymbol{\eta}_1+k_2\boldsymbol{\eta}_2+k_3\boldsymbol{\eta}_3+k_4\boldsymbol{\eta}_4=0\Rightarrow\begin{cases}k_2+k_3+k_4=0\\k_1+k_3+k_4=0\\k_1+k_2+k_4=0\\k_1+k_2+k_3=0\end{cases}$

$$\Rightarrow k_1=k_2=k_3=k_4=0,$$

所以 $\boldsymbol{\eta}_1,\boldsymbol{\eta}_2,\boldsymbol{\eta}_3,\boldsymbol{\eta}_4$ 是 $\boldsymbol{R}^{2\times2}$ 中的一组线性无关组，且所含元素个数为 4. 又因为 $\dim\boldsymbol{R}^{2\times2}=4$，所以 $\boldsymbol{\eta}_1,\boldsymbol{\eta}_2,\boldsymbol{\eta}_3,\boldsymbol{\eta}_4$ 是 $\boldsymbol{R}^{2\times2}$ 中的一组基.

(3) $(\boldsymbol{\eta}_1,\boldsymbol{\eta}_2,\boldsymbol{\eta}_3,\boldsymbol{\eta}_4)=(\boldsymbol{\varepsilon}_1,\boldsymbol{\varepsilon}_2,\boldsymbol{\varepsilon}_3,\boldsymbol{\varepsilon}_4)\begin{pmatrix}0&1&1&1\\1&0&1&1\\1&1&0&1\\1&1&1&0\end{pmatrix},$

从而由 $\boldsymbol{\varepsilon}_1, \boldsymbol{\varepsilon}_2, \boldsymbol{\varepsilon}_3, \boldsymbol{\varepsilon}_4$ 到 $\boldsymbol{\eta}_1, \boldsymbol{\eta}_2, \boldsymbol{\eta}_3, \boldsymbol{\eta}_4$ 的过渡矩阵为

$$\begin{pmatrix} 0 & 1 & 1 & 1 \\ 1 & 0 & 1 & 1 \\ 1 & 1 & 0 & 1 \\ 1 & 1 & 1 & 0 \end{pmatrix}.$$

(4) 因为 $\boldsymbol{\alpha}=(\boldsymbol{\varepsilon}_1, \boldsymbol{\varepsilon}_2, \boldsymbol{\varepsilon}_3, \boldsymbol{\varepsilon}_4)\begin{pmatrix} 0 \\ 1 \\ 2 \\ 3 \end{pmatrix}$，所以 $\boldsymbol{\alpha}$ 在 $\boldsymbol{\varepsilon}_1, \boldsymbol{\varepsilon}_2, \boldsymbol{\varepsilon}_3, \boldsymbol{\varepsilon}_4$ 下的坐标为 $\begin{pmatrix} 0 \\ 1 \\ 2 \\ 3 \end{pmatrix}$，

又因为

$$(\boldsymbol{\varepsilon}_1, \boldsymbol{\varepsilon}_2, \boldsymbol{\varepsilon}_3, \boldsymbol{\varepsilon}_4)=(\boldsymbol{\eta}_1, \boldsymbol{\eta}_2, \boldsymbol{\eta}_3, \boldsymbol{\eta}_4)\begin{pmatrix} 0 & 1 & 1 & 1 \\ 1 & 0 & 1 & 1 \\ 1 & 1 & 0 & 1 \\ 1 & 1 & 1 & 0 \end{pmatrix}^{-1},$$

所以 $\boldsymbol{\alpha}$ 在 $\boldsymbol{\eta}_1, \boldsymbol{\eta}_2, \boldsymbol{\eta}_3, \boldsymbol{\eta}_4$ 下的坐标为

$$\begin{pmatrix} y_1 \\ y_2 \\ y_3 \\ y_4 \end{pmatrix}=\begin{pmatrix} 0 & 1 & 1 & 1 \\ 1 & 0 & 1 & 1 \\ 1 & 1 & 0 & 1 \\ 1 & 1 & 1 & 0 \end{pmatrix}^{-1}\begin{pmatrix} 0 \\ 1 \\ 2 \\ 3 \end{pmatrix}=\frac{1}{3}\begin{pmatrix} -2 & 1 & 1 & 1 \\ 1 & -2 & 1 & 1 \\ 1 & 1 & -2 & 1 \\ 1 & 1 & 1 & -2 \end{pmatrix}\begin{pmatrix} 0 \\ 1 \\ 2 \\ 3 \end{pmatrix}=\begin{pmatrix} 2 \\ 1 \\ 0 \\ -1 \end{pmatrix}.$$

3. 在 $\boldsymbol{R}^4$ 中取两个基

$$\begin{cases} \boldsymbol{e}_1=(1, 0, 0, 0)^{\mathrm{T}} \\ \boldsymbol{e}_2=(0, 1, 0, 0)^{\mathrm{T}} \\ \boldsymbol{e}_3=(0, 0, 1, 0)^{\mathrm{T}} \\ \boldsymbol{e}_4=(0, 0, 0, 1)^{\mathrm{T}} \end{cases},\quad \begin{cases} \boldsymbol{\alpha}_1=(2, 1, -1, 1)^{\mathrm{T}} \\ \boldsymbol{\alpha}_2=(0, 3, 1, 0)^{\mathrm{T}} \\ \boldsymbol{\alpha}_3=(5, 3, 2, 1)^{\mathrm{T}} \\ \boldsymbol{\alpha}_4=(6, 6, 1, 3)^{\mathrm{T}} \end{cases},$$

(1) 求由前一个基到后一个基的过渡矩阵；

(2) 求向量 $(x_1, x_2, x_3, x_4)^{\mathrm{T}}$ 在后一个基下的坐标；

(3) 求在两个基下有相同坐标的向量.

解　(1) 由题意知 $\begin{pmatrix} \boldsymbol{\alpha}_1 \\ \boldsymbol{\alpha}_2 \\ \boldsymbol{\alpha}_3 \\ \boldsymbol{\alpha}_4 \end{pmatrix}=\begin{pmatrix} 2 & 1 & -1 & 1 \\ 0 & 3 & 1 & 0 \\ 5 & 3 & 2 & 1 \\ 6 & 6 & 1 & 3 \end{pmatrix}\begin{pmatrix} \boldsymbol{e}_1 \\ \boldsymbol{e}_2 \\ \boldsymbol{e}_3 \\ \boldsymbol{e}_4 \end{pmatrix}=\boldsymbol{A}\begin{pmatrix} \boldsymbol{e}_1 \\ \boldsymbol{e}_2 \\ \boldsymbol{e}_3 \\ \boldsymbol{e}_4 \end{pmatrix}$，从而由前一个基到后一个基的过渡矩阵为

$$\boldsymbol{A}=\begin{pmatrix}2&1&-1&1\\0&3&1&0\\5&3&2&1\\6&6&1&3\end{pmatrix}.$$

(2) 设向量 $\boldsymbol{\alpha}$ 在后一个基下的坐标为 (y_1, y_2, y_3, y_4)，则有

$$x_1\boldsymbol{\varepsilon}_1+\cdots+x_4\boldsymbol{\varepsilon}_4=y_1\boldsymbol{\alpha}_1+\cdots+y_4\boldsymbol{\alpha}_4,$$

即

$$\begin{pmatrix}1&0&0&0\\0&1&0&0\\0&0&1&0\\0&0&0&1\end{pmatrix}\begin{pmatrix}x_1\\x_2\\x_3\\x_4\end{pmatrix}=\begin{pmatrix}2&1&-1&1\\0&3&1&0\\5&3&2&1\\6&6&1&3\end{pmatrix}\begin{pmatrix}y_1\\y_2\\y_3\\y_4\end{pmatrix},$$

故

$$\begin{pmatrix}y_1\\y_2\\y_3\\y_4\end{pmatrix}=\begin{pmatrix}2&1&-1&1\\0&3&1&0\\5&3&2&1\\6&6&1&3\end{pmatrix}^{-1}\begin{pmatrix}x_1\\x_2\\x_3\\x_4\end{pmatrix}=\frac{1}{27}\begin{pmatrix}12&1&9&-7\\9&12&0&-3\\-27&-9&0&9\\-33&-23&-18&-26\end{pmatrix}\begin{pmatrix}x_1\\x_2\\x_3\\x_4\end{pmatrix}.$$

(3) 由 (2) 知

$$\frac{1}{27}\begin{pmatrix}12&1&9&-7\\9&12&0&-3\\-27&-9&0&9\\-33&-23&-18&26\end{pmatrix}\begin{pmatrix}x_1\\x_2\\x_3\\x_4\end{pmatrix}=\begin{pmatrix}x_1\\x_2\\x_3\\x_4\end{pmatrix},$$

解方程组得

$$\begin{pmatrix}x_1\\x_2\\x_3\\x_4\end{pmatrix}=k\begin{pmatrix}-1\\-2\\4\\7\end{pmatrix}\ (k\text{ 为常数}).$$

§6.4 线性变换

一、主要知识归纳

主要知识归纳见表 6－4－1.

表 6-4-1

定义	设有两个非空集合 $\boldsymbol{V}$，$\boldsymbol{U}$，若对于 $\boldsymbol{V}$ 中任一元素 $\boldsymbol{\alpha}$，按照一定规则，总有 $\boldsymbol{U}$ 中一个确定的元素 $\boldsymbol{\beta}$ 和它对应，则这个对应规则被称为从集合 $\boldsymbol{V}$ 到 $\boldsymbol{U}$ 的变换（或映射），记作 $\boldsymbol{\beta}=\boldsymbol{T}(\boldsymbol{\alpha})(\boldsymbol{\alpha}\in\boldsymbol{V})$. $\boldsymbol{\beta}$ 称为 $\boldsymbol{\alpha}$ 在变换 $\boldsymbol{T}$ 下的像，$\boldsymbol{\alpha}$ 称为 $\boldsymbol{\beta}$ 在变换 $\boldsymbol{T}$ 下的源，则 $\boldsymbol{V}$ 称为变换 $\boldsymbol{T}$ 的源集，$\boldsymbol{T}(\boldsymbol{V})=\{\boldsymbol{\beta}=\boldsymbol{T}(\boldsymbol{\alpha})\mid\boldsymbol{\alpha}\in\boldsymbol{V}\}$ 为像集，且称为线性变换 $\boldsymbol{T}$ 的值域.
	设 $\boldsymbol{V}_n$，$\boldsymbol{U}_m$ 分别是实数域 $\mathbf{R}$ 上的 n 维和 m 维线性空间，$\boldsymbol{T}$ 是一个从 $\boldsymbol{V}_n$ 到 $\boldsymbol{U}_m$ 的变换，如果变换 $\boldsymbol{T}$ 满足 (1) 任给 $\boldsymbol{\alpha}_1$，$\boldsymbol{\alpha}_2\in\boldsymbol{V}_n$，有 $\boldsymbol{T}(\boldsymbol{\alpha}_1+\boldsymbol{\alpha}_2)=\boldsymbol{T}(\boldsymbol{\alpha}_1)+\boldsymbol{T}(\boldsymbol{\alpha}_2)$， (2) 任给 $\boldsymbol{\alpha}\in\boldsymbol{V}_n$，$k\in\mathbf{R}$，都有 $\boldsymbol{T}(k\boldsymbol{\alpha})=k\boldsymbol{T}(\boldsymbol{\alpha})$， 则称 $\boldsymbol{T}$ 为线性空间 $\boldsymbol{V}_n$ 到 $\boldsymbol{U}_m$ 的线性变换. 如果 $\boldsymbol{V}_n=\boldsymbol{U}_m$，则称 $\boldsymbol{T}$ 为线性空间 $\boldsymbol{V}_n$ 中的线性变换.
性质	设 $\boldsymbol{T}$ 是 $\boldsymbol{V}_n$ 中的线性变换， (1) $\boldsymbol{T}(\mathbf{0})=0$，$\boldsymbol{T}(-\boldsymbol{\alpha})=-\boldsymbol{T}(\boldsymbol{\alpha})$； (2) 若 $\boldsymbol{\beta}=k_1\boldsymbol{\alpha}_1+k_2\boldsymbol{\alpha}_2+\cdots+k_m\boldsymbol{\alpha}_m$，则 $$\boldsymbol{T\beta}=k_1\boldsymbol{T\alpha}_1+k_2\boldsymbol{T\alpha}_2+\cdots+k_m\boldsymbol{T\alpha}_m;$$ (3) 若 $\boldsymbol{\alpha}_1$，…，$\boldsymbol{\alpha}_m$ 线性相关，则 $\boldsymbol{T\alpha}_1$，…，$\boldsymbol{T\alpha}_m$ 亦线性相关； (4) 线性变换 $\boldsymbol{T}$ 的像集 $\boldsymbol{T}(\boldsymbol{V}_n)$ 是线性空间 $\boldsymbol{V}_n$ 的一个子空间； (5) $\boldsymbol{S_T}=\{\boldsymbol{\alpha}\mid\boldsymbol{\alpha}\in\boldsymbol{V}_n,\ \boldsymbol{T_\alpha}=\mathbf{0}\}$ 称为线性变换 $\boldsymbol{T}$ 的核. 可证 $\boldsymbol{S_T}$ 是 $\boldsymbol{V}_n$ 的子空间.

二、典型例题分析

例 1　判断下面所定义的变换是否为线性变换.

(1) 在 $\boldsymbol{R}^2$ 中，$\boldsymbol{T}(a,b)=(a^2,a-b)$，$\forall(a,b)\in\boldsymbol{R}^2$；

(2) 在线性空间 $\boldsymbol{V}$ 中，$\boldsymbol{T}(\boldsymbol{\xi})=\boldsymbol{\alpha}$，其中 $\boldsymbol{\alpha}\in\boldsymbol{V}$ 是一个固定的向量；

(3) 在 $\boldsymbol{R}^{n\times n}$ 中，$\boldsymbol{T}(\boldsymbol{X})=\boldsymbol{AX}-\boldsymbol{XB}$，$\forall\boldsymbol{X}\in\boldsymbol{K}^{n\times n}$，而 $\boldsymbol{A}$，$\boldsymbol{B}\in\boldsymbol{R}^{n\times n}$ 取定；

(4) $\boldsymbol{T}(f(t))=\int_0^t f(\tau)\sin\tau\mathrm{d}\tau$，$\forall f(t)\in\boldsymbol{P}(t)$.

解　(1) $\forall\boldsymbol{\alpha}=(a,b)\in\boldsymbol{R}^2$，$k\in\mathbf{R}$，则

$$\boldsymbol{T}(k\boldsymbol{\alpha})=\boldsymbol{T}(k(a,b))=\boldsymbol{T}(ka,kb)=[(ka)^2,ka-kb]=(k^2a^2,k(a-b)),$$
$$k\boldsymbol{T}(\boldsymbol{\alpha})=k(a^2,(a-b))=(ka^2,k(a-b)),$$

故

$$\boldsymbol{T}(k\boldsymbol{\alpha})\neq k\boldsymbol{T}(\boldsymbol{\alpha}),$$

所以 $\boldsymbol{T}(a,b)=(a^2,a-b)$ 不是线性变换.

(2) ①当 $\boldsymbol{\alpha}=\mathbf{0}$ 时，

$\forall\xi_1$，$\xi_2\in\boldsymbol{V}$，则 $\boldsymbol{T}(\xi_1+\xi_2)=\mathbf{0}$，$\boldsymbol{T}(\xi_1)+\boldsymbol{T}(\xi_2)=\mathbf{0}+\mathbf{0}=\mathbf{0}$，所以 $\boldsymbol{T}(\xi_1+\xi_2)=\boldsymbol{T}(\xi_1)+\boldsymbol{T}(\xi_2)$；

$\forall k\in\mathbf{R}$，则 $\boldsymbol{T}(k\boldsymbol{\xi}_1)=\mathbf{0}$，$k\boldsymbol{T}(\xi_1)=k\cdot\mathbf{0}=\mathbf{0}$，所以 $\boldsymbol{T}(k\boldsymbol{\xi}_1)=k\boldsymbol{T}(\xi_1)$.

因此，当 $\boldsymbol{\alpha}=\mathbf{0}$ 时，$\boldsymbol{T}(\boldsymbol{\xi})=\boldsymbol{\alpha}$ 是线性变换.

②当 $\boldsymbol{\alpha}\neq\mathbf{0}$ 时，

$\forall\boldsymbol{\xi}_1,\boldsymbol{\xi}_2\in\boldsymbol{V}$，则 $\boldsymbol{T}(\boldsymbol{\xi}_1+\boldsymbol{\xi}_2)=\boldsymbol{\alpha}$，$\boldsymbol{T}(\boldsymbol{\xi}_1)+\boldsymbol{T}(\boldsymbol{\xi}_2)=\boldsymbol{\alpha}+\boldsymbol{\alpha}=2\boldsymbol{\alpha}$. 因为 $\boldsymbol{\alpha}\neq 2\boldsymbol{\alpha}$，则

$$\boldsymbol{T}(\boldsymbol{\xi}_1+\boldsymbol{\xi}_2)\neq\boldsymbol{T}(\boldsymbol{\xi}_1)+\boldsymbol{T}(\boldsymbol{\xi}_2).$$

因此，当 $\boldsymbol{\alpha}\neq\mathbf{0}$ 时，$\boldsymbol{T}(\boldsymbol{\xi})=\boldsymbol{\alpha}$ 不是线性变换.

(3) $\forall\boldsymbol{X},\boldsymbol{Y}\in\boldsymbol{R}^{n\times n}$，

$$\begin{aligned}\boldsymbol{T}(\boldsymbol{X}+\boldsymbol{Y})&=\boldsymbol{A}(\boldsymbol{X}+\boldsymbol{Y})-(\boldsymbol{X}+\boldsymbol{Y})\boldsymbol{B}=\boldsymbol{AX}-\boldsymbol{XB}+\boldsymbol{AY}-\boldsymbol{YB}\\&=\boldsymbol{T}(\boldsymbol{X})+\boldsymbol{T}(\boldsymbol{Y}),\end{aligned}$$

$$\forall k\in\mathbf{R},\ \boldsymbol{T}(k\boldsymbol{X})=\boldsymbol{A}(k\boldsymbol{X})-(k\boldsymbol{X})\boldsymbol{B}=k(\boldsymbol{AX}-\boldsymbol{XB})=k\boldsymbol{T}(\boldsymbol{X}),$$

故 $\boldsymbol{T}(\boldsymbol{X})=\boldsymbol{AX}-\boldsymbol{XB}$，$\forall\boldsymbol{X}\in\boldsymbol{K}^{n\times n}$ 是线性变换.

(4) $\forall f(t),g(t)\in\boldsymbol{P}(t)$，

$$\begin{aligned}\boldsymbol{T}(f(t)+g(t))&=\int_0^t(f(\tau)+g(\tau))\sin\tau\,\mathrm{d}\tau\\&=\int_0^t f(\tau)\sin\tau\,\mathrm{d}\tau+\int_0^t g(\tau)\sin\tau\,\mathrm{d}\tau\\&=\boldsymbol{T}(f(t))+\boldsymbol{T}(g(t)).\end{aligned}$$

$$\forall k\in\mathbf{R},\ \boldsymbol{T}(kf(t))=\int_0^t kf(\tau)\sin\tau\,\mathrm{d}\tau=k\int_0^t f(\tau)\sin\tau\,\mathrm{d}\tau=k\boldsymbol{T}(f(t)).$$

故 $\boldsymbol{T}(f(t))=\int_0^t f(\tau)\sin\tau\,\mathrm{d}\tau$，$\forall f(t)\in\boldsymbol{P}(t)$ 是线性变换.

小结：本题主要利用了线性变换的定义，验证变换是否满足线性变换的条件.

例 2 求下列线性变换的值域与核的维数和基.

(1) $\boldsymbol{K}^3$ 的线性变换 $\boldsymbol{T}(x_1,x_2,x_3)=(0,x_1+x_2+x_3,0)$；

(2) $\boldsymbol{P}[x]_3$ 的线性变换 $\boldsymbol{D}(f(x))=f'(x)$.

解 (1) 此线性变换的值域为 $\boldsymbol{W}_1=\{(0,x,0)\mid \boldsymbol{x}\in\boldsymbol{K}\}$. 显然，其维数为 1，$(0,1,0)$是它的一个基.

此线性变换的核空间为 $\boldsymbol{W}_2=\{(x_1,x_2,x_3)\mid x_1+x_2+x_3=0\}$，即齐次线性方程组 $x_1+x_2+x_3=0$ 的解空间，其维数为 2；$(-1,0,1)$，$(-1,1,0)$ 是它的一组基.

(2) 此线性变换的值域为 $\boldsymbol{P}[x]_{n-1}$，其维数为 n；$1,x,x^2,\cdots,x^{n-1}$ 是它的一组基.

此线性空间的核空间为 $\mathbf{R}$，其维数为 1；它的一个基为 1.

小结：本题的关键在于写出线性变换的值域与核空间的具体形式，再确定这

些空间的基与维数.

三、习题 6－4 解答

1. 说明 xOy 平面上变换 $\boldsymbol{T}\begin{pmatrix}x\\y\end{pmatrix}=\boldsymbol{A}\begin{pmatrix}x\\y\end{pmatrix}$ 的几何意义,其中

(1) $\boldsymbol{A}=\begin{pmatrix}-1&0\\0&1\end{pmatrix}$;　　(2) $\boldsymbol{A}=\begin{pmatrix}0&0\\0&1\end{pmatrix}$;

(3) $\boldsymbol{A}=\begin{pmatrix}0&1\\1&0\end{pmatrix}$;　　(4) $\boldsymbol{A}=\begin{pmatrix}0&1\\-1&0\end{pmatrix}$.

解题思路　比较 $\boldsymbol{A}\begin{pmatrix}x\\y\end{pmatrix}$ 与 $\begin{pmatrix}x\\y\end{pmatrix}$ 的不同,说明变换的几何意义.

解　(1) $\boldsymbol{T}\begin{pmatrix}x\\y\end{pmatrix}=\begin{pmatrix}-1&0\\0&1\end{pmatrix}\begin{pmatrix}x\\y\end{pmatrix}=\begin{pmatrix}-x\\y\end{pmatrix}$,

即与原向量关于 y 轴对称.

(2) $\boldsymbol{T}\begin{pmatrix}x\\y\end{pmatrix}=\begin{pmatrix}0&0\\0&1\end{pmatrix}\begin{pmatrix}x\\y\end{pmatrix}=\begin{pmatrix}0\\y\end{pmatrix}$,

即将原向量投影到 y 轴上.

(3) $\boldsymbol{T}\begin{pmatrix}x\\y\end{pmatrix}=\begin{pmatrix}0&1\\1&0\end{pmatrix}\begin{pmatrix}x\\y\end{pmatrix}=\begin{pmatrix}y\\x\end{pmatrix}$,

即与原向量关于直线 $y=x$ 对称.

(4) $\boldsymbol{T}\begin{pmatrix}x\\y\end{pmatrix}=\begin{pmatrix}0&1\\-1&0\end{pmatrix}\begin{pmatrix}x\\y\end{pmatrix}=\begin{pmatrix}y\\-x\end{pmatrix}$,

即将原向量顺时针旋转 $\frac{\pi}{2}$.

2. n 阶对称矩阵的全体 $\boldsymbol{V}$ 对于矩阵的线性运算构成一个 $\frac{n(n+1)}{2}$ 维线性空间. 给出 n 阶矩阵 $\boldsymbol{P}$, 以 $\boldsymbol{A}$ 表示 $\boldsymbol{V}$ 中的任一元素, 变换 $\boldsymbol{T}(\boldsymbol{A})=\boldsymbol{P}^{\mathrm{T}}\boldsymbol{AP}$ 称为合同变换. 试证合同变换 $\boldsymbol{T}$ 是 $\boldsymbol{V}$ 中的线性变换.

证　设 $\boldsymbol{A}, \boldsymbol{B}\in\boldsymbol{V}$, 则

$$\boldsymbol{A}^{\mathrm{T}}=\boldsymbol{A},\ \boldsymbol{B}^{\mathrm{T}}=\boldsymbol{B},$$

$$(\boldsymbol{P}^{\mathrm{T}}\boldsymbol{AP})^{\mathrm{T}}=\boldsymbol{P}^{\mathrm{T}}\boldsymbol{A}^{\mathrm{T}}\boldsymbol{P}=\boldsymbol{P}^{\mathrm{T}}\boldsymbol{AP},\ (\boldsymbol{P}^{\mathrm{T}}\boldsymbol{BP})^{\mathrm{T}}=\boldsymbol{P}^{\mathrm{T}}\boldsymbol{B}^{\mathrm{T}}\boldsymbol{P}=\boldsymbol{P}^{\mathrm{T}}\boldsymbol{BP},$$

所以合同变换 $\boldsymbol{T}$ 是 $\boldsymbol{V}$ 中的变换,又因为

$$\begin{aligned}\boldsymbol{T}(\boldsymbol{A}+\boldsymbol{B})&=\boldsymbol{P}^{\mathrm{T}}(\boldsymbol{A}+\boldsymbol{B})\boldsymbol{P}\\&=\boldsymbol{P}^{\mathrm{T}}\boldsymbol{A}\boldsymbol{P}+\boldsymbol{P}^{\mathrm{T}}\boldsymbol{B}\boldsymbol{P}=\boldsymbol{T}(\boldsymbol{A})+\boldsymbol{T}(\boldsymbol{B}),\end{aligned}$$

$$\boldsymbol{T}(k\boldsymbol{A})=\boldsymbol{P}^{\mathrm{T}}(k\boldsymbol{A})\boldsymbol{P}=k\boldsymbol{P}^{\mathrm{T}}\boldsymbol{A}\boldsymbol{P}=k\boldsymbol{T}(\boldsymbol{A}),$$

从而合同变换 $\boldsymbol{T}$ 是 $\boldsymbol{V}$ 中的线性变换.

3. 判别下列变换是否为线性变换：

(1) 在 $\boldsymbol{R}^3$ 中定义 $\boldsymbol{A}\begin{pmatrix}a_1\\a_2\\a_3\end{pmatrix}=\begin{pmatrix}a_1^2\\a_2+a_3\\a_3\end{pmatrix}$；

(2) 在 $\boldsymbol{R}^4$ 中定义 $\boldsymbol{A}\begin{pmatrix}a_1\\a_2\\a_3\\a_4\end{pmatrix}=\begin{pmatrix}a_1+a_2\\a_2+a_3\\a_1+a_4\\a_2-a_4\end{pmatrix}$.

解 (1) 设 $\boldsymbol{\alpha}=\begin{pmatrix}a_1\\a_2\\a_3\end{pmatrix}\in\boldsymbol{R}^3$（$a_i\neq0$，其中 $i=1, 2, 3$），则

$$\boldsymbol{A}(2\boldsymbol{\alpha})=\begin{pmatrix}(2a_1)^2\\2a_2+2a_3\\2a_3\end{pmatrix}\neq2\begin{pmatrix}a_1^2\\a_2+a_3\\a_3\end{pmatrix}=2\boldsymbol{A}\boldsymbol{\alpha},$$

故 $\boldsymbol{A}$ 不是线性变换.

(2) 任意 $\boldsymbol{\alpha}$，$\boldsymbol{\beta}\in\boldsymbol{R}^4$，$k\in\mathbf{R}$，有

$$\boldsymbol{A}(\boldsymbol{\alpha}+\boldsymbol{\beta})=\boldsymbol{A}\boldsymbol{\alpha}+\boldsymbol{A}\boldsymbol{\beta},\ \boldsymbol{A}(k\boldsymbol{\alpha})=k(\boldsymbol{A}\boldsymbol{\alpha}),$$

故 $\boldsymbol{A}$ 是 $\boldsymbol{R}^4$ 上的线性变换.

4. 求 $\boldsymbol{R}^3$ 的一个线性变换 $\boldsymbol{A}$ 满足

$$\boldsymbol{A}\begin{pmatrix}1\\-1\\-3\end{pmatrix}=\begin{pmatrix}1\\0\\-1\end{pmatrix},\boldsymbol{A}\begin{pmatrix}2\\1\\1\end{pmatrix}=\begin{pmatrix}2\\-1\\1\end{pmatrix},\boldsymbol{A}\begin{pmatrix}1\\0\\-1\end{pmatrix}=\begin{pmatrix}1\\0\\-1\end{pmatrix}.$$

解题思路 对任意 $\boldsymbol{\alpha}\in\boldsymbol{R}^3$，将 $\boldsymbol{\alpha}$ 用已被 $\boldsymbol{A}$ 作用的三个向量线性表示，根据已知即可求出 $\boldsymbol{A}\boldsymbol{\alpha}$.

解 令 $\boldsymbol{\beta}_1=\begin{pmatrix}1\\-1\\-3\end{pmatrix}$，$\boldsymbol{\beta}_2=\begin{pmatrix}2\\1\\1\end{pmatrix}$，$\boldsymbol{\beta}_3=\begin{pmatrix}1\\0\\-1\end{pmatrix}$，任意 $\boldsymbol{\alpha}\in\boldsymbol{R}^3$，$\boldsymbol{\alpha}=\begin{pmatrix}a_1\\a_2\\a_3\end{pmatrix}$，将 $\boldsymbol{\alpha}$ 用 $\boldsymbol{\beta}_1$，$\boldsymbol{\beta}_2$，$\boldsymbol{\beta}_3$ 线性表示.

$$\boldsymbol{\alpha}=(a_1-3a_2+a_3)\boldsymbol{\beta}_1+(a_1-2a_2+a_3)\boldsymbol{\beta}_2+(-2a_1+7a_2-3a_3)\boldsymbol{\beta}_3,$$

故有

$$\begin{aligned}A\boldsymbol{\alpha}&=(a_1-3a_2+a_3)A\boldsymbol{\beta}_1+(a_1-2a_2+a_3)A\boldsymbol{\beta}_2+(-2a_1+7a_2-3a_3)A\boldsymbol{\beta}_3\\&=(a_1-3a_2+a_3)\begin{pmatrix}1\\0\\-1\end{pmatrix}+(a_1-2a_2+a_3)\begin{pmatrix}2\\-1\\1\end{pmatrix}\\&\quad+(-2a_1+7a_2-3a_3)\begin{pmatrix}1\\0\\-1\end{pmatrix},\end{aligned}$$

所以

$$A\begin{pmatrix}a_1\\a_2\\a_3\end{pmatrix}=\begin{pmatrix}a_1\\-a_1+2a_2-a_3\\2a_1-6a_2+3a_3\end{pmatrix}.$$

§6.5　线性变换的矩阵表示

一、主要知识归纳

主要知识归纳见表 6-5-1.

表 6-5-1

在基下的矩阵	设 $\boldsymbol{T}$ 是线性空间 $\boldsymbol{V}_n$ 中的线性变换，在 $\boldsymbol{V}_n$ 中取定一个基 $\boldsymbol{\alpha}_1,\boldsymbol{\alpha}_2,\cdots,\boldsymbol{\alpha}_n$，如果这个基在变换 $\boldsymbol{T}$ 下的像为 $\begin{cases}T(\boldsymbol{\alpha}_1)=a_{11}\boldsymbol{\alpha}_1+a_{21}\boldsymbol{\alpha}_2+\cdots+a_{n1}\boldsymbol{\alpha}_n\\T(\boldsymbol{\alpha}_2)=a_{12}\boldsymbol{\alpha}_1+a_{22}\boldsymbol{\alpha}_2+\cdots+a_{n2}\boldsymbol{\alpha}_n\\\cdots\cdots\\T(\boldsymbol{\alpha}_n)=a_{1n}\boldsymbol{\alpha}_1+a_{2n}\boldsymbol{\alpha}_2+\cdots+a_{nn}\boldsymbol{\alpha}_n\end{cases},$ 记 $T(\boldsymbol{\alpha}_1,\boldsymbol{\alpha}_2,\cdots,\boldsymbol{\alpha}_n)=(T(\boldsymbol{\alpha}_1),T(\boldsymbol{\alpha}_2),\cdots,T(\boldsymbol{\alpha}_n))=(\boldsymbol{\alpha}_1,\boldsymbol{\alpha}_2,\cdots,\boldsymbol{\alpha}_n)A$， 其中 $A=\begin{pmatrix}a_{11}&a_{12}&\cdots&a_{1n}\\a_{21}&a_{22}&\cdots&a_{2n}\\\vdots&\vdots&&\vdots\\a_{n1}&a_{n2}&\cdots&a_{nn}\end{pmatrix}$，则称 A 为线性变换 T 在基 $\boldsymbol{\alpha}_1,\boldsymbol{\alpha}_2,\cdots,\boldsymbol{\alpha}_n$ 下的矩阵. 矩阵 A 由基的像 $T(\boldsymbol{\alpha}_1),T(\boldsymbol{\alpha}_2),\cdots,T(\boldsymbol{\alpha}_n)$ 唯一确定.
性质定理	(1)设线性空间 $\boldsymbol{V}_n$ 中取定两组基 $\boldsymbol{\alpha}_1,\boldsymbol{\alpha}_2,\cdots,\boldsymbol{\alpha}_n$ 和 $\boldsymbol{\beta}_1,\boldsymbol{\beta}_2,\cdots,\boldsymbol{\beta}_n$，由基 $\boldsymbol{\alpha}_1,\boldsymbol{\alpha}_2,\cdots,\boldsymbol{\alpha}_n$ 到基 $\boldsymbol{\beta}_1,\boldsymbol{\beta}_2,\cdots,\boldsymbol{\beta}_n$ 的过渡矩阵为 P，$\boldsymbol{V}_n$ 中的线性变换 T 在这两组基下的矩阵依次为 A 和 B，则 $B=P^{-1}AP$. (2)线性变换 T 的像空间 $T(\boldsymbol{V}_n)$ 的维数，称为线性变换 T 的秩. (3)① 若 A 是 T 的矩阵，则 T 的秩就是 $\mathrm{r}(A)$. ② 若 T 的秩为 r，则 T 的核 S_T 的维数为 $n-r$.

二、典型例题分析

例 1 已知 $\boldsymbol{R}^{2\times 2}$ 的两个线性变换 $\boldsymbol{T}(\boldsymbol{X})=\boldsymbol{XN}$, $\boldsymbol{S}(\boldsymbol{X})=\boldsymbol{MX}$,

$$\forall \boldsymbol{X}\in\boldsymbol{R}^{2\times 2},\ \boldsymbol{N}=\begin{pmatrix}1 & 1\\ 1 & -1\end{pmatrix},\ \boldsymbol{M}=\begin{pmatrix}1 & 0\\ -2 & 0\end{pmatrix}.$$

试求 $\boldsymbol{T}+\boldsymbol{S}$ 在基 $\boldsymbol{E}_{11}$, $\boldsymbol{E}_{12}$, $\boldsymbol{E}_{21}$, $\boldsymbol{E}_{22}$ 下的矩阵.

解 $(\boldsymbol{T}+\boldsymbol{S})\boldsymbol{E}_{11}=\boldsymbol{T}(\boldsymbol{E}_{11})+\boldsymbol{S}(\boldsymbol{E}_{11})=\boldsymbol{E}_{11}\boldsymbol{N}+\boldsymbol{ME}_{11}=2\boldsymbol{E}_{11}+\boldsymbol{E}_{12}-2\boldsymbol{E}_{21}$.

同理可得:

$$(\boldsymbol{T}+\boldsymbol{S})\boldsymbol{E}_{12}=\boldsymbol{E}_{12}\boldsymbol{N}+\boldsymbol{ME}_{12}=\boldsymbol{E}_{11}-2\boldsymbol{E}_{22},$$
$$(\boldsymbol{T}+\boldsymbol{S})\boldsymbol{E}_{21}=\boldsymbol{E}_{21}\boldsymbol{N}+\boldsymbol{ME}_{21}=\boldsymbol{E}_{21}+\boldsymbol{E}_{22},$$
$$(\boldsymbol{T}+\boldsymbol{S})\boldsymbol{E}_{22}=\boldsymbol{E}_{22}\boldsymbol{N}+\boldsymbol{ME}_{22}=\boldsymbol{E}_{21}-\boldsymbol{E}_{22},$$

故 $\boldsymbol{T}+\boldsymbol{S}$ 在这组基下的矩阵为 $\begin{pmatrix}2 & 1 & 0 & 0\\ 1 & 0 & 0 & 0\\ -2 & 0 & 1 & 1\\ 0 & -2 & 1 & -1\end{pmatrix}$.

小结: 本题主要考查了线性变换在给定基下的矩阵的定义.

例 2 若 $\boldsymbol{T}$ 是线性空间 $\boldsymbol{V}$ 中的线性变换，并且 $\boldsymbol{T}^{m-1}\boldsymbol{\alpha}\neq\boldsymbol{0}$, $\boldsymbol{T}^{m}\boldsymbol{\alpha}=\boldsymbol{0}$. 证明: $\boldsymbol{\alpha}$, $\boldsymbol{T\alpha}$, $\cdots$, $\boldsymbol{T}^{m-1}\boldsymbol{\alpha}$ 线性无关.

证 设 $l_1\boldsymbol{\alpha}+l_2\boldsymbol{T\alpha}+\cdots+l_m\boldsymbol{T}^{m-1}\boldsymbol{\alpha}=\boldsymbol{0}$, 用 $\boldsymbol{T}^{m-1}$ 左乘等式两端，有

$$\boldsymbol{T}^{m-1}(l_1\boldsymbol{\alpha}+l_2\boldsymbol{T\alpha}+\cdots+l_m\boldsymbol{T}^{m-1}\boldsymbol{\alpha})=\boldsymbol{0},$$
$$l_1\boldsymbol{T}^{m-1}\boldsymbol{\alpha}+l_2\boldsymbol{T}^{m}\boldsymbol{\alpha}+\cdots+l_m\boldsymbol{T}^{2m-2}\boldsymbol{\alpha}=\boldsymbol{0},$$

由于 $\boldsymbol{T}^{m-1}\boldsymbol{\alpha}\neq\boldsymbol{0}$, $\boldsymbol{T}^{m}\boldsymbol{\alpha}=\boldsymbol{0}$, 所以 $l_1=0$.

同理可得: $l_2=l_3=\cdots=l_m=0$, 所以 $\boldsymbol{\alpha}$, $\boldsymbol{T\alpha}$, $\cdots$, $\boldsymbol{T}^{m-1}\boldsymbol{\alpha}$ 线性无关.

小结: 本题采用了线性无关的定义进行证明，其关键在于证明系数为零的过程中线性变换的巧妙选取.

例 3 求下列线性变换在给定基下的矩阵:

(1) 在 $\boldsymbol{P}[x]_n$ 中，取定一组基 $1, \dfrac{x}{1!}, \dfrac{x^2}{2!}, \cdots, \dfrac{x^n}{n!}$, $\boldsymbol{D}$ 为 $\boldsymbol{P}[x]_n$ 的微分变换.

$$\boldsymbol{D}(f(x))=f'(x), f(x)\in\boldsymbol{P}[x]_n;$$

求微分运算 $\boldsymbol{D}$ 在给定基下的矩阵.

(2) 二阶矩阵所构成的线性空间上的线性变换 $\boldsymbol{T}(\boldsymbol{A})=\boldsymbol{A}^*$, 给定基 $\boldsymbol{E}_{11}$, $\boldsymbol{E}_{12}$, $\boldsymbol{E}_{21}$, $\boldsymbol{E}_{22}$.

解 (1) 方法一:

$$\boldsymbol{D}(1)=0,\ \boldsymbol{D}\left(\frac{x}{1!}\right)=1,\ \boldsymbol{D}\left(\frac{x^2}{2!}\right)=\frac{x}{1!},\ \cdots,\ \boldsymbol{D}\left(\frac{x^n}{n!}\right)=\frac{x^{n-1}}{(n-1)!},$$

所以 $\boldsymbol{D}$ 在基 $1,\ \frac{x}{1!},\ \frac{x^2}{2!},\ \cdots,\ \frac{x^n}{n!}$ 下的矩阵为

$$\boldsymbol{B}=\begin{pmatrix} 0 & 1 & 0 & \cdots & 0 \\ 0 & 0 & 1 & \cdots & 0 \\ \vdots & & \ddots & \ddots & \vdots \\ \vdots & & & \ddots & 1 \\ 0 & \cdots & \cdots & \cdots & 0 \end{pmatrix}.$$

方法二：

由于

$$\left(1,\ \frac{x}{1!},\ \frac{x^2}{2!},\ \cdots,\ \frac{x^n}{n!}\right)=(1,\ x,\ x^2,\ \cdots,\ x^n)\begin{pmatrix} 1 & & & & \\ & \frac{1}{1!} & & & \\ & & \frac{1}{2!} & & \\ & & & \ddots & \\ & & & & \frac{1}{n!} \end{pmatrix}$$

$$=(1,\ x,\ x^2,\ \cdots,\ x^n)\cdot\boldsymbol{P},$$

设线性变换 $\boldsymbol{D}$ 在此基下的矩阵为 $\boldsymbol{B}$，则由线性变换在不同基下的矩阵公式可得：

$$\boldsymbol{B}=\boldsymbol{P}^{-1}\boldsymbol{A}\boldsymbol{P}=\begin{pmatrix} 1 & & & & \\ & \frac{1}{1!} & & & \\ & & \frac{1}{2!} & & \\ & & & \ddots & \\ & & & & \frac{1}{n!} \end{pmatrix}^{-1}\cdot\begin{pmatrix} 0 & 1 & 0 & \cdots & 0 \\ 0 & 0 & 2 & \cdots & 0 \\ \vdots & & \ddots & \ddots & \vdots \\ \vdots & & & \ddots & n \\ 0 & \cdots & \cdots & \cdots & 0 \end{pmatrix}$$

$$\cdot\begin{pmatrix} 1 & & & & \\ & \frac{1}{1!} & & & \\ & & \frac{1}{2!} & & \\ & & & \ddots & \\ & & & & \frac{1}{n!} \end{pmatrix}$$

$$=\begin{pmatrix}0&1&0&\cdots&0\\ \vdots&0&1&\cdots&0\\ \vdots&&\ddots&\ddots&0\\ \vdots&&&\ddots&1\\ 0&\cdots&\cdots&\cdots&0\end{pmatrix}.$$

(2) $\boldsymbol{T}(\boldsymbol{E}_{11})=\begin{pmatrix}1&0\\0&0\end{pmatrix}^*=\begin{pmatrix}0&0\\0&1\end{pmatrix}=\boldsymbol{E}_{22}$，$\boldsymbol{T}(\boldsymbol{E}_{12})=\begin{pmatrix}0&1\\0&0\end{pmatrix}^*=\begin{pmatrix}0&-1\\0&0\end{pmatrix}$

$=-\boldsymbol{E}_{12}$，

$\boldsymbol{T}(\boldsymbol{E}_{21})=\begin{pmatrix}0&0\\1&0\end{pmatrix}^*=\begin{pmatrix}0&0\\-1&0\end{pmatrix}=-\boldsymbol{E}_{21}$，$\boldsymbol{T}(\boldsymbol{E}_{22})=\begin{pmatrix}0&0\\0&1\end{pmatrix}^*$

$=\begin{pmatrix}1&0\\0&0\end{pmatrix}=\boldsymbol{E}_{11}.$

故线性变换 $\boldsymbol{T}$ 在基 $\boldsymbol{E}_{11}$，$\boldsymbol{E}_{12}$，$\boldsymbol{E}_{21}$，$\boldsymbol{E}_{22}$ 下的矩阵为

$$\begin{pmatrix}0&0&0&1\\0&-1&0&0\\0&0&-1&0\\1&0&0&0\end{pmatrix}.$$

例 4 已知三维线性空间 $\boldsymbol{V}$ 的两组基：

(Ⅰ)：$\boldsymbol{\alpha}_1$，$\boldsymbol{\alpha}_2$，$\boldsymbol{\alpha}_3$；　　(Ⅱ)：$\boldsymbol{\beta}_1=\boldsymbol{\alpha}_1-\boldsymbol{\alpha}_3$，$\boldsymbol{\beta}_2=-\boldsymbol{\alpha}_2$，$\boldsymbol{\beta}_3=\boldsymbol{\alpha}_1+\boldsymbol{\alpha}_3$.

此外，$\boldsymbol{V}$ 的线性变换 $\boldsymbol{T}$ 满足：

$\boldsymbol{T}(\boldsymbol{\alpha}_1+2\boldsymbol{\alpha}_2+3\boldsymbol{\alpha}_3)=\boldsymbol{\beta}_1+\boldsymbol{\beta}_2$，$\boldsymbol{T}(2\boldsymbol{\alpha}_1+\boldsymbol{\alpha}_2+2\boldsymbol{\alpha}_3)=\boldsymbol{\beta}_2+\boldsymbol{\beta}_3$，

$\boldsymbol{T}(\boldsymbol{\alpha}_1+3\boldsymbol{\alpha}_2+4\boldsymbol{\alpha}_3)=\boldsymbol{\beta}_1+\boldsymbol{\beta}_3$.

(1) 求 $\boldsymbol{T}$ 在基(Ⅱ)下的矩阵；

(2) 求 $\boldsymbol{T}(\boldsymbol{\beta}_1)$ 在基(Ⅰ)下的坐标.

解 由条件知

$$(\boldsymbol{\beta}_1,\boldsymbol{\beta}_2,\boldsymbol{\beta}_3)=(\boldsymbol{\alpha}_1,\boldsymbol{\alpha}_2,\boldsymbol{\alpha}_3)\boldsymbol{P},\ \boldsymbol{T}((\boldsymbol{\alpha}_1,\boldsymbol{\alpha}_2,\boldsymbol{\alpha}_3)\boldsymbol{A})=(\boldsymbol{\beta}_1,\boldsymbol{\beta}_2,\boldsymbol{\beta}_3)\boldsymbol{B},$$

其中

$$\boldsymbol{P}=\begin{pmatrix}1&0&1\\0&-1&0\\-1&0&1\end{pmatrix},\ \boldsymbol{A}=\begin{pmatrix}1&2&1\\2&1&3\\3&2&4\end{pmatrix},\ \boldsymbol{B}=\begin{pmatrix}1&0&1\\1&1&0\\0&1&1\end{pmatrix}.$$

于是 $\boldsymbol{T}(\boldsymbol{\alpha}_1,\boldsymbol{\alpha}_2,\boldsymbol{\alpha}_3)=(\boldsymbol{\beta}_1,\boldsymbol{\beta}_2,\boldsymbol{\beta}_3)\boldsymbol{C}$，故

$$C=BA^{-1}=\begin{pmatrix}-1&-2&2\\-1&-5&4\\2&5&-4\end{pmatrix}.$$

(1) $T(\boldsymbol{\beta}_1,\boldsymbol{\beta}_2,\boldsymbol{\beta}_3)=T((\boldsymbol{\alpha}_1,\boldsymbol{\alpha}_2,\boldsymbol{\alpha}_3)P)=T(\boldsymbol{\alpha}_1,\boldsymbol{\alpha}_2,\boldsymbol{\alpha}_3)P=(\boldsymbol{\beta}_1,\boldsymbol{\beta}_2,\boldsymbol{\beta}_3)CP$，于是 T 在基（Ⅱ）下的矩阵为

$$D=CP=\begin{pmatrix}-3&2&1\\-5&5&3\\6&-5&-2\end{pmatrix}.$$

(2) $T(\boldsymbol{\beta}_1)=T(\boldsymbol{\beta}_1,\boldsymbol{\beta}_2,\boldsymbol{\beta}_3)\begin{pmatrix}1\\0\\0\end{pmatrix}=(\boldsymbol{\beta}_1,\boldsymbol{\beta}_2,\boldsymbol{\beta}_3)D\begin{pmatrix}1\\0\\0\end{pmatrix}=(\boldsymbol{\alpha}_1,\boldsymbol{\alpha}_2,\boldsymbol{\alpha}_3)PD\begin{pmatrix}1\\0\\0\end{pmatrix}$

$=(\boldsymbol{\alpha}_1,\boldsymbol{\alpha}_2,\boldsymbol{\alpha}_3)\begin{pmatrix}3\\5\\9\end{pmatrix}$，故 $T(\boldsymbol{\beta}_1)$ 在基（Ⅰ）下的坐标为 $(3, 5, 9)^{\mathrm{T}}$.

小结：上述两题都主要利用了线性变换在给定基下的矩阵公式和线性变换在不同基下的矩阵变换公式.

三、习题 6-5 解答

1. 函数集合 $V_3=\{\boldsymbol{\alpha}=(a_2x^2+a_1x+a_0)\mathrm{e}^x\mid a_2, a_1, a_0\in\mathbf{R}\}$ 对于函数的线性运算构成三维线性空间，在 V_3 中取一个基 $\boldsymbol{\alpha}_1=x^2\mathrm{e}^x$，$\boldsymbol{\alpha}_2=x\mathrm{e}^x$，$\alpha_3=\mathrm{e}^x$，求微分运算 D 在这个基下的矩阵.

解　设

$$\boldsymbol{\beta}_1=D(\boldsymbol{\alpha}_1)=2x\mathrm{e}^x+x^2\mathrm{e}^x=2\boldsymbol{\alpha}_2+\boldsymbol{\alpha}_1,$$
$$\boldsymbol{\beta}_2=D(\boldsymbol{\alpha}_2)=\mathrm{e}^x+x\mathrm{e}^x=\boldsymbol{\alpha}_3+\boldsymbol{\alpha}_2,$$
$$\boldsymbol{\beta}_3=D(\boldsymbol{\alpha}_3)=\mathrm{e}^x=\boldsymbol{\alpha}_3,$$

易知 $\boldsymbol{\beta}_1,\boldsymbol{\beta}_2,\boldsymbol{\beta}_3$ 线性无关，故为一个基.

由 $\begin{pmatrix}\boldsymbol{\beta}_1\\\boldsymbol{\beta}_2\\\boldsymbol{\beta}_3\end{pmatrix}=\begin{pmatrix}\boldsymbol{\alpha}_1+2\boldsymbol{\alpha}_2\\\boldsymbol{\alpha}_2+\boldsymbol{\alpha}_3\\\boldsymbol{\alpha}_3\end{pmatrix}=P^{\mathrm{T}}\begin{pmatrix}\boldsymbol{\alpha}_1\\\boldsymbol{\alpha}_2\\\boldsymbol{\alpha}_3\end{pmatrix}$，知

$$P^{\mathrm{T}}=\begin{pmatrix}1&2&0\\0&1&1\\0&0&1\end{pmatrix},$$

故 $P=\begin{pmatrix}1&0&0\\2&1&0\\0&1&1\end{pmatrix}$，即 D 在基下的矩阵为 $\begin{pmatrix}1&0&0\\2&1&0\\0&1&1\end{pmatrix}$.

2. 二阶对称矩阵的全体

$$\boldsymbol{V}_3=\left\{\boldsymbol{A}=\begin{pmatrix}x_1 & x_2\\ x_2 & x_3\end{pmatrix}\middle|\, x_1,\ x_2,\ x_3\in\mathbf{R}\right\}$$

对于矩阵的线性运算构成三维线性空间. 在 $\boldsymbol{V}_3$ 中取一个基

$$\boldsymbol{A}_1=\begin{pmatrix}1 & 0\\ 0 & 0\end{pmatrix},\ \boldsymbol{A}_2=\begin{pmatrix}0 & 1\\ 1 & 0\end{pmatrix},\ \boldsymbol{A}_3=\begin{pmatrix}0 & 0\\ 0 & 1\end{pmatrix},$$

在 $\boldsymbol{V}_3$ 中定义合同变换 $\boldsymbol{T}(\boldsymbol{A})=\begin{pmatrix}1 & 0\\ 1 & 1\end{pmatrix}\boldsymbol{A}\begin{pmatrix}1 & 1\\ 0 & 1\end{pmatrix}$,求 $\boldsymbol{T}$ 在基 $\boldsymbol{A}_1,\boldsymbol{A}_2,\boldsymbol{A}_3$ 下的矩阵.

解 $\boldsymbol{T}(\boldsymbol{A}_1)=\begin{pmatrix}1 & 0\\ 1 & 1\end{pmatrix}\begin{pmatrix}1 & 0\\ 0 & 0\end{pmatrix}\begin{pmatrix}1 & 1\\ 0 & 1\end{pmatrix}=\begin{pmatrix}1 & 1\\ 1 & 1\end{pmatrix}=\boldsymbol{A}_1+\boldsymbol{A}_2+\boldsymbol{A}_3,$

$\boldsymbol{T}(\boldsymbol{A}_2)=\begin{pmatrix}1 & 0\\ 1 & 1\end{pmatrix}\begin{pmatrix}0 & 1\\ 1 & 0\end{pmatrix}\begin{pmatrix}1 & 1\\ 0 & 1\end{pmatrix}=\begin{pmatrix}0 & 1\\ 1 & 2\end{pmatrix}=\boldsymbol{A}_2+2\boldsymbol{A}_3,$

$\boldsymbol{T}(\boldsymbol{A}_3)=\begin{pmatrix}1 & 0\\ 1 & 1\end{pmatrix}\begin{pmatrix}0 & 0\\ 0 & 1\end{pmatrix}\begin{pmatrix}1 & 1\\ 0 & 1\end{pmatrix}=\begin{pmatrix}0 & 0\\ 0 & 1\end{pmatrix}=\boldsymbol{A}_3,$

故

$$\begin{pmatrix}\boldsymbol{T}(\boldsymbol{A}_1)\\ \boldsymbol{T}(\boldsymbol{A}_2)\\ \boldsymbol{T}(\boldsymbol{A}_3)\end{pmatrix}=\begin{pmatrix}1 & 0 & 0\\ 1 & 1 & 0\\ 1 & 2 & 1\end{pmatrix}^{\mathrm{T}}\begin{pmatrix}\boldsymbol{A}_1\\ \boldsymbol{A}_2\\ \boldsymbol{A}_3\end{pmatrix},$$

从而 $\boldsymbol{T}$ 在基 $\boldsymbol{A}_1,\boldsymbol{A}_2,\boldsymbol{A}_3$ 下的矩阵 $\boldsymbol{A}=\begin{pmatrix}1 & 0 & 0\\ 1 & 1 & 0\\ 1 & 2 & 1\end{pmatrix}$.

3. 设 $\boldsymbol{T}$ 为 $\boldsymbol{R}^3$ 的一个线性变换,满足

$$\boldsymbol{T}(\boldsymbol{\xi}_1)=(-1,\ 1,\ 0)^{\mathrm{T}},\ \boldsymbol{T}(\boldsymbol{\xi}_2)=(2,\ 1,\ 1)^{\mathrm{T}},\ \boldsymbol{T}(\boldsymbol{\xi}_3)=(0,\ -1,\ -1)^{\mathrm{T}},$$

其中 $\boldsymbol{\xi}_1=(1,\ 0,\ 0)^{\mathrm{T}},\ \boldsymbol{\xi}_2=(0,\ 1,\ 0)^{\mathrm{T}},\ \boldsymbol{\xi}_3=(0,\ 0,\ 1)^{\mathrm{T}}$.

(1) 求 $\boldsymbol{T}$ 在 $\boldsymbol{\xi}_1,\boldsymbol{\xi}_2,\boldsymbol{\xi}_3$ 下的矩阵 $\boldsymbol{A}$;

(2) 求 $\boldsymbol{T}$ 在基 $\boldsymbol{\alpha}_1=\boldsymbol{\xi}_1+\boldsymbol{\xi}_2+\boldsymbol{\xi}_3,\ \boldsymbol{\alpha}_2=\boldsymbol{\xi}_1+\boldsymbol{\xi}_2,\ \boldsymbol{\alpha}_3=\boldsymbol{\xi}_1$ 下的矩阵 $\boldsymbol{B}$.

解 (1) 因为 $\boldsymbol{T}(\boldsymbol{\xi}_1,\boldsymbol{\xi}_2,\boldsymbol{\xi}_3)=(\boldsymbol{\xi}_1,\boldsymbol{\xi}_2,\boldsymbol{\xi}_3)\begin{pmatrix}-1 & 2 & 0\\ 1 & 1 & -1\\ 0 & 1 & -1\end{pmatrix}$,所以

$$\boldsymbol{A}=\begin{pmatrix}-1 & 2 & 0\\ 1 & 1 & -1\\ 0 & 1 & -1\end{pmatrix}.$$

(2) 因为

$$(\boldsymbol{\alpha}_1,\boldsymbol{\alpha}_2,\boldsymbol{\alpha}_3)=(\boldsymbol{\xi}_1,\boldsymbol{\xi}_2,\boldsymbol{\xi}_3)\begin{pmatrix}1 & 1 & 1\\ 1 & 1 & 0\\ 1 & 0 & 0\end{pmatrix},$$

$$\begin{aligned}\boldsymbol{T}(\boldsymbol{\alpha}_1,\boldsymbol{\alpha}_2,\boldsymbol{\alpha}_3)&=(\boldsymbol{T}(\boldsymbol{\alpha}_1),\boldsymbol{T}(\boldsymbol{\alpha}_2),\boldsymbol{T}(\boldsymbol{\alpha}_3))\\ &=(\boldsymbol{T}(\boldsymbol{\xi}_1)+\boldsymbol{T}(\boldsymbol{\xi}_2)+\boldsymbol{T}(\boldsymbol{\xi}_3),\boldsymbol{T}(\boldsymbol{\xi}_1)+\boldsymbol{T}(\boldsymbol{\xi}_2),\boldsymbol{T}(\boldsymbol{\xi}_1))\\ &=(\boldsymbol{\xi}_1+\boldsymbol{\xi}_2,\boldsymbol{\xi}_1+2\boldsymbol{\xi}_2+\boldsymbol{\xi}_3,-\boldsymbol{\xi}_1+\boldsymbol{\xi}_2)\\ &=(\boldsymbol{\xi}_1,\boldsymbol{\xi}_2,\boldsymbol{\xi}_3)\begin{pmatrix}1 & 1 & -1\\ 1 & 2 & 1\\ 0 & 1 & 0\end{pmatrix}\\ &=(\boldsymbol{\alpha}_1,\boldsymbol{\alpha}_2,\boldsymbol{\alpha}_3)\begin{pmatrix}1 & 1 & 1\\ 1 & 1 & 0\\ 1 & 0 & 0\end{pmatrix}^{-1}\begin{pmatrix}1 & 1 & -1\\ 1 & 2 & 1\\ 0 & 1 & 0\end{pmatrix}\\ &=(\boldsymbol{\alpha}_1,\boldsymbol{\alpha}_2,\boldsymbol{\alpha}_3)\begin{pmatrix}0 & 1 & 0\\ 1 & 1 & 1\\ 0 & -1 & -2\end{pmatrix},\end{aligned}$$

所以

$$\boldsymbol{B}=\begin{pmatrix}0 & 1 & 0\\ 1 & 1 & 1\\ 0 & -1 & -2\end{pmatrix}.$$

4. 设在 $\boldsymbol{R}^3$ 中，线性变换 $\boldsymbol{T}$ 关于 $\boldsymbol{\alpha}_1,\boldsymbol{\alpha}_2,\boldsymbol{\alpha}_3$ 的矩阵为

$$\boldsymbol{A}=\begin{pmatrix}1 & 2 & 3\\ -1 & 0 & 3\\ 2 & 1 & 5\end{pmatrix},$$

求 $\boldsymbol{T}$ 在新基 $\boldsymbol{\beta}_1=\boldsymbol{\alpha}_1$，$\boldsymbol{\beta}_2=\boldsymbol{\alpha}_1+\boldsymbol{\alpha}_2$，$\boldsymbol{\beta}_3=\boldsymbol{\alpha}_1+\boldsymbol{\alpha}_2+\boldsymbol{\alpha}_3$ 下的矩阵.

解　因为$(\boldsymbol{\beta}_1,\boldsymbol{\beta}_2,\boldsymbol{\beta}_3)=(\boldsymbol{\alpha}_1,\boldsymbol{\alpha}_2,\boldsymbol{\alpha}_3)\begin{pmatrix}1 & 1 & 1\\ 0 & 1 & 1\\ 0 & 0 & 1\end{pmatrix}$，令

$$\boldsymbol{C}=\begin{pmatrix}1 & 1 & 1\\ 0 & 1 & 1\\ 0 & 0 & 1\end{pmatrix},$$

则

$$C^{-1}=\begin{pmatrix}1&-1&0\\0&1&-1\\0&0&1\end{pmatrix},$$

$$\begin{aligned}T(\boldsymbol{\beta}_1,\boldsymbol{\beta}_2,\boldsymbol{\beta}_3)&=T(\boldsymbol{\alpha}_1,\boldsymbol{\alpha}_2,\boldsymbol{\alpha}_3)C=(\boldsymbol{\alpha}_1,\boldsymbol{\alpha}_2,\boldsymbol{\alpha}_3)AC\\&=(\boldsymbol{\beta}_1,\boldsymbol{\beta}_2,\boldsymbol{\beta}_3)C^{-1}AC,\end{aligned}$$

所以 T 在 $\boldsymbol{\beta}_1,\boldsymbol{\beta}_2,\boldsymbol{\beta}_3$ 下的矩阵 $B=C^{-1}AC=\begin{pmatrix}2&4&4\\-3&-4&-6\\2&3&8\end{pmatrix}$.

本章小结

一、本章知识点网络图

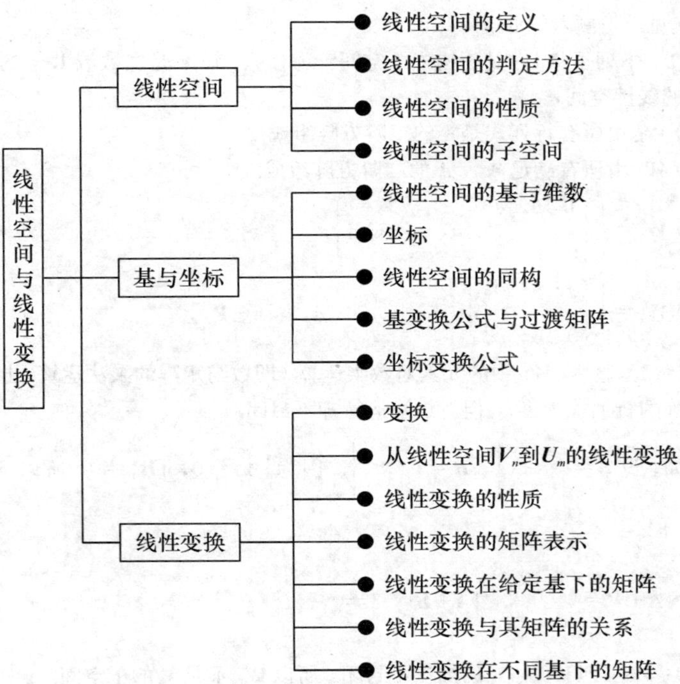

二、题型分析

题型 1　线性空间的判定

解题思路　1. 检验一个集合是否构成线性空间（向量空间）. 如果所定义的加法和数乘运算是通常意义下的实数间的加法、数乘运算，则只需检验运算的封闭性. 如果定义的加法和数乘运算不是通常意义下的实数间的加法、数乘运算，则应仔细检验是否满足定义中的八条线性运算规律. 若一个集合对于定义的加法和数乘运算不封闭或者运算不满足八条性质中的任一条，则此集合就不能构成线性空间（见总习题六题 1、题 2）.

2. 验证数域 $\mathbf{R}$ 上线性空间 $\boldsymbol{V}$ 的非空子集 $\boldsymbol{L}$ 是否为子空间. 不必按线性空间的定义逐条验证，只需验证如下两条：

① $\forall \boldsymbol{\alpha},\boldsymbol{\beta}\in \boldsymbol{L}$，有 $\boldsymbol{\alpha}+\boldsymbol{\beta}\in \boldsymbol{L}$；

② $\forall \boldsymbol{\alpha}\in \boldsymbol{L}$，$k\in\mathbf{R}$，有 $k\boldsymbol{\alpha}\in \boldsymbol{L}$.

如果上述两条都满足，则 $\boldsymbol{L}$ 是 $\boldsymbol{V}$ 的子空间，否则不是. 也就是说，线性空间 $\boldsymbol{V}$ 的非空子集 $\boldsymbol{L}$ 构成子空间的充分必要条件是：$\boldsymbol{L}$ 对于 $\boldsymbol{V}$ 中的线性运算封闭（如例 1，又见总习题六题 3）.

例 1　下列子集 $\boldsymbol{W}_i$ 是否构成子空间？为什么？设 $\boldsymbol{V}$ 是实数域 $\mathbf{R}$ 上的二阶方阵组成的线性空间，

(1) $\boldsymbol{W}_1$ 由所有行列式是零的二阶方阵组成.

(2) $\boldsymbol{W}_2$ 由所有满足 $\boldsymbol{A}^2=\boldsymbol{A}$ 的二阶方阵组成.

(3) $\boldsymbol{W}_3=\left\{\begin{pmatrix}1 & b & 0\\ 0 & c & d\end{pmatrix}\middle| b,\ c,\ d\in\mathbf{R}\right\}$.

(4) $\boldsymbol{W}_4=\left\{\begin{pmatrix}a & b & 0\\ 0 & 0 & c\end{pmatrix}\middle| a+b+c=0,\ a,\ b,\ c\in\mathbf{R}\right\}$.

解　(1) 显然，$\boldsymbol{W}_1$ 中的元素对数乘运算（即数与矩阵的乘法运算）封闭（运算后矩阵的行列式为零），但对加法运算却不封闭.

例如，设 $\boldsymbol{A}=\begin{pmatrix}1 & 0\\ 0 & 0\end{pmatrix}$，$\boldsymbol{B}=\begin{pmatrix}0 & 0\\ 0 & 1\end{pmatrix}$. 因为 $|\boldsymbol{A}|=0$，$|\boldsymbol{B}|=0$，所以 $\boldsymbol{A}\in\boldsymbol{W}_1$，$\boldsymbol{B}\in\boldsymbol{W}_1$，但是

$$\boldsymbol{A}+\boldsymbol{B}=\begin{pmatrix}1 & 0\\ 0 & 1\end{pmatrix},\ |\boldsymbol{A}+\boldsymbol{B}|=1\neq 0,$$

故 $\boldsymbol{A}+\boldsymbol{B}\notin\boldsymbol{W}_1$，即 $\boldsymbol{W}_1$ 对 $\boldsymbol{V}$ 的加法不封闭，所以 $\boldsymbol{W}_1$ 不是 $\boldsymbol{V}$ 的子空间.

(2) 这个子集对数乘运算不封闭，比如令 $\boldsymbol{E}=\begin{pmatrix}1&0\\0&1\end{pmatrix}$，因为 $\boldsymbol{E}^2=\boldsymbol{E}$，所以 $\boldsymbol{E}\in\boldsymbol{W}_2$，但

$$2\boldsymbol{E}=\begin{pmatrix}2&0\\0&2\end{pmatrix},\ (2\boldsymbol{E})^2=\begin{pmatrix}2&0\\0&2\end{pmatrix}\begin{pmatrix}2&0\\0&2\end{pmatrix}=\begin{pmatrix}4&0\\0&4\end{pmatrix}\neq 2\boldsymbol{E},$$

所以 $\boldsymbol{W}_2$ 不是 $\boldsymbol{V}$ 的子空间.

(3) $\boldsymbol{W}_3$ 不构成子空间，因为若

$$\boldsymbol{A}=\boldsymbol{B}=\begin{pmatrix}1&0&0\\0&0&0\end{pmatrix}\in\boldsymbol{W}_3,\ \boldsymbol{A}+\boldsymbol{B}=\begin{pmatrix}2&0&0\\0&0&0\end{pmatrix}\notin\boldsymbol{W}_3,$$

即 $\boldsymbol{W}_3$ 对矩阵加法不封闭，不构成子空间.

(4) 因 $\begin{pmatrix}0&0&0\\0&0&0\end{pmatrix}\in\boldsymbol{W}_4$，即 $\boldsymbol{W}_4$ 非空，对任意

$$\boldsymbol{A}=\begin{pmatrix}a_1&b_1&0\\0&0&c_1\end{pmatrix},\ \boldsymbol{B}=\begin{pmatrix}a_2&b_2&0\\0&0&c_2\end{pmatrix},\ \boldsymbol{A},\boldsymbol{B}\in\boldsymbol{W}_4,$$

且有

$$a_1+b_1+c_1=0,\quad a_2+b_2+c_2=0,$$

于是

$$\boldsymbol{A}+\boldsymbol{B}=\begin{pmatrix}a_1+a_2&b_1+b_2&0\\0&0&c_1+c_2\end{pmatrix},$$

满足$(a_1+a_2)+(b_1+b_2)+(c_1+c_2)=0$，即 $\boldsymbol{A}+\boldsymbol{B}\in\boldsymbol{W}_4$，对任意 $k\in\mathbf{R}$，有

$$k\boldsymbol{A}=\begin{pmatrix}ka_1&kb_1&0\\0&0&kc_1\end{pmatrix},\text{且 } ka_1+kb_1+kc_1=0,\text{ 即 } k\boldsymbol{A}\in\boldsymbol{W}_4.$$

故 $\boldsymbol{W}_4$ 是 $\boldsymbol{R}^{2\times3}$ 的子空间.

题型 2　求基、坐标与过渡矩阵

解题思路　1. 求线性空间基（底）的常用方法：①找出一组结构最简单的元素，使线性空间 $\boldsymbol{V}$ 中任意元素能写成它们的线性组合，若能证明这一组元素线性无关，则该组元素就是 $\boldsymbol{V}$ 的一组基. ②先求出线性空间 $\boldsymbol{V}$ 的维数 n，然后找出 n 个元素，证明它们线性无关. 如果维数不便求出，先找出一组元素，使 $\boldsymbol{V}$ 中任意元素都可以写成其线性组合，再证明这一组元素线性无关. ③n 维线性空间 $\boldsymbol{R}^n$

的一组向量 $\boldsymbol{\alpha}_i=(a_{i1}, a_{i2}, \cdots, a_{in})(i=1, 2, \cdots, n)$ 为 $\boldsymbol{R}^n$ 的一组基的充要条件是行列式 $|(a_{ij})_{n\times n}|\neq 0$. ④逐个选择法，已知线性空间 $\boldsymbol{V}$ 的维数 n 及一组向量，从中挑选一组基或者添补若干个向量使之成为一组基. ⑤分量已知的元素所生成的线性子空间可用等变换求出其基.

2. 求过渡矩阵的方法：①定义法；②初等变换法；③利用坐标变换公式求过渡矩阵；④中介法，即取线性空间的一组标准基作中介，求出所给两组基之间的过渡矩阵（见总习题六题 6、题 7、题 8、题 20，例 1、例 2）.

例 1　在实数域上的二阶矩阵构成的线性空间中：

(1) 求基 $\boldsymbol{E}_1=\begin{pmatrix}1&0\\0&0\end{pmatrix}$，$\boldsymbol{E}_2=\begin{pmatrix}0&1\\0&0\end{pmatrix}$，$\boldsymbol{E}_3=\begin{pmatrix}0&0\\1&0\end{pmatrix}$ $\boldsymbol{E}_4=\begin{pmatrix}0&0\\0&1\end{pmatrix}$ 到基 $\boldsymbol{F}_1=\begin{pmatrix}2&1\\-1&1\end{pmatrix}$，$\boldsymbol{F}_2=\begin{pmatrix}0&3\\1&0\end{pmatrix}$，$\boldsymbol{F}_3=\begin{pmatrix}5&3\\2&1\end{pmatrix}$，$\boldsymbol{F}_4=\begin{pmatrix}6&6\\1&3\end{pmatrix}$ 的过渡矩阵.

(2) 分别求向量 $\boldsymbol{M}=\begin{pmatrix}a_{11}&a_{12}\\a_{21}&a_{22}\end{pmatrix}$ 在基 $\boldsymbol{E}_1, \boldsymbol{E}_2, \boldsymbol{E}_3, \boldsymbol{E}_4$ 与 $\boldsymbol{F}_1, \boldsymbol{F}_2, \boldsymbol{F}_3, \boldsymbol{F}_4$ 下的坐标.

(3) 求一非零向量 $\boldsymbol{A}$，使 $\boldsymbol{A}$ 在上述两组基下坐标相等.

解　(1) 将后一组基写成前一组基的线性组合：

$$\boldsymbol{F}_1=2\boldsymbol{E}_1+\boldsymbol{E}_2+(-1)\boldsymbol{E}_3+\boldsymbol{E}_4;\quad \boldsymbol{F}_2=0\cdot\boldsymbol{E}_1+3\boldsymbol{E}_2+\boldsymbol{E}_3+0\cdot\boldsymbol{E}_4;$$
$$\boldsymbol{F}_3=5\boldsymbol{E}_1+3\boldsymbol{E}_2+2\boldsymbol{E}_3+\boldsymbol{E}_4;\quad \boldsymbol{F}_4=6\boldsymbol{E}_1+6\boldsymbol{E}_2+\boldsymbol{E}_3+3\boldsymbol{E}_4;$$

写成矩阵形式为

$$(\boldsymbol{F}_1, \boldsymbol{F}_2, \boldsymbol{F}_3, \boldsymbol{F}_4)=(\boldsymbol{E}_1, \boldsymbol{E}_2, \boldsymbol{E}_3, \boldsymbol{E}_4)\begin{pmatrix}2&0&5&6\\1&3&3&6\\-1&1&2&1\\1&0&1&3\end{pmatrix},$$

于是所求的过渡矩阵 $\boldsymbol{P}=\begin{pmatrix}2&0&5&6\\1&3&3&6\\-1&1&2&1\\1&0&1&3\end{pmatrix}$.

(2) 显然 $\boldsymbol{M}=a_{11}\boldsymbol{E}_1+a_{12}\boldsymbol{E}_2+a_{21}\boldsymbol{E}_3+a_{22}\boldsymbol{E}_4$，则 $\boldsymbol{M}$ 在前一组基下的坐标为 $(a_{11}, a_{12}, a_{21}, a_{22})^{\mathrm{T}}$，设 $\boldsymbol{M}$ 在后一组基下的坐标为 $(y_1, y_2, y_3, y_4)^{\mathrm{T}}$，则

$$\boldsymbol{M}=y_1\boldsymbol{F}_1+y_2\boldsymbol{F}_2+y_3\boldsymbol{F}_3+y_4\boldsymbol{F}_4$$

$$=(\boldsymbol{E}_1,\boldsymbol{E}_2,\boldsymbol{E}_3,\boldsymbol{E}_4)\begin{pmatrix}a_{11}\\a_{12}\\a_{21}\\a_{22}\end{pmatrix}=(\boldsymbol{F}_1,\boldsymbol{F}_2,\boldsymbol{F}_3,\boldsymbol{F}_4)\begin{pmatrix}y_1\\y_2\\y_3\\y_4\end{pmatrix}$$

$$=(\boldsymbol{E}_1,\boldsymbol{E}_2,\boldsymbol{E}_3,\boldsymbol{E}_4)\boldsymbol{P}\begin{pmatrix}y_1\\y_2\\y_3\\y_4\end{pmatrix}.$$

则$\boldsymbol{P}\begin{pmatrix}y_1\\y_2\\y_3\\y_4\end{pmatrix}=\begin{pmatrix}a_{11}\\a_{12}\\a_{21}\\a_{22}\end{pmatrix}$，即$\begin{pmatrix}y_1\\y_2\\y_3\\y_4\end{pmatrix}=\boldsymbol{P}^{-1}\begin{pmatrix}a_{11}\\a_{12}\\a_{21}\\a_{22}\end{pmatrix}=\begin{pmatrix}\frac{4}{9}a_{11}+\frac{1}{3}a_{12}-a_{21}-\frac{11}{9}a_{22}\\ \frac{1}{27}a_{11}+\frac{4}{9}a_{12}-\frac{1}{3}a_{21}-\frac{23}{27}a_{22}\\ \frac{1}{3}a_{11}-\frac{2}{3}a_{22}\\ -\frac{7}{27}a_{11}-\frac{1}{9}a_{12}+\frac{1}{3}a_{21}+\frac{26}{27}a_{22}\end{pmatrix}$.

(3) 方法一　设非零向量 $\boldsymbol{A}$ 在前一组基和后一组基下的坐标分别为

$$\boldsymbol{X}=(x_1,x_2,x_3,x_4)^{\mathrm{T}} \text{ 与 } \boldsymbol{Y}=(y_1,y_2,y_3,y_4)^{\mathrm{T}},$$

可知$\boldsymbol{Y}=\boldsymbol{P}^{-1}\boldsymbol{X}$.

由题意知$\boldsymbol{Y}=\boldsymbol{X}$，则$(\boldsymbol{P}-\boldsymbol{E})\boldsymbol{X}=\boldsymbol{0}$，求解 $\boldsymbol{X}$ 即可，由

$$\boldsymbol{P}-\boldsymbol{E}=\begin{pmatrix}1&0&5&6\\1&2&3&6\\-1&1&1&1\\1&0&1&2\end{pmatrix}\Rightarrow\begin{pmatrix}1&0&0&0\\0&1&0&0\\0&0&1&0\\0&0&0&1\end{pmatrix}.$$

易求得其解为 $\boldsymbol{X}=k(1,1,1,-1)^{\mathrm{T}}$，其中 k 为任意常数，于是所求向量 $\boldsymbol{A}$ 为

$$\boldsymbol{A}=k(\boldsymbol{E}_1+\boldsymbol{E}_2+\boldsymbol{E}_3-\boldsymbol{E}_4)=k(\boldsymbol{F}_1+\boldsymbol{F}_2+\boldsymbol{F}_3-\boldsymbol{F}_4)$$

$$=k\begin{pmatrix}1&1\\1&-1\end{pmatrix}(k\text{ 为任意非零常数}).$$

方法二　由坐标变换公式知，只需令对应坐标相等，再求出 a_{11}，a_{12}，a_{21}，a_{22}，即可求出非零向量 $\boldsymbol{A}$，于是令

$$\begin{pmatrix} a_{11} \\ a_{12} \\ a_{21} \\ a_{22} \end{pmatrix} = \begin{pmatrix} \frac{4}{9}a_{11}+\frac{1}{3}a_{12}-a_{21}-\frac{11}{9}a_{22} \\ \frac{1}{27}a_{11}+\frac{4}{9}a_{12}-\frac{1}{3}a_{21}-\frac{23}{27}a_{22} \\ \frac{1}{3}a_{11}-\frac{2}{3}a_{22} \\ -\frac{7}{27}a_{11}-\frac{1}{9}a_{12}+\frac{1}{3}a_{21}+\frac{26}{27}a_{22} \end{pmatrix},$$

解得 $a_{11}=-a_{22}$，$a_{12}=-a_{22}$，$a_{21}=-a_{22}$. 令 $a_{22}=-k$，可得

$$\mathbf{A}=k\begin{pmatrix} 1 & 1 \\ 1 & -1 \end{pmatrix}（k 为非零实数）.$$

例 2　设 n 维向量空间 $\mathbf{V}_n$ 有一组基 $\boldsymbol{\alpha}_1$，$\boldsymbol{\alpha}_2$，…，$\boldsymbol{\alpha}_n$；另外，$\boldsymbol{\alpha}_1$，$\boldsymbol{\alpha}_1+\boldsymbol{\alpha}_2$，…，$\boldsymbol{\alpha}_1+\boldsymbol{\alpha}_2+\cdots+\boldsymbol{\alpha}_n$ 也是 $\mathbf{V}_n$ 的基，又设向量 $\boldsymbol{\xi}$ 关于前一组基的坐标是 $(n, n-1, \cdots, 2, 1)^{\mathrm{T}}$，求 $\boldsymbol{\xi}$ 关于后一组基的坐标.

解　方法一　设

$$\boldsymbol{\xi}=y_1\boldsymbol{\alpha}_1+y_2(\boldsymbol{\alpha}_1+\boldsymbol{\alpha}_2)+\cdots+y_n(\boldsymbol{\alpha}_1+\boldsymbol{\alpha}_2+\cdots+\boldsymbol{\alpha}_n),$$

依题意有

$$\boldsymbol{\xi}=n\boldsymbol{\alpha}_1+(n-1)\boldsymbol{\alpha}_2+\cdots+2\boldsymbol{\alpha}_{n-1}+\boldsymbol{\alpha}_n,$$

比较对应的坐标有

$$\begin{cases} y_1+y_2+\cdots+y_n=n \\ y_2+\cdots+y_n=n-1 \\ \cdots\cdots \\ y_{n-1}+y_n=2 \\ y_n=1 \end{cases},$$

解之，得 $y_1=y_2=\cdots=y_n=1$，即 $\boldsymbol{\xi}$ 关于后一组基的坐标为 $(1, 1, \cdots, 1)^{\mathrm{T}}$.

方法二　易知

$$(\boldsymbol{\alpha}_1, \boldsymbol{\alpha}_1+\boldsymbol{\alpha}_2, \cdots, \boldsymbol{\alpha}_1+\boldsymbol{\alpha}_2+\cdots+\boldsymbol{\alpha}_n)=(\boldsymbol{\alpha}_1, \boldsymbol{\alpha}_2, \cdots, \boldsymbol{\alpha}_n)\begin{pmatrix} 1 & 1 & 1 & \cdots & 1 \\ 0 & 1 & 1 & \cdots & 1 \\ 0 & 0 & 1 & \cdots & 1 \\ \vdots & \vdots & \vdots & & \vdots \\ 0 & 0 & 0 & \cdots & 1 \end{pmatrix},$$

设 $\boldsymbol{\xi}$ 关于后一组基的坐标为 $(y_1, y_2, \cdots, y_n)^{\mathrm{T}}$，则

$$\boldsymbol{\xi}=n\boldsymbol{\alpha}_1+(n-1)\boldsymbol{\alpha}_2+\cdots+2\boldsymbol{\alpha}_{n-1}+\boldsymbol{\alpha}_n=(\boldsymbol{\alpha}_1, \boldsymbol{\alpha}_2, \cdots, \boldsymbol{\alpha}_n)\begin{pmatrix} n \\ n-1 \\ \vdots \\ 2 \\ 1 \end{pmatrix}, \quad ①$$

又因为

$$\begin{aligned}\boldsymbol{\xi}&=y_1\boldsymbol{\alpha}_1+y_2(\boldsymbol{\alpha}_1+\boldsymbol{\alpha}_2)+\cdots+y_n(\boldsymbol{\alpha}_1+\boldsymbol{\alpha}_2+\cdots+\boldsymbol{\alpha}_n)\\ &=(\boldsymbol{\alpha}_1, \boldsymbol{\alpha}_1+\boldsymbol{\alpha}_2, \cdots, \boldsymbol{\alpha}_1+\boldsymbol{\alpha}_2+\cdots+\boldsymbol{\alpha}_n)\begin{pmatrix} y_1 \\ y_2 \\ \vdots \\ y_n \end{pmatrix}\\ &=(\boldsymbol{\alpha}_1, \boldsymbol{\alpha}_2, \cdots, \boldsymbol{\alpha}_n)\begin{pmatrix} 1 & 1 & \cdots & 1 \\ 0 & 1 & \cdots & 1 \\ \vdots & \vdots & & \vdots \\ 0 & 0 & \cdots & 1 \end{pmatrix}\begin{pmatrix} y_1 \\ y_2 \\ \vdots \\ y_n \end{pmatrix} \quad ②\end{aligned}$$

比较式①和式②，可得 $\begin{pmatrix} n \\ n-1 \\ \vdots \\ 2 \\ 1 \end{pmatrix}=\begin{pmatrix} 1 & 1 & \cdots & 1 \\ 0 & 1 & \cdots & 1 \\ \vdots & \vdots & & \vdots \\ 0 & 0 & \cdots & 1 \end{pmatrix}\begin{pmatrix} y_1 \\ y_2 \\ \vdots \\ y_n \end{pmatrix}$，所以

$$(y_1, y_2, \cdots, y_n)^{\mathrm{T}}=\begin{pmatrix} 1 & 1 & \cdots & 1 \\ 0 & 1 & \cdots & 1 \\ \vdots & \vdots & & \vdots \\ 0 & 0 & \cdots & 1 \end{pmatrix}^{-1}\begin{pmatrix} n \\ n-1 \\ \vdots \\ 1 \end{pmatrix}=(1, 1, \cdots, 1)^{\mathrm{T}}.$$

所以 $\boldsymbol{\xi}$ 对后一组基的坐标为 $(1, 1, \cdots, 1)^{\mathrm{T}}$.

题型 3　线性变换

解题思路　线性空间是某一类事物从量的方面的一个抽象，线性变换则是反映线性空间中元素间最基本的线性联系，它们给研究线性函数提供了正确途径. 线性代数就是研究线性空间、线性变换理论的学科. 线性空间、线性变换是线性代数中一个最基本、最重要的概念. 线性空间中向量之间的联系是通过线性空间到线性空间的变换（映射）来实现的.

设 $\boldsymbol{V}_n$，$\boldsymbol{U}_m$ 分别是实数域上的 n 维和 m 维线性空间，$\boldsymbol{T}$ 是一个从 $\boldsymbol{V}_n$ 到 $\boldsymbol{U}_m$ 的

变换，如果变换 $\boldsymbol{T}$ 满足

(1) 任给 $\boldsymbol{\alpha}_1$，$\boldsymbol{\alpha}_2\in\boldsymbol{V}_n$，有 $\boldsymbol{T}(\boldsymbol{\alpha}_1+\boldsymbol{\alpha}_2)=\boldsymbol{T}(\boldsymbol{\alpha}_1)+\boldsymbol{T}(\boldsymbol{\alpha}_2)$，

(2) 任给 $\boldsymbol{\alpha}\in\boldsymbol{V}_n$，$k\in\mathbf{R}$，都有 $\boldsymbol{T}(k\boldsymbol{\alpha})=k\boldsymbol{T}(\boldsymbol{\alpha})$，

就称 $\boldsymbol{T}$ 为从 $\boldsymbol{V}_n$ 到 $\boldsymbol{U}_m$ 的线性变换.

主要题型：

A. 线性变换的判定（见总习题六题 12).

B. 求线性变换在基下的坐标（见总习题六题 13).

C. 讨论向量组在线性变换下的线性相关性（见总习题六题 14).

三、总习题六解答

1. 令 $\omega=\dfrac{-1+\sqrt{3}\mathrm{i}}{2}$，而 $\boldsymbol{Q}(\omega)$ 为全体形如 $a+b\omega(a,\ b\in\mathbf{Q})$ 的数所构成的集合，定义 $\boldsymbol{Q}(\omega)$ 内元素的加法为普通数的加法，与有理数的数乘为普通数的乘法，问 $\boldsymbol{Q}(\omega)$ 关于上述运算是否构成有理数域 $\mathbf{Q}$ 上的线性空间.

解　$\mathbf{Q}(\omega)$ 关于上述运算构成有理数域 $\boldsymbol{Q}$ 上的线性空间.

设 $\alpha=a_1+b_1\omega$，$\beta=a_2+b_2\omega$，则 $\alpha\in Q(\omega)$，$\beta\in Q(\omega)$，由于

$$\alpha+\beta=a_1+b_1\omega+a_2+b_2\omega=(a_1+a_2)+(b_1+b_2)\omega\in\boldsymbol{Q}(\omega),$$
$$k\alpha=k(a_1+b_1\omega)=ka_1+kb_1\omega\in\boldsymbol{Q}(\omega)\ (k\ 为有理数),$$

所以 $\boldsymbol{Q}(\omega)$ 关于普通数的加法与普通数的乘法运算构成有理数域 $\mathbf{Q}$ 上的线性空间.

2. 下列集合能否构成 $\mathbf{R}$ 上的线性空间？为什么？

(1) 全体二维实向量集合 $\mathbf{V}$，加法和数乘运算定义为

$$(a,\ b)\oplus(c,\ d)=(a+c,\ b+d+ac),$$
$$k\circ(a,\ b)=\left(ka,\ kb+\frac{k(k-1)}{2}a^2\right).$$

(2) 全体实 n 维向量集合 $\mathbf{V}$，对于通常的向量加法和如下定义的数乘运算

$$k\circ\boldsymbol{\alpha}=\boldsymbol{\alpha},\ \forall\,\boldsymbol{\alpha}\in\mathbf{V},\ k\in\mathbf{R}.$$

解题思路　检验一个集合是否构成线性空间（向量空间)：如果所定义的加法和数乘运算是通常意义下实数间的加法和数乘运算，则只需检验运算的封闭性. 如果定义的加法和数乘运算不是通常意义下实数间的加法、数乘运算，则应仔细检验是否满足定义中的八条线性运算规律. 若一个集合对于定义的加法和数乘运算不封闭，或者运算不封闭或运算不满足八条性质中的任一条，则此集合不能构成线性空间.

解 (1) 加法满足四条规则：

1° $$(a,b)\oplus(c,d)=(a+c,b+d+ac)=(c,d)\oplus(a,b).$$

2° 因为

$$\begin{aligned}[(a,b)\oplus(c,d)]\oplus(e,f)&=(a+c,b+d+ac)\oplus(e,f)\\&=((a+c)+e,(b+d+ac)+f+(a+c)e)\\&=(a+c+e,b+d+f+ac+ae+ce),\end{aligned}$$

并且

$$\begin{aligned}(a,b)\oplus[(c,d)\oplus(e,f)]&=(a,b)\oplus(c+e,d+f+ce)\\&=(a+(c+e),b+(d+f+ce)+a(c+e))\\&=(a+c+e,b+d+f+ac+ae+ce),\end{aligned}$$

所以

$$[(a,b)\oplus(c,d)]\oplus(e,f)=(a,b)\oplus[(c,d)\oplus(e,f)].$$

3° 零元素是 $(0,0)$；

$$\begin{aligned}(a,b)\oplus(0,0)&=(a+0,b+0+a\cdot 0)\\&=(a,b).\end{aligned}$$

4° (a,b)的负元素是 $(-a,a^2-b)$；

$$\begin{aligned}(a,b)\oplus(-a,a^2-b)&=(a+(-a),b+(a^2-b)+a\cdot(-a))\\&=(0,0).\end{aligned}$$

数乘满足两个规则：

1° $1\circ(a,b)=(a,b)$.

2° $$\begin{aligned}k\circ[l\circ(a,b)]&=k\circ\left(la,lb+\frac{l(l-1)}{2}a^2\right)\\&=\left(kla,k\left(lb+\frac{l(l-1)}{2}a^2\right)+\frac{k(k-1)}{2}(la)^2\right)\\&=\left(kla,klb+\frac{kl(kl-1)}{2}a^2\right)=kl\circ(a,b).\end{aligned}$$

加法与乘法满足两条规则：

1° 因为 $(k+l)\circ(a,b)=\left((k+l)a,(k+l)b+\dfrac{(k+l)(k+l-1)}{2}a^2\right)$,

并且

$$k\circ(a,b)\oplus l\circ(a,b)=\left(ka,kb+\frac{k(k-1)}{2}a^2\right)\oplus\left(la,lb+\frac{l(l-1)}{2}a^2\right)$$

$$=\left((k+l)a,\ kb+\frac{k(k-1)}{2}a^2+lb+\frac{l(l-1)}{2}a^2+kla^2\right)$$

$$=\left((k+l)a,(k+l)b+\frac{(k+l)(k+l-1)}{2}a^2\right),$$

所以

$$(k+l)\circ(a,\ b)=k\circ(a,\ b)\oplus l\circ(a,\ b).$$

2°　$k\circ[(a,\ b)\oplus(c,\ d)]=k\circ(a+c,\ b+d+ac)$

$$=\left(k(a+c),\ k(b+d+ac)+\frac{k(k-1)}{2}(a+c)^2\right)$$

$$=\left(ka+kc,\ kb+kd+\frac{k(k-1)}{2}a^2+\frac{k(k-1)}{2}c^2+k^2ac\right)$$

$$=\left(ka,\ kb+\frac{k(k-1)}{2}a^2\right)\oplus\left(kc,\ kd+\frac{k(k-1)}{2}c^2\right)$$

$$=k\circ(a,\ b)\oplus k\circ(c,\ d),$$

所以这个集合对指定的运算是一个线性空间.

(2) 因为　$(k+l)\circ\boldsymbol{\alpha}=\boldsymbol{\alpha}$,而

$$k\circ\boldsymbol{\alpha}+l\circ\boldsymbol{\alpha}=\boldsymbol{\alpha}+\boldsymbol{\alpha}=2\boldsymbol{\alpha},$$

所以

$$(k+l)\circ\boldsymbol{\alpha}\neq k\circ\boldsymbol{\alpha}+l\circ\boldsymbol{\alpha}\ .$$

因此，虽然其余运算律均成立（易验证），但此集合不构成 **R** 上的线性空间.

3. 判断下列各题，并说明理由.

(1) 设 $\boldsymbol{V}=\boldsymbol{R}^3$，问 $\boldsymbol{W}=\{(a,\ b,\ c):\ a^2+b^2+c^2\leqslant 1\}$ 是否为 $\boldsymbol{V}$ 的子空间？

(2) 设 $\boldsymbol{V}$ 是数域 $\boldsymbol{F}$ 上所有 n 阶方阵组成的线性空间，

$$\boldsymbol{W}=\{\boldsymbol{A}\in\boldsymbol{V}:\boldsymbol{AT}=\boldsymbol{TA}\},$$

$\boldsymbol{W}$ 是否为 $\boldsymbol{V}$ 的子空间？其中 $\boldsymbol{T}$ 为指定的 n 阶方阵.

(3) 设 $\boldsymbol{V}$ 是从实数域 **R** 到 **R** 的所有函数组成的线性空间，

$$\boldsymbol{W}=\{f:f(3)=0\},$$

即 $\boldsymbol{W}$ 由把 3 映成 0 的函数组成，$\boldsymbol{W}$ 是否为 $\boldsymbol{V}$ 的子空间？

(4)$\boldsymbol{V}$ 是同 (3)的线性空间，$\boldsymbol{W}=\{f:f(7)=2+f(1)\}$，$\boldsymbol{W}$ 是否为 $\boldsymbol{V}$ 的子空间？

解题思路　验证数域 **R** 上的线性空间 $\boldsymbol{V}$ 的非空子集 $\boldsymbol{L}$ 是否为子空间，不必按线性空间的定义逐条验证，只需验证如下两条：

解　(i) 对任意 $\boldsymbol{\alpha}$，$\boldsymbol{\beta}\in\boldsymbol{L}$，有 $\boldsymbol{\alpha}+\boldsymbol{\beta}\in\boldsymbol{L}$；

(ii) 对任意 $\boldsymbol{\alpha}\in \boldsymbol{L}$, $k\in \boldsymbol{L}$, 有 $k\boldsymbol{\alpha}\in \boldsymbol{L}$.

如果上述两条都满足，则 $\boldsymbol{L}$ 是 $\boldsymbol{V}$ 的子空间，否则不是. 也就是说，线性空间 $\boldsymbol{V}$ 的非空子集 $\boldsymbol{L}$ 构成子空间的充分必要条件是，$\boldsymbol{L}$ 对于 $\boldsymbol{V}$ 中的线性运算封闭.

解 (1) $\boldsymbol{W}$ 不是 $\boldsymbol{V}$ 的子空间.

事实上，取 $\boldsymbol{\alpha}=(1,0,0)$, $\boldsymbol{\beta}=\left(\frac{1}{2},0,0\right)$, 显然, $\boldsymbol{\alpha}\in \boldsymbol{W}$, $\boldsymbol{\beta}\in \boldsymbol{W}$, 但

$$\boldsymbol{\alpha}+\boldsymbol{\beta}=\left(\frac{3}{2},0,0\right),\left(\frac{3^2}{2^2}+0^2+0^2\right)=\frac{9}{4}>1,$$

所以 $\boldsymbol{\alpha}+\boldsymbol{\beta}\notin \boldsymbol{W}$,故 $\boldsymbol{W}$ 不是 $\boldsymbol{V}$ 的子空间.

(2) $\boldsymbol{W}$ 是 $\boldsymbol{V}$ 的子空间.

设 $\boldsymbol{A}\in \boldsymbol{W}$, $\boldsymbol{B}\in \boldsymbol{W}$, 则

$$\boldsymbol{AT}=\boldsymbol{TA},\ \boldsymbol{BT}=\boldsymbol{TB},$$

显然

$$(\boldsymbol{A}+\boldsymbol{B})\boldsymbol{T}=\boldsymbol{AT}+\boldsymbol{BT}=\boldsymbol{TA}+\boldsymbol{TB}=\boldsymbol{T}(\boldsymbol{A}+\boldsymbol{B}),$$
$$(k\boldsymbol{A})\boldsymbol{T}=k(\boldsymbol{AT})=k\boldsymbol{TA}=\boldsymbol{T}(k\boldsymbol{A}),$$

所以 $\boldsymbol{A}+\boldsymbol{B}\in \boldsymbol{W}$, $k\boldsymbol{A}\in \boldsymbol{W}$, 从而 $\boldsymbol{W}$ 是 $\boldsymbol{V}$ 的子空间.

(3) $\boldsymbol{W}$ 是 $\boldsymbol{V}$ 的子空间.

设 $f_1\in \boldsymbol{W}$, $f_2\in \boldsymbol{W}$, 则

$$f_1(3)=0,\ f_2(3)=0.$$

由于

$$(f_1+f_2)(3)=f_1(3)+f_2(3)=0+0=0,$$
$$(kf_1)(3)=k(f_1(3))=k\cdot 0=0,$$

所以 $f_1+f_2\in \boldsymbol{W}$, $kf_1\in \boldsymbol{W}$, 从而 $\boldsymbol{W}$ 是 $\boldsymbol{V}$ 的子空间.

(4) $\boldsymbol{W}$ 不是 $\boldsymbol{V}$ 的子空间.

设 $f_1\in \boldsymbol{W}$, $f_2\in \boldsymbol{W}$, 则

$$f_1(7)=2+f_1(1),\ f_2(7)=2+f_2(1),$$

所以

$$\begin{aligned}(f_1+f_2)(7)&=f_1(7)+f_2(7)=2+f_1(1)+2+f_2(1)\\&=4+f_1(1)+f_2(1)=4+(f_1+f_2)(1)\\&\neq 2+(f_1+f_2)(1),\end{aligned}$$

因此 $f_1+f_2\notin \boldsymbol{W}$, 从而 $\boldsymbol{W}$ 不是 $\boldsymbol{V}$ 的子空间.

4. 设 $\boldsymbol{V}_r$ 是 n 维线性空间 $\boldsymbol{V}_n$ 的一个子空间，$\boldsymbol{a}_1$，…，$\boldsymbol{a}_r$ 是 $\boldsymbol{V}_r$ 的一个基，试证：$\boldsymbol{V}_n$ 中存在元素 $\boldsymbol{a}_{r+1}$，…，$\boldsymbol{a}_n$，使 $\boldsymbol{a}_1$，$\boldsymbol{a}_2$，…，$\boldsymbol{a}_r$，$\boldsymbol{a}_{r+1}$，…，$\boldsymbol{a}_n$ 成为 $\boldsymbol{V}_n$ 的一个基.

证明思路　逐个选择法：在 $\boldsymbol{V}_n/\boldsymbol{V}_r$ 中取 $n-r$ 个向量，使得它们与 $\boldsymbol{a}_1$，$\boldsymbol{a}_2$，…，$\boldsymbol{a}_r$ 构成一线性无关组.

证　设 $r<n$，则在 $\boldsymbol{V}_n$ 中必存在一向量 $\boldsymbol{a}_{r+1}\notin\boldsymbol{V}_r$，它不能被 $\boldsymbol{a}_1$，$\boldsymbol{a}_2$，…，$\boldsymbol{a}_r$ 线性表示，将 $\boldsymbol{a}_{r+1}$ 添加进来，则 $\boldsymbol{a}_1$，$\boldsymbol{a}_2$，$\boldsymbol{a}_3$，…，$\boldsymbol{a}_{r+1}$ 是线性无关的.

若 $r+1=n$，则命题得证，否则存在 $\boldsymbol{a}_{r+2}\notin\boldsymbol{L}(\boldsymbol{a}_1, \boldsymbol{a}_2, \cdots, \boldsymbol{a}_{r+1})$，则 $\boldsymbol{a}_1$，$\boldsymbol{a}_2$，…，$\boldsymbol{a}_{r+2}$ 线性无关，依此类推，可找到 n 个线性无关的向量 $\boldsymbol{a}_1$，$\boldsymbol{a}_2$，…，$\boldsymbol{a}_n$，它们是 $\boldsymbol{V}_n$ 的一个基.

5. 在 $\boldsymbol{R}^3$ 中，设 $\boldsymbol{L}$ 是由向量

$$\boldsymbol{\xi}_1=\begin{pmatrix}1\\1\\1\end{pmatrix},\ \boldsymbol{\xi}_2=\begin{pmatrix}2\\3\\4\end{pmatrix},\ \boldsymbol{\xi}_3=\begin{pmatrix}5\\7\\9\end{pmatrix}$$

生成的子空间，求 $\dim\boldsymbol{L}$.

解题思路　利用维数的定义.

解　因为 $\dim\boldsymbol{L}=\mathrm{r}(\boldsymbol{\xi}_1, \boldsymbol{\xi}_2, \boldsymbol{\xi}_3)$，而

$$(\boldsymbol{\xi}_1, \boldsymbol{\xi}_2, \boldsymbol{\xi}_3)=\begin{pmatrix}1&2&5\\1&3&7\\1&4&9\end{pmatrix}\to\begin{pmatrix}1&2&5\\0&1&2\\0&0&0\end{pmatrix}$$

$$\Rightarrow\mathrm{r}(\boldsymbol{\xi}_1, \boldsymbol{\xi}_2, \boldsymbol{\xi}_3)=2$$

$$\Rightarrow\dim\boldsymbol{L}=2.$$

6. 已知三维线性空间的一组基为

$$\boldsymbol{\alpha}_1=(1,\ 1,\ 0)^{\mathrm{T}},\ \boldsymbol{\alpha}_2=(1,\ 0,\ 1)^{\mathrm{T}},\ \boldsymbol{\alpha}_3=(0,\ 1,\ 1)^{\mathrm{T}},$$

则向量 $\boldsymbol{\beta}=(2,\ 0,\ 0)^{\mathrm{T}}$ 在上述基下的坐标是________.

解题思路　求坐标的方法有很多，在此分别说明.

解　方法一　根据定义，解方程组求解.

设向量 $\boldsymbol{\beta}=(2,\ 0,\ 0)^{\mathrm{T}}$ 在基 $\boldsymbol{\alpha}_1$，$\boldsymbol{\alpha}_2$，$\boldsymbol{\alpha}_3$ 下的坐标为 $(x_1, x_2, x_3)^{\mathrm{T}}$，则有

$$\boldsymbol{\beta}=x_1\boldsymbol{\alpha}_1+x_2\boldsymbol{\alpha}_2+x_3\boldsymbol{\alpha}_3,$$

即

$$\begin{pmatrix}1&1&0\\1&0&1\\0&1&1\end{pmatrix}\begin{pmatrix}x_1\\x_2\\x_3\end{pmatrix}=\begin{pmatrix}2\\0\\0\end{pmatrix},\qquad (*)$$

解得

$$(x_1, x_2, x_3)^{\mathrm{T}}=(1, 1, -1)^{\mathrm{T}}.$$

方法二　注意到求解方程组（$*$）即得 $(x_1, x_2, x_3)^{\mathrm{T}}=\boldsymbol{A}^{-1}\boldsymbol{\beta}$，其中 $\boldsymbol{A}=(\boldsymbol{\alpha}_1, \boldsymbol{\alpha}_2, \boldsymbol{\alpha}_3)$.

因此，可用初等变换求解，对矩阵 $\boldsymbol{B}=(\boldsymbol{\alpha}_1, \boldsymbol{\alpha}_2, \boldsymbol{\alpha}_3, \boldsymbol{\beta})$ 进行初等行变换，把它化为含最高阶单位矩阵的矩阵，最后一列即为所求的坐标.

设 $\boldsymbol{B}=(\boldsymbol{\alpha}_1, \boldsymbol{\alpha}_2, \boldsymbol{\alpha}_3, \boldsymbol{\beta})=\begin{pmatrix}1&1&0&2\\1&0&1&0\\0&1&1&0\end{pmatrix}$，对 $\boldsymbol{B}$ 进行初等变换如下：

$$\boldsymbol{B}\rightarrow\begin{pmatrix}1&1&0&2\\0&-1&1&-2\\0&1&1&0\end{pmatrix}\rightarrow\begin{pmatrix}1&1&0&2\\0&-1&1&-2\\0&0&1&-1\end{pmatrix}\rightarrow\begin{pmatrix}1&0&0&1\\0&1&0&1\\0&0&1&-1\end{pmatrix},$$

从上式可以看出，其坐标为 $(1, 1, -1)^{\mathrm{T}}$.

方法三　利用过渡矩阵与坐标变换的关系求解.

显然，向量

$$\boldsymbol{\beta}=(2, 0, 0)^{\mathrm{T}}=2\cdot(1, 0, 0)^{\mathrm{T}}+0\cdot(0, 0, 1)^{\mathrm{T}}+0\cdot(0, 0, 1)^{\mathrm{T}},$$

所以 $\boldsymbol{\beta}$ 在基 $\boldsymbol{\varepsilon}_1, \boldsymbol{\varepsilon}_2, \boldsymbol{\varepsilon}_3$ 下的坐标为 $(2, 0, 0)^{\mathrm{T}}$，设 $\boldsymbol{\beta}$ 在基 $\boldsymbol{\alpha}_1, \boldsymbol{\alpha}_2, \boldsymbol{\alpha}_3$ 下的坐标为 $(x_1, x_2, x_3)^{\mathrm{T}}$，则

$$\boldsymbol{\beta}=x_1\boldsymbol{\alpha}_1+x_2\boldsymbol{\alpha}_2+x_3\boldsymbol{\alpha}_3=(\boldsymbol{\alpha}_1, \boldsymbol{\alpha}_2, \boldsymbol{\alpha}_3)(x_1, x_2, x_3)^{\mathrm{T}}.$$

又因为 $\boldsymbol{\beta}=(\boldsymbol{\varepsilon}_1, \boldsymbol{\varepsilon}_2, \boldsymbol{\varepsilon}_3)\begin{pmatrix}2\\0\\0\end{pmatrix}$，所以

$$(\boldsymbol{\alpha}_1, \boldsymbol{\alpha}_2, \boldsymbol{\alpha}_3)\begin{pmatrix}x_1\\x_2\\x_3\end{pmatrix}=(\boldsymbol{\varepsilon}_1, \boldsymbol{\varepsilon}_2, \boldsymbol{\varepsilon}_3)\begin{pmatrix}2\\0\\0\end{pmatrix},$$

故

$$\begin{pmatrix}x_1\\x_2\\x_3\end{pmatrix}=(\boldsymbol{\alpha}_1, \boldsymbol{\alpha}_2, \boldsymbol{\alpha}_3)^{-1}(\boldsymbol{\varepsilon}_1, \boldsymbol{\varepsilon}_2, \boldsymbol{\varepsilon}_3)\begin{pmatrix}2\\0\\0\end{pmatrix}=\begin{pmatrix}1\\1\\-1\end{pmatrix}.$$

事实上，由 $(\boldsymbol{\alpha}_1, \boldsymbol{\alpha}_2, \boldsymbol{\alpha}_3)=(\boldsymbol{\varepsilon}_1, \boldsymbol{\varepsilon}_2, \boldsymbol{\varepsilon}_3)\boldsymbol{P}$（$\boldsymbol{P}$ 为基 $\boldsymbol{\varepsilon}_1, \boldsymbol{\varepsilon}_2, \boldsymbol{\varepsilon}_3$ 到基 $\boldsymbol{\alpha}_1, \boldsymbol{\alpha}_2, \boldsymbol{\alpha}_3$ 的过渡矩阵）可以得到

$$\begin{pmatrix} x_1 \\ x_2 \\ x_3 \end{pmatrix} = \boldsymbol{P}^{-1} \begin{pmatrix} 2 \\ 0 \\ 0 \end{pmatrix}.$$

这个结论可以推广为：$\boldsymbol{P}$ 为基 $\boldsymbol{\alpha}_1, \boldsymbol{\alpha}_2, \cdots, \boldsymbol{\alpha}_n$ 到基 $\boldsymbol{\beta}_1, \boldsymbol{\beta}_2, \cdots, \boldsymbol{\beta}_n$ 的过渡矩阵，设向量 $\boldsymbol{\alpha}$ 在基 $\boldsymbol{\alpha}_1, \boldsymbol{\alpha}_2, \cdots, \boldsymbol{\alpha}_n$ 下的坐标为 $(x_1, x_2, \cdots, x_n)^{\mathrm{T}}$，$\boldsymbol{\alpha}$ 在基 $\boldsymbol{\beta}_1, \boldsymbol{\beta}_2, \cdots, \boldsymbol{\beta}_n$ 下的坐标为 $(y_1, y_2, \cdots, y_n)^{\mathrm{T}}$，则有

$$\begin{pmatrix} y_1 \\ y_2 \\ \vdots \\ y_n \end{pmatrix} = \boldsymbol{P}^{-1} \begin{pmatrix} x_1 \\ x_2 \\ \vdots \\ x_n \end{pmatrix}.$$

7. 设 $\boldsymbol{\alpha}_1, \boldsymbol{\alpha}_2, \cdots, \boldsymbol{\alpha}_n$ 是 $\boldsymbol{R}^n$ 的一组基.

(1) 证明 $\boldsymbol{\alpha}_1, \boldsymbol{\alpha}_1+\boldsymbol{\alpha}_2, \boldsymbol{\alpha}_1+\boldsymbol{\alpha}_2+\boldsymbol{\alpha}_3, \cdots, \boldsymbol{\alpha}_1+\boldsymbol{\alpha}_2+\cdots+\boldsymbol{\alpha}_n$ 也是 $\boldsymbol{R}^n$ 的基；

(2) 求从旧基 $\boldsymbol{\alpha}_1, \boldsymbol{\alpha}_2, \cdots, \boldsymbol{\alpha}_n$ 到新基

$$\boldsymbol{\alpha}_1, \boldsymbol{\alpha}_1+\boldsymbol{\alpha}_2, \boldsymbol{\alpha}_1+\boldsymbol{\alpha}_2+\boldsymbol{\alpha}_3, \cdots, \boldsymbol{\alpha}_1+\boldsymbol{\alpha}_2+\cdots+\boldsymbol{\alpha}_n$$

的过渡矩阵；

(3) 求向量 $\boldsymbol{\alpha}$ 的旧坐标 $(x_1, x_2, \cdots, x_n)^{\mathrm{T}}$ 和新坐标 $(y_1, y_2, \cdots, y_n)^{\mathrm{T}}$ 间的变换公式.

证明思路　n 维线性空间 $\boldsymbol{R}^n$ 的一组向量 $\boldsymbol{\alpha}_i=(a_{i1}, a_{i2}, \cdots, a_{in})(i=1, 2, \cdots, n)$ 为 $\boldsymbol{R}^n$ 的一组基的充要条件是行列式 $|(a_{ij})_{n\times n}|\neq 0$；过渡矩阵与坐标之间的变换公式.

证　(1) 要证明 $\boldsymbol{\alpha}_1, \boldsymbol{\alpha}_1+\boldsymbol{\alpha}_2, \cdots, \boldsymbol{\alpha}_1+\boldsymbol{\alpha}_2+\cdots+\boldsymbol{\alpha}_n$ 也是 $\boldsymbol{R}^n$ 的基，只需证明 $\boldsymbol{\alpha}_1, \boldsymbol{\alpha}_1+\boldsymbol{\alpha}_2, \boldsymbol{\alpha}_1+\boldsymbol{\alpha}_2+\boldsymbol{\alpha}_3, \cdots, \boldsymbol{\alpha}_1+\boldsymbol{\alpha}_2+\cdots+\boldsymbol{\alpha}_n$ 线性无关，不难知道

$$\begin{aligned}&(\boldsymbol{\alpha}_1, \boldsymbol{\alpha}_1+\boldsymbol{\alpha}_2, \boldsymbol{\alpha}_1+\boldsymbol{\alpha}_2+\boldsymbol{\alpha}_3, \cdots, \boldsymbol{\alpha}_1+\boldsymbol{\alpha}_2+\cdots+\boldsymbol{\alpha}_n)\\ &=(\boldsymbol{\alpha}_1, \boldsymbol{\alpha}_2, \cdots, \boldsymbol{\alpha}_n)\begin{pmatrix} 1 & 1 & 1 & \cdots & 1 \\ 0 & 1 & 1 & \cdots & 1 \\ 0 & 0 & 1 & \cdots & 1 \\ \vdots & \vdots & \vdots & & \vdots \\ 0 & 0 & 0 & \cdots & 1 \end{pmatrix} = (\boldsymbol{\alpha}_1, \boldsymbol{\alpha}_2, \cdots, \boldsymbol{\alpha}_n)\boldsymbol{P} \qquad (*)\end{aligned}$$

因为 $|\boldsymbol{P}|=\begin{vmatrix} 1 & 1 & 1 & \cdots & 1 \\ 0 & 1 & 1 & \cdots & 1 \\ 0 & 0 & 1 & \cdots & 1 \\ \vdots & \vdots & \vdots & & \vdots \\ 0 & 0 & 0 & \cdots & 1 \end{vmatrix}=1\neq 0$，故 $\boldsymbol{P}$ 可逆，从而向量组 $\boldsymbol{\alpha}_1, \boldsymbol{\alpha}_2, \cdots, \boldsymbol{\alpha}_n$ 与向量组 $\boldsymbol{\alpha}_1, \boldsymbol{\alpha}_1+\boldsymbol{\alpha}_2, \boldsymbol{\alpha}_1+\boldsymbol{\alpha}_2+\boldsymbol{\alpha}_3, \cdots, \boldsymbol{\alpha}_1+\boldsymbol{\alpha}_2+\cdots+\boldsymbol{\alpha}_n$ 等价.

而由题设条件知，$\boldsymbol{\alpha}_1, \boldsymbol{\alpha}_2, \cdots, \boldsymbol{\alpha}_n$ 是 $\boldsymbol{R}^n$ 的一个基，从而线性无关，所以向量组

$$\boldsymbol{\alpha}_1, \boldsymbol{\alpha}_1+\boldsymbol{\alpha}_2, \boldsymbol{\alpha}_1+\boldsymbol{\alpha}_2+\boldsymbol{\alpha}_3, \cdots, \boldsymbol{\alpha}_1+\boldsymbol{\alpha}_2+\cdots+\boldsymbol{\alpha}_n$$

线性无关，故 $\boldsymbol{\alpha}_1, \boldsymbol{\alpha}_1+\boldsymbol{\alpha}_2, \boldsymbol{\alpha}_1+\boldsymbol{\alpha}_2+\boldsymbol{\alpha}_3, \cdots, \boldsymbol{\alpha}_1+\boldsymbol{\alpha}_2+\cdots+\boldsymbol{\alpha}_n$ 也是 $\boldsymbol{R}^n$ 的一个基.

(2) 由 式(*)知，从旧基 $\boldsymbol{\alpha}_1, \boldsymbol{\alpha}_2, \cdots, \boldsymbol{\alpha}_n$ 到新基 $\boldsymbol{\alpha}_1, \boldsymbol{\alpha}_1+\boldsymbol{\alpha}_2, \boldsymbol{\alpha}_1+\boldsymbol{\alpha}_2+\boldsymbol{\alpha}_3, \cdots, \boldsymbol{\alpha}_1+\boldsymbol{\alpha}_2+\cdots+\boldsymbol{\alpha}_n$ 的过渡矩阵为 $\boldsymbol{P}$.

(3) 在新基 $\boldsymbol{\alpha}_1, \boldsymbol{\alpha}_1+\boldsymbol{\alpha}_2, \boldsymbol{\alpha}_1+\boldsymbol{\alpha}_2+\boldsymbol{\alpha}_3, \cdots, \boldsymbol{\alpha}_1+\boldsymbol{\alpha}_2+\cdots+\boldsymbol{\alpha}_n$ 下的坐标 $(y_1, y_2, \cdots, y_n)^{\mathrm{T}}$ 与旧基 $\boldsymbol{\alpha}_1, \boldsymbol{\alpha}_2, \cdots, \boldsymbol{\alpha}_n$ 下的坐标 $(x_1, x_2, \cdots, x_n)^{\mathrm{T}}$ 间的变换公式为

$$\begin{pmatrix} y_1 \\ y_2 \\ y_3 \\ \vdots \\ y_n \end{pmatrix} = \boldsymbol{P}^{-1} \begin{pmatrix} x_1 \\ x_2 \\ x_3 \\ \vdots \\ x_n \end{pmatrix} = \begin{pmatrix} 1 & 1 & 1 & \cdots & 1 \\ 0 & 1 & 1 & \cdots & 1 \\ 0 & 0 & 1 & \cdots & 1 \\ \vdots & \vdots & \vdots & & \vdots \\ 0 & 0 & 0 & \cdots & 1 \end{pmatrix}^{-1} \begin{pmatrix} x_1 \\ x_2 \\ x_3 \\ \vdots \\ x_n \end{pmatrix}.$$

8. 已知 $\boldsymbol{R}^3$ 的两个基为

$$\boldsymbol{\alpha}_1=\begin{pmatrix}1\\1\\1\end{pmatrix}, \boldsymbol{\alpha}_2=\begin{pmatrix}1\\0\\-1\end{pmatrix}, \boldsymbol{\alpha}_3=\begin{pmatrix}1\\0\\1\end{pmatrix};$$

$$\boldsymbol{\beta}_1=\begin{pmatrix}1\\2\\1\end{pmatrix}, \boldsymbol{\beta}_2=\begin{pmatrix}2\\3\\4\end{pmatrix}, \boldsymbol{\beta}_3=\begin{pmatrix}3\\4\\5\end{pmatrix},$$

求由基 $\boldsymbol{\alpha}_1, \boldsymbol{\alpha}_2, \boldsymbol{\alpha}_3$ 到基 $\boldsymbol{\beta}_1, \boldsymbol{\beta}_2, \boldsymbol{\beta}_3$ 的过渡矩阵.

解 设由基 $\boldsymbol{\alpha}_1, \boldsymbol{\alpha}_2, \boldsymbol{\alpha}_3$ 到基 $\boldsymbol{\beta}_1, \boldsymbol{\beta}_2, \boldsymbol{\beta}_3$ 的过渡矩阵为 $\boldsymbol{P}$,则

$$(\boldsymbol{\beta}_1, \boldsymbol{\beta}_2, \boldsymbol{\beta}_3)=(\boldsymbol{\alpha}_1, \boldsymbol{\alpha}_2, \boldsymbol{\alpha}_3)\boldsymbol{P},$$

所以

$$\boldsymbol{P}=(\boldsymbol{\alpha}_1, \boldsymbol{\alpha}_2, \boldsymbol{\alpha}_3)^{-1}(\boldsymbol{\beta}_1, \boldsymbol{\beta}_2, \boldsymbol{\beta}_3),$$

而

$$(\boldsymbol{\alpha}_1, \boldsymbol{\alpha}_2, \boldsymbol{\alpha}_3)^{-1}=\begin{pmatrix}1 & 1 & 1\\1 & 0 & 0\\1 & -1 & 1\end{pmatrix}^{-1}=\begin{pmatrix}0 & 1 & 0\\ \frac{1}{2} & 0 & -\frac{1}{2}\\ \frac{1}{2} & -1 & \frac{1}{2}\end{pmatrix},$$

故

$$P=\begin{pmatrix}0 & 1 & 0\\ \frac{1}{2} & 0 & -\frac{1}{2}\\ \frac{1}{2} & -1 & \frac{1}{2}\end{pmatrix}\begin{pmatrix}1 & 2 & 3\\ 2 & 3 & 4\\ 1 & 4 & 5\end{pmatrix}=\begin{pmatrix}2 & 3 & 4\\ 0 & -1 & -1\\ -1 & 0 & 0\end{pmatrix}.$$

此外，还可以用中介求解此题：

设 $A=(\boldsymbol{\alpha}_1, \boldsymbol{\alpha}_2, \boldsymbol{\alpha}_3)=\begin{pmatrix}1 & 1 & 1\\ 1 & 0 & 0\\ 1 & -1 & 1\end{pmatrix}$，$B=(\boldsymbol{\beta}_1, \boldsymbol{\beta}_2, \boldsymbol{\beta}_3)=\begin{pmatrix}1 & 2 & 3\\ 2 & 3 & 4\\ 1 & 4 & 5\end{pmatrix}$，不难知道

$$(\boldsymbol{\alpha}_1, \boldsymbol{\alpha}_2, \boldsymbol{\alpha}_3)=(\boldsymbol{\varepsilon}_1, \boldsymbol{\varepsilon}_2, \boldsymbol{\varepsilon}_3)A \tag{1}$$

$$(\boldsymbol{\beta}_1, \boldsymbol{\beta}_2, \boldsymbol{\beta}_3)=(\boldsymbol{\varepsilon}_1, \boldsymbol{\varepsilon}_2, \boldsymbol{\varepsilon}_3)B \tag{2}$$

由式 (1)和式(2) 可知

$$(\boldsymbol{\beta}_1, \boldsymbol{\beta}_2, \boldsymbol{\beta}_3)=(\boldsymbol{\varepsilon}_1, \boldsymbol{\varepsilon}_2, \boldsymbol{\varepsilon}_3)B=(\boldsymbol{\alpha}_1, \boldsymbol{\alpha}_2, \boldsymbol{\alpha}_3)A^{-1}B,$$

所以从基 $\boldsymbol{\alpha}_1, \boldsymbol{\alpha}_2, \boldsymbol{\alpha}_3$ 到基 $\boldsymbol{\beta}_1, \boldsymbol{\beta}_2, \boldsymbol{\beta}_3$ 的过渡矩阵 P 为

$$P=A^{-1}B=\begin{pmatrix}2 & 3 & 4\\ 0 & -1 & -1\\ -1 & 0 & 0\end{pmatrix}.$$

9. 设 $\boldsymbol{R}^4$ 中的两组基为

$\boldsymbol{\xi}_1=(1, -1, 0, 0)^{\mathrm{T}}$，$\boldsymbol{\xi}_2=(0, 1, -1, 0)^{\mathrm{T}}$，$\boldsymbol{\xi}_3=(0, 0, 1, -1)^{\mathrm{T}}$，
$\boldsymbol{\xi}_4=(0, 0, 0, 1)^{\mathrm{T}}$；
$\boldsymbol{\eta}_1=(1, 0, 0, 0)^{\mathrm{T}}$，$\boldsymbol{\eta}_2=(1, 2, 0, 0)^{\mathrm{T}}$，$\boldsymbol{\eta}_3=(1, 2, 3, 0)^{\mathrm{T}}$，
$\boldsymbol{\eta}_4=(1, 2, 3, 4)^{\mathrm{T}}$.

已知向量 $\boldsymbol{\alpha}$ 在基 $\boldsymbol{\xi}_1, \boldsymbol{\xi}_2, \boldsymbol{\xi}_3, \boldsymbol{\xi}_4$ 下的坐标是 (1, 2, 3, 4)，求向量 $\boldsymbol{\alpha}$ 在基 $\boldsymbol{\eta}_1, \boldsymbol{\eta}_2, \boldsymbol{\eta}_3, \boldsymbol{\eta}_4$ 下的坐标.

解题思路　利用向量空间基和坐标的概念，对矩阵 $(\boldsymbol{\eta}_1, \boldsymbol{\eta}_2, \boldsymbol{\eta}_3, \boldsymbol{\eta}_4, \boldsymbol{\alpha})$ 做适当的初等行变换即可得到所求的坐标.

解　由题设知 $\boldsymbol{\alpha}=1\boldsymbol{\xi}_1+2\boldsymbol{\xi}_2+3\boldsymbol{\xi}_3+4\boldsymbol{\xi}_4=(1, 1, 1, 1)^{\mathrm{T}}$，设

$$\boldsymbol{\alpha}=x_1\boldsymbol{\eta}_1+x_2\boldsymbol{\eta}_2+x_3\boldsymbol{\eta}_3+x_4\boldsymbol{\eta}_4.$$

作初等行变换，有

$$(\boldsymbol{\eta}_1, \boldsymbol{\eta}_2, \boldsymbol{\eta}_3, \boldsymbol{\eta}_4, \boldsymbol{\alpha}) \Rightarrow \begin{pmatrix} 1 & 0 & 0 & 0 & \frac{1}{2} \\ 0 & 1 & 0 & 0 & \frac{1}{6} \\ 0 & 0 & 1 & 0 & \frac{1}{12} \\ 0 & 0 & 0 & 1 & \frac{1}{4} \end{pmatrix}.$$

解得 $x_1=\frac{1}{2}$, $x_2=\frac{1}{6}$, $x_3=\frac{1}{12}$, $x_4=\frac{1}{4}$.

因此，$\boldsymbol{\alpha}$ 在 $\boldsymbol{\eta}_1, \boldsymbol{\eta}_2, \boldsymbol{\eta}_3, \boldsymbol{\eta}_4$ 下的坐标是 $(\frac{1}{2}, \frac{1}{6}, \frac{1}{12}, \frac{1}{4})$.

10. 设 $\boldsymbol{\alpha}_1, \cdots, \boldsymbol{\alpha}_n$ 和 $\boldsymbol{\beta}_1, \cdots, \boldsymbol{\beta}_n$ 是 n 维线性空间 $\boldsymbol{V}$ 中的向量组，

$$\boldsymbol{\beta}_i = a_{1i}\boldsymbol{\alpha}_1 + a_{2i}\boldsymbol{\alpha}_2 + \cdots + a_{ni}\boldsymbol{\alpha}_n (i=1, 2, \cdots, n),$$

且 $\boldsymbol{A}=\begin{pmatrix} a_{11} & a_{12} & \cdots & a_{1n} \\ a_{21} & a_{22} & \cdots & a_{2n} \\ \vdots & \vdots & & \vdots \\ a_{n1} & a_{n2} & \cdots & a_{nn} \end{pmatrix}$ 是可逆矩阵，证明：$\boldsymbol{\alpha}_1, \cdots, \boldsymbol{\alpha}_n$ 与 $\boldsymbol{\beta}_1, \cdots, \boldsymbol{\beta}_n$ 都是 $\boldsymbol{V}$ 的基，或者都不是 $\boldsymbol{V}$ 的基.

证明思路　实质上只需证明：$\mathrm{r}(\boldsymbol{\alpha}_1, \cdots, \boldsymbol{\alpha}_n) = \mathrm{r}(\boldsymbol{\beta}_1, \cdots, \boldsymbol{\beta}_n) \leqslant \dim \boldsymbol{V}$.

证　由 $\boldsymbol{A}$ 可逆知，$\boldsymbol{\alpha}_1, \cdots, \boldsymbol{\alpha}_n$ 与 $\boldsymbol{\beta}_1, \cdots, \boldsymbol{\beta}_n$ 可以相互线性表示，故 $\boldsymbol{\alpha}_1, \cdots, \boldsymbol{\alpha}_n$ 与 $\boldsymbol{\beta}_1, \cdots, \boldsymbol{\beta}_n$ 是等价的，所以

$$\mathrm{r}(\boldsymbol{\alpha}_1, \cdots, \boldsymbol{\alpha}_n) = \mathrm{r}(\boldsymbol{\beta}_1, \cdots, \boldsymbol{\beta}_n),$$

即 $\boldsymbol{\alpha}_1, \cdots, \boldsymbol{\alpha}_n$ 与 $\boldsymbol{\beta}_1, \cdots, \boldsymbol{\beta}_n$ 的秩相同.

所以，这两组向量或者都是 $\boldsymbol{V}$ 的基，或者都不是.

11. 设 $\boldsymbol{\xi}_1, \cdots, \boldsymbol{\xi}_n$ 是线性空间 $\boldsymbol{V}$ 的一组基，$\boldsymbol{\alpha}_1, \cdots, \boldsymbol{\alpha}_n$ 是 $\boldsymbol{V}$ 中的 n 个向量，已知

$$(\boldsymbol{\alpha}_1, \cdots, \boldsymbol{\alpha}_n) = (\boldsymbol{\xi}_1, \cdots, \boldsymbol{\xi}_n)\boldsymbol{A},$$

证明：$\boldsymbol{\alpha}_1, \cdots, \boldsymbol{\alpha}_n$ 生成的子空间 $\boldsymbol{L}(\boldsymbol{\alpha}_1, \cdots, \boldsymbol{\alpha}_n)$ 的维数等于 $\boldsymbol{A}$ 的秩.

证明思路　只需证明 $\dim \boldsymbol{L}(\boldsymbol{\alpha}_1, \cdots, \boldsymbol{\alpha}_n) = \mathrm{r}(\boldsymbol{\alpha}_1, \cdots, \boldsymbol{\alpha}_n) = \mathrm{r}(\boldsymbol{A})$.

证　$\boldsymbol{\xi}_1, \cdots, \boldsymbol{\xi}_n$ 是 $\boldsymbol{V}$ 的一组基

$\Rightarrow \boldsymbol{\xi}_1, \cdots, \boldsymbol{\xi}_n$ 线性无关

$\Rightarrow \mathrm{r}(\boldsymbol{\alpha}_1, \cdots, \boldsymbol{\alpha}_n) = \mathrm{r}(\boldsymbol{A})$，即秩相等

$\Rightarrow \dim \boldsymbol{L}(\boldsymbol{\alpha}_1, \cdots, \boldsymbol{\alpha}_n) = \mathrm{r}(\boldsymbol{A})$.

12. 在 $\boldsymbol{R}^{2\times 2}$(二阶方阵所构成的线性空间)中，定义变换如下：

$$\boldsymbol{T}(\boldsymbol{X})=\boldsymbol{AX}-\boldsymbol{XA},\ \boldsymbol{X}\in\boldsymbol{R}^{2\times 2},$$

$\boldsymbol{A}$ 是 $\boldsymbol{R}^{2\times 2}$ 中一固定的二阶方阵，

(1) 证明：$\boldsymbol{T}$ 是 $\boldsymbol{R}^{2\times 2}$ 中的一个线性变换；

(2) 在 $\boldsymbol{R}^{2\times 2}$ 中取一组基：

$$\boldsymbol{\varepsilon}_{11}=\begin{pmatrix}1&0\\0&0\end{pmatrix},\ \boldsymbol{\varepsilon}_{12}=\begin{pmatrix}0&1\\0&0\end{pmatrix},\ \boldsymbol{\varepsilon}_{21}=\begin{pmatrix}0&0\\1&0\end{pmatrix},\ \boldsymbol{\varepsilon}_{22}=\begin{pmatrix}0&0\\0&1\end{pmatrix},$$

求 $\boldsymbol{T}$ 在这组基下的矩阵.

证明思路　利用定义判定线性变换，并求线性变换在给定基下的矩阵；

证　(1) 先证 $\boldsymbol{T}$ 是一个线性变换，设 $\boldsymbol{X}\in\boldsymbol{R}^{2\times 2}$，$\boldsymbol{Y}\in\boldsymbol{R}^{2\times 2}$，因为

$$\begin{aligned}\boldsymbol{T}(\boldsymbol{X}+\boldsymbol{Y})&=\boldsymbol{A}(\boldsymbol{X}+\boldsymbol{Y})-(\boldsymbol{X}+\boldsymbol{Y})\boldsymbol{A}\\&=(\boldsymbol{AX}-\boldsymbol{XA})+(\boldsymbol{AY}-\boldsymbol{YA})\\&=\boldsymbol{T}(\boldsymbol{X})+\boldsymbol{T}(\boldsymbol{Y}),\end{aligned}$$

而对于 $k\in\mathbf{R}$，有

$$\begin{aligned}\boldsymbol{T}(k\boldsymbol{X})&=\boldsymbol{A}(k\boldsymbol{X})-(k\boldsymbol{X})\boldsymbol{A}\\&=k\boldsymbol{AX}-k\boldsymbol{XA}\\&=k(\boldsymbol{AX}-\boldsymbol{XA})=k\boldsymbol{T}(\boldsymbol{X}),\end{aligned}$$

所以，根据线性变换的定义，$\boldsymbol{T}$ 为 $\boldsymbol{R}^{2\times 2}$ 中的一个线性变换.

(2) 由题设条件可得

$$\begin{aligned}\boldsymbol{T}(\boldsymbol{\varepsilon}_{11})&=\boldsymbol{T}\begin{pmatrix}1&0\\0&0\end{pmatrix}=\boldsymbol{A}\begin{pmatrix}1&0\\0&0\end{pmatrix}-\begin{pmatrix}1&0\\0&0\end{pmatrix}\boldsymbol{A}\\&=\begin{pmatrix}a_{11}&a_{12}\\a_{21}&a_{22}\end{pmatrix}\begin{pmatrix}1&0\\0&0\end{pmatrix}-\begin{pmatrix}1&0\\0&0\end{pmatrix}\begin{pmatrix}a_{11}&a_{12}\\a_{21}&a_{22}\end{pmatrix}\\&=\begin{pmatrix}a_{11}&0\\a_{21}&0\end{pmatrix}-\begin{pmatrix}a_{11}&a_{12}\\0&0\end{pmatrix}=\begin{pmatrix}0&-a_{12}\\a_{21}&0\end{pmatrix}\\&=0\cdot\boldsymbol{\varepsilon}_{11}+(-a_{12})\boldsymbol{\varepsilon}_{12}+a_{21}\boldsymbol{\varepsilon}_{21}+0\cdot\boldsymbol{\varepsilon}_{22},\end{aligned}$$

$$\begin{aligned}\boldsymbol{T}(\boldsymbol{\varepsilon}_{12})&=\boldsymbol{T}\begin{pmatrix}0&1\\0&0\end{pmatrix}=\boldsymbol{A}\begin{pmatrix}0&1\\0&0\end{pmatrix}-\begin{pmatrix}0&1\\0&0\end{pmatrix}\boldsymbol{A}\\&=\begin{pmatrix}a_{11}&a_{12}\\a_{21}&a_{22}\end{pmatrix}\begin{pmatrix}0&1\\0&0\end{pmatrix}-\begin{pmatrix}0&1\\0&0\end{pmatrix}\begin{pmatrix}a_{11}&a_{12}\\a_{21}&a_{22}\end{pmatrix}\end{aligned}$$

$$=\begin{pmatrix}0 & a_{11}\\0 & a_{21}\end{pmatrix}-\begin{pmatrix}a_{21} & a_{22}\\0 & 0\end{pmatrix}=\begin{pmatrix}-a_{21} & a_{11}-a_{22}\\0 & a_{21}\end{pmatrix}$$
$$=(-a_{21})\boldsymbol{\varepsilon}_{11}+(a_{11}-a_{22})\boldsymbol{\varepsilon}_{12}+0\cdot\boldsymbol{\varepsilon}_{21}+a_{21}\cdot\boldsymbol{\varepsilon}_{22}.$$

同理可得

$$\boldsymbol{T}(\boldsymbol{\varepsilon}_{21})=\boldsymbol{T}\begin{pmatrix}0 & 0\\1 & 0\end{pmatrix}=\boldsymbol{A}\begin{pmatrix}0 & 0\\1 & 0\end{pmatrix}-\begin{pmatrix}0 & 0\\1 & 0\end{pmatrix}\boldsymbol{A}$$
$$=a_{12}\boldsymbol{\varepsilon}_{11}+0\cdot\boldsymbol{\varepsilon}_{12}+(a_{22}-a_{11})\boldsymbol{\varepsilon}_{21}+(-a_{12})\boldsymbol{\varepsilon}_{22},$$

$$\boldsymbol{T}(\boldsymbol{\varepsilon}_{22})=\boldsymbol{T}\begin{pmatrix}0 & 0\\0 & 1\end{pmatrix}=\boldsymbol{A}\begin{pmatrix}0 & 0\\0 & 1\end{pmatrix}-\begin{pmatrix}0 & 0\\0 & 1\end{pmatrix}\boldsymbol{A}$$
$$=0\cdot\boldsymbol{\varepsilon}_{11}+a_{12}\boldsymbol{\varepsilon}_{21}+(-a_{21})\boldsymbol{\varepsilon}_{21}+0\cdot\boldsymbol{\varepsilon}_{22},$$

从而 $\boldsymbol{T}$ 在基 $\boldsymbol{\varepsilon}_{11}$，$\boldsymbol{\varepsilon}_{12}$，$\boldsymbol{\varepsilon}_{21}$，$\boldsymbol{\varepsilon}_{22}$ 下的矩阵为

$$\boldsymbol{B}=\begin{pmatrix}0 & -a_{12} & a_{21} & 0\\-a_{21} & a_{11}-a_{22} & 0 & a_{21}\\a_{12} & 0 & a_{22}-a_{11} & -a_{12}\\0 & a_{12} & -a_{21} & 0\end{pmatrix}.$$

13. 设在 $\boldsymbol{P}[x]_n$ 中，线性变换 $\boldsymbol{T}$ 定义为

$$\boldsymbol{T}[f(x)]=\frac{1}{a}[f(x+a)-f(x)],$$

其中 a 为定数，$\forall f(x)\in\boldsymbol{P}[x]_n$.

(1) 证明 $\boldsymbol{T}$ 是 $\boldsymbol{P}[x]_n$ 中的线性变换；

(2) 求 $\boldsymbol{T}$ 在下述基下的矩阵：

$$f_0(x)=1,\ f_1(x)=x,\ f_2(x)=\frac{x(x-a)}{2!},\ \cdots,$$
$$f_n(x)=\frac{x(x-a)\cdots[x-(n-1)a]}{n!}.$$

证 (1) 由 $f(x)$，$g(x)\in\boldsymbol{P}[x]_n$，可知

$$\boldsymbol{T}[f(x)+g(x)]=\frac{1}{a}[f(x+a)+g(x+a)-f(x)-g(x)]$$
$$=\boldsymbol{T}[f(x)]+\boldsymbol{T}[g(x)],$$

$$\boldsymbol{T}[kf(x)]=\frac{1}{a}[kf(x+a)-kf(x)]=k\boldsymbol{T}[f(x)],$$

故 $\boldsymbol{T}$ 是 $\boldsymbol{P}[x]_n$ 上的线性变换.

解　(2) 为求 $\boldsymbol{T}$ 在上述基下的矩阵，将 $\boldsymbol{T}$ 作用于上述基,并且将其像表示为该基的线性组合，相应的求解过程如下：

$$\boldsymbol{T}[f_0(x)]=\boldsymbol{T}(1)=\frac{1}{a}[1-1]=0,$$

$$\boldsymbol{T}[f_1(x)]=\boldsymbol{T}(x)=\frac{1}{a}[(x+a)-x]=1=f_0(x),$$

$$\boldsymbol{T}[f_2(x)]=\boldsymbol{T}\left[\frac{x(x-a)}{2!}\right]=\frac{1}{a}\left[\frac{(x+a)\cdot x}{2!}-\frac{(x-a)\cdot x}{2!}\right]=x=f_1(x),$$

$$\begin{aligned}\boldsymbol{T}[f_3(x)]&=\boldsymbol{T}\left[\frac{x(x-a)(x-2a)}{3!}\right]\\&=\frac{1}{a}\left[\frac{(x+a)\cdot x(x-a)}{3!}-\frac{x(x-a)(x-2a)}{3!}\right]\\&=\frac{x(x-a)}{2!}=f_2(x),\end{aligned}$$

……

$$\begin{aligned}\boldsymbol{T}[f_n(x)]&=\frac{1}{a}\left\{\frac{(x+a)x(x-a)\cdots[x-(n-2)a]}{n!}\right.\\&\qquad\left.-\frac{x(x-a)\cdots[x-(n-1)a]}{n!}\right\}\\&=\frac{x(x-a)\cdots[x-(n-2)a]}{(n-1)!}=f_{n-1}(x),\end{aligned}$$

写成矩阵形式为

$$\begin{aligned}&\boldsymbol{T}[f_0(x),f_1(x),\cdots,f_n(x)]\\&=(f_0(x),f_1(x),\cdots,f_n(x))\begin{pmatrix}0&1&0&\cdots&0\\0&0&1&\cdots&0\\\vdots&\vdots&\vdots&&\vdots\\0&0&0&\cdots&1\\0&0&0&\cdots&0\end{pmatrix},\end{aligned}$$

所以所求矩阵为 $\begin{pmatrix}0&1&0&\cdots&0\\0&0&1&\cdots&0\\\vdots&\vdots&\vdots&&\vdots\\0&0&0&\cdots&1\\0&0&0&\cdots&0\end{pmatrix}$.

14. 若 $\boldsymbol{\varepsilon}_1,\boldsymbol{\varepsilon}_2,\cdots,\boldsymbol{\varepsilon}_n$ 是线性空间 $\boldsymbol{V}$ 的一组基,$\boldsymbol{T}$ 是 $\boldsymbol{V}$ 的一个线性变换，则 $\boldsymbol{T}$ 可逆的充分必要条件是 $\boldsymbol{T\varepsilon}_1,\boldsymbol{T\varepsilon}_2,\cdots,\boldsymbol{T\varepsilon}_n$ 线性无关.

证明思路 讨论向量组在线性变换下的线性相关性：若 $\boldsymbol{\alpha}_1, \boldsymbol{\alpha}_2, \cdots, \boldsymbol{\alpha}_n$ 线性相关，则 $\boldsymbol{T\alpha}_1, \boldsymbol{T\alpha}_2, \cdots, \boldsymbol{T\alpha}_n$ 线性相关，但是线性无关的情况不一定成立.

证 用三种方法证明.

方法一 必要性

设 $\boldsymbol{T}$ 可逆，则 $\boldsymbol{T}^{-1}$ 存在且 $\boldsymbol{T}^{-1}$ 也是 $\boldsymbol{V}$ 的线性变换，若 $\boldsymbol{T\varepsilon}_1, \boldsymbol{T\varepsilon}_2, \cdots, \boldsymbol{T\varepsilon}_n$ 线性相关，则 $\boldsymbol{T}^{-1}(\boldsymbol{T\varepsilon}_1), \boldsymbol{T}^{-1}(\boldsymbol{T\varepsilon}_2), \cdots, \boldsymbol{T}^{-1}(\boldsymbol{T\varepsilon}_n)$ 也线性相关，即 $\boldsymbol{\varepsilon}_1, \boldsymbol{\varepsilon}_2, \cdots, \boldsymbol{\varepsilon}_3$ 线性相关，这与题设条件 $\boldsymbol{\varepsilon}_1, \boldsymbol{\varepsilon}_2, \cdots, \boldsymbol{\varepsilon}_3$ 是基矛盾.

充分性

若 $\boldsymbol{T\varepsilon}_1, \boldsymbol{T\varepsilon}_2, \cdots, \boldsymbol{T\varepsilon}_n$ 线性无关，则因为 $\boldsymbol{V}$ 是 n 维线性空间，所以它也是 $\boldsymbol{V}$ 的一组基，从而对任意 $\boldsymbol{\alpha}_1 \in \boldsymbol{V}$，有

$$\begin{aligned}\boldsymbol{\alpha}_1 &= \lambda_1(\boldsymbol{T\varepsilon}_1)+\lambda_2(\boldsymbol{T\varepsilon}_2)+\cdots+\lambda_n(\boldsymbol{T\varepsilon}_n)\\ &=\boldsymbol{T}(\lambda_1\boldsymbol{\varepsilon}_1)+\boldsymbol{T}(\lambda_2\boldsymbol{\varepsilon}_2)+\cdots+\boldsymbol{T}(\lambda_n\boldsymbol{\varepsilon}_n)\\ &=\boldsymbol{T}(\lambda_1\boldsymbol{\varepsilon}_1+\lambda_2\boldsymbol{\varepsilon}_2+\cdots+\lambda_n\boldsymbol{\varepsilon}_n),\end{aligned}$$

即存在 $\boldsymbol{\alpha}=\lambda_1\boldsymbol{\varepsilon}_1+\lambda_2\boldsymbol{\varepsilon}_2+\cdots+\lambda_n\boldsymbol{\varepsilon}_n$，使 $\boldsymbol{T\alpha}=\boldsymbol{\alpha}_1$，于是 $\boldsymbol{T}$ 为 $\boldsymbol{V}$ 到 $\boldsymbol{V}$ 上的变换. 若另有

$$\boldsymbol{\beta}=k_1\boldsymbol{\varepsilon}_1+k_2\boldsymbol{\varepsilon}_2+\cdots+k_n\boldsymbol{\varepsilon}_n,$$

使得 $\boldsymbol{T\beta}=\boldsymbol{\alpha}_1$，即

$$\begin{aligned}\boldsymbol{T\beta} &= k_1\boldsymbol{\varepsilon}_1+k_2\boldsymbol{\varepsilon}_2+\cdots+k_n\boldsymbol{\varepsilon}_n\\ &=\lambda_1\boldsymbol{\varepsilon}_1+\lambda_2\boldsymbol{\varepsilon}_2+\cdots+\lambda_n\boldsymbol{\varepsilon}_n,\end{aligned}$$

因为 $\boldsymbol{T\varepsilon}_1, \boldsymbol{T\varepsilon}_2, \cdots, \boldsymbol{T\varepsilon}_n$ 是一组基，所以

$$k_1=\lambda_1, k_2=\lambda_2, \cdots, k_n=\lambda_n,$$

于是 $\boldsymbol{\alpha}=\boldsymbol{\beta}$，从而 $\boldsymbol{T}$ 又是一对一的变换，因而 $\boldsymbol{T}$ 为可逆变换.

方法二 设 $\boldsymbol{T}$ 在基 $\boldsymbol{\varepsilon}_1, \boldsymbol{\varepsilon}_2, \cdots, \boldsymbol{\varepsilon}_n$ 下的方阵是 $\boldsymbol{A}$，则有

$$\boldsymbol{T}(\boldsymbol{\varepsilon}_1, \boldsymbol{\varepsilon}_2, \cdots, \boldsymbol{\varepsilon}_n)=(\boldsymbol{T\varepsilon}_1, \boldsymbol{T\varepsilon}_2, \cdots, \boldsymbol{T\varepsilon}_n)=(\boldsymbol{\varepsilon}_1, \boldsymbol{\varepsilon}_2, \cdots, \boldsymbol{\varepsilon}_n)\boldsymbol{A}.$$

因为 $\boldsymbol{\varepsilon}_1, \boldsymbol{\varepsilon}_2, \cdots, \boldsymbol{\varepsilon}_n$ 是一组基，从而线性无关，所以 $\boldsymbol{T}$ 可逆的充分必要条件是 $\boldsymbol{A}$ 可逆，而 $\boldsymbol{A}$ 可逆的充分必要条件是 $\boldsymbol{T\varepsilon}_1, \boldsymbol{T\varepsilon}_2, \cdots, \boldsymbol{T\varepsilon}_n$ 线性无关，故得证.

方法三 设 $\boldsymbol{T\varepsilon}_1, \boldsymbol{T\varepsilon}_2, \cdots, \boldsymbol{T\varepsilon}_n$ 线性无关，它是 $\boldsymbol{V}$ 的一组基，于是对向量组 $\boldsymbol{\varepsilon}_1, \boldsymbol{\varepsilon}_2, \cdots, \boldsymbol{\varepsilon}_n$ 来说，存在线性变换 $\boldsymbol{S}$，使得

$$\boldsymbol{S}(\boldsymbol{T\varepsilon}_1)=\boldsymbol{\varepsilon}_1, \boldsymbol{S}(\boldsymbol{T\varepsilon}_2)=\boldsymbol{\varepsilon}_2, \cdots, \boldsymbol{S}(\boldsymbol{T\varepsilon}_n)=\boldsymbol{\varepsilon}_n,$$

从而 $\boldsymbol{ST}=\boldsymbol{E}$. 又因为 $\boldsymbol{V}$ 是有限维空间，所以 $\boldsymbol{ST}=\boldsymbol{TS}=\boldsymbol{E}$，即 $\boldsymbol{T}$ 为可逆变换.

图书在版编目（CIP）数据

线性代数学习辅导与习题解答：理工类：第五版/吴赣昌主编. —北京：中国人民大学出版社，2018.4

21世纪数学教育信息化精品教材. 大学数学立体化教材

ISBN 978-7-300-25642-9

Ⅰ. ①线… Ⅱ. ①吴… Ⅲ. ①线性代数-高等学校-教学参考资料 Ⅳ. ①O151.2

中国版本图书馆CIP数据核字（2018）第051882号

21世纪数学教育信息化精品教材
大学数学立体化教材
线性代数学习辅导与习题解答
（理工类·第五版）
吴赣昌 主编
Xianxing Daishu Xuexi Fudao yu Xiti Jieda

出版发行	中国人民大学出版社		
社　　址	北京中关村大街31号	邮政编码	100080
电　　话	010－62511242（总编室）		010－62511770（质管部）
	010－82501766（邮购部）		010－62514148（门市部）
	010－62515195（发行公司）		010－62515275（盗版举报）
网　　址	http://www.crup.com.cn		
	http://www.ttrnet.com(人大教研网)		
经　　销	新华书店		
印　　刷	北京七色印务有限公司		
规　　格	148 mm×210 mm　32开本	版　　次	2018年4月第1版
印　　张	15.375	印　　次	2019年5月第2次印刷
字　　数	579 000	定　　价	46.00元